Klassiker der Technik

Die „Klassiker der Technik" sind unveränderte Neuauflagen traditionsreicher ingenieurwissenschaftlicher Werke. Wegen ihrer didaktischen Einzigartigkeit und der Zeitlosigkeit ihrer Inhalte gehören sie zur Standardliteratur des Ingenieurs, wenn sie auch die Darstellung modernster Methoden neueren Büchern überlassen.
So erschließen sich die Hintergründe vieler computergestützter Verfahren dem Verständnis nur durch das Studium des klassischen fundamentaleren Wissens.
Oft bietet ein „Klassiker" einen Fundus an wichtigen Berechnungs- oder Konstruktionsbeispielen, die auch für viele moderne Problemstellungen als Musterlösungen dienen können.

Helmut Kaesche

Die Korrosion der Metalle

Physikalisch-chemische Prinzipien und aktuelle Probleme

3., neubearb. u. erw. Aufl. 1990

Nachdruck 2011 in veränderter Ausstattung

Dr. rer. nat. Helmut Kaesche
Universitätsprofessor, Lehrstuhl Korrosion und Oberflächentechnik
der Universität Erlangen

3. Auflage 1990; Nachdruck in veränderter Ausstattung 2011

ISBN 978-3-642-18427-7 e-ISBN 978-3-642-18428-4
DOI 10.1007/978-3-642-18428-4
Springer Heidelberg Dordrecht London New York

Die Deutsche Nationalbibliothek verzeichnet diese Publikation in der Deutschen Nationalbibliografie; detaillierte bibliografische Daten sind im Internet über http://dnb.d-nb.de abrufbar.

Einbandentwurf: eStudio Calamar S.L.

Gedruckt auf säurefreiem Papier

Springer ist Teil der Fachverlagsgruppe Springer Science+Business Media (www.springer.com)

Vorwort zur dritten Auflage

Die zweite Auflage dieses Buches hat sehr freundliche Aufnahme gefunden, so auch in Form von Übersetzungen in das Russische, Englische und Chinesische. Der Grundgedanke, die Korrosionskunde aus ihren physikalisch-chemischen, speziell elektrochemischen Grundgesetzen systematisch zu entwickeln, gilt offenbar als interessant. Dementsprechend versuche ich in der dritten Auflage nochmals, die Abhandlung auf diese Weise bis zur Beschreibung des aktuellen Standes der einschlägigen Forschung voranzutreiben. Daß sich dadurch die Spezialkapitel verlängert haben, ist in Anbetracht der immensen Breite internationaler Korrosionsforschung unvermeidlich. Auf eine kompensierende Verkürzung der einleitenden Kapitel habe ich verzichtet, weil es in der Tat meine Meinung ist, daß auf dem Fachgebiet sehr häufig gerade diese Grundlagen nicht ausreichend beherrscht werden.

Das dort besonders betonte Gebiet der Kinetik der Elektrodenreaktionen in gut leitenden Lösungen tritt allerdings in manchen aktuellen Fällen der Korrosion in schlecht leitenden, z. B. vollentsalzten, Wässern in seiner Bedeutung zurück. Das gilt etwa für die Wasserstoff-induzierte Rißausbreitung in gespannten hochfesten Stählen, für die sehr wenig atomar gelöster Wasserstoff erforderlich ist, der auch anders als durch eine Elektrodenreaktion entstehen kann. Am Rande sei bemerkt, daß auch manche Korrosionsreaktion in den heißen Druckwässern des Kraftwerksbetriebs vermutlich eher typisch chemischer als typisch elektrochemischer Natur sein mag.

Entsprechend der sehr großen Bedeutung der Fragen der Kinetik und der Mikromechanik der Ausbreitung von Rissen in sicherheitstechnisch oft hochrelevanten Bauteilen wird der Betrachtung der Spannungs- und der Schwingungsrißkorrosion viel Platz eingeräumt. Dazu habe ich zudem im Anhang ein Kapitel über Bruchmechanik angefügt. Mindestens die hier skizzierten Kenntnisse dürfte der von der Seite der Chemie, Physik und Metallkunde kommende Leser zum Verständnis der wichtigen Rolle der kontinuumsmechanischen Betrachtung der Rißausbreitung benötigen. In anderem Zusammenhang enthält der Anhang außerdem neuerdings einen Exkurs über Wechselstromimpedanz-Spektroskopie, der dem Leser in der großen Fülle diesbezüglich einschlägiger Mitteilungen als Leitfaden behilflich sein mag.

Gerne danke ich dem Springer-Verlag für neuerlich freundliches Entgegenkommen. Für sehr viele Hilfen danke ich außerdem meinen Mitarbeitern, darunter ganz besonders Frau Dr.-Ing. Marianne Baumgärtner.

Erlangen, im Februar 1990 H. Kaesche

Aus dem Vorwort zur zweiten Auflage

Die zweite Auflage dieses Buches lege ich – wie die erste – in der Absicht vor, dem Ingenieur einschlägiger Fachrichtungen, dem Werkstoffexperten, dem Physiker oder dem Chemiker, eine systematische Einführung in das Fachgebiet an die Hand zu geben. Wieder geht die Abhandlung von den physikalisch-chemischen, vorwiegend elektrochemischen Grundlagen aus bis zur Darstellung des Standes der Erforschung aktueller Probleme.

Den Umfang des behandelten Stoffes habe ich nicht grundsätzlich geändert; wie bisher wird nur das allerdings sehr weitreichende Gebiet der Korrosion durch wäßrige Elektrolytlösungen dargestellt. Auch die Struktur der Stoffbehandlung wurde beibehalten: Ausgehend von einem Abriß der thermodynamischen Grundlagen und der Elektrodenkinetik folgt die Beschreibung der Gesetze der ganz gleichmäßigen Korrosion sowie der Inhibition und der Passivität, darauf bauend folgen die Kapitel über die besonderen Aspekte der Kontaktkorrosion, des Lochfraßes, der interkristallinen und der Spannungsrißkorrosion.

Ein Jahrdutzend nach dem Erscheinen der Erstauflage und damit nach einer Zeit sehr in die Breite gegangener Korrosionsforschung mußten aber die Spezialkapitel weitgehend neu geschrieben, unterteilt, und es mußten andere – so über die selektive Korrosion, die Wasserstoffversprödung und die Schwingungsrißkorrosion – neu eingefügt werden, um der Fülle des Fachwissens einigermaßen gerecht zu werden. Die mehr allgemein einführenden Kapitel wurden überarbeitet und nach Möglichkeit gekürzt in dem Bemühen, eine noch einigermaßen knappe, durchgehend lesbare Darstellung des Wissensgebietes zu schreiben.

Auch für den Spezialisten ist inzwischen die sehr weit verstreute Detail-Fachliteratur schwer übersehbar geworden. In dieser Richtung habe ich mich darauf beschränkt, die von mir benutzten Stellen – und damit nur eine vergleichsweise kleine Zahl von Originalarbeiten – zu zitieren und auf andere Lehrbücher, Monographien und insbesondere auf die Veröffentlichungsbände der einschlägigen Fachtagungen hinzuweisen. Diese letzteren werden dem in der einen oder anderen Richtung besonders interessierten Leser den Zugang zu den Originalarbeiten hauptsächlich erleichtern.

Für die Erlaubnis der Reproduktion zahlreicher Abbildungen aus der Fachliteratur habe ich insbesondere den Herausgebern der Journale „Werkstoffe und Korrosion“, „Zeitschrift für Metallkunde“, „Berichte der Bunsengesellschaft für physikalische Chemie“, „Corrosion Science“, „Corrosion NACE“, „Journal of the Electrochemical Society“, „Electrochimica Acta“ u. a. sehr zu danken.

Erlangen, im Oktober 1978 H. Kaesche

Inhaltsverzeichnis

1 Einleitung

Als Korrosion der Metalle bezeichnet man die von der Oberfläche ausgehenden Beschädigungen metallischer Bauteile durch chemische Reaktionen des Metalls mit Bestandteilen der Umgebung. Anders als der mechanische Verschleiß ist die Korrosion daher grundsätzlich ein chemischer Vorgang, und die Beschädigung der Oberfläche kommt nicht durch den Abrieb metallischer Partikel zustande, sondern durch den Übergang der Metallatome aus dem metallischen in den nichtmetallischen Zustand chemischer Verbindungen.

Vom Standpunkt der physikalischen Chemie gehören die Korrosionsvorgänge zur allgemeineren Klasse der Phasengrenzreaktionen. Dazu zählt auch das Zundern der Metalle, d.h. die Oxidation in heißen Gasen. Zundervorgänge stechen jedoch im folgenden nicht zur Diskussion; vielmehr werden die Betrachtungen auf die Korrosion der Metalle durch flüssige, speziell wäßrige Phasen beschränkt, Bei gewöhnlicher Umgebungstemperatur, auch noch beim Siedepunkt konzentrierter Salzlösungen, sind Zundervorgänge an technisch brauchbaren Metallen zu langsam, um dauernd fortschreitende Korrosion im Sinne einer merklichen Beschädigung zu bewirken. Allerdings können die submikroskopisch dünnen Oxidschichten, nach deren Bildung das Zundern unter solchen Bedingungen praktisch vollständig gehemmt ist, das Anfangsstadium der folgenden Korrosion durch flüssige Phasen stark beeinflussen und in günstigen Fällen das Anlaufen der Korrosion lange Zeit ganz verhindern.

Das in diesem Rahmen hauptsächlich interessierende Thema wird durch den Begriff *elektrolytische Korrosion* bezeichnet, womit die Korrosion an Phasengrenzen Metall/Elektrolytlösung gemeint ist. Elektrolytlösungen sind Flüssigkeiten, die in Anionen und Kationen dissoziierte Substanzen gelöst enthalten. Sie besitzen elektriche, und zwar speziell *elektrolytische* Leitfähigkeit. Wegen der Elektronenleitfähigkeit des Metalls hat man es daher mit einem insgesamt elektrisch leitenden System zu tun, wodurch der Ablauf der Phasengrenzreaktionen entscheidend beeinflußt wird. Als Ausnahme ist hier der Fall zu nennen, daß porenfreie Deckschichten von Korrosionsprodukten vorkommen, die, wie, z. B. Aluminiumoxid, schlechte Leiter der Elektrizität sind. Sie bewirken oft einen besonders guten Schutz des Metalls gegen die Korrosion. Dasselbe gilt für verschiedene gebräuchliche Arten, den Korrosionsschutz durch Aufbringen von nichtleitenden Deckschichten zu erzielen, etwa durch möglichst nichtquellende Anstriche, durch Gummi, Email und dgl. Die Beständigkeit des Metalls ist dann eine Frage der Beständigkeit des isolierenden Überzugs. Darauf werden wir im folgenden nur am Rande eingehen.

Die Bezeichnung elektrolytische Korrosion wird gewählt, um anzudeuten, daß hier Gesetze eine wesentliche Rolle spielen, die auch für die Elektrolysevorgänge gelten, d. h. für die chemischen Umsätze an strombelasteten, in Elektrolytlösungen tauchenden Metallen. Das System Metall/Lösung bezeichnet man dann als *Elektrode*, benutzt diesen Ausdruck allerdings auch häufig für das in die Elektrolytlösung tauchende Metall allein. Wir bevorzugen in diesem Zusammenhang die Bezeichnung *elektrolytische* Korrosion gegenüber der häufig benutzten Bezeichnung *elektrochemische* Korrosion, die dasselbe meint, aber undeutlicher umschreibt.

Die angegebene Abgrenzung beschränkt das Thema nicht auf seltene Spezialfälle. Dieser Bereich der Korrosion zeichnet sich vielmehr nicht nur dadurch aus, daß mit Hilfe relativ weniger Grundgesetze eine Vielfalt auf den ersten Blick ganz verschieden aussehender Spielarten der Korrosion einheitlich beschrieben werden kann, sondern er umfaßt auch die Mehrheit aller in der Praxis interessierender Korrosionsvorgänge. Auch die sogenannte *atmosphärische* Korrosion, also die Korrosion an Luft lagernder Metalle, gehört hierher und damit der verbreitetste Korrosionstyp überhaupt: das gewöhnliche Rosten von Eisen.

Damit wird die Korrosion der Metalle durch wäßrige Elektrolytlösungen zum eigentlichen Thema. Für die Hochtemperaturkorrosion durch leitende Salz- oder Schlackenschmelzen werden in vieler Hinsicht ähnliche Grundgesetze gelten, jedoch sollen solche Sonderfälle außerhalb der Betrachtungen bleiben. Dasselbe gilt für die Korrosion durch organische, leitende Flüssigkeiten, während Reaktionen von Metallen mit nichtleitenden organischen Flüssigkeiten in diesem Zusammenhang nicht zur Diskussion stehen. Ebenso gehört die Auflösung fester Metalle in flüssigen, also z. B. die Auflösung von Metallrohren durch schmelzflüssige, metallische, wärmeübertragende Medien, nicht hierher.

Mit Ausnahme des eben erwähnten Falles der bloßen Auflösung eines Metalls in einem anderen geht bei Korrosionsreaktionen der metallische Charakter des angegriffenen Materials stets verloren, und zwar grundsätzlich dadurch, daß das Metall oxydiert wird. Das gilt nicht nur dann, wenn unmittelbar ein Oxid, also eine Sauerstoff-Verbindung des Metalls entsteht, sondern auch bei der Bildung jeder anderen Metallverbindung, sei sie fest order gelöst, also auch bei der Bildung gelöster Metallkationen. In jedem Fall werden den reagierenden Metallatomen Elektronen entzogen. Eben dies ist aber im Sprachgebrauch der Chemie die wesentliche Eigenschaft einer Oxidation. Dabei müssen die frei werdenden Elektronen zu einem Bestandteil der angrenzenden Elektrolytlösung übergehen, der selbst reduziert wird. Daher ist die Korrosion vom Standpunkt der Chemie eine Oxidation des Metalls durch ein in der Elektrolytlösung enthaltenes Oxidationsmittel. Handelt es sich bei der Korrosion um die Metallauflösung in Säuren unter Wasserstoffentwicklung, so werden dabei Wasserstoffionen zu molekularem Wasserstoff reduziert, weshalb in diesem Fall die Wasserstoffionen das Oxidationsmittel darstellen. Wirkt im Elektrolyten gelöster Sauerstoff auf das Metall ein, ist dieser das Oxidationsmittel usf. Bei dieser zweckmäßigen Verallgemeinerung des Begriffes Oxidationsmittel darf nicht verwirren, daß die Chemie solche Säuren, die im vorliegenden Zusammenhang als frei von Oxidationsmitteln mit Ausnahme der Wasserstoffionen zu bezeichnen wären, „nichtoxidierende“ Säuren nennt. Von diesen unterscheiden sich die in diesem Sinne als „oxidierend“ bezeichneten Säuren dadurch, daß ihr Anion oxidierend wirkt, also z. B. bei konzentrierter salpetersäure das Nitratanion, das zum Nitritanion, oder u. U. bis zum Ammoniak reduziert werden kann.

In der Praxis handelt es sich überwiegend um die Einwirkung von im Elektrolyten gelösten Luftsauerstoff auf Metalle und daher, da der Sauerstoff aus der umgebenden Atmosphäre stammt, letztlich um die Metalloxidation durch den Sauerstoff der Luft. Neben diesem Reaktionstyp spielt die Korrosion unter Wasserstoffentwicklung eine wichtige Rolle, besonders auch als die theoretisch eingehend untersuchte Spielart. Eben diese beiden Reaktionstypen werden im folgenden hauptsächlich erörtert werden. Andere Oxidationsmittel kommen vor, z. B. Schwefeldioxid in Industrieatmosphäre, unterchlorige Säure in gechlorten Wässern, Peroxiverbindungen in Waschmitteln u. dgl., jedoch bedingt ihr Auftreten im allgemeinen keine grundsätzlich neuartigen Gesichtspunkte. Ein Sonderfall, der noch zu erörtern sein wird, ist die direkte Elektrolyse von Metallen (z. B. im Erdboden durch Streuströme aus mangelhaft isolierten Stromleitern), bei denen chemische Oxidationsmittel keine Rolle spielen. Es wird sich aber zeigen, daß sich auch diese Art der Korrosion zwanglos in die Theorie einordnet.

Naturgemäß hat jede Untersuchung von Korrosionsvorgängen hauptsächlich das Ziel, wenn schon nicht die Vorausberechnung der Korrosionsgeschwindigkeit zu ermöglichen, so doch wenigstens die vorgefundenen Werte dieser Größe auf Grund theoretischer Erwägungen verständlich zu machen, Es muß daher die Korrosionsgeschwindigkeit als Funktion der wesentlichen Einflußgrößen nach Möglichkeit quantitativ erfaßt werden. Dies setzt voraus, daß die Korrosionsgeschwindigkeit nicht nur eine wohldefinierte, sondern auch eine der Messung gut zugängliche Größe ist. Die einfachsten Bedingungen liegen vor, wenn es sich um *gleichmäßige Korrosion* handelt, die Korrosionsgeschwindigkeit also an allen Stellen der Metalloberfläche denselben Wert hat. Für die Praxis haben allerdings die zahlreichen Fälle ausgesprochen ungleichmäßiger Korrosion die größere Bedeutung, etwa als *Lochfraß*, als *Kornzerfall* oder als *Spannungsrißkorrosion*. Die zu solchen Erscheinungsformen der Korrosion führenden komplizierten Reaktionsmechanismen können aber nur auf der Basis der Theorie der gleichmäßigen Korrosion verständlich gemacht werden. Daher wird die Diskussion der gleichmäßigen Korrosion weiten Raum beanspruchen.

Vor allen Untersuchungen der Geschwindigkeit gleichmäßiger oder ungleichmäßiger Korrosionsvorgänge steht die Erörterung der nicht in den Bereich der Reaktionskinetik, sondern in den der Thermodynamik gehörenden Frage, welche Eigenschaften des Metalls und seiner Umgebung bestimmen, ob eine Korrosionsreaktion grundsätzlich möglich ist oder nicht. Die hier entscheidenden thermodynamischen Größen sind bis auf zunächst nicht interessierende, weil wenig ins Gewicht fallende Einflüsse von der Gestalt der Grenzfläche Metall/Umgebung unabhängig, also auch unabhängig von der Zerklüftung der Metalloberfläche durch ungleichmäßige Korrosion, und eine Funktion allein der Art der im betrachteten System enthaltenen Phasen, der Art der ablaufenden chemischen Reaktion, des Druckes (bzw. des Volumens) und der Temperatur. Unterscheidet man daher vorerst die Spielarten der Korrosion nicht nach der Morphologie des Angriffs, sondern nach den chemischen Reaktionstypen, so gewinnt man dafür thermodynamische Gesetzmäßigkeiten, die für die gleichmäßige Abtragung ebenso gelten wie für den Lochfraß, den Kornzerfall oder die Spannungsrißkorrosion.

An solchen thermodynamischen Betrachtungen besteht außerdem nicht nur deshalb erhebliches Interesse, weil sie grundsätzliche Aussagen über die Möglichkeit oder Unmöglichkeit einer Korrosionsreaktion liefern. Mit Hilfsannahmen nichtthermodynamischer Art führen sie oft auch auf Aussagen über die Korrosionsgeschwindigkeit, so z. B. wenn der Existenzbereich solcher Korrosionsprodukte thermodynamisch berechnet wird, von denen die Erfahrung lehrt, daß sie in der Regel dichte und deshalb korrosionshemmende Deckschichten auf Metalloberflächen bilden. Auch das wichtige Gebiet des kathodischen Schutzes macht von solchen quasi-thermodynamischen Kriterien Gebrauch. Schließlich bedürfen die für die elektrolytische Korrosion wesentlichen Begriffe der Spannung galvanischer Zellen, des Elektrodenpotentials und der elektrochemischen Doppelschicht an Phasengrenzen der Einführung im Rahmen thermodynamischer Ableitungen, bevor der Einfluß solcher Größen auf die Kinetik von Korrosionsreaktionen dargelegt werden kann.

Literatur

Das Gesamtgebiet, dessen Grundzüge im folgenden vom Standpunkt der Theorie dargelegt werden, ist Gegenstand einer zu außerordentlichem Umfang angeschwollenen Literatur. Das Korrosionsfach ist außerdem hochgradig interdisziplinär, mit der Folge der breiten Streuung der Originalmitteilungen über eine sehr große Zahl der verschiedensten Fachzeitschriften, sehr weit hinausgehend über den Rahmen der eigentlichen Spezial-Zeitschriften (Werkstoffe und Korrosion; Corrosion Science; British Corrosion Journal; Corrosion-Traitements, Protection, Finition; Corrosion NACE; Materials' Protection u.a.m.). Als Orientierungshilfe sind die Veröffentlichungsbände der Tagungen der Europäischen Föderation Korrosion, der National Association of Corrosion Engineers (NACE, USA) und der International Congresses on Metallic Corrosion, in den folgenden Kapiteln häufig zitiert, kaum entbehrlich. Referatedienste (Werkstoffe und Korrosion, Corrosion Abstracts NACE) stehen zur Verfügung. Auf die das Gesamtgebiet durch Jahrzehnte begleitenden Monographien aus der Feder von Evans, U.R. sei eigens hingewiesen: The Corrosion and Oxydation of Metals (1960, nach früherer Auflage); First Supplementary Volume (1968); Second Supplementary Volume (1976) London: Arnold, E. Publ., desgleichen auf die grundlegende Abhandlung der Fundamente des Fachs durch Wagner, C. im Handbuch der Metallphysik (Herausgeber Masing, G.) Bd. 1, 2, Teil. Leipzig: Akad. Verlagsgesellschaft 1940.

2 Korrosionsreaktionen und Korrosionsprodukte

Erste Voraussetzung für die genauere Untersuchung der Korrosionsprozesse ist die Kenntnis der chemischen Reaktionsgleichung, nach der die Korrosion abläuft. Davon werden hier, mit einigen Verallgemeinerungen, nur einige wenige als typische Beispiele vorgestellt.

Der übersichtlichste Fall ist die Auflösung von Metallen in wäßrigen Säurelösungen unter Abscheidung von gasförmigem Wasserstoff, ohne Bildung fester Korrosionsprodukte. So lösen sich große Mengen Zink oder Eisen in Salzsäurelösung klar auf, da sowohl die Chloride als auch die Oxide oder Hydroxide dieser beiden Metalle in verdünnten Säuren leicht löslich sind. Die chemische Reaktionsgleichung lautet für die Auflösung z. B. von reinem Eisen in Salzsäurelösung

$$(\mathrm{Fe})_{\mathrm{Me}} + 2(\mathrm{HCl})_{\mathrm{L}} \rightarrow (\mathrm{FeCl}_2)_{\mathrm{L}} + (\mathrm{H}_2)_{\mathrm{G}}. \tag{2.1}$$

Hier steht Fe für metallisches Eisen, H_2 für gasförmigen Wasserstoff, HCl bzw. $FeCl_2$ für gelöste Salzsäure bzw. gelöstes Eisenchlorid. Diese Phasenzugehörigkeit der Reaktionspartner ist durch Indizes Me für Metall, L für Lösung und G für Gasphase eigens angegeben. Diese besondere Indizierung, für chemische Reaktionen zwischen verschiedenen Phasen im Prinzip immer nützlich, wird in den folgenden Kapiteln nicht konsequent beibehalten, weil sie wiederum leicht zur unübersichtlichen Häufung der Indizes führt. Der Pfeil $\rightarrow$ gibt an, daß unterstellt wird, die Reaktion liefe im ganzen wie angeschrieben von links nach rechts, die Geschwindigkeit der Hinreaktion (wie angeschrieben von links nach rechts) überwiege also jedenfalls die Geschwindigkeit der Rückreaktion (wie angeschrieben von rechts nach links). Soll offenbleiben, in welcher Richtung der Bruttoumsatz läuft, tritt an die Stelle des Pfeils $\rightarrow$ das Symbol $\rightleftharpoons$, mit halben Pfeilen $\rightharpoonup$ bzw. $\leftharpoondown$ für die Richtung der Hin- bzw. der Rückreaktion. Soll das chemische Gleichgewicht angedeutet werden, also genau gleich schnelle Hin- und Rückreaktion, so tritt an die Stelle der Pfeile oder Halbpfeile das Gleichgewichtszeichen $=$.

Allgemein bezeichnet man eine Reaktionsgleichung wie die angeschriebene, die die Anfangsprodukte mit den Endprodukten in ihren stöchiometrischen Verhältnissen verknüpft, als *Bruttoreaktionsgleichung*. Ihre Kenntnis ist für die Diskussion der Thermodynamik eines Korrosionsvorgangs unerläßlich, während in diesem Zusammenhang Details des Reaktionsablaufs, also z. B. das Auftreten einer oder mehrerer Zwischenverbindungen, wie etwa des atomaren Wasserstoffs, nicht bekannt zu sein brauchen.

In einer allgemeinen Formulierung lautet die Gleichung einer Bruttoreaktion, in deren Verlauf chemische Stoffe $A, B, C, \ldots$ sich zu anderen chemischen Stoffen $M, N, O, \ldots$ umsetzen:

$$(-\nu_A)A + (-\nu_B)B + (-\nu_C)C + \cdots \rightarrow \nu_M M + \nu_N N + \nu_O O + \cdots \tag{2.2}$$

Die *stöchiometrischen Koeffizienten* ν der Reaktionsgleichung sind nach der mit Gl. (2.2) festgelegten Schreibweise für die Ausgangsprodukte negative, für die Endprodukte positive Zahlen, d. h. $(-\nu_A)$ ist positiv. Die Gleichung besagt, daß $(-\nu_A)$ Teilchen, also $(-\nu_A)$ Molekeln bzw. Atome, bzw. Ionen des Stoffes A, $(-\nu_B)$ Teilchen des Stoffes B usw. zu ν_M Teilchen des Stoffes M, ν_N Teilchen des Stoffes N usw. reagieren. Da die chemische Mengeneinheit, das Mol, stets dieselbe *Avogadrosche Zahl* von $6{,}023 \cdot 10^{23}$ Teilchen eines Stoffes bezeichnet, gilt die Bruttoreaktionsgleichung ebenso für den in Molen des betreffenden Stoffes berechneten Umsatz. Als Einheit des Umsatzes wählt man den *Formelumsatz*, d. h. den Umsatz bei einmaligem Ablauf der angeschriebenen Reaktion. Handelt es sich wie bei den Korrosionsvorgängen um heterogene Reaktionen, so sind die A, B, C ... M, N, O ... noch durch ihre Phasen-Indizes ergänzt zu denken.

Die in Gl. (2.1) benutzte Formulierung der Bruttoreaktion von metallischem reinen Eisen mit wäßriger Salzsäure macht noch keinen Gebrauch vom tatsächlichen Zustand des in Wasser gelösten Eisenchlorids und der in Wasser gelösten Salzsäure. Beide Stoffe gehören zur Klasse der starken Elektrolyte, die bei nicht zu hoher Konzentration als praktisch vollständig in gelöste Ionen disoziiert anzunehmen sind. Statt Gl. (2.1) kann man deshalb auch schreiben:

$$(Fe)_{Me} + 2(H^+)_L \rightarrow (Fe^{2+})_L + (H_2)_G, \tag{2.3}$$

weil sich die Chlorionen aus der Bruttoreaktionsgleichung herausheben. Auch solche Formulierungen deuten allerdings den tatsächlichen Zustand der Reaktionspartner nur sehr summarisch an. Man kann in der Schreibweise weitergehen und z. B. berücksichtigen, daß die Fe^{2+}-Ionen hydratisiert vorliegen, also eine Hülle von komplexartig gebundenen Wassermolekeln in der Elektrolytlösung mitschleppen, und statt Fe^{2+} das Symbol $Fe^{2+}(H_2O)_{x_1}$ setzen, das den tatsächlichen Zustand der Fe^{2+}-Ionen in saurer Lösung besser wiedergibt. Für die gelösten H^+-Ionen wäre bei ebenso detaillierter Schreibweise statt des Symbols H^+ zu setzen: $H_3O^+(H_2O)_{x_2}$ (hydratisiertes „Hydronium"-Ion). Dann tritt auch Wasser, $(H_2O)_L$, als Reaktionspartner auf. Entsprechend wäre auch zu berücksichtigen, daß das Kristallgitter der festen Eisenphase nicht mit neutralen Atomen Fe besetzt ist, sondern mit Eisenteilchen, die aus ihrer Elektronenhülle Elektronen an das quasifreie Elektronengas des Metalls abgegeben haben. Handelt es sich ferner bei einem gelösten Stoff um einen sogenannten schwachen Elektrolyten wie z. B. Essigsäure, so liegen neben dissoziierten Teilchen in der Lösung auch undissoziierte vor. Dann ist anzugeben, ob z. B. mit $(CH_3COOH)_L$ die gelöste Essigsäure in ihrem tatsächlichen Lösungszustand gemeint wird, also in der Gesamtheit undissoziierter und dissoziierter Teilchen, oder nur der undissoziierte Anteil. Ebenso kann $(H_2SO_4)_L$ je nach Vereinbarung allein für undissoziierte gelöste H_2SO_4-Teilchen stehen oder aber für dies und H^+-, SO_4^{2-}- und HSO_4^--Ionen. Ferner hydrolysiert z. B. das Fe^{3+}-Ion in nicht hinreichend saurer Lösung zu $Fe(OH)^{2+}$-und $Fe(OH)_2^+$-Ionen, so daß dann jeweils festgelegt werden muß, was mit dem Symbol $(Fe^{3+})_L$ gemeint ist. Im ganzen erkennt man den stark vereinfachenden Charakter der in Gl. (2.1), order auch der in Gl. (2.3) gewählten Schreibweise einer Gesamtreaktion, bei der nicht nur Einzelheiten des Reaktionsablaufs, sondern auch Einzelheiten des Zustands der reagierenden Teilchen übergangen werden.

In anderen Fällen, die in der Technik interessieren, treten auch bei der Säurekorrosion unter Wasserstoffentwicklung feste Korrosionsprodukte auf. So ist z. B. das Bleisulfat schwerlöslich, so daß die Reaktion von Blei mit Schwefelsäurelösung sehr bald zum festen Bleisulfat führt. Dann lautet die Bruttoreaktionsgleichung (mit dem Symbol F für „Feststoff"):

$$(Pb)_{Me} + (H_2SO_4)_L \rightarrow (PbSO_4)_F + (H_2)_G, \tag{2.4}$$

bzw.

$$(Pb)_{Me} + 2(H^+)_L + (SO_4^{2-})_L \rightarrow (PbSO_4)_F + (H_2)_G. \tag{2.5}$$

Die für die Praxis wichtigste Korrosionsreaktion mit Bildung eines festen Korrosionsproduktes ist die Reaktion des Eisens mit dem Sauerstoff der Luft in Gegenwart von kondensiertem Wasser, also das Rosten des Eisens. Die Reaktion folgt im wesentlichen der Gleichung

$$4(Fe)_{Me} + 3(O_2)_G + 2(H_2O)_L \rightarrow 4(FeOOH)_F. \tag{2.6}$$

Über die Einzelheiten des Reaktionsablaufs können von vornherein verschiedene Angaben gemacht werden: Zunächst nimmt an der eigentlichen chemischen Reaktion nicht der Sauerstoff in der Gasphase $(O_2)_G$ teil, sondern gelöster Sauerstoff $(O_2)_L$. Dem chemischen Umsatz ist daher der Transport von Sauerstoff in die Lösung vorgelagert. Dieser Vorgang läßt sich als Reaktionsgleichung wie folgt anschreiben:

$$(O_2)_G \rightarrow (O_2)_L. \tag{2.7}$$

Darauf folgt der Umsatz nach

$$4(Fe)_{Me} + 3(O_2)_L + 2(H_2O)_L \rightarrow 4(FeOOH)_F. \tag{2.8}$$

Auch die letztere Gleichung werden wir als eine Bruttoreaktionsgleichung bezeichnen. Über den Mechanismus des Rostens läßt sich noch mehr aussagen: Es ist das Eisenoxid zwar schwer löslich, aber nicht völlig unlöslich. Deshalb entstehen zunächst gelöste Kationen $(Fe^{3+})_L$, die dann mit Hydroxylionen $(OH^-)_L$ reagieren. Diese Auflösung und Wiederabscheidung des Eisens bewirkt, daß eine porige, durchlässige Rostschicht entsteht, die den weiteren Fortschritt der Reaktion nur wenig hemmt. Ausgeschrieben lautet diese weitere Unterteilung der Reaktion:

$$4(Fe)_{Me} + 3(O_2)_L + 6(H_2O)_L \rightarrow 4(Fe^{3+})_L + 12(OH^-)_L \tag{2.9}$$

$$4(Fe^{3+})_L + 12(OH^-)_L \rightarrow 4(FeOOH)_F + 4(H_2O)_L. \tag{2.10}$$

Die nachgelagerte Ausfällung von Rost nennen wir ebenso im allgemeinen Sinn eine Reaktion wie die vorgelagerte Absorption von Sauerstoff aus der Gasphase. Solche in der Bruttoreaktion aufeinanderfolgenden Einzelreaktionen sollen als *Teilschritte* der Bruttoreaktion bezeichnet werden. Während eines Reaktionsteilschrittes wird jeweils ein Ausgangsprodukt des folgenden Teilschrittes gebildet. Demgegenüber bezeichnen wir als *Teilreaktionen* einer Bruttoreaktion solche Einzelreaktionen, die nicht im angegebenen Sinn aufeinanderfolgen, sondern die parallel verlaufen und unterscheiden z. B. die Teilreaktion der Metalloxydation und die Teilreaktion der Sauerstoffreduktion oder der Wasserstoffabscheidung, Inwiefern eine solche Aufteilung sinnvoll ist, bleibt dabei noch dahingestellt (vgl. Kap. 4).

Ebenso ist auch anzunehmen, daß die Bruttoreaktion Gl. (2.5) der Bildung von Bleisulfat durch die Folge der Teilschritte

$$(Pb)_{Me} + 2(H^+)_L \rightarrow (Pb^{2+})_L + (H_2)_G \tag{2.11}$$

$$(Pb^{2+})_L + (SO_4^{2-})_L \rightarrow (PbSO_4)_F \tag{2.12}$$

zustande kommt. Im Verlaufe dieser Reaktion entsteht aber oft eine so dichte Schicht von Bleisulfat, daß die Korrosion weitgehend zum Stillstand kommt. Eine solche Deckschicht wird sinngemäß als *Schutzschicht* bezeichnet.

Im komplizierteren Falle des Rostens des Eisens ist der skizzierte Reaktionsablauf nach Gln. (2.9) und (2.10) noch in kürzere Teilschritte weiter zu unterteilen, bevor die Bruttoreaktion wirklich in Elementarakte zerlegt ist. Zum Beispiel bilden sich unter den gewöhnlichen Bedingungen des Rostens vermutlich zunächst Fe^{2+}-Ionen, die nachträglich zu Fe^{3+}-Ionen aufoxidiert werden. Auch wird sich ein Fe^{3+}-Ion sicherlich nicht in einem einzelnen Elementarakt mit 3 OH^--Ionen zu einer FeOOH- und einer H_2O-Molekel umsetzen, vielmehr ist schrittweise Hydrolyse, Bildung noch gelöster Polybasen usw., anzunehmen. Die vollständige Formulierung der Bruttoreaktionsgleichung verlangt außerdem die Angabe der kristallographischen Modifikation des festen Reaktionsproduktes. In dieser Hinsicht bereitet der Fall des Rostens des Eisens besondere Schwierigkeiten. So kommt im Rost zwar überwiegend das rhombisch kristallisierte α-FeOOH vor („Goethit"), jedoch daneben auch das ebenfalls rhombisch kristallisierte γ-FeOOH („Lepidokrokit"), das wasserfreie Oxid sowohl als trigonal kristallisiertes α-Fe_2O_3 („Hämatit"), wie auch als kubisch kristallisiertes γ-Fe_2O_3 („Maghämit"). Dabei sind Goethit und Hämatit thermodynamisch stabiler als Lepidokrokit und Maghämit, so daß das eigentliche Endprodukt unter den ersteren beiden Oxiden zu suchen ist, wobei z. Z. nicht feststeht, ob nicht Hämatit stabiler ist als das tatsächlich häufigste Korrosionsprodukt Goethit. Schließlich ist anzumerken, daß der Eisenrost neben Oxiden und Hydroxiden je nach den Angriffsbedingungen auch andere Verbindungen enthalten wird, in schwefelsäurehaltiger Industrieluft z. B. basische Eisensulfate, in Meeresnähe Chloride, u. dgl.

Derartige Details des Reaktionsablaufs können für die Beständigkeit eines Metalls namentlich gegenüber dem Angriff der feuchten Luft bedeutsam sein, wenn etwa bestimmte Modifikationen von Korrosionsprodukten die erwünschte Eigenschaft haben, auf der Metalloberfläche verfilzte Kriställchen zu bilden, die schützende Deckschichten erzeugen, andere mehr dazu neigen, grobkörnige schlecht schützende Schichten zu bilden. Oder es mögen Beimengungen anderer Verbindungen eine undurchlässige Deckschicht von Korrosionsprodukten erzeugen. Durch relativ geringfügige Änderungen der Angriffsbedingungen kann sich unter solchen Umständen die Korrosionsgeschwindigkeit auf die Dauer stark verändern. Im Falle des Eisens oder auch der unlegierten Stähle spielt dies zwar keine große Rolle, da die Rostschicht normalerweise ohnehin einen ungenügenden

Schutz bietet, so daß besondere Schutzmaßnahmen, nämlich meistens Anstriche, fast immer erforderlich sind. Eine Ausnahme machen die sogenannten witterungsbeständigen Stähle, legiert mit einigen Zehntel Prozent Kupfer, Nickel und Chrom. Diese entwickeln an feuchter Luft im Laufe einiger Jahre oft eine gleichmäßige und so dichte Rostschicht, daß die weitere Abrostung vernachlässigbar wird.

Interessant ist in diesem Zusammenhang das Verhalten von Zink, Cadmium und Kupfer, die alle normalerweise ohne besonderen zusätzlichen Schutz dem Angriff der feuchten Atmosphäre ausgesetzt werden. Wie noch zu zeigen, ist namentlich Zink ein Metall, das in Abwesenheit von Schutzschichten keine ausreichende Korrosionsbeständigkeit besitzt. Das Metall neigt an Luft zur Bildung gut schützender Schichten basischer Karbonate, kann aber unter manchen Bedingungen versagen, und zwar allein dadurch, daß die Korrosionsprodukte lose und porig anfallen. Etwas anders verhält sich Kupfer, bei dessen bekannter Patina es sich ebenfalls um basische Karbonate handelt, die eine schützende Deckschicht bilden, das aber aus später zu erörternden Gründen auch ohne Schutzschicht nur langsam korrodiert wird.

Die genaue Formulierung der Bruttogleichung einer Korrosionsreaktion kann unter solchen Umständen im Einzelfall eine schwierige Aufgabe werden. Für die Erörterung der Theorie der Korrosion ist dies jedoch so lange von untergeordneter Bedeutung, als Details des Einflusses der Struktur und der Morphologie fester Korrosionsprodukte auf die Geschwindigkeit des Reaktionsablaufs außer Betracht bleiben.

Literatur

Eine kritische Durchsicht der verstreuten Literatur über die Zusammensetzung fester Korrosionsprodukte gibt Meyer, H. J.: Werkstoffe u. Korrosion *15*, 653 (1964). auf die ausgedehnten Untersuchungen der Korrosionsprodukte des Zinks durch Feitknecht, W.: Corr. Sci. *7*, 629 (1967) sei hingewiesen. Neuerdings beschrieb Grauer, W.: Werkstoffe u. Korrosion *32*, 113, 837 (1980) detailliert die Korrosionsprodukte der Metalle Magnesium, Zink, Cadmium, Blei, Kupfer, Aluminium und Eisen. Im übrigen sind die festen Korrosionsprodukte der Metalle im vielbändigen, laufend ergänzten Gmelin Handbuch der Anorganischen Chemie (Berlin, Heidelberg, New York: Springer) mit abgehandelt.

3 Chemische Thermodynamik der Korrosion

3.1 Abriß der Grundlagen

Das korrodierte Metall, der angreifende Elektrolyt und im allgemeinen eine angrenzende Gasphase bilden ein System, in welchem die Korrosionsreaktion Veränderungen hervorruft. Sind die Grenzen des Systems so gewählt, daß es mit der weiteren Umgebung keinen Stoff- und/oder Energieaustausch gibt, dann vergrößern diese Veränderungen die *Entropie* S des Systems. Für *isotherme* Systeme, die in allen Teilen gleiche Temperatur besitzen, ist dieser Grundsatz gleichbedeutend mit der Aussage, daß die durch die Reaktion verursachten Änderungen im Falle insgesamt konstanten Volumens die Helmoltzsche *freie Energie* F, bzw. im Falle konstanten Druckes die Gibbssche *freie Enthalpie* G des System verringern.

Es sei W die *innere Energie* des Systems, T die absolute Temperatur, p der Druck, v das Volumen und $H = W + pv$ die *Enthalpie*. Dann berechnen sich freie Energie und freie Enthalpie nach den Gleichungen

$$F = W - TS, \tag{3.1}$$

$$G = H - TS. \tag{3.2}$$

Zur Kennzeichunung des Fortschreitens der Reaktion wird eine *Reaktionslaufzahl* λ_R eingeführt, die angibt, wie oft die Reaktion ihrem Formelumsatz entsprechend abgelaufen ist. Dann hat die Ableitung der freien Energie F nach λ_R bei konstantem v und T, sowie die Ableitung der freien Enthalphie G nach λ_R bei konstantem p und T besondere Bedeutung: Sie ist identisch mit der *maximalen Nutzarbeit*, die bei isotherm-isochorem bzw. bei isotherm-isobarem Formelumsatz der Reaktion gewonnen werden kann. Diese Differentialquotienten werden deshalb eigens als *freie Reaktionsenergie* ΔF bzw. *freie Reaktionsenthalpie* ΔG bezeichnet:

$$\Delta F \equiv \left(\frac{\partial F}{\partial \lambda_R}\right)_{v,T}, \qquad \Delta G \equiv \left(\frac{\partial G}{\partial \lambda_R}\right)_{p,T}. \tag{3.3) (3.4}$$

Dabei ist $\Delta F = \Delta G$. Definiert man ferner die *Reaktionswärme* ΔW, die *Reaktionsenthalpie* ΔH und die *Reaktionsentropie* ΔS_v (bei konstantem Volumen) bzw. ΔS_p (bei konstantem Druck) wie folgt

$$\Delta W \equiv \left(\frac{\partial W}{\partial \lambda_R}\right)_{v,T}, \quad \Delta H \equiv \left(\frac{\partial H}{\partial \lambda_R}\right)_{p,T}; \quad \Delta S_v \equiv \left(\frac{\partial S}{\partial \lambda_R}\right)_{v,T};$$

$$\Delta S_p \equiv \left(\frac{\partial S}{\partial \lambda_R}\right)_{p,T} \tag{3.5}$$

so gilt auch

$$\Delta F = \Delta W - T\Delta S_v; \quad \Delta G = \Delta H - T\Delta S_p. \qquad (3.6)\ (3.7)$$

Hinsichtlich des Vorzeichens folgt aus den vereinbarten Regeln, daß ΔF bzw. ΔG für die Richtung des freiwilligen Reaktionsablaufs negative Größen werden. Das System strebt dabei dem *Gleichgewicht* zu, wo F bzw. G ein Minimum erreicht, ΔF bzw. ΔG also Null werden. In diesem Zustand verschwindet der Brutto-Reaktionsumsatz, und zwar dadurch, daß die Reaktion in beiden Richtungen genau gleich schnell abläuft. Gleichgewichtsbetrachtungen interessieren in größerem Umfang auch in der Theorie der Korrosion, wiewohl Korrosionsprozesse naturgemäß durchweg irreversibel ablaufen. Vor der erforderlichen weiteren Erörterung von Detailfragen der Thermodynamik der Korrosionsprozesse ist eine Vereinfachung am Platze, nämlich die Beschränkung auf isotherme und isobare Prozesse. Die Konstanz von Druck und Temperatur ist bei Korrosionsvorgängen nicht immer, aber doch in der Mehrzahl der Fälle zwar nicht genau, aber doch ausreichend erfüllt. Man betrachte dazu den in Bild 3.1 skizzierten, typischen Laboratoriums-Korrosionsversuch: Es ist eine Metallprobe angedeutet, die in eine angreifende Elektrolytlösung voll eintaucht. Das Versuchsgefäß ist von einem Thermostatenbad umgeben; die Lösung wird durch Einleiten eines Gases der gewünschten Zusammensetzung an den Bestandteilen des Gases gesättigt gehalten. Der Druck in diesem System ist praktisch gleich dem wiederum praktisch konstanten Druck der umgebenden Atmosphäre, da der hydrostatische Druck der Elektrolytlösung nicht ins Gewicht fällt. Wegen des ständigen Gasstromes entspricht die Anordnung einem System mit einem Gasvolumen solcher Größe, daß sich die Zusammensetzung der Gasphase während der Reaktion nicht merklich ändert. Das Elektrolytvolumen ist in der skizzierten Anordunung klein gedacht, und demgemäß wird sich die Zusammensetzung des Elektrolyten im Verlaufe der Korrosion voraussichtlich ändern. Es könnte der Versuch aber auch mit so großem Elektrolytvolumen angestellt werden, daß diese Zusammensetzung praktisch unverändert bleibt. Eine weitere Vergrößerung – man denke etwa an die Korrosion eines Schiffes im Ozean – bringt dann nichts Neues. Man beachte aber in diesem Zusammenhang, daß im Fall der Korrosion etwa erdverlegter Rohre durch Streuströme das stromliefernde

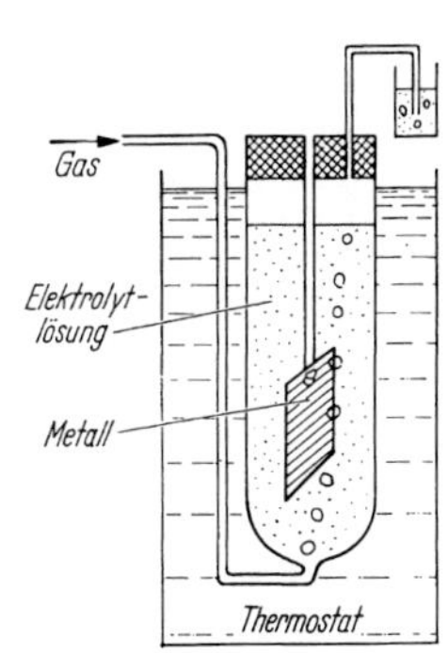

Bild 3.1. Einfache Versuchsanordung zur Ausführung eines Korrosionsversuchs bei konstanter Temperatur, mit voll eingetauchter Metallprobe

Elektrizitätswerk mit in das System gehört. Naturgemäß wird in der Praxis, oder auch bei stärker vereinfachten Korrosionsversuchen, die Temperatur mit der Zeit oft verhältnismäßig stark schwanken. Davon werden die thermodynamischen Daten des Systems aber normalerweise nicht stark beeinflußt, jedenfalls ungleich weniger als die Kinetik der Korrosionsreaktion. Die Änderung der freien Reaktionsenthalpie mit der Temperatur ist nach $\partial \Delta G / \partial T = -\Delta S_p$ zu berechnen. Nach Tabellendaten [7] ergibt sich z. B. für die Auflösung des Eisens in Säure unter „Standardbedingungen" (vgl. weiter unten) $\Delta S_p = -10{,}0$ J/K; also ändert sich ΔG unter diesen Bedingungen zwischen z. B. 25 °C und 100 °C (mit $\Delta S_p \simeq$ const) nur um etwa 0.8 kJ, d. h. aber nur um ca. 1% von ΔG. Effekte dieser Größenordnung sind im allgemeinen unerheblich, so daß es meistens erlaubt sein wird, nicht nur ungefähre Temperaturkonstanz des Korrosionssystems anzunehmen, sondern überhaupt stets mit den durchweg für 25 °C (298,15 K) tabellierten thermodynamischen Daten zu rechnen. Die Hochdruck-Heißwasser-Korrosion in Kraftwerken bleibt hier außer Betracht.

Für die Berechnung von ΔG-Werten nach Tabellendaten wird als weitere thermodynamische Größe das *elektrochemische Potential* der im betrachteten System reagierenden chemischen Stoffe benötigt, also nach Gl. (2.2) allgemein formuliert das elektrochemische Potential der Stoffe $A, B, C \ldots M, N, O \ldots$ Das elektrochemische Potential $\tilde{\mu}_k$ einer Teilchensorte k, von der das System n_k Mole enthält, ist definiert als die partielle molare freie Enthalpie dieser Teilchen:

$$\tilde{\mu}_k \equiv \left(\frac{\partial G}{\partial n_k}\right)_{p,T,n_j \neq k} \tag{3.8}$$

$\tilde{\mu}_k$ bezeichnet also die Änderung der freien Enthalpie des Systems beim Hinzufügen einer differentiellen Menge des Stoffes k, normiert auf einmolaren Umsatz an k. Nun verschwinden im Verlaufe der Reaktion nach Gl. (2.2) pro Formelumsatz $(-\nu_A)$ Mole des Stoffes A, $(-\nu_B)$ Mole des Stoffes B usw., während ν_M Mole des Stoffes M, ν_N Mole des Stoffes N usw. entstehen. Auch bei differentiellem Umsatz verhalten sich die Mengen verschwindender und entstehender Stoffe weiterhin wie die stöchiometrischen Koeffizienten ν. Demnach gilt

$$\Delta G = \nu_M \tilde{\mu}_M + \nu_N \tilde{\mu}_N + \cdots - [(-\nu_A)\tilde{\mu}_A + (-\nu_B \tilde{\mu}_B) + \cdots] = \sum_k \nu_k \mu_k. \tag{3.9}$$

Für das folgende ist die Aufteilung des elektrochemischen Potentials in einen „chemischen" und einen „elektrischen" Anteil wichting. Man betrachte dazu ein einzelnes geladenes Teilchen, das z elektrische Elementarladungen e_0 trägt, also z. B. ein einzelnes Fe^{2+}-Kation ($z = +2$) in der Säurelösung. Das innere elektrostatische Potential – das *Galvani-Potential* – in der betreffenden Phase sei φ. Wäre das Ion eine Punktladung, die mit der Phase in keine weitere Wechselwirkung tritt, so betrüge die reversible Arbeit für die Überführung aus dem ladungsfreien Unendlichen in das Innere der Phase $ze_0\varphi$ für das einzelne Teilchen, bzw. $ze_0 N_L \varphi$ für $N_A = 6{,}023 \cdot 10^{23}$ Teilchen, also für 1 Mol. Dabei ist $e_0 N_A$ die Faraday-*Konstante* F, mit $F = 9{,}648 \cdot 10^4$ C/val (d. h. Coul. × Ladungszahl/mol). Dann wäre auch das elektrochemische Potential des Teilchens gerade gleich $zF\varphi$.

Tatsächlich unterliegen die realen geladenen Teilchen aber zusätzlich zur makroskopischen elektrostatischen Wirkung mikroskopischen Nahwirkungen, deren Gesamtheit als „chemisch“ bezeichnet wird. Begrifflich ist diese Aufteilung allerdings nicht völlig einfach, da die Theorie der chemischen Bindung lehrt, daß auch die Nahwirkungen im Grunde elektrischer Natur sind. Vorübergehend umständlicher indiziert ist dann zu setzen

$$(\tilde{\mu}_k) = (\mu_k)_x + zF\varphi_x. \tag{3.10}$$

Dabei bezeichnet $(\tilde{\mu}_k)_x$ das elektrochemische, $(\mu_k)_x$ das chemische Potential der k-ten Teilchensorte in der Phase x, φ_x das Galvani-Potential in derselben Phase. Es wird vorausgesetzt, daß φ_x innerhalb der Phase, außer an ihren Grenzen, konstant ist. Das ist immer der Fall, wenn in gut leitenden Phasen wie Metallen und Elektrolytlösungen keine makroskopischen elektrischen Ströme fließen, die Ohmsche Spannungen hervorrufen, und für den Bereich hier interessierender Stromdichten mit ausreichender Genauigkeit auch in stromdurchflossenen Metallen.

Für Gasphasen interessiert φ nicht, da dort stets nur ungeladene Teilchen ($z = 0$) zu betrachten sind, so daß stets gilt $(\tilde{\mu}_k)_x = (\mu_k)_x$. Dasselbe trifft auch für ungeladene Teilchen in den übrigen Phasen zu. Für ungeladene Teilchen ist dabei das chemische Potential zudem eine im Sinne der Thermodynamik wohldefinierte, weil meßbare Größe. Anders verhält es sich mit dem elektrochemischen Potential geladener Teilchen. Für diese verknüpft Gl. (3.10) drei Größen, die sämtlich nicht meßbar sind, und zwar letztlich deshalb, weil das Galvani-Potential φ_x nicht gemessen werden kann.

Für den Fall der Korrosions-Bruttoreaktionen führt dies nur scheinbar zu Schwierigkeiten. Man betrachte dazu das Beispiel der Säurekorrosion des Eisens gemäß Gl. (2.3). Mit Gl. (3.9) und (3.10) ergibt sich:

$$\begin{aligned}\Delta G &= (\tilde{\mu}_{Fe^{2+}})_L + (\mu_{H_2})_G - 2(\tilde{\mu}_{H^+})_L - (\mu_{Fe})_{Me} \\ &= (\mu_{Fe^{2+}})_L + (\mu_{H_2})_G - 2(\mu_{H^+})_L - (\mu_{Fe})_{Me} + 2F\varphi_L - 2F\varphi_L\end{aligned} \tag{3.11}$$

oder, und zwar allgemein:

$$\Delta G = \sum_k \nu_k(\mu_k)_x; \textit{ für Bruttoreaktionen} \tag{3.12}$$

Die freie Reaktionsenthalpie berechnet sich also allein aus den chemischen Potentialen, weil die elektrischen Arbeitsanteile genau herausfallen. Man überzeugt sich leicht, daß dies für Bruttoreaktionen in voller Allgemeinheit gilt. Diese Reaktionen zeichnen sich dadurch aus, daß ihr Ablauf die elektrostatische Aufladung der Phasen gegeneinander nicht verändert. Anders verhält es sich mit den sogenannten *Elektrodenreaktionen*, die als Teilreaktionen des Bruttovorgangs der Korrosion weiter unten noch in großem Umfang interessieren werden. So enthält die Reaktion gemäß Gl. (2.3) die *anodische Teilreaktion* der Eisenauflösung gemäß

$$(Fe)_{Me} \rightarrow (Fe^{2+})_L + 2(e^-)_{Me} \tag{3.13}$$

und die *kathodische Teilreaktion* der Wasserstoffabscheidung gemäß

$$2(H^+)_L + 2(e^-)_{Me} \rightarrow (H_2)_G. \tag{3.14}$$

Das Symbol $(e^-)_{Me}$ bezeichnet Elektronen des Metalls. Auch für diese Elektrodenreaktionen kann die freie Reaktionsenthalpie formal angegeben werden. Für die Reaktion nach Gl. (3.13) erhält man z. B.

$$\begin{aligned}\Delta G &= (\tilde{\mu}_{Fe^{2+}})_L + 2(\tilde{\mu}_{e^-})_{Me} - (\mu_{Fe})_{Me} \\ &= (\mu_{Fe^{2+}})_L + 2(\mu_{e^-})_{Me} - (\mu_{Fe})_{Me} + 2F\varphi_L + 2(-F)\varphi_{Me} \\ &= (\mu_{Fe^{2+}})_L + 2(\mu_{e^-})_{Me} - (\mu_{Fe})_{Me} + 2F\varphi_{L,Me}.\end{aligned} \quad (3.15)$$

Hier ist $\varphi_{L,Me}$ die Galvani-Spannung zwischen Lösung und Metall. (3.15) läßt sich verallgemeinern zu

$$\Delta G = \sum \nu_k \mu_k + z_r F \varphi_{L,Me}, \text{ für Elektrodenreaktionen.} \quad (3.16)$$

z_r bezeichnet die Reaktionswertigkeit, das ist die Zahl der bei atomarem Formelumsatz ausgetauschten Elektronen, also z. B. $z_r = +2$ in (3.13). Für die Teilreaktion Gl. (3.14) wird $z_r = -2$ und die Addition der ΔG-Werte für die Teilreaktionen ergibt wieder den ΔG-Wert für die Bruttoreaktion (2.3).

Man betrachte nochmals Gl. (3.12). Sie enthält gemäß Herleitung noch Glieder $(\mu_k)_x$, die nicht meßbar sind, nämlich alle diejenigen, die für das chemische Potential geladener Teilchen wie $(Fe^{2+})_L$; $(H^+)_L$ stehen. Auch dies ist aber eine nur scheinbare Schwierigkeit, die verschwindet, wenn man berücksichtigt, daß vom Standpunkt der Thermodynamik die Reaktionsgleichungen (2.1) und (2.3) gleichwertig sind. Geht man von (2.1) aus, so erhält man anstelle von (3.11)

$$\Delta G = (\mu_{FeCl_2})_L + (\mu_{H_2})_G - 2(\mu_{HCl})_L - (\mu_{Fe})_{Me}. \quad (3.17)$$

Dabei ist, wie weiter unten genauer dargelegt wird, $(\mu_{FeCl_2})_L - 2(\mu_{HCl})_L = (\mu_{Fe^{2+}})_L - 2(\mu_{H^+})_L$, so daß sich am Ergebnis und seiner Verallgemeinerung nichts ändert.

Zur weiteren Auswertung der Gl. (3.12) ist zu berücksichtigen, daß das chemische Potential einer Stoffsorte bei konstantem Druck und konstanter Temperatur von der Konzentration des Stoffes in der jeweiligen Phase abhängt und zudem von deren übriger Zusammensetzung. Die Konzentration C setzt die Menge des Stoffes in der Phase zu deren Gesamtmenge in ein zweckmäßiges Verhältnis. Der zweckmäßige Ansatz lautet (mit verkürzter Indizierung):

$$\mu_k = \mu_k^0 + RT \ln \frac{C_k}{C_k^0} f_k. \quad (3.18)$$

In Worten: Das chemische Potential des Stoffes k (in der Phase x) ist gleich der Summe des chemischen Standardpotentials μ_k^0 und des Produktes aus Gaskonstante R (8,315 J/(K · mol)), absoluter Temperatur T und dem natürlichen Logarithmus des Verhältnisses der Konzentration C_k und der für den Standardzustand gewählten Konzentration C_k^0, multipliziert mit einem Korrekturfaktor f_k. Der zweite Term der rechten Seite dieser Gleichung gibt die molare Reaktionsarbeit an, die bei der reversiblen Überführung des Stoffes aus dem Standardzustand in die gegebene Phase anfällt. Da, wie noch zu zeigen, der Standardzustand immer so gewählt wird, daß der Betrag von C_k^0 1 wird, schreibt man, wenngleich nicht ohne weiteres korrekt, durchweg

$$\mu_k = \mu_k^0 + RT \ln C_k f_k. \tag{3.19)*$$

f_k ist der *thermodynamische Akivitätskoeffizient*, das Produkt $C_k f_k$ die thermodynamische Aktivität A_k des Stoffes k in der betrachteten Phase. Spaltet man $RT \ln Cf$ in $RT \ln C$ und $RT \ln f$, so bezeichnet die erstere Term die Überführungsarbeit aus dem Standardzustand bei idealem Verhalten des Stoffes in der Phase, der letztere Term die durch das reale Verhalten bedingte Korrektur.

Mit (3.19) geht (3.12) nun über in

$$\Delta G = \sum \nu_k \mu_k^0 + RT \ln \Pi A_k^{\nu_k}$$
$$= \sum \nu_k \mu_k^0 + RT \ln \Pi C_k^{\nu_k} + RT \ln \Pi f_k^{\nu_k}. \tag{3.20}$$

Nur zur Abkürzung setzt man

$$\sum \nu_k \mu_k^0 \equiv \Delta G^0 \tag{3.21}$$

und nennt ΔG^0 die *freie Standard-Reaktionsenthalpie*.

3.2 Die Berechnung der freien Reaktionsenthalpie

Als Standardzustand wird für gasförmige Stoffe das ideale, reine Gas bei 298,15 K (25 °C) und dem Druck $p^0 = 1{,}013$ bar (1 atm) vereinbart. Als Konzentrationsmaß des Stoffes in gasförmigen Mischphasen dient der Partialdruck p, gemessen in bar (nahezu gleich atm). Bis zu Drücken von einigen Atmosphären sind die Abweichungen des Zustands der für Korrosion hauptsächlich interessierenden Gase Wasserstoff und Sauerstoff vom idealen Gaszustand klein und in Anbetracht der hier beschränkten Genauigkeitsansprüche vernachlässigbar. Daher wird

$$\mu_k = \mu_k^0 + RT \ln p_k, \textit{für Gase}. \tag{3.22}$$

Als Standardzustand eines unter Normalbedingungen festen Stoffes wird der feste reine Stoff selbst festgesetzt. Existiert er in verschiedenen kristallographischen Modifikationen, so wird, wenn nicht anders angegeben, die bei 25 °C stabile Modifikation als Standardzustand ausgewählt. Mithin befindet sich ferritisches reines Eisen bei 25 °C im Standardzustand, sein chemisches Potential ist gleich dem Standardpotential μ_{Fe}^0.

In homogenen Legierungen ist das chemische Potential der Komponenten von deren Standardpotential verschieden. Die Konzentration einer Komponente k wird hier als *Molbruch* (bzw. *Grammatombruch*) γ_k angegeben. Enthalte eine Legierungsphase n_k, n_l, n_m, ... Mole der Komponenten k, l, m, ... so ist der Molbruch γ_k definiert durch

$$\gamma_k \equiv n_k/(n_k + n_l + n_m + \cdots) \tag{3.23}$$

* Wegen der Frage der Dimensionslosigkeit des Logarithmus dimensionsbehafteter Größen vgl. Jost [1].

Die Größe 100γ ist identisch mit der gebräuchlichen Konzentrationsangabe in „Atomprozenten". Für $\gamma_k \cong 1$ kann $\mu_k = \mu_k^0$ gesetzt werden, für andere Werte von γ gilt bei idealem Verhalten der homogenen Legierung

$$(\mu_k)_{ideal} = \mu_k^0 + RT \ln \gamma_k; \textit{ für Metalle, bei idealem Verhalten.} \tag{3.24}$$

Bei nichtidealem Verhalten der Legierung ist an die Stelle des Grammatombruchs die thermodynamische Aktivität $\gamma_k f_k$ einzusetzen. Das macht im Prinzip keine Schwierigkeiten, denn diese Aktivitätskoeffizienten sind wohldefiniert und meßbar. Solche genaueren Rechnungen spielen aber bei Korrosionsuntersuchungen bislang keine große Rolle. Es müßte sich dabei um Untersuchungen der selektiven Korrosions fester, homogener Legierungen handeln. Für diese ist aber in aller Regel davon auszugehen, daß zwischen dem Legierungsinneren und der Oberfläche kein Gleichgewicht bestehen kann, weil einerseits die selektive Korrosion die Legierungskomponenten verschieden schnell löst, andererseits bei normal niedriger Temperatur die Festkörperdiffusion zu langsam ist, um die entstehenden Konzentrationsgradienten auszugleichen.

Als Standardzustand des Lösungsmittels Wasser wird flüssiges, reines Wasser bei Normalbedingungen (25 °C, 1 bar Gesamtdruck) gewählt. Normalerweise wird es genügen, $\mu_{H_2O} \cong \mu_{H_2O}^0$ zu setzen, solange die Elektrolytlösungen nicht stark konzentriert vorliegen. Andernfalls macht die Berücksichtigung der Konzentrationsabhängigkeit im Prinzip keine Schwierigkeit, da die thermodynamische Aktivität des Wassers ebenfalls wohldefiniert und meßbar ist.

Anders als bei Feststoffen, Wasser und Gasen, deren Standardzustand realisiert werden kann, ist bei in Wasser gelösten Stoffen die Einführung eines hypothetischen Standardzustandes zweckmäßig, nämlich die reine Lösung einer endlichen Standardkonzentration des gelösten Stoffes mit den Eigenschaften der ideal verdünnten Lösung. Die Konzentration wird in der Dimension Stoffmenge/Volumen angegeben, und zwar korrekterweise mit dem Mol als Mengeneinheit und dem Kubikmeter als Volumeneinheit, also als mol/m^3. Statt dessen benutzen wir im folgenden die entsprechend der Festsetzung der SI-Einheiten ebenfalls korrekte (zudem temperatur-unabhängige) Konzentrationsangabe mol/kg. Deren Maßzahl ist dann für nicht zu konzentrierte Lösungen praktisch gleich der Angabe in mol/dm^3, oder auch mol/l, beides streng genommen unzulässige Formulierungen.

Als Symbol der Konzentration eines Stoffes in wäßriger Lösung setzen wir durchweg *c*. Bei Zahlenangaben werden die üblichen Abkürzungen benutzt, als M für „molar", N für „normal", z. B. 1 M H_2SO_4-Lösung für einmolare, 1 N H_2SO_4-Lösung für einnormale wäßrige Schwefelsäure usf.

Es sei c_k^0 die Konzentration des gelösten Stoffes *k* im Standardzustand, c_k seine Konzentration in der vorliegenden wäßrigen Mischphase. Verhält sich diese annähernd wie eine ideal verdünnte Lösung, so gilt für das chemische Potential nun

$$(\mu_k)_{ideal} = \mu_k^0 + RT \ln c_k; \textit{ für Stoffe in Elektrolytlösungen, bei idealem Verhalten.} \tag{3.25}$$

Nicht für ungeladene Teilchen wie etwa in Wasser gelösten Sauerstoff, wohl aber für Ionen wird dieser Idealwert des chemischen Potentials vom Realwert im allgemeinen deutlich verschieden sein. Schon für geringe Konzentrationen bedingen nämlich die Coulombschen Kräfte zwischen Ladungen starke Wechselwirkungen, die den Aktivitätskoeffizienten < 1 werden lassen. Infolgedessen wird es im allgemeinen erforderlich sein die Gleichung

$$\mu_k = \mu_k^0 + RT \ln a_k = \mu_k^0 + RT \ln c_k f_k \tag{3.26}$$

zu berücksichtigen. Wiederum ist das zahlenmäßige Resultat dieser Korrektur in der Regel klein gegenüber dem Gesamtbetrag der freien Reaktionsenthalpie ΔG. Dieser ist in der Regel hauptsächlich durch die freie Standard-Reaktionsenthalpie ΔG^0 bestimmt, deren Berechnung dem weiteren deshalb vorangestellt wird.

Um hier zur Auswertung anhand tabellierter thermodynamischer Daten zu kommen, ist nochmals ein neuer Gesichtspunkt zu beachten. Es handelt sich darum daß für Summen von der Form Gl. (3.21) auch gilt

$$\Delta G^0 = \sum \nu_k \mu_k^0 = \sum \nu_k G_k^0 \tag{3.27}$$

Das Symbol G_k^0 (gelegentlich auch als „F" notiert) steht für die *freie Standard-Bildaungsenthalpie* der k-ten chemischen *Verbindung* in der Bruttoreaktionsgleichung. D. h. es ist G_k^0 die freie Reaktionsenthalpie für die Bildung der Verbindung im Standardzustand aus ihren reinen, elementaren Bestandteilen in deren Standardzustand, also z. B. für die Bildung von im Standardzustand gelöster Salzsäure HCl aus Wasserstoff H_2 und Chlor Cl_2; jeweils aus deren Gas-Standardzustand, nach $\frac{1}{2}H_2 + \frac{1}{2}Cl_2 \rightarrow HCl$. Dafür ist $G_{HCl}^0 = \mu_{HCl}^0 - \frac{1}{2}\mu_{H_2}^0 - \frac{1}{2}\mu_{Cl_2}^0$. Es versteht sich, daß für die reinen, elementaren Bestandteile selbst G^0 nicht existiert.

So erhält man für die Säurekorrosion des Eisens nach Gl. (2.1):

$$\begin{aligned}\Delta G^0 &= \sum \nu_k \mu_k^0 = \mu_{FeCl_2}^0 + \mu_{H_2}^0 - 2\mu_{HCl}^0 - \mu_{Fe}^0 \\ &= (G_{FeCl_2}^0 + \mu_{Fe}^0 + \mu_{Cl_2}^0) + \mu_{H_2}^0 - 2(G_{HCl}^0 + \tfrac{1}{2}\mu_{H_2}^0 + \tfrac{1}{2}\mu_{Cl_2}^0) - \mu_{Fe}^0 \\ &= G_{FeCl_2}^0 - 2G_{HCl}^0 = \sum \nu_k G_k^0 .\end{aligned} \tag{3.28}$$

Auf die leicht nögliche Verallgemeinerung dieser Bestätigung der Gl. (3.27) wird verzichtet. Wichtiger ist festzuhalten, daß die Größe ($G_{FeCl_2}^0 - 2G_{HCl}^0$) in den Tabellenwerken [6–9] als die „*freie Standardenthalpie*" des gelösten Eisen-II-Kations, $G_{Fe^{2+}}^0$, angeführt ist. Entsprechend sind die G^0-Werte der übrigen Kationen definiert. Die Konventionen, die dem zugrunde liegen, seien wieder am Beispiel der Gl. (3.28) dargelegt:

Die freie Standard-Bildungsenthalpie der gelösten, dissoziierten Salzsäure kann *formal* als Summe der Anteile der H^+- und der Cl^--Ionen aufgefaßt werden:

$$G_{HCl}^0 = G_{H^+}^0 + G_{Cl^-}^0 , \tag{3.29}$$

ebenso die Standard-Bildungsenthalpie des gelösten, dissoziierten Eisen-II-Chlorids als Summe der Anteile der Fe^{2+}- und der Cl^--Ionen:

$$G_{FeCl_2}^0 = G_{Fe^{2+}}^0 + 2G_{Cl^-}^0 . \tag{3.30}$$

Dann erhält man mit (3.28):

$$\Delta G^0 = G_{FeCl_2}^0 - 2G_{HCl}^0 = G_{Fe^{2+}}^0 - 2G_{H^+}^0 . \tag{3.31}$$

Schließlich wird *willkürlich* vereinbart

$$G^0_{H^+} \equiv 0, \tag{3.32}$$

und zwar nicht nur für die im Augenblick interessierenden ΔG^0-Rechnungen für die Normaltemperatur 25 °C, sondern für alle Temperaturen.

Dann vereinfacht sich die Gl. (3.28) zu der Form

$$\Delta G^0 = G^0_{Fe^{2+}}. \tag{3.33}$$

Für $G^0_{Fe^{2+}}$ findet man den Wert − 85,00 (kJ/mol). Das Resultat ist vom Säureanion unabhängig, gilt also ebenso für die Säurekorrosion des Eisens in Schwefelsäure, Salpetersäure usw.

Behält man die Formalität des Verfahrens im Auge, so kann (3.33) natürlich schneller erhalten werden, wenn man nicht von der Reaktionsgleichung (2.1) ausgeht, sondern von (2.3):

$$\Delta G^0 = G^0_{Fe^{2+}} + G^0_{H_2} - 2G^0_{H^+} - G^0_{Fe} = G^0_{Fe^{2+}}. \tag{3.34}$$

Schreibarbeit spart man, wenn man weiter abkürzend nur $Fe \rightarrow Fe^{2+} + 2e^-$ notiert und bei der Summenbildung für ΔG^0 die Elektronen „ausläßt". Es muß dann aber klar sein, daß nicht die Energetik der Teilreaktion, sondern die der Bruttoreaktion gemeint ist!

Auf im Prinzip analogem Weg erhält man auch die G^0-Werte für Anionen. Ein einfacher Fall ist das Cl^--Ion, denn man sieht leicht, daß $G^0_{Cl^-}$ (− 131,89 kJ/mol) gleich der freien Standardenthalpie der Reaktion $H^+ + Cl^- \rightarrow \frac{1}{2}H_2 + \frac{1}{2}Cl_2$ ist.

Da die Aktivität des gasförmigen Wasserstoffs bis zu verhältnismäßig hohen Drücken gleich dem Partialdruck p_H angesetzt werden kann, erhält man für die Säurekorrosion des Eisens nach der Schreibweise Gl. (2.1) nunmehr den korrekten Ausdruck

$$\Delta G = \Delta G^0 + RT \ln \frac{(a_{FeCl_2})_L}{(a^2_{HCl})_L} p_{H_2}, \tag{3.35}$$

mit $\Delta G^0 = G^0_{Fe^{2+}}$. Der Partialdruck des gasförmigen Wasserstoffs wird normalerweise ungefähr gleich dem Druck der umgebenden Atmosphäre sein, also 1 atm $\simeq$ 1 bar, so daß für die numerische Auswertung übrig bleibt

$$\Delta G = G^0_{Fe^{2+}} + RT \ln \frac{(a_{FeCl_2})_L}{(a^2_{HCl})_L}. \tag{3.35a}$$

Dabei ist richtig, daß man auch schreiben kann,

$$\Delta G = G^0_{Fe^{2+}} + RT \ln \frac{(a_{Fe^{2+}})_L}{(a^2_{H^+})_L} \tag{3.36}$$

denn das Aktivitäts-*Verhältnis* a_{FeCl_2}/a^2_{HCl} ist gleich dem Aktivitäts-*Verhältnis* $a_{Fe^{2+}}/a^2_{H^+}$ in ein und derselben Lösungsphase L. Die Schreibweise (3.36) täuscht aber darüber hinweg, daß getrennt für $(a_{Fe^{2+}})_L$ und $(a^2_{H^+})_L$ streng genommen nichts eingesetzt werden kann, da die thermodynamische Aktivität von Einzelionen, weil nicht meßbar, undefiniert ist, außer im Grenzfall $f_k = 1$.

Die – korrekte! – Benutzung von Gleichungen des Typs (3.35) setzt weitere Vereinbarungen voraus. So muß festgelegt werden, was in einer Lösung, die Fe^{2+}, H^+ und Cl^- gelöst enthält, so daß $c_{Cl^-} = 2c_{Fe^{2+}} + c_{H^+}$, unter der Konzentration c_{FeCl_2} verstanden werden soll. Die führt auf die weiter unten skizzierten Begriffe der mittleren Konzentration bzw. Aktivität.

Normalerweise genügt ein einfacheres Näherungsverfahren. So verfügt man im sogenannten pH-Wert der Lösung über ein ungefähres Maß für die Aktivität der Wasserstoffionen. Der pH-Wert, festgelegt durch Messungen mit der Glaselektrode nach Eichung mit konventionellen Pufferlösungen, wird weiter unten noch genauer besprochen werden. Es gilt

$$\mathrm{pH} \simeq -\log a_{H^+} (= -0{,}434 \ln a_{H^+}). \tag{3.37}$$

Auch ist es möglich, unter Zuhilfenahme der Debye-Hückelschen Theorie der interionischen Wechselwirkung Meßverfahren anzugeben, mit denen *konventionelle Einzelionenaktivitätskoeffizienten* ermittelt werden können, deren Benutzung bei numerischen thermodynamischen Rechnungen keine großen Fehler bewirken kann. Dies ist möglich, solange die *Ionenstärke* J^* des Elektrolyten, das ist $\frac{1}{2}\sum c_k z_k^2$ über alle im Elektrolyten vorhandenen Ionensorten (Ladung der k-ten Ionensorte: $\pm z_k$) 0,1 bis 0,2 mol/l nicht überschreitet. Definitionsgemäß ist z. B. für reine 1 M $FeCl_2$-Lösung $J^* = \frac{1}{2}\{c_{Fe^{2+}}(z_{Fe^{2+}})^2 + c_{Cl^-}(z_{Cl^-})^2\} = \frac{1}{2}\{1 \cdot 4 + 2 \cdot 1\} = 3$, für reine 1 M HCl-Lösung $J^* = 1$. Einige Beispiele für tabellierte Werte der Einzelionen-Aktivitätskoeffizienten gibt die Tabelle 1.

Für höhere Salzkonzentrationen der Lösung kann der konventionelle Einzelionen-Aktivitätskoeffizient nicht mehr angegeben werden. Für diese werden aber häufig genug auch die thermodynamischen Messungen der Aktivität a_{FeCl_2} oder anderer Salze nicht vorliegen. Dazu möge ein Rechenbeispiel zeigen, welche Folgen es hat, angesichts dieser Art von Schwierigkeiten anstelle der Aktivität der Metallkationen ihre Konzentration zu setzen:

Zunächst versteht sich, daß für Säurekorrosionsreaktionen des allgemeinen Typs

$$\mathrm{Me} + z\mathrm{H}^+ \rightarrow \mathrm{Me}^{z+} + \frac{z}{2}\mathrm{H}_2 \tag{3.38}$$

Tabelle 1. Konventionelle Einzelionen-Aktivitätskoeffizienten bei verschiedenen Werten der Ionenstärke $\Gamma = 2J^*$. Konzentration in mol/kg (nach Kielland [4])

Ion	$\Gamma = 0{,}001$	0,002	0,005	0,010	0,020	0,050	0,100	0,200
H^+	0,975	0,967	0,950	0,933	0,914	0,88	0,86	0,83
OH^-	0,975	0,964	0,946	0,926	0,900	0,86	0,81	0,76
Cl^-	0,975	0,964	0,945	0,924	0,898	0,85	0,80	0,75
SO_4^{2-}	0,903	0,867	0,803	0,740	0,660	0,55	0,45	0,35
HCO_3^-	0,975	0,964	0,947	0,928	0,902	0,86	0,82	0,78
Pb^{2+}	0,903	0,868	0,805	0,742	0,665	0,55	0,45	0,37
Cd^{2+}	0,903	0,868	0,805	0,744	0,67	0,56	0,47	0,41
Fe^{2+}	0,905	0,870	0,809	0,749	0,675	0,57	0,49	0,41
Fe^{3+}	0,802	0,738	0,632	0,54	0,46	0,33	0,26	0,18

die Gl. (3.36) – mit verkürzter Indizierung – wie folgt zu schreiben ist

$$\Delta G = G^0_{Me^{z+}} + RT \ln \frac{a_{Me^{z+}}}{a^z_{H^+}}, \tag{3.39}$$

bzw. mit Gl. (3.37)

$$\Delta G = G^0_{Me^{z+}} + RT \ln \frac{a_{Me^{z+}}}{10^{-z(pH)}}. \tag{3.40}$$

Eine typische Frage wäre dann, wie hoch der pH-Wert eingestellt werden muß, so daß bei gegebener Aktivität $a_{Me^{z+}}$ die Reaktionsarbeit ΔG verschwindet. Für diesen und höhere pH-Werte ist das Metall dann in reinen Säuren thermodynamisch stabil, gegen Korrosion also immun. Setzt man $\Delta G = 0$, und $a_{Me^{z+}} = c_{Me^{z+}} f_{Me^{z+}}$, so errechnet sich der kritische pH-Wert zu

$$(pH)_{\Delta G=0} = -\frac{1}{z} \log f_{Me^{z+}} - \frac{1}{z} \log \left[c_{Me^{z+}} \exp \left\{ \frac{G^0_{Me^{z+}}}{RT} \right\} \right] \tag{3.41}$$

Ist das Metall z. B. 2-wertig, $f_{Me^{z+}}$ z. B. nur 0,1, so berechnet man mit dem vereinfachten Ansatz $f_{Me^{z+}} = 1$ den Gleichgewichts-pH-Wert um 0,5 Einheiten falsch. Ein Fehler dieser Größenordnung dürfte bei Korrosionsbetrachtungen aber nur selten schädlich ins Gewicht fallen.

Eine andere Schwierigkeit legt ebenfalls nahe, für Korrosionsbetrachtungen auf zu große Genauigkeit thermodynamischer Rechnungen zu verzichten. In der Regel wird nämlich die Konzentration $c_{Me^{z+}}$ der Kationen des korrodierten Metalls undefiniert klein sein. Es geht dann nicht an, $c_{Me^{z+}} = 0$ zu setzen, denn für diesen Fall ergibt sich stets $\Delta G = -\infty$. Besonders für die Berechnung der weiter unten erläuterten *Potential*-pH-*Diagramme* wählt man dann mit Pourbaix [9] willkürlich die endliche, aber unerheblich kleine Konzentration 10^{-6} mol/kg. Dem liegt eine Abschätzung zugrunde, daß die Korrosion im technischen Sinn vernachlässigbar langsam wird, wenn sie an der Metalloberfläche in der angreifenden Lösung nur diese oder eine noch kleinere Konzentration der Metallkationen erzeugt. Der Gedankengang benutzt Rechnungen der Reaktionskinetik und wird deshalb hier nicht entwickelt. Man vergleiche hierzu die im Prinzip sehr ähnliche Herleitung eines Kriteriums für den sicher ausreichend guten kathodischen Korrosionsschutz (vgl. Kap. 17.1). Im übrigen ist es für solche Abschätzungen dann belanglos, ob man die Konzentration oder die Aktivität in Ansatz bringt.

Für genauere Rechnungen mit korrekt definierten Aktivitäten insgesamt elektroneutraler Kombinationen von Anionen und Kationen hat man von der Definition der *mittleren Ionenaktivität* $a_\pm$ eines gelösten Salzes auszugehen. Für eine gelöste Verbindung, die in ν_+ Kationen K^{z_1+} und ν_- Anionen A^{z_2-} dissoziiert, gilt:

$$\begin{aligned} a_\pm &\equiv [(a_{K^{z_1+}})^{\nu_+} (a_{A^{z_2-}})^{\nu_-}]^{\frac{1}{\nu_+ + \nu_-}} \\ &= [(c_{K^{z_1+}})^{\nu_+} (c_{A^{z_2-}})^{\nu_-}]^{\frac{1}{\nu_+ + \nu_-}} [(f_{K^{z_1+}})^{\nu_+} (f_{A^{z_2-}})^{\nu_-}]^{\frac{1}{\nu_+ + \nu_-}} \\ &= c_\pm f_\pm . \end{aligned} \tag{3.42}$$

Tabelle 2. Mittlerer praktischer Aktivitätskoeffizient $f_\pm = (f_{H^+Cl^-})^{1/2}$ der Salzsäure für verschiedene Werte der Ionenstärke I reiner HCl-Lösungen (nach Parsons [5]; Latimer [7])

I	0,001	0,01	0,1	1	2	3	4
$f_\pm$	0,965	0,904	0,796	0,809	1,009	1,316	1,76

D. h. es wird die mittlere Ionenaktivität als Produkt aus der *mittleren Ionenkonzentration* $c_\pm$ und dem *mittleren praktischen Aktivitätskoeffizienten* $f_\pm$ berechnet. Für das Beispiel des in Salzsäure gelösten Eisens ist daher die mittlere Ionenkonzentration des Eisenchlorids gegeben durch

$$c_\pm = (c_{Fe^{2+}} c_{Cl^-}^2)^{1/3}, \tag{3.43}$$

der mittlere praktische Aktivitätskoeffizient durch

$$f_\pm = (f_{Fe^{2+}} f_{Cl^-}^2)^{1/3}. \tag{3.44}$$

Dementsprechend wird für den (hypothetischen) Standardzustand gelöster Elektrolyte $a_\pm^0 = c_\pm^0 = 1$ (mol/kg).

Als Beispiel für tabellierte Werte praktischer Aktivitätskoeffizienten gibt die Tabelle 2 einige Werte für reine HCl-Lösungen.

3.3 Gleichgewichte in galvanischen Zellen

Die wesentlichen Eigenschaften galvanischer Zellen (oder auch: galvanischer "Elemente") sollen zunächst am bekannten Beispiel des Bleiakkumulators diskutiert werden. Die stromliefernde chemische Bruttoreaktion ist in diesem Fall die Umwandlung von Blei und Bleidioxid zu Bleisulfat:

$$Pb + PbO_2 + 2H_2SO_4 = 2PbSO_4 + 2H_2O \tag{3.45}$$

Nebenreaktionen, wie die vergleichsweise sehr langsame Bleikorrosion nach Gl. (2.4), bleiben hier außer Betracht. Nach Gl. (3.35) berechnet sich die reversible Reaktionsarbeit zu

$$\Delta G = \Delta G^0 + RT \ln \frac{(a_{H_2O}^2)_{II}}{(a_{H_2SO_4}^2)^{II}} \tag{3.46}$$

$$\Delta G^0 = 2\mu_{PbSO_4}^0 + 2\mu_{H_2O}^0 - \mu_{PbO_2}^0 - 2\mu_{H_2SO_4}^0. \tag{3.47}$$

Bild 3.2 zeigt das Phasenschema des Bleiakkumulators. Das System besteht aus einer Bleiplatte *I* in Berührung mit H_2SO_4-Lösung *II*, deren Gehalt an gelösten Bleiionen sehr gering ist, und einer mit Bleidioxid *III* umhüllten Bleiplatte *I'* in Berührung mit derselben Lösung. An beiden Bleiplatten liegt festes Bleisulfat *IV* bzw. *IV'* vor. Das Schema ist mit der Annahme skizziert, daß elektronenleitendes PbO_2 die eine Bleiplatte porenfrei bedeckt, wobei hier nicht interessiert, ob dies dem Zustand des technischen Akkumulators genau entspricht. Es ist ferner

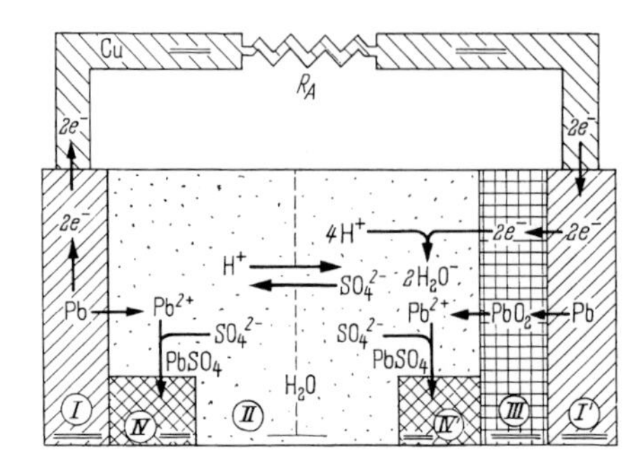

Bild 3.2. Phasenschema des Bleiakkumulators

angenommen, daß die Zelle über einen Kupferdraht zwischen den Polen über einen Widerstand R_A entladen wird.

Die Phasen *I*, *IV* und *II* bilden eine Elektrode oder Halbzelle des Systems, die Phasen *I'*, *III*, *IV'* und *II* die andere Elektrode oder Halbzelle. Man spricht auch vereinfachend von der „$Pb/PbSO_4$-" und der „Pb/PbO_2, $PbSO_4$-Elektrode" des Akkumulators.

Bei der Entladung der Zelle wird an der $Pb/PbSO_4$-Elektrode Blei unter Ausfällung von Bleisulfat oxidiert, wobei Elektronen in der Phase *I* zurückbleiben:

$$(\mathrm{Pb})_{\mathrm{I}} + (\mathrm{SO}_4^{2-})_{\mathrm{II}} \rightarrow (\mathrm{PbSO}_4)_{\mathrm{IV}} + 2(e^-)_{\mathrm{I}}. \tag{3.48}$$

An der Pb/PbO_2, $PbSO_4$-Elektrode wird Bleidioxid unter Ausfällung von Bleisulfat reduziert, wobei Elektronen aus der Phase *I'* entnommen werden:

$$(\mathrm{PbO}_2)_{\mathrm{III}} + 4(\mathrm{H}^+)_{\mathrm{II}} + (\mathrm{SO}_4^{2-})_{\mathrm{II}} + 2(e^-)_{\mathrm{I'}} \rightarrow (\mathrm{PbSO}_4)_{\mathrm{IV'}} + 2(\mathrm{H}_2\mathrm{O})_{\mathrm{II}}. \tag{3.49}$$

Es handelt sich also um typische Elektrodenreaktionen, die sich zur Bruttoreaktion, hier sinngemäß auch als *Zellreaktion* bezeichnet, aufaddieren.

Im Bleiakkumulator ist die Pb/PbO_2, $PbSO_4$-Elektrode der *Pluspol* und die *Kathode* der Zelle, die $Pb/PbSO_4$-Elektrode der *Minuspol* und die *Anode* der Zelle. Allgemein ist bei einer galvanischen Zelle *Pluspol* und *Kathode* jene Elektrode, an der bei Stromentnahme als Elektroden-Bruttoreaktion eine Reduktion abläuft, die deshalb auch als *kathodische* Reduktion bezeichnet wird. Entsprechend ist bei einer galvanischen Zelle *Minuspol* und *Anode* jene Elektrode, an der bei Stromentnahme als Elektroden-Bruttoreaktion eine Oxydation abläuft, die deshalb als *anodische* Oxydation bezeichnet wird. Aus den Elektroden-Bruttoreaktionen erhält man die vollständige Zellreaktion erst durch Hinzunahme der Gleichung des Elektronentransportes zwischen den Polen der Zelle, hier also durch Hinzufügen von

$$2(e^-)_{\mathrm{I}} \rightarrow 2(e^-)_{\mathrm{I'}}. \tag{3.50}$$

Der Stromkreis wird durch die Elektrolytlösung geschlossen, in der die frei beweglichen Ionen als Ladungsträger verschoben werden. Dabei übernehmen die verschiedenen Ionensorten einen Anteil an der Stromlieferung nach Maßgabe ihrer Konzentration, Beweglichkeit und Ladung. Der Bruchteil t_k des von einer Ionensorte k transportierten Stromes wird als *Überführungszahl* der betreffenden Ionensorte bezeichnet, die Erscheinung der Ionenverschiebung durch Stromtransport allgemein als *elektrolytische Überführung.* Man kann leicht zeigen, daß die Überführung grundsätzlich nicht zur elektrostatischen Aufladung verschiedener Bereiche des Elektrolyten gegeneinander führen kann, wohl aber bei mangelnder Konvektion der Flüssigkeit zum Auftreten von Gradienten der Konzentration insgesamt ungeladener Kombinationen verschiedener Ionensorten. Solche durch den Stromfluß bewirkte Änderungen der Elektrolytzusammensetzung werden später bei der Betrachtung von Korrosionsvorgängen in Spalten, Löchern und Rissen wichtig werden.

Der Elektronentransport zwischen den Polen der Zelle und damit der Ablauf der Zellreaktion ist bei unterbrochener äußerer Verbindung vollkommen gehemmt. In diesem Zustand kann die Leerlaufspannung vom Betrage $|U|$ *z. B.* mit einem elektrostatischen Voltmeter, mit meistens ausreichender Genauigkeit auch mit einem elektronischen Voltmeter mit sehr hohem Eingangswiderstand (z. B. $> 10^7\ \Omega$) bestimmt werden. Sehr genau, und vom Standpunkt der Thermodynamik von grundsätzlichem Interesse, ist die Poggendorffsche Kompensationsmethode, bei der zwischen die Pole eine Gegenspannung gelegt und so lange verändert wird, bis kein Strom mehr fließt. Zelle und Kompensationseinrichtung bilden dann ein *reversibel* arbeitendes Gesamtsystem, da durch geringfügige Änderung der zugeschalteten Spannung in der einen oder der anderen Richtung der Akkumulator nach Belieben, und beliebig langsam, geladen oder entladen wird. Die Leerlaufspannung des Bleiakkumulators ist deshalb ein Beispiel für die Einstellung einer *reversiblen Zellspannung* U_{rev}. Das Produkt aus entnommener Ladung und U_{rev} ist daher notwendig gleich dem Betrag der maximalen Nutzarbeit, die der Zelle entnommen werden kann, d. h. aber gleich dem Betrag der reversiblen Reaktionsarbeit $|\Delta G|$. Um die maximale Nutzarbeit auf einen Formel-Umsatz zu beziehen, ist U_{rev} mit dem Produkt $z_r F$ aus Reaktionswertigkeit und Faraday-Konstante zu multiplizieren, d. h.

$$|\Delta G| = z_r F |U_{rev}|. \tag{3.51}$$

Die Beziehung Gl. (3.51) zwischen der reversiblen Reaktionsarbeit und der Leerlaufspannung gilt allgemein für galvanische Zellen, deren Zellreaktion nach Kompensation der Klemmenspannung reversibel verläuft. Nun ist aber offenbar dieselbe Spannung auch dann zwischen den Polen der Zelle vorhanden, wenn diese nicht mit einer Kompensationseinrichtung verbunden ist. Das besagt, daß die Reaktion

$$\begin{aligned}(\mathrm{Pb})_{\mathrm{I}} + (\mathrm{PbO_2})_{\mathrm{III}} + 2(\mathrm{H_2SO_4})_{\mathrm{II}} + 2(e^-)_{\mathrm{I'}} &\rightarrow (\mathrm{PbSO_4})_{\mathrm{IV}} \\ &+ (\mathrm{PbSO_4})_{\mathrm{IV'}} + 2(\mathrm{H_2O})_{\mathrm{II}} + 2(e^-)_{\mathrm{I}}\end{aligned} \tag{3.52}$$

im offenen Bleiakkumulator, also bei vollständig gehemmtem Elektronenübergang zwischen den Polen, im Gleichgewicht steht. Das Gleichgewicht wird erst durch den äußeren metallischen Schluß zwischen den Polen der Zelle aufgehoben. Im Gleichgewicht ist die Reaktionsarbeit der Reaktion Gl. (3.52) Null. Dabei führt die Reaktion Gl. (3.52) – anders als die Zellreaktion Gl. (3.45) – zur gegenseitigen

Aufladung der Pole der Zellen, da der Reaktionsschritt Gl. (3.50) fehlt. Eben dadurch wird aber das Verschwinden der Reaktionsarbeit möglich: Die Pole laden sich gerade so auf, daß die chemischen treibenden Kräfte durch die elektrostatischen ausbalanciert sind.

Über das Vorzeichen der reversiblen Zellspannung wird durch die willkürliche Vereinbarung verfügt, es sei

$$\Delta G = z_r F U_{rev}. \tag{3.53}$$

Dabei ist die Spannung U galvanischer Zellen allgemein definiert als Differenz des Galvani-Potentials φ_I im Pol I und des Galvani-Potentials $\varphi_{I'}$ im chemisch identischen Pol I'.

$$U = \varphi_I - \varphi_{I'} = \varphi_{I,I'}. \tag{3.54}$$

Es ist anzumerken, daß zufolge des Voltaschen Gesetzes das Anfügen weiterer, chemisch jeweils paarweise identischer Metallphasen, also etwa das Anfügen kupferner Drähte, an die Pole der Zelle ihre Spannung U nicht ändert. Wegen des Vorzeichens sind die folgenden Regeln zu beachten: Für eine hingeschriebene Reaktion wird ΔG als stöchiometrische Summe der chemischen Potentiale rechts stehender („End"-)Produkte abzüglich der gleichen Summe für die links stehenden („Anfangs"-)Produkte gebildet. Die Zellspannung ist gleich dem inneren elektrischen Potential des im Phasenschema mit I bezeichneten Pols der Zelle abzüglich des inneren elektrischen Potentials des Pols I', chemische Identität der Pole vorausgesetzt. Die Reaktionswertigkeit ist eine positive Größe, falls beim Ablauf der Reaktion, wie hingeschrieben von links nach rechts, Elektronen im äußeren metallischen Schluß von Pol I nach Pol I' transportiert werden.

Der aus (3.20), (3.21) und (3.53) folgende Ausdruck

$$U_{rev} = \frac{\Delta G^0}{z_r F} + \frac{RT}{z_r F} \ln \Pi A_k^{\nu_k} \tag{3.55}$$

wird als *Nernstsche Gleichung* bezeichnet, die Größe $\Delta G^0 / z_r F$ als die *Standard-Zellspannung* U^0. Der Faktor RT/F hat für 25°C (298,15 K) den Zahlenwert 0,026 V; es ist dann $(RT/z_r F) \ln x = (0{,}059/z_r) \log x$. U^0(V) berechnet sich aus ΔG^0 (kcal) durch Multiplikation mit dem Faktor $1/(z_r \cdot 23{,}06)$, aus G^0 (kJ) durch Multiplikation mit dem Faktor $1/(z_r \cdot 96{,}49)$.

3.4 Galvanische Zellen mit Überführung

Der Bleiakkumulator ist thermodynamisch wohldefiniert, weil er eine und nur eine Elektrolytphase homogener Zusammensetzung enthält. Typisch anders liegen die Dinge z. B. in der Daniell-Zelle. Ihre eine Halbzelle ist ein Zinkblech in einer Zinksalzlösung, die andere ein Kupferblech in einer Kupfersalzlösung. Das Phasenschema ist in Bild 3.3a skizziert. Das System enthält eine Phasengrenze Elektrolyt II/Elektrolyt III, die mit Hilfe eines zwischengeschalteten Diaphragmas so hergestellt werden muß, daß die grundsätzlich irreversible Vermischung der

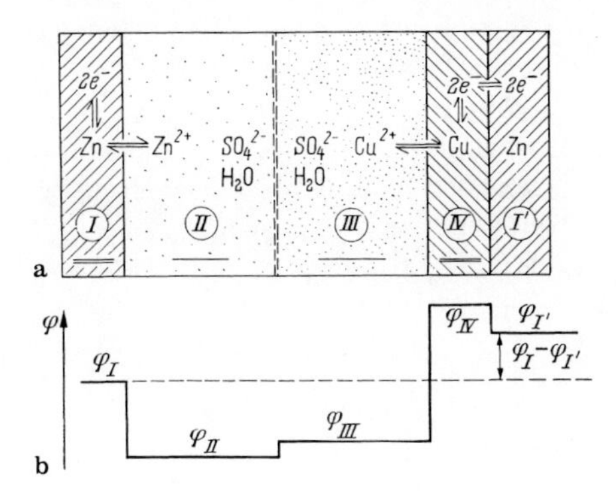

Bild 3.3. **a** Phasenschema der offenen Daniell-Zelle, **b** Möglicher Verlauf des Galvani-Potentials in der offenen Zelle

Elektrolytlösungen während der Dauer der Benutzung der Zelle praktisch vernachlässigbar bleibt.

Ein Gleichgewicht kann es aber an dieser Phasengrenze nicht geben. Davon abgesehen, sind außerdem die Pole der Daniell-Zelle nicht von vorneherein chemisch identisch. Man muß daher entweder den in Bild 3.3a angedeuteten Fall betrachten, daß an das Kupfer noch ein Zinkdraht angeschlossen wurde, oder – mit genau gleichem Ergebnis – den Fall, daß auf das Zink noch ein Kupferdraht folgt. Die stromliefernde chemische Reaktion in der Daniell-Zelle lautet:

$$(\mathrm{Zn})_{\mathrm{I}} + (\mathrm{Cu}^{2+})_{\mathrm{III}} \rightarrow (\mathrm{Zn}^{2+})_{\mathrm{II}} + (\mathrm{Cu})_{\mathrm{IV}} \tag{3.56}$$

Darauflassen sich formal die Gl. (3.20) und (3.55) anwenden, mit dem Ergebnis, daß

$$\Delta G = \Delta G^0 + RT \ln \frac{(a_{\mathrm{Zn}^{2+}})_{\mathrm{II}}}{(a_{\mathrm{Cu}^{2+}})_{\mathrm{III}}}, \tag{3.57}$$

$$\Delta G^0 = G^0_{\mathrm{Zn}^{2+}} - G^0_{\mathrm{Cu}^{2+}}, \tag{3.58}$$

$$U_{\mathrm{rev}} = \frac{\Delta G^0}{2F} + \frac{RT}{2F} \ln \frac{(a_{\mathrm{Zn}^{2+}})_{\mathrm{II}}}{(a_{\mathrm{Cu}^{2+}})_{\mathrm{III}}}. \tag{3.59}$$

Wie die folgende Überlegung zeigt, ist diese rechnerische Größe U_{rev} hier aber nicht gleich der meßbaren Zellspannung $\varphi_{\mathrm{I,I'}}$ der offenen Zelle.

Zunächst versteht sich, daß für die offene, stromlose Zelle, in der Ohmsche Spannungen nicht vorkommen, die Zellspannung $\varphi_{\mathrm{I,I'}}$ gleich ist der Summe der Galvani-Spannungen an den verschiedenen Phasengrenzen:

$$\varphi_{\mathrm{I,I'}} = \sum \varphi_{\mathrm{x,y}} \tag{3.60}$$

$$\varphi_{\mathrm{I,I'}} = (\varphi_{\mathrm{I}} - \varphi_{\mathrm{II}}) + (\varphi_{\mathrm{II}} - \varphi_{\mathrm{III}}) + (\varphi_{\mathrm{III}} - \varphi_{\mathrm{IV}}) + (\varphi_{\mathrm{IV}} - \varphi_{\mathrm{I'}}). \tag{3.61}$$

Diese Addition der Einzelspannungen zur Zellspannung zeigt Bild 3.3b schematisch. Da die Einzelspannungen grundsätzlich nicht meßbar sind, so deutet Bild 3.3b auch nur eine unter beliebig vielen anderen Möglichkeiten der Aufteilung der Zellspannung an. Insbesondere folgt auch allein aus der Tatsache, daß eine Elektrode in einer Zelle die Kathode bzw. die Anode ist, noch nichts über das Vorzeichen der Ladung der Elektrode der Elektrolytlösung gegenüber. Zum Beispiel kann die Kathode der Lösung gegenüber durchaus positiv geladen sein, die Anode negativ.

Nun ist die Daniell-Zelle ein guter Gleichstromlieferant, weshalb es vernünftig ist anzunehmen, in der offenen Zelle herrsche an allen Phasengrenzen, außer an der Grenze II/III, Gleichgewicht. Diese Gleichgewichte berechnen sich wie folgt:

Für die Elektrodenreaktion an der Anode

$$(\mathrm{Zn})_{\mathrm{I}} \rightarrow (\mathrm{Zn}^{2+})_{\mathrm{II}} + 2(\mathrm{e}^-)_{\mathrm{I}} \tag{3.62}$$

ist im Gleichgewicht

$$\begin{aligned} \Delta G &= (\tilde{\mu}_{\mathrm{Zn}^{2+}})_{\mathrm{II}} + 2(\tilde{\mu}_{\mathrm{e}^-})_{\mathrm{I}} - (\mu_{\mathrm{Zn}})_{\mathrm{I}} = 0, \\ \text{mit} \quad \mu_{\mathrm{Zn}} &= \mu^0_{\mathrm{Zn}}, \\ \tilde{\mu}_{\mathrm{Zn}^{2+}} &= \mu^0_{\mathrm{Zn}^{2+}} + RT\ln a_{\mathrm{Zn}^{2+}} + 2F\varphi_{\mathrm{II}}, \\ \tilde{\mu}_{\mathrm{e}^-} &= \mu_{\mathrm{e}^-} - F\varphi_{\mathrm{I}}, \end{aligned} \tag{3.63}$$

so daß folgt

$$2F(\varphi_{\mathrm{I}} - \varphi_{\mathrm{II}}) = \mu^0_{\mathrm{Zn}^{2+}} + 2(\mu_{\mathrm{e}^-})_{\mathrm{I}} - \mu^0_{\mathrm{Zn}} + RT\ln(a_{\mathrm{Zn}^{2+}})_{\mathrm{II}}. \tag{3.64}$$

Für die Elektrodenreaktion an der Kathode

$$(\mathrm{Cu}^{2+})_{\mathrm{II}} + (2\mathrm{e}^-)_{\mathrm{IV}} \rightarrow (\mathrm{Cu})_{\mathrm{IV}}$$

ergibt sich für das Gleichgewicht in analoger Weise

$$2F(\varphi_{\mathrm{III}} - \varphi_{\mathrm{IV}}) = \mu^0_{\mathrm{Cu}} - \mu^0_{\mathrm{Cu}^{2+}} - 2(\mu_{\mathrm{e}^-})_{\mathrm{IV}} - RT\ln(a_{\mathrm{Cu}^{2+}})_{\mathrm{III}}, \tag{3.65}$$

und endlich für das Gleichgewicht des Durchtritts der Elektronen

$$(\mathrm{e}^-)_{\mathrm{IV}} \rightarrow (\mathrm{e}^-)_{\mathrm{I'}} \tag{3.66}$$

durch die Phasengrenze IV/I′

$$F(\varphi_{\mathrm{IV}} - \varphi_{\mathrm{I'}}) = (\mu_{\mathrm{e}^-})_{\mathrm{IV}} - (\mu_{\mathrm{e}^-})_{\mathrm{I'}}. \tag{3.67}$$

Summiert man genäß Gl. (3.61) so ergibt sich (mit Gl. (3.27))

$$\begin{aligned} \varphi_{\mathrm{I,I'}} &= \frac{1}{2F}(G^0_{\mathrm{Zn}^{2+}} - G^0_{\mathrm{Cu}^{2+}}) + \frac{RT}{2F}\ln\frac{(a_{\mathrm{Zn}^{2+}})_{\mathrm{II}}}{(a_{\mathrm{Cu}^{2+}})_{\mathrm{III}}} + \varphi_{\mathrm{II,III}} \\ &= \frac{\Delta G^0}{2F} + \frac{RT}{2F}\ln\frac{(a_{\mathrm{Zn}^{2+}})_{\mathrm{II}}}{(a_{\mathrm{Cu}^{2+}})_{\mathrm{III}}} + \varphi_{\mathrm{II,III}}, \end{aligned} \tag{3.68}$$

d. h. $\varphi_{\mathrm{I,I'}}$ unterscheidet sich von U_{rev} um $\varphi_{\mathrm{II,III}}$, die Galvani-Spannung an der Phasengrenze II, III, wo sich die Elektrolytlösungen vielleicht nur langsam, aber grundsätzlich irreversibel vermischen. $\varphi_{\mathrm{II,III}}$ wird üblicherweise als *Diffusionsspannung*, oder auch als „*Diffusionspotential*“ bezeichnet. Das Auftreten einer elektrischen Spannung an dieser Stelle beruht darauf, daß Anionen und Kationen im allgemeinen verschieden schnell beweglich sind und deshalb bei der Diffusion „auseinanderlaufen“. Im stationären Zustand stellt sich eine Diffusionsspannung so ein, daß die Ionen des einen Vorzeichens beschleunigt und die des anderen gebremst werden, so daß Anionen und Kationen nummehr gleichschnell diffundieren. Näherungsrechnungen, die hier nicht dargelegt werden sollen, ergeben, daß das Diffusionspotential, von Sonderfällen abgesehen, eine kleine Größe ist, die vernachlässigt werden kann, so lange wie im vorliegenden Zusammenhang eine auf etwa 0,01 Volt beschränkte Genauigkeit der Berechnung von Zellspannungen ausreicht. In diesem Rahmen kann auch darüber hinweggesehen werden, daß der Quotient $(a_{Zn^{2+}})_{II}/(a_{Cu^{2+}})_{III}$ strenggenommen undefiniert ist, d. h. es können hier die Näherungsmethoden zur Berechnung von Einzelionenaktivitäten herangezogen werden.

Das Diffusionspotential tritt auch bei den weiter unten diskutierten Messungen des Elektrodenpotentials korrodierter Elektroden gegen eine Bezugselektrode störend auf, wenn diese nicht mit der Elektrolytlösung gefüllt ist, in der das Metall korrodiert wird. Der Fehler bleibt im allgemeinen unerheblich klein, wenn Salzbrücken, gefüllt mit stark konzentrierter KCl- oder auch NH_4NO_3-Lösung eingeschaltet werden. Man beachte, daß das Diffusionspotential auch auftritt, wenn sich in den Kurzschlußzellen, die sich etwa beim Lochfraß ausbilden (vgl. dort), die Lösung durch Effekte der elektrolytischen Überführung enthomogenisiert. Das Diffusionspotential mag dann u. U. 0,05 V und mehr erreichen. Entsprechend unsicher sind auch Messungen mit „wäßrigen“ Bezugselektroden, wenn die zu untersuchende Metallelektrode in einer nichtwäßrigen oder wasserarmen Elektrolytlösung korrodiert wird.

3.5 Anwendungen

Nach Gl. (3.63) ist die Reaktion (3.62) im Gleichgewicht, falls $(\mu_{Zn^{2+}})_{II} = (\mu_{Zn})_I - 2(\tilde{\mu}_{e^-})_I$. In dieser Gleichung kann aber die rechte Seite auch als das elektrochemische Potential $\tilde{\mu}_{Zn^{2+}}$ der Zn^{2+}-Teilchen im metallischen Zink aufgefaßt werden. An die Stelle der Gl. (3.63) tritt dann die Gleichung

$$(\tilde{\mu}_{Zn^{2+}})_I = (\tilde{\mu}_{Zn^{2+}})_{II}. \tag{3.69a}$$

Entsprechend erhält man für die Gleichgewichts-Cu/Cu^{2+}-Elektrode

$$(\tilde{\mu}_{Cn^{2+}})_{IV} = (\tilde{\mu}_{Cu^{2+}})_{III}. \tag{3.69b}$$

Sinngemäß bezeichnet man die Zn^{2+}-bzw. die Cu^{2+}-Ionen als die *durchtrittsfähigen* Teilchen der betreffenden Elektrode. Die Gleichgewichtsbedingung schreibt daher hier und ebenso im allemeinen für beliebige Elektroden die Gleichheit des elektrochemischen Potentials des durchtrittsfähigen Teilchens in den beiden die Elektrode bildenden Phasen vor. Bezeichnen wir diese beiden Phasen mit Me (Metall) und L (Lösung), die durchtrittsfähige Teilchensorte mit k, so lautet daher die Gleichgewichtsbedingung allgemein:

$$(\tilde{\mu}_k)_{Me} = (\tilde{\mu}_k)_L. \tag{3.70}$$

Häufig handelt es sich bei den durchtrittsfähigen Telichen um Elektronen, die aus dem Metall zu einem in der Lösung enthaltenen Ion oder einer gelösten Molekel übergehen. Typische Elektrodenreaktionen dieser Art sind die Reaktionen der *Gaselektroden*, also z. B. der *Wasserstoffelektrode* mit der Reaktion

$$(H_2)_G \rightarrow 2(H^+)_L + 2(e^-)_{Me}, \tag{3.71}$$

oder der *Sauerstoffelektrode* mit der Reaktion

$$2(H_2O)_L \rightarrow (O_2)_G + 4(H^+)_L + 4(e^-)_{Me}. \tag{3.72}$$

Für beide Elektroden lautet die Gleichgewichtsbedingung $(\tilde{\mu}_{e^-})_{Me} = (\tilde{\mu}_{e^-})_L$, wobei es nicht wesentlich ist, daß freie Elektronen in der Lösung nicht beständig sind. Das elektrochemische Potential der Elektronen ist im einen Falle durch $(\tilde{\mu}_{e^-})_L = \frac{1}{2}(\mu_{H_2})_G - (\tilde{\mu}_{H^+})_L$ festgelegt, im anderen durch $(\tilde{\mu}_{e^-})_L = \frac{1}{2}(\mu_{H_2O})_L - -\frac{1}{4}(\mu_{O_2})_G$. Die Elektrodenreaktionen (3.71) und (3.72) spielen eine besondere Rolle, weil ihre Überlagerung mit der Elektrodenreaktion der Metallauflösung die wichtigsten Typen der Bruttoreaktion der Korrosion ergibt. Hinzu kommen die im übrigen ganz analog zu behandelnden Redoxreaktionen vom Typ z. B. der Reaktion $(Fe^{3+})_L + (e^-)_{Me} \rightarrow (Fe^{2+})_L$, bei denen die durchtretenden Elektronen die Wertigkeit gelöster Ionen ändern.

Mit Ausnahme der Sauerstoffelektrode sind die bisher diskutierten galvanischen Hallbzellen experimentell gut realisierbar. Als Wasserstoffelektrode benutzt man z. B. ein platiniertes Platinblech, bespült mit Wasserstoffgas, in Salzsäurelösung. Dabei kommt es hinsichtlich der Metallphase nur darauf an, daß sich das Gleichgewicht der Reaktion Gl. (3.71) schnell einstellt, und daß das Metall in der Elektrolytlösung nicht angegriffen wird. Die chemische Natur des Metalls ist für das Gleichgewicht der Elektrodenreaktion belanglos, und anstelle von Platin kann z. B. auch Gold oder Palladium benutzt werden, ohne daß sich die Zellspannung ändert. Das Metall hat hier wie für alle Redoxelektroden nur die Funktion des Elektronenüberträgers.

Verbindet man eine Zn/Zn^{2+}-Elektrode über ein Diaphragma mit einer H_2/H^+-Elektrode, so erhält man eine galvanische Zelle Pt/Zn/Zn^{2+}-Lösung/H^+-Lösung/H_2, Pt, die das Gleichgewicht der Korrosionsreaktion $Zn + 2H^+ \rightarrow \rightarrow Zn^{2+} + H_2$ bei gehemmtem Elektronenübergang repräsentiert. Eine Zelle Pt/ Pb/$PbSO_4$-Lösung/H^+-Lösung/H_2, Pt weist die Gleichgewichtszellspannung der Korrosionsreaktion $Pb + H_2SO_4 \rightarrow PbSO_4 + H_2$ auf. Hingegen stellt sich z. B. die Zelle Fe/Fe^{2+}-Lösung/H^+-Lösung/H_2, Pt nicht auf die Gleichgewichtszellspannung ein, weil eine reversible Fe/Fe^{2+}-Elektrode nicht ohne weiteres realisierbar ist. Die Gründe für dieses Verhalten werden sich weiter unten aus der Diskussion der Kinetik dieser Elektrode ergeben. Auch das Gleichgewicht der Sauerstoffelektrode stellt sich nur unter besonderen Bedingungen ein. Zellen, die das Gleichgewicht der Korrosion durch gelösten Sauerstoff repräsentieren, sind daher ebenfalls experimentell nicht oder nur schwer realisierbar. Da die Zellspannung im allgemeinen mit ausreichender Genauigkeit aus kalorischen Daten berechnet werden kann, sind diese experimentellen Schwierigkeiten für Gleichgewichtsbetrachtungen aber belanglos.

Zum Beispiel kann die Gleichgewichtszellspannung der „Knallgaskette" Pt, H_2/H^+-Lösung/O_2, Pt, mit der Zellreaktion

$$2(H_2O)_L \rightarrow 2(H_2)_G + (O_2)_G \tag{3.73}$$

berechnet werden:

$$U_{rev} = U^0 + \frac{RT}{4F} \ln \frac{p_{H_2}^2 p_{O_2}}{a_{H_2O}^2}; \quad U^0 = -\frac{1}{4F} 2G_{H_2O}^0 = +1{,}229 \text{ V}. \tag{3.74}$$

Für $p_{O_2} = p_{H_2} = 1$ bar ist daher wegen $a_{H_2O}^2 \cong 1$ die Gleichgewichts-Sauerstoffelektrode stets um 1,229 V positiver als eine Wasserstoffelektrode, und zwar unabhängig von der Acidität der Lösung. Sauerstoff ist daher thermodynamisch ein wesentlich stärkeres Oxydationsmittel als das Wasserstoffion. Für Korrosionsbetrachtungen interessiert hier speziell die Gleichgewichtszellspannung für $p_{H_2} = 1$ bar, dem Druck in Wasserstoffblasen, die bei der Säurekorrosion entstehen, und $p_{O_2} = 0.2$ bar, dem Partialdruck des Sauerstoffs in der Atmosphäre. Für diese Bedingungen berechnet man $U = +1{,}21$ V als konstante, pH-unabhängige Spannung der Gleichgewichts-Knallgaskette bei 25 °C.

Für die Gleichgewichtszellspannung der Zelle Pt/Fe/Fe^{2+}-Lösung/H^+-Lösung/H_2, Pt berechnet man entsprechend:

$$U_{rev} = U^0 + \frac{RT}{2F} \ln \frac{a_{Fe^{2+}}}{a_{H^+}^2} p_{H_2}; \quad U^0 = +\frac{1}{2F} G_{Fe^{2+}}^0 = -0{,}440 \text{ V}. \tag{3.75}$$

Es ist nun praktisch, für Vergleichszwecke die Gleichgewichtsspannung von Zellen zu betrachten, die alle möglichen Halbzellen im Kontakt mit einer willkürlich ausgewählten Bezugshalbzelle oder *Bezugselektrode* enthalten. Als Bezugselektrode hat sich die *Normalwasserstoffelektrode* eingebürgert, das ist eine Wasserstoffelektrode bei 25 °C; $a_{H^+} = 1$ mol/l, $p_{H_2} = 1$ bar. Die Gleichgewichtszellspannung einer Zelle, bestehend aus einer Elektrode x und der Normalwasserstoffelektrode, ist das *Gleichgewichts-Elektrodenpotential* E_x der x-Elektrode. Damit wird für Zellspannungsmessungen die Normalwasserstoffelektrode als Potentialnullpunkt willkürlich festegesetzt. Liegen die in die Elektroden-Bruttoreaktion der x-Elektrode eingehenden Stoffe alle in ihrem Standardzustand vor, so ist das Elektrodenpotential gleich dem *Normalpotential* E_x^0 der x-Elektrode. Es ist also das Gleichgewichts-Elektrodenpotential der Fe/Fe^{2+}-Elektrode gegeben durch

$$E_{Fe/Fe^{2+}} = E_{Fe/Fe^{2+}}^0 + \frac{RT}{2F} \ln a_{Fe^{2+}}; \quad E_{Fe/Fe^{2+}}^0 = -0{,}440 \text{ V}, \tag{3.76}$$

das der Zn/Zn^{2+}-Elektrode durch

$$E_{Zn/Zn^{2+}} = E_{Zn/Zn^{2+}}^0 + \frac{RT}{2F} \ln a_{Zn^{2+}}; \quad E_{Zn/Zn^{2+}}^0 = -0{,}763 \text{ V} \tag{3.77}$$

usw., allgemein das Gleichgewichts-Elektrodenpotential von Me/Me^{z+}-Elektroden durch

$$E_{Me/Me^{2+}} = E_{Me/Me^{z+}}^0 + \frac{RT}{zF} \ln a_{Me^{z+}}. \tag{3.78}$$

Für die hauptsächlich interessierenden Me/Me^{z+}-Elektroden gibt die Tabelle 3 den Wert des Normalpotentials an.

Tabelle 3

Elektrode	$E^0_{Me/Me^{z+}}$	$E'_{Me/Me^{z+}}$	U_1	U_2
1	2	3	4	5
Na/Na^+	– 2,714[V]	– 3,068[V]	– 2,655[V]	– 3,87[V]
Mg/Mg^{2+}	– 2,37	– 2,54	– 2,13	– 3,34
Be/Be^{2+}	– 1,85	– 2,02	– 1,61	– 2,82
Al/Al^{3+}	– 1,66	– 1,78	– 1,37	– 2,58
Ti/Ti^{2+}	– 1,63	– 1,80	– 1,39	– 2,60
Zr/Zr^{4+}	– 1,53	– 1,61	– 1,20	– 2,41
Mn/Mn^{2+}	– 1,18	– 1,35	– 0,94	– 2,15
Zn/Zn^{2+}	– 0,763	– 0,937	– 0,542	– 1,75
Cr/Cr^{3+}	– 0,74	– 0,62	– 0,21	– 1,42
Fe/Fe^{2+}	– 0,440	– 0,614	– 0,201	– 1,41
Cd/Cd^{2+}	– 0,403	– 0,577	– 0,164	– 1,37
In/In^{3+}	– 0,342	– 0,460	– 0,047	– 1,26
Co/Co^{2+}	– 0,277	– 0,451	– 0,038	– 1,25
Ni/Ni^{2+}	– 0,250	– 0,424	– 0,011	– 1,22
Sn/Sn^{2+}	– 0,136	– 0,310	+ 0,103	– 1,11
Pb/Pb^{2+}	– 0,126	– 0,300	+ 0,113	– 1,11
Fe/Fe^{3+}	– 0,036	– 0,110	+ 0,303	– 0,91
H_2/H^+	0,0 . . .			
Cu/Cu^{2+}	+ 0,337	+ 0,163	+ 0,676	– 0,53
Cu/Cu^+	+ 0,521	+ 0,167	+ 0,680	– 0,53
Hg/Hg_2^{2+}	+ 0,789	+ 0,612	+ 1,025	– 0,18
Ag/Ag^+	+ 0,7991	+ 0,445	+ 0,858	– 0,35
Pd/Pd^{2+}	+ 0,987	+ 0,813	+ 1,226	+ 0,02
Pt/Pt^+	+ 1,2	+ 0,8	+ 1,2	± 0
Au/Au^{3+}	+ 1,50	+ 1,38	+ 1,79	+ 0,58
Au/Au^+	+ 1,7	+ 1,3	+ 1,7	+ 0,5

Spalte 1: Elektrode Me/Me^{z+} mit Elektroden-Bruttoreaktion $Me \rightarrow Me^{z+} + ze^-$.
Spalte 2: Normalpotential der Me/Me^{z+}-Elektrode.
Spalte 3: Gleichgewichts-Elektrodenpotential der Me/Me^{z+}-Elektrode für $a_{Me^{z+}} = 10^{-6}$ mol/l.
Spalte 4: Gleichgewichtsspannung der Zelle $Pt/Me/Me^{z+}$-Lösung ($a_{Me^{z+}} = 10^{-6}$ mol/l)/H^+-Lösung ($a_{H^+} = 10^{-7}$ mol/l)/H_2, Pt.
Spalte 5: Gleichgewichtsspannung der Zelle $Pt/Me/Me^{z+}$-Lösung ($a_{Me/Me^{z+}} = 10^{-6}$ mol/l/H^+-Lösung ($a_{H^+} = 10^{-7}$ mol/l/Luft, Pt.
(Alle Werte für 25 °C.)

Definitionsgemäß ist das Normalpotential der in die Tabelle aufgenommenen H_2/H^+-Elektrode $E^0_{H_2/H^+} = 0$. Daher berechnet sich das Gleichgewichts-Elektrodenpotential der Wasserstoffelektrode nach

$$E_{H_2/H^+} = \frac{RT}{F} \ln a_{H^+} - \frac{RT}{2F} \ln p_{H_2}. \tag{3.79}$$

Die Tabellierung der Metalle nach steigenden Werten des Normalpotentials der entsprechenden Elektrode wird als „*Spannungsreihe*" der Metalle bezeichnet. Auch

nennt man häufig „edler“ bzw. „unedler“ als Wasserstoff solche Metalle, deren Normalpotential eine positive bzw. eine negative Größe ist. Unedle Metalle gehen unter Standardbedingungen, also bei $a_{Me^{z+}} = a_{H^+} = 1$ mol/l, $p_{H_2} = 1$ bar, 25 °C, $\gamma_{Me} = 1$, in Säure unter Wasserstoffentwicklung in Lösung. Demgegenüber sind Metalle mit positiven Normalpotential unter Standardbedingungen in Abwesenheit anderer Oxydationsmittel als der H^+-Ionen in der Elektrolytlösung thermodynamisch stabil. Allerdings ist das Verhalten unter Standardbedingungen für Korrosionsbetrachtnungen im Grunde ohne besonderes Interesse, da man es normalerweise mit Lösungen zu tun hat, die von Ionen des betrachteten Metalls praktisch frei sind. Wie schon unter 3.2 dargelegt, rechnet man besser mit $a_{Me^{z+}} \cong c_{Me^{z+}} = 10^{-6}$ mol/l. Dann erhält man die in der Spalte 3 der Tab. 3 eingetragenen Werte des Elektrodenpotentials. Die Spalte besagt, daß in Berührung mit einer Saure der Aktivität 1 mol/l der Wasserstoffionen nach wie vor Blei als unedles, Kupfer als edles Metall erscheint.
Weiter interessiert in der Praxis, welche Metalle gegenüber einer Elektrolytlösung thermodynamisch stabil sind, wenn außer $a_{Me^{z+}} = 10^{-6}$ gleichzeitig $a_{H^+} = 10^{-7}$ mol/l, die Lösung also *neutral* ist.

Dazu ist die Gleichgewichts-Spannung der Zelle Pt/Me/Me^{z+}-Lösung ($a_{Me^{z+}} = 10^{-6}$ mol/kg)/H^+-Lösung ($a_{H^+} = 10^{-7}$ mol/kg)/H_2, Pt zu berechnen. Es gilt, mit $p_{H_2} = 1$ bar:

$$\begin{aligned} U_{rev} &= E_{Me/Me^{z+}} - E_{H_2/H^+} \\ &= E^0_{Me/Me^{z+}} + \frac{0{,}059}{z} \log 10^{-6} - 0{,}059 \log 10^{-7}. \end{aligned} \tag{3.80}$$

Der dritte Term der rechten Seite dieser Gleichung hat den Wert 0,413 Volt, und um den Betrag dieses Wertes sind die für die verschiedenen Metalle berechneten Spannungen U_1 (Spalte 4) positiver als die in Spalte 3 eingetragenen Spannungen. Unter den angenommenen Bedingungen sind daher Nickel und alle Metalle, deren Normalpotential positiver ist als das des Nickels, thermodynamisch stabil, sofern nur Korrosion mit Wasserstoffentwicklung in Frage kommt.

Gewöhnlich wird aber die Elektrolytlösung gelösten Sauerstoff enthalten. Das Gleichgewichts-Elektrodenpotential der Sauerstoffelektrode ergibt sich anhand der Gl. (3.72) der Elektroden-Bruttoreaktion zu:

$$E_{O_2/H^+} = E^0_{O_2/H^+} + \frac{RT}{F} \ln a_{H^+} + \frac{RT}{4F} \ln p_{O_2}, \tag{3.81}$$

wobei $E^0_{O_2/H^+}$ gleich der Standardzellspannung der Knallgaskette (+ 1,229 Volt) ist. Im Gleichgewicht mit dem O_2-Gehalt der Luft gilt:

$$E_{O_2/H^+} = +\,1{,}21 + \frac{RT}{F} \ln a_{H^+}. \tag{3.82}$$

Die Gleichgewichtszellspannung einer Zelle, bestehend aus einer Me/Me^{z+}-Elektrode mit $a_{Me^{z+}} = 10^{-6}$ mol/l und einer Sauerstoffelektrode mit $p_{O_2} = 0{,}2$ bar,

$a_{H^+} = 10^{-7}$ mol/l ergibt sich zu

$$U_{rev} = E_{Me/Me^{z+}} - E_{O_2/H^+}$$

$$= E^0_{Me/Me^{z+}} + \frac{RT}{zF} \ln a_{Me^{z+}} - \left\{ E^0_{O_2/H_2O} + \frac{RT}{F} \ln a_{H^+} + \frac{RT}{4F} \ln p_{O_2} \right\}$$

$$= E^0_{Me/Me^{z+}} + \frac{0{,}059}{z} \log 10^{-6} - 1{,}21 - 0{,}059 \log 10^{-7}. \tag{3.83}$$

Also vergrößert sich die Zellspannung, und damit die thermodynamische „treibende Kraft" der Metallauflösung, um 1,21 V, wenn man bei konstanter Acidität von sauerstofffreier zu luftgesättigter Lösung übergeht. Nach Spalte 5 der Tab. 3 ist daher in neutraler, an Luft mit Sauerstoff gesättigter Lösung z. B. das Silber thermodynamisch instabil. Die bekannte gute Beständigkeit des Silbers an sulfidfreier Luft rührt daher von kinetischen Hemmungen der an und für sich möglichen Korrosion her. Handelt es sich schließlich um eine an Luft sauerstoffgesättigte Lösung mit $a_{H^+} = 1$ mol/l so ist nur noch Gold thermodynamisch stabil.

Als *Elektroden 2. Art* bezeichnet man Elektroden, deren Potential auf die Aktivität eines Anions in der Lösung anspricht, weil die Lösung bezüglich des aus Metallkation und dem betreffenden Anion gebildeten Salz gesättigt ist. Dann ist die Sättigungsaktivität $(a_{Me^{z+}})_{\text{Sättigung}}$ eine eindeutige Funktion der Aktivität $a_{A^{y-}}$ der Anionen, mit denen das Metall die feste Verbindung $(Me^{z+})_{\nu^+}(A^{y-})_{\nu^-}$ bildet. Es muß nämlich für das Eintreten der Sättigung das *thermodynamische Löslichketisprodukt* L der betreffenden Verbindung erfüllt sein, wobei L definiert ist durch:

$$L \equiv (a_{A^{y-}})^{\nu^-} (a_{Me^{z+}})^{\nu^+}_{\text{Sättigung}}. \tag{3.84}$$

Falls $\nu_+ = \nu_- = \nu$, wird als Löslichkeitsprodukt die Größe $L^{1/\nu}$ angegeben, also z. B.

$$L_{PbSO_4} = (a_{SO_4^{2-}})(a_{Pb^{2+}})_{\text{Sättigung}} \tag{3.85}$$

Für die Pb/PbSO$_4$-Elektrode gilt daher

$$E = E^0_{Pb/Pb^{2+}} + \frac{RT}{2F} \ln (a_{Pb^{2+}})_{\text{Sättigung}}$$

$$= \left[E^0_{Pb/Pb^{2+}} + \frac{RT}{2F} \ln L_{PbSO_4} \right] - \frac{RT}{2F} \ln a_{SO_4^{2-}}. \tag{3.86}$$

Der Ausdruck in der eckigen Klammer ist bei gegebener Temperatur eine Konstante, das Normalpotential $E^0_{Pb/PbSO_4}$ der Pb/PbSO$_4$-Elektrode. Dieses Normalpotential kann auch unmittelbar aus der Standardreaktionsenthalpie ΔG^0 der Reaktion $Pb + H_2SO_4 \rightarrow PbSO_4 + H_2$ berechnet werden.

Manche Elektroden 2. Art eignen sich wegen ihres sehr gut reproduzierbaren Gleichgewichtselektrodenpotentials besonders gut als Bezugselektroden. Das gilt insbesondere für die *Silber/Silberchlorid*-Elektrode, mit

$$E = E^0_{Ag/AgCl} - \frac{RT}{F} \ln a_{Cl^-}; \quad E^0_{Ag/AgCl} = +0{,}2225 \text{ V } (25\,°C), \tag{3.87}$$

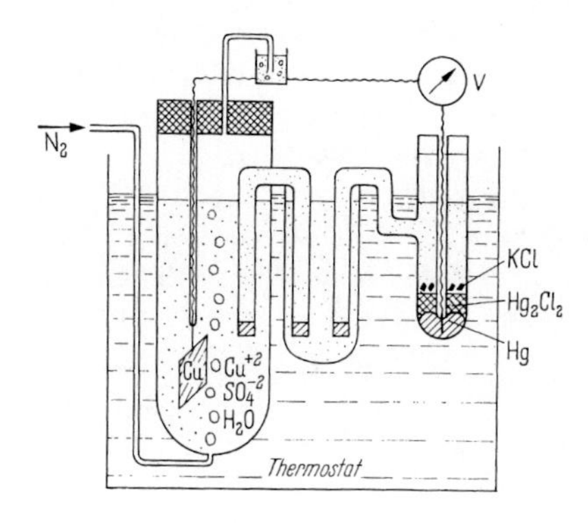

Bild 3.4. Versuchsanordnung zur Messung des Elektrodenpotentials ε' (bezogen auf die Kalomelelektrode) des Kupfers in Kupfersulfatlösung

und für die *Kalomelelektrode*, mit

$$E = E^0_{Hg/Hg_2Cl_2} - \frac{RT}{2F} \ln a_{Cl^-}; \quad E^0_{Hg/Hg_2Cl_2} = +\,0{,}2676\,\mathrm{V}\ (25\,°\mathrm{C}). \tag{3.88}$$

Speziell in gesättigter KCl-Lösung beträgt das Gleichgewichtselektrodenpotential der Kalomelelektrode + 0,245 V. In der Praxis des Korrosionsschutzes benutzt man für Feldmessungen etwa des Elektrodenpotentials erdverlegter Rohrleitungen häufig die Kupfer/Kupfersulfat-Elektrode mit reiner, gesättigter $CuSO_4$-Lösung.

Die zwischen einer zu untersuchenden Meßelektrode und einer beliebigen Bezugselektrode festgestellte Zellspannung kann stets mit Hilfe des Wertes des Gleichgewichtselektrodenpotentials der Bezugselektrode auf die Zellspannung zwischen Meßelektrode und Normalwasserstoffelektrode umgerechnet werden. Bild 3.4 zeigt schematisch die Versuchsanordnung für Messungen mit einer Kalomelelektrode. Als zu untersuchende Meßelektrode ist eine Cu/Cu^{2+}-Elektrode angedeutet. (Wegen der für das Voltmeter zu fordernden Eigenschaften vgl. Kap. 4.3.)

In sehr großem Umfang sind in der Korrosionsforschung wie in der Praxis des Korrosionsschutzes Messungen des Elektrodenpotentials irreversibel korrodierter Elektroden durchzuführen. Das sind Messungen der Spannung von Zellen, die aus der irreversiblen Meßelektrode und einer reversiblen Bezugselektrode bestehen. Für solche Werte des Elektrodenpotentials, oder wann immer offen bleibt, ob die Meßzelle insgesamt reversibel arbeitet, soll das Symbol ε benutzt werden, wenn es sich bei der Bezugselektrode um die Normalwasserstoffelketrode handelt[1].

---

[1] Das heißt, es ist U die Zellspannung einer beliebigen Zelle; ε die Zellspannung einer Zelle mit der Normalwasserstoffelektrode als Bezugselektrode, bei beliebiger Meßelektrode (Elektrodenpotential der Meßelektrode); E die Zellspannung einer Zelle mit Normalwasserstoffelektrode als Bezugselektrode und reversibel arbeitender Meßelektrode („Gleichgewichts-Elecktrodenpotential" der Meßelektrode). In den folgenden Kapiteln werden an einigen Stellen U-Werte ohne Umrechnung auf ε-Werte benutzt und dann als Elektrodenpotential ε', bezogen auf die jeweilige Bezugselektrode, bezeichnet.

Feste Korrosionsprodukte spielen eine wesentliche Rolle für den Korrosionsschutz, wenn sie eine dichte Schutzschicht auf der Metalloberfläche bilden. Infolgedessen hat man es auch bei Korrosionsuntersuchungen häufig mit Elektroden 2. Art zu tun. Die Kenntnis des Gleichgewichtselektrodenpotentials solcher Elektroden oder die völlig gleichwertige Kenntnis des Löslichkeitsproduktes der betreffenden Metallverbindung besitzt deshalb praktische Bedeutung, weil sie die Aussage über Möglichkeit oder Unmöglichkeit des Auftretens einer bestimmten festen Verbindung erlaubt. In diesem Zusammenhang sind oft die Oxide und Hydroxide der Metalle von Interesse, die in Berührung mit Wasser gebildet werden können. Zum Beispiel ist das Löslichkeitsprodukt $L_{Me(OH)_2}$ des Hydroxids $Me(OH)_2$ eines zweiwertigen Metalls gegeben durch das Produkt $a^2_{OH^-} (a_{Me^{2+}})_{Sättigung}$. Grundsätzlich ist aber außerdem in wäßrigen Lösungen das Gleichgewicht der Dissoziation des Wassers gemäß $H_2O \rightleftharpoons H^+ + OH^-$ eingestellt, so daß das Produkt $a_{H^+} a_{OH^-}$ stets gleich der Dissoziationskonstanten K_{H_2O} des Wassers (bei 25°C: $1 \cdot 10^{-14}$ $(mol/l)^2$ ist. Daher gilt auch: $(a_{Me^{2+}})_{Sättigung} = (L_{Me(OH)_2}/K^2_{H_2O}) a^2_{H^+}$, d. h., die Sättigungskonzentration ist eine Funktion der Aktivität der Wasserstoffionen. Dabei hat sich zur Bezeichnung der Wasserstoffionenaktivität der Begriff des pH-*Wertes* eingebürgert (vgl. Kap. 3.2), definiert durch $pH = -\log a_{H^+}$. Als Logarithmus einer Einzelionenaktivität ist der pH-Wert nur mit denselben Einschränkungen wie diese korrekt definiert. In der Praxis wird der pH-Wert durch Messungen an galvanischen Ketten Pt/H_2/Lösung X/Kalomelelektrode dadurch festgelegt, daß als Lösung X einmal eine Vergleichslösung mit bekanntem pH-Wert, zum anderen die zu untersuchende Lösung benutzt wird. Auch für die Eichlösung ist der pH-Wert nur mit der für Einzelionenaktivitäten eigentümlichen Näherung bekannt. Die Unsicherheit der Meßverfahren liegt hauptsächlich in der Unbestimmtheit der Änderung des Diffusionspotentials beim Übergang von der Vergleichslösung zu der zu untersuchenden Lösung. Ist die Ionenstärke (vgl. Kap. 3.2) der letzteren kleiner als 0,1 bis 0,2, wird im allgemeinen der pH-Wert in den Grenzen $1{,}5 \lesssim pH \lesssim 12{,}5$ auf einige hundertstel Einheiten genau angegeben werden können; außerhalb dieses Bereichs sind derart genaue Angaben zwecklos, auch wenn die Spannungsmessung an und für sich eine höhere Genauigkeit hat. In vielen Fällen werden auch die Zehnteleinheiten mit einem beträchtlichen Fehler behaftet sein. Anstelle der Wasserstoffelektrode benutzt man normalerweise bekanntlich die *Glaselektrode* für pH-Messungen, als Eichlösungen stehen *Pufferlösungen* zur Verfügung, deren Zusammensetzung so gewählt ist, daß in gewissen Grenzen die H^+-Aktivität auf Verunreinigungen nicht anspricht.

Einen bequemen Überblick über die Gleichgewichte zwischen Metall, Lösung mit gelösten Metallionen und festen Sauerstoffverbindungen des Metalls erhält man bei der Auftragung der Gleichgewichtsdaten in einem Diagramm mit dem Gleichgewichts-Elektrodenpotential und dem pH-Wert als Achsen. Solche Diagramme sind namentlich von Pourbaix und Mitarbeitern [9] für viele Systeme konstruiert worden. Als einfaches Beispiel zeigt Bild 3.5 das *Potential*-pH-*Diagramm* des Systems Zn/H_2O, unter Berücksichtigung allein der Bildung von Zn^{2+}-Ionen im sauren, der $HZnO_2^-$-Ionen im alkalischen und des festen $Zn(OH)_2$ im neutralen Gebiet. Die eingezeichneten Geraden sind die *Gleichgewichts-*

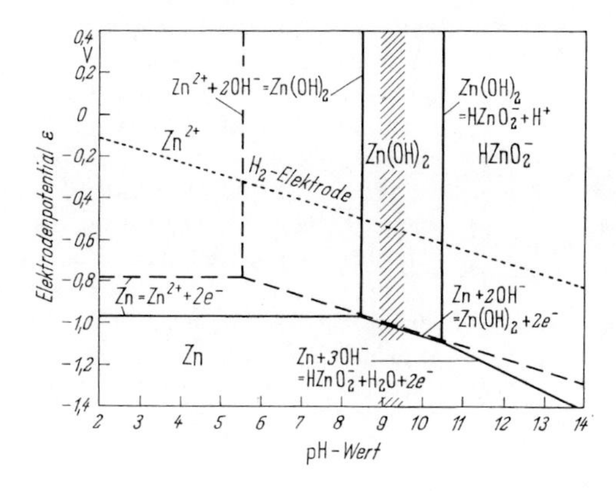

Bild 3.5. Potential-pH-Diagramm des Systems Zink/Wasser (25 °C). Gleichgewichtsgeraden für $a_{Zn^{2+}}$ bzw. $a_{HZnO_2^-} = 10^{-6}$ mol/l durchgezogen, für 1 mol/l gestrichelt. Schraffiert: pH-Bereich des Übergangs von $a_{Zn^{2+}}/a_{ZnO_2^-} < 1$ zu > 1. Im Existenzbereich des $Zn(OH)_2$ ist die Aktiviaťt des gelösten Zinks $< 10^{-6}$ bzw. < 1. (Nach Pourbaix)

geraden, die für die angenommenen Aktivitäten $a_{Zn^{2+}}$ und $a_{HZnO_2^-}$ (1 bzw. 10^{-6} mol/l das Gleichgewichts-Elektrodenpotential der Zn/Zn^{2+}-Elektrode, der Zn/$Zn(OH)_2$-Elektrode und der $Zn/HZnO_2^-$-Elektrode als Funktion des pH-Wertes bezeichnen, ferner den pH-Wert des Gleichgewichts zwischen Zn^{2+} bzw. $HZnO_2^-$ und $Zn(OH)_2$. Das schraffierte Band trennt die pH-Bereiche des Überwiegens der Zn^{2+}- bzw. der $HZnO_2^-$-Ionen in der Elektrolytlösung. Ferner ist das H_2/H^+-Gleichgewichts-Elektrodenpotential E_{H_2/H^+} als Funktion des pH-Wertes eingetragen. Das O_2/H^+- Gleichgewichts-Elektrodenpotential E_{O_2/H^+} läuft parallel zu E_{H_2/H^+} bei um 1,21 V in die positive Richtung verschobenen Werten. Die Differenz $(W_{Zn/Zn^{2+}} - E_{H^2/H^+})$ bzw. $(E_{Zn/Zn^{2+}} - E_{O_2/H^+})$ gibt für den betreffenden pH-Wert der O_2-freien bzw. der O_2-gesättigten Lösung die thermodynamische „treibende Kraft" der Korrosionsreaktion an.

Das Gleichgewichts-Elektrodenpotential der $Zn/Zn(OH)_2$-Elektrode

$$E = E^0_{Zn/Zn(OH)_2} + \frac{RT}{2F} \ln a^2_{H^+} = E^0_{Zn/Zn(OH)_2} - 0{,}059\,\text{pH} \tag{3.89}$$

hat dieselbe Änderung $dE/d\text{pH} = -0{,}059$ Volt/pH wie die Wasserstoff- und die Sauerstoffelektrode. Sobald festes $Zn(OH)_2$ auftritt, wird daher die thermodynamische treibende Kraft der Korrosionsreaktion pH-unabhängig. Dasselbe zeigt auch die Bruttoreaktionsgleichung $Zn + 2H_2O \rightarrow Zn(OH)_2 + H_2$ bzw. $Zn + \frac{1}{2}O_2 + H_2O \rightarrow Zn(OH))_2$, in der H^+-oder OH^--Ionen nicht vorkommen. Allgemein gilt für alle Oxid- oder Hydroxidelektroden unabhängig von der Wertigkeit des Metalls

$$E = E^0_{Me/Me_xO_y} - 0{,}059\,\text{pH}, \tag{3.90}$$

bzw.

$$E = E^0_{Me/Me_x(OH)_y} - 0{,}059\,\text{pH}. \tag{3.91}$$

Qualitativ ganz ähnliche Potential-pH-Diagramme liefern auch Kupfer oder Aluminium, die wie Zink zu den typischen *amphoteren* Metallen gehören, die sich in Säuren und in Alkalien lösen. Für Metalle wie Magnesium, dessen Hydroxid

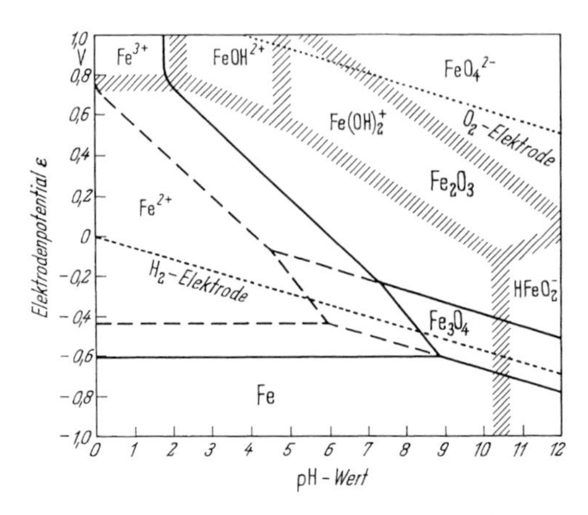

Bild 3.6. Potential-pH-Diagramm des Systems Eisen/Wasser (25 °C). Durchgezogene Gleichgewichtsgeraden für die Aktivität 10^{-6} mol/l. Gestrichelte Gleichgewichtsgeraden für die Aktivität 1 mol/l der gelösten Eisenionen. Schraffiert: Abgrenzung der Bereiche des überwiegenden Vorliegens der verschiedenen Ionensorten in der Lösung. Diagramm berechnet mit Annahme des Auftretens allein der Oxide Fe_3O_4 und α-Fe_2O_3. (Nach Pourbaix). Ergänzung des Diagramms für höhere pH-Werte vgl. Bild 15.42.

$Mg(OH)_2$ in Alkali unlöslich ist, entfällt der Bereich des Gleichgewichtes zwischen deckschichtenfreiem Metall und alkalischen Lösungen. Kompliziertere Diagramme ergeben sich für Metalle, die Verbindungen verschiedener Wertigkeit des Metallions bilden. Ein charakteristischer Fall dieser Art ist das Eisen, das Eisen-II- und Eisen-III-Verbindungen bildet. Das unter Berücksichtigung des möglichen Auftretens von festem Fe_3O_4 und festem Fe_2O_3 konstruierte Potential-pH-Diagramm zeigt Bild 3.6 Die ausgezogenen Kurven geben die Gleichgewichte zwischen den festen Phasen und der Lösung für die Eisenionenaktivität 10^{-6} mol/l an, die gestrichelten Kurven dasselbe für die Eisenionenaktivität 1 mol/l. Die schraffierten Bänder bezeichnen wieder die Grenzen der Bereiche des Überwiegens einer bestimmten Ionensorte in der Lösung. Das Gleichgewichtspotential der Wasserstoff- sowie das der Sauerstoffelektrode ist punktiert eingetragen.

Als Beispiel der Herleitung und gleichzeitig zur Verdeutlichung des Einflusses der Art der Sauerstoffverbindungen, deren Auftreten angenommen wird, sei hier das System Eisen/Wasser nochmals diskutiert. Es sollen statt Fe_3O_4 und Fe_2O_3 die Phasen $Fe(OH)_2$ und $Fe(OH)_3$ berücksichtigt werden. Die Zeichnung in Bild 3.7 enthält nur die Gleichgewichtslinien für den Fall, daß die Aktivität der gelösten Eisenionen 1 mol/l beträgt. In Bild 3.7 sind zum Vergleich die Zustandsfelder von Fe_3O_4 und Fe_2O_3, aus Bild 3.6 übernommen, punktiert eingezeichnet. Die für die Rechnung nötigen Daten gibt Tabelle 4. Die Berechnung des Diagramms geht den folgenden Weg:

Im Bereich leichter Löslichkeit des Fe^{2+}-Ions in Säuren erscheint im Diagramm zunächst die Gleichgewichtsgerade der Koexistenz von festem Fe und gelöstem Fe^{2+}, d. h. die pH-unabhängige Gerade *1* $E_{Fe/Fe^{2+}} = E^0_{Fe/Fe^{2+}} + (RT)/(2F)\ln a_{Fe^{2+}}$, hier also $E = -0{,}440$ V. Sobald aber das Löslichkeitsprodukt $L_{Fe(OH)_2} = a^2_{OH^-} \cdot (a_{Fe^{2+}})_{\text{Sättigung}}$ $(= 1{,}8 \cdot 0^{-15})$ überschritten wird, tritt $Fe(OH)_2$ als weitere feste Phase auf. Daher endet die Gerade *1* im Punkt *A*, bei dem Fe, $Fe(OH)_2$ und Lösung mit $a_{Fe^{2+}} = 1$ im Gleichgewicht stehen. Der entsprechende pH-Wert berechnet sich zu 6,63. Wird der pH-Wert weiter erhöht, so muß die Aktivität $a_{Fe^{2+}}$ sinken, es fällt also weiteres $Fe(OH)_2$ aus. Die pH-Abhängigkeit des Gleichgewichts-Elektrodenpotentials der $Fe/Fe(OH)_2$-Elektrode ergibt die Gerade 2, für die man $E^0_{Fe/Fe(OH)_2} + (RT/2F)\ln a^2_{H^+} = -0{,}049 - 0{,}059$ (pH) berechnet. Sie verbindet im Zustandsfeld alle Punkte des Gleichgewichtes zwischen Fe, festem $Fe(OH_2)$

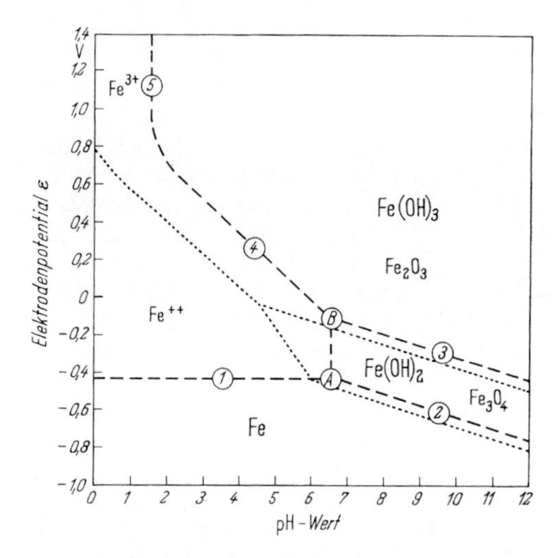

Bild 3.7. Potential-pH-Diagramm des Systems Eisen/Wasser (25 °C), berechnet für Eisenionenaktivität 1 mol/l. Punktiert: Gleichgewichtslinien aus Bild 3.6. Gestrichelt: Gleichgewichtslinien berechnet für den Fall des Auftretens allein von $Fe(OH)_2$ und $Fe(OH)_3$

Tabelle 4. Molare freie Bildungsenthalpie G^0 von Eisenverbindungen und Wasser (Angaben nach Latimer [7])

Formel	Zustand	Modifikation	G^0 (kJ/mol)
Fe	fest	Ferrit	0,0 . . .
Fe^{2+}	gelöst		− 85,0
Fe^{3+}	gelöst		− 10,6
$Fe(OH)^{2+}$	gelöst		− 234,1
$Fe(OH)^+$	gelöst		− 444,7
$Fe(OH)_2$	fest		− 483,9
FeO	fest	Wüstit	− 244,5
$Fe(OH)_3$	fest		− 695,0
Fe_3O_4	fest	Magnetit	− 1014,9
Fe_2O_3	fest	Hämatit	− 741,5
Fe_2O_3	fest	γ-Fe_2O_3	− 718,5*
H_2O	flüssig		− 237,4

* Nach G. H. u. Lange E., Z. Elektrochemie 61, 1291 (1957).

und gesättigter $Fe(OH)_2$-Lösung. Geht man von *A* bei konstantem pH-Wert zu positiveren Elektrodenpotentialen, so erreicht man *B*, bei dem festes $Fe(OH)_2$, festes $Fe(OH)_3$ und Lösung mit $a_{Fe^{2+}} = 1$ im Gleichgewicht stehen. Die Elektroden-Bruttoreaktion ist hier: $Fe^{2+} + Fe(OH)_2 + 4H_2O \rightarrow 2Fe(OH)_3 + 4H^+ + 2e^-$, für das Gleichgewichts-Elektrodenpotential gilt $E = E^0_{Fe^{2+}, Fe(OH)_2/Fe(OH)_3} + (RT/2F)\ln(a^4_{H^+}/a_{Fe^{2+}}$. Mit $E^0 = +0{,}66$, pH = 6,63, $a_{Fe^{2+}} = 1$ erhält man $E_B = -0{,}12$ V. Gleichgewicht mit metallischem Eisen besteht nicht mehr, vielmehr sollte sich E_B an einer unangreifbaren, elektronenübertragenden Elektrode einstellen, also z. B. an einer Platinelektrode. Dasselbe gilt für alle folgenden Gleichgewichte.

Geht man von B zu höheren pH – Werten über, so kann neuerlich die Aktivität $a_{Fe^{2+}}$ im Gleichgewicht nicht gehalten werden, sondern muß in vorgeschriebener Weise absinken. Die Elektroden-Bruttoreaktionsgleichung lautet dann $Fe(OH)_2 + H_2O \rightarrow Fe(OH)_3 + H^+ + e^-$, woraus sich das Gleichgewichts-Elektrodenpotential zu $E = E^0_{Fe(OH)_2/Fe(OH)_3} + (RT/F) \ln a_{H^+} = +0{,}27 - 0{,}059\,(pH)$ berechnet. Dies ist die Gleichung der Geraden *3*. Im Punkt B mündet ferner die Gerade *4*, die die Punkte des Gleichgewichtes zwischen gelöstem Fe^{2+}, mit $a_{Fe^{2+}} = 1$, und festem $Fe(OH)_3$ verbindet. Die Elektroden-Bruttoreaktion ist $Fe^{2+} + 3H_2O \rightarrow Fe(OH)_3 + 3H^+ + e^-$, für das Gleichgewichts-Elektrodenpotential gilt $E = E^0_{Fe^{2+}/Fe(OH)_3} + (RT/F) \ln (a^3_{H^+}/a_{Fe^{2+}}) = +1{,}06 - 0{,}177$ (pH). Nun wurde aber bisher außer acht gelassen, daß in der Lösung neben Fe^{2+}- auch Fe^{3+}-Ionen vorkommen, und das Gleichgewicht gemäß der Elektroden-Bruttoreaktion $Fe^{2+} \rightarrow Fe^{3+} + e^-$ eingestellt sein muß. Hierfür erhält man das Gleichgewichts-Elektrodenpotential $E = E^0_{Fe^{2+}/Fe^{3+}} + (RT/F).\ \ln\,(a_{Fe^{3+}}/a_{Fe^{2+}}) = +0{,}771 + 0{,}059 \lg(a_{Fe^{3+}}/a_{Fe^{2+}})$. Berechnet man daraus die Aktivität der mit Fe^{2+}-Ionen im Gleichgewicht stehenden Fe^{3+}-Ionen unter der Voraussetzung $a_{Fe^{2+}} = 1$, $E = -0{,}440$, so findet man $a_{Fe^{3+}} = 10^{-21}$. Das heißt, daß bei so negativem Elektrodenpotential die Fe^{3+}-Ionen vernachlässigt werden können, so daß unter solchen Bedingungen die bisherigen Rechnungen nicht korrigiert zu werden brauchen. Sobald Fe^{3+}-Ionen in merklichen Mengen vorkommen, ist aber wegen der dann eintretenden spontanen Eisenauflösung unter Reduktion von Fe^{3+}-Ionen gemäß $Fe + 2Fe^{3+} = 3Fe^{2+}$ ein Gleichgewicht mit metallischem Eisen nicht mehr möglich. Zum Beispiel berechnet man für ein Aktivitätsverhältnis $a_{Fe^{3+}}/a_{Fe^{2+}} = 1000$ ein Gleichgewichtspotential $E_{Fe^{2+}/Fe^{3+}} = +0{,}948$ V, d. h. eine derartige Lösung wirkt stark oxidierend. Andererseits folgt daraus, daß mindestens oberhalb dieses Potentials die in der Lösung vorherrschende Ionensorte das Fe^{3+}-Ion ist. Setzt man nun nachträglich fest, es solle in der Lösung nicht $a_{Fe^{2+}}$ bzw. $a_{Fe^{3+}}$, sondern die Summe $(a_{Fe^{2+}} + a_{Fe^{3+}}) = 1$ sein, so gilt nun $a_{Fe^{2+}} \cong 1$ für $E \lesssim +0{,}6$; $a_{Fe^{3+}} \cong 1$ für $E \gtrsim +0{,}9$ V. Ist $a_{Fe^{2+}} \ll a_{Fe^{3+}}$, so spielt das Gleichgewicht zwischn Fe^{2+} für $Fe(OH)_3$ praktisch keine Rolle mehr, statt dessen aber das Löslichkeitsprodukt $a^3_{OH^-} \cdot (a_{Fe^{3+}})_{Sättigung} = L_{Fe(OH)_3} (\cong 6 \cdot 10^{-38})$. Dies bestimmt für $a_{Fe^{3+}} \cong 1$ die potentialunabhängige Gleichgewichtsgerade *5*, deren pH-Wert sich aus dem Löslichkeitsprodukt zu 1,6 berechnet. Eine detaillierte Berechunung für das Übergangsgebiet mit vergleichbaren Konzentrationen der Fe^{2+}- und Fe^{3+}-Ionen ist hier ohne Interesse. Ebenso ist nunmehr auch prinzipiell klar, wie die Bereiche etwa des Überwiegens von $Fe(OH)^{2+}$ und $Fe(OH)_2^+$ aus den Gleichgewichtskonstanten der Reaktionen $Fe^{3+} + OH^- \rightleftharpoons Fe(OH)^{2+}$ ermittelt werden usf. Diese *Komplexbildung* zwischen Kationen und Anionen, als welche auch z. B. das Auftreten von Zinkat-Anionen $HZnO_2^-$ angesprochen werden kann, kommt weiter unten nochmals zur Sprache.

Der Vergleich der Stabilitätsbereiche des $Fe(OH)_2$ und des $Fe(OH)_3$ mit denen des Fe_3O_4 und des Fe_2O_3 zeigt, daß die beiden letzteren Oxide thermodynamisch stabiler, nämlich schwerer löslich sind als die Eisenhydroxide $Fe(OH)_2$ und $Fe(OH)_3$. Wie schon früher bemerkt, ist in Gegenwart von Sauerstoff das gewöhnliche Korrosionsprodukt des Eisens die Verbindung FeOOH, dessen thermodynamische Daten bisher nicht vorliegen. Da eine chemische Reaktion nicht grundsätzlich die thermodynamisch stabilsten Verbindungen als Reaktionprodukte liefert, kann aus dem Auftreten von FeOOH nicht ohne weiteres auf dessen größere Stabilität geschlossen werden. In sauerstofffreiem Medium erwartet man als Korrosionsprodukt das Fe_3O_4 und findet diese Verbindung auch häufig, jedoch kann auch hier grundsätzlich das $Fe(OH)_2$ erscheinen. In Tab. 4 ist ein für das im kubischen Spinellgitter kristallisierte γ-Fe_2O_3 geschätzter G^0-Wert aufgenommen, da diese Verbindung speziell im Zusammenhang mit der Frage der Passivität des Eisens von Interesse ist. Es ist anzunehmen, daß γ-Fe_2O_3 und Fe_3O_4 homogene Mischkristalle bilden, so daß mit γ-Fe_2O_3

als Endprodukt eine scharfe Trennlinie der Zustandsgebiete von Fe_2O_3 und Fe_3O_4 nicht existieren würde.

Für die Benutzung der Potential-pH-Diagramme wird man, solange die Elektrolytlösung nicht sehr stark konzentriert ist, näherungsweise Konzentration gleich Aktivität setzen, außer für den pH-Wert selbst, der üblicherweise mit einer Glaselektroden-Meßkette bestimmt wird. Man verfährt dann so, daß man mit dem pH-Wert der Elektrolytlösung und dem Elektrodenpotential des Metalls den Zustand des Systems im Potential-pH-Diagramm bestimmt. Dabei wird das Potential im allgemeinen kein Gleichgewichtspotential, sondern ein irreversibles Korrosionspotential sein. Dennoch zeigt das Diagramm an, welche Phasen bei diesem Arbeitspunkt thermodynamisch stabil sind. Allerdings kann der lokale pH-Wert an einer Metalloberfläche vom pH-Wert im Inneren der Lösung verschieden und zudem schwer meßbar sein. Auch kann es, etwa in Löchern, Spalten oder Rissen des Metalls, Unterschiede des Elektrodenpotentials gegenüber der äußeren Oberfläche geben, wiederum gewöhnlich schwer meßbar. Die korrekte Benutzung des Potential-pH-Diagrammes wird dann entsprechend schwierig. Man beachte auch, daß häufig genug andere Verbindungen als die Oxide und Hydroxide auftreten. Zum Beispiel nutzt man beim Phosphatieren des Eisens und der Stähle in großem Umfang die Tatsache aus, daß Eisen in Berührung mit Phosphorsäurelösungen eine gut schützende Schicht des schwerlöslichen Eisenphosphates ausbildet. Für Zink und Kupfer in Berührung mit feuchter Luft ist das Auftreten basischer Karbonate typisch, fü Zink in Gebrauchswässern das Auftreten basischer Chloride. Der Beständigkeitsbereich solcher Verbindungen kann, wenn die thermodynamischen Daten bekannt sind, immer berechnet, aber in einem zweidimensionalen Diagramm nicht mehr dargestellt werden. Es kommt hinzu, daß als schützende Deckschichten auch andere als die Verbindungen des korrodierten Metalls wichtig sind, so etwa beim Eisen und unlegierten Stahl das Zinkphosphat beim Korrosionsschutz durch Phosphatieren. In anderen Fällen, so bei den stählernen Wasserleitungstrohren, soweit sie nicht anders-nämlich durch Ausschleudern mit Zement-geschützt werden, spielen Rostschichten eine Rolle, die je nach Beimengungen anderer Bestandteile mehr oder weniger dicht werden. Ein interessanter Fall ist die weiter unten noch genauer diskutierte Passivität des Eisens in sauren Lösungen. Dort bewirkt eine Oxidhaut einen hervorragenden Korrosionsschutz, obwohl sie im Prinzip gut löslich ist. Wiederum kann keine thermodynamische Rechnung, sondern nur die praktische Erfahrung lehren, ob schwerlösliche Korrosionsprodukte schützende dichte Deckschichten bilden, oder, wie gewöhnlich der an feuchter Luft gebildete Eisenrost, durchlässig porig anfallen.

Das Löslichkeitsprodukt ist das Produkt der Sättigungskonzentrationen und Aktivitätskoeffizienten. Da die letzteren vom Gesamtsalzgehaltes der Lösung abhängigen, so gilt dasselbe auch für die Sättigungskonzentrationen. Es kann daher die Löslichkeit einer Verbindung durch zusätzliches Lösen eines Salzes, das mit der Verbindung kein Ion gemeinsam hat, doch beeinflußt, und zwar sowohl erhöht als auch vermindert werden (Einsalz-bzw. Aussalzeffekt), je nach Änderung der Aktivitätskoeffizienten. Solange sich aber eine Lösung angenähert wie eine ideal verdünnte Lösung verhält, ist, die Löslichkeit von der Gegenwart gelöster Ionen anderer Sorte unabhängig. Man kann deshalb z. B. nicht argumentieren, eine schützende Oxidhaut auf einem Metall würde in Gegenwart von Chlorionen deshalb zerstört, „weil das Metallchlorid löslicher sei". In Wirklichkeit handelt es sich bei der Wirkung der Cl^--Ionen um eine Art Katalyse, d. h. eine Reaktionsbeschleunigung ohne Änderung der thermodynamischen treibenden Kraft. Anders verhält es sich, wenn Komplexbildung eintritt, d. h. die Bildung von definierten neuen Ionensorten aus dem Kation des korrodierten Metalls und bestimmten Anionen der Lösung. So löst sich festes Silberchlorid in Salzsäureüberschuß gemäß

$$(AgCl)_F + 3(Cl^-)_L = ((AgCl_4)^{3-})_L \tag{3.92}$$

oder festes Aluminiumhydroxid gemäß

$$(Al(OH)_3)_F + (OH^-)_L = (Al(OH)_4^-)_L. \tag{3.92a}$$

In anderen Fällen handelt es sich um Dissoziationsgleichgewichte, an denen nur gelöste Ionen beteiligt sind, so etwa bei der Komplexbildung von Metallkationen mit Cyanid oder Ammoniak. Die folgenden Reaktionen erreichen alle schnell ihr Gleichgewicht:

$$Ag(CN)_2^- = Ag^+ + 2CN^-, \tag{3.93}$$

$$Au(CN)_2^- = Au^+ + 2CN^-, \tag{3.94}$$

$$Cu(NH_3)_4^{2+} = Cu^{2+} + 4NH_3. \tag{3.95}$$

Die Gleichgewichtskonstanten K betragen $1{,}8 \cdot 10^{-19}$ ($Ag(CN)_2^-$), $5 \cdot 10^{-39}$ ($Au(CN)_2^-$), $4{,}7 \cdot 10^{-15}$ ($Cu(NH)_4^{2+}$), d. h., die genannten Gleichgewichte sind sämtlich weit nach links verschoben und die Konzentration des Ag^+ und Au^+ in cyanidhaltiger, die des Cu^{2+} in ammoniakalischer Lösung wird extrem klein. Entsprechend wird das Gleichgewichts-Elektrodenpotential z. B. des Goldes in CN^--haltiger Lösung sehr negativ:

$$\begin{aligned} E &= E^0_{Au/Au^+} + \frac{RT}{F} \ln a_{Au^+} \\ &= E^0_{Au/Au^+} + \frac{RT}{F} \ln K + \frac{RT}{F} \ln \frac{a_{AuCN_2^-}}{a^2_{CN^-}}. \end{aligned} \tag{3.96}$$

Die Summe der esten beiden Glieder der rechten Seite der letzteren Gleichung ist gleich dem Normalpotential der Gold/Goldcyanid-Elektrode und berechnet sich zu $-0{,}6$ V. Das Gold verhält sich nun als sehr unedles Metall, das z. B. in sauerstoffhaltiger neutraler Lösung leicht korrodiert werden kann, worauf die Cyanidlaugerei beruht. Bei den für Korrosionsuntersuchungen meist genügenden Überschlagsrechnungen wird man schwache Komplexbildung gewöhnlich außer acht lassen. Das gilt z. B. für die schwache Hydrolyse von Fe^{2+}-Kationen nach $Fe^{2+} + H_2O \rightarrow FeOH^+ + H^+$. Vernachlässigt man Gleichgewichte dieses Typs bei der Benutzung der Nernstschen Gleichung, so müßte man genau genommen, um formal korrekt zu bleiben, mit einem entsprechend verkleinerten Aktivitätskoeffizienten rechnen. Geht man darüber wie üblich hinweg, verschlechtert sich die

Rechengenauigkeit entsprechend, aber besonders hohe Ansprüche bestehen diesbezüglich meistens ohnehin nicht.

Handelt es sich bei dem Metall zwar nicht um einen reinen Stoff, aber doch um einen im Sprachgebrauch der Technik „unlegierten" Werkstoff, der gelöste Beimengungen nur bis zu einigen Zehntel % enthält, so kann für die hier interessierende Art von Rechnungen das Normalpotential des reinen Metalls eingesetzt werden. Unlösliche Beimengungen z. B. von Zementit in der Ferritmatrix unlegierter Stähle gehen in die Rechnung nicht ein, da sie die Aktivität des Grundmetalls nicht ändern. Auch der Einfluß des Kaltverformens eines Metalls auf das Normalpotential makroskopischer Bereiche bleibt im vernachlässigbaren Millivoltbereich. In Mikrobereichen kann demgegenüber die Störung des Kristallgitters durch Anhäufung von Versetzungen, Fehlstellen u. dgl. möglicherweise weit genug gehen, um den Zustand des Metalls stark vom Standardzustand zu entfernen. Dennoch kann auch für gestörte kleine Bezirke nicht ohne weiteres behauptet werden, daß sie allein schon wegen ihres größeren Energiegehaltes schneller korrodiert würden als ungestörte Kristallbereiche. Derartige unmittelbare Schlüsse von der Thermodynamik auf die Kinetik sind im Prinzip unzulässig.

Das Gleichgewicht zwischen einer binären *Legierung I* und der angrenzenden Lösung *II* verlangt die Einstellung eines Doppelgleichgewichtes, da z. B. für Messing in Berührung mit einer kupfersalz-und zinksalzhaltigen Lösung im Gleichgewicht gleichzeitig gelten muß $(\tilde{\mu}_{Zn^{2+}})_{Me} = (\tilde{\mu}_{Zn^{2+}})_L$; $(\tilde{\mu}_{Cu^{2+}})_{Me} = (\tilde{\mu}_{Cu^{2+}})_L$. Bei vorgegebenen Molenbrüchen bzw. Grammatombrüchen γ_{Cu} und $\gamma_{Zn}(= 1 - \gamma_{Cu})$ setzt dies ein ganz bestimmtes Aktivitäts- bzw. Konzentrationsverhältnis $a_{Cu^{2+}}/a_{Zn^{2+}}$ in der Lösung voraus. Wird ein beliebiges anderes Verhältnis vorgegeben, so muß sich unter Auflösung des einen und Abscheidung des anderen Metalls unter gleichzeitiger Veränderung von γ_{Cu} und γ_{Zn} die Elektrolytzusammensetzung so verändern, daß hinsichtlich der durchtrittsfähigen Kationen das Doppelgleichgewicht schließlich erreicht wird. Soll dabei die Legierung homogen bleiben, so müssen durch Diffusion in der Metallphase die zunächst entstehenden Unterschiede der Legierungszusammensetzung im Innern und in der Randzone des Metalls ausgeglichen werden. Das ist aber bei festen Metallen nur bei höherer Temperatur möglich, also etwa in Systemen Metall/Salzschmelze, die hier nicht diskutiert werden sollen. Demgegenüber kann sich das Konzentrationsgleichgewicht der Komponenten einer flüssigen Legierung auch bei Raumtemperatur relativ schnell einstellen. Das trifft insbesondere für die flüssigen Legierungen der Metalle mit Quecksilber zu, also für die flüssigen „Amalgame". Solche Systeme haben wenig praktische Bedeutung, interessieren aber für die Theorie der Korrosion, da die Oberfläche des Amalgams ideal glatt ist. Untersuchungen über die Kinetik der Korrosion liegen für verschiedene Amalgame, wie Natrium- Zink- und Indiumamalgam, vor. Diese dem Quecksilber zulegierten Metalle sind durchweg wesentlich unedler als das Quecksilber selbst. Das bewirkt, daß bei Vorgabe einer Elektrolytlösung, die das dem Quecksilber zulegierte Metall in einer Konzentration c_{Me} von z. B. 10^{-2} mol/kg, aber kein gelöstes Quecksilber enthält, für die Einstellung des Doppelgleichgewichtes nur geringe Mengen Quecksilber in Lösung gehen müssen. Dann ändert sich die Zusammensetzung des Amalgams im Verlauf der Gleichgewichtseinstellung nicht merklich. Für die Molenbrüche des zulegierten Metalls und des Quecksilbers sind daher in der Rechnung die vorgegebenen Anfangswerte γ_{Me} und $\gamma_{Hg} = 1 - \gamma_{Me}$ einzusetzen. Setzt man für die Aktivitäten näherungsweise die Konzentrationen bzw. die Molenbrüche ein, so gilt dann für das Gleichgewichts-Elektrodenpotential des Amalgams

$$E = E^0_{Hg/Hg_2^{2+}} + \frac{RT}{2F} \ln \frac{c_{Hg_2^{2+}}}{1 - \gamma_{Me}} = E^0_{Me/Me^{z+}} + \frac{RT}{zF} \ln \frac{c_{Me^{z+}}}{\gamma_{Me}}. \tag{3.97}$$

Literatur

Der Leser, der den Stoff dieses Kapitels genauer studieren will, sei auf die zahlreichen Lehrbücher allgemein der Physikalischen Chemie besonders der Chemischen Thermodynamik, besonders der Elektrochemie verwiesen. Die folgende Liste soll nicht bestimmte Bücher empfehlen. Sie enthält vielmehr die Literaturstellen, die bei der Abfassung des Kapitels benutzt wurden.

1. Jost, W.; Troe, J.: Kurzes Lehrbuch der physikalischen Chemie. 18. Aufl. Darmstadt: Steinkopf 1973.
2. Kortüm, G.: Lehrbuch der Elektrochemie. 5. Aufl. Weinheim: Verlag Chemie GmbH 1972.
3. Lange, E.; Göhr, H.: Thermodynamische Elektrochemie. Heidelberg: Hüthig 1962.
4. Kielland, J.: J. Amer. chem. Soc. *59*, 1675 (1937).
5. Parsons, R.: Handbook of Electrochemical Constants. London: Butterworths 1959.
6. Rossini, F. D.; Wagman, D. D.; Evans, W. H.; Jaffe, J.: Selected Values of Chemical Thermodynamic Properties. Washington, DC: Nat. Bur. Standards Circ. 500. US Government Printing Office 1950.
7. Latimer, W. M.: Oxidation Potentials. Englewood Cliffs, N.J.: Prentice Hall, Inc. 1959.
8. Landolt-Börnstein: Zahlenwerte und Funktionen. 6. Aufl., 2. Bd., 4. Teil: Kalorische Zustandsgrößen. Berlin, Göttingen, Heidelberg: Springer 1961.
9. Pourbaix, M.: Atlas d'Equilibres Electrochimiques. Paris: Gauthier-Villars & Cie. 1963.

4 Der elektrolytische Mechanismus der Korrosion

4.1 Einführung

Häufig ist ein korrodiertes Metall unmittelbar die Anode einer kurzgeschlossenen galvanischen Zelle. Man spricht dann von der Einwirkung eines „*Korrosionselementes*" bzw. einer *Korrosions-Kurzschlußzelle.* Im übersichtlichsten Fall handelt es sich bei der Kathode der Zelle um eine einfache Gaselektrode, also eine Wasserstoff- oder eine Sauerstoffelektrode. Die angreifende wäßrige Lösung stellt den Elektrolyten der Zelle dar, der Kurzschluß wird normalerweise durch unmittelbaren metallischen Kontakt zwischen Anode und Kathode bewirkt. Dabei ist es möglich, daß an der Anode der Kurzschlußzelle die kathodische Reduktion des Oxidationsmittels mit so geringer Geschwindigkeit abläuft, daß eine merkliche Korrosion überhaupt erst im Kontakt mit der Gaselektrode einsetzt. Unter solchen Bedingungen kommt das Verhalten des Korrosionselementes dem einer idealen galvanischen Zelle nahe, an deren Elektroden nur je eine Elektrodenreaktion möglich ist, an der Anode allein die Metallauflösung, an der Kathode allein die Reduktion des Oxidationsmittels. Zum Beispiel löst sich sehr reines Zink in verdünnter, luftfreier Schwefelsäure praktisch vernachlässigbar langsam auf, was man daran leicht erkennt, daß kaum Wasserstoff entwickelt wird. Umwickelt man das Metall jedoch mit einem Platindraht, so setzt lebhafte Gasentwicklung ein, wobei man sieht, daß die Wasserstoffblasen am Platin entstehen. Da die Wasserstoffentwicklung von einer äquivalenten Zinkauflösung begleitet sein muß, bilden Zink und Platin in dieser Anordnung eine Korrosions-Kurzschlußzelle. Der Reaktionsablauf ist in Bild 4.1 schematisch skizziert, wobei der übersichtlichere Fall angenommen wurde, daß ein Zinkblech und ein Platinblech sich in der Lösung getrennt gegenüberstehen und der Kurzschluß durch einen gegen die Lösung isolierten Draht hergestellt ist.

Demgegenüber geht Zink, das bestimmte andere Metalle als Verunreinigung enthält, auch ohne Kontakt mit Platin oder einem anderen wie Platin als Gaselektrode wirksamen Metall merklich schnell in Lösung. Ersetzt man die verdünnte Schwefelsäure z, B. durch heiße konzentrierte Salzsäure, so löst sich auch das reine Zink unter lebhafter Gasentwicklung.

Auch für die Korrosion duch gelösten Sauerstoff kann die Möglichkeit der Ausbildung von Korrosionselementen leicht nachgewiesen werden. Zwar fehlt hier die Wasserstoffentwicklung als deutliches Merkmal schneller Korrosion, weshalb man die Zellenbildung nicht unmittelbar sieht. Man kann aber in einer neutralen, lufthaltigen Lösung bei Raumtemperatur, in der Wasserstoffentwicklung keine Rolle spielt und deshalb nur Korrosion durch gelösten Sauerstoff in Frage kommt, in

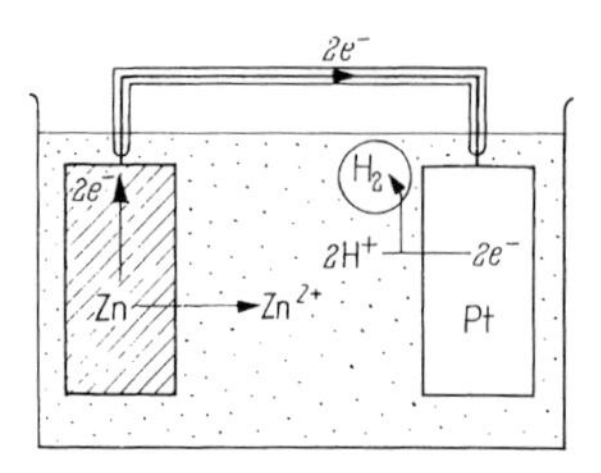

Bild 4.1. Reaktionsschema der Zink-Platin-Kurzschlußzelle mit sauerer Elektrolytlösung

einer dem Bild 4.1 entsprechenden Modellanordnung den zwischen korrodierter Anode und Gaskathode fließenden elektrischen Strom mit einem Galvanometer messen. Als bequemes Maß der Korrosion kann außerdem der Gewichtsverlust der korrodierten Anode bestimmt werden, da es normalerweise keine Schwierigkeiten macht, Korrosionsprodukte nach dem Versuch von der Anode quantitativ abzulösen. Der für die Praxis besonders wichtige Fall, daß es sich bei der Anode um gewöhnlichen unlegierten Stahl handelt, ist von Evans und Mitarbeitern [1] vielfach untersucht worden. Als Kathoden dienten z. B. Nickel, Kupfer und Blei. Zwar sind diese Metalle in Berührung mit lufthaltigen Lösungen nicht etwa thermodynamisch stabil, doch bewirkt der später noch zu erörternde Effekt des kathodischen Korrosionsschutzes, daß sie im Kontakt mit Stahl durch Korrosion nicht angegriffen werden. Wurde bei solchen Versuchen der Gewichtsverlust von Stahlproben gemessen, die mit verschieden großen Blechen des- Zweitmetalls in Kontakt standen, so ergab sich eine Zunahme der Korrosionsgeschwindigkeit des Stahls mit wachsender Fläche des Zweitmetalls. Stahl bildet also im Kontakt mit Kupfer, Nickel oder Blei eine Korrosions-Kurzschlußzelle, in der an den letzteren Metallen Sauerstoff reduziert wird. Allerdings ist die Korrosionsgeschwindigkeit des Stahls ohne Zellenbildung keineswegs Null, denn bekanntlich verrostet unlegierter Stahl oder auch reines Eisen in Berührung mit einer Salzlösung rasch. Dementsprechend ist in Bild 4.2 das Reaktionsschema mit der Annahme skizziert, daß Sauerstoff sowohl am korrodierten Eisen als auch an der nicht angegriffenen Kathode reduziert wird. Das Reaktionsschema deutet außerdem an, daß der Umsatz an der Eisenelektrode zunächst nur zum Fe^{2+}-Ion führt:

$$2Fe + O_2 + 4H^+ \rightarrow 2Fe^{2+} + 2H_2O \tag{4.1}$$

und die Aufoxydation und die Ausfällung von Rost nach

$$2Fe^{2+} + \tfrac{1}{2}O_2 + 4OH^- \rightarrow 2FeOOH + H_2O \tag{4.2}$$

in einer nachgelagerten Reaktion erfolgt (vgl. Kap. 2).

Historisch war bedeutsam, daß im Anschluß an schon früh von de La Rive geäußerte Vermutungen insbesondere Palmaer [2] detaillierte Vorstellungen entwickelt hat, nach denen die Tätigkeit von Kurzschlußzellen auf Metallorberflächen schlechthin als Vorbedingung fü das Eintreten der Korrosion zu gelten hat. Nun gibt es allerdings genügend Beispiele dafür, daß die Korrosion das Metall nach dem Augenschein an allen Stellen gleichmäßig abträgt. Dieser Beobachtung kann im Rahmen der ebengenannten Hypothese formal durch die Annahme der Existenz

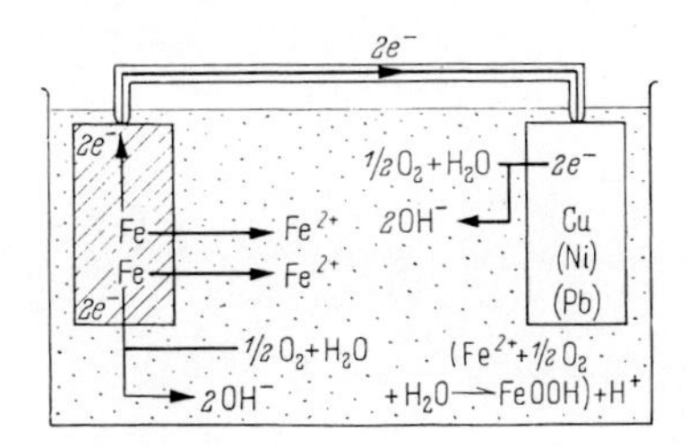

Bild 4.2. Reaktionsschema der Eisen-Kupfer-Kurzschlußzelle mit neutraler Elektrolytlösung

sehr kleinflächiger Korrosionszellen, der sogenannten Lokalelemente, Rechnung getragen werden. Lokalelemente sollen so kleinflächig sein, daß das unbewaffnete Auge sie nicht entdeckt. Bei Palmaer sind die Darlegungen über die Wirkung von Lokalelementen auf Fälle bezogen, in denen, wie etwa beim Zink, Fremdmetalleinschlüsse, und speziell beim unlegierten Stahl Zementit in der Ferritgrundmasse, Ausscheidungen als möglicherweise kathodisch wirksame Flächenbezirke durchauss in Frage kommen. Hier liefert die Lokalelementtheorie qualitativ befriedigende Ergebnisse und gestattet in einigen Fällen auch eine angenäherte Berechnung der Korrosionsgeschwindigkeit. In diesem Zusammenhang werden Lokalelemente weiter unten noch eingehender zu erörtern sein. Darüber hinaus hat die Entwicklung aber dazu geführt, daß die Lokalelementtätigkeit in unangebrachter Verallgemeinerung häufig schlechthin als selbstverständliches Fundament der Theorie der Korrosion betrachtet und zudem mit ad hoc-Annahmen über spezielle Eigenschaften des Metalls – z. B. über das Flächenverhältnis von Anoden and Kathoden – willkürlich ergänzt wird. In Wirklichkeit handelt es sich bei der Lokalelementtätigkeit um einen komplizierten Spezialfall des Korrosionsmechanismus, der sich auch nicht etwa, wie es bei oberflächlicher Betrachtung scheinen mag, durch besondere Anschaulichkeit auszeichnet [3].

Im folgenden wird die Theorie zunächst an den übersichtlichen Grenzfällen dargelegt. Dabei kommt die fundamentale Bedeutung dem Grenzfall der gleichmäßigen Korrosion eines praktisch ideal homogenen Metalls zu. Dieser Grenzfall ist bei der Korrosion eines flüssigen Amalgams durch eine Säure realisiert. Die im Grundsätzlichen abschließenden Untersuchungen haben Wagner und Traud [4, 5] geleistet. Es wird gezeigt werden, daß diese Korrosion ebenfalls ein elektrolytischer Vorgang ist. Das gilt in dem Sinne, daß es nicht darauf ankommt, daß zwei Wasserstoffionen mit einem Zinkatom einen Reaktionskomplex bilden, aus dem ein Zinkion und eine Wasserstoffmolekel hervorgehen. Andererseits bestehen auf der homogenen Oberfläche des Amalgams keine ausgezeichneten räumlichen Bezirke im Sinne von Lokalkathoden und Lokalanoden. Vielmehr wird das Verhalten des korrodierten Amalgams durch die Aussage zutreffend beschrieben, daß an der einheitlichen Grenzfläche Metall/Lösung Metallauflösung und Wasserstoffabscheidung „in ständigem Wechsel mit statistisch ungeordneter Verteilung von Ort und Zeitpunkt des Einzelvorgangs erfolgen" (Wagner [4, 5]). Falls in diesem Zusammenhang auf für galvanische Zellen eingeführte Begriffe Bezug genommen werden soll, kann ausgesagt werden, die gesamte Amalgamoberfläche sei gleichzeitig Anode und Kathode. Es ist irreführend, statt dessen die einzelnen Zinkatome,

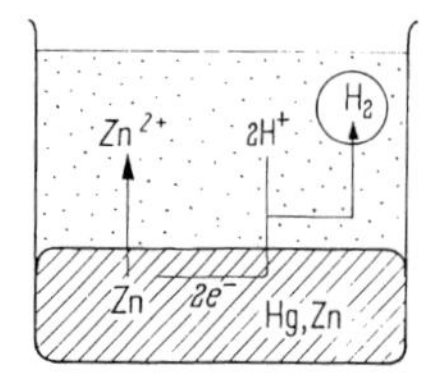

Bild 4.3. Reaktionsschema der Korrosion des flüssigen Zinkamalgams in Säurelösung

die gerade in Lösung gehen, als Lokalanoden zu bezeichnen. Abgesehen von ihrer Kurzlebigkeit kann für diese Atome kein Galvani- und kein Elektrodenpotential angegeben werden, denn beides sind Größen, die erst für viele Atome enthaltende Phasen definiert sind. Damit wird für einzelne Atome der Begriff der Elektrode unbrauchbar. Entsprechend ist das System Zinkamalgam/Säure in Bild 4.3 als nur zweiphasig skizziert.

Einen zweiten übersichtlichen Grenzfall stellt die zu Beginn des Kapitels erwähnte Korrosion im Kurzschluß einer makroskopischen galvanischen Zelle ohne Nebenreaktionen dar. Dieses Verhalten wird bei der anodischen Auflösung eines Metalls verwirklicht, an dem selbst kein Oxydationsmittel reduziert wird, im Kontakt mit einer Gaselektrode, an der diese Reduktion die einzige Elektrodenreaktion ist, Hierzu stammen die grundlegenden Untersuchungen über derartige Korrosionselemente mit Sauerstoffelektroden als Kathoden von Evans und Mitarbeitern [1]. Wegen der bei diesen Versuchen gegebenen relativ komplizierten Bedingungen wird die Besprechung zurückgestellt und im folgenden zunächst das Ergebnis von Grubitsch und Sneck [6a] mitgeteilter Messungen behandelt.

4.2 Elektrodenreaktionen, Ströme und Spannungen in Korrosions-Kurzschlußzellen

Bildet in einer neutralen, gelösten Sauerstoff enthaltenden Salzlösung Eisen mit einer selbst nicht angegriffenen Sauerstoffelektrode eine Korrosions-Kurzschlußzelle, so wird normalerweise nach dem in Bild 4.2 skizzierten Reaktionsschema Sauerstoff auch am Eisen reduziert. Bei Modellversuchen kann aber die Lösung um die Eisenelektrode von der um die Gaselektrode durch ein Diaphragma getrennt und aus dem Anodenraum der Sauerstoff z. B. durch Einleiten von Stickstoff entfernt werden. Dann ist an der Eisenanode die Eisenauflösung, an der Gaskathode die Sauerstoffreduktion die jeweils einzige ablaufende Elektrodenreaktion. Man sagt auch, unter diesen Bedingungen seien beide Elektroden „einfache“ Elektroden insofern, als an ihnen nur je eine Halbzellenreaktion abläuft. Ein solches System zeigt Bild 4.4 in der Anordnung nach Grubitsch und Sneck [6], bei der zwischen dem Anoden- und dem Kathodenraum der Zelle eine elektrolytisch ausreichend gut leitende Zellophanmembran *M* die Vermischung der Lösung in den beiden Räumen verhindert. Als Lösung wurde 0,1 m NaCl-Lösung benutzt. Ständiges Einleiten von Luft hielt die Lösung im Kathodenraum dauernd luft-

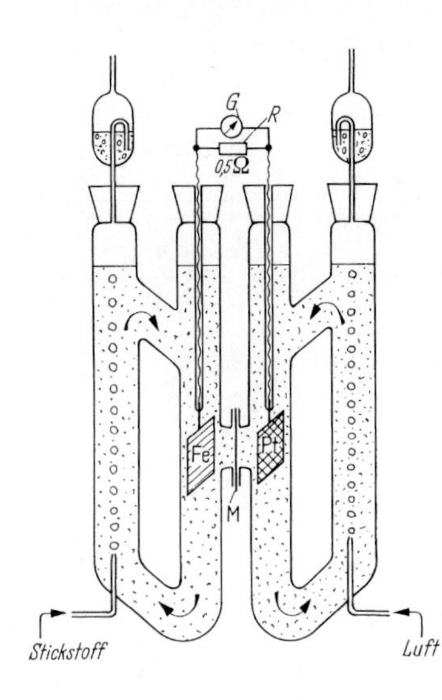

Bild 4.4. Modell-Belüftungszelle. (Nach Grubitsch und Sneck)

gesättigt, ständiges Einleiten von Stickstoff hielt Sauerstoff aus dem Anodenraum fern. Als Anode diente ein Blech aus Armco-Eisen, als Kathode ein gleich großes Platinblech. Anode und Kathode waren über ein Galvanometer verbunden; der Widerstand R_a der Außenschaltung, im wesentlichen gleich dem Eingangswiderstand $R = 0{,}5\,\Omega$ des Galvanometers, war klein gegenüber dem Widerstand R_i des Elektrolyten zwischen den Elektroden (etwa $100\,\Omega$), die Zelle also praktisch kurzgeschlossen. Während jeweils 10-stündigen Versuchen bei 18 °C wurde der Kurzschlußstrom j der Zelle registriert und nach Versuchsende die geflossene Elektrizitätsmenge als Integral $M' = \int j\,dt$ über die Versuchszeit t graphisch mit einem Fehler von $\pm 3\%$ ermittelt. Außerdem wurde der Gewichtsverlust der Eisenelektroden auf $\pm 0{,}2$ mg bestimmt.

Da der Gewichtsverlust des Eisens unter den Versuchsbedingungen ohne Kontakt mit Platin vernachlässigbar klein bleibt, wenn der Anodenraum völlig sauerstofffrei ist, sollte sich der Gewichtsverlust aus dem Kurzschlußstromstärke-Zeitintegral M nach dem *Faradayschen Gesetz* berechnen. Dieses besagt, daß pro Formelumsatz einer Elektroden-Bruttoreaktion die umgesetzte Elektrizitätsmenge gleich dem Produkt aus Elektrodenreaktionswertigketit z_r und Faraday-Konstante F ist. Für λ_R Formelumsätze gilt daher

$$M' = z_r F \lambda_R \tag{4.3}$$

Im vorliegenden Fall wird Eisen nach $Fe \rightarrow Fe^{2+} + 2e^-$ gelöst, es ist also $z_r = 2$. Außerdem ist die Zahl n_{Fe} der Pro λ_R Formelumsätze gelösten Mole Eisen gleich λ_R, und daher die gelöste Menge Eisen, also der Gewichtsverlust (GV), gleich dem Produkt aus λ_R und dem Atomgewicht A_{Fe} (= 55,85 g/mol) des Eisens:

$$(GV) = \lambda_R A_{Fe}. \tag{4.4}$$

Tabelle 5. Eisengewichtsverlust, Elektrizitätsfluß und pH-Einstellung in einer Eisen-Platin-Belüftugszelle (nach Grubitsch und Sneck)

Oberflächenbehandlung		Elektrizitätsmenge M'(Coul.)	Gewichtsverlust			pH-Wert	
Platin	Eisen		$GV_{ber.}$	$GV_{exp.}$	Angang	Ende	
			mg			Kathode	Anode
geschmirgelt	geschmirgelt	55,7	16,1	18,1	6,4	8,4	6,5
geschmirgelt	geschmirgelt	62,7	18,1	19,6	6,2	8,6	6,5
poliert	gefeilt	57,6	16,6	17,3	6,3	7,8	5,1
poliert	gefeilt	50,0	14,5	15,5	6,4	8,3	5,1

Mit Gl. (4.3) ergibt sich daraus:

$$(GV) = \frac{A_{Fe} M'}{2F}. \tag{4.5}$$

Zum Vergleich sind in Tabelle 5 experimentelle (GV)- und M'-Werte sowie die aus den letzteren berechneten theoretischen (GV)-Werte eingetragen. Man bemerkt zunächst, daß das Meßergebnis von der Vorbehandlung der Elektroden kaum abhängt. Außerdem ist, wie erwartet, das Faradaysche Gesetz (bis auf eine systematische Abweichung $(GV)_{ber.} - (GV)_{exp.} \cong 1$ mg, die ohne besondere Bedenken auf einen Restsauerstoffgehalft des Anodenraums zurückgeführt werden kann) erfüllt. In Tab. 5 sind Spalten aufenommen, die angeben, wie sich der im Anoden und Kathodenraum ursprünglich gleiche pH-Wert mit der Zeit änderte. Danach wurde die Anodenlösung mit der Zeit in einigen Fällen saurer, die Kathodenlösung mit der Zeit stets alkalischer. Die pH-Erhöhung im Kathodenraum rührt daher, daß die Sauerstoffreduktion Hydroxylionen erzeugt:

$$O_2 + 2H_2O + 4e^- \rightarrow 4OH^-. \tag{4.6}$$

Die unregelmässige pH-Erniedrigung im Anodenraum wird durch Hydrolyse-Reaktionen bedingt, d. h. duch den Umsatz von Kationen mit Wassermolekeln zu Hydroxy-Verbindungen und Hydronium-Ionen. Diese Reaktion der zunächst nach

$$Fe \rightarrow Fe^{2+} + 2e^- \tag{4.7a}$$

in Lösung gehenden Eisen-Ionen, die sich mit Wasser in das Gleichgewicht

$$Fe^{2+} + H_2O = FeOH^+ + H^+ \tag{4.7b}$$

setzen, bewirkt allerdings bei niedriger Konzentration des gelösten Eisens nur eine geringe pH-Erniedrigung. Vermutlich sind die wegen des undefinierten

Restsauerstoffgehaltes unregelmäßigen Folgereaktionen

$$Fe^{2+} + \tfrac{1}{4}O_2 + \tfrac{1}{2}H_2O = Fe^{3+} + OH^- \tag{4.8a}$$

$$Fe^{3+} + 3H_2O = Fe(OH)_3 + 3H^+ \tag{4.8b}$$

hier wirksamer [6b]

Für das Verständnis der Wirkungsweise der Zelle ist die Kenntnis der Verteilung des makroskopischen elektrischen Potentials im Innern der die Zelle bildenden Leiterkette von wesentlichem Interesse, und in diesem Zusammenhang u. a. die Stromstärke. Sie betrug bei den geschilderten Versuchen etwa 1,6 mA. Über den Widerstand R fiel daher gemäß dem Ohmschen Gesetz die sehr kleine Spannung von etwa 0,5 mV ab. Demgegenüber trat in der Elektrolytlösung bei einem Elektrolytwiderstand R_i von etwa 100 Ω notwendig eine beträchtlichere Ohmsche Spannung von etwa 0,1 V auf. Diese Größenordnung des Spannungsabfalls zwischen Anode und Kathode wurde durch Messungen bestätigt, bei denen das Elektrodenpotential ε', d. h. die Spannung der Anode bzw. der Kathode gegen Ag/AgCl-Bezugselektroden gemessen wurde. Wie im folgenden gezeigt, ergibt sich der Ohmsche Spannungsabfall als Differenz der Elektrodenpotentiale. Hierzu ist in Bild 4.5 das Phasenschema der Kurzschlußzelle

$$\underset{\mathrm{I}}{\mathrm{Pt}}/\underset{\mathrm{II}}{\mathrm{Fe}}/\underset{\mathrm{III}}{\text{NaCl-Lösung, } O_2\text{-frei}}/\underset{\mathrm{III'}}{\text{NaCl-Lösung, } O_2\text{-haltig}}/\underset{\mathrm{I}}{\mathrm{Pt}}$$

skizziert. Wie in Kap. 3 erwähnt, erübrigt es sich, den in der Praxis normalerweise gegebenen Fall des Kurzschlusses über einen Kupfer- anstelle eines Platindrahtes gesondert zu betrachten. Bei großer NaCl-Konzentration in den Lösungsphasen *III* und *III'*, bei gleichzeitig kleiner Konzentration von O_2-Molekeln, Fe^{2+}-, $FeOH^+$-, H^+- und OH^--Ionen ist das Diffusionspotential über die Membran zwischen *III* und *III'* vernachlässigbar klein, die Elektrolytlösung daher als praktisch homogene Einzelphase anzusehen.

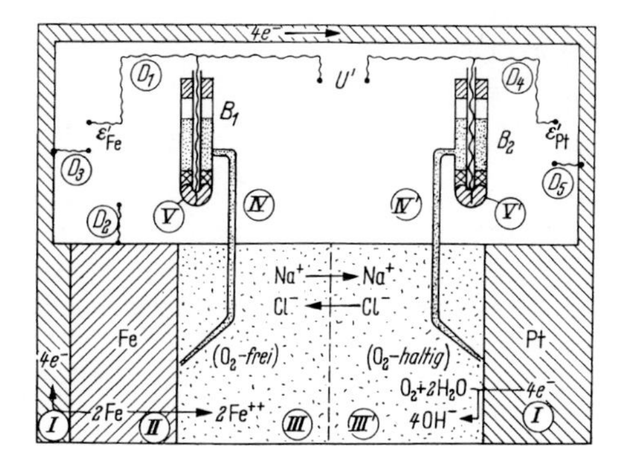

Bild 4.5. Phasenschema einer Eisen-Platin-Belüftungszelle

Da der spezifische Widerstand κ der Metalle mit etwa $10^{-4}\,\Omega$cm um Größenordnungen tiefer liegt als der wäßriger Elektrolytlösungen ($1 \lesssim \kappa \lesssim$ $\lesssim 10^6\,\Omega$cm) kann die Ohmsche Spannung in metallischen Phasen der kurzgeschlossenen galvanischen Zelle gegenüber der Ohmschen Spannung in der Lösung durchweg vernachlässigt werden. Im vorliegenden Fall kommt eine weitere Vereinfachung hinzu: Es kann angenommen werden, daß in der Meßanordnung der weit überwiegende Anteil der Ohmschen Spannung in der Membran zwischen Anoden- und Kathodenraum auftrat und das Potential im Anoden- und Kathodenraum der Lösung selbst konstant war. Unter solchen Bedingungen ist die Ohmsche Spannung φ_{P_1,P_2} zwischen einem Punkt P_1 in der Lösungsphase *III* unmittelbar vor der Eisenanode und einem Punkt P_2 in derselben Phase unmittelbar vor der Platinkathode stets dieselbe, unabhängig von der speziellen Lage von P_1 und P_2. Ähnlich einfache Bedingungen herrschen in einer Zelle ohne relativ hochohmige Membran z. B. dann, wenn Anode und Kathode ebene, planparallele Endflächen gleicher Kontur eines mit Elektrolytlösung gefüllten Troges bilden. Bezeichnet man die Zellstromstärke mit j, so gilt dann das Ohmsche Gesetz in der Form

$$\varphi_{P_1,P_2} = \varphi_{P_1} - \varphi_{P_2} = jR_i. \tag{4.9}$$

In der kurzgeschlossenen Zelle muß bei $R_a = 0$ die Summe der Spannungen an den Phasengrenzen *I/II*, *II/III*, *III'/I* und der Spannung φ_{P_1,P_2} verschwinden:

$$\varphi_{I,II} + \varphi_{II,P_2} + \varphi_{P_1,P_2} + \varphi_{P_2,I} = 0. \tag{4.10}$$

Dabei kann das Vorzeichen von φ_{P_1,P_2} angegeben werden: Im äußeren Kurzschlußstromkreis wandern Elektronen vom Eisen zum Platin, in der Elektrolytlösung also Anionen vom Platin zum Eisen, Kationen vom Eisen zum Platin. Daher ist φ_{P_2} negativer als φ_{P_1}, φ_{P_1,P_2} also eine positive Größe. Enthält die Zelle in der äußeren Kurzschlußverbindung einen Widerstand R_a, so tritt an diesem eine Ohmsche Spannung φ_{P_A,P_B} zwischen dem der Platinkathode benachbarten Ende P_A und dem der Eisenanode benachbarten Ende P_B auf, und anstelle von Gl. (4.10) gilt nun

$$\varphi_{P_B,II} + \varphi_{II,P_1} + \varphi_{P_1,P_2} + \varphi_{P_2,P_A} + \varphi_{P_A,P_B} = 0, \tag{4.11}$$

wobei auch φ_{P_A,P_B} eine positive Größe ist. Dafür sei vereinfacht geschrieben

$$\varphi_{I,II} + \varphi_{II,III} + \varphi_{III,III} + \varphi_{III'/I} + \varphi_{I,I} = 0, \tag{4.12}$$

wobei für $R_a = 0$ die Spannung $\varphi_{I,I}$ verschwindet.

Mit oder ohne Kurzschluß kann das Elektrodenpotential z. B. der Eisenelektrode unter Zuhilfenahme einer Bezugselektrode (in Bild 4.5 B_1) bestimmt werden. Als Bezugselektrode ist in Bild 4.5 eine Kalomelektrode mit Platinableitung D_1 angedeutet, zur Vereinfachung ohne Zwischengefäß zwischen Bezugselektrode und Meßelektrode (vgl. Bild 4.17). Zwischen D_1 und einer Platinableitung D_2 mißt man stromlos das auf die Kalomelektrode bezogene Elektrodenpotential ε'_{Fe} der Eisenanode als Spannung der offenen Zelle

$$\underset{I}{Pt}/\underset{II}{Fe}/\underset{III}{NaCl\text{-}Lsg.}/\underset{IV}{KCl\text{-}Lsg., Hg_2Cl_2}/\underset{V}{Hg}, \underset{D^1}{Pt}$$

Es versteht sich, daß im realen Fall für D_1 und D_2 Kupferableitungen benutzt würden. Wichtiger ist hier, daß die Bezugselektrode mit einer Sonde, der sogenannten Haber-Luggin-*Kapillare* ausgerüstet ist, die in einer dünn ausgezogenen Spitze möglichst dicht vor der Elektrodenoberfläche endet, ohne sie jedoch elektrisch abzuschirmen. Die Elektrolytlösung in der Sonde ist nicht stromdurchflossen, so daß in dieser Anordnung nur der Teil der Ohmschen Spannung $\varphi_{\text{III/III}'}$ in die Größe ε'_{Fe} bzw. ε_{Fe} eingeht, der auf die kurze Strecke (von z. B. Zehntel Millimetern) zwischen Sondenmündung und Eisenoberfläche fällt. Dann ist bei kleinen elektrischen Strömen in gut leitenden Elektrolytlösungen der mitgemessene Anteil der Ohmschen Spannung vernachlässigbar klein. Dann gilt, bei ebenfalls vernachlässigbarem Diffusionspotential in der Sondenmündung:

$$\varepsilon'_{\text{Fe}} = \varphi_{\text{I,II}} + \varphi_{\text{II,III}} + \varphi_{\text{IV,V}} + \varphi_{\text{V,D}_1}. \tag{4.13}$$

Ebenso kann unter Zuhilfenahme einer zweiten Bezugselektrode (in Bild 4.5: B_2) an den Enden der offenen Zelle

$$\underset{\text{I}}{\text{Pt}}/\underset{\text{III}'}{\text{NaCl-Lsg.}}/\underset{\text{IV}'}{\text{KCl-Lsg., Hg}_2\text{Cl}_2}/\underset{\text{V}'}{\text{Hg}}/\underset{\text{D}_4}{\text{Pt}}$$

das Elektrodenpotential ε'_{Pt} der Platinkathode gemessen werden, wofür gelten muß:

$$\varepsilon'_{\text{Pt}} = \varphi_{\text{I,III}'} + \varphi_{\text{IV}',\text{V}'} + \varphi_{\text{V}',\text{D}_4}. \tag{4.14}$$

$$\varphi_{\text{IV,V}} = \varphi_{\text{IV}',\text{V}}; \quad \varphi_{\text{V,D}_1} = \varphi_{\text{V}',\text{D}_4}. \tag{4.15}$$

Nach Voraussetzung ist außerdem die Phase *III* mit der Phase *III'* praktisch identisch. Damit ergeben die Gln. (4.12), (4.13) und (4.14) nach einfacher Umformung für den Fall $\varphi_{\text{I,I}} = 0$:

$$\varepsilon'_{\text{Fe}} - \varepsilon'_{\text{Pt}} = \varepsilon_{\text{Fe}} - \varepsilon_{\text{Pt}} = \varphi_{\text{I,II}} + \varphi_{\text{II,III}} + \varphi_{\text{III,I}} = -\varphi_{\text{III,III}}. \tag{4.16}$$

Die Differenz der Werte des Elektrodenpotentials der Eisenanode und der Platinkathode ist also dem Betrag nach gleich dem Ohmschen Spannungsabfall in der Lösung. Dieses Ergebnis ist auch unmittelbar anschaulich, wenn man beachtet, daß $(\varepsilon'_{\text{Fe}} - \varepsilon'_{\text{Pt}})$ gleich der Spannung U' zwischen den Bezugselektroden ist, die Messung von U' aber auf eine Messung des Spannungsabfalls längs eines homogenen stromdurchflossenen Leiters hinausläuft. Solche Messungen sind von Grubitsch und Sneck (loc. cit.) mit Ag/AgCl-Bezugselektroden ausgeführt worden, wobei im Kurzschluß die Ohmsche Spannung $|\varphi_{\text{III,III}}| = 0{,}12\,\text{V}$ festgestellt wurde. Ist der Widerstand R_a des Kurzschlusses nicht vernachlässigbar klein, so erhält man statt (4.16)

$$\varepsilon'_{\text{Fe}} - \varepsilon'_{\text{Pt}} = -(\varphi_{\text{III,III}} + \varphi_{\text{I,I}}). \tag{4.17}$$

Daraus erhält man mit dem Ohmschen Gesetz die Beziehung

$$|\varepsilon'_{\text{Fe}} - \varepsilon'_{\text{Pt}}| = |j|R_a + |j|R_i. \tag{4.18}$$

Die Stromstärke der Kurzschlußzelle kann nur bei Modellversuchen mit Hilfe eines in die Metall 1/Metall 2-Verbindung eingeschaleten Galvanometers gemessen werden. Eine Möglichkeit, in der Praxis an einer kurzgeschlossenen makroskopischen Korrosionszelle die

Stromstärke zu bestimmen, ist die Ausmessung der Ohmschen Spannung in der Elektrolytlösung. Derartige Messungen, bei denen die Haber-Luggin-Kapillaren der Meßelektroden als Potentialsonden dienen, spielen besonders bei komplizierterer Geometrie der Elektrodenanordnung und daher auf der Metalloberfläche nicht überall konstanter Stromdichte eine besondere Rolle. Einige Beispiele werden später folgen (Kap. 8). Bei solchen Messungen ergeben sich aber Schwierigkeiten, wenn der Elektrolyt chemisch stark inhomogen ist, also eine von Ort zu Ort stark veränderliche Zusammensetzung hat. In diesem Fall tritt zwischen den Sonden zweier für die Messung benutzter Bezugselektroden eine Diffusionsspannung auf. Anders als die Ohmsche Spannung, die bei Unterbrechung des Stromflusses verschwindet, handelt es sich beim Diffusionspotential in der Ausdrucksweise der Elektrizitätslehre ebenso wie bei den Spannungen an Phasengrenzen um eine „eingeprägte" Spannung. Diffusions- und Ohmsche Spannung lassen sich aber formal einheitlich behandeln, wenn beachtet wird, daß allgemein die Bewegung eines Ions k einem von Null verschiedenen Gradienten des elektrochemischen Potentials $\tilde{\mu}_k$ folgt. Für den Vektor grad $\tilde{\mu}_k$ gilt nach Gl. (3.10)

$$\operatorname{grad} \tilde{\mu}_k = \operatorname{grad} \mu_k + z_k F \operatorname{grad} \varphi. \tag{4.19}$$

In homogenen Elektrolytlösungen verschwindet der Gradient des chemischen Potentials μ_k und eine etwa gemessene Spannung $\int \operatorname{grad} \varphi \, ds$ längs Weges s muß eine Ohmsche, durch einen elektrischen Strom bewirkte Spannung sein, wobei Stromfluß die Bewegung von Kationen und Anionen in entgegengesetzten Richtungen bedeutet. Im inhomogenen Elektrolyten stellt sich in Abwesenheit Ohmscher Spannungen die Größe $\int \operatorname{grad} \varphi \, ds$ als Diffusionspotential notwendig spontan so ein, daß Anionen und Kationen in derselben Richtung – und gleich schnell – diffundieren. Andernfalls würde die Diffusion zu einer ständig wachsenden elektrostatischen Aufladung verschiedener Bereiche der Elektrolytlösung führen, was nicht möglich ist. Man beachte hier aber, daß das Diffusionspotential eine Galvani-Einzelspannung darstellt und daher nicht exakt gemessen werden kann. In stromdurchflossener und gleichzeitig inhomogener Elecktrolytlösung überlagern sich Ohmsche Spannungen und Diffusionspotential, weshalb unter solchen Bedingungen die Ausmessung des Ohmschen Feldes illusorisch werden kann, wenn in gut leitenden, stark inhomogenen Lösungen bei kleinen Strömen beide Sorten von Spannungen die gleiche Größenordnung haben. Es ist anzumerken, daß die Inhomogenität der Lösung die Einzelspannungen in der Mündung der beiden Bezugselektroden u. U. stark ändert. Dieser Effekt kann den des Diffusionspotentials weitgehend kompensieren.

Da die in Bild 4.5 skizzierte Zelle kurzgeschlossen und daher nicht im Gleichgewicht ist, so sagen die früheren Darlegungen über offene Gleichgewichtszellen über die Größe der Galvani-Spannungen an den Phasengrenzen zunächst nichts aus. Man zeigt aber leicht, daß die Spannung $\varphi_{\mathrm{I,II}}$ an der Phasengrenze zwischen Platin und Eisen in der kurzgeschlossenen Zelle denselben Wert hat wie in einer offenen Zelle. Jede Messung würde zeigen, daß zwischen den Platinenden D_1 and D_3 dieselbe Spannung herrscht, wie zwischen den Platinenden D_1 and D_2, obwohl in die erstere Summenspannung die Spannung an einer stromdurchflossenen, in die letztere die Spannung einer nicht stromdurchflossennen Phasengrenze Platin/Eisen eingeht. An dieser Phasengrenze, und allgemein an Phasengrenzen Metall 1/Metall 2 ist unabhängig vom Stromfluß durch die Phasengrenze das Gleichgewicht des Austauschs von Elektronen zwischen den beiden Metallen eingestellt.

Wir deuten dies durch

$$\varphi_{\mathrm{I,II}} = (\varphi_{\mathrm{I,II}})_{\mathrm{Gl}} \tag{4.20}$$

an. Es handelt sich dabei um ein Beispiel für die im folgenden Kapitel erläuterte Erscheinung, daß für einzelne Teilschritte einer im ganzen irreversibel ablaufenden Reaktion das Gleichgewicht eingestellt sein kann. Auch die Galvani-Spannungen $\varphi_{\mathrm{IV,V}}$, $\varphi_{\mathrm{IV',V'}}$, ebenso $\varphi_{\mathrm{V,D_2}}$, $\varphi_{\mathrm{V',D_4}}$ sind Gleichgewichtsspannungen:

$$\varphi_{\mathrm{IV,V}} = \varphi_{\mathrm{IV',V'}} = (\varphi_{\mathrm{IV,V}})_{\mathrm{Gl}} = (\varphi_{\mathrm{IV',V'}})_{\mathrm{Gl}}, \tag{4.21}$$

$$\varphi_{\mathrm{V,D_1}} = \varphi_{\mathrm{V',D_4}} = (\varphi_{\mathrm{V,D_1}})_{\mathrm{Gl}} = (\varphi_{\mathrm{V',D_4}})_{\mathrm{Gl}}. \tag{4.22}$$

Dagegen herrscht an den Phasengrenzen Eisen/Lösung und Lösung/Platin kein Gleichgewicht:

$$\varphi_{\mathrm{II,III}} \neq (\varphi_{\mathrm{II,III}})_{\mathrm{Gl}}; \quad \varphi_{\mathrm{III,I}} \neq (\varphi_{\mathrm{III,I}})_{\mathrm{Gl}}. \tag{4.23}$$

Handelt es sich nämlich auch hier um Gleichgewichtsspannungen, so müßte die Differenz $\varepsilon'_{\mathrm{Fe}} - \varepsilon'_{\mathrm{Pt}} = \varepsilon_{\mathrm{Fe}} - \varepsilon_{\mathrm{Pt}}$ gleich der Gleichgewichts-Zellspannung U_{rev} der Zellreaktion $2\mathrm{Fe} + \mathrm{O_2} + 4\mathrm{H^+} + 4e^- \rightarrow 2\mathrm{Fe^{2+}} + 2\mathrm{H_2O}$ sein. Man überzeugt sich leicht, daß die tatsächlich gemessene Differenz $(\varepsilon'_{\mathrm{Fe}} - \varepsilon'_{\mathrm{Pt}})$ mit etwa 0,12 V wesentlich kleiner ist als U_{rev}. Nun wurde schon weiter oben bemerkt, daß weder das Gleichgewicht der $\mathrm{Fe/Fe^{2+}}$-noch das der $\mathrm{O_2/H_2O}$-Elektrode ohne weiteres realisierbar ist. Das dedeutet, daß die Spannung $\varepsilon'_{\mathrm{Fe}} - \varepsilon'_{\mathrm{Pt}}$ auch der offenen Zelle nicht gleich der berechneten Gleichgewichts-Zellspannung U_{rev} ist.

Für Gleichgewichtszellen wie den Bleiakkumulator gilt, daß die Spannung im Kurzschluß kleiner ist als die an der offenen Zelle gemessene Gleichgewichtsspannung („Zusammenbrechen" der Spannung bei Stromfluß). Darüber hinaus gilt grundsätzlich im einzelnen, daß die Galvani-Spannung $\varphi_{\mathrm{Me,L}}$ an der Phasengrenze Metall/Lösung bei anodischem bzw. kathodischem Umsatz der potentialbestimmenden Elektrodenreaktion positiver bzw. negativer wird.

Im Gegensatz zum Absolutwert sind Änderungen der Galvani-Spannung an einer einzelnen Phasengrenze meßbar. Wenn nämlich durch die in Bild 4.5 skizzierte Anordnung von Bezugselektrode, Haber-Luggin-Kapillare und Eisen- bzw. Platinelektrode dafür gesorgt ist, daß von den in das Elektrodenpotential eingehenden Einzelspannungen der Fluß des Zellstroms allein die Spannung an der Phasengrenze Eisen/Lösung bzw. Platin/Lösung ändern kann, so sind die beim Öffnen und Schließen der Zelle beobachteten Änderungen von $\varepsilon'_{\mathrm{Fe}}$ und $\varepsilon'_{\mathrm{Pt}}$ gleich den Änderungen von $\varphi_{\mathrm{II,III}}$ und $\varphi_{\mathrm{I,III'}}$.

Es seien anstelle der Eisen- und der Platinelektroden irgendwelche Elektroden Metall Me/Lösung L gegeben, deren potentialbestimmende Elektrodenreaktion ξ sich beim Strom $j = 0$ der Zelle ins Gleichgewicht setzt. Dann ist das für $j = 0$ gemessene Elektrodenpotential $\varepsilon(0)$ gleich dem Gleichgewichts-Elektrodenpotential E_ξ. Nach dem oben Gesagten gilt für das Elektrodenpotential ε bei Belastung der Elektrode mit dem Strom j:

$$\varepsilon(j) - \varepsilon(0) = \varepsilon - E_\xi = \varphi_{\mathrm{Me,L}} - (\varphi_{\mathrm{Me,L}})_{\mathrm{Gl}}. \tag{4.24}$$

Diese Änderung des Elektrodenpotentials wird als die *Überspannung* η_ξ der Elektrodenreaktion ξ bezeichnet.

$$\eta_\xi \equiv \varepsilon - E_\xi \tag{4.25}$$

Die Überspannung der Elektrodenreaktion der H_2/H^+ – Elektrode bzw. der O_2/H^+-Elektrode bzw. der der Me/Me^{z+}-Elektrode ist daher definiert durch

$$\eta_H \equiv \varepsilon - E_{H_2/H^+} = \varepsilon - \left[\frac{RT}{F}\ln a_{H^+} - \frac{RT}{2F}\ln p_{H_2}\right], \tag{4.26}$$

bzw.

$$\eta_{O_2} \equiv \varepsilon - E_{O_2/H^+} = \varepsilon - \left[E^0_{O_2/H^+} + \frac{RT}{F}\ln a_{H^+} + \frac{RT}{4F}\ln p_{O_2}\right], \tag{4.27}$$

bzw.

$$\eta_{Me} \equiv \varepsilon - E_{Me/Me^{z+}} = \varepsilon - \left[E^0_{Me/Me^{z+}} + \frac{RT}{zF}\ln a_{Me^{z+}}\right]. \tag{4.28}$$

Die Überspannung ist von der Wahl der Bezugselektrode unabhängig.

Eine gemessene Änderung des Elektrodenpotentials bei Ein- und Ausschalten eines durch die Elektrode tretenden Zellstroms ist nur dann gleich der Überspannung der betreffenden Elektroden-Bruttoreaktion, wenn sich die stromlose Elektrode auf ihr Gleichgewichtspotential einstellt. Bezeichnet man allgemein die Änderung des Potentials bei Ein- und Ausschalten eines Stromes j als die *Polarisation* π der Elektrode:

$$\pi \equiv \varepsilon(j) - \varepsilon(0), \tag{4.29}$$

so ist nur für diesen Fall $\eta_\xi = \pi$. Es gilt aber andernfalls $\eta_\xi = \pi + \text{const}$, und daher stets $d\eta_\xi/dj = d\pi/dj$.

Einfach Messungen bestätigen die naheliegende Erwartung, daß die Polarisation π, also auch die Überspannung η_ξ, eine Funktion des Stromes, also der Geschwindigkeit der Elektrodenreaktion ist. Fügt man z. B. in den äußeren Kurzschluß der in Bild 4.4 skizzierten Anordnung einen regelbaren Widerstand R_a ein, der dem Zelleninnenwiderstand R_i vergleichbar groß ist, so stellt man fest, daß mit sinkender Stromstärke das Elektrodenpotential der Eisenanode negativer, das der Platinkathode positiver wird. Derartige Messungen haben Grubitsch und Sneck [6] nicht mit der bischer diskutierten, sondern mit einer Zelle angestellt, die anstelle der Platinelektrode eine zweite Eisenelektrode besaß, d. h. an einer Zelle der folgenden Form:

(Cu)/Fe/NaCl-Lösung, O_2-frei/NaCl-Lösung, luftgesättigt/Fe/(Cu).

Untersuchungen an derartigen Zellen sind für die Aufklärung des Mechanismus der Korrosion von erheblicher Bedeutung gewesen und werden später weiter diskutiert werden (vgl. Kap. 11.2). Es handelt sich um das Modell von Zellen, die sich auf Metalloberflächen bei unterschiedlichem Sauerstoffegehalt der benetzenden Elektrolytlösung ausbilden können. Solche Systeme werden als „Zellen mit differentieller Belüftung", kürzer als *„Belüftungszellen"* bezeichnet. Als Elektrolytlösung diente bei den zitierten Untersuchungen eine Lösung von 0,1 mol/l NaCl und 0,05 mol/l Natriumazetat. Unter diesen Bedingungen bleibt zwar die Eisenanode eine einfache Fe/Fe^{2+}-Elektrode, aber an der Eisenkathode überlagern sich Sauerstoffreduktion und Eisenauflösung. Es werden nun also beide Elektroden korrodiert. Der Kurzschlußstrom ist kleiner als in der Eisen-Platin-Zelle. Die Erörterung der Einzelheiten des Verhaltens der Kathode soll vorerst zurückgestellt und die Diskussion auf die Stromstärkeabhängigkeit des Anoden- und des Kathoden-Elektrodenpotentials beschränkt werden.

Dazu gibt die Tabelle 6 die gemessenen Werte der Zellstromstärke j, des Elektrodenpotentials $(\varepsilon'_{Fe})_{N_2}$ der „unbelüfteten" Anode, des Elektrodenpotentials $(\varepsilon'_{Fe})_{Luft}$ der „belüfteten" Kathode (beide bezogen auf mit dem Versuchselektrolyten gefüllte Ag/AgCl-Bezugselektroden) als Funktion des Außenwiderstandes R_a. Ferner gibt die Tabelle die Ohmschen Spannungen $jR_i (R_i = 85\ \Omega)$ und jR_a in der Elektrolytlösung und am Außenwiderstand. Die Summe dieser beiden Größen muß nach Gl. (4.16) der Differenz des Elektrodenpotentials von Anode und Kathode gleich sein. Die erstere Summe ist unter $|\Sigma jR|$, die letztere Differenz unter $|\Delta\varepsilon'|$ aufgeführt. Wie der Vergleich der beiden Spalten zeigt, ist die Übereinstimmung mit einer wohl unerheblichen Ausnahme im Rahmen der Meßgenauigkeit von einigen Millivolt durchaus befriedigend.

Wie die Tabelle zeigt, wird das Elektrodenpotential $(\varepsilon'_{Fe})_{N_2}$, d.h. aber auch die Polarisation π_j und die Überspannung der anodischen Eisenauflösung η_{Fe} an der Eisenanode mit wachsendem Zellstrom stärker positiv. Entsprechend wird mit

Tabelle 6. Einfluß des äußeren Widerstandes R_a auf Stromlieferung und Potentialverteilung in einer Eisen-Eisen-Belüftungszelle (nach Grubitsch und Sneck). Elektrodenpotential ε' bezogen auf Ag/AgCl-Elektrode in der Versuchslösung

R_a [Ω]	j [mA]	$(\varepsilon'_{Fe})_{Luft}$ [mV]	$(\varepsilon'_{Fe})_{N_2}$ [mV]	$j \times R_a$ [mV]	$j \times R_i$ [mV]	$\|\Delta\varepsilon'\|$ [mV]	$\|\Sigma j \times R\|$ [mV]
0	0,635	− 351	− 413	0	54	62	54
20	0,590	− 346	− 415	12	50	69	62
40	0,550	− 345	− 416	22	47	71	69
60	0,500	− 344	− 420	30	43	76	73
80	0,475	− 340	− 420	38	40	80	78
100	0,430	− 333	− 424	43	37	91	81
200	0,335	− 332	− 430	67	28	98	95
300	0,275	− 329	− 436	82	23	107	105
400	0,230	− 328	− 438	92	20	110	112
500	0,195	− 326	− 441	97	17	115	114
600	0,170	− 329*	− 443	102	14	114	116
700	0,150	− 332*	− 445	105	13	113	118
800	0,135	− 331*	− 447	108	11	116	119
900	0,125	− 333*	− 450	112	11	117	123
1000	0,110	− 333*	− 452	110	9	119	119

steigendem Zellstrom das Elektrodenpotential $(\varepsilon'_{Fe})_{Luft}$ und die Polarisation π_j an der Eisenkathode stärker negativ. Von dieser Regel abweichende Werte (*) gehen vermutlich auf Störungen der Messung zurück. Fallende Werte von $(\varepsilon'_{Fe})_{Luft}$ besagen im übrigen, daß die negative Überspannung η_{O_2} Sauerstoffabscheidung an der Kathode mit steigendem Strom wächst, und daß andererseits die positive Überspannung η_{Fe} der anodischen Eisenauflösung an der Kathode fällt.

Über das Vorzeichen des Zellstroms kann willkürlich verfügt werden. Zunächst leuchtet hierzu ein, daß es keinen Sinn hat, einem in einem homogenen Leiter festgestellten Strom ein Vorzeichen zu geben. Dies trifft aber für den Stromdurchtritt durch Phasengrenzen Metall/Elektrolyt nicht zu. Hier kommt der Strom durch den Ablauf einer Elektroden-Bruttoreaktion entweder unter Aufnahme von Elektronen aus dem, oder unter Abgabe von Elektronen an das Metall zustande. Dabei spielt es für die formale Betrachtung keine Rolle, ob die durch die Phasengrenze tretenden Ladungsträger wirklich Elektronen, oder statt dessen Anionen oder Kationen sind. Die Elektroden-Bruttoreaktion ist jedenfalls grundsätzlich entweder eine Oxydation oder eine Reduktion, und es ist zweckmäßig, diese beiden Möglichkeiten durch eine entsprechende Indizierung des Stromflusses zu unterscheiden. Dafür ist vereinbart, solchen Strömen das *positive* Vorzeichen zu geben, die an einer betrachteten Phasengrenze eine Oxidation bewirken, also zumindest formal mit einem Übergang negativer Ladungen aus der Lösung in das Metall verknüpft sind. Entsprechend wird Strömen, die an einer betrachteten Phasengrenze eine Reduktion bewirken, also formal mit einem Übergang negativer Ladungen aus dem Metall in die Lösung verknüpft sind, das *negative* Vorzeichen gegeben. Dabei ist auch der Strom negativ, der an der Eisenkathode durch Überlagerung der anodischen Eisenauflösung mit der kathodischen Sauerstoffreduktion zustande kommt, da die Sauerstoffreduktion hier der überwiegende Effekt ist.

Nun besteht nach dem Faradayschen Gesetz Proportionalität zwischen dem Umsatz chemischer Äquivalente und dem elektrischer Ladungen derart, daß pro Formelumsatz einer Elektrodenreaktion die Ladungsmenge $M' = z_r F$ durch die Phasengrenze tritt. Führt man als Reaktionsgeschwindigkeit die Größe $d\lambda/dt = \dot{\lambda}$ ein, so gilt für die Stromstärke

$$j = z_r F \dot{\lambda}. \tag{4.30}$$

Es sei ferner die *Äquivalentgeschwindigkeit* $\dot{\bar{\lambda}}$ einer Elektrodenreaktion definiert durch

$$\dot{\bar{\lambda}} = z_r \dot{\lambda}. \tag{4.31}$$

Dann ist zunächst aus Gründen der Elektroneutralität die Äquivalentgeschwindigkeit der Reaktion an der Anode gleich der der Reaktion an der Kathode der Zelle, falls beide Elektroden einfache Elektroden sind:

$$\dot{\bar{\lambda}}_{Anode} = \dot{\bar{\lambda}}_{Kathode}. \tag{4.32}$$

Im vorliegenden Fall einer selbst korrodierten Eisenkathode gilt diese Beziehung nur, falls für $\dot{\bar{\lambda}}_{Kathode}$ die Differenz der Geschwindigkeit $(\dot{\bar{\lambda}}_{O_2})_{Kathode}$ der Sauerstoffreduktion und $(\dot{\bar{\lambda}}_{Fe})_{Kathode}$ der Eisenauflösung an der Kathode eingesetzt wird:

$$\dot{\bar{\lambda}}_{Anode} = (\dot{\bar{\lambda}}_{O_2} - \dot{\bar{\lambda}}_{Fe})_{Kathode}. \tag{4.33}$$

Es ist zweckmäßig, die Geschwindigkeit von Elektrodenreaktionen grundsätzlich in der Dimension von elektrischen Strömen anzugeben. Unter Beachtung der das Vorzeichen der Ströme betreffenden Vereinbarung, ist der Strom j_{Fe} der anodischen Eisenauflösung gegeben durch

$$j_{Fe} = +F\dot{\lambda}_{Fe}, \tag{4.34}$$

der Strom j_{O_2} der kathodischen Sauerstoffreduktion durch

$$j_{O_2} = -F\dot{\lambda}_{O_2}. \tag{4.35}$$

Daher gilt nach Gl. (4.33):

$$(j_{Fe})_{Anode} = -(j_{O_2} + j_{Fe})_{Kathode} \tag{4.36}$$

wobei die Klammer der rechten Seite gleich dem insgesamt negativen Strom $j_{Kathode}$ ist. Wird der Kurzschluß der Zelle unterbrochen, so daß die Eigenkorrosion der Kathode ohne Kontakt mit der Anode abläuft, gilt offenbar

$$(j_{Fe})_{Anode} = (j_{Fe} + j_{O_2})_{Kathode} = 0 \tag{4.37}$$

Allerdings ist die eigentlich interessierende Größe im allgemeinen nicht die Stromstärke j, sondern die auf die Einheit der Oberfläche Q der betreffenden Elektrode bezogene *Stromdichte* i, definiert durch:

$$i \equiv \frac{j}{Q} \tag{4.38}$$

Wo nicht anders bemerkt, handelt es sich bei der Größe Q um die geometrische, durch Planimetrieren zu ermittelnde Oberfläche. Aus der Stromdichte der Metallauflösung berechnet man die Korrosionsgeschwindigkeit in der für die technische Praxis üblichen Dimension problemlos mit Hilfe des Faradayschen Gesetzes: Die Zahl $\dot{n}_{Me}/Q$ der pro Zeit- und Flächeneinheit aufgelösten Mole eines Metalls Me, das in Me^{z+}-Ionen übergeht, ist gleich i_{Me}/zF. Daher ergibt sich für die auf die Flächeneinheit bezogene Geschwindigkeit des Metallgewichtsverlustes (A = Atomgewicht des Metalls):

$$\dot{W} = \frac{A}{zF} i_{Me} \tag{4.39}$$

und daraus für die Geschwindigkeit der Dickenänderung (ϱ = Dichte des Metalls):

$$\dot{V} = \frac{A}{zF\varrho} i_{Me} \tag{4.40}$$

Üblicherweise gibt man $\dot{W}$ in g/m^2 Tag, $\dot{V}$ in mm/Jahr, i in mA/cm^2 (häufig auch μA/cm^2 oder mA/dm^2), ϱ in g/cm^3, A in g/Mol an, so daß sich für die Zahlenwerte die Beziehungen ergeben:

$$\dot{W}\,(\mathrm{g/m^2\,Tag}) = 8{,}952\,\frac{1}{z}\,\{A(\mathrm{g/mol})\,i(\mathrm{mA/cm^2})\} \tag{4.41}$$

$$\dot{V}\,(\mathrm{mm/Jahr}) = 3{,}267\,\frac{1}{z}\left\{\frac{A(\mathrm{g/mol})\,i(\mathrm{mA/cm^2})}{\varrho(\mathrm{g/cm^3})}\right\} \tag{4.42}$$

Tabelle 7. Äquivalente Werte der Stromdichte der Metallauflösung, der Geschwindigkeit des Gewichtsverlustes und der Geschwindigkeit der Abtragung für verschiedene Metalle

Reaktion	i [mA/cm^2]	$\dot{W}$ [g/m^2 Tag]	$\dot{V}$ [mm/Jahr]
$Cu \rightarrow Cu^{2+}$	0,001	0,285	0,012
	0,010	2,845	0,116
(A = 63,57;	0,100	28,454	1,164
ϱ = 8,92;	1,000	284,54	11,64
z = 2)	10,000	2845,4	116,4
$Fe \rightarrow Fe^{2+}$	0,001	0,250	0,012
	0,010	2,500	0,116
(A = 55,85;	0,100	24,998	1,160
ϱ = 7,86;	1,000	249,98	11,60
z = 2)	10,000	2499,8	116,0
$Zn \rightarrow Zn^{2+}$	0,001	0,293	0,015
	0,010	2,929	0,150
(A = 65,38;	0,100	29,264	1,498
ϱ = 7,13;	1,000	292,64	14,98
z = 2)	10,000	2926,4	149,8
$Al \rightarrow Al^{3+}$	0,001	0,081	0,011
	0,010	0,805	0,109
(A = 26,97;	0,100	8,048	1,088
ϱ = 2,70;	1,000	80,48	10,88
z = 3)	10,000	804,8	108,8

Zum Vergleich gibt Tabelle 7 für einige Metalle Beispiele der Umrechnung der Korrosionsgeschwindigkeit. $\dot{W}$ wird in der Praxis häufig als „Gewichtsverlust" schlechthin bezeichnet, $\dot{V}$ als „Eindringtiefe" der Korrosion.

Vereinbarungsgemäß ist die Stromdichte der Metallauflösung eine positive Größe. Allgemein werden positive Ströme im folgenden als *anodische Ströme* bezeichnet, negative als *kathodische Ströme.* In einer galvanischen Zelle tritt der Zellstrom als anodischer Strom durch die Anode, als kathodischer Strom durch die Kathode. Daher rührt im Grunde die Bezeichnung „anodisch" oder „kathodisch". Es ist jedoch zweckmäßig, sich von dieser Begriffsbildung frei zu machen und mit der Bezeichnung „anodisch" bzw. „kathodisch" zunächst nur das Vorzeichen des Stromes zu bezeichnen, gleichbedeutend mit der Unterscheidung „oxidierend" und „reduzierend".

Die Änderung des Elektrodenpotentials als Funktion eines Elektrodenstroms, also hier die Änderung des Elektrodenpotentials der Anode und der Kathode als Funktion des Zellstroms, wird zweckmäßig anhand eines Diagramms diskutiert, als dessen Achsen entweder Elektrodenpotential und Stromstärke oder Elektrodenpotential und Stromdichte gewählt werden. In diesem „*Stromdichte-*" bzw.

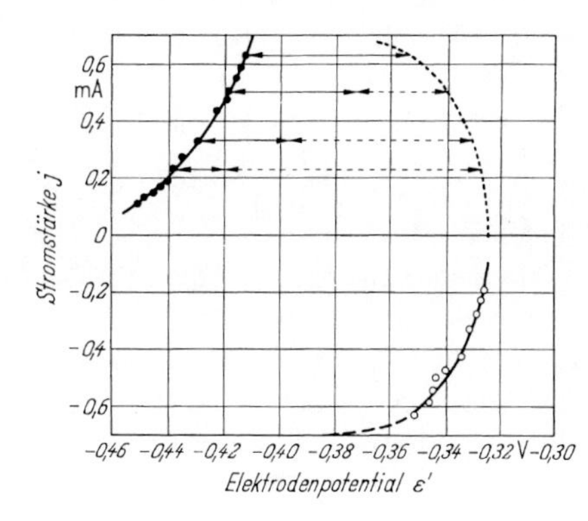

Bild 4.6. Anodische Summenstrom-Spannungskurve der Eisenanode (● ● ●) und kathodische Summenstrom-Spannungskurve der Eisenkathode (○ ○ ○) einer Eisen-Eisen-Belüftungszelle. Durchgezogene Pfeile: $j \times R_i$; gestrichelte Pfeile: $j \times R_a$. Elektrodenpotential ε', bezogen auf die Ag/AgCl-Elektrode in derselben Lösung. (Nach Messungen von Grubitsch und Sneck)

„*Stromstärke-Spannungsdiagramm*", kurz auch als „*Stromspannungsdiagramm*" bezeichnet, trägt man anodische und kathodische Ströme auf der Stromachse mit ihrem Vorzeichen in verschiedener Richtung oder dem Betrage nach in einer Richtung auf. Im folgenden soll der Strom stets auf der Ordinate, und zwar mit positiven Werten nach oben aufgetragen werden, das Elektrodenpotential stets auf der Abszisse, und zwar mit positiven Werten nach rechts.

Für die oben zitierten Messungen ist das Stromstärke-Spannungsdiagramm in Bild 4.6 gezeichnet. Die kathodische Stromspannungskurve (offene Kreise) der Kathode der Zelle ist dort ausgezogen (z. T. gestrichelt) dem negativen Vorzeichen des Stromes entsprechend nach unten eingetragen (außerdem punktiert dem Betrage nach oben), die anodische Stromspannungskurve der Anode (ausgefüllte Kreise) dem positiven Vorzeichen des Stromes entsprechend nach oben. Der gestrichelte Kurvenabschnitt, der den Messungen nicht unmittelbar entnommen werden kann, ist so gezeichnet, wie er nach den weiter unten (Kap. 5) folgenden Darlegungen über Stromspannungskurven anzunehmen ist. Einige in Tabelle 10 mit * markierte Meßpunkte, die wahrscheinlich durch eine Störung verfälscht sind, wurden weggelassen. Nach Abklingen instationärer Einstellvorgänge muß nämlich eine kathodische Stromspannungskurve mit zunehmend negativen Strömen zu zunehmend negativen kathodischen Überspannungen führen, entsprechend eine anodische Stromspannungskurve mit zunehmend positiven Strömen zu zunehmend positiven anodischen Überspannungen. Andernfalls könnte durch geeignete Kombination von Elektroden eine Zelle konstruiert werden, deren Klemmenspannung mit wachsendem Zellstrom ansteigt, was nicht möglich ist. Derartige Störungen bemerkt man bei Stromspannungsmessungen am einfachsten durch Messungen mit zunächst steigenden und anschließend fallenden Strömen. Bei instationären Elektrodenzuständen fallen „Aufwärts"- und „Abwärts"-Kurven auseinander.

Zur Veranschaulichung der Potentialverteilung in einer geschlossenen galvanischen Zelle ist in Bild 4.6 für verschiedene Stromstärken der Ohmsche Spannungsabfall jR_i in der Elektrolytlösung als ausgezogener Pfeil, der Ohmsche Spannungsabfall jR_a am äußerem Widerstand als gestrichelter Pfeil eingetragen. Messungen beim äußeren Widerstand $R_a = \infty$, also Messungen an der offenen Zelle, werden in der zitierten Arbeit nicht mitgeteilt. Man erkennt aber aus Bild

4.6, daß für $j = 0$ gelten wird $(\varepsilon'_{Fe})_{N_2} \cong -0{,}47$ V; $(\varepsilon'_{Fe})_{Luft} \cong -0{,}32$ V. Auf die Normalwasserstoffelektrode bezogen hat die Ag/AgCl-Elektrode in 0,1 m NaCl-Lösung ein Potential $\varepsilon \cong +0{,}28$ V. Daraus ergibt sich in der offenen Zelle für das Elektrodenpotential der Eisenanode der Wert $(\varepsilon_{Fe})_{N_2} \cong -0{,}19$ V. Das stromlose Potential der „unbelüfteten" Eisenanode ist bereits positiver als das Normalpotential $E^0_{Fe/Fe^{2+}}$ der Fe/Fe^{2+}-Elektrode und daher (wegen $a_{Fe^{2+}} < 1$) sicher positiver als das Gleichgewichts-Elektrodenpotential $E_{Fe/Fe^{2+}}$. Das stromlose Potential der „belüfteten" Eisenkathode ist wesentlich negativer als das Gleichgewichts-Elektroden-potential E_{O_2/H^+} der Sauerstoffelektrode bei pH 7 (+0,80 V). Die Verringerung der Spannung der offenen Zelle gegenüber der Gleichgewichts-Zellspannung der Zellreaktion rührt also daher, daß das Potential der Anode positiver, das der Kathode negativer ist als das entsprechende Gleichgewichtspotential.

4.3 Die Messung der Stromspannungskurven

Die Messung von Stromspannungskurven (genauer: Elektrolysestromdichte-Elektrodenpotential-Kurven) spielt in der Korrosionskunde insgesamt eine ausschlaggebend wichtige Rolle. Den folgenden Kapiteln, die dies theoretisch begründen, seien deshalb die wichtigsten Prinzipien der Meßtechnik vorangestellt.

Die typischen Eigenschaften der Meßanordnung sind im wesentlichen schon in Bild 4.5 enthalten. Allerdings ist die Leistungsfähigkeit dieser Anordnung beschränkt, da der Strom nur zwischen Null und der Kurzschlußstromstärke variiert, und da die Stromrichtung nicht umgekehrt werden kann. Zu einer beliebig variablen Strombelastung kommt man durch Einschalten einer variablen Gleichspannungsquelle (bzw. einer konstanten Gleichspannungsquelle mit variablem Vorwiderstand) in die äußere Verbindung zwischen Anode und Kathode. Bei solchen Untersuchungen wird im allgemeinen das Verhalten nur einer der beiden Elektroden interessieren, während die andere die Rolle einer Hilfselektrode spielt. Dann läßt man zweckmäßig die Bezeichnung „Anode" und „Kathode" fallen und spricht statt dessen von der zu untersuchenden *Meßelektrode* und der beliebigen *Gegenelektrode.* Die für die Stromspannungsmessungen unter Laboratoriumsbedingungen typische Anordnung von Meß-, Bezugs- und Gegenelektrode ist in Bild 4.7 skizziert. Wie dort angedeutet, dient als Gegenelektrode normalerweise eine Platinelektrode in einem durch eine Fritte abgetrennten eigenen Elektrolytraum. Diese Trennung der Elektroden ist notwendig, wenn die Elektrolyse an der Gegenelektrode Umsätze bewirkt, deren Reaktionsprodukte an der Meßelektrode stören. Die Bezugselektrode ist mit einer Haber-Luggin-Kapillare ausgerüstet, und zwar in einer Anordnung mit einem Zwischengefäß, das das Eindringen störender Bestandteile von B in die Lösung L verhindern soll. Die möglichen Variationen dieser Anordnung, die sich aus den jeweiligen Versuchsbedingungen ergeben, brauchen hier nicht besprochen zu werden.

Als Vorrichtung für die regelbare Strombelastung der Meßelektrode benutzt man vorzugsweise entweder eine *galvanostatische* Schaltung, die in gewissen Gren-

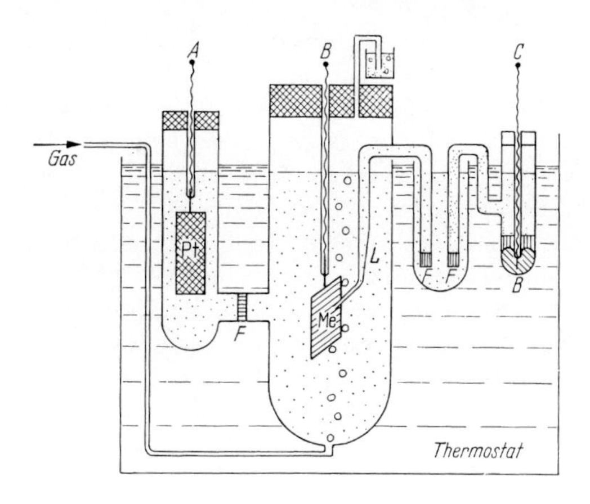

Bild 4.7. Schema der Versuchsanordnung zur Messung von Stromspannungskurven. Meßelektrode Me, Gegenelektrode Pt, Haber-Luggin-Kapillare *L*. Glasfritten *F*, Bezugselektrode *B*

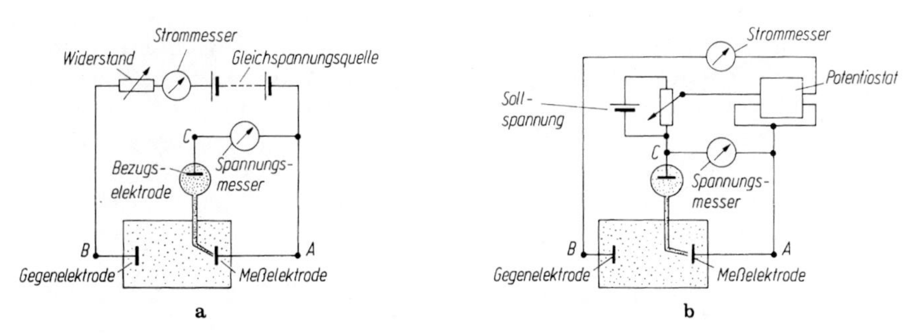

Bild 4.8. Prinzip der Schaltung zur (**a**) galvanostatischen, (**b**) potentiostatischen Messung von Stromspannungskurven

zen die Stromstärke unabhängig von Änderungen des Zelleninnenwiderstandes konstant hält, oder eine *potentiostatische* Schaltung, die in gewissen Grenzen für Konstanz des Elektrodenpotentials sorgt. Eine sehr einfache Möglichkeit zur Realisierung der Stromkonstanz ist in Bild 4.8a skizziert: Man benutzt eine Gleichspannungsquelle, deren Eigenspannung sehr groß ist gegenüber der zur Erzeugung des gewünschten Stromflusses nötigen Spannung an den Klemmen der Zelle. Dann wird der Vorwiderstand der Zelle notwendig groß gegenüber dem Zelleninnenwiderstand, und der letztere bleibt praktisch ohne Einfluß auf die Stromstärke. In diesem Fall mißt man das Elektrodenpotential als Funktion vorgegebener Ströme. Demgegenüber verlangen potentiostatische Messungen aufwendigere Schaltungen. Gleichwohl ist der Potentiostat zum wichtigsten Meßgerät elektrodenkinetischer Korrosionsuntersuchungen geworden, und zwar hauptsächlich wegen seiner Eignung zur Registrierung der Stromspannungskurven passiver Metall (vgl. Kap. 10). Das Prinzip der Schaltung ist in Abb. 4.8b (skizziert: Der Potentiostat hat die Funktion eines rückgekoppelten Gleichspannungsverstärkeres, an dessen Eingang die Differenz des Elektrodenpotentials und der Sollspannung (also des Sollwertes des Elektrodenpotentials) liegt. Der Verstärker, für den es auf hohe Steilheit, Einstellgeschwindigkeit und Nullpunktskonstanz ankommt, liefert einen Strom, der als Elektrolysestrom durch die Meßzelle zurückfließt und als Polarisationsstrom das Elektrodenpotential der Meßelektrode bis zur Angleichung an den Sollwert polarisiert. Wegen der praktischen Realisierung dieser Regelvorrichtung sei auf die einschlägigen Monographien verwiesen (7). Sollwert und Istwert des Elektrodenpotentials können im Normalfall innerhalb von Millisekunden bis auf Restabweichungen im Millivoltbereich zur Deckung gebracht werden.

Zur Abkürzung der oft mühsamen Arbeit der Messung stationärer Stromspannungskurven haben sich als *potentiodynamisch* oder auch *potentiokinetisch* bezeichnete *Dreieckspannungsmessungen* weitgehend eingebürgert. Bei diesen wird die Sollspannung nach einem Dreieckprogramm entweder mit einem Schrittschaltwerk in kleinen Stufen, oder mit einem Funktionsgenerator kontinuierlich mit der Zeit geändert. Bei hinreichend langsamer Potentialvorschubgeschwindigkeit mißt man *quasi-potentiostatisch* nahezu die stationäre Stromspannungskurve. Bei erhöhter Vorschubgeschwindigkeit ändert sich der Kurvencharakter teils erheblich. Darin liegt einerseits eine Gefahr, daß nämlich verhältnismäßig stark gehemmte Elektrodenreaktionen „überfahren“ werden. Hierzu vergleiche man z. B. die Abhängigkeit des Lochfraß-Durchbruchpotential von der Vorschubgeschwindigkeit beim potentiodynamischen Messen. Andererseits bringt schnelles Abfahren des Potential-Meßbrereichs pseudokapazitiv oder pseudoinduktiv wirkende, vorübergehende Elektrodenreaktionen oft überhaupt erst zur Geltung. Durchweg günstig, oft unentbehrlich, ist die Untersuchung der Abhängigkeit der Meßeffekte von der Meßgeschwindigkeit.

Potentiostaten lassen sich im übrigen als Galvanostaten benutzen. Dazu regelt man nicht die Zellspannung, sondern die Spannung an einem Widerstand, der mit der Zelle in Reihe liegt.

Für die stromlose Messung des Elektrodenpotentials kommt zunächst, solange nur stationäre Zustände untersucht werden, also genauestes Verfahren die Kompensationsmethode in Frage. Bequemer, und dem Genauigkeitsanspruch von einigen Millivolt durchaus genügend, benutzt man statt dessen elektronische Gleichspannungsmesser mit so großem Eingangswiderstand, daß die Bedingung der Stromlosigkeit hinreichend genau erfüllt ist. Dazu darf der im Spannungsmeßkreis fließende Strom das Elektrodenpotential nicht merklich beeinflussen. Dieser Bedingung wird im allgemeinen Genüge getan, wenn der genannte Strom etwa 0,01 $\mu A/cm^2$ nicht übersteigt, doch können in manchen Fällen noch wesentlich höhere Ströme zugelassen werden. Bei Benutzung relativ niederohmiger Spannungsmesser muß die Korrektheit der Messung kritisch geprüft werden.

Eine andere Fehlerquelle bewirkt die Haber-Luggin-Kapillare. In der üblichen routinemäßigen Ausführung der Sondenspitze hat die mitgemessene Ohmsche Spannung im stromdurchflossenen Elektrolyten bis zu Stromdichten von ca. 1 mA/cm^2 die Größenordnung 1 mV, steigt aber dann proportional zur Stromdichte rasch an. Wo dies stört, kann der die Messung verfälschende Ohmsche Anteil der Spannung oszillografisch bestimmt werden, und zwar durch galvanostatische

Ein-oder Ausschaltmessungen. Dies gelingt, weil bei schnellem Schalten des Stromes die Änderung der Ohmschen Spannung im allgemeinen praktisch momentan eintritt, die Änderung des Elektrodenpotentials erst innerhalb von Millisekunden oder noch längeren Zeiten. Ist der Ohmsche Widerstand bekannt, so kann die Ohmsche Spannung zudem während der Messung laufend kompensiert werden. Dergleichen Kompensationsverfahren sind bei potentiostatischen Messungen aber nicht immer einfach handzuhaben; man ziehe dazu wieder die Spezialliteratur zu Rate, die in den schon zitierten Monographien (7) gefunden werden kann. Erhebliche Schwierigkeiten machen naturgemäß Messungen in schlecht leitenden, hochverdünnten Lösungen wie etwa entsalzten Wässern, weil dann der interessierende Meßeffekt, das ist die Änderung des Elektrodenpotential, gegenüber der Ohmschen Spannung in der Elektrolytlösung klein wird.

Die Änderung des Elektrodenpotentials duch Elektrolyseströme wurde weiter oben als „Polarisation" π bezeichnet. Entsprechend bezeichnet man gewöhnlich schlechthin die Strombelastung von Elektroden als anodische oder kathodische Polarisation. Dann unterscheidet man *schwach* bzw. *stark polarisierbare* Elektroden je nach dem, ob kleine Elektrolyseströme das Elektrodenpotential schwach oder stark verändern. Als quantitatives Maß der Polarisierbarkeit dient der *Polarisationswiderstand*, das ist der Kehrwert der Neigung der Stromspannungskurven in einem *Stromspannungsdiagramm* mit dem Elektrodenpotential ε als Abszisse und der Stromdichte $i = j/Q$ als Ordinate. Durchweg sind Stromspannungskurven nicht linear, weshalb im Einzelfall angegeben werden muß, wie der Polarisationswiderstand berechnet wird. Je nach Untersuchungszweck kann die Benutzung des *differentiellen Polarisationswiderstandes*

$$(R_\pi)_{\mathrm{diff}} \equiv (\mathrm{d}\varepsilon/\mathrm{d}|i|)_{i_1}, \tag{4.43}$$

oder des *differentialen Polarisationswiderstandes*

$$(R_\pi)_{\mathrm{diff}} \equiv (\Delta\varepsilon/\Delta i)_{i_1}, \tag{4.44}$$

oder des *integralen Polarisationswiderstandes*

$$(R_\pi)_{\mathrm{integral}} \equiv \frac{\varepsilon_{i=i_1} - \varepsilon_{i=0}}{|i_1|} \tag{4.45}$$

praktischer sein. Die Dimension ist immer ($\Omega\,\mathrm{cm}^2$). Eine wichtige Rolle spielen differentieller bzw. differentialer Polarisationswiderstand für den Sonderfall $i = 0$ (vgl. Kap. 6).

Der soeben eingeführte Polarisationsweiderstand ergibt sich aus dem Verlauf der zeitlich stationären Stromspannungskurve. Er entspricht einem Ohmschen Widerstand nur, soweit die Stromspannungskurve im Bereich der betrachteten Änderung des Potentials und des Stromes linear ist. Er ist ausserdem ein reiner Gleichstromwiderstand ohne kapazitive oder induktive Anteile. Er kann naturgemäß aber aus Wechselstrom-Impedanz-Messungen (vgl. Kap. 17) durch Messung des Frequenzgangs und Extrapolation zur Frequenz Null erhalten werden.

4.4 Der Mechanismus der gleichmäßigen Korrosion

Als Modellfall der gleichmäßigen Korrosion ist die Auflösung von Alkali- und Erdalkalimetallen aus ihren flüssigen Legierungen mit Quecksilber unter Wasserstoffentwicklung wichtig. Offensichtlich kann unterstellt werden, daß die Oberfläche flüssiger Metalle bis herab zu den Abständen einzelner Atome ideal glatt und homogen ist, so daß kein Anlaß besteht, das Vorliegen von Lokalelementen zu vermuten. Den unmittelbaren Beweis, daß auch in diesem Fall die Korrosion wesentlich elektrolytischer Natur ist, haben Wagner und Traud [4] durch die Untersuchung der Korrosion von stark verdünntem Zinkamalgam in wäßriger Salzsäurelösung erbracht. Wir folgen bei der Darlegung dem von den zitierten Autoren eingeschlagenen Weg, die These und ihre Konsequenzen vorauszuschicken und durch Meßergebnisse nachträglich zu belegen. Behauptet wird, daß die Brutto-Korrosionsreaktion

$$(\mathrm{Zn})_{\mathrm{Me}} + 2(\mathrm{H}^+)_{\mathrm{L}} \rightarrow (\mathrm{Zn}^{2+})_{\mathrm{L}} + (\mathrm{H}_2)_{\mathrm{G}} \tag{4.46}$$

durch die „unabhängige“ Überlagerung zweier Teilreaktionen, nämlich der Zinkauflösung nach

$$(\mathrm{Zn})_{\mathrm{Me}} \rightarrow (\mathrm{Zn}^{2+})_{\mathrm{L}} + 2(e^-)_{\mathrm{Me}} \tag{4.47}$$

und der Wasserstoffabscheidung nach

$$2(\mathrm{H}^+)_{\mathrm{L}} + 2(\mathrm{e}^-)_{\mathrm{Me}} \rightarrow (\mathrm{H}_2)_{\mathrm{G}}. \tag{4.48}$$

zustande kommt. Das soll bedeuten, daß nicht ein Zinkatom in der Amalgamoberfläche mit zwei auftreffenden Wasserstoffionen einen Reaktionskomplex bildet, aus dem eine Wasserstoffmolekel und ein Zinkkation hervorgehen. Bei einem nichtelektrolytischen Mechanismus könnte die Bruttoreaktion z. B. über die folgenden Teilschritte laufen

$$\mathrm{Zn} + 2\mathrm{H}^+ \rightarrow \mathrm{ZnH}_2^{2+},$$

$$\mathrm{ZnH}_2^{2+} \rightarrow \mathrm{H}_2\mathrm{Zn}^{2+},$$

$$\mathrm{H}_2\mathrm{Zn}^{2+} \rightarrow \mathrm{H}_2 + \mathrm{Zn}^{2+}.$$

Die Aufspaltung der Bruttoreaktion in eine anodische und eine kathodische Teilreaktion hätte dann keinen physikalischen Sinn. Handelt es sich statt dessen um einen elektrolytischen Vorgang, so kommt es nur darauf an, daß im zeitlichen Mittel die Elektrodenreaktion der Wasserstoffreduktion an der Metalloberfläche ebenso schnell abläuft, wie die Elektrodenreaktion der Metallauflösung. Dann ist das korrodierte Zinkamalgam gleichzeitig als $\mathrm{H_2/H^+}$- und als $\mathrm{Zn/Zn^{2+}}$-Elektrode aufzufassen, d. h. es handelt sich um eine *zweifache Elektrode.*

Grundsätzlich gilt, unabhängig vom Reaktionsmechanismus, für die Äquivalentgeschwindigkeit $\dot{\tilde{\lambda}}_{\mathrm{H}}$ der Wasserstoffabscheidung und $\dot{\tilde{\lambda}}_{\mathrm{Zn}}$ der Zinkauflösung:

$$\dot{\tilde{\lambda}}_{\mathrm{Zn}} = \dot{\tilde{\lambda}}_{\mathrm{H}}. \tag{4.49}$$

Ebenso kann, zunächst formal, durch Multiplikation mit der Faraday-Konstanten

F und unter Berücksichtigung der Vorzeichenvereinbarung für den anodischen Strom j_{Zn} der Zinkauflösung und den kathodischen Strom j_H der Wasserstoffabscheidung geschrieben werden:

$$j_{Zn} + j_H = 0. \tag{4.50}$$

Division durch die Oberfläche Q des Amalgams ergibt für die Stromdichten:

$$i_{Zn} + i_H = 0. \tag{4.51}$$

Ist die These richtig, so haben die Gl. (4.50) und (4.51) mehr als formale Bedeutung. Sie beschreiben dann den physikalischen Sachverhalt, daß die Phasengrenze Metall/Elektrolyt von zwei unterscheidbaren elektrischen Strömen gleicher Stärke und Dichte, aber entgegengesetzten Vorzeichens durchsetzt ist. Diese Ströme heben sich gegenseitig auf, so daß das System nach außen stromlos erscheint. Sinngemäß bezeichnet man diese Ströme bzw. Stromdichten als die *Teilströme* bzw. *Teilstromdichten* der Korrosion des Amalgams.

Ebenfalls unabhängig vom Reaktionsmechanismus kann unterstellt werden, daß die gesamte Oberfläche des Amalgams ein einheitliches Elektrodenpotential besitzt, weil sonst galvanische Kurzschlußzellen vorliegen müßten, die aber gerade ausgeschlossen sind.

Sind nun die Teilreaktionen in dem Sinne unabhängig, daß keine gegenseitige Abhängigkeit der Reaktionsmechanismen existiert, so ist z. B. für die Teilreaktion der Zinkaufflösung belanglos, ob sich eine bestimmte Reaktionsgeschwindigkeit im Zusammenspiel mit der überlagerten Teilreaktion der Wasserstoffabscheidung einstellt, oder ob dieselbe Geschwindigkeit durch anodische Elektrolyse des Zinkamalgams erreicht wird. Daraus folgt aber, daß die Geschwindigkeit der Zinkauflösung Null sein muß, wenn das Elektrodenpotential auf irgendeine Weise so verändert wird, daß es dem Zn/Zn^{2+}-Gleichgewichtspotential exakt gleich wird, da in diesem Zustand die thermodynamische treibende Kraft der Zinkauflösung verschwindet. Es muß also gelten (soweit im Amalgam die Aktivität des Zinks gleich der Konzentration ist):

$$\dot{\lambda}_{Zn} = 0; \quad \text{für} \quad \varepsilon = E_{Zn/Zn^{2+}} = E^0_{Zn/Zn^{2+}} + \frac{RT}{2F} \ln \frac{a_{Zn^{2+}}}{\gamma_{Zn}}. \tag{4.52}$$

Entsprechend muß beim Gleichgewichtspotential der Wasserstoffelektrode die Geschwindigkeit der Wasserstoffabscheidung Null werden, wenn wie vermutet, die Teilreaktion der Wasserstoffabscheidung von der der Zinkauflösung unabhängig ist:

$$\dot{\lambda}_H = 0; \quad \text{für} \quad \varepsilon = E_{H_2/H^+} = -\frac{RT}{F} \ln a_{H^+}. \tag{4.53}$$

Bedenken der Art, ob Gleichgewichtsbeziehungen, die für einfache Elektroden mit nur einer ablaufenden Elektrodenreaktion abgeleitet worden sind, ohne weiteres auf mehrfache Elektroden übertragen werden dürfen, sollen unter Hinweis auf die experimentelle Bestätigung der Berechtigung der Annahmen ohne Erörterung bleiben.

Ferner ist anzunehmen, daß die Teilstromdichten Funktionen des Elektrodenpotentials sind, und zwar Funktionen der Abweichung des Elektrodenpotentials vom jeweiligen Gleichgewichtspotential, d. h. der Überspannung:

$$i_{Zn}(\varepsilon) = f_1(\eta_{Zn}) = f_1(\varepsilon - E_{Zn/Zn^{2+}}), \quad (4.54)$$
$$i_{Zn} = 0; \quad \text{für} \quad \eta_{Zn} = 0,$$

$$i_H(\varepsilon) = f_2(\eta_H) = f_2(\varepsilon - E_{H_2/H^+}), \quad (4.55)$$
$$i_H = 0; \quad \text{für} \quad \eta_H = 0.$$

Mißt man Stromstärken anstelle der Stromdichten, so gilt entsprechend

$$j_{Zn} = Q f_1(\eta_{Zn}), \quad (4.56)$$

$$j_H = Q f_2(\eta_H). \quad (4.57)$$

Die Teilstromdichten i_{Zn} und i_H bzw. die Teilstromstärken j_{Zn} und j_H, sowie das Elektrodenpotential ε sind voll bestimmt, sobald die *Teilstrom-Spannungskurven* Gl. (4.54) und Gl. (4.55) bekannt sind. Es wird nämlich im allgemeinen ein und nur ein Wert ε_1 des Elektrodenpotentials existieren, für den die Bedingung

$$i_{Zn}(\varepsilon_1) + i_H(\varepsilon_1) = f_1(\varepsilon_1 - E_{Zn/Zn^{2+}}) + f_2(\varepsilon_1 - E_{H_2/H^+}) = 0. \quad (4.58)$$

erfüllt ist. Auf dieses Elektrodenpotential muß sich die korrodierte Amalgamelektrode spontan einstellen. Dabei folgt aus der obigen Ableitung, daß $E_{Zn/Zn^{2+}} \leq \varepsilon_1 \leq E_{H_2/H^+}$: Das Elektrodenpotential des korrodierten Amalgams liegt zwischen den Gleichgewichtspotentialen der Teilreaktionen. Dieses Potential der durch äußere Ströme nicht zusätzlich polarisierten Elektrode soll als das *Ruhepotential* oder *freies Korrosionspotential* ε_R bezeichnet werden. Man findet hierfür auch die Bezeichnung *Mischpotential*, die an das Zustandekommen der Potentialeinstellung durch „Mischung" der Einflüsse mehrerer Reaktionen anknüpft. Die Stromdichte $i_{Zn}(\varepsilon_R)$ der Zinkauflösung beim Korrosionspotential ist die Korrosionsgeschwindigkeit. Wir bezeichnen sie hier kurz als *Korrosionsstromdichte* i_K, dementsprechend $j_K = Q i_K$ als die *Korrosionsstromstärke*.

Die Teilstrom-Spannungskurven des korrodierten Amalgams können nicht ohne weiteres in der in Bild 4.7 skizzierten Andordnung gemessen werden. Zwar macht es keine experimentellen Schwierigkeiten, das flüssige Amalgam als Meßelektrode einzusetzen. Für den im äußeren Meßkreis gemessenen Strom j_s gilt aber grundsätzlich

$$j_s = j_{Zn} + j_H = Q f_1(\eta_{Zn}) + Q f_2(\eta_H). \quad (4.59)$$

Sinngemäß wird j_s als *Summenstrom* oder *Gesamtstrom* bezeichnet, die durch Gl. (4.59) bestimmte Funktion $j_s = f_3(\varepsilon)$ als die *Summenstrom-Spannungskurve* der korrodierten Elektrode.

Für den Beweis des postulierten Sachverhaltes ist es notwendig, die Überlagerung unabhängiger Teilreaktionen zur Bruttokorrosionsreaktion experimentell zu bestätigen. Dies läuft wesentlich darauf hinaus zu zeigen, daß die Teilstrom-Spannungskurve der Zinkauflösung nicht davon abhängt, daß Zinkauflösung und Wasserstoffabscheidung gleichzeitig ablaufen, und daß ebenso die

Teilstrom-Spannungskurve der Wasserstoffabscheidung von der Zinkauflösung unabhängig ist. Zwei besondere Eigenschaften der Kinetik der Korrosion des Zinkamalgams vereinfachen den experimentellen Beweis: Erstens wird die Kinetik der Wasserstoffabscheidung an Quecksilber durch den geringen Zinkgehalt des Amalgams nicht merklich beeinflußt. Die Stromspannungskurve der Wasserstoffabscheidung kann deshalb ohne überlagerte Zinkauflösung an reinem Quecksilber in der Salzsäurelösung gemessen werden. Zweitens wird die Kinetik der Zinkauflösung vom pH-Wert der Elektrolytlösung nicht merklich beeinflußt. Die Stromspannungskurve der Zinkauflösung kan daher ohne überlagerte Wasserstoffabscheidung in einer neutralen Zinksalzlösung gemessen werden. Unter solchen Bedingungen haben Wagner und Traud festgestellt, daß sich Zinkamalgam in der neutralen Lösung eines Zinksalzes praktisch auf das Gleichgewichtspotential $E_{Zn/Zn^{2+}}$ der Zinkamalgamelektrode einstellt, und daß polarisierende Ströme $|j| \lesssim 1\ mA/cm^2$ das Potential nur um wenige Millovolt ändern. Als Zn/Zn^{2+}-Elektrode ist das Amalgam daher annähernd unpolarisierbar, und für die Gleichung der Teilstrom-Spannungskurve der Zinkauflösung ergibt sich der einfache Ausdruck:

$$\varepsilon(j_{Zn}) \cong E_{Zn/Zn^{2+}}; \quad d\varepsilon/dj_{Zn} \cong 0, \tag{4.60}$$

bzw.

$$\varepsilon(i_{Zn}) \cong E_{Zn/Zn^{2+}}; \quad d\varepsilon/di_{Zn} \cong 0, \tag{4.61}$$

Dabei ist $\varepsilon(j_{Zn})$ bzw. $\varepsilon(i_{Zn})$ die zu $Q f_1(\eta_{Zn})$ bzw. $f_1(\eta_{Zn})$ inverse Funktion.

Demgegenüber ist das zinkfreie Quecksilber als einfache Wasserstoffelektrode in Salzsäure relativ stark polarisierbar. Die gemessenen Stromspannungskurven der Wasserstoffabscheidung sind in Bild 4.9 für verschiedene Säurekonzentrationen als ausgezogene Kurven durch ausgefüllte Kreise eingezeichnet. Da die Wasserstoffüberspannung auf den Neutralsalzgehalt der Lösung ansprechen kann, wurde bei diesen Versuchen darauf geachtet, daß die Gesamtkonzentration an Cl^--Ionen und an einwertigen Kationen (H^+ und K^+) konstant blieb. Wegen des hohen Ca^{2+}-Gehaltes spielt dann der Zusatz von $ZnCl_2$ bei Korrosionsversuchen für die Wasserstoffüberspannung keine Rolle.

Die halblogarithmische Auftragung derselben Kurven in Bild 4.10 lehrt, daß für die Geschwindigkeit der Wasserstoffabscheidung ein Gesetz der folgenden Form gilt:

$$j_H = -Q i_H^0 \exp\left\{-\frac{1}{b'}\eta_H\right\}. \tag{4.62}$$

Allgemein bezeichnet man solche halblogarithmische Geraden als Tafel-*Geraden.* Der Faktor b' ist vom pH-Wert praktisch unabhängig, der Faktor i_H^0 eine starke Funktion des pH-Wertes. Die zu Gl. (4.62) inverse Funktion hat die Form

$$\eta_H = a - b \log|i_H|; \quad b = 2{,}303 b' \tag{4.63}$$

Fur die Größe $d\eta/d\log|i_H| = d\varepsilon/d\log|i_H| = d\varepsilon/d\log|j_H|$ entnimmt man Bild 4.10 den Wert 0,12 V. Allerdings muß die Gl. 4.63) für $\eta \to 0$ ungültig werden, da sie

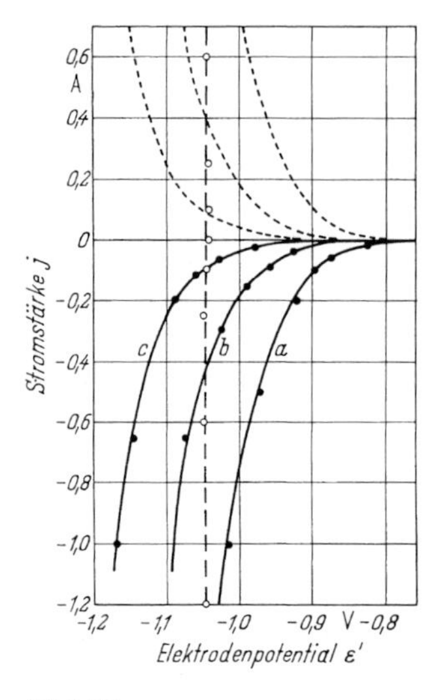

Bild 4.9

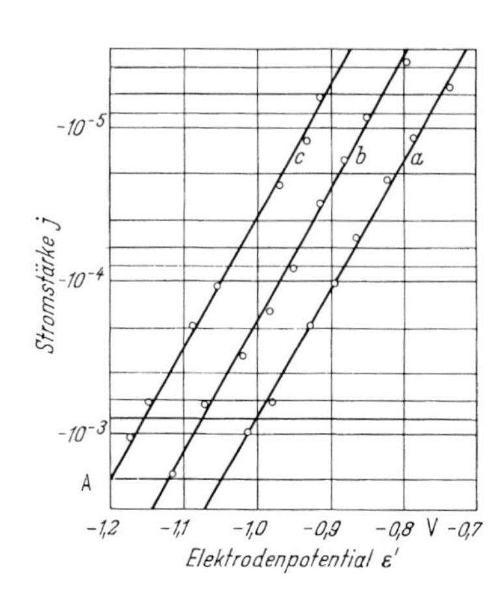

Bild 4.10

Bild 4.9. Stromspannungsdiagramm der Korrosion des flüssigen Zinkamalgams in salzsauren Lösungen. (Nach Messungen von Wagner und Traud).

● ● ● Teilstrom-Spannungskurve der Wasserstoffabscheidung an Quecksilber *a* 1,0 M $CaCl_2$/1,0 M HCl; *b* 1,0 M $CaCl_2$/0,1 M HCl/0,9 M KCl; *c* 1,0 M $CaCl_2$/0,01 M HCl/0,99 M KCl.

○ ○ ○ Summenstrom-Spannungskurve (nahezu identisch mit Teilstrom-Spannungskurve der Zink-auflösung und -abscheidung) des Zinkamalgams mit 1,6 Gew.-% Zn (0.9 M $CaCl_2$/1 M $ZnCl_2$/0,1 M HCl/0,9 M KCl).

---- An der Abszissenparallelen durch $j = 0$ gespiegelte Kurven *a*, *b* und *c*. Elektrodenpotential ε' bezogen auf Ag/AgCl-Elektrode

Bild 4.10. Halblogarithmische Auftragung der kathodischen Teilstrom-Spannungskurven der Wasserstoffabscheidung aus Bild 4.9. (Nach Wagner und Traud)

$j_H(E_{H_2/H^+}) \neq 0$ ergibt, während in Wirklichkeit die Geschwindigkeit der Wasserstoffentwicklung beim Wasserstoff-Gleichgewichtspotential Null wird. Im übrigen hat man aber nun mit Gl. (4.63) einen Ausdruck, aus dem sich die Korrosionsgeschwindigkeit j_K berechnen läßt. Für $\varepsilon = \varepsilon_R$ muß nämlich gelten:

$$j_K = -j_H(\varepsilon_R) = Q i_H^0 \exp\left\{-\frac{1}{b'}(\varepsilon_R - E_{H_2/H^+})\right\}. \tag{4.64}$$

Diese Beziehung kann durch eine unmittelbare Messung der Korrosionsgeschwindigkeit kontrolliert werden. Hierzu sind in Tabelle 8 neben den Angaben über den Zinkgehalt des Amalgams und die H^+- und Zn^{2+}-Konzentration der Lösung die gemessenen Werte des Mischpotentials der manometrisch bestimmten Geschwindigkeit $\bar{\lambda}_H$ ($= \bar{\lambda}_{Zn}$) der Wasserstoffabscheidung und der Stromstärke j_H

Tabelle 8. Vergleich der gemessenen und der anhand der Stromspannungskurve berechneten Werte der Korrosionsgeschwindigkeit $\dot{\lambda}_H$ einer Zinkamalgamelektrode. (Nach Wagner und Traud)

Nr.	Gew.-% Zn in Hg	C_{H^+} [mol/l]	$C_{Zn^{2+}}$ [mol/l]	ε_R [V]	$(\dot{\lambda}_H)_{exp.}$ [Äquiv./h]	$(\dot{\lambda}_H)_{ber.}$ [Äquiv./h]
1	0,4	0,10	0,10	− 1,023	$1{,}23 \cdot 10^{-5}$	$1{,}19 \cdot 10^{-5}$
2	0,4	0,01	0,10	− 1,023	$0{,}25 \cdot 10^{-5}$	$0{,}23 \cdot 10^{-5}$
3	0,4	0,10	0,01	− 1,051	$2{,}40 \cdot 10^{-5}$	$2{,}24 \cdot 10^{-5}$
4	0,4	0,10	0,10	− 1,023	$1{,}15 \cdot 10^{-5}$	$1{,}19 \cdot 10^{-5}$
5	1,6	0,10	0,10	− 1,041	$1{,}81 \cdot 10^{-5}$	$1{,}83 \cdot 10^{-5}$
6	1,6	0,01	0,10	− 1,041	$0{,}36 \cdot 10^{-5}$	$0{,}32 \cdot 10^{-5}$
7	1,6	0,10	0,01	− 1,067	$3{,}00 \cdot 10^{-5}$	$3{,}24 \cdot 10^{-5}$
8	1,6	1,00	0,10	− 1,038	$5{,}67 \cdot 10^{-5}$	$5{,}36 \cdot 10^{-5}$
9	1,6	0,10	0,10	− 1,041	$1{,}81 \cdot 10^{-5}$	$1{,}83 \cdot 10^{-5}$

$(= -j_{Zn})$ der Wasserstoffentwicklung an Quecksilber beim Potential ε_R angegeben. Die letzteren Werte sind in der letzten Spalte in $\dot{\lambda}_H$ umgerechnet. Gemessene und berechnete Werte stimmen zufriedenstellend überein, die These ist also in diesem vorrangig wichtigen Punkt verifiziert.

Richtig vorausgesagt wird auch die Summenstrom-Spannungskurve nach Gl. (4.59). Man überzeugt sich leicht, daß dazu im vorliegenden Fall gefordert wird, das korrodierte Amalgam müsse wegen seiner Unpolarisierbarkeit als Zn/Zn^{2+}-Elektrode insgesamt unpolarisierbar sein, und es müsse das Zn/Zn^{2+}-Gleichgewichtselektrodenpotential annehmen. Beides wird (vgl. Bild 4.9) experimentell bestätigt.

Auf ein anderes Kriterium für einen *elektrolytischen* Mechanismus der Korrosion hat zuerst Frumkin [8] hingewiesen. Es handelt sich um das Auftreten einer gebrochenen „Ordnung" der Reaktion in bezug auf die Konzentration γ_{Zn} des Amalgams an gelöstem Zink. Jeder naheliegende Ansatz für einen *nichtelektrolytischen* Mechanismus der Korrosion würde zu der Annahme führen, die Geschwindigkeit i_K der Korrosion sei entweder unabhängig von γ_{Zn} oder es gelte $i_k \sim \gamma_{Zn}$. Im ersteren Fall ist die Reaktion nullter, im letzteren erster Ordnung in bezug auf die Zinkkonzentration, d. h. proportional der nullten oder der ersten Potenz von γ_{Zn}. Da nun aber $\varepsilon_R \cong E^0_{Zn/Zn^{2+}} + RT/2F \ln(c_{Zn^{2+}}/\gamma_{Zn})$, *so* ergibt sich aus Gl. (4.64, daß in Wirklichkeit gilt:

$$i_K \cong -i^0_H \exp\left\{-\frac{1}{b'}\left[E^0_{Zn/Zn^{2+}} + \frac{RT}{2F}\ln\frac{c_{Zn^{2+}}}{\gamma_{Zn}} - E_{H_2/H^+}\right]\right\} \cong$$

$$\cong \mathrm{const}\exp\{\ln \gamma_{Zn}\}^{\frac{RT}{2Fb'}} = \mathrm{const}\,(\gamma_{Zn})^{\frac{RT}{2Fb'}} \tag{4.65}$$

RT/F hat den Zahlenwert 0,026 V, $2b'$ den Zahlenwert 2·0,054 V, daher ergibt sich $i_K \sim (\gamma_{Zn})^{0,25}$. Die Reaktionsordnung in bezug auf die Konzentration des Zinks im Amalgam ist also gebrochen.

Der zitierte Hinweis von Frumkin bezieht sich auf von Brönstedt und Kane [9] mitgeteilte ältere Untersuchungen der Korrosion des Natriumamalgams. Sorgt man durch bestimmte Maßnahmen, die hier im einzelnen nicht interessieren, dafür, daß das Natriumamalgam verhältnismäßig langsam korrodiert wird, so findet man $i_K \sim (\gamma_{Na})^{0,5}$. Das Natriumamalgam verhält sich im wesentlichen wie das Zinkamalgam, jedoch hat nun der Exponent in Gl. (4.65) die Form $(E_{Na/Na^+} + RT/F \ln(c_{Na^+}/\gamma_{Na}) - E_{H_2/H^+})$, und daraus ergibt sich ohne weiteres die Reaktionsordnung 0,5 in bezug auf die Natriumkonzentration. Die zitierten Autoren haben außerdem beobachtet, daß unter sonst konstanten Bedingungen, d. h. unter anderem bei konstantem γ_{Na}, und damit bei konstantem Elektrodenpotential, i_K der Konzentration der Wasserstoffionen direkt proportional ist. Es wird sich weiter unten (Kap. 5) zeigen, daß diese Proportionalität zwischen i_K und c_{H^+}, die bei den Versuchen von Wagner und Traud nur ungefähr zutrifft, aus der Theorie der Wasserstoffüberspannung befriedigend erklärt werden kann.

Weitere experimentelle Bestätigungen der kinetisch unabhängigen Überlagerung der Teilreaktionen zur Bruttokorrosionsreaktion werden in Kap. 6 folgen. Es wird sich ferner zeigen, daß auf dem Boden dieser Theorie der gleichmäßigen Korrosion auch die Theorie ungleichmäßiger Korrosion einwandfrei aufbauen kann. Damit wird das Prinzip des elektrolytischen Mechanismus schhlechthin zur Basis der Theorie der Korrosion durch Elektrolytlösungen.

Man beachte, daß es sich um das Prinzip der unabhängigen Überlagerung von Elektrodenreaktionen handelt. Diesen können in der Brutto-Reaktionsgleichung noch nicht-elektrolytische Teilschritte vor oder nachgelagert sein. So ist anzunehmen, daß beim Rosten des Eisens zunächst in einer Elektrodenreaktion Fe^{2+}-Ionen entstehen, die erst in nachgelagerten Reaktionsschritten zu Fe^{3+}-Ionnen aufoxydiert und als Rost ausgefällt werden. Dabei kommt die Bildung gelöster Fe^{2+}-Ionen durch die Überlagerung der Teilreaktion der anodischen Eisenauflösung nach

$$Fe \rightarrow Fe^{2+} + 2e^- \tag{4.66}$$

mit der Teilreaktion der kathodischen Sauerstoffreduktion nach

$$\tfrac{1}{2}O_2 + 2H^+ + 2e^- \rightarrow H_2O \tag{4.67}$$

zustande. Die nachgelagerte Reaktion der Bildung von Fe^{3+}-Ionen

$$Fe^{2+} + \tfrac{1}{4}O_2 + H^+ \rightarrow Fe^{3+} + \tfrac{1}{2}H_2O \tag{4.68}$$

kann als Homogenreaktion im Innern der Lösung ablaufen, d. h. nach einem nichtelektrolytischen Mechanismus. Prinzipiell kommt aber auch ein elektrolytischer Mechanismus in Frage, bei dem die angeschriebene Reaktion durch Überlagerung der Teilreaktionen $Fe^{2+} \rightarrow Fe^{3+} + e^-$ und $\tfrac{1}{4}O_2 + H^+ + e^- \rightarrow \tfrac{1}{2}H_2O$ an einem als Elektronenüberträger wirkenden Metall zustande kommt.

In diesem Zusammenhang sind Untersuchungen über die Korrosion des Kupfers in H_2SO_4-Lösung interessant [10]. Die Auflösung des Kupfers zu Cu^{2+}-Kationen läuft hier über Cu^+-Kationen als Zwischenprodukt. Mißt man in O_2-freier Lösung, so ist der Elektrodenreaktions-Teilschritt $Cu^+ \rightarrow Cu^{2+} + e^-$ am stärksten gehemmt und bestimmt die anodischen Teilstromspannungskurve. Löst man in die Säure aber zusätzlich Sauerstoff, so entfällt dieser Teilschritt zugunsten einer direkten Oxidation der Cu^+-Kationen nach $Cu^+ + \frac{1}{2}O_2 + H^+ \rightarrow Cu^{2+} + \frac{1}{2}H_2O$, und diese ist wenig gehemmt. Im Stromspannungsdiagramm schlägt nun die Kinetik des Elektrodenreaktions-Teilschrittes $Cu \rightarrow Cu^+ + e^-$ durch, und die Geschwindigkeit der Kupferauflösung ist durchweg schneller als in Abwesenheit von O_2. Auf der Basis von Messungen der anodischen Teilstrom-Spannungskurve der Kupfer-Anflösung in O_2-freier Säure würde in diesem Fall die Korrosionsgeschwindigkeit in O_2-haltiger Säure falsch vorausberechnet, jedoch berührt diese Komplikation die Grundzüge der Theorie nicht. Man vergleiche dazu auch die ganz ähnlichen Befunde für den Fall der Korrosion des Indiums, bei dem die Metallauflösung über einwertige zu dreiwertigen Indium-Kationen läuft (11).

Anders verhält es sich mit Beobachtungen [12], wonach in heißen konzentrierten Säuren Eisen, Chrom und hochlegierte Chrom-Nickel-Stähle abnorm reagieren. Anscheinend überlagert sich in stark aggressiven Medien der elektrolytischen eine chemische, nicht potentialabhängige Korrosionsreaktion, bzw. es tritt der elektrolytische Mechanismus dann ganz zurück. Ähnliches erwartet man naturgemäß auch für die Korrosion durch schlecht leitende Lösungen. Die Frage der Grenzen des Wirkungsbereichs des elektrolytischen Mechanismus ist interessant, wird hier aber nicht weiter verfolgt.

Literatur

1. Evans, U. R.: Corrosion and Oxydation of Metals, London: Arnolds, 1960
2. Palmer, W.: The Corrosion of Metals. Ingeniörs Vetenkaps Akademien, Handlingar Nr. 93, 108. Stockholm: Svenska Bokhandelszentralen A.-B. (1929, 1931)
3. Kaesche, H.: Z. Metallkunde *61*, 94 (1970)
4. Wagner, C.; Traud, W.: Z. Elektrochemie *44*, 391 (1938)
5. Wagner, C. in: Handbuch der Metallphysik (Herausgeber G. Masing), Bd. I, 2. Teil. Leipzig: Akad. Verlagsgesellschaft 1940
6. a) Grubitsch, H.; Sneck, T.: Mh. Chemie *86*, 752 (1955) – b) Bohnenhaouy, K., Priv. titteilnng (1980)
7. a) Bard, A. J.; Faulkner, L. R.: Electrochemical Methods. Fundamentals and Applications. J. Wiley & Sons; New York, Chichester, Brisbane, Toronto, Singapore (1980). – b) Greef, R.; Peat, R.; Peter, L.M.; Pletcher, D.; Robinson, J. (Southampton Electrochemistry Group): Instrumental Methods in Electrochemistry. J. Wiley (vgl. 7a) (1985). – c) Yeager, E.; Bockris, J. O'M; Conway, B. E.; Sarangapani, S. (Herausgeber): Electrodics: Experimental Techniques (Comprehensive Treatise of Electrochemistry, Vol. 9). Plenum Press New York, London (1984)
8. Frumkin, A.: Z. phys. Chemie Abt. A *160*, 116 (1932)
9. Brönsted, J. N.; Kane, N. L. R.: J. Amer. Chem. Soc. *53*, 3624 (1931)
10. Andersen, T. N.; Ghandehari, M. H.; Eyring, H.: J. Electrochem. Soc. *122*, 1580 (1975)
11. Losev, V. V.; Pchelnikov, A. P.: Electrochim. Acta *18*, 589 (1973)
12. Florianovich, G. M.; Kolotyrkin, Ya. M.: Dokl. Akad. Nauk SSSR *157*, 422 (1964); Z. phys. Chemie *231*, 145 (1971). – Mansfeld, F.; Kenkel, J. V.: Corr. Sci. *16*, 653 (1976)

5 Die Kinetik der Elektrodenreaktionen

5.1 Der Mechanismus der Wasserstoffabscheidung

Während der Elektrodenreaktion der Wasserstoffabscheidung [1] reagieren H^+-Ionen, die im Innern der Lösung als hydratisierte Hydroniumionen $H_3O^+(H_2O)_x$ vorliegen, mit Elektronen aus dem Metall letztlich zu H_2-Molekeln in der Gasphase. Da das Wasser in verdünnten Lösungen in praktisch konstanter Überschuß-Konzentration vorliegt, wird es als Reaktionspartner nicht eigens in Ansatz gebracht, und man schreibt als Reaktionsgleichung verkürzend:

$$2H^+ + 2e^- \rightarrow H_2. \tag{5.1}$$

Diese Reaktion besteht aus einer Folge unterscheidbarer Teilschritte. Der erste ist die *vorgelagerte Transportreaktion* der Wanderung von H^+-Ionen aus dem Inneren der Lösung zur Metalloberfläche. Die Position nächster Annäherung an das Metall soll durch einen Stern indiziert werden. Dann lautet die Kurzformel für diesen Transport:

$$H^+ \rightarrow (H^+)_*. \tag{5.2}$$

Man beachte, daß in *gepufferten Lösungen* die Wasserstoffionen u. U. erst an der Metalloberfläche durch die Dissoziation der Puffersubstanz in dem Maße nachgeliefert werden, wie die kathodische Reaktion die Ionen verbraucht. Dann besteht die vorgelagerte Reaktion im Transport der Puffersubstanz zur Metalloberfläche. In diesem Sinn gepuffert sind z. B. die schwachen, wenig dissoziierten Säuren wie Kohlensäure und Schwefelwasserstoff. CO_2- und H_2S-Lösungen sind deshalb aggressiver als starke, voll dissoziierte Säuren gleichen pH-Wertes. Die Teilchen $(H^+)_*$ werden an der Metalloberfläche zu adsorbiertem, atomarem Wasserstoff entladen:

$$(H^+)_* + e^- \rightarrow H_{ad}. \tag{5.3}$$

Dies ist die *Durchtrittsreaktion* der Wasserstoffabscheidung, so genannt, weil in ihrem Verlauf elektrische Ladungen durch die elektrische Doppelschicht an der Phasengrenze Metall/Elektrolytlösung treten. Ob es sich dabei um den Durchtritt der H^+-Ionen, oder um das Tunneln von Elektronen zu H^+-Ionen handelt, kann bei vereinfachter Betrachtungsweise außer acht gelassen werden; beide Mechanismen führen letztlich zu gleicher Form der Stromspannungsbeziehungen.

(5.3) wird auch als Volmer-Reaktion bezeichnet. Ihr folgt die *Rekombination* des adsorbierten atomaren zu adsorbiertem molekularen Wasserstoff:

$$H_{ad} + H_{ad} \rightarrow (H_2)_{ad}. \tag{5.4}$$

(5.4) heißt auch die Tafel-Reaktion, die Schrittfolge (5.3)–(5.4) dementsprechend *Volmer-Tafel-Mechanismus.* Mit diesem konkurriert der *Volmer-Heyrovsky-Mechanismus*, weil es neben der „chemischen" Rekombination (5.4) eine „elektrochemische" gibt, bei der schon vorhandener atomarer Wasserstoff mit durchtretenden H^+-Ionen unmittelbar zu $H_2)_{ad}$ reagiert.

$$H_{ad} + (H^+)_* + e^- \rightarrow (H_2)_{ad}. \tag{5.5}$$

Die beiden Mechanismen sind in Bild 5.1 schematisch skizziert. In jedem Fall folgt darauf die Desorption des molekularen Wasserstoffs. Dabei beobachtet man gelegentlich, daß an in Säure korrodierten Metallen Wasserstoffblasen immer nur an einigen wenigen, energetisch anscheinend günstigen Stellen entstehen. Dann liegt vor der Desorption eine Oberflächendiffusion und die Gasblasen-Keimbildung. Bei sehr langsamer Wasserstoffbildung ist die Blasenbildung überhaupt unnötig; die H_2-Molekeln können sich dann ausreichend schnell in die Säure hinein lösen, dort zum Flüssigkeitsspiegel diffundieren und dann in die Gasphase desorbieren. Diese Reaktionsschritte haben aber auf die Kinetik der Gesamtreaktion anscheinend keinen Einfluß.

Eine unter dem Stichwort *Versprödung durch Korrosionswasserstoff* für die Praxis und Theorie der Bruchvorgänge durchschlagend wichtige Nebenreaktion zur Wasserstoffrekombination ist die Diffusion des atomaren Wasserstoffs in das Innere des Metalls. Es ist auch eindiffundierender bei der Korrosion entstandener atomarer Wasserstoff, der, etwa in H_2S-Wasser, Weicheisen blasig auftreibt, was beweist, daß bei der Rekombination von atomarem zu molekularem Wasserstoff im Metallinneren sehr hohe Drucke entstehen können. Dabei ist der wesentliche Punkt, daß sich bei entsprechender Hemmung der Rekombination an der Metalloberfläche der atomare adsorbierte Wasserstoff in hoher Konzentration aufstaut, formal entsprechend dem Zustand eines Metalls in Hochtemperatur-, Hochdruck-Wasserstoff. Eine entscheidend wichtige Größe ist dann der Bedeckungsgrad Θ_H der Metalloberfläche durch adsorbierten atomaren Wasserstoff. Dieser stellt sich im Zusammenspiel der Geschwindigkeit der Wasserstoffabscheidung insgesamt und der Geschwindigkeit der Volmer-Reaktion, der Tafel-Reaktion, der Heyrovsky-Reaktion (5.5) und der Eindiffusion ins Metall ein, kann aber nicht leicht berechnet werden. Auch die experimentelle Messung von Θ_H ist schwierig [2]. Dies wird in

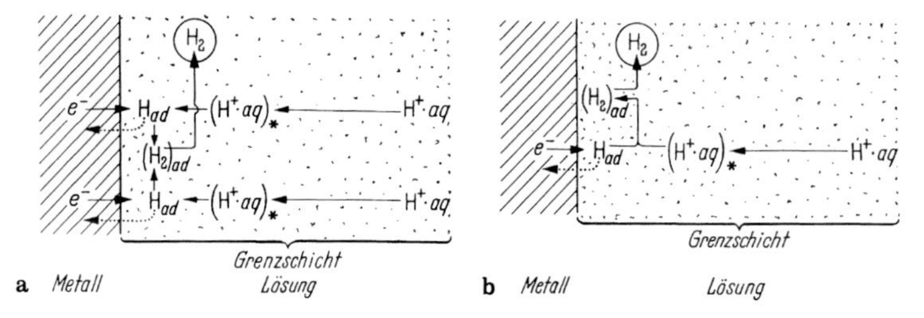

Bild 5.1. Reaktionsschema der kathodischen Wasserstoffentwicklung (**a**) nach dem Volmer-Tafel-, (**b**) nach dem Volmer-Heyrovsky-Mechanismus

späteren Kapiteln noch eine Rolle spielen. Die folgenden Herleitungen übergehen das Problem dadurch, daß sie nach Möglichkeit auf Gleichungen abzielen, in denen Θ_H nicht mehr vorkommt.

Zur Herleitung quantitativer Ausdrücke für die Stromspannungskurve der Wasserstoffabscheidung soll zunächst der Einfluß der vorgelagerten Transportreaktion Gl. (5.2) auf das Elektrodenpotential betrachtet werden. Der Einfachheit halber sei angenommen, die luftfreie Lösung z. B. von Salzsäure in Wasser enthalte einen Überschuß eines starken Elektrolyten, dessen Ionen an der Reaktion nicht tielnehmen, also z. B. einen Überschuß von Natriumchlorid. Handelt es sich z. B. um eine 0,01 m HCl-Lösung, die an NaCl 1-molar ist, so die Überführungszahl der Hydroniumionen so klein, daß für den Ionentransport zur Metalloberfläche praktisch allein Konvektion und Diffusion in Frage kommt. Es soll ferner mit einem Rührer die Lösung ständig kräftig bewegt werden, so daß zudem angenommen werden kann, die Konzentration c_{H^+} der Hydroniumionen sei, außer in der an der Metalloberfläche adhärierenden Prandtlschen Flüssigkeitsgrenzschicht, überall konstant. Auch kann das Flüssigkeitsvolumen so groß gewählt werden, daß die Wasserstoffentwicklung die Menge der gelösten Hydroniumionen innerhalb der Beobachtungszeit nicht merklich verringert, und die Konzentration c_{H^+} außerhalb der Grenzschicht dauernd konstant gleich der Anfangskonzentration bleibt. Der Gang genauerer Rechnungen des Stofftransports durch Flüssigkeits-Grenzschichten wird im Anhang beschrieben (vgl. auch Kap. 6.2). Für den Augenblick genügt eine auf Nernst zurückgehende, stark vereinfachende Betrachtungsweise, die von der irrealen Annahme ausgeht, es handle sich bei der Grenzschicht um eine konvektionsfreie, also völlig ruhende Flüssigkeitsschicht definierter Dicke δ. Dann können unter den angenommenen Bedingungen Wasserstoffionen allein durch Diffusion durch die Grenzschicht zur Metalloberfläche gelangen. Für die Diffusion gilt im stationären Zustand das 1. Ficksche Gesetz, wonach die Geschwindikeit der Diffusion proportional dem Gradienten der Konzentration ist. Handelt es sich bei der Elektrode um ein Metall mit einer ebenen Oberfläche, dessen lineare Ausdehnungen groß gegenüber der Grenzschichtdicke δ sind, so hat die H^+-Konzentration außerhalb der relativ kleinen Bereiche der Kanten der Metallfläche einen von Null verschiedenen Gradienten nur parallel zu dem auf der Fläche errichteten Lot. Nimmt man dieses Lot als x-Achse und vereinbart man als positive Richtung der Achse die Richtung in die Lösung hinein, so ist die Geschwindigkeit der Diffusion von H^+-Ionen zur Metalloberfläche dem negativen Wert des Gradienten $\mathrm{d}c_{H^+}/\mathrm{d}x$ proportional. Es sei Q die Oberfläche des Metalls, D_{H^+} der Diffusionskoeffizient der Hydroniumionen. Dann gilt für die Zahl $\dot{n}_{H^+}$ der pro Zeiteinheit zur Metalloberfläche diffundierenden Hydroniumionen

$$\dot{n}_{H^+} = -QD_{H^+}\frac{\mathrm{d}c_{H^+}}{\mathrm{d}x}, \quad 0 \leq x \leq \delta. \tag{5.6}$$

Hier ist D_{H^+} grundsätzlich eine Funktion der Konzentration aller gelösten Substanzen und innerhalb der Grenzschicht nicht streng ortsunabhängig, jedoch bedingt die Annahme eines konstanten Diffusionskoeffizienten normalerweise keinen bedeutenden Fehler.

Es kann (vereinfachend) angenommen werden, daß im stationären Zustand dc_{H^+}/dx innerhalb der Grenzschicht des ausgedehnten, ebenen Metalls, vom Kantenbereich abgesehen, überall konstant ist, d. h.:

$$dc_{H^+}/dx = \text{const}, \quad \text{für} \quad 0 \leq x \leq \delta. \tag{5.7}$$

Als Konsequenz der eingeführten Vereinfachungen ergibt sich daher die auf Nernst zurückgehende Annahme einer in der Grenzschicht linearen Änderung von c_{H^+} vom Wert $(c_{H^+})_0$ für alle $x \geq \delta$ auf den Wert $(c_{H^+})_*$ für $x = 0$. Also ist der Gradient von c_{H^+} in der Grenzschicht gleich dem Quotienten $((c_{H^+})_* - (c_{H^+})_0)/\delta$. Ferner ist im stationärem Zustand die Geschwindigkeit $\dot{n}_{H^+}$ gleich der Geschwindigkeit $\dot{\lambda}_{H^+}$ des Umsatzes von H^+-Ionen an der Elektrodenoberfläche, und wegen der Einwertigkeit dieser Ionen auch gleich der in elektrochemischen Äquivalenten gemessenen Umsatzgeschwindigkeit $\dot{\tilde{\lambda}}_{H^+}$. Unter Berücksichtigung des Faradayschen Gesetzes erhält man schließlich für die Stromdichte i_H des Umsatzes von H^+-Ionen (bsw. der Abscheidung von H_2-Molekeln) an der Metalloberfläche den Ausdruck

$$i_H = FD_{H^+} \frac{(c_{H^+})_* - (c_{H^+})_0}{\delta}. \tag{5.8}$$

Danach wird die Stromdichte i_H vereinbarungsgemäß bei der Wasserstoffabscheidung negativ, da $(c_{H^+})_* \leq (c_{H^+})_0$. Der Fall $(c_{H^+})_* > (c_{H^+})_0$ für den man einen positiven Strom berechnet, würde bei der anodischen Ionisation des molekularen Wasserstoffs interessieren. In Gl. (5.8) ist für die Dicke δ der Grenzschicht ein Wert von etwa 10^{-3} cm für den Fall einzusetzen, daß die Lösung durch einen Rührer sehr kräftig bewegt wird. Für schwächer bewegte Lösungen wird δ größer, jedoch bewirkt die unvermeidliche Eigenkonvektion auch einer scheinbar ruhenden Lösung, daß δ im stationären Zustand nicht größer als etwa 0,01 bis 0,03 cm wird. Dabei ist allerdings vorausgesetzt, daß die Konvektion nicht behindert ist. Praktisch keine Konvektion gibt es z. B. in Rissen und Poren etwa des Erdbodens oder des Betons. Dann wird die Dicke der Grenzschicht sehr groß werden, wovon hier aber abgesehen werden soll, da unter solchen Umständen der stationäre Zustand ohnehin erst nach sehr langer Zeit erreicht wird. Andererseits wird es für sehr schnell bewegte Elektrolytlösungen, etwa für den Fall schnell durchströmter metallischer Rohrleitungen zweckmäßig, dir Größe D/δ nicht aus Werten für D und δ zu berechnen, sondern als eine dimensionsbehaftete Kenngröße zu betrachten, die als solche experimentell bestimmt oder aus der Hydrodynamik des Systems abgeschätzt werden muß. Auch davon sei hier abgesehen. Für das Folgende genügt es, für D_{H^+} etwa 10^{-4} cm^2/sec zu setzen, d. h. den für verdünnte Lösungen aus polarographischen Daten ermittelten Wert zu benützen.

Nach Gl. (5.8) kann die kathodische Stromdichte der Wasserstoffabscheidung unter den angenommenen Bedingungen bei gegebener Grenzschichtdicke δ einen Maximalwert

$$(i_H)_{max} = -FD_{H^+} \frac{(c_{H^+})_0}{\delta} \equiv i_{H,D} \tag{5.9}$$

nicht überschreiten, der für $(c_{H^+})_* = 0$ erreicht wird. Diese maximale Stromdichte

Tabelle 9. Nach Gl. (5.9) berechnete Werte der Diffusionsgrenzstromdichte ($i_{H,D}$) der kathodischen Wasserstoffabscheidung aus ungepufferten, neutralsalzhaltigen Lösungen

pH	$\delta = 1 \cdot 10^{-3}$ cm [mA/cm²]	$\delta = 5 \cdot 10^{-3}$ cm [mA/cm²]
0	− 10000	− 2000
2	− 100	− 20
4	− 1	− 0,2
6	− 0,01	− 0,002

wird als die *Diffusionsgrenzstromdichte* der Wasserstoffabscheidung bezeichnet. In Tabelle 9 ist diese Größe für zwei Werte

$$\delta = 1 \cdot 10^{-3} \text{ und } \delta = 5 \cdot 10^{-3} \text{ cm}$$

als Funktion des pH-Wertes der Lösung angegeben, wobei für mit Flügelrührer mäßig bewegte Lösungen die Werte der zweiten Spalte im allgemeinen eine brauchbare Näherung darstellen. Man beachte, daß die Konzentration der diffundierenden Teilchen in Gl. (5.8) und Gl. (5.9) in mol/cm³ eingesetzt werden müssen, wenn D_{H^+} in cm²/s, δ in cm angegeben wird.

Die Stromdichteabhängigkeit des Quotienten $(c_{H^+})_*/(c_{H^+})_0$ ergibt sich zu:

$$\frac{(c_{H^+})_*}{(c_{H^+})_0} = 1 - \frac{i_H}{i_{H,D}}. \tag{5.10}$$

Für alle $|i_H| \ll |i_{H,D}|$ ist daher $(c_{H^+})_* \approx (c_{H^+})_0$. Bei hinreichend kleiner Stromdichte der Wasserstoffabscheidung wird daher durch den Umsatz an der Elektrode die Gleichgewichtsverteilung der H^+-Ionen in der Elektrolytlösung nicht merklich gestört. Dies kann auch durch die Aussage beschrieben werden, es sei bei hinreichend kleiner Stromdichte der Wasserstoffabscheidung das Gleichgewicht der vorgelagerten Transportreaktion nicht merklich gestört. Erst bei höherer Stromdichte ist die einfache Gleichgewichtsbedingung $(c_{H^+})_* = (c_{H^+})_0$ durch die kinetische Beziehung Gl. (5.10) zu ersetzen.

Für die Berechnung der durch die vorgelagerte Diffusion bedingten Überspannung sei zunächst daran erinnert, daß im Gleichgewicht der Bruttoreaktion das Gleichgewicht auch für jeden einzelnen Teilschritt bestehen muß, also auch für die Durchtrittsreaktion $(H^+)_* + e^- \rightarrow H_{ad}$. Infolgedessen gilt für das elektrochemische Potential $\tilde{\mu}_{e^-}$ der Elektronen im Metall, $\tilde{\mu}_H (= \mu_H)$ des adsorbierten atomaren Wasserstoffs und $(\tilde{\mu}_{H^+})_*$ der Hydroniumionen in der Grenzschicht der Lösung im Falle des Gleichgewichtes:

$$(\tilde{\mu}_{H^+})_* + \tilde{\mu}_{e^-} = \mu_H.$$

Ist φ_{Me} bzw. φ_L das Galvani-Potential des Metalls bzw. der Löung, so erhält man daraus, wegen $\tilde{\mu}_{H^+} = \mu_{H^+} + F\varphi_L$; $\tilde{\mu}_{e^-} = \mu_{e^-} - F\varphi_{Me}$, die folgende Gleichung der

Galvani-Spannung $\varphi_{\mathrm{Me,L}} = \varphi_{\mathrm{Me}} - \varphi_{\mathrm{L}}$:

$$F\varphi_{\mathrm{Me,L}} = (\mu_{\mathrm{H}^+})_* + \mu_{\mathrm{e}^-} - \mu_{\mathrm{H}}. \tag{5.12}$$

Hier ist μ_{e^-} für ein gegebenes Metall eine Konstante; für das chemische Potential der Hydroniumionen bzw. des adsorbierten atomaren Wasserstoffs wird die Näherung

$$(\mu_{\mathrm{H}^+})_* = \mu^0_{\mathrm{H}^+} + RT\ln(c_{\mathrm{H}^+})_*, \quad \mu_{\mathrm{H}} = \mu^0_{\mathrm{H}} + RT\ln c_{\mathrm{H}}. \tag{5.13}$$

benutzt. Man führt den *Bedeckungsgrad* der Elektrode als Quotient der gegebenen Flächenkonzentration c_{H} des atomaren Wasserstoffs und der Sättigungskonzentration $(c_{\mathrm{H}})_\infty$ ein:

$$\Theta \equiv \frac{c_{\mathrm{H}}}{(c_{\mathrm{H}})_\infty}. \tag{5.14}$$

Zieht man konstante Terme zu einer Konstanten zusammen, so ergibt sich nunmehr:

$$\varphi_{\mathrm{Me,L}} = \mathrm{const}' + \frac{RT}{F}\ln\frac{(c_{\mathrm{H}^+})_*}{\Theta_{\mathrm{H}}}. \tag{5.15}$$

Hiervon unterscheidet sich das Elektrodenpotential ε um eine konstante Größe, so daß auch gesetzt werden kann:

$$\varepsilon = \mathrm{const} + \frac{RT}{F}\ln\frac{(c_{\mathrm{H}^+})_*}{\Theta_{\mathrm{H}}}. \tag{5.16}$$

Im Gleichgewicht der Bruttoreaktion ist $(c_{\mathrm{H}^+})_* = (c_{\mathrm{H}^+})_0$; Θ_{H} ist durch eine Gleichgewichtsbeziehung mit dem Druck p_{H_2} des molekularen Wasserstoffs in der Gasphase verknüpft, und es gilt $\varepsilon = E_{\mathrm{H}_2/\mathrm{H}^+} = (RT/F)\ln((c_{\mathrm{H}^+})_0/\sqrt{p_{\mathrm{H}_2}})$. Wie die Herleitung zeigt, bleibt aber Gl. (5.16) auch im Ungleichgewicht der Elektroden-Bruttoreaktion erhalten, solange nur das Gleichgewicht der Durchtrittsreaktion nicht merklich gestört ist. Gl. (5.16) gilt daher auch für Werte von $(c_{\mathrm{H}^+})_*$ und Θ_{H}, die keinem Gleichgewicht der Elektroden-Bruttoreaktion entsprechen. Da die Überspannung der Wasserstoffelektrode η_{H} als Differenz $(\varepsilon - E_{\mathrm{H}_2/\mathrm{H}^+})$ definiert ist, so folgt nun:

$$\eta_{\mathrm{H}} = \frac{RT}{F}\ln\frac{(c_{\mathrm{H}^+})_*}{(c_{\mathrm{H}^+})_0} + \frac{RT}{F}\ln\frac{(\Theta_{\mathrm{H}})_{\mathrm{Gl}}}{\Theta_{\mathrm{H}}}. \tag{5.17}$$

Hier bezeichnet $(\Theta_{\mathrm{H}})_{\mathrm{Gl}}$ den Bedeckungsgrad im Gleichgewicht. Es sei angenommen, daß auch das Gleichgewicht der nachgelagerten Reaktion der Bildung von molekularem Wasserstoff und seines Übergangs in die Gasphase im betrachteten Fall praktisch eingestellt ist. Dann verschwindet das zweite Glied der rechten Seite von Gl. (5.17) und es bleibt eine Beziehung für die Überspannung unter Bedingungen übrig, unter denen allein das Gleichgewicht der vorgelagerten Diffusion merklich gestört ist. Dann nennt man die vorgelagerten Diffusion den *geschwindigkeitsbestimmenden Teilschritt* der Reaktion. Man sagt wohl auch, in diesem Fall sei die vorgelagerte Diffusion der „langsamste“ Teilschritt der Reaktion, jedoch ist natürlich im stationären Zustand die elektrochemische

Äquivalent-Geschwindigkeit aller Teilschritte dieselbe. In demselben Sinne bezeichnet man Reaktionsteilschritte, deren Gleichgewicht bei gegebener Reaktionsgeschwindigkeit noch praktisch ungestört ist, als vergleichsweise „schnelle" Reaktionen. Gemeint ist in jedem Fall, daß geschwindigkeitsbestimmend der am stärksten gehemmte Teilschritt ist. Die bei geschwindigkeitsbestimmender Diffusion beobachtete Überspannung wird als *Diffusionsüberspannung* bezeichnet. Dafür erhält man mit (5.10) die folgende Gleichung der Stromdichte-Spannungskurve:

$$\eta_{\mathrm{H}} = \frac{RT}{F} \ln\left(1 - \frac{i_{\mathrm{H}}}{i_{\mathrm{H,D}}}\right). \tag{5.18}$$

Der entsprechende Ausdruck für das Elektrodenpotential ε lautet, wegen $\varepsilon = E_{\mathrm{H_2/H^+}} + \eta_{\mathrm{H}}$:

$$\varepsilon = \frac{RT}{F} \ln\left[(c_{\mathrm{H^+}})_0 \left(1 - \frac{i_{\mathrm{H}}}{i_{\mathrm{H,D}}}\right)\right]. \tag{5.19}$$

Bild 5.2 zeigt den Verlauf dieser Funktion für verschiedene pH-Werte der Lösung, berechnet mit den in Tab. 9 für $\delta = 5 \cdot 10^{-3}$ cm angegebenen Werten von $i_{\mathrm{H,D}}$. Falls, wie für die Rechnung vorausgesetzt, alle Teilschritte der Reaktion mit Ausnahme der vorgelagerten im Diffusion praktisch im Gleichgewicht stehen, so erwartet man die in Bild 5.2 dargestellten Kurven als Stromspannungskurven der Wasserstoffelektrode.

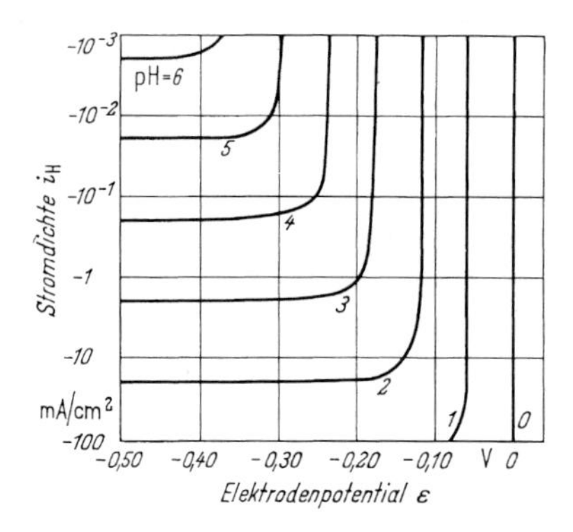

Bild 5.2

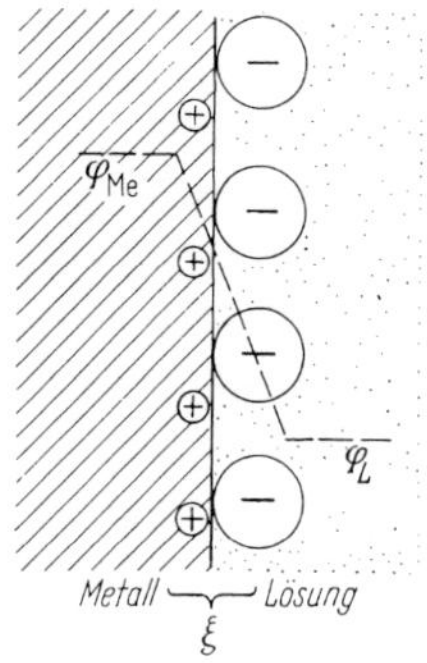

Bild 5.3

Bild 5.2. Stromspannungskurve der kathodischen Wassertstoffabscheidung bei geschwindigkeitsbestimmender vorgelagerter Diffusion der H^+-Ionen durch eine ruhende Flüssigkeitsgrenzschicht nach dem Nernstschen Modell. Berechnet mit $\delta = 10^{-3}$ cm, $D_{\mathrm{H^+}} = 10^{-4}$ cm²/s, für verschiedene pH-Werte

Bild 5.3. Einfachste Kondensatormodelle des Aufbaus der elektrochemischen Doppelschicht an der Phasengrenze Metall/Elektrolytlösung. Die Ladungen sind flächenhaft verschmiert zu denken

Man erkennt, daß in der oben dargelegten Herleitung der Stromspannungskurve der wesentliche Schritt der Ersatz einer Gleichgewichtsbedingung durch eine kinetische Beziehung war. Analog verfährt man für den Fall, daß die nachgelagerte Reaktion, z. B. die Tafel-Rekombination, stark gehemmt ist. Spielt unter den gewählten Versuchsbedingungen die Heyrovsky-Reaktion keine Rolle, so kann angenommen werden, daß die Geschwindigkeit der bimolekularen Reaktion nach Gl. (5.4) dem Quadrat des Bedeckungsgrades proportional ist: $|i_H| = k\Theta_H^2$. Ist speziell die Tafel-Rekombination geschwindigkeitsbestimmend, also in der Folge von Teilschritten des Volmer-Tafel-Mechanismus weitaus am stärksten gehemmt, so findet man mit Gl. (5.17) eine Gleichung der Stromdichte-Spannungskurve von der Form:

$$\eta_H = \text{const} - \frac{RT}{2F} \ln|i_H| = \text{const} - 2{,}303 \frac{RT}{2F} \log|i_H|. \qquad (5.20)$$

Sinngemäß wird dieser Anteil der Überspannung als *Reaktionsüberspannung* bezeichnet. Gl. (5.20) hat die Form der Gl. (4.63) und ergibt wie diese in der halblogarithmischen $\varepsilon - \log i$-Auftragung eine Gerade. Allgemein werden solche Geraden als Tafel-*Geraden* bezeichnet, jedoch zeigt der Vergleich der gemessenen Neigung $d\varepsilon/d \log i$ in Bild 4.10 mit der nach Gl. (5.20) berechneten Neigung sofort eine Unstimmigkeit: Die gemessene Neigung b betrug 0,12 (V), die aus (5.20) berechnete Neigung ist mit 0,029 V wesentlich kleiner. Dieser Befund ist typisch (vgl. auch Bild 5.6), so daß die Tafel-Rekombination als geschwindigkeitsbestimmender Teilschritt der Wasserstoffabscheidung anscheinend allgemein keine Rolle spielt. Dasselbe gilt auch für den Teilschritt der Desorption des molekularen Wasserstoffs in die Gasphase. Daß die Ungültigkeit der Gl. (5.20) für den schon erwähnten Sonderfall der Korrosionswasserstoffversprödung eine Rolle spielt, sei festgehalten.

Der im vorliegenden Zusammenhang neben der geschwindigkeitsbestimmenden vorgelagerten Diffusion hauptsächlich interessierende Fall ist der des geschwindigkeitsbestimmenden Ladungsdurchtrittes. In diesem Fall besteht keine Möglichkeit, die Überspannung mit Hilfe der Nernstschen Gleichung zu berechnen. Zur Herleitung der Gleichung der Stromspannungskurve geht man dann zweckmäßig von Bedingungen aus, unter denen die Durchtrittsreaktion $(H^+)_* + e^- \rightarrow H_{ad}$ vom Gleichgewicht noch relativ wenig entfernt ist. Nun ist das Gleichgewicht vom Standpunkt der Kinetik dadurch ausgezeichnet, daß in der Zeiteinheit ebensoiele H^+-Ionen mit Elektronen zu H_{ad} reagieren, wie umgekehrt H_{ad}-Atome zu H^+ und e^- ionisiert werden. Im Gleichgewicht ist die Geschwindigkeit der *Hinreaktion* der Wasserstoffabscheidung gleich der Geschwindigkeit der *Rückreaktion* der Wasserstoffionisation. Bezeichnet man die Geschwindigkeit der Hinreaktion mit $\vec{v}$, die der Rückreaktion mit $\overleftarrow{v}$, die der durch Überlagerung der Vor- und der Rückreaktion zustande kommenden Bruttoreaktion mit v, so gilt für das Gleichgewicht $v = (\vec{v})_{Gl} - (\overleftarrow{v})_{Gl} = 0$. Allgemein, d. h. auch im Ungleichgewicht, ist $v = \vec{v} - \overleftarrow{v}$. Zum Beispiel kommt auch im Ungleichgewicht die Elektrodenreaktion der Wasserstoffabscheidung nach $2H^+ + 2e^- \rightarrow H_2$ grundsätzlich durch die Überlagerung der Hinreaktion $2H^+ + 2e^- \rightharpoonup H_2$ und der Rückreaktion der Wasserstoffionisation nach $H_2 \rightarrow 2H^+ + 2e^-$ zustande, bei Überwiegen der Geschwindigkeit der Hinreaktion.

Es liegt nahe auzunehmen, die Geschwindigkeit der Hinreaktion sei proportional der Konzentration $(c_{H^+})_*$, de der Rückreaktion proportional Θ_H:

$$v = k_1 (c_{H^+})_* - k_2 \Theta_H. \tag{5.21}$$

Allerdings sollte hier strenggenommen k_1 eine Funktion von Θ_H von der Form $k_1 = k(1 - \Theta_H)$ sein, da die Volmer-Reaktion nur an noch nicht mit Wasserstoff belegten Oberflächenbezirken anläuft. Dies soll hier verhachlässigt werden, so daß in den folgenden Ableitungen die Voraussetzung $\Theta_H \ll 1$ enthalten ist. Ferner gilt bei weitaus überwiegender Hemmung des Ladungsdurchtrittes $(c_{H^+})_* = (c_{H^+})_0$, $\Theta_H = (\Theta_H)_{Gl}$, jedoch soll die Rechnung für beliebige $(c_{H^+})_*$ und $\Theta_H \ll 1$ durchgeführt werden.

Nach dem in der Reaktionskinetik üblichen Ansatz ist die Geschwindigkeit u. a. eine Funktion der absoluten Temperatur und der *Aktivierungsenergie A*. Diesem Ansatz liegt die Annahme zugrunde, daß eine Energieschwelle zwischen Anfangs- und Endzustand der Reaktion existiert, die für die Vorreaktion die Höhe A', für die Rückreaktion die Höhe A'' hat. Der prozentuale Anteil reaktionsfähiger Teilchen ist proportional $\exp\{-A/RT\}$, so daß die Konstanten k_1 und k_2 in der Form $k' \exp\{-A'/RT\}$ bzw. $k'' \exp\{-A''/RT\}$ geschrieben werden können.

$$v = k'(c_{H^+})_* \exp\{-A'/RT\} - k'' \Theta_H \exp\{-A''/RT\}. \tag{5.22}$$

Mit anderen Werten der Konstanten gilt dieselbe Gleichung für die Stromdichte i_H der Bruttoreaktion der Wasserstoffabscheidung, die sinngemäß als Summe der grundsätzlich negativen Teilstromdichte $\vec{i}_H$ der Teilreaktion der kathodischen Wasserstoffabscheidung und der grundsätzlich positiven Teilstromdichte $\overleftarrow{i}_H$ der anodischen Wasserstoffionisation aufzufassen ist:

$$i_H = \vec{i}_H + \overleftarrow{i}_H = \overleftarrow{k}'' \Theta_H \exp\{-A''/RT\} - \vec{k}'(c_{H^+})_* \exp\{-A'/RT\}. \tag{5.23}$$

Die Geschwindigkeitskonstanten der rechten Seite dieser Gleichung sind ebenso wie die Aktivierungsenergien positive Größen.

Die Hydorniumionen $(H^+)_*$ befinden sich auf der Elektrolytlösungsseite der elektrischen Doppelschicht, mit der die Phasengrenze behaftet ist, die H_{ad}-Atome auf der Metallseite. Die Durchtrittsreaktion, in deren Verlauf sich elektrisch geladene Teilchen durch das Feld der Doppelschicht bewegen, wird durch die Galvani-Spannung in der Doppelschicht beeinflußt. Zur Ableitung einer Beziehung zwischen Galvani-Spannung bzw. Elektrodenpotential und Stromdichte müssen zunächst Angaben über die Struktur dieser Schicht gemacht werden. Das einfachste Modell der Doppelschicht, das den Bedingungen in stark neutralsalzhaligen Lösungen ausreichend entspricht, ist das des Plattenkondensators, in dem sich zwei ebene Platten entgegengesetzt gleicher Ladung getrennt durch ein Dielektrikum der Dicke ξ planparallel gegenüberstehen. Bei den Kondensatorplatten handelt es sich hier um die Metalloberfläche und die Flüssigkeitsoberfläche, die unmittelbar aneinandergrenzen. Der Plattenabstand bleibt aber dennoch endlich, da sich in der Lösung die Ladungsschwerpunkte der Ionen der Metalloberfläche nur bis auf einen durch den Ionendurchmesser bestimmten Abstand nähern können. Dieser Abstand ergibt sich für die kaum hydratisierten großen Anionen, wie Cl^-, SO_4^{2-}, ClO_4^- u. dgl., unmittelbar aus den Abmessungen des Ions. Bei sehr kleinen Kationen, wie Na^+, K^+ u. dgl., bewirkt die starke Hydratation, daß der kleinste Abstand zur Metalloberfläche etwas größer ist als für Anionen. In jedem Fall erwartet man für den Plattenabstand ξ einen Wert von der Größenordnung einiger Atomdurchmesser. Dementsprechend sollte die *Doppelschichtkapazität* sehr groß sein. In der Tat findet man hierfür Werte von z. B. 20 $\mu F/cm^2$.

In die Durchtrittsreaktion gehen die Hydroniumionen ein, die sich der Metalloberfläche bis auf den kleinstmöglichen Abstand, also bis auf ξ, genähert haben. Im übrigen braucht aber die Lösungsseite der Doppelschicht durchaus nicht allein aus durchtrittsfähigen Ionen aufgebaut zu sein, bei der H_2/H^+-Elektrode also nicht allein aus Hydroniumionen. Vielmehr beteiligen sich alle vorhandenen Ionen am Aufbau der Doppelschicht. Auch ist das Vorzeichen der Ladung des Metalls gegenüber der Lösung nicht a priori angebbar, die Ladung ergibt sich vielmehr aus der Lage des Potentials der Elektrode relativ zum Potential des *Ladungsnullpunktes*, der weiter unten kurz erörtert werden wird.

Wird die Doppelschicht z. B. durch einen Überschuß von Anionen auf der Lösungsseite und durch einen entsprechenden Elektronenunterschuß auf der Metallseite hergestellt, so liefert das Modell des Plattenkondensators die in Bild 5.3 skizzierte Struktur der Doppelschicht. Vernachlässigt man die durch den Teilchencharakter der Ladungen bedingte Inhomogenität der Ladungsverteilung in jeder der beiden Kondensatorplatten, so ergibt sich der Verlauf des Galvani-Potentials als Potentialsprung über eine Doppelschicht mit homogenen Flächenladungen. Der Verlauf ist diesen Voraussetzungen entsprechend in Bild 5.3 eingetragen. Ändert man durch Polarisation die Galvani-Spannung $\varphi_{Me,L}$, so ändert man damit auch die freie Enthalpie der Durchtrittsreaktion der Entladung von Hydroniumionen zu adsorbiertem atomarem Wasserstoff. Dieser thermodynamische Effekt hat nicht ohne weiteres einen Einfluß auf die Reaktionsgeschwindigkeit. Erst bestimmte detaillierte Annahmen über den Mechanismus der Durchtrittsreaktion führen auf das Geschwindigkeitsgesetz. Dabei kann entweder angenommen werden, es sei der Durchtritt von Elektronen vom Metall zu Hydroniumionen nach $(H^+)_* + e^- \rightarrow (H)_*$ geschwindigkeitsbestimmend, mit folgender „schneller“ Bildung von H_{ad}. Oder es kann angenommen werden, geschwindigkeitsbestimmend sei der Durchtritt von H^+-Ionen aus $(H^+)_*$ in die Adsorptionsschicht nach $(H^+)_* \rightarrow (H^+)_{ad}$ mit folgender „schneller“ Entladung des $(H^+)_{ad}$ zu H_{ad}. Im vorliegenden Zusammenhang ist die Wahl des einen oder des anderen Vorschlags insofern ohne Belang, als beide Ansätze hinsichtlich der Konzentrations- und Potentialabhängigkeit zu gleichen Geschwindigkeitsgesetzen führen, und es auf die Absolutberechnung von Konstanten hier nicht ankommt. Im folgenden soll angenommen werden, bei der eigentlich durchtrittsfähigen Teilchensorte handle es sich um H^+-Ionen. Für das Herausreißen des H^+ aus H^+ aq ist eine Zufuhr von Energie erforderlich, während bei der Vereinigung von H_{ad}^+ und e^- zu H_{ad} sicher Energie freigesetzt wird. Die Energie des H_{ad}^+ ist daher höher als die des H^+ und des H_{ad}, also des Anfangs- und des Endproduktes der Reaktion. Da außerdem das H_{ad} sich der Metalloberfläche vermutlich weiter nähern kann als H_{ad}^+, so wird des Ansatz plausibel, daß die Energieschwelle der Reaktion während der wachsenden

Annäherung an die Metalloberfläche durchlaufen wird. Infolgedessen kann die Energie des durchtrittsfähigen Teilchens als Funktion des Abstandes x von der Metalloberfläche betrachtet werden. Dabei setzt sich die Energie innerhalb der Doppelschicht an jeder Stelle aus einem chemischen und einem elektrostatischen Anteil zusammen. Der letztere ist für 1 Mol reagierender Teilchen gleich dem Produkt $F\varphi_{x_1}$, d.h., er berechnet sich aus der Faraday-Konstanten und dem Galvani-Potential an der Stelle x_1. Daher sind die Aktivierungsenergien A' und A'' unter sonst konstanten Bedingungen Funktionen der Galvani-Spannung $\varphi_{\mathrm{Me,L}}$, d.h. aber Funktionen des Elektrodenpotentials ε.

Es sei in Bild 5.4 die ausgezogene Kurve *1* die Kurve der Energie des H^+ als Funktion des Abstandes x während des Übergangs vom $(H^+)_*$ zum H_{ad} für den Fall $\varphi_{\mathrm{Me,L}} = 0$. Dann stellt die durch einen Pfeil bezeichnete Größe $\vec{A}$ den chemischen Anteil der Aktivierungsenergie der Vorreaktion der Wasserstoffentwicklung dar, entsprechend $\overleftarrow{A}$ den chemischen Anteil der Aktivierungsenergie der Rückreaktion der Wasserstoffionisation. Es gebe ferner die gestrichelte Kurve *2* den Verlauf der Größe $F\varphi$ über die Doppelschicht. Ein kleiner Teil der Doppelschicht befindet sich im Metall, bewirkt durch eine randnahe Asymmetrie der Verteilung von Metallelektronengas und Metallkationen auf Gitterstellen. Für Metalle (nicht für Halbleiter) ist dieser Anteil jedoch gegenüber der Doppelschicht zwischen Metalloberfläche und Lösung zu vernachlässigen. Infolgedessen ist der Abstand der Minima der Potentialkurve *1* im wesentlichen gleich der Doppelschichtdicke ξ. Es sei $\alpha\xi$ der Abstand des Maximums der Energiekurve von der Metalloberfläche, $(1-\alpha)\xi$ der Abstand des Maximums vom lösungsseitigen Rand der Doppelschicht. Dann zeigt der Verlauf der gestrichelten Kurve *3*, die durch Superposition der Kurven *1* und *2* zustande kommt, daß gilt:

$$A'' = \overleftarrow{A} - \alpha F\varphi_{\mathrm{Me,L}} \tag{5.24}$$

$$A' = \vec{A} + (1-\alpha)F\varphi_{\mathrm{Me,L}} \tag{5.25}$$

α wird als *Durchtrittsfaktor* bezeichnet*). Genau genommen kann α für verschiedene Durchtrittsreaktionen verschiedene Werte haben, jedoch sei dies hier vernachlässigt. Allgemein gilt $0 \le \alpha \le 1$, jedoch lehrt die Erfahrung, daß sehr häufig $\alpha \cong 0{,}5$, entsprechend einer Lage $x = \xi/2$ für das Maximum der chemischen Energie. In Bild 5.4 ist zufällig der spezielle Fall angenommen, daß $\varphi_{\mathrm{Me,L}} > 0$, weshalb hier $\vec{A} < A'$; $\overleftarrow{A} > A''$ erscheint. Setzt man Gln. (5.24) und (5.25) in Gl. (5.23) ein, und zieht man die für konstante Temperatur konstanten Glieder $\exp\{-\vec{A}/RT\}$ und $\exp\{-\overleftarrow{A}/RT\}$ in die Geschwindigkeitskonstanten, so erhält man

$$i_{\mathrm{H}} = \overleftarrow{K}''\Theta_{\mathrm{H}}\exp\left\{\frac{\alpha F}{RT}\varphi_{\mathrm{Me,L}}\right\} - \vec{K}'(c_{\mathrm{H^+}})_*\exp\left\{-\frac{(1-\alpha)F}{RT}\varphi_{\mathrm{Me,L}}\right\} \tag{5.26}$$

Durch Hereinziehen weiterer konstanter Glieder in die Geschwindigkeitskon-

*) Genau genommen kann α für unterschiedliche Durchtrittsreaktionen unterschiedliche Werte haben, jedoch sei dies hier vernachlässigt.

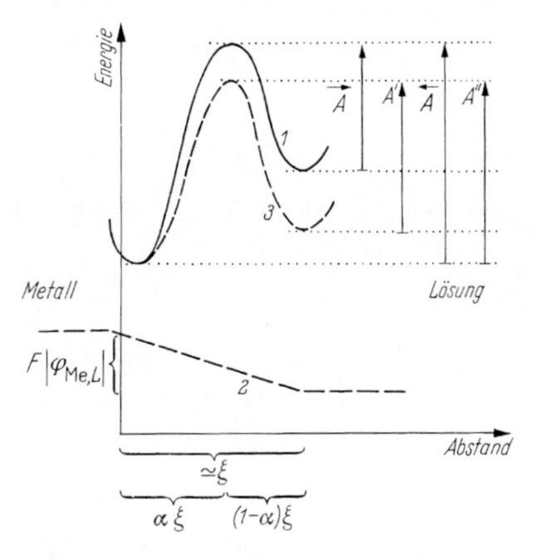

Bild 5.4

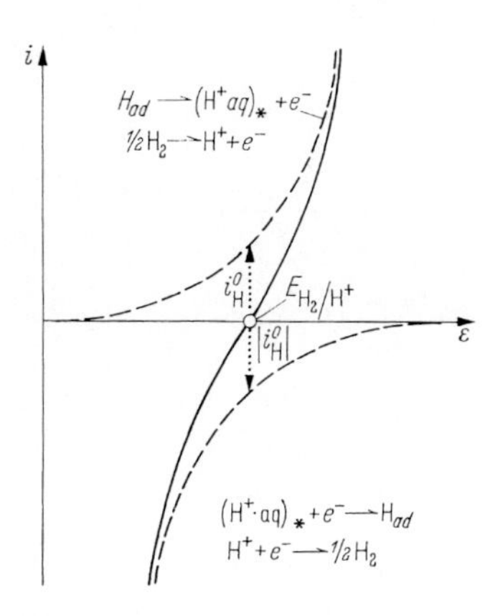

Bild 5.5

Bild 5.4. Zur Ableitung der Gleichung der Stromspannungskurve bei geschwindigkeitsbestimmendem Ladungsdurchtritt durch die elektrochemische Doppelschicht

Bild 5.5. Die Überlagerung der Teilstrom-Spannungskurven der anodischen Wasserstoff-Ionisation und der kathodischen Wasserstoffabscheidung in der Umgebung des Gleichgewichts-Elektrodenpotentials einer Wasserstoffelektrode

stanten erhält man i_H als Funktion des Elektrodenpotentials ε in der folgenden Form:

$$i_H = \overleftarrow{K}_H \Theta_H \exp\left\{\frac{\alpha F}{RT}\varepsilon\right\} - \overrightarrow{K}(c_{H^+})_* \exp\left\{-\frac{(1-\alpha)F}{RT}\varepsilon\right\} \tag{5.27}$$

Bei weit überwiegender Hemmung der Durchtrittsreaktion und bei Neutralsalzüberschuß können hier für Θ_H und $(c_{H^+})_*$ die Gleichgewichtswerte $(\Theta_H)_{Gl}$ und $(c_{H^+})_0$ eingesetzt werden. Damit gibt Gl. (5.27) für den Fall der reinen *Durchtrittsüberspannung*, bei geschwindigkeitsbestimmender Volmer-Reaktion, die Gleichung der Stromdichte/Spannungskurve der Wasserstoffelektrode. Diese Funktion ist in Bild 5.5 als durchgezogene Kurve schematisch dargestellt. Die gestrichelten Kurven geben den Verlauf der beiden additiven Glieder der rechten Seite von Gl. (5.27) an, also die durchweg anodische Stromspannungskurve der Wasserstoffionisation nach $H_{ad} \rightarrow (H^+)_* + e^-$ und die durchweg kathodische Stromspannungskurve der Wasserstoffabscheidung nach $(H^+)_* + e^- \rightarrow H_{ad}$.

Beim Gleichgewichts-Elektrodenpotential E_{H_2/H^+} sind die Stromdichten $\overrightarrow{i}_H$ und $\overleftarrow{i}_H$ dem Betrage nach gleich. Der Gleichgewichtswert von i_H wird als Austauschstromdichte i_H^0 bezeichnet. Im vorliegenden Fall handelt es sich nach der Herleitung um die Austauschstromdichte der Volmer-Reaktion (wegen der Heyrovsky-Reaktion vgl. weiter unten). Für die Austauschstromdichte gilt, wie man leicht erkennt:

$$i_H^0 = \overleftarrow{K}_H(\Theta_H)_{Gl} \exp\left\{\frac{\alpha F}{RT} E_{H_2/H^+}\right\}$$
$$= \overrightarrow{K}_H(c_{H^+})_0 \exp\left\{-\frac{(1-\alpha)F}{RT} E_{H_2/H^+}\right\} \tag{5.28}$$

Einsetzen in Gl. (5.27) ergibt wegen $\varepsilon - E_{H_2/H^+} = \eta_H$:

$$i_H = \overleftarrow{i}_H + \overrightarrow{i}_H$$
$$= i_H^0\left[\frac{\Theta_H}{(\Theta_H)_{Gl}} \exp\left\{\frac{\alpha F}{RT}\eta_H\right\} - \frac{(c_{H^+})_*}{(c_{H^+})_0} \exp\left\{-\frac{(1-\alpha)F}{RT}\eta_H\right\}\right]. \tag{5.29}$$

Bei reiner Durchtrittspolarisation hat der Bruch $\Theta_H/(\Theta_H)_{Gl}$ den Wert 1. Für $(c_{H^+})_*/(c_{H^+})_0$ gilt dasselbe, solange das einfache Kondensatormodell der Doppelschicht annähernd brauchbar bleibt.

Nach Gl. (5.29) geht die Überspannung der Durchtrittsreaktion für $|i_H/i_H^0| \ll 1$ gegen Null. Das heißt, daß das Gleichgewicht der Durchtrittsreaktion so lange nicht merklich gestört ist, als die Stromdichte wesentlich kleiner ist als die Austauschstromdichte. Allgemein kann ausgesagt werden, daß das Gleichgewicht einer chemischen Reaktion so lange nicht merklich gestört ist, als die Geschwindigkeit des Bruttoumsatzes klein ist gegenüber der Geschwindigkeit von Vor- und Rückreaktion im Gleichgewicht. Ein ähnlicher Gedanke kann zur Vereinheitlichung des Bildes auch auf die Diffusion angewandt werden, wenn man sagt, das Gleichgewicht der vorgelagerten Reaktion sei so lange nicht merklich gestört, als die Geschwindigkeit der in homogener Lösung auftretenden „Selbstdiffusion" groß ist gegenüber der der gerichteten Fickschen Diffusion in inhomogener Lösung. Für die Tafel-Rekombination war weiter oben für die Geschwindigkeit $i_H \sim \Theta_H^2$ gesetzt worden. Man erkennt nun, daß es sich dabei nach der Reaktionsgleichung $H_{ad} + H_{ad} \rightarrow H_{2ad}$ um die Geschwindigkeitsgleichung der Hinreaktion handelt, also um $\overrightarrow{i}_H$. Gl. (5.20) stellt also den Ausdruck für die Überspannung bei geschwindigkeitsbestimmender Tafel-Reaktion für Bedingungen dar, unter denen die Rückreaktion vernachlässigt werden kann.

Nach Gl. (5.29) wird mit $\alpha = 0{,}5$ die Größe $\alpha F/RT = (1-\alpha)F/RT = F/2RT = 19{,}45\ \mathrm{V}^{-1}$. Infolgedessen ist $\exp\{\alpha F\eta_H/RT\} \ll \exp\{-(1-\alpha)F\eta_H/RT\}$ für $\eta \leq -0{,}1$ V. Es kann also in Gln. (5.27) oder (5.29) das erste Glied der rechten Seite gegenüber dem zweiten vernachlässigt werden, sobald die kathodische Überspannung 0,1 V übersteigt. Bei größeren kathodischen Überspannungen gilt daher

$$i_H = \overrightarrow{i}_H = -i_H^0\frac{(c_{H^+})_*}{(c_{H^+})_0} \exp\left\{-\frac{(1-\alpha)F}{RT}\eta_H\right\} \tag{5.30}$$

und bei allein geschwindigkeitsbestimmender Volmer-Reaktion (d.h. $(c_{H^+})_* = (c_{H^+})_0$ eine Gleichung der Stromspannungskurve von der Form $\eta_H = a - b \log|i_H|$. Damit liefert auch dieser Mechanismus der Wasserstoffabscheidung die nach Gln. (4.63) an der Zinkamalgamelektrode experimentell festgestellte Gestalt der Stromspannungskurve der Wasserstoffabscheidung. Man findet aber nun $d\varepsilon/d\log i = -2{,}303 \times 2RT/F = -0{,}118$ V (für 25 °C), übereinstimmend mit dem experimentellen Wert. Damit kann unterstellt werden, daß für diesen speziellen

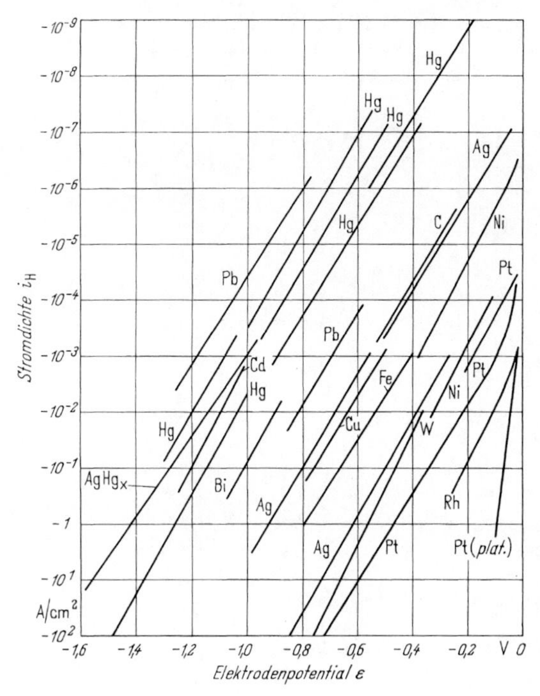

Bild 5.6. Stromspannungskurven der kathodischen Wasserstoffabscheidung an verschiedenen Metallen in verschiedenen Elektrolytlösungen. (Nach einer Zusammenstellung bei Vetter)

Fall die Volmer-Durchtrittsreaktion geschwindigkeitsbestimmend war. Dies scheint außerdem auch für andere Systeme der häufigste Fall zu sein, sofern nicht die Diffusion eine merkliche Rolle spielt. Als Beleg zeigt Bild 5.6 eine Zusammenstellung halblogarithmisch aufgetragener kathodischer Stromspannungskurven der Wasserstoffabscheidung an vershiedenen Metallen in verschiedenen Elektrolytlösungen [1 a]. Fast alle diese Kurven verlaufen in der ε-log i-Auftragung linear, die Neigung beträgt überwiegend etwa 0,12 V.

Die Tab. 10 gibt eine Zusammenstellung allerdings nur begrenzt vergleichbarer Werte der Austauschstromdichte i_H^0. Die Tabelle enthält außerdem Angaben über den Wert der Überspannung η_H bei gegebener Stromdichte i_H der Wasserstoffabscheidung. Man erkennt, daß die Ordnung der verschiedenen Metalle nach dem Wert der Austauschstromdichte i_H^0 im wesentlichen dieselbe Reihenfolge ergibt wie die Ordnung nach dem Wert der Überspannung η_H ($i_H = -1$ mA/cm^2), entsprechend einem praktisch konstanten Wert der Neigung $d\varepsilon/d \log |i_H|$. Die Austauschstromdichte hängt im allgemeinen sowohl von der Zusammensetzung der Elektrolytlösung als auch von der Reinheit und der Vorbehandlung der Metalloberfläche stark ab. Besonders ist hier der Einfluß von Verunreinigungen der Lösungen durch „Elektrodengifte" hervorzuheben, das sind Substanzen, deren Adsorption auf der Metalloberfläche die Reaktion sehr stark hemmt, und die Wegen ihrer Rolle als Inhibitoren der Korrosion weiter unten noch genauer diskutiert werden (vgl. Kap. 7). Die oft beobachtete schlechte Reproduzierbarkeit der

Tabelle 10. Austauschstromdichte i_H^0 der Wasserstoffabscheidung und Wasserstoffüberspannung η_H bei $i_H = -10^{-3}$ A/cm² für verschiedene Systeme. (Nach Uhlig [3])

Metall	Temperatur [°C]	Lösung	i_H^0 [A/cm²]	$\eta_H(i_H = -10^{-3}$ A/cm²) [V]
Pt	20	1 m HCl	10^{-3}	– 0,00
Pd	20	0,6 m HCl	$2 \cdot 10^{-4}$	– 0,02
Mo	20	1 m HCl	10^{-6}	– 0,12
Au	20	1 m HCl	10^{-6}	– 0,15
Ta	20	1 m HCl	10^{-5}	– 0,16
W	20	5 m HCl	10^{-5}	– 0,22
Ag	20	0,1 m HCl	$5 \cdot 10^{-7}$	– 0,30
Ni	20	0,1 m HCl	$8 \cdot 10^{-7}$	– 0,31
	20	0,12 m NaOH	$4 \cdot 10^{-7}$	– 0,34
Bi	20	1 m HCl	10^{-7}	– 0,40
Nb	20	1 m HCl	10^{-7}	– 0,40
Fe	16	1 m HCl	10^{-6}	– 0,45
	25	4% NaCl p_H 1 – 4	10^{-7}	– 0.40
Cu	20	0,1 m HCl	$2 \cdot 10^{-7}$	– 0,44
	20	0,15 m NaOH	$1 \cdot 10^{-6}$	– 0,36
Sb	20	1 m H_2SO_4	10^{-9}	– 0,60
Al	20	1 m H_2SO_4	10^{-10}	– 0,70
Be	20	1 m HCl	10^{-9}	– 0,72
Sn	20	1 m HCl	10^{-8}	– 0,75
Cd	16	1 m HCl	10^{-7}	– 0,80
Hg	20	0,1 m HCl	$7 \cdot 10^{-13}$	– 1,10
	20	0,05 m H_2SO_4	$2 \cdot 10^{-13}$	– 1,16
	20	0,1 m NaOH	$3 \cdot 10^{-15}$	– 1,15
Pb	20	0,01 – 8 m HCl	$2 \cdot 10^{-13}$	– 1,16

Austauschstromdichten kann durch unkontrollierte Änderungen von Θ_H wie auch insbesondere der Geschwindigkeitskonstanten $\vec{K}_H$ und $\overleftarrow{K}_H$ bewirkt werden.

Wegen der in nicht sehr gut gereinigten Elektrolytlösungen erheblichen Streuung der Lage der Stromspannungskurve ein und desselben Metalls ist es für die Praxis wenig sinnvoll, eine genaue Reihenfolge der Metalle nach ihrer Wasserstoffüberspannung bzw. nach der Größe der Austauschstromdichte anzugeben. Man ist jedoch berechtigt, eine Gruppe von Metallen wie die der Edelmetalle mit besonders kleiner Überspannung herauszuheben, andererseits eine Gruppe mit Quecksilber, Blei, Zink als Gruppe der Metalle mit besonders hoher Überspannung zu bezeichnen. Eisen und Kupfer gehören zu einer mittleren Gruppe. Man beachte, daß die Wasserstoffüberspannung auch von der Reinheit des betrachteten Metalls stark abhängen kann. In jedem Fall verliert die Natur des Metalls oder die Reinheit der Lösung ihren Einfluß, wenn nicht die Durchtrittsreaktion, sondern die vorgelagerte Diffusion geschwindigkeitsbestimmend wird. Es leuchtet ein, daß die

Diffusion zu einer Metalloberfläche hin von der Zusammensetzung der Metalloberfläche nicht abhängen kann und daß für die vorgelagerte Diffusion auch die Adsorption von Elektrodengiften auf der Metalloberfläche keine Rolle spielt.

Für den Fall geschwindigkeitsbestimmender Heyrovsky-Reaktion erhält man, wenn die Rückreaktion der Wasserstoffionisation vernachlässigt werden kann, aus Gl. (5.5) zunächst den Ansatz

$$i_{\mathrm{H}} = \vec{i}_{\mathrm{H}} = -k'\Theta_{\mathrm{H}}(c_{\mathrm{H}^+})_* \exp\left\{-\frac{(1-\alpha)F}{RT}\varepsilon\right\}. \tag{5.31}$$

Ist gleichzeitig für die Volmer-Reaktion das Quasi-Gleichgewicht eingestellt, so berechnet sich Θ_{H} aus (5.16) zu

$$\Theta_{\mathrm{H}} = \mathrm{const}'(c_{\mathrm{H}^+})_* \exp\left\{-\frac{F}{RT}\varepsilon\right\}. \tag{5.32}$$

Aus (5.31) und (5.32) erhält man

$$i_{\mathrm{H}} = -k(c_{\mathrm{H}^+})_*^2 \exp\left\{-\frac{(2-\alpha)F}{RT}\varepsilon\right\}, \tag{5.33}$$

bzw.

$$i_{\mathrm{H}} = -i_{\mathrm{H}}^0\left[\frac{(c_{\mathrm{H}^+})_*}{(c_{\mathrm{H}^+})_0}\exp\left\{-\frac{(2-\alpha)F}{RT}\eta_{\mathrm{H}}\right\}\right]. \tag{5.34}$$

Soweit $\alpha = 0{,}5$ wird nun $d\varepsilon/d\log|i_{\mathrm{H}}| = -0{,}04$ (V), d. h. die Potentialabhängigkeit der Geschwindigkeit der Wasserstoffabscheidung ist wesentlich stärker als bei geschwindigkeitsbestimmender Volmer-Reaktion.

Interessant ist der Fall zweier aufeinanderfolgender Durchtrittsreaktionen vergleichbar starker Hemmung. Dann können geknickte Stromspannungskurven auftreten, für die Bild 5.7 ein Beispiel zeigt [4]. Es handelt sich um die Wasserstoffabscheidung an Eisen aus schwach saurer Perchloratlösung mit Zusatz des Adsorptionsinhibitors Phenylthioharnstoff (vgl. Kap. 6) nach dem Volmer-Heyrovsky-Mechanismus. Bei kleinen Stromdichten dominiert die Heyrovsky-Reaktion gemäß Gl. (5.34), bei höheren Stromdichten die Volmer-Reaktion nach Gl. (5.30). Die durchgezogene Stromspannungskurve wurde nach einer von Vetter [5] mitgeteilten Gleichung der Stromspannungskurve berechnet.

Bei hinreichend hoher Stromdichte der Wasserstoffabscheidung muß schließlich immer das Gebiet merklicher Hemmung der vorgelagerten Transportreaktion (5.2) erreicht werden. Dann wird der Quotient $(c_{\mathrm{H}^+})_*/(c_{\mathrm{H}^+})_0 < 1$. Die Folgen seien für den speziellen Fall der geschwindigkeitsbestimmenden Volmer-Reaktion bei vernachlässigbarer Rückreaktion der Wasserstoffionisation demonstriert:

Aus (5.10) und (5.30) erhält man:

$$i_{\mathrm{H}} = \vec{i}_{\mathrm{H}} = -i_{\mathrm{H}}^0\left[1 - \frac{i_{\mathrm{H}}}{i_{\mathrm{H,D}}}\right]\exp\left\{-\frac{(1-\alpha)F}{RT}\eta_{\mathrm{H}}\right\}, \tag{5.35}$$

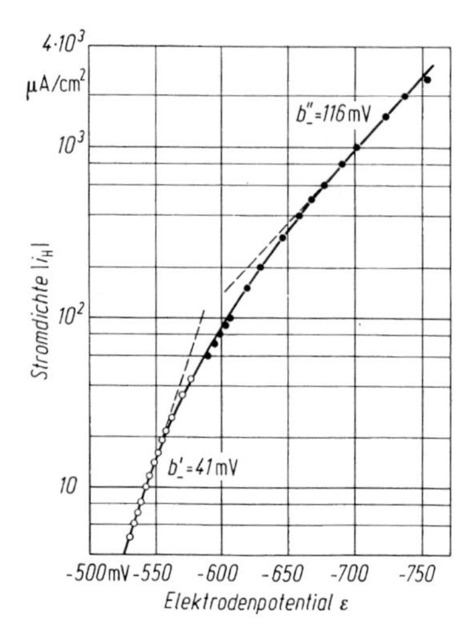

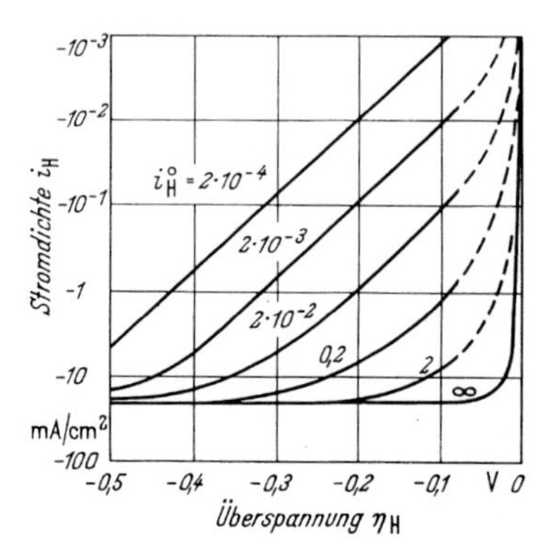

Bild 5.7 **Bild 5.8**

Bild 5.7. Kathodische Teilstrom-Spannungskurve der Wasserstoffabscheidung an Carbonyleisen in $HClO_4/NaClO_4$-Lösung, pH 2,25; 25 °C, mit Zusatz von $1{,}8 \cdot 10^{-4}$ mol/l Phenylthioharnstoff. (Nach Kaesche)

Bild 5.8. Stromspannungskurve der kathodischen Wasserstoffabscheidung bei überlagerter Diffusionspolarisation (berechnet für pH 2, $\delta = 5 \cdot 10^{-3}$ cm) und Durchtrittspolarisation, bei verschiedenen Werten der Austauschstromdichte i_H^0 (A/cm²)

bzw. nach Umformung

$$i_H = -i_H^0 \frac{\exp\left\{-\dfrac{(1-\alpha)F}{RT}\eta_H\right\}}{1 - \dfrac{i_H^0}{i_{H,D}}\exp\left\{-\dfrac{(1-\alpha)F}{RT}\eta_H\right\}} \tag{5.36}$$

Nach dieser Gleichung hängt die Gestalt der Stromspannungskurve wesentlich vom Verhältnis $i_H^0/i_{H,D}$ ab. Insbesondere ergibt Gl. (5.36) mit $|i_H^0/i_{H,D}| \ll 1$ wieder Gl. (5.30) für den Fall $(c_{H^+})_0 = (c_{H^+})_*$. Dagegen wird für $|i_H^0/i_{H,D}| \gg 1$ die Stromdichte i_H schon bei kleiner kathodischer Überspannung gleich der Diffusionsgrenzstromdichte $i_{H,D}$ und damit potentialunabhängig. In stark saurer Lösung, etwa für pH2, wird in bewegten Lösungen $i_{H,D}$ dem Betrage nach groß gegen die üblichen Werte der Austauschstromdichten i_H^0, so daß man hier als Stromspannungskurven der Wasserstoffabscheidung Tafel-Geraden findet. Bei hinreichend hohem pH-Wert, in ungepufferten Lösungen jedenfalls oberhalb pH4, wird die Grenzstromdichte $i_{H,D}$ klein und die Diffusionsüberspannung überwiegend. Das bedingt eine starke Rührabhängigkeit der Überspannung. Für den speziellen Fall $i_{H,D} = 20$ mA/cm² gibt Bild 5.8 die nach Gl. (5.36) berechnete Stromspannungskurve für verschiedene Werte der Austauschstromdichte. Danach erwartet man im normalerweise interessierenden Stromdichtebereich bis etwa $-10\,\mathrm{mA/cm^2}$ schon merkliche Abweichungen der Stromspannungskurve von einer Tafel-Geraden, wenn die Austauschstromdichte i_H^0 größer als etwa $10^{-2}\,\mathrm{mA/cm^2}$ wird. Die gestrichelt eingetragenen Kurvenabschnitte bezeichnen den Verlauf im Gebiet kleiner Überspannungen, wo die Rückreaktion der Wasserstoffionisation merklich ins Gewicht fällt.

Zum Vergleich sind in Bild 5.9 von Stern [6] gemessene Stromspannungskurven der Wasserstoffabscheidung an Eisen in salzsaurer, sauerstofffreier 1 M NaCl-Lösung wiedergegeben. Hier wird der Verlauf der Kurvenabschnitte rechts von dem schraffiert angedeuteten Bereich nicht durch die Überlagerung der Rückreaktion der Wasserstoffionisation bestimmt, sondern durch die Überlagerung der anodischen Metallauflösung. Beim niedrigen pH-Wert 1,42 folgt anschließend ein Bereich, in dem die Kurve annähernd durch eine Tafel-Gerade dargestellt werden kann, darauf ein Grenzstrombereich. Bei höherem pH-Wert entsprechen die Kurven bis zu mittleren Werten der Überspannung von vornherein dem Fall überwiegender Diffusionsüberspannung. Der Kurvenverlauf genügt damit den Erwartungen, wenn man zunächst davon absieht, daß sich bei höherer Überspannung sämtliche Kurven einer zweiten, weitgehend pH-unabhängigen Tafel-Geraden anschmiegen. Soweit können die Kurven durch geeignete Anpassung der Größen i_H^0 und $i_{H,D}$ berechnet werden. Dabei sollte nach Gl. (5.10) die Diffusionsgrenzstromdichte der Hydroniumionenkonzentration proportional sein, also eine Beziehung von der Form $\log|i_{H,D}| = \mathrm{const} - (\mathrm{pH})$ gelten. Wie Bild 5.10

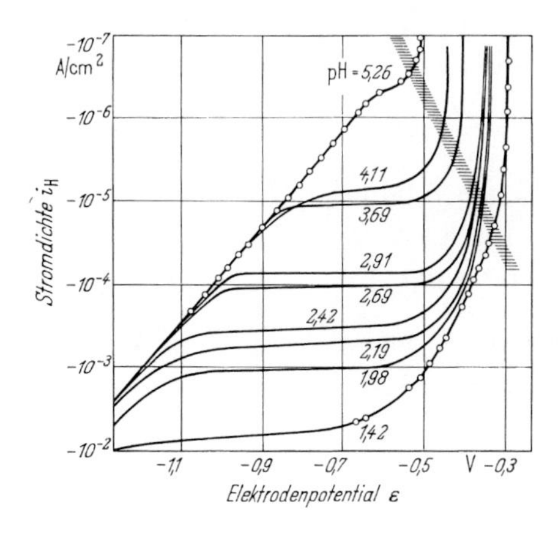

Bild 5.9

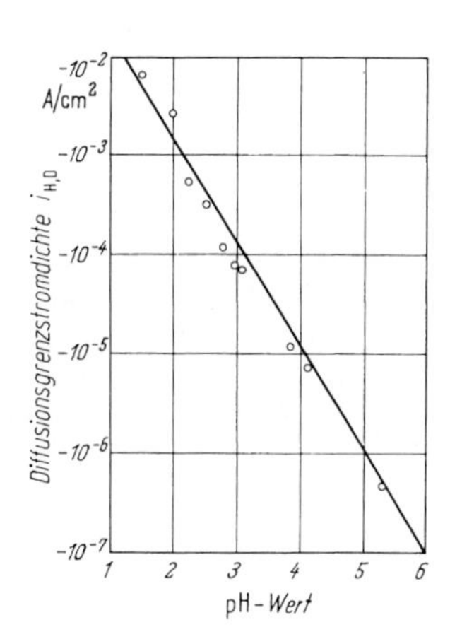

Bild 5.10

Bild 5.9. Kathodische Summenstrom-Spannungskurve des Eisens (unterhalb des schraffierten Bandes identisch mit der kathodischen Teilstrom-Spannungskurve der Wasserstoffabscheidung in HCl/4% NaCl-Lösung, O_2-frei, bei verschiedenen pH-Werten. (Nach Stern)

Bild 5.10. Diffusionsgrenzstromdichte der kathodischen H^+-Reduktion als Funktion des pH-Wertes von HCl/4% NaCl-Lösungen. (Nach Stern)

zeigt, in der die aus Bild 5.9 entnommenen Werte von $i_{H,D}$ eingetragen sind, ist diese Beziehung in guter Näherung erfüllt.

Dagegen gelingt es nicht, mit den bisher dargelegten Ansätzen für den Mechanismus der Wasserstoffabscheidung zu erklären, wie die Stromdichte über die Grenzstromdichte hinaus schließlich wieder ansteigen kann. Nach Bild 5.9 erfolgt der Übergang in die zweite Tafel-Gerade bei hohem pH-Wert schon bei derart kleinen Stromdichten, daß nicht angenommen werden kann, es spiele hier die zunehmende Bewegung der Grenzschicht durch aufsteigende Gasblasen eine Rolle. Vielmehr muß ein Mechanismus der Wasserstoffentwicklung möglich sein, bei dem die vorgelagerte Diffusion von Hydroniumionen ganz entfällt. Hierzu sind zwei Möglichkeien zu diskutieren: Es kann erstens die Dissoziation der in großem Überschuß vorhandenen H_2O-Molekeln nach $H_2O \rightarrow H^+ + OH^-$ in der Grenzschicht Hydroniumionen nachliefern. Es läßt sich aber zeigen [7], daß auf diese Weise nur sehr kleine Stromdichten zustande kommen können, so daß diese angeschriebene Teilreaktion außer Betracht bleiben kann. Zweitens muß es aber auch möglich sein, aus an der Elektrode adsorbiertem Wasser unmittelbar nach

$$H_2O_{ad} + e^- \rightarrow H_{ad} + (OH^-)_* \tag{5.37}$$

adsorbierten atomaren Wasserstoff zu gewinnen, so daß sich die vorgelagerte Dissoziation des Wassers erübrigt. Damit kommt zu der wasserstoffliefernden Reaktion Gl. (5.1) die folgende Parallelreaktion hinzu:

$$2H_2O + 2e^- \rightarrow H_2 + 2OH^- \tag{5.38}$$

Wegen des stets eingestellten Gleichgewichtes der Dissoziation des Wassers nach $H_3O^+ + OH^- = 2H_2O$ ist die Reaktion nach Gl. (5.37) vom Standpunkt der Thermodynamik mit der Reaktion nach Gl. (5.1) identisch. Also hat die Reaktion nach Gl. (5.37) auch dasselbe Gleichgewichtspotential der Wasserstoffelektrode und bei gegebenem Elektrodenpotential auch dieselbe Überspannung. Wegen der hohen Konzentration der Wassermolekeln tritt für die unmittelbare Reduktion des Wassers kein Diffusionsgrenzstrom auf, so daß diese Reaktion hohe Stromdichten der Wasserstoffentwicklung auch in neutralen bis alkalischen Lösungen ermöglicht. Allerdings werden solche hohen Stromdichten erst bei großer Überspannung erreicht, d. h., die Reaktion ist stark gehemmt. Sie trägt deshalb zur Stromdichte erst unter Bedingungen merklich bei, unter denen die Rückreaktion $H_2 + 2OH^- \rightarrow 2H_2O + 2e^-$ vernachlässigt werden kann. Infolgedessen kann für die Gleichung der Stromdichte-Spannungskurve bei geschwindigkeitsbestimmender Durchtrittsreaktion der folgende Ansatz gewählt werden:

$$\begin{aligned} i_H = \vec{i}_H &= -\vec{K}_{H_2O}\Theta_{H_2O}\exp\left\{-\frac{(1-\alpha)F}{RT}\varepsilon\right\} \\ &= -i^0_{H_2O}\frac{\Theta_{H_2O}}{(\Theta_{H_2O})_{Gl}}\exp\left\{-\frac{(1-\alpha)F}{RT}\eta_H\right\}. \end{aligned} \tag{5.39}$$

Hier ist $i^0_{H_2O}$ die Austauschstromdichte, Θ_{H_2O} der Bedeckungsgrad des adsorbierten Wassers, $(\Theta_{H_2O})_{Gl}$ der Bedeckungsgrad im Gleichgewicht. Der Bruch $\Theta_{H_2O}/(\Theta_{H_2O})_{Gl}$ kann vereinfachend gleich 1 gesetzt werden.

Der Ansatz ist summarisch und übergeht einige Komplikationen. So wurde z. B. für die Wasserstoffabscheidung aus Natriumchloridlösung an Quecksilber und an Indium-Amalgam gezeigt, daß zunächst metallisches Natrium abgeschieden wird, welches dann Wasser nach $2Na + 2H_2O \rightarrow H_2 + 2OH^- + 2Na^+$ zersetzt [8].

Die gesamte Stromdichte der Wasserstoffabscheidung, die wieder als i_H bezeichnet werden soll, berechnet sich nunmehr als Summe der Stromdichten der H_3O^+-Reduktion und der H_2O-Zersetzung. Für den angenommenen Fall der reinen Durchtrittsüberspannung der Wasserzersetzung und der überlagerten Durchtritts- und Diffusionspolarisation der H_3O^+-Reduktion erhält man aus Gln. (5.36) und (5.39)

$$i_H = \vec{i}_H = -i_H^0 \frac{\exp\left\{-\frac{(1-\alpha)F}{RT}\eta_H\right\}}{1 - \frac{i_H^0}{i_{H,D}}\exp\left\{-\frac{(1-\alpha)F}{RT}\eta_H\right\}} - i_{H_2O}^0 \exp\left\{-\frac{(1-\alpha)F}{RT}\eta_H\right\}. \qquad (5.40)$$

Mit dieser Beziehung kann bei geeigneter Wahl der Konstanten i_H^0, $i_{H_2O}^0$, $i_{H,D}$ und α die in Bild 5.9 wiedergegebene Kurvenschar berechnet werden. Allgemein genügt Gl. (5.40) mit geeigneter Anpassung der Konstanten als Ansatz für die Stromspannungskurve der kathodischen Wasserstoffabscheidung in praktisch jedem Fall, auch wenn im einzelnen der Reaktionsmechanismus den Annahmen nicht genau entspricht und die eingeführten Vereinfachungen nicht streng erfüllt sind.

Wird die Stromspannungskurve in neutralsalzfreien oder neutralsalzarmen Lösungen an einer einfachen Wasserstoffelektrode gemessen, so bedingt an und für sich die elektrolytische Überführung der Hydroniumionen eine beträchtliche Korrektur der für reine Diffusionshemmung hergeleiteten Beziehung (5.10). Die Korrektur geht naturgemäß in Gl. (5.36) und Gl. (5.40) ein. Dieser Effekt entfällt aber, wenn bei einer korrodierten Elektrode, die mit äußeren Strömen nicht belastet wird, die Elekrolytlösung nicht stromdurchflossen ist. Er soll daher hier nicht gesondert betrachtet werden, auch wenn er bei Stromspannungsmessungen an korrodierten Elektroden ins Spiel kommt.

5.2 Der Mechanismus der Sauerstoffreduktion

Nach Gl. (3.72) lautet die Gleichung der Elektrodenreaktion der Sauerstoffreduktion

$$O_2 + 4H^+ + 4e^- \rightarrow 2H_2O. \qquad (5.41)$$

Addiert man dazu das Gleichgewicht $4H_2O = 4H^+ + 4OH^-$, so erhält man die thermodynamisch gleichwertige Formulierung

$$O_2 + 2H_2O + 4e^- \rightarrow 4OH^-. \qquad (5.42)$$

Für saure Lösungen wird die Kinetik der Reaktion besser durch (5.41), für alkalische besser durch (5.42) beschrieben. Der Sauerstoffreduktion ist der Übergang von Sauerstoffmolekeln aus des Gasphase in die Elektrolytlösung vorgelagert. Es sei angenommen, daß das Gleichgewicht dieses Teilschritts nicht merklich gehemmt, die Lösung also an Sauerstoff dauernd gesättigt ist. Im gesamten hier interessierenden Temperaturbereich ist die Sättigungskonzentration des gelösten Sauerstoffs dem Sauerstoffdruck p_{O_2} in der Gasphase direkt proportional [9], es gilt also das *Henrysche Gesetz*. Wie Bild 5.11a zeigt, sinkt ferner die Sauerstofflöslichkeit mit steigender Temperatur zwischen 0 und 25 °C erheblich, darüber schwächer. Aus siedenden Lösungen wird der gelöste Sauerstoff durch den Dampf weitgehend ausgetrieben. Die Sauerstofflöslichkeit sinkt außerdem durchweg mit steigendem Salzgehalt der Lösung und wird nach Bild 5.11b in sehr konzentrierten Lösungen klein. Im allgemeinen werden aber stärker konzentrierte als einmolare Lösungen kaum interessieren, entsprechend etwa 6 Gew.-% NaCl bzw. etwa 15 Gew.-% Na_2SO_4. Nach Bild 5.11b ist für eine 1 m NaCl-Lösung die Löslichkeit des Sauerstoffs noch praktisch gleich der des reinen Wassers, in 1 m Na_2SO_4-Lösung jedoch wesentlich kleiner. Für Überschlagsrechnungen wird im folgenden eine Löslichkeit von 25 cm^3 O_2 pro kg Lösung bei $p_{O_2} = 1$ bar und 25 °C angenommen, entsprechend einer Konzentration $c_{O_2} = 1 \cdot 10^{-3}$ mol/kg. Das entspricht einer Konzentration $c_{O_2} = 2 \cdot 10^{-4}$ mol/kg bei $p_{O_2} = 0{,}2$ bar, dem Sauerstoffpartialdruck der Luft.

Die Kinetik der Sauerstoffredukion soll unter denselben vereinfachenden Voraussetzungen hinsichtlich der Struktur der elektrischen Doppelschicht und der hydrodynamischen adhärierenden Grenzschicht dargelegt werden wie die Kinetik der Wasserstoffabscheidung. Die hergeleiteten Beziehungen haben ebenso wie dort nur Näherungscharakter. Allerdings scheidet hier die Störung durch elektrolytische Überführung aus, da die gelösten O_2-Molekeln keine Ladung tragen. Ferner entfällt die Störung der Grenzschicht durch aufperlende Gasblasen, solange nicht gleichzeitig mit der Sauerstoffreduktion die Wasserstoffabscheidung abläuft.

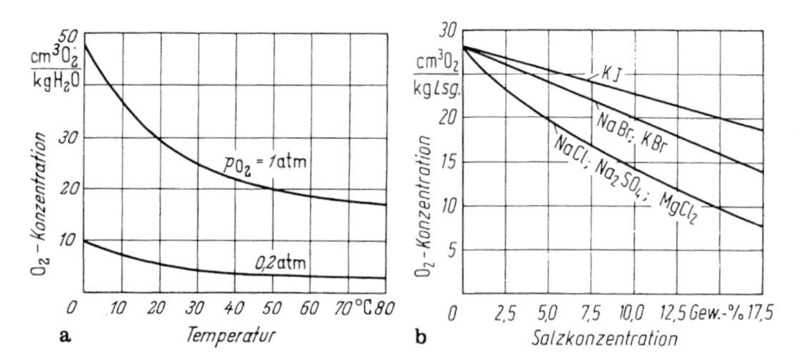

Bild 5.11. Die Löslichkeit des Sauerstoffs (**a**) in Wasser beim Druck 1 bar bzw. 0,2 bar des Sauerstoffs, (**b**) in Salzlösungen bei 25 °C und 1 bar Sauerstoffdruck. (Nach Daten in Landolt-Börnstein)

Dies läßt sich genau genommen nur dadurch vermeiden, daß das Elektrodenpotential auf Werten gehalten wird, die positiver sind als das Wasserstoff-Gleichgewichtspotential. Nun ist zwar das Gleichgewichtspotential E_{O_2/H^+} des Sauerstoffs stets um 1,21 V positiver als das Gleichgewichtspotential E_{H_2/H^+} des Wasserstoffs, so daß an und für sich ein relativ großer Spannungsbereich zur Verfügung steht, in dem z. B. an einem nicht korrodierten Edelmetall in einer sauerstoffhaltigen Säurelösung die Sauerstoffreduktion die einzige mögliche Elektrodenreaktion ist. Die Hemmung der Durchtrittsreaktion der Sauerstoffreduktion ist aber durchweg sehr groß. Daher werden im allgemeinen große Stromdichten der Sauerstoffreduktion erst bei so großen Überspannungen erreicht, daß das Elektrodenpotential negativer ist als das Gleichgewichtselektrodenpotential der Wasserstoffelektrode.

Grundsätzlich bedeutet die Überlagerung von Sauerstoffredukion und Wasserstoffabscheidung für die Theorie keine Schwierigkeit, da angenommen werden kann, es handle sich um unabhängig überlagerte Teilreaktionen. Die Stromspannungskurve der Sauerstoffreduktion kann an einer nicht korrodierten Elektrode dadurch festgestellt werden, daß man zunächst die Wasserstoffabscheidung in sauerstoffreier Lösung mißt, dann Sauerstoff zugibt und nun die Summe von Wasserstoffabscheidung und Sauerstoffreduktion mißt. Die Stromdichte der Sauerstoffreduktion bei einem bestimmten Potential erhält man durch Subtraktion der vorher beim selben Potential gemessenen Stromdichte der Wasserstoffabscheidung von der gemessenen Gesamtstromdichte. Besonders einfache Verhältnisse hat man in diesem Zusammenhang bei Messungen in neutralen bis alkalischen Lösungen. Da in diesen als wasserstoffliefernde Reaktion praktisch nur die stark gehemmte Reduktion von H_2O-Molekeln in Frage kommt, so bleibt die Stromdichte i_H der Wasserstoffabscheidung im allgemeinen bis zu einem Elektrodenpotential noch vernachlässigbar klein, das um 0,5 bis 1 Volt negativer als das Gleichgewichtspotential E_{H_2/H^+} liegt. Dadurch wird der Potentialbereich, in dem die Sauerstoffreduktion praktisch die gesamte kathodische Stromdichte ausmacht, sehr groß. Für die Praxis der Korrosion hat dies die Folge, daß unter normalen Bedingungen die Korrosion der gebräuchlichen Metalle, und besonders der unlegierten Stähle, in ungefähr neutralen Lösungen im wesentlichen durch die Überlagerung von anodischer Metallauflösung und kathodischer Sauerstoffreduktion zustande kommt.

Dem elektrolytischen Umsatz an der Metallelektrode ist der Transport der gelösten O_2-Molekeln aus dem Inneren der Lösung zur Metalloberfläche vorgelagert, also der Reaktionsteilschritt.

$$(O_2)_0 \rightarrow (O_2)_* . \tag{5.43}$$

Durch die adhärierende Grenzschicht hindurch wird dieser Transport allein durch Diffusion bewirkt. Daher existiert eine Diffusions-Grenzstromdichte $i_{O_2,D}$, die analog zur Diffusions-Grenzstromdichte $i_{H,D}$ zu berechnen ist, jedoch unter Berücksichtigung der Zahl 4 der pro O_2-Molekel ausgetauschten Elektronen:

$$i_{O_2,D} = -4FD_{O_2}\frac{(c_{O_2})_0}{\delta} . \tag{5.44}$$

Der Diffusionskoeffizient D_{O_2} (25 °C) des Sauerstoffs hat einen Wert von etwa 10^{-5} cm²/sec. Setzt man $(c_{O_2})_0 = 2 \cdot 10^{-7}$ mol/cm³, entsprechend der Konzentration der an Luft sauerstoffgesättigten Lösung, $\delta \cong 5 \cdot 10^{-3}$ cm, so erhalt man $i_{O_2,D} \cong -0{,}15$ mA/cm² als unter den angenommenen Bedingungen maximale Stromdichte der Sauerstoffreduktion. In ruhender Lösung kann die Diffusionsgrenzstromdichte bei entsprechend vergrößertem δ etwa um den Faktor 10 kleiner ausfallen, in sehr schnell bewegter Lösung um etwa den Faktor 5 größer. In porigen Inertsystemen, wie Erdboden oder Beton, wird $i_{O_2,D}$ naturgemäß sehr klein. Dieselben Abschätzungen gelten für die Geschwindigkeit der gleichmäßigen Korrosion bei vorherrschender kathodischer Teilreaktion der Sauerstoffreduktion. Man beachte aber, daß in neutraler Lösung als Korrosionsprodukt Rost auf der Metalloberfläche ausfällt, der die Diffusion des Sauerstoffs stark hemmen kann. Unter solchen Bedingungen ist $i_{O_2,D}$ offensichtlich schwer abzuschätzen.

Für die folgende Reaktion an der Metalloberfläche in neutralen bis alkalischen Lösungen laute die Reaktionsgleichung:

$$(O_2)_* + 2(H_2O)_* + 4e^- \rightarrow 4(OH^-)_*. \qquad (5.45)$$

Diese Reaktion ist zu kompliziert, um in einem einzigen Schritt ablaufen zu können, so daß hier mit mehreren Durchtrittsreaktionen zu rechnen ist. Solange aber das Gleichgewicht des Ladungsdurchtrittes nicht gestört ist, liefert die Gleichgewichtsbedingung einen Ausdruck für die Galvani-Spannung $\varphi_{Me,L}$ an der Phasengrenze Metall/Elektrolyt, mit dessen Hilfe die Diffusionsüberspannung berechnet werden kann. Die Gleichgewichtsbedingung besagt, daß

$$(\tilde{\mu}_{O_2})_* + 2(\tilde{\mu}_{H_2O})_* + 4(\tilde{\mu}_{e^-})_{Me} = 4(\tilde{\mu}_{OH^-})_*. \qquad (5.46)$$

Dabei ist

$$(\tilde{\mu}_{H_2O})_* = \mu^0_{H_2O}; \quad (\tilde{\mu}_{O_2})_* = \mu^0_{O_2} + RT\ln(c_{O_2})_*;$$

$$(\tilde{\mu}_{e^-})_{Me} = (\mu_{e^-})_{Me} - F\varphi_{Me}; \quad (\tilde{\mu}_{OH^-})_* = \mu^0_{OH^-} + RT\ln(c_{OH^-})_* - F\varphi_L,$$

soweit Aktivitäten und Konzentrationen gleichgesetzt werden dürfen. Infolgedessen gilt

$$\varphi_{Me,L} = \text{const}' + \frac{RT}{4F}\ln\frac{(c_{O_2})_*}{(c_{OH^-})^4_*}. \qquad (5.47)$$

Mit einem anderen Wert der Konstanten gilt diese Beziehung auch für ε anstelle von $\varphi_{Me,L}$. Daraus erhält man für die Diffusionsüberspannung:

$$\eta_{O_2} = \frac{RT}{4F}\ln\frac{(c_{O_2})_*}{(c_{O_2})_0} + \frac{RT}{F}\ln\frac{(c_{OH^-})_0}{(c_{OH^-})_*}. \qquad (5.48)$$

Da der erste Term der rechten Seite für $i_{O_2} \rightarrow i_{O_2,D}$ gegen ∞ geht, der zweite nur einem endlichen Grenzwert zustrebt, so fällt der Einfluß der Sauerstoffverarmung weit stärker ins Gewicht als der der OH^--Anreicherung. Wir setzen daher vereinfachend

$$\eta_{O_2} = \frac{RT}{4F}\ln\frac{(c_{O_2})_*}{(c_{O_2})_0}. \qquad (5.49)$$

In Analogie zu Gl. (5.18) ergibt sich daraus für die Stromspannungskurve der Ausdruck

$$\eta_{O_2} = \frac{RT}{4F}\ln\left(1 - \frac{i_{O_2}}{i_{O_2,D}}\right) \tag{5.50}$$

Man würde danach Stromspannungskurven des in Bild 5.2 wiedergegebenen Typs erwarten. In Wirklichkeit enthält die Überspannung der Sauerstoffreduktion einen hohen Anteil an Durchtrittsüberspannung, und bei kleinen Stromdichten $i_{O_2} \ll i_{O_2,D}$) sind die Stromspannungskurven Tafel-Geraden von der Form $\eta_{O_2} = = a - b\log|i_{O_2}|$ [10]. Also erwartet man insgesamt eine Stromspannungskurve des durch Gl. (5.35) angegebenen Typs. Man beachte hier eine Schwierigkeit: Wendet man den Formalismus der Herleitung der Gl. (5.35) einfach auf die Sauerstoffreduktion gemäß Gln. (5.41) und (5.42) an, so erhält man, wegen der Reaktionswertigkeit $z_r = 4$ in den Exponentialfunktionen die Terme $4(1-\alpha)F/RT$ und $4\alpha F/RT$. In Wirklichkeit laufen Elektrodenreaktionen mit vielen reagierenden Teilchen über einfachere Teilschritte, wie sie für die Sauerstoffreduktion weiter unten skizziert werden. An die Stelle der *Reaktionswertigkeit* z_r tritt dann eine kleinere Zahl n_e, die *Durchtrittsreaktionswertigkeit* des tatsächlich geschwindigkeitsbestimmenden Teilschritts, und höhere Werte als $n_e = 1$ oder $n_e = 2$ sind unwahrscheinlich. Im Falle der H^+-Reaktion war der Ansatz $n_e = 1$ trivial, bei höheren Werten von z_R ist die Bestimmung von n_e Sache des Experiments. Wir setzen dementsprechend

$$i_{O_2} = -i^0_{O_2}\left[1 - \frac{i_{O_2}}{i_{O_2,D}}\right]\exp\left\{-\frac{n_e(1-\alpha)F}{RT}\eta_{O_2}\right\} \tag{5.51}$$

für den üblichen Fall vernachlässigbarer Rückreaktion der anodischen Sauerstoffentwicklung. $i^0_{O_2}$, die Austauschstromdichte der Sauerstoffreduktion beim Gleichgewichtspotential einer Sauerstoffelektrode, hat auch für deckschichtenfreie Metalle typischerweise sehr kleine Werte zwischen 10^{-10} und 10^{-13} A/cm^2 [11].

Bei überlagerter Sauerstoffreduktion und Wasserstoffabscheidung ergibt sich die Gleichung der kathodischen Stromspannungskurve durch Addition der (entsprechend umgeformten) Gl. (5.51) und der Gl. (5.40).

$$\begin{aligned} i = i_H + i_{O_2} = & -i^0_H \frac{\exp\left\{-\frac{(1-\alpha)F}{RT}\eta_H\right\}}{1 - \frac{i^0_H}{i_{H,D}}\exp\left\{\frac{(1-\alpha)F}{RT}\eta_H\right\}} - \\ & - i^0_{H_2O}\exp\left\{-\frac{(1-\alpha)F}{RT}\eta_H\right\} - \\ & - i^0_{O_2}\frac{\exp\left\{-\frac{n_e(1-\alpha)F}{RT}\eta_{O_2}\right\}}{1 - \frac{i^0_{O_2}}{i_{O_2,D}}\exp\left\{-\frac{n_e(1-\alpha)F}{RT}\eta_{O_2}\right\}} \end{aligned} \tag{5.52}$$

Dabei ist vernachlässigt worden, daß Gl. (5.40) nach ihrer Herleitung nur für Werte des Elektrodenpotentials $\varepsilon \leq (E_{H_2/H^+} - 0{,}1\ V)$ gilt. Die Rückreaktion der Wasserstoffionisation kann aber den Gesamtverlauf der Stromspannungskurve normalerweise nicht stark beeinflussen. Auch vereinfacht sich Gl. (5.52), wenn es sich um die in neutralen bis alkalischen sauerstoffhaltigen Lösungen vorherrschende Korrosion durch gelösten Sauerstoff handelt. Unter diesen Bedingungen wird das erste Glied der rechten Seite klein und auch die Wasserstoffabscheidung durch Wasserzersetzung fällt erst bei großer Überspannung η_H merklich ins Gewicht. Man erwartet daher unter solchen Umständen qualitativ, daß die kathodische Stromdichte bei kleinen Überspannungen η_{O_2} zunächst als reiner O_2-Reduktionsstrom mit sinkendem Elektrodenpotential gemäß Gl. (5.51) exponentiell ansteigt, dann in das Plateau des Diffusionsgrenzstroms der Sauerstoffreduktion einmündet und schließlich bei großen Überspannungen η_H wegen der dann beginnenden Wasserzersetzung neuerlich exponentiell ansteigt. Als Beispiel für eine Messung zeigt Bild 5.12 die kathodische Stromspannungskurve eines passiven 18 8-Chrom-Nickel-Stahles in gut bewegter, luftgesättigter 0,5 m NaCl-Lösung (ausgefüllte Meßpunkte) [12]. Unter den Versuchsbedingungen ist der anodische Teilstrom der Metallauflösung vernachlässigbar klein. Daß der Strom bis etwa $-0{,}8$ V ein reiner Sauerstoffreduktionsstrom ist, zeigt man leicht nach Einleiten von Stickstoff in die Lösung, der den Sauerstoff weitgehend austreibt. In diesem Fall mißt man die in Bild 5.12 durch offene Kreise gezeichnete Kurve [12]. Sie zeigt bis etwa -1 V den geringen Einfluß eines kleinen Restsauerstoffgehaltes der Lösung und stellt im übrigen die Stromspannungskurve der kathodischen Wasserzersetzung dar.

Zum Vergleich sind in Bild 5.13 die kathodischen Stromspannungskurven der Sauerstoffreduktion mit überlagerter Wasserstoffabscheidung an Chrom-Nickel-Stahl [12] in 1 M Na_2SO_4-Lösung bei verschiedenen pH-Werten wiedergegeben. Der pH-Wert wurde durch Zugabe von Schwefelsäure bzw. Natronlauge eingestellt. Diese Kurven entsprechen qualitativ der Funktion Gl. (5.52) und zeigen, daß bei niedrigem pH-Wert die Sauerstoffreduktion gegenüber der Wasserstoffabscheidung nicht ins Gewicht fällt. Man erkennt ferner bei mittlerem pH-Wert das Plateau der überlagerten Grenzstromdichten $i_{H,D}$ und $i_{O_2,D}$ angedeutet, bei hohem pH-Wert das pH-unabhängige Plateau der Grenzstromdichte $i_{O_2,D}$, bei vernachlässigbarkleinem $i_{H,D}$. Bei sehr negativem Elektrodenpotential setzt in jedem Fall

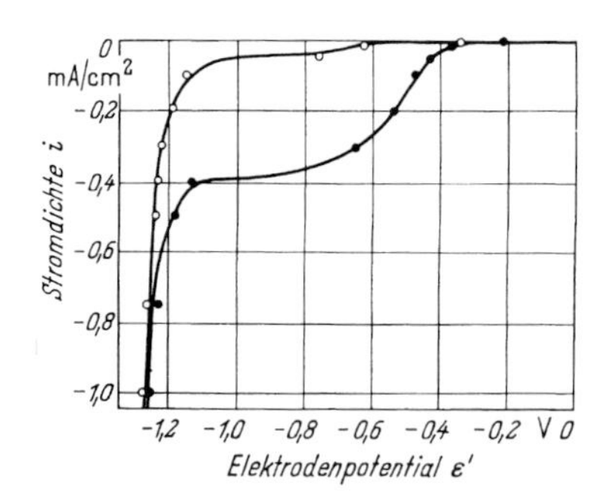

Bild 5.12. Die Stromspannungskurve der kathodischen Sauerstoffreduktion mit überlagerter kathodischer Wasserzersetzung an 18 8-CrNi-Stahl in luftgesättigter, bewegter NaOH/0.5 M NaCl-Lösung, pH 11; 25 °C (●), sowie in nahezu O_2-freier Lösung, ε' bez. auf ges. Kal.-Elektrode. (Nach Kaesche)

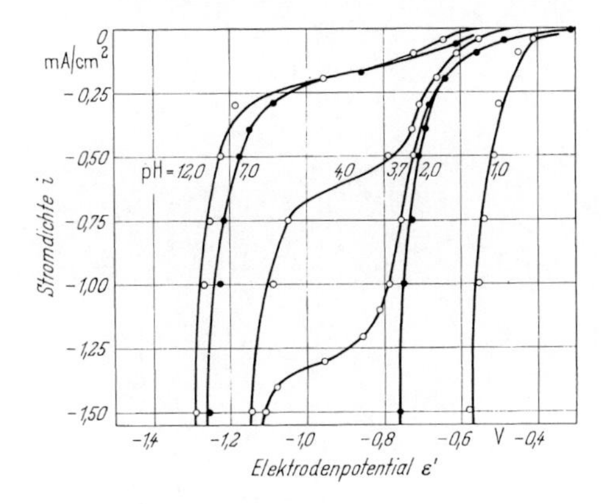

Bild 5.13. Die Stromspannungskurve der H^+-Reduktion mit überlagerter O_2-Reduktion und kathodischer Wasserzersetzung an 18 8-CrNi-Stahl in luftgesättigter, bewegter 0,5 M Na_2SO_4-Lösung mit Zusätzen von H_2SO_4 bzw. NaOH; 25 °C. ε' bzw. auf ges. Kal. Elektrode. (Nach Kaesche)

die Wasserzersetzung ein, deren Stromdichte unterhalb etwa − 1,1 V wesentlich größer wird als die der Sauerstoffreduktion.

Bei den in Bild 5.12 und 5.13 wiedergegebenen Messungen war ein Einfluß der Oxidhaut passiver Metalle (vgl. Kap. 10) nicht zu bemerken. In anderen Fällen ist die Sauerstoffreduktion an Oxidfilmen stark gehemmt. Als Beispiel zeigt Bild 5.14 Messungen an passivem Nickel in 0,1 N NaOH Lösung [13]. Zur Präzisierung des hydrodynamischen Strömungszustandes wurde hier eine rotierende Scheibenelektrode verwendet, für die der Diffusionsgrenzstrom der Sauerstoffreduktion als Funktion der Reynolds-Zahl Re der Strömung vorausberechnet werden kann (vgl. Kap. 17.2) Für die Nernstsche Grenzschichtdicke δ erhält man für die zentrisch rotierende Scheibe in einer durch die Scheibe selbst gerührten Lösung im Bereich laminarer Strömung den Ausdruck

$$\delta = \text{const}\ \omega^{-1/2}\gamma^{1/6}\mathrm{D}^{1/3} \tag{5.53a}$$

ω steht für die Winkelgeschwindgkeit der Scheibe, γ für die kinematische Zähigkeit, D für den Diffusionskoeffizienten.

Daraus ergibt sich für die Sauerstoffreduktion im Bereich des Diffusionsgrenzstromes mit Gl. (5.44) die Beziehung

$$i_{\mathrm{O_2,D}} = -\,\text{const}'\,4\mathrm{F}c_{\mathrm{O_2}}\mathrm{D}_{\mathrm{O_2}}^{2/3}/\gamma^{-1/6}\omega^{1/2} \tag{5.53b}$$

Für $i(\mathrm{A/cm^2})$, $\mathrm{F(C/mol)}$, $\mathrm{C(mol/cm^3)}$, $\mathrm{D(cm^2/s)}$, $\gamma/(\mathrm{cm^2/s})$ und $\omega(\mathrm{s^{-1}})$ wird const' = 0,6. Durch die Variation der Drehgeschwindigkeit der Scheibe kann die Reynolds-Zahl variiert werden, damit die Schichtdicke δ, damit die Diffusionsgrenzstromdichte. Sehr charakteristisch ist dabei die Proportionalität der Stromdichte zur Wurzel aus der Umdrehungszahl der Scheibe.

Die Kurve *A* in Bild 5.14 gibt den ungefähren Verlauf der Stromspannungskurve der O_2-Reduktion an, wie er vom Ruhepotential der passiven Elektrode (0,08 V) ausgehend gemessen wird. Sie zeigt an, daß die Austauschstromdichte $i^0_{\mathrm{O_2}}$ am oxydierten Metall extrem klein war. Erst bei starker kathodischer Polarisation (*B*) wird unterhalb des Wasserstoff-Gleichgewichtspotentials $E_{\mathrm{H_2/H^+}}$ Sauerstoff reduziert, Wasserstoff abgeschieden und das Metalloxid reduziert. Nach

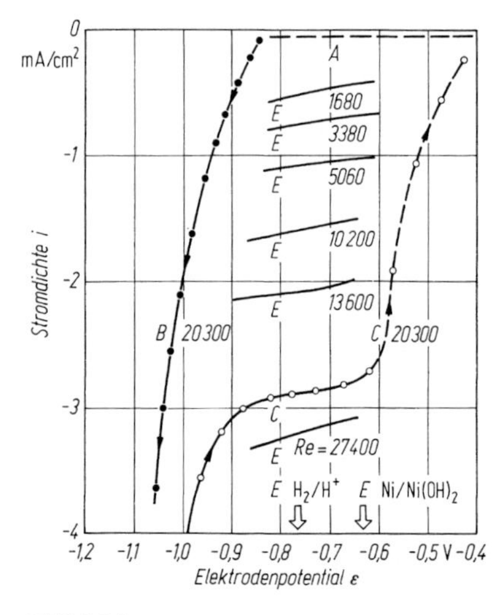

Bild 5.14

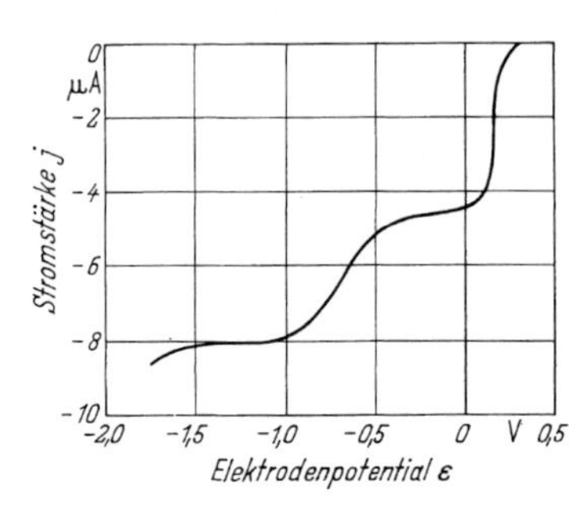

Bild 5.15

Bild 5.14. Stromspannungsmessungen an rotierenden Scheibenelektroden aus Nickel in 0,1 N NaOH, O_2-gesättigt.
A: O_2-Reduktion an oxydiertem (passivem) Metall,
B: O_2-Reduktion, H_2-Abscheidung, Oxid-Reduktion,
C: O_2-Reduktion, H_2-Abscheidung am blanken Metall, Oxydation (Repassivierung),
E: O_2-Diffusionsgrenzströme.
(Nach Messungen von Postlethwaite und Sephton)

Bild 5.15. Die Stromspannungskurve der Sauerstoffreduktion an einer Quecksilber-Tropfelektrode in 0,1 M KCl-Lösung, 25°C. (Nach Kolthoff und Miller)

starker kathodischer Dauerpolarisation erhält man dann die Kurve *C* der regulären Wasserstoffabscheidung und Sauerstoffreduktion am aktiven Metall. Nach Überschreiten des Gleichgewichtspotentials $E_{Ni/Ni(OH)_2}$ tritt Repassivierung ein. Die Abbildung enthält außerdem die Diffusionsgrenzstrom-Plateaus (*E*) aktiver Elektroden für verschiedene Werte der Reynolds-Zahl, d.h. für verschiedene Umdrehungsgeschwindigkeiten der Elektrodenscheibe und belegt quantitativ die Abhängigkeit der Grenzstromdichte $i_{O_2,D}$ vom hydrodynamischen Strömungszustand. Einzelheiten der Kinetik von Elektrodenreaktionen an passiven Metallen im Bereich *A* der starken Hemmung der Durchtrittsreaktion werden hier übergangen.

Die Herleitung der Gl (5.51) übergeht viele Details des in Wirklichkeit verwickelten Mechanismus der Durchtrittsreaktion. Als extremes Beispiel ist in Bild 5.15 die Stromstärkespannungskurve an einer Quecksilbertropfelektrode in neutraler Lösung eingezeichnet [14]. Hier treten zwei deutlich getrennte Grenzströme, und zwar Diffusionsgrenzströme der Sauerstoffreduktion auf, bevor die kathodische Stromdichte der Wasserzersetzung schließlich den weiteren Verlauf der Strom-spannungskurve der Sauerstoffreduktion überdeckt. Die Ursache dieses Effektes ist das Auftreten von Wasserstoffperoxid H_2O_2 als zwar nur metastabiles, aber für die Beobachtung ausreichend lange beständiges Zwischenprodukt der Reduktion. Danach zerfällt die Elektrodenreaktion in zwei aufeinanderfolgende Schritte:

$$O_2 + 2H_2O + 2e^- \rightarrow H_2O_2 + 2OH^- \tag{5.53}$$

$$H_2O_2 + 2e^- \rightarrow 2OH^-$$

Diese Schreibweise ist den Bedingungen in neutralen bis alkalischen Lösungen angepaßt. Für saure Lösungen gilt statt dessen:

$$O_2 + 2H^+ + 2e^- \rightarrow H_2O_2 \tag{5.54}$$

$$H_2O_2 + 2H^+ + 2e^- \rightarrow 2H_2O$$

„Doppelwellen" der kathodischen Stromspannungskurve der Sauerstoffreduktion können offenbar dann auftreten, wenn die Reduktion des Wasserstoffperoxids eine sehr große Durchtrittsüberspannung erfordert. In diesem Fall kann für die vorgelagerte Reduktion des Sauerstoffs zum Peroxid bereits der Diffusionsgrenzstrom erreicht sein, bevor die Reduktion des Peroxids einsetzt. Erst bei weiterer Steigerung der Überspannung kommt die Reduktion auch des Peroxids in Gang, so daß schließlich ein Diffusionsgrenzstrom erreicht wird, der der vollen Reduktion des Sauerstoffs zum Hydroxylion entspricht. Daher sollten sich die Grenzströme wie 1:2 verhalten, was nach Bild 5.15 auch zutrifft. Je nach dem Verhältnis der Austauschstromdichten der Peroxidbildung, Peroxidreduktion und Wasserzersetzung kann unter diesen Umständen die Gestalt der kathodischen Stromspannungskurve sehr verschieden ausfallen. Dementsprechend findet Delahay [15], daß z.B. in KCl-Lösung an Eisen, Zinn und Blei, bei einem Potential von $-0{,}5$ V, pro O_2-Molekel 4 Elektronen umgesetzt werden, bei Zink und Aluminium bis etwa -1 V aber nur 2 Elektronen. Für die Abschätzung der Diffusionsgrenzstromdichte ist ein Faktor 2 zwar von relativ geringer Bedeutung, man beachte aber, daß unter diesen Umständen leicht eine Stromspannungskurve auftreten kann, die ein deutliches potentialunabhängiges Grenzstromplateau nicht mehr erkennen läßt.

In stark saurer Lösung sollte die nach Gl. (5.41) bzw. Gl. (5.54) erforderliche Zulieferung von Wasserstoffionen bei weitem schneller sein als die Zulieferung des gelösten Sauerstoffs zur Elektrodenoberfläche. In schwach saurer, zumal ungepufferter Lösung wird aber schließlich der Diffusionsgrenzstrom der Wasserstoffzuwanderung niedriger als der der Sauerstoffdiffusion. Dann beobachtet man ebenfalls eine kathodische Doppelwelle, bedingt durch das Überschwingen der Sauerstoffreduktion vom Mechanismus mit Teilnahme der Wasserstoffionen, mit geschwindigkeitsbestimmender H^+-Diffusion, zum Mechanismus mit Teilnahme der Wassermolekeln, mit geschwindigkeitsbestimmender Sauerstoffdiffusion [16].

Elektrodenreaktionen vom Typ der Gln. (5.41) oder (5.42), auch solche vom Typ der Gln. (5.53) oder (5.54) sind zu verwickelt, um in einem Elementarakt abzulaufen. Sie ergeben sich vielmehr, wie schon bemerkt, als Folge weiter unterteilter Reaktionsschritte. Diese sind naturgemäss durch Messungen im Bereich allein geschwindigkeitsbestimmender Sauerstoff- (oder auch Wasserstoffionen-)

Diffusion nicht zu erkennen. Unter anderen Reaktionsbedingungen, nämlich denen der Brennstoffzellen, sind die Details des Reaktionsablaufs aber vielfach und eingehend untersucht worden. Auf die Spezialliteratur wird verwiesen [17].

Auch für Bedingungen, die für die Korrosion des Eisens interessieren, mit (vgl. Kap. 6) oft stark überwiegendem Einfluss der Sauerstoffdiffusion, kann die Kinetik der Phasengrenzreaktion an der Metalloberfläche untersucht werden. Dazu hat man bei Messungen mit rotierenden Scheibenelektroden deren Drehgeschwindigkeit soweit zu steigern, dass der Mischfall der Geschwindigkeitsbestimmung durch Diffusion und durch Ladungsdurchtritt erreicht wird. Man betrachte dazu die Gl. (5.51) und beachte, daß der Ausdruck für $i_{O_2} \ll i_{O_2,D}$ in den Fall reiner Durchtrittspolarisation übergeht. Nennt man bei jedem Wert des Elektrodenpotentials diesen Grenzwert der Stromdichte die "kinetische" Stromdichte $i_{O_2,\mathrm{kin}}$, so wird

$$i_{O_2} = i_{O_2,\mathrm{kin}}\left(1 - \frac{i_{O_2}}{i_{O_2,D}}\right) \tag{5.55a}$$

Bei Messungen an der rotierenden Scheibe mit Variation der Diffusionsgrenzstromdichte $i_{O_2,D}$ durch Variation von ω lässt sich diese Beziehung in der Form

$$\frac{1}{i_{O_2}} = \frac{1}{i_{O_2,\mathrm{kin}}} + \frac{1}{i_{O_2,D}} \tag{5.55b}$$

gut auswerten. Die Extrapolation auf den Grenzwert Null für den Kehrwert der Wurzel der Scheibendrehzahl ergibt die kinetische Stromdichte, die Wiederholung solcher Messungen bei verschiedenen Werten des Elektrodenpotentials schliesslich die Stromspannungskurve der Durchtrittsreaktion. Solche Messungen sind für den praxisrelevanten Fall der Sauerstoffreduktion an passivem und an aktivem Eisen in neutralen, gepufferten Salzlösungen mitgeteilt worden [18]. Bild 5.16 zeigt eine Meß-Serie, die die Gültigkeit der Gl. (5.55b) gut belegt.

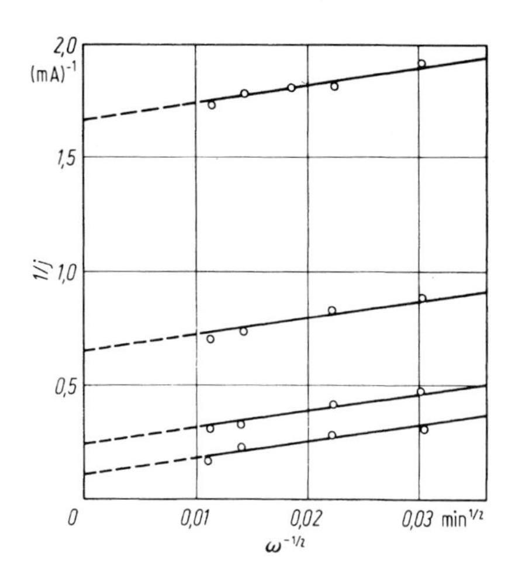

Bild 5.16. Kehrwert der Stromstärke der Sauerstoffreduktion an rotierenden Scheibenelektroden aus oxidfreiem Reineisen als Funktion des Kehrwertes der Scheibendrehzahl. Elektrolytlösung: Neutrale Borsäure/Borat-Pufferlösung; Sauerstoffdruck 1 bar; Scheibendurchmesser 0,5 cm; Parameter der Kurvenschar: Elektrodenpotential, von unten nach oben: – 0,68; – 0,58; – 0,48; – 0,43 V. (Nach Jovancicevic und Bockris)

Die Neigung der Tafel-Geraden der Stromspannungskurve der Durchtrittsreaktion ergab sich zu 120 mV pro Dekade der Stromdichte. Das spricht, falls $\alpha = 1/2$, für die Reaktionswertigkeit $n_e = 1$ des geschwindigkeitsbestimmenden Reaktions-Teilschrittes. Weitere Messungen ergaben (mit Hilfe der Scheiben-Ring-Elektrode, deren Prinzip in Kap. 8 erläutert wird), dass in diesem Fall kaum Wasserstoff-Peroxid auftritt. Der zusätzliche Befund, daß die Reduktionsgeschwindigkeit dem Sauerstoffdruck proportional ist, vom pH-Wert (d.h. der Hydroxylionen-Konzentration) aber nicht abhängt, geben Anlaß zu der Vermutung, der geschwindigkeitsbestimmende Schritt sei in diesem Fall die einfache Ionisation des Sauerstoffmoleküls, noch ohne Spaltung der O–O–Bindung:

$$O_2 + e^- \rightarrow O_2^- \tag{5.56}$$

Auf die weitere Aufklärung der folgenden Reaktionsschritte, die instationäre Messungen erfordern würde und bei der Überlagerung der Diffusionshemmung voraussichtlich schwierig wäre, wurde verzichtet. Es kann also in diesem Fall nur spekuliert werden, ob z.B. die Reaktionsschritte

$$\begin{aligned} O_2^- + H_2O &\rightarrow HO_2 + OH^- \\ HO_2 + H_2O + e^- &\rightarrow 2OH + OH^- \\ OH + e^- &\rightarrow OH^- \end{aligned} \tag{5.57a}$$

folgen, bei denen die O-O-Bindung elektrochemisch gelöst wird, oder z. B. die Schritte

$$\begin{aligned} O_2^- + H_2O &\rightarrow OH + O + OH^- \\ O + H_2O + e^- &\rightarrow OH + OH^- \\ OH + e^- &\rightarrow OH^- \end{aligned} \tag{5.57b}$$

mit chemischer Spaltung des Moleküls, oder sonst eine Variante der Reaktionskette. Die instabilen Radikale wie HO_2, OH und O sind als kurzlebig adsorbierte Zwischenprodukte zu denken.

5.3 Der Mechanismus der Auflösung reiner Metalle

Die verallgemeinerte und vereinfachte Gleichung für die Auflösung eines reinen Metalls Me lautet

$$Me \rightarrow Me^{z+} + ze^- \tag{5.58}$$

Dabei kann der tatsächliche Bindungszustand des gelösten Kations sehr verschieden sein. Es kann sich um hydratisierte Kationen $Me^{z+}(H_2O)_x$ handeln, die eine aus x H_2O-Molekeln bestehende Hydrathülle „mitschleppen". Die Kationen können aber auch hydrolysiert vorliegen, also etwa als $(MeOH)^{(z-1)+}(H_2O)_x$, und dieser Effekt wird bei der Behandlung der Korrosion in Spalten, Rissen und Löchern noch wichtig werden. Oder es bilden sich Bindungen zu anderen Liganden aus wie etwa bei Ammoniakaten (z.B. $Cu(NH_3)_4^{2+}$) oder den in der Galvanik wichtigen Cyanidokomplexen (z.B. $Cd(CN)_4^{2-}$) u.a.m. Dann kann die chemische Bindung an die Liganden die Kinetik der Metallauflösung ebenso wie die der Metallabscheidung stark beeinflussen. Dies gilt auch für Aquokomplexe, doch vereinfacht sich die Ableitung von Gleichungen der Stromspannungskurve in diesem Fall jedenfalls solange, als man nur die Reaktion mit wässrigen Elektrolytlösungen betrachtet. Diese enthalten den Reaktionspartner H_2O in praktisch konstant großem Überschuß, dessen Einfluß nicht eigens in Ansatz gebracht wird. Dieser Fall liegt folgenden Überlegungen zunächst zugrunde.

Noch weiter vereinfachend soll vorerst angenommen werden, andere als reine Aquokomplexe spielten für die Kinetik der Metallauflösung keine Rolle. Auch dann leuchtet noch ein, daß die quantitative Beschreibung dieser Kinetik schwierig sein wird, wenn der Praxisfall einer technischen Metalloberfläche berücksichtigt wird. Diese wird gewöhnlich durch Oxidfilme, Verunreinigungen und durch Adsorption von Bestandteilen der Elektrolytlösung stark beeinflußt sein. Zur Ableitung der Grundgesetze soll statt dessen unterstellt werden, die Metalloberfläche sei sehr sauber, wie dies für gut kontrollierte Messungen im Laboratorium erreicht werden kann. Auch dann wird es sich normalerweise noch darum handeln, die Reaktion an einer kompliziert aufgebauten Oberfläche zu betrachten, die polykristallin ist, also aus Mikrokristalliten aufgebaut, die von den Korngrenzen als stark gestörten Kristallbereichen untereinander getrennt sind. Je nach Vorgeschichte zumal der Oberflächenbearbeitung enthalten die Kristallite Versetzungen, von denen die Schraubenanteile stark interessieren. Schraubenversetzungen, die die Oberfläche durchstoßen, können in einer sonst ungestörten Metalloberfläche lagenweise abgetragen werden, ohne dass für die Erzeugung von Abbaukeimen Energie aufgewendet werden müßte. Wird alles dies im folgenden übergangen, so gibt man im Grunde das Ziel auf, die Konstanten der Geschwindigkeitsgleichungen quantitativ vorauszuberechnen, und zwar in der Hoffnung, daß die Struktur der kinetischen Beziehungen, die man dann aus Modellvorstellungen ableitet, für die Praxis gleichwohl relevant bleibt. Dies Vorgehen liegt um so näher, als die Konstanten der Geschwindigkeitsgleichungen für Durchtrittsreaktionen schon aus anderen Gründen nicht vorausberechnet werden können, sondern stets experimentell bestimmt werden müssen.

Im wesentlichen reicht es dann aus, einen monokristallinen Oberflächenbezirk zu betrachten, der monoatomare Stufen aufweist, die ihrerseits wieder von Zeit zu Zeit atomar gestuft sind und damit Atome in der sogenannten Halbkristallage aufweisen. Die Halbkristallagen, auch solche in der Umgebung der Durchstoßpunkte von Schraubenversetzungen, weisen die halbe Bindungsenergie eines Atoms im Innern des Metallgitters auf. Ihr Abbau erzeugt stets eine neue Halbkristallage, bis eine Atomreihe der Oberfläche ganz abgebaut ist. Bild 5.17 gibt eine schematische Skizze des Oberflächenzustands im Schnitt durch eine Halbkristallage. Der Vorgang der Metallauflösung besteht im Übergang eines Metallatoms aus der Halbkristallage in den Zustand des hydratisierten Kations im Innern der Elektrolytlösung. Wie im Bild skizziert, sind zwei Wege zu unterscheiden: Entweder geht das abbaubare Atom zunächst als sogenanntes „ad-Atom“ in die Adsorptionsschicht auf der Metalloberfläche noch diesseits der

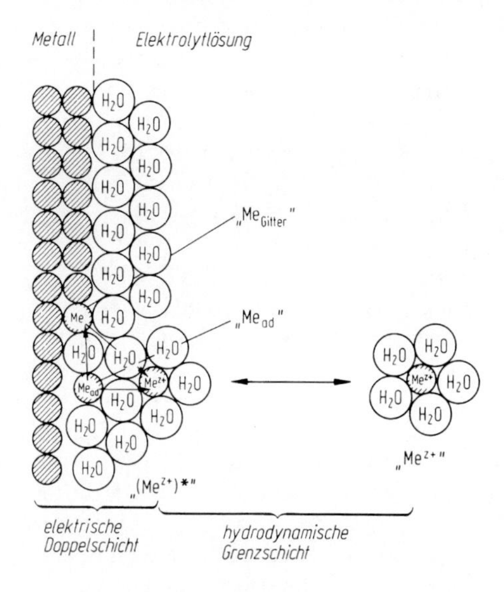

Bild 5.17. Einfaches Schema des Übergangs von Metallkationen aus Halbkristallagen einer ungestörten Oberfläche in das Innere der Elektrolyt-lösung mit Durchtritt durch die elektrische Doppelschicht entweder aus der Halbkristallage oder aus der Adsorptionsschicht.

elektrischen Doppelschicht über und tritt erst dann als Kation zur Lösungsseite der Doppelschicht durch, oder der Durchtritt erfolgt direkt von der Halbkristallage. In jedem Fall folgt dann der Transport durch die hydrodynamische Grenzschicht in das Innere der Elektrolytlösung.

Unterstellt man den Reaktionsweg über ad-Atome so ergeben sich für die Elektrodenreaktion nach Gl. (5.57) mindestens die folgenden hintereinanderliegenden Teilschritte:

$$Me_{Gitter} \rightarrow Me_{ad}, \tag{5.59}$$

$$Me_{ad} \rightarrow (Me^{z+})_* + ze^-, \tag{5.60}$$

$$(Me^{z+})_* \rightarrow Me^{z+}. \tag{5.61}$$

(5.59) ist der vorgelagerte Reaktionsschritt des Gitterabbaus, (5.60) die Durchtrittsreaktion durch die elektrische Doppelschicht, (5.61) der nachgelagerte Transport der Kationen von der Lösungsseite der Doppelschicht in das Innere der Lösung. Die Umkehrung dieser Schrittfolge ergibt insgesamt die Rückreaktion der Metallabscheidung.

Die Überspannung der Metallauflösung kann z.B. dadurch zustande kommen, daß bei nicht merklich gestörtem Gleichgewicht der übrigen Teilschritte die Hemmung des Übergangs der Metallatome in die Adsorptionsschicht geschwindigkeitsbestimmend wird. In diesem Fall gilt für die Überspannung der Metallauflösung (η_{Me}) die Beziehung

$$\eta_{Me} = \frac{RT}{zF} \ln \frac{(\Theta_{Me})_{Gl}}{\Theta_{Me}} \tag{5.62}$$

Hier bezeichnet $(\Theta_{Me})_{Gl}$ den Gleichgewichtsbedeckungsgrad der ad-Atome, Θ_{Me} den Bedeckungsgrad bei gegebener Geschwindigkeit der Reaktion. Die

Überspannung η_{Me} ist danach eine positive Größe, wenn unter der Einwirkung der anodischen Metallauflösung Θ_{Me} kleiner wird als $(\Theta_{Me})_{Gl}$. Für die Berechnung der Stromspannungskurve wird eine Beziehung zwischen dem Bedeckungsgrad Θ_{Me} und der Stromdichte i_{Me} der Metallauflösung benötigt. Hierzu sind von verschiedenen Autoren anhand vereinfachter Modellvorstellungen über die Metalloberfläche Vorschläge gemacht worden. Auf die Diskussion wird hier verzichtet, da experimentelle Ergebnisse zur Überprüfung solcher quantitativer Ansätze noch weitgehend fehlen.

Die nach Gl. (5.62) berechnete Überspannung wird sinngemäß als *Kristallisationsüberspannung* bezeichnet. Man beachte aber, daß der Einfluß der Bindung der Metallatome nicht auf den angenommenen Fall beschränkt ist, daß in die Durchtrittsreaktion nur die ad-Atome eingehen. Es ist offenbar auch möglich, daß der Durchtritt unmittelbar vom Gitterplatz ausgehend erfolgt, also ohne den Umweg über die Adsorptionsschicht. Dann geht aber die Hemmung des Gitterabbaus nicht in einen vorgelagerten Reaktionsteilschritt ein, sondern in die Durchtrittsreaktion selbst. Das bedeutet, daß die Hemmung des Abbaus des Gitters des festen Metalls auch unmittelbar in das Geschwindigkeitsgesetz für geschwindigkeitsbestimmende Durchtrittsreaktion eingehen kann. Sowohl dieser Fall wie auch der der reinen Kristallisationsüberspannung kann dadurch kompliziert werden, daß die Zahl der Abbaustellen grundsätzlich eine Funktion der Stromdichte der Metallauflösung ist. Das bedeutet, daß die Stromspannungskurve dann durch Änderungen des Oberflächenzustands verzerrt werden kann, deren Berechnung zur Zeit nur selten möglich ist. Solche Änderungen werden sich aber bei einer vorgegebenen Stromdichte relativ langsam einstellen, weshalb einerseits die Messung der stationären Stromspannungskurve relativ langes Verweilen bei jedem einzelnen Meßpunkt erfordert, andererseits aber eben deshalb die Möglichkeit besteht, durch schnelle Messungen den Einfluß der Änderung des Oberflächenhabitus auszuschalten. Hauptsächlich aus diesem Grunde spielen bei der Bestimmung der Kinetik von Metallelektroden oszillographische Messungen des Verlaufs der Stromdichte bei momentanen Potentialänderungen bzw. des Potentials bei momentanen Stromdichteänderungen bzw. des Potentials bei momentanen Stromdichteänderungen eine hervorragende Rolle.

Für die Berechnung der Stromspannungskurve bei geschwindigkeitsbestimmender Durchtrittsreaktion wird nach dem für die Wasserstoffelektrode angegebenen Muster der Ableitung die Hinreaktion $Me \rightarrow Me^{z+} + ze^-$ und die Rückreaktion $Me^{z+} + ze^- \rightarrow Me$ getrennt in Ansatz gebracht. Es sei α der Durchtrittsfaktor der Hinreaktion, entsprechend $(1-\alpha)$ der der Rückreaktion. $\vec{K}_{Me}$ und $\overleftarrow{K}_{Me}$ seien die Geschwindigkeitskonstanten. Dann ist für die Teilstromdichte der Rückreaktion der kathodischen Metallabscheidung anzunehmen, daß

$$\overleftarrow{i}_{Me} = -\overleftarrow{K}_{Me}(c_{Me^{z+}})_* \exp\left\{-\frac{n_e(1-\alpha)F}{RT}\varepsilon\right\}. \tag{5.63}$$

Hier ist n_e wie früher die Durchtrittsreaktionswertigkeit. Die Teilstromdichte $\vec{i}_{Me}$ der Hinreaktion der anodischen Metallauflösung ist entsprechend proportional $\vec{K}_{Me} \exp\{n_e \alpha_{Me} \varepsilon / RT\}$ anzunehmen. $\vec{i}_{Me}$ hängt aber außerdem von Θ_{Me} ab, sofern in die Durchtrittsreaktion die ad-Atome eingehen. Treten statt dessen die Metallteilchen nicht aus der Adsorptionsschicht, sondern unmittelbar von Oberflächengitterplätzen durch die Doppelschicht, so tritt in die Geschwindigkeitsgleichung statt dessen ein für die Zahl und Art solcher Plätze charakteristischer Faktor. Allgemein soll daher ein Faktor Θ_{Me} eingeführt werden, dessen Deutung als Bedeckungsgrad der ad-Atome oder als eine Art „Bedeckungsgrad" der Abbaustellen zunächst offenbleibt. Dann lautet die Gleichung der Teilstromdichte der anodischen Metallauflösung:

$$\vec{i}_{Me} = \vec{K}_{Me}\,\Theta_{Me}\exp\left\{\frac{n_e\alpha F}{RT}\varepsilon\right\}. \tag{5.64}$$

Für die Summenstromdichte der Metallauflösung gilt daher:

$$\begin{aligned} i_{Me} &= \vec{i}_{Me} + \overleftarrow{i}_{Me} \\ &= \vec{K}_{Me}\Theta_{Me}\exp\left\{\frac{n_e\alpha F}{RT}\varepsilon\right\} - \overleftarrow{K}_{Me}(c_{Me^{z+}})_*\exp\left\{-\frac{n_e(1-\alpha)F}{RT}\varepsilon\right\}. \end{aligned} \tag{5.65}$$

Für den Durchtrittsfaktor α ist auch in diesem Fall ein von 0,5 wenig verschiedener Wert zu erwarten, jedoch werden in der Literatur für einzelne Fälle auch größere Werte bis zu 0,7 mitgeteilt. Den Messungen kann unmittelbar nur die Neigung $d\varepsilon/d\log i$ entnommen werden. Die getrennte Angabe von Werten für n_e und α ist daher nicht immer willkürfrei möglich. Auch hier kommen für n_e aber praktisch nur die Werte 1 oder 2 in Frage.

Aus (5.63), (5.64) und (5.65) erhält man für die Austauschstromdichte i^0_{Me} der Metallauflösug und Metallabscheidung beim Gleichgewichtspotential $E_{Me/Me^{z+}}$ der Me/Me^{z+}-Elektrode:

$$\begin{aligned} i^0_{Me} &= \vec{K}_{Me}(\Theta_{Me})_{Gl}\exp\left\{\frac{n_e\alpha F}{RT}E_{Me/Me^{z+}}\right\} \\ &= \overleftarrow{K}_{Me}(c_{Me^{z+}})_0\exp\left\{-\frac{n_e(1-\alpha)F}{RT}E_{Me/Me^{z+}}\right\}, \end{aligned} \tag{5.66}$$

wobei $(\Theta_{Me})_{Gl}$ für den Gleichgewichtsbedeckungsgrad der ad-Atome bzw. für die Gleichgewichtsverteilung der Gitterabbaustellen steht. Daher kann Gl. (5.65) auch in eine Form gebracht werden, in der die Überspannung η_{Me} der Metallelektrode erscheint:

$$\begin{aligned} i_{Me} = i^0_{Me}\Bigg[&\frac{\Theta_{Me}}{(\Theta_{Me})_{Gl}}\exp\left\{\frac{n_e\alpha F}{RT}\eta_{Me}\right\} - \\ &-\frac{(c_{Me^{z+}})_*}{(c_{Me^{z+}})_0}\exp\left\{-\frac{n_e(1-\alpha)F}{RT}\eta_{Me}\right\}\Bigg]. \end{aligned} \tag{5.67}$$

Wie in den vorangegangenen Abschnitten dargelegt, kann die Diffusion durch die adhärierende Flüssigkeitsgrenzschicht der Elektrode die Stromspannungskurve der kathodischen Wasserstoffreduktion oder der kathodischen Sauerstoffabscheidung erheblich beeinflussen. Dasselbe muß auch für die kathodische Metallabscheidung gelten, und zwar existiert für diese Reaktion offensichtlich eine Diffusionsgrenzstromdichte $i_{Me,D}$, die sich mit dem Diffusionskoeffizienten D_{Me} der

Me^{z+}-Kationen bei vernachlässigbarer elektrolytischer Überführung der Me^{z+}-Kationen wie folgt berechnet:

$$i_{Me,D} = -zFD_{Me}\frac{(c_{Me^{z+}})_0}{\delta}. \tag{5.68}$$

Hier haben F und δ die vorige Bedeutung. Für $D_{Me^{z+}}$ ist bei einwertigen Kationen ein Wert von etwa $1 \cdot 10^{-5}$, bei zweiwertigen Kationen ein kleinerer Wert von z.B. etwa $7 \cdot 10^{-6}\,cm^2/s$ zu erwarten.

Bei der anodischen Metallauflösung kann ein Diffusionsgrenzstrom nicht auftreten. Allgemein muß nämlich, solange die Ionen allein durch Diffusion von der Metalloberfläche in das Lösungsinnere transportiert werden, gelten:

$$i_{Me} = zFD_{Me^{z+}}\frac{(c_{Me^{z+}})_* - (c_{Me^{z+}})_0}{\delta}. \tag{5.69}$$

Bei der anodischen Metallauflösung ist nun grundsätzlich $(c_{Me^{z+}})_* \geq (c_{Me^{z+}})_0$. Das heißt, es kann die Stromdichte i_{Me} im Prinzip beliebig hoch ansteigen, falls nicht die Reaktion dadurch unmöglich wird, daß sich Deckschichten bilden. Das bedeutet praktisch, daß die Stromdichte der Metallauflösung so lange ohne Wechsel des Reaktionsmechanismus ansteigen kann, bis in der Grenzschicht das Löslichkeitsprodukt eines Salzes des Metalls überschritten wird.

Aus Gl. (5.68) und Gl. (5.69) folgt, bei vernachlässigbarer elektrolytischer Überführung der Me^{z+}-Ionen,

$$\frac{(c_{Me^{z+}})_*}{(c_{Me^{z+}})_0} = 1 - \frac{i_{Me}}{i_{Me,D}}. \tag{5.70}$$

Einsetzen dieser Beziehung in Gl. (5.67) und Umformen ergibt für den speziellen Fall $\Theta_{Me}/(\Theta_{Me})_{Gl} = 1$ die Gleichung der Stromspannungskurve:

$$i_{Me} = i^0_{Me}\frac{\exp\left\{\frac{n_e\alpha F}{RT}\eta_{Me}\right\} - \exp\left\{-\frac{n_e(1-\alpha)F}{RT}\eta_{Me}\right\}}{1 - \frac{i^0_{Me}}{i_{Me,D}}\exp\left\{-\frac{n_e(1-\alpha)F}{RT}\eta_{Me}\right\}} \tag{5.71}$$

Diese Beziehung ist zur Prüfung des relativen Einflusses von Durchtritts- und Diffusionshemmung auf die anodische Metallauflösung geeignet. Dabei hängt die Gestalt der Stromspannungskurve wesentlich vom Verhältnis $i^0_{Me}/i_{Me,D}$ ab. Es sei angenommen, daß $z_r = n_r = 2$; $\alpha = 0{,}5$. Die kathodische Diffusionsgrenzstromdichte $i_{Me,D}$ der Metallabscheidung ist im wesentlichen eine Funktion der Me^{z+}-Konzentration und der Bewegung der Elektrolytlösung. Nimmt man z. B. $c_{Me^{z+}} = 10^{-3}$ mol/kg (entsprechend 10^{-6} mol/cm³) an, und $\delta = 10^{-3}$ cm (schnell bewegte Lösung), so schätzt man nach Gl. (5.68) für $i_{Me,D}$ den Wert $-1{,}4 \cdot 10^{-3}$ A/cm². Wir setzen einfacher $i_{Me,D} = -10^{-3}$ A/cm². Die Wahl von i^0_{Me} ist ohne Bezug auf ein bestimmtes System Metall/Elektrolytlösung willkürlich. Im vorliegenden Zusammenhang interessiert ein relativ kleiner Wert von z. B. 10^{-5} A/cm² und damit eine Größenordnung, wie sie z. B. für Übergangsmetalle einschließlich Eisen häufiger angetroffen oder sogar noch weit unterschritten wird. Damit wird

$i^0_{Me}/i_{Me,D} = -10^{-2}$. Die mit den genannten Werten nach Gl. (5.71) berechnete Summenstrom-Spannungskurve ist im halblogarithmischen Diagramm Bild 5.18 als ausgezogene Kurve eingetragen. Das obere Teildiagramm zeigt den anodischen, das untere den kathodischen Ast der Stromspannungskurve. Die gestrichelten Tafel-Geraden sind die Teilstrom-Spannungskurven der anodischen Metallauflösung, Gl. (5.64), bzw. der kathodischen Metallabscheidung, Gl. (5.63), mit $\Theta_{Me}/(\Theta_{Me})_{Gl} = (c_{Me^{z+}})_*/(c_{Me^{z+}})_0 = 1$. Die Summenstrom-Spannungskurve fällt für alle $\eta \geq 0{,}04$ V mit der anodischen Tafel-Geraden zusammen. In diesem Überspannungsbereich bestimmt daher allein die Teilreaktion $Me \rightarrow (Me^{z+})_* + ze^-$ den Verlauf der Summenstrom-Spannungskurve. Der kathodische Ast der Summenstrom-Spannungskurve schmiegt sich der kathodischen Tafel-Geraden nur über ein kurzes Stück an und geht dann in den kathodischen Diffusionsgrenzstrom über.

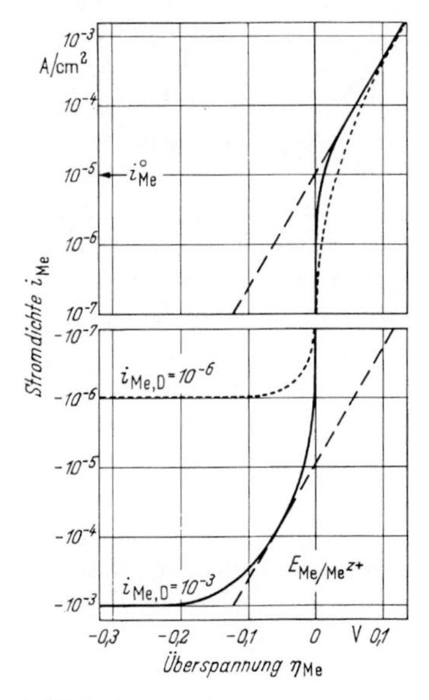

Bild 5.18

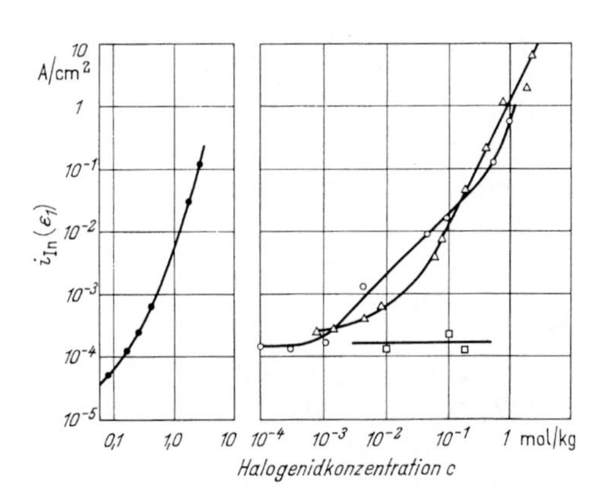

Bild 5.19

Bild 5.18. —— Summenstrom-Spannungskurve der anodischen Metallauflösung und der kathodischen Metallabscheidung, mit $i^0_{Me} = 10^{-5}$; $i_{Me,D} = -10^{-3}$ A/cm² berechnet nach Gl. (5.71).

------ Wie —, jedoch mit $i_{Me,D} = -10^{-6}$ A/cm².

– – – – Teilstrom-Spannungskurven der anodischen Metallauflösung und der kathodischen Metallabscheidung bei reiner Durchtrittspolarisation, mit $i^0_{Me} = 10^{-5}$ A/cm²

Bild 5.19. Die Abhängigkeit der anodischen Stromdichte der Indiumauflösung aus Indiumamalgam in perchlorsauren Lösungen von NaCl, NaBr, NaJ and NaF von der Halogenidkonzentration, jeweils bei konstantem Elektrodenpotential (Nach Lossew und Molodow)

● NaCl ($\varepsilon = -0{,}330$ V): △△ NaBr, ○○ NaJ, □□ NaF ($\varepsilon = -0{,}276$ V)

In der Umgebung des Gleichgewichtspotentials $E_{Me/Me^{z+}}$ spielt aber die Diffusionshemmung der kathodischen Metallabscheidung ebenfalls keine Rolle, vielmehr ergibt sich der Verlauf der Summenstrom-Spannungskurve im Überspannungs bereich $\eta_{Me} = \pm 0{,}04$ V quantitativ durch die Überlagerung der Tafel-Geraden der Teilstrom-Spannungskurven für allein gehemmte Durchtrittsreaktion. Unter den angenommenen Bedingungen hat jedenfalls die Diffusion der Metallkationen in der Lösung keinen Einfluß auf den Verlauf der Summenstromspannungskurve im anodischen Bereich.

Eine formale Schwierigkeit bei der Abschätzung des Einflusses der Diffusionshemmung tritt bei der Betrachtung der Bedingungen für solche Elektrolytlösungen auf, für die $c_{Me^{z+}} \simeq 0$. Dann berechnet sich das Gleichgewichts-Elektrodenpotential nach der Nernstschen Gleichung zu $E_{Me/Me^{z+}} \simeq -\infty$, andererseits der kathodische Diffusionsgrenzstrom zu $i_{Me,D} = 0$. Insbesondere wird unter diesen Umständen bei noch so kleinem, aber von Null verschiedenem Wert von $(c_{Me^{z+}})_*$ der Wert des Quotienten $(c_{Me^{z+}})_*/(c_{Me^{z+}})_0$ wegen $(c_{Me^{z+}})_0 = 0$ ebenfalls unendlich groß. In diesem Grenzfall versagt die Rechnung; bzw. es hat die formal folgende Aussage, die Diffusionsüberspannung der Metallauflösung sei unendlich groß, keinen realen Sinn. Diese Schwierigkeit ist aber praktisch belanglos, da im allgemeinen immer angenommen werden kann, auch eine „reine“ Lösung, der kein Salz des betreffenden Metalls absichtlich zugesetzt worden ist, enthalte Ionen des Metalls jedenfalls in Spuren, also z. B. in einer Konzentration von 10^{-6} mol/kg oder solche Spuren würden durch Korrosion schnell in Lösung gebracht. Von Deckschichtelektroden ist hier nicht die Rede, weshalb die durch Ausfallen schwerlöslicher Metallsalze bewirkte Verringerung von $(c_{Me^{z+}})_0$ auf kleinere Werte außer Betracht bleibt.

Unter sonst konstanten Bedingungen schätzt man mit $(c_{Me^{z+}})_0 = 10^{-9}$ mol/cm^3 für $i_{Me,D}$ den Wert -10^{-6} A/cm^2 und für $i^0_{Me}/i^0_{Me,D}$ den Wert -10. Berechnet man damit neuerlich die Stromspannungskurve, so erhält man die in Bild 5.18 punktiert eingezeichnete Kurve. Danach erwartet man unter diesen Umständen für den kathodischen Ast der Summenstrom-Spannungskurve einen Verlauf, der der praktisch reinen Diffusionsüberspannung entspricht. Dagegen wird der anodische Ast der Summenstrom-Spannungskurve nur wenig beeinflußt. Die Abweichungen betragen maximal etwa 20 mV und verschwinden für $\eta_{Me} \geq 0{,}10$ V ganz. Auch unter solchen Bedingungen ist daher der Einfluß der nachgelagerten Diffusion der Metallkationen in das Lösungsinnere praktisch vernachlässigbar gering.

Die Grundgleichung (5.65) hatte sich aus der einfachen Formulierung der Durchtrittsreaktion (5.60) ergeben. Darin war auch die Annahme enthalten, die Kationen bildeten nur Aquokomplexe, wobei der konstante Einfluß der Konzentration des Wassers auf die Reaktionsgeschwindigkeit nicht gesondert in Ansatz gebracht werden mußte. Da der tatsächliche Reaktionsmechanismus bei der Metallauflösung und Metallabscheidung in der Regel verwickelter ist, so hat – wie die entsprechenden Ansätze für die Wasserstoff- und die Sauerstoffelektrode – die Gl. (5.65) vereinfachend summarischen Charakter. Existieren die Me^{z+}-Kationen in der Lösung in komplexer Bindung nicht mit Hydratwasser, sondern zu anderen Liganden, so erwartet man einen Einfluß der Konzentration dieser Reaktionspartner. Ein Beispiel ist die anodische Auflösung des Indiums (aus Indiumamalgan) zu In^{3+}-Kationen in halogenidhaltigen Elektrolytlösungen. Mit Fluorid, Chlorid, Bromid und Iodid bildet das In^{3+} in der Lösung stabile Komplexe. Dazu zeigt Bild 5.19, daß die Geschwindigkeit der Indiumauflösung unter sonst konstanten Bedingungen mit steigender Konzentration der Cl^--, Br^-- und I^--Konzentration steigt, woraus zu schließen ist, daß die Bindung an diese Liganden bereits in der geschwindigkeitsbestimmenden Durchtrittsreaktion eintritt. Interessant ist in Bild 5.19 der Fall der Fluoridlösung, in der die Auflösungsgeschwindigkeit des Indiums von der F^--Konzentration nicht abhängt. Hier tritt das Indium-Kation offenbar als Aquokomplex durch die elektrische Doppelschicht, und die Bildung des stabilen Fluorokomplexes folgt in einem nicht geschwindigkeitsbestimmenden nachgelagerten Reaktionsschritt [19].

Ebenso ist möglich, daß das Metall-Kation zwar schließlich als Aquokomplex erscheint, aber nicht in diesem Bindungszustand durch die Doppelschicht tritt. Ein wichtiges Beispiel ist die überraschende Katalyse der Auflösung von Eisen, Nickel und Kobalt durch Hydroxylionen in sauren Elektrolytlösungen [19]. Dazu zeigt Bild 5.20 [20] als durchgezogene Geraden die anodische Teilstrom-Spannungskurve $\vec{i}_{Fe}(\varepsilon)$ der Hinreaktion der Eisenauflösung nach $Fe \rightarrow Fe^{2+} + 2e^-$. Die gestrichelten Kurventeile sind hier nicht durch die Überlagerung der Rückreaktion der

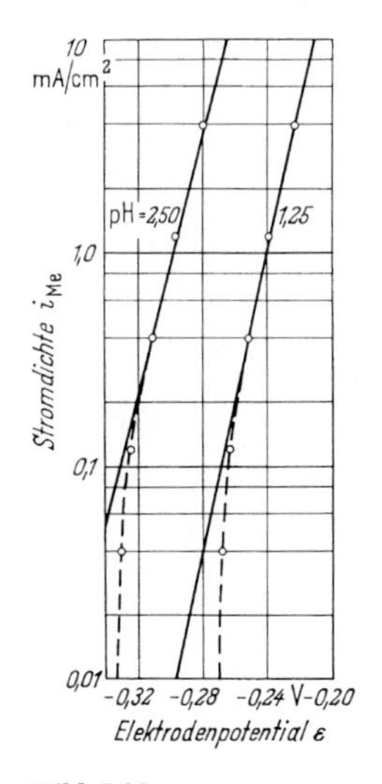

Bild 5.20

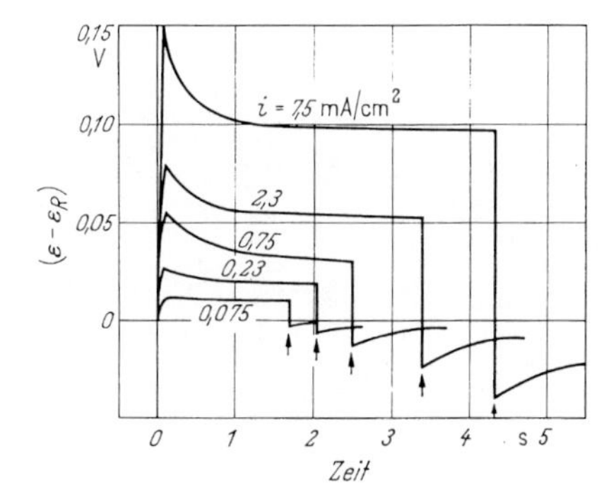

Bild 5.21

Bild 5.20. Anodische Summenstrom-Spannungskurve des Eisens in $HClO_4$ 10.5 μ $NaClO_4$-lösung (O_2-frei, 20 °C) bei pH 2.50 bzw. 1.25 (Nach Bonhoeffer und Heusler)

Bild 5.21. Verlauf des Elektrodenpotentials des Carbonyleisens in $HClO_4$/NaCl-Lösung (wie Bild 36) bei galvanostatischen Einschaltmessungen. Bei ↑ Strom abgeschaltet. (Nach Heusler)

Eisenabscheidung bestimmt, sondern durch die Überlagerung der Wasserstoffabscheidung. Die Rückreaktion $Fe^{2+} + 2e^- \rightarrow Fe$ fällt nicht merklich ins Gewicht, was auch daraus folgt, daß die Stromspannungskurve auf die Konzentration $c_{Fe^{2+}}$ der Eisenionen in der Lösung nicht anspricht. Nach Bild 5.20 hängt die Geschwindigkeit der anodischen Eisenauflösung vom pH-Wert ab, da sich das Metall in sauren Lösungen bei konstantem Elektrodenpotential mit steigendem pH-Wert schneller löst. Nun ist seit langem bekannt [21], daß sich in alkalischen Lösungen Eisen zu komplexen Eisen-Hydroxy-Anionen stufenweise unter intermediärer Bildung zunächst von adsorbiertem FeOH, dann von adsorbiertem FeO bildet. Vergleicht man die Stromdichte der Eisenauflösung bei gleichem Elektrodenpotential in alkalischen und in sauren Lösungen, so findet man über diesen weiten pH-Bereich eine enorme Erhöhung der Geschwindigkeit durch die Lauge, qualitativ in Forsetzung des Befundes des Bildes 5.20. Man erhält also ein einheitliches Modell für den gesamten pH-Bereich, wenn man insgesamt eine geschwindigkeitsbestimmende Mitwirkung der Hydroxylionen in der jeweiligen Konzentration annimmt [20.a]. Dieser Gedanke erwies sich als sehr fruchtbar und eröffnete die Serie sehr zahlreicher elektrodenkinetischer Untersuchungen zur Frage der Kinetik der Eisenelektrode in saurer Lösung. Zwar ist bei niedrigem pH-Wert die OH^--Konzentration, wiewohl thermodynamisch stets wohldefiniert, kinetisch undefiniert klein. Dies gilt aber nur für das Innere der Elektrolytlösung. Für die Metalloberfläche können sehr wohl ausreichend hohe Mengen von adsorbiertem OH^- angenommen werden, die nach

$$H_2O_{ad} \rightarrow OH^-_{ad} + (H^+aq)_* \tag{5.72}$$

gebildet werden können. Nach Heuslers [20] detaillierter Vorstellung wird an der Eisenoberfläche zunächst durch eine Reaktion zwischen Eisenatomen auf Gitterabbauplätzen und adsorbierten OH^--Ionen eine Verbindung FeOH gebildet, die man sich als an der Abbaustelle entladenes OH^- vorzustellen hat:

$$Fe + OH^-_{ad} \rightarrow FeOH_{ad} + e^-. \tag{5.73}$$

Der eigentliche Durchtritt der Eisenionen durch die Doppelschicht soll durch diese Verbindung katalysiert werden. Die Gleichung der Durchtrittsreaktion lautet

$$Fe + OH^-_{ad} + FeOH_{ad} \rightarrow (FeOH^+)_* + FeOH_{ad} + 2e^-. \tag{5.74}$$

Das heißt, es soll im Verlaufe der Durchtrittsreaktion zunächst das Ion $FeOH^+$ gebildet werden, und zwar über einen Reaktionskomplex zwischen einem Eisenteilchen und dem Katalysator, aus dem der letztere wieder hervorgeht. Bei den Fe-Teilchen bleibt offen, ob es sich um ad-Atome oder um Gitteratome handelt. Das $FeOH^+$ wird in saurer Lösung anschließend sofort zersetzt:

$$(FeOH^+)_* + (H^+)_* \rightarrow (Fe^{2+})_* + H_2O. \tag{5.75}$$

Ist die Reaktion nach Gl. (5.74) geschwindigkeitsbestimmend, so berechnet sich die Teilstrom-Spannungskurve der anodischen Eisenauflösung zu

$$\vec{i}_{Fe} = \vec{K}'_{Fe}\,\Theta_{Fe}\,\Theta_{FeOH}\,\Theta_{OH^-}\exp\left\{\frac{2\alpha F}{RT}\varepsilon\right\}. \tag{5.76}$$

Daher wird bei konstantem Bedeckungsgrad Θ_{Fe} der reagierenden Eisenatome, Θ_{FeOH} des Katalysators, Θ_{OH^-} der OH^--Ionen, als Teilstrom-Spannungskurve eine Tafel-Gerade der Neigung $d\varepsilon/d\log i = 2{,}303\,RT/2\alpha F$ erwartet, d.h. mit $\alpha = 0{,}5$ eine Gerade der Neigung 0,058 V. Tatsächlich weisen aber die Tafel-Geraden in Bild 5.20 eine wesentlich geringere Neigung von 0,03 V auf.

Nun ist nach dem Ansatz, die Reaktion nach Gl. (5.74) sei geschwindigkeitsbestimmend, vorausgesetzt, daß das Gleichgewicht der vorgelagerten Katalysatorbildungsreaktion nach Gl. (5.73) eingestellt ist. Dabei handelt es sich aber um eine Elektrodenreaktion, deren Gleichgewicht auf das Elektrodenpotential anspricht. Das Elektrodenpotential kann daher auch als Gleichgewichtspotential einer Fe/FeOH-Elektrode betrachtet werden, so daß eine Gleichung von der Form

$$\varepsilon = \text{const} + \frac{RT}{F}\ln\frac{\Theta_{FeOH}}{\Theta_{OH^-}} \tag{5.76a}$$

gilt. Daraus ergibt sich Θ_{FeOH} als Funktion von Θ_{OH^-} zu

$$\Theta_{FeOH} = K'\Theta_{OH^-}\exp\left\{\frac{F}{RT}\varepsilon\right\}. \tag{5.77}$$

Einsetzen von (5.77) in (5.76) ergibt:

$$i_{Fe} = \vec{K}_{Fe}\Theta_{Fe}\Theta^2_{OH^-}\exp\left\{\frac{(1+2\alpha)F}{RT}\varepsilon\right\}. \tag{5.78}$$

Diese Gleichung der Stromspannungskurve beschreibt eine Tafel-Gerade mit der Neigung $2{,}303\,RT/(1+2\alpha)F$ d.h. (mit $\alpha = 0{,}5$) der Neigung 0,029 V, in Übereinstimmung mit dem Experiment. Ferner sollte für kleine Bedeckungsgrade Θ_{OH^-} proportional der Konzentration c_{OH^-} der Hydroxylionen im Innern der Elektrolytlösung sein. Daher sollte die Ordnung der Reaktion in bezug auf die OH^--Konzentration 2 sein, bzw. die Stromdichte i_{Fe} bei konstantem Elektrodenpotential proportional dem Quadrat der OH^--Konzentration der Lösung ansteigen. Diese Forderung wird durch die Messüngen nur annähernd erfüllt, und zwar findet man eine Reaktionsordnung zwischen 1,5 und 2. Eine weitere Stütze erfährt die beschriebene Theorie aber durch Einschaltmessungen. Polarisiert man die Eisenelektrode anodisch mit konstanten Stromdichten, so steigt (vgl. Bild 5.21) das Elektrodenpotential zunächst schnell an, um nach Durchlaufen eines Maximums relativ langsam einen negativeren stationären Wert anzustreben. Die Tafel-Gerade mit der Neigung 30 mV erhält man durch Auftragen der Endwerte gegen den Logarithmus der Stromdichte. Trägt man aber statt dessen die Potentialmaxima gegen log i auf, so findet man eine flacher verlaufende Tafel-Gerade mit der Neigung 60 mV. Es ist anzunehmen, daß dieser Verlauf des Potentials durch die relativ langsame Einstellung des Gleichgewichtes der Katalysatorbildungsreaktion nach (5.73) bedingt wird, und die Tafel-Gerade mit $d\varepsilon/d\log i = 60$ mV Gl. (5.76) mit konstantem Θ_{FeOH} gehorcht.

Demgegenüber wird von Bockris et al. [22] angenommen, FeOH trete nicht als Katalysator, sondern als Zwischenprodukt in der Reaktionsfolge

$$Fe + OH^- \rightarrow FeOH + e^-, \tag{5.79}$$

$$FeOH \rightarrow FeOH^{+} + e^{-}, \tag{5.80}$$

$$FeOH^{+} \rightarrow Fe^{2+} + OH^{-}, \tag{5.81}$$

auf. Nimmt man hier die 1-Elektronen-Durchtrittsreaktion (5.80) als geschwindigkeitsbestimmend an und berücksichtigt man das Quasigleichgewicht von (5.79), so führt der im übrigen analoge Rechnungsgang statt zu Gl. (5.78) zu einer Beziehung von der Form

$$i_{Fe} = kc_{OH^-} \exp\left\{\frac{(1+\alpha)F}{RT}\varepsilon\right\}. \tag{5.82}$$

Die Ordnung der Reaktion in Bezug auf die OH^--Konzentration wäre demnach 1; für die Neigung $d\varepsilon/d\log i_{Fe}$ ergibt sich der Wert 0,04 V, soweit $\alpha = 0{,}5$. Es liegen Mitteilungen vor, wonach die Neigung der Tafel-Geraden je nach Verformungsgrad, also je nach Versetzungsdichte des Eisens, wechselnd 0,03 oder 0,04 beträgt [23]. Daraus wird man endgültige Schlüsse auf den jeweiligen Reaktionsmechanismus wahrscheinlich nicht gewinnen. Auch sind mit verfeinerten Meßmethoden, nämlich einerseits der Impedanzspektroskopie, andererseits und insbesondere durch die Mikroskopie erheblich weitergehende Detailkenntnisse erhalten worden. Dazu ist zunächst festzuhalten, daß zur Untersuchung der Frage der Mitwirkung von ad-Atomen bei der Metall-Auflösung und – Abscheidung genaue Messungen für den Fall der kathodischen Silberabscheidung aus $AgNO_3$-Lösung vorliegen [24]. Es ergab sich quantitativ, daß der Reaktionsweg über ad-Atome kaum ins Gewicht fällt, der direkte Weg aus der Elektrolytlösung unmittelbar zu Halbkristallagen also bei weitem überwiegt. Dabei sind die Halbkristallagen der monoatomaren Stufen beim Silber sehr häufig: Der mittlere Abstand beträgt ca. 4 Atomabstände. Für Eisen im Gleichgewicht mit einer $FeSO_4$-Lösung wurde von anderer Seite [25] ein mittlerer Abstand der Halbkristallagen zwischen 10^5 und 10^9 Atomabständen geschätzt; die atomaren Stufen sind also in diesem Fall praktisch glatt. Gleichwohl hat sich die Annahme, auch die anodische Auflösung des Eisens laufe nicht über ad-Atome, zur Deutung zahlreicher Beobachtungen sehr bewährt [26].

Für diese Untersuchungen wurden Eiseneinkristalle nominell mit (112)-Flächen benutzt. Die Tatsächlich vorliegenden Flächen sind dann zu (112) zunächst nur vizinal, mit Mißorientierung von z. B. einigen Grad. Zugleich sind aber (112)- (und (110)-) Flächen als Ausbildungsform bei der anodischen Auflösung bevorzugt. Deshalb vergröbern die Flächen während der Auflösung unter Ausbildung flacher, dreiseitiger Pyramiden, die von nahezu idealen (112)-Flächen begrenzt sind. Bild 5.22 zeigt diesen Oberflächenzustand, mit eingetragenen kristallografischen Richtungen. Mit Hilfe von Lackabdrucken solcher Oberflächen konnte elektronenmikroskopisch nachgewiesen werden, dass die Pyramidenflächen Stufen wahrscheinlich nur einatomiger Höhe haben. Der Auflösungsmechanismus verlangt, daß diese Stufen parallel zu (113)-Richtungen verlaufen; doch werden leicht abweichende Richtungen gefunden, und diese Abweichungen wachsen mit zunehmender anodischer Überspannung der Metallauflösung. Daraus folgt, daß die Stufen durch Halbkristallagen stets gleichen Vorzeichens in eine schwach abweichende höher indizierte Richtung verdreht sind. Bild 5.23

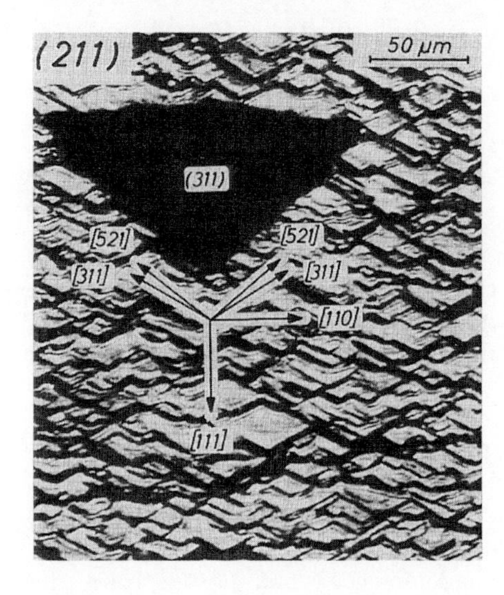

Bild 5.22. Morphologie einer (112)-Eisenoberfläche während der anodischen Auflösung in einer 1 M Perchloratlösung, pH 0,85. Elektrodenpotential − 0,465 (V), Stromdichte 4,38 mA cm, (Nach Allgeier und Heusler)

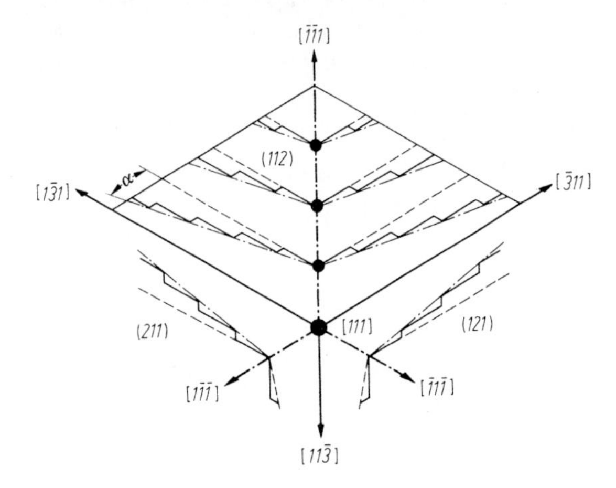

Bild 5.23. Modell der ⟨113⟩-Stufen auf (112)-Flächen des Eisens projiziert auf eine (111)-Fläche.
——— Pyramidenkanten
﹏﹏ Stufen auf Pyramiden-flächen
— — — Stufenverlauf ohne Halbkristallagen
–·–·–· Stufenverlauf mit Halbkristallagen
(Nach Allgeier u. Heusler)

erläutert schematisch den getreppten Verlauf der Stufen, die Idealrichtung parallel zu (113) sowie die Verdrehung um einen Winkel α. Es folgt weiter, dass die Zahl der Halbkristallagen längs der Stufen mit wachsender anodischer Überspannung wächst.

Mit der Vorstellung des direkten Übergangs der Metallkationen aus Halbkristallagen durch die elektrische Doppelschicht, ohne Umweg über ad-Atome vereinfacht sich die grundsätzliche Folge von Teilschritten (Gl. 5.59 – 5.61) offenbar zu

$$Me_{Gitter} \rightarrow (Me^{z+})_* + ze^- \tag{5.83}$$

$$(Me^{z+})_* \rightarrow Me^{z+} \tag{5.84}$$

Entsprechend hat die Grösse Θ_{Me} dann die Bedeutung eines Bedeckungsgrades der Oberfläche mit Halbkristallagen. Wieweit dies allgemein gilt, bleibt dahingestellt; für den Fall der Eisenelektrode erscheint die Annahme jedenfalls aufgrund der soeben beschriebene Messungen wohlbegründet. Weiterhin für den Fall der Kinetik der Eisenauflösung erhält unter diesen Umständen der durch Gl. (5.73) zunächst nur schematisch formulierte Reaktionsschritt eine reale physikalische Bedeutung: Es handelt sich offenbar um die potentialabhängige Einstellung der Konzentration von Halbkristallagen mit angelagerten OH^--Ionen. Auch erhält nun die ebenfalls vorher formal hingeschriebene Gl. (5.74) einen einleuchtenden physikalischen Inhalt: Im Verlauf dieses Reaktionsschrittes wird aus einer hydroxylierten Halbkristallage ein Eisenatom anodisch abgelöst, doch bleibt dadurch die Zahl der Halbkristallagen unverändert, eben entsprechend der Natur solcher Lagen. Ob im übrigen die Annahme, in diesen Reaktionsschritt gehe nochmals ein Hydroxylion ein, und es bilde sich intermediär das Ferrohydroxyl, oder ob die beobachtete pH-Abhängigkeit der Auflösungsgeschwindigkeit schon durch die pH-Abhängigkeit der Halbkristallagen-Konzentration bewirkt wird, ist derzeit nicht abschließend geklärt.

Wie Bild 5.24 zeigt,beobachtet man in schwächer saurer Lösung bei relativ hoher Stromdichte einen Übergang über ein Maximum und ein Minimum zu einer Tafelgeraden a) höherer Neigung, b) geringerer pH-Abhängigkeit [27]. Es wechselt dann also der Reaktionsmechanismus. Zur Deutung ist angenommen worden [28], die geschwindigkeitsbestimmende Reaktion laufe nun über adsorbiertes $Fe(OH)_2$, entsprechend einem zunehmenden Oxydationsgrad der Eisenoberfläche, gemäß

$$Fe + (Fe(OH)_2)_{ad} \rightarrow (FeOH^+)_* + (FeOH)_{ad} + e^- \tag{5.85}$$

Das Durchlaufen des Maximums und des Minimums wäre dann so zu verstehen, daß die zunehmende Bedeckung der Eisenoberfläche mit Hydroxylionen zunächst

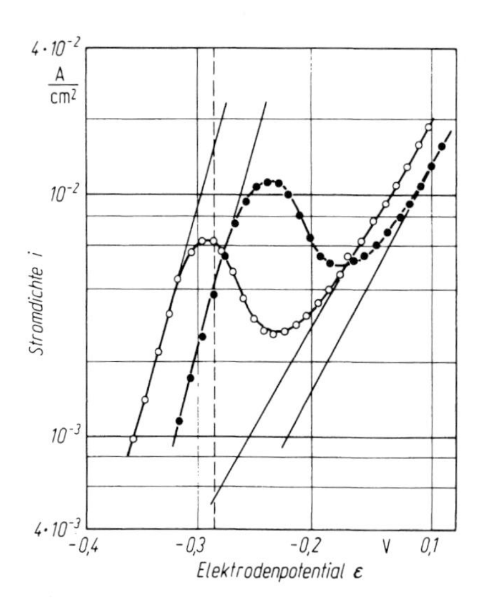

Bild 5.24. Stromspannungskurve der anodischen Eisenauflösung in schwach essigsaurer, ca. 1 M $NaClO_4$-Lösung bei 25 °C. Ausgefüllte Kreise: pH 3,25; ausgefüllte Dreiecke: pH 3,85. (Nach Nord u. Bech-Nelisen)

den Reaktionsschritt Gl (5.74) hemmt, und daß die nun mögliche Reaktion Gl. (5.85) erst bei deutlich größerer anodischer Überspannung vergleichbar schnell wird.

Es wird weiter unten (Kap. 10) noch zu erörtern sein, wie über die zunehmende Belegung mit Hydroxylionen und mit dem Auftreten des Magnetits Fe_3O_4 das Eisen durch Oxidfilmbildung schließlich passiviert und die anodische Metallauflösung dadurch extrem inhibiert wird. Der gleiche Vorgang, der zunächst die Metallauflösung beschleunigt, kann also, wenn er überhand nimmt, die Reaktion völlig blockieren. Ein sehr wichtiges Zwischenstadium entsteht, wenn eine ungefähr neutrale Elektrolytlösung nur noch wenig Eisen lösen kann. Dann bilden sich, soweit nicht wieder Passivität ins Spiel kommt, porige Schichten von Oxiden und Hydroxyden, an deren verschiedenen Formen die Mineralogie der Eisenverbindungen reich ist (vgl. Kap. 9). Dies ist der Vorgang des Rostens des Eisens, die verbreitetste Korrosionsreaktion überhaupt. Im ganzen bietet Eisen also eine ebenso interessante wie praktisch sehr wichtige Vielfalt der anodischen Auflösungsreaktionen unter Mitwirkung von Hydroxylionen.

Es ist nun möglich, daß die Konzentration der OH^--Ionen in der Adsorptionsschicht durch eine spezifische Adsorption anderer Stoffe herabgedrückt wird, die an der Reaktion nicht teilnehmen. Solche Stoffe sollten die anodischen Eisenauflösung hemmen und daher als Inhibitoren wirken. Zum Beispiel werden an Eisen in saurer Lösung Cl^--, Br^-- und J^--Ionen adsorbeiert, und zwar am stärksten das J^--Ion, am schwächsten das Cl^--Ion. Anders als im Falle des Indiumamalgams, wo dieselben Ionensorten reaktionsbeschleunigend wirken, beobachtet man im Falle des Eisens eine Herabsetzung der Korrosionsgeschwindigkeit. Auch findet man in Gegenwart dieser Halogenide nun eine Tafel-Gerade mit einer Neigung von etwa 60 mV als Teilstromspannungskurve der anodischen Metallauflösung, entsprechend einem Mechanismus, in den die Hydroxylionen nicht mehr katalytisch eingehen. Wegen einiger Einzelheiten wird auf Kap. 7 verwiesen.

Wie schon für den Fall der Wasserstoffabscheidung dargelegt, können bei aufeinanderfolgenden, unterschiedlich potentialabhängigen Durchtrittsreaktionen geknickte Stromspannungskurven auftreten. Dies ist u.a. bei der anodischen Auflösung des Zinks in Perchloratlösung beobachtet worden, die nach dem Schema

$$Zn \rightarrow Zn_{ad}^{+} + e^{-}, \tag{5.86a}$$

$$Zn_{ad}^{+} \rightarrow Zn_{ad}^{2+} + e^{-}, \tag{5.86b}$$

in zwei konsekutiven Durchtrittsreaktionen über adsorbierte einwertige Zinkkationen läuft [29]. Bild 5.25 zeigt die beiden Äste der Teilstrom-Spannungskurve als durchgezogene Geraden. Die gestrichelte Kurve ist die Summenstrom-Spannungskurve der Säurekorrosion des Zinks in einer unbewegten Elektrolytlösung (vgl. Kap. 6.1) die im kathodischen Bereich ($\varepsilon < -0{,}87$ V) im Diffusionsgrenzstrom der Wasserstoffabscheidung endet.

In Kap. 4.4 wurde schon bemerkt, daß auch die Auflösung des Kupfers zu Cu^{2+}-Kationen über das Zwischenprodukt Cu^+ läuft, also nach $Cu \rightarrow Cu^+ + e^-$; $Cu^+ \rightarrow Cu^{2+} + e^-$. Ist die letztere Durchtrittsreaktion geschwindigkeitsbestimmend, die vorgelagerte im Quasigleichgewicht, erhält man – wieder nach dem

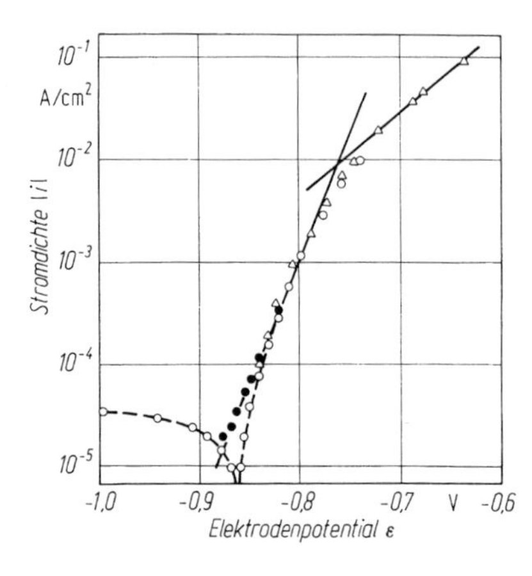

Bild 5.25. Die anodische Teilstrom-Spannungskurve der Zinkauflösung (——) in $HClO_4$/ 1 M $NaClO_4$, pH 3,5; 25 °C. (Nach Gaiser und Heusler)

mehrfach benutzten Rechnungsgang – eine steile Stromspannungskurve, mit $\vec{i}_{Cu} \sim \exp[(1+\alpha)F\varepsilon/RT]$. Für diesen Fall wurde [30] experimentell eine weitere Folge der Theorie bestätigt: Für die Rückreaktion der kathodischen Kupferabscheidung sollte der Reaktionsschritt $Cu^{2+} + e^- \rightarrow Cu^+$ die Geschwindigkeit bestimmen, mit $\overleftarrow{i}_{Cu} \sim \exp[-(1-\alpha)F\varepsilon/RT]$. Eben diese flache kathodische Teilstromspannungskurve wurde in saurer Kupfersulfatlösung beobachtet. Entfällt ferner in O_2-haltiger Säure bei der anodischen Auflösung die Durchtrittsreaktion $Cu^+ \rightarrow Cu^{2+} + 2e^-$, dann sollte die vorgelagerte Reaktion zu 1-wertigem Cu^+ nun $\vec{i}_{Cu} \sim \exp[\alpha F\varepsilon/RT]$ ergeben.

5.4 Der Aufbau der elektrischen Doppelschicht

Der Ableitung der Gleichungen der Teilstrom-Spannungskurven für den Fall des geschwindigkeitsbestimmenden Ladungsdurchtritts lag die Annahme zugrunde, die elektrische Doppelschicht an der Phasengrenze Metall/Elektrolytlösung sei als Plattenkondensator zu betrachten. Für den Plattenabstand waren einige Atomdurchmesser, also größsenordnungsmäßig z. B. 0,5 nm geschätzt worden. Daraus erklärten sich gut die beobachteten hohen Werte der elektrischen Kapazität der Doppelschicht. Ferner machte die hohe Feldstärke in der Doppelschicht – bei einer Galvanispannung von z. B. nur 100 mV ca. 10^6 V/cm – den starken Einfluss der Doppelschicht auf die Geschwindigkeit der Elektrodenreaktionen verständlich. Gleichwohl ist das in Bild 5.3 skizzierte Modell der Doppelschicht für genauere Betrachtungen zu einfach. Es vernachlässigt insbesondere die der Coulombschen Anziehung der Ionen entgegenwirkende zerstreuende Wärmebewegung. Diese bewirkt, daß ein Teil der die Doppelschicht bildenden Ionen über den Kondensator–Plattenabstand ξ hinaus diffus zerstreut ist. Zur Flächenladung der "starren" Kondensatorplatten kommt dadurch die Raumladung einer diffusen Randschicht. Daraus ergibt sich der in Bild 5.26 angedeutete Verlauf des Galvanipotentials φ. Die Doppelschicht erscheint nun aufgebaut aus einem starren Anteil zwischen Kondensatorplatten, der sogenannten Helmholtz-Schicht und einem daran anschließenden diffusen Anteil, der sogenannten Gouy-Schicht. Das Potential φ verläuft in der Helmholtz-Schicht linear von φ_{Me} auf einen Wert φ_M am lösungsseitigen Rand der Helmholtz-Schicht, danach flacht sich der Verlauf in

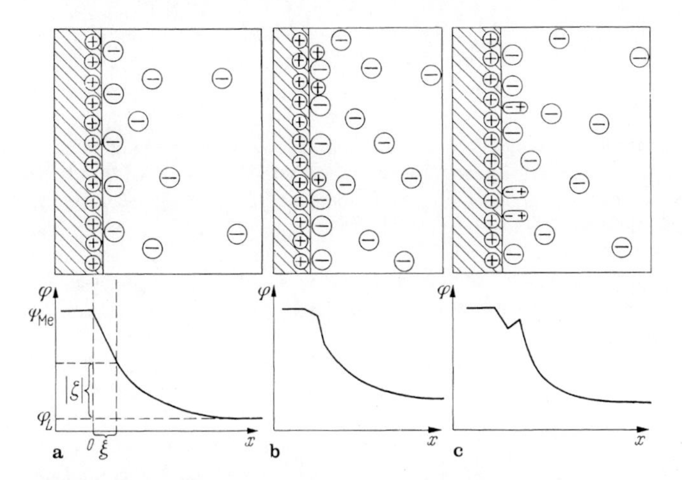

Bild 5.26a–c. Aufbau der elektrochemischen Doppelschicht durch Überschußladungen, unter Berücksichtigung der diffusen elektrolytseitigen Ladungsverteilung. Darunter Verlauf des Galvani-Potentials. **a** Ohne spezifische Ionenadsorption **b** Mit spezifischer Kationenadsorption, **c** Mit spezifischer Dipoladsorption. (Schematisch. in Anlehnung an Vetter [1a])

der Gouy-Schicht zunehmend ab, bis φ_L erreicht ist. Die Galvani-Spannung $\varphi_{Me,L}$ erscheint nun als Summe zweier Terme $(\varphi_{Me} - \varphi_M)$ und $(\varphi_M - \varphi_L)$ Häufig ersetzt man $(\varphi_M - \varphi_L)$ durch das Symbol ζ und nennt diese Galvani-Spannung in der Gouy-Schicht das Zeta-Potential. Dann wird

$$\varphi_{Me} - \varphi_M = \varphi_{Me,L} - \zeta \tag{5.87}$$

Wie unter 5.2 dargelegt, nehmen an der jeweiligen Durchtrittsreaktion die Reaktionspartner teil, die sich lösungsseitig im kleinstmöglichen Abstand von der Metalloberfläche befinden, d.h. im Abstand ξ. Infolgedessen geht in die Gln. (5.25) und (5.26) und entsprechend in die Gleichungen der Stromspannungskurven bei genauerer Betrachtung nicht $\varphi_{Me,L}$ ein, sondern $(\varphi_{Me,L} - \zeta)$. Deshalb enthalten die "Konstanten" dieser Gleichungen grundsätzlich eine Funktion von ζ, und sie sind nicht wirklich konstant, wenn sich ζ mit dem Elektrodenpotential ε ändert, oder wenn nicht ζ vernachlässigbar klein ist. Dazu berechnet man mit Hilfe der Debye-Hückel-Theorie der interionischen Wechselwirkung, die allerdings für konzentrierte Elektolytlösungen nur qualitative Schätzaussagen liefert, daß das Galvani-Potential in der Gouy-Schicht exponentiell abfällt. Eine diesbezüglich charakteristische Größe ist die Debye-Länge κ, die angibt, in welchem Abstand von der Helmholtz-Schicht φ auf den e-ten Teil von ζ abgefallen ist. κ ist also ein Maß für die unscharfe Dicke der Gouy-Schicht. Man berechnet für die Lösung eines 1,1-wertigen Salzes, also z. B. NaCl, für die Konzentration c = 1; bzw. 0,1; bzw. 0,01; bzw. 0,001 Mol/kg $\kappa = 0{,}3$; bzw. 1; bzw. 3; bzw. 10 nm. Die Dicke der Gouy-Schicht ist also in konzentrierten Lösungen mit der der Helmholtz-Schicht vergleichbar, in verdünnten Lösungen weit dicker als diese. Für verdünnte Lösungen erhält man für das Verhältnis des Zeta-Potentials zur gesamten Galvani-Spannung in der Doppelschicht den Ausdruck

$$\zeta = \frac{\varphi_{Me,L}}{1 + \xi/\kappa} \tag{5.88}$$

Danach fällt die Galvani-Spannung $\varphi_{Me,L}$ in verdünnten Lösungen überwiegend in die Gouy-Schicht. Dann werden Änderungen des Elektrodenpotentials auch merkliche Änderungen des Zeta-Potentials bewirken, so daß die Gleichungen der Stromspannungskurven zu korrigieren sind. Das Problem ist für die Korrosionskunde wohl meistens unerheblich, da in hochverdünnten Lösungen mit dem Vorliegen oxidischer Deckschichten zu rechnen ist, sodaß ohnehin andere Gesetzmäßigkeiten vorherrschen. Für konzentrierte Lösungen ist Gl. (5.88) nicht mehr genau gültig, zeigt aber qualitativ richtig an, dass dort ζ im Vergleich zu $\varphi_{Me,L}$ klein wird. Dann macht man keinen erheblichen Fehler, wenn man im Elektrodenpotential–Bereich von einigen Zehntel Volt, in dem eine Tafel-Gerade als Stromspannungskurve untersucht wird, die Änderung von ζ mit ε vernachlässigt. Im folgenden wird deshalb nur der Einfluss des Zeta-Potentials auf die Konzentration reagierender Teilchen diskutiert.

Die Konzentration der durchtretenden Ionen I^{ν} der Ladung ν in der Ausgangslage in unmittelbarer Nähe der Metalloberfläche war als $(c_{I^{\nu}})_*$ bezeichnet worden, die Konzentration derselben Ionen im Innern der Lösung als $(c_{I^{\nu}})_0$. Bei fehlender Konzentrationspolarisation, also bei Gleichgewicht zwischen reagierenden Ionen in der Lösung und in der Doppelschicht, war $(c_{I^{\nu}})_* = (c_{I^{\nu}})_0$ gesetzt worden. Dies ist aber nur so lange korrekt, als das Galvani-Potential der Lösung für $x = \xi$ dasselbe ist wie für das Innere der Lösung, also nur bei $\zeta = 0$. Andernfalls ist die Konzentration $(c_{I^{\nu}})_*$ in der Doppelschicht je nach dem Vorzeichen von ν and ζ erhöht oder erniedrigt. Mit vereinfachenden Annahmen, auf deren Erörterung verzichtet wird, kann angenommen werden, daß sich die Konzentration nach

$$(c_{I^{\nu}})_* = (c_{I^{\nu}})_0 \exp\left\{-\frac{\nu F}{RT}\zeta\right\} \tag{5.89}$$

berechnet.

Der Einfluß des ζ-Potentials ist namentlich von Frumkin und Mitarbeitern [31] im Hinblick auf die Abhängigkeit der Wasserstoffüberspannung von der Acidität und der Neutralsalzkonzentration untersucht worden. Als Beispiel sei im Anschluß an Gl. (5.27) die verfeinerte Gleichung der kathodischen Teilstrom-Spannungskurve der Wasserstoffabscheidung angegeben:

$$\vec{i}_H = -\vec{K}_H (c_{H^+})_0 \exp\left\{-\frac{F}{RT}\zeta\right\}\exp\left\{-\frac{(1-\alpha_H)F}{RT}(\varepsilon-\zeta)\right\}. \tag{5.90}$$

Handelt es sich um eine Lösung, deren H^+-Konzentration klein ist gegenüber der gesamten ionalen Konzentration, also um eine Lösung mit Neutralsalzüberschuß, so ist ζ von $(c_{H^+})_0$ praktisch unabhängig und daher in Gl. (5.90) als Konstante zu betrachten. Anders in neutralsalzfreier Säurelösung: Hier ändert sich die gesamte ionale Konzentration, und damit auch ζ, stark mit $(c_{H^+})_0$. Liegt das Elektrodenpotential in diesem Falle nicht gerade nahe beim weiter unten diskutierten Potential des „Ladungsnullpunktes" der Elektrode, so kann dann für nicht zu konzentrierte Lösungen $\zeta \cong \text{const}' + RT/F$ gesetzt werden. Nach Einsetzen dieses Ausdrucks in Gl. (5.90) ergibt sich unter Berücksichtigung der Identität $\varepsilon = RT/F \ln (c_{H^+})_0 + \eta_H$ die Beziehung:

$$\vec{i}_H = -\text{const}\exp\left\{-\frac{(1-\alpha_H)F}{RT}\eta_H\right\}. \tag{5.91}$$

Unter diesen Umständen sollte daher die kathodische Wasserstoffabscheidung bei konstanter Überspannung η_H scheinbar 0-ter Ordnung in bezug auf die Konzentration der Wasserstoffionen sein. Führt man in Gl. (5.91) ε anstelle von η_H ein, so ist const durch const″ $\sqrt{c_{H^+}}$ zu ersetzen, sofern $\alpha_H \cong 0{,}5$. Experimentell ist häufig eine der oben skizzierten Theorie genügende pH-Unabhängigkeit der Stromspannungskurve der Wasserstoffabscheidung beobachtet worden, jedoch kommen auch abweichende Beobachtungen vor. Bei diesem Stand besteht im ganzen kein Anlaß, bei Korrosionsbetrachtungen die ζ enthaltenden Terme stets explizit in Stromspannungsbeziehungen aufzuführen. Man behalte jedoch im Auge, daß unter diesen Umständen die Geschwindigkeit einer Elektrodenreaktion wegen des Einflusses des ζ-Potentials anders von der Konzentration reagierender Teilchen abhängen kann, als nach einfachen Ansätzen der Kinetik chemischer Reaktionen erwartet zwird. Auch können über die Beeinflussung des ζ-Potentials Neutralsalze die Reaktionsgeschwindigkeit mitbestimmen, deren Ionen in die Reaktionsgleichung nicht eingehen.

Der in Bild 5.26a skizzierte Aufbau der Doppelschicht, der natürlich ebenso mit umgekehrtem Vorzeichen der Ladungen vorkommen kann, stellt den einfachsten Fall dar. In Bild 5.26b ist zusätzlich angenommen, daß in der Lösung enthaltene kleine Kationen auf der Metalloberfläche spezifisch adsorbiert, also durch nicht-Coulombsche Kräfte gebunden sind. Schließlich zeigt Bild 5.26c schematisch den Fall der spezifischen Adsorption elektrischer Dipole, also z. B. der Wassermolekeln der Lösung. Offenbar ist mit der Adsorption von H_2O-Dipolen, die in großem Überschuß in der Lösung vorkommen, stets zu rechnen. Hinzu kommt, daß auch auf der Metallseite der Doppelschicht immer eine Dipolschicht vorliegen wird, da am Rande auch eines insgesamt ladungsfreien Metallstücks die Grenze des Elektronengases gegenüber der des Gitters der Metallionen verschoben sein kann. Das spielt eine wesentliche Rolle bei der Interpretation des sogenannten *Ladungsnullpunktes* ε_N, worunter man das Elektrodenpotential versteht, bei dem gerade im Metall und in der Lösung die Überschußladungen verschwinden. Für $\varepsilon = \varepsilon_N$ wird $\zeta = 0$. Wegen der Dipolschicht im Metall und der Dipolschicht des adsorbierten Wassers ist für $\varepsilon = \varepsilon_N$ doch im allgemeinen $\varphi_{Me,L} \neq 0$, weshalb eine Elektrode bei ε_N auch nicht etwa als absolute „Nullelektrode“ betrachtet werden darf.

Der Ladungsnullpunkt ε_N eines Metalls in einer Lösung wird im Zusammenhang speziell mit der Wirkungsweise von Adsorptionsinhibitoren (vgl. Kap. 7), soweit sie durch Coulombsche Kräfte an die Metalloberfläche gebunden sind, eine Rolle spielen. Die Lage des Elektrodenpotentials ε eines Metalls relativ zu seinem Ladungsnullpunkt in der betreffenden Lösung gibt an, ob das Metall der Lösung gegenüber positiv ($\varepsilon > \varepsilon_N$) oder negative ($\varepsilon < \varepsilon_N$)

Tabelle 11. Zusammenstellung von Literaturangaben für den Ladungsnullpunkt reiner Metalle in Lösungen ohne oberflächenaktive Substanzen, bestimmt nach verschiedenen Methoden (nach Vetter)

Metall	Ladungsnullpunkt [V]
Cadmium	– 0,90, – 0,70
Blei	– 0,67, – 0,62
Zink	– 0,63
Eisen	– 0,37
Kohlenstoff	– 0,07, 0,0 – + 0,2
Silber	+ 0,05, + 0,02
Gold	+ 0,3

aufgeladen ist. Handelt es sich um eine Lösung, aus der nicht Ionen oder Dipolmolekeln (außer H_2O) spezifisch adsorbiert werden, so kann der Ladungsnullpunkt jedenfalls angenähert als eine Materialkonstante des Metalls betrachtet werden. Dies setzt allerdings voraus, daß die Metalloberfläche rein (z. B. auch frei von einer Oxidhaut) vorliegt. Auf die Diskussion der Bestimmungsmethoden wird hier verzichtet. Tab. 11 gibt nach einer von Vetter [1] angegebenen Zusammenstellung den Wert des Ladungsnullpunktes für einige bei Korrosionsbetrachtungen interessierende Metalle nach dem Ergebnis verschiedener Meßmethoden. Handelt es sich um Lösungen, aus denen Ionen oder Dipolmolekeln (außer H_2O) spezifisch adsorbiert werden, so sind andere Werte des Ladungsnullpunktes anzunehmen, wobei die Verschiebung von ε_N sowohl von der Natur, wie auch von der Konzentration des betreffenden Ions oder Dipols abhängt. Qualitativ sollte die spezifische Adsorption von Kationen ε_N zu positiveren, die von Anionen zu negativeren Werten verschieben, was durch Messungen an Quecksilber auch bestätigt wird. Bei spezifischer Dipoladsorption hängt die Richtung des Effektes von der Ausrichtung des Dipols in der Doppelschicht ab.

Man beachte allerdings, daß die Messung des Ladungsnullpunktes im Ganzen problematisch ist. Eine neuere Zusammenstellung gibt teilweise andere Werte [31]. Im Zusammenhang mit der Adsorption von Inhibitoren sei festgehalten, daß ε_N für verschiedene Kristallflächen unterschiedliche Werte hat. So findet man [31] für Silber in NaF-Lösung für (111)-Flächen − 0,46, für (100)-Flächen − 0,61 und für (110)-Flächen − 0,77 V.

Literatur

1. Wegen der Einzelheiten der hier nur skizzierten Theorie der Kinetik von Elektrodenreaktionen wird auf die umfangreiche Spezialliteratur verwiesen, insbesondere auf: a) Vetter, K. J.: Elektrochemische Kinetik. Berlin, Göttingen, Heidelberg: Springer 1961 – id.: Electrochemical Kinetics. New York, London: Academic Press 1967 – b) Bockris, J. O'M.; Reddy, A. K. N.: Modern Electrochemistry. New York: Plenum Press 1970 – c) Vielstich, W.; Schmickler, W.: Elektrochemie II; Kinetik elektrochemischer Systeme. In: Grundzüge der physikalischen Chemie (Haase, R., Herausgeber). Darmstadt: Steinkopf 1976 – d) Conway, B. E.; Bockris, J. O'M.; Yeager, E.; Khan, S. U. M.; White, R. E. (Edtrs.): Kinetics and Mechanism of Electrode Processes. In: Comprehensive Treatise of Electrochemistry, Vol. 7. New York, London: Plenum Press 1983
2. Benneck, H.; Schenk, H.; Müller, H.; Stahl u. Eisen *55*, 321 (1935) Devanathan, M. A. V.; Bockris, J. O. M.; Mehl, W.: J. Electroanalyt. Chem. *a*, 143 (1959/60) Bockris, J. O. M.; Subramanyan, P. K.: Corr. sci. *10*, 435 (1970)
3. Uhlig, H. H.: Corrosion and Corrosion Control. New York, London: Wiley 1963
4. Kaesche, H.: Z. f. Elektrochemie, Ber. Bunsenges. phys. Chemie *63*, 492 (1959)
5. Vetter, K. J.: Z. f. Elektrochemie, Ber. Bunsenges. phys. Chemie *59*, 435 (1955)
6. Stern, M.: J. Electrochem. Soc. *102*, 609 (1955)
7. Frumkin, A. N., in: Advances in Electrochemistry and Electrochemical Engineering (Delahay, P., Tobias, C. W., Herausgeber): New York, London: Interscience Publ. 1961
8. Frumkin, A. N.; Koszhunov, V.; Bagozkaya, I.: Electrochim. Acta *15*, 289 (1970)
9. Landolt-Börnstein: Zahlenwerte und Funktionen, 6. Aufl., 2. Teil, b, Lösungsgleichgewichte I – Berlin, Göttingen, Heidelberg: Springer 1961
10. Hoar, T. P.: Proc. Roy. Soc. London, Ser. A *142*, 628 (1932)
11. Parsons, R.: Handbook of Electrochemical Constants. London: Butterworths 1959
12. Kaesche, H.: Unveröffentlicht

13. Postlethwaite, J.; Sephton, I.: Corr. sci. *10*, 775 (1970)
14. Kolthoff, J. M.; Miller, C. S.: J. Am. Chem. Soc. *63*, 3110 (1941)
15. Delahay, P.: J. Electrochem. Soc. *97*, 205 (1950)
16. Fischer, W.: Siedlarek, W.: Werkstoffe u. Korr. *30*, 695, (1979)
17. Vielstich, W.: Brennstoffelemente. Weinheim: Verlag Chemie 1965 – Bockris, J. O'M.; Srinisan, S.: Fuel Cells. McGraw Hill 1969 – Hoare, J. P.: The Electrochemistry of Oxygen. Interscience Publs., John Wiley & Sons 1968
18. Jovancicevic, V.; Bockris, J.O'M.: J. Electrochem. Soc. *133*, 1797 (1986)
19. Lossew, W. W.; Molodov, A. J.: Dokl. Akad. Nauk SSSR *130*, 11 (1960), *198*, 1114 (1963) – Kolotyrkin, Ya. M.: J. Electrochem. Soc. *108*, 209 (1961)
20. a) Bonhoeffer, K. F., Heusler, K. E.: Z. phys. Chemie N. F. *8*, 390 (1956), Z. Elektrochemie Ber. Bunsenges. phys. Chemie *62*, 582 (1958) – b) Heusler, K. E.: Iron. In: Encyclopedia of Electrochemistry of the Elements. Bard, A. J. (Herausgeber). Vol. IX, Part A. New York, Basel: Marcel Dekker, Inc. 1982 – c) Lorenz, W. J.; Heusler, K. E.: Anodic Dissolution of Iron Group Elements. In: Mansfeld, F. (Hrsg.): Corrosion Mechanisms. New York, Basel: Marcel Dekker, Inc. 1987
21. Kabanov, B.; Leikis, D.: Dokl. Akad Nauk SSSR *58*, 1685 (1947), – Kabanov, B.; Burstein, R.; Frumkin, A.: Disc. Farad. Soc. *1*, 259 (1947)
22. Bockris, J. O'M.; Drazic, D.; Despic, A. R.: Electrochim. Acta *4*, 325 (1961) – vgl. auch z. B. 20. b, 20. c
23. Eichkorn, G.; Lorenz, W. J.; Albert, L.; Fischer, H.: Electrochim. Acta *13*, 183 (1968)
24. a) Vitanov, T. Sevastianov, V. Bostanov, Budevski, E.: Elektrokhimiya *5*, 451 (1969) – Vitanov, T.; Popov, A.; Budevski, E.: J. Electrochem Soc. *121*, 207 (1974) – b) Budevski, E. B.: Electrocrystallisation. In: loc. cit. 1.d
25. Heusler, K. E.; Knödler, R.: Electrochim. Acta *15*, 243 (1970)
26. a) Allgeier, W.; Heusler, K. E.: Z. phys. Chemie N. F. *98*, 161 (1975) – b) vgl. loc. cit. 20.b), 20.c) – c) vgl. auch Heusler K. E.: Neuere Erkenntnisse über Mechanismen einiger Korrosionsarten. In: Elektrochemie der Metalle. DECHEMA-Monographie Nr. 93 (1983)
27. Nord, H.; Bech – Nielsen, G.: Electrochim. Acta *16*, 849 (1971)
28. Geana, D.; Lorenz, W. J.: Corr. Sci. *13*, 505 (1973) – *14*, 657 (1974) – Electrochim. Acta *20*, 273 (1975)
29. Gaiser, L.; Heusler, K. E.: Electrochim. Acta *15*, 161 (1970)
30. a) Bockris, J. O'M.; Enyo, M.: Trans. Farad. Soc. *58*, 1187 (1962) – b) vgl. auch Smyrl, W. H.: Electrochemistry and Corrosion on Homogeneous and Heterogeneous Metal Surfaces. In: Bockris, J. O'M.; Conway, B. E.; Yeager, E.; White, R. E. (Herausgeber): Electrochemical Materials Sciences (Comprehensive Treatise of Electrochemistry, Vol. 4). New York, London: Plenum Press 1981.
31. a) Frumkin, A.; Damaskin, B.; Grigoriev, N.; Bagotskaya, I.: Electrochim. Acta *19*, 69 (1974) – b) Frumkin, A. N.: Potenzialy nulewogo sarjada, M., Nauka 1979

6 Die Kinetik der gleichmäßigen Korrosion

6.1 Korrosion in sauren Lösungen — „Säurekorrosion"

Ein festes, praktisch reines Metall werde in einer nichtoxydierenden Säure unter Wasserstoffentwicklung angegriffen. Abkürzend soll dieser Vorgang als „*Säurekorrosion*" bezeichnet werden. Das korrodierte Metall soll von reaktionshemmenden Deckschichten frei sein.

Das Volumen der Säurelösung sei so groß, daß die zeitlichen Konzentrationsänderungen in der wäßrigen Phase vernachlässigbar klein bleiben. Die Lösung sei außerdem frei von gelöstem Sauerstoff, so daß die Gleichung der Korrosions-Bruttoreaktion allgemein durch

$$Me + zH^+ \rightarrow Me^{z+} + \frac{z}{2}H_2 \tag{6.1}$$

gegeben ist. Diese Bruttoreaktion kommt durch die Überlagerung von 4 Teilreaktionen zustande, nämlich der Teilreaktion der anodischen Metallauflösung

$$Me \rightharpoonup Me^{z+} + ze^-, \tag{6.2}$$

der kathodischen Metallabscheidung

$$Me^{z+} + ze^- \rightharpoonup Me, \tag{6.3}$$

der kathodischen Wasserstoffabscheidung

$$zH^+ + ze^- \rightharpoonup \frac{z}{2}H_2, \tag{6.4}$$

und der anodischen Wasserstoffionisation

$$\frac{z}{2}H_2 \rightharpoonup zH^+ + ze^-. \tag{6.5}$$

Das betrachtete Metall sei als Meßelektrode in eine Versuchsanordnung zur Messung von Stromspannungskurven eingeschaltet und werde mit einem Strom der Stärke j_S polarisiert. Die Stromstärke der anodischen Metallauflösung bzw. der kathodischen Metallabscheidung sei $\vec{j}_{Me}$ bzw. $\overleftarrow{j}_{Me}$, die der kathodischen Wasserstoffabscheidung bzw. anodischen Wasserstoffionisation $\overleftarrow{j}_H$ bzw. $\vec{j}_H$. Die Stromstärken $\vec{j}_{Me}$ und $\vec{j}_H$ sind prinzipiell positiv, die Stromstärken $\overleftarrow{j}_H$ und $\overleftarrow{j}_{Me}$ prinzipiell negativ, wie früher vereinbart. Die Addition $(\vec{j}_{Me} + \overleftarrow{j}_{Me})$ ergibt die Stromstärke j_{Me} der Elektrodenreaktion der Metallauflösung und Metallabscheidung, die Addition $(\vec{j}_H + \overleftarrow{j}_H)$ die Stromstärke j_H der Elektrodenreaktion der Wasserstoffabscheidung und Wasserstoffionisation. Die Bedingung der Elektroneutralität verlangt, daß stets

$$j_S = j_{Me} + j_H = \vec{j}_{Me} + \overleftarrow{j}_{Me} + \vec{j}_H + \overleftarrow{j}_H \,. \tag{6.6}$$

Diese Beziehung muß immer erfüllt sein, und zwar auch dann, wenn es sich um ungleichmäßige Korrosion handelt. Entsprechend gilt ebenso allgemein für eine beliebige Elektrode, durch die der Elektrolysestrom j_S tritt, und an der n Elektrodenreaktionen ablaufen, deren r-te die Stromstärke j_r aufweist:

$$j_S = \sum_1^n j_r \tag{6.7}$$

Die Division der Stromstärken j durch die Oberfläche Q des korrodierten Metalls gibt den einzelnen Gliedern die Dimension einer Stromdichte i. Es gilt dann

$$i_S = i_{Me} + i_H = \vec{i}_{Me} + \overleftarrow{i}_{Me} + \vec{i}_H \rightarrow \overleftarrow{i}_H \,, \tag{6.8}$$

$$i_S = \sum_1^n i_r \,. \tag{6.9}$$

Wird das Metall gleichmäßig korrodiert, so haben die Stromdichten i_r im zeitlichen Mittel für jeden Ort auf der Metalloberfläche denselben Wert. Wie in Kap. 4.4 dargelegt, ist dieser Grenzfall der völlig gleichmäßigen Korrosion beim flüssigen Amalgam realisiert [1]. In guter Näherung kann aber auch noch die Säurekorrosion eines praktisch reinen, festen Metalls bei einigermaßen glatter Oberfläche als gleichmäßig angesehen werden. Das gilt in dem Sinne, daß bei Stromspannungsmessungen ohne besondere Verfeinerung der Meßmethoden im Rahmen der Meßgenauigkeit keine Abweichungen vom Modellverhalten der gleichmäßigen Korrosion festgestellt werden. Es spielt dabei keine Rolle, daß z. B. im allgemeinen der Augenschein lehrt, daß ein zunächst poliert in die Säure eingetauchtes Metall durch die Korrosion aufgerauht wird, die Stromdichte der Metallauflösung also sicher nicht überall völlig konstant war. Selbst das Verhalten eines heterogenen Materials, wie etwa eines kohlenstoffarmen Stahles, in dessen Ferritmatrix Zementitausscheidungen eingelagert sind, läßt sich mit dem für das Modell der gleichmäßigen Korrosion entwickelten Formelapparat noch beschreiben. Auch bei stärker heterogenem Material, also etwa einem kohlenstoffreichen Stahl oder einem Gußeisen liegt die Hauptschwierigkeit weniger in der Ungleichmäßigkeit der Korrosion als im Einfluß der sich bildenden Deckschicht, die das Elektrodenverhalten mit der Zeit langsam ändert. Allerdings liegen in diesem Zusammenhang genauere Untersuchungen der Stromspannungsbeziehungen bisher noch kaum vor. Ähnlich wirkt auch bei homogenen Legierungen die Anreicherung der edleren Komponente an der Metalloberfläche u. U. stark komplizierend. Im folgenden kehren wir zurück zur Diskussion des Verhaltens von Metallen, die wie Reinzink, Weicheisen u. dgl. in dieser Hinsicht keine wesentlichen Schwierigkeiten bieten.

Bei gleichmäßiger Korrosion hat das Elektrodenpotential ε an jeder Stelle der Metalloberfläche denselben Wert. Infolgedessen sind die Funktionen $i_r = i_r(\varepsilon)$, d. h.

die *Teilstrom-Spannungskurven* der korrodierten Elektrode, wohldefiniert und eindeutig. Damit gilt nach Gln. (6.8) und (6.9) auch

$$i_S(\varepsilon) = i_{Me}(\varepsilon) + i_H(\varepsilon) = \vec{i}_{Me}(\varepsilon) + \overleftarrow{i}_{Me}(\varepsilon) + \vec{i}_H(\varepsilon) + \overleftarrow{i}_H(\varepsilon) \tag{6.10}$$

Die Funktionen

$$i_{Me}(\varepsilon) = \vec{i}_{Me}(\varepsilon) + \overleftarrow{i}_{Me}(\varepsilon),\ i_H(\varepsilon) = \vec{i}_H(\varepsilon) + \overleftarrow{i}_H(\varepsilon),$$

also die Summenstrom-Spannungskurven einfacher Metallelektroden bzw. einfacher Wasserstoffelektroden, können hier sinngemäß als die Teilsummen-Stromspannungskurven der korrodierten Elektrode bezeichnet werden. Die Summenstrom-Spannungskurve ist nach Gl. (6.10) mit derselben Berechtigung als durch Überlagerung der Teilstrom- wie auch als durch Überlagerung der Teilsummen Stromspannungskurven gebildet zu denken.

Für saure Lösungen kann dann normalerweise angenommen werden, daß die Volmersche Reaktion des Ladungsdurchtrittes durch die Doppelschicht für die Wasserstoffabscheidung geschwindigkeitsbestimmend ist. Das gilt jedenfalls so lange, als nicht Diffusionspolarisation eintritt, und damit im hier interessierenden Stromdichtebereich jedenfalls in Lösungen vom pH-Wert $\lesssim 2$. Infolgedessen kann erwartet werden, daß die Teilsummen-Stromspannungskurve $i_H(\varepsilon)$ dem Gleichungstyp Gl. (5.29) gehorcht. Zur bequemeren Handhabung benutzen wir diese Gleichung in der folgenden abgekürzten Form:

$$i_H = B_H \exp\left\{\frac{\varepsilon}{b'_H}\right\} - A_H \exp\left\{-\frac{\varepsilon}{a'_H}\right\}. \tag{6.11}$$

Nach den Darlegungen in Kap. 5 vereinfacht diese Beziehung die oft kompliziertere Potentialabhängigkeit der Stromdichte i_H teilweise erheblich. Die Größen B_H und A_H sind u. U. selbst noch potentialabhängig, allerdings sicher schwächer als exponentiell. Wechselt je nach Potentialbereich der geschwindigkeitsbestimmende Teilschritt der jeweiligen Durchtrittsreaktion, so wechselt auch der betreffende Wert von b'_H bzw. a'_H. Auch scheinbar geringfügige Änderungen der Reinheit des Metalls oder der Elektrolytlösung sowie Änderungen der Oberflächenvorbehandlung des Metalls werden gewöhnlich den Wert der Größen B_H und A_H beeinflussen, so daß insgesamt Gl. (6.11) eine teils summarische Näherungsbeziehung darstellt.

Für den Fall des nicht durch Deckschichten beeinflußten Elektrodenverhaltens ist der Durchtritt der Ladungen durch die Doppelschricht anscheinend auch für die Metallauflösung und Metallabscheidung normalerweise der geschwindigkeitsbestimmende Schritt (vgl. Kap. 5). Infolgedessen eignet sich für die Teilsummen-Stromspannungskurve $i_{Me}(\varepsilon)$ der der Gl. (6.11) analoge Ansatz

$$i_{Me} = B_{Me} \exp\left\{\frac{\varepsilon}{b'_{Me}}\right\} - A_{Me} \exp\left\{-\frac{\varepsilon}{a'_{Me}}\right\} \tag{6.12}$$

ebenso als vereinfachter Näherungs-Ansatz wie (6.11).

Mit Gln. (6.11) und (6.12) ergibt sich aus Gl. (6.10) die Gleichung der Summenstrom-Spannungskurve als Summe von 4 Exponentialgliedern, deren jedes eine der

Teilstrom-Spannungskurven darstellt. Hierzu zeigt Bild 6.1 schematisch die Überlagerung der (gestrichelt gezeichneten) Teilstrom-Spannungskurven zur (durchgezogen gezeichneten) Summen-Stromspannungskurve. Die Lage der Teilstrom-Spannungskurven ist willkürlich so angenommen, daß bei der Summenstromdichte $i_S = 0$, d. h. beim Ruhepotential $\varepsilon = \varepsilon_R$, die Teilstromdichten $\overleftarrow{i}_{Me}$ der Metallabscheidung und $\overleftarrow{i}_H$ der Wasserstoffionisation vernachlässigbar klein sind verglichen mit den Teilstromdichten $\overrightarrow{i}_{Me}$ der Metallauflösung und $\overrightarrow{i}_H$ der Wasserstoffabscheidung. Unter diesen Bedingungen liegt das Ruhepotential ε_R sowohl vom Gleichgewichtspotential $E_{Me/Me^{z+}}$ der einfachen Me/Me^{z+}-Elektrode als auch vom Gleichgewichtspotential E_{H_2/H^+} der einfachen Wasserstoffelektrode weit entfernt. Im übrigen muß bei der Korrosion allgemein gelten: $\varepsilon_R \geq E_{Me/Me^{z+}}$ und speziell bei der Säurekorrosion außerdem: $\varepsilon_R \leq E_{H_2/H^+}$. Die Korrosionsstromdichte $i_K = i_{Me}(\varepsilon_R)$ wird durch die Länge des in ε_R nach oben aufgetragenen Pfeiles bezeichnet, sie ist wegen $i_{Me}(\varepsilon_R) = -\, i_H(\varepsilon_R)$ dem Betrage nach gleich der Länge des in ε_R nach unten aufgetragenen Pfeiles. Pfeile in E_{H_2/H^+} bezeichnen entsprechend die Austauschstromdichte i_H^0 der Wasserstoffabscheidung und -auflösung; die Austauschstromdichte i_{Me}^0 der Metallauflösung und -abscheidung ist klein angenommen. Unter den angenommenen Bedingungen ist die Korrosionsgeschwindigkeit

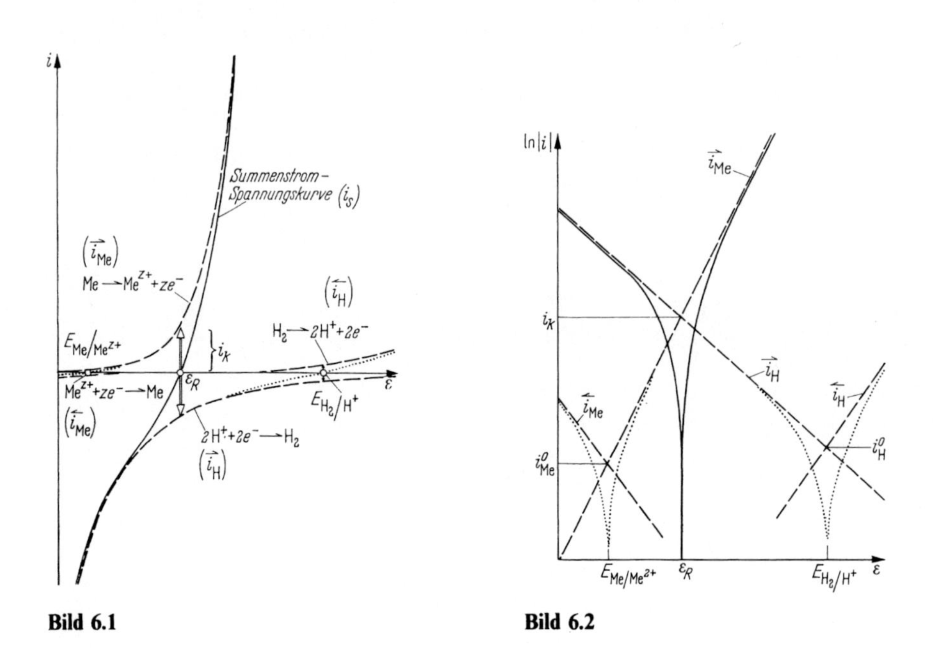

Bild 6.1 **Bild 6.2**

Bild 6.1. Vollständiges Stromspannungsdiagramm einer unter Wasserstoffentwicklung gleichmäßig korrodierten Metallelektrode (schematisch)

Bild 6.2. Stromspannungsdiagramm wie in Bild 40, in den Koordinaten ε und $\ln|i|$. (Schematisch)

sowohl durch die Überspannung η_{Me} der Metallauflösung als auch durch die Überspannung η_H der Wasserstoffentwicklung stark beeinflußt, d. h. wie man auch sagt, gleichermaßen unter anodischer und kathodischer Kontrolle.

Für die Gleichungen der Stromspannungskurven gilt unter den in Bild 6.1 angenommenen Bedingungen für die nähere Umgebung von ε_R

$$i_{Me}(\varepsilon) = \vec{i}_{Me}(\varepsilon); \quad i_H(\varepsilon) = \vec{i}_H(\varepsilon) \tag{6.13}$$

$$i_S(\varepsilon) = \vec{i}_{Me}(\varepsilon) + \vec{i}_H(\varepsilon) = B_{Me} \exp\left\{\frac{\varepsilon}{b'_{Me}}\right\} - A_H \exp\left\{-\frac{\varepsilon}{a'_H}\right\}. \tag{6.14}$$

Da ferner auch gilt:

$$i_k = B_{Me} \exp\left\{\frac{\varepsilon_R}{b'_{Me}}\right\} = A_H \exp\left\{\frac{\varepsilon_R}{a'_H}\right\}, \tag{6.15}$$

so kann (Gl. (6.14) umgeformt werden zu

$$i_S = i_K\left[\exp\left\{\frac{\varepsilon - \varepsilon_R}{b'_{Me}}\right\} - \exp\left\{-\frac{\varepsilon - \varepsilon_R}{a'_H}\right\}\right]. \tag{6.16}$$

Hier treten die Konstanten B_{Me} und A_H nicht mehr explizit auf, statt dessen erscheint als der hauptsächlich interessierende Parameter der Summenstrom-Spannungskurve die Korrosionsstromdichte i_K.

Die Größe $(\varepsilon - \varepsilon_R)$ ist definitionsgemäß gleich der *Polarisation* π der Elektrode, d. h. unmittelbar gleich der durch den Summenstrom bewirkten Veränderung des Elektrodenpotentials. Nach Gl. (6.16) fällt die Summenstrom-Spannungskurve für hinreichend große positive Werte von π mit der Teilstrom-Spannungskurve $\vec{i}_{Me}(\varepsilon)$ der Metallauflösung zusammen; in diesem Potentialbereich gilt:

$$i_S(\varepsilon) = \vec{i}_{Me}(\varepsilon) = i_K \exp\left\{\frac{\varepsilon - \varepsilon_R}{b'_{Me}}\right\}. \tag{6.17}$$

Andererseits fällt die Summenstrom-Spannungskurve für hinreichend große negative Werte von π mit der Teilstrom-Spannungskurve $\vec{i}_H(\varepsilon)$ der Wasserstoffabscheidung zusammen; in diesem Potentialbereich gilt

$$i_S(\varepsilon) = \vec{i}_H(\varepsilon) = -\, i_K \exp\left\{-\frac{\varepsilon - \varepsilon_R}{a'_H}\right\}. \tag{6.18}$$

Unter diesen Bedingungen hat die Summenstrom-Spannungskurve im halblogarithmischen ln $|i|$- bzw. log $|i|$-ε-Diagramm den in Bild 6.2 skizzierten charakteristischen Verlauf: Sowohl bei kathodischer als auch bei anodischer Polarisation geht die Kurve schließlich in eine Tafel-Gerade über. Aus den Parametern dieser Tafel-Geraden berechnet man nach Gln. (6.17) und (6.18) ohne weiteres die Korrosionsgeschwindigkeit i_K. Dazu ist die graphische Auswertung einfacher zu handhaben, da man im halblogarithmischen Stromspannungsdiagramm nur eine oder beide Tafel-Geraden zum Potential ε_R zu extrapolieren hat, um als Ordinate $\vec{i}_{Me}(\varepsilon_R) = |\vec{i}_H(\varepsilon_R)| = i_K$ die Korrosionsstromdichte ablesen zu können. Man beachte, daß dieses Verfahren die unabhängige Überlagerung der

Teilreaktionen voraussetzt, werden doch hier Aussagen über das Elektrodenverhalten bei gleich schnellen anodischen und kathodischen Teilreaktionen aus Messungen in Bereichen des Elektrodenpotentials erhalten, wo das Metall eine einfache Me/Me^{z+}-bzw. eine einfache H_2/H^+-Elektrode darstellt.

Eine der Gl. (6.16) gehorchende Summenstrom-Spannungskurve findet man für den Fall des in sauerstofffreier Säurelösung korrodierten Eisens. Als Beispiel zeigt Bild 6.3 die stationäre Summenstromspannungskurve von Carbonyleisen in sorgfältig von Verunreinigungen befreiter H_2SO_4/Na_2SO_4-Lösung [2]. Der Schnittpunkt der anodischen und kathodischen Tafel-Geraden liegt mit befriedigender Genauigkeit beim Ruhepotential ε_R. Diese korrekte Lage des Schnittpunktes findet man auch in $HClO_4/NaClO_4$-[3] sowie in HCl/NaCl-Lösungen [4]. Eine Vorbedingung ist natürlich, daß eine Beziehung von der einfachen Form der Gl. (6.14) überhaupt gilt, was nach den Darlegungen in Kap. 5 unter vielen Bedingungen nicht zutreffen muß. Wendet man (6.14) dann dennoch an, so werden die Größen B_{Me} und/oder A_H potentialabhängig. Häufig findet man z. B. anodische Teilstrom-Spannungskurven der Eisenauflösung, die durch eine

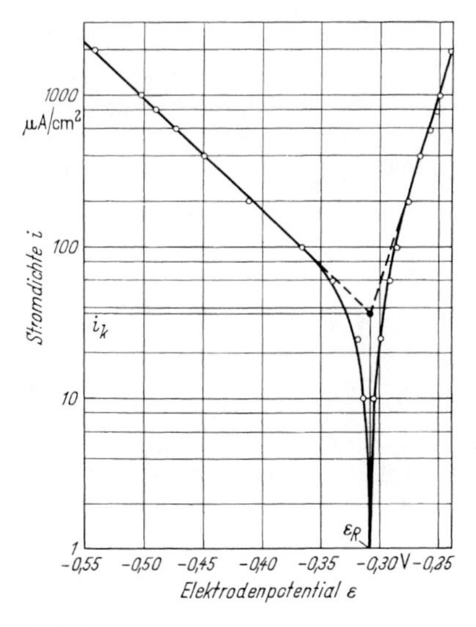

Bild 6.3

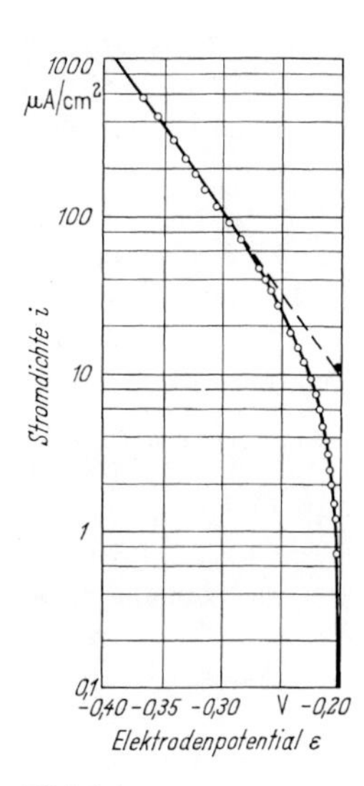

Bild 6.4

Bild 6.3. Stationäre Summenstrom-Spannungskurve des Carbonyleisens in 0,05 N H_2SO_4/0,45 M Na_2SO_4-Lösung, pH 1,7, O_2-frei, 10 °C. (Nach Kaesche)

Bild 6.4. Kathodischer Ast der Summenstrom-Spannungskurve von hochreinem Eisen (Carbonyleisen, im Vakuum ungeschmolzen) in HCl/4% NaCl-Lösung, pH 2, O_2-frei. ● durch kolorimetrische Analyse des Eisengehaltes der Lösung bestimmter Wert der Korrosionsgeschwindigkeit. (Nach Stern)

potentialabhängige Adsorption/Desorption oberflächenaktiver Substanzen so verzerrt sind, daß die Extrapolation scheinbar Tafelscher Bereiche leicht irreführen kann. Dies gilt nicht nur für die ausgesprochenen Inhibitoren der Säurekorrosion (vgl. Kap. 17), sondern z. B. schon für $H_2SO_4/Na_2SO_4/KCl$-Lösungen [5]. Solche und andere langsame Änderungen des Oberflächenzustandes korrodierter Elektroden machen sich im allgemeinen durch Hystereseerscheinungen, also durch das Auseinanderfallen auf-und abwärtsgemessener Stromspannungskurven bemerkbar. Ihre experimentelle Ausschaltung verlangt schnelle oszillographische Messungen.

Wie Gl. (6.15) zeigt, genügt für die Bestimmung der Korrosionsgeschwindigkeit aus Stromspannungsmessungen die Kenntnis einer der beiden Teilstrom-Spannungskurven. Man kann sich also damit begnügen, z. B. nur die Tafel-Gerade der kathodischen Wasserstoffabscheidung zu bestimmen und zum Ruhepotential zu extrapolieren. Bild 6.4 zeigt ein Beispiel für eine Untersuchung, bei der durch die kolorimetrische Analyse des gelösten Metalls die Korrosionsgeschwindigkeit zusätzlich bestimmt wurde [6]. Die Übereinstimmung der nach Gl. (6.15) berechneten und der unabhängig analytisch bestimmten Korrosionsgeschwindigkeit ist offensichtlich sehr gut. Dasselbe Ergebnis hatten spätere Messungen der Korrosionsgeschwindigkeit von Eisen in Säurelösungen mit Zusatz von Phenylthioharnstoff (vgl. Tabelle 12 [7]).

Auf erheblich frühere Mitteilungen von Kolotyrkin und Frumkin [8], die den gleichen Sachverhalt für die Korrosion des Nickels in Salzsäurelösung durch die Kombination von Stromspannungsmessungen und manometrischer Bestimmung der Wasserstoffentwicklung bestätigten, sei hingewiesen. Es sind dies die ersten Messungen, die den zuvor (vgl. Kap. 4.4) für flüssige Amalgame erschlossenen Mechanismus der Überlagerung kinetisch unabhängiger Teilreaktionen zur gleichmässigen Bruttokorrosionsreaktion auch für feste Elektroden bewiesen.

Da sich die Messung der Stromspannungskurve in einigen Minuten erledigen läßt, erlaubt die Auswertung von Stromspannungsdaten die Feststellung der mo-

Tabelle 12. Die Korrosionsgeschwindigkeit von Carbonyleisen in $HClO_4$/0,5 m $NaClO_4$-Lösung (pH2; 25 °C; ohne gelösten O_2) mit und ohne Zusatz von Phenylthioharnstoff (PTH), bestimmt a) durch kolorimetrische Analyse des gelösten Eisens. b) durch Auswertung der stationären Stromspannungskurve (nach Kaesche).

PTH-Konzentration [mol/l]	Korrosionsgeschwindigkeit [$\mu A/cm^2$] chem. analytisch a)	berechnet b)
0	190 ± 10	210 ± 10
$1 \cdot 10^{-7}$	210 ± 10	220 ± 10
$1 \cdot 10^{-6}$	70 ± 5	70 ± 5
$1 \cdot 10^{-4}$	14 ± 3	8 ± 1

mentanen Geschwindigkeit der Korrosion, im Gegensatz zu Gewichtsverlustbestimmungen und auch chemischen Analysen der gelösten Metallmenge, die zu über wenigstens mehrere Stunden gemittelten Werten führen. Also können mit Stromspannungsmessungen auch noch relativ schnelle Änderungen der Korrosionsgeschwindigkeit erfaßt werden. Man erkennt auch, daß es im Prinzip bei dem beschriebenen Verfahren nicht darauf ankommt, daß der für die Auswertung untersuchte Ast der Stromspannungskurve einen Tafel-Bereich aufweist. Wesentlich ist vielmehr, daß a) in dem Potentialbereich gemessen wird, wo der Summenstrom gleich einem der Teilströme wird, und daß b) in diesem Bereich das Bildungsgesetz der betreffenden Teilstrom-Spannungskurve erkannt wird, so daß die Ermittlung der Stromdichte dieser Teilreaktion beim Ruhepotential möglich ist. Neben der Auswertung von Tafel-Geraden hat jedoch in dieser Richtung bisher außerdem nur noch die Messung der geschwindigkeitsbestimmenden Grenzstromdichte speziell der Sauerstoffreduktion Bedeutung gewonnen, worauf wir noch zurückkommen.

Es besteht ferner nach Gl. (6.16) ein zuerst von Wagner und Traud [1] angegebener, von Stern und Mitarbeitern [6, 9] wieder benutzter und neuerdings viel diskutierter [10] Zusammenhang zwischen der Tangente der Summenstrom-spannungskurve beim Durchgang durch das Ruhepotential und der Korrosionsgeschwindigkeit. Es gilt:

$$\left(\frac{di_S}{d(\varepsilon - \varepsilon_R)}\right)_{\varepsilon R} = i_K\left(\frac{1}{b'_{Me}} + \frac{1}{a'_H}\right). \tag{6.19}$$

Dabei ist $a'_H = d\varepsilon/d \ln|\vec{i}_H|$; $b'_{Me} = d\varepsilon/d \ln \vec{i}_{Me}$. Bequemer benutzt man $a_H = d\varepsilon/d\log|\vec{i}_H|$, $b_{Me} = d\varepsilon/d \log \vec{i}_{Me}$, aus denen sich a'_H und b'_H nach

$$b'_{Me} = 0{,}434\, b_{Me}; \quad a'_H = 0{,}434\, a_H$$

ergeben. Man erhält dann (mit $(\varepsilon - \varepsilon_R = \pi)$

$$i_K = 0{,}434 \frac{a_H b_{Me}}{a_H + b_{Me}} \frac{1}{\left(\dfrac{d\pi}{di_S}\right)_{\varepsilon R}}. \tag{6.20}$$

Darin ist $(d\pi/di_S)\varepsilon_R$ der in Kapitel 4 eingeführte differentielle Gleichstrom-Polarisationswiderstand beim Ruhepotential. In der Praxis benutzt man den differentialen Polarisationswiderstand $(\Delta\pi/\Delta i_S)_{\varepsilon R}$, soweit die Summenstrom-Spannungskurve beim Durchgang durch ε_R annähernd linear verläuft. Für hinreichend kleine Werte von π ist $\exp\{\pi/b'_{Me}\} \simeq 1 + \pi/B'_{Me}$; $\exp\{-\pi/a'_H\} \simeq 1 - \pi/a'_H$, und man erhält anstelle von (6.16)

$$i_S = i_k \pi \left(\frac{1}{b'_{Me}} + \frac{1}{a'_H}\right) \tag{6.21}$$

daraus durch Differentiation wieder (6.20). (6.21) gilt nach ihrer Herleitung jedenfalls für $\pi \ll 0{,}434\, b_{Me}$; $0{,}434\, a_H$ und daher im Bereich einiger Millivolt.

Tabelle 13 gibt ein älteres Beispiel einer Kontrollmessung, bei der die tatsächliche Neigung der Tafel-Geraden in der Umgebung des Ruhepotentials sowie der Polarisationswiderstand wieder für Carbonyleisen in durch Phenylthioharnstoff inhibierten Säurelösungen bestimmt wurde [7].

Tabelle 13. Die Korrosionsgeschwindigkeit von Carbonyleisen in Säurelösung mit Zusatz von PTH (vgl. Tab. 12) berechnet a) aus dem Verlauf der Teilstrom-Spannungskurven, b) aus der Neigung der Summenstrom-Spannungskurve beim Durchgang durch das Ruhepotential (nach Kaesche). *) 15 °C, sonst 25 °C

c_{PTH} [mol/l]	b_{Me} [mV]	a_H [mV]	$(di_S/d\pi)_{\varepsilon R}$ [μA/mV cm^2]	i_K [μA/cm^2] Gl. (6.20)	Gl. (6.15)
$1 \cdot 10^{-6}$	71 ± 5	92 ± 5	3,8 ± 0,1	50 ± 5	55 ± 5
$7 \cdot 10^{-6}$	80 ± 5	85 ± 5	2,0 ± 0,1	37 ± 4	39 ± 5
$1 \cdot 10^{-6}$*)	64 ± 5	83 ± 5	0,47 ± 0,03	7,6 ± 1	8 ± 2
$1 \cdot 10^{-5}$*)	92 ± 5	82 ± 5	0,25 ± 0,02	4,7 ± 0,2	5 ± 1
$1 \cdot 10^{-4}$*)	95 ± 5	78 ± 5	0,14 ± 0,02	2,6 ± 0,2	3 ± 1

Sind die Konstanten b_{Me} und a_H nicht bekannt, können sie aber vernünftig geschätzt werden, so kann Gl. (6.20) für eine dann mehr überschlägige Bestimmung der Korrosionsgeschwindigkeit immer noch gute Dienste leisten, solange nur Gl. (6.14) wenigstens angenähert gilt. Im allgemeinen sollte gelten $0{,}03 \lesssim a_H \lesssim 0{,}12$; $0{,}3 \lesssim b_{Me} \lesssim 0{,}10$ und in diesem Spielraum wird sich i_K ohne gesonderte Bestimmung der kinetischen Konstanten, die ja gerade eingespart werden soll, gewöhnlich bis auf einen Faktor 3 oder besser aus dem Polarisationswiderstand ermitteln lassen. Dies wird für die Belange der Praxis, der es gewöhnlich weniger auf Absolutbestimmungen der Korrosionsgeschwindigkeit ankommt als auf einfache Unterscheidungen von der Form „Korrosion vernachlässigbar langsam" bzw. „Korrosion untragbar schnell", oft ausreichen. Vor einer Über-Interpretation der nach ihrer Herleitung (vgl. Kap. 5) stark vereinfachten Gl. (6.14) ist im übrigen zu warnen, mehr noch naturgemäß vor einer Über-Interpretation von Polarisationswiderstands-Messungen bei unbekannter Kinetik der Korrosionsreaktion.

Ein Fall von Säurekorrosion, in dem der Polarisationswiderstand gegen Null geht, aber über die Korrosionsgeschwindigkeit nichts aussagt, war (vgl. Kapitel 4) die Auflösung von Zink aus Zinkamalgam in Säure. Die Unpolarisierbarkeit der Amalgamelektrode sowie die Gleichheit von Ruhepotential ε_R und Gleichge wichts-Elektrodenpotential $E_{Zn/Zn^{++}}$ rührt daher, daß die Korrosionsstromdichte i_K gegenüber der Austauschstromdichte i^0_{Zn} der Hinreaktion der Zinkauflösung und der Rückreaktion der Zinkabscheidung kaum ins Gewicht fällt. Ein weniger extremer Fall, in dem i_K etwa den gleichen Wert hat wie i^0_{Me}, ist in Bild 6.5 schematisch skizziert. Der entgegengesetzte Fall, daß das Ruhepotential des korrodierten Metalls nahe beim Gleichgewichts-Elektrodenpotential E_{H_2/H^+} liegt, hat für die Korrosion keine praktische Bedeutung.

Eine Frage von besonderer praktischer Bedeutung ist die der Abhängigkeit der Korrosion unter Wasserstoffentwicklung vom pH-Wert. Dabei können die hier unter dem Stichwort „Säurekorrosion" abgehandelten Überlegungen ohne weiteres auf neutrale bis alkalische Lösungen übertragen werden, solange es sich bei der kathodischen Reduktion des Oxydationsmittels nur um Wasserstoffabscheidung handelt. Im einfachsten Fall, der z. B. bei der Korrosion des Nickels in

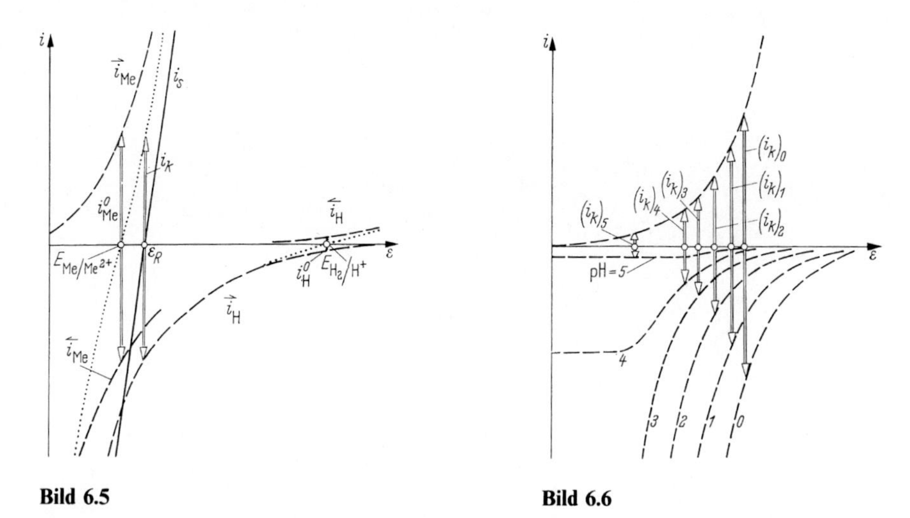

Bild 6.5 **Bild 6.6**

Bild 6.5. Vollständiges Stromspannungsdiagramm einer unter Wasserstoffentwicklung gleichmäßig korrodierten Metallelektrode mit relativ sehr großer Austauschstromdichte i^0_{Me} der Metallauflösung und -abscheidung (schematisch)

Bild 6.6. Die pH-Abhängigkeit der Korrosionsgeschwindigkeit einer unter Wasserstoffentwicklung gleichmäßig korrodierten Metallelektrode, bei pH-unabhängigem Mechanismus der anodischen Teilreaktion der Metallauflösung (schematisch)

Salzsäurelösung realisiert ist [8], hängt die anodische Stromdichte der Metallauflösung nicht vom pH-Wert ab. Ist, wie meistens, zugleich die kathodische Teilreaktion der Metallabscheidung vernachlässigbar, so erhält man schematisch das Stromspannungsdiagramm in Bild 6.6. Man erkennt, daß die Korrosionsgeschwindigkeit mit steigendem pH-Wert rasch absinkt und das Korrosionspotential dabei negativer wird. Dabei ist wichtig, daß die Korrosionsgeschwindigkeit, solange die Wasserstoffabscheidung durch Wasserzersetzung keine Rolle spielt, nicht größer sein kann als der Betrag der Diffusionsgrenzstromdichte der Wasserstoffabscheidung. Wird diese Grenzstromdichte in ungepufferten Säuren oberhalb ca. pH 5–6 vernachlässigbar, so wird auch die Korrosionsgeschwindigkeit praktisch Null. Wie noch zu zeigen, herrschen bei der "Laugenkorrosion" mit Wasserstoffabscheidung durch Wasserzersetzung andere Bedingungen.

Wie in Kap. 5 ausführlich diskutiert, ist speziell für Eisen, aber auch andere Metalle der Eisengruppe, in halogenidfreien Lösungen die pH-Abhängigkeit der anodischen Metallauflösung typisch. Dazu zeigt Bild 6.7 als Beispiel einer Meßreihe die pH-Abhängigkeit der Summenstrom-Spannungskurve des Eisens in H_2SO_4/Na_2SO_4-Lösungen bei Raumtemperatur [11]. Die kathodischen Tafel-Geraden der Wasserstoffabscheidung verschieben sich wie erwartet mit steigendem pH-Wert zu ngativeren Werten des Elektrodenpotentials; ab pH 2,95 macht sich (jedoch noch außerhalb der Umgebung des Ruhepotentials) der Einfluß

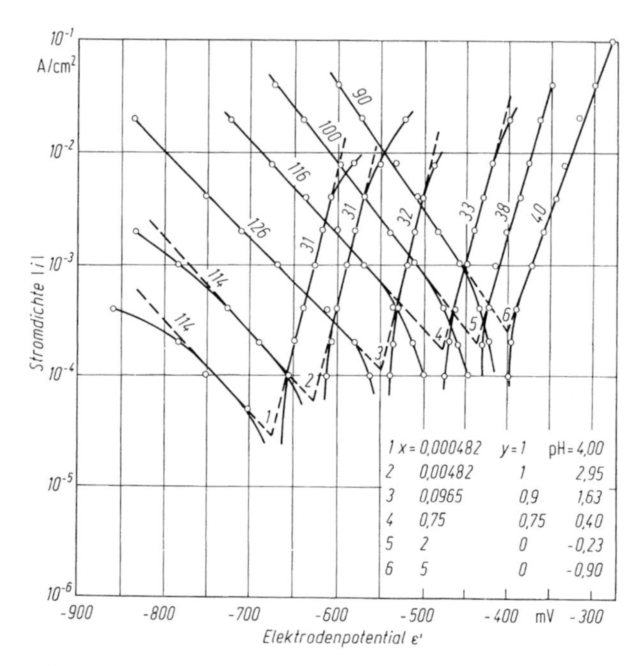

Bild 6.7. Die pH-Abhängigkeit der Summenstrom-Spannungskurve des Eisens in Lösungen von x (mol/l) H_2SO_4 + y (mol/l) Na_2SO_4. (Nach Voigt) ε' bez. auf ges. Kal. Elektrode

der Diffusionshemmung bemerkbar. Die anodischen Tafel-Geraden der Eisenauflösung fallen hier nicht, wie in Bild. 6.6 angenommen, alle zusammen, vielmehr bewirkt die weiter oben (Kap. 5) beschriebene Katalyse der Metallauflösung durch OH^--Ionen in diesem besonderen Fall eine Parallelverschiebung auch dieser Stromspannungskurven zu negativeren Werten des Elektrodenpotentials (vgl. Bild 5.20). Daraus resultiert einerseits eine starke pH-Abhängigkeit des Ruhepotentials, andererseits eine eher schwache pH-Abhängigkeit der Korrosionsgeschwindigkeit.

Bei geschwindigkeitsbestimmendem Ladungsdurchtritt sind nach Kap. 5 die Geschwindigkeitskonstanten Funktionen der Aktivierungsenergie der betreffenden Teilreaktion. Dabei geht die Aktivierungsenergie exponentiell in einem Term $\exp\{-A/RT\}$ in die Konstanten ein. Da ferner die Aktivierungsenergie einer Durchtrittsreaktion vergleichbar mit der einer gewöhnlichen chemischen Reaktion sein sollte, so erwartet man unter solchen Bedingungen eine starke Temperaturabhängigkeit der Korrosionsgeschwindigkeit. Das Experiment bestätigt diese Erwartung, wofür die in Bild 6.8 wiedergegebenen Messungen [2] ein Beispiel geben. Danach stieg unter den Versuchsbedingungen die Korrosionsgeschwindigkeit von Carbonyleisen in 1 m Na_2SO_4/H_2SO_4-Lösung, pH2, zwischen 8 °C und 35 °C von etwa 100 $\mu A/cm^2$ auf etwa 500 $\mu A/cm^2$ an. Die Argumentation bleibt hier allerdings qualitativ, da die Aktivierungsenergien der Teilreaktionen nur

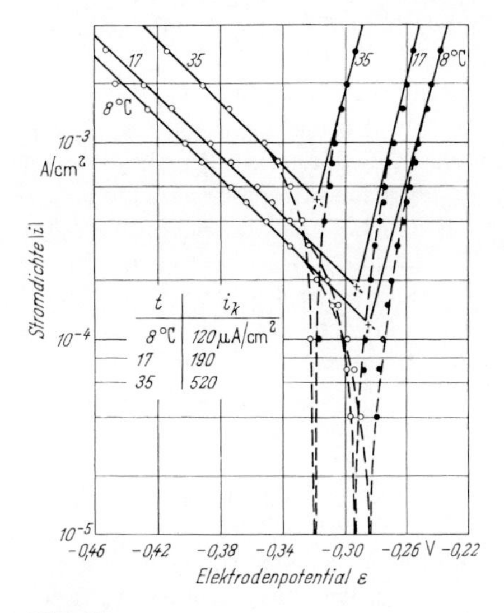

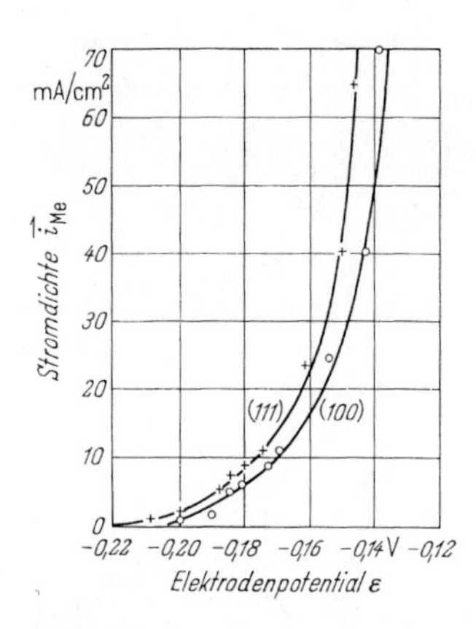

Bild 6.8 **Bild 6.9**

Bild 6.8. Temperaturabhängigkeit der Summenstrom-Spannungskurve und der Korrosionsgeschwindigkeit von Carbonyleisen in H_2SO_4/1 M Na_2SO_4-Lösung, pH 2, O_2-frei. (Nach Kaesche)

Bild 6.9. Anodische Teilstrom-Spannungskurve der Eisenauflösung zweier verschiedener Kristall-flächen eines Eiseneinkristalls in 1 N $HClO_4$-Lösung mit H_2O_2-Zusatz (Nach Engell)

durch Vergleich der Teilstromdichten bei konstanter Galvani-Spannung $\varphi_{Me,L}$ zu bestimmen wären. Es besteht aber keine Möglichkeit, diese Bedingung experimentell zu realisieren.

Stromspannungsmessungen an Einkristallen zeigen erwartungsgemäß eine Abhängigkeit der Überspannung der Elektrodenreaktionen von der benetzten Netzebenensorte. Hierzu gibt Bild 6.9 [12] Messungen an Würfel- und Oktaederflächen des Eisens. Man vergleiche damit auch die Ätzmuster auf korrodierten Einkristallkugeln [13, 14].

6.2 Korrosion in neutralen und alkalischen Lösungen. „Sauerstoffkorrosion", „Laugenkorrosion"

Enthält die angreifende Elektrolytlösung gelösten Sauerstoff, so überlagert sich den Teilströmen der Metallauflösung und der Wasserstoffabscheidung der Teilstrom der Sauerstoffreduktion. Es interessiert dann insbesondere der Spezialfall der

Korrosion durch annähernd neutrale Lösungen mit $6 \lesssim pH \lesssim 8$. Dazu zählt die Hauptmenge der in der Praxis als aggressive Mittel in Frage kommenden Elektrolytlösungen wie Meerwasser, See- oder Flußwasser, Gebrauchswasser und die atmosphärischen Niederschläge. Es fällt dann bei normal niedriger Temperatur einerseits die kathodische Wasserstoffabscheidung durch H^+-Reduktion nicht mehr ins Gewicht (vgl. die Abschätzung der Diffusions-Grenzstromdichte $i_{H,D}$ in Kap. 5). Andererseits stellt sich das Ruhepotential gewöhnlich auf Werte ein, bei denen die Wasserstoffabscheidung durch H_2O-Reduktion noch vernachlässigbar bleibt. Wiederum bleibt das Ruhepotential durchweg so weit unter dem Sauerstoff-Gleichgewichtspotential, daß ein Teilstrom der anodischen Sauerstoffentwicklung nicht berücksichtigt zu werden braucht. Dies ist insgesamt der typische Fall der *Sauerstoffkorrosion*, praktisch allein bestimmt durch die Überlagerung der Teilströme der Metall-Auflösung und -Abscheidung und der Sauerstoffreduktion.

Es ist allerdings zweckmäßig, in den Gleichungen der Stromspannungskurven die Wasserstoffabscheidung durch H_2O-Reduktion mit zu berücksichtigen. Das gilt schon deshalb, weil Stromspannungsmessungen gewöhnlich bis in den entsprechend negativen Potentialbereich erstreckt werden. Ferner gelten die Beziehungen dann auch für alkalische Lösungen, wo etwa Zink und Aluminium auch bei normal niedriger Temperatur ein so negatives Ruhepotential annehmen können, daß die kathodische Wasserstoffabscheidung durch Wasserzersetzung zu je nach den Umständen merklichen bis vorherrschenden kathodischen Teilreaktion wird. Sobald in stärker alkalischen Lösungen, oder in sauerstoffarmen schwächer alkalischen Lösungen die Wasserstoffabscheidung durch Wasserzersetzung vorherrscht, spricht man zweckmäßig vom Typ der *Laugenkorrosion.*

Säurekorrosionen, Sauerstoffkorrosion und Laugenkorrosion sollen dabei insgesamt keine scharf gegeneinander abgegrenzten Mechanismen festlegen. Vielmehr bezeichnen diese Begriffe schwerpunktsartig typische Fälle, deren pH-Bereiche sich überlappen.

Man beachte auch, daß z. B. das extrem unedle Natrium mit neutralem Wasser bekanntlich heftig reagiert. Noch Magnesium reagiert in der Wärme mit Wasser unter merklicher Wasserstoffentwicklung. Schikorr [15] hat gezeigt, daß selbst Eisenspäne in Wasser zwar äußerst langsam, aber über Monate anhaltend Wasserstoff entwickeln. Sieht man davon ab, daß der an Eisen in Berührung mit Wasser langsam entwickelte Wasserstoff in geschlossenen Behältern oder z. B. Heizungen aus anderen Gründen lästig werden kann, so fällt diese Reaktion als Ursache merklicher Korrosion aber nicht ins Gewicht. Als Ausnahmefall von technischer Bedeutung sei die merkliche Wasserstoffentwicklung an ungeschütztem Zink in Heißwasser erwähnt, die zur schädlichen Blasenbildung in Feuerverzinkungsschichten führen kann [16]. Alle diese Reaktionen gehören, obwohl in neutraler Lösung ablaufend, zu dem unter „Laugenkorrosion" eingeordneten Typ.

Endlich ist festzuhalten, daß die Korrosion in ungefähr neutralen und in schwach alkalischen Lösungen über kurz oder lang fast durchweg zur Ablagerung von Korrosionsprodukten auf der Metalloberfläche, also zur Ablagerung von Deckschichten führt. Die Wirkung der Deckschichten wird in diesem Kapitel noch nicht berührt. Die folgenden Überlegungen betreffen deshalb den Anfangszustand des noch deckschichtenreinen Metalls, bzw. den Zustand noch vernachlässigbaren Einflusses dünner, stark poriger Schichten.

Die Gleichung der Summenstrom-Spannungskurve

$$i_S(\varepsilon) = i_{Me}(\varepsilon) + i_{O_2}(\varepsilon) + i_H(\varepsilon) \tag{6.22}$$

lautet nun, wenn die Wasserstoffabscheidung durch H^+-Reduktion insgesamt vernachlässigt, und wenn angenommen wird, daß bei der Metallauflösung, der Sauerstoffreduktion und der Wasserstoffabscheidung durch Wasserzersetzung jeweils nur die Hinreaktionen ($\vec{i}_{Me}$; $\vec{i}_{O_2}$; $\vec{i}_H$) ins Gewicht fallen

$$i_S(\varepsilon) = \vec{i}_{Me}(\varepsilon) + \vec{i}_{O_2}(\varepsilon) + \vec{i}_H(\varepsilon). \tag{6.23}$$

Der zweckmäßige vereinfachend verkürzte Ausdruck für $\vec{i}_{Me}(\varepsilon)$ ist nach Gl. (6.11) $B_{Me} \exp(\varepsilon/b'_{Me})$. Entsprechend vereinfacht setzt man im Anschluß an 5.11

$$\vec{i}_{O_2} = -A_{O_2}\left(1 - \frac{\vec{i}_{O_2}}{i_{O_2,D}}\right) \exp\left\{-\frac{\varepsilon}{a'_{O_2}}\right\} \tag{6.24}$$

und für $\vec{i}_H$ im Anschluß an Gl. (5.39)

$$\vec{i}_H = -A_{H_2O} \exp\left\{-\frac{\varepsilon}{a'_{H_2O}}\right\}. \tag{6.25}$$

Für die Summenstromspannungskurve folgt

$$i_S(\varepsilon) = B_{Me} \exp\left\{\frac{\varepsilon}{b'_{Me}}\right\} - A_{O_2}\left(1 - \frac{\vec{i}_{O_2}}{i_{O_2,D}}\right) \exp\left\{-\frac{\varepsilon}{a'_{O_2}}\right\} - A_{H_2O} \exp\left\{-\frac{\varepsilon}{a'_{H_2O}}\right\}. \tag{6.26}$$

In Bild 6.10 ist die Summe ($\vec{i}_{O_2} + \vec{i}_{H_2O}$) im schematischen Stromspannungsdiagramm gestrichelt als ganz im kathodischen Bereich verlaufende Kurve C eingetragen. Ebenfalls schematisch sind als Kurven vier charakteristische Lagen der anodischen Teilstrom-Spannungskurve der Metallauflösung angedeutet. A_1 bezeichnet den Fall, daß sich das Ruhepotential auf einen Wert einstellt, bei dem die Teilstromdichte i_{O_2} der Sauerstoffreduktion noch klein gegenüber der Diffusionsgrenzstromdichte $i_{O_2,D}$ der Sauerstoffreduktion ist. Dieser Fall ist voraussichtlich z. B. für deckschichtenfreies Kupfer charakteristisch.

A_2 deutet an, daß sich das Ruhepotential auf einen so negativen Wert einstellt, daß neben der Sauerstoffreduktion die Wasserzersetzung merklich wird und unter Umständen die Sauerstoffreduktion sogar weit überwiegt. Dies ist der Fall der Laugenkorrosion.

Hat die anodische Teilstrom-Spannungskurve die durch A_3 angedeutete Lage, so stellt sich das Ruhepotential im Potentialbereich des kathodischen Diffusionsgrenzstroms der Sauerstoffreduktion ein. Dann ist, wie in Bild 6.10 angedeutet, die Korrosionsgeschwindigkeit dem Betrage nach gleich der kathodischen Diffusionsgrenzstromdichte, was bedeutet, daß jede aus der Lösung auf der Metalloberfläche auftreffende Sauerstoffmolekel sofort reduziert wird. Die in Bild 6.10 ausgezogene Kurve gibt für diesen Fall die Summenstrom-Spannungskurve an.

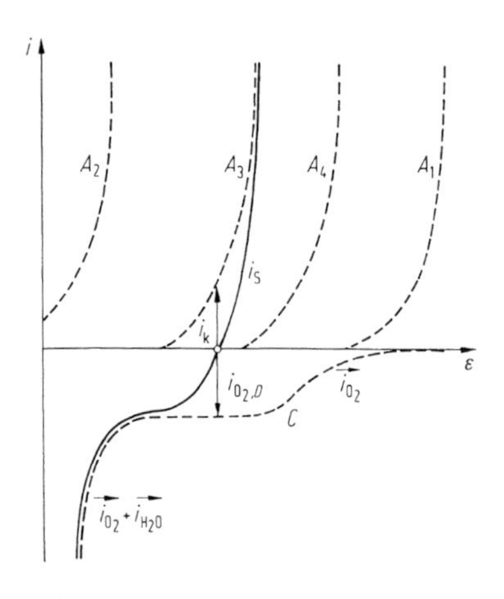

Bild 6.10

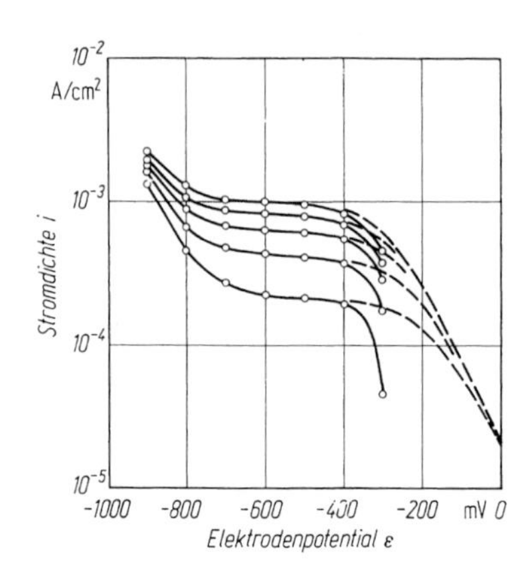

Bild 6.11

Bild 6.10. Stromspannungsdiagramm der Korrosion in ungefähr neutraler Lösung. Kathodische Teilstrom-Spannungskurve der Sauerstoffreduktion mit überlagerter Wasserzerstzung C. Anodische Teilstrom-Spannungskurve der Metallauflösung A. A_1 bei Verlauf im Bereich der Durchtrittspolarisation der Sauerstoffreduktion. A_2 bei Verlauf im Bereich der kathodischen Wasserzersetzung, A_3 bei Verlauf im Bereich des Diffusionsgrenzstromes der Sauerstoffreduktion, A_4 bei Verlauf im Übergangsbereich der Kinetik der Sauerstoffreduktion

Bild 6.11. Kathodische Stromspannungskurven rotierender Scheiben aus unlegiertem Stahl in 0,5 M NaCl-Lösung, 20°C. Spülgas: 20% O_2/80% N_2. Parameter der Kurvenschar: Scheibendrehzahl n (von oben nach unten $\sqrt{n} = 5:4:3:2:1$ ($s^{-1/2}$)). (Nach Bohnenkamp)

Endlich skizziert A_4 den Fall, daß die Überlagerung der Teilstrom-Spannungskurven das Ruhepotential in einem Potentialbereich stabilisiert, wo die Diffusionshemmung der Sauerreduktion bereits überwiegt, der kathodische Diffusionsgrenzstrom aber noch nicht erreicht ist.

Für den Fall A_3 ergibt sich ohne weiteres

$$i_K = -i_{O_2,D} = 4F\frac{c^0_{O_2}}{\delta}, \tag{6.27}$$

soweit O_2-Molekeln bis zu OH^--Ionen reduziert werden. Dieser Fall ist von hervorragender praktischer Bedeutung, weil er die Korrosion von blankem Eisen und unlegiertem Stahl in ungefähr neutralen Lösungen voll oder annähernd bestimmt. Dazu gibt Bild 6.11 das Ergebnis von Stromspannungsmessungen an rotierenden Stahl-Scheibenelektroden in 0,5 M NaCl-Lösung, die mit einem 20% O_2/80% N_2-Gasgemisch gesättigt waren [17]. Die halblogarithmische Auftragung zeigt im Bereich $-700 \leq \varepsilon \leq -400$ mV deutlich das Plateau des Diffusionsgrenzstromes $i_{O_2,D}$ und seine Abhängigkeit von der Drehzahl n(s^{-1}) der Scheibe. Im negativen Bereich des Elektrodenpotentials steigen die Kurven wegen der

Überlagerung des Stromes i_{H_2O} der Wasserzersetzung an, diesseits -400 mV fallen sie wegen der Überlagerung der Stromdichte i_{Fe} der anodischen Eisenauflösung steil zum Ruhepotential ab. Gestrichelt erscheint der weitere Verlauf von i_{O_2} im Bereich von überlagerter Diffusions- und Durchtrittsüberspannung und schließlich, ab ca. -100 mV, allein vorherrschender Durchtrittsüberspannung.

Danach lag das Ruhepotential bei diesen Messungen annähernd im Bereich des kathodischen Diffusionsgrenzstromes, und (6.27) sollte gelten. Dabei liegt der gegenüber älteren Untersuchungen, die qualitativ dasselbe gezeigt hatten, erhebliche Vorteil der Messungen an rotierenden Scheiben in der quantitativen Vorausberechenbarkeit von $i_{O_2,D}$ und mithin i_K. Dazu ist schon in Kap. 5.2 dargelegt worden, wie die Nernstsche Diffusionsgrenzschichtdicke δ als „effektive" Diffusionsgrenzschichtdicke des realen hydrodynamischen Systems der zentrisch rotierenden Scheibe als Funktion des Diffusionskoeffizienten, der Flüssigkeitszähigkeit und der Scheibendrehzahl mit Gl. (5.53a) berechnet werden kann. Für die Diffusionsgrenzstromdichte $i_{O_2,D}$ der Sauerstoffreduktion ergab sich Gl. (5.53b). Daraus berechnet sich dann die Korrosionsgeschwindigkeit quantitativ aus Gl. (6.27).

Die entsprechende Auswertung von Korrosionsversuchen an Stahlelektoden in H_2SO_4/0,4 M Na_2SO_4-Lösung zeigt Bild 6.12 für 2 Werte der Sauerstoffkonzentration [17]. Von der geringfügigen Abweichung der Absolutwerte abgesehen, stimmen die Meßwerte mit den nach Gl. (6.29) berechneten $i_K - \sqrt{n}$-Geraden

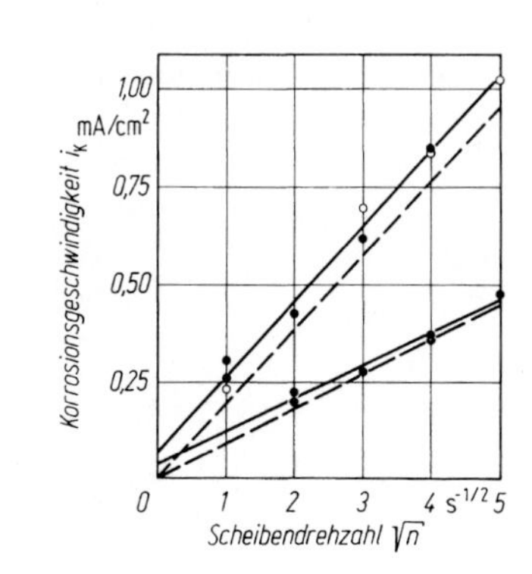

Bild 6.12

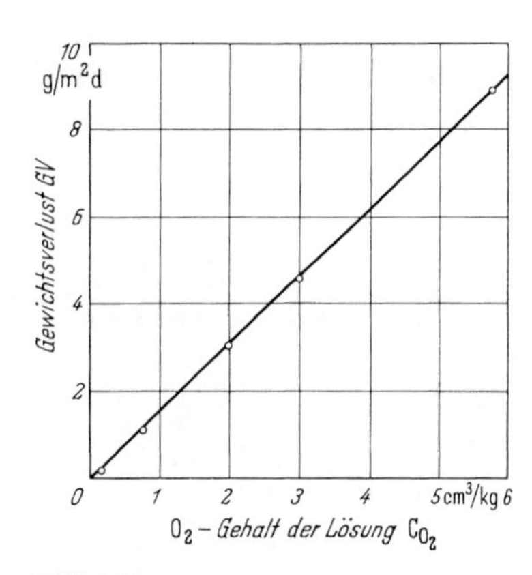

Bild 6.13

Bild 6.12. Die Korrosionsgeschwindigkeit rotierender Scheiben aus unlegiertem Stahl in H_2SO_4/0,4 M Na_2SO_4-Lösung, pH 2,7, 20 °C als Funktion der Wurzel aus der Scheibendrehzahl. Versuchsdauer ca. 6 h (●) bzw. ca. 24 h (○). Obere Kurve: Spülgas Luft. Untere Kurve: Spülgas 10% O_2/90% N_2. (Nach Bohnenkamp)

Bild 6.13. Gewichtsverlust von unlegiertem Stahl bei 48stündigem Angriff durch eine bewegte Lösung von 165 mg/kg $CaCl_2$ als Funktion der Konzentration des gelösten Sauerstoffs. (Nach Uhlig, Triadis und Stern)

befriedigend überein. Die Abweichung dürfte auf die bei pH 2,7 noch merkliche Wasserstoffentwicklung zurückgehen. Dieselben Messungen bestätigen ebenso quantitativ die Abhängigkeit der Korrosionsgeschwindigkeit von der Sauerstoffkonzentration $c^0_{O_2}$. Daß die Korrosionsgeschwindigkeit mit sinkendem Wert von $c^0_{O_2}$ linear gegen Null geht, zeigen außerdem noch die Messungen in neutraler Lösung in Bild 6.13 [18].

Nun entnimmt man allerdings Bild 6.11, daß das Ruhepotential des Stahls nahe dem Potentialbereich liegt, wo die Stromdichte i_{O_2} die Grenzstromdichte $i_{O_2,D}$ noch nicht erreicht. Es überrascht dann nicht, daß relativ geringfügige Änderungen der Kinetik der Teilreaktion zwar nicht bewirken, daß das Ruhepotential in den Bereich strömungsunabhängiger Durchtrittsüberspannung der Sauerstoffreduktion gerät, wohl aber in den Übergangsbereich, so daß $i_K < -i_{O_2,D}$ wird. Dies wird z. B. in neutralen Zitratlösungen beobachtet [17]. Für solche Abweichungen kommen im Einzelfall die verschiedensten Ursachen in Frage: Es mag die Sauerstoffreduktion nur bis zum H_2O_2 führen [19] (vgl. Kap. 5), es mag die Austauschstromdichte der Sauerstoffreduktion je nach obendrein zeitlich veränderlicher Zusammensetzung der Stahloberfläche besonders klein ausfallen; es mag andererseits entsprechende Änderungen der Austauschstromdichte i^0_{Fe} und des Faktors b_{Fe} für die Metallauflösung geben, u.a.m.

Damit bleibt Gl. (6.27) zwar für eine Berechnung der maximal möglichen Korrosionsgeschwindigkeit korrekt, sie hat aber für die Berechnung der realen Korrosionsgeschwindigkeit nur mehr die Bedeutung einer Faustformel, die allerdings den Belangen der Praxis, wo es auf Ungenauigkeit um z. B. einen Faktor 2 selten ankommt, noch durchaus angepaßt ist.

Ebenso ungenau und gleichwohl brauchbar ist unter solchen Umständen die Auswertung von Messungen des Polarisationswiderstandes beim Ruhepotential, wenn ideal einfache Grenzstromdiffusion des Sauerstoffs angenommen wird [9]. Dann ergibt sich bei durchweg vernachlässigbarer Rückreaktion der Eisenabscheidung, aus (6.26) bei reiner Sauerstoffkorrosion letztlich

$$i_S(\varepsilon) = B_{Fe} \exp\left\{\frac{\varepsilon}{b'_{Fe}}\right\} + i_{O_2,D}, \tag{6.28}$$

bzw.

$$i_S(\varepsilon) = i_K \left[\exp\left\{\frac{\varepsilon - \varepsilon_R}{b'_{Fe}}\right\} - 1\right], \tag{6.29}$$

und mit der Polarisation $\pi = \varepsilon - \varepsilon_R$

$$i_K = b'_{Fe} \frac{1}{\left(\frac{d\pi}{di_S}\right)_{\varepsilon_R}} = 0{,}434\, b_{Fe} \frac{1}{\left(\frac{d\pi}{di_S}\right)_{\varepsilon_R}} \tag{6.30}$$

Bei unbekanntem Wert von b'_{Fe} wird im Prinzip größere Genauigkeit erreicht, wenn man [20] die Krümmung der Summenstromspannungskurve mitmißt. Es genügen 2 Messungen von i_S bei $+|\pi|$ und $-|\pi|$ in der Umgebung von ε_R, die mit (6.29) 2 Gleichungen für die 2 Unbekannten i_K und b'_{Fe} liefern.

Zur Kontrolle dieses letzteren Verfahrens wurde von Engell [20] das Verhalten von unlegiertem SM-Stahl in künstlichem, sauerstoffgesättigtem Meerwasser an mehreren voll eingetauchten Proben untersucht. Bild 6.14 gibt die aus Polarisationsdaten berechneten Meßpunkte, *A* die ausgleichende Kurve. Aus der Analyse der aufgelösten Eisenmenge wurde für die Versuchsdauer eine mittlere Korrosionsstromdichte $(i_K)_{exp} = 0{,}162\,mA/cm^2$ bestimmt (*B*). Die die Polarisationsdaten ausgleichende Kurve läßt sich so zeichnen, daß der daraus berechnete Mittelwert $(\bar{i}_K)_{theor}$ und $(\bar{i}_K)_{exp}$ denselben Wert haben. Es fällt auf, daß die Korrosionsgeschwindigkeit zu Beginn des Versuchs gegenüber dem stationären Endwert stark erhöht war, worin offenbar ein diffusionshemmender Einfluß der entstehenden dünnen Rostschicht zum Ausdruck kommt. Die Übereinstimmung von Theorie und Experiment zeigt, daß eine Gleichung von der Form (6.29) im wesentlichen gültig war, obwohl das zugrundeliegende Nernstsche Modell der adhärierenden Flüssigkeitsgrenzschicht versagt, wenn Deckschichten auftreten. Im Rahmen von Näherungsbetrachtungen ist es aber in Grenzen zulässig, sehr dünne, porige Deckschichten durch eine empirische Angleichung des Faktors D_{O_2}/δ zu berücksichtigen.

Für dicke Rostschichten gelten andere Gesetze (vgl. Kap. 7). Man beachte auch, daß bis hierher stillschweigend unterstellt wurde, daß die Teilstromdichten der Korrosion überall auf der Metalloberfläche konstant sind. Das setzt voll eingetauchte Proben und ausreichend bewegte Elektrolytlösungen voraus. Anderenfalls kommt die Frage galvanischer Kurzschlußzellen in der Form der „Belüftungszellen" stark ins Spiel (vgl. Kap. 11.2). Auch der Startvorgang des ersten Durchbrechens der an Luft zunächst ausgebildeten Oxidhaut ist aus der Betrachtung ausgenommen.

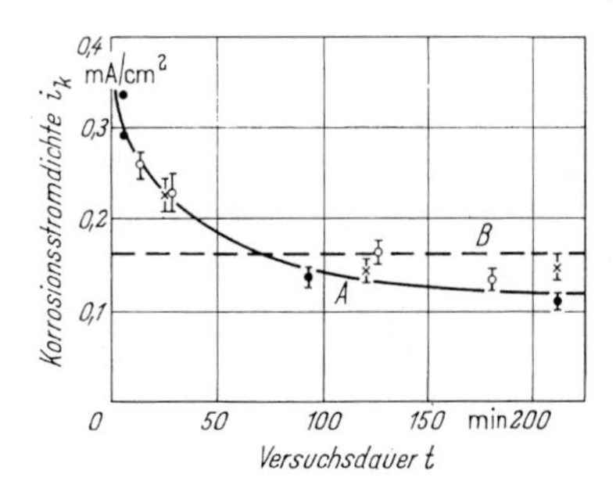

Bild 6.14

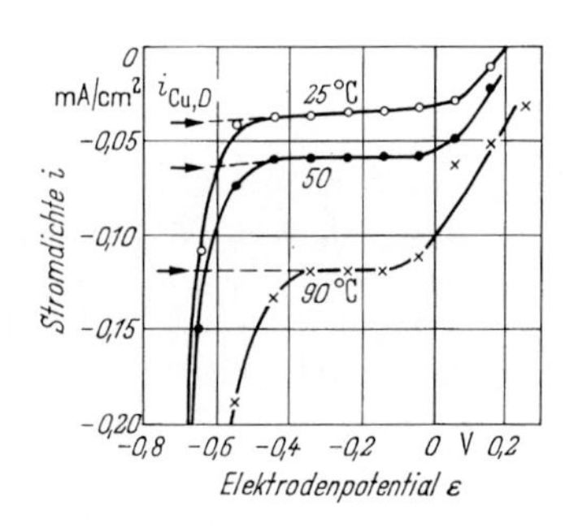

Bild 6.15

Bild 6.14. Durch Polarisationsmessungen bestimmte zeitliche Änderung der Korrosionsgeschwindigkeit von Elektroden aus SM-Stahl in O_2-gesättigtem künstlichem Meerwasser (——), sowie durch Analyse des gelösten Eisens bestimmte mittlere Korrosionsgeschwindigkeit (– – –). (Nach Engell)

Bild 6.15. Teilstrom-Spannungskurve der kathodischen Kupferabscheidung (mit überlagerter Wasserzersetzung) an Platin in bewegter $0{,}8 \cdot 10^{-4}$ M $CuSO_4$/0,1 M Na_2SO_4-Lösung, O_2-frei, bei verschiedenen Temperaturen. (Nach Kaesche)

Nach Bild 6.8 war die Temperaturabhängigkeit der Säurekorrosion beträchtlich, entsprechend der starken Steigerung der Geschwindigkeit von Reaktionen, in deren Verlauf eine erhebliche Aktivierungsenergie überwunden wird. Demgegenüber sollte die Korrosionsgeschwindigkeit bei bestimmender Diffusion des Oxidationsmittels zur Metalloberfläche wesentlich schwächer von der Temperatur abhängen. Im speziellen Fall der Sauerstoffkorrosion kommt noch hinzu, daß die Sauerstofflöslichkeit mit steigender Temperatur sinkt. Um den Einfluß der letzteren Komplikation zunächst außer acht lassen zu können, soll die charakteristische geringe Temperaturabhängigkeit von Elektrodenreaktionen mit geschwindigkeitsbestimmender vorgelagerter Diffusion zunächst an einem einfacheren Beispiel gezeigt werden. Es handelt sich um die kathodische Abscheidung von Kupfer entweder durch Elektrolyse auf einem Edelmetall, oder aber durch die spontane Ausfällung von Kupfer auf einem unedleren Metall Me nach

$$(\mathrm{Me})_{\mathrm{Me}} + \frac{z}{2}(\mathrm{Cu}^{2+})_{\mathrm{L}} \rightarrow (\mathrm{Me}^{z+})_{\mathrm{L}} + (\mathrm{Cu})_{\mathrm{Me}} \tag{6.31}$$

Diese Kupferabscheidung hat einige praktische Bedeutung für das Korrosionsverhalten etwa des Zinks in Berührung mit angreifenden Lösungen, die in Spuren gelöstes Kupfer enthalten. Dazu zeigt Bild 6.15 die kathodische Summenstrom-Spannungskurve der Kupferabscheidung an Platin aus 10^{-4} M, mäßig schnell gerührter $CuSO_4$-Lösung mit bei hinreichend negativem Elektrodenpotential überlagerter kathodischer Wasserstoffentwicklung bei verschiedenen Temperaturen [2]. Unter sonst konstanten Bedingungen ist die Änderung der deutlich erkennbaren Diffusions-Grenzstromdichte $i_{\mathrm{Cu}^{2+},\mathrm{D}}$ der Kupferabscheidung mit der Temperatur der Änderung des Diffusionskoeffizienten $D_{\mathrm{Cu}^{2+}}$ der Kupferionen direkt proportional. Dieser steigt bei Temperaturerhöhung von 25 auf 90°C nach den Messungen nur um den Faktor 3, also relativ geringfügig im Vergleich zur Temperaturabhängigkeit der Säurekorrosion. Zum Vergleich zeigt Bild 6.16 [17] die Abhängigkeit der Grenzstromdichte $i_{\mathrm{O}_2,\mathrm{D}}$ der Sauerstoffreduktion an rotierenden Stahlscheiben in 0,5 m NaCl-Lösung als Funktion der Temperatur zwischen 20 und 80 °C. Danach kompensiert die mit der Temperatur sinkende Löslichkeit des Sauerstoffs die Zunahme der Diffusionsgeschwindigkeit weitgehend. Erst oberhalb von 60–70 °C überwiegt der Einfluß der sinkenden Sauerstofflöslichkeit. Bei höheren Drehzahlen der rotierenden Scheiben geht die Grenzstromdichte bei mittleren Werten der Temperatur durch ein schwach ausgebildetes Maximum. Im wesentlichen das gleiche Verhalten, nämlich insgesamt schwache Temperaturabhängigkeit und Durchlaufen eines schwach ausgeprägtenen Maximums mit steigender Temperatur, findet man erwartungsgemäß für die Korrosionsgeschwindigkeit des unlegierten Stahls in neutralen, lufthaltigen Lösungen unter Atmosphärendruck (Kurve *A* in Bild 6.17 [21]). Ebenso erwartungsgemäß findet man in geschlossenen Gefäßen, also bei etwa konstantem Sauerstoffgehalt der Lösung, einen wiederum nicht sehr steilen, aber durchgehenden Anstieg der Korrosionsgeschwindigkeit (Kurve *B* in Bild 6.17). Mit dem Ergebnis genauer Messungen der Diffusionsgrenzstromdichte an blanken, rotierenden Scheiben können solche Korrosionsversuche mit verrostenden Proben allerdings nicht quantitativ verglichen werden. Die Argumentation bleibt deshalb qualitativ, aber

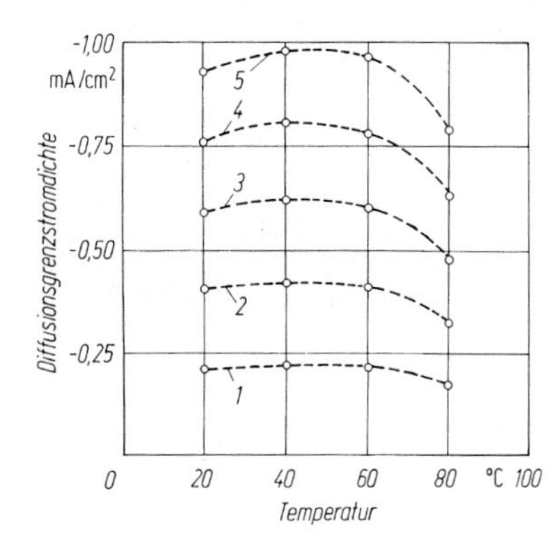

Bild 6.16

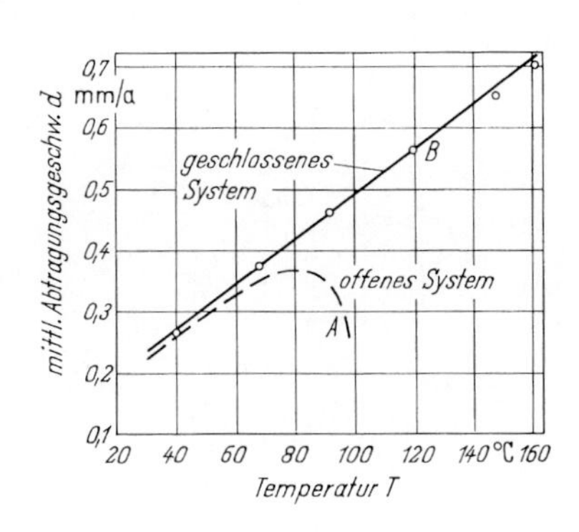

Bild 6.17

Bild 6.16. Die Diffusionsgrenzstromdichte der Sauerstoffreduktion an rotierenden Stahl-Scheibenelektroden in 0,5 M NaCl-Lösung als Funktion der Temperatur. Parameter: Wurzel aus der Scheibendrehzahl ($s^{-1/2}$). Spülgas: 20% O_2/80% N_2. (Nach Bohnenkamp)

Bild 6.17. Temperaturabhängigkeit der Korrosion von unlegiertem Stahl in lufthaltigen neutralen Lösungen im offenen und im geschlossenen System. (Nach Speller)

gleichwohl zufriedenstellend, da sich jedenfalls die Erwartung der vergleichsweise geringen Temperaturabhängigkeit diffusionsgesteuerter Sauerstoffkorrosion bestätigt.

Die je nach den Umständen genaue oder ungefähre Proportionalität zwischen Anfangs-Korrosionsgeschwindigkeit i_K des unlegierten Stahls in neutralen Lösungen und Diffusionsgrenzstromdichte $i_{O_2,D}$ bedingt, daß die Messung von $i_{O_2,D}$ zur genauen oder ungefähren Bestimmung von i_K benutzt werden kann. Unter sonst festgehaltenen Bedingungen handelt es sich dabei nach (6.27) letztlich um eine Messung der Sauerstoffkonzentration c_{O_2} der Elektrolytlösung. Die Messung von c_{O_2} durch Bestimmung von $i_{O_2,D}$ etwa an unangreifbaren Edelmetall-Elektroden ist sehr genau, und sie kann vollautomatisiert werden. Geeichte Elektrolysezellen zur fortlaufenden Kontrolle etwa des Sauerstoffgehaltes von Kesselspeisewässern, die zur Beseitigung des Sauerstoffgehaltes mit Hydrazin versetzt werden, sind in zweckmäßiger Konstruktion im Handel.

An dieser Stelle kann vorläufig zusammenfassend die pH-Abhängigkeit der Korrosion für den gesamten Bereich von sauren bis alkalischen Lösungen qualitativ skizziert werden. Dazu sind in Bild 6.18 die kathodischen Stromspannungskurven, entstanden durch Überlagerung von H^+-Reduktion, O_2-Reduktion und H_2O-Zersetzung für die verschiedenen pH-Werte schematisch so eingezeichnet, wie sie sich aus dem Formelapparat (5.52), übersichtlicher aus Bild 5.13 ergeben. Die anodische Teilstromspannungskurve A sei pH-unabhängig und liege so, daß die Reaktion der H_2-Abscheidung durch H_2O-Zersetzung nicht ins Spiel kommt. Das Gleichgewichtspotential $E_{Me/Me^{z+}}$ der Metallauflösung liege weit unter dem

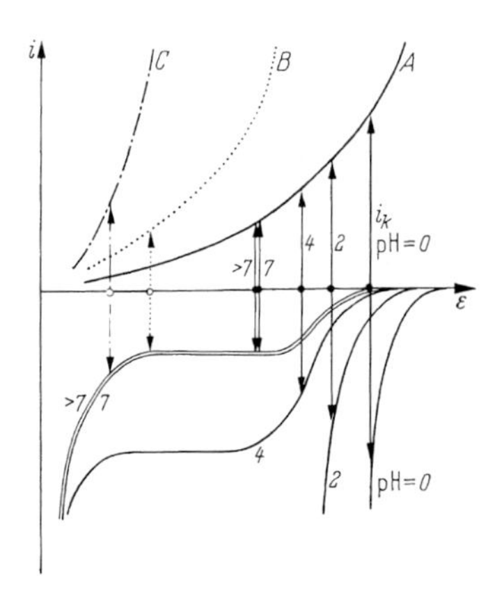

Bild 6.18

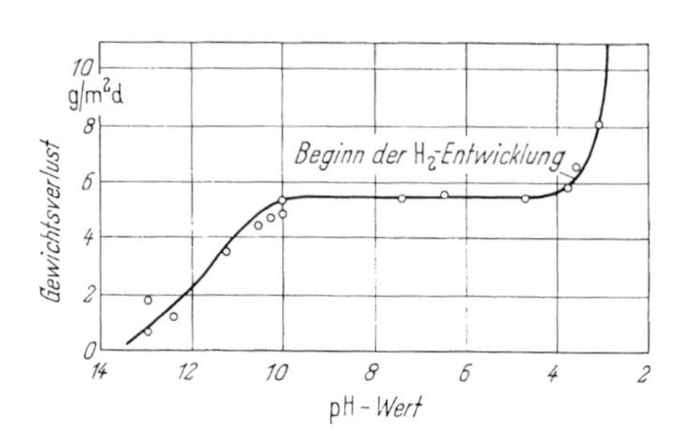

Bild 6.19

Bild 6.18. Die pH-Abhängigkeit der Korrosionsgeschwindigkeit einer unter Wasserstoffentwicklung und Sauerstoffreduktion gleichmäßig korrodierten Metallelektrode. Anodische Teilstrom-Spannungskurve *A* bei pH-unabhängigem Mechanismus der Metallauflösung. *B* und *C* bei OH^-, Katalyse der anodischen Teilreaktion. (Schematisch)

Bild 6.19. pH-Abhängigkeit der Korrosionsgeschwindigkeit von unlegiertem Stahl in lufthaltigen Lösungen von NaOH bzw. HCl. (Nach Whitmann, Russel und Altieri)

Ruhepotential ε_R. In ε_R nach oben errichtete Pfeile bezeichnen die Korrosionsgeschwindigkeit. Dann ist ohne weiteres zu erkennen, daß die Korrosionsgeschwindigkeit mit steigendem pH-Wert von hohen Werten zunächst rasch fällt, im Bereich schwach saurer bis neutraler Lösungen konstant wird und bei weiterer Steigerung des pH-Wertes konstant bleibt. Liegt eine OH^--Ionenkatalyse der anodischen Metallauflösung vor, so verschiebt sich die anodische Teilstrom-Spannungskurve mit steigendem pH-Wert zu negativeren Werten des Potentials. Dann sind zwei Fälle zu unterscheiden: Entweder rückt die anodische Teilstrom-Spannungskurve bis zum höchsten angenommenen pH-Wert nur in die durch Kurve *B* angedeutete Lage: dann bleibt die geschilderte pH-Unabhägigkeit der Korrosionsstromdichte in neutralen bis alkalischen Lösungen erhalten. Oder es rückt die anodische Teilstrom-Spannungskurve bis in die durch Kurve *C* angedeutete Lage; dann steigt die Korrosionsgeschwindigkeit bei hohen pH-Werten wieder an, da in diesem Bereich merkliche Wasserstoffabscheidung unter Wasserzersetzung beginnt.

Zum Vergleich zeigt Bild 6.19 die tatsächliche pH-Abhängigkeit der Korrosion von unlegiertem Stahl [22]. Die beobachtete Änderung der Korrosionsgeschwindigkeit entspricht für pH-Werte < 10 völlig den oben dargelegten Erwartungen. Dagegen kann der oberhalb pH 10 eintretende Abfall der Korrosionsgeschwindigkeit mit den bisherigen Überlegungen nicht erklärt werden. An dieser Stelle versagt das Modell, und zwar nicht wegen des Einflusses der Ungleichmäßigkeit der Korrosion, sondern wegen der bei hohem pH-Wert spontanen Passivierung des Eisens. Im vorliegenden Zusammenhang interessiert weiter die pH-Abhängigkeit des Ruhepotentials des Eisens und der Stähle in sauerstoffhaltigen Lösungen. Bei pH-unabhängigem Mechanismus der anodischen Metallauflösung sollte das Ruhepotential nach Bild 6.18 von sauren Lösungen herkommend mit steigendem pH-Wert zunächst fallen und dann in neutralen bis alkalischen Lösungen konstant werden. Bei OH^--Katalyse der Metallauflösung sollte ε_R statt dessen durchweg fallen. Einige Meßwerte des nach einer Standzeit von mehreren Tagen in Na_2SO_4/H_2SO_4-bzw. Na_2SO_4/NaOH-Lösung bei Raumtemperatur eingestellten Ruhepotentials zweier Stähle sind in Bild 6.20 eingetragen [2]. Danach entspricht die beobachtete pH-Abhängigketi von ε_R eher dem Fall des pH-unabhängigen Mechanismus der Eisenauflösung.

Zur weiteren Abgrenzung des Gültigbereichs der bisherigen Betrachtungen zeigt Bild 6.22 die charakteristische pH-Abhängigkeit der Korrosionsgeschwindigkeit des Zinks [23] und Bild 6.21 die des Aluminiums [24]. Der beobachtete Abfall der Korrosionsgeschwindigkeit mit wachsendem pH-Wert saurer Lösungen entspricht den Erwartungen. Ebenso leuchtet der Anstieg der Korrosionsgeschwindigkeit mit wachsendem pH-Wert alkalischer Lösungen ein, da in diesem Bereich der Lösung nicht Al^{3+}-oder Zn^{2+}-, sondern $Al(OH)_4^-$-und $Zn(OH)_4^{2-}$-Ionen vorliegen, so daß die Annahme einer Beschleunigung der anodischen Teilreaktion der Metallauflösung durchaus naheliegt. Wiederum entspricht aber das praktisch völlige Verschwinden der Korrosion des Zinks im Bereich zwischen pH 9 und 12 und des Aluminiums im Bereich zwischen pH 4 und 10 nicht den bisher dargelegten Erwartungen. In beiden Fällen handelt es sich um den Einfluß des Auftretens dichter Schutzschichten, die bei amphoteren Metallen wie Zink und Aluminium sowohl in stark alkalischen wie auch stark sauren Lösungen unbeständig sind.

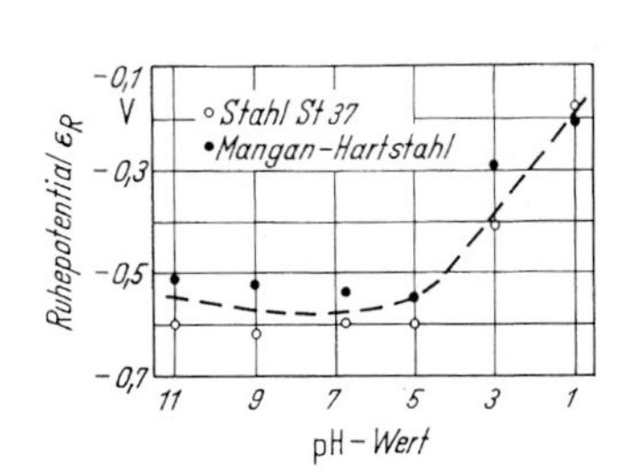

Bild 6.20

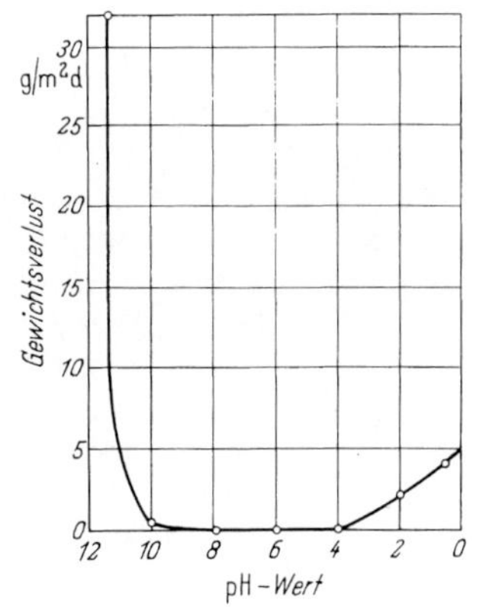

Bild 6.21

Bild 6.20. pH-Abhängigkeit des stationären Ruhepotentials zweier Stahlsorten in luftgesättigten, bewegten 0,5 M Na_2SO_4-Lösungen mit H_2SO_4-bzw. NaOH-Zusatz. (Nach Kaesche)

Bild 6.21. pH-Abhängigkeit der Korrosionsgeschwindigkeit des Aluminiums (Al 99,999) in lufthaltiger 1 M NaCl-Lösung mit H_2SO_4-bzw. NaOH-Zusatz. (Nach Pryor und Keir)

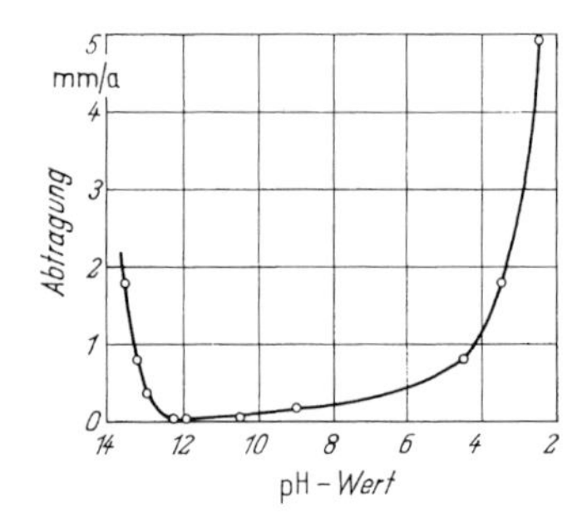

Bild 6.22. Abhängigkeit der Korrosionsgeschwindigkeit des Zinks in luftgesättigten Lösungen von NaOH bzw. HCl. (Nach Roetheli, Cox und Littreal)

Literatur

1. Wagner, C.; Traud, W.: Z. Elektrochem. Ber. Bunsenges. phys. Chem. *44*, 391 (1938)
2. Kaesche, H.: unveröffentlicht
3. Bonhoeffer, K. F.; Heusler, K. E.: Z. phys. Chem. N. F. *8*, 390 (1960)
4. Fischer, H.; Yamaoka, H.: Chem. Ber. *94*, 1477 (1961)
5. Voigt, Ch.: Dissertation, TU Dresden (1968), zitiert nach Schwabe, K. (Herausgeber): Korrosionsschutzprobleme. Leipzig: VEB Deutscher Verlag f. Grundstoffindustrie, 1969
6. Stern, M.; Geary, A. L.: J. Electrochem. Soc. *102*, 609 (1955)
7. Kaesche, H.: Z. Elektrochem. Ber. Bunsenges. phys. Chem. *63*, 495 (1959)
8. Kolotyrkin, Ya. M.; Frumkin, A.. Dokl. Akad. Nauk. SSSR *33*, 446 (1941)
9. Stern, M.; Eisert, E. D.: Proc. Amer. Soc. Testing Materials *59*, 1280 (1959)
10. Mansfeld, F.: Corr. NACE *29*, 397 403 (1973); 32, 143 (1976) – Prazak, M.: Werkstoffe u. Korr. *25*, 104 (1974) – Palombarini, G.; Felloni, L., Cammarota, G. P.: Corr. NACE *29*, 245 (1973) – Leroy, R. L.: Corr. NACE *29*, 272 (1973) – Bandy, R.; Jones, D. A.: Corr. NACE *32*, 126 (1976) – Heitz, E.; Schwenk, W.: Werkstoffe u. Korrosion *27*, 241 (1976) – Mansfeld, F. in: Advances in Corr. Sci. and Technology (Fontana, M. G.; Staehle, R. W., Eds.), Vol. 6, New York: Plenum Publ. Comp. 1976, p. 163
11. Voigt, Ch.: [5]
12. Engell, H. J.: Arch. Eisenhüttenwesen *26*, 393 (1955)
13. Buck, W. R.; Leidheiser, H.: J. Electrochem. Soc. 104, 474 (1957)
14. Orem. T. H.: J. Res. Nat. Bur. Standards *58*, 157 (1957)
15. Schikorr, G.: Z. Elektrochemie *35*, 62, 65 (1929)
16. Friehe, G.: Sanitär- und Heizungstechnik *3*, 193 (1969); vergl. auch Kaesche, H.: Werkstoffe u. Korrosion *26*, 175 (1975)
17. Bohnenkamp, K.: Arch. Eisenhüttenwesen *47*, 253 (1976)
18. Uhlig, H. H.; Triadis, D.; Stern, M.: J. electrochem. Soc. *102*, 59 (1955)
19. Zembura, Z.; Ziolkowska, W.: Bull. Academie Pol Sci., Ser. Sci. Chim XIII, Nr. 3 (1965), zitiert nach [17]
20. Engell, H. J.: Arch. Eisenhüttenwesen *29*, 553 (1958)
21. Speller, F.: Corrosion, Causes and Prevention. New York, Toronto, London: McGraw Hill 1951, p. 168
22. Whithmann, W.; Russel, R.; Altieri, V.: Ind. Engng. Chem. *16*, 665 (1924)
23. Roetheli, B.; Cox, G.; Littreal, W.: Metals and Alloys *3*, 73 (1932)
24. Pryor, M. J.; Keir, D. S.: J. electrochem. Soc. *105*, 629 (1957)

7 Inhibitoren der Säurekorrosion. Adsorption an Elektroden

Korrosionsinhibitoren sind im Prinzip Substanzen, die, in die Elektrolytlösung eingebracht, die Korrosionsgeschwindigkeit vermindern. Bei so allgemeiner Definition fallen unter den Begriff Inhibitoren auch Mittel wie Soda, die die Elektrolytlösung zum Zwecke der Passivierung der Metalle (vgl. Kap. 10) alkalisieren, oder auch Mittel wie Hydrazin, die gelösten Sauerstoff verzehren. Als Inhibitoren im engeren Sinn des Wortes bezeichnet man aber besser nur solche im Elektrolyten gelöste Substanzen, die sich an der Phasengrenze Metal/Elektrolytlösung anreichern, sei es durch Adsorption unmittelbar auf dem Metall, sei es durch Filmbildung in der Grenzschicht vor dem Metall. Technische Bedeutung haben wiederum nur solche Substanzen, die auf diese Weise stark korrosionshemmend wirken, auch wenn ihre Konzentration im Innern der Lösung sehr klein, z. B. in der Größenordnung mmol/kg, gehalten wird.

Das Sachgebiet ist Gegenstand einer umfangreichen Spezialliteratur, niedergelegt namentlich in den Berichten internationaler Symposien [1–4]. Es ist eng verquickt mit allen übrigen Aspekten der Kinetik der Elektrodenreaktionen im allgemeinen und der Kinetik der Korrosionsprozesse im besonderen. Es ist weiterhin im Detail eng mit der Theorie des Aufbaus der elektrischen Doppelschicht (vgl. Kap. 5.4) und mit der Thermodynamik der Adsorptionsvorgänge an Oberflächen verknüpft, wobei wiederum die Adsorption ihrerseits die Struktur der Doppelschicht beeinflußt [5, 6]. Solche Effekte werden übergangen, wenn als Modell der elektrischen Doppelschicht hier weiterhin der einfache Plattenkondensator benutzt wird.

Von den verschiedenen, nach ihrer Wirkungsweise unterschiedlichen Typen von Inhibitoren, über die insbesondere Fischer [7] zusammenfassend und klassifizierend berichtet hat, interessieren für den Korrosionsschutz vornehmlich zwei: Es handelt sich zum einen um die Adsorptionsinhibitoren der Säurekorrosion, zum anderen um die Passivatoren. Die Inhibition der Säurekorrosion hat weitreichende technische Bedeutung beim Beizen verzunderter Metalle, wo sie den Angriff der Beizsäure auf das Grundmetall unter der Zunderschicht verhindern soll, – daher der Name „Sparbeizen". Inhibitoren der Säurekorrosion werden auch bei Erdgas- und Ölbohrungen benutzt. In beiden Fällen kommt es nicht nur auf die Verhinderung des Metallverlustes durch Korrosion, sondern auch auf die Verhinderung des Einwanderns des in der kathodischen Teilreaktion entstehenden Wasserstoffs in das Metall an („Beizsprödigkeit").

Typischerweise sind die Inhibitoren der Säurekorrosion organische Verbindungen mit funktionellen Atomgruppen, deren Wechselwirkung mit der Metalloberfläche die Adsorption stabilisiert. Nach einer Aufstellung von Akstinat [8] kommen hauptsächlich in Frage:

Heterocyclen mit Sauerstoff, Schwefel, Stickstoff
hochmolekulare Alkohole und Aldehyde, Amine und Amide
Sulfonsäuren, Fettsäuren und deren Derivate
Thioharnstoffderivate
Thiazole und Thioureazole
quartäre Stickstoffverbindungen
Phosphonium-Verbindungen
stark ungesättigte Ring- und Kettensysteme
Thioamide und Thiosemicarbazide
hochmolekulare Nitrile
Mercaptane und Sulfide
Sulfoxide und Senföle
Thiazine etc.

Die Wirkung eines Vertreters aus dieser Gruppe, des Monophenylthioharnstoffs war in Tabelle 12 schon vorgestellt worden. Berechnet man, wie in der Praxis üblich, als Inhibitorwirksamkeit die Größe

$$W \equiv \frac{(i_K)_0 - (i_K)_I}{(i_K)_0} \, 100\%, \tag{7.1}$$

$(i_K)_0$ = Korrosionsgeschwindigkeit ohne Inhibitor
$(i_K)_I$ = Korrosionsgeschwindigkeit mit Inhibitor

so ergibt sich hier schon für eine Konzentration c_I des Inhibitors von 10^{-4} mol/kg eine Wirksamkeit von über 95%.

Für einen weiteren wichtigen Befund gibt Bild 7.1 typische Beispiele [9]. Es handelt sich einerseits für Thioharnstoff und seine Derivate, andererseits für Chinolin und seine Derivate um den Einfluß der Vergrößerung der Inhibitormolekeln

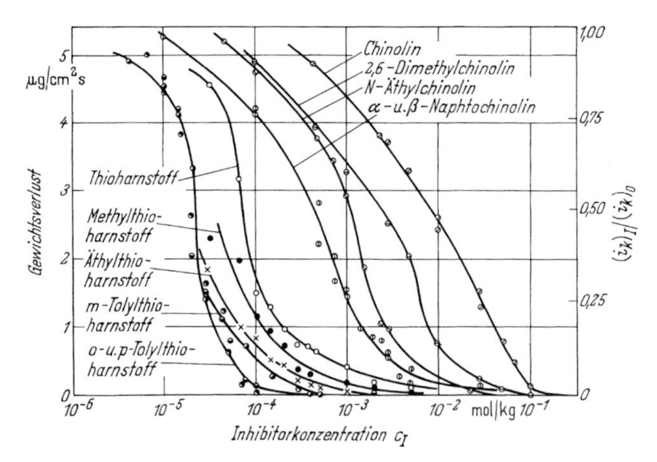

Bild 7.1. Gewichtsverlust von unlegiertem Stahl (0.1% C) in 5% iger H_2SO_4-Lösung, 40 °C, als Funktion der Art und Konzentration einiger Adsorptionsinhibitoren. (Nach Hoar und Holliday)

durch Substitution. Der sterische Effekt ist deutlich: Die Vergrößerung des Moleküls führt in jeder Substanzgruppe zur Verbesserung der Wirksamkeit.

Die Zunahme der Inhibitorwirksamkeit mit der Inhibitorkonzentration einerseits und mit der Größe der Inhibitorteilchen andererseits, sowie die Rolle der funktionellen Gruppen in den Inhibitorteilchen legen gemeinsam ein einfaches Modell des Mechanismus der Inhibition nahe: Es kann versuchsweise angenommen werden, der entscheidende Punkt sei die Abdeckung der Metalloberfläche durch die adsorbierten Teilchen, und diese abgedeckten Oberflächenteile seien für den Ablauf der Korrosionsreaktion blockiert, während diese Reaktion an den freien Oberflächenteilen mit unverändertem Mechanismus abläuft. Benützt man weiterhin das Modell der ganz gleichmäßigen Säurekorrosion, und betrachtet man den speziellen Fall der Säurekorrosion des Eisens, so läßt sich die Inhibitorwirksamkeit dann leicht quantitativ angeben. Ist nämlich Θ_I der Bedeckungsgrad der Oberfläche, also der durch adsorbierte Inhibitorteilchen belegte Anteil, so ergibt sich nach dieser Vorstellung die Gleichung der Summenstrom-Spannungskurve aus (6.14) zu

$$i_S = (1 - \Theta_I)\left[B_{Fe} \exp\left\{\frac{\varepsilon}{b'_{Fe}}\right\} - A_H \exp\left\{-\frac{\varepsilon}{a'_h}\right\}\right], \tag{7.2}$$

bzw.

$$i_S = (1 - \Theta_I)(i_K)_0\left[\exp\left\{\frac{\varepsilon - \varepsilon_R}{b'_{Fe}}\right\} - \exp\left\{-\frac{\varepsilon - \varepsilon_R}{a'_H}\right\}\right]. \tag{7.3}$$

$$(i_K)_I = (1 - \Theta_I)(i_K)_0, \tag{7.4}$$

bzw. $$\Theta_I = 1 - \frac{(i_K)_I}{(i_K)_0}. \tag{7.5}$$

Bei dieser voll symmetrischen Inhibition der anodischen und der kathodischen Teilreaktion wird das Ruhepotential durch die Inhibitoradsorption nicht beeinflußt. Im übrigen kann nun offenbar die Korrosionsgeschwindigkeit vorausberechnet werden, wenn die Adsorptionsisotherme $\Theta_I\{c_I\}$ des betreffenden Inhibitors bekannt ist.

Im einfachsten Fall handelt es sich um Langmuirsche Adsorption, für die gilt

$$\Theta_I = \frac{kc_I}{1 + kc_I}. \tag{7.6}$$

Dieser Typ einer Adsorptionsisotherme setzt voraus, daß sich die adsorbierten Teilchen, bei endlicher Platzwechselhäufigkeit, auf fixierten Plätzen befinden, daß es zwischen ihnen keine Wechselwirkung gibt und daß die Adsorptionsenergie nicht vom Bedeckungsgrad abhängt. Diese Voraussetzungen sollten eher selten erfüllt sein. Nimmt man statt dessen ein Spektrum energetisch unterschiedlicher Adsorptionsplätze an, so erhält man die Temkin-Isotherme von der Form

$$\Theta_I = K_1 \log(K_2 - c_I). \tag{7.7}$$

Zum gleichen Ergebnis führt bei homogenen Oberflächen der Ansatz einer linearen

Abnahme der Adsorptionsenergie mit steigendem Bedeckungsgrad. Diese Form der Adsorptionsisotherme ist für mittlere Werte des Bedeckungsgrades ($0{,}2 \lesssim \Theta_I \lesssim 0{,}8$) häufig brauchbar.

Endlich erhält man mit Zusatzannahmen über die Wechselwirkung benachbarter adsorbierter Teilchen die ebenfalls häufig gut brauchbare Frumkinsche Isotherme, für die vereinfacht

$$\frac{\Theta_I}{1-\Theta_I} \exp\{f\Theta_I\} = kc_I \tag{7.8}$$

geschrieben werden kann. Diese Form hat z. B. die in Bild 7.2 wiedergegebene Isotherme der Adsorption von Hexylalkohol aus NaCl-Lösung an Quecksilber [10]. Das hier benutzte Meßverfahren ist typisch für elektrochemische Adsorptionsuntersuchungen an glatten Metalloberflächen: Da der Materialumsatz bei höchstens monomolekularer Adsorptionsbelegung für eine chemische Direktbestimmung zu klein ist, so nutzt man statt dessen das sehr empfindliche Ansprechen der Wechselstrom-Kapazität der Doppelschicht auf die Einlagerung einer Adsorptionsschicht aus. Zum Vergleich haben die Autoren den Koeffizienten $W' = 1 - (i^0_{Cd})_I (i^0_{Cd})_0$ der Austauschstromdichten der Reaktion $Cd \rightleftharpoons Cd^{2+} + 2e^-$ an einer Cadmium-Amalgam-Elektrode untersucht, um festzustellen, wie die Stromdichte einer Durchtrittsreaktion vom Bedeckungsgrad Θ_I abhängt. Es wird unterstellt, daß Θ_I auf die Anwesenheit von wenig Cadmium im Quecksilber nicht anspricht. Die Parallelität der Abhängigkeit des Koeffizienten W' und des Bedeckungsgrades Θ_I zeigt, daß die der Gl. (7.5) analoge Beziehung $\Theta_I = 1 - (i^0_{Cd})_I/(i^0_{Cd})_0$ gut erfüllt war.

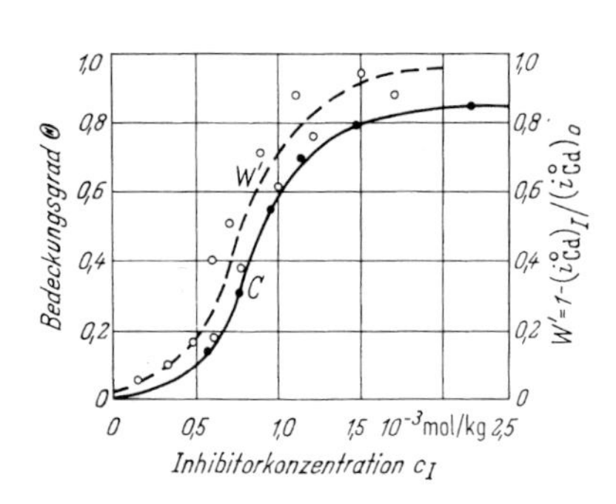

Bild 7.2

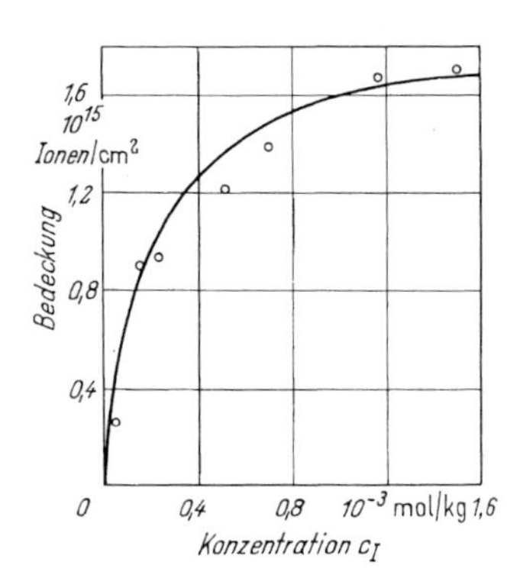

Bild 7.3

Bild 7.2. Abhängigkeit des Bedeckungsgrades θ_I der Adsorption von Hexylalkohol an Quecksilber aus 1 M NaCl-Lösung, 0 °C (bestimmt aus der Doppelschichtkapazität C), und des Koeffizienten $W' = 1 - (i^0_{Cd})_I/(i^0_{Cd})_0$ der Austauschstromdichten einer $Cd(Hg)/Cd^{2+}$-Elektrode von der Konzentration c_I des Hexyalkohols. (Nach Müller und Lorenz)

Bild 7.3. Isotherme der Adsorption von Jodionen aus 0,5 NH_2SO_4-Lösung, O_2-frei, an Eisen. (Nach Heusler und Cartledge)

Für Adsorptionsuntersuchungen sehr geeignet sind auch Messungen mit radioaktiv markierten Inhibitoren [11]. Man kann dabei entweder die Abnahme der Aktivität der Lösung, oder die Zunahme der Aktivität der Metalloberfläche feststellen. Nach der ersteren Methode wurde die in Bild 7.3 wiedergegebene Isotherme der Adsorption von Jodionen an Eisen in schwefelsaurer Lösung bestimmt [11]. Die eingezeichnete Kurve ist eine Langmuir-Isotherme, jedoch kann den Meßpunkten auch eine Temkin-Isotherme angepaßt werden.

Mehr den Charakter einer empirischen Interpolationsformel hat die viel benutzte Freundlichsche Isotherme

$$\Theta_\mathrm{I} = K c_\mathrm{I}^m \qquad (7.9)$$

mit angleichbarem Exponenten m.

Unterstellt man die Richtigkeit der Gl. (7.5), so kann man, zumindest versuchsweise, aus Korrosionsdaten Adsorptionsisothermen ermitteln. Für diesen häufig beschrittenen Weg zeigt Bild 7.4 ein neueres Beispiel [12]. Die Ausgleichskurven sind, mit entsprechender Anpassung der Parameter, nach Gl. (7.8) berechnet, können also als Frumkin-Isotherme interpretiert werden.

Der einfache Zusammenhang zwischen Adsorptionsisotherme und Korrosionsgeschwindigkeit setzt u. a. voraus, daß sich der Adsorptionsmechanismus mit der Inhibitorkonzentration nicht ändert. Als Beispiel diesbezüglicher Untersuchungen dienen die in Bild 7.5 [13] wiedergegebenen Stromspannungskurven des Eisens in starker Salzsäure mit und ohne Zusatz von Homopiperazin, einer heterozyklischen Verbindung aus 5 CH_2- und 2 NH-Gruppen. Dieses Molekül ist entweder mit nur einer NH-Gruppe adsorbiert und kehrt die zweite, zum NH_2^+ protoniert, dem Elektrolyten zu, oder sie liegt flach, mit Adsorptionsbindung durch beide NH-Gruppen. Die Stromspannungskurven, speziell die angenäherte Konstanz des Ruhepotentials, weisen annähernd symmetrische Inhibition der anodischen und kathodischen Teilreaktionen aus. Eine besondere Erklärung verlangt aber der Sprung der Inhibitorwirksamkeit zwischen $c_1 = 0{,}01$ und $0{,}02\,\mathrm{M}$. Dieser zeigt

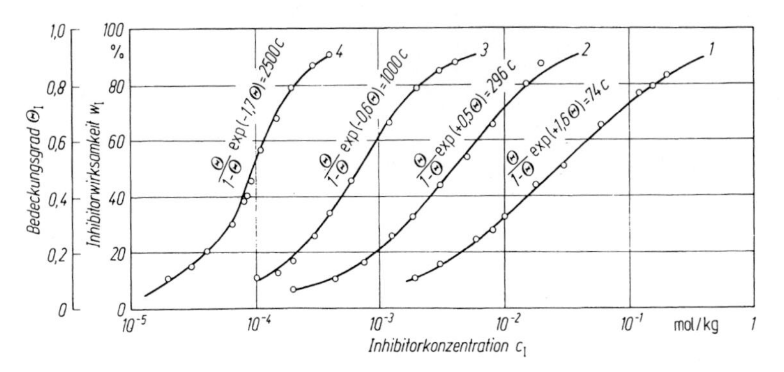

Bild 7.4. Die Inhibitorwirksamkeit W, bzw. der Bedeckungsgrad θ_I aliphatischer, auf unlegiertem Stahl in 1 N H_2SO_4 adsorbierter Amine, 1: *n*-Hexylamin, 2: *n*-Octylamin, 3: *n*-Decylamin, 4: *n*-Dodecylamin. (Nach Szklarska-Smialowska und Wieczorek)

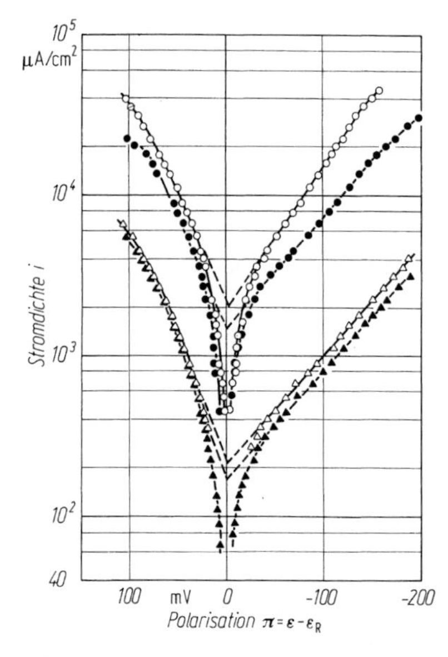

Bild 7.5

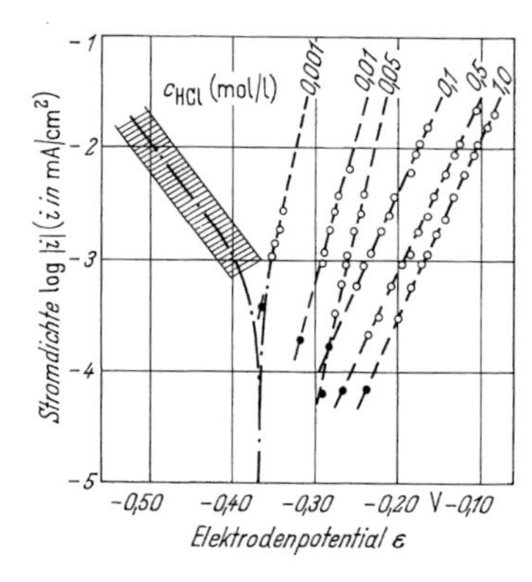

Bild 7.6

Bild 7.5. Summenstrom-Spannungskurve von Reineisen in 6N HCl (25 °C) bei verschiedenen Konzentrationen von Homopiperazin (○ ○ :0; ● ● :0,011; △ △: 0,023; ▲ ▲ : 0,048 M). Ruhepotential bei allen Messungen zwischen − 0,20 und − 0,21 (V). (Nach Hackerman und Mc Cafferty)

Bild 7.6. Anodische Teilstrom-Spannungskurve der Eisenauflösung ○ ○ ○) und Korrosionsgeschwindigkeit (● ● ●) des Eisens in O_2-freien, neutralsalzfreien HCl-Lösungen, 25 °C. Strichpunktiert: Summen-Stromspannungskurve in 10^{-3} N HCl; Schraffiert: Streubereich der kathodischen Teilstrom-Spannungskurven der Wasserstoffabscheidung für alle untersuchten Werte von C_{HCl}. (Nach Lorenz, Yamaoka und Fischer)

wahrscheinlich ein Umschlagen der Orientierung der adsorbierten Teilchen aus der planaren in die vertikale Position an, mit dem Resultat insgesamt dichterer Packung.

Messungen in Salzsäure bieten allerdings die zusätzliche Komplikation, daß mit der überlagerten Adsorption von Chlorionen sicher zu rechnen ist, die selbst zu den Inhibitoren der Säurekorrosion des Eisens zählen [14]. Das bewirkt, daß in reinen HCl-Lösungen die Korrosionsgeschwindigkeit mit steigender Säurekonzentration zunächst sinkt, weil die zunehmende Inhibition die zunehmende Acidität überkompensiert. Als Inhibitoren wirken die Chlorionen in reiner Salzsäure zudem auf eine Weise, die die Anwendung von Gleichungen des Typs (7.2) illusorisch machen (vgl. Bild 7.6): Einerseits kompensiert die zunehmende Inhibition durch Cl^- gerade die zunehmende Akzeleration der kathodischen Wasserstoffabscheidung mit steigender Säurekonzentration. Andererseits verschieben sich die anodischen Teilstrom-Spannungskurven der Eisenauflösung nicht einfach parallel zu sich selbst, sondern sie wechseln zwischen $c_{HCl} = 0{,}05$ und 0,1 mol/kg auch die Neigung $d\varepsilon/d$ log i von ca. 0,03 auf ca. 0,06 V. Dies zeigt einen Wechsel des geschwindigkeitsbestimmenden Teilschrittes der anodischen Eisenauflösung mit steigender Belegung der Metalloberfläche durch Chlorionen an, vermutlich bewirkt durch die Verdrängung in diesem Fall der primär adsorbierten H_2O- und OH^--Teilchen.

Anodisch und kathodisch annähernd symmetrische Inhibition ist anscheinend eher die Ausnahme, der vorherrschende Typ dürfte unterschiedlich starke Inhibition der Teilreaktionen sein. Auch der Fall der Inhibition der einen und gleichzeitig der Akzeleration der anderen Teilreaktion ist möglich. So hemmen Ameisensäure Molekeln die anodische Teilreaktion der Eisenauflösung, katalysieren aber – vermutlich als Protonendonatoren – die kathodische Wasserstoffabscheidung [15]. Einen Fall ausschließlich anodischer Inhibition zeigt Bild 7.7 [16]. Hoar und Holliday vermuteten dazu, der schwache Inhibitor Dimethylchinolin würde nur an

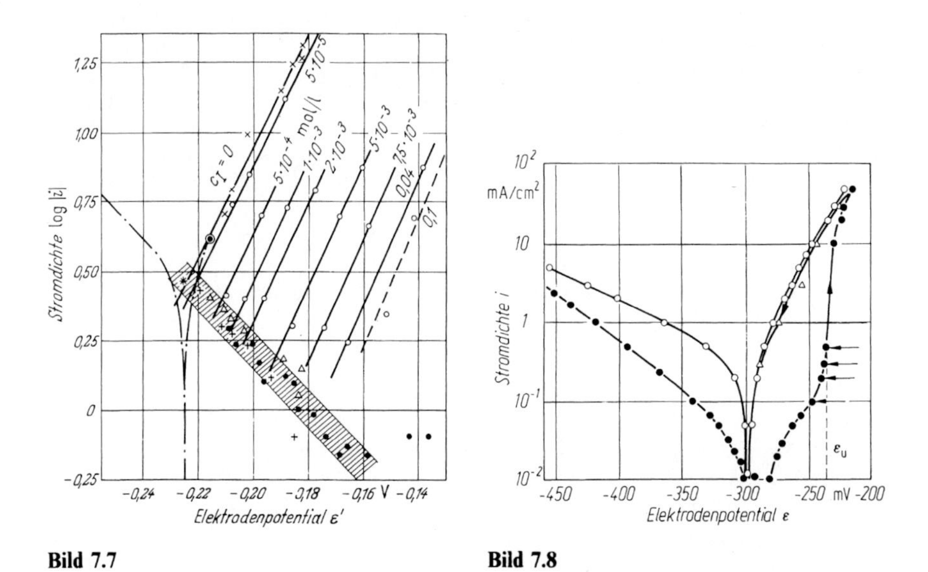

Bild 7.7 **Bild 7.8**

Bild 7.7. Stromspannungsdiagramm für die Korrosion von weichem Stahl (0,1% C) in 5%iger H_2SO_4, 40 °C, bei verschiedenen Konzentrationen von 2,6-Dimethylchinolin. (Nach Hoar und Holliday). Teilstrom-Spannungskurve der Metallauflösung; × × × ⊙ (ohne Inhibitor) ○ ○ ○ + (mit Inhibitor); kathodische Teilstrom-Spannungskurve der Wasserstoffabscheidung: ● ● ●; Werte der Korrosionsgeschwindigkeit: △ △ △*. Stromdichte i in mA/cm². Elektrodenpotential ε' gemessen gegen Wasserstoffelektrode in derselben Lösung

Bild 7.8. Stationäre Summenstrom-Spannungskurve des Carbonyleisens in H_2SO_4/0,5 M Na_2SO_4, pH 2, 25 °C ohne Inhibitor (○), bzw. mit $2 \cdot 10^{-5}$ M Phenylthioharnstoff ●. sowie nach Inhibitor-Desorption gemessene instationäre Kurve (Δ). (Nach Heidemeyer und Kaesche)

den Halbkristallagen adsorbiert, über die die Eisenauflösung läuft, während Wasserstoff auch auf den Kristallitflächen abgeschieden werden kann.

Kompliziert ist auch der Fall der wirksamen Inhibition der Korrosion des Eisens in Schwefelsäure oder Perchlorsäure durch Phenylthioharnstoff. Zunächst erhöht diese Substanz in extrem hoher Verdünnung aufgrund ungeklärter Effekte die Korrosionsgeschwindigkeit [17]. Der dann folgende Bereich starker Inhibition beider Teilreaktionen wurde bereits weiter oben (vgl. Tab. 12 u. 13) beschrieben, desgleichen die Theorie der Überlagerung geschwindigkeitsbestimmender Durchtrittsreaktion und elektrochemischer Desorption der kathodischen Wasserstoffabscheidung, die die im log $i-\varepsilon$-Diagramm gekrümmt erscheinenden kathodischen Teilstrom-Spannungskurven erklärt [18]. Dasselbe leisten allerdings auch von Breiter und Clamroth [19] mitgeteilte Gleichungen für den Fall der starken Hemmung der Tafelschen Rekombination. In beiden Fällen wird angenommen, daß vor der Inhibitoradsorption die Volmersche Durchtrittsreaktion geschwindigkeitsbestimmend war. Beide Mechanismen können die Beobachtung erklären [20], daß nach Thioharnstoffadsorption die Geschwindigkeit der Diffusion des atomaren Wasserstoffs ins Innere der metallischen Phase erheblich zunimmt, da die Hemmung der Tafel-Rekombination wie auch die der Heyrovsky-Reaktion zur Erhöhung der Konzentration des adsorbierten atomaren Wasserstoffs auf der Metalloberfläche führen sollte.

Sehr auffällige Ergebnisse erhält man bei der anodischen Polarisation einer durch Phenylthioharnstoff inhibierten Carbonyleisenelektrode in Na_2SO_4/H_2SO_4-Lösung (ähnlich $NaClO_4/HClO_4$-Lösung) [21, 22]. Dabei geht, wie Bild 7.8 zeigt, die Stromspannungskurve der inhibierten Elektrode bei hohen Stromdichten in die der inhibitorfreien über. Mißt man von hohen Stromdichten kommend die Stromspannungskurve mit der Stromdichte, so findet man einen Verlauf, der im ganzen Stromspannungsbereich mit der Stromspannungskurve in inhibitorfreier Lösung zusammenfällt. Es ist offensichtlich, daß dieses Verhalten der Elektrode durch die Desorption des Inhibitors bei ε_u bewirkt wird. Ganz ähnlich verhält sich die Eisenelektrode in sauren Lösungen, die Jodionen oder Kohlenmonoxid enthalten [23]. Der Effekt hat im übrigen gelegentlich zu dem Fehlschluß verleitet, solchen Inhibitoren keine anodische Wirksamkeit zuzuschreiben. In Wahrheit liegt in der Umgebung des Ruhepotentials, d. h. vor Eintritt der Desorption, starke anodische Inhibition vor.

Die Desorption kann thermodynamisch, oder kinetisch durch „Abstoßung" der Inhibitorteilchen bei schneller Auflösung des Metalls gedeutet werden. Dazu nehmen Heusler und Cartledge [23] an, daß in Gegenwart von adsorbierten Jodionen neben der gewöhnlichen anodischen Teilreaktion der Eisenauflösung [vgl. Gl 5.74]

$$Fe + FeOH_{ad} + OH^-_{ad} \rightarrow FeOH^+ + FeOH_{ad} + 2e^- \tag{7.10}$$

auch die folgende, allerdings stark gehemmte Reaktion möglich ist:

$$Fe + J^-_{ad} + OH^-_{ad} \rightarrow Fe^{2+} + J^- + OH^-_{ad} + 2e^-. \tag{7.11}$$

Dabei bezeichnet Fe ein Eisenteilchen auf einer Abbaustelle auf dem von Jodionen nicht belegten Anteil $(1 - \Theta_I)$ der Metalloberfläche. Die Teilstromdichte der Eisenauflösung ist daher gleich der Summe der Teilstromdichten der Reaktionen nach Gln. (7.10) und (7.11). Unter sonst konstanten Bedingungen ist dabei die Geschwindigkeit der Reaktion nach Gl. (7.10) proportional $(1 - \Theta_I)$. Die Geschwindigkeit der Reaktion nach Gl. (7.11) wird proportional $\Theta_I(1 - \Theta_I)$ angenommen. Daraus folgt der Ansatz

$$\vec{i}_{Fe} = k'_{Fe}(1 - \Theta_I) \exp\left\{\frac{(1 + 2\alpha)F}{RT}\varepsilon\right\} + k''_{Fe}\,\Theta_I(1 - \Theta_I) \exp\left\{\frac{2\alpha F}{RT}\varepsilon\right\}. \tag{7.12}$$

Dabei ist wegen der Reaktion nach Gl. (7.11) der Bedeckungsgrad Θ_I eine Funktion der Teilstromdichte $\vec{i}_{Fe}$ der Eisenauflösung. Im stationären Zustand ist die Inhibitordesorptionsgeschwindigkeit v_{des} gleich der Adsorptionsgeschwindigkeit v_{ad} bzw. die Stromdichte i_{des} der Inhibitordesorption dem Betrage nach gleich der Stromdichte i_{ad} der Inhibitoradsorption:

$$i_{des} = - i_{ad} \tag{7.13}$$

Ohne merklichen Einfluß des anodischen Auflösung des Substrats ist $i_{des} = - k_{des}\Theta_I$; $i_{ad} = k_{ad}(1 - \Theta_I)$ anzunehmen. Daher ergibt sich bei merklichem Einfluß der Metallauflösung:

$$k_{ad}(1 - \Theta_I) = - k''_{Fe}\Theta_I(1 - \Theta_I)\exp\left\{\frac{2\alpha F}{RT}\varepsilon\right\} - k_{des}\Theta_I . \tag{7.14}$$

Dieser Ansatz gibt quantitativ die Potentialabhängigkeit des Bedeckungsgrades Θ_I. Er kann allerdings nur dann in einfacher Weise ausgewertet werden, wenn die Parameter k_{ad} und k_{des} und damit das ungestörte Adsorptionsgleichgewicht durch das Elektrodenpotential nicht beeinflußt werden. Das ist hier einmal deshalb möglich, weil (vgl. weiter unten) das Elektrodenpotential nahe beim Potential es Ladungsnullpunktes liegt und außerdem (vgl. ebenfalls weiter unten) die Bindung des Jodions an die Metalloberfläche vermutlich stark kovalenten Charakter hat und daher von kleinen Änderungen der Ladung des Metalls nicht stark beeinflußt wird.

Für große Werte von Θ_I ist der Teilstrom der Eisenauflösung praktisch ein reiner Inhibitordesorptionsstrom. Dann verschwindet in Gl. (7.12) das erste Glied der rechten Seite, und für die Neigung $d\varepsilon/d \log \vec{i}_{Fe}$ der anodischen Teilstrom-Spannungskurve erwartet man den Wert 2,303 $RT/2\alpha F$, d. h. mit $\alpha_{Fe} \cong 0{,}5$ den Wert 0,06, in Übereinstimmung mit dem experimentellen Befund für Eisen in jodidhaltiger Säure [23]. Dabei ist allerdings nach Frumkin [24] für Werte $\Theta_I \cong 1$ zu erwarten, daß sich die Geschwindigkeit einer Elektrodenreaktion nicht mehr in der geschilderten Weise relativ einfach als Funktion des unbedeckten Flächenanteils $(1 - \Theta_I)$ angeben läßt. Vielmehr sollte schließlich die Reaktionsgeschwindigkeit wesentlich eine Funktion der Aktivierungsenergie werden, die zur Erzeugung einer Pore in der Inhibitorbelegung erforderlich ist.

Die Frage der Änderung der Adsorption mit dem Elektrodenpotential hängt eng zusammen mit der Frage des Ladungsnullpunktes (vgl. Kap. 5.4) der betreffenden Elektrode. Soweit die elektrostatische Attraktion eine Rolle spielt, ist die Adsoption von Anionen an positiv geladenen Metallen bevorzugt, die Adsorption von Kationen an negativ geladenen. Das bedeutet nicht, daß der Ladungsnullpunkt Bereiche des Elektrodenpotentials abgrenzt, in denen allein Anionen bzw. Kationenadsorption eintritt. Vielmehr wird auch an negativ geladenen Metallen noch Anionenadsorption beobachtet, entsprechend auch Kationenadsorption an positiv geladenen.

Der Zusammenhang zwischen Adsorption und Überschußladung des Metalls ist für den speziellen Fall des Quecksilbers in Lösungen ohne durchtrittsfähige gelöste Stoffe, d. h. für die „ideal polarisierbare“ Quecksilberelektrode, eingehend untersucht worden. Hier stellt die Oberflächenspannung σ des Metalls ein bequemes Maß für den Betrag der Ladung dar, da positive oder negative Ladungen in der Metalloberfläche σ stets erniedrigen. In Lösungen, die (außer H_2O-Molekeln) keine Teilchen enthalten, die auf Quecksilber adsorbiert werden, gehorcht die Oberflächenspannung als Funktion des Elektrodenpotentials, d. h. die sogenannte „Elektrokapillarkurve“, der Gleichung einer Parabel. Diese ist in Bild 7.9 nach Messungen von Gouy [25] als Kurve *A* eingetragen. Das Maximum der Elektrokapillarkurve bezeichnet den Ladungsnullpunkt ε_N des Quecksilbers. In Gegenwart von J^--Ionen findet man dagegen die Kurve *B*, die dadurch zustande kommt, daß oberhalb etwa $-$ 0,50 V

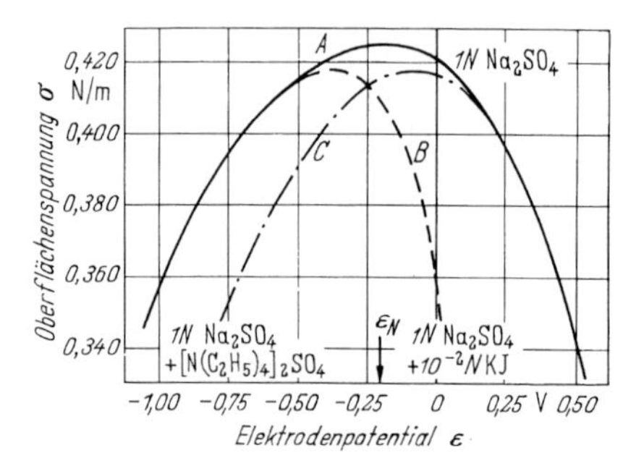

Bild 7.9

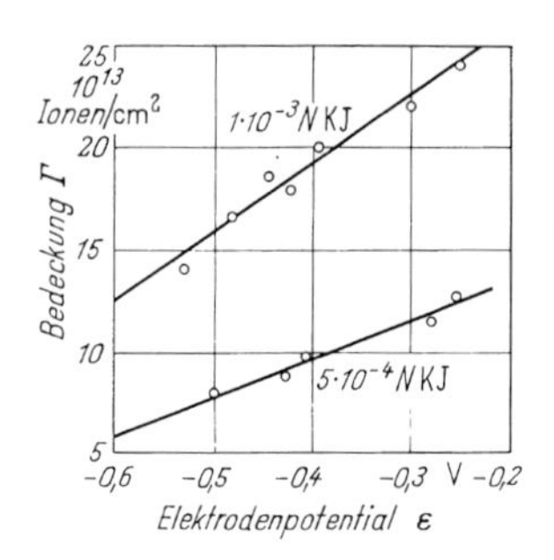

Bild 7.10

Bild 7.9. Elektrokapillarkurve des Quecksilbers in Na_2SO_4-Lösung *A* und der Einfluß kapillaraktiver Anionen *B* bzw. Kationen *C*. (Nach Gouy)

Bild 7.10. Potentialabhängigkeit der Adsorption von J^--Ionen an Blei aus 1 N H_2SO_4-Lösung bei zwei verschiedenen Werten der KJ-Konzentration. (Nach Kolotyrkin)

die J^--Adsorption einsetzt und mit steigendem Elektrodenpotential zunimmt. Dadurch wird die Elektrokapillarkurve verzerrt und der Ladungsnullpunkt von − 0,19 V nach − 0,35 V verschoben. Umgekehrt setzt in Tetraäthylammoniumionen enthaltenden Lösungen unterhalb + 0,12 V mit sinkendem Elektrodenpotential steigende Adsorption der $[N(C_2H_5)_4]^+$-Kationen ein, wodurch die Elektrokapillarkurve ebenfalls verzerrt und der Ladungsnullpunkt nach − 0,05 V verschoben wird.

Zum Vergleich zeigt Bild 7.10 die Abhängigkeit der J^--Adsorption an Bleielektroden als Funktion des Elektrodenpotentials nach Messungen von Kolotyrkin [26]. Danach sinkt die adsorbierte Menge mit sinkendem Elektrodenpotential, jedoch geht Θ erst für Werte des Elektrodenpotentials gegen Null, die einer stark negativ geladenen Elektrodenoberfläche entsprechen.

Schließlich gibt Bild 7.11 ein Beispiel für die charakteristische Veränderung der Elektrokapillarkurve durch die Adsorption von Neutralmolekeln [27]. In diesem Fall wird die Elektrokapillarkurve in der Umgebung des Ladungsnullpunktes stark abgeflacht, d. h., die Neutralmolekeln werden bevorzugt in diesem Potentialbereich adsorbiert und sowohl bei stark negativen als auch bei stark positiven Werten des Elektrodenpotentials aus der Adsorptionsschicht verdrängt.

Allerdings gelten die oben dargelegten Überlegungen anscheinend für die Adsorption von Anionen wie Cl^-, J^- oder HS^- auf Eisenelektroden in Säuren nicht. Zu dieser Frage zeigt Bild 7.12 [28] zunächst, daß in 3 M H_2SO_4-Lösung die Summenstrom-Spannungskurve (1) der inhibitorfreien Eisenelektrode durch den Zusatz von 10^{-3} mol/kg Tetrabutylammoniumsulfat (TBA) praktisch nicht verändert wird (2), diese Substanz also nicht inhibierend wirkt, mithin also vermutlich nicht adsorbiert wird. Demgegenüber wird die Korrosion durch den Zusatz von 10^{-3} mol/kg KJ in der für die J^--Adsorption typischen Weise gehemmt (3). Es zeigt aber eine Lösung, die außer KJ auch TBA enthält (4) wesentlich stärkere Inhibition als eine nur J^--haltige Lösung, woraus folgt, daß nach J^--Adsorption nun zusätzlich auch TBA adsorbiert wird. Bei einem Ruhepotential $\varepsilon_R \simeq -0{,}2$ V ist die Eisenelektrode in H_2SO_4-Lösung positiv aufgeladen, da für den Ladungsnullpunkt $\varepsilon_N = -0{,}37$ V angenommen wird [29]. Daher ist in der Tat zu erwarten, daß TBA-Kationen

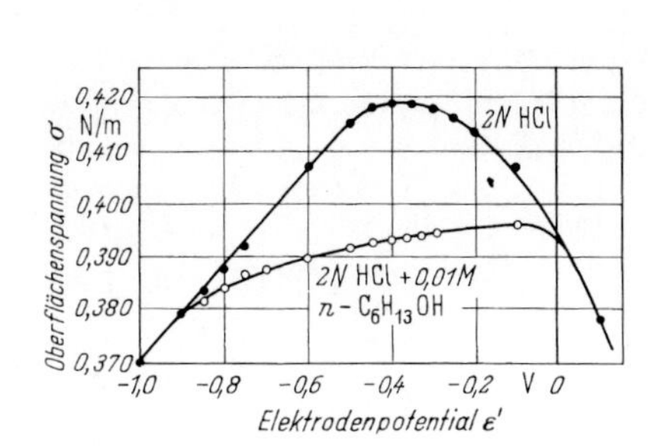

Bild 7.11

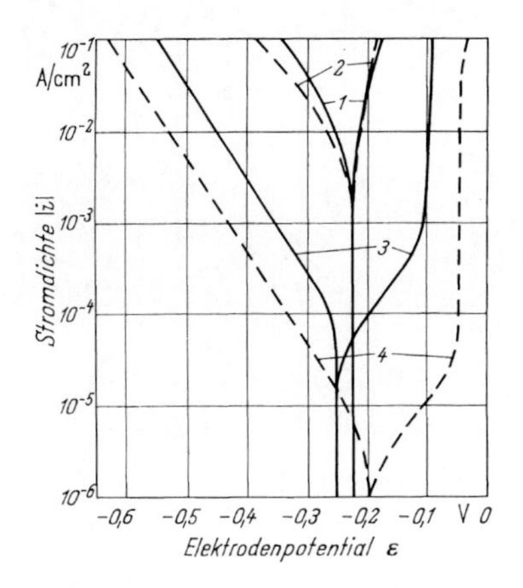

Bild 7.12

Bild 7.11. Änderung der in 2 N HCl gemessenen Elektrokapillarkurve des Quecksilbers (● ● ●) durch Zusatz von 10^{-2} mol/kg Hexylalkohol (○ ○ ○). (Nach Nikolajewa, Frumkin und Jofa), ε' bezogen auf eine Wasserstoffelektrode in derselben Lösung

Bild 7.12. Stromspannungskurve des Eisens in 3 M H_2SO_4-Lösung: 1 ohne Inhibitor, 2 mit 10^{-3} mol/kg Tetrabutylammoniumsulfat, 3 mit 10^{-3} mol/kg J, 4 mit 10^{-3} mol/kg Tetrabutylammoniumsulfat + 10^{-3} mol/kg KJ. (Nach Jofa und Roshdestwenskaja)

unter diesen Bedingungen nicht oder jedenfalls nur geringfügig adsorbiert werden. Wenn nun nach J^--Adsorption auch TBA-Adsorption eintritt, so bedeutet dies offenbar, daß durch die Anlagerung der Jodionen der Ladungsnullpunkt zu einem positiveren Wert veschoben wurde. Dies setzt starke chemische Bindung des Jodids voraus, die durchaus möglich erscheint. Demgegenüber besteht nach Bild 7.9 die gewöhnliche Wirkung der schwächer adsorbierten Anionen in einer Verschiebung von ε_N zu negativeren Werten.

Da Adsorptionserscheinungen an der Quecksilberelektrode vergleichsweise bequem untersucht werden können, so interessiert die Frage, ob mit Quecksilber als Metallsubstrat erhaltene Ergebnisse auf andere Metalle übertragen werden können. Antropov [30] hat darauf hingewiesen, daß es dabei jedenfalls u. a. wesentlich darauf ankommt, die Lage des Ruhepotentials des betreffenden Metalls relativ zu seinem Ladungsnullpunkt in der betrachteten Lösung zu berücksichtigen. Antropov schlägt vor, für solche Vergleiche das Elektrodenpotential prinzipiell auf den Ladungsnullpunkt zu beziehen, d. h. ε^0-Werte zu benutzen, die definiert sind durch

$$\varepsilon^0 \equiv \varepsilon - \varepsilon_N . \tag{7.15}$$

Da nun Eisen in sauren Lösungen durchweg ein Ruhepotential von $\varepsilon_R \simeq -0{,}2$ bis $-0{,}3$ V aufweist, so ist $\varepsilon_R^0 \simeq -0{,}2$ bis $-0{,}3$ V, sofern man mit Antropov $\varepsilon_N \simeq 0{,}0$ V annimmt. Für Zink in Säuren wird wegen $\varepsilon_R \simeq -0{,}75$ V und $\varepsilon_N = -0{,}63$ V; $\varepsilon_R^0 \simeq -0{,}12$ V, für Kadmium in Säuren, wegen $\varepsilon_R \simeq -0{,}50$ und $\varepsilon_N = -0{,}70$; $\varepsilon_R^0 \simeq +0{,}20$ V. Mißt man nun die durch die Adsorption eines Inhibitors auf Quecksilber bewirkte Erniedrigung $\Delta\sigma$ der Oberflächenspannung bei einem Potential ε^0, das gleich ist dem Ruhepotential ε_R^0 des korrodierten Eisens, so findet man in einigen Fällen einen einfach linearen Zusammenhang zwischen dem

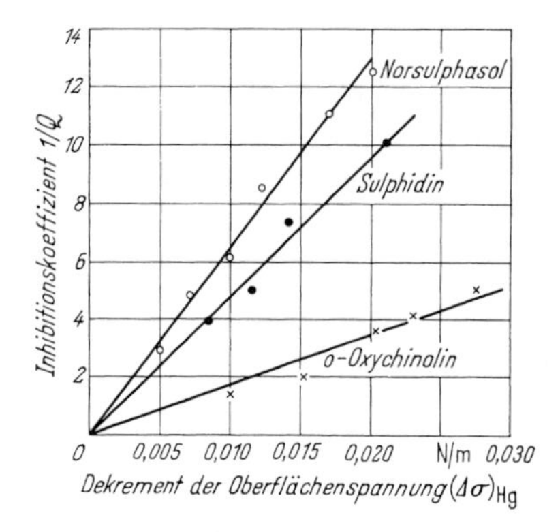

Bild 7.13. Zusammenhang zwischen dem Koeffizienten $1/Q \equiv (i_K)_0/(i_K)_I$ der Korrosion des Eisens in 1 N H_2SO_4 und dem durch die benutzten Inhibitoren bewirkten Dekrement der Oberflächenspannung des Quecksilbers, bei konstanter Abweichung $\Delta\varepsilon$ des Elektrodenpotentials vom Ladungsnullpunkt ε_N des Eisens bzw. Quecksilbers. (Nach Antropov)

Kehrwert des Inhibitionskoeffizienten $(i_K)_0/(i_K)_I$ und dem Dekrement $\Delta\sigma$ der Oberflächenspannung (Bild 7.13). Dieser lineare Zusammenhang kann mit einigen Hilfsannahmen, namentlich mit der sicher nur angenähert erfüllten Unterstellung, die Adsorption sei unter sonst konstanten Bedingungen unabhängig von der Natur des Metalls allein eine Funktion von ε^0, theoretisch begründet werden, falls ein einfacher Zusammenhang zwischen Inhibition und Bedeckungsgrad vorliegt.

Endlich bedarf es in vielen Fällen besonderer Untersuchungen darüber, ob *primäre Inhibition* vorliegt, das ist Inhibition durch die dem Elektrolyten zugesetzte Substanz, oder *sekundäre Inhibition* durch Reaktionsprodukte dieser Substanz. Es handelt sich insbesondere um die Produkte der Reduktion der jeweiligen Substanz an der Metalloberfläche in einer überlagerten kathodischen Teilreaktion. Sekundäre Inhibition ist für eine Anzahl von quartären Phosphonium- und Arsonium-Verbindungen, sowie für tertiäre Sulfonium- und Oxonium-Verbindungen beobachtet worden [31, 32]. Der Befund hat Anlaß zu einer „Oniumhypothese" (Horner [31]) gegeben, nach der letztlich Radikale mit einsamen Elektronenpaaren die eigentlich inhibierenden Teilchen darstellen.

Literatur

1. C.r. Symposium Europeen sur les Inhibiteurs de Corrosion, Ferrara 1960. Annali dell' università di Ferrara, Sezione V., suppl. n. 3, 1961
2. Proc. 2nd European Symposium on Corrosion Inhibitors. Ferrara 1965. Annali dell'università di Ferrara, Sezione V, Suppl. n. 4, 1966
3. Proc. 3rd European Symposium on Corrosion Inhibitors. Ferrara 1970. Annali dell'università di Ferrara, Sezione V, Suppl. n. 5, 1971
4. Proc. a) 4th, b) 5th, c) 6th European Symposium on Corrosion Inhibitors, Ferrara a) 1976, b) 1980, c) 1985. Annali dell'universita di Ferrara, Sezione V, Suppl. a) n.6, 1976, b) n.7, 1980, c) n.8 1985
5. Parsons, R.: [3] p. 3
6. Damaskin, B.; Petrii, O.; Batrakov, V.: Adsorption of Organic Compounds at Electrodes. New York: Plenum Press 1971
7. Fischer, H.: [3] p. 15; Fischer, H.: Seiler, W.: [2] p. 19
8. Akstinat, M. H.: Werkstoffe u. Korrosion *21*, 273 (1970)
9. Hoar, T. P.; Holliday, R. D.: J. Appl. Chem. *3*, 502 (1953)

10. Müller, W.; Lorenz, W.: Z. phys. Chem. N. F. *27*, 23 (1961)
11. Heusler, K. E.; Cartledge, G. H.: J. Electrochem. Soc. *108*, 732 (1961)
12. Szklarska-Smialowska, Z.; Wieczorek, G.: [3] p. 453
13. Hackerman, N.; Justice, D. D.; Mc Cafferty, E.: Corrosion NACE *31*, 240 (1975)
14. Lorenz, W.; Yamaoka, H.; Fischer, H.: Z. Elektrochemie Ber. Bunsenges. phys. Chemie *67*, 932 (1963)
15. Heusler, K. E.: Dissertation, Göttingen 1958
16. Hoar, T. P.; Holliday, R. D.: J. appl. Chem. *3*, 502 (1953)
17. Makrides, A. C.; Hackerman, N.: Industr. Engng. Chem. *47*, 1773 (1953)
18. Kaesche, H.: Z. Elektrochemie *63*, 492 (1953)
19. Breiter, M.; Clamroth, R.: Z. Elektrochemie *58*, 493 (1958)
20. Cavallaro, L.; Felloni, L.; Trabanelli, G.: [2] p. 111
21. Kaesche, H.: Dechema-Monographien Bd. 39. Weinheim, Bergstraße: Verlag Chemie GmbH 1961 S. 55
22. Heidemeyer, J.; Kaesche, H.: Corr. Sci. *8*, 377 (1968)
23. Heusler, K. E.; Cartledge, G. H.: J. Electrochem. Soc. *108*, 732 (1961)
24. Frumkin, A. in: Advances in Electrochemistry and Electrochemical Engineering, Vol. 1, p. 65, Vol. 3, p. 287. New York. London, Interscience Publishers (1961)
25. Gouy, M.: Ann. chim. phys. (7) *29*, 145 (1903); (8) *8*, 291 (1906); (8) *9*, 75 (1906)
26. Kolotyrkin, Y. M.: Trans. Farad. Soc. *55*, 455 (1959)
27. Nikolajewa, N. W.; Frumkin, A. N.; Jofa, S. A.: Zhur. Fiz. Khim. SSSR *26*, 1326 (1952)
28. Jofa, S.; Roshdestwenskaja, G.: Zhur. Fiz. khim. SSSR *91*, 1159 (1953) vgl. Frumkin, A. N.: Z. Elektrochemie *59*, 807 (1955)
29. Ajasjan, E.: Dokl. Akad. Nauk SSSR *100*, 473 (1955)
30. Antropov, L. J.: Proc. 1st Int. Congr. Metallic Corrosion. London: Butterworths 1962 p. 147; J. Indian chem. Soc. *35*, 309 (1958); Trudy Jerewanskogo Polytechn. *2*, 97 (1946)
31. Vgl. z. B. Horner, F.; Röttiger, F., in: Korrosion 16. Weinheim: Verlag Chemie 1963, p. 16; Werkstoffe u. Korrosion *15*, 125, 228 (1964)
32. Ostrowski, Z.; Fischer, H.: Electrochim. Acta *8*, 1, 37 (1963) – Ostrowski, Z.: Fischer, H.; Brune, A.: Electrochim. Acta *9*, 175 (1964)

8 Besondere Aspekte der Korrosion von Legierungen

Die Mechanismen der Korrosion sind bisher unter der Voraussetzung abgehandelt worden, das korrodierte Metall sei rein, bzw. es könne das Modell der Korrosion reiner Metalle mit ausreichender Näherung angewendet werden. Handelt es sich zum Beispiel um Sauerstoffkorrosion der unlegierten Stähle im Potentialbereich geschwindigkeitsbestimmender Diffusion des Sauerstoffs im Grenzstrombereich, so ist das Verfahren gut anwendbar, denn die Geschwindigkeit der Diffusion zu einer Metalloberfläche durch die Flüssigkeitsgrenzschicht hängt von der Zusammensetzung der Oberfläche nicht ab. Anders liegen Fälle wie die der typischen Säurekorrosion mit geschwindigkeitsbestimmenden Teilschritten des Ladungsdurchtrittes bei beiden Teilreaktionen. Die Hemmung von Durchtrittsreaktionen wird im allgemeinen von der Zusammensetzung der Metalloberfläche stark abhängen. Diese ändert sich aber im Verlaufe der Korrosion mit der Zeit, so etwa beim unlegierten Stahl durch Anreicherung etwa von Kohlenstoff, Kupfer und anderem mehr. Dies führt schon auf Fragen der *selektiven Korrosion der Legierungen*, also der bevorzugten Korrosion einzelner Komponenten einer Legierung. Ein deutlicher Fall dieser Art ist zum Beispiel die Spongiose des Gußeisens, also die Auflösung des Eisens unter Zurückbleiben eines losen Gerüstes der Graphitlamellen.

Die für die Theorie hauptsächlich schwierigen Fragen der Legierungskorrosion treten aber weniger bei der Betrachtung von Metallen auf, die wie Gußeisen heterogene Einschlüsse einer schwerlöslichen Substanz aufweisen. Für die Theorie ist der Fall der selektiven Korrosion einer homogenen Legierung mit unterschiedlich leicht korrodierbaren Bestandteilen wichtiger und dabei wieder weniger der Fall niedriger Konzentration des beständigen Bestandteils, sondern der hoher Konzentration aller wesentlichen Komponenten. Der Übersichtlichkeit halber sind dabei binäre homogene Mischkristalle für die Untersuchung am günstigsten, vorzugsweise mit Komponenten A und B mit weit auseinanderfallendem Normalpotential.

In der Praxis spielt die selektive Korrosion unter anderem bei Messing und Aluminiumbronze eine Rolle. Dazu liegen Messungen vor, die mit reinen binären Kupfer-Zink- bzw. Kupfer-Aluminium-Legierungen angestellt wurden, bei denen also durch die übrigen Bestandteile technischer Legierungen bewirkte Zusatzeffekte ausgeschlossen waren. Beide Legierungssysteme weisen allerdings im Zustandsdiagramm zahlreiche unterschiedlich kristallisierende Phasen auf. Für die forschende Untersuchung sind insoweit Systeme vom Typ Kupfer-Gold (ähnlich Silber-Gold) günstiger, weil sie eine zwischen 0 und 100% A bzw B lückenlose Mischkristallreihe bilden. Namentlich das Verhalten der CuAu-Legierungen ist in diesem Zusammenhang vielfach untersucht worden. Die Betrachtung beschränkt sich zudem auf die Korrosion in sauren Lösungen in dem Sinne, daß die Legierungsoberfläche von Deckschichten etwa von Oxiden oder Hydroxiden frei sein soll. In der Praxis für die Handhabung vorwiegend neutraler Lösungen wichtige Legierungen wie Messing oder Bronze werden in aller Regel statt dessen solche nichtmetallischen Deckschichten aufweisen, mit wichtigen Folgen für den Korrosionsschutz [1], doch sollen diese Befunde hier außer Betracht bleiben. Andererseits sind die zur Handhabung saurer Lösungen wichtigen Legierungen wie namentlich die chemisch beständigen hochlegierten Stähle wegen des Schutzes durch eine submikroskopisch dünne Oxidhaut, der Passivschicht, hervorragend gut korrosionsgeschützt. Dann ist die Zusammensetzung der Oxidhaut von besonderem Interesse. Während aber bei den in diesem Kapitel abgehandelten nicht-passiven, oder auch „aktiven" Legierungen stets die thermodynamisch edlere Komponente in der Metalloberfläche angereichert sein sollte, erwartet man im Oxidfilm der passiven Legierungen die Anreicherung der unedleren Komponente, deren Oxid sich mit stärker negativerer freier Reaktionsenthalpie bildet. Auch dies bleibt vorerst außer Betracht (vgl. Kap. 10).

Die dann hauptsächlich interessierenden Fragen stellen sich am deutlichsten im Falle der selektiven Korrosion einer unedlen Komponente A einer homogenen festen AB-Legierung, deren Komponente B im System Legierung/angreifende Lösung thermodynamisch stabil ist. Wesentlich ist dabei der Gesichtspunkt, daß in festen Legierungen bei normal niedriger Temperatur anders als in flüssigen Legierungen und anders als in der angreifenden Lösung die Atome (bzw. Ionen) relativ schwer beweglich sind. Von den thermischen Schwingungen um die Ruhelage kann hier abgesehen werden, es interessieren nur Platzwechselvorgänge, diese aber sind in Festkörpern bei niedriger Temperatur stark gehemmte, seltene Ereignisse im Vergleich zur Platzwechselhäufigkeit in Flüssigkeiten. Meßbar schnell sind hauptsächlich Platzwechsel über Fehlstellen, seien diese nun Gitterleerstellen oder Zwischengitterplätze. An der Metalloberfläche kommt der Platzwechsel zwischen Gitterplätzen auf Kanten, speziell aus Halbkristallagen und der Adsorptionsschicht hinzu, Gegenüber dem Oberflächen-Platzwechsel aus Halbkristallagen ist das Herauslösen eines Metallatoms aus in der Oberfläche liegenden vollständigen Netzebenen, also die Erzeugung einer Leerstelle in dieser Ebene, vergleichsweise sehr stark gehemmt.

Nimmt man versuchsweise an, Platzwechsel aus dem Inneren des Metalls zur Metalloberfläche seien praktisch vernachlässigbar seltene Ereignisse, so folgt zunächst, daß eine Legierung, die neben der edlen Komponente B die unedle A nur in geringer Konzentration enthält, praktisch ebenso beständig sein sollte wie reines B. Es können zunächst aus der Oberfläche die A-Atome herausgelöst werden, nach sehr kurzer Zeit handelt es sich dann aber bei der Oberfläche nur noch um reines B. Auch wenn A und B in vergleichbaren Konzentrationen vorliegen, so sieht man doch ein, daß nach der selektiven Korrosion nun nicht mehr einer, sondern einiger Atomlagen die Legierung der angreifenden Lösung eine unangreifbare Oberfläche zukehrt, die nur noch aus B-Teilchen besteht. Für Fehlstellen-freie Gitter mit auf Gitterplätzen unbeweglichen A- und B-Teilchen, zudem mit der Annahme einer Überstruktur, läßt sich berechnen, ab welcher B-Konzentration diese schnelle und dann restlose Blockierung der Korrosion eintreten müßte. Das Ergebnis solcher, allerdings überholter, Rechnungen waren die *Tammannschen Resistenzgrenzen* [2] speziell der AuCu und der AuAg-Legierungen. Für geringe B-Konzentrationen erkennt man wieder schon qualitativ, daß die Korrosion immer Wege finden wird, die ganz im A-Bereich liegen, so daß hier andauernde Korrosion erwartet wird. Allerdings ist Voraussetzung, daß das übrigbleibende B nicht schließlich eine kompakte porenfreie Deckschicht bildet.

Berücksichtigt man weitergehend die voraussichtlich starke Hemmung der Bildung von Leerstellen in Gitter-Netzebenen der Oberfläche, so kann sogar vermutet werden, es sei nicht einmal nötig, etwa im Fall der Goldlegierungen eine rein aus Gold bestehende Oberfläche herzustellen. Da der Abbau des Gitters, wenn nicht erhebliche Energie aufgebracht wird, praktisch allein über die Halbkristallagen läuft, so müßte es schließlich genügen, alle Halbkristallagen durch je ein Gold-atom zu „vergolden". Dieses Modell läßt auch zu, realistischerweise wenigstens mit dem Vorliegen einer besonders wichtigen Art von Gitterstörungen zu rechnen, nämlich mit den Versetzungen einschließlich der durch die Oberfläche stoßenden Schraubenversetzungen. Die momentane Durchstoßlinie durch die Oberfläche ließe sich mit Goldatomen ebenso belegen und damit für das weitere Abrollen des Gitterabbaus blockieren wie die einzelne Halbkristallage. Man erwartet also unter solchen Bedingungen bereits bei relativ kleinen Werten der Edelmetallkonzentration eine weitgehende Hemmung der Metallauflösung.

Demgegenüber erweist das Experiment, daß die schnelle selektive Korrosion auch verhältnismäßig edelmetallreicher Legierungen durchaus möglich ist. Dazu zeigt Bild 8.1 [5] die in sauren kupferhaltigen Lösungen gemessenen Stromspannungskurven von CuAu-Legierungen*. Es handelt sich um stationäre, mindestens quasistationäre Kurven. Dabei ist zunächst zu beachten, daß der stationäre bzw. quasi-stationäre Zustand erst nach sehr langen Elektrolysezeiten erreicht wird. So findet man z. B. bei potentiostatischen Messungen mit CuAu 13-Elektroden in solchen Elektrolytlösungen einen über Stunden anhaltenden, sich über Zehnerpotenzen der Stromdichte erstreckenden, langsam abklingenden Abfall der Stromdichte [6]. Ähnlich verhalten sich CuPd 10-Legierungen [7]. Dieses Stromdichte-Zeit-Verhalten setzt die Legierungen sehr deutlich von den reinen, deckschichtenfreien Metallen ab und weist von vorneherein auf langsame Änderungen der Oberflächenzusammensetzung hin. Dabei ist für die Vorhersage des Langzeit-Korrosionsverhaltens der Legierungen die Kenntnis der stationären Stromspannungskurve durchaus erforderlich. Für die genauere Aufklärung des Reaktionsmechanismus wird sich aber eine Ergänzung der stationären Messungen durch instationäre gewöhnlich empfehlen. Zum Beispiel kommen sehr wohl schnelle *Dreieckspannungsmessungen* in Frage, bei denen der Potentiostat durch einen schnellen Dreiecks-Funktionsgenerator angesteuert wird. Eher schwer deutbar können dagegen Messungen mit langsamen Potentialvorschub in der Art der üblichen potentiokinetischen Messungen ausfallen, wenn sie zwar schon für erhebliche Änderungen des Oberflächenzustandes, aber noch nicht annähernd für die Erreichung des stationären Zustandes Zeit lassen.

---

* Hier und sonst in diesem Kapitel ist die Legierungszusammensetzung in At.% angegeben.

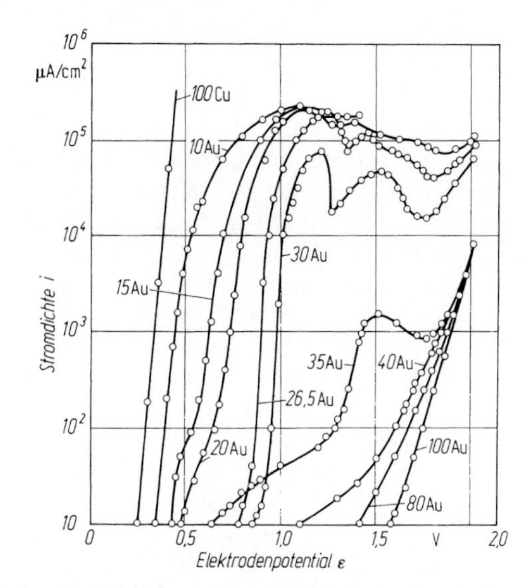

Bild 8.1. Stationäre anodische Stromspannungskurven von CuAu-Legierungen in 1 M Na_2SO_4/0,01 N H_2SO_4. (Nach Bergmann und Gerischer)

Im übrigen handelt es sich bei den in Bild 8.1 wiedergegebenen Kurven im Potentialbereich bis ca. 1,3 V im wesentlichen um die Teilstrom-Spannungskurven i_{Cu} der selektiven Kupferauflösung. Bei hohen Goldkonzentrationen oberhalb CuAu 35 schlägt das Elektrodenverhalten in das des reinen Goldes um. Man mißt dann die anodische Teilstromspannungskurve $(i_{O_2})_{Au}$ der anodischen Sauerstoffentwicklung durch anodische Wasserzersetzung an Gold. Vermutlich handelt es sich um Sauerstoffentwicklung an durch einen Oxidfilm passiviertem Gold, jedoch braucht dies hier nicht erörtert zu werden.

Oberhalb ca. 10^4–10^5 μA/cm^2 weisen die Stromspannungskurven der CuAu 10 bis CuAu 30-Elektroden einen plateauartigen Verlauf mit schwer zu deutenden Maxima und Minima auf. Man beachte, daß auch für reines Kupfer, wie für jeden Fall anodischer Metallauflösung, letztlich ein anodischer Grenzstrom, nämlich ein anodischer Diffusionsgrenzstrom, beobachtet werden müßte. Bei immer weiter gesteigerter Geschwindigkeit der Metallauflösung muß nämlich schließlich immer erreicht werden können, daß in der Diffusionsgrenzschicht vor der Metalloberfläche im Elektrolyten das Löslichkeitsprodukt des mit den Anionen der Lösung gebildeten Metallsalzes überschritten wird. Die dann ausfallende Salzdeckschicht muß den weiteren Stromanstieg in der Art eines Grenzstromes blockieren. Im Falle der selektiven Korrosion kommt hinzu, daß hohe Auflösungsstromdichten der unedlen Komponenten notwendig bedeuten, daß eine poröse Schicht des Edelmetalls (mit oder ohne Restanteil des unedlen Metalls) zurückbleibt. Kompakt kann diese Schicht nicht sein, da sie die weitere selektive Korrosion sonst voll hemmen müßte. Der Bildungsmechanismus dieser porösen Metalldeckschicht ist eines der Hauptprobleme der selektiven Korrosion. Daß die Schicht schließlich vorliegt, steht aber außer Frage, Dann folgt, daß der weitere Transport des gelösten Kupfers durch die Poren dieser Schicht im Zusammenspiel von Diffusion und elektrolytischer Überführung zu Änderungen der Zusammensetzung des Porenelektrolyten führen wird, wie sie unter dem Stichwort Lochfraß noch genauer zu besprechen sein werden (vgl. Kap. 12). Bei hinreichend hoher Stromdichte wird man das Auftreten von Salzschichten in den Poren erwarten, und zwar um so eher, je dicker die Schicht ist. Bei gleich hoher Stromdichte wird aber im Falle des CuAu die Goldschicht umso dicker ausfallen, je goldreicher der korrodierte Mischkistall war. Dem entsprechen die Beobachtungen zumindest qualitativ. Für eine genaue Erörterung fehlen vorerst die erforderlichen experimentellen Daten.

Für das Folgende ist hauptsächlich die Beobachtung wesentlich, daß der Steilanstieg der anodischen Kupferauflösung mit wachsendem Goldgehalt zwischen Reinkupfer und CuAu 30 zu immer positiveren Werten des Elektrodenpotentials verschoben wird. Man kann dazu aussagen, daß es eine kritische Potentialschwelle der schnellen selektiven Cu-Auflösung aus CuAu-Legierungen, ε_{krit}, gibt. Der Befund ist typisch für die selektive Korrosion binärer Legierungen mit einer edlen Komponente; er findet sich ebenso bei AgAu-, CuPd-, AgPd- und NiPd-Legierungen [4–10]. Für die Goldlegierungen in Schwefelsäurelösung ist ferner typisch, daß die goldreichen Legierungen schließlich wie Gold selbst passiv werden. Im Bereich der Goldpassivität sind die Legierungen im gesamten Potentialbereich korrosionsgeschützt, sonst nur im Potentialbereich unterhalb der Schwelle bei ε_{krit}. In diesem letzteren Potentialbereich wird man die Edelmetall-Legierungen dann als im eigentlichen Sinne „resistent" bezeichnen, wenn die Stromdichte der Auflösung der unedleren Komponente vernachlässigbar ist. Solche Betrachtungen sind in der Praxis namentlich hinsichtlich der Dental-Legierungen wichtig, die allerdings metallurgisch erheblich komplizierter aufgebaut sind und hier nicht näher erörtert werden.

Zur Frage der anodischen Auflösung der unedlen Komponente unterhalb der

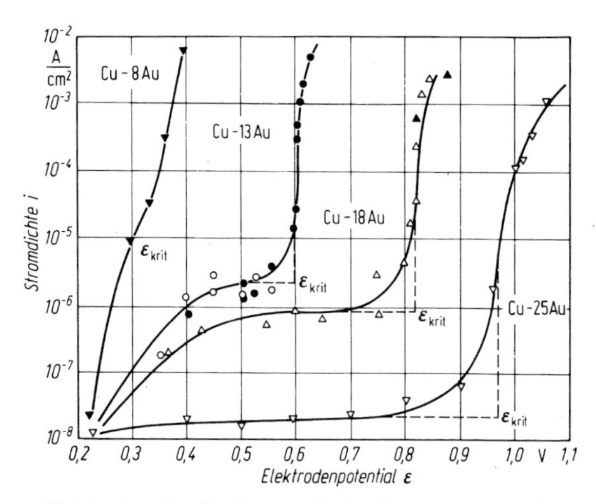

Bild 8.2. Quasistationäre anodische Stromspannungskurve der Cu-Auflösung aus CuAu-Legierungen in 0,1 n Na_2SO_4/0,01 N H_2SO_4-Lösungen. Offene Kreise: Stromdichte i_{cu}, berechnet aus dem massanalytisch bestimmten chemischen Umsatz. Ausgefüllte Kreise: Galvanometer-Ablesung der Summenstromdichte, hier identisch mit der Teilstromdichte i_{Cu} (Daten für Cu-13Au u. Cu-18Au nach Pickering und Byrnes, für Cu-8Au und Cu-25Au nach Popp und Kaiser)

Potentialschwelle ε_{krit} zeigt Abb. 8.2 genauere Messungen der Cu-Auflösung aus CuAu-Legierungen in saurer Sulfatlösung [6, 11]. Demnach lassen sich drei Potentialbereiche unterscheiden: Ein Steilanstieg der Kupferauflösung nahe beim Gleichgewichtspotential der Cu/Cu^{2+}-Elektrode, danach ein anodischer Grenzstrom, der sich bei niedrigem Au-Gehalt nur als schwache Schulter im Kurvenverlauf ausprägt, und der mit steigendem Au-Gehalt stark absinkt, danach ein Steilanstieg wiederum der Cu-Auflösung nach Überwindung der Potentialschwelle die mit steigendem Au-Gehalt immer positiver wird, wie auch schon durch Abb. 8.1 belegt. Auf die Registrierung des dann folgenden unregelmäßigen Stromdichte-Plateaus bei sehr hohem Elektrodenpotential wurde bei den in Bild 8.2 wiedergegebenen Messungen kein Wert gelegt.

Das Auftreten kleiner, aber jedenfalls positiver Ströme der Kupferauflösung unterhalb der Potentialschwelle ε_{krit} zeigt, dass diese Schwelle nicht als ein durch Cu-Verarmung der CuAu-Legierung mehr und mehr zu positiveren Werten verschobenes Gleichgewichtspotential der Cu/Cu^{2+}-Elektrode verstanden werden kann. Dazu ist die Verschiebung auch wesentlich zu groß [8]. Statt dessen legt der Kurvenverlauf die Vermutung nahe [3], daß der Stromanstieg bei ε_{krit} auf die Zunahme einer Stromdichte $(i_{Cu})_{Fe}$ der Auflösung der Cu-Atome aus Kristallflächen herrührt, und daß dieser Mechanismus Leerstellen in vorher ungestörten Netzebenen erzeugt. Demgegenüber soll es sich bei dem kleinen Reststrom vor Erreichen von ε_{krit} um eine Stromdichte $(i_{Cu})_{HK}$ des Ablösens von Cu-Atomen aus Halbkristallagen auf Stufen handeln. Die Skizze Bild 8.3 veranschaulicht die beiden Reaktionswege schematisch. Zur weiteren Vereinfachung sei angenommen, der Ladungsdurchtritt erfolge nicht erst aus der Position adsorbierter Cu-Atome, sondern direkt aus den Gitterplätzen. Dann kann davon ausgegangen werden, daß (vgl. Bild 8.4) beim Ladungsdurchtritt eine Aktivierungsenergie aufgebracht werden muß, die für die Ablösung aus Halbkristallagen kleiner ist als für die Ablösung aus Netzebenen. Die üblichen Ansätze (vgl. Kap. 5) für die Durchtrittsüberspannung führen dann mit einfachstmöglichen Annahmen auf Gleichungen des Typs

$$(i_{Cu})_{HK} = (\vec{i}_{Cu})_{HK} = K_1\, \Theta_{HK} \exp\left\{\frac{n_e \alpha F}{RT}\varepsilon\right\}, \tag{8.1}$$

$$(i_{Cu})_{Fl} = (\vec{i}_{Cu})_{Fl} = K_2\, \Theta_{Fl} \exp\left\{\frac{n_e \alpha F}{RT}\varepsilon\right\}. \tag{8.2}$$

Θ_{HK} und Θ_{Fl} bezeichnen den „Bedeckungsgrad“ der Halbkristallagen bzw. der Netzebenenplätze. Der Beobachtung eines anodischen Grenzstromes vor Erreichen von ε_{krit} kann jedenfalls formal durch einen Ansatz von der Form $\Theta_{HK} = \Theta^0_{HK}(1 - (i_{Cu})_{HK}/i_{grenz})$ Rechnung getragen werden. Θ^0_{HK} mag die Bedeutung der Häufigkeit von Cu-Halbkristallagen vor dem Einsetzen der selektiven Korrosion haben. Das Auftreten eines kleinen anodischen Grenzstromes i_{grenz} leuchtet im Prinzip ein, wenn man annimmt, daß die Halbkristallagen durch Au-Atome zunehmend besetzt werden, diese Au-Atome aber doch eine gewisse Beweglichkeit behalten, so daß von Zeit zu Zeit das in der Stufe angrenzende Cu-Atom freikommt Wie Bild 8.2 zeigt, wird der Grenzstrom um so kleiner, je mehr der Goldgehalt der Leigierung steigt. Auch dies ist qualitativ verständlich, die

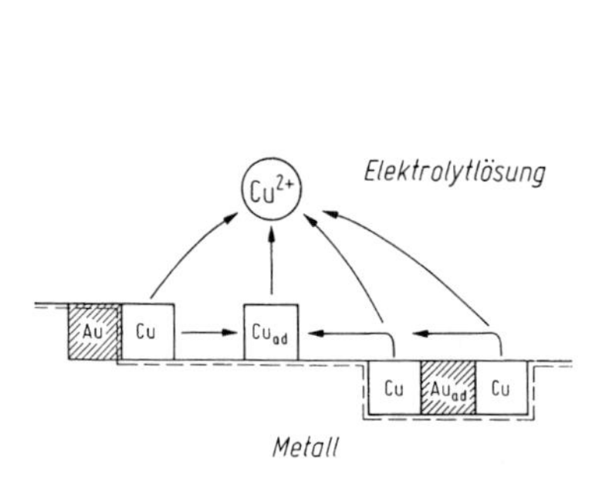

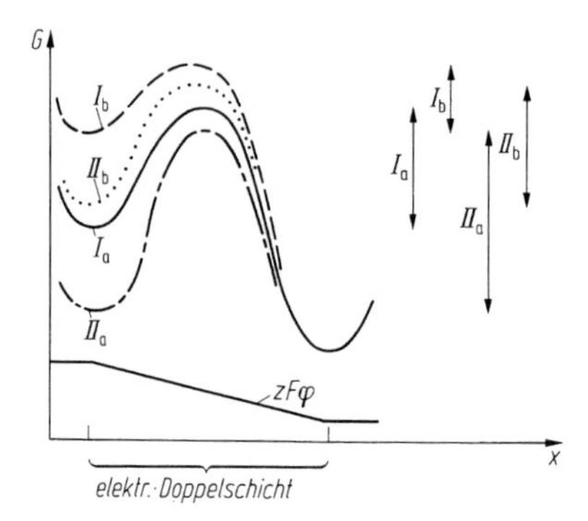

Bild 8.3

Bild 8.4

Bild 8.3. Stark vereinfachtes Modell der Kupferauflösung aus homogenen CuAu-Legierungen über adsorbierte Kupferatome bzw. durch Übergang in die Lösung direkt von Gitterplätzen. Berücksichtigte Cu-Gitterplätze: Halbkristallage; Gitterplatz in ungestörter Netzebene. Die gestrichelt eingetragene Grenze der„ festen" Metalloberfläche soll andeuten, daß Goldatome auf der Oberfläche ohne Nachbarn adsorbiert relativ leicht, in Halbkristallagen relativ schwer beweglich sind

Bild 8.4. Der Verlauf der Energieschwelle zwischen Metalloberfläche und Elektrolytlösung in der elektrischen Doppelschicht: Ia für den Übergang der Metallionen aus Halbkristallagen ohne, Ib mit überlagertem elektrischem Feld, IIa für den Übergang aus voll belegten Netzebenen ohne, II b mit überlagertem elektrischen Feld. Die Pfeile zeigen die Aktivierungsenergie an. (Nach Gerischer)

quantitative Herleitung für den Augenblick aber schwierig. Ein empirischer Ansatz von der Form $i_{grenz} = k_1 (1 - \gamma)^m$, wo γ den Grammatombruch des Goldes und m einen angleichbaren empirischen Parameter bezeichnet, möge versuchsweise genügen. Endlich kann die Verschiebung der Schwelle ε_{krit} des Stromanstiegs durch die zunehmende Besetzung der Netzebenenplätze durch Au-Atome erklärt werden, und ein Ansatz von der Form $\Theta_{F1} = \Theta^0_{F1}(1 - \gamma)^n$ scheint naheliegend. Nimmt man weiter an, n_e und α hätten für die beiden Teilströme den gleichen Wert, so gelangt man zu [12, 14]

$$i_{Cu} = (\vec{i}_{Cu})_{HK} + (\vec{i}_{Cu})_{F1} =$$

$$= \frac{k_1 \Theta^0_{HK} \exp\left\{\frac{n_e \alpha F}{RT}\varepsilon\right\}}{1 + \frac{k_1 \Theta^0_{HK}}{k_1(1-\gamma)^m} \exp\left\{\frac{n_e \alpha F}{RT}\varepsilon\right\}} + k_2 \Theta^0_{F1}(1-\gamma)^n \exp\left\{\frac{n_e \alpha F}{RT}\varepsilon\right\}. \quad (8.3)$$

Nach Anpassung der Parameter, u.a. mit $K_1 \Theta^0_{HK} \gg K_2 \Theta^0_{F1}$, läßt sich auf diese Weise der in Bild 8.2 gegebene Kurvenverlauf bis zu ca. 1 mA/cm^2 berechnen. Darüber wäre die Deckschichtbildung zu berücksichtigen.

Die Gleichung 8.3 geht von der Annahme eines quasistationären Zustandes der selektiven Korrosion aus. Es leuchtet aber ein, daß, solange (bei konstantem

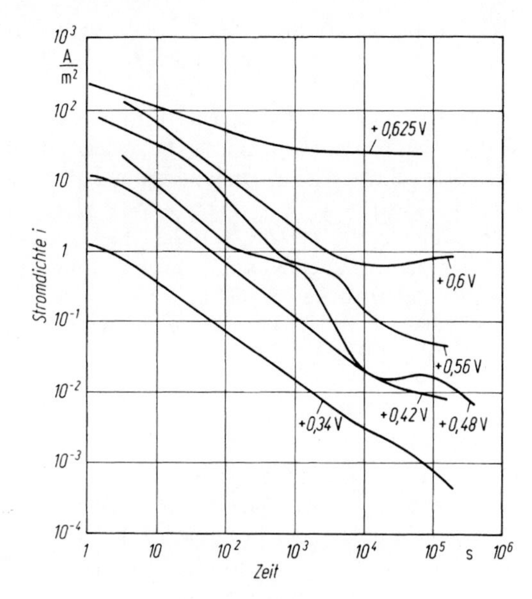

Bild 8.5. Transienten der Stromdichte der Cu-Auflösung aus Cd-10Pd-Legierungen in 1 N Na_2SO_4/H_2SO_4-Lösung, pH 2, bei potentiostatischen Halteversuchen. (Nach Kabius, Kaiser, Kaesche)

Elektrodenpotential) die Stromdichte der Kupferauflösung nicht Null wird, auch die weitere Edelmetallanreicherung anhält. Es ist also damit zu rechnen, daß in Gl. 8.3 der Ausdruck für $(i_{Cu})_{HK}$ immer kleiner wird. Dazu zeigt Bild 8.5 Messungen der Stromdichte i_{Cu} bei potentiostatischer Dauerpolarisation von Cu-10Pd-Elektroden in saurer Sulfatlösung bei verschiedenen Werten des Elektrodenpotentials [7]. Die Potentialschwelle des Steilanstiegs der Kupferauflösung liegt in diesem Fall bei etwa + 0,56 V. Man erkennt, daß zwar bei positiverem Wert des Elektrodenpotentials der Strom zeitlich stationär wird, nicht aber unterhalb der Schwelle, also im Bereich des oben sogenannten anodischen „Grenzstromes". In diesem Bereich tendiert der Strom wie erwartet gegen Null.

Damit tendiert aber zugleich der erste Term der rechten Seite von Gl. (8.3) gegen Null. Falls dieser Befund allgemein richtig sein sollte, wird das Auftreten eines anodischen Grenzstromes in Bild 8.2 eher zum Zufallsergebnis, und die tatsächliche Potential- und Zeitabhängigkeit des Auflösungsstromes von Halbkristallagen bliebe noch prinzipiell zu berechnen. Wie weiter unten genauer beschrieben, ist auch jenseits des kritischen Durchbruchspotentials ε_{krit}, also im Steilanstieg der Stromspannungskurve, der tatsächliche Reaktionsmechanismus verwickelter, als zur Ableitung der Gl. (8.3) angenommen. Länger anhaltende Polarisation läßt dort eine rauhe, zerklüftete Raktionszone entstehen, deren Eigenschaften noch zu diskutieren bleiben. Auch für kurze Versuchzeiten, nach denen die Legierungsoberfläche noch eben ist, muß auch der zweite Term in Gl. (8.3) wahrscheinlich noch verbessert werden. Es ist anzunehmen, daß die durch den Auflösungsstrom erzeugten Leerstellen sich zu Auflösungskeimen vereinigen, mit kristallografischen Kanten, auf denen neuerlich Halbkristallagen auftreten [3]. Der Vorgang läuft auf eine Keimbildung von Auflösungsstellen hinaus, die formal wie die Keimbildung von Kristalliten nach Volmer [3, 15a–d] zu behandeln ist: Die freie Energie der

Bildung der Auflösungskeime ist bei kleinen Keimen positiv, weil der Energieaufwand der Erzeugung der Keimwände den Energiegewinn durch die Metallauflösung überwiegt. Kleine Keime sind daher gegen Wiederauflösung instabil, es sei denn sie ereichten zufällig eine kritische Größe. Diese letztere wird durch das Einspeisen von Überspannungsenergie erniedrigt. Aus diesem Ansatz resultiert für die Stromdichte der Metallauflösung aus Netzebenen eine Proportionalität zu $[\exp(k'\eta)\exp(-K''/\eta^2)]$. Hier ist η die Überspannung der Kupferauflösung, also die Differenz $(\varepsilon - E_{Cu/Cu^{++}})$ des Elektrodenpotentials ε und des Gleichgewichtspotentials der Kupferauflösung. Im ganzen erhält man, vorerst allerdings skizzenhaft, anstelle von Gl. (8.3) einen Ausdruck von der Form:

$$\begin{aligned} i_{Cu} &= (i_{Cu})_{HK} + (i_{Cu})_{Fl} \\ &= (i_{Cu})_{HK}\{\varepsilon, t, \gamma\} + K\exp[K'\eta]\exp\left[-\frac{K''}{\eta^2}\right] \end{aligned} \tag{8.3a}$$

Der erste Term stellt qualitativ den Strom der Kupferauflösung von normalen Halbkristallagen als Funktion des Elektrodenpotentials ε, der Zeit t und der Zusammensetzung der Legierung γ dar. Dieser Term tendiert, wie dargelegt, mit der Zeit gegen Null, ist also im Prinzip unerheblich. Der zweite Term gibt den Strom der Kupferauflösung aus Auflösungskeimen in Netzebenen unter der Voraussetzung, daß die Oberfläche noch nicht stark aufgerauht ist. Die zweite Exponentialfunktion macht die Potentialschwelle der Keimbildung schmal. Wegen der grundsätzlichen Bedeutung der Konstanten K, K', K'' vgl. die Literatur [15 a–c].

Eine Funktion vom Typ der Gl. (8.3a) ist kürzlich auch zur Deutung des Lochfraßpotentials vorgeschlagen worden (vgl. Kap. 12). Daraus ergibt sich die Möglichkeit, das Durchbruchspotential der aktiven selektiven Korrosion von Legierungen und das Lochfraßpotential passiver Metalle zumindest formal einheitlich zu deuten [15e].

Nach dem bisher entwickelten Bild ist das Absinken des Stromes im Resistenzbereich die Folge des Blockierens der Halbkristallagen durch Edelmetallatome, und der Wiederanstieg des Stromes die Folge der Erzeugung von Leerstellen und Auflösungskeimen. Beide Aussagen bedürfen aber der Verfeinerung [7]: Die Untersuchung einer Cu-20Pd – Legierung im Grenzstrombereich ergab, dass sich auf der Legierungsoberfläche äußerst kleine Palladiumkristallite parallel zu kristallografischen Richtungen anordneten. Bild 8.6a zeigt den Effekt, nachgewiesen mit Dunkelfeldabbildung mit Hilfe eines Röntgenreflexes der Palladiumpartikel. Die Ausbildung und Anordnung solcher Partikel ist ohne Oberflächendiffusion des Palladiums nicht zu denken. Ferner zeigt Bild 8.6b, dass auch weit unterhalb des Steilanstiegs der Kupferauflösung der untersuchten Legierung lokalisierter Angriff auftritt, der zwanglos als Bildung von Auflösungskeimen angesprochen werden kann. Mithin erscheint ε_{krit} nicht als die Potentialschwelle schlechthin der Bildung solcher Keime, sondern als die Potentialschwelle ihres Überhandnehmens Weiter oben war bemerkt worden, daß der Strom im Resistenzbereich ständig sinkt, im Bereich des Steilanstiegs stationär wird. Mithin bietet sich das Bild an, daß im Resistenzbereich die Auflösungskeime Oberflächenbezirke mit durch Störungen

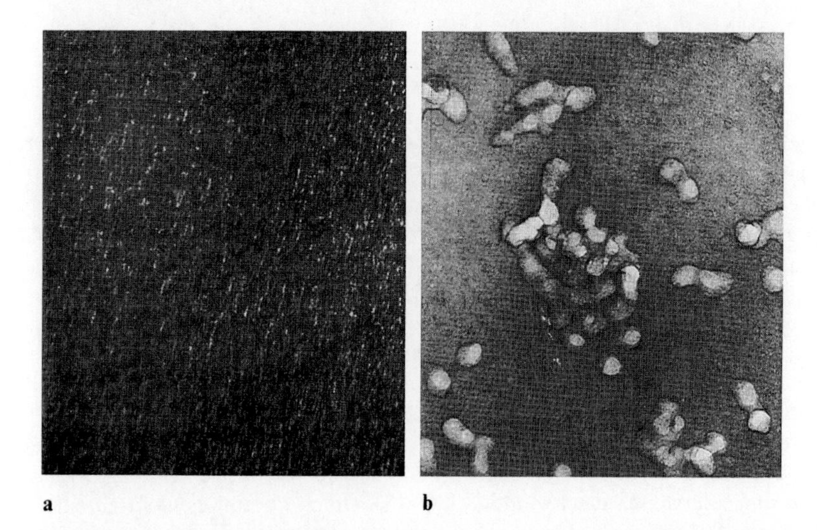

Bild 8.6.a, b: Transmissions-Elektronenmikroskopie dünner Folien aus CuPd-Legierungen nach potentiostatischer anodischer Dauerpolarisation im Potentialbereich der Resistenz. **a** Kristallografisch orientierte, kristallisierte Palladiumpartikel auf Cu-20Pd. $\varepsilon = 0{,}53$ (V). Dunkelfeld-Abbildung, Vergr. 300 000. **b** Ausbildung von Auflösungskeimen auf der Oberfläche von Cu-10Pd. $\varepsilon = 0{,}34$ (V). Hellfeld-Abbildung, Vergr. 200 000. (Nach Kabius, Kaiser, Kaesche)

erhöhtem Energieinhalt aufzehren, während im Durchbruchsbereich die Überspannung ausreicht, um auf ungestörten Netzebenen Auflösungskeime ständig neu zu bilden. Besonderes Interesse erweckt dann ein Übergangsfall der Angriffsmorphologie nahe am, aber noch unter dem Schwellenbereich [7]. Wie Bild 8.7 zeigt wird dort die Ausbildung kristallografisch orientierter Tunnel beobachtet, offenbar

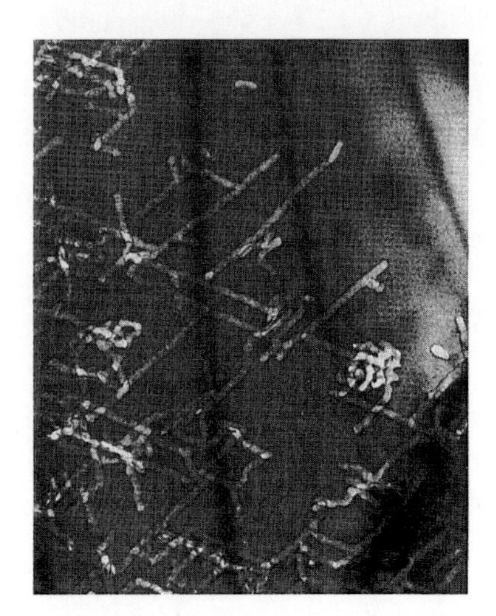

Bild 8.7. Kristallografisch orientierte tunnelartige Auflösungskeime in einer anodisch knapp unter dem Schwellenwert der schnellen Kupferauflösung aus Cu-10Pd in saurer Sulfatlösung potentiostatisch polarisierten TEM-Folie, Vergr. 60 000. (Nach Kabius, Kaiser, Kaesche)

das Anfangsstadium der Ausbildung der porösen Deckschicht, die im Durchbruchsbereich entsteht.

Die schnelle Auflösung der unedlen Legierungskomponente im Durchbruchsbereich jenseits der Potentialschwelle ε_{krit} ist notwendig von der Ausbildung einer porösen Schicht des übrigbleibenden Edelmetalls begleitet. Der Mechanismus der Ausbildung dieser Deckschicht bedarf der Erörterung. Dazu soll vorerst davon abgesehen werden, die eventuelle Bildung einer nur Edelmetall-reichen, aber noch Unedelmetall-haltigen Schicht zu erörtern. Es soll also z. B. im Fall der Gold-Legierungen poröses reines Gold entstehen. Dazu deutete schon Bild 8.4 an, daß die Auflösung der Netzebenen Goldatome zurücklässt, die zunächst als auf der Metalloberfläche adsorbierte Teilchen Au_{ad} zu betrachten sind. Es kann dadurch zu einer so hohen Konzentration (bzw. genauer: Aktivität) des Goldes in der Adsorptionsschicht kommen, daß auch bei vergleichsweise stark negativem Elektrodenpotential Gold noch mit merklicher Geschwindigkeit in Lösung geht. Man beachte, daß die Elektrodenkinetik nie aussagt, der Teilstrom $\vec{i}_{Au}$ der Hinreaktion der Goldauflösung würde Null, sondern nur, er würde bei hinreichend negativem Potential normalerweise verschwindend klein. Dennoch kommt es nicht zu einer Brutto-Goldauflösung, weil bei hinreichend negativem Potential schon sehr kleine Goldkonzentrationen in der Elektrolytlösung ausreichen, um die Einstellung des Gleichgewichts zu bewirken, so daß die Rückreaktion der Goldabscheidung an der Legierung ebenso schnell wird. Liegt nun adsorbiertes Gold in der Adsorptionsschicht in überhöhter Aktivität vor, so kommt es zur Bruttoauflösung der Legierungsoberfläche, jedoch ist dieser Zustand nun instabil in Bezug auf die Bildung von reinem Gold, weshalb kathodische Wiederabscheidung von Gold nunmehr in der Form von Goldpartikeln folgt. Diesem Kristallisieren der porösen Goldschicht nach dem *Wiederabscheidungsmechanismus* steht die Kristallisation ohne zwischenzeitlichen Übergang in die Lösung allein durch *Oberflächendiffusion* gegenüber. Beide Mechanismen sind in Bild 8.8, wieder stark vereinfacht, skizziert. Nach beiden Mechanismen ist im übrigen die Kristallisation von Gold mit einem Restkupfergehalt sicher nicht ausgeschlossen.

Ob die Edelmetallschicht per Wiederabscheidung oder per Oberflächendiffusion gebildet wird, läßt sich durch Messungen mit *rotierenden Ring-Scheiben-Elektroden* feststellen, wie sie neuerdings zu handelsüblichen Geräten geworden sind. Die Meßanordnung ist in Bild 8.9 schematisch mit 2 Potentiostaten skizziert, die in der Praxis der Meßtechnik durch einen „Bipotentiostaten" ersetzt werden. Zentrisch um die rotierende Scheibe aus der Legierung ist isoliert ein Edelmetallring angeordnet, der mitrotiert. Scheibe wie Ring sind jeweils für sich Elektroden in potentiostatischen Meßanordnungen. Die Scheibe wird auf ein Potential ε_I im Bereich der anodischen Auflösung des unedlen Metalls geregelt, der Ring auf ein Potential ε_{II} im Bereich der kathodischen Abscheidung des Edelmetalls (Theoretisch interessiert auch der Fall $\varepsilon_I = \varepsilon_{II}$, wenn es sich, wie oben angedeutet, um Edelmetallauflösung bei Unterspannung infolge überhöhter Aktivität in der Adsorptionsschicht handelt). Löst sich nun Gold anodisch mit auf, so wird es im Strömungsfeld der Scheibe nach außen transportiert. Ein Anteil der gelösten Menge wird schon auf der Scheibe wieder abgeschieden, ein zweiter Anteil am Ring, ein dritter Anteil geht in das weiter entfernte Innere der Elektrolytlösung

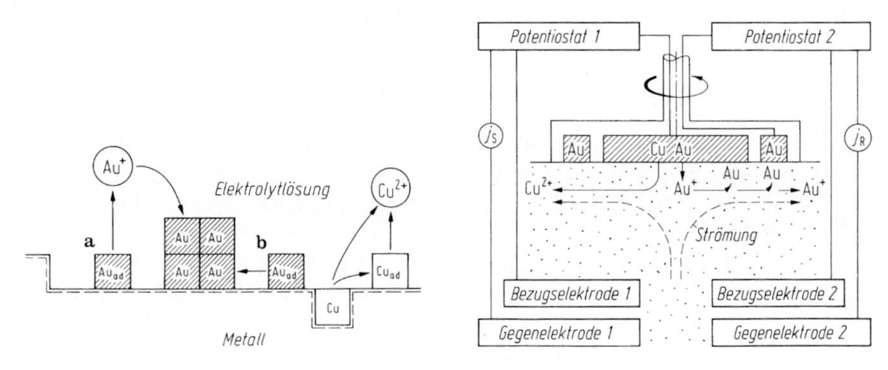

Bild 8.8

Bild 8.9

Bild 8.8. Die Entstehung kristallisierter Goldpartikel bei der selektiven Korrosion von CuAu-Legierungen (a) nach dem Wiederabscheidungsmechanismus, (b) durch Oberflächendiffusion adsorbierter Goldatome

Bild 8.9. Anordung für Messungen mit der rotierenden Ring-Scheiben-Elektrode

verloren. Die Abscheidung des zweiten Anteils am Ring bewirkt dort einen direkt meßbaren Strom $(j_{\mathrm{Au}})_{\mathrm{Ring}}$, aus dem die Teilstromdichte $(i_{\mathrm{Au}})_{\mathrm{Scheibe}}$ der Goldauflösung an der Scheibe weitgehend genau berechnet werden kann. Solche Messungen ergaben für die Auflösung von CuAu 13 in saurer Sulfatlösung keinen meßbaren Ringstrom der Goldabscheidung, woraus folgt, daß anodische Goldauflösung nicht vorkam [16], der Wiederabscheidungsmechanismus also ausscheidet. Demgegenüber wurde bei entsprechenden Messungen mit Messingelektroden ein merklicher Teilstrom der Kupferauflösung gefunden [16, 18]. Es ist also anzunehmen, daß in diesem Fall das Edelmetall, also hier das Kupfer, wenigstens teilweise über den Wiederabscheidungsmechanismus auskristallisierte. Dasselbe würde man bei hinreichend positiveren Elektrodenpotential, nämlich bei hinreichender Annäherung an das Normalpotential des Goldes $E^0_{\mathrm{Au/Au^{3+}}}$ (+ 1,50 V) auch für CuAu-Legierungen erwarten, wenn nicht der Zusatzeffekt der Passivierung des Goldes hinzukäme. Diese Passivierung bedingt auch, daß hier die simultane Cu- und Au-Auflösung nicht erreicht werden kann, die etwa in Königswasser durchaus eintreten würde. Anders verhalten sich die ZnCu-Legierungen. Da der Schutzeffekt der Passivierung nicht auftritt, da zudem das Normalpotential des Kupfers $E^0_{\mathrm{Cu/Cu^{2+}}}$ (+ 0,337 V) wesentlich negativer liegt, kann hier die simultane Auflösung ohne Bildung einer Kupferschicht verhältnismäßig leicht schon weit unter $E^0_{\mathrm{Cu/Cu^{2+}}}$ erreicht werden. Allerdings muß dazu u. a. dafür gesorgt werden, daß das vorgegebene Elektrodenpotential ε positiver bleibt als das Gleichgewichtspotential $E_{\mathrm{Cu/Cu^{2+}}}$. Dazu muß die Aktivität $a_{\mathrm{Cu^{2+}}}$ des gelösten Kupfers hinreichend klein bleiben, so daß

$$a_{\mathrm{Cu^{2+}}} < \exp\left\{\frac{2F}{RT}(\varepsilon - E^0_{\mathrm{Cu/Cu^{2+}}})\right\}. \qquad (8.4)$$

Ein Übergang von selektiver zu allgemeiner Metallauflösung wurde z. B. bei Versuchen mit α-Messing in allerdings kaum sauren Na_2SO_4-Lösungen beobachtet [17]. Dazu zeigt Bild 8.10 für diese Legierung den Verlauf der Teilstromspannungskurven $i_{Zn}\{\varepsilon\}$ und $i_{Cu}\{\varepsilon\}$. Für $\varepsilon \lesssim 100$ mV erkennt man den sehr kleinen Reststrom der selektiven Zinkauflösung, ab $\varepsilon \simeq 100$ mV steigen Zink- und Kupferauflösung parallel steil an. Man beachte, daß dieser Stromanstieg hier anders zustande kommt als nach dem der Gl. (8.3) zugrundeliegenden Mechanismus. Anders ε-Messing: Hier steigt der Strom der Zinkauflösung bei so negativem Potential stark an, daß Kupferauflösung ohne anschließende Wiederabscheidung nicht in Frage kommt. Vermutlich verhält sich also ε-Messing ähnlich wie die goldarmen CuAu-Legierungen, und der gemessene Kurvenanteil liegt im Anstiegsbereich jenseits des noch negativeren ε_{krit}. Demgegenüber ist zu vermuten, daß ε_{krit} für α-Messing oberhalb von 100 mV liegt, aber nicht mehr zur Wirkung kommt, weil vorher die allgemeine Auflösung einsetzt. Interessant ist der Fall des γ-Messings. Nach Bild 8.10 ist auch hier der Reststrom der Zinkauflösung über einen weiten Potentialbereich sehr klein und steigt dann stark an. Der Anstieg fällt auch hier, also ähnlich wie bei α-Messing, mit dem Anstieg der Kupferauflösung zusammen. Die Stromdichte i_{Cu} bleibt aber stets um Größenordnungen kleiner als die Stromdichte i_{Zn}, es handelt sich also um einen Fall zwar simultaner aber dennoch selektiver Auflösung einer binären Legierung.

Anders als bei den bei jeder Zusammensetzung kubisch flächenzentriert kristallisierenden CuAu-Legierungen ist bei Messing, ebenso bei Bronze u. a. m., zusätzlich zum Einfluß der chemischen Zusammensetzung der Struktureinfluß zu beachten. Die Trennung der Wirkungen von Zusammensetzung und Struktur ist aber schwer vorzunehmen, wenn beide gleichzeitig stark variiert werden. Dies gilt z. B. für den vielfach untersuchten Fall der Entzinkung von α-Messing und β-Messing [19]. Günstiger wären Messungen in Systemen, die bei ein und derselben Zusammensetzung in unterschiedlicher Struktur vorliegen können. In dieser Richtung interessieren auch vergleichende Untersuchungen über geglühtes und über kaltverformtes Cu30Zn [20]. Sie ergaben bei Messungen in saurer NaCl-Lösung einen starken Einfluß der durch die Verformung erzeugten Häufung von Gitterfehlern auf die Morphologie der porösen Kupferschicht. Es handelt sich aber

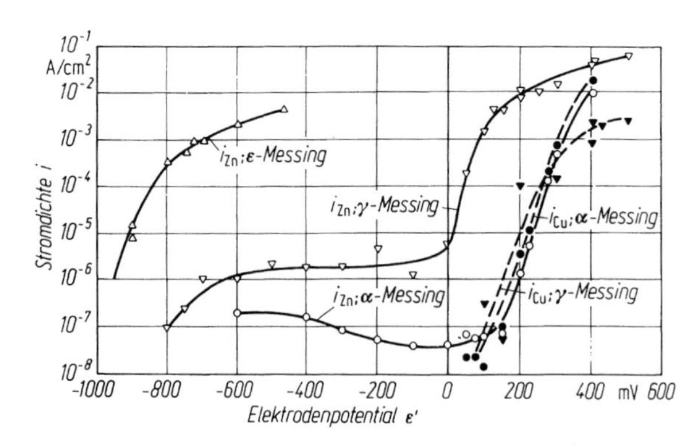

Bild 8.10. Die Teilstromspannungskurven $i_{Zn}\{\varepsilon\}$ der anodischen Zinkauflösung und $i_{Cu}\{\varepsilon\}$ der anodischen Kupferauflösung aus α-, γ- und ε-Messing in gepufferter Na_2SO_4-Lösung(pH5). Zusammensetzung der Legierungen Cu30Zn, Cu65Zn, Cu86Zn. (Nach Pickering und Byrne)

um einen zusätzlich komplizierten Fall, da eine CuCl-Salzdeckschicht auftrat. Den übersichtlichen Fall eines reinen und starken Struktureffektes bietet z. B. die Legierung Cu-10 Gew.% Al, die je nach Wärmebehandlung als α-Mischkristall oder als Martensit erhalten wird. Potentiostatische Messungen ergaben (vgl. Bild 8.11), daß die Entaluminierung in den Martensit schnell eindringt, während der α-Mischkristall gleicher Zusammensetzung unter den gleichen Bedingungen praktisch unangegriffen bleibt [21]. Der Effekt tritt in neutralen Chloridlösungen ähnlich auf, die Deutung [16] benutzt in diesem Fall die Vorstellung einer auf der α-Phase gut schützend, auf der martensitischen Phase undicht anfallenden Cu_2O-Deckschicht. Die schnelle selektive Korrosion martensitischer Phasen ist aber ein anscheinend allgemeines Phänomen, das z. B. auch bei der Korrosion von Martensitplatten im austenitischen CrNi-Stahl in H_2SO_4/NaCl-Lösungen beobachtet wurde [22], desgleichen bei der Korrosion martensitischer Platten in flächenzentrierten NiCoPd-Legierungen in NaCl-Lösungen. Häufig treten selektive Korrosion von Martensitplatten und interkristalline Korrosion (vgl. Kap. 13) zugleich auf und möglicherweise aus gleichem Grund, nämlich dem hoher Dichte von Versetzungen, insbesondere dissoziierte Versetzungen, also von Stapelfehlern [23].

Im metallografischen Schliffbild erscheint die poröse Deckschicht des übrigbleibenden Edelmetalls gewöhnlich gegen den noch unangegriffenen Kern des

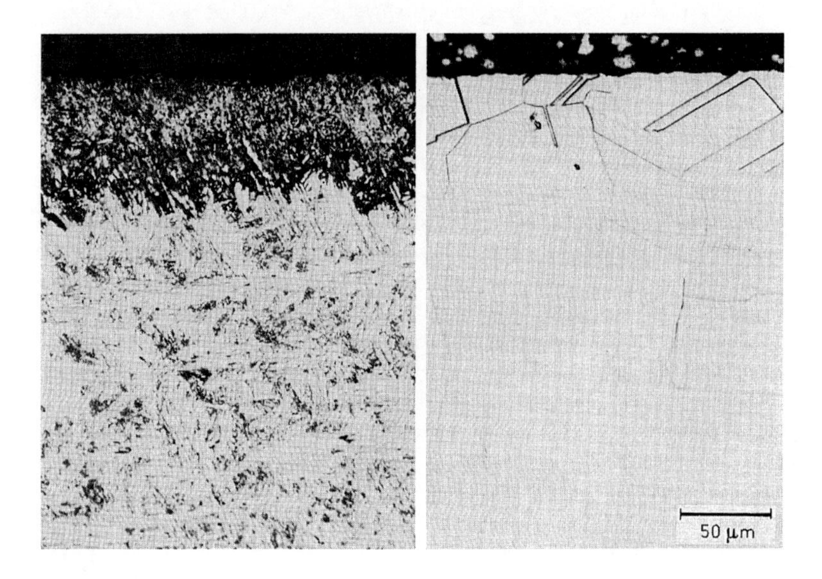

Bild 8.11. Die selektive Korrosion der Legierung Cu-10 Gew.% Al nach 48stündiger potentiostatischer Polarisation in 1 N H_2SO_4 (25 °C), $\varepsilon = +0{,}19$ V. Links: Tiefes Eindringen der Korrosion in β′-Martensit mit Resten der α-Phase (Wärmebehandlung: 2 h 1000 °C/H_2O). Rechts: Praktisch unangegriffener α-Mischkristall gleicher Zusammensetzung (Wärmebehandlung: 72 h 600°C/H_2O). (Nach Langer, Kaiser und Kaesche)

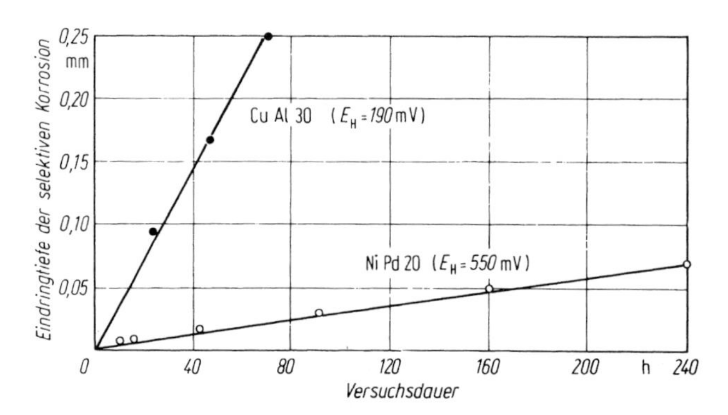

Bild 8.12. Die Eindringtiefe der selektiven Korrosion als Funktion der Zeit bei potentiostatischen Versuchen. Ausgefüllte Kreise: Cu-30Al, martensitisch, 1 N H_2SO_4, 0,19 (V) (nach Langer, Kaiser, Kaesche), offene Kreise: Ni-20Pd, 0,1 N H_2SO_4, 0,56 (V). (Nach Kaiser)

Metalls deutlich abgesetzt. Bild 8.12 gibt zwei weitere Beispiele, [13, 23]. Die Front der selektiven Korrosion rückt hier als ebene Fläche in die Legierung hinein, so daß die Eindringtiefe als Funktion der Zeit gut bestimmt werden kann. Ersichtlich ist die Korrosionsgeschwindigkeit zeitlich konstant.

Das Auftreten einer lichtmikroskopisch scharf erscheinenden Oberfläche des noch nicht angegriffenen Legierungskerns entspricht im Rahmen des Modells der Rekristallisation der Deckschicht allein durch Oberflächendiffusion und Wiederabscheidung offenbar den Erwartungen. Eine wichtige Eigenschaft dieses Modells ist, daß das noch nicht angegriffene Metall dem Elektrolyten in den Poren stets eine Oberfläche der Ausgangszusammensetzung zukehrt. Diese Oberfläche ist in den Skizzen Bild 8.3 und Bild 8.5 gestrichelt angedeutet. Dabei kommt es nicht wesentlich darauf an, daß die für diese Skizzen unterstellte Unbeweglichkeit der Atome auf allen Gitterplätzen, außer den äußersten, die Realität sicher zu stark vereinfacht. Die Eigenschaften des Reaktionsmodells ändern sich nicht stark, wenn Austauschvorgänge zwischen mehreren der obersten Atomlagen zugelassen werden. Nach wie vor gibt es dann keine Transportvorgänge zwischen dem weiter entfernten Innern der Legierung und der momentanen Oberfläche. Voraussetzung ist allerdings, daß die per anodischer Auflösung an der Oberfläche reichlich erzeugten Leerstellen der Netzebenen nicht merklich schnell in die Legierung eindiffundieren. Diese Voraussetzung ist zweifelhaft geworden, da für kfz-Gitter die Beweglichkeit zwar nicht von *einfachen Leerstellen*, wohl aber von *Doppelleerstellen* bei Raumtemperatur relativ sehr groß ist. Die Bewegung der Leerstellen, in Wirklichkeit durch das Springen von Atomen auf leere Plätze bewirkt, kann formal mit dem 2. Fickschen Diffusionsgesetz beschrieben werden. Sei $\gamma_{\square\square}$ der örtliche Grammatombruch der Doppelleerstelle, so gilt für den 1-dimensionalen Fall:

$$\frac{\partial \gamma_{\square\square}}{\partial t} = D_{\square\square} \frac{\partial^2 \gamma_{\square\square}}{\partial x^2}. \tag{8.5}$$

Für reines Kupfer und Raumtemperatur wurde die Beweglichkeit $D_{\square\square}$ zu

$1{,}3 \cdot 10^{-12}\,\mathrm{cm}^2/\mathrm{s}$ bestimmt [24]. Anschließend an diesen Befund haben Pickering und Wagner [16] an den Fall der galvanostatischen anodischen Cu-Auflösung aus goldarmen AuCu-Legierungen im Bereich schneller Auflösung jenseits der Potentialschwelle $\varepsilon_{\mathrm{krit}}$ angepaßte Überschlagsrechnungen mitgeteilt. Es wurde gezeigt, daß die Geschwindigkeit des Transports von Kupfer aus dem Legierungsinneren zur Metalloberfläche durch Volumendiffusion über Doppelleerstellen schnell genug ist, um an ebenen Oberflächen anodische Teilstromdichten der Kupferauflösung bis zur Größenordnung $2 \cdot 10^{-4}\,\mathrm{A/cm}^2$ zu ermöglichen. Der Volumendiffusion des Kupfers zur Oberfläche läuft die Volumendiffusion des Goldes ins Innere der Metalloberfläche entgegen. Für die Diffusion des Kupfers relativ zu Goldatomen wird ein *Interdiffusionskoeffizient* $D = D_{\square\square}\gamma_{\square\square}$ abgeschätzt. Die Interdiffusion von Gold und Kupfer erzeugt eine Interdiffusionsschicht zeitabhängiger effektiver Dicke δ_1 (vgl. Bild 8.13), mit

$$\delta_1 = [2(1 - \gamma^0_{\mathrm{Cu}})Dt]^{1/2}. \tag{8.6}$$

Die Zeitabhängigkeit von δ_1 wird übergangen, die Abschätzungen beziehen sich auf eine typische Versuchszeit von 10^3 s. Über die Interdiffusionsschicht fällt zur Metalloberfläche hin die Kupferkonzentration von γ^0_{Cu} auf ungefähr Null, es steigt entsprechend die Goldkonzentration von γ^0_{Au} auf ungefähr Eins. Ein wesentlicher Punkt ist die Abschätzung von D, die aber gelingt, weil gezeigt werden kann, daß eine mittlere Eindringtiefe δ_2 der Doppelleerstellen weit größer ist als die Dicke δ_1 der Interdiffusionsschicht. Dann kann angenommen werden, daß innerhalb der letzteren Schicht $\gamma_{\square\square}$ ungefähr konstant und gleich dem Wert $\gamma^{\mathrm{s}}_{\square\square}$ in der Metalloberfläche ist. Schätzt man für diesen relativ hoch, aber noch plausibel, den Wert 10^{-2}, so ergibt sich für die Dicke der Interdiffusionsschicht die Größenordnung 10^{-6} cm.

Die Feststellung der Interdiffusionszone ist im Prinzip Sache der Röntgenografie, denn es muß in dieser Zone die Gitterkonstante des kfz-Gefüges kontinuierlich von der AuCu-Ausgangslegierung auf den des praktisch reinen Goldes ansteigen. Die Messung hat in Anbetracht des sehr kleinen Wertes von δ_1 zwar nur dann

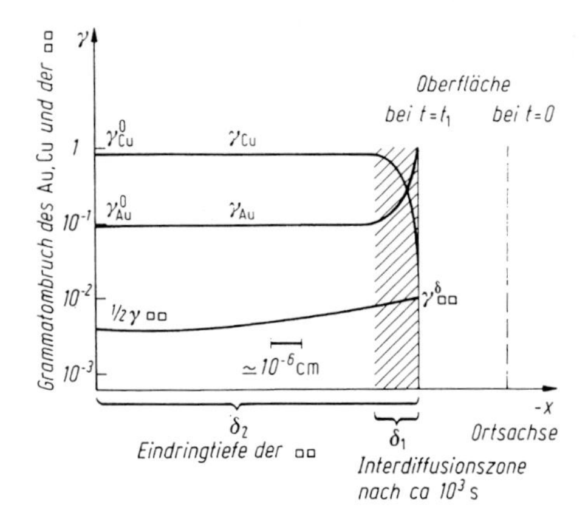

Bild 8.13. Der Verlauf der Konzentration des Kupfers, des Goldes und der Doppelleerstellen in einer homogenen CuAu-Legierung bei selektiver Korrosion des Kupfers mit Volumendiffusion über Doppelleerstellen. (Nach Pickering und Wagner)

Aussicht auf Erfolg, wenn der Röntgenstrahl die Interdiffusionszone vielfach durchläuft. Dazu verhilft aber der Verlauf der selektiven Korrosion selbst, und zwar aufgrund eines für dieses neuartige Modell des Reaktionsmechanismus insgesamt wichtigen zusätzlichen Effektes: Ist nämlich Volumendiffusion des Kupfers zur Metalloberfläche nicht nur möglich, sondern geschwindigkeitsbestimmend, so läßt sich zeigen, daß eine ebene Metalloberfläche gegenüber zunehmender Zerklüftung instabil ist. Für eine genauere Betrachtung wird auf Wagner [25] verwiesen. Hier genügt der Hinweis auf das bekannte Analogon der Instabilität einer ebenen Oberfläche bei der Erstarrung eines Metalls aus der Schmelze im Falle geschwindigkeitsbestimmender Diffusion aus der Schmelze zur Oberfläche. Entstehen dort verzweigte Dendriten, so bei der selektiven Korrosion per Volumendiffusion im Metall verzweigt in die Oberfläche einspringenden, elektrolytgefüllte Keile. Diese verzweigen sich fortwährend, so daß, wie die Skizze Bild 8.14 andeutet, letztlich eine Schicht feinkristallinen Edelmetall-Restmaterials übrigbleibt, die mit der Zeit dicker und im Schliffbild ganz ähnlich aussehen wird, wie die ohne Volumendifusion gebildeten Schichten. Mit dem Mikroskop wird man die beiden Mechanismen demnach voraussichtlich nicht unterscheiden können. In Zwischenstadien der Auflösung, etwa im Stadium *c* der Skizze Bild 8.14 besteht aber nun Aussicht, die nun insgesamt ein relativ großes Volumen einnehmende Interdiffusionszone röntgenografisch zu identifizieren. Entsprechende Diffraktometer-Registrierungen zeigt Bild 8.15 für verschiedene Stadien der galvanostatischen Auflösung von CuAu3 in Schwefelsäure [17b]. Das Auftreten zunehmender reflektierter Intensität im ganzen Winkelbereich zwischen dem {111}-Reflex des CuAu3 und dem des reinen Goldes spricht für das Auftreten aller Gitterkonstanten zwischen denen des CuAu3 und des Au, mithin für das bei Volumendiffusion erwartete Auftreten einer Zone, deren Zusammensetzung zwischen CuAu3 und Au kontinuerlich variiert. Die Unstimmigkeit des Auftretens zunehmender reflektierter Intensität für Beugungswinkel $2\Theta < 38^\circ$ bleibt zu untersuchen.

Nach dem Modell der Volumendiffusion als geschwindigkeitsbestimmendem Reaktionsteilschritt entsteht zunächst ein poröser Schwamm an Edelmetall reichen Materials. Wenn daraus ein Agglomerat zwar kleiner, aber kompakter Kristallite wird, und wenn der Wiederabscheidungsmechanismus aus dem Spiel ist, so folgt auf die selektive Korrosion offenbar eine Rekristallisation des übrig bleibenden

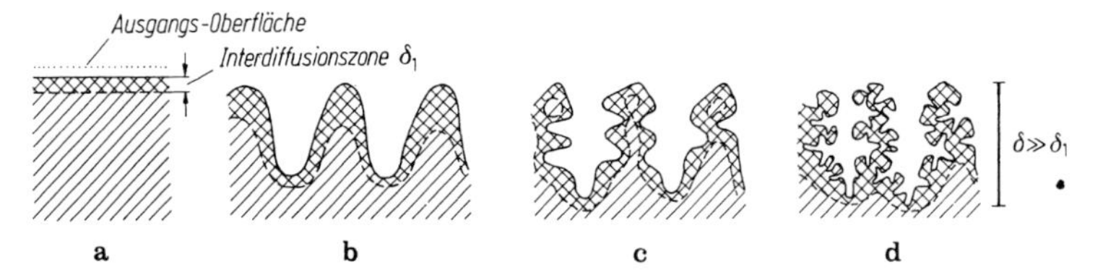

Bild 8.14a–d. Die Ausbildung einer zerklüfteten Oberfläche und einer feinkristallinen Deckschicht im Verlaufe der selektiven Korrosion einer homogenen Legieurung nach dem Volumendiffusionsmechanismus

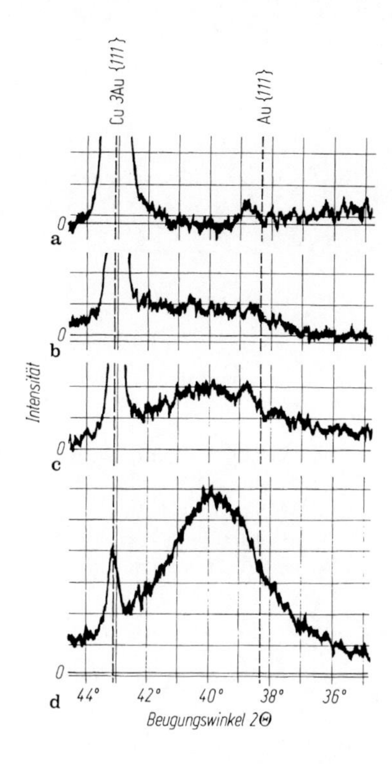

Bild 8.15a–d. Röntgenbeugungsdiagramme einer Cu-3Au-Probe nach verschieden langer galvanostatischer anodischer Polarisation mit 5 mA/cm² in 1 N H_2SO_4. **a** Ausgangszustand, **b** nach durchgang von 3,0; **c** 6,0; **d** 24,0 (C/cm²). (Nach Pickering)

Materials durch Oberflächendiffusion. Damit überschneiden sich jedenfalls diese beiden Mechanismen. Man beachte nun, daß kleine Kristallite eine Verbreiterung der Röntgenlinien ergeben, so daß die Verbreiterung allein noch nicht das Auftreten einer breiten Verteilung der Gitterkonstanten beweist. Dazu zeigt Bild 8.16 das Ergebnis von Messungen an anodisch dauerpolarisiertem Ni-20Pd, also einer an Edelmetall relativ reichen Legierung [13]. Man erkennt deutlich das Auftreten von Röntgenlinien, die dem reinen Palladium zuzuordnen, und die zugleich stark verbreitert sind. Die Beobachtungen entsprechen der Ausbildung eines Konglomerats von kristallisierten Partikeln des Palladiums mit einer Kristallitgrösse von ca. 10 nm. Diese Beobachtungen sprechen also gerade nicht für einen Volumendiffusionsmechanismus, sondern für eine Rekristallisation der Reaktionszone allein durch Oberflächendiffusion.

In der Durchführung ganz ähnliche Messungen sind auch für die selektive Korrosion von ε-Messing und γ-Messing mitgeteilt worden [17d]. Für diese Substanzen fehlen die Daten über die Beweglichkeit von Gitterleerstellen; die Abschätzung der möglichen Geschwindigkeit der Interdiffusion von Zink- und Kupfer-Atomen kann also nicht erbracht werden. Innerhalb des Existenzbereichs der ε- bzw. der γ-Phase ergaben die röntgenografischen Untersuchungen wie im Fall der CuAu-Legierungen deutliche Hinweise auf das Auftreten der Interdiffusion unterhalb der jeweiligen Reaktionsfront. Zusätzlich wurden die Reflexe einer jeweils kupferreicheren Phase gefunden, nämlich die des α-Messing nach selektiver

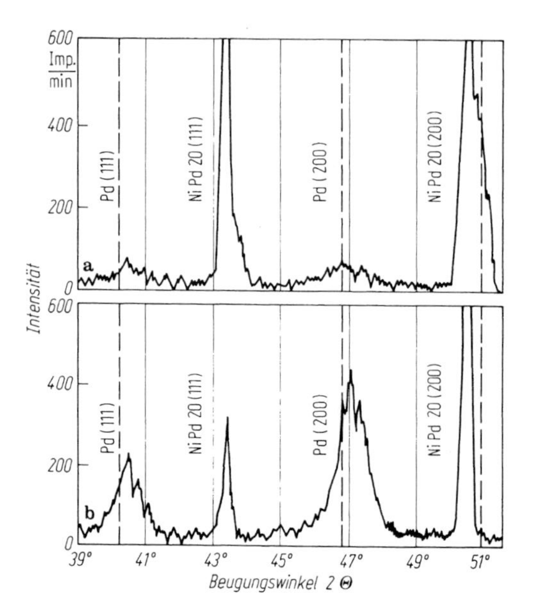

Bild 8.16a,b. Röntgenbeugungsdiagramme einer in 0,1 N H_2SO_4 bei 0.56 anodisch polarisierten Ni-20Pd-Legierung. Versuchsdauer (**a**) 10 (**b**) 20 Stunden. (Nach Kaiser u. Kaesche)

Auflösung von γ-Messing, und die des γ-Messing nach Auflösung von ε-Messing. Dies kann als starkes Argument für den Volumendiffusionsmechanismus der selektiven Korrosion gewertet werden, wenn die Rekristallisation neuer Legierungsphasen über den Wiederabscheidungsmechanismus nicht in Frage kommt.

Das Verfalten der eventuell vorhandenen Interdiffusionsschicht bis zu einer Gesamtdicke von der Grössenordnung der Eindringtiefe der Röntgenstrahlen war bei den oben beschriebenen Untersuchungen der wesentliche Anlaß der Messungen. Daraus resultieren lange Meßzeiten mit erheblicher Aufrauhung der Oberfläche, die auch anders als durch die abgenommene Verfaltung zustande kommen kann, nämlich durch die Rekristallisation des Edelmetalls, wie ebenfalls beschrieben. Deshalb interessieren Messungen auf der Suche nach der Interdiffusionszone, die nach kurzer Zeit, bei noch ebener Oberfläche, zum Ziel führen. Das sind oberflächenspektroskopische Messungen entweder der Auger-Elektronen-Emission, oder auch ESCA – (Elektronen-Spektroskopie zur Chemischen Analyse, auch „XPS-") Untersuchungen, jeweils zur Tiefenprofilmessung begleitet vom systematischen Absputtern der Oberfläche durch Ionenbeschuß. Die Verfahren bedürfen sorgfältiger Eichung sowohl wegen des empfindlichen Nachweises uninteressanter Verunreinigungen, als auch wegen der Selektivität des Abtrags während des Sputterns. Auf das Problem der Legierungskorrosion ist die Auger-Elektronen-Spektroskopie (AES) angewandt worden [8, 9]. Hier sind insbesondere Messungen der Oberflächenanreicherung des Edelmetalls in AgPd-, CuPd-, NiPd- und AgAu-Legierungen jeweils bei anodischer Polarisation im Potentialbereich schneller anodischer Auflösung der unedlen Komponente in stark konzentrierter LiCl-Lösung zu zitieren [9]. Die hohe Chloridkonzentration der Elektrolytlösung kann durch Cl^--Adsorption auf der Metalloberfläche komplizierend eingreifen (vgl.

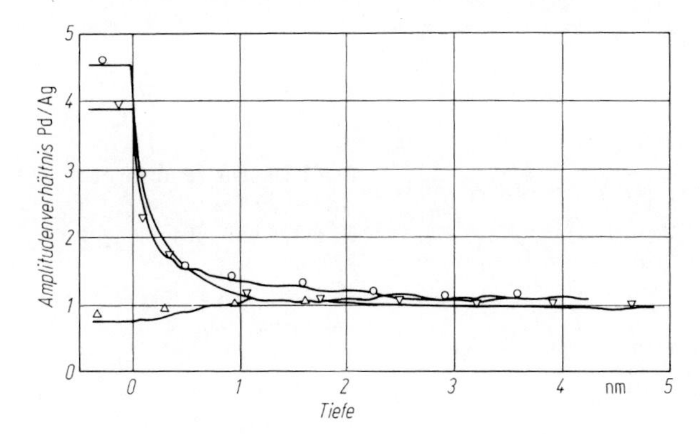

Bild 8.17. Tiefenprofil des Amplitudenverbältnisses Pd/Cu einer in 12 M LiCl-Lösung anodisch galvanostatisch polarisierten Cu-20Pd-Legierung. Benutztes Auger-Signal: Cu 60 eV. Stromdichte der Elektrolyse: 0,1 mA/cm. △ △ △ Vergleichs-probe; ○ ○ ○: Strom·Zeit-Produkt 10 mC; × × × : 100 mC. Tiefenangabe: nm-Äquivalent von Tantaloxyd. (Nach Rambert u. Landolt)

Kap. 7), worauf hier nicht eingegangen wird. Die Messungen erfolgten galvanostatisch, wodurch gegenüber den bisher beschriebenen Untersuchungen ein wesentlich neuer Aspekt erscheint: Entsprechend der Anreicherung des Edelmetalls steigt nun das Elektrodenpotential zu positiveren Werten in einer Übergangszeit bis zur Erreichung eines stationären Zustandes. Die in der Übergangszeit verbrauchte elektrische Ladung kann zur Berechnung der Anreicherung des Edelmetalls benutzt werden; diese Messungen bestätigen die Ergebnisse der AES-Analyse. Bild 8.17 zeigt ein typisches Meßergebnis für den Fall einer CuPd-Legierung. Danach ist die Palladiumanreicherung in der Oberfläche zwar erheblich, die Dicke der Anreicherungsschicht aber sehr klein, von der Grössenordnung weniger Atomdurchmesser. Die Autoren schließen daraus, daß Volumendiffusion nicht in Frage kommt, sondern daß an die Leerstellenbildung in der Oberfläche mit Umlagerung durch reine Oberflächendiffusion zu denken ist.

Gleichwohl seien hier Messungen im Prinzip ähnlicher Art, nämlich ebenfalls galvanostatisch bis zur Einstellung eines stationären Zustandes aufgeführt, bei denen die Vorstellung der Volumendiffusion eine wesentliche Rolle spielt. Es handelt sich um Untersuchungen der selektiven anodischen Auflösung von Zink aus Messing, nämlich Cu-30Zn, also einer Legierung, die die edlere Komponente im Überschuß enthält [26]. Dies führt dazu, daß die Geschwindigkeit der selektiven Zinkauflösung, bei zugleich steigendem Elektrodenpotential, rasch absinkt, während die Geschwindigkeit der Kupferauflösung steigt. Im stationären Zustand lösen sich Zink und Kupfer parallel, und zwar im Verhältnis ihrer Ausgangskonzentration. Zur genauen Kontrolle der momentanen Stromdichten i_{Zn} und i_{Cu} wurde die Legierung aus radioaktivem ^{65}Zn und ^{64}Cu erschmolzen, und die Zunahme der Radioaktivität getrennt nach Strahlung der beiden Isotope in einer Durchströmungsapparatur gemessen. Bild 8.18 zeigt das Ergebnis.

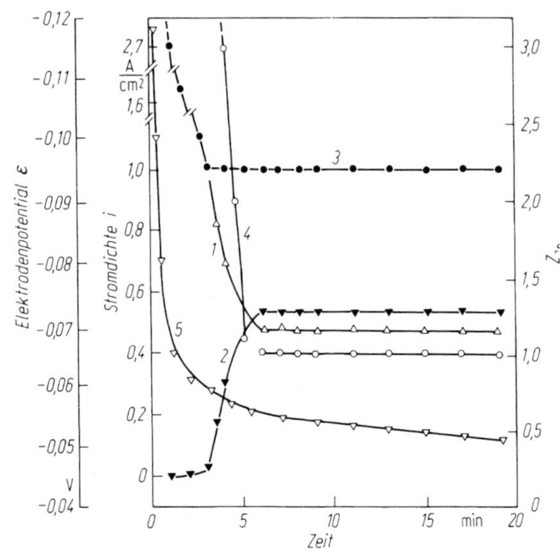

Bild 8.18. Die zeitliche Änderung 1) der Stromdichte i_{Zn} der Zinkauflösung, 2) der Stromdichte i_{Cu} der Kupferauflösung, 3) der Summe $i_{Zu} + i_{Cu}$, 4) des Entzinkungsfaktors Z_{Zn} und 5) des Elektrodenpotentials bei der galvanostatischen anodischen Polarisation von Cu-30 Zn in 1 N NaCl/0.01 N HCl-Lösung. Summenstromdichte 10 μAlcm^2. (Nach Pchelnikov, Sitnikov, Marshakov, Losev)

Z_{Zn} ist ein sogenannter Entzinkungsfaktor, der sich als Quotient des Zn/Cu-Verhältnisses in der Ausgangslegierung und dem Zn^{2+}/Cu^{2+}-Verhältnis in der Elektrolytlösung berechnet. Er hat den Wert ∞ für reine Zinkauflösung, und den Wert 1 für stöchiometrische Zink- und Kupfer-Auflösung.

Die Autoren deuten die Beobachtungen mit dem Modell der Volumendiffusion in der folgenden Weise: Man denke sich in Bild 8.13 γ_{Cu} ersetzt durch γ_{Zn}, γ_{Au} durch γ_{Cu} . Zum Zeitpunkt $t = 0$ hat die Legierung die Zusammensetzung γ^0_{Cu} und γ^0_{Au} bis zur Oberfläche. Diese befindet sich in der angegebenen Position. Zu diesem Zeitpunkt wird ein anodischer Strom beliebiger Dichte eingeschaltet, der die Konzentration γ_{Zn} bei $x = 0$ sofort auf Null verringert. Dieser Konzentrationssprung setzt die Diffusion von Zink aus dem Legierungsinneren in Gang. Wäre nun die Oberfläche ortsfest, so würde sich ein Konzentrationsprofil $\gamma_{Zn}(x)$ so gausbilden, daß mit der Zeit γ^0_{Zn} in immer größerer Entfernung von der Oberfläche erreicht würde, entsprechend einer wachsenden effektiven Diffusionsschichtdicke δ, begleitet von sinkender Diffusions- und deshalb auch Auflösungsgeschwindigkeit des Zinks. Diese Bedingungen beherrschen das Anfangsverhalten der Legierung; für i_{Zn} erhält man den Ausdruck

$$i_{Zn} = \text{const} \cdot \gamma^0_{Zn} \sqrt{D/t}. \tag{8.7}$$

D ist der Diffusionskoeffizient des Zinks. Durch die Zink- und die begleitende Kupferauflösung wird aber das Legierungsvolumen kleiner in dem Sinne, daß die Oberfläche in Bild 8.13 nach links wandert. Da galvanostatisch gemessen wird, und der Raumbedarf von Zink und Kupfer ähnlich ist, so ist die Wanderungsgeschwindigkeit v der Oberfläche zeitlich konstant. Da die Konzentration γ_{Zn} in der Oberfläche stets Null sein soll, so sieht man qualitativ ein, dass die wandernde Oberfläche das Konzentrationsprofil γ_{Zn}(x) zusammendrückt, also steiler macht.

Quantitativ erhält man einen übersichtlichen Ausdruck besser als für die Stromdichte i_{Zn} für das Integral

$$\int_0^t i_{Zn}\,dt = \text{const}' \cdot \gamma^0_{Zn}(1 + 2y^2)\,\text{erf}\,y + 2y^2 + \frac{2y}{\sqrt{\pi}} \exp(-y^2). \tag{8.8}$$

Hier ist y die Grösse $(v/2)\,(t/D)^{1/2}$, erf y die Fehlerfunktion von y (vgl. Kap. 17.2). Gemäß dieser Gleichung wird nach einiger Zeit ein Zustand erreicht, in dem sich die Stromdichte i_{Zn} nicht mehr ändert. Dann ist (vgl. auch [29])

$$i_{Zn} = \text{const}'' \cdot \gamma^0_{Zn}\, v \tag{8.9}$$

Entsprechend der Abnahme der Zinkauflösung steigt bei konstanter Stromdichte die Kupferauflösung, bis im stationären Zustand die Auflösungsgeschwindigkeiten dem Konzentrationsverhältnis in der Ausgangslegierung entsprechen.

Eine Eigenheit des Modells ist die Annahme, daß die Oberflächenkonzentration der unedlen Legierungskomponente beim Einschalten eines beliebigen anodischen Stromes sofort auf Null gedrückt wird. Dies läßt zunächst für eine Stromdichte- oder Potentialabhängigkeit des Vorgangs keinen Platz. Es bewirkt aber der anodische Strom der Metallauflösung die Injektion von Leerstellen in das Metall, und zwar steigend mit steigender Stromdichte. Von der Leerstellen-(z. B. der Doppelleerstellen-) Konzentration hängt aber (vgl. weiter oben) der Diffusionskoeffizient ab, so daß auf diese Weise die erforderliche Abhängigkeit der Metallauflösung von der Stromdichte bzw. dem Elektrodenpotential auch bei geschwindigkeitsbestimmender Volumendiffusion wieder erscheint.

Die Untersuchung der metallseitigen Diffusion wird offenbar dann besonders leicht, wenn dafür gesorgt wird, daß zwischen der Metalloberfläche und der Elekrolytlösung ständig Gleichgewicht herrscht. Diese Gleichgewichts-einstellung wird für Elektroden aus CdAg-und ZnCu – Legierungen offenbar in Elektrolytlösungen erreicht, die $CdCl_2$ bzw. $ZnCl_2$ in Mischungen von Wasser und Isopropanol, oder in reinem Dimethylsulfoxid, oder anderen nichtwäßrigen Lösungsmitteln enthalten [30]. Es ist dort einerseits die Korrosion unterdrückt, andererseits die Austauschstromdichte der Auflösung und der Abscheidung der unedleren Legierungskomponente hoch. Polarisiert man solche Elektroden potentiostatisch, so erzwingt die Potentialänderung eine Änderung der Gleichgewichts-Zusammensetzung der Oberfläche. Da die beiden Legierungssysteme keine lückenlose Mischkristallreihe bilden, sondern verschiedene intermetallische Phasen, muß die Konzentrationsänderung von einem oberflächlichen Umkristallisieren begleitet sein. Dieses läßt sich röntgenografisch nachweisen; es legt außerdem eine Oberflächenkonzentration der unedleren Komponente fest, die in diesem Modell also nicht Null gesetzt wird. Zugleich ist der Vorgang von der Nachlieferung der unedleren Komponente aus dem Legierungsinneren begleitet, und damit von der Ausbildung einer Diffusionszone, die mit der Zeit wächst. Dies bewirkt ein zeitliches Abklingen des Stromes der selektiven Auflösung der unedleren Komponente, woraus der Diffusionskoeffizient berechnet werden kann. Als Komplikation kam bei diesen Messungen die merkliche Überlagerung offenbar der Korngrenzendiffusion hinzu, doch gelingt es, mit plausiblen Werten der Koeffizienten der eigentlichen Volumen- und der zusätzlichen Korngrenzen-Diffusion die Anfangs-Stromtransienten zufriedenstellend zu berechnen. Bei solchen Messungen ist die gemessene Stromdichte i gleich der Teilstromdichte i_{Cd} der Cadmium- bzw. i_{Zn} der Zinkauflösung. Solange die Metalloberfläche während Zeiten bis zu ca. einer Minute noch als ortsfest betrachtet werden kann, berechnet sich diese Stromdichte als Summe der Flüsse der Volumen- und der Korngrenzendiffusion zu [30, 31]:

$$i = zF(\gamma^{(x=0)} - \gamma^0)\,(D/\pi)^{1/2}\,t^{-1/2} + \\ + zF(\gamma^{(x=0)} - \gamma^0)\,(d\sqrt{2})^{-1}\,\pi^{3/4}(D'\,\delta\sqrt{D})^{1/2}\,t^{-1/4} \quad (8.10)$$

$\gamma^{(x=0)}$ und γ^0 bezeichnen die Konzentration der unedlen Komponente in der Oberfläche und im Inneren der Legierung. F ist die Faraday- Konstante, t die Zeit, D der Koeffizient der Volumendiffusion, D' der der Korngrenzendiffusion. Als Strukturfaktoren treten der mittlere Korndurchmesser d und eine effektive Korngrenzenbreite δ auf. Bei der Auswertung der Messungen [30] erwies sich als notwendig, zeitliche Änderungen von d anzunehmen, da nur so zeitunabhängige Werte für D und D′ zu erhaten waren. Eine eventuelle tatsächliche Zeitabhängigkeit der Diffusion wird also in diesem Modell nicht in Betracht gezogen.

Nach länger anhaltender anodischer Polarisation ist die Oberfläche der Legierungen im Potentialbereich der Resistenz, also im Bereich des anodischen niedrigen Grenzstromes, naturgemäß weiterhin im wesentlichen eben. Bei ausgeprägtem selektiven Angriff im Bereich des Steilanstiegs der Stromspannungskurve rauht sich die Oberfläche stark auf, wie oben beschrieben. Es ist vorgeschlagen worden [32], dies den Typ I der selektiven Korrosion zu nennen, im Gegensatz zu einem Typ II, bei dem im Steilanstieg der Stromspannungskurve gemeinsame Auflösung beider Legierungskomponenten einsetzt. In diesem letzteren Fall bleibt die Legierungsoberfläche wieder eben. Für solche Systeme kann dann der Frage nachgegangen werden [9, 28], ob eine Kopplung zwischen der Kinetik der parallel ablaufenden überlagerten Teilreaktionen eintritt. Dazu interessieren insbesondere Messungen der Kinetik der Auflösung von Eisen und Chrom aus aktiv sich auflösenden FeCr-Legierungen in schwefelsaurer Lösung [28]. Bild 8.19 zeigt das Meßergebnis. Man sieht dort zunächst, daß Reineisen eine Tafel-Neigung $a_{Me} = d\varepsilon/d(\log\, i)$ von ca 50 mV pro Dekade der Stromdichte aufweist, während der Neigungsfaktor für reines Chrom ca 100 mV beträgt. Dabei ist die Stromdichte der Eisenauflösung pH-abhängig, nicht aber die der Chromauflösung. Bei der chromarmen FeCr-Legierung erkennt man gegenüber Reineisen einen leichten Anstieg der Stromdichte der Eisenauflösung, bei unveränderter Neigung der Tafel-Geraden (und kaum veränderter pH-Abhängigkeit), während die Stromdichte der Chromauflösung gegenüber reinem Chrom sehr viel erheblicher niedriger liegt, als man nach dem Fe/Cr-Verhältnis der Legierung erwarten würde. Ferner ist die Tafel-Neigung nun eisenähnlich. Im wesentlichen verhalten sich also die wenigen in der Oberfläche erscheinenden Chromatome eisenähnlich; es besteht also zwischen den Stromdichten i_{Cr} und i_{Fe} eine starke Kopplung. Geht man zu chromreicheren Legierungen über, so verschwindet die pH-Abhängigkeit der Eisenauflösung, die im übrigen deutlich beschleunigt erscheint, die Chromauflösung ist wieder überproportional verlangsamt, die Tafel-Neigung der Strom-

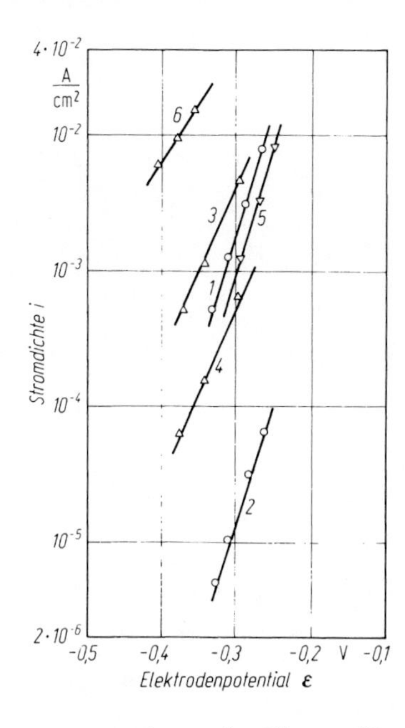

Bild 8.19. Die anodische Teilstrom-spannungskurve der Auflösung von Eisen (*1*, *3*) und von Chrom (*2*, *4*) aus FeCr-Legierungen mit 0,85% Cr (*1*, *2*) bzw. mit 13,2% Cr (*2*, *4*), sowie der Metallauflösung des reinen Eisens (*5*) und des reinen Chroms (*6*). (Nach Kolotyrkin)

spannungskurve der Eisenauflösung nun aber chromähnlich. Man wird vermuten, dass der katalytische Mechanismus der anodischen Eisenauflösung (vgl. Kap. 5) hier ausfällt, weil die Leerstelleninjektion durch Chromauflösung eine Überfülle von Halbkristallagen für die Eisenauflösung erzeugt. Auch hier liegt jedenfalls eine starke Kopplung der Teilreaktionen vor.

Die bei Typ I der selektiven Korrosion im Steilanstieg der Stromspannungskurve beobachtete Aufrauhung der Legierungsoberfläche war weiter oben als Folge der geschwindigkeitsbestimmenden Volumendiffusion gedeutet worden. Andere Deutungen sind aber möglich. Dazu zeigt Bild 8.20 zunächst das typische Ergebnis dieser Aufrauhung für eine als Elektrode benutzte durchstrahlbare Folie [7]. Ähnlich Bilder sind früher von anderer Seite mitgeteilt worden [32, 33]. Solche porigen Strukturen können allein durch Oberflächendiffusion zustandekommen [33]. Dies erläutert Bild 8.21 in einer Serie vereinfachter Skizzen für den Fall der selektiven Korrosion einer AgAu-Legierung, mit anodischer Silberauflösung und Oberflächendiffusion des Goldes zu Keimen aus kristallinem Gold. Man erkennt, wie eine Struktur grundsätzlich entstehen kann, bei der schließlich eine porige Edelmetallschicht vorliegt.

Nach den bisherigen Erörterungen ist eine selektiv korrodierte Legierung im Tammann'schen Sinn resistent, wenn sie unterhalb eines Durchbruchspotentials einen vernachlässigbar kleinen anodischen Reststrom aufweist, und wenn die Überlagerung der anodischen und kathodischen Teilstrom-Spannungs-Kurven das freie Korrosionspotential, d. h. das Korrosions-Ruhepotential ε_R im Potentialbereich des Reststromes stabilisiert. Die Resistenz ist vollständig ab Edelmetallgehalten, die das Durchbruchspotential bis zum Gleichgewichtspotential der Edelmetallauflösung schieben. Der Spezialfall der CuAu- Legierungen in schwach

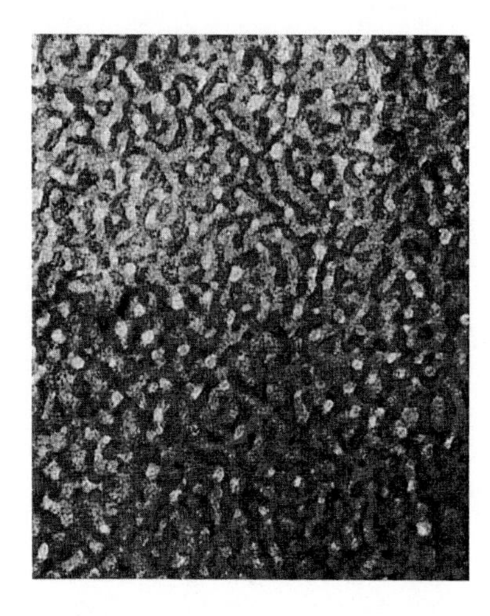

Bild 8.20. Transmissions-elektronenmikroskopische Aufnahme einer Folie aus Cu-15Pd, die in saurer Sulfatlösung anodisch potentiostatisch polarisiert wurde. $\varepsilon = 0{,}66$ (V), Vergr. 300 000. (Nach Kabius, Kaiser, Kaesche)

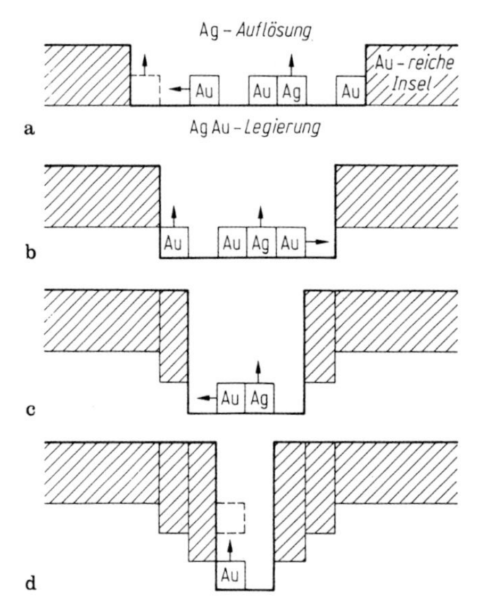

Bild 8.21 a–d. Modell der Ausbildung einer porigen Edelmetallschicht auf einer binären Legierung mit einer unangreifbaren Komponente durch anodische Auflösung der unedleren Komponente und Oberflächendiffusion und Rekristallisation des Edelmetalls. (Nach Forty und Durkin)

schwefelsaurer Lösung, bei denen schon vorher die Legierung durch einen Oxidfilm passiv wird, kompliziert das Bild, möge aber hier außer Betracht bleiben. Als Ursache des Auftretens des Durchbruchspotentials ist in diesem Kapitel der Effekt der Keimbildung von Auflösungsprozessen vorgestellt worden. Dem steht neuerdings eine Deutung der Resistenzgrenzen gegenüber, die auf Tammann's Überlegungen zurückgreift. Es handelte sich um die Vorstellung, daß die selektive Korrosion nur fortschreiten kann, wenn sich durch die Legierungsphase hindurch Pfade ziehen, längs derer stets unedle Metallatome für die anodische Auflösung gefunden werden. Dieses Modell lebt in der Form der „Perkolations-Hypothese" auf, die im Grunde eben solche Pfade wieder postuliert [34]. Nimmt man zum Perkolationsmechanismus [35] der Auflösung der unedlen Komponente die offensichtlich stattfindende Oberflächendiffusion in der Rechnung hinzu, so lassen sich bei geeigneter Anpassung einiger Parameter Rechnersimulationen der Entwicklung zerklüfteter Oberflächen gewinnen, die dem realen Bild der Aufrauhung etwa von Kupfer-Gold-Legierungen im Durchbruchsbereich der Kupferauflösung teils verblüffend ähneln. Ob eine Rechnersimulation der alternativen Kombination von Keimbildungsvorgängen und Oberflächendiffusion dasselbe leisten kann, bleibt abzuwarten. Das Perkolationsmodell hat allerdings Mühe, die Existenz des von der Elektrolytzusammensetzung abhängigen Durchbruchspotentials zu verarbeiten.

Nach dem Keimbildungsmodell wie auch nach dem Perkolationsmodell spielt die Volumendiffusion der unedlen Legierungskomponente keine wesentliche Rolle. Dies leuchtet im Prinzip unter dem Gesichtpunkt ein, daß Legierungen vom Typ Kupfer-Gold oder Kupfer-Palladium im Verhältnis zur Experimentiertemperatur der selektiven Korrosion hochschmelzend sind. Typischerweise gelingt der Nachweis der Volumendiffusion beim Studium der selektiven Korrosion des deutlich tiefer schmelzenden Messings besser. Es liegt dann offensichtlich nahe, den Effekt der Volumendiffusion in tiefschmelzenden Systemen zu suchen. Dafür bieten sich z. B. Indium- Zinn- Legierungen an [36]. In diesem System läßt sich die Volumendiffusion des unedleren Indiums im Potentialbereich der thermodynamischen Stabilität des Zinns in der Tat gut nachweisen. Bild 8.22 zeigt dazu den Konzentrationsverlauf zur Oberfläche hin des in einer Zinn- Indium- Legierung homogen gelösten Indiums nach selektiver Indium-Auflösung [37]. Die durchgezogene Kurve wurde mit einem Diffusionskoeffizienten für Indium von $5.10^{-12}\,cm^2/s$ berechnet. Bei höherer Anfangs-Indium-Konzentration, also im Existenzbereich intermetallischer InZn- Phasen, läßt sich ebensogut das Umschlagen der Kristallstruktur infolge Indiumverarmung verfolgen.

Man erkennt die Grenzbeispiele der selektiven Korrosion hochschmelzender Legierungen einerseits und tiefschmelzender Legierungen andererseits [38]: Bei jenen kann sich die Auflösung der unedlen Komponente mangels Beweglichkeit der Atome leicht blockieren, so daß neue Abbaustellen durch Einspeisen hoher

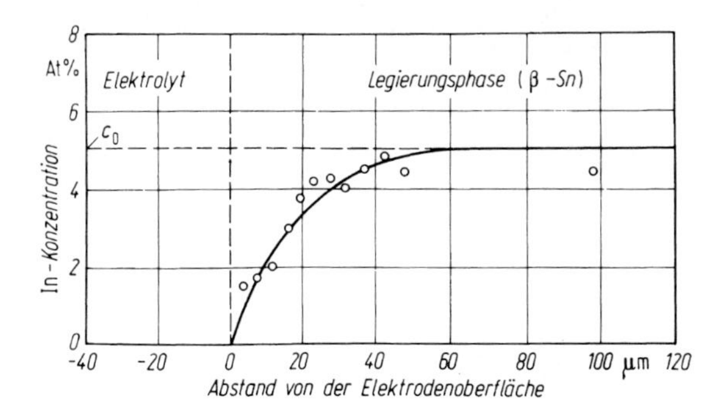

Bild 8.22. Der Verlauf der Konzentration von Indium nach selektiver potentiostatischer, anodischer Indiumauflösung während 105 Stunden aus homogener Sn-5 At.% In- Legierung in 3N NaCl/0,01 N HCl-Lösung. (Nach Kaiser)

Überspannungsenergie erzeugt werden müssen, damit die selektive Korrosion fortläuft. Bei diesen ist die Beweglichkeit der Atome in der Oberfläche so hoch, daß stets reichlich Atome in abbaubaren Halbkristallagen vorhanden sind. Dann wird, trotz ebenfalls hoher Geschwindigkeit der Volumendiffusion, diese geschwindigkeitsbestimmend.

Literatur

1. Wegen Untersuchungen der Kinetik der selektiven Korrosion von Messing, von Aluminiumbronze und von Kupfer-Nickel – Eisen – Legierungen in neutralen Lösungen vergl. a) Sugawara, H., Ebiko, H.; Corrosion Sci. *7*, 513 (1967) – Süry, P.; Oswald, H. R.: Werkstoffe u. Korrosion *22*, 135 1971); Corrosion Sci. *12*, 77 (1972) – c) Keir, D. S.; Pryor, M. J.: J. Electrochem. Soc. *127*, 2138 (1980) – d) Kato, C.; Pickering, H. W.: ibid. *131*, 1219 (1984)
2. Wegen einer Diskussion der Mitteilungen von Tamman (mit Rienächer und Brauns) Vergl. 3
3. Gerischer, H.; in: Korrosion 14. Korrosionsschutz durch Legieren. Weinheim, Verlag Chemie 1958
4. a) Tischer, R. P.; Gerischer, H.: Z. Elektrochemie *62*, 50 (1958) – b) Gerischer, H. Rickert, H.: Z. Metallkunde *46*, 681 (1955)
5. Bergmann, M.; zitiert nach [3] – vergleiche auch [4]
6. Pickering, H. W.; Byrnes, P. J.: J. Electrochem. Soc. *118*, 209 (1971)
7. Kabius, B.; Kaiser, H., Kaesche, H.; in: Surfaces, Inhibition, and Passivation. Proc. Int. Symp. N. Hackerman, 1986 (McCafferty, E.; Brodd, R. J.; Herausgeber). Proc. Volume 86–7. Pennington: Electrochem. Soc. Inc., 1986 – Kabius, B.: Dissertation, Erlangen 1987
8. Gniewek, J., Pezy, J.; Baker, B. G.; Bockris, J. O'M.: J. Electrochem. Soc. *125*, 17 (1978)
9. Rambert, S.; Landolt, D.: Electrochim. Acta a) *31*, 1421 (1986); b) *31*, 1433 (1986)
10. Popp, W.; Kaiser, H.; Kaesche, H.; Brämer, W. Sperner, F.; in: Proc. 8th Int. Congr. Metallic Corrosion, Mainz 1981. Frankfurt: DECHEMA 1981. Vol. I, p. 76
11. Popp, W.; Kaiser, H.: Unpublizierte Messungen
12. Kaesche, H.: Die Korrosion der Metalle; 2. Aufl.; Berlin, Heidelberg, New York: Springer 1979, Kap. 8
13. Kaiser, H.; Kaesche, H.: Werkstoffe u. Korrosion *31*, 347 (1980)
14. Kaiser, H.: Alloy Dissolution. In: Corrosion Mechanisms (Mansfeld, F., Herausgeber); New York, Basel: Marcel Dekker Inc. 1987
15. a) Volmer, M.: Kinetik der Phasenbildung. Leipzig, Dresden: Th. Steinkopf 1939 – b) Vetter, K. J.: Electrochemical Kinetics. New York, London: Academic Press 1967 – c) Budevsky, W. B.: Electrocrystallisation. In: Comprehensive Treatise of Electrochemistry. Vol. 7: Kinetics and Mechanisms of Electrode Processes (Conway, B. E.; Bockris, J. O'M.; Yeager, E.; Khan, S. U. M.; White, R. E.; Eds.). New York, London. Plenum Press 1983 – d) Kaiser, H., Kaesche, H.: Jahrestagung der DGM, Erlangen 1983 – e) Kaesche, H.; in: Proc. Int. Conf. Localized Corrosion. Orlando 1987. Houston: NACE (im Druck).
16. Pickering, H. W.; Wagner, C.: J. Electrochem. Soc. *11*, 698 (1967)
17. Pickering, H. W.: J. Electrochem. Soc., a) *115*, 143 (1968); b) *115*, 690 (1968); c) *117*, 8 (1970); d) Pickering, H. W.; Byrne, P. J.: ibid. *116*, 1492 (1969)
18. Feller, G. H.: Corr. Sci. *8*, 259 (1968)
19. Die Literatur ist referiert bei Heidersbach, P.: Corrosion NACE *24*, 38 (1968)

20. Rothenbacher, P.: Corr. Sci. *10*, 391 (1970)
21. Langer, R.; Kaiser, H. Kaesche, H.: Werkstoffe u. Korrosion *29*, 409 (1978)
22. Honkasolo, A.: Scand. J. Metallurgy *2*, 156 (1973); Corrosion NACE *29*, 13 (1973)
23. Kaiser, H.: Dissertation Erlangen 1976; Kaiser, H.; Lenz, E.; Kaesche, H.: Int. Conf. Mechanisms of Environment Sensitive Cracking of Materials. Guildford 1977
24. Ramstetter, R.; Lampert, G.; Seeger, A. Schüle, W.: Phys. status solidi *8*, 863 (1963)
25. Wagner, C.: J. Electrochem. Soc. *103*, 571 (1956)
26. Pchelnikov, A. P.; Sitnikov, A. D.; Marshakov, I. K.; Losev, V. V.: Electrochim. acta *26*, 591 (1981) – vergl. auch [27. 28]
27. Pchelnikov, A. P.; Skuratnik, Ya. B.; Sitnikov, A. D.: The Kinetics and Mechanism of Anodic Dissolution of Alloys. In: Proc. 3rd Japan-USSR Seminar on Electrochemistry, Kyoto 1978. Electrochem. Soc. Japan, Academy of Science USSR.
28. Kolotyrkin, Ya. M.: Electrochim. acta *25*, 89 (1980)
29. Holliday, J. E.; Pickering, H. W.: J. Electrochem. Soc. *120*, 470 (1973)
30. Schwitzgebel, G.; Michael, P., Zohdi, Y.: Acta Met. *23*, 1551 (1975) – Schwitzgebel, G.; Michael, P.; Lang, J.: Werkstoffe u. Korrosion *33*, 448 (1982)
31. Fisher, J. C.: J. Appl. Phys. *22*, 74 (1951)
32. Pickering, H. W.: Corrosion Sci. *23*, 1107 (1983)
33. a) Forty, A. J.; Durkin, P.: Phil. Mag. *42*, 295 (1980) – b) Forty, A. J.; Rowlands, G.: ibid. *43*, 171 (1981)
34. Sieradzki, K.: a) Extended Abstracts, Volume 88-2, Fall Meeting of the Electrochemical Society, Chicago, Oct. 1988, S. 139 – b) J. Electrochem. Soc., in Vorbereitung
35. Stauffer, D.: Introduction to Percolation Theory. London: Taylor and Francis (1985)
36. Marshakov, A. I.; Pchelnikov, A. P.; Losev, V. V.; Kolotyrkin, Ya. M.: Elektrokhimiya *17*, 725 (1981)
37. Kaiser, H.: Werkstoffe und Korrosion *40*, 1 (1989)
38. Kaiser, H.; Kaesche, H.: a) Extended Abstracts, Volume 88-2, Fall Meeting of the Electrochemical Society, Chicago, Oct. 1988, S. 138 – b) J. Electrochem. Soc., in Vorbereitung

9 Das Rosten des Eisens. Der Einfluß dicker Deckschichten

In Kap. 6.2 war der Mechanismus der Reaktionsteilschritte, die bei der Sauerstoffkorrosion des Eisens in neutralen Lösungen über Fe^{2+} zum Fe^{3+}, Fe(OH) und zum Rost führen. ebenso übergangen worden wie die Wirkung der Rostschicht auf den weiteren Ablauf der Korrosion. Nur für sehr dünne Rostschichten ist der Vorschlag akzeptabel, Abweichungen vom Bereich ausreichender Gültigkeit der Gl. (6.27) u.a. durch eine empirische Anpassung des Faktors D_{O_2}/δ Rechnung zu tragen. Darin steckt die Vorstellung, die dünne Rostschicht wirke als inerter, poröser Oberflächenfilm, der die anodische Metallauflösung kaum, die kathodische Sauerstoffreduktion nur durch eine Erhöhung der Diffusionshemmung beeinflußt. Dies enthält auch die Annahme, die Elektrodenreaktion der Sauerstoffreduktion laufe nur am metallischen Eisen ab. In Wirklichkeit kommt bei ausreichender Elektronenleitfähigkeit auch die Reaktion an der Rostoberfläche oder an den Wänden der Poren der dicker werdenden Schicht in Frage. Zugleich wird die Aufoxydation des Fe^{2+} zum Fe^{3+} nach: $Fe^{2+} + \frac{1}{4}O_2 + \frac{1}{2}H_2O \rightarrow Fe^{3+} + OH^-$ ebenfalls schon in den Poren der Schicht eintreten. Ferner ist zu erwarten, daß in bereits dicken Rostschichten auf der Eisenoberfläche dann auch Magnetit Fe_3O_4 auftritt, der im thermodynamischen Gleichgewicht mit metallischem Eisen stabil ist. Im Ganzen ergeben sich zahlreiche Varianten von Reaktionsmöglichkeiten, die das Bild des Reaktionsmechanismus nach längerer Zeit des Anrostens erheblich komplizieren [1].

Kommt es zur Rostabscheidung schon in den Poren der wachsenden Rostschicht, so sollten die Poren mit der Zeit zuwachsen. Das bedeutet, daß sich die Korrosion mit der Zeit zunehmend selbst blockieren sollte. Dieser Vorgang wird zwar durch verschiedene Einflüssse (vgl. weiter unten) erheblich gestört. Dennoch sollte Rost nach u. U. sehr langer Zeit zur dichten Schutzschicht werden. So findet man bekanntlich eiserne Gegenstände aus dem Altertum, die trotz Feuchtlagerung nicht restlos durchgerostet sind. Für die aktuellen Aufgaben des Korrosionsschutzes hat dies allerdings kaum Bedeutung, hier wird man *Deckschichten* nur dann als *Schutzschichten* werten, wenn sie nach kurzer Zeit die Korrosion unterdrücken.

Was als „kurze" Zeit gilt, hängt dabei in weitem Umfang von den Umständen ab. So akzeptiert man etwa bei den „witterungsbeständigen" Stählen Jahre des Rostens, sofern schließlich eine Schutzschicht entsteht, die Schutzanstriche überflüssig macht. Demgegenüber wird das Rosten von Eisenteilen in Gebrauchswässern schon beanstandet, wenn es zu rostfarbenem Wasser führt. Bei Stahlarmierungen im Beton ist jegliches Rosten ein Mangel, nämlich eine Ströung des hervorragenden Korrosionsschutzes durch die Passivität, u.a.m. Ähnlich breit streuen im übrigen auch die Anforderungen an die Dauerhaftigkeit des einmal erreichten Korrosionsschutzes zwischen „praktisch beliebig lang", nämlich an die 100 Jahre, etwa für die Spannbetonbrücke, „viele Jahrzehnte" etwa für Hausinstallationen, „Jahre" für gewöhnliche Anstriche, „Monate" für phosphatierte Teile etc.

Aus dem umfangreichen Fachgebiet des Langzeit-Korrosionsschutzes durch dichte, im Vergleich zu den eigentlichen Passivschichten makroskopisch dicke Deckschichten von Korrosionsprodukten sei hier das Beispiel der stählernen Rohrleitungen für den Transport von Gebrauchswasser vom Wasserwerk zu den Hausinstallationen skizziert: Das Frischwasser ist stets eine verdünnte Salzlösung, die hauptsächlich, jeweils in Mengen von Millimolen pro Liter, Natrium-, Calcium-, Magnesium-Kationen und Sulfat-, Chlorid-, Carbonat-, Bicarbonat-Anionen enthält. Es reagiert ungefähr neutral und enthält gelösten Sauerstoff. Man erwartet also die gewöhnliche Sauerstoffkorrosion und schützt die Transportleitungen heute durch Ausschleudern mit Zement, die Leitungen der Hausinstallationen durch Verwendung feuerverzinkten Materials. Von früher her bestehen jedoch große Teile des Transportnetzes aus ungeschütztem unlegierten Stahl, der demnach rosten sollte. Der Korrosionsvorgang kommt normalerweise durch die Ausbildung einer dichten Schutzschicht aus Korrosionsprodukten mehr oder weniger weitgehend zum Stillstand. In diesem Zusammenhang hat bis vor kurzem die Diskussion um eine sogenannte Kalkrostschutzschicht eine erhebliche, wenn auch undeutliche Rolle gespielt. Danach war es wichtig, ein Gebrauchswasser zu erhalten, das an gelöstem Kalk nicht untersättigt, sondern sehr schwach übersättigt, im wesentlichen also im sogenannten „Kalk-Kohlensäure-Gleichgewicht" eingestellt war. Dann sollte sich ein Gemisch aus Kalk und Rost als dichte Schutzschicht ausbilden können. Starke Kalkübersättigung des Wassers war und ist unerwünscht, da sie zum einfachen Verkalken der Rohre führt.

Nach neueren Vorstellungen [1d, 2] kommt es zwar erfahrungsgemäss weiterhin darauf an, daß das Wasser ziemlich im Kalk-Kohlensäure–Gleichgewicht ist, jedoch muß die Vorstellung der Kalkrostschutzschicht fallen gelassen werden, weil in den Schutzschichten kaum Kalk festgestellt wird. Andere gelöste Salze, namentlich Chlorionen, stören die Schutzschichtbildung. Wie es scheint, spielen Inhibitoren wie Phosphate, Silikate, Aluminiumhydroxyd eine Rolle u.a. für kolloidchemische Aspekte des Vorgangs der Schichtbildung. Da die Schutzschicht jedenfalls hauptsächlich Rost enthält, so leuchtet ein, daß das Oxydationsmittel Sauerstoff in ausreichender Konzentration gelöst vorliegt. Die völlige Sauerstofffreiheit, die das Verschwinden der Sauerstoffkorrosion bewirken würde, läßt sich naturgemäß nicht realisieren. Man beachte, daß die praktische Sauerstofffreiheit des in geschlossenen Heizungsanlagen umlaufenden Wassers tatsächlich dafür sorgt, daß hier Überlegungen über Schutzschichtbildung entfallen.

Ein weiterer offenbar wesentlicher Punkt ist der Befund, daß die Schutzschichtbildung nur in ausreichend schnell (und ausreichend häufig) strömendem Wasser eintritt [2]. Wasserleitungsrohre mit dauernd schlecht bewegten Wasser sind besonders korrosionsgefährdet. Dazu ist vermutet worden [3], es käme darauf an, die Ausbildung von Belüftungselementen (vgl. Kap. 11) zu verhindern. Diese sollten nicht größere Abmessungen haben als solche der Größenordnung der Dicke der hydrodynamischen Grenzschicht. Mit sinkender Grenzschichtdicke, also mit steigender Strömungsgeschwindigkeit, werden die Evans-Elemente dann immer klei-

Bild 9.1. Rostverteilung auf einer rotierenden Scheibe aus unlegiertem Stahl nach dreitägiger Korrosion in $3 \cdot 10^{-4}$ M Na_2CO_3, gesättigt mit $CaCO_3$, gesättigt mit an CO_2 1%iger Luft. Versuchstemperatur 20 °C, Drehzahl der Scheibe $1\ s^{-1}$. (Nach Bohnenkamp)

ner im Sinne schließlich des Eintretens gleichmäßiger Korrosion. Dazu ist bemerkt worden [4], daß andere Effekte, wie etwa die Anfangskorrosion der Stahloberfläche, die die Schichtbildung stark beeinflussen können, ebenfalls von der Strömungsgeschwindigkeit abhängen. Die Ungleichmässigkeit des Rostens in langsam strömendem Wasser zeigt Bild 9.1 am Beispiel einer in einer Versuchslösung langsam rotierenden Scheibe. Die Rostablagerungen bilden hier die Strömungslinien der Flüssigkeitsbewegung ab.

Für Hausinstallationen [5] für die Verteilung des Gebrauchswassers werden vorzugsweise feuerverzinkte Stahlrohre verwendet, die sich trotz nicht seltener Korrosionsschäden im ganzen bewähren. Die Feuerverzinkungsschicht besteht aus teils verzahnten Lagen der verschiedenen FeZn-Legierungen, nämlich von innen nach außen aus α-FeZn mit 100-90, Γ-FeZn mit 28-21, δ_1-FeZn mit 12-7, ζ-FeZn mit 6 und η-Zn mit ca. 0 Gew.-% Fe. Die Verzinkungsschicht ist mit 0,1 mm so dünn, daß ihre Beständigkeit über die verlangten Jahrzehnte der Lebensdauer der Rohrleitungen nicht erwartet werden kann. Ihre Korrosionsgeschwindigkeit in Gebrauchswässern ist gut meßbar und erweist sich als überwiegend durch die Auflösungsgeschwindigkeit einer Deckschicht von $Zn(OH)_2$ gesteuert. Die Auflösung des Hydroxids ist ihrerseits diffusionsgesteuert; sie sinkt mit sinkender Strömungsgeschwindigkeit, mit sinkendem pH-Wert und mit steigendem Zinkgehalt des Wassers [6]. Unter solchen Umständen ist die günstige Langzeitwirkung des dünnen Verzinkens nicht ohne weiteres verständlich, zumal gezeigt wurde [7], daß die Rostschutzschicht ursprünglich verzinkter Rohre, die sich jahrzehntelang bewährt hatten, kaum Zink enthielten. Dazu ist vermutet worden [3], es komme darauf an, daß bei der sukzessiven Korrosion immer Fe-reicherer Phasen der Feuerverzinkungsschicht die letzlich schutzschichtbildende Substanz Eisen dem angreifenden Wasser in sukzessive steigender Konzentration angeboten wird. Auf diese Weise soll auch in unregelmäßig bewegten Wässern die schädliche Ausbildung makroskopischer Belüftungszellen unterlaufen werden.

Sehr wichtig und viel untersucht ist das Rosten des Eisens an feuchter Luft [8]. Diese sogenannte *atmosphärische Korrosion* gehört nicht zu den Vorgängen des Zunderns, d.h. zu den Reaktionen in trockenen Gasen, sondern zu den Vorgängen der „nassen" Korrosion durch Elektrolytlösungen, und sie wird unterbrochen, wenn die Metalloberfläche trocknet. Andererseits wird der Beginn der atmosphärischen Korrosion durch die Eigenschaften des Anlauf-Oxidfilms, den das Metall schon beim Lagern an trockener Luft entwickelt, stark beeinflußt. Es gehört schlechterdings zu den Voraussetzungen für die Brauchbarkeit eines metallischen Werkstoffs in der gewöhnlichen Praxis, daß diese „trocken" gebildete Anlaufschicht unschädlich dünn bleibt, obwohl die thermodynamische Triebkraft der Oxydation durchweg groß ist. An dieser Triebkraft ändert sich durch das Auftreten tropfbarer Flüssigkeit wenig, denn der Unterschied der freien Enthalpie der Oxide der Anlaufschicht und der Oxide und Hydroxide des Rostes ist gering. Der elektrolytische Mechanismus der „nassen" Sauerstoffkorrosion katalysiert also nur die sonst langsame Reaktion des Metalls mit Sauerstoff. Der Grund ist, daß Reaktionen mit trockenen Gasen ihrer Natur nach zur Ausbildung dichter Oxidschichten tendieren, Reaktionen in Elektrolytlösungen über das komplizierte Spiel von Auflösung und Wiederausfällung zur Ausbildung poriger Schichten.

Daß es bei der atmosphärischen Korrosion auf die Einwirkung kondensierter Feuchtigkeit ankommt, zeigt man leicht. Besonders übersichtlich sind dazu Versuche über den Einfluß salzartiger Verunreinigungen der Metalloberfläche als Funktion der relativen Luftfeuchtigkeit (RL) [9]. Für eine gegebene Temperatur T ist (RL) definiert durch

$$(RL) = \frac{P_{H_2O}}{P^{(s)}_{H_2O}\{T\}} 100\ (\%). \tag{9.1}$$

P_{H_2O} herrschender Wasserdampf-Partialdruck

$P^{(s)}_{H_2O}\{T\}$ Gleichgewichts-Wasserdampf-Partialdruck über reinem Wasser bei der Temperatur T.

Für $(RL) < 100\%$ tritt kondensiertes Wasser nicht auf, es sei denn über Salzlösungen, deren Gleichgewichts-Wasserdampf-Druck $P^{(s)}_{Lsg}$ kleiner ist als $P^{(s)}_{H_2O}$. Diese *Dampfdruckerniedrigung* über Salzlösungen ist am größten für die gesättigte Salzlösung. Aus den Dampfdruckdaten der Lösung eines bestimmten Salzes kann daher eine *kritische relative Luftfeuchtigkeit* $(RL)_{krit}$ berechnet werden, nach deren Unterschreitung die Salzlösung austrocknet. Oder auch: Für $(RL) < (RL)_{krit}$ ist diese Salzart als Verunreinigung der Metalloberfläche nicht mehr schädlich, weil nicht mehr *hygroskopisch.*

Diese Erwartung wird durch Beobachtungen über das Rosten von unlegiertem Stahl mit kontrolliert aufgebrachten Salzverunreinigungen in sauberer Luft kontrollierter Feuchtigkeit bestätigt: Wie Tab. 14 zeigt, bleibt die Korrosion stets aus, wenn $(RL)_{krit}$ im Versuchsgefäß unterschritten wird [9]. Natriumnitrit ist ein interessanter Sonderfall; diese Substanz zieht zwar bis zu $(RL) = 70\%$ Wasser an, wirkt aber gleichzeitig als Passivator (vgl. Kap. 10.3).

Ist die hygroskopische Verunreinigung unvermeidbar, so kann aus den Dampfdruckdaten andererseits die Temperatur T_{krit} berechnet werden, die nicht

Tabelle 14. Der Einfluß hygroskopischer Salzpartikel auf das Einsetzen der atmosphärischen Korrosion von Eisen. (Nach Buckowiecki)

Verwendetes Salz	RL_{krit} %	RL% 100	90	80	70	60	50
$Na_2SO_4 \cdot 10\,H_2O$	93	●	○	○	○	○	○
KCl	86	●	●	×	○	○	○
NaCl	78	●	●	●	×	○	○
$NaNO_3$	77	●	●	●	○	○	○
$NaNO_2$	66	+	+	+	+	○	○
$NaBr \cdot 2H_2O$	59	●	●	●	●	●	○
$NaJ \cdot 2H_2O$	43	●	●	●	●	●	●
$LiCl \cdot H_2O$	15	●	●	●	●	●	●

Spalte 2: Angenäherte Werte für die kritische relative Luftfeuchtigkeit bei 20 °C.
Spalte 3: Versuchsergebnis bei den angegebenen Werten der relativen Luftfeuchtigkeit.
Zeichenerklärung
● Salzbelag naß, rostig, darunter Angriff des Stahls
× Salzbelag am Rand braun verfärbt, darunter Angriff des Stahls
\+ Salzbelag in farblose Lösung umgewandelt, keine Korrosion
○ Salzbelag trocken, keine Korrosion

unterschritten werden darf, wenn die Kondensation korrosiver Feuchtigkeit vermieden werden soll. Dabei kommt es für den Gedankengang nicht darauf an, ob die hygroskopische Verunreinigung auf dem Metall vorliegt, oder ob es sich um eine Verunreinigung der Atmosphäre handelt. Bei der Atmosphäre kann es sich auch um die Brenngase eines Kraftwerkes handeln, die Schwefeldioxid enthält. Dann ist T_{krit} der *Taupunkt* des Brenngases. Bei der gewöhnlichen atmosphärischen Korrosion kann es sich andererseits darum handeln, daß in geschlossenen, dauernd geheizten Räumen der Wasserdampfdruck P_{H_2O} durch Entfeuchtung unter einem Wert $(P_{H_2O})_{krit}$ gehalten werden muß, sei es durch *Trockenmittel* in kleinen Räumen wie etwa Exsikkatoren, sei es durch *Klimatisieren* großer Räume.

Im feuchten Freien sind Eisen, unlegierte und niedrig legierte Stähle gegen die atmosphärische Korrosion unbeständig, der Schutz durch Anstriche oder andere Schuzschichten unvermeidlich. Die Forderung, daß die Metalloberfläche vor dem Aufbringen des Anstrichs sauber zu sein hat, versteht sich, denn Anstriche sind quellbar, also wasserdurchlässig, und hygroskopische Verunreinigungen zerfließen deshalb auch unter Anstrichen. Die Folge ist das *Unterrosten.* Auf das Gegenmittel, nämlich das Pigmentieren der Anstriche mit korrosionshemmenden Substanzen wie etwa Mennige, sei andeutend hingewiesen.

Unter den in Tab. 14 aufgelisteten Substanzen ist das Magnesiumchlorid, ein hygroskopischer Bestandteil des Meerwassers und der Atmosphäre in Meeresnähe nicht enthalten.Dazu wurde gezeigt [1c], daß das Rosten von Eisen in Gegenwart dieser Substanz erst aufhört, wenn die relative Luftfeuchtigkeit unter ca. 35% gesenkt wird. Die übliche Erfahrungsregel, das Absenken der Feuchtigkeit auf $< 60\%$ genüge, versagt also erwartungsgemäß bei stark hygroskopischen Verunreinigungen.

Die bisherige Betrachtung des Einflusses der Luftfeuchtigkeit berührt im Grunde nur die Frage der *Dauer der Befeuchtung* des Metalls und noch nicht die Frage der Geschwindigkeit der Korrosion während der Perioden der Befeuchtung. Dazu könnte erwartet werden, daß die Korrosionsgeschwindigkeit mit sinkender relativer Luftfeuchtigkeit bis herab zu $(RL)_{\mathrm{krit}}$ steigt, weil immer konzentriertere Salzlösung gebildet wird. Demgegenüber lehrt aber Bild [9.2], daß die Korrosionsgeschwindigkeit mit steigender Luftfeuchtigkeit steigt. Dies hat mehrere Gründe: Erstens ist nicht grundsätzlich richtig, daß eine Salzlösung die anodische Metallauflösung um so mehr aktiviert, je konzentrierter sie vorliegt. Zweitens wird die kathodische Sauerstoffreduktion mit steigender Salzkonzentration (also mit sinkender Feuchtigkeit der umgebenden Atmosphäre) zunehmend gehemmt, weil die Sauerstofflöslichkeit sinkt (vgl. Kap. 5.2), drittens ist anzunehmen, daß die Metalloberfläche nicht gleichmäßig befeuchtet wird, und daß der befeuchtete Flächenanteil mit steigender relativer Luftfeuchtigkeit steigt. Ist die Metalloberfläche nicht ganz befeuchtet, so gibt Bild 9.2 Mittelwerte der Korrosionsgeschwindigkeit, und die Frage nach dem wahren Wert der lokalen Korrosionsgeschwindigkeit bleibt noch offen. Dieser Wert läßt sich bei der Beobachtung der

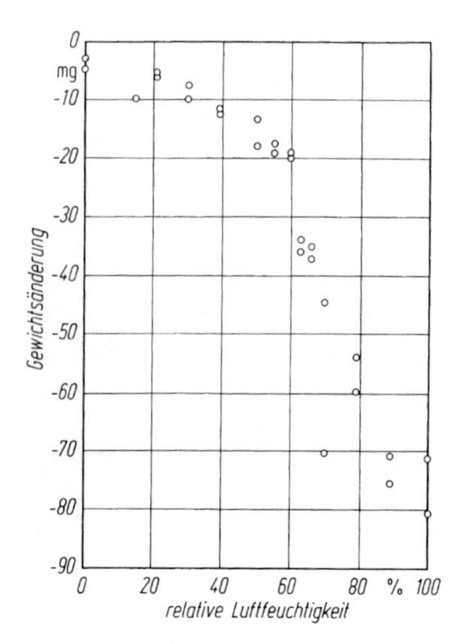

Bild 9.2

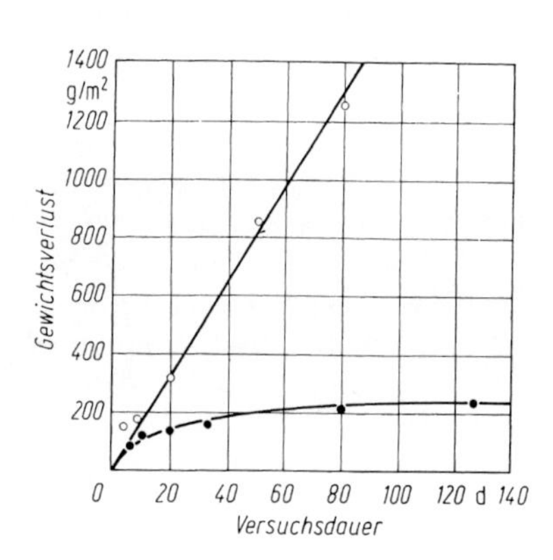

Bild 9.3

Bild 9.2. Gewichtsverlust von 10 cm^2-Probenblechen aus unlegiertem Stahl, verunreinigt durch Magnesiumchlorid, während 8-tägiger Lagerung in Luft kontrollierter Feuchtigkeit, bei 25 °C. (Nach Evans und Taylor)

Bild 9.3. Die Abtragung von Tiefzieh-Stahlblech im Feuchtlagergerät 20 °/40 °C über Wasser (●) und in Gegenwart von SO_2 (○). (Nach Kaesche)

Ausbreitung von Rostfäden unter Lackschichten, also der sogenannten *Filigrankorrosion* des Eisens gut beobachten [11, 12]. Messungen bei niedriger relativer Luftfeuchtigkeit ergaben vergleichsweise sehr hohe Werte der lokalen, momentanen Rostgeschwindigkeit. Erst mit Hilfe reichlicheren Datenmaterials über die wahre lokale Rostungsgeschwindigkeit des Eisens ist die Elektrodenkinetik der atmosphärischen Korrosion im Detail zu klären.

Für die Praxis der atmosphärischen Korrosion hat der SO_2-Gehalt der Luft über Industrie- und Wohngebieten erhebliche Bedeutung [1, 8, 13]. Zur Kinetik ist vermutet worden [14], SO_2 wirke wie O_2 direkt als Oxydationsmittel. Einfacher ist die Annahme, daß es sich statt dessen um die Einwirkung von Schwefelsäure handelt, entstanden durch die Reaktion von SO_2und O_2 mit H_2O zu H_2SO_4, die durch Eisenoxid katalysiert wird [15]. Dies bewirkt das Auftreten von Fe-II-Sulfat im Rost, einer hygroskopischen Verunreinigung, deren wässrige Lösung durch Hydrolyse sauer reagiert. Durch diese Säurebildung katalysiert das Eisensulfat das Verrosten, ohne selbst noch weiterzureagieren. Dementsprechend findet man, daß pro verbrauchtem SO_2-Teilchen sehr viele, nämlich 15–150 Atome Fe oxydiert werden [16]. Die Annahme, das Eisensulfat liefere stets einen sauren, oxidlösenden und damit porenöffnenden Elektrolyten, erklärt z. B. Modellmessungen, für die Bild 9.3 ein Beispiel gibt [17]. Danach wird in SO_2-haltiger Luft die Rostschicht nie dicht und schützend, während das Rosten sauberer Bleche in reinem Wasser vergleichsweise rasch abklingt.

Mit sehr einfach aufgebauten galvanischen Kurzschlusselementen läßt sich zeigen [1a], daß frisch oxidierter Eisenrost in einer schwach sauren Sulfatlösung im Kontakt mit Eisen reduziert wird, wobei Eisen anodisch in Lösung geht. Wird die Elektrolytlösung entfernt, so wird das reduzierte Eisenoxid an Luft reoxidiert, und so fort. Die Versuchsanordnung kann als Modell für das zyklische Betauen und wieder Trocknen des rostenden Eisens bei der atmosphärischen Korrosion betrachtet werden. Nach diesen Beobachtungen wurde das in Bild 9.4 skizzierte Modell des Mechanismus des Rostens wie folgt entworfen: Auf der Eisenoberfläche liegt eine Schicht von Magnetit Fe_3O_4 vor, in den Poren gefüllt mit $FeSO_4$-Lösung. In diese löst sich Eisen zu Fe^{2+}, um dann, nach weiterer Oxidation, als Fe_3O_4 auszufallen. Über dem Magnetit liegt eine trockene, porige Schicht von FeOOH. Die kathodische Teilreaktion der Korrosion besteht zunächst im Durchtritt von Elektronen durch den halbleitenden Magnetit zu Berührungsstellen (A)

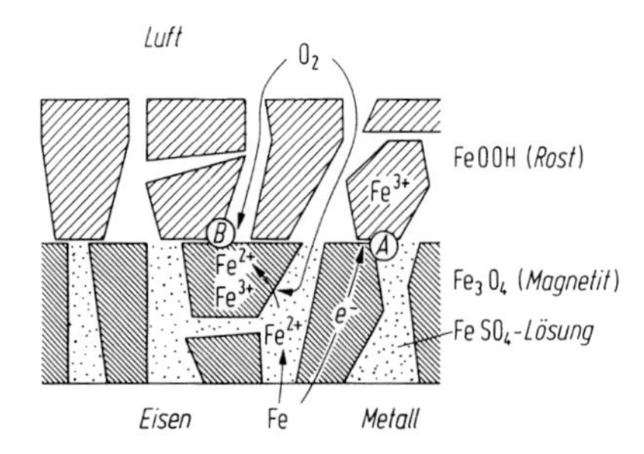

Bild 9.4. Evans' Modell der Korrosion des Eisen in SO_2-haltiger feuchter Luft

zwischen Fe_3O_4-und FeOOH – Teilchen, wo sie FeOOH zu Fe_3O_4 reduzieren. An anderen Berührungsstellen mit gutem Luftzutritt oxidiert. Sauerstoff Fe_3O_4 zu FeOOH. Ein wichtiger Punkt ist, daß in diesem Reaktionsmechanismus die Diffusion des Sauerstoffs durch die Porenflüssigkeit nicht vorkommt. Damit entfällt diese Transportreaktion als geschwindigkeitsbestimmeder Vorgang. Die elektrischen Ströme des Ionentransports in den Poren können auch die Differenzierung der Elektrolytzusammensetzung bewirken (vgl. Kap. 12), mit lokaler Aufkonzentration des Sulfats. Auf diese Weise erklärt sich vielleicht die häufige Beobachtung von „Sulfatnestern“ des in Industrieluft entstandenen Rostes; das sind lokale Stellen hoher Konzentration des Sulfats im Rost [18]. Es ist anzumerken, dass die Dicken der Magnetit- und der FeOOH-Schicht variabel sind, da in jeder Nassperiode die Magnetitschicht auf Kosten der FeOOH-Schicht wächst, in jeder Trockenperiode umgekehrt die FeOOH-Schicht auf Kosten der Magnetitschicht.

Die leichte Reduzierbarkeit des an feuchter Luft gebildeten natürlichen Rostes ist mehrfach beobachtet worden [19]. Bei solchen Reduktionsversuchen bildet sich aus dem Lepidokrokit γ-FeOOH der Magnetit Fe_3O_4. Demgegenüber führt die Reduktion von galvanisch abgeschiedenem γ-FeOOH zum freien Fe^{2+}-Kation [20]. In dieser Situation bedarf der postulierte Evans-Mechanismus der genaueren Prüfung. Zu diesem Zweck wurden dünne Rostschichten durch die Reaktion von galvanisch auf Gold abgeschiedenen Eisenfilmen mit SO_2-haltigem Sauerstoff hergestellt und ihr Reduktions- und Oxydationsverhalten in Sulfatlösungen wechselnden pH-Wertes untersucht [21]. Der Fe_3O_4-Gehalt wurde laufend durch die Messung des Ferromagnetismus der Proben registriert. Das Ergebnis der Untersuchungen läßt sich wie folgt kurz zusammenfassen: Die Rostschichten bestanden etwa je zur Hälfte aus γ-FeOOH und α-FeOOH (Goethit). Der elektrochemisch aktive Anteil ist γ-FeOOH. Seine Reduktion führt an der Oberfläche der Oxidkristallite zu einer reduzierten Oberfächenschicht der Zusammensetzung Fe.OH.OH. Dieses Zwischenprodukt kann leicht zu γ-FeOOH reoxydiert werden, ferner zersetzt es sich in saurer Lösung reversibel zum Fe^{2+}-Kation, während in alkalischer Lösung die irreversible oxydative Umwandlung in α-FeOOH eintritt. Für die atmosphärische Korrosion nach dem Evans-Zyklus ist offenbar die Reaktion

$$\gamma\text{-FeOOH} + H^+ + e^- \rightleftharpoons \text{Fe.OH.OH} \tag{9.2}$$

als Elektronenübertragungsreaktion interessant. Bei hinreichend negativem Elektrodenpotential wird das Zwischenprodukt in Poren des Rostes, in denen der pH-Wert lokal angestiegen ist, unter Teilnahme neuerlich das γ-FeOOH zum Fe_3O_4 umgewandelt:

$$\text{Fe.OH.OH} + 2\gamma\text{-FeOOH} \rightarrow Fe_3O_4 + 4H^+ \tag{9.3}$$

Dieser Vorgang ist irreversibel in dem Sinne, dass die Reoxydation nicht zum γ-FeOOH und zum Fe.OH.OH zurückführt, sondern dass nun reversibel oxidativ das γ-Fe_2O_3 entsteht. Es gibt also einen zweiten möglichen Elektronen-übertragenden Zyklus von der Form

$$Fe_3O_4 + 2H_2O \rightleftharpoons z\left(\frac{4}{3}\gamma\text{-}Fe_2O_3 + \frac{2}{3}e^- + \frac{1}{3}Fe^{2+}\right); \quad z \simeq 0{,}35 \tag{9.4}$$

Wegen der Details der Untersuchungen und der Erörterung der Keimbildungsvorgänge für die verschiedenen ins Auge gefaßten Reaktionen sei auf die Originalliteratur verwiesen [21, 22]. Man beachte im übrigen, dass mit der Gl. 9.4 eine Reaktion beschrieben wird, die bei der Passivierung des Eisens wieder stark interessieren wird. Es sei ferner angemerkt, daß es sich bei dem reduzierten Zwischenprodukt „Fe.OH.OH" u. U. um den sogenannten „Grünrost II" handeln kann, das ist ein sulfathaltiges Fe-II, III-Oxid [23], das sich leicht zum-FeOOH oxidieren läßt [24].

Welcher der möglichen Reaktionszyklen beim Rosten des Eisens vorrangig ins Spiel kommt, und welchen Anteil diese Art der Elektronenübertragung zwischen Sauerstoff und Eisen am Gesamtumsatz des Rostens hat, bleibt zunächst offen. Zur letzteren Frage liegen aber bemerkenswerte Messungen vor [22], bei denen unter simulierten Bedingungen der atmosphärischen Korrosion, also bei zyklischem Betauen und Trocknen von Eisenproben gleichzeitig der Zeitverlauf des Sauerstoffverbrauchs, d. h. die Teilstromdichte i_{O_2}, als auch der Zeitverlauf der Eisenauflösung, also die Teilstromdichte i_{Fe}, gemessen wurde. Die Teilstromdichte der Oxidreduktion i_{OX} ergibt sich dann zu

$$|i_{OX}| = |i_{Fe}| - |i_{O_2}| \tag{9.5}$$

Die Bestimmung von i_{O_2} ist im Prinzip einfach, nämlich manometrisch möglich. Das Problem liegt in der Bestimmung von i_{Fe}. Die elektrochemische Stromspannungsmessung ist in den dünnen Feuchtigkeitsfilmen der atmosphärischen Korrosion offenbar schwierig. Es gelingt aber, die Proben im Versuchsraum an einer empfindlichen Waage hängend in einem starken Magnetfeld auf ihre Magnetisierung zu prüfen. Daraus ergibt sich zwar der Metallverlust durch Rostbildung noch nicht ohne weiteres, weil im Rost ferromagnetische Anteile wie insbesondere Magnetit gebildet werden. Die Änderung der Magnetisierung muss also unterteilt werden, und es interessiert nur der vom Eisenverlust herrührende Anteil. Dies ist aber durch die Variation des Magnetfeldes möglich, da sich die Kennlinien der Magnetisierung des Eisens und der ferromagnetischen Oxide deutlich unterscheiden. Dadurch gelingt die Bestimmung von i_{Fe} mit einer Genauigkeit von ca. $\pm 5\,\mu A/cm$ und entsprechend die Bestimmung von i_{OX}. Bild 9.5 zeigt den typischen Verlauf der Teilstromdichten i_{Fe} und i_{O_2} während eines Zyklus, bei dem zu Beginn eine Reineisenprobe betaut und dann 6 Stunden lang bei 100% Luftfeuchtigkeit feucht gehalten wurde. Es ist deutlich, daß die Stromdichte der Eisenauflösung zunächst die der Sauerstoffreduktion bei weitem übersteigt, daß also in dieser Periode der feuchte Rost reduziert wird. Nach ca. 2 Stunden sinkt dann die Stromdichte auf den Betrag der Stromdichte i_{O_2}. Nunmehr ist im wesentlichen die Geschwindigkeit der Diffusion des in der Porenflüssigkeit des Rostes gelösten Sauerstoffs geschwindigkeitsbestimmend. Wird nun im Versuchsraum die Temperatur bei konstantem Wassergehalt der Luft auf 40 °C erhöht, so trocknet die Probe im Verlauf von ca. 24 Stunden, und in dieser Zeit wird die Flüssigkeitsschicht in den Poren des Rostes auf der Eisenoberfläche langsam dünner. Dadurch steigt aber die Geschwindigkeit der Sauerstoffdiffusion, damit die Stromdichte der Sauerstoffreduktion im Diffusionsgrenzstrombereich und parallel dazu die Stromdichte der Eisenauflösung zu überraschend hohen Werten. Der sehr

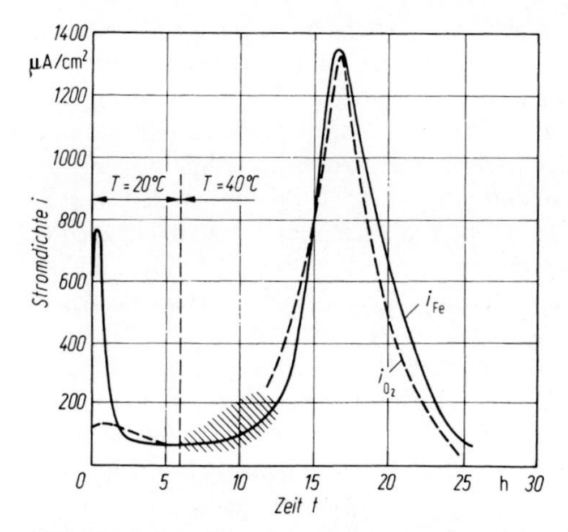

Bild 9.5. Zeitlicher Verlauf der Stromdichten i_{Fe} der anodischen Eisenauflösung und i_{O_2} der kathodischen Sauerstoffreduktion an in SO_2-haltiger O_2-Atmosphäre vorkorrodierten Proben aus Reineisen bei Feucht/Trocken- Wechselbeanspruchung in H_2O-haltiger, SO_2-freier O_2-Atmosphäre. Vierter von sieben aufeinanderfolgenden Beanspruchungszyklen. Betauungsperiode 6, Trocknungsperiode 24 Stunden. Schraffiert: Bereich ungenauer i_{O_2}-Messung. (Nach Stratmann, Bohnenkamp und Ramchandran)

erhebliche Eisenumsatz verstopft schliesslich den Porenboden, so daß die Rostgeschwindigkeit schon vor dem völligen Austrocknen der Proben wieder absinkt und schließlich verschwindet. In der nun folgenden Periode wird der nun trockene Rost reoxydiert, danach folgt weitgehend reproduzierbar der gleiche Reaktionsablauf während des nächsten Betauungszyklus.

Bei diesen Experimenten war demnach der durch die Rostreduktion bewirkte Eisenumsatz zwar ohne weiteres meßbar, aber der Menge nach wesentlich weniger erheblich als der Umsatz in der langen Periode des langsamen Trocknens, mit geschwindigkeitsbestimmender O_2- Diffusion in den Poren bis zur Metalloberfläche. Anders verhielt sich aber eine Legierung von Eisen mit 0,5 Gew. % Kupfer [22]. Diese diente als Modell für einen der sogenannten „witterungsbeständigen" oder auch „rostträgen" Stähle, die neben den üblichen Bestandteilen der gewöhnlichen Stähle gezielt zugesetzte Gehalte von jeweils einigen Zehntel % Kupfer, Nickel und Chrom enthalten. Solche Stähle zeichnen sich in günstigen Fällen dadurch aus, daß sie an feuchter Luft im Laufe einiger Jahre eine dichte, schützende Rostschicht entwickeln, die das Aufbringen eines besonderen Schutzanstrichs überflüssig macht. Wegen der bisherigen, teils widersprüchlichen Befunde über die Ursachen des günstigen Verhaltens wird auf die Literatur verwiesen [24, 25]. Gesicherte Erkenntnis ist unter anderem, daß sich diese Stähle nur bei zyklischem Betauen und Trocknen bewähren. Dazu ergaben die nun vorliegenden Messungen [22], daß in der Tat bis zum Beginnn des Trocknens des Feuchtigkeitsfilms das reine und das kupferhaltige Eisen den gleichen Zeitverlauf der Kinetik der Eisenauflösung, Oxid- und Sauerstoffreduktion zeigen, daß aber in der entscheidenden

Trocknungsperiode das kupferhaltige Material erheblich besser abschneidet: In dieser Periode bleibt beim kupferhaltigen Eisen die Korrosionsgeschwindigkeit dauernd klein. Ob dies durch eine Hemmung der anodischen Eisenauflösung oder der kathodischen Sauerstoffreduktion bewirkt wird, ist derzeit unentschieden.

Daran, daß es sich bei der atmosphärischen Korrosion um eine Spielart der elektrolytischen Korrosion durch kondensierte wässrige Phasen handelt, besteht im ganzen kein Zweifel. Für die dann offensichtlich interessanten elektrodenkinetischen Messungen der Stromspannungskurve der Bruttoreaktion und insbesondere der anodischen und kathodischenTeilreaktionen bieten sich zwar Modellmessungen in voluminösen Elektrolytphasen an. Diesen fahlt aber ein charakteristische Merkmal der atmosphärischen Korrosion, nämlich die Einwirkung eines sehr dünnen Elektrolytfilms. Unter diesen Bedingungen lassen sich die Gegenelektrode und die Bezugselektrode in der üblichen Weise nicht anbringen. Aus diesem Dilemma hilft der Ersatz der üblichen Bezugselektrode durch einen Kelvin – Vibrator [26a] z. B. aus Gold, der gemeinsam mit der Eisenelektrode einen Kondensator bildet, dessen elektrische Spannung $\Psi_{Fe,Au}$ zwischen den Kondensatorplatten Gold und (feuchtem) Eisen meßbar ist. Unter sonst konstanten Bedingungen is das „Volta-Potential" $\Psi_{Fe,Au}$ überwiegend durch das – nicht meßbare – Galvani-Potential $\phi_{Fe,L}$ an der Phasengrenze Eisen/Elektrolytfilm bestimmt [26b,c] und deshalb im wesentlichen proportional dem Elektrodenpotential ε. Da daher im wesentlichen auch die Änderung $d(\Psi_{Fe,Au})/di \cong d\varepsilon/di$, so hat die Funktion $\Psi_{Fe,Au}\{i\}$ die Form der Stromspannungskurve $\varepsilon\{i\}$ und gibt über die Kinetik der Elektrodenreaktionen Auskunft wie diese. Erste Messungen dieser Art [27] ergaben z. B., daß im System Eisen/1M Na_2SO_4-Lösung die in voluminöser Elektrolytlösung hohe passivierende Stromdichte i_P bei einer Elektrolytfilm-Dicke von 285; bzw. 10; bzw. 2–3 μm nur noch ca. 10; bzw. 1; bzw. 0,2 mA/cm^2 beträgt. Wie zu erwarten, steigt mit sinkender Elektrolytfilmdicke die Diffusionsgrenzstromdichte der Sauerstoffreduktion.

Literatur

1. a) Evans, U. R.; Inst. Metal Finish. *37*, 1 (1960) – b) Corrosion Sci. *9*, 813 (1969) – c) Evans, U. R.; Taylor, C. A.: Corrosion Sci. *12*, 227 (1973) – d) Bohnenkamp, K.: Archiv Eisenhüttenwesen *47*, 253, 751 (1976) – e) Forker, W.; Worch, H.; Rahner, D.; Schatt, W.: Sitzungsberichte Akad. Wiss. DDR 24 N, 1982. Berlin. Akademie-Verlag 1983 – f) Worch, H.; Forker, W.; Rahner, D.: Werkstoffe u. Korrosion *34*, 402 (1983)
2. Schwenk, W.: Werkstoffe u. Korosion a) *30*, 34 (1979); b) *31*, 611 (1980)
3. Kaesche, H.: Werkstoffe u. Korrosion *26*, 175 (1975)
4. Schwenk, W.: Private Mitteilung 1974
5. Vgl.: Korrosion in Kalt- u. Warmwassersystemen der Hausinstallationen. Bad Nauheim 1974. Oberursel: Deutsche Ges. f. Metallkunde 1975
6. Werner, G.; Wurster, E.; Sontheimer, H.: gwf Wasser-Abwasser *114*, 105 (1973) – Kruse, O. L.: Werkstoffe u. Korr. *26*, 454 (1975) – Schwenk, W.: Werkstoffe u. Korr. *27*, 157 (1976)
7. Friehe, W.; Schwenk, W.: Heizung, Lüftung, Haustechnik *24*, 13 (1973)

8. Für ausführliche Literaturzitate vgl. insbesondere Barton, K.: Schutz gegen atmosphärische Korrosion. Weinheim: Verlag Chemie 1973
9. Buckowiecki, A.: Schweiz. Archiv Angew. Wiss. Techn. *23*, 97 (1957)
10. Evans, U. R.; Taylor, C. A.: British Corr. J. *1974*, 26
11. Kaesche, H.: Werkstoffe u. Korrosion *10*, 668 (1959)
12. Ruggeri, R. T.; Beck, T. R.: Corrosion NACE *39*, 452 (1983)
13. Bohnenkamp, K.: Tribune du CEBEDAU Nr. 324 (1970) p. 1
14. Rosenfeld, I. L.: 1st Int. Congr. Metallic Corrosion 1961. London: Butterworths 1962, p. 243
15. Vannerberg, N.-G.; Syderberger, T.: Corr. Sci. *10*, 43 (1970)
16. Schikorr, G.: Werkstoffe u. Korrosion *14*, 69 (1963)
17. Kaesche, H.: Werkstoffe u. Korrosion *15*, 379 (1964)
18. Schwarz, H.: Werkstoffe u. Korrosion *23*, 648 (1972); *16*, 93, 210 (1965)
19. a) Kunze, E.: Neue Hütte *19*, 295 (1974) – b) Suzuki, I.; Masuko, N.; Hisamatsu, Y.: Corrosion Sci. *19*, 521 (1979)
20. Cohen, M.; Hashimoto, K.: J. Electrochem. Soc. *121*, 42 (1974)
21. a) Stratmann, M. Bohnenkamp, K., Engell, H.-J.: Corrosion Sci. *23*, 969 (1983) – b) Werkstoffe u. Korrosion *34*, 604 (1983)
22. Stratmann, M.; Bohnenkamp, K.; Ramchandran, T.: Corrosion Sci. (im Druck)
23. Ernst, K.: Dissertation Erlangen 1985
24. Misawa, T.; Kyuno, T.; Suetaka, W.; Shimodaira, S.: Corrosion Sci. *11*, 35 (1971)
25. a) Misawa, T.; Asami, K.; Hashimoto, K.; Shimodeira, S.: Corrosion Sci. *14*, 279 (1974) – b) Schwitter, H.; Böhni, H.: Werkstoffe u. Korrosion *31*, 703 (1980) – c) Scharnweber, D.; Forker, W.; Rahner, D.; Worch, H.: Corrsion Sci. *24*, 67 (1984)
26. a) Kohlrausch, F.: Praktische Phyik, Vol. 2, p. 320. Stuttgart (1968) – b) Rath, D. L.; Kolb, D. M.: Surf. Sci. *109*, 641 (1968) – c) Hansen, W. N.; Kolb, D. M.: J. Electroanal. Chem. *100*, 493 (1979)
27. a) Stratmann, M.: Corr. Sci. *27*, 869 (1987) – b) Stratmann, M.; Streckel, H.: Ber. Bunsenges. Phys. Chemie *92*, 1244 (1988)

10 Die Passivität der Metalle

10.1 Einleitung

Der Begriff der *Passivität* geht auf die Beobachtung des Verhaltens des Eisens in Salpetersäure-Lösungen zurück: In verdünnten HNO_3-Lösungen geht das Metall nach dem üblichen Mechanismus der Säurekorrosion in Lösung; die Korrosionsgeschwindigkeit steigt wie erwartet mit der Säurekonzentration. In konzentrierter Salpetersäure sinkt die Korrosionsgeschwindigkeit jedoch auf vernachlässigbar kleine Werte, das Eisen ist nun praktisch korrosionsfest, obwohl die thermodynamische Triebkraft der Korrosionsreaktion erheblich zugenommen hat. Die sehr stark oxydierend wirkende Salpetersäure hat das Metall *passiviert*. Nach dem Augenschein ist für dieses Umschlagen des Elektrodenverhaltens von schneller Korrosion zu fast völliger Unangreifbarkeit keine Ursache zu erkennen. Das Eisen bleibt in der Säure metallisch blank, es verhält sich insoweit nun ähnlich einem Edelmetall. Die Analogie zum Edelmetall-Verhalten geht noch weiter, denn am passiven Eisen kann anodisch Sauerstoff abgeschieden werden.

Schon Faraday hat angenommen, daß die Passivität des Eisens durch einen submikroskopisch dünnen Metalloxidfilm bewirkt wird, jedenfalls aber durch die Absättigung der Valenzkräfte der Atome in der Metalloberfläche durch Sauerstoffanlagerung. Dies ist auch heute noch die Erklärung für das edelmetallähnliche Verhalten des passiven Eisens, Chroms, Nickels und der Legierungen dieser Metalle untereinander.

Daran, daß diese passiven Metalle in wässrigen Lösungen oxidische Deckschichten aufweisen, also mehr als eine monomolekulare Belegung mit adsorbiertem Sauerstoff oder eine monomolekulare Belegung mit Hydroxyl-Ionen, kann es nach dem vorliegenden experimentellen Material kaum einen Zweifel geben. Möglich bleibt zwar, daß unter manchen Umständen die primäre Ausbildung solcher monomolekularen Adsorptionsschichten das Aufwachsen der Oxidhaut erst ermöglicht. Eine Diskussion darüber, ob dann das korrodierte Metall schon nach dem Startvorgang der O_2- oder der OH^--Adsorption, oder erst im stationären Zustand der Belegung mit einer Oxidhaut „passiv“ zu nennen ist, soll hier nicht geführt werden. Vielmehr wird der Begriff der Passivität in seinem landläufigen Sinne benutzt. Passiv nennt man üblicherweise Metall, wenn a) unter den herrschenden Umständen eine hohe Korrosionsgeschwindigkeit erwartet wird, b) die Korrosion gleichwohl sehr langsam abläuft und zwar wegen des Vorliegens sehr dünner, dichter, normalerweise oxidischer Deckschichten, die durch die Korrosion selbst entstehen. Typisch ist die Beständigkeit dieser schützenden Oxidfilme über einen weiten Potentialbereich. Diese Begriffsbestimmung ist absichtlich unscharf, da es sich bei der Passivität letztlich um den optimalen Grenzfall des Korrosionsschutzes durch Schichten von Korrosionsprodukten handelt, an dessen genaue Abgrenzung gegenüber dem Korrosionsschutz durch nichtoxidische, oder durch schon sichtbare Deckschichten kein praktisches Interesse besteht. Die Übergänge vom (bis auf die besonderen Gefahren des Lochfraßes, der interkristallinen Korrosion und der Spannungsrißkorrosion; vgl. Kap. 12 usf.) edelmetallähnlichen Verhalten der durch eine submikroskopisch dünne, elektronenleitende Oxidhaut passivierten Metalle der Eisen/Nickel/Chrom-Gruppe über die durch praktisch nichtleitende Oxidfilme geschützten und anodisch oxidierbaren Metalle der Gruppe Aluminium, Tantal, Zirkon etc. zu den schon gut sichtbaren, porigen Schichten auf Zink oder Kupfer und bis hin zur Rost-Schutzschicht auf unlegiertem Stahl in Gebrauchswasser u.a.m. sind im Grunde fließend.

10.2 Eisen, Nickel, Chrom

Der bestuntersuchte Fall regulärer Passivität ist der des Eisens in verdünnter Schwefelsäure. Dazu zeigt Bild 10.1 die stationäre anodische Stromspannungskurve von Reineisen in 1 N H_2SO_4-Lösungen bei 25 °C nach potentiostatischen Messungen verschiedener Autoren [1–3].

Die Summenstrom-Spannungskurve steigt zunächst vom Ruhepotential der aktiven Elektrode $\varepsilon_R = -0.25$ V steil an, wobei für die anodische Teilstrom-Spannungskurve der gestrichelte Verlauf anzunehmen ist. Dann biegt die Kurve um und durchläuft ein Plateau bei $i_s = \vec{i}_{Fe} = 200$ bis 300 mA/cm². Im schraffierten Bereich um $\varepsilon \simeq +0.5$ V traten [1] Oszillationen des Stromes auf, nach deren Durchlaufen die Stromspannungskurve bei einer um mehrere Zehnerpotenzen kleineren Stromdichte wiedererschien, die in der Folge über einen weiten Potentialbereich konstant blieb. Zwischen 0.50 und 0.80 V wurde ursprünglich der punktierte Verlauf angenommen. Der Abfall der Stromdichte $\vec{i}_{Fe}$ der Eisenauflösung von über 0,2 A/cm² bis auf $7 \cdot 10^{-6}$ A/cm² bezeichnet den Eintritt der Passivität. Das Auftreten von Oszillationen war die charakteristische Folge des Verlaufs der

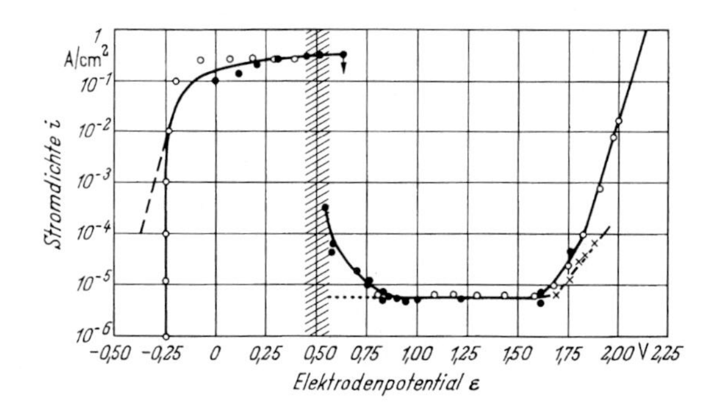

Bild 10.1. Stationäre anodische Stromspannungskurve des Eisens in 1 N H_2SO_4, bis zum Einsetzen der anodischen Sauerstoffentwicklung O_2-frei, 25 °C, nach Franck (○), Franck und Weil (×), Herbsleb und Engell (●)

Stromspannungskurve im Potentialbereich des Übergangs aktiv → passiv, wo die Stromdichte $\vec{i}_{Fe}$ mit wachsendem Elektrodenpotential ε sinkt, der Polarisationswiderstand R_π also negativ wird. Dabei spielen die Eigenschaften der benutzten potentiostatischen Schaltung eine wesentliche Rolle, derart, daß je nach Leistungsfähigkeit der Schaltung bei vorgegebenen negativen Werten von R_π die oszillationsfreie Messung der Stromspannungskurve gelingt oder versagt. Wegen der Einzelheiten des Verhaltens schwingungsfähiger Elektrodensysteme wird auf die Literatur verwiesen.

Nimmt man an, der Bereich der potentiostatischen Stromoszillationen verdecke ein wohldefiniertes „*Umschlagspotential*" ε_p, und vernachlässigt man die Potentialabhängigkeit der Teilstromdichte der Metallauflösung im Umschlagsbereich, so läßt sich ein einfaches Modell der Passivierung und Passivität versuchsweise entwerfen. Man geht dazu von der Annahme aus, ε_p sei das Gleichgewichtspotential des Oxids Me_nO_m, wodurch das Metall passiviert wird, d.h. (vgl. Kap. 3):

$$\varepsilon_P = E^0_{Me/Me_nO_m} + \frac{RT}{F}\ln a_{H^+}\,. \tag{10.1}$$

Im wiederum einfachsten Fall wäre dann zu erwarten, daß die Teilstrom-Spannungskurve der Metallauflösung zunächst der Tafel-Geraden der Auflösung des aktiven Metalls folgt, bis ε_p erreicht wird (Gerade AB in Bild 10.2). Bei ε_p bilde sich das Oxid. Entsteht dabei ein schützender Oxidfilm, der sich selbst nur langsam löst, so wird der starke Abfall der Korrosionsgeschwindigkeit verständlich. Nun ergeben sich aber für das deckschichtenfreie Eisen in sauren Lösungen für den Punkt B mit etwa 50 A/cm^2 so hohe Stromdichten, daß die experimentelle Kurve wegen des Auftretens einer merklichen Ohmschen Spannung zwischen der Mündung der kapillaren Sonde der Bezugselektrode und der Metalloberfläche verzerrt wird, weshalb auch ohne Mitwirkung von Deckschichten ein etwa der Kurve AC des Bildes 10.2 entsprechender Verlauf erwartet wird. Löst sich darauf das Metall nur noch mit der klein angenommenen Korrosionsgeschwindigkeit der Oxidhaut potentialunabhängig auf, so folgt der Grenzstromverlauf DE der Korrosion des passiven Metalls. Schließlich setzt nach Überschreitung des Gleichgewichtspotentials E_{O_2/H^+} am Oxid Sauerstoffentwicklung ein, sofern das Oxid Elektronen leitet, und die gemessene Stromspannungskurve geht schließlich in die Tafel-Gerade FG dieser Reaktion über.

Tatsächlich wird aber experimentell der durch AH angedeutete Verlauf der Stromspannungskurve beobachtet, d.h., es tritt vor der Passivierung der Elektrode ebenfalls ein Grenzstrom auf. Dies rührt daher, daß bei hinreichend hoher Stromdichte der Metallauflösung in der adhärierenden Elektrolytrandschicht das Löslichkeitsprodukt des Eisensulfats überschritten wird und daher auf der Metalloberfläche eine Salzdeckschicht auftritt, in deren Poren die wahre Stromdichte wesentlich höher ist als die aus gemessener Stromstärke und geometrischer Elektrodenoberfläche berechnete scheinbare Stromdichte. Diese „primäre", poröse Salzdeckschicht löst sich mit der Geschwindigkeit der Diffusion des Eisensulfats in das Innere des Elektrolyten und damit so schnell, daß von Passivität in diesem Fall nicht gesprochen werden kann. Die – notwendig rührabhängige –

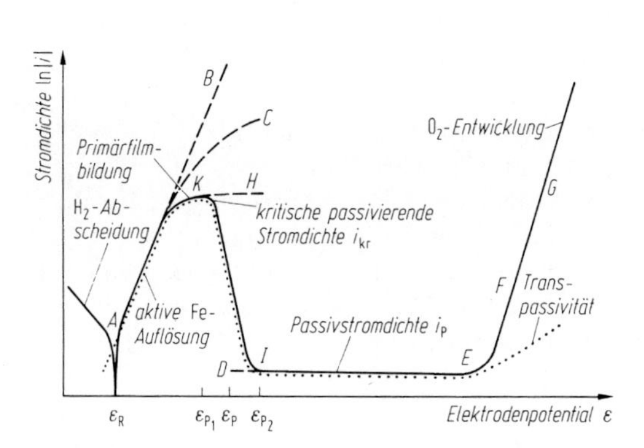

Bild 10.2

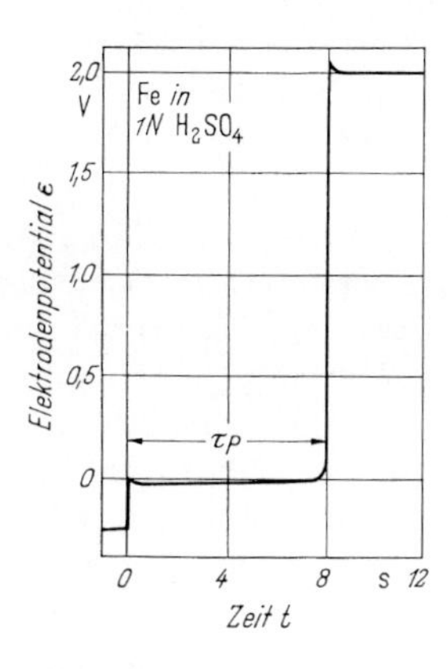

Bild 10.3

Bild 10.2. Das schematische Stromspannungsdiagramm einer passivierbaren Elektrode ($Fe/1\,N\,H_2SO_4$) mit Primärfilmbildung durch Salzausfällung, potentialunabhängiger Passivstromdichte, elektronenleitendem Passivoxid.
—— Summenstromspannungskurve in O_2-freier Säure,
.... Teilstromspannungskurve der Metallauflösung

Bild 10.3. Die zeitliche Änderung des Elektrodenpotentials des zunächst aktiven Eisens in 1 N H_2SO_4-Lösung, 25 °C, bei anodischer, galvanostatischer Polarisation mit der Stromdichte $i = 1{,}75\ A/cm^2$. (Ausschnitt aus Messungen von Franck)

Lösungsgeschwindigkeit ist gleich der Grenzstromdichte vor Eintritt der Passivierung und soll als *kritische passivierende Stromdichte* i_{kr} bezeichnet werden, da zur Passivierung notwendig $i\ (= i_{Me}) \geq i_{kr}$ werden muß. Dieser Mechanismus der Erreichung des Umschlagspotentials ε_p wird durch galvanostatische Messungen der zeitlichen Änderung der zunächst aktiven Eisenelektrode belegt. Bild 10.3 gibt ein Beispiel einer solchen galvanostatischen „Ladekurve" [5]. Nach dem Einschalten des anodischen Stromes $i > i_{kr}$ springt das Elektrodenpotential des aktiven Eisens zunächst auf einen positiveren Wert, wo die $FeSO_4$-Bildung einsetzt, und verharrt dort so lange, bis bei hinreichender Verengung der Poren der Anstieg der wahren Stromdichte das Potential über ε_p hinausschiebt. Nach Ablauf der Zeit τ_p springt das Potential zu einem stark positiven Wert im Bereich der anodischen Sauerstoffentwicklung, entsprechend einem Übergang $H \to G$ in der Skizze Bild 10.2. Löst sich die Salzprimärschicht mit der Stromdichte i_{kr}, so ist die zur Zeit t vorhandene Salzmenge proportional $(i - i_{kr})t$. Wird zum Erreichen von ε_p stets dieselbe Schichtmenge benötigt, so sollte dann bei konstanter Rührgeschwindigkeit unabhängig von i gelten;

$$(i - i_{kr})\tau_p = \text{const.} \tag{10.2}$$

Diese Forderung wird durch das Experiment bestätigt.

Bei Messungen mit Hilfe entsprechend leistungsfähiger Potentiostate wird festgestellt, daß der aktiv/passiv-Übergang stetig in der in Bild 10.2 durch die

Kurve KI angedeuteten Weise verläuft [5–11]. Dabei ist in manchen Elektrolytlösungen der Kurvenverlauf vor dem Eintritt der Passivierung durch das Auftreten zweier Stromdichte-Maxima kompliziert (vgl. Bild 5.24), jedoch kommt der einfache Verlauf über nur ein Maximum ebenso vor (vgl. weiter unten Bild 10.7).

Besondere Bedingungen entstehen, wenn die Stromdichte im aktiv/passiv – Übergangsbereich noch höher wird als im Meßbeispiel des Bildes 10.1. Dies tritt dann ein, wenn die Auflösungsgeschwindigkeit des primären Eisensulfatfilmes erhöht wird, wie etwa im Falle der Messung mit schnell rotierenden Eisenscheiben. Dann wird die in die Messung und die Regelung des Elektrodenpotentials eingehende Ohm'sche Spannung in der Elektrolytlösung zwischen der kapillaren Sonde und der Metalloberfläche sehr groß. Mit dem Eintreten der Passivierung verschwindet aber dieser Anteil des gemessenen Potentials. In diesem Fall rückt dann in Bild 10.2 der Punkt K in die Position des Punktes H,der Punkt I in die des Punktes D, d.h die zwischen K and I fallende "Kennlinie" der Elektrode wird dann zudem rückläufig [12, 14, 5]. Dieser Z-förmige Verlauf kann mit einer besonderen Regelschaltung, nämlich einem Potentiostaten mit negativer Ausgangsimpedanz, kontrolliert werden, Er führt im Übergangsbereich zur gleichzeitigen Stabilität verschiedener Elektrodenzustände der Aktivität und der Passivität nebeneinander auf der rotierenden Scheibe. Dergleichen wird normalerweise im Bereich der technisch-praktisch relevanten Passivität keine Rolle spielen.

Im Bereich KI löst sich das Metall zu Fe^{2+}- und Fe^{3+}-Ionen, wobei der Anteil der Fe^{2+}-Ionen ab + 0,8 V verschwindet, so daß bei positiveren Werten des Elektrodenpotentials ausschließlich Fe^{3+}-Ionen gelöst werden. Vor Eintritt der Passivierung gehen nur Fe^{2+}-Ionen in die Lösung über. Die sehr kleine Stromdichte der Auflösung des passiven Eisens bleibt dann in einem weiten Potentialbereich konstant, steigt aber nach Einsetzen der anodischen Sauerstoffentwicklung wieder an. Die Summenstrom-Spannungskurve deckt sich dann im wesentlichen mit der Tafel-Geraden der Teilreaktion $2H_2O \rightarrow O_2 + 4H^+ + 4e^-$. Man nennt das Eisen in diesem Potentialbereich auch *transpassiv*.

Es kann gezeigt werden [16, 17], daß das Passivoxid bis nahe an das Aktivierungspotential heran porenfrei sein muß. Löst sich das porenfreie Oxid mit endlicher Geschwindigkeit im Elektrolyten, so beweist dies, daß die Säure bezüglich des Passivoxids nicht gesättigt ist. Also ist das Eintreten der Sättigung der Lösung bezüglich des Oxids keine Vorbedingung der Passivierung. Im übrigen kann man aus der Porenfreiheit des Oxids schließen, daß sich die Passivoxidhaut, anders als die primäre Salzdeckschicht, nicht durch Ausfällung infolge Konzentrationsüberschreitung bildet, sondern in derselben Art wie Anlauf- und Zunderschichten bei der Reaktion von Metallen mit gasförmigem Sauerstoff unmittelbar auf dem Metall aufwächst. Eben dies bewirkt den vorzüglichen Korrosionsschutz, da die Metallphase mit Bestandteilen der Lösung nur noch in dem vernachlässigbaren Umfang reagieren kann, wie Metallionen oder Teilchen des Oxydationsmittels durch die Passivschicht hindurchwandern.

Soweit wäre zu vermuten, daß das Passivierungspotential dem Gleichgewichts-Elektrodenpotential E_{Fe/Fe_nO_m} der Bildung eines Oxids Fe_nO_m auf der Eisenoberfläche gleich ist. Für die Oxide FeO (Wüstit), Fe_3O_4 (Magnetit) und α-Fe_2O_3 (Hämatit) berechnet man aber aus den thermodynamischen Daten die folgenden Werte des Gleichgewichtspotentials E_{Me/MeO_n} bei 25 °C (in V):

$$Fe + H_2O \rightarrow FeO + 2H^+ + 2e^-$$

$$E_{Fe/FeO} = -0{,}04 - 0{,}059\ (pH) \qquad (10.3)$$

$$3Fe + 4H_2O \rightarrow Fe_3O_4 + 8H^+ + 8e^-$$

$$E_{Fe/Fe_3O_4} = -0{,}09 - 0{,}059\ (pH) \qquad (10.4)$$

$$2Fe + 3H_2O \rightarrow \alpha\text{-}Fe_2O_3 + 6H^+ + 6e^-,$$

$$E_{Fe/\alpha-Fe_2O_3} = -0{,}05 - 0{,}059\ (pH) \qquad (10.5)$$

Experimentell findet man für $0 \leq pH \leq 6$, für 25 °C [1]

$$\varepsilon_P = 0{,}58 - 0{,}059\ (pH). \qquad (10.6)$$

Also zeigt das Umschlagspotential die erwartete pH-Abhängigkeit, jedoch ist das „Normalumschlagspotential" $\varepsilon_P^0 = +0{,}58$ V gegenüber den Werten des für die Oxide des Eisens berechneten Normalpotentials um mehr als ein halbes Volt zu positiv. Zur Beseitigung dieser Diskrepanz kann man annehmen, es bilde sich in den Poren der Salzdeckschicht zunächst Fe_3O_4, aber dieses könne nicht passivierend wirken, weil es sich in der Säure zu schnell löst. Andererseits ist bekannt, daß sich (außer durch reduzierende Auflösung mit kathodischen Elektrolysestdrömen) Fe_2O_3 in Säuren nur langsam löst [18]. Also kann versuchsweise angenommen werden, die Passivierung komme durch Aufoxydation des Fe_3O_4 zum Fe_2O_3 zustande [19]. Für das Gleichgewichtspotential dieser Reaktion berechnet man, wenn α-Fe_2O_3 entsteht:

$$2Fe_3O_4 + H_2O \rightarrow 3\alpha\text{-}Fe_2O_3 + 2H^+ + 2e^-,$$

$$E_{Fe_3O_4/\alpha\text{-}Fe_2O_3} = 0{,}24 - 0{,}059\ (pH). \qquad (10.6a)$$

falls es sich um α-Fe_2O_3 handelt. Damit kommt das Normalpotential $E^0_{Fe_3O_4/\alpha\text{-}Fe_2O_3}$ dem experimentellen Wert von ε_P^0 näher, jedoch bleibt die Übereinstimmung noch unbefriedigend. Nun ergaben Elektronenbeugungsaufnahmen für das Passivoxid in neutralen Lösungen [20, 21] eine kubische Kristallstruktur, während α-Fe_2O_3 im rhomboedrischen Korundgitter kristallisiert. Andererseits kann sich aus Fe_3O_4 leicht γ-Fe_2O_3 bilden, da das letztere Oxid ebenso wie das erstere im kubischen Spinellgitter kristallisiert. Damit erscheint die Annahme gerechtfertigt, beim Passivoxid handle es sich um γ-Fe_2O_3. Allerdings ist die freie Bildungsenthalpie dieses Oxids nicht bekannt. Zur Erfüllung der Gl. (10.6) muß zur Berechnung des Normalpotentials der Umwandlung von Fe_3O_4 in γ-Fe_2O_3 für $G^0_{\gamma\text{-}Fe_2O_3}$ der Wert $-171{,}6$ kcal eingesetzt werden [22], was wohl keine Härte bedeutet. In schwach saurer KNO_3/H_2SO_4-Lösung (pH 2,3) gelang es, die primäre Enstehung von Fe_3O_4 durch die Registrierung sogenannter *intermittierter Ladekurven* festzustellen [23]. Polarisiert man dazu Eisenelektroden mit hoher Stromdichte galvanostatisch anodisch bis zur Oxidbildung, unterbricht aber den Stromfluß periodisch, so sinkt das Elektrodenpotential in den Polarisationspausen in die Nähe des Gleichgewichtspotentials des jeweils vorliegenden Oxids. Der dabei festgestellte erste Haltepunkt entspricht dem Gleichgewichtspotential der Fe/Fe_3O_4-Elektrode (Bild 10.4). Der nächste beobachtete Haltepunkt sollte dem Gleichgewicht Fe_3O_4/γ-

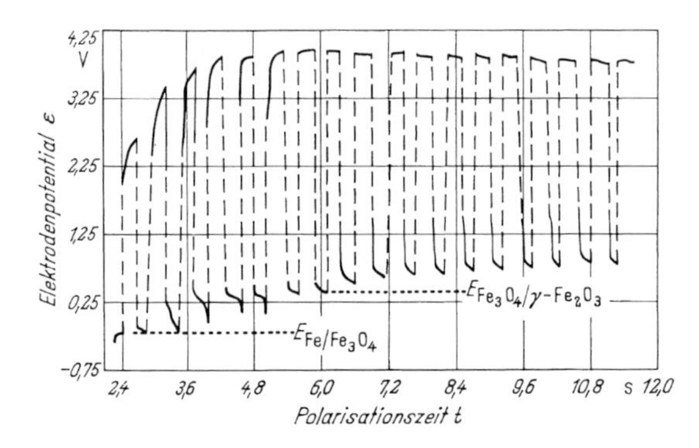

Bild 10.4. Intermittierte anodische, galvanostatische Ladekurve des zunächst aktiven Eisens in 0,07 M KNO_3/0,001 N H_2SO_4-Lösung, pH 2,3, 20 °C, $i = 300\ mA/cm^2$. (Ausschnitt aus Messungen nach Lange und Weidinger)

Fe_2O_3 entsprechen, wobei die langsame Anderung der Lage dieses Haltepunktes auf die Mischbarkeit der beiden Oxide zurückgeführt werden kann.

Die Möglichkeit, das in Säure schnell lösliche Fe_3O_4 durch Reaktion in homogener Phase in das nur langsam lösliche und deshalb passivierende γ-Fe_2O_3 kontinuierlich überzuführen, zeigt schon, daß man es u. U. nicht mit einem wohldefinierten Umschlagpotential ε_p zu tun hat, sondern mit einem Potentialbereich endlicher Breite für den Übergang von einem Mischoxid großer zu einem kleiner Lösungsgeschwindigkeit. Bei variablem „Oxidationsgrad" des Oxids, d.h. bei variablem Verhältnis $a_{\gamma\text{-}Fe_2O_3}/a_{Fe_3O_4}$ der Aktivitäten von γ-Fe_2O_3 und Fe_3O_4 im Mischoxid gilt für das Gleichgewichtspotential anstelle von Gl. (10.6)

$$E_{Fe_3O_4/\gamma\text{-}Fe_2O_3} = E^0_{Fe_3O_4/\gamma\text{-}Fe_2O_3} + \frac{RT}{2F} \ln \frac{a^3_{\gamma\text{-}Fe_2O_3}}{a^2_{Fe_3O_4}} + \frac{RT}{F} \ln a_{H^+} \tag{10.7}$$

Ist ε^0_P in Gl. (10.1) identisch mit $E^0_{Fe_3O_4/\gamma\text{-}Fe_2O_3}$, so gibt Gl. (10.6) das Gleichgewichtspotential für $a_{\gamma\text{-}Fe_2O_3}/a_{Fe_3O_4} = 1$. In der Skizze Bild 10.2 ist der aus Gl. (10.7) bei variablem Aktivitätsverhältnis folgende Verlauf der Stromspannungskurve durch die Kurve *KI* angedeutet. Unter Bedingungen, wo Stromoszillationen nicht auftreten, wird dann zweckmäßig ein *Passivierungspotential* ε_{P_1} definiert, das das Maximum der Stromspannungskurve vor Eintritt der Passivität bezeichnet. Entsprechend definiert man ein *Aktivierungspotential* ε_{P_2}, das den Wert des Elektrodenpotentials bezeichnet, bei dem von positiveren Werten herkommend der Steilanstieg der Auflösungsstromdichte einsetzt. Für ε_{P_2} wird häufig die Bezeichnung „Flade-*Potential*" benutzt, jedoch ist der Sprachgebrauch nicht einheitlich.

Die Dicke der Passivschicht auf Eisen in sauren Lösungen wurde allein aus den Daten elektrodenkinetischer Stromspannungsmessungen schon lange zu ca. 5 nm abgeschätzt [24]. Direkte optische, nämlich *ellipsometrische Messungen* sind mitgeteilt worden [25–28]. Man mißt in der Ellipsometrie die Änderung der Polarisation monochromatischen Lichtes durch Reflexion an der Elektrodenoberfläche und würde bei bekannten optischen Konstanten der Oxidhaut die Schichtdicke ohne weiteres erhalten. In der Praxis der Messungen an Passivfilmen in Elektrolytlösungen wird das Vorgehen schwieriger, jedoch können Stromspannungsmessungen zur Eichung herangezogen werden. Die Daten der Tabelle 15 für die Oxidhautdicke *d* sind daher als weitgehend zuverlässig zu betrachten [26].

Die Dicke der passivierenden Oxidhaut steigt mit dem Elektrodenpotential. Dies ergibt sich wieder am deutlichsten aus ellipsometrischen Untersuchungen. Für den Fall des Eisens in 1 N H_2SO_4-Lösungen zeigt dazu Bild 10.5 Messungen der Schichtdickenänderung nach galvanostatischem Umschalten von der stationären *Passivstromdichte* $i_P = 7\ \mu A/cm^2$ (vgl. Bild 10.1) auf einen erhöhten Wert [28]. Die Passivschichtdicke d steigt linear mit der Zeit an, desgleichen das Elektrodenpotential. Man beachte, daß nach dem Zurückschalten des Polarisationsstroms auf i_P das Elektrodenpotential nach einem Umschaltsprung wieder konstant wird.

Man erkennt leicht, daß die Passivschicht mit Annäherung an das Aktivierungspotential ε_{P_2} extrem dünn wird. Dann ist zu beachten [29], daß die freie Bildungsenthalpie des Oxids im Grenzfall sehr dünner Schichten einen gegenüber massiveren Oxidphasen veränderten Wert haben kann, wenn etwa mechanische Spannungen in der Metall/Oxid-Grenze herrschen. Dementsprechend anders berechnet sich dann auch das Gleichgewichtspotential der Oxidelektrode, und dieser Effekt mag zur Unschärfe des Aktivierungspotentials beitragen. Man beachte ferner [29], daß die Modellvorstellung eines Oxidfilms überall konstanter Dicke d im Falle extrem dünner Schichten noch korrigiert werden muß, sobald d vergleichbar mit dem Durchmesser der Kristallite des polykristallinen Oxids wird. Dann ist auch die unterschiedliche Größe dieser Kristallite zu berücksichtigen, und man sieht ein, daß bei Annäherung an ε_{P_2} u. U. Poren entstehen, durch die hindurch sich Eisen schnell zu Fe^{2+} auflösen kann. Poren sollen auch erklären, daß bis zu 0,8 V neben der Fe^{3+}-Auflösung noch Fe^{2+}-Auflösung vorkommt. Zwischen 0,8 V und ca. 1,7 V ist dann die Passivstromdichte i_P konstant und ausschließlich durch die

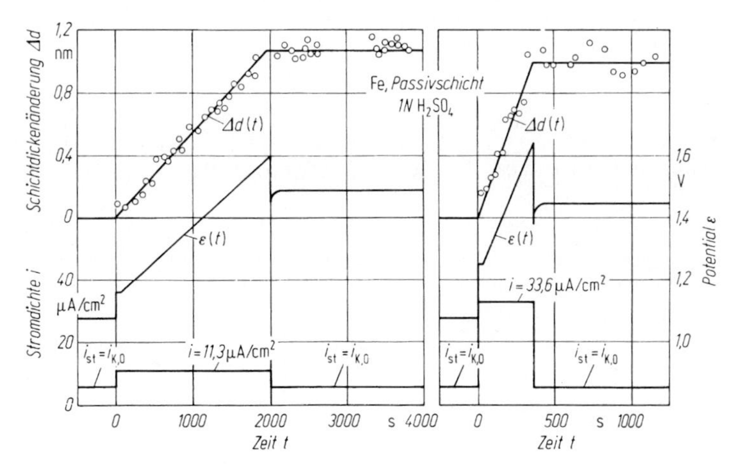

Bild 10.5. Ellipsometrisch bestimmte zeitliche Änderung Δd der Passivschichtdicke (○ ○ ○) und zugehöriger Verlauf des Elektrodenpotentials ε des passiven Eisens in 1 N H_2SO_4 (25°C) nach Umschalten von der stationären Passivstromdichte i_P (hier als $i_{st} = i_{K,O}$ bezeichnet) auf den konstanten anodischen Polarisationsstrom 11,3 bzw. 33,6 $\mu A/cm^2$ zur Zeit $t = 0$ und Zurückschalten auf i_P zur Zeit $t = 2000$ bzw. $t = 400$ s. (Nach Vetter und Gorn)

Fe^{3+}-Auflösung bestimmt. Das Auftreten von Fe^{2+}-Auflösung kann aber statt dessen auch dadurch gedeutet werden, daß man annimmt, erst ab ca. 0.8 V habe die elektrolytseitige Oxidoberfläche die Zusammensetzung des γ-Fe_2O_3. Man gibt damit allerdings die ältere, anschauliche Modellvorstellung [30] auf, beim Flade-Potential bilde sich eine Sandwich-*Oxidschicht* aus, bestehend aus metallseitigem Magnetit im Gleichgewicht mit dem Metall und einer elektrolytseitigen γ-Fe_2O_3-Schicht. Dieses Modell erscheint aber auch schon deshalb als unrealistisch, weil die Oxidfilmdicke nur ein kleines Vielfaches der Gitterkonstante des Magnetits (0.8 nm) ist. Einleuchtender ist die Vorstellung, es handle sich beim Passivoxid um Magnetit mit über die Schicht variierendem Eisenunterschuß Δ gemäß der Formel $Fe_{3-\Delta}O_4$ [31], mit $\Delta = 0$ an der Metalloberfläche und $\Delta = 0.33$ an der elektrolytseitigen Oxidoberfläche entsprechend der tatsächlichen Zusammensetzung des sogenannten γ-Fe_2O_3.

Aus dieser Vorstellung ergibt sich, unter Hinzunahme insbesondere der Ergebnisse der Untersuchung des Elektrodenverhaltens nach sprunghafter Änderung des Polarisationsstromes oder des Elektrodenpotentials für den stationären Zustand das in Bild 10.6 skizzierte Modell des Reaktionsmechanismus [32]:

a) An der Phasengrenze Metall/Oxid ist das Gleichgewicht des Ladungsdurchtritts der Metallkationen und der Elektronen eingestellt. Über diese Phasengrenze ändert sich das Galvani-Potential von φ_{Me} auf $\varphi_{Ox,o}$ um $\varphi_{Ox,Me} = \varphi_{Ox,o} - \varphi_{Me}$.

b) Durch das Oxid wandern im Ungleichgewicht Eisen-Kationen über leere Eisen-Plätze des Gitters durch das voll besetzte Gitter der Sauerstoffplätze. Es liegt im Oxid ein Gefälle des Galvani-Potentials $\varphi_{d,o} = \varphi_{Ox,d} - \varphi_{Ox,o}$ zwischen den Phasengrenzen Metall/Oxid und Oxid/Elektrolytlösung vor. Das gut halbleitende Oxid ist frei von Raumladungen, der Verlauf von φ im Oxid deshalb linear. Da im stationären Zustand der Fluß der Elektronen verschwindet, ist das elektrochemische Potential $\tilde{\mu}_{e^-} = \mu_{e^-} - F\varphi$ der Elektronen konstant. Da φ variiert, variiert entsprechend das chemische Potential μ_{e^-} der Elektronen im Oxid zwischen den Phasengrenzen. Wegen des lokalen Gleichgewichtes $Fe^{3+} \rightleftharpoons Fe^{2+} + e^-$ ist dies gleichbedeutend mit der Variation des Fe^{3+}/Fe^{2+}-Verhältnisses im zur Elektrolytseite zunehmend fehlgeordneten Magnetit.

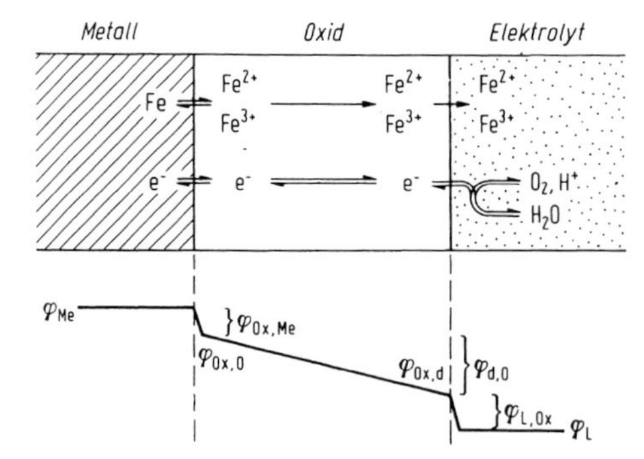

Bild 10.6. Die Teilschritte der Auflösung des passiven Eisens im stationären Zustand zeitlich unveränderlicher Dicke des Oxidfilms. Für Reaktionsschritte mit einfachem Pfeil herrscht Ungleichgewicht, für Reaktionsschritt mit Doppelpfeil Gleichgewicht. Darunter: Schema des Verlaufs des Galvani-Potentials vom Metall durch den Oxidfilm in die Elektrolytlösung.

c) An der Phasengrenze Oxid/Elektrolytlösung löst sich das Oxid irreversibel und stark gehemmt auf. Bis 0,8 V handelt es sich um Auflösung zu Fe^{2+} und Fe^{3+}. Ab ca. 0,8 V liegen in der Elektrolytseite praktisch nur noch Fe^{3+}-Kationen (und Kationen-Leerstellen) vor, dementsprechend tritt nur noch Auflösung zu Fe^{3+} ein.
d) Gemäß experimentellem Befund ist die Geschwindigkeit der Oxidauflösung nicht durch die Diffusion von gelöstem Oxid aus der hydrodynamischen Grenzschicht in das Innere der Elektrolytlösung bestimmt. Die Hemmung liegt demnach in der Phasengrenzreaktion.

Dann hat man zu beachten [33], daß die Auflösung einer Ionenverbindung im allgemeinen und eines Oxids im besonderen darauf hinausläuft, Kationen und Anionen durch die elektrische Doppelschicht an der Phasengrenze Oxid/Elektrolytlösung zu transportieren. Die Oxidauflösung kommt demnach im Prinzip ebenso wie die Korrosion an Phasengrenzen Metall/Elektrolytlösung durch die Überlagerung elektrischer Teilströme zustande. Sei $\varphi_{L,Ox} = \varphi_L - \varphi_{Ox,d}$ der Galvani-Potentialsprung an der Phasengrenze Oxid/Elektrolytlösung, so sind diese Teilströme Funktionen von $\varphi_{L,Ox}$. Dabei ist für den speziellen Fall des passiven Eisens anzunehmen, daß die Teilreaktion des Durchtritts der Fe^{3+}-Kationen so stark gehemmt ist, daß die Rückreaktion der Wiederaufnahme von Fe^{3+} ins Oxidgitter vernachlässigt werden kann. Dann gilt für die Stromdichte wie üblich der Ansatz

$$i_{Fe^{3+}} = i_P = K_1 \Theta \exp\left\{\frac{\alpha n_e F}{RT} \varphi_{Ox,L}\right\}. \tag{10.8}$$

K_1 bezeichnet eine Geschwindigkeitskonstante, Θ die Fe^{3+}-Konzentration in der Oxidoberfläche, die übrigen Symbole haben die bisherige Bedeutung. Der Befund der Potentialunabhängigkeit von i_P besagt demnach, daß $\varphi_{L,Ox}$ vom Elektrodenpotential ε nicht abhängt. Für die Deutung des Befundes ist die Zusatzannahme entscheidend, daß für die parallele Teilreaktion der Durchtritt der $O^{=}$-Anionen durch die Phasengrenze, gemäß:

$$(H_2O)_L \rightleftharpoons 2(H^+)_L + (O^=)_{Ox}, \tag{10.9}$$

oder anders formuliert:

$$(H_2O)_L \rightleftharpoons 2(H^+)_L + 2(e^-)_{Ox} + \tfrac{1}{2}(O_2)_{Ox},$$

im stationären Zustand das Gleichgewicht eingestellt bleibt. Dann berechnet sich das Elektrodenpotential ε als Gleichgewichtspotential $E_{O_2,H^+/H_2O}$ gemäß

$$\varepsilon = E^0_{O_2 \cdot H^+/H_2O} - \frac{RT}{4F} \ln(p_{O_2})_{Oxid} + \frac{RT}{F} \ln a_{H^+}. \tag{10.10}$$

$(p_{O_2})_{Oxid}$ steht für den O_2-Gleichgewichtsdruck über dem Oxid der elektrolytseitig gegebenen Zusammensetzung. Nunmehr verfügt man für alle vorkommenden Phasengrenzen und für den Weg im Oxid vom Metall zum Elektrolyten über Gleichgewichtsbeziehungen für den einen oder anderen Reaktionsschritt. Daraus erhält man für $\varphi_{L,Ox}$ nach Zwischenrechnungen, die hier übergangen werden [31], letztlich den Ausdruck:

$$\varphi_{\mathrm{Ox,L}} = \mathrm{const} + \frac{RT}{F} \ln a_{\mathrm{H^+}}. \tag{10.11}$$

Einsetzen in (10.8) ergibt

$$i_{\mathrm{Fe^{3+}}} = K_2 \Theta (a_{\mathrm{H^+}})^{n_e \alpha} \tag{10.12}$$

Wie zu beweisen war, ist für den speziellen Fall des passiven Eisens, mit konstantem Wert von Θ entsprechend der konstanten Zusammensetzung des γ-Fe_2O_3 (genauer: $Fe_{2,67}O_4$) die Passivstromdichte i_P potentialunabhängig. Dabei ist die Konstanz von Θ Voraussetzung der gesamten Herleitung. Die durch (10.12) vorhergesagte pH-Abhängigkeit der Passivstromdichte wird durch das Experiment grundsätzlich bestätigt. Setzt man $n_e = 3$ (entsprechend der Ladung des Fe^{3+}) und nimmt man für den Durchtrittsfaktor versuchsweise den Wert 0,5, so erhält man mit $d(\log i_p)/d(\mathrm{pH}) = 1{,}5$ allerdings eine erheblich zu hohe pH-Abhängigkeit. Für $0{,}5\,\mathrm{pH} \leq 4$ findet man für $d(\log i_p)/d(\mathrm{pH})$ in der Literatur den Wert 0,84 [2], entsprechend $\alpha = 0{,}28$.

Das Aktivierungspotential ε_{p_2} des Eisens in saurer Lösung wird durch das nun entwickelte Reaktionsmodell neuerlich zur Diskussion gestellt. Das Modell impliziert die Aussage, daß Aktivierung eintritt, wenn die Dicke d des Oxidfilms, als Funktion des Elektrodenpotentials unter sonst konstanten Bedingungen gegen Null geht, bzw, rechnerisch kleiner wird als die Gitterkonstante des Magnetits. Das Modell enthält die Annahme, daß wenig oberhalb von ε_{p_2} das passivierende Oxid $Fe_{3-\Delta}O_4$ elektrolytseitig nicht als γ-Fe_2O_3 ($\Delta = \frac{1}{3}$) vorliegt, sondern daß bei pH 0 bis ca. 0,8 V $\Delta < \frac{1}{3}$ ist. In diesem Potentialbereich steigt das Eisendefizit Δ des Magnetits mit der Dicke d des Oxids, also besteht ein funktioneller Zusammenhang $\Delta = \Delta\{d\}$. Unter diesem Gesichtspunkt berechnet sich das Aktivierungspotential als das Gleichgewichtspotential einer Magnetitelektrode mit kritisch kleinem Defizit Δ_{krit} so, daß eine weitere Verminderung von d zu rechnerischen Oxidfilmdicken $d < 0{,}8$ nm führt. Die Absolutberechnung des Aktivierungs-Normalpotentials bei pH 0 (0,58 V) bleibt unmöglich, die pH-Abhängigkeit (0,059 V) ergibt sich auch nach diesen Rechnungen richtig. Wegen der Details sei auf die Literatur verwiesen [31].

Nach Bild 10.1 steigt die Stromdichte der Eisenauflösung im Bereich der Transpassivität wieder an. Dieser Erscheinung überlagert sich im gleichen Potentialbereich die anodische Sauerstoffentwicklung. Man beachte, daß die letztere Teilreaktion den Elektronenaustausch zwischen Wassermolekeln in der Elektrolytlösung und dem Inneren des Metalls durch den Oxidfilm hindurch erfordert. Der Film ist also entweder leitend, und zwar speziell halbleitend, oder so dünn, daß der Tunneleffekt ins Spiel kommt (vgl. weiter unten in Kap. 10.3). Davon abgesehen ist der Anstieg der Stromdichte der Eisenauflösung formal durch eine entsprechende Änderung des Potentialsprungs $\varphi_{\mathrm{ox,d}}$ über die elektrochemische Doppelschicht zu erklären. Warum dieser im Potentialbereich der Transpassivität nicht mehr konstant ist, bleibt vorerst offen. Zugleich mißt man [34, 35b] in diesem Potentialbereich eine Zunahme der Doppelschichtkapazität. Solche Messungen sind (vgl. weiter unten) durch die Kapazität der oxidseitigen elektrischen Raumladung beherrscht. Soweit die Halbleiterphysik hier anwendbar ist, liegt die Schlußfolgerung nahe [35b], es sei die Zunahme des Potentialsprungs $\varphi_{\mathrm{Ox,L}}$ zusätzlich von einer Zunahme der Defektelektronenkonzentration in der elektrolytseitigen Randschicht des Oxidfilms begleitet. Wie noch zu diskutieren, ist die Anwendbarkeit der Halbleiterphysik kristallisierter Oxide aber fraglich, da das Oxid womöglich amorph vorliegt. Davon abgesehen, besteht aber anscheinend hier kein Anlaß, die Existenz des Passivoxids auch im Transpassivbereich anzuzweifeln. Erst bei sehr hohen Stromdichten im Transpassivbereich, die im Zusammenhang mit der orrosion nicht interessieren, wohl aber im Bereich der Technik der elektrolytischen Formgebung, scheint es zweckmässig, im Transpassivbereich mit dem Auftreten fluktuierender Aktivbereiche auf der Metalloberfläche zu rechnen [36].

Die pH-Abhängigkeit der Passivstromdichte i_{p} und des Aktivierungspotentials $\varepsilon_{\mathrm{p}_2}$ (entsprechend des Passivierungspotentials $\varepsilon_{\mathrm{p}_1}$) war weiter oben für den Bereich stark bis schwach saurer Lösungen bereits mitgeteilt. Eine namentlich für die Praxis wichtige Größe ist die kritische passivierende Stromdichte i_{kr}, d.h. das Stromdichtemaximum vor dem Umschlagen in die Passivität. Auch diese sinkt monoton mit dem pH-Wert. Für Phtalatpuffer-Lösungen [17] wurde für pH3 Passivierung nach Überschreiten von ca. $5 \cdot 10^{-2}$, für pH4 nach ca. $7 \cdot 10^{-3}$, für pH6 nach ca. $2 \cdot 10^{-3}$ A/cm^2 beobachtet. Diese pH-Abhängigkeit kann mit den Eigenschaften einer primär gebildeten porösen Salzdeckschicht von der Art der Eisensulfatschicht, die in 1 N H_2SO_4-Lösung vor dem Eintreten der Passivierung beobachtet wird, nicht gedeutet werden. Die pH-Abhängigkeit von i_{kr} spricht vielmehr offensichtlich stark für die pH-abhängige Wirkung von H^+-oder OH^--Ionen, und speziell im Hinblick auf den OH^--katalysierten Mechanismus der Eisenauflösung auf ein Umschlagen der Katalyse in Inhibition bei überstarker OH^--Adsorption. Der Startvorgang der Passivierung wäre dann [37, 38] ebenso wie für die aktive Eisenauflösung die Adsorption von H_2O-Molekeln, gefolgt von der Abspaltung von OH^--Ionen aus H_2O und der Sättigung der Eisenoberfläche bis zur Bildung einer monomolekularen Lage von $Fe(OH)_2$. Daran schließt sich in einem komplizierten Zusammenspiel von Vorgängen der Keimbildung, Hydroxidentwässerung und Oxydation die Ausbildung der eigentlichen Passivschicht. In der Folge solcher, hier nur qualitativ entwickelten Vorstellungen konnten ellipsometrische Untersuchungen des Primärfilms auf Eisen vor Eintritt der Passivierung in Borsäure/Borax-Pufferlösungen vom pH-Wert 7,6 und 8,6 durch die Annahme interpretiert werden, beim Passivierungspotential läge eine ein- bis zweimolekulare Schicht von $Fe(OH)_2$ vor [40]. Diese Vorgänge entziehen sich bei den Messungen vorzugsweise in 1 N H_2SO_4-Lösung der Beobachtung, weil hier die Übersättigung der Elektrolytgrenzschicht an Eisensulfat früher erreicht wird als die Übersättigung der Adsorptionsschicht an Hydroxylionen[1].

---

[1] Auch für den Fall des Kobalts in schwach saurer Lösung wurde nachgewiesen, daß die monomolekulare Bedeckung der Oberfläche mit OH^--Ionen das Aufwachsen des Passivoxids einleitet (Heusler, K.E., Corr. Sci. 6, 183 (1966)), ebenso wie etwa in alkalischer Lösung auf Zink das Oxidwachstum zu diesem Zeitpunkt beginnt (Kaesche, H.: Electrochim. Acta *9*, 383 (1964)).

Tabelle 15. Die stationäre Schichtdicke der Passivoxidschicht auf Eisen in saurer Lösung nach ellipsometrischen Messungen, geeicht durch Messungen der Kinetik der galvanostatischen kathodischen Oxidreduktion. (Nach Vetter und Gorn)

Elektrolyt	Elektrodenpotential [V]	Oxidschichtdicke *d* [nm]
1 N H_2SO_4	1,53	3,49
	1,45	4,04
	1,42	4,35
	1,41	3,68
	1,08	2,93
	1,08	3,22
0,01 N H_2SO_4	1,40	3,98
+ 0,5 M Na_2SO_4	1,40	4,10
	1,40	4,15
	1,40	4,52
	1,40	4,07
	1,40	4,03
	0,90	2,99
	0,90	3,05
	0,90	3,22
	0,90	2,91

Den Verlauf der Stromspannungskurve des Eisens bei einer Variation des pH-Wertes bis zu alkalischen Lösungen zeigt Bild 10.7 [41]. Es handelt sich allerdings um Pufferlösungen ohne Gehalt an aggressiven Anionen. Für die Praxis hat man zu beachten, daß in gewöhnlichen neutralen Salzlösungen (vgl. Kap. 9) nicht porenfreie passivierende Oxidfilme entstehen, sondern porige, kaum schützende Rostschichten. Eminente praktische Bedeutung hat andererseits die Passivität des Eisens einschließlich der unlegierten bis niedriglegierten Stähle bei pH-Werten leicht oberhalb des in Bild 10.7 noch mit berücksichtigten pH 11,5, nämlich im pH-Bereich der Feuchtigkeit in Mörtel, Beton, oder als Modell-Elektrolytlösung in gesättigter Lösung von $Ca(OH)_2$ (pH 12,4–12.6): Auf der Passivität in diesem Milieu beruht weithin die Korrosionsbeständigkeit der Armierung des Stahlbetons.

Der Verlauf der Stromspannungskurve zwischen dem Potentialbereich aktiver Eisenauflösung und dem der Passivität ist für schwach saure Lösungen in Bild 10.7 nicht wiedergegeben. In diesem Potentialbereich treten häufig unregelmässige Maxima, Minima und Schultern der Stromspannungskurve auf. Den Beginn dieses Übergangsbereichs zeigte bereits Bild 5.24, wo das erste Maximum und das folgende Minimum noch als zum Aktivbereich gehörend aufgefaßt war. Es ist vorgeschlagen worden, das Durchlaufen dieses ersten Maximums und des folgenden Minimums als Übergangsbereich zu bezeichnen, den dann folgenden Wiederanstieg des Stromes bis zum Überschreiten eines weiteren Maximums (vgl. Bild 10.8) als Vorpassivierungsbereich, sinngemäß dann gefolgt von den Potentialbereichen der Passivierung und der eigentlichen Passivität [45]. Im Übergangs-

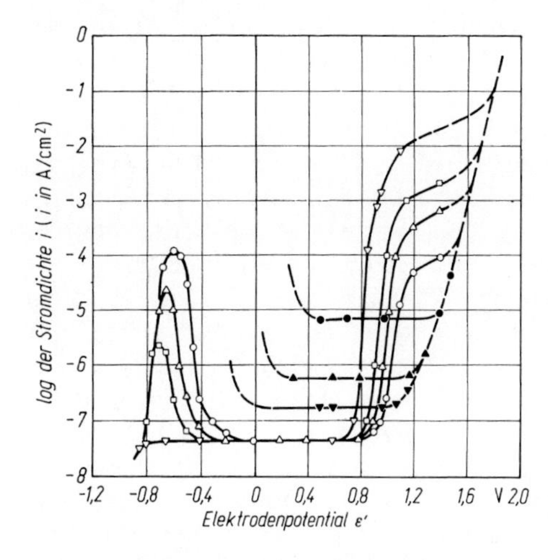

Bild 10.7. Anodische Stromspannungskurven des Eisens in Natriumphosphat/Phosphorsäure-Pufferlösungen (● pH 1,85; ▲ pH 3,02; ▼ pH 3,90) und in NaOH/Natriumbroat/Borsäure-Pufferlösungen (○ pH 7,45; △ pH 8,42; pH 9,37; ▽ pH 11,50), 25 °C, frei von gelöstem Sauerstoff. (Nach Sato, Noda und Kudo). ε' bez. auf ges. Kal. Elektrode

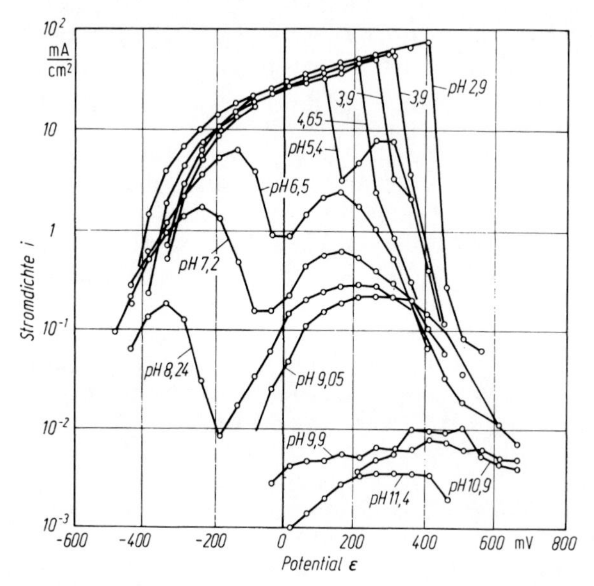

Bild 10.8. Quasistationäre anodische Stromspannungskurven einer rotierenden Eisen-Scheibenelektrode in chloridfreien Theorell-Pufferlösungen mit Zusatz von 0,5 Mol/l Na_2SO_4. Scheibendrehzahl; 400 min^{-1}; Potentialvorschub: 20 mV/min; 25°C; Elektrolytlösung O_2-frei. (Nach Moeller)

und im Vorpassivierungsbereich hängt der Kurvenverlauf außer vom pH-Wert der Lösung stark von der übrigen Lösungszusammensetzung und vom hydrodynamischen Strömungszustand in der Lösung ab. Dies wurde zuerst bei Messungen an Eisen in Phosphatpufferlösungen beobachtet, die bei konstantem pH-Wert wechselnde Phosphat-Gesamtkonzentration aufwiesen [42]. Dabei traten um so höhere

Übergangs- und Vorpassivierungsströme auf, je geringer der Phosphatgehalt der Lösung war. Der Effekt konnte also als Inhibition der Eisenauflösung durch Phosphat gedeutet werden, was in Anbetracht der Schwerlöslichkeit des Eisenphosphats auch einleuchtet. Der Effekt verschwindet weitgehend, wenn die Lösung durch einen Rührer kräftig bewegt wird, so daß entweder der Abtransport eines katalysierenden Zwischenproduktes oder der Antransport einer inhibierenden Substanz eine Rolle spielt. Ganz ähnlich verhält sich Eisen in (zur Vermeidung der Störung durch Chlorid) leicht modifizierten Theorell-Pufferlösungen, bestehend aus Zitronen-, Phosphor und Borsäure mit Zusätzen von Schwefelsäure, deren pH-Wert bei im wesentlichen konstanter Zusammensetzung zwischen pH 2 bis pH 12 variiert werden kann. Bild 10.8 zeigt eine Schar von Meßkurven, die an einer rotierenden Scheibenelektrode aus Eisen in Lösungen erhalten wurden, die außer dem Puffersystem Natriumsulfat enthielt [43]. Die Ausprägung zweier Maxima bei mittleren pH-Werten ist an dieser Schar quasistationärer Stromspannungskurven deutlich zu sehen. Variiert man bei pH 7,1 die Sulfatkonzentration, so ändert sich das erste Maximum kaum, das zweite aber sehr stark von ca. 10 mA/cm^2 bei 1,5 Mol/l Na_2SO_4 auf ca. 0,5 mA/cm bei 0,1 Mol/l Na_2SO_4. Variiert man bei diesem pH-Wert und bei 0,5 Mol/l Na_2SO_4 die Drehzahl der Scheibenelektrode, so sinkt im großen und ganzen, allerdings mit Ausreißern, die Höhe des zweiten Maximums mit steigender Drehzahl; es besteht also auch für dieses System ein deutlicher Einfluß von Transportvorgängen in der Elektrolytlösung.

Der stark aktivierende Einfluss von Sulfat- Ionen bewirkt auch in einem NaOH-Glykokoll-Puffer vom pH-Wert 9, daß die Passivierbarkeit des Eisens für praktisch-technische Belange versagt [44]. Stromspannungskurven mit zwei Maxima bei hohen Stromdichten zeigt Eisen auch in schwach sauren reinen Sulfatlösungen [45], wie auch in schwach sauren Acetatlösungen [46]. Der Befund hoher kritischer passivierender Stromdichten in schwach sauren bis schwach alkalischen Lösungen, bewirkt durch eher gewöhnliche Anionen wie das Sulfat-Ion, macht verständlich, weshalb Eisen in normal ungefähr neutralen Alltagswässern nicht passiv wird, sondern rostet. Nach den Daten etwa des Bildes 10.7 wäre dieser Alltagsbefund nicht zu verstehen. Die besondere Rolle der Chloride als Auslöser des Lochfraßes wird hier noch nicht berührt, vielmehr bewegt sich die Diskussion noch im Rahmen des Modells ungefähr gleichmäßiger Korrosion. Dabei ist die Frage, wann Eisen unter Mitwirkung von Hydroxyl-Ionen aktiv in Lösung geht und dann rostet, und wann es ebenfalls unter Mitwirkung von Hydroxyl-Ionen sich statt dessen passiviert, von ebenso praktischem wie grundsätzlichem Interesse. Die spezielle Beobachtung der Stromspannungskurven mit zwei hohen Maxima hat in diesem Zusammenhang Anlaß zur Formulierung von Theorieansätzen gegeben, die mit dem Zusammenspiel der Bildung, der Adsorption und der weiteren Reaktion von Produkten des Typs FeOH, $Fe(OH)_2$, $Fe(OH)_3$ usw. operieren und die Bildung poröser, nichtschützender Oxidphasen einerseits und das Aufwachsen porenfreier Filme vom Typ des Fe_3O_4/γ-Fe_2O_3 im Prinzip berücksichtigen [45, 46]. Mit solchen Rechenansätzen, in die noch Adsorptions-Isothermen einzubeziehen sind, bei denen man die Wahl der passenden Annahme hat, lassen sich Gleichungen gewinnen, die den beobachteten Verlauf der Stromspannungskurven wiedergeben. Wie im Falle der Beschreibung des Verhaltens der selektiv korrodierten Legierungen (vgl. Kap. 8) ist die Zahl anpaßbarer Konstanten aber groß. Auch tritt eine Begründung des massiven Anionen-Einflußes auf insbesondere das zweite Maximum im Vorpassivierungsbereich in solchen Ansätzen nicht explizit auf. Dazu wäre einerseits die Chemie der Eisenverbindungen zu betrachten, andererseits werden sowohl Beobachtungen der Morphologie der Metalloberfläche wie deren Spektroskopie interessant.

Die ellipsometrisch bestimmte Dicke des Passivoxidfilms hängt im ganzen untersuchten Potentialbereich annähernd linear vom Elektrodenpotential ab (Bild 10.9) [41] und steigt mit dem pH-Wert an, so daß die oben mitgeteilte Theorie des Aufbaus des Oxidfilms und des Verlaufes des Galvani-Potentials vom Metall durch das Oxid in die Elektrolytlösung im wesentlichen für den gesamten interessierenden pH-Bereich beibehalten werden kann. Allerdings setzen diese Messungen eine besondere Versuchstechnik voraus: Es muß nämlich dafür gesorgt werden, daß die umgebende Elektrolytlösung ständig frei von gelöstem Eisen bleibt. Dies gelingt dadurch, daß die Elektroden stets bei pH 11,5 vorpassiviert und dann in eisenfreie, schwächer alkalische Lösungen umgesetzt werden. Bei pH 11,5 ist das Metall (vgl. Bild 10.7) von Anfang an passiv; ein Bereich merklicher anodischer Ströme der Eisenauflösung tritt nicht mehr auf. Mißt man dagegen von Anfang an in schwächer alkalischer Lösung, so tritt vor der Passivierung immer merkliche Eisenauflösung ein, und der dadurch verursachte Fe^{2+}-Gehalt der Lösung beeinflußt das Elektrodenverhalten nachhaltig [47]. In Gegenwart von gelöstem Eisen wächst der Oxidfilm nach

$$2\,Fe^{2+} + nH_2O \rightarrow Fe_2O_3 \cdot (n-3)H_2O + 6H^+ + 2e^- . \tag{10.13}$$

Das heißt, es bildet sich auf dem praktisch wasserfreien eigentlichen Passivfilm eine zusätzliche Schicht von wasserhaltigem Oxid. Der Wassergehalt ergibt sich aus dem Vergleich der ellipsometrischen Schichtdicke und der Schichtdicke, die man aus dem Verlauf galvanostatischer Reduktionskurven errechnet, ebenso wie aus *Tracer-Messungen* in Tritium-haltigen Lösungen [48] sowie aus Ergebnissen der Mössbauer-*Spektroskopie* [49]. Mehrfach sind in solchen Lösungen entstandene

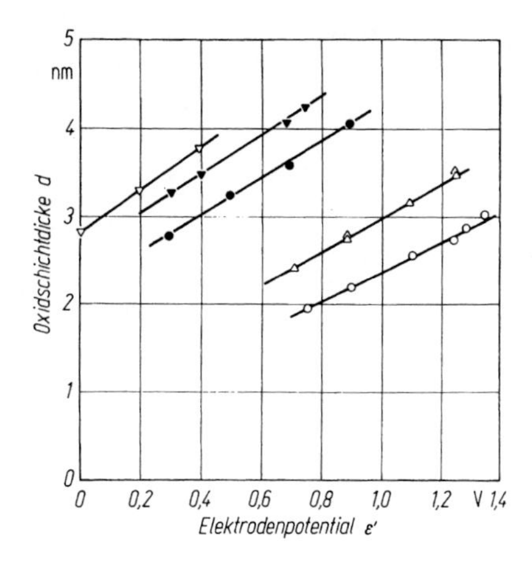

Bild 10.9. Ellipsometrisch bestimmte Dicke des passivierenden Oxidfilms nach 1-stündiger Vorpassivierung bei $\varepsilon' = -0.2$ V in Borsäure/NaOH-Lösung, pH 11,50 und anschließender jeweils 1-stündiger Nachpassivierung in Natriumphosphat/Phosphorsäure-Lösungen, 25 °C. (○ pH 1,85; △ pH 3,02; ● pH 6,15; ▼ pH 9,12; ▽ pH 11,50). (Nach Sato, Noda und Kudo). ε' bez. auf ges. Kal. Elektrode

Passivschichten auch mit Hilfe der Auger-*Elektronen-Spektroskopie* untersucht worden [50]. Bei diesen Messungen spielen allerdings die Details der Handhabung der zunächst passivierten, dann im Vakuum getrockneten Proben eine anscheinend erhebliche Rolle für die Eigenschaften der im Auger-Spektroskop letztlich untersuchten Oxidfilme, so daß die Ergebnisse bislang uneinheitlich erscheinen.

Die ohne Vorpassivierung in stärker alkalischer Lösung hergestellten Passivschichten sind dicker, und die Schichtdicke ist bei entsprechendem Fe^{2+}-Gehalt der Lösung im Prinzip unbegrenzt. Wie Bild 10.10 [41] zeigt, hängt die Schichtdicke nun nicht mehr vom pH-Wert der Lösung ab.

Interessant ist, daß das Gleichgewicht der Reaktion nach Gl. (10.13) das Ruhepotential der passivierten Elektrode bestimmt [21, 44]. Die Abhängigkeit des Ruhepotentials vom pH-Wert und der Fe^{2+}-Konzentration (genauer: von der Fe^{2+}-Aktivität, bei praktisch konstantem Aktivitätskoeffizienten in Lösungen mit großem Inertsalz-Überschuß) folgt quantitativ der Beziehung

$$\varepsilon_R = E_{Fe^{2+}/\gamma\text{-}Fe_2O_3} = E^0_{Fe^{2+}/\gamma\text{-}Fe_2O_3} + \frac{RT}{2F} \ln \frac{a^6_{H^+}}{a^2_{Fe^{2+}}}. \tag{10.14}$$

Es ist aber das Aktivierungspotential ε_{p_2} deutlich negativer als das nach (10.14) berechnete Gleichgewichtspotential der Reaktion (10.13). Dazu zeigt Bild 10.11 das Ergebnis relativ langsamer potentiokinetischer Messungen in warmen Pufferlösungen mit unterschiedlichem Gehalt an Fe^{2+}-Ionen [44]. Bei stark positiven Werten des Elektrodenpotentials mißt man zunächst den Strom des anodischen Umsatzes von Fe^{2+} zu γ-Fe_2O_3 gemäß Gl. (10.13). Nach dem Durchlauf durch die Potentialachse beim Gleichgewichtspotential $E_{Fe^{2+}/\gamma\text{-}Fe_2O_3}$ kehrt sich der Strom um, man mißt den kathodischen Strom der reduktiven Auflösung des Oxids. Endlich schlägt der Strom bei einem negativeren Potential, dem eigentlichen Aktivierungspotential, das von der Fe^{2+}-Konzentration nicht abhängt, wieder ins Anodische um. Der Steilanstieg fällt mit dem Steilabfall zusammen, den man bei entsprechend umgekehrten Passivierungsmessungen beobachtet.

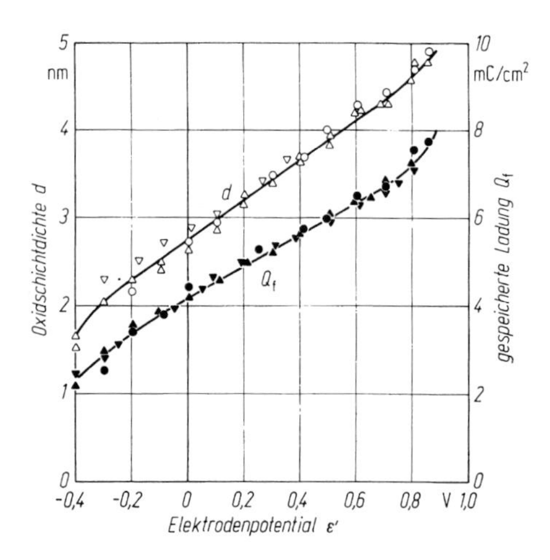

Bild 10.10. Ellipsometrisch bestimmte Dicke des passiverenden Oxidfilms nach jeweils 1-stündiger anodischer Polarisation in neutralen bis alkalischen NaOH/Natriumborat/Borsäure-Pufferlösungen, 25 °C; sowie zugehörige in der Oxidschicht gespeicherte Elektrizitätsmenge (○ ● pH 7,45; △ ▲ pH 8,42; □ ■ pH 9,65; ▽ ▼ pH 11,50). ε' bez. auf ges. Kal. Elektrode. (Nach Sato, Noda und Kudo)

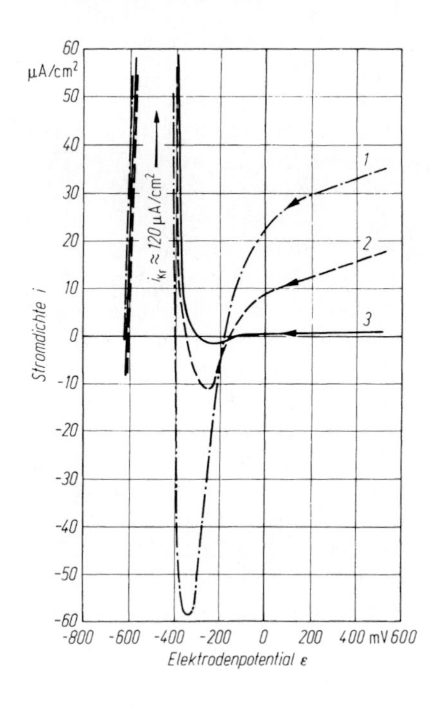

Bild 10.11. Potentiokinetische, in kathodischer Richtung gemessene Stromspannungskurven der Aktivierung des vorpassivierten Eisens in NaOH-Glykokoll-Pufferlösung, pH 9,0; 50 °C; Potentialvorschubgeschwindigkeit 6 mV/min. Fe^{2+}-Konzentration der Lösung $1{,}45 \cdot 10^{-3}$ (1) bzw. $0{,}85 \cdot 10^{-3}$ (2) bzw. $\simeq 0$ mol/l (3). (Nach Oelsner)

Man beachte, daß die Passivität des Eisens in neutralen bis alkalischen Lösungen im Grunde einfacher zu verstehen ist als die Passivität in saurer Lösung. Bei sehr niedrigem pH-Wert sind die Oxide thermodynamisch leicht löslich. Sie treten deshalb in diesem pH-Bereich im Potential pH-Diagramm (vgl. Kap. 3) nicht auf, und es kommt darauf an, den nicht nur thermodynamisch leicht, sondern auch kinetisch schnell säurelöslichen Magnetit lösungsseitig so stark fehlzuordnen, daß er sich aus Gründen kinetischer Hemmungen nur noch sehr langsam löst, obwohl er thermodynamisch leicht löslich bleibt. Dies ändert sich beim Übergang zu neutralen bis schwach alkalischen Lösungen, weil die Eisenoxide dann außerordentlich schwerlöslich werden. Dann entfällt die Bedingung des Vorliegens besonderer kinetischer Hemmung, und für das Eintreten der Passivität im technisch-praktischen Sinn ist nur noch erforderlich, daß das ohnehin schwerlösliche. Oxid porenfrei auf der Metalloberfläche aufwächst. Bei dem Oxid kann es sich z. B. um stöchiometrisch zusammengesetzten Magnetit handeln, und dann erwartet man nunmehr als Gleichung des Passivierungspotentials anstelle von Gl. (10.6) gemäß Gl. (10.4) die Beziehung

$$\varepsilon_p = -0{,}09 - 0{,}059(\mathrm{pH}), \tag{10.15}$$

für neutrale bis schwach alkalische Lösungen,

und damit Passivierung weit unter dem nach (10.6) berechneten Elektrodenpotential. In Bild 10.7 liest man dazu z. B. ab, daß ε'_p (bezogen auf die gesättigte Kalomelelektrode) $\simeq -0.30$ V ist, entsprechend $\varepsilon_p \simeq -0{,}55$ V, für pH 7.45, Nach

(10.15) berechnet man für diesen pH-Wert $\varepsilon_p \simeq -0.53$ V, in ausreichender Übereinstimmung mit dem Experiment. Zur Erklärung der für die Praxis durchgreifend wichtigen Frage der Lage des Passivierungspotentials bedarf es daher der Kenntnis der Details der Fehlordnung im Oxidfilm im Grund nicht. Man beachte aber, daß eben diese Details für die Theorie des gelegentlichen Versagens der Passivität durch Lochfraß u.a.m. nach aller Voraussicht doch erhebliche Bedeutung haben werden (vgl. Kap. 12).

Nach dem Ergebnis der bisher beschriebenen Untersuchungen zum Thema der Eigenschaften des Passivoxidfilms auf Eisen ist offensichtlich, daß die Filmeigenschaften jedenfalls abhängen a) vom pH-Wert der Lösung, b) von der übrigen Zusammensetzung der Lösung, c) vom Elektrodenpotential und d) von der Vorgeschichte der Passivierung. Ein Versuch, die offensichtlich komplizierten Zusammenhänge durch Filmanalysen nach systematischer Variation wichtiger Einflußgrössen zu rationalisieren, ist deshalb interessant. Dazu zeigt Bild 10.12 ein experimentelles Potential-pH-Diagramm der Oxidphasen und ihrer Schichtung im Passivoxidfilm des Eisens für eine Elektrolytlösung im wesentlichen gleichbleibender Zusammensetzung und für ein stets gleichbleibendes Verfahren der Passivierung [52]. Das Untersuchungsverfahren bestand in einer Kombination ellipsometrischer Messungen, kathodischer Coulometrie und chemischer Analysen. Für die zweistufige Passivierung, mit der die Oberflächen- Aufrauhung durch

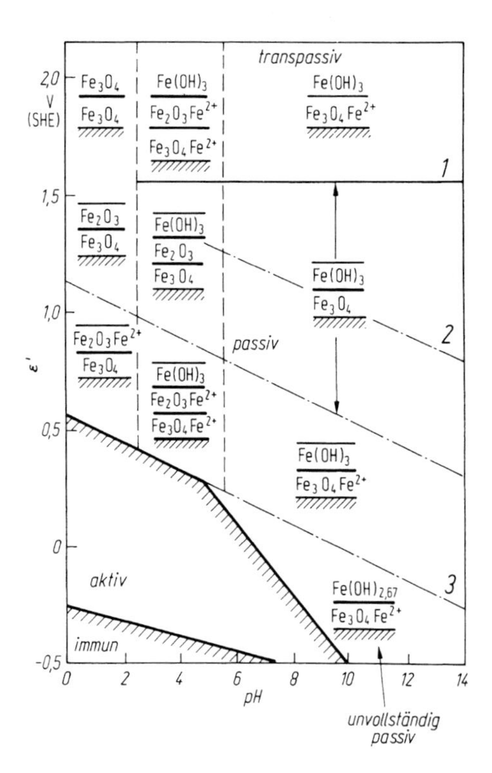

Bild 10.12. Experimentelles Potential-pH-Diagramm der Zusammensetzung und Struktur des Oxidfilms auf zweistufig passiviertem Eisen in Phosphatlösungen. *1* Potentialschwelle der Transpassivität; *2* Sauerstoff-Gleichgewichtspotential; *3* "Flade-Potential" (Aktivierungspotential). (Nach Nishimura und Sato)

hohe Anfangsströme vermieden werden sollte, wurden die Elektroden zunächst in einer Boratlösung, pH 11,5, vorpolarisiert und dann in die Versuchslösung und auf das Versuchspotential gebracht. Gleichartige Versuchsreihen wurden für Boratlösungen sowie mit einstufiger Passivierung durchgeführt. Die Meßergebnisse lassen sich im großen und ganzen wie folgt interpretieren: In stark sauren Lösungen liegt ein Doppelschicht-Schutzfilm ("outer barrier layer/inner barrier layer") vor, in schwach sauren Lösungen tritt auf diesem ein zusätzlicher Niederschlagsfilm auf ("deposit layer"), in neutralen bis alkalischen Lösung ein Einfachschicht-Schutzfilm mit darüberliegendem Niederschlagsfilm. Die Dicke des Schutzfilms wächst linear mit dem Potential, bei konstanter Überspannung ist sie im stationären Zustand vom pH-Wert, vom Passivierungsvorgang und von der übrigen Lösungszusammensetzung unabhängig. Die Dicke des Niederschlagsfilms ist wenig potential abhängig, sie wächst mit dem pH-Wert bis ca.pH 8. Im Niederschlagsfilm ist das Eisen stets dreiwertig, im Schutzfilm wechselt seine mittlere Wertigkeit zwischen 2,33 und 3,00 je nach pH-Wert, Anionen-Sorte, Potential und Passivierungsverfahren.

Wegen zusätzlicher Information über die Ionenselektivität der Schichten wird auf die Literatur verwiesen [52]. Davon abgesehen, scheinen diese Vorstellungen die Menge der Erfahrungen auf dem Sachgebiet jedenfalls dann recht gut zusammenzufassen, wenn man dem Auftreten des Niederschlagsfilms, also im wesentlichen des $Fe(OH)_3$, über dem eigentlichen Passivoxidfilm, das ist die "barrier layer", keine große Bedeutung zumißt.

Bei den soeben beschriebenen zusammenfassenden Messungen, wie auch sonst bei elektrochemischen und ellipsometrischen Untersuchungen, desgleichen bei der Mössbauer-Spektroskopie, wurde die Passivschicht in situ studiert. Bei zahlreichen anderen Untersuchungen insbesondere mittels Auger-Elektronen-Spektroskopie, Sekundärionen-Massenspektroskopie und ESCA (Elektronenspektroskopie zur chemischen Analyse) ist grundsätzlich die Überführung der Elektroden aus der Elektrolytlösung in einen Hochvakuum-Rezipienten erforderlich. Mindestens wird dabei der Oxidfilm getrocknet, doch sind sicherlich auch Umwandlungen von Hydroxiden zu Oxiden denkbar. Während also, sorgfältige Eichung des jeweiligen Verfahrens vorausgesetzt, Tiefenprofilmessungen des Metallgehaltes des Passivoxids im Prinzip zuverlässig sein werden, ist die Charakterisierung der Kristallstruktur bei derartigen ex situ durchgeführten Messungen problematisch. Wegen der diesbezüglich sehr umfangreichen Fachliteratur sei auf einen kompetenten Übersichtsaufsatz hingewiesen [53]. Als Meßmethode, die empfindlich auf den Oxidationsgrad, die Koordination und den Grad der Kovalenz der chemischen Bindung anspricht, hat sich neuerdings die Röntgenabsorptions-Spektroskopie bewährt, speziell die Untersuchung der Absorption an der Kante des Absorptionsbereichs sowie "EXAFS" (extended x-ray absorption fine structure) [53, 56, 57]. Dabei wurden Passivschichten des Eisens untersucht, die in oxidierend wirkenden Elektrolytlösungen spontan entstanden waren. Die Methode erlaubt ex situ-Messungen in normaler Umgebung; und sie erlaubt in situ-Messungen. Der Vergleich zeigt, daß zwar die ex situ-Messungen das Vorliegen Spinell-artiger Strukturen des Passivoxidfilms gut bestätigen. In situ-Messungen liefern aber sehr deutlich andere Absorptionsspektren, die anzeigen, daß die Spinell-Struktur im Sinne der

Annäherung an einen eher glasig amorphen Zustand aufgeweicht ist. Das bestätigt Folgerungen, die aus der in situ-Mössbauer-Spektroskopie des Passivoxidfilms gezogen worden sind [58]. Da ferner (vgl. auch weiter unten Kap. 10.3) Photostrommessungen neuerdings ebenfalls in diese Richtung weisen [59], so scheint im ganzen das Vorkommen zumindest hochgradig fehlgeordneter Oxidfilme sehr wahrscheinlich. Eine derzeit verbreitete Arbeitshypothese ist jedenfalls [60], daß Passivoxidfilme um so besser schützend sein mögen, je weniger kristallin sie sind. Dergleichen leuchtet allerdings nicht ohne weiteres ein, da doch Transportvorgänge durch die Passivschicht in stark ungeordneten Oxiden eher leichter ablaufen sollten.

Die Durchsicht des experimentellen Materials lehrt, daß ein kontinuierlicher Übergang aktiv/passiv zwischen einem Passivierungspotential ε_{p1} und einem Aktivierungspotential ε_{p2} die Regel ist. Das bedeutet, daß normalerweise die Stromspannungskurve zwischen ε_{p1} und ε_{p2} flach genug abfällt, um zu verhindern, daß im System Potentiostat/Electrode Schwingungen auftreten. Als für die Praxis wichtige Beispiele zeigt Bild 10.13 die stationäre anodische *Stromspannungskurve des Chroms* in N H_2SO_4 nach Messungen von Kolotyrkin [61], Bild 10.14 die des Nickels in 1 N H_2SO_4 nach Sato und Okamoto [62] sowie Vetter und Arnold [63].

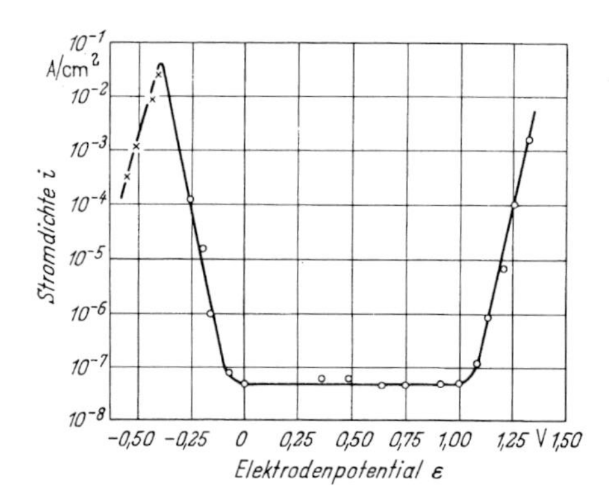

Bild 10.13. Anodische Teilstrom-Spannungskurve der Chromauflösung aus reinem Chrom in 1 N H_2SO_4 (Nach Kolotyrkin)

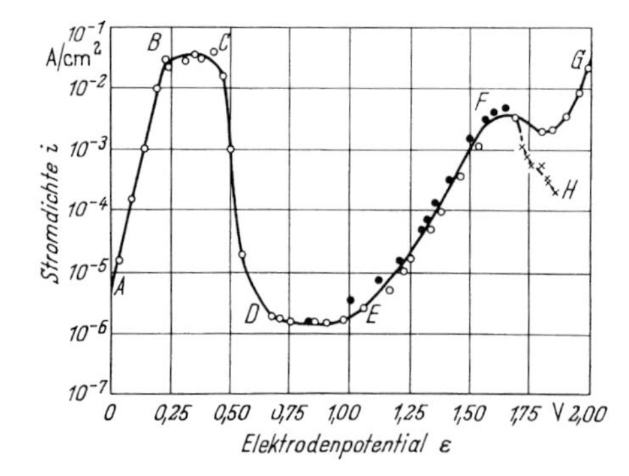

Bild 10.14. Anodische Summenstrom-Spannungskurve *AG* und Teilstrom-Spannungskurve *AH* der Nickelauflösung von reinem Nickel in 1 N H_2SO_4, 25 °C. (Nach Sato und Okamoto (○) sowie Vetter und Arnold (●)

Danach ist in der H_2SO_4-Lösung vom pH-Wert 0,3 für Chrom: $\varepsilon_{p1} = -0.4$; $\varepsilon_{p2} = -0{,}1$; für Nickel; $\varepsilon_{p1} = +0{,}4$; $\varepsilon_{p2} = +0{,}7$ (V).

Die Passivstromdichte des Chroms ist nach Bild 10.13 ganz ähnlich wie die des Eisens über einen weiten Bereich des Elektrodenpotentials konstant, aber-mit z. B. $< 1\ \mu A/cm^2$ in 1 N H_2SO_4 – außerodentlich klein. Wesentlich kleiner als beim Eisen ist auch die kritische passivierende Stromdichte. Mißt man (Bild 10.13) für i_{kr} ca. 40 mA/cm^2, so bei pH 1,7 nur noch ca. 1 mA/cm^2, bei pH 2,2 nur noch ca. 0,4 mA/cm^2 [64]. Der Aktiv/Passivumschlag verschiebt sich mit steigendem pH-Wert zu negativeren Werten des Elektrodenpotentials, und zwar nach älteren Messungen [65] mit $d\varepsilon_{p2}/d(\mathrm{pH}) = -0{,}12$ V.* Die Messung der im Oxidfilm gespeicherten Elektrizitätsmenge durch galvanostatische Entladung läßt auf eine sehr geringe Passivschichtdicke schließen [67], Ellipsometrische Messungen [67] ergaben in sauren Lösungen ca. 1 nm bei + 0,2 V, ca. 2 nm bei + 1,2 V.

Im Bereich vor dem Steilanstieg der Stromspannungskurve bei stark positiven Werten des Elektrodenpotentials löst sich das passive Chrom zu Cr^{3+}-Ionen in den Elektrolyten. Also ist anzunehmen, daß es sich beim Passivoxid entweder insgesamt um ein Cr-III-Oxid handelt, oder daß zumindest die Elektrolytseite des Oxidfilms nur Cr^{3+}-Ionen enthält. Als Modellsubstanz für das Passivoxid ist ein hydratisiertes Oxid der Zusammensetzung $Cr(OH)_3 \cdot 0{,}3\ H_2O$ hinsichtlich der Kinetik der Auflösung in Säuren untersucht worden [68]. Die Ergebnisse lassen sich auch hier mit dem Ansatz deuten, daß zwei Teilreaktionen, nämlich der Durchtritt von Cr^{3+}-Kationen einerseits und von OH^--Anionen andererseits, getrennt zu betrachten sind. Außer dem pH-Wert der Säure und dem Sprung des Galvani-Potentials an der Phasengrenze Oxid/Säure spielen aber auch die Anionen der Säure für die Kinetik der Oxidauflösung eine erhebliche Rolle, d.h. es kommen Zwischenprodukte von der Art des $CrSO_4^+$; $Cr(OH)Cl^+$; $CrCl_2^+$ vor.

Die anodische Sauerstoffentwicklung am Passivoxid wird beim Chrom nicht erreicht, da vorher im Bereich der Chromtranspassivität die Stromdichte der anodischen Metallauflösung exponentiell steil wieder ansteigt (vgl. Bild 10.13). Dieser Effekt kehrt ähnlich (vgl. weiter unten) bei den hochlegierten Chrom- und Chrom-Nickelstählen wieder und hat daher erhebliche praktische Bedeutung. Es handelt sich um die anodische Auflösung des Chroms zu Dichromat-bzw. Chromat-Anionen in denen das Chrom-Kation positiv 6-wertig geladen vorliegt. Die Gleichung der Elektrodenreaktion lautet für saure Lösungen

$$2\,Cr + 7\,H_2O \rightarrow Cr_2O_7^{2-} + 14\,H^+ + 12\,e^-, \qquad (10.16)$$

für alkalische Lösungen

$$Cr + 4\,H_2O \rightarrow CrO_4^{2-} + 8\,H^+ + 6\,e^-, \qquad (10.17)$$

wobei zumindest bei pH 0,5 und pH 4,6 [69] die Stromausbeute der Reaktion 100% erreicht, Auflösung zu Cr^{3+}-Kationen also nicht mehr eintritt. Die Lage der Stromspannungskurve des transpassiven Chroms ist (vgl. Bild 10.15 [70] wie

---

* Nach Vetter [30] kann aus diesen Messungen allerdings genauso gut $d\varepsilon_{p_2}/d(\mathrm{pH}) = -0{,}058$ V entnommen werden.

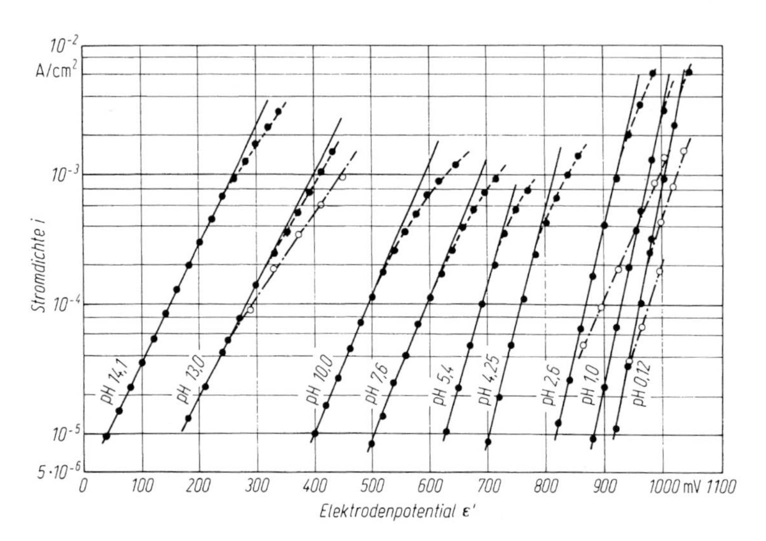

Bild 10.15. Stationäre (●) und instationäre (○) Stromspannungskurve des transpassiven Chroms in NaCl/HCl/NaOH/Citrat/Borat-Lösungen, 23 °C, als Funktion des pH-Wertes. (Nach Knoedler und Heusler). ε' bez. auf ges. Kal. Elektrode

erwartet stark pH-abhängig, die Auflösungsreaktion aber stark gehemmt. Für die Reaktion (10.16) bzw. (10.17) berechnet man nämlich [69], das Gleichgewichts-Elektrodenpotential $E_{Cr/Cr_2O_7^{2-}} = 0{,}28 - 0{,}069$ (pH) bzw. $E_{Cr/CrO_4^{2-}} = 0{,}37 - 0{,}079$ (pH), während die transpassive Auflösung in Wirklichkeit z. B. bei pH 0 erst ab ca. 1 V merklich schnell wird. Die älteren Untersuchungen der Kinetik der transpassiven Chromauflösung [71] sind kürzlich durch die Kombination von Stromspannungs-Messungen und *Messungen des Spektrums der komplexen Wechselstrom-Impedanz* transpassiver Chromelektroden erheblich verbessert worden [70]. Danach kann schon wegen der sehr hohen elektrischen Kapazität der Doppelschicht an der Chrom/Elektrolyt-Phasengrenze keine dickere als eine monomolekulare Deckschicht vorliegen. Diese besteht aus oxidischen oder auch hydroxidischen Zwischenprodukten der sukzessiven Oxidation des Chroms über alle 6 Wertigkeitsstufen, mit endlich folgender Desorption ausschließlich der Verbindung des 6-wertigen Chroms.

Für Nickel ist angenommen worden [62], daß sich etwa bei *B* (vgl. Bild 10.14) eine poröse, nichtpassivierende Primärschicht aus NiO bildet. Das Passivierungspotential ε_{p_1} soll in sauren Lösungen mit dem Gleichgewichtspotential $E_{NiO\ Ni_3O_4}$ der Umwandlung des NiO in Ni_3O_4 zusammenfallen. Ähnlich wie bei Eisen ändert sich der aktiv/passiv-Übergang um 0,06 V pro pH-Einheit in sauren Lösungen, aber in alkalischen Lösungen wesentlich stärker. Die kritische passivierende Stromdichte i_{kr} sinkt von $7 \cdot 10^{-2}$ A/cm² bei pH 0,3 auf etwa 10^{-5} A/cm² bei pH 3,1 und etwa 10^{-7} A/cm² bei pH 11,7 (jeweils in 0,5 M SO_4^{2-}-Lösung). Die im Bereich *DE* praktisch konstante Passivstromdichte i_p sinkt von 10^{-6} A/cm² bei pH 0.3 auf etwa 10^{-8} A/cm² bei pH 5 ab, bleibt bis pH 10 konstant und steigt bei pH 14 wieder auf etwa 10^{-7} A/cm^2 an, ebenfalls qualitativ ähnlich wie bei Eisen. Der Zusammenhang zwischen Ionenstrom durch die Passivschicht, Schichtdicke und Elektrodenpotential entspricht im Bereich *DE* der Stromspannungskurve nach Okamoto und Mitarbeitern [73] qualitativ ebenfalls den für Eisen weiter oben diskutierten Beobachtungen. Weiter wird beobachtet, daß sich das Nickel sowohl im Potentialbereich *AB* als auch im Bereich *EF* steigender Passivstromdichten i_p zweiwertig im Elektrolyten löst. Der Anstieg von i_p bei $\varepsilon > 1{,}0$ V kann darauf zurückgehen, daß nach Überschreiten dieses Elektrodenpotentials der vorher amorphe und dichte Passivfilm rekristallisiert und dadurch porös wird, und daß in den Poren das Nickel aktiv in Lösung geht. Statt dessen ist auch vermutet worden, es handle sich hier um die Stromspannungskurve des Durchtritts von Nickelionen durch eine extrem dünne Deckschicht [74]. Es verhielte sich dann das Nickel in diesem Bereich weniger wie eine passive, sondern eher wie eine durch Sauerstoffbelegung stark inhibierte Elektrode. In ähnliche Richtung weisen auch jüngere Stromspannungs- und Impedanzmessungen [75]. Andererseits kann der exponentielle Anstieg der Nickelauflösung im Bereich der Transpassivität auch mit der Annahme gedeutet werden, es läge NiO vor, und zwar als Dielektrikum, dessen elektrochemisches Verhalten durch Oberflächenladungen bestimmt wird [31]. Anders als für das Passivoxid des Eisens folgt aus dieser Vorstellung ein mit dem Elektrodenpotential ansteigender Wert von $\varphi_{\mathrm{Ox,L}}$ in der GL. (10.8), umgeschrieben für die Passivstromdichte i_p nun des Nickels. Allerdings bleibt dann die Deutung des Bereichs der Potentialunabhängigkeit von i_p zwischen Passivierung und Transpassivität offen. Dieser Bereich ist z. B. in Natronlauge sehr deutlich ausgeprägt [76]. Dort ergaben im übrigen Messungen mit Hilfe der *Modulations-Reflexions-Spektrometrie* deutliche Hinweise, daß ganz ähnlich wie beim passiven Eisen in neutralen bis alkalischen Lösungen das Passivoxid mit steigendem Elektrodenpotential in homogener Phase sukzessive zu höherem Oxydationsgrad umgeladen wird, vermutlich entsprechend der Redoxreaktion

$$\mathrm{Ni(OH)_2 + OH^- \rightarrow NiOOH + H_2O + e^-}. \qquad (10.18)$$

Für saure Lösungen sind nach ellipsometrischen Messungen einerseits Werte um 7–10 nm mitgeteilt worden [77]. Eingehende elektrochemische und ellipsometrische Messungen liegen nunmehr auch für Nickel in einer Borsäure/Borat-Pufferlösung vom pH-Wert 8,4) vor. Bild 10.16 [78] zeigt die Ergebnisse im Vergleich zum Verhalten des Eisens unter sonst gleichen Bedingungen. Danach ist der Passivfilm auf Nickel über einen weiten Bereich des Potentials wesentlich dünner als auf Eisen, dann steigt die Dicke stark an. Es liegt nahe zu vermuten, bis zum starken Anstieg der Filmdicke liege nur NiO vor, gebildet durch direkte Oxydation des Metalls gemäß:

$$\mathrm{Ni + H_2O \rightarrow NiO + 2H^+ + 2e^-}, \qquad (10.19)$$

und die Zunahme der Filmdicke werde ähnlich wie beim Eisen durch eine überlagerte Reaktion nach

$$\mathrm{2Ni^{2+} + 3H_2O \rightarrow Ni_2O_3 + 6H + \ + 2e^-} \qquad (10.20)$$

bewirkt. Dabei fällt der Bereich der Filmdickenzunahme mit einer *sekundären*

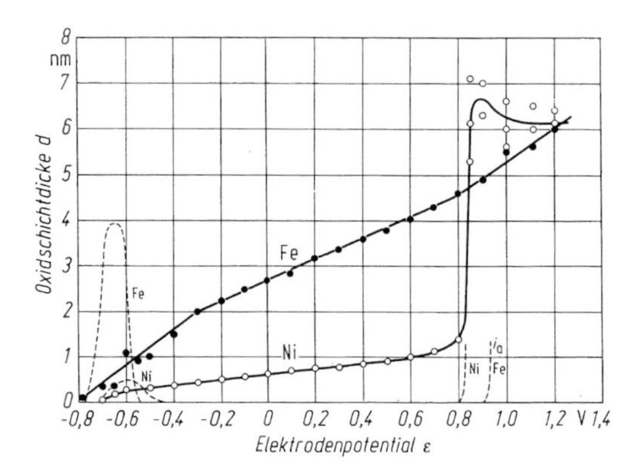

Bild 10.16. Die ellipsometrisch bestimmte Dicke d des Passivoxids auf Nickel in Borsäure/Borat-Puffer, pH 8,42, 25 °C als Funktion des Elektrodenpotentials ε' (bez. auf ges. Kalomelelektrode) nach jeweils 1-stündiger potentiostatischer Passivierung (○ ○ ○). Zum Vergleich: Entsprechende Messungen an Eisen (● ● ●). Gestrichelt: Stromspannungskurve des Nickels bzw. des Eisen. (Nach Sato und Kudo). ε' bez. auf ges. Kal. Elektrode

Passivierung zusammen, d.h. mit einem neuerlichen Abfall der Stromdichte der Auflösung des Nickels in den Elektrolyten. Auf die sekundäre Passivierung folgt endlich eine *sekundäre Transpassivität*, d. h. ein Wiederanstieg der Stromdichte der Nickelauflösung. Die Sekundärpassivierung zeigte auch schon Bild 10.14 mit der Kurve *FH* im Bereich der anodischen Sauerstoffentwicklung *FG*.

Wie Eisen, Chrom und Nickel sind auch *die hochlegierten Chromstähle und Chromnickelstähle* durch die Ausbildung elektronenleitender Oxidhäute passivierbar. Bild 10.17 stellt die charakteristischen Stromspannungskurven eines (ferritischen) 18 Gew.-%igen Chromstahles (Kurve *A*) und eines (austenitischen) 18% Cr 8% Ni-Stahles (*B*) zum Vergleich. Sie zeigt außerdem die Stromspannungskurve eines (austenitischen) 18% Cr 18% Mn 2% Ni-Stahles in warmer 1 N H_2SO_4-Lösung [79]. Der 18 Cr-Stahl verhält sich bis ca. 1.3 V weitgehend Chrom-ähnlich, wenngleich der Aktiv/Passiv-Umschlagsbereich zu positiveren Werten des Elektrodenpotentials verschoben erscheint. Die kritische passivierende Stromdichte i_{kr} ist für den 18 Cr-Stahl (wie auch für den 18 Cr 18 Mn 2 Ni-Stahl) relativ hoch, insbesondere im Vergleich zu dem für die Praxis diesbezüglich sehr

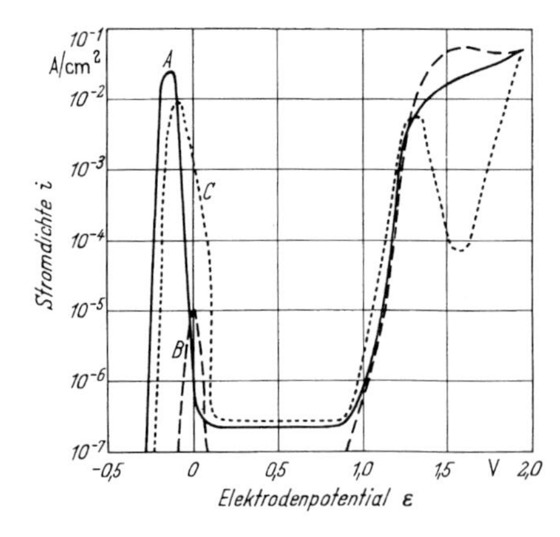

Bild 10.17. Anodische Summenstrom-Spannungskurve (bis ca. + 1,5 V identisch mit der Teilstrom-Spannungskurve der Metallauflösung) *A* eines 18 Gew.-% Cr-Stahls, *B* eines 18% Cr 8% Ni-Stahles, *C* eines 18% Cr 18% Mn 2% Ni-Stahles in 1 N H_2SO_4, 50 °C. (Nach Engell und Ramchandran)

vorteilhaften, weil schon durch eine sehr kleine Stromdichte i_{kr} passivierbaren 18 8 CrNi-Stahl. Dieser zeichnet sich außerdem durch eine extrem kleine Passivstromdichte $i_p < 10^{-7}$ A/cm² aus. Man beachte, daß nach diesen Messungen die besonders vorteilhaften Eigenschaften des 18 8 CrNi-Stahles nicht auf das austenitische gegenüber dem ferritischen Gefüge zurückgehen können, denn austenitisch ist auch der 18 Cr 18 Mn 2 Ni-Stahl. Alle drei untersuchten Stahlsorten zeigen ab ca. + 1 V den Effekt der chromartigen Transpassivität, alle drei Sorten zeigen außerdem aber oberhalb ca. + 1,3 V ein Überschwingen in den Bereich Eisen- oder auch Nickel-ähnlicher anodischer Sauerstoffentwicklung.

Die Abhängigkeit des „Aktivierungs-Normalpotentials" ε_P^0, also des Aktivierungspotentials in einer Säure vom pH-Wert Null, zeigt Bild 10.18 für reine FeCr-Legierungen nach älteren Messungen [80]. Die Abbildung enthält außerdem die pH-Abhängigkeit des Aktivierungspotentials als Funktion des Cr-Gehaltes. Nach Ausweis dieser Messungen sind die Legierungen bis ca. 10% Cr eher „eisenähnlich", Legierungen ab ca. 15% Cr eher „chromähnlich", wenngleich die für die Praxis günstigste Eigenschaft der reinen Chroms, nämlich das weit zu negativen Werten des Elektrodenpotentials geschobene Aktivierungspotential, bei weitem nicht erreicht wird.

Messungen der kritischen passivierenden Stromdichte i_{kr} als Funktion des Cr-Gehaltes von CrFe-Legierungen ergaben, allerdings in neutraler Sulfatlösung. zwischen 0 und 16% Cr einen durchweg linearen Abfall von 10^{-1} auf 10^{-6} A/cm². mithin keinen Hinweis auf eine besondere Bedeutung einer Cr-Konzentrationsschwelle zwischen 10 und 15% Cr [81]. Auch die in Bild 10.19 wiedergegebenen Messungen des Einflusses des Cr-Gehaltes von Fe-9% Ni-Legierungen in 2 N H_2SO_4-Lösung lassen über eine eventuelle „kritische" Cr-Konzentration nichts erkennen [82]. Davon abgesehen, zeigt diese Kurvenschar übersichtlich die hauptsächlichen und entscheidenden Wirkungen des Chromzusatzes zu einer Fe-8% Ni-Legierung: Sinken der kritischen passivierenden Stromdichte i_{kr} und der Passivstromdichte i_P, Negativerwerden des aktiv/passiv-Umschlagspotentials ε_p als Mittel zwischen einem Passivierungspotential ε_{P1} und einem Aktivierungspotential ε_{P_2}. Ein Bereich potentialunabhängiger Passivstromdichte i_P wird nicht

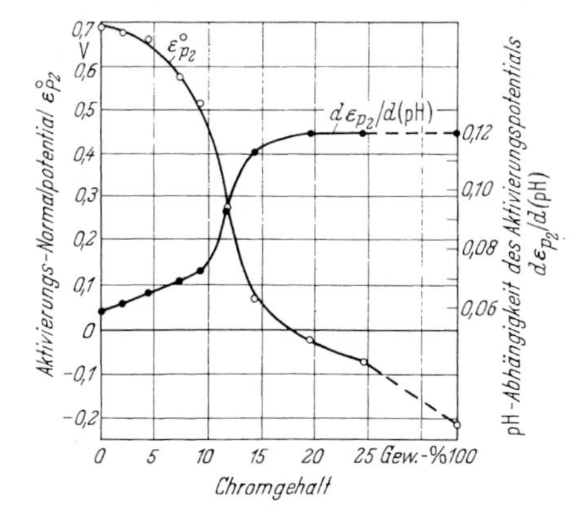

Bild 10.18. Das „Aktivierungs-Normalpotential" und die Ableitung $d\varepsilon_{P_2}$/dpH von CrFe-Legierungen in H_2SO_4-Lösung. (Nach Rocha und Lennartz)

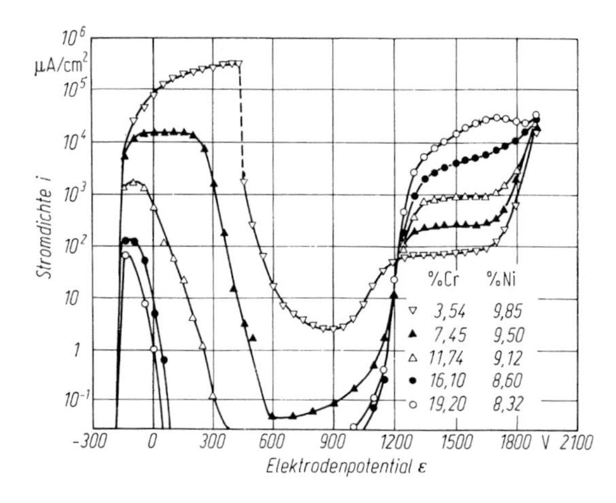

Bild 10.19. Anodische Summenstrom-Spannungskurve (bis ca. + 1,7 V identisch mit der Teilstrom-Spannungskurve der Metallauflösung) von CrNi-Stählen in 2 N H_2SO_4, 25 °C. (Nach Osozawa und Engell)

beobachtet. Sehr deutlich zeigt sich bei allen Messungen der Übergang zwischen chromähnlicher Transpassivität und eisenähnlicher anodischer Sauerstoffentwicklung. Es mag hier festgehalten werden, daß die abgebildeten Stromspannungskurven zeitlich stationär waren, die Einstellung des stationären Zustandes dabei bis zu 24 Stunden pro Meßpunkt dauerte. Den typisch N-förmigen Verlauf der Stromspannungskurve wird man auch bei verkürzten potentiokinetischen Messungen regelmäßig beobachten, jedoch hängt das Meßergebnis namentlich im Bereich des aktiv/passiv Übergangs dann oft deutlich vom Meßvefahren ab [83].

Die Chrom- und Chrom-Nickel-Stähle sind häufig mit einigen Gew.-% Molybdän legiert. In den Chromstählen senkt, wie Tabelle 16 für den speziellen Fall der 1 N H_2SO_4-Lösung zeigt, das Molbydän die kritische passivierende Stromdichte i_{krit} stark ab, während die Passivstromdichte auf den Molybdängehalt kaum reagiert [84]. In HCl-Lösung senkt Molybdän anscheinend auch die Passivstromdichte [85]. Bei den Chrom-Nickel-Stählen ist der Molybdängehalt vermutlich mit Rücksicht auf die Empfindlichkeit gegen Lochfraß interessant. Auf die Verringerung von i_{krit} und i_P durch einige Prozent Kupfer, sei hingewiesen [17].

Tabelle 16. Die kritische passivierende Stromdichte von Eisen − 18% Chrom-Legierungen in 1 N H_2SO_4-Lösung, 25 °C als Funktion des Molybdängehaltes. (Nach Messungen von Bockel)

Legierung	i_{kr} (A/cm²) in 1 N H_2SO_4
FeCr 18	$2 \cdot 10^{-2}$
Fe Cr 18 Mo 2	$2 \cdot 10^{-3}$
Fe Cr 18 Mo 4	$5 \cdot 10^{-4}$
Fe Cr 18 Mo 6	$1 \cdot 10^{-4}$
Fe Cr 18 Mo 8	$5 \cdot 10^{-5}$

Erhöht man in CrNi-Stählen den Chromgehalt und erniedrigt man den Nickelgehalt so erhält man gemischt ferritisch-austenitische sogenannte Duplex-Stähle, die – variierend mit dem Ferrit/Austenit-Volumenverhältnis – nicht hinsichtlich ihrer Passivstromdichte, aber hinsichtlich der Beständigkeit gegenüber Lochfraß, Spaltkorrosion und Spannungsrißkorrosion (vgl. jeweils dort) den austenitischen Stahl in chloridhaltigen Medien teilweise übertreffen. Dazu sei auf eine mikroellipsometrische Untersuchung der Schichtdicke und der optischen Eigenschaften auf den Austenit- und den Ferrit-Kornflächen hingewiesen [86].

Für die Dicke des passivierenden Oxidfilms speziell der CrNi-Stähle werden gemäß dem Ergebnis ellipsometrischer Messungen in schwefelsauren Lösungen wahrscheinlich typische, niedrige Werte zwischen ein bis wenigen Nanometern gemessen [87, 88]. Die Abhängigkeit der Schichtdicke von der Zeit, dem Elektrodenpotential und der Zusammensetzung der Legierung und der Elektrolytlösung sei hier übergangen. Ein interessanter Punkt ist die Frage der Kristallinität des Passivoxids. Diese wurde speziell für Eisen- Chrom-Legierungen mittels Elektronenbeugung an in Schwefelsäure erzeugten Passivschichten untersucht [53, 89, 90]. Danach lag bei reinem Eisen und noch bei 5% Chrom ein wohlgeordneter Spinell vor, bei 12% Cr ein schlecht ausgebildeter Spinell. Bei 19% Cr erwies sich das Passivoxid als überwiegend, bei 24% Cr als völlig amorph. Die Schichtdicke sank bei diesen Messungen von 3.6 nm bei Reineisen auf 1,8 nm bei 24% Cr. In der zunehmenden Glasigkeit des Passivoxids wird der Haupteinfluss des Chroms gesehen, und als Ursache die "Strukturflexibilität" seiner Oxide. Diese Flexibilität rührt beim Chrom vom geringen Unterschied der freien Bildungsenthalpie der Oxide unterschiedlicher Wertigkeitsstufen her. In einem anderen Fall eines typischen Glasbildners, dem SiO_2, wird die Strukturflexibilität durch die Variationsbreite des relativen Anteils kovalenter und ionischer chemischer Bindung gedeutet. In derselben Richtung wird auch die Rolle des Einbaus von Wasserstoff in das Passivoxid gesehen, da dadurch die Palette in der Bindungsenergie ähnlicher Verbindungen um die Hydroxide erweitert wird. Der Gedankengang basiert insgesamt auf der Unterstellung, durch glasige Oxidschichten erfolge der Transport von Metallionen langsamer als durch kristalline. Daß sich dies nicht ohne weiteres von selbst versteht, wurde weiter oben schon bemerkt. Richtig ist sicherlich, daß in den glasigen Schichten jedenfalls die Korngrenzen als Pfade schneller Ionenwanderung entfallen. Auch kann auf den sehr guten Korrosionsschutz verwiesen werden, der durch Email, also durch eine Silikatglasschicht erzielt wird. Im übrigen wäre noch zu fragen, weshalb denn nicht schon die Strukturflexibilität des Eisens mit seinen sehr zahlreichen Modifikationen der Oxide, Hydroxide, u.a.m. ausreicht, um das Passivoxid so glasig zu machen, daß weitere Legierungszusätze sich erübrigen.

Der Einbau von Chrom in die Passivschicht wurde im vorangegangenen Abschnitt stillschweigend unterstellt. Die Annahme ist auch zutreffend, doch beachte man, daß sich allgemein die Zusammensetzung einer Oxidschicht auf einer Legierung nicht einfach aus der Legierungszusammensetzung ergibt, selbst wenn, wie im Falle der hochlegierten Stähle, die Komponenten Eisen, Chrom, Nickel und Molybdän alle in Bezug auf die Oxidation thermodynamisch instabil sind. Andererseits ist es aber auch nicht etwa ein Naturgesetz, daß die einzelnen Komponenten im Verhältnis der freien Reaktionsenthalpie der jeweiligen Oxidbildung selektiv angegriffen werden. Zwar bewährt sich dieser Ansatz im Bereich der Hochtemperaturoxidation z. B. der Eisen-Chrom-Legierungen, deren Zunderbeständigkeit darauf beruht, daß bevorzugt Chrom oxidiert wird und wegen der geringen Fehlordnung des Cr_2O_3 auf der Legierungsoberfläche einen Schutzfilm bildet, der die weitere Reaktion blockiert. In diesem Fall folgt also die Kinetik dem großen Unterschied der freien Bildungsenthalpie der Eisen- und der Chromoxide, wobei die schützend ins Spiel kommende geringe Fehlordnung des Chromoxids mit seiner Bildungsenthalpie über die chemische Bindung verknüpft ist. Schon bei der Hochtemperaturoxidation von Nickel- Chrom-Legierungen erscheint aber als Schutzfilm ein Eisen-Chrom-Spinell. Also wird man auch für die Passivität der hochlegierten Stähle grundsätzliche Voraussagen über die Zusammensetzung des Passivoxids nicht machen können, sondern diese Frage bedarf der experimentellen Prüfung. Auf diesbezügliche zusammenfassende Referate von kompetenter Seite sei hingewiesen [91, 92]. Zugleich leuchtet ein, daß nicht nur die selektive An-oder auch Abreicherung einer Legierungskomponente im Oxid wichtig ist, sondern auch die eventuelle Änderung der Zusammensetzung der Legierungsoberfläche durch selektive Korrosion. Wegen dieses Punktes erscheint ESCA für oberflächenspektroskopische Untersuchungen besonders geeignet, da mit dieser Methode die Signale von Atomen in der Metalloberfläche und von Ionen im Oxid unterschieden werden können. Dies ist wichtig, da die Oxidfilme so dünn sind, daß bei der Spektroskopie die Metalloberfläche "durchschimmert" [91]. Allerdings geht dieser Vorteil verloren, wenn die Oberfläche zur Gewinnung von Tiefenprofilen der Konzentrationsverteilung mit Ionenstrahlen abgesputtert wird. Mithin sind für ESCA-Untersuchungen vornehmlich Schichten und Filme geeignet, deren Dicke die Analysentiefe ohne Absputtern nicht überschreitet [94].

Als Meßbeispiel zeigt Bild 10.20 die Zusammensetzung der Legierungsoberfläche und des Passivoxids auf FeCr-Legierungen als Funktion des Chromgehaltes der Legierung [93]. Danach bleibt die Zusammensetzung der Legierungsoberfläche durch die Bildung des Passivoxids unverändert, im Oxid ist aber ab einer Legierungszusammensetzung von 13 At% das Chrom stark angereichert. Die weitere Analyse des Spektrums ergab, daß Sauerstoff teils in oxidischer, teils in hydroxidischer Bindung vorlag. Mithin ergibt sich, dass es sich bei dem Passivoxid überwiegend um hydratisiertes Chromoxyhydroxid handelt. Ein hoher Chromgehalt des Oxidfilms auf FeCr-Legierungen wird durch viele anderen Mitteilungen bestätigt, so daß dieser Befund unstreitig sein dürfte [92]. Anscheinend sind für eine stabile "chromähnliche" Passivierung wenigstens 50% Cr im Oxid erforderlich. Zugleich hat es den Anschein [93], als seien 13% Cr als wichtiger Schwellenwert der Cr-Konzentration zu betrachten. Dies ist im Zusammenhang mit der Frage der Tammann'schen Resistenzgrenzentheorie diskutiert worden [93b], die allerdings genau genommen die Frage der Blockierung der aktiven Metallauflösung durch die Belegung von Abbaustellen der Oberfläche zum Gegenstand hat.

Wie die ferritischen Eisen-Chrom-Legierungen wird auch für die austenitischen Eisen-Chrom-Nickel-Legierungen ein Chromgehalt der Passivschicht durchweg über 50% regelmäßig nachgewiesen. Zugleich sind die Oxidfilme nach Ausweis der ESCA-Messungen offenbar im wesentlichen frei von Nickel [92], so daß die

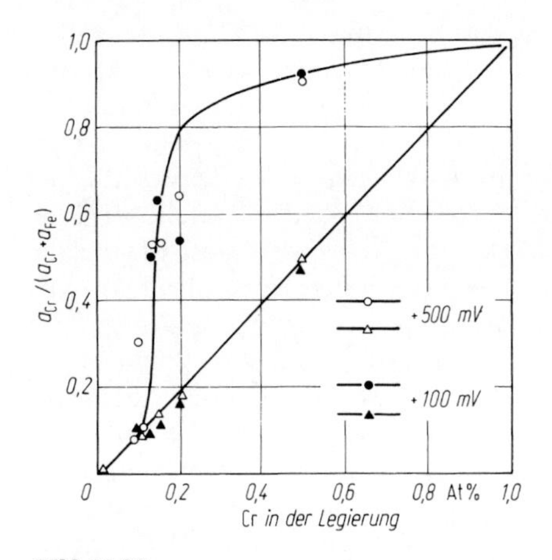

Bild 10.20

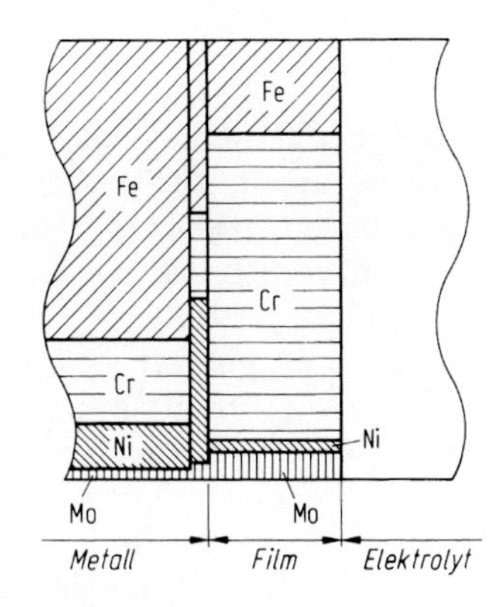

Bild 10.21

Bild 10.20. Chromgehalt der Metalloberfläche (△ ▲) und des Passivoxids (○ ●) von FeCr-Legierungen, die in 1M H_2SO_4 – Lösung 1 Stunde lang bei $\varepsilon = 0{,}345$ (V) (● ▲) bzw. 0,745 (V) (○ △) polarisiert worden waren, nach Überführung in den Rezipienten eines ESCA-Geräts. (Nach Asami, Hashimoto und Shimoidara)

Bild 10.21. Zusammensetzung des Inneren einer austenitischen Legierung Fe19Cr11 Ni2Mo, ihrer Oberfläche und ihres Oxidfilms nach Passivierung in 0,1 M HCL + 0,4 M NaCl bei $\varepsilon = 0{,}45$ (V). (Nach Olefjord und Elfström)

Erniedrigung der kritischen passivierenden Stromdichte und der Passivstromdichte durch Nickel in den austenitischen FeCrNi-Legierungen gegenüber den ferritischen FeCr-Legierungen offenbar nicht ein Effekt der Zusammensetzung des Passivoxids ist, sondern anscheinend durch die Anreicherung des Nickels in der Legierungsoberfläche bedingt wird.

Großes Interesse besteht am Verständnis der Rolle von Zuschlägen von einigen Prozent Molybdän zu FeCr- und FeCrNi-Legierungen. Die praktische Erfahrung lehrt, daß dadurch die Beständigkeit gegen Lochfraß (vgl. Kap. 12) verbessert wird. Molybdän selbst gehört zu den passivierbaren Metallen; sein Passivitätsbereich liegt im Vergleich zu Eisen oder Nickel bei beträchtlich negativeren Werten des Elektrodenpotentials; seine potentialunabhängige Passivstromdichte ist klein. Frühere Mitteilungen der Art, das Molybdän sei nicht zu passivieren, rühren daher, daß die Transpassivität des Molybdäns, das ist ein Steilanstieg der Stromspannungskurve der Molybdänauflösung nun zu Molybdat-Ionen, sehr früh, nämlich in 1 N H_2SO_4-Lösung schon bei ca. 0,3 V eintritt. Dieser Ast der Stromspannungskurve ist so steil, daß er leicht mit der der aktiven Molybdänauflösung verwechselt wird [91, 94c, 96].

In FeCr-Legierungen erhöht Mo in Schwefelsäure die Überspannung der aktiven Metallauflösung und erniedrigt die kritische passivierende Stromdichte [91]. Für den Passivbereich liegen Messungen für den Fall der Einwirkung starker

Salzsäure vor [94c], die zeigen, daß in Legierungen mit 11 At% Mo gegenüber einer Mo-freien Fe-24 At% Cr-Legierung die Passivstromdichte um zwei bis drei Zehnerpotenzen verringert ist. Zugleich schlägt bei dieser Cr-Konzentration die beim reinen Mo früh einsetzende Mo-Transpassivität nicht durch; vielmehr zeigt das Material die Cr-ähnliche Transpassivität. Als Ursache dieser Beobachtungen wird naturgemäß die Anreicherung des Molybdän in der Metalloberfläche und/oder im Oxidfilm vermutet und durch AES-, ESCA-, sowie Tracer-Messungen (γ-Strahlenspektroskopie mit Hilfe radioaktiver Legierungskomponenten) auch nachgewiesen [91, 94–97]. Spektroskopische Messungen, die mit Ionensputtern operieren, bedürfen im Falle des Nachweises von Mo besonderer Vorsicht, da schon das Sputtern allein zur Mo-Anreicherung in der analysierten Oberfläche führt [94a]. Die Ergebnisse einer umfangreichen Untersuchung, bei der die Meßmethoden kombiniert wurden [97] sind nicht ganz widerspruchsfrei hinsichtlich der Frage, ob bei einem in H_2SO_4-Lösung passiven Stahl mit 18% Cr und 3% Mo das Molybdän nur in der Metalloberfläche angereichert ist, oder auch im Oxidfilm. Für eine Legierung Fe19Cr 11Ni 2Mo wird angegeben, das Passivoxid enthalte stark angereichert hauptsächlich Chrom, neben wenig Nickel, bei schwach erhöhtem Gehalt an Molybdän. Wie in dem schematischen Bild 10.21 angedeutet, findet man, daß eine Oberflächenschicht des Metalls, die vermutlich nur wenige Atomlagen dick ist, insbesondere eine starke Anreicherung von Nickel, aber auch eine Anreicherung von Chrom [95] aufweist. Außerdem erweist sich die Zusammensetzung des Oxidfilms als abhängig vom Elektrodenpotential: Bei relativ negativer Lage des Potentials ist der Oxidfilm deutlich Mo-haltig, bei relativ positiver Lage eher Mo-arm [94, 97]. Eine Erklärung der Erhöhung der Beständigkeit des Materials gegen Lochfraß wird bei alledem zur Zeit noch nicht deutlich.

Andere passivierbare Metalle werden weiter unten diskutiert werden. Die in diesem Kapitel besprochenen zeichnen sich alle dadurch aus, daß der Passivoxidfilm sehr dünn und elektronenleitend ist, so daß am Passivoxid Redoxreaktionen ablaufen können. Bei extrem dünnen Filmen, die zudem als amorph erkannt werden, stellt sich die Frage, ob noch von einem aufwachsenden Oxid gesprochen werden kann, oder ob die Oxidbildung eher als Einwandern von Sauerstoff in die obersten Atomlagen des Metalls zu beschreiben ist. In diesem Zusammenhang ist daran zu erinnern, daß der Startvorgang der Passivierung jedenfalls in der Bildung einer monoatomaren Belegung der Oberfläche, oder auch nur bestimmter Oberflächenplätze, mit Sauerstoff- und/oder Hydroxylionen besteht, es sei denn, es handelt sich statt dessen um dreidimensionale Keimbildung des Passivoxids in den Poren eines Primärfilms, wie er in sauren Lösungen auf Eisen auftritt. Beginnt die Passivität mit der Adsorption, so liegt die Frage nahe, wodurch diese gefördert wird. Dazu wird seit langem diskutiert [98], die Wechselwirkung zwischen den negativen Ladungen etwa des O^{2-}-Ions und dem unaufgefüllten 3d-Elektronenband der typischen „Übergangsmetalle" in der vierten Periode des Systems der chemischen Elemente zu betrachten; das sind die Metalle Sc, Ti, V, Cr, Mn, Fe, Co und Ni. Wegen technisch interessanter Übergangsmetalle in höheren Perioden des Systems vergleiche man die einschlägigen Lehrbücher, mit Beachtung des Befundes, daß die Elektronenstruktur auch innerer Schalen der Atome im Festkörper

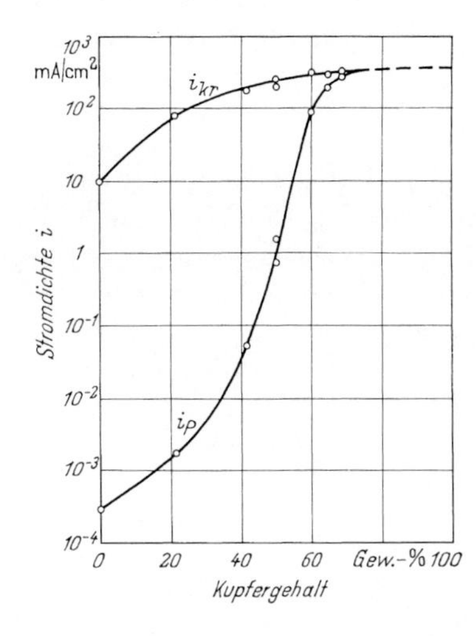

Bild 10.22. Kritische passivierende Stromdichte i_{Kr} und minimale Passivstromdichte i_P von CuNi-Legierungen in 1 N H_2SO_4, 25 °C. (Nach Osterwald und Uhlig)

von der im Gaszustand teilweise abweicht. Die genaueren Details der Hypothese werden hier übergangen. Eine Voraussage, die sich aus ihr ergibt, ist jedenfalls, daß das Zulegieren von Elektronendonatoren zum Nickel dessen Passivierbarkeit verschlechtern sollte. Ein solcher Donator ist. u. a. das Kupfer, und zwar derart, daß ab 65 Gew.% Cu das 3d-Band von NiCu-Legierungen gefüllt sein sollte. Dazu zeigt Bild 10.22 Messungen der kritischen passivierenden Stromdichte i_{kr} und der Passivstromdichte i_p von NiCu-Legierungen in schwefelsaurer Lösung als Funktion des Kupfergehaltes. Der Anstieg der Passivstromdichte zur hohen passivierenden Stromdichte bei knapp 70% Cu zeigt hier das Verschwinden der Passivierbarkeit der Legierung an, in guter Übereinstimmung mit der Voraussage. Umgekehrt sollten Elektronenakzeptoren wie etwa Eisen oder Kobalt als Legierungspartner des Nickels dessen Passivierbarkeit verbessern, ebenfalls in Übereinstimmung mit einigen experimentellen Befunden. Allerdings muß man, wenn man diesen Gedankengang weiter verfolgt, mindestens zwei Sorten von Passivität unterscheiden, nämlich eben die der Übergangsmetalle und die von Hauptgruppenmetallen im periodischen System wie Aluminium und Zink, die gewiß passiviert werden können, aber keine unaufgefüllte d-Schale besitzen.

Durch galvanische Abscheidung lassen sich dünne Schichten glasig-amorpher Legierungen der Typen Cu-Zr, Ni-Nb, Ti-Be und Ca-Mg herstellen. Größeres Interesse beansprucht zur Zeit die Möglichkeit, aus Schmelzen, die neben einem oder mehreren der in den hohen Gruppen des periodischen Systems stehenden Übergangsmetallen, zumal Fe, Ni, Cr, Mo, ca. 20 At.% eines oder mehrerer Metalloide, nämlich B, C, Si, P, Ge enthalten, durch schnelles Abschrecken mit dem Schmelzspinnverfahren dünne (ca. 50 μm) und schmale (ein bis einige cm) Bänder ebenfalls glasig-amorpher Legierungen zu erhalten. Diese haben teils ungewöhnlich gute Werte der Festigkeit, des Magnetismus, der Wärmeausdehnung und des elektrichen Widerstandes. Sie haben außerdem teils ungewöhnlich gute Korrosionsbeständigkeit. Die diesbezügliche Fachliteratur ist dementsprechend stark angeschwollen, doch liegen ausführliche Übersichtsreferate vor [99, 100]. Ein typisch einfaches System dieser Art ist etwa Fe-20B; ein typisch kompliziertes etwa Fe-36Ni-14Cr-12P-6B (At.%). Es liegt auf der Hand, daß zumal bei Vielkomponentensystemen der letzteren Art die Beantwortung der Frage der selektiven Korrosion der Metalloberfläche und der selektiven Anreicherung einzelner Komponenten in Deckschichten, also insbesondere in Passivoxidschichten, große Schwierigkeiten machen wird. Auch sind die Untersuchungsergebnisse teils widersprüchlich. Dazu ist zu beachten, daß die durch Schmelzspinnen erhaltenen Metallbänder in allen Richtungen sowohl physikalische wie auch chemische Inhomogenitäten aufweisen können, zumal auch wechselnde Nahordnungsbereiche, die zu Streuungen auch der Korrosionseigenschaften führen mögen. Gleichwohl lassen sich einige wesentliche Züge des Verhaltens solcher Materialien inzwischen gut erkennen.

Weiter oben wurde schon dargelegt, daß derzeit dem mehr oder weniger weitgehenden amorphen Zustand der Passivoxidfilme besondere Bedeutung beigemessen wird. Dann ist, wenn nicht der Metalloidgehalt erheblich stört, mit besonders günstigem Verhalten glasiger Metalle versuchsweise zu rechnen, wenn sie passivierbar sind. Die aktive anodische Metallauflösung sollte demgegenüber durch die Unordnung des amorphen Zustands, d. h. durch die Schwächung der Bindungskräfte und damit durch die Erhöhung der thermodynamischen Aktivität der Metallatome in der Legierungsoberfläche, eher erleichtert werden. Eben dies wird experimentell bestätigt [101], besonders übersichtlich für den Fall der Auflösung von Co-25B in schwach saurer Sulfatlösung. Das Material zeigte stärker gehemmte anodische Auflösung im kristallinen Zustand allerdings nur dann, wenn es homogen als Co_3B vorlag, statt heterogen als Gemisch von Co_2B- und Co-Kristalliten. Auf den begleitenden Befund der selektiven anodischen Bor-Auflösung sei hingewiesen. Darauf, daß beim Kristallisieren der zunächst amorphen Legierung u. U. mehrphasige Gefüge auftreten, und daß dann der Vergleich der Korrosionsbeständigkeit des kristallinen mit der des amorphen Materials eher trivialerweise (wegen Lokalelementbildung) zuungunsten des ersteren ausfällt, ist allgemein zu achten, auch im weiter unten erörterten Fall der Passivität.

Unter solchen Umständen wird man erwarten, daß ein kristallines reines Metall ebenfalls eine stärkere Hemmung der anodischen Auflösung aufweist, als die amorphe Metall/Metalloid-Legierung. Zugleich kann aber die kathodische Teilreaktion der Korrosion, also in einer Säure die kathodische Wasserstoffabscheidung, durch den Metalloidgehalt der Metalloberfläche inhibiert sein; dann ist die Korrosionsgeschwindigkeit des amorphen Materials beim freien Korrosionspotential insgesamt kleiner als die des kristallinen reinen Metalls [102, 103]. Für den Korrosionsschutz ist die Frage der Passivierbarkeit wichtiger, Hierzu zeigt die Durchsicht der Literatur [100], daß anscheinend durchweg die amorphen Legierungen der Metalloide mit Fe, oder Co, oder Ni schlechter passivierbar sind als die kristallinen reinen Metalle. Z. B. ist die amorphe Legierung Fe-13P-7C in 1M H_2SO_4 nicht passivierbar. Erheblich günstiger verhalten sich glasige Legierungen, die neben Eisen weitere metallische Komponenten vornehmlich aus der Gruppe der Übergangsmetalle enthalten, und dabei speziell die Legierungen des Eisens mit Chrom und Molybdän. Hier überrascht, dass z. B. das glasige Material

Fe-5Cr-13P-7C in 1 N H_2SO_4 eine niedrigere passivierende Stromdichte und Pasivstromdichte aufweist als der kristalline austenitische 18 Ni-8Cr-Edelstahl [105]. Der Passivoxidfilm besteht offenbar, ganz ähnlich wie der auf kristallinen Cr- und CrNi-Stählen, überwiegend aus wasserhaltigem Cr-III-Oxid. Für die kristallinen Legierungen war weiter oben dargelegt worden, daß steigende Konzentration des Chroms wahrscheinlich hauptsächlich einen steigenden Grad der Glasigkeit des Passivoxids bewirkt. Dann bietet sich für den Befund, daß gleich gute Passivität des glasigen Materials mit weit geringerer Chromkonzentration erzielt wird, die Vermutung an, es werde auch das Passivoxid auf dem amorphen Grundmaterial stets stärker oder rein amorph.

Wie schon weiter oben bemerkt, wird die Beständigkeit der CrNi-Stähle gegen Lochfraß in chloridhaltigen Lösungen (vgl. Kap. 12) durch das Zulegieren von einigen Prozenten Molybdän verbessert. Dieser günstige Effekt des Molybdäns findet sich bei den amorphen Legierungen überraschend verstärkt wieder. Dazu zeigt Bild 10.23 die Stromspannungskurven des glasigen Materials Fe-xCr-yMo-13P-7C, mit Atomprozentwerten für x zwischen 10 und 25, sowie für y zwischen 5 und 10, in der für kristalline passive Eisenbasislegierungen extrem gefährlichen stark konzentrierten Salzsäure [105]. Der Verlauf der Kurven für Material mit 10% Mo erklärt sich daraus, daß die Überlagerung der anodischen Teilstrom-Spannungskurve der Metallauflösung (und eventuell der Metalloidauflösung) mit der kathodischen Teilstrom-Spannungskurve der Wasserstoffabscheidung das Ruhepotential der amorphen Legierung in den Bereich der Passivität zieht. Die

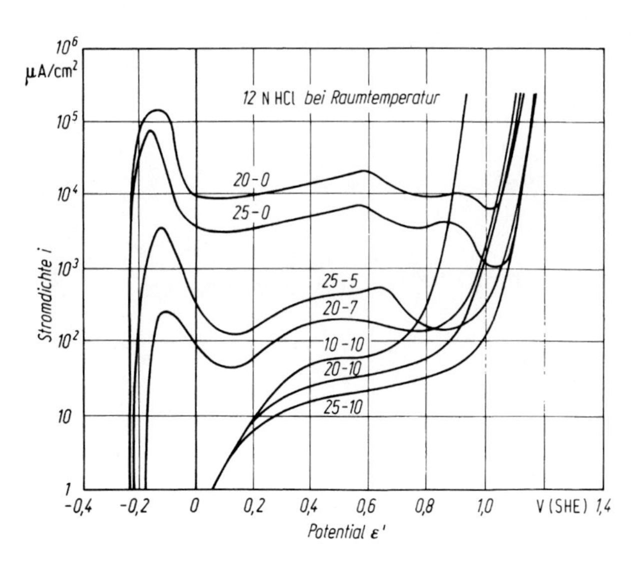

Bild 10.23. Stromspannungskurven der glasig-amorphen Legierung Fe-xCr-yMo-13P-7C in 12M Salzsäure bei Raumtemperatur als Funktion des Cr-Gehaltes x und des Mo-Gehaltes y (x; y in At.%), ε' bezogen auf gesättigte Kal. Elektrode. (Nach Kobayashi, Asami u. Hashimoto)

Legierungen sind also spontan passiv, und offenbar stabil passiv und gegen Lochfraß geschützt, trotz sehr hoher Chloridkonzentration, bis zur Potentialschwelle der Transpassivität. Zwar bleibt zu fragen, ob die Passivstromdichte, die man in Bild 10.23 wechselnd als ca. 20 bis 50 $\mu A/cm^2$ abliest, im stationären Zustand auf technisch brauchbare kleinere Werte absinkt; gleichwohl erklären solche Meßergebnisse das Interesse gerade der technischen Praxis an den glasigen Metallen. Im übrigen findet man nach Aussage von ESCA-Messungen in den Passivoxidfilmen kaum Molybdän [106]; es bleibt also wie im Normalfall der Mo-haltigen chemisch beständigen CrNi-Stähle die Frage nach der Ursache der Wirkung. Dazu ist vermutet worden, bei der Passivierung bilde sich zunächst ein Mo-haltiger Primärfilm, begleitet von der Anreicherung etwa des Chroms in der Metalloberfläche, mit folgender Bildung des passivierenden Chromoxids unter dem Primärfilm und dann folgender Ablösung des letzteren [107]. In analoger Weise wird die Lochfraßbeständigkeit als Folge einer ebenso ablaufenden schnellen Repassivierung lokaler Verletzungen der Passivschicht verstanden.

Passivierende Oberflächenschichten aus FeCr- Material lassen sich durch Aufschmelzen einer zuvor galvanisch auf niedrig legiertem Stahl abgeschiedenen Chromschicht erhalten [108]. Zum schnellen Schmelzen und möglichst schnellen Abschrecken der Schmelze dient ein rasternder intensiver Laserstrahl. Im Zusammenhang des vorliegenden Kapitels sind ferner Versuche interessant, durch Laser-Rastern die Oberfläche von unlegiertem Stahl [109] oder von chemisch beständigem CrNi-Stahl [110] zur Verbesserung der Korrosionsbeständigkeit umzuschmelzen. Das Gefüge wird dabei nicht glasig amorph, sondern nur sehr feinkörnig, also u. U. Röntgenamorph. Der deutlichste Effekt ist beim CrNi-Stahl die Verbesserung der Beständigkeit gegenüber Lochfraß. Im Vorgriff auf Kap. 12 sei vermerkt, daß das potentiokinetisch gemessene „Lochfraßpotential" um ca. 200 mV positiver wurde. Zur Erklärung wird vermutet, daß das Umschmelzen der Oberfläche dort Sulfideinschlüsse beseitigt, die als Angriffsstellen des Lochfraßes bekanntermaßen wirksam sind. Ein zusätzliches Einschmelzen von 9 Gew.% Cr in die Stahloberfläche unterdrückte den Lochfraß völlig.

10.3 Passivoxide als Halbleiter; spontane Passivierung; Passivatoren

Im vorangegangenen Kap. 10.2 war für den speziellen Fall des Eisens in verdünnter Schwefelsäure dargelegt worden, das Passivoxid sei als Halbleiter zu betrachten, durch den das lineare Gefälle des Galvani-Potentials einen Fluß von Eisenionen über Fehlstellen treibt, dessen elektrische Stromdichte gleich der Passivstromdichte ist. Das Modell beschreibt soweit die Halbleitereigenschaften des Passivoxids nicht weiter. Über die Details eben dieser Halbleitereigenschaften der Passivoxidfilme ist in jüngerer Zeit im Gefolge des Interesses schlechthin an Metallelektroden mit oxidischen Deckschichten [111–113] viel gearbeitet und publiziert worden. Das Fachgebiet wird hier nur im Zusammenhang mit der Frage des Ablaufs von Elektrodenreaktionen an Passivschichten kurz angeschnitten; für den Zugang zur Fachliteratur dienen die Zitate [111–117] jüngerer Mitteilungen, deren Inhalt über das hier Abgehandelte erheblich hinausgeht.

Die wesentlichen Punkte der Sache seien wieder am Beispiel des passiven Eisens dargelegt. Wäre hier die oben postulierte Raumladungsfreiheit – das ist die elektrische Ladungsfreiheit des Inneren des Oxidfilms, mit Ladungsbelegung also nur der metall- und oxidseitigen Oberflächen – erfüllt, so wäre der Oxidfilm als Kondensator zu betrachten, mit dem Oxid als Dielektrikum und den ladungsbedeckten Oberflächen als Platten. Konstanz der dielektrischen Eigenschaften vorausgesetzt, sollte dann die Kapazität umgekehrt proportional zum Plattenabstand, d. h. der Oxidschichtdicke sein. Diese Oxidfilmkapazität liegt in Reihe zur Kapazität der elektrochemischen Doppelschicht an der Phasengrenze Oxid/Elektrolytlösung. In normal konzentrierten Elektrolytlösungen ist dies im wesentlichen die Kapazität der starren „Helmholtz"-Doppelschicht (vgl. Kap. 5.4), da der Potentialanteil der diffusen „Gouy"-Schicht in solchen Lösungen klein ist. Dann wird die Messung der Reihenschaltung der großen Helmholtz- und der bei nicht zu dünnem Film vergleichsweise kleinen Oxidfilm-Kapazität von der letzteren bestimmt. Korrekturverfahren bei vergleichbar großen Kapazitätsanteilen seien hier übergangen.

Bild 10.24 zeigt das Ergebnis von Messungen der Kapazität des Passivoxidfilms auf Eisen in einer Neutralsalzlösung vom pH-Wert 8.4 als Funktion des Elektrodenpotentials für verschiedene Dicken des Oxidfilms [35a]. Man erkennt, daß die Kapazität wie erwartet mit steigender Schichtdicke insgesamt sinkt, daß aber zugleich eine mit wachsender Schichtdicke steigend komplizierte Potentialabhängigkeit besteht. Aus solchen und weitergehenden Messungen ergibt sich ein Halbleitermodell der Passivschicht [35c], dessen Eigenschaften hier vereinfacht skizziert werden.

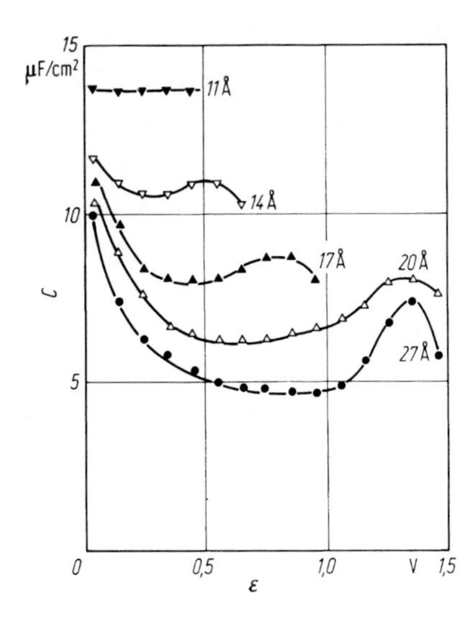

Bild 10.24. Die Kapazität des Oxidfilms auf passivem Eisen in 1 N $NaNO_3$-Lösung (durch Borat auf pH 8, 4 gepuffert) als Funktion des Elektrodenpotentials, bei verschiedenen Werten der Oxidfilmdicke. (Nach Stimming und Schultze)

Dazu zeigt Bild 10.25 a schematisch den Verlauf der Energie der Ladungsträger im Metall und im Oxidfilm. Die metallische Leitfähigkeit beruht bekanntlich darauf, daß die Elektronen das Band der möglichen Energiezustände nicht voll besetzen, so daß das oberste besetzte Niveau unter der Oberkante des Bandes liegt, das zugleich auch Valenzband ist. Man beachte die Bedeutung dieses sogenannten Fermi-Niveaus: Es bezeichnet die Energie für die reversible Einbringung eines Elektrons aus dem ladungsfreien Unendlichen in die reale metallische Phase, einschließlich der chemischen Wechselwirkung. Mithin ist die Fermi-Energie E_F gleich dem elektrochemischen Potential $\tilde{\mu}_{e^-}$ der Elektronen im Metall.

An die Metallphase schließt sich die Oxidphase an, die hier zunächst normal kristallisiert gedacht sei. Es liege auf dem Metall zuunterst Fe_3O_4 vor. Dann ist nun zu berücksichtigen, daß im Oxid das Valenzband der Elektronenterme gefüllt, und daß der Energieabstand zum leeren Leitfähigkeitsband mit ca. 1,6 eV, d. h. ca. 160 kJ/Mol, für die thermische Überführung von Elektronen aus dem Valenz in das Leitfähigkeitsband zu groß ist. Das Fe_3O_4 ist gleichwohl kein Isolator, sondern ein hoch dotierter n-Halbleiter. Dies rührt von der Existenz einer großen Zahl von Donatoren-Termen in Form von Fe^{2+}-Ionen auf Oktaederplätzen des Spinellgitters des Magnetits her, deren Terme nur ca. 0,1 eV unter dem

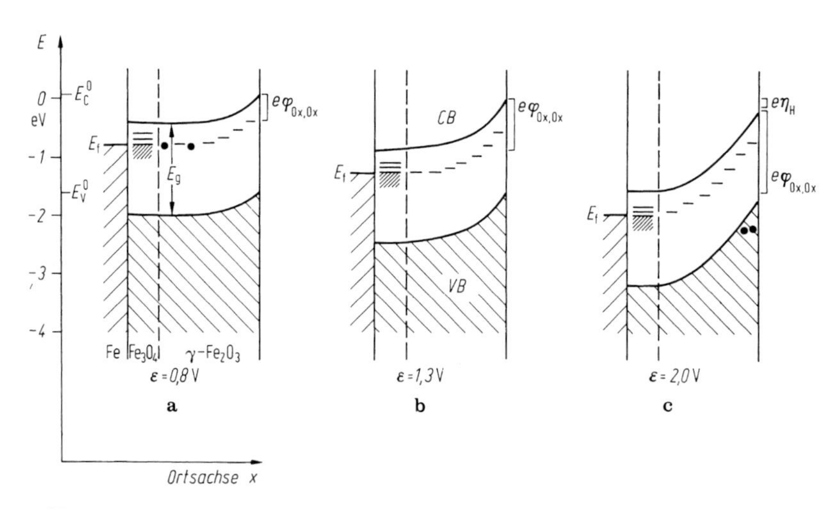

Bild 10.25a–c. Das Halbleiter–Bändermodell der Passivsschicht auf Eisen in neutraler Lösung. Ordinate: Freie Energie der Elektronen in Elektronenvolt; Abszisse: Ort. e Elementarladung; $\varphi_{Ox,Ox}$ Verbiegung der Bandkanten durch Verbiegung des Verlaufs des Galvani-Potentials infolge des Auftretens der Raumladung; E_f Fermi-Energie; E_g Abstand zwischen Valenzband (*VB*) und Leitfähigkeitsband (*CB*); E_c^0, E_f^0: Leitfähigkeits-, Valenzbandkante an der elektrolytseitigen Oxidoberfläche. E_c^0 willkürlich als Bezugspunkt gewählt. -●- Donator-Terme mit abgebbarem Überschuss-Elektron; — Raumladungs-Terme. Elektrodenpotential, bezogen auf eine Wasserstoffelektrode in derselben Lösung; η_H Änderung des Potentialsprungs durch die Phasengrenze Oxid/Elektrolytlösung. (Nach Stimming u. Schultze)

Leitfähigkeitsband liegen. Insoweit wäre schon anzunehmen, daß durch Wertigkeitswechsel dieser Donatoren Elektronen in das Leitungsband gelangen können. Man beachte hier übrigens, daß die Beweglichkeit der Ionen gering ist gegenüber der Beweglichkeit von Elektronen im Leitfähigkeitsband, die Donatorenterme also lokalisiert sind.

Im besonderen Fall des Magnetits liegt nun wegen der zahlreichen Fe^{2+}-Ionen nicht nur auf Oktaeder- sondern auch auf Tetraederplätzen die weitergehende Annahme nahe, der Leitungsmechanismus dieses Oxids sei metallähnlich. Dies ist in Bild 10.25 durch die Andeutung eines im Fe_3O_4 unaufgefüllten Quasi-Valenzbandes angedeutet. Da Gleichgewicht des Elektronenübergangs zum Metall anzunehmen ist, liegt die Fermi-Energie auf gleicher Höhe wie im Metall. Das gilt auch für das auf dem Magnetit liegende Oxid höherer Oxidationsstufe. Nimmt man hier vereinfachend an, es handle sich um γ-Fe_2O_3 konstanter Zusammensetzung, so hat man mit einer überall gleichen Dichte der Oktaeder-Donatorenterme unter dem Leitfähigkeitsband zu rechnen. Im Kontakt mit der Elektrolytlösung tritt aber nun ein neuer Effekt auf. Da ja (vgl. Kap 10.1) der Sprung des Galvanipotentials zwischen Oxid und Elektolytlösung konstant ist, so geht bei der Polarisation der oxidbedeckten Elektrode die Potentialänderung voll in die Änderung $\varphi_{\mathrm{Ox,Ox}}$ in einer Doppelschicht diesseits der elktrolytseitigen Oberfläche des Oxids ein. Diese ist, anders als die Flächenladungs-Helmholtz-Schicht, ähnlich wie die (weiterhin als unbedeutend behandelte; vgl. Kap. 5.4) Gouy-Schicht, eine Raumladungsschicht. Die Raumladung wird durch den Abzug von Elektronen von den Donator-Termen bewirkt; diese fallen mithin als Donatoren von Leitfähigkeitselektronen aus. Mißt man nun die Oxidfilmkapazität, so mißt man, anders als oben angenommen, die Kapazität gerade der als Dielektrikum wirkenden Raumladungszone. Dabei solle diese Zone mit positiver werdendem Elektrodenpotential wachsen, die Kapazität C also sinken, in Übereinstimmung mit dem Befund in Bild 10.24. Quantitativ sollte gemäß der Schottky-Mott-Theorie $1/C^2$ linear mit ε wachsen. Dies führt für den Grenzfall $1/C^2 = 0$ zur Bestimmung des Elektrodenpotentials, bei dem die Raumladung und damit die Bandverbiegung verschwindet („Flachbandpotential"). Im vorliegenden Fall ist der Verlauf von $1/C^2$ mit ε verzerrt, weil wegen des kontinuierlichen Übergangs der Oxidzusammensetzung zwischen Fe_3O_4 und γ-Fe_2O_3 die Donatorendichte zur Elektrolytlösung hin sinkt.

Bei hinreichend positivem Elektrodenpotential erfüllt die Raumladung den gesamten γ-Fe_2O_3-Film. Dann ist, wie in Bild 10.25 b angedeutet, der Film insgesamt isolierend, weshalb nun die Kapazität C umgekehrt proportional zur Schichtdicke sein sollte. Auch dies wird experimentell zufriedenstellend bestätigt. Nach Bild 10.24 beobachtet man nun allerdings bei hoher anodischer Polarisation einen Wiederanstieg der Kapazität und das Durchlaufen eines Maximums. Dies wird einerseits (vgl. Bild 10.25c) durch die Vermutung gedeutet, die Bandverbiegung gehe so weit, daß Valenzband-Terme über die Fermi-Energie geraten. Dann entstehen im Valenzband an der Oxidoberfläche Defektelektronen, das Oxid wird also p-leitend. Zugleich ist das Elektrodenpotential nun im Bereich der Transpassivität mit steigender Geschwindigkeit von Metallauflösung und Sauerstoffentwicklung. In diesem Bereich ist die Änderung des Elektrodenpotentials nicht mehr allein gleich der Änderung der Bandverbiegung, sondern sie enthält auch die wachsende Überspannung der Elektrodenreaktionen durch die Phasengrenze Oxid/Elektrolytlösung.

Da nun gemäß Kap 10.2 die Annahme gut kristallisierter, Passivfilme auf den Übergangsmetallen unrealistisch erscheint, so ist zu fragen, wie sich das Halbleitermodell für eher amorphe Oxidfilme ändert. Es kann dann [111] im großen und ganzen das Bändermodell in einer diffuseren Form beibehalten werden, wenn zugleich mit einer starken Zunahme eines Spektrums von Donatoren-Termen in der Lücke zwischen Valenz- und Leitfähigkeitsband gerechnet wird. Für die Untersuchung der Halbleitereigenschaften solcher Filme ist die in situ-Spektroskopie der Anregung von Photoströmen benutzt worden, also das Studium von Strömen von Redoxreaktionen an Halbleiteroberflächen nach Leitungsanregung durch Lichteinstrahlung (116). Danach kann ein modifiziertes Halbleitermodell des Leitungsmechanismus im Passivoxid des Eisens in der Tat beibehalten werden.

Auch bleibt noch übrig, die Ionenwanderung durch das Passivoxid in das Halbleitermodell einzuordnen. Dazu war in Bild 10.6 die Wanderung in einem konstanten Gradienten des Galvani-Potentials angenommen. Diese für das Oxidfilm-Innere angenommene Ohmsche elektrische Spannung ist als der durch Raumladung erzeugten Potentialverteilung überlagert zu denken. Es sei darauf hingewiesen, daß für den speziellen Fall des passiven Nickels vorgeschlagen worden ist, für den Mechanismus des Oxidfilmwachstums nicht die Kationenwanderung nach außen, sondern die O^{2-}-Wanderung über Anionen-Leerstellen des Oxid-Kristallgitters anzunehmen [117].

Die Aussage, das Passivoxid auf Übergangsmetallen sei elektronenleitend, muß nach den Ergebnissen der Halbleiter-physikalischen Untersuchungen offenbar präzisiert werden. Zwar kann der Ablauf von Elektrodenreaktionen an Oxidoberflächen auf Metallen formal immer als Reaktion mit Elektronen beschrieben werden, die aus dem Metall in die Elektrolytlösung übertreten. Es bleibt aber zu fragen, wie dies im einzelnen geschieht, wenn der Oxidfilm in Wirklichkeit ein Isolator ist. In diesem Fall wird der quantenphysikalische Tunneleffekt [113, 114] wesentlich, demzufolge Elektronen über kleine Distanzen Aktivierungschwellen nicht überspringen, sondern tunnelnd durchdringen. Bei kleiner Oxidfilmdicke von z. B. einer Moleküllage erfolgt das Tunneln vom Metall direkt zum Reaktionspartner in der Randschicht der Elektrolytlösung. Erreicht die Oxidschichtdicke einige nm, so wird Resonanztunneln wichtig, das sind Tunnelprozesse unter Einbeziehung von Störstellen-Elektronentermen im Oxid. Auch sind Tunnelprozesse zwischen der Elektrolytlösung und dem Leitfähigkeitsband bzw. dem Valenzband für Elektronen-bzw. Defektelektronenübergänge wichtig, die durch Bandverbiegung infolge Raumladung für den normalen Elektronendurchtritt gesperrt sind. Für die rationelle Beschreibung derartiger Vorgänge ist insgesamt erforderlich, die Energetik von Redoxreaktionen an Phasengrenzen Oxid/Elektrolytlösung in einer an das Bändermodell der Halbleiterphysik angepaßten Weise zu diskutieren. Davon wird hier mit Hinweis auf die umfangreiche Fachliteratur (111–113) im einzelnen abgesehen. Zum allgemeinen sei nur angemerkt, daß im Gleichgewicht einer Redox-Elektrode offenbar die Fermi-Energie der Elektronen im Metall, im Oxid und im Redox-System der Elektrolytlösung gleich sein muß, im Ungleichgewicht polarisierter Elektroden aber das Fermi-Niveau in der Elektrolytlösung um das Produkt aus Elementarladung und Überspannung angehoben oder abgesenkt ist. Zugleich sind nicht zwei scharfe Energieniveaus für den oxidierten und den reduzierten Zustand des Redoxsystems zu unterscheiden, sondern für diese beiden Zustände existieren wegen der thermischen Fluktuation der Wechselwirkung mit der Hydrathülle Verteilungsfunktionen entsprechend dem Gaussschen Fehlerintegral. Die Stromdichte der Redoxreaktion ist dann insgesamt durch die Dichte überlappender Energiezustände in der Elektrolytlösung und im Oxid bedingt. Es leuchtet ein, daß dies auch für hochdotierte halbleitende Oxidfilme im Vergleich zur Reaktion an Metalloberflächen regelmäßig zu einer Erniedrigung der Stromdichte führen wird. Formal kann dies durch den Ansatz einer verkleinerten Austauschstromdichte der Redoxreaktion (einschließlich insbesondere der Sauerstoffentwicklung und der Sauerstoffreduktion) berücksichtigt werden. Zur Illustration zeigt Bild 10.26 eine Zusammenstellung von Literaturdaten für die Kinetik der Redoxreakion $Fe^{2+} \rightleftharpoons Fe^{3+}$ [113]. Als Ordinate wurde der Quotient aus Stromdichte und Konzentration des Redoxsystems gewählt, um die Daten besser vergleichbar zu machen. Es sind Messungen an blanken Metallen Gold und Platin aufgenommen, sowie Messungen an passiven Metallen, davon im Vorgriff auf das folgende Kapitel auch solche mit isolierenden Oxidfilmen, sowie auch einige Messungen an massiven Oxiden. Von diesen ist das RuO_2 ein Sonderfall eines Oxids mit metallischer Leitfähigkeit und einer Austauschstromdichte der Redoxreaktion vergleichbar der der blanken Edelmetalle. Das massive NiO ist ein *p*-Leiter an dem ein anodicher Strom unter Beteiligung der Defektelektronen im Valenzband fließen

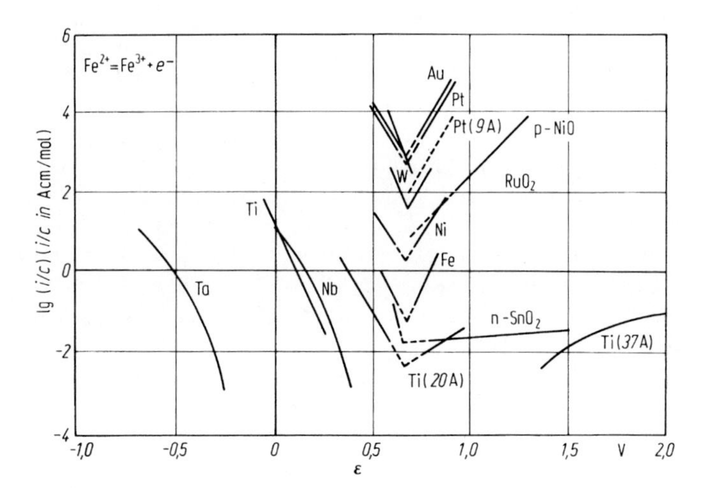

Bild 10.26. Stromspannungskurve der Redox-Reaktion $Fe^{2+} \rightleftharpoons Fe^{3+}$ an blankem Platin und Gold, an passiviertem Platin, Wolfram, Nickel, Eisen, Titan, Niob und Tantal, sowie an Rutheniumdioxid, Nickeloxid und Zinndioxid. Ordinate: Logarithmus des Quotienten aus dem Betrag der anodischen bzw. kathodischen Stromdichte und der Konzentration des Redoxsystems. (Daten verschiedener Autoren nach einer Zusammenstellung bei Schultze und Mohr)

kann; für kathodische Ströme ist dies Oxid gesperrt. Umgekehrt ist das SnO_2 ein n-Leiter, an dem kathodische Ströme unter Beteiligung von Überschußelektronen im Leitfähigkeitsband möglich, anodische Ströme aber gesperrt sind. Der starke Unterschied der Lage der Stromspannungskurven der beiden Oxide erklärt sich aus dem Unterschied der Bandlücken: 2,25 eV für NiO, 3,6 eV für SnO_2. Die Oxidfilme auf Ti, Nb, Ta sind *n*-leitend und haben zunehmend den Charakter von Isolatoren.

Für die Praxis ist die Frage nach den Bedingungen für die spontane Passivierung wichtig. Offenbar ist ein Metall in einer Elektrolytlösung dann spontan passiv, wenn sich sein Korrosions-Ruhepotential bei einem positiveren Wert als das Aktivierungspotential einstellt. Dabei ist die Einstellung des Ruhepotentials durch die Überlagerung der anodischen und der kathodischen Teilstrom-Spannungs-Kurven beherrscht. Dies gilt jedenfalls für den Fall eines ausreichend gut elektrisch leitenden Oxidfilms. Leitfähigkeit, d. h. die Möglichkeit des Elektronenübergangs, gleichgültig nach welchem Mechanismus im halbleitenden Oxid, vom Metall in die Elektrolytlösung, sei im folgenden unterstellt. Man beachte, daß im Grenzfall des ideal isolierenden Oxidfilms die Einstellung des Elektrodenpotentials undefiniert wird. Es ist dann das System ein reiner Kondensator beliebig zufälliger Aufladung. Leitfähigkeit des Oxidfilms vorausgesetzt, ist die notwendige Bedingung für die spontane Passivierung, daß ε_{P_2} negativer ist als das Gleichgewichtspontential E_{Redox} des wirksamen Oxidationsmittels:

$$\varepsilon_{P_2} \leq E_{Redox}\,. \tag{10.21}$$

Handelt es sich bei E_{Redox} um das Gleichgewichtspotential E_{H_2/H^+} der Wasserstoffelektrode, so können Metalle ohne zusätzliche Polarisation durch Elektrolyseströme nur passiv sein, falls $\varepsilon_{P_2} \leq -0{,}06\,(\mathrm{pH})$ V. Diese Bedingung ist für Nickel und Eisen nicht erfüllt, wohl aber z. B. für Chrom und hinreichend chromreiche Chrom-Eisen-Legierungen. Handelt es sich statt dessen bei E_{Redox} um das Gleichgewichtspotential E_{O_2/H^+} der Sauerstoffelektrode, so folgt für luftgesättigte Lösungen, daß dauernde Passivität voraussetzt $\varepsilon_{P_2} \leq +1{,}21 - 0{,}06\,(\mathrm{pH})$ V, eine Bedingung, die erfüllt ist. Jedoch stellt Gl. (10.21) eine zwar notwendige, aber noch nicht hinreichende Bedingung dar. Es ist ja möglich, daß die Überspannung der Reduktion des Oxidationsmittels so hoch ist, daß das Ruhepotential trotz Erfüllung der Bedingung der Gl. (10.21) im Bereich aktiver Korrosion bleibt. Offenbar muß das Ruhepotential über den Bereich der kritischen passivierenden Stromdichte in den Passivbereich gezogen werden. Dazu skizziert Bild 10.27 einige typische Überlagerungsfälle, allerdings unter Vernachlässigung der allgemein erwarteten Verringerung der kathodischen Teilstromdichten mit dem Auftreten des Passivoxidfilms. Es sei A die anodische Teilstromspannungskurve der Metallauflösung, $E_{Redox} > \varepsilon_{P_2}$ das Redox-Gleichgewichtspotential des wirksamen Oxidationsmittels. Dann unterscheidet man je nach Lage der kathodischen Teilstrom-Spannungskurve (*B*, *C*, *D*) der Reduktion des Oxidationsmittels drei wichtige Fälle:

a) Verläuft diese Kurve wie *B*, so stellt sich das Ruhepotential ε_1 im Bereich der aktiven Korrosion ein; das Metall wird nicht spontan passiv.

b) Verläuft diese Kurve wie *C*, so wird das Metall beim Ruhepotential ε_2 spontan passiv. Damit dies entritt, muß beim Passivierungspotential der Betrag der

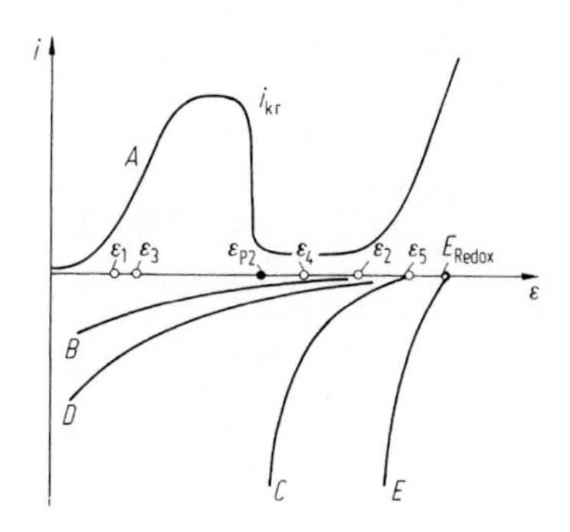

Bild 10.27

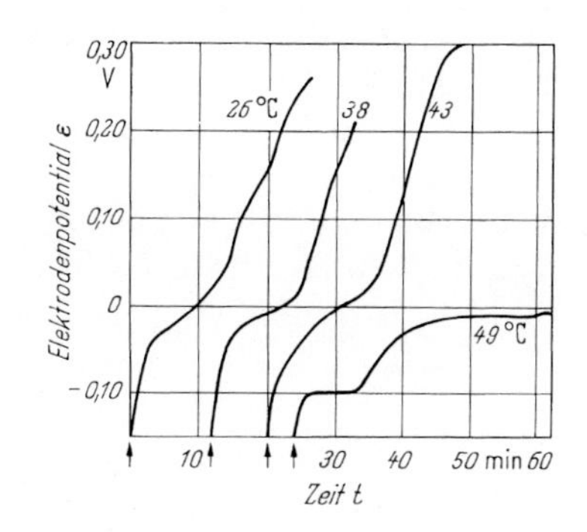

Bild 10.28

Bild 10.27. Die Einstellung des Ruhepotentials eines passivierbaren Metalls je nach Lage der Teilstromspannungskurve (*B*; *C*; *D*; *E*) der kathodischen Reduktion des wirksamen Oxidationsmittels. Angenommener Spezialfall: Das Metall zeigt den Effekt der Transpassivität, und das Gleichgewichtspotential *E* der kathodischen Teilreaktion ist positiver als die Potentialschwelle der transpassiven Metallauflösung

Bild 10.28. Zeitliche Änderung des Ruhepotentials eines 18% Cr-, 1,5% Mo-, 9% Ni-Stahles in 20%iger, luftgesättigter H_2SO_4-Lösung nach Aktivierung durch kathodische Vorpolarisation bei verschiedenen Temperaturen der Lösung. (Nach Rocha und Lennartz)

Stromdichte i_{Ox} der Reduktion des Oxidationsmittels größer sein als die kritische passivierende Stromdichte i_{krit}. Zusätzlich zu Gl. (10.21) wird also gefordert:

$$|i_{Ox}\{\varepsilon_{P_2}\}| > i_{krit}\,. \qquad (10.22)$$

c) Beim Kurvenverlauf *D* bleibt das Metall mit besonders hoher Korrosionsgeschwindigkeit bei ε_3 stabil aktiv. Es bleibt aber bei ε_4 passiv, wenn es durch anodische Elektrolyse einmal passiviert wurde. Diese Art von Passivierung wird gegen zufällige Störungen empfindlich sein.

Wird zudem das Metall bei hinreichend positiver Lage des Elektrodenpotentials transpassiv, so darf das Ruhepotential nicht in den Bereich der Transpassivität rücken. Dies tritt mit ε_5 ein, wenn, wie in der Skizze angenommen, das Gleichgewichtpotential E_{Redox} positiver liegt als die Potentialschwelle der Transpassivität, und wenn gleichzeitig, wie durch die Kurve *E* angedeutet, die Reduktion des Oxydationsmittels wenig gehemmt ist.

Die Chrom- und Chrom-Nickel-Edelstähle sind bei Raumtemperatur auch in starken Mineralsäurelösungen (nicht aber in HCl) spontan passiv. Sie verlieren diese Eigenschaft aber bei höherer Temperatur. Hierzu zeigt Bild 10.28 den zeitlichen Verlauf des Ruhepotentials eines molybdänhaltigen Edelstahls in 20% iger H_2SO_4-Lösung nach Aktivierung durch kathodische Polarisation. Danach passiviert sich der Stahl noch bei 43 °C spontan, nicht aber bei 49 °C [65].

Wegen der großen Überspannung der Sauerstoffreduktion ist bei gewöhnlich erfüllter Bedingung Gl. (10.21) die zusätzliche Bedingung Gl. (10.22) häufig nicht erfüllt. Es kann dann daran gedacht werden, die dauernde Passivität durch Zusatz eines Oxidationsmittels zur Lösung zu erzwingen, das mit geringer Überspannung reduziert wird. Ist auch die Rückreaktion der Oxidation der reduzierten Form des Oxidationsmittels wenig gehemmt, so ist zu erwarten, daß sich das Ruhepotential auf das Gleichgewichtspotential E_{Redox} einstellt. So verhält sich Eisen in 1 N H_2SO_4 nach Passivierung in Gegenwart von Ce^{4+} und Ce^{3+}-Ionen [2]. Das Ruhepotential ist praktisch gleich dem Gleichgewichtspotential

$$E_{\text{Redox}} = E_{Ce^{3+}/Ce^{4+}} = 1{,}44 + \frac{RT}{F} \ln \frac{a_{Ce^{4+}}}{a_{Ce^{3+}}} \text{ V}. \tag{10.23}$$

Ebenso wird die Passivität des Eisens in konzentrierter Salpetersäure durch die starke Oxidationswirkung dieser Lösung bewirkt.

Bezeichnet man weiterhin als Inhibitoren Substanzen, die dem Elektrolyten in kleinen Mengen zugesetzt, die Korrosion stark hemmen, so handelt es sich bei Ce^{4+}-Ionen um Inhibitoren der Korrosion des Eisens in Säuren. Sinngemäß gehört diese Substanz zu der speziellen Klasse der *Passivatoren.*

Ähnlich wie das Ce^{3+}/Ce^{4+}-Redoxsystem wirkt auch das Fe^{2+}/Fe^{3+}-System. Für das Gleichgewichtspotential der Reaktion $Fe^{2+} \rightarrow Fe^{3+} + e^-$ gilt:

$$E_{\text{Redox}} = E_{Fe^{2+}/Fe^{3+}} = 0{,}77 + \frac{RT}{F} \ln \frac{a_{Fe^{3+}}}{a_{Fe^{2+}}} \text{ V}. \tag{10.24}$$

Die passivierende Wirkung von $Fe_2(SO_4)_3$-Zusätzen zu H_2SO_4-Lösungen ist für den Fall der Korrosion in O_2-freier H_2SO_4-Lösung um die Längsachse rotierender Zylinderelektroden aus 12% Cr-Stahl (Typ AISI 410) untersucht [118]. Bild 10.29a zeigt die Teilstrom-Spannungskurve der Metallauflösung, gemessen in Fe^{3+}-freier Lösung, Bild 10.29b die kathodische Teilstrom-Spannungskurve der Fe^{3+}-Reduktion, Bild 10.29c die Summenstrom-Spannungskurve in Fe^{3+}-haltiger Lösung. Einmal aktiviert, bleibt der Stahl unter den Versuchsbedingungen in Abwesenheit von Passivatoren in der untersuchten Lösung bei einem Ruhepotential (bezogen auf die Normal-Wasserstoffelektrode) ε_R von $-0{,}24$ V aktiv. Nach Bild 10.29a hat das Passivierungspotential ε_{P_1} unter den Versuchsbedingungen den Wert $-0{,}1$ V; das Aktivierungspotential ε_{P_2} liegt bei etwa $+0{,}3$ V. Unter der Einwirkung von Fe^{3+}-Ionen in der Lösung wird das Ruhepotential des zunächst aktiven Stahles zu Werten $\varepsilon_R > \varepsilon_{P_1}$ verschoben, falls die Stromdichte $i_{Fe^{3+}}(\varepsilon_{P_1})$ der Reduktion des Oxydationsmittels Fe^{3+} bei ε_{P_1} dem Betrage nach größer ist als die kritische passivierende Stromdichte $i_{\text{krit}} = 3 \cdot 10^{-2}$ A/cm^2. Dabei ist $i_{Fe^{3+}}(\varepsilon_{P_1})$ bei diesen Versuchen gleich der Diffusionsgrenzstromdichte $i_{Fe^{3+},D}$ der Fe^{3+}-Reduktion. Das heißt, es ist, mit dem Diffusionskoeffizienten $D_{Fe^{3+}}$ der Fe^{3+}-Ionen, der Diffusionsgrenzschichtdicke δ und der Fe^{3+}-Konzentration $c_{Fe^{3+}}$, angenähert (vgl. Kap. 5.1)

$$i_{Fe^{3+}}(\varepsilon_{P_1}) = i_{Fe^{3+},D} = -D_{Fe^{3+}} F \frac{(c_{Fe^{3+}})_0}{\delta}. \tag{10.25}$$

Die Diffusionsgrenzschichtdicke δ sinkt mit wachsender Rotations-bzw. Umfangsgeschwindigkeit v der Zylinderelektroden. Bild 10.30 zeigt die Änderung des Ruhepotentials ε_R als Funktion der Fe^{3+}-Konzentration und als Funktion von v.

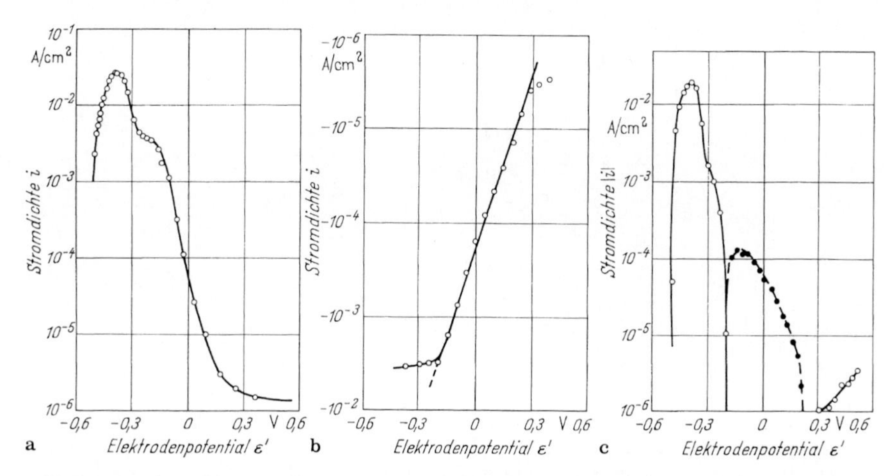

Bild 10.29. **a** Anodische Summenstrom-Spannungskurve (identisch mit Teilstrom-Spannungskurve der Metallauflösung) eines 12% Cr-Stahles in 0,52 N H_2SO_4/0,08 N Na_2SO_4-Lösung, O_2-frei, 30 °C; **b** Teilstrom-Spannungskurve der kathodischen Fe^{3+}-Reduktion an passivem 12% Cr-Stahl in derselben Lösung mit Zusatz von 0.014 mol/kg $Fe_2(SO_4)_3$. **c** Summenstrom-Spannungskurve (durchgezogene Kurve anodisch, gestrichelte Kurve kathodisch) des 12% Cr-Stahles in der Fe^{3+}-haltigen Lösung. (Nach Makrides und Stern). ε' bezogen auf gesättigte Kalomelektrode

Die Pfeile bezeichnen das Umschlagen des Ruhepotentials zu einem stark veredelten Wert $\varepsilon_R \cong +0{,}4$ V im Bereich der Passivität. Bild 10.31 zeigt, wie das unstetige Umschlagen des Ruhepotentials zustande kommt: Es sei dort *A* die anodische Teilstrom-Spannungskurve der Metallauflösung, *B* die kathodische Teilstrom-Spannungskurve der Wasserstoffabscheidung aus der O_2-freien Säurelösung. Dann stellt sich das Ruhepotential ε_1 des aktiven Metalls ein. Fügt man bei einer bestimmten konstanten Umfangsgeschwindigkeit c_1 mol/kg Fe^{3+}-Ionen zu, so daß die Grenzstromdichte noch $< i_{krit}$ bleibt (Kurve *C*), so wird das Ruhepotential im Bereich der aktiven Metallauflösung positiver (ε_2). Erhöhung von $c_{Fe^{3+}}$ etwa so weit, daß bei konstantem v nun das Plateau der Kurve *D* die kathodische Grenzstromdichte bezeichnet, verschiebt das Ruhepotential nach ε_3. Erst bei einer solchen Steigerung von $c_{Fe^{3+}}$, daß $i_{Fe^{3+},D} \geq |i_{krit}|$, springt ε_R auf ε_1 in den Bereich der Passivität. Da die kritische Stromdichte i_{krit} mit sinkendem pH-Wert ansteigt, so steigt dabei unter sonst konstanten Bedingungen auch die für das Eintreten der Passivierung notwendige Fe^{3+}-Konzentration (vgl. Bild 10.30b). Ist schließlich die kritische Stromdichte i_{krit} weniger stark rührabhängig als die kathodische Grenzstromdichte $i_{Fe^{3+},D}$ so sollte eine bestimmte, kleine Konzentration $c_{Fe^{3+}}$, die bei kleinen Werten der Umfangsgeschwindigkeit v für die Passivierung nicht ausreicht, durch hinreichende Steigerung von v passivierend wirksam werden. Eben dieser Zustand ist nach Bild 10.30a im Falle des 12% Cr-Stahles gegeben, der z. B. bei $v = 51$ cm/s bei $c_{Fe^{3+}} = 0{,}050$ mol/kg noch nicht passiviert wird, während bei

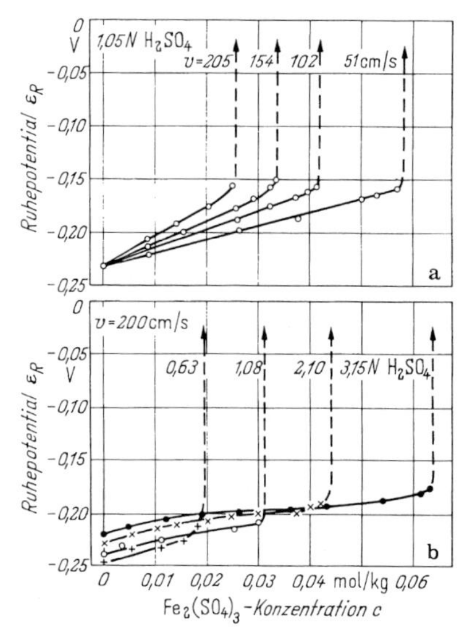

Bild 10.30

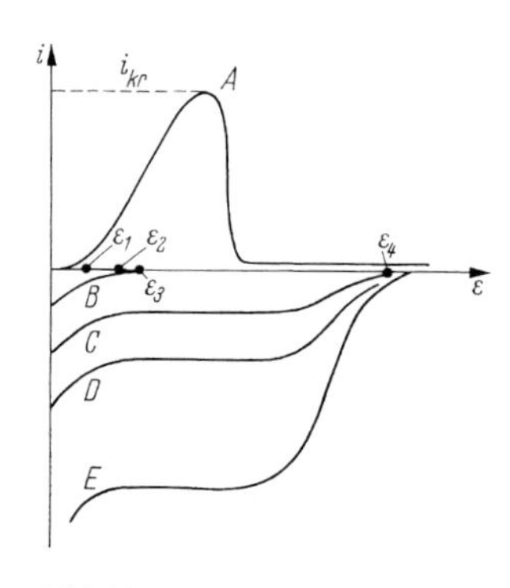

Bild 10.31

Bild 10.30a,b. Ruhepotential rotierender Zylinderelektroden aus 12% Cr-Stahl in $H_2SO_4/Fe_2(SO_4)_3$-Lösung, O_2-frei, 30 °C, als Funktion der $Fe_2(SO_4)_3$-Konzentration. **a** bei verschiedenen Umfangsgeschwindigkeiten v der Elektroden in 1,05 N H_2SO_4, **b** bei konstanter Umfangsgeschwindigkeit v in Lösungen verschiedener H_2SO_4-Konzentration. (Nach Makrides und Stern)

Bild 10.31. Schematisches Stromspannungsdiagramm zur Deutung der starken Veredelung des Ruhepotentials bei Überschreitung einer kritischen Elektrolytrührgeschwindigkeit (vgl. Text)

$v = 205$ cm/s der Umschlag des Ruhepotentials bereits bei 0,025 mol/kg Fe^{3+} eintritt.

Nach den geschilderten Untersuchungen wirken Ce^{4+}- oder Fe^{3+}-Ionen passivierend (bzw. in geringer Konzentration nach einmal erzwungener Passivierung passivitätserhaltend) allein dadurch, daß die Überlagerung der Teilstrom-Spannungskurve ihrer Reduktion mit der der Metallauflösung die stabile Einstellung des Ruhepotentials ε_R im Potentialbereich der Passivität bedingt. Es bedarf also für die Deutung der Beobachtungen hier nicht etwa der Annahme einer korrosionshemmenden Adsorption. Dasselbe zeigen Untersuchungen über die Wirkung von Passivatoren des Nickels in 1 N H_2SO_4 [119]. Hierzu gibt Bild 10.37 zunächst die potentiostatisch gemessene Stromspannungskurve in passivatorfreier Lösung, ferner Stromspannungsmeßpunkte, die sich aus Messungen der Korrosionsgeschwindigkeit und des Ruhepotentials als Funktion der Art und Konzentration verschiedener Passivatoren ergaben. Die daraus zu konstruierende Stromspannungskurve der Nickelauflösung fällt mit der in passivatorfreier Lösung festgestellten

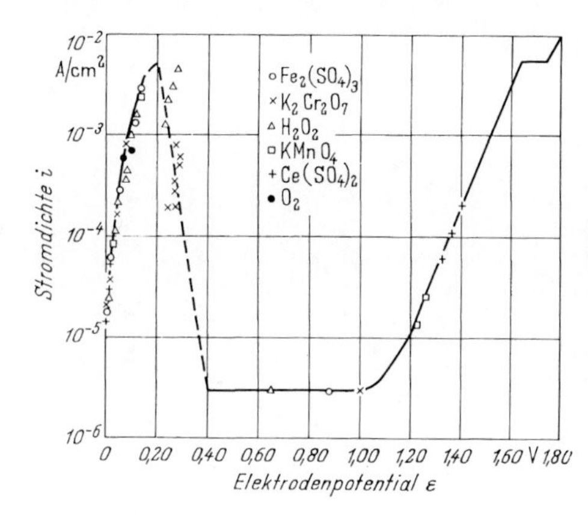

Bild 10.32. Anodische Summenstrom-Spannungskurve (identisch mit Teilstrom-Spannungskurve der anodischen Nickelauflösung für $\varepsilon \leq +1{,}75$ V) des Nickels in 1 N H_2SO_4, ohne Zusatz von Passivatoren (———), ferner Meßwerte ○ × △ □ + ● der Korrosionsstromdichte i_K beim Ruhepotential in Lösungen mit verschiedenen Zusätzen von Oxidationsmitteln und Passivatoren. (Nach Kolotyrkin und Bune)

Kurve zusammen, woraus sich ergibt, daß anodische Inhibition durch Adsorption der Passivatoren nicht vorliegt.

Die Verbesserung der Passivierbarkeit durch Legierungszuschläge, die die kritische passivierende Stromdichte erniedrigen, wurde bereits weiter oben diskutiert. Die günstige Wirkung von kleinen Zuschlägen von Palladium oder Platin, die die Passivierung von CrNi-Stahl in konzentrierter Schwefelsäure erheblich verbessern (vgl. Bild 10.33 [120]) ist vermutlich anders zu verstehen: Hier dürfte es sich wie im Falle des weiter unten genauer beschriebenen Titans darum handeln, daß es durch anfängliche selektive Korrosion der unedleren Bestandteile zu einer Anreicherung des Palladiums oder des Platins in der Oberfläche kommt und dadurch die Überspannung der kathodischen Teilreaktion erniedrigt wird. Anscheinend zeigt auch Kupfer diese Wirkung zusätzlich zu dem schon erwähnten Effekt der Erniedrigung von i_{krit}.

Das edelmetallähnliche Verhalten der passiven Metalle mit elektronenleitendem Oxid wird besonders an der durch die Passivierung bewirkten Veredelung des Ruhepotentials deutlich erkennbar. Ein gut untersuchtes Beispiel ist die Einstellung des Ruhepotentials von Chrom-Eisen-Legierungen als Funktion des Chromgehaltes. Die kritische passivierende Stromdichte sinkt mit steigendem Chromgehalt, also etwa in der schematischen Skizze Bild 10.34 von der großen Stromdichte i_{krit} des reinen Eisens A zu immer kleineren Werten B, C, D der Legierungen mit wachsendem Chromgehalt. Die kathodische Teilstrom-Spannungskurve E, entsprechend dem Fall der beim Ruhepotential des aktiven Metalls geschwindigkeitsbestimmenden O_2-Diffusion skizziert, sollte für alle Legierungen annähernd gleich liegen. Dann stellt sich bei Überlagerung von A und E ε_A ein (aktiv), mit B und E ε_B (aktiv), mit C und E aber ε_C (passiv). Zum Vergleich zeigt Bild 10.35 ältere Messungen [121], die den erwarteten Umschlag des Ruhepotentials bei einem bestimmten Chromgehalt deutlich zeigen. Daß es hier nicht um das Eintreten der Passivierung bei einem absolut „kritischen" Chromgehalt geht, sondern um das Erreichen der Bedingung, daß in der jeweiligen Versuchslösung der kathodische Teilstrom $i_{Ox}(\varepsilon_{P_2})$ beim Aktivierungspotential dem Betrag nach größer wird als i_{krit} ist nach dem obigen selbstverständlich. Dementsprechend tritt

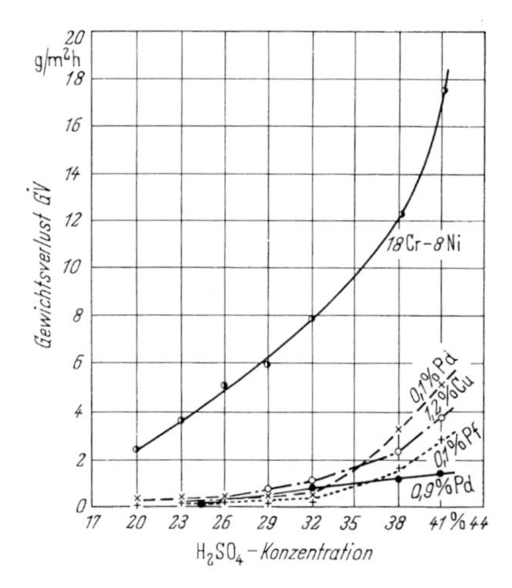

Bild 10.33

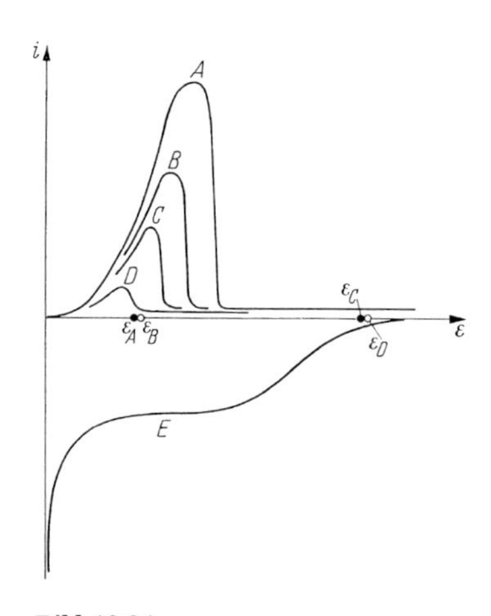

Bild 10.34

Bild 10.33. Der Einfluß kleiner Mengen von Cu, Pd und Pt auf die Korrosionsgeschwindigkeit eines 18/8-CrNi-Stahles in H_2SO_4-Lösungen, 20 °C, als Funktion der Säurekonzentration. (Nach Tomaschow)

Bild 10.34. Zum Umschlag des Ruhepotentials (z. B. der Chrom-Eisen-Legierungen) mit steigendem Zuschlag einer Komponenten X (z. B. des Chroms), die i_{kr} verringert. A, B, C, D anodische Teilstrom-Spannungskurve für verschiedene Konzentrationen von X, E kathodische Teilstrom-Spannungskurve für alle Legierungen. ε_A, ε_B: Ruhepotential für $i_{OX}(\varepsilon_{p_2}) < i_{kr}$. ε_C, ε_D: Ruhepotential für $i_{OX}(\varepsilon_{p_2}) > i_{kr}$ (schematisch).

der Umschlag des Ruhepotentials in verschieden zusammengesetzten Elektrolytlösungen bei verschiedenen Chromgehalten ein.

Wegen der starken pH-Abhängigkeit der kritischen passivierenden Stromdichte des Eisens (vgl. Bild 10.7) ist nun auch die aus Bild 6.19 ersichtliche pH-Abhängigkeit der Korrosionsgeschwindigkeit des Eisens für pH > 7 qualitativ ohne weiterers verständlich. Nach der Skizze Bild 10.36 muß – praktisch pH-unabhängiger Verlauf der kathodischen Teilstrom-Spannungskurve der Sauerstoffreduktion vorausgesetzt – die kritische passivierende Stromdichte mit wachsendem pH-Wert schließlich dem Betrage nach kleiner werden als die kathodische Grenzstromdichte der Sauerstoffreduktion, worauf Passivierung eintritt. Wegen der Abhängigkeit von i_{krit} von der Lösungszusammensetzung sind die Passivierungsbedingungen allerdings von Fall zu Fall quantitativ verschieden, auch wenn die Rührgeschwindigkeit konstant gehalten wird. Ferner ist die Überspannung der Sauerstoffreduktion am passiven Eisen in alkalischer Lösung sehr groß [122], so daß in der Skizze Bild 10.36 nicht A, sondern eher die punktierte Kurve A' als kathodische Teilstrom-Spannungskurve anzunehmen ist. Daher stellt sich nicht das sehr positive Ruhepotential ε_3 ein, sonder ein wesentlich negativerer Wert

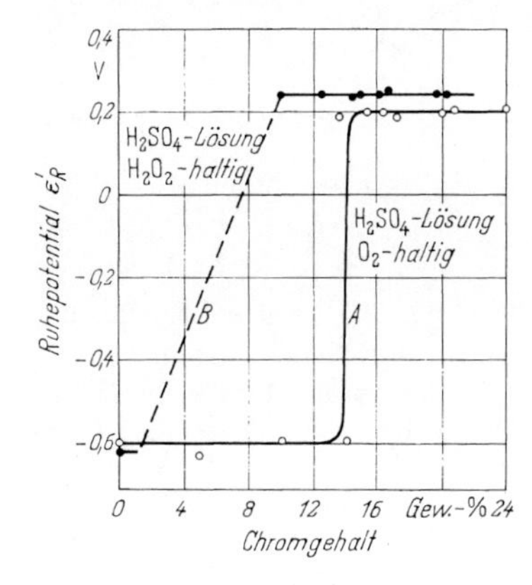

Bild 10.35. Ruhepotential von Fe-Cr-Legierungen in verdünnter H_2SO_4-Lösung, *A*: O_2-haltig, *B*: H_2O_2-haltig, als Funktion des Chromgehaltes, ε' gemessen gegen N/10-KCl-Kalomelelektrode. (Nach Strauss)

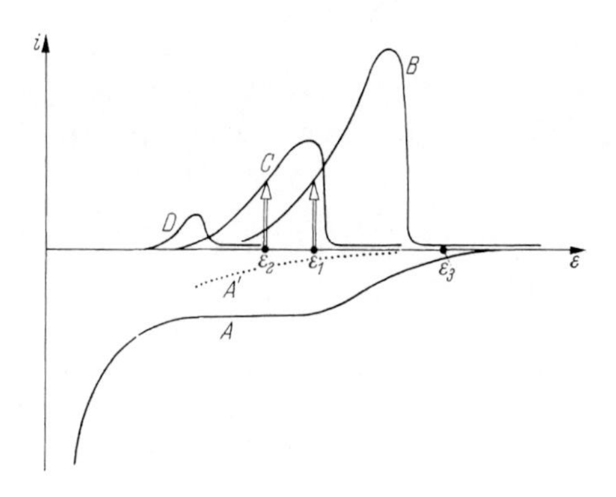

Fig. 10.36. Zur pH-Abhängigkeit der Korrosionsgeschwindigkeit des Eisens. *A*: pH-unabhängiger Verlauf der kathodischen Teilstrom-Spannungskurve in O_2-haltiger Lösung. *B* bzw. *C* bzw. *D*: anodische Teilstrom-Spannungskurve für pH $\simeq$ 7 bzw. pH $\simeq$ 9 bzw. pH $\simeq$ 11. ε_1 bzw. ε_2 bzw. ε_3 Ruhepotential bei Überlagerung von *A* mit *B* bzw. *C* bzw. *D* (schematisch)

zwischen ε_1 und ε_3. Es tritt deshalb (vgl. Bild 6.20) keine starke Veredelung des Ruhepotentials ein.

Immer vorausgesetzt, daß nicht stark ungleichmäßige Korrosion namentlich durch Lochfraß vorkommt, kann also die Korrosion des Eisens und der unlegierten Stähle durch hinreichendes Alkalisieren unterdrückt werden. Der Praxisfall der Passivität der Stahlarmierungen in ordnungsgemäß hergestellten Stahlbetonkonstruktionen wurde schon erwähnt [122, 123].

Handelsübliche Passivatoren für den Korrosionsschutz namentlich von Eisen und unlegiertem Stahl in geschlossenen Wasserkreisläufen enthalten häufig ein alkalisierendes Mittel wie Natriumkarbonat oder organische Basen. Der eigentliche Passivator ist dann der gelöste Sauerstoff. Dasselbe gilt für die Passivierung des Eisens und der unlegierten Stähle in O_2-haltigem Leitungswasser durch eine Reihe anderer nicht oxidierender Substanzen, wie Na_2HPO_4, Na_3PO_4, CH_3COONa, C_6H_5COONa, Na_2SiO_3, in deren Gegenwart bei Konzentrationen des Zusatzes zwischen etwa $2 \cdot 10^{-3}$ und $2 \cdot 10^{-2}$ mol/kg Passivierung eintritt [124]. Die Wirkungsweise solcher Inhibitoren wird aus Versuchen über den Einfluß von gelöstem Sauerstoff und von gelöstem Polyphosphat auf die Korrosion des Eisens in destilliertem Wasser deutlich [125]. Wie Bild 10.37 zeigt, wird die

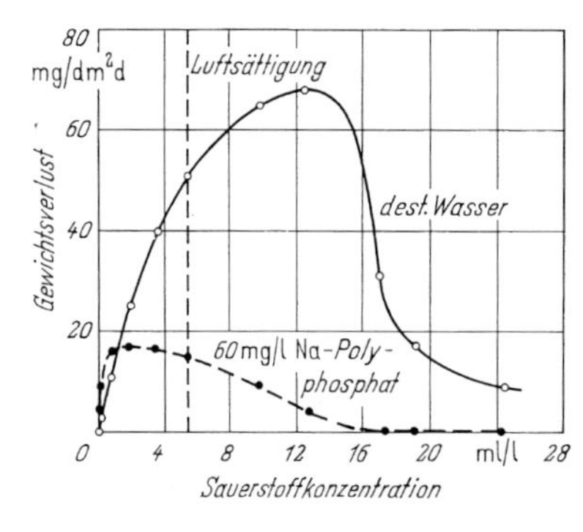

Bild 10.37. Gewichtsverlust von weichem Stahl in schwach bewegtem, destilliertem Wasser mit bzw. ohne Zusatz von Polyphosphat, als Funktion der O_2-Konzentration der Lösung. (Nach Uhlig, Stern, Triadis)

Korrosionsgeschwindigkeit bei sehr kleiner Sauerstoffkonzentration durch den Polyphosphatzusatz zunächst erhöht, was auf die Komplexbildung zwischen Eisenionen und Polyphosphationen zurückgehen kann. Mit wachsender Sauerstoffkonzentration steigt die Korrosionsgeschwindigkeit vom Ausgangswert zunächst rasch an, durchläuft ein Maximum und fällt danach zu kleinen Werten wieder ab. Dieser Verlauf zeigt wahrscheinlich an, daß bei ungefähr konstanter kritischer Stromdichte i_{krit} der Passivierung oberhalb einer bestimmten Sauerstoffkonzentration die Grenzstromdichte $i_{O_2,D}$ der Sauerstoffreduktion dem Betrage nach den Wert von i_{krit} übersteigt, worauf Passivierung eintritt. Da nun nach den Messungen in Gegenwart des Polyphosphats ein wesentlich erniedrigtes Maximum der Korrosionsgeschwindigkeit bei kleiner Sauerstoffkonzentration auftritt, so ist anzunehmen, daß unter diesen Versuchsbedingungen i_{krit} wesentlich kleiner war. Dieser Effekt ist wahrscheinlich auf die Adsorption des Phosphats zurückzuführen. Ähnlich ist für alle genannten, die Passivierung fördernden Substanzen anzunehmen, daß sie durch Adsorption oder sonstige Filmbildung hauptsächlich in den Mechanismus des aktiv/passiv-Übergangs eingreifen. Dementsprechend besteht der im Passivbereich schützende Film vermutlich ganz überwiegend aus dem kubischen Eisenoxid der zwischen Fe_3O_4 und γ-Fe_2O_3 variierenden Zusammensetzung, nicht etwa aus Verbindungen des Eisens mit dem Inhibitor. Verschiedene Untersuchungen namentlich der Passivierung und Passivität in phosphathaltigen Lösungen bestätigen diese Vermutung [126]. Eine zweite Gruppe von Passivatoren des Eisens in neutralen Lösungen, zu der insbesondere $NaNO_2$ und Na_2CrO_4, aber auch Na_2MoO_4 und Na_2WO_4 gehören [124], haben deutlich oxidierende Eigenschaften. Sie wirken gewöhnlich schon in sehr geringer Konzentration zwischen 10^{-4} und 10^{-5} mol/kg. Mindestens für den Fall des Chromats ist gut bekannt, daß das Passivoxid Chromsäure enthält [127]; das Reduktionsprodukt des Oxydationsmittels wird also in die Passivschicht mit eingebaut. In welchem Umfang in solchen Fällen einerseits die primäre Adsorption, andererseits die Änderung der Zusammensetzung der Passivschicht, oder endlich die Überlagerung der Teilstrom-Spannungskurve der Reduktion des Passivators die Hauptrolle spielen, ist von Fall zu Fall zu klären. Zu dieser Frage sei auf systematische Untersuchungen Cartledges [128] über die von Chromat, Permanganat, Wolframat, Pertechnat und das überraschenderweise unwirksame Perrhenat hingewiesen.

Man beachte, daß die Frage der Inhibition des Lochfraßes passiver Metalle in diesem Kapitel nicht behandelt wird und nicht hierher gehört. Es wird nur angemerkt, daß handelsüblich verbreitete Passivator-Rezepturen etwa auf der Basis Soda/Natriumnitrit dadurch zustande kommen, daß das Alkalisierungsmittel Soda die Passivität herbeiführt, damit aber auch u. U. die Gefahr des Lochfraßes, der durch hinreichend hohe Dosierung von Natriumnitrit entgegengewirkt wird. Ferner wurden die anstehenden Fragen in diesem Kapitel ganz unter dem Gesichtspunkt abgehandelt, wie ein ursprünglich deckschichtenfreies, gleichmäßig aktiv korrodiertes Metall passiviert werden kann. In der Praxis liegt das Metall vor dem Einbringen in die Elektrolytlösung nicht deckschichtenfrei vor; es weist vielmehr regelmäßig eine dünne und oxidische Deckschicht auf. Dann kann die Frage der Stabilisierung der Passivität unter dem Gesichtspunkt der Erhaltung dieser an Luft gebildeten Anlaufschicht gesehen werden. Nun ist der Startvorgang der Zerstörung der Anlaufschicht in mikroskopischen Bereichen zunächst sicher Lochfraß-ähnlich. Wenn es also auf die Erhaltung der Anlaufschicht speziell ankommt, dann spielt die Lochfraß-Inhibition als Eigenschaft der Passivatoren durchweg eine Hauptrolle [129].

10.4 Titan, Aluminium, Zink

Das *Titan* ($E^0_{\mathrm{Ti/Ti^{2+}}} = -1{,}63$ V) gehört zu der Gruppe von vielfach außerordentlich korrosionsbeständigen Metallen, die ohne besonderen Schutz durch Deckschichten in Anbetracht des sehr negativen Ruhepotentials schon in neutralen Lösungen unter Wasserstoffabscheidung durch Wasserzersetzung korrodiert werden sollten. Dasselbe gilt für *Aluminium* (− 1,66 V), *Zirkonium* (− 1,53 V), *Magnesium* (− 2,37 V), von denen weiter unten nur noch das Aluminium besonders behandelt werden wird. Auch die typischen Begleitelemente der Titanlegierungen [130], also vorzugsweise Aluminium und Zinn, aber auch Molybdän, Vanadium, Niob u. a. m. sind entweder selbst sehr unedel, oder ihre Konzentration von wenigen Gew.-% läßt keine durchgreifend günstige Wirkung der deckschichtenfreien selektiven Korrosion durch „Veredelung" der Oberfläche des Werkstoffs erwarten. Ganz ähnlich sind auch die Aluminiumlegierungen mit Magnesim, Zink, Kupfer, Mangan u. a. m. zu betrachten. Es handelt sich insgesamt um Werkstoffe, deren Beständigkeit schon in neutralen Elektrolytlösungen mit dem Schutz durch Oxidhäute steht oder fällt, weil für die Korrosion des „nackten" Metalls nicht etwa – wie bei den niedrig legierten Eisenwerkstoffen – die langsame Diffusion des gelösten Sauerstoffs geschwindigkeitsbegrenzend wirksam würde.

Für die Titanlegierungen liegen genauere elektrodenkinetische Untersuchungen anscheinend kaum vor [131]. Auf anlaufende Untersuchungen über einen sehr speziellen, aber gefährlichen Aspekt der Sache, nämlich den eventuellen Abrieb der Oxidhäute in beweglichen Gelenkimplantaten im menschlichen Körper wird hingewiesen [132].

Bild 10.38 zeigt die weitgehend stationäre, potentiostatische Summenstrom-spannungskurve des Titans (99,9% Ti) in Schwefelsäure wechselnder Konzentration [133], in Übereinstimmung mit früheren Messungen [134]. Danach gehört

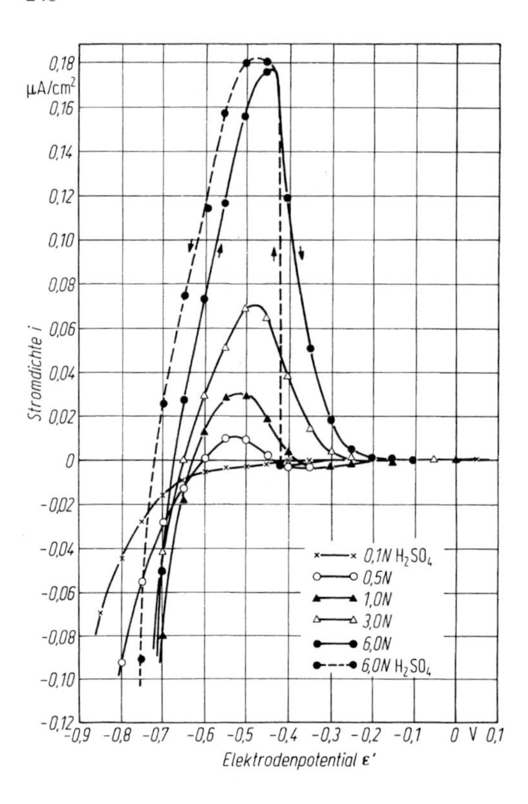

Bild 10.38. Stromspannungskurve des Titans handelsüblicher Reinheit in H_2SO_4-Lösungen wechselnder Konzentration, 25 °C. (Nach Brauer und Nann). ε' bez. auf ges. Kal. Elektrode

das Titan zu den typisch passivierbaren Metallen. Die kritische passivierende Stromdichte i_{krit} ist auch in stark konzentrierter Schwefelsäure relativ klein, sie sinkt wie üblich mit sinkender Acidität der Lösung, und es sinkt in dieser Richtung auch die Potentialschwelle des aktiv/passiv-Übergangs zu negativeren Werten. Die Passivstromdichte i_P beläuft sich in 20% iger Schwefelsäure (25 °C) auf einige $\mu A/cm^2$ [134]; schon in 1-normaler Schwefelsäure ist sie mit 0,1 $\mu A/cm^2$ sehr klein [135]. Bild 10.39 zeigt eine Kurvenschar nach Messungen, bei denen für jeden Punkt 20 Stunden potentiostatisch abgewartet wurde, so daß die Meßwerte nahezu stationär waren [136]. Danach fällt die Passivstromdichte über einen weiten Bereich des Elektrodenpotentials bis gegen + 0,25 V (bezogen auf Normal-Wasserstoffelektrode) zu sehr kleinen Werten ab und weist dann einen Potential-unabhängigen Bereich auf. Schließlich steigt der Strom bei stark positivem Potential wieder an, jedoch nur zu kleinen Werten. Ob es sich hier um anodische Sauerstoffentwicklung handelt, bleibt offen.

Sowohl in Bild 10.38 wie auch in Bild 10.39 erkennt man, daß das Potential ε_{P_1} der Passivierung als auch das Potential ε_{P_2} der beginnenden Aktivierung negativer sind als das Gleichgewichtspotential einer Wasserstoffelektrode. Insoweit könnte sich das Titan, ähnlich wie Chrom, in einer sonst Oxydationsmittel-freien Lösung spontan passivieren. Dennoch bleibt das Titan, außer in 0,1 N H_2SO_4 l,beim Ruhepotential aktiv, weil die hohe Wasserstoffüberspannung die Erfüllung der

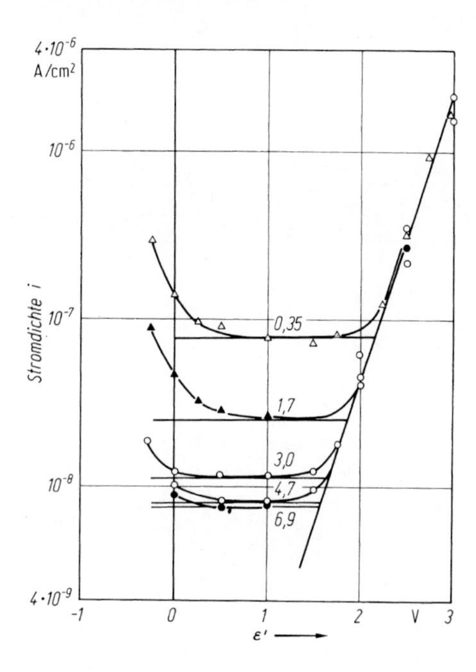

Bild 10.39. Quasi-stationäre Stromspannungskurven von Titan (99,6%) in sauerstofffreien Lösungen von H_2SO_4, $NaHSO_4$, Na_2SO_4, Na-Acetat und NH_4-Acetat bei 25 °C bei verschiedenen pH-Werten. ε' gemessen gegen Kalomelelektrode. (Nach Hurlen u. Wilhelmsen).

Zusatzbedingung Gl. (10.22) verhindert [137, 138]. Auch in salz- und flußsauren Lösungen tritt keine spontane Passivierung des Titans ein. Die Korrosionsgeschwindigkeit des Metalls ist in flußsauren Lösungen unter sonst konstanten Bedingungen am größten. Erwartungsgemäß passiviert sich Titan in oxidierenden Säuren spontan, desgleichen in neutralen Lösungen. Gelöstes Chlorid, sonst wegen der Auslösung des Lochfraßes durchweg gefährlich, stört hier nicht. Infolgedessen ist Titan auch gegen Meerwasser beständig. Die Geschwindigkeit der aktiven Korrosion in Schwefelsäure wird durch Zusätze eines löslichen Fluorids erhöht, jedoch bildet sich bei hoher F^--Konzentration schließlich eine schützende, dunkel gefärbte Deckschicht. Das Ruhepotential ist unter diesen Bedingungen mit etwa − 0,95 V sehr negativ [138]

Als Ursache der Passivität ist hauptsächlich die Schutzwirkung eines TiO_2-Films anzuhehmen. Im Detail ergaben Messungen eins besonderen Typs, nämlich die *Aufnahme galvanostatisch/intermittierter Ladekurven mechanisch geschabter Elektroden* [139] vergleichsweise verwickelte Ergebnisse [140]. Es wurde danach (jedenfalls für den speziellen Fall einer 5 N H_2SO_4-Lösung) die in Bild 10.40 skizzierte Folge von Elektrodenzuständen vermutet: Im Potentialbereich der aktiven Korrosion des Titans, wo sich Ti zu Ti^{3+}-Ionen löst, ist das Metall nicht deckschichtenfrei; vielmehr liegt ein poröser Film von Ti_2O_3 vor. Auf diesem soll in einem Übergangsbereich eine Schicht von Ti_3O_5 entstehen, schließlich – als Rutil und/oder Anatas – das porenfreie Passivoxid TiO_2 aus dem sich das Titan mit der restlichen Passivstromdichte zu Ti^{4+}-Ionen löst. Dieser Vorschlag ist nur eine Variante unter mehreren in der Literatur erörterten. Für einen Überblick über den Stand der Diskussion kann auf ein kritisches Übersichtsreferat verwiesen werden

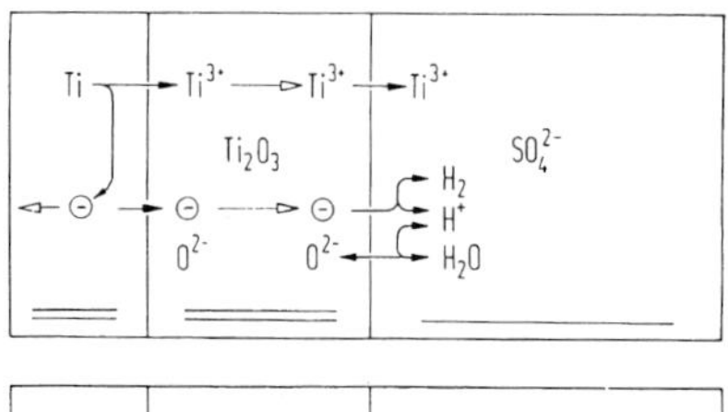

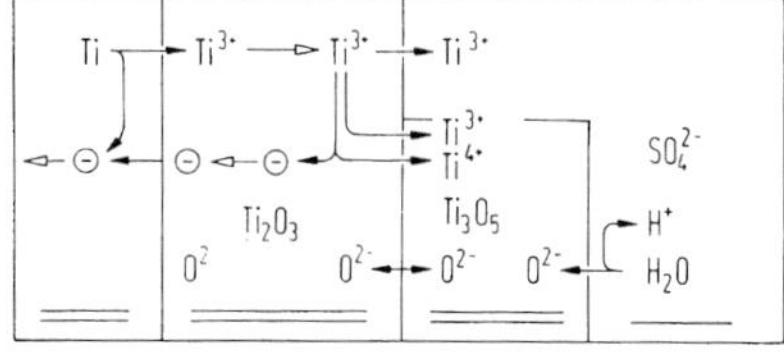

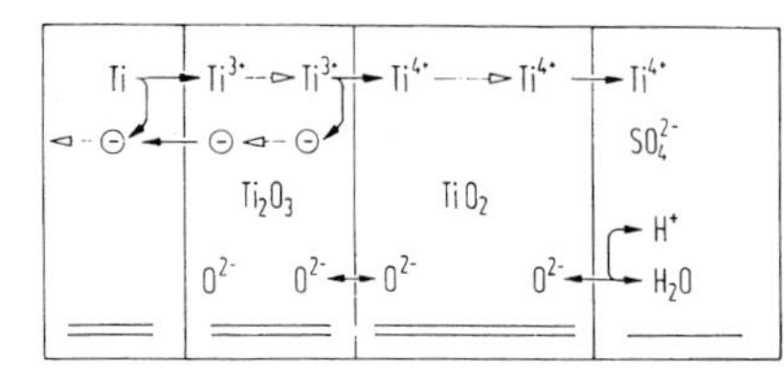

Bild. 10.40. Phasenschema des Titans in saurer Lösung. Oben: „Aktives" Titan mit Ti_2O_3-Deckschicht. Mitte: „Passivierung" des Titans durch eine poroše Ti_3O_5-Schicht. Unten: „Passives" Titan mit Anatasschicht. (Nach Franz und Göhr)

[141]. Im übrigen erkennt man in Bild 10.40 ein Modell der Passivierung wieder, wie es in älteren Vorstellungen für die Passivierung des Eisens entworfen worden war. Ähnlich wie für Eisen wird auch für Titan derzeit eher ein Reaktionsmodell favorisiert, bei dem die Passivierung nicht über Phasenoxide abläuft, sondern über Adsorptionsschichten, bis schließlich ein passivierender TiO_2-Film vorliegt. Eine (unter anderen) mögliche Folge von Reaktionsschritten ist wie folgt formuliert worden [141]:

$$\mathrm{Ti} + \mathrm{H_2O} = \mathrm{Ti(H_2O)_{ad}} \tag{10.26a}$$

$$\mathrm{Ti(H_2O)_{ad}} = \mathrm{Ti(OH^-)_{ad}} + \mathrm{H^+}$$

$$\mathrm{Ti(OH^-)_{ad}} = \mathrm{(TiOH)_{ad}} + \mathrm{e^-}$$

$$\mathrm{(TiOH)_{ad}} = \mathrm{(TiOH)^+_{ad}} + \mathrm{e^-}$$

$$\mathrm{(TiOH)^+_{ad}} \rightarrow \mathrm{(TiOH)^{2+}_{ad}} + \mathrm{e^-}$$

Das Gleichheitszeichen steht jeweils als Symbol für das Quasi-Gleichgewicht des Reaktionsschrittes, der Pfeil für Schritte im Ungleichgewicht. Soweit handelt es sich um Reaktionsschritte, die auch zur aktiven Metallauflösung gehören können. Für die Passivierung wird aus hier im einzelnen übergangenen Gründen ein Reaktionsmechanismus wie folgt angenommen.

$$\mathrm{(TiOH)^+_{ad}} = \mathrm{(TiOH)^{2+}_{ad}} + \mathrm{e^-} \tag{10.26b}$$

$$\mathrm{H^+} + \mathrm{(TiOH)^{2+}_{ad}} \rightarrow \mathrm{Ti^{3+}} + \mathrm{H_2O}$$

$$\mathrm{H_2O} + \mathrm{(TiOH)^{2+}_{ad}} = \mathrm{[Ti(OH)_2]^{2+}_{ad}} + \mathrm{H^+} + \mathrm{e^-}$$

$$H_2O + (TiOH)^{2+}_{ad} \rightarrow [Ti(OH)_2]^{2+} + H^+ + e^-$$

$$[Ti(OH)_2]^{2+}_{ad} \rightarrow [Ti(OH)_2]^{2+}$$

$$[Ti(OH)_2]^{2+}_{ad} = TiO_2 + 2H^+$$

Kürzlich ist der Mechanismus der Elektrodenreaktionen des Durchtritts von Sauerstoffionen und Titan-IV-Ionen an TiO_2 genauer untersucht worden, allerings bei Messungen mit sehr hoher angelegter Spannung bis zu 250 V[142]Danach ist in saurer Lösung für den Durchtritt der Ti^{4+}-Ionen in der Tat der vorletzte der Reaktionsschritte Gl. 10.26b) geschwindigkeitsbestimmend. Die hohe Spannung bei solchen Messungen des Ionentransports durch Oxidschichten, die wie TiO_2, Al_2O_3, oder ZnO_2 kaum elektronenleitend sind, ist im wesentlichen die Ohmsche Spannung im Oxidfilm, die erforderlich ist, um die Ionen durch das wenig fehlgeordnete Oxidgitter zu treiben. Stromspannungsmessungen an der Phasengrenze Oxid/Elektrolytlösung lassen sich dabei nicht durchführen, gleichwohl sind durch geeignete Variation anderer Parameter detaillierte Auskünfte über die Kinetik der Phasengrenzreaktionen erhältlich.

Wegen der geringen Elektronenleitfähigkeit des Passivoxids, die bewirkt, daß im stationären Passivzustand der (dann anodische) Stromdurchgang praktisch gesperrt ist, während bei kathodischer Polarisation die Aktivierung des Metalls die Sperre beseitigt, gehört Titan mit Aluminium, Zirkonium, Tantal einerseits zu den sogenannten *Ventilmetallen.* Andererseits besteht, wie soeben dargelegt, für den Passivierungsmechanismus wie auch für den Mechanismus der aktiven Metallauflösung manche Ähnlichkeit mit Eisen, und dementsprechend auch mit Nickel und Kobalt. Wie für die Eisenmetalle, so wird auch für Titan neuerdings die Frage der Kristallstruktur des Passivoxids erörtert. In diesem Zusammenhang interessieren in-situ Messungen des *Raman-Spektrums* des Passivoxids, die so interpretiert werden, daß sowohl in neutralen Phosphat-wie auch in sauren Sulfat-Lösungen zunächst ein amorpher Film vorliegt. Dieser wandelt sich zwar bei hinreichend hohem Elektrodenpotential in einen kristallinen Film um, jedoch erst bei mehreren Volt im anodischen Bereich, also jenseits des normalerweise zu erwartenden Bereichs des freien Korrosionspotentials.

Ein Punkt von speziellem Interesse ist die Frage des Auftretens des Titanhydrids, das sich jedenfalls bei kathodischer Polarisation des Titans in saurer Lösung, also bei kathodischer Wasserstoffabscheidung an Titan, leicht bildet. Im vorliegenden Zusammenhang interessieren experimentelle Hinweise der Art, daß das Hydrid TiH_2 anscheinend schon im Passiv/Aktiv-Übergang entstehen kann, also während der Reduktion des Passivoxids bzw. seiner Vorformen [144]. Dazu listet Tabelle 17 die bei Elektronenbeugungsaufnahmen erhaltenen Reflexe nach Gitterparameter d und Intensität (steigend in der Reihenfolge ssw-sw-mst-st) im Vergleich zu ASTM-Tabellendaten auf. Das Vorliegen des Hydrids scheint dadurch gut nachgewiesen. Die Rolle des Hydrids als Reaktionspartner vor dem Eintreten der Passivierung wird auch an anderer Stelle eingehend diskutiert [145]

Im ganzen erscheint die Elektrochemie der Aktivität, der Passivierung und der Passivität des Titans noch mancher Aufklärung bedürftig. In diesem Zusammenhang ist darauf hingewiesen worden, daß die thermodynamischen Daten etwa

Tabelle 17. TiH_2-Reflexe von einer bei = – 0,20 V in 6 N H_2SO_4, 25 °C, 15 h polarisierten Ti-Elektrode nach Brauer und Nann

Elektronen-Reflektionsbeugung		Röntgenbeugungswerte nach ASTM	
Gefundene Werte		TiH_2	
d[nm]	Intensität	*d*[nm]	Intensität
0,256	st	0,256	100
0,221	sw	0,221	40
0,156	mst	0,156	60
0,133	st	0,133	60
0,128	ssw	0,127	20
0,109	ssw	0,110	5
0,102	mst	0,102	30
0,099	mst	0,0989	30

zur Berechnung des Beständigkeitsbereichs der verschiedenen Oxide, oder auch des Beständigkeitsbereichs der verschiedenen komplexen Ionensorten in Lösungen, für dieses technisch wichtige Metall nicht immer gut bekannt und gelegentlich (für das Ti^{2+}/Ti^{3+}-Gleichgewicht) direkt revisionsbedürftig sind [141]. Über das Elektrodenverhalten der als Konstruktionswerkstoffe im Überschall-Flugzeugbau und nicht zuletzt als Körperimplantate wichtigen Titanlegierungen liegen genauere Untersuchungen anscheinend kaum vor. Da das Passivierungspotential des Titan negativer liegt als das Wasserstoff-Gleichgewichtspotential, so liegt es nahe zu versuchen, die spontane Passivierung in nichtoxidierenden Säuren durch die Erniedrigung der Wasserstoffüberspannung zu erreichen. Durch Zulegieren einiger Zehntel Prozent von Edelmetallen, wie Platin und Palladium, die selbst eine geringe Wasserstoffüberspannung aufweisen, gelingt es in der Tat, die Beständigkeit des Titans z. B. in Schwefelsäure bedeutend zu verbessern [146–150]. Der vermutete Mechanismus des Korrosionsschutzes ist in Bild 10.41 schematisch skizziert. Kurve A deutet den Verlauf der Teilstrom-Spannungskurve der anodishen Titanauflösung an, die von geringfügigen Edelmetallzusätzen unabhängig sein soll. Kurve K_1 sei die Teilstrom-Spannungskurve der kathodischen Wasserstoffabscheidung an reinem Titan, S_1 die Summenstrom-Spannungskurve des reinen Titans, ε_1 sein Ruhepotential, der in ε_1 errichtete Pfeil die Korrosionsgeshwindigkeit. Enthält das Titan ein Edelmetall als Legierungsbestandteil, so ist zu erwarten, daß sich im Laufe der Korrosion ein poröser Überzug aus dem Zuschlagsmetall bildet, der als große Kathode für die Wasserstoffabscheidung wirkt. Dadurch möge die Teilstrom-Spannungskurve der Wasserstoffabscheidung in K_2 übergehen, so daß nun S_2 als neue Summenstrom-Spannungskurve erscheint. Infolgedessen verlagert sich bei unverändertem Gleichgewichtspotential E_{H_2/H^+} der Wasserstoffabscheidung das Ruhepotential des korrodierten Titans nach ε_2 in den Bereich stabiler Passivität und damit sehr kleiner Korrosionsgeschwindigkeit. Zum Vergleich zeigt Bild 10.42 als Kurve durch ausgefüllte Meßpunkte die Summenstrom-Spannungskurve des Reintitans in 40%iger H_2SO_4-Lösung, 50 °C, und

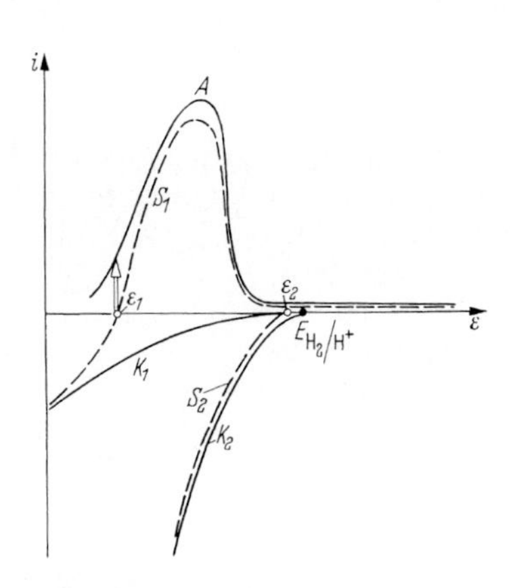

Bild 10.41

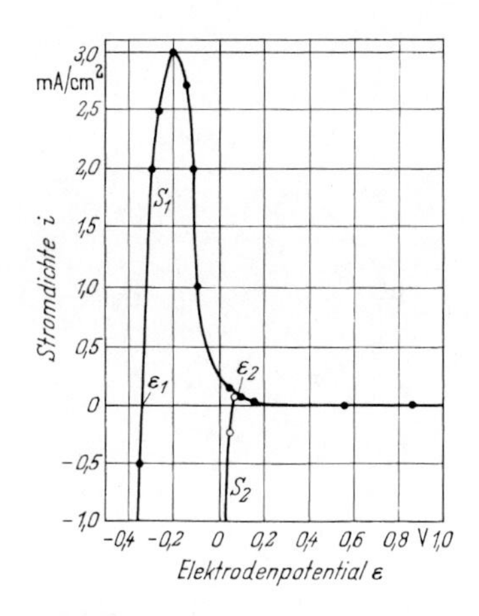

Bild 10.42

Bild 10.41. Der Mechanismus der Passivierung des Titans nach Zulegieren geringer Mengen eines Edelmetalls mit kleiner Wasserstoffüberspannung (vgl. Text)

Bild 10.42. Summenstrom-Spannungskurve des Titans handelsüblicher Reinheit in 40%iger H_2SO_4, 50 °C (●). Dasselbe für Titan mit Zuschlag von 1 Gew.-% Platin (○). (Nach Tomaschow, Tschernova und Altovski)

als Kurve durch offene Meßpunkte die Summenstrom-Spannungskurve einer Titanlegierung mit 1% Platin in derselben Lösung [148]. Man erkennt, daß der experimentelle Befund mit dem angegebenen Mechanismus der Passivierung völlig im Einklang steht. Derselbe Effekt sollte auch dadurch erreicht werden können, daß man der angreifenden Lösung ein Salz des betreffenden Edelmetalls zufügt, so daß der erwünschte poröse Edelmetallüberzug durch kathodische Reduktion der Edelmetallionen am Titan entsteht. Auch kann die Passivierung des Titans dadurch erzwungen werden, daß man Titanelektroden mit in dieselbe Lösung tauchenden Edelmetallelektroden kurzschließt. Diese Art der Passivierung gibt im übrigen ein Beispiel für die Anwendung des *„anodischen Korrosionsschutzes“* (vgl. Anhang).

Bild 10.43 zeigt schematisch den vermuteten Zustand der Legierungsoberfläche mit einer porösen Schicht von Palladiumkristalliten, sowie die Überlagerung von Passivstromdichte der Titanauflösung durch das Passivoxid hindurch und der Wasserstoffabscheidung am Palladium. Die Skizze macht deutlich, daß die gleichmäßige, oder annähernd gleichmäßige Verteilung der Geschwindigkeiten der Teilreaktionen der Korrosion im Grunde nicht mehr gegeben ist, sondern daß man es mit einem System von galvanischen Kurzschluß-Elementen zu tun hat. Es handelt sich eigentlich um einen Sonderfall der *Kontaktkorrosion* (vgl. das folgende Kapitel), in dem der Kurzschluss zwischen kathodischen Palladium-Elektroden und anodischen Legierungs-Elektroden das Korrosionspotential insgesamt in den Bereich der Passivität des Titans zieht. Bliebe der Effekt der Passivierung aus, so

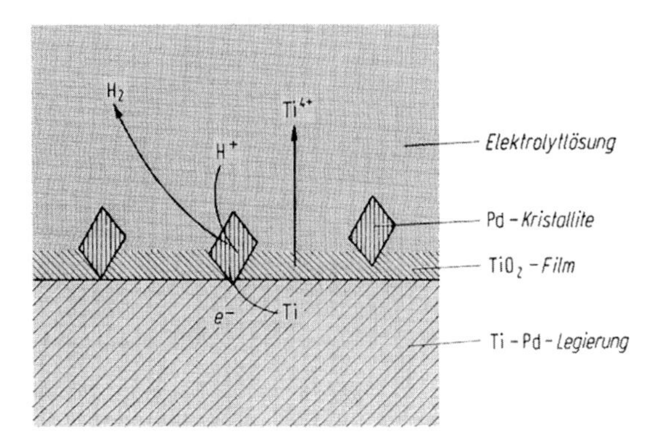

Bild 10.43. Zustand der Oberfläche einer Ti-Pd-Legierung in einer Elektrolytlösung die als Oxidationsmittel nur H^+ Ionen enthält, nach selektiver Anfangskorrosion des Titans und Bildung einer porösen Schicht von Palladiumkristalliten

wäre der Effekt der Anhebung des Potentials der aktiven Legierung schädlich infolge des Ansteigens der Stromdichte der Titanauflösung.

Nach dem geschilderten Mechanismus ist erforderlich, daß die Palladiumkristallite im metallischen Kontakt mit der Legierungsoberfläche vorliegen. Die bloße Anwesenheit von Palladiumkristalliten etwa auf der Oxidoberfläche wäre nach diesem Modell wirkungslos. Dazu interessieren Messungen an passivem Titan, auf dessen Oxidfilm Gold kathodisch abgeschieden worden war, so daß metallisches Gold auf dem Oxidfilm vorlag, aber ohne metallischen Kontakt mit dem Titan [151]. An solchen Elektroden erzeugt das Gold in der Oberfläche des als schlechter *n*-Halbleiter beschriebenen Oxids Elektronenzustände und damit bei hinreichend dünnem Film auch ohne den Gold-Titan-Kontakt eine Zunahme der Geschwindigkeit von Elektrodenreaktionen an der Oxidoberfläche. Dabei ist die Dicke der Passivschicht mit einigen nm [152] gering genug, um den Nachweis des Effekts zu ermöglichen. Auch nach diesen Untersuchungen ist aber die Wirkung von Metall-Metall Kurzschlüssen ungleich größer, so daß das einfache Reaktionsschema des Bildes 10.43 im wesentlichen beibehalten werden kann. Allerdings wäre bei einer genaueren Betrachtung zu berücksichtigen, daß in der Legierung nicht nur homogen gelöstes Palladium vorliegt, sondern auch die intermetallische Phase Ti_2Pd [149], und daß außerdem der angenommene Mechanismus noch unter dem Gesichtspunkt der selektiven Korrosion zu diskutieren wäre (vgl. Kap. 8).

Der Effekt des Edelmetallzuschlags zu einem passivierbaren Basismetall ist hier für das Titan dargelegt worden, weil für diesen Fall die zur Klarstellung erforderlichen Messungen vorliegen. Der sogar früher bemerkte ähnliche Effekt [153] von Edelmetallzuschlägen zu austenitischem CrNi-Stahl kann in reiner Säurelösung nicht auftreten, da das Passivierungspotential ja positiver ist als das Wasserstoff- Gleichgewichtspotential. Wegen des Falls des Zirkoniums [154] und weiterer Legierungssysteme sei auf eine Literaturübersicht hingewiesen [150].

Der oben erwähnte schädliche Effekt von Legierungszuschlägen, die zur Passivierung nicht ausreichen, dürfte eine Rolle bei dem Befund spielen, daß, wie etwa bei Zink, die Korrosionsgeschwindigkeit gelegentlich mit steigender Reinheit des Metalls sinkt. Da Zink selbst eine hohe Wasserstoff-Überspannung und außerdem ein stark negatives Normalpotential aufweist, so sind die meisten das Zink verunreinigenden Metalle edler, und sie weisen normalerweise eine geringere Hemmung der Wasserstoffabscheidung auf. Dementsprechend werden sie durch selektive Korrosion angereichert und erhöhen dann die Korrosionsgeschwindigkeit. [155]. Den Erwartungen völlig entsprechend bewirkt die Verunreinigung des Zinks mit Quecksilber, ebenfalls weit edlev, als das Zink, aber mit noch stärkerer Hemmung der Wasserstoffabscheidung eine Verlangsamung der Säurekorrosion des Zinks.

Aluminium [156] und die Aluminiumlegierungen gehören zu den Werkstoffen, für deren Brauchbarkeit die Passivität Vorausbedingung ist. Anders als bei den Eisenlegierungen, die erst durch Chrom passivierbar werden, als Legierungen also erheblich besser sind, wird im Falle des Aluminiums die Beständigkeit durch das Legieren mit jeweils einigen Gew.% Mg; Zn, Cu, neuerdings Li, normalerweise schlechter. Daher rührt z. B. die Praxis, im Flugzeugbau die verwendeten festen Legierungsbleche durch Plattieren mit Reinaluminium zu schützen, wobei die große Zahl von Nietlöchern naturgemäß Schwierigkeiten macht.

Da es auf die Beständigkeit des Passivoxids ankommt, so ist zu beachten, daß die verschiedenen Modifikationen des Aluminium-oxids Al_2O_3, des Hydroxids $Al(OH)_3$ und des Oxihydroxids AlOOH, die als passivierende Verbindungen in Frage kommen, alle im chemischen Gleichgewicht sowohl in sauren als auch in alkalischen Lösungen gut löslich sind, infolge von Reaktionen des Typs

$$Al(OH)_3 + 3H^+ \rightarrow Al^{3+} + 3H_2O \tag{10.27}$$

bzw.
$$Al(OH)_3 + OH^- \rightarrow Al(OH)_4^- \tag{10.28}$$

In sauren Lösungen löst sich das Hydroxid, oder auch das Oxid, zu Al-III-Kationen, in alkalischen Lösungen zu komplexen Aluminat-Anionen, mit ebenfalls dreiwertigem Al. Einerseits kann gleichwohl das Aluminium in sauren Lösungen anodisch oxidiert werden, wenn im Ungleichgewicht die Oxid-Lösungsgeschwindigkeit kleiner ist als die Bildungsgeschwindigkeit. Andererseits spiegelt die Korrosionsbeständigkeit des Metalls in der technischen Praxis die Löslichkeit der Oxide und Hydroxide und damit die Beständigkeit des passivierenden Oxidfilms recht gut wieder. Das Metall bewäht sich nur in ungefähr neutralem Milieu damit aber z. B. fast immer in der alltäglichen Umwelt. Dort ist die Schutzwirkung des Oxidfilms ausgezeichnet und die Geschwindigkeit der gleichmäßigen Korrosion praktisch vernachlässigbar mit z. B. für Reinaluminium in Na_2SO_4-Lösung ca. 0,1 $\mu A/cm^2$ [157]. Zugleich ist das Passivoxid, vermutlich Boehmit der Dicke ca. 5 nm [158], kaum elektronenleitend, der Ablauf von Elektrodenreaktionen am Oxid also weitgehend gesperrt. Das Passivoxid hemmt also hier nicht nur fast völlig die anodische Teilreaktion der Metallauflösung und die anodische Sauerstoffentwicklung, sondern auch die kathodische Teilreaktion der Korrosion, normalerweise also die kathodische Reduktion von gelöstem Sauerstoff. Damit verhält sich das passive Reinaluminium weitgehend wie ein Kondensator, bei dem eine Veränderung des Elektrodenpotentials nur eine Veränderung der Schichtdicke des Oxids bewirkt. Soweit überhaupt noch ein meßbarer Reststrom fließt, handelt es sich vermutlich um eine Reaktion an vereinzelten Fehlern der Oxidhaut, die nur etwa den 10^{-3}-ten bis 10^{-5}-ten Teil der Elektrodenoberfläche ausmachen [159].

Man beachte, daß solche Fehler des Oxidfilms, die nicht als atomare Fehlstellen zu denken sind, sondern eher als Poren (vgl. Kap. 12), im Falle des isolierenden Aluminiumoxids beständig sind, weil durch den Oxidfilm keine Ströme fließen können, die solche Poren z. B. beim passiven Eisen entweder schließen oder aber sich vergrößern lassen würden.

Damit hebt sich das Ventilmetall Aluminium im ganzen von der Gruppe der Eisenbasis- und Nickelbasis-Werkstoffe mit ihren elektronenleitenden Passivschichten noch deutlicher ab als das Ventilmetall Titan. Im übrigen kann man die seltenen porenartigen Fehlstellen des Passivoxids auf Reinaluminium gut zeigen, weil sie Orte der Elektronenleitfähigkeit sind. Taucht man Reinaluminium in die Lösung eines Kupfersalzes so besteht thermodynamisch die Tendenz des Auszementierens von Kupfer, mit Inlösunggehen von Aluminium. Anders als etwa Eisen verkupfert sich aber das Aluminium nicht gleichmäßig, sondern Kupfer scheidet sich nur an den Poren pustelartig ab [160].

Zur Frage der Zusammensetzung und der Leitfähigkeit der Oxidfilme auf den Aluminiumlegierungen sind die Nachrichten spärlich. Einen wichtigen Hinweis geben die in Bild 10.44 wiedergegebenen Stromspannungskurven der kathodischen Sauerstoffreduktion an Reinaluminium zum einen und an Al-4Cu zum anderen [161]: Die Messungen zeigen deutlich, daß die Reduktionsreaktion am kupferhaltigen Material ganz wesentlich schneller ist als am reinem Aluminium. Formal entspricht dies einer Erhöhung der Elektronenleitfähigkeit. In einem analogen Fall, nämlich für AlCuMg mit 1,5% Mg und 4,5% Cu wurde aber festgestellt [162], daß der Effekt hauptsächlich auf das Vorliegen von Ausscheidungen in der Form intermetallischer Phasen beruht, deren einzelne Partikel dicker sind als die Passivschicht, die also die Schicht kurzschließen. Der Befund, daß das Passivoxid möglicherweise unverändert reines Aluminiumoxid ist, paßt zum Ergebnis von spektroskopischen Messungen der Zusammensetzung von Oxidschichten auf homogen aufgedampften AlCu-Filmen [163]. Auch dort wurde im Oxid kaum Kupfer vorgefunden. Dieser Befund entspricht auch den Erwartungen in Anbetracht der im Vergleich zur Aluminiumoxidation geringen freien Enthalpie der Kupferoxidation. Anders eine AlZnMg-Legierung mit 2,5 Gew.% Mg und 5,5% Zn.: Bei dieser wurde beobachtet, daß – wieder entsprechend der Abstufung der freien Reaktionsenthalpie der Oxidation der Bestandteile – zunächst vorzugsweise Magnesiumoxid auftritt, erst bei Einwirkung von Feuchtigkeit auch Aluminiumoxid, und in keinem Fall Zinkoxid [164].

In neutralen und alkalischen Lösungen ist für die Teilreaktion der Metallauflösung die Reaktionsgleichung

$$Al + 4OH^- \rightarrow Al(OH)_4^- + 3e^- \qquad (10.29)$$

anzunehmen. Diese Reaktion läuft stets, insbesondere auch in alkalischen Lösungen, über den Teilschritt der Auflösung des festen Oxids oder auch des Hydroxids (in stärker alkalischem Medium vermutlich Hydrargillit, in schwächer alkalischem Medium vermutlich Bayerit [165]) nach Gl. (10.28).

Dieser Reaktionsschritt ist für die anodische Teilreaktion geschwindigkeitsbestimmend [157, 165]. Im einzelnen ergibt sich [165], daß die Auflösungsgeschwindigkeit durch die Interdiffusion von $Al(OH)_4^-$ und OH^- gesteuert wird

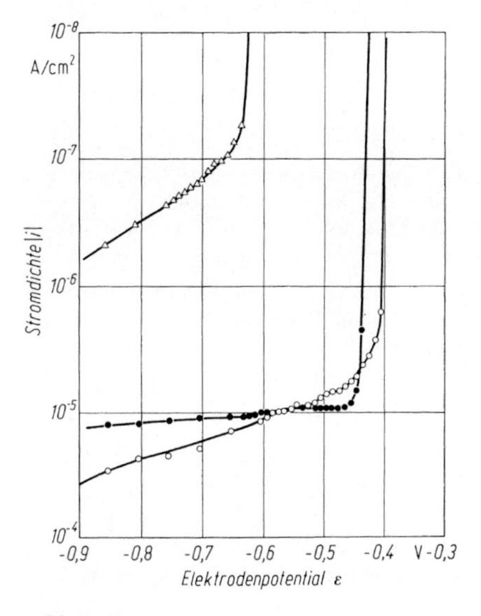

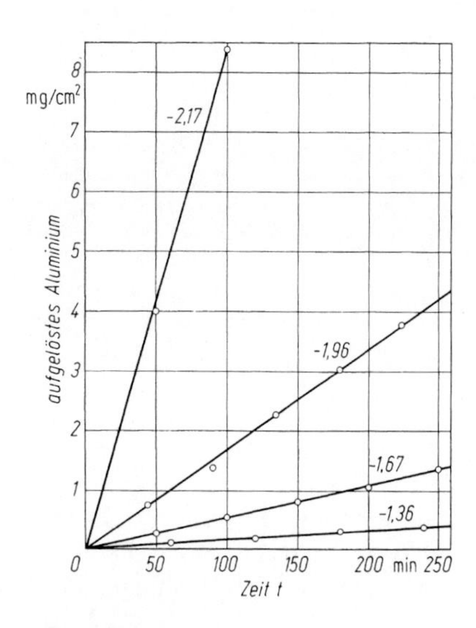

Bild 10.44 **Bild 10.45**

Bild 10.44. Kathodische Stromspannungskurve des Reinaluminiums (△), des homogenisierten Al-4 Gew.% Cu (□) und der intermetallischen Phase Al_2Cu (○) in O_2-haltiger NaCl-Lösung. (Nach Galvele und Demicheli)

Bild 10.45. Die kathodische Korrosion des Aluminiums: Gewichtsverlust von Aluminium bei kathodischer, potentiostatischer Polarisation in 1 M Na_2SO_4/NaOH-Lösung, pH 11; 25 °C; im Bereich kathodischer Wasserstoffentwicklung. Parameter: Elektrodenpotential ε(V) (Nach Kaesche)

u. a. also auch durch das Angebot von OH^--Ionen an der Elektrodenoberfläche. Dies hat zur Folge, daß in mäßig bewegten Lösungen, in denen durch stark kathodische Polarisation Wasserstoffabscheidung erzwungen und dadurch die Elektrolytrandschicht alkalisiert wird, die Geschwindigkeit der Aluminiumauflösung ansteigt. Es steigt also bei dieser sogenannten *kathodischen Korrosion* die Korrosionsgeschwindigkeit mit sinkendem Elektrodenpotential, im Gegensatz zu den üblichen Erwartungen des kathodischen Korrosionsschutzes (vgl. Anhang). Der Effekt wird durch die in Bild 10.45 wiedergegebenen Messungen belegt, tritt aber ebenso auch in neutralen Lösungen auf [157]. Man beachte, daß auf diese Weise über die lokale Wandalkalisierung die Kinetik der Aluminiumauflösung an die Kinetik der kathodischen Wasserstoffabscheidung gekoppelt, das Prinzip der unabhängigen Überlagerung der Teilstrom-Spannungskurven also streng genommen nicht erfüllt ist. Für das genauere Studium der Kinetik der Reaktion (10.28) konnte die lokale pH-Erhöhung durch Messungen mit entsprechend schnell rotierenden Aluminiumscheiben unterdrückt werden [165]. Auf die dabei verwendete Experimentiertechnik, durch die rotierende Scheibe *Wirbelströme* zu induzieren, die hinreichend empfindlich auf die Dickenänderung der Scheibe, d. h.

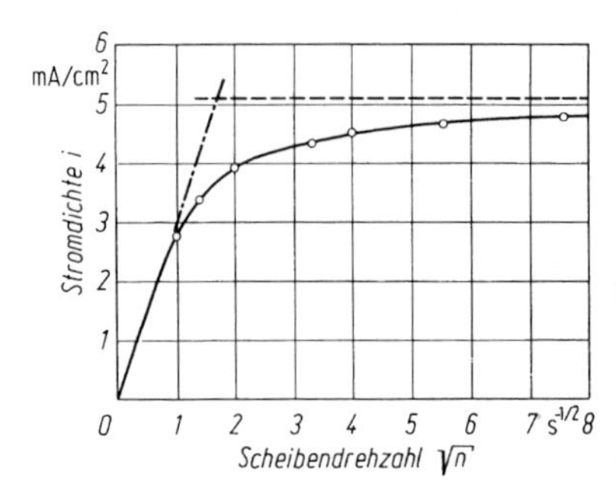

Bild 10.46. Drehzahlabhängigkeit der Auflösung einer rotierenden Aluminiumscheibe ($Q = 9{,}1$ cm^2) in 0,5 M Na_2SO_4/NaOH-Lösung, pH 12,45; 10 °C, $\varepsilon = -0{,}95$ V. Strichpunktiert: Diffusionsstromdichten; gestrichelt: Reaktionsstromdichte. (Nach Heusler und Allgaier)

aber auf die Geschwindigkeit der Reaktion (10.29) ansprechen, sei hingewiesen. Bild 10.46 zeigt den Übergang von diffusionskontrollierter Metallauflösung bei kleinen zu Durchtrittsreaktions-kontrollierter Metallauflösung bei großer Drehzahl der Scheibe. Die Auswertung der reaktionskontrollierten Stromdichten ergab ein dem Fall des Eisens verhältnismäßig ähnliches Bild des Mechanismus, nämlich den bestimmenden Einfluß a) des Potentialsprungs Oxid/Lösung und b) der Aktivität der Al^{3+}-Ionen an der lösungsseitigen Grenze der Oxidschicht.

Der typische, in Bild 10.2 skizzierte N-förmige Verlauf der Stromspannungskurve tritt beim Aluminium nicht auf. Er würde in der Nähe des Bildungs-Potentials des Al_2O_3 erwartet und damit in einem Potentialbereich bereits schneller Wasserstoffentwicklung, wo die soeben beschriebene besonere Art der Aktivierung durch kathodische Korrosion das Elektrodenverhalten irregulär werden läßt. Von diesem Effekt abgesehen, ist die Stromspannungskurve der gleichmäßigen Aluminiumauflösung überall im interessierenden Potentialbereich, wegen der fehlenden Elektronenleitfähigkeit auch im Potentialbereich der anodischen Sauerstoffentwicklung, gleich der geringfügigen Passivstromdichte. Ebenso wie das Titan, aber mit ungleich größerer Bedeutung für die Praxis des Einsatzes des Werkstoffs, kann das Metall unter der Einwirkung einer Klemmenspannung der Grössenordnung 10–100 V zwischen dem Aluminium als Anode und einer Gegenelektrode *anodisch oxidiert* werden. In der Praxis sind 2 Fälle deutlich verschieden: Zum einen werden, vornehmlich für die Herstellung von Elektrolytkondensatoren, porenfreie Oxidschichten bis zu ca. 1 μm Dicke hergestellt. Dies geschieht durch Anodisieren des Metalls in Lösungen, die wie Borat- oder Phosphat-Lösungen das Oxid kaum angreifen. Zum anderen erhält man zum Zwecke des Korrosionsschutzes durch Anodisieren in Oxid-angreifenden Lösungen wie etwa Schwefelsäure bis zu 10 bis 20 μm dicke Oxidschichten. Diese bestehen aus einer dünnen, porenfreien Unterlage auf der Metalloberfläche mit aufgewachsener, poriger, dickerer Sekundärschicht. Die Poren durchsetzen diese zweite Schicht im wesentlichen senkrecht zur Metalloberfläche. Ihre *Nachverdichtung* mit geeigneten organischen Substanzen ergibt letztlich eine dichte, inerte Deckschicht, gut geeignet z. B. für den Langzeit-Korrosionsschutz von Aluminiumfassaden im Hochbau. Der „Edelmetallcharakter“, der dem Begriff der Passivität eigentlich zugrundeliegt, tritt hier weit in den Hintergrund; der Korrosionsschutz gleicht in den Hauptzügen nun eher der Schutzwirkung eines sehr guten Anstrichs. Die Einzelheiten des

Anodisierens des Aluminiums und anderer Ventilmetalle sind Gegenstand einer umfangreichen Spezialliteratur [166]. In der Praxis ist das Anodisieren in schwefelsaurer Lösung wichtig mit Nachverdichten mit heissem Wasser oder mit Wasserdampf [167].

Wie aus dem Potential-pH-Diagramm Bild 3.5 ersichtlich, gehört auch das *Zink* zu den amphoteren Metallen, deren Oxide und Hydroxide sich in Säuren und in Alkalien leicht lösen, sehr ähnlich dem Fall des Aluminiums durch Bildung von Zn-II-Kationen in Säuren und durch Bildung komplexer Zinkat-Anionen in Alkalien. Bei mittlerem pH- Wert ist das Oxid ZnO und das Hydroxid $Zn(OH)_2$ schwerlöslich und deshalb Schutzschicht-bildend. Die durch Deckschichten bewirkte Beständigkeit des Zinks reicht nach Bild 6.22 sogar deutlich weiter, als nach dem Potential-pH-Diagramm zu vermuten wäre. Das Diagramm zeigt dabei Ergebnisse von Laboratoriumsversuchen. In der Praxis ist die gute Korrosionsbeständigkeit des Zinks zumal im Vergleich zum unlegierten Stahl gut bekannt und die Ursache für die Technik des Verzinkens zum Zwecke des Korrosionsschutzes. Das Zink ist dabei nicht im eigentlichen Sinn des Begriffs passiv; es vergraut deutlich durch die Ausbildung einer Deckschicht aus basischen Karbonaten u. a. Verbindungen, die bald porenfrei verfilzen, im Gegensatz zur gewöhnlich porigen Bildung des Rostes auf Eisen.

In alkalischen Lösungen ist das Zink als Material für Batterien interessant und deshalb viel untersucht. Dort zeigt das Material die typische Stromspannungskurve eines passivierbaren Metalls, dessen Passivstromdichte aber so hoch liegt, daß von Passivität im technisch-praktischen Sinn nicht gesprochen werden kann [168]. Bild 10.47 gibt den typischen Verlauf der Stromspannungskurve nach älteren Messungen [169], Bild 10.48 den aktiv/passiv-Übergang bei Messungen an rotierenden Scheibenelektroden [170]. Die Abhängigkeit der Ströme im Aktivbereich wie auch im Passivbereich von der Scheibendrehzahl zeigt deutlich, daß die Elektrodenreaktionen insgesamt diffusionsgesteuert sind. Es handelt sich dabei um ein kompliziertes Zusammenspiel der Zinkauflösung nach

$$Zn + 4\,OH^- \rightarrow Zn(OH)_4^{2-} + 2e^-, \tag{10.30}$$

der Bildung stark poröser Hydroxidfilme nach

$$Zn + 2\,OH^- \rightarrow Zn(OH)_2 + 2e^-, \tag{10.31}$$

und der Bildung von dichtem, vermutlich aber nicht porenfreiem Oxid nach

$$Zn + 2\,OH^- \rightarrow ZnO + H_2O + 2e^-. \tag{10.32}$$

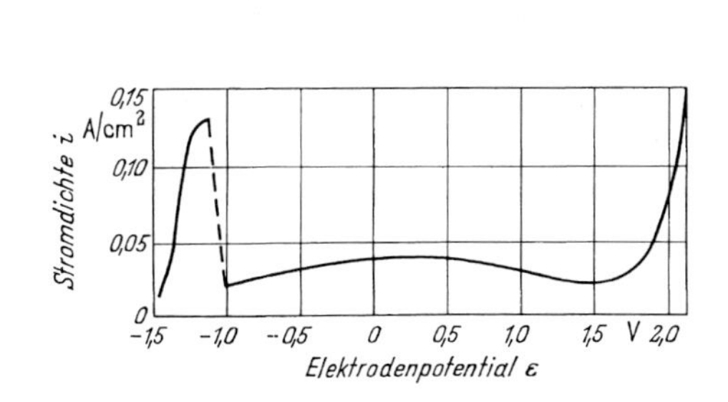

Bild 10.47. Anodische Summen-strom-Spannungskurve (identisch mit der Teilstrom-Spannungskurve der Metallauflösung bis ca. + 1,6 V) des Zinks in 4 M NaOH, 25°C. (Nach Franck und Lüdering)

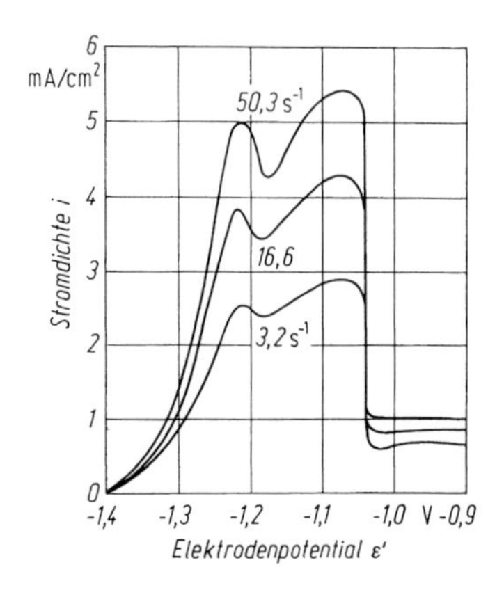

Bild 10.48. Anodische potentiokinetische Stromspannungskurve rotierender Zink-Scheibenelektroden in 1 N KOH-Lösung bei verschiedenen Scheibendrehzahlen. Potentialänderungsgeschwindigkeit 10(mV/s). ε' bez. auf Hg/HgO-Elektrode in derselben Lösung. (Nach Hull, Ellison, Itoni)

Hinzu kommt die Bildung des Hydroxids (oder auch des Oxids) durch Rückfällung etwa nach

$$Zn(OH)_4^{2-} \rightarrow Zn(OH)_2 + 2\,OH^- \tag{10.33}$$

Erwartungsgemäß sinken die Stromdichten im gesamten Potentialbereich mit sinkendem pH, also sinkender Löslichkeit des Hydroxids und des Oxids. Man findet etwa in 1 M Na_2CO_3-Lösung, in der sich Zink im wesentlichen ebenso verhält wie in der Alkalihydroxidlösung gleichen pH-Wertes (etwa pH 12) $i_{krit} = 300\ \mu A/cm^2$, $i_P = 50\ \mu A/cm^2$ (bei 25°C) [171]. Dabei sinkt i_P nach längerer Polarisationsdauer weiter ab. Der Passivierungsmechanismus hängt stark vom Meßprogramm ab. Das einfachste Verhalten beobachtet man bei der Aufnahme galvanostatischer Ladekurven [171]. Dort bildet sich offenbar von Anfang an nur ZnO, und die Passivierung setzt ein, sobald ein monomolekularer Oxidfilm vorliegt Bei potentiostatischen oder auch potentiokinetischen Messungen kompliziert das Auftreten eines Primärfilms aus porösem $Zn(OH)_2$ das Bild erheblich [172]. Je nach den Versuchsbedingungen bleibt dieser Film auch nach der Passivierung durch dichtes ZnO erhalten, oder aber er verschwindet, und dann ist der passivierende Film schon mit dem bloßen Auge als schwarze Schicht sichtbar. Diese sichtbaren Änderungen des Aussehens der Elektrode sind in Bild 10.49 [170] notiert. Diese Dunkelfärbung des Oxidfilms ist auf den Einbau von überschüssigem Zink in das Oxidgitter zurückzuführen [173]. Man hat demnach anzunehmen, daß die Passivierung mit dem Auftreten eines stark fehlgeordneten, also vermutlich elektronenleitenden Oxids zusammenhängt. An dieser Stelle wird die Halbleiter-Elektrochemie [174] des Zinkoxids interessant, und auf Mitteilungen unter diesem Gesichtspunkt sei hingewiesen [175]. Dieser Aspekt der Sache, der weit über das Gebiet der Korrosion hinausführt, bleibt hier außer Betracht. Im vorliegenden Zusammenhang interessiert mehr die Frage der Ursache des Umschlagens der Stromdichte der Zinkauflösung zu kleinen Werten, also die Ursache des Auftretens einer passivierenden Deckschicht. Das Passivierungspotential ist sicherlich nicht das Gleichgewichtspotential $E_{Zn/Zn(OH)_2}$ bzw. $E_{Zn/ZnO}$ einer Zink/Hydroxid- bzw. Zink/Oxid-Elektrode. Vielmehr bildet sich Hydroxid oder auch Oxid schon bei der

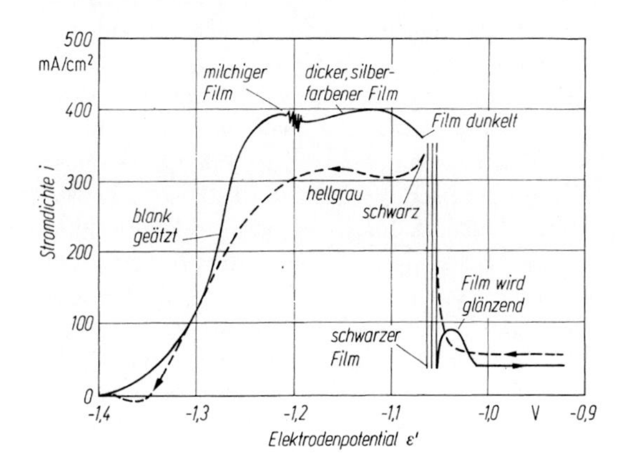

Bild 10.49. Potentiokinetische Stromspannungskurve von Zink in unbewegter 5 N KOH-Lösung, Potentialänderungsgeschwindigkeit 1,1 (mV/s). Elektrodenpotential ε' bez. auf Hg/HgO-Elektrode in derselben Lösung. (Nach Hull, Ellison, Itoni)

aktiven Zinkauflösung, und schon das Ruhepotential ist im wesentlichen gleich dem Hydroxid- bzw. Oxid-Gleichgewichtspotential [171]. Zur Deutung des wesentlich positiveren Passivierungspotentials (und des ähnlich liegenden Aktivierungspotentials) ist die Potentialabhängigkeit der Schichtdicke des Passivoxids herangezogen worden, mit der Zusatzannahme des Auftretens von porenartigen Durchbrüchen im Umschlags-Potentialbereich [172]. Aus galvanostatischen Messungen der Passivierungszeit τ_P [171] ist von anderer Seite [176] die Vorstellung abgeleitet worden, die Oxidbildungsreaktionen liefen über das $ZnOH^+$ nach dem Reaktionsschema

$$Zn + OH^- \rightarrow ZnOH^+ + 2e^- \tag{10.34}$$

$$ZnOH^+ + OH^- \rightarrow Zn(OH)_2 \tag{10.35}$$

$$ZnOH^+ \rightarrow ZnO + H^+. \tag{10.36}$$

Dabei wird Quasi-Gleichgewicht für die Reaktion (10.34) angenommen. Für einen derartigen Mechanismus fordert die Theorie [177], daß das Produkt $i\tau_P^{1/2}$ aus Stromdichte und Wurzel der Passivierungszeit für kleine Stromdichten mit i ansteigt, für große Stromdichen konstant wird, beides in Übereinstimmung mit den Messungen.

Neuerdings ist der aktiv/passiv- Übergang des Zinks in stark alkalischen Lösungen nochmals studiert worden [178]. Insbesondere interessierten Stromschwingungen im Übergangsbereich, die hier dadurch zustandekommen, daß in Poren eines Primärfilms der pH-Wert bis zur Bildung eines passivierenden Filmes ansteigt, danach aber, da dann der Strom der anodischen Metallauflösung kleinwird wieder absinkt, mit der Folge der Reaktivierung des Porenbodens, usf. Die bei positiverem Potential dann folgende Stabilisierung der Passivität bleibt auch nach diesem Modell vorerst ungeklärt.

In Beton (pH > 12) reicht die Korrosionsbeständigkeit des Zinks erfahrungsgemäß noch aus. Es ist zu vermuten, daß das Metall unter diesen Bedingungen passiv ist und die Passivstromdichte i_P mit der Zeit auf unbedenklich kleine Werte absinkt [179]. Erhebliche praktische Bedeutung hat auch das Verhalten des Metalls in Berührung mit dem gewöhnlichen *Gebrauchswasser*, das in diesem Zusammenhang als stark verdünnte Elektrolytlösung anzesehen ist. Hier interessiert speziell der Fall verzinkter eiserner Warmwasser-Zapfleitungen. In der Regel ist zu erwarten, daß in Verletzungen der Zinkschicht zutage tretendes Eisen im Kontakt mit dem umgebenden unedleren Zink kathodisch geschützt wird, also nicht rostet. Jedoch passiviert sich das Zink unter diesen Bedingungen gelegentlich spontan. Die dadurch bewirkte Veredelung des Zink-Ruhepotentials kann so weit gehen, daß in einer Zink-Eisen-Kurzschlußzelle das Zink zur Kathode wird. Dieser als *Potentialumkehr des Zinks* bekannte Effekt [180] tritt in Wässern ein, die neben wenig Sulfat und/oder Chlorid viel Bikarbonat und/oder Nitrat enthalten [181, 182]. Das Passivoxid ist schlecht elektronenleitend, so daß im Kontakt mit Eisen ein schädlicher Effekt durch Kontaktkorrosion (vgl. Kap. 11) mit Zink als Kathode und Eisen als Anode zunächst nicht eintritt. Vielmehr verschwindet nur der günstige Effekt des kathodischen Korrosionsschutzes des Eisens mit aktivem Zink als Anode und Eisen als Kathode [182, 183]. Erst in schwach Kupfer-haltigem Wasser wird das passive Zink zur schädlichen, weil elektronenleitenden Kathode [182]. Im übrigen hängt die Passivierung des Zinks stark von der Temperatur der Elektrolytlösung ab. Dazu ist die Temperaturabhängigkeit der Passivierung des Zinks in 0,1 M $NaHCO_3$-Lösung untersucht worden [171]. Bild 10.50 zeigt den zeitlichen Verlauf des Elektrodenpotentials bei galvanostatischer anodischer Polarisation vorher aktivierter Zinkelektroden bis zum Einsetzen der Passivität. Daran, schließt sich jeweils der Verlauf des Elektrodenpotentials während der Reaktivierung nach Umpolen des Stromes an. Die Zeit, die für die Reaktivierung benötigt wird, ist ein Maß für die während der Passivierung gebildete Oxidmenge. Man erkennt, daß mit steigender Temperatur die Passivierung immer schneller eintritt, und daß dabei die gebildete Oxidmenge sinkt, offenbar also die Oxidschichtdicke ebenfalls sinkt. Dieser Befund kann durch die Annahme erklärt

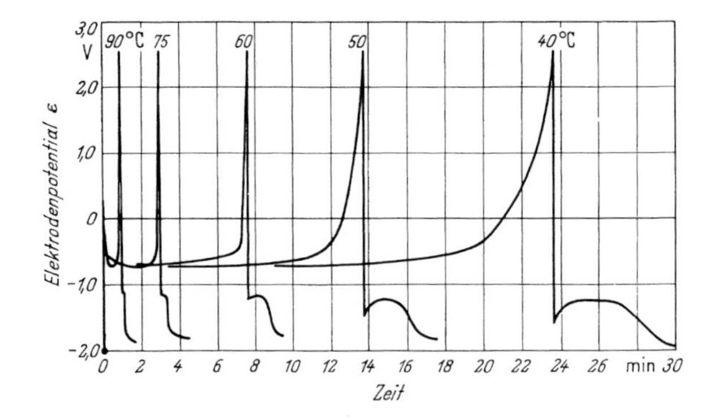

Bild 10.50. Anodische galvanostatische Ladekurven des durch kathodische Vorpolarisation aktivierten Zinks bis zur Passivierung ($\varepsilon > 2$ V), daran jeweils anschließend kathodische galvanostatische Entladekurven, bei verschiedenen Temperaturen, in 0,1 M $NaHCO_3$-Lösung, O_2-frei. Stromdichte $\pm$ 10 mA/cm^2 (Nach Kaesche)

werden, daß sich die Passivschicht bei tiefer Temperatur durch das Zusammenwachsen weniger, bei hoher Temperatur durch das Zusammenwachsen vieler Oxidkeime bildet.

Literatur

1. Franck, U. F.: Habilitationsschrift, Göttingen 1954
2. Weil, K. G.; Franck, U.F.: Z. Elektrochemie *56*, 814 (1952)
3. Herbsleb, G.; Engell, H. J.: Z. Elektrochemie *65*, 881 (1961)
4. Franck, U. F.; Fitzhugh, R.: Z. phys. Chemie N. F. *3*, 183 (1955)
5. Franck, U. F.: Z. Naturforschung *4a*, 378 (1951)
6. Franck, U. F.: Werkstoffe u. Korrosion *11*, 401 (1960)
7. Osterwald, J.: Z. Elektrochemie *66*, 401 (1962)
8. Christiansen, K. A.; Hoeg.; Michelsen, K.; Nord, H.: Acta chem. scand. *15*, 300 (1961)
9. Ord, J. L.; Bartlett, J. H.: J. Electrochem. Soc. *112*, 160 (1965)
10. Heusler, K. E.: Ber. Bunsenges. Phys. Chemie *72*, 1197 (1968)
11. Vgl. auch a) Heusler, K. E.: Iron. In: Encyclopedia of Electrochemistry of the Elements (Bard, A. J., Herausgeber), Volume IX, Part A. New York, Basel: Marcel Dekker 1982 – b) Lorenz, W. J.; Heusler, K. E.: Anodic Dissolution of Iron Group Elements. In: Corrosion Mechanisms (Mansfeld, F., Herausgeber) New York, Basel: Marcel Dekker 1987
12. Epelboin, I.; Gabrielli, C.; Keddam, M.; Takenouti, H.: The Study of the Passivation Process by the Electrode Impedance Analysis. In: Comprehensive Treatise of Electrochemistry (Bockris, J. O'M.; Conway, B. E.; Yeager, E.; White, R. E.; Herausgeber). Volume 4: Electrochemical Materials Sciences. New York, London: Plenum Press 1981.
13. Proc. 4th Int. Symp. on Passivity, Airlie, Va. 1977 (Frankenthal, R. P.; Kruger, J.; Herausgeber). Princeton: The Electrochemical Society 1978
14. Epelboin, I.; Keddam, M.; In loc. cit. [13], p. 184
15. a) Russel, P. P.; Newman, J.: J. Electrochem. Soc. *130*, 547 (1983) – b) Lorbeer, P.; Jüttner, K.; Lorenz, W. J.: Werkstoffe u. Korrosion *34*, 290 (1983)
16. Vetter, K. J.: Z. Elektrochemie *58*, 230 (1951)
17. Weil, K. G.; Bonhoeffer, K.-F.: Z. phys. Chem. N. F. 4, 175 (1955)
18. Pryor, M. J.; Evans, U. R.: J. chem. Soc. *1949*, 3330; *1950*, 1259, 1267; *1950*, 1274
19. Göhr, H.; Lange, E.: Naturwiss. *43*, 12 (1956)
20. Mayne, J. E. O.: Menter, J. W.; Pryor, M.: J. chem. Soc. *1950*, 3229; *1954*, 103 – Mayne, J. E. O.; Pryor, M. J.: J. Electrochem Soc. *98*, 263 (1961); *100*, 203 (1953)
21. Nagayama, M.; Cohen, M.: J. Electrochem Soc. *109*, 781 (1962); *110*, 670 (1963)
22. Göhr, H.: Lange, E.: Z. Elektrochemie *61*, 1291 (1957)
23. Lange, E.; Weidinger, H.: Naturwiss. *45*, 383 (1158)
24. Vetter, K. J.: Z. phys. Chem. *202*, 1 (1953); Z. Elektrochem *58*, 230 (1954), Z. phys. Chem. N. F. *4*, 165 (1955) – Weil, K. G.: Z. Elektrochemie *59*, 711 (1955)
25. Tronstad, L.: Trans. Farad. Soc. *31*, 1151 (1935) – Winterbottom, A. B.: Z. Elektrochemie *62*, 811 (1958) – Ellipsometry in the Measurement of Surfaces and Thin Films, Symposium Proceedings (Passaglia, E.; Stromberg, R. R.; Kruger, J., editors) NBS Misc. Publ. 256, US Government Printing Office, Washington 1964 – Proc. Symp. Recent Developments in Ellipsometry (Bashara, N. M., Buchman, A. B.; Hall, A. C., editors) Surface Sci. *16* (1969)

26. Gorn, F.; Vetter, K. J.: Z. phys. Chem. N. F. *77*, 317 (1972)
27. Gorn, F.: Optik *35*, 536 (1972)
28. Vetter, K. J.: Gorn, F.: Z. phys. Chem. N. F. *86*, 113 (1973)
29. Weil, K. G.: J. Electrochem Soc. *110*, 640 (1963)
30. Vgl. Insbesondere: Vetter, K. J.: Elektrochemische Kinetik, Berlin, Heidelberg, New York: Springer 1961.
31. Wagner, C.: Ber. Bunsenges. phys. Chemie *77*, 1090 (1973)
32. Novakovski, V. M.; Likhachev, Y. A.: Electrochim. Acta *12*, 267 (1967) – Heusler, K. E.: Ber. Bunsenges. phys. Chem. *72*, 1197 (1968)
33. Jaenicke, W.: Z. Elektrochemie *56*, 473 (1952), Jaenicke, W., Haase, M.: Z. Elektrochemie *63*, 521 (1959); Engell, H. J.: Z. phys. Chem. N. F. *7*, 158 (1956); Valverde, N., Wagner, C. W.: Ber. Bunsenges. phys. Chemie *80*, 330 (1976) – Vgl. auch Diggle J. [166b], p. 281
34. Prazak, M.; Prazak, V.; Cihal, Vl.: Z. Elektrochemie *62*, 739 (1958).
35. a) Stimming, U.; Schultze, J. W.: Ber. Bunsen ges. phys. Chemie *80*, 1297 (1976) – b) Schultze, J. W.; in: loc. cit. [13], p. 82 – c) id.: Electrochim. Acta *24*, 859 (1979) – d) id.: DECHEMA – Monographien Bd.90 (1981)
36. Landolt, D.; in: loc. cit. [13], p.484
37. Hoar, T. P.: J. Electrochem. Soc. *117*, 17 C (1970)
38. Evans, U. R.: Electrochim. Acta *16*, 1825 (1971)
39. Worch, H.; Forker, W.; Rahner, D.: Werkstoffe u. Korrosion *34*, 402 (1983)
40. Wroblowa, H.; Brusic, V.; Bockris, J. O'M.: J. Phys. Chem. *75*, 2823 (1971)
41. Sato, N.; Noda, T.; Kudo, K.: Electrochim. Acta *19*, 471 (1974)
42. Florianovich, G. M.; Kolotyrkin, Ya. M.; Kononova, M. D.: Proc. 4th Int. Congress Metallic Corrosion, Amsterdam 1969. Houston: NACE 1972, p. 694
43. Moeller, F.: Diplomarbeit, Technische Fakultät der FAU, Erlangen 1974
44. Oelsner, G.: Dissertation, TU Berlin 1974
45. a) Geana, D.; El Miligy, A. A.; Lorenz, W. J.: Corrosion Sci. *13*, 505 (1973) – b) Bessone, J.; Karakaya, L.; Lorbeer, P.; Lorenz, W. J.: Electrochim. Acta *22*, 1147 (1977) – c) Lorbeer, P.; Lorenz, W. J.; in loc. cit. [13], p. 607 – d) id.; Electrochim. Acta *25*, 375 (1980) – vergl. auch loc. cit. [11b]
46. Bech-Nielsen, G.: Electrochim. Acta a) *18*, 671 (1973) – b) *19*, 821 (1974) – c) *20*, 619 (1975) – d) *21*, 627 (1976) – e) loc. cit. [13], p. 614
47. Nagayama, M.; Cohen, M.: J. Electrochem. Soc. *110*,670 (1963); Sato, N., Kudo, K.: Electrochim. Acta *16*, 447 (1971); Sato, N.; Kudo,K.; Noda, T.: Electrochim. Acta *16*, 1909 (1971); Corr. Sci. *10*, 785 (1970)
48. Yolken, H. T.; Kruger, J.; Calvert, J. P.: Corr. Sci. 8, 103 (1968)
49. Grady, O.; Bockris, J. O. M.: Chem. Physics Letters *5*, 116 (1970); Surface Sci. *38*, 249 (1973)
50. Revie, R. W.; Baker, B. G.; Bockris, J. O. M.: J. Electrochem. Soc. *122*, 1460 (1975) – Lumsden, J. B.; Staehle, R. W.: Scripta Met. *6*, 1205 (1972) – Seo, M.: Lumsden, J. B.; Staehle, R. W.: Surface Sci. *42*, 337 (1974); *50*, 541 (1975)
51. Proc. 9th Int. Congr. Metallic Corrosion, Toronto 1984. National Research Council Canada
52. Nishimura, R.; Sato,N.; in: loc. cit. [51], Vol. 1, p. 96
53. Kruger, J.; in: loc. cit. [51], Vol. 1, p. 79
54. Passivity of Metals and Semiconductors (Thin Film Science and Technology, 4). Proc. 5th Int. Symp. Passivity, Bombannes 1983 (Froment, M., Herausgeber). Amsterdam, Oxford New York, Tokyo: Elsevier 1983

55. Surfaces, Inhibition, and Passivation. Proc. Int. Symp. Honor. Dr. N. Hackerman. San Diego (1986) (McCafferty, E.; Brodd, R. J.; Herausgeber). Pennington: The Electrochemical Society, 1986
56. Kruger, J.; Long, G. G.; Kuriyama, M.; Goldman, A. I.; in. loc. cit. [54], p. 163
57. Kruger, J.; Long, G. G.; in: loc. cit. [55], p. 210
58. O'Grady, W. E.: J. Electrochem. Soc. *127*, 555 (1980)
59. Searson, P. C.; Stimming, U.; Latanision, R. M.; in: loc. cit. [55], p. 175
60. Hoar, T. P.: J. Electrochem. Soc. *117*, 17C (1970)
61. Kolotyrkin, Y. M.: Z. Elektrochemie *62*, 700 (1958)
62. Sato, N.; Okamoto, G.: J. Electrochem. Soc. *110*, 703 (1963)
63. Vetter, K. J.; Arnold, K.: Z. Elektrochemie *64*, 240, 407 (1962)
64. Heumann, T. W.; Rösener, W.: Z. Elektrochemie *59*, 722 (1955)
65. Rocha, H.-J.; Lennartz, G.: Arch. Eisenhüttenwesen *26*, 117 (1955)
66. Heumann, T.; Diekötter, W.: Z. Elektrochemie *62*, 745 (1958)
67. Andreeva, V. V.: Corrosion NACE *20*, 35 (1964)
68. Seo, M.; Furuichi, R.; Kamoto, G. O.; Sato, N.: Trans. Jap. Inst. Met. *16*, 519 (1975)
69. Plieth, W. J.; Vetter, K. J.: Ber, Bunsenges. phys. Chemie *73*, 1077 (1969)
70. Knoedler, R.; Heusler, K. E.: Electrochim. Acta *17*, 197 (1972)
71. Vgl. Lit.-Angaben bei [69] und [70]
72. Sato, N.; Okamoto, G.: J. Electrochem. Soc. *110*, 703 (1963)
73. Okamoto, G.; Kobayashi, H.; Nagayama, M.; Sato, N.: Z. Elektrochemie *62*, 775 (1958)
74. Kunze, E.; Schwabe, K.: Corr. Sci. *4*, 109 (1964)
75. Dubois, B.: Jounneau, A.: Petit, M. C.: Electrochim. Acta *18*, 395, 583 (1973)
76. Heusler, K. E.; Schoner, K.: Ber Bunsenges. phys. Chemie *77*, 885 (1973)
77. Bockris, J. O. M.; Reddy, A. K. N.; Rao, B.: J. Electrochem. Soc. *113*, (1966); Reddy, A. K. N.; Rao, B.: Can. J. Chem. *47*, 2687, 2693 (1969)
78. Sato, N.; Kudo, K.: Electrochim. Acta *19*, 461 (1974)
79. Engell, H.-J.; Ramachandran, T.: Z. phys. Chemie *215*, 176 (1960)
80. Rocha, H.-J.; Lennartz, G.: Arch. Eisenhüttenwesen *26*, 117 (1955)
81. Uhlig, H. H.; Woodside, G. E.: J. phys. Chemie *57*, 280 (1953)
82. Osozawa, K.; Engell, H.-J.: Corr. Sci. *6*, 389 (1966)
83. Vgl. z.B. Schwenk, W.: Werkstoffe u. Korr. *14*, 646 (1963); Herbsleb, G.; Schwenk, W.: Werkstoffe u. Korr. *20*, 995 (1969)
84. Bockel, M. B.: Corrosion NACE *29*, 393 (1973)
85. Liszlov, E. A.; Bond, A. P.: J. Electrochem. Soc. *122*, 719 (1975)
86. Sugimoto, K.; Matsuda, S.: J. Electrochem. Soc. *130*, 2323 (1983)
87. Tronstad, L.: Trans. Farad. Soc. *29*, 502 (1933) – Andreeva, V. V.: Corrosion NACE *20*, 35t (1964) – Okamoto, G.; Shibata, T.: Corr. Sci. *10*, 371 (1970) – Goswami, K.; Staehle, R. W.: Electrochim. Acta *16*, 1895 (1971) – Bulman, G. M.; Tseung, A. C. C.: Corrosion Sci. *13*, 531 (1973)
88. Okamoto, G.; Shibata, T.; in. loc. cit. [13], p. 646
89. Revesz., A. G.; Kruger, J.; in: loc. cit. [13], p. 137
90. McBee, C. L.; Kruger, J.: Electrochim. Acta *17*, 1337 (1972)
91. Kolotyrkin, Ya. M.: Electrochim. Acta *25*, 89 (1980)
92. Fischmeister, H.; Roll, U.: Fresenius Z. anal. Chem. *319*, 639 (1984)
93. Asami, K.; Hashimoto, K.; Shimoidara, S.: a) Corrosion Sci. *18*, 151 (1978) – b) ibid. *16*, 387 (1976)
94. a) Mathieu, H. J.; Landolt, D.: Applications Surf. Sci. *3*, 348 (1979) – b) Goetz, R. Landolt, D.: Electrochim. Acta *27*, 1061 (1982) – c) id. ibid. *29*, 667 (1984)

95. Olefjord, I.; Elfström, B.-O.: Corrosion NACE *38*, 46 (1982)
96. Pozdejeva, A. A.; Antonowskaja, E. I.; Suchotin A. M.: Zash. Metal. *1*, 20 (1965) – Neiman, N. S.; Kolotyrkin, Ya. M.; Knjasheva, V. M.; Plaskejew, A. W.; Dembrowski, M. A.: Dokl. an SSSR *216*, 1331 (1974)
97. Leygraf, C.; Hultquist, G.; Olefjord, I.; Elfström, B.-O.; Knyasheva, V. M.; Plaskeyev, A. V.; Kolotyrkin, Ya. M.: Corrosion Sci. *19*, 343 (1979)
98. Uhlig, H. H.: Trans. Electrochem. Soc. *83*, 307 (1944) – Z. Elektrochemie *62*, 626 (1963) – Stolica, N. D.; Uhlig, H. H.: J. Electrochem. Soc. *110*, 1215 (1963) – Mansfeld, F.; Uhlig, H. H.: ibid. *115*, 900 (1968); *117*, 427 (1970); Corrosion Sci. *9*, 377 (1969) – Osterwald, J.; H. H. Uhlig: Electrochem. Soc. *108*, 515 (1961) – vergl. auch Uhlig, H. H., in: loc. cit. [13], p. 1
99. Hashimoto, K.: Chemical Properties. In: Amorphous Metallic Alloys (Luborsky, F. E.; Edtr.). London, Boston, Durban, Singapore, Sidney, Toronto, Wellington: Butterworths 1983, p. 472
100. Archer, M. D.; Corke, C. C.; Harji, B. H.: The Electrochemical Properties of Metallic Glasses. In: Electrochim. Acta *32*, 13 (1987)
101. Kapusta, S.; Heusler, K. E.: Z. Metallkunde *72*, 785 (1981) – Heusler, K. E.; Huerta, D.: J. Non-Cryst. Solids *56*, 261 (1983) – id.; in: loc. cit. [51], p. 222; Proc. Summer School on Amorphous Metals. Wilga, Poland 1985. Singapore Press (im Druck)
102. Kovacs, P.; Farkas, J.; Takacs, L.; Awad, M. Z.; Vertes, A.; Kiss, L.; Lovas, A.: J. Electrochem. Soc. *129*, 695 (1982)
103. Linker, U.; Plieth, W.: Werkstoffe u. Korrosion *34*, 391 (1983)
104. Naka, M.; Hashimoto, K.; Masumoto, T.: Corrosion NACE *32*, 146 (1976); J. Noncryst. Solids *31*, 355 (1979) – Wegen weiterer Mitteilungen von Hashimoto et al. vergl. [99, 100]
105. Kobayashi, K.; Asami, K.; Hashimoto, K. Proc. 4th Int. Conf. Rapidly Quenched Metals (Masumoto, T.; Suzuki, K. edtrs.). Vol. 2, p. 1443. Sendai: Japan Inst. Metals (1982)
106. Hashimoto, K.; Naka, M.; Asami, K.; Masumoto, T.: Corrosion Sci. *19*, 165 (1979)
107. Hashimoto, K.: Sci. Rep. Res. Inst. Tohoku Univ. *A28*, 201 (1980)
108. Moore, P. G.; McCafferty, E.: J. Electrochem. Soc. *128*, 1391 (1981) – vergl. dort die Hinweise auf Mitteilungen von Weinman, L. S. et al.
109. Peter, R.; Löschau, W.; Pompe, W.; Forker, W.: Werkstoffe u. Korrosion *37*, 621 (1986)
110. McCafferty, E.; Moore, P. G.: J. Electrochem. Soc. *133*, 1090 (986)
111. Morrison, S. R.: Electrochemistry at Semiconductor and Oxidized Metal Electrodes. New York, London: Plenum Press 1980
112. Oxides and Oxide Films (Diggle, J. W.; edtr.) Vol. 1. New York: Marcel Dekker 1972
113. Schultze, J. W.; Mohr,S.: Halbleiterverhalten technischer Elektroden. In: Dechema-Monographie 90. Weinheim: Verlag Chemie 1981
114. a) Schultze, J. W.: loc. cit. [35] – b) Schmickler, W.; in: loc. cit. [13], p. 102 – id.; in loc. cit. [54], p. 23
115. Delnick, F. N.: Hackerman, N.; in: loc. cit. [13], p. 116
116. a) Searson, P. C.; Stimming, U.; Latanision, R. M.; in: loc. cit. [55], p. 175 – b) Stimming, U.: Electrochim. Acta *31*, 415 (1986)
117. Chao, C. Y.; Lin. L. F.; Macdonald, D. D.: J. Electrochem. Soc. *128*, 1187 (1981); *129*, 1874 (1982) – Macdonald, D. D.; Urquidi-Macdonald, M.; Lenhart, S. J.; in: loc. cit. [55], p. 402
118. Makrides, A. C.; Stern, M.: J. Electrochem. Soc. *107*, 877 (1960) – Makrides, A. C.: ibid. *108*, 412 (1961); *111*, 392, 401 (1964); *113*, 1158 (1966)

119. Kolotyrkin, Y. M.; Bune, N. Y.: Z. phys. Chem. *214*, 274 (1960)
120. Tomashov, N. D.: Z. Elektrochemie *62*, 717 (1958); Corrosion Sci. *4*, 315 (1964); Werkstoffe u. Korr. *27*, 636 (1976)
121. Strauss, B.: Z. Elektrochemie *33*, 717 (1928)
122. Kaesche, H.: Archiv Eisenhüttenwesen *30*, 911 (1959)
123. Bäumel, A.: Engell, H.-J.: Arch. Eisenhüttenw. *30*, 417 (1959)
124. Pryor, M. J.: Cohen, M. J. Elecktrochem. Soc. *100*, 203 (1953)–Cohen, M. in: Corrosion (Shreir, L. L., Editor), Bd. 2, S. 18, 27
125. Uhlig, H. H.; Triadis, D. N.; Stern, M.: J. Electrochem. Soc. *102*, 59
126. Mayne, J. E. O.; Menter, J. W.; Pryor, M. J.: J. chem. Soc. 1950, 3229; *1954*, 103; Mayne, J. E. O.; Menter, J. W.: J. chem. Soc. *1954*, 103; Mayne, J. E. O.; Pryor, M. J.: J. chem. Soc. *1949*, 1831; Pryor, M. J.; Cohen: J. Electrochem. Soc. *98*, 263 (1961); *100*, 203 (1953); Szklarska - Smialowska, S.; Staehle, R. W.: J. Electrochem. Soc. *121*, 1393 (1974)
127. Brasher, D. M.; Kingsbury, A. H.: Trans. Farad. Soc. *54*, 1214 (1958); Cohen, M.; Beck, F.: Z. Elektrochemie *62*, 696 (1958); Uhlig, H. H.; King, P.: J. Electrochem. Soc. *106*, 1 (1959); Kruger, J.: J. Electrochem. Soc. *110*, 664 (1963); Szklarska-Smialowska, Z.; Staehle, R. W.: J. Electrochem. Soc. *121*, 1146 (1974)
128. Cartledge, G. H.: Z. Electrochemie *62*, 684 (1958); J. phys. Chem. *64*, 1877, 1882 (1960); *65*, 1009, 1361 (1961); British Corr. J. *1*, 293 (1966); J. Electrochem. Soc. *114*, 39 (1967)
129. Vgl. z. B. Evans, U. R.: Corrosion and Oxidation of Metals, London: Arnolds, 1960, Suppl. Volumes 1968, 1976.
130. Vgl. insbesondere Zwicker, U.: Titan und Titanlegierungen. Berlin; Heidelberg, New York: Springer 1974
131. Vgl. z. B. Kaesche, H.: Z. Metallkunde *64*, 593 (1973)
132. Thull, R.; Schaldach, M.: Biomedizinische Technik *20*, 51, 111 (1975)
133. Brauer, E.; Nann, E.: Werkstoffe u. Korr, *20*, 676 (1969)
134. Stern, M.; Wissemberg, W.: J. Electrochem. Soc. *106*, 756 (1959)
135. Oelsner, G.: Diplomarbeit, TU Berlin 1961
136. Hurlen, T.; Wilhelmsen, W.: Electrochim Acta *31*, 1139 (1986)
137. Vgl. auch Straumanis, M. E.; Shim, S. T.; Schlechten, A. W.: J. phys. Chem. *59*, 317 (1955)
138. Straumanis, M. E.; Gill, C. B.: J. Electrochem. Soc. *101*, 10 (1954)
139. Lange, E.; Göhr, H.: Thermodynamische Elektrochemie. Heidelberg: Hüthig, 1962
140. Franz, D.; Göhr, H.; Ber, Bunsenges. phys. Chemie *67*, 680 (1963)
141. Kelly, E. J.; in: Modern Aspects of Electrochemistry. (Bockris, J. O'M.; Conway, B. E.; White, R. E.; Hrsg.). New York, London: Plenum Press 1982
142. Allard, K. D.; Heusler, K. E.: J. Electroanal. Chem. *77*, 35 (1977) – Allard, K. D.; Ahrens, M.; Heusler, K. E.: Werkstoffe u. Korr., *26*, 694 (1975)
143. Ohtsuka, T.; Guo, J.; Sato, N.: J. Electrochem. Soc. *133*, 2473 (1986)
144. a) loc. cit. [133]-vergl. auch Brauer, E.; Nann, E.: Werkstoffe u. Korr. *25*, 309, 481 (1974)
145. Sukhotin, A. M.; Tungusova, L. I.: Prot. Met. (Engl. Übersetzung) *4*, 5 (1968); *7*, 218, 573 (1971); zitiert nach [141]
146. Rüdiger, O.; Fischer, W. R.; Knorr, W.: Z. Metallkunde *47*, 599 (1956) – Fischer, W. R.; Ilschner-Gensch, C.; Knorr, W.: Werkstoffe u. Korr. *12*, 597 (1961) – Rüdiger, O.: ibid. *16*, 109 (1965)
147. Stern, M.; Wissemberg, H.: J. Electrochem Soc. *106*, 751 (1959)
148. Tomashov, N. D.; Chernova, G. P.; Altovsky, R. M.; Z. phys. Chem. *214*,321 (1960) – Zh. Fiz. Khim. *35*, 1068 (1961)
149. Cotton, J. B.: Platinum Met. Rev.: *11*, 50 (1967)

150. Tomashov, N. D.; Chernova, G. P.; Modestova, V. N.; Chukalovskaya, T. V.; Volkov, L. N.; Vasilyeva, R. P.: Proc. 4th Int. Congr. Metallic Corrosion, Amsterdam 1969. Houston: NACE 1972, p. 642
151. Bartels, C.; Danzfuss, B.; Schultze, J. W.: loc. cit. [54], p. 35
152. Andreeva, V. V.: loc. cit. [87]
153. Tomashov, N. D.; Chernova, G. P.: DAN SSSR *89*, 121 (1953), zitiert nach [150]
154. Zwicker, U.: Metalloberfläche *14*, 334 (1960)
155. Vondrazek, R.; Izak-Krizko, I. I.: Recueil trav. chim. Pays-Bas *44*, 376 (1925), zitiert nach Evans, U. R.: Corrosion and Oxidation of Metals. London: E. Arnolds 1960, p. 311
156. Die Passivität des Aluminiums ist bei Kaesche, H. in: [13] ausführlicher abgehandelt, vgl. dort auch die Literaturangaben
157. Kaesche, H.: Z. phys. Chem. N. F. *34*, 87 (1962): Werkstoffe u. Korrosion *14*, 557 (1963)
158. Vedder, W.; Vermilyea, D. A.: Trans. Farad. Soc. *65*, 561 (1969)
159. Ergang, R.; Masing, G.: Z. Metallkunde *41*, 272 (1950)
160. Pryor, M. J.; Keir, D. S.: J. Electrochem. Soc. *102*, 605 (1955)
161. Galvele, J. R., de Demicheli, S. M. in: Proc. 4th Int. Conf. Metallic Corrosion, Amsterdam 1969. NACE Houston 1972, p. 439
162. Nikol, T.; Kaesche, H.: Berichtssymposium des Forschungs- u. Entwicklungsprogramms Korrosion u. Korrosionsschutz, Lahnstein 1987. Frankfurt: Dechema (1987)
163. Strehblow, H. H.; Melliar-Smith, C. M.; Augustyniak, W. M.: J. Electrochem. Soc. *125*, 915 (1978) – Strehblow, H. H.; Malm, D. L.; Corr. Sci. *19*, 469 (1979)
164. Viswanadham, R. K.; Sun, T. S.; Green, J. A. S.: Corr. NACE *36*, 275 (1980)
165. Heusler, K. E.: Allgaier, W.: Werkstoffe u. Korrosion *22*, 297 (1971)
166. Vgl. insbesondere a) Young, L.: Anodic Oxide Films. London, New York: Academic Press 1961 – b) Oxides and Oxide Films (Diggle, J. W., editor). New York: Marcel Dekker 1973
167. Vgl. z. B. Reschke, L. in Korrosion u. Korrosionsschutz (Tödt, F. Herausgeber) De Gruyter: Berlin 1961
168. Huber, K.: Helv. chim. acta *26*, 1037 (1943); *27*, 1443 (1944) – Z. Elecktrochemie *62*, 675 (1958) – Landsberg: Z. phys. Chem. *206*, 291 (1957); Landsberg, R.; Bartelt, H.: Z. Elektrochemie *61*, 1162 (1957); Bartelt, H.; Landsberg, R.: Z. phys. Chemie *222*, 217 (1963) – Popova, T. J.; Bagotzkii, V. S.; Kabonov, B. N.: Dokl. Akad. Nauk SSSR *132*, 639 (1960); – Zhur. Fiz. Khim. *36*, 1432, 1439 (1962) – Kabanov, B. N.: Electrochim. Acta *6*, 253 (1962) – Schwabe, K.: Z. phys. Chemie *205*, 304 (1956) – Electrochim. Acta *3*, 47 (1960) – Popova, T. I.; Simonova, N. A.; Kabanov, B. N.: Soviet Electrochem. *3*, 1273 (1967); *2*, 1347 (1966)
169. Franck, U. F.; Lüdering, W.; zitiert nach Franck, U. F.: Werkstoffe u. Korrosion *9*, 504 (1958)
170. Hull, M. N.; Ellison; Jtoni, J. E.: J. Electrochem. Soc. *117*, 192 (1970)
171. Kaesche, H.: Electrochim. Acta. *9*, 383 (1964)
172. Breiter, M. W.: J. Electrochem. Soc. *116*, 719 (1969) – a) Powers, R. W.: J. Electrochem. Soc. *116*, p. 1652; Breiter, M. W.: J. Electrochem. Soc. *117*,738 (1970); b) Grauer, W.; Kaesche, H.: Corr. Sci. *12*, 617 (1972)
173. Huber, K., in [168]; J. Electrochem. Soc. *100*, 376 (1953)
174. Vgl. z. B. Gerischer, H. in: Advances in Electrochemistry and Electrochemical Engineering (Delahay, P.; Tobias, C. W. editors), New York: Interscience Publs. 1961, p. 139 – Many, A.; Goldstein, Y.; Grover, N. B.: Semiconductor Surfaces. J. New York: Wiley, 1965

175. Morrison, S. R.; Freund, T.: Electrochim. Acta *13*, 1343 (1968) – Gerischer, H.; Kolb, D. M.: ibid. *18*, 987 (1973) – Dettinger, B.; Schöppel, H.-R.; Yokoyama, T.; Gerischer, H.: Ber. Bunsenges. phys. Chem. *78*, 1024 (1974) – Fruhwirth, O.; Friedmann, J.; Herzog, G. W.: Surface Technology *4*, 417 (1976)
176. Devanathan, M. A. V.; Lakshmanan: Electrochim. Acta *13*, 667 (1968)
177. Reddy, A. K. N.: Devanathan, M. A. V.: Bockris, J. O. M.: J. electroanal. Chem. *6*, 61 (1963)
178. McKubre, M. C. H.; Macdonald, D. D.: J. Electrochem. Soc. *128*, 524 (1981)
179. Kaesche, H.: Werkstoffe u. Korrosion *20*, 119 (1969)
180. Kroenig, W. O.; Pawlow, S. F.: Korr. Metallschutz *9*, 268 (1933) – Schikorr, G.: Gas-u. Wasserfach *82*, 834 (1939) – Roters, H.; Eisenstecken, F.: Arch. Eisenhüttenwesen *15*, 59 (1941)
181. Gilbert, P. T.: Pittsburgh Int. Conf. Surface Reactions. Pittsburgh: Corr. Publ. Comp. 1948, p. 127 – Hoxeng, R. B.; Prutton, C. F.: Corr. NACE *5*, 330 (1949) – Shuldiner, H. L.; Lehrmann, L.: Corr. NACE *14*, 585 (1958)
182. Kaesche, H.: Heizung, Lüfftung, Haustechnik *13*, 332 (1962)
183. Glass, G. K.: Corr. Sci. *25*, 971 (1985)

11 Die Einwirkung galvanischer Kurzschlußzellen auf die Korrosion

11.1 Kontaktkorrosion

11.1.1 Einleitung

Taucht man eine Elektrode aus der Metallsorte A und eine Elektrode aus der Metallsorte K in eine Elektrolytlösung ein, so ist im allgemeinen das Ruhepotential $(\varepsilon_a)_R$ der Elektrode A vom Ruhepotential $(\varepsilon_k)_R$ der Elektrode K verschieden. Die beiden Elektroden bilden also eine offene galvanische Zelle mit der Klemmenspannung

$$\Delta\varepsilon_R = (\varepsilon_k)_R - (\varepsilon_a)_R \tag{11.1}$$

Ist z. B. $(\varepsilon_a)_R$ negativer als $(\varepsilon_k)_R$, so handelt es sich bei A um die Anode, bei K um die Kathode der Zelle. Stellt man nun zwischen A und K einen metallisch leitenden Kontakt her, z. B. außerhalb der Elektrolytlösung mit Hilfe einer Drahtverbindung, so fließt in der nun kurzgeschlossenen Zelle ein elektrischer Strom, und zwar, wenn die Richtung der Bewegung positiver Ladungsträger betrachtet wird, im Elektrolyten ein Strom von der Anode zur Kathode. Der Strom tritt als anodischer Summenstrom der Stärke $+|j_s|$ durch die Anode, als kathodischer Summenstrom der Stärke $-|j_s|$ durch die Kathode. Eine Belastung der Anode mit einem anodischen Summenstrom bewirkt aber im allgemeinen eine Erhöhung der Teilstromstärke j_a der Auflösung des Anodenmetalls A und damit eine Verstärkung der Korrosion der Anode. Dieser Effekt wird als *Kontaktkorrosion* bezeichnet. Hierzu sind einige wesentliche Punkte bereits in Kap. 4 behandelt worden. Das dort Dargelegte wird im folgenden sowohl verallgemeinert als auch präzisiert.

Kontaktkorrosion kann auch eintreten, wenn die metallische Verbindung zwischen Anode und Kathode einen Ohmschen Widerstand enthält. Auch muß nicht unbedingt die Verbindung rein metallisch sein, vielmehr kann es sich dabei im Prinzip auch um eine Folge von metallischen und elektrolytischen Leitern handeln. Davon wird hier abgesehen, da die in der Praxis vorkommenden Kurzschlußzellen, die die Kontaktkorrosion bewirken, fast durchweg durch eine rein metallische Verbindung zwischen Anode und Kathode ausgezeichnet sind. Meistens wird diese Verbindung dadurch zustande kommen, daß Teile aus der Metallsorte A unmittelbar an Teile aus der Metallsorte K angrenzen.

In einer beliebigen Anordnung einer Anode und einer Kathode, die sich in einer Dreiphasengrenze Metall A/Metall K/Elektrolytlösung berühren, wird im allgemeinen das Elektrodenpotential ε sowohl auf der Oberfläche von A als auch auf der von K eine Funktion des Abstandes von der Grenzlinie sein, und es wird sich auch im Elektrolytinnern das elektrostatische Galvani-Potential φ von Punkt zu Punkt ändern. Es gilt also nicht die für die quantitative Behandlung der Kinetik der gleichmäßigen Korrosion grundlegende Bedingung $\varepsilon = \text{const}$. Entsprechend gilt auch nicht mehr, daß überall auf der Anode und der Kathode die Teilstromdichten der dort ablaufenden Teilreaktionen konstant sind. Offensichtlich ist dann die Hauptaufgabe der quantitativen Behandlung der Kontaktkorrosion die Ermittlung der tatsächlichen Stromdichteverteilung, und zwar insbesondere die Ermittlung der Verteilung der Teilstromdichten i_a der Metallauflösung an der Anode und i_k der Metallauflösung an der Kathode. Das Problem ist an sich eindeutig bestimmt und grundsätzlich lösbar unter Berücksichtigung folgender Bedingungen:

1. Es sei j_r die Stromstärke der r-ten von insgesamt m Teilreaktionen. Dann gilt aus Elektroneutralitätsgründen

$$\sum_1^m j_r = 0 \tag{11.2}$$

2. In Anbetracht der sehr großen Leitfähigkeit der Metalle kann das Galvani-Potential im Inneren jeder metallischen Einzelphase konstant gesetzt werden.

3. Für das im ganzem ladungsfreie Innere der Elektrolytlösung gilt die Laplacesche Differentialgleichung, wonach die (skalare) Divergenz des (vektoriellen) Gradienten des Produktes der spezifischen Leitfähigkeit σ und des Galvani-Potentials φ verschwindet. Ist zudem die Elektrolytlösung homogen, die Leitfähigkeit also überall konstant, so gilt:

$$\text{div grad}\,\varphi = \frac{\partial^2\varphi}{\partial x^2} + \frac{\partial^2\varphi}{\partial y^2} + \frac{\partial^2\varphi}{\partial z^2} = 0 \tag{11.3}$$

4. An Isolatoroberflächen ist die Normalkomponente $\partial\varphi/\partial n$ des Gradienten von φ Null, da in Isolatoroberflächen kein Strom eintritt:

$$\frac{\partial\varphi}{\partial n} = 0; \quad \textit{an Isolatoroberflächen.} \tag{11.4}$$

5. Ist i_R die an einem beliebigen Ort auf einer Elektrodenoberfläche herrschende Summenstromdichte, so gilt zufolge des Ohmschen Gesetzes für diese Stelle:

$$i_S = \sigma\frac{\partial\varphi}{\partial n}, \quad \textit{an Elektrodenoberflächen.} \tag{11.5}$$

6. Außerdem ist die Summenstromdichte i_S mit dem Elektrodenpotential durch die Gleichung der Summenstrom-Spannungskurve der betreffenden Elektrode verknüpft. Unter Benutzung des Begriffs der Polarisation $\pi\{i_S\} \equiv \varepsilon\{i_S\} - \varepsilon_R$ kann dafür vereinfachend gesetzt werden:

$$\varepsilon_a = (\varepsilon_a)_R + \pi_a\{i_S\}, \tag{11.6}$$

$$\varepsilon_k = (\varepsilon_k)_R + \pi_k\{i_S\}. \tag{11.7}$$

Die Form der Funktionen $\pi\{i_S\}$ ergibt sich aus der Kinetik der ablaufenden Elektrodenreaktionen (vgl. Kap. 5). Im Falle der Kontaktkorrosion ist π_a immer positiv, π_k immer negativ, so daß man für den vorliegenden Zusammenhang als

Kurzform der Gleichungen der Summenstrom-Spannungskurven auch setzt

$$\varepsilon_a = (\varepsilon_a)_R + |\pi_a|, \tag{11.8}$$

$$\varepsilon_k = (\varepsilon_k)_R - |\pi_k|. \tag{11.9}$$

Die quantitative Berechnung des Effekts der Kontaktkorrosion gelingt im Prinzip problemlos, wenn die jeweils passende Lösung der Laplaceschen Differentialgleichung gefunden wird. Eben dies ist aber gewöhnlich schwierig, weil mit den Stromspannungs-Funktionen (11.6–11.9) nichtlineare Randbedingungen auftreten. Analytische Lösungen erhält man nur für lineare Randbedingungen., die im Einzelfall mehr oder weniger gute Annäherungen an die realen, nichtlinearen Stromspannungskurven sein werden. So wurde z. B. der für den *kathodischen Korrosionsschutz* (vgl. Kap. 17) wichtige Fall des Kurzschlusses von Magnesium (als "Opferanode") mit unlegiertem Stahl (als zu schützendes Objekt) in neutraler, Sauerstoff-haltiger Lösung mit der Randbedingungs-Annahme abgehandelt, das Magnesium sei unpolarisierbar, der Stahl (im Diffusionsgrenzstrombereich der Sauerstoffreduktion) ideal polarisierbar [1]. In diesem Fall war die Geometrie der Elektrodenanordnung einfach, nämlich ohne Dreiphasengrenze Anode/Kathode/Elektrolytlösung. Beim Vorliegen einer derartigen gemeinsamen Grenzlinie erfordert schon der Fall von Geraden als Stromspannungskurven zur Lösung der Differentialgleichung die Auswertung von Fourier-Reihen bzw. Fourier-Integralen. Solche Lösungen liegen sowohl für symmetrische als auch für asymmetrische Polarisierbarkeit von Anode und Kathode vor [2, 3]. Mit verschiedenen rechnergestützten Iterationsverfahren (Methoden der finiten Elemente, der finiten Differenzen, der diskreten Quellen und Senken) wurden für verschiedene Fälle, auch mit Exponentialfunktionen als Randbedingungen numerische Lösungen des Problems erhalten [4]. Diese Rechnungen werden im folgenden übergangen, zugunsten geometrisch sehr einfacher Anordnungen, bei denen die Lösung der Differentialgleichung auf der Hand liegt, bzw. bei Berücksichtigung geometrisch schwierigerer Anordnungen mit Beschränkung auf die einfachsten Näherungen. Dieses Vorgehen ist gerechtfertigt, solange nur die grundsätzlichen Zusammenhänge gezeigt werden sollen.

11.1.2 Galvanische Kurzschlußzellen mit homogener Stromdichte- und Potentialverteilung

Eine Übersicht über den relativen Einfluß von Elektrolytleitfähigkeit und Elektrodenpolarisation erhält man im Anschluß an die qualitative Diskussion der Stromlieferung einer Kurzschlußzelle mit homogener Stromdichteverteilung auf Anode und Kathode. Hierzu zeigt Abb. 11.1 im schematischen Schnitt als Elektroden zwei ebene Scheiben aus Metall A bzw. K, von gleicher – z. B. rechteckiger – Kontur, die die parallelen Endflächen des Elektrolyttrogs bilden. Dieser habe die Länge l und ebene Seitenflächen. Mit Hilfe von Bezugselektroden, die mit Haber-Luggin-Kapillaren ausgerüstet sind, wird das Elektrodenpotential ε_a der Anode und ε_k der Kathode gemessen. Bei offenem Schalter S sei $\varepsilon_a = (\varepsilon_a)_R$; $\varepsilon_k = (\varepsilon_k)_R$, bei geschlossenem Schalter fließe in der Zelle der Strom der Stärke j_S.

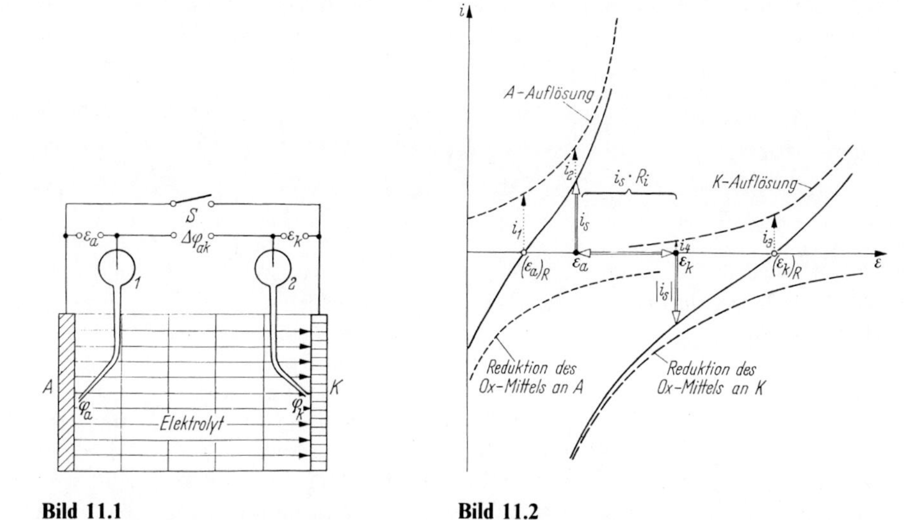

Bild 11.1 **Bild 11.2**

Bild 11.1. Schematischer Schnitt durch eine galvanische Zelle mit planparallelen Elektroden *A* und *K* als Endflächen des Elektrolyttroges, Bezugselektroden 1, 2 und Schalter *S*

Bild 11.2. Schematisches Stromdichte-Spannungsdiagramm der Kurzschlußzelle mit planparallel deckungsgleichen Elektroden *A* und *K*; mit Teilstromdichte-Spannungskurven der Metallauflösung und der kathodischen Teilreaktion an Anode und Kathode (ohne Berücksichtigung der Rückreaktionen der verschiedenen Teilreaktionen)

Bei homogener Oberfläche von *A* und *K* sind die Äquipotentialflächen im Elektrolyten notwendig äquidistante Ebenen parallel zu den Elektrodenoberflächen und die letzteren selbst ebenfalls Äquipotentialflächen. Die Stromlinien sind Geraden, die die Äquipotentialflächen (im folgenden kurz als Potentialflächen bzw. – im Schnittbild – als Potentiallinien bezeichnet) orthogonal durchsetzen. Mithin sind die Summenstromdichten $(i_S)_{\text{Anode}}$ und $(i_S)_{\text{Kathode}}$ über die jeweilige Oberfläche konstant und außerdem dem Betrage nach gleich:

$$(i_S)_{\text{Anode}} = +|i_S|; \quad (i_S)_{\text{Kathode}} = -|i_S|. \tag{11.10}$$

Ebenso ist auf der Anodenoberfläche ε_a und auf der Kathodenoberfläche ε_k überall jeweils konstant, desgleichen φ_a, das Galvani-Potential in der Elektrolytlösung unmittelbar vor der Anode, und φ_k, das Galvani-Potential in der Elektrolytlösung unmittelbar vor der Kathode. Es gelten die Beziehungen:

$$\begin{aligned} &\varepsilon_a \geq (\varepsilon_a)_R, \\ &\varepsilon_k \leq (\varepsilon_k)_R, \\ &\varepsilon_a \leq \varepsilon_k \end{aligned} \tag{11.11}$$

$$\varepsilon_k - \varepsilon_a = \varphi_{a,k} = \varphi_a - \varphi_k. \tag{11.12}$$

$\varphi_{a,k}$ ist die durch den Stromfluß in der Lösung erzeugte Spannung und kann als Spannung zwischen den Bezugselektroden gemessen werden. Nimmt man die Richtung des Stromflusses positiv in der Richtung der Bewegung positiver Ladungsträger, so gilt (unter der Voraussetzung überall konstanter Leitfähigkeit σ):

$$\varphi_{a,k} = i_s \frac{l}{\sigma}. \tag{11.13}$$

Das Stromspannungsdiagramm der kurzgeschlossenen Zelle ist in Bild 11.2 schematisch skizziert, und zwar unter der vereinfachenden Annahme, daß im interessierenden Potentialbereich die Rückreaktionen der kathodischen Metallabscheidung an A und K, ebenso die der anodischen Oxydation der reduzierten Form des wirksamen Oxydationsmittels an A und K keine Rolle spielen. Das Diagramm enthält also nur die (gestrichelten) Teilstromdichte-Spannungskurven der anodischen Metallauflösung und der kathodischen Reduktion des Oxydationsmittels (d. h. der Wasserstoffabscheidung oder der Sauerstoffreduktion) an A und K, ferner (durchgezogen) die Summenstromdichte-Spannungskurven von A und K.

Als Abszisse kann bei gleicher Oberfläche von A und K wie bisher die Stromdichte gewählt werden. Bei ungleicher Oberfläche von A und K, aber infolge passend gewählter Geometrie des Elektrolytraums noch homogener Stromdichteverteilung auf jeder der beiden Elektroden, kann ein eindeutiges Stromstärke-Potentialdiagramm gezeichnet werden. Im Normalfall der ungleichmäßigen Kontaktkorrosion ist das nicht mehr möglich; das Diagramm bleibt aber auch dann noch ein nützliches Hilfsmittel der qualitativen Diskussion.

Bild 11.2 zeigt die Erhöhung der Teilstromdichte i_a der Metallauflösung an der Anode von i_1 bei $(\varepsilon_a)_R$ auf i_2 bei ε_a, die Erniedrigung der Teilstromdichte i_k der Metallauflösung an der Kathode von i_3 bei $(\varepsilon_k)_R$ auf i_4 bei ε_k. Entsprechend sinkt die Teilstromdichte der kathodischen Teilreaktion an der Anode und steigt die Teilstromdichte dieser Reaktion an der Kathode. Die Verstärkung der Korrosion der Anode bezeichnet den Effekt der Kontaktkorrosion des Metalls mit negativerem Ruhepotential, die Verringerung der Korrosion der Kathode den Effekt des kathodischen Korrosionsschutzes der Kathode.

Es ist hier anzumerken, daß bei im Kurzschluß noch endlicher Korrosionsgeschwindigkeit der Kathode die in die Lösung übergehenden Kationen des Metalls K durch Diffusion oder Konvektion an die Anode gelangen und dort unter Lösung einer äquivalenten Menge des Anodenmetalls wieder als Metall niedergeschlagen werden können. Die dadurch bewirkten zusätzlichen Teilströme werden in der Regel nicht ins Gewicht fallen. Jedoch kann der Niederschlag des Kathodenmetalls auf der Anode die Parameter der Stromspannungskurve der letzteren stark verändern, da ein poröser Niederschlag zur Entstehung eines Systems von Lokalelementen auf der Anodenoberfläche führen kann, deren Tätigkeit die Eigenkorrosion der Anode erhöht. Man beachte aber, daß dies mit dem Wesen der Kontaktkorrosion der makroskopischen Zelle nichts zu tun hat, und daß derselbe Effekt in verstärktem Maße eintritt, wenn nach Unterbrechung des metallischen

Schlusses zwischen Anode und Kathode die Korrosionsgeschwindigkeit der Kathode ansteigt.

Mit Gln. 11.1–11.13 erhält man die Beziehung:

$$i_S = \Delta\varepsilon_R \frac{\sigma}{l} - [|\pi_k| + |\pi_a|]\frac{\sigma}{l}. \tag{11.13a}$$

Zwar hat die Aufteilung der rechten Seite dieser Gleichung in einen Term, der die Ruhepotentiale, und einen zweiten, der die Polarisation enthält, keine wesentliche Bedeutung, da Ruhepotential und Summenstrom-Spannungskurve einer Elektrode beide durch die Teilstrom-Spannungskurven voll bestimmt sind. Die Gleichung zeigt aber, daß die Kurzschlußzelle formal als ein System betrachtet werden kann, für das als Zusammenhang zwischen Klemmenspannung der offenen Zelle, Stromdichte und innerem Widerstand das Ohmsche Gesetz gilt, korrigiert durch die nichtlineare Elektrodenpolarisation. Auch kann die Gl. (11.13) durch Einführung des integralen Polarisationswiderstandes $(R_\pi)_{\text{integral}}$ (vgl. Gl. 4.45) in die Form des Ohmschen Gesetzes gebracht werden. Schreibt man für den integralen Polarisationswiderstand der Anode bzw. Kathode verkürzt $(R_\pi)_a$ bzw. $(R_\pi)_k$, so folgt

$$i_S = \frac{\Delta\varepsilon_R}{\dfrac{1}{\sigma} + (R_\pi)_a + (R_\pi)_k}. \tag{11.14}$$

In der vereinfachten Form

$$i_S \lesssim \frac{\Delta\varepsilon_R}{(R_\pi)_a + (R_\pi)_k} \tag{11.15}$$

dürfte diese Beziehung allgemein zur überschlägigen Abschätzung der Gefahr der Kontaktkorrosion auch geometrisch anders angeordneter Metall *A*/Metall *B*-Kombinationen gute Dienste tun. Dies gilt auch dann, wenn *A* und *B* sich berühren (also z. B. für den praktischen Fall der Korrosion in Rohren, die streckenweise aus *A* und streckenweise aus *B* bestehen, und anderem mehr). Zumindest erhält man dann eine ungefähre Vorstellung über die Gefährdung der Anode an der wichtigsten Stelle, nämlich unmittelbar an der Grenze zur Kathode. Das $\lesssim$-Zeichen steht in (11.15) allerdings für eine sehr erhebliche Ungenauigkeit der Schätzung, weil alle Einflüsse der Reichweite der Kontaktkorrosion (vgl. weiter unten) übergangen werden.

Für die Benutzung der Beziehung (11.15) zur Abschätzung der Gefahr der Kontaktkorrosion benötigt man, um $\Delta\varepsilon_R$ einsetzen zu können, Erfahrungen über typische Werte des Ruhepotentials der Metalle. Es hat sich eingebürgert, die Auflistung technischer Metalle nach der Lage des Ruhepotentials als *praktische Spannungsreihe* zu bezeichnen. Als Beispiel solcher Reihungen zeigen die Tabellen 18 und 19 Ruhepotentialmessungen einmal in künstlichem Meerwasser (pH 7,5), zum anderen in einer Phthalatpufferlösung vom pH-Wert 6 [5, 6]. Es wurde angenommen, daß das Verhalten der Metalle in der letzteren Lösung etwa dem Verhalten in einem wenig aggressiven Gebrauchswasser entspricht.

Es handelt sich um Meßwerte, die bei 25 °C in bewegter, luftgesättigter Lösung kurze Zeit nach einer vorhergehenden kathodischen Strombelastung der Elektrode erhalten wurden. Die Reproduzierbarkeit der Ergebnisse lag bei ± 10 mV, jedoch wird man mit erheblich stärkeren Schwankungen zu rechnen haben, wenn die Lösungszusammensetzung variiert wird. Auch kann sich das Ruhepotential eines korrodierten Metalls mit der Zeit stark ändern, sei es unter der Einwirkung einer langsamen Ausbildung von Deckschichten aus Korrosionsprodukten, oder sei es wegen des Einflusses etwa von Kalkablagerungen u. dgl. Auch können starke Veränderungen der praktischen Spannungsreihe eintreten, wenn die Lösung Bestandteile enthält, die mit den Kationen eines Metalls stabile Komplexe bilden, so daß das Gleichgewichtspotential sehr negativ wird. Verschiebt sich dabei die Teilstrom-Spannungskurve der Metallauflösung zu negativeren Werten des Elektrodenpotentials, so wird im allgemeinen dasselbe auch für das Ruhepotential zutreffen. Als Beispiel ist Zinn anzuführen, das in Fruchtkonserven in Berührung mit der sauren Flüssigkeit ein stark negatives Ruhepotential annimmt, so daß unter diesen Bedingungen in einer Kurzschlußzelle Zinn-Stahl der Stahl nicht verstärkt angegriffen, sondern kathodisch geschützt wird [7]. Eine praktische Spannungsreihe, bestimmt durch Laboratoriumsmessungen, wird daher für die Praxis stets nur beschränkte Aussagekraft haben.

Auch bedarf es ja für die Benutzung solcher Daten stets der zusätzlichen Kenntnis des Polarisationswiderstandes, wenn die Gefahr der Kontaktkorrosion realistisch abgeschätzt werden soll, d.h. man muß den ungefähren Verlauf der Stromspannungskurve kennen [8]. Als typisches Beispiel sei Reinaluminium genannt [5], das in Sulfatlösungen durch Kontaktkorrosion völlig ungefährdet ist, weil $(R_\pi)_a$ wegen der Isolatoreigenschaft des Passivoxids sehr hoch wird, das aber in Chloridlösung, wo Lochfraß eintritt (vgl. Kap. 12) gegen Kontaktkorrosion viel empfindlicher wird, als es die Änderung der Stelle in der praktischen Spannungsreihe ausdrücken kann.

In Sonderfällen berechnet sich $\Delta\varepsilon_R$ aus Gleichgewichtsdaten. So entfällt (vgl. Kap. 4) in einer aus Zink, Platin und Säure gebildeten galvanischen Zelle die Teilreaktion der Platinauflösung und das Ruhepotential des Platins $(\varepsilon_k)_R$ wird ungefähr gleich dem Wasserstoff-Gleichgewichtspotential E_{H_2/H^+} werden. Andererseits nimmt Zink bei definierter Zn^{2+}-Konzentration der Lösung annähernd das Gleichgewichtspotential $E_{Zn/Zn^{2+}}$ an, weil die Metallauflösung wenig gehemmt ist. Solche Bedingungen werden aber in der Praxis eher selten vorliegen.

Für die Praxis ist der Fall der Kontaktkorrosion des Eisens im Kontakt mit edleren oder auch durch Passivierung „veredelten" Metallen unter den Bedingungen der „Sauerstoffkorrosion" im Bereich geschwindigkeitsbestimmender Sauerstoffdiffusion wichtig. Man betrachte dazu den Fall des Kontaktes etwa mit Platin in einer Natriumchloridlösung. Dazu zeigen in Bild 11.3 die gestrichelten Kurven schematisch den Verlauf der Teilstromdichte-Spannungskurven der Metallauflösung und der Sauerstoffreduktion an der Anode. An der Platinkathode läuft nur die Teilreaktion der Sauerstoffreduktion ab, deren Stromdichte-Spannungskurve ebenfalls eingetragen ist. Auch diese Kurve mündet in den Diffusionsgrenzstrom der Sauerstoffreduktion ein, und wenn in der Lösung überall gleiche Strömung herrscht, wenn außerdem auf der Eisenelektrode noch keine diffusionshemmende Rostschicht vorliegt, so hat $i_{O_2,D}$ für die Eisen- und die Platinelektrode denselben Wert. Im Potentialbereich des geschwindigkeitsbestimmenden Ladungsdurch-

Tabelle 18. Praktische Spannungsreihe: Ruhepotential gebräuchlicher Metalle in Phthalatpufferlösung, pH 6,0, 25 °C, luftgesättigt, bewegt. Ist die Angabe eingeklammert, tendiert das Ruhepotential mit der Zeit zu positiveren Werten. (Nach Elze und Oelsner)

Metall	ε_R[mV]	Metall	ε_R[MV]
Gold	(+ 306)	Aluminium Al99,5	(− 169)
G AlSiMg a mit Gußhaut	(+ 274)	Zinn (Anodenmetall)	(− 175)
Silber	+ 194	Hartchromüberzug (50 μm)	
Titan	(+ 181)	auf Stahl	(− 249)
Silverin	(+ 164)	Zinnlot L Sn 90	(− 258)
Neusilber Ns 6218	+ 161	Zinn Sn 98	(− 275)
Silberlot 4505	+ 156	Zinnlot LSn 60	(− 279)
Bronze SnBz 8	+ 156	Blei Pb 99,9	(− 283)
G AlSi g mit Gußhaut	(+ 155)	Zylindereisen GG-22 mit	
Silberlot 4404	+ 154	Gußhaut (Kupolofen)	− 346
Messing SoMs 70	+ 153	Stahl Mu St 4	− 350
Silberlot 2500	+ 152	Maschineneisen GG-18 mit	
Monel	(+ 148)	Gußhaut (Elektroofen)	− 476
Silberlot 4003	+ 145	Stahl, 1,26%C	− 377
Messing Ms 63	+ 145	Carbonyleisen	− 389
Elmedur	+ 144	Maschineneisen GG-18 mit	
Neusilber Ns 6512	(+ 141)	Gußhaut (Kupolofen)	− 389
Kupfer	+ 140	Zylindereisen GG-22 mit	
Berylliumkupfer, hart	+ 140	Gußhaut (Elektroofen)	− 404
AlMBz 10	(+ 139)	Cadmium (Anodenmetall)	− 574
Berylliumkupfer, weich	+ 135	GK ZnAl6Cu 1	
Monel K	+ 131	mit Gußhaut	− 762
Messing G Ms 64	+ 126	GK ZnA16Cu 1	
Nickel Ni99,6	+ 118	ohne Gußhaut	− 773
Messing Ms 63 Pb	+ 117	Zinküberzug (100 μm cyan.)	
Remanit 1620 (80 kg/mm^2)	(+ 76)	auf Stahl	− 794
Berylliumnickel, hart	(+ 64)	Zink Zn 99,975	− 807
AlCuMg	(+ 21)	Zink Zn 99,5	− 815
Remanit 1620 (120 kg/mm^2)	(+ 7)	Zink Zn 98,5	− 823
Berylliumnickel, weich	(− 40)	Zink Zn 99,995	− 827
V2A-Stahl	(− 84)	GD ZnAl4	− 853
AlMgSi	(− 124)	Elektron AM 503	− 1460

trittes, also vor Einsetzen merklicher Diffusionspolarisation, fallen die Stromdichte-Spannungskurven der Sauerstoffreduktion an Anode und Kathode im algemeinen auseinander, wie in Bild 11.3 ebenfalls schematisch angedeutet.

Das Ruhepotential der Platinkathode ist durchweg erheblich negativer als das Sauerstoff-Gleichgewichtspotential. Dies rührt von der sehr hohen Durchtrittsüberspannung der Sauerstoffreduktion her. Die Austauschstromdichte $i^0_{O_2}$ einer Sauerstoffelektrode (vgl. Kap. 5) ist deshalb klein, so daß die Überlagerung geringfügiger unkontrollierter Nebenreaktionen erhebliche Verschiebungen des

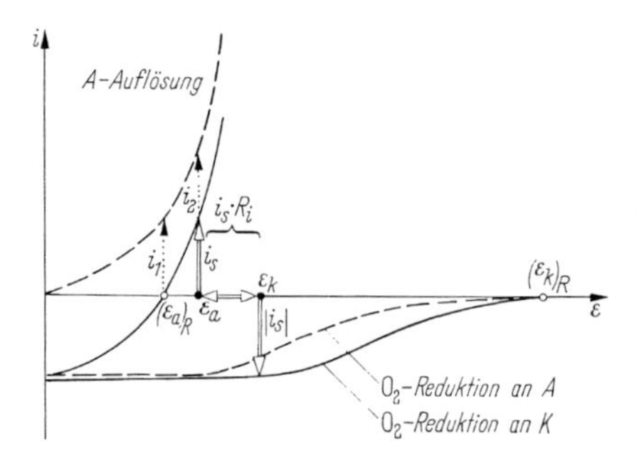

Bild 11.3. Schematisches Stromdichte-Spannungsdiagramm einer Kurzschlußzelle mit Stahlanode und Platinkathode in sauerstoffhaltiger NaCl-Lösung (planparallele, deckungsgleiche Elektroden)

Ruhepotentials verursacht. Unter solchen Umständen ist das Ruhepotential $(\varepsilon_k)_R$ eine schlecht reproduzierbare Größe, deren Wert auch für genau festgelegte Versuchsbedingungen gewöhnlich keine praktische Bedeutung hat. Die starke Hemmung der Elektrodenreaktion hat zur Folge, daß, wie in Bild 11.3 angedeutet, die Stromspannungskurve in der Umgebung von $(\varepsilon_k)_R$ sehr flach verläuft, entsprechend sehr hohen Werten des Polarisationswiderstandes. Dasselbe gilt gewöhnlich für alle Edelmetalle, die in Kurzschlußzellen als Sauerstoffelektroden wirken.

Für die Eisen-Platin-Kurzschlußzelle ist nach dem typischen Stromspannungsdiagramm Bild 11.3 die Lage von $(\varepsilon_k)_R$ bei nicht zu geringer Elektrolytleitfähigkeit belanglos, da sich im Kontakt ε_k auf einen stark negativeren Wert im Bereich des kathodischen Sauerstoff-Diffusionsgrenzstroms einstellt. Unter diesen Bedingungen kann ohne Rechnung die Erhöhung der Korrosionsgeschwindigkeit der Anode sofort angegeben werden, denn es ist im Kontakt mit einer gleichgroßen Kathode offensichtlich $i_2 = 2i_1$, d.h., die Korrosionsgeschwindigkeit der Anode ist unter diesen Umständen der Gesamtmenge des gelösten Sauerstoffs äquivalent, die in der Zeiteinheit durch Diffusion an die Anode und an die Kathode gelangt. Für beliebige Verhältnisse Q_a/Q_k der Flächen Q_a und Q_k der Anode und der Kathode ergibt sich daraus das *Prinzip der Sauerstoffeinfangfläche* [9], das wie folgt ausgesprochen wird:

Ist in einer Kurzschlußzelle die Geschwindigkeit der Sauerstoffreduktion an der Anode und an der Kathode gleich, nämlich gleich der Diffusionsgrenzstromdichte, und wirkt die Kathode allein als Sauerstoffelektrode, so gilt bei überall konstanter Teilstromdichte i_a der Auflösung des Anodenmetalls:

$$i_a = -\frac{1}{Q_a} i_{O_2,D}(Q_a + Q_k) = -i_{O_2,D}\left(1 + \frac{Q_k}{Q_a}\right) \qquad (11.16)$$

bzw. für große Werte von Q_k/Q_a

$$i_a \simeq -i_{O_2,D}\frac{Q_k}{Q_a} \qquad (11.17)$$

Es ist also für große Werte von Q_k/Q_a mit konstantem Q_a die Korrosionsgeschwindigkeit der Anode der Kathodenoberfläche, die als Sauerstoffeinfangfläche wirkt, direkt proportional.

Tabelle 19. Praktische Spannungsreihe; Ruhepotential gebräuchlicher Metalle in künstlichem Meerwasser, pH 7,5, 25 °C, luftgesättigt, bewegt. Ist die Angabe eingeklammert, tendiert das Ruhepotential mit der Zeit zu positiveren Werten. (Nach Elze und Oelsner)

Metall	ε_R[mV]	Metall	ε_R[mV]
Gold	(+ 243)	Maschineneisen GG-18 mit	
Silber	+ 149	Gußhaut (Kupolofen)	− 307
Nickel Nr 99,6	+ 46	Stahl Mu St 4	− 335
Silverin	+ 44	AlCuMg	− 339
Messing SoMs 70	+ 28	Zylindereisen GG-22 mit	
Messing Ms 63	+ 13	Gußhaut (Kupolofen)	− 347
Monel K	+ 12	Zylindereisen GG-22 mit	
Kupfer	+ 10	Gußhaut (Elektroofen)	− 351
Berylliumkupfer, hart	0	Maschineneisen GG-18 mit	
Neusilber Ns 6218	− 1	Gußhaut (Elektroofen)	− 455
AlMBz 10	− 1	Cadmium (Anodenmetall)	− 519
Elmedur	− 8	Aluminium Al 99,5	− 667
Silberlot 4404	− 15	AlMgSi	− 785
Berylliumnickel, hart	− 16	Zinküberzug (100 μm sauer)	
V2A-Stahl	− 45	auf Stahl	− 794
Titan	(− 111)	Zinküberzug (100 μm cyan.)	
Remanit 1620 (120 kg/mm^2)	− 134	auf Stahl	− 806
Zinn (Anodenmetall)	− 184	Zinn Sn 98	− 809
Blei Pb 99,9	− 259	GD ZnAl 4	− 935
Zink Zn 98,5	− 284	Gk Zn Al6Cu 1	
Hartchromüberzug (50 μm)		ohne Gußhaut	− 987
auf Stahl	− 291	Elektron AM 503	− 1355

Bei ungleichmäßiger Verteilung der Teilstromdichte i_a der Auflösung des Anodenmetalls ist i_a in Gln. (11.6) und (11.17) zu ersetzen durch die mittlere Stromdichte $\bar{i}_a$, definiert durch:

$$\bar{i}_a \equiv \frac{1}{Q_a} \int_{F_a} i_a(Q)\,dQ \tag{11.18}$$

Wenigstens die mittlere Korrosionsgeschwindigkeit der Anode kann also bei allein geschwindigkeitsbestimmender Sauerstoffdiffusion ohne besondere Rechnungen leicht angegeben werden. Allerdings kann Gl. (11.16) bzw Gl. (11.17) nicht für beliebig große Verhältnisse Q_k/Q_a gelten. Man erkennt leicht, daß bei Vergrößerung der Kathodenoberfläche das Elektrodenpotential ε_a der Anode und ε_k der Kathode zu positiveren Werten rücken muß. Dabei geraten aber ε_a und ε_k schließlich in den Potentialbereich, in dem die Stromdichte der Sauerstoffreduktion kleiner wird als die Diffusionsgrenzstromdichte. Ebenso leuchtet ein, daß ε_k um so mehr in die Nähe von $(\varepsilon_k)_R$ rückt, je schlechter die Leitfähigkeit der Lösung ist. Andererseits ist die Leitfähigkeit für die Stromlieferung der Zelle so lange belanglos, als ε_k noch im Bereich geschwindigkeitsbestimmender Diffusion liegt.

Tabelle 20. Der Einfluß des Flächenverhältnisses Chrom (passiv)/Glanznickel (aktiv) auf die Korrosionsgeschwindigkeit von Glanznickel im Kontakt mit Chrom in Modell-Regenwasser (pH 2,5). Gerundete Werte. (Nach Safranek, Hardy und Miller)

Flächenverhältnis Chrom/Nickel (Chromfläche ca. 6,3 cm^2)	Anodische Stromdichte der Nickelauflösung [mA/cm^2]
1	0,0015
10	0,015
100	0,15
1 000	1,3
10 000	6,8
20 000	17

Der Einfluß der Sauerstoffeinfangfläche ist z.B. für den Kontakt des passiven Chroms auf aktivem „Glanznickel" in schwach saurem künstlichen Regenwasser untersucht worden. Glanznickel, als galvanischer Metallniederschlag viel verbreitet, enthält mitabgeschiedene organische Inhibitorzusätze des Nickelbades, und das untersuchte System interessiert für die Kupfer/Mattnickel (passivierbar)/Glanznickel (nicht passivierbar)/Chrom-Überzüge z.B. der Automobil-Stoßstangen [10]. Die Messungen (vgl. Tab. 20) ergaben, daß in diesem speziellen Fall eine Beziehung von der Form der Gl. (11.17) bis zu Werten $Q_k/Q_a \lesssim 10^3$ recht gut galt.

Aus dem Prinzip der Sauerstoffeinfangfläche ergibt sich die Regel, daß jedenfalls das Vorkommen kleiner anodischer Stellen inmitten großer kathodischer Flächen vermieden werden sollte. Dies spielt in der Technik des Korrosionsschutzes der Metalle, insbesondere des unlegierten Stahles, durch galvanische Metallüberzüge eine große Rolle. Solche Überzüge sind im allgemeinen nicht porenfrei, oder es entstehen in den sehr dünnen Überzugsschichten Poren schon bei geringfügiger Korrosion. Bildet das Grundmetall Stahl in Gegenwart einer Elektrolytlösung in der dann entstehenden Kurzschlußzelle die Anode, so ist Lochfraß die notwendige Folge, so z. B. bei den Stoßstangen mit Kupfer/Nickel/Chrom-Auflage. Demgegenüber ist das Ruhepotential des Zinks, wenn man von der seltenen „Potentialumkehr" durch Passivierung absieht (vgl. Kap. 10.4), stets negativer als das des Stahles. Infolgedessen bewirken Zinkschichten auf Stahl im allgemeinen einen guten Korrosionsschutz des Stahls, da das in Poren der Metallauflage zutage tretende Grundmetall nicht verstärkt angegriffen, sondern kathodisch geschützt wird. Natürlich hat die Herstellung von Metallüberzügen auf einem Grundmetall im übrigen nur dann Sinn, wenn das Auflagemetall unter den in Frage kommenden Bedingungen besser korrosionsbeständig ist als das Grundmetall. Das trifft bei der Kombination Zink/Stahl für das Zink namentlich unter den Korrosionsbedingungen in feuchter Luft zu, da Zink hier gewöhnlich eine dünne, dichte Schutzschicht von Korrosionsprodukten bildet, nicht aber Stahl, der ohne Schutz stark verrostet.

11.1.3 Inhomogene Stromdichte- und Potentialverteilung in Kurzschlußzellen mit koplanaren Elektroden

In den Kurzschlußzellen, die bei der Korrosion eine Rolle spielen, ist die Verteilung der Kurzschlußstromdichte im allgemeinen inhomogen, und Anode und Kathode haben eine gemeinsame Grenzlinie, nämlich die Dreiphasengrenze Anode/Kathode/Elektrolyt-Lösung. Im folgenden werden nur koplanare Anordnungen ebener Anoden und Kathoden mit gerader Grenzlinie betrachtet.

Es sei z. B. angenommen (vgl. Bild 11.4), daß im durch die rechtwinkligen Koordinaten x, y und z vermessenen Raum die Anode A in der x, z-Ebene liegt und sich von $x = 0$ bis $x = -\infty$, $z = \pm\infty$ erstreckt. Die Kathode K sei koplanar angeordnet und erstrecke sich von $x = 0$ bis $x = +\infty$, $z = \pm\infty$. Die Grenzlinie zwischen Anode und Kathode fall mit der z-Achse zusammen. Die Elektrolytlösung fülle den gesamten Halbraum von $y = 0$ bis $y = +\infty$, $x = \pm\infty$, $z = \pm\infty$. Das Potential- und Stromlinienbild muß notwendig zylindersymmetrisch, also in jedem Schnitt $z = z_1$, einschließlich $z = 0$, dasselbe sein.

Falls die Polarisierbarkeit von Anode und Kathode relativ klein ist, hat es Vorteile, zunächst die sogenannte „primäre" Potential- und Stromlinienverteilung zu betrachten. Hierunter versteht man die Lösung der Laplace-Gleichung,die sich wegen der Zylindersymmetrie des Problems zu

$$\frac{\partial^2\varphi}{\partial x^2} + \frac{\partial^2\varphi}{\partial y^2} = 0 \tag{11.19}$$

vereinfacht, für den Grenzfall:

$$\pi_a(i_S) = \pi_k(i_S) = 0 \tag{11.20}$$

d.h.

$$\varepsilon_a = (\varepsilon_a)_R; \quad \varepsilon_k = (\varepsilon_k)_R \tag{11.21}$$

In diesem Fall ist die Anodenoberfläche wie auch die Kathodenoberfläche Potentialfläche, d. h., φ_a und φ_k sind konstante Größen. Wie Bild 11.5 zeigt, sind dann die Potentiallinien vom Nullpunkt ausgehende Strahlen, die Stromlinien konzentrische Halbkreise um den Nullpunkt. Dabei haben die Stromlinien die Richtung von A nach K. Bei überall konstanter Leitfähighkeit σ ergibt sich die Summenstromdichte $i_S(x_1)$ an einer Stelle $-x_1$ auf der Anode und $+x_1$ auf der Kathode unmittelbar aus dem Ohmschen Gesetz, da die Richtung der Stromlinien auf der Oberfläche von A bzw. K mit der Richtung der Flächennormalen auf A zusammenfällt bzw. auf K dieser entgegengesetzt ist. Da der Abstand l zwischen den

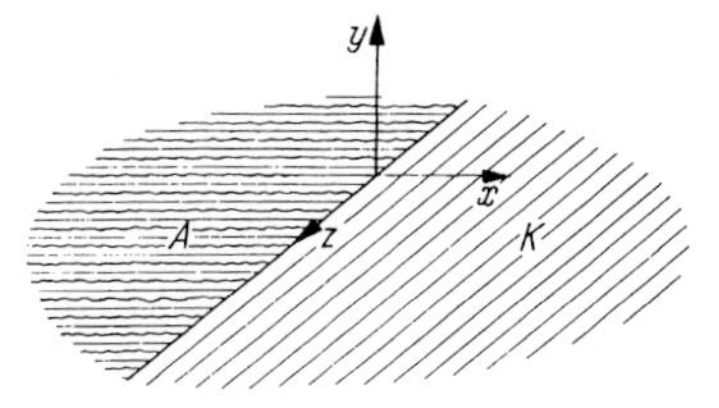

Bild 11.4. Koplanare Anordnung einer ebenen Anode A und einer ebenen Kathode K mit gerader Grenzlinie

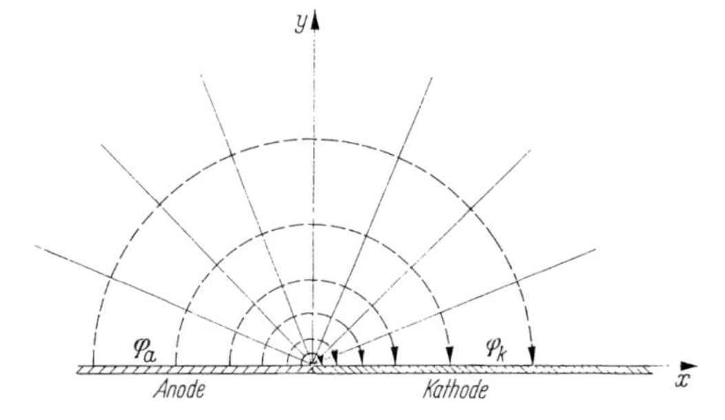

Bild 11.5. Potentiallinien (durchgezogen) und Stromlinien (gestrichelt) in Schnitt $z = \text{const}$ der in Bild 11.4 skizzierten Anordnung, für unpolarisierbare Anode und Kathode

Punkten $P(x)$ und $P(-x)$ längs der Stromlinie gleich πx ist, so gilt:

$$i_S(\mp x) = \pm \sigma \frac{\varphi_{a,k}}{\pi x} = \pm \sigma \frac{\Delta\varepsilon}{\pi x} \tag{11.22}$$

Das heißt $i_S \sim 1/x$; die Kurzschlußstromdichte geht für $|x| \to 0$ gegen ∞. Diese Stromdichteverteilung (Kurve $R = 0$ in Bild 11.7) kann aber niemals auftreten, da der Polarisationswiderstand einer Elektrode zwar klein, aber nicht Null sein kann, weshalb bei hinreichend hoher Kurzschlußstromdichte immer merkliche Elektrodenpolarisation eintritt. Dies bewirkt, daß φ_a bei Annäherung an die Grenze negativer, φ_k positiver wird, und an der Grenze selbst $\varphi_{a,k}$ verschwindet. Bei ungefähr symmetrischer Polarisierbarkeit von Anode und Kathode erwartet man dann eine Potential- und Stromlinienverteilung, wie sie Bild 11.6 schematisch andeutet.

Symmetrische Polarisierbarkeit liegt vor, wenn

$$(R_\pi)_a = R_\pi)_k = R_\pi \tag{11.23}$$

In einem rechnerisch noch gut handhabbaren Fall sind die Stromspannungskurven Ohmsche Geraden, im dann zudem symmetrischen Fall mit gleichem Wert des Widerstandsbeiwertes:

$$\begin{aligned} \varepsilon_a &= (\varepsilon_a)_R + \text{const}\ i_S \\ \varepsilon_k &= (\varepsilon_k)_R - \text{const}\ i_S \\ (R_\pi)_a &= (R_\pi)_k = \text{const} = R \end{aligned} \tag{11.24}$$

Wie oben bemerkt, führt die Lösung dieses Problems, ebenso wie der Fall Ohmscher Geraden mit verschiedenem Widerstandsbeiwert, über Reihenentwicklungen, die hier nicht dargelegt werden. Anschaulich und einfach ist die Näherungslösung für kleine Werte des Widerstandsbeiwertes, d.h. des hier konstanten integralen Polarisationswiderstands R [11]. Die Strombahnen sind dann noch annähernd Halbkreise, und Gl. (11.14) wird zu:

$$i_S(\mp x) = \pm \frac{\Delta\varepsilon_R}{\dfrac{\pi x}{\sigma} + 2R} \tag{11.25}$$

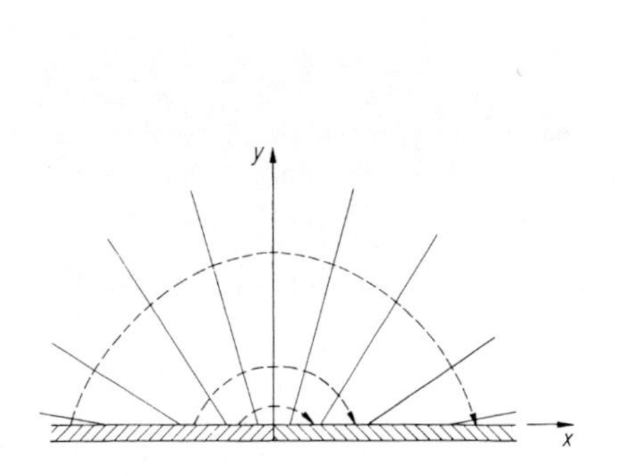

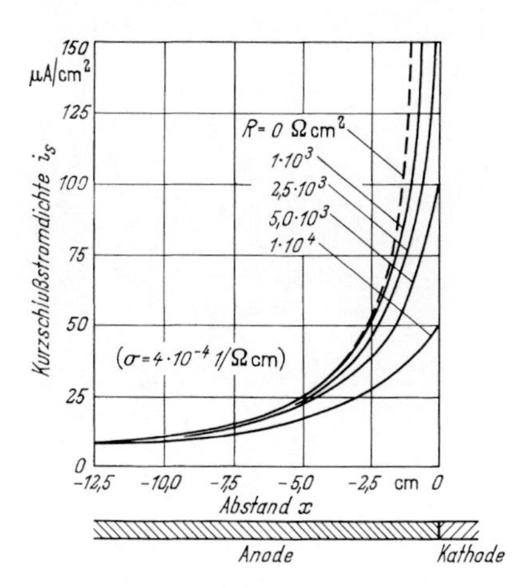

Bild 11.6 **Bild 11.7**

Bild 11.6. Wie Bild 135, jedoch für endliche, symmetrische Polarisierbarkeit von Anode und Kathode

Bild 11.7. Abhängigkeit der Kurzschlußstromdichte i_S auf der Anode der Elektrodenanordnung Bild 11.4 berechnet nach Gl. (11.25) mit den angegebenen Werten des integralen Polarisationswiderstandes R und mit der Elektrolytleitfähigkeit $\sigma = 4 \cdot 10^{-4} \Omega^{-1}\, cm^{-1}$. (Nach Ilschner-Gensch)

Bild 11.7 zeigt die nach dieser Gleichung berechnete Abhängigkeit der Kurzschlußstromdichte vom Abstand x auf der Anode. Den Verlauf des Betrages der Kurzschlußstromdichte auf der Kathode erhält man durch Spiegeln der Kurvenschar an der Ordinate. Man erkennt, daß die Kurzschlußstromdichte sich um so mehr dem Fall der homogenen Stromdichteverteilung nähert, je höher bei konstanter Elektrolytleitfähigkeit der Polarisationswiderstand angenommen wird. Die Stromdichte für $x = 0$ ist allein durch den Polarisationswiderstand bestimmt. Sie ändert sich daher bei einer Variation der Elektrolytleitfähigkeit nicht. Naturgemäß ist aber bei konstantem Wert des Polarisationswiderstandes die Reichweite der Kontaktkorrosion um so größer, je besser der Elektrolyt leitet. Hierzu zeigt Bild 11.8 den Verlauf der Stromdichte auf der Anode bei konstantem Wert von R für verschiedene Werte von σ.

Handelt es sich in der Kurzschlußzelle um eine koplanare Elektrodenanordnung der Art, daß in die unendlich ausgedehnte ebene Anode A (bzw. Kathode K) ein ebener Parallelstreifen der Breite c der Kathode K (bzw. der Anode A) eingebettet ist, und liegt der Streifen parallel zur z-Achse (vgl. Bild 11.9), so muß das Strom- und Potentialliniennetz wiederum für alle ebenen Schnitte $z = \text{const}$ dasselbe sein. Die Elektrolytlösung fülle wieder den gesamten oberen Halbraum. Dann gibt Bild 11.10 das Netz der Potential- und Stromlinien in einem Schnitt $z = \text{const}$ bei Gültigkeit der Randbedingungen Gln. (11.20) und (11.21). Ebenso wie für den

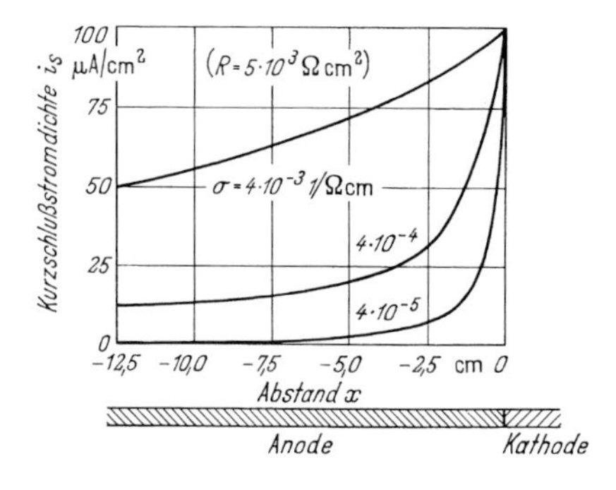

Bild 11.8. Abhängigkeit der Kurzschlußstromdichte i_S auf der Anode der Elektrodenanordnung Bild 11.4, berechnet nach Gl. (11.25) mit den angegebenen Werten der Elektrolytleitfähigkeit σ und mit dem integralen Polarisationswiderstand $R = 5 \cdot 10^3 \, \Omega \, \mathrm{cm}^2$. (Nach Ilschner-Gensch)

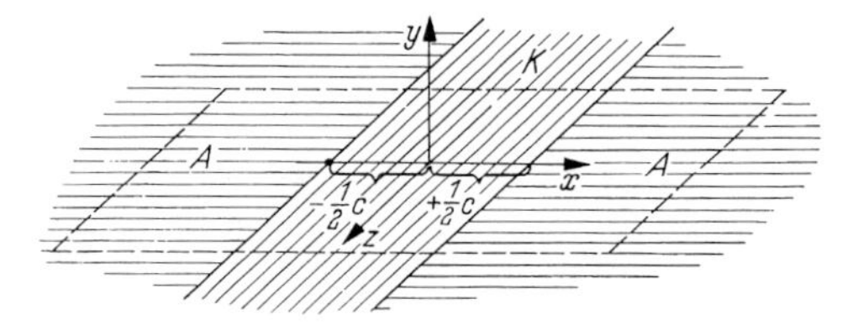

Bild 11.9. Koplanare Anordnung eines unendlich langen kathodischen Metallstreifens K der Breite c in der unendlich ausgedehnten Ebene der Anodenoberfläche A

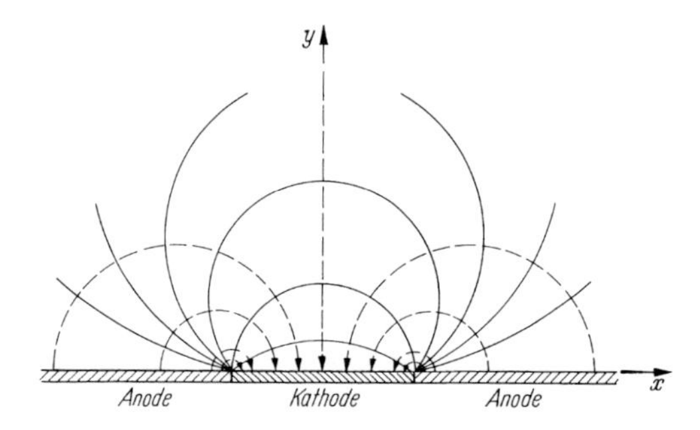

Bild 11.10. Potentiallinien (durchgezogen) und Stromlinien (gestrichelt) in einem Schnitt $z =$ const durch die Elektroden-anordnung Bild 139 für den Fall unpolarisierbarer Anode und Kathode

Fall der koplanaren unendlich ausgedehnten anodischen und kathodischen Halbebenen können auch hier diese Randbedingungen in Wirklichkeit für kleine Werte des Abstandes $= |(x - c/2)|$ von den beiden Anoden/Kathoden-Grenzen nicht erfüllt sein, da die gegen ∞ gehende Kurzschlußstromdichte stets merkliche Elektrodenpolarisation bewirken muß. Im übrigen erhält man für hinreichend kleine Werte des Abstandes s dasselbe Strom- und Potentiallinienbild wie für die Elektrodenanordnung Bild 11.5, da in diesem Bereich der Einfluß der jenseits des eingelagerten Streifens folgenden Elektrodenhalbebene verschwindet. Daher wird auch erwartet, daß in diesem Bereich das Potential- und Stromlinienbild bei endlicher Polarisierbarkeit der Elektroden in der bereits durch Bild 11.6 angedeuteten Art verändert wird. Man denke sich nun aus der unendlichen Elektrodenfläche längs der in Bild 11.9 gestrichelten Geraden eine Rechteckplatte der Breite z_1 und der Länge x_1 herausgeschnitten, in deren Mittelpunkt der Ursprung des Koordinatensystems liegt. Die Metallflächen außerhalb der Umrandung seien entfernt. Dann wird das Feld im Elektrolyten gegenüber dem Feld über der unendlich ausgedehnten Elektrodenoberfläche stark verzerrt. Für alle Schnitte $z = \text{const}$, mit const $\ll |\frac{1}{2}z_1|$, ist die Verzerrung aber in der nächsten Umgebung jeder der beiden Anoden/Kathoden-Grenzen gering, und für diesen für Korrosionsbetrachtungen hauptsächlich interessierenden Bereich gelten unverändert die vorangegangenen Betrachtungen.

Kennt man die anodische Teilstrom-Spannungskurve der Metallauflösung der Anode, so genügt für die Bestimmung der örtlichen Erhöhung der Korrosionsgeschwindigkeit die Vermessung des Elektrodenpotentials der Anode als Funktion von x. Statt dessen kann es günstiger sein, das Potentialfeld in der Elektrolytlösung auszumessen und auszuwerten. Solche Versuche sind von Copson [12] mit einer vernickelten Stahl-Rechteckplatte der Abmessungen $z_1 = 30{,}5$ cm, $x_1 = 81{,}3$ cm ausgeführt worden, auf der von einem Streifen der Breite z_1 und der Länge $c = 20{,}3$ cm die Nickelschicht entfernt war, so daß dort der unlegierte Stahl zutage trat. Diese Versuchsplatte wurde leicht geneigt in einen mit Leitungswasser (Bayonne, $\sigma = 7 \cdot 10^{-5}\,\Omega^{-1}\,\text{cm}^{-1}$) gefüllten Trog aufgestellt. Unter diesen Bedingungen wird die Korrosion durch gelösten Sauerstoff verusacht. 12 Wochen nach Versuchsbeginn wurde in der in Bild 11.11 skizzierten Art mit Hilfe einer festangeordneten und einer kontrolliert verschiebbaren Bezugselektrode das Potentialfeld in einer senkrechten Schnittebene ausgemessen. Bild 11.12 zeigt das Ergebnis für die Umgebung einer Nickel/Stahl-Grenze. Bei gegebener Potentialverteilung können nun unter der Voraussetzung überall konstanter Elektrolytleitfähigkeit nach gängigen Verfahren [13] die Stromlinien graphisch ermittelt werden. Man hat hierzu das Feld mit einem Netz krummlinig begrenzter Viereckmaschen mit rechten Winkeln zu füllen, wobei das Längenverhältnis der durch Abschnitte der Strom- und Spannungslinien gebildeten Maschenseiten durch das Ohmsche Gesetz bestimmt ist. Zwei aufeinanderfolgende Stromlinien begrenzen einen Stromstreifen, nämlich den ebenen Schnitt durch die entsprechende räumliche Stromröhre. Da in jeder Stromröhre die gleiche Stromdichte herrscht, ist die Stromstreifenbreite überall, d.h. aber auch an der Metalloberfläche, ein Maß für die an der betreffenden Stelle herrschende Stromdichte. Daher gewinnt man mit solchen Messungen auch die Kurzschlußstromdichte i_S als Funktion des Abstandes s von der Anoden/Kathoden-Grenze. Auf die Einzelheiten des Verfahrens gehen wir nicht ein. Nun ist

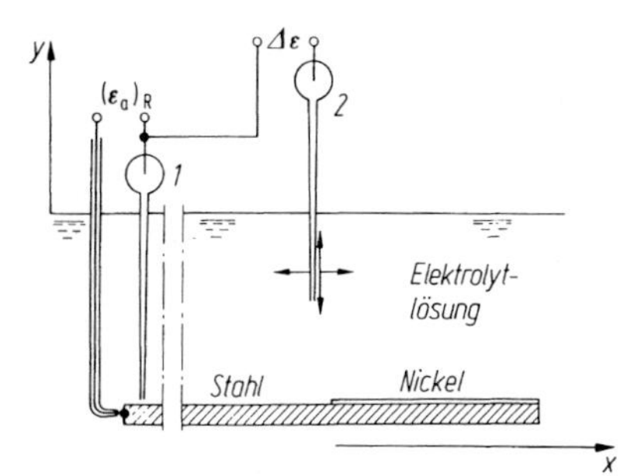

Bild 11.11. Ausmessung des Potentialfeldes in einer Elektrolytlösung über einer Stahl/Nickel Kurzschlußzelle mit einer ortsfesten Bezugselektrode *1* in großer Entfernung von der Stahl/Nickelgrenzlinie und einer verschiebbaren Bezugselektrode *2* im Bereich der Kurzschlußströme. Bezugspunkt der Potentialmessung: Ruhepotential der Anode

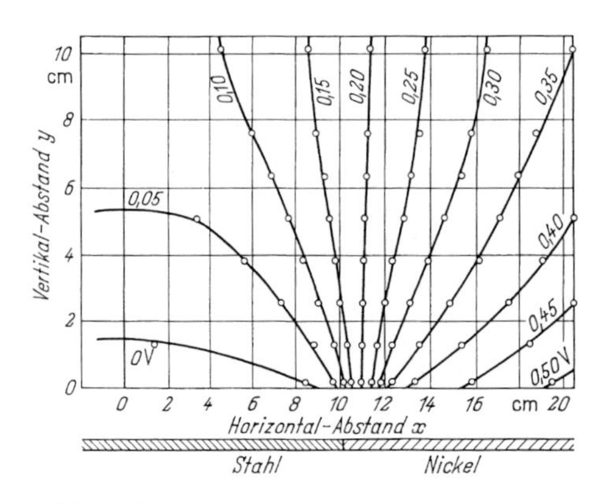

Bild 11.12

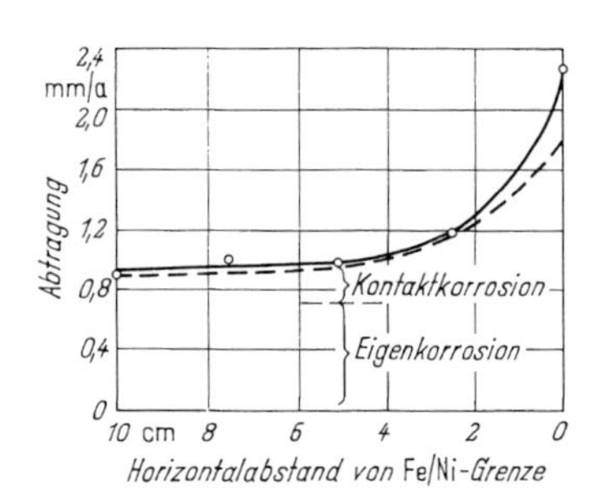

Bild 11.13

Bild 11.12. Potentialfeld über einer ebenen Kurzschlußzelle mit Nickelkathode und Stahlanode in Leitungswasser. (Nach Copson). Potentialangaben auf das Ruhepotential $(\varepsilon_a)_R$ der Anode bezogen

Bild 11.13. Abtragung einer Stahlanode im Kontakt mit einer Nickelanode als Funktion des Abstandes von einer Stahl/Nickel-Grenze. Elektrolyt: Leitungswasser. Offene Kreise: Durch Dickenmessung bestimmte Abtragungswerte. Gestrichelte Kurve: Anhand der Potentialverteilung in der Kurzschlußzelle berechneter Verlauf der Abtragung. (Nach Copson)

auf der Anode die Teilstromdichte i_a der Metallauflösung stets größer als i_S, da die Anode auch in der offenen Zelle schnell korrodiert wird. Unter den Versuchsbedingungen ist aber die Geschwindigkeit der Eigenkorrosion der Anode im wesentlichen eine potentialunabhängige Konstante, nämlich dem Betrage nach ungefähr gleich der Sauerstoff-Diffusionsgrenzstromdichte $i_{O_2,D}$. Daher gilt für die Anode

$$i_a = \text{const} + i_S \tag{11.26}$$

Zum Vergleich wurde von Copson [12] nach einjähriger Versuchszeit die Dickenänderung der Anode ausgemessen. Dies ergab die in Bild 10.13 durchgezogene Kurve. Als Maß der Eigenkorrosion der Anode wurde die in der Abbildung angegebene Abtragung an von der Stahl/Nickel-Grenze weit entfernten Stellen (Abstand > 5 cm) betrachtet. Rechnet man nun die graphisch ermittelten i_S-Werte in die Abtragung in mm/Jahr um, und addiert man überall den für die Eigenkorrosion angenommenen Wert, so erhält man die gestrichelte Kurve, die sich mit der direkt bestimmten befriedigend deckt.

Nach Bild 11.12 kann die Stahlanodenoberfläche angenähert als Äquipotentialfläche betrachtet werden, während das Potential auf der Nickel-Kathodenoberfläche eine relativ starke Funktion des Ortes ist. Dieses Verhalten ist charakteristisch für Kurzschlußzellen, in denen die Polarisation π der Anode wie bei Eisen und Zink relativ klein, die der Kathode wie bei allen Sauerstoffelektroden groß ist. Für hinreichend schmale Kathoden kann dann angenommen werden, daß an allen

Stellen der Kathode die Summenstromdichte ungefähr gleich der Diffusionsgrenzstromdichte der Sauerstoffreduktion ist. Für diesen Fall sind Faustformeln abgeleitet worden [14], mit denen man abschätzt, wann bei heterogenen Metalloberflächen die Kurzschlußzellen (also die *Lokalelemente*) aus kleinen Anoden und Kathoden die Korrosionsgeschwindigkeit maßgeblich beeinflussen. Das Grundproblem aller solcher Rechnungen, nämlich die sachgerechte Linearisierung, der Stromspannungskurven wurde hier mit dem Ansatz gelöst a) es sei der Polarisationswiderstand der Anoden klein und konstant, b) es springe an der Kathode die Stromdichte der Sauerstoffreduktion bei ε_1 von Null auf die Diffusionsgrenzstromdichte. ε_1 ist das „Halbstufenpotential" der Polarographie, wo in Wirklichkeit gerade $i_{O_2} \simeq \frac{1}{2} i_{O_2,D}$.

Für den Typ der Säurekorrosion mit Kurzschlußzellenbildung liegen Modellmessungen an Zink/Platin (platiniert)-Zellen vor [15]. Dabei wurden die in Bild 11.14 skizzierten stabförmigen Kurzschlußzellen voll eingetaucht. Bei allseitig hinreichender Entfernung von den Wänden des elektrolytischen Troges ist das Feld um einen solchen Stab rotationssymmetrisch, d.h., das Potential- und Stromlinienbild ist in jedem die Stabachse enthaltenden, ebenen Schnitt dasselbe. Ferner ist in jeder halben, von der Stabachse bis ins Unendliche reichenden derartigen Schnittebene das Potential- und Stromlinienbild bei sonst gleichen Bedingungen dasselbe wie in Schnitten z = const über der Elektrodenanordnung in Bild 11.9. Legt man das rechtwinklige Koordinatensystem wie in Bild 11.14 angegeben fest, so kann die bisher benutzte Notierung beibehalten werden. Ein Beispiel für die in einem ebenen Schnitt durch die Stabachse gemessene Potentialverteilung in 0.05 n HCl-Lösung gibt Bild 11.15. Die qualitative Ähnlichkeit des Potentialfeldes mit dem in Bild 140 skizzierten, korrigiert durch die infolge der Polarisierbarkeit der Elektroden auftretenden, charakteristischen Änderungen an den Zink/Platin-Grenzen, ist offensichtlich. Wie für die Copsonschen Messungen beschrieben, kann auch hier der Verlauf der Stromlinien graphisch ermittelt werden, woraus sich wieder die Verteilung der Summenstromdichte über die Anoden- und Kathodenfläche ergibt. Zum Vergleich wurde die Abtragung der Zinkanode unmittelbar gemessen, allerdings nach Versuchen in der wesentlich aggressiveren 1 N Salzsäurelösung. Das Ergebnis der direkten Abtragungsmessungen zeigt Bild 11.16. Die für die verdünnte Säure aus dem Potentialfeld errechnete Abtragungskurve kann nach einer wegen der verschiedenen Säurekonzentrationen notwendigen Änderung des Ordinatenmaßstabs mit der experimentellen befriedigend zur Deckung gebracht werden. Eine genauere Diskussion zeigt aber, daß die Voraussetzung σ = const in der Nähe der Kathode nicht erfüllt war. Vielmehr ist dort in der Nähe der Zink-Platin-Grenze für die kathodische Wasserstoffabscheidung

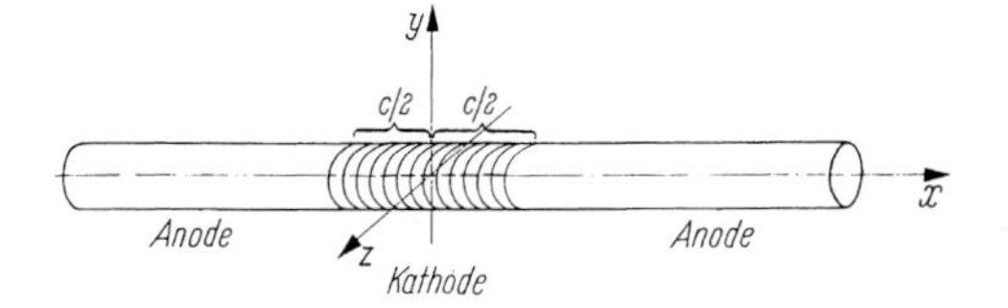

Bild 11.14. Stabförmige Zink/Platin/Zink-Kurzschlußzelle (schematisch)

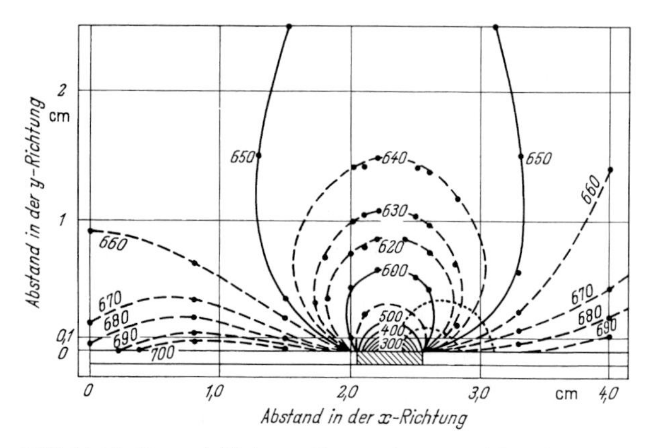

Bild 11.15. Potentiallinien über einer stabförmigen Kurzschlußzelle Zink/Platin (platiniert)/Zink in 0,05 N HCl-Lösung. Die Kathode erstreckt sich von $x = 2{,}1$ bis $x = 2.6$ cm. Potentialangaben in mV, bezogen auf die Normalwasserstoffelektrode. (Nach Jaenicke und Bonhoeffer). Punktiert: Verlauf zweier Stromlinien

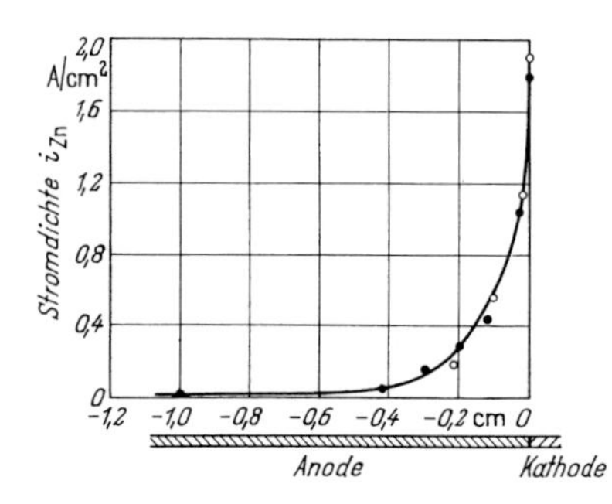

Bild 11.16. Verteilung der Kurzschlußstromdichte i_S (hier praktisch identisch mit der Teilstromdichte der Anodenmetallauflösung i_a) auf einer Anode der stabförmigen Zink/Platin/Zink-Kurzschlußzelle in 1 N HCl-Lösung (2 Meßreihen). (Nach Jaenicke und Bonnhoeffer)

anscheinend die Nachlieferung von Wasserstoffionen durch Diffusion geschwindigkeitsbestimmend, so daß an dieser Stelle die Wasserstoffionenkonzentration eine starke Funktion des Ortes wird. Dies bedingt lokale Änderungen der Leitfähigkeit und ferner das Auftreten eines die Auswertung störenden Diffusionspotentials. Für sehr kleine Lokalkathoden wird man daher erwarten, daß die Wasserstoffabscheidung an den Kathoden völlig durch Konzentrationspolarisation beherrscht wird [16]. Die Auflösung eines Metalls mit kleinen, als Lokalkathoden wirkenden Einschlüssen ist aber zudem ein Sonderfall der selektiven Korrosion bei dem noch die Frage des schließlich erreichten stationären Zustandes schwierig bleibt. Die bei der Korrosion übrigbleibenden Einschlüsse können z. B. eine poröse Deckschicht bilden, die die Kinetik der Korrosion in zunächst unübersichtlicher Weise beeinflußt.

Führt man im makroskopischen Modell die Mündung der kapillaren Sonde der Bezugselektrode über die Oberfläche ($y = 0$), so erhält man das Elektrodenpotential als Funktion auf der Staboberfläche. Nach Bild 11.17 hängt die so

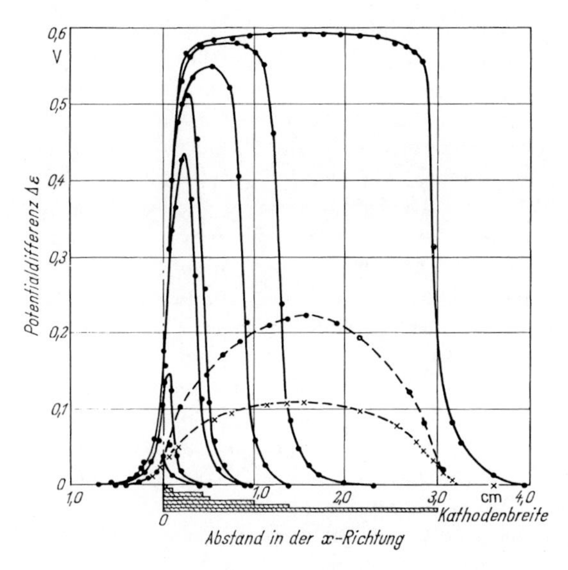

Bild 11.17. Verlauf des Elektrodenpotentials, bezogen auf das Ruhepotential $(\varepsilon_a)_R$ des Zinks, an der Oberfläche einer stabförmigen Zink/Platin/Zink-Kurzschlußzell in 0,05 N HCl (—), für verschiedene Längen der Kathode, ferner in 0,05 N HCl + 1 M KCl (– – –) für $c = 3$ cm. (Nach Jaenicke und Bonhoeffer)

bestimmte Potentialverteilung stark von der Länge c der Platinkathode ab, und zwar derart, daß die zwischen Punkten auf der Zink- und auf der Platinelektrode auftretende Spannung mit sinkendem Wert von c schnell abnimmt. Außerdem erkennt man, daß – wie nicht anders zu erwarten – diese Spannungen auch sinken, wenn durch Zusätze eines Neutralsalzes die Elektrolytleitfähigkeit erhöht wird. Im ganzen wird das Verhalten der Kurzschlußzelle offensichtlich durch drei charakteristische Größen bestimmt, nämlich durch die Länge c, die Elektrolytleitfähigkeit σ, und durch die Polarisierbarkeit der Elektroden. Das Produkt $\sigma\bar{R}_\pi$ aus Leitfähigkeit σ und einem mittleren integralen Polarisationswiderstand $\bar{R}_\pi$ die Dimension einer Länge hat, liegt es nahe anzunehmen, daß es wesentlich von der dimensionslosen Größe $c/\sigma\ \bar{R}_\pi$ abhängt, ob das Verhalten einer Kurzschlußzelle überwiegend durch die Elektrodenpolarisation oder überwiegend durch den Elektrolytwiderstand bestimmt wird. Wegen zweckmäßiger Vereinbarungen über den mittleren integralen Polarisationswiderstand sei auf die Literatur verwiesen [14].

Das in Bild 11.17 wiedergegebene Meßbeispiel lehrt, daß eine weitere Verkleinerung der Kathodenbreite c auf z. B. 0,1 mm die meßbare Spannungsdifferenz zwischen Anoden und Kathoden in den Millivoltbereich und damit unter die Genauigkeit üblicher Elektrodenpotentialmessungen gedrückt hätte. Für solche mikroheterogene Oberflächen ist deshalb der Ansatz $\varepsilon_a \simeq \varepsilon_k$, d.h. der Ansatz des insgesamt konstanten Elektrodenpotentials gut berechtigt. Dies bestätigt die Berechtigung des Verfahrens, die Korrosion in mikroskopischen Bereichen inhomogener Metalle im Rahmen des Modells der gleichmäßigen Korrosion zu behandeln, den Einfluß einer etwa vorhandenen Lokalelementtätigkeit also in die Konstanten der entsprechenden Stromspannungsgleichungen aufzunehmen. Selbstverständlich handelt es sich dabei auch für nur in mikroskopischen Dimensionen heterogene Metalloberflächen nur um eine Näherung. Bei hinreichender Verfeinerung der Meßmethode müssen zwischen Lokalelektroden stets Ohmsche

Spannungen festgestellt werden. Solche Messungen sind [17] an Cadmium/Wismut-Legierungen in 0.05 N HCl-Lösung mit fein ausgezogenen Haber-Luggin-Kapillaren (Sondendurchmesser an der Mündung 5 bis 9 μm) ausgeführt worden. Es handelte sich einmal um eine Legierung mit reinem Wismut neben Wismut/Cadmium-Eutektikum, und zum anderen um eine Legierung mit reinem Cadmium neben demselben Eutektikum. Die Differenz $\Delta\varepsilon_R$ der Werte des Ruhepotentials von Cadmium und Wismut betrug 635 mV, wobei Wismut das edlere Ruhepotential besaß. Zwischen den Lokalelektroden der Legierung konnten jedoch bei einer Meßgenauigkeit von 0,05 mV nur Spannungen unter 1 mV festgestellt werden. Die an der Oberfläche von korrodiertem, technisch reinem Zink auftretenden Spannungen waren noch kleiner, nämlich kleiner als 0,1 mV. Will man durch derartige Messungen das Vorliegen von mikroskopischen Heterogenitäten der Metalloberfläche deutlicher zeigen, so wählt man zweckmäßig eine möglichst schlecht leitende Lösung, um die Kurzschlußstromdichte und damit die Elektrodenpolarisation stark herabzudrücken. Im Grenzfall verschwindender Leitfähigkeit sollte man die große Differenz der Ruhepotentiale der Anode und der Kathode in der betreffenden Lösung messen. So gelingt es in alkoholischen Säurelösungen kleiner, aber für eine sichere Potentialmessung noch ausreichender Leitfähigkeit, nach diesem Verfahren z. B. an geschweißten Stählen längs der Schweißnaht verlaufende Zonen unterschiedlicher elektrochemischer Eigenschaften nachzuweisen [18].

Definitionsgemäß ist das Ruhepotential ε_R eines Metalls gleich der Spannung an den Enden einer offenen Zelle Metall/Elektrolyt/Bezugselektrode. Solange im Elektrolyten nicht zwischen der Metall- und einer Gegenelektrode ein Summenstrom fließt, kann die Bezugselektrode in beliebiger Entfernung von der Metallelektrode eingetaucht werden, also auch außerhalb jeder noch merklichen Reichweite von Kurzschlußströmen zwischen Lokalelektroden. Daher bleibt das Ruhepotential auch einer mit größeren Kurzschlußzellen besetzten Metalloberfläche wohldefiniert. Für die Messung der Stromspannungskurve wird aber die Sonde der Bezugselektrode an die Metalloberfläche herangeführt, und herrschen dort große Potentialdifferenzen zwischen Lokalelektroden, so wird das Meßergebnis von der Stellung der Sondenspitze abhängen. Daraus ergeben sich bei der Bestimmung der Korrosionsgeschwindigkeit durch Extrapolation von Stromspannungskurven Schwierigkeiten [19].

11.2 Sauerstoff-Konzentrationszellen („Belüftungszellen“)

In Kap. 6.2 wurde die Korrosion von Eisen und unlegiertem Stahl in neutralen Lösungen im Rahmen des Modells der gleichmäßigen Korrosion diskutiert, und zwar für voll in bewegte Lösungen eingetauchte Bleche. Unter diesen Bedingungen hat die Konzentration des Oxydationsmittels, d.h. des gelösten Sauerstoffs, an allen Stellen in der Lösung denselben Wert. Wesentlich andere Ergebnisse erhält man für ruhende Lösung, und zwar insbesondere dann, wenn man das Verhalten nicht voll eingetauchter Elektroden untersucht. Es sei z. B. Bild 11.18 der Schnitt durch einen

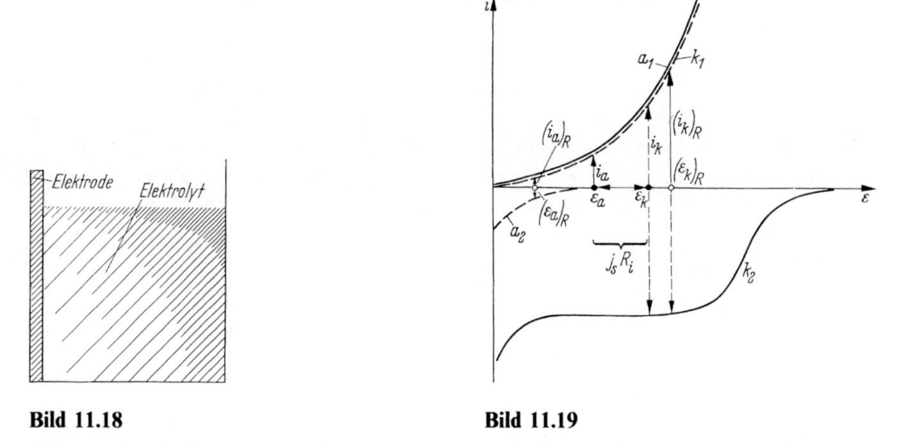

Bild 11.18 **Bild 11.19**

Bild 11.18. Stationäre Verteilung der Sauerstoffkonzentration bei korrosionsgeschwindigkeitsbestimmender Sauerstoffdiffusion in einem Elektrolytgefäß mit senkrecht eingetauchter korrodierter Metallelektrode in ruhender Lösung (schematisch)

Bild 11.19. Stromspannungsdiagramm einer aus zwei gleich großen Eisenelektroden gebildeten Kurzschlußbelüftungszelle bei homogener Stromdichteverteilung auf den Elektrodenoberflächen. Summenstrom-Spannungskurven nicht eingezeichnet. Kathodische Teilstrom-Spannungskurve a_2 der Anode, k_2 der Kathode. Identische Teilstrom-Spannungskurven a_1 und k_1 der anodischen Metallauflösung an Anode und Kathode (schematisch)

elektrolytischen Trog mit Rechteckgrundriß, dessen eine Seitenwand aus einem Metall wie Zink oder Eisen bestehe. Für die Korrosion des Metalls sei der Sauerstoff-Diffusionsgrenzstrom geschwindigkeitsbestimmend, so daß jede durch Diffusion zur Metalloberfläche gelangende Sauerstoffmolekel sofort reduziert wird. Wird diese Lösung zunächst mit einem Rührer gut bewegt, so wird das Metall gleichmäßig korrodiert, und es wird an allen Stellen der Metalloberfläche Sauerstoff gleich schnell reduziert, weil die Dicke der Diffusionsgrenzschicht überall praktisch denselben Wert hat. Unterbricht man nun die Flüssigkeitsbewegung durch Abstellen des Rührers, so müssen mit der Zeit Änderungen der Sauerstoffkonzentration in der Lösung eintreten, da Sauerstoff nur noch durch Diffusion von der Luft-Elektrolyt-Grenzfläche zur Metalloberfläche gelangt, und die Länge einer Diffusionsstromlinie, d.h. aber auch die Dicke der Diffusionsschicht, für die verschiedenen Punkte an der Metalloberfläche verschieden ist. Insbesondere verarmt der Elektrolyt an tief eingetauchten Stellen der Elektrodenoberfläche an gelöstem Sauerstoff. Die sich einstellende stationäre Verteilung der Sauerstoffkonzentration deutet Bild 11.18 durch die wechselnde Dichte der Schraffur schematisch an. Es ist anzumerken, daß der Zustand des vollkommenen Ruhens der Lösung nicht erreicht werden kann, weil auch bei überall konstant gehaltener Temperatur die Korrosionsvorgänge an der Metalloberfläche örtliche Veränderungen der Dichte des Elektrolyten und damit eine durch Gravitation verursachte Konvektion bewirken (vgl. Anhang).

Ein einfaches Modell für die Korrosion in Lösungen mit inhomogener Verteilung des gelösten Sauerstoffs wurde bereits im Kap. 4 beschrieben. Es handelte sich dort um zwei gleich große Eisenelektroden, die in den beiden Schenkeln eines durch ein Diaphragma unterbrochenen H-Rohres (Bild 4.4) in Natriumchloridlösung tauchen, wobei durch den einen Schenkel des Gefäßes Stickstoff, durch den anderen Luft oder Sauerstoff strömt, so daß eine Eisenelektrode A (Anode) in sauerstofffreier, die andere Eisenelektrode K (Kathode) in sauerstoffhaltiger Lösung steht. Die Elektroden tauchen voll ein, und da der Ohmsche Widerstand R_i der Lösung überwiegend in das Diaphragma fällt, ist das Elektrodenpotential ε_a der Anode bzw. ε_k der Kathode jeweils auf der gesammten Elektrodenoberfläche nahezu konstant. Es sei nun zunächst angenommen, daß die Lösung im Anoden und im Kathodenraum, von der Sauerstoffkonzentration abgesehen, exakt die gleiche Zusammensetzung hat. Auch seien Anode und Kathode durch Schleifen, Schmirgeln u.dgl. vollkommen gleich vorbehandelt. Dann hat die Teilstrom-Spannungskurve a_1 (vgl. Bild 11.19) der Metallauflösung an der Anode denselben Verlauf wie die Teilstrom-Spannungskurve k_1 dieser Reaktion an der Kathode. Die kathodische Teilstrom-Spannungskurve a_2 der Anode fällt mit der Stromspannungskurve der Wasserstoffabscheidung aus neutraler Lösung zusammen. Das Ruhepotential $(\varepsilon_a)_R$ der Anode ist in der offenen Zelle stark negativ, die Korrosionsgeschwindigkeit $(i_a)_R$ der Anode bei $(\varepsilon_a)_R$ vernachlässigbar klein. Die kathodische Teilstrom-Spannungskurve k_2 der Kathode kommt durch Überlagerung der Stromspannungskurven der Sauerstoffreduktion und der Wasserstoffabscheidung zustande, das Ruhepotential $(\varepsilon_k)_R$ der Kathode stellt sich auf einen Wert ein, der erheblich positiver ist als $(\varepsilon_a)_R$. Die Korrosionsgeschwindigkeit $(i_k)_R$ ist dem Betrage nach gleich der Diffusionsgrenzstromdichte $i_{O_2,D}$ der Sauerstoffreduktion. Die Summenstrom-Spannungskurven $\pi_a(i_S)$ und $\pi_k(i_S)$ sind in Bild 11.19 weggelassen. Nach Herstellung des Kurzschlusses hat die Anode das Elektrodenpotential ε_a, die Kathode des Elektrodenpotential ε_k. Die Korrosionsgeschwindigkeit der Anode steigt von $(i_a)_R$ auf i_a, die der Kathode sinkt von $(i_k)_R$ auf i_k. Die Anode wird also durch Kontaktkorrosion angegriffen, die Kathode kathodisch geschützt. Die Kurzschlußstromstärke j_S berechnet sich mit der Oberfläche F der Einzelelektrode zu $j_S = F(i_k - i_a)$. Für i_a und i_k bestehen die Beziehungen [20]

$$i_a \leq i_k \tag{11.27}$$

$$0 \leq i_a \leq \tfrac{1}{2}(i_k)_R \tag{11.28}$$

$$\tfrac{1}{2}(i_k)_R \leq i_k \leq (i_k)_R \tag{11.29}$$

Dabei gilt in Gl. (11.27) das Gleichheitszeichen für den Grenzfall vernachlässigbar kleiner Ohmscher Spannungen $j_S R_i$. Unter diesen Bedingungen ist also die Korrosionsgeschwindigkeit der „unbelüfteten“ Anode gleich der Korrosionsgeschwindigkeit der „belüfteten“ Kathode. Bei merklichem Innenwiderstand der Zelle ist $i_a < i_k$.

Nun wurde aber bereits in Kap. 4 vermerkt, daß der pH-Wert der (ungepufferten) Lösung im Kathodenraum mit der Zeit ansteigt, im Anodenraum dagegen absinkt. Andererseits lehrte Kap. 10, daß für Eisen mit steigendem pH-Wert allgemein das Passivierungspotential ε_{P_1} negativer wird und die kritische passivierende Stromdichte i_{krit} sinkt. Daher kann grundsätzlich der Fall eintreten, daß sich die Kathode nach hinreichender Alkalisierung der Lösung spontan passiviert. Soll dies eintreten, so muß sich also notwendig die Zusammensetzung des Kathodenelektrolyten gegenüber der des Anodenelektrolyten ändern, bzw, es müssen entsprechend unterschiedliche Lösungen im Anoden- und Kathodenraum von vornherein vorgegeben werden.

Die passive Eisenkathode, an der die Teilreaktion der anodischen Metallauflösung nur noch mit der kleinen Passivstromdichte i_p, d.h. aber vernachlässigbar langsam abläuft, verhält sich in der Kurzschlußzelle im wesentlichen wie eine unangreifbare Gaselektrode z. B. aus Platin, sofern $\varepsilon_k > \varepsilon_{P_2}$. Das Stromspannungsdiagramm der Kurzschluß-Belüftungszellen mit aktiver Anode und passiver Kathode ist in Bild 11.20 schematisch skizziert. Der Effekt der Kontaktkorrosion der Anode ist nun erheblich verstärkt, da die Kurzschlußstromdichte unmittelbar gleich $i_{O_2,D}$ wird. Es gilt nun

$$\mathrm{i_k} \cong 0; \quad \mathrm{i_a} \cong |\mathrm{i_{O_2,D}}| \tag{11.30}$$

Anders als in diesen Modellversuchen differenziert sich in der Praxis die Elektrolytzusammensetzung durch die Sauerstoffverarmung an tief eingetauchten Teilen der Metalloberfläche erst mit der Zeit. Auch ist etwa für den in Bild 11.18 skizzierten Fall kaum vorauszuberechnen, in welchem Abstand vom Flüssigkeitsspiegel die Grenze zwischen anodischem und kathodischem Teil der Metalloberfläche auftreten wird. Als Beispiel des sich in einem realistischen Experiment einstellenden, ungefähr stationären Zustandes zeigt Bild 11.21 das Ergebnis der Ausmessung des Potentialfeldes vor einer in ruhende 1 N NaCl-Lösung senkrecht eingetauchten ebenen Zinkelektrode [21].

Das zugehörige Sauerstoffkonzentrationsfeld ist wie in Bild 11.18 skizziert zu denken. Man erkennt, daß, wie erwartet, der tief eintauchende, schlecht „belüftete", Teil der Elektrode zur Anode wird, der obere, gut „belüftete" zu Kathode. Auch die

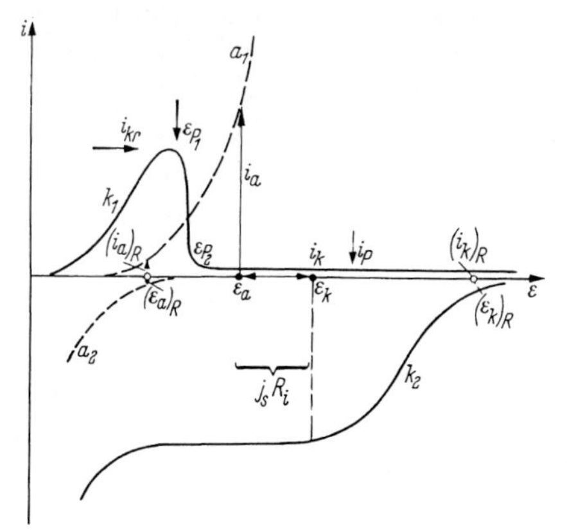

Bild 11.20. Wie Bild 149, jedoch mit passiver Kathode der Kurzschlußbelüftungszelle (schematisch)

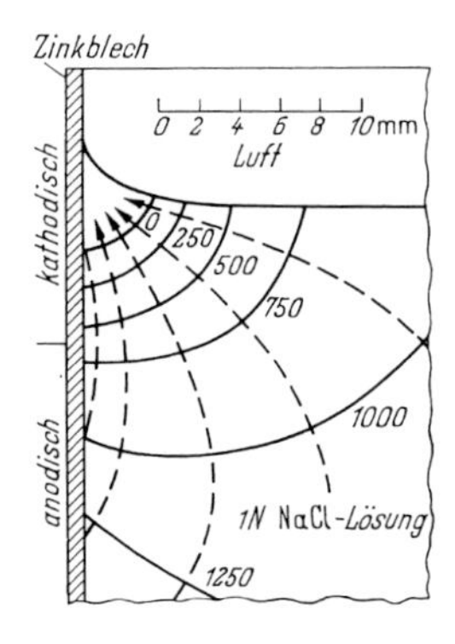

Bild 11.21. Potentiallinien (durchgezogen) und Stromlinien (gestrichelt) in ruhender 1 N NaCl-Lösung vor einer senkrecht eintauchenden ebenen Zinkelektrode. Potentialangaben in μV, bezogen auf eine willkürlich gewählte Nullinie. (Nach Agar und Evans)

Konzentration der Zink-, Wasserstoff- und Hydroxylionen ist in der Lösung ungleichmäßig verteilt, insbesondere ist vor der Kathode die Konzentration der Hydroxylionen, vor der Anode die der Zinkionen stark erhöht. Infolgedessen diffundieren sich Zink- und Hydroxylionen entgegen, was auch dazu führt, daß bevorzugt auf einem die Anoden/Kathoden-Grenze bedeckenden Streifen Zinkhydroxid ausfällt.

Ein besonders eindrucksvolles Beispiel der Differenzierung einer einheitlichen Metalloberfläche in Anoden- und Kathodenbezirke erhält man bei dem bekannten Evansschen *Tropfenversuch* [22]. Dazu setzt man einen Tropfen einer $N/10$ NaCl-Lösung mit kleinen Zusätzen von Phenolphthalein und Kaliumferricyanid auf ein waagerecht ruhendes Stahlblech. Der Indikator Phenolphthalein schlägt in alkalischen Lösungen nach Rot um, der Indikator Kaliumferricyanid in Eisen-II-Lösungen nach Blau; die Lösung enthält also Indikatoren, die über Lokalanoden Blaufärbung ergeben, über Kathoden, an denen kein Eisen gelöst wird, Rotfärbung. Im ersten Stadium treten (vgl. Bild 11.22a) auf der Stahloberfläche überall vereinzelte rote und blaue Farbflecke auf und zeigen damit eine primäre Verteilung kleiner Kathoden und Anoden an, wobei sich die letzteren überwiegend in Schleifriefen finden. Dieses Anfangsstadium des Versuchs zeigt an, daß die an Luft gebildete dünne Oxid-Anlaufschicht der Probebleche zunächst durch örtlichen Lochfraß (vgl. Kap. 12) durchbrochen wird. Daß dies am schnellsten in Schleifriefen eintritt, leuchtet dabei ein. Weshalb allerdings in diesem Stadium ungleichmäßig anders verteilte Lokalkathoden auftreten, läßt sich nicht ohne weiteres erklären. Jedenfalls ist aber dieses Anfangsstadium des Versuchs durch die Eigenschaften der noch oxidbedeckten Probenoberfläche entscheidend bestimmt. Dies ändert sich aber im Verlaufe einiger Minuten völlig zugunsten einer sekundären, längere Zeit stationären Verteilung, in der im Zentrum eine große Anode, darum ein Rostring, und um diesen eine große Kathode angezeigt wird (Bild 11.22c). In diesem Zustand ist der Mechanismus der Korrosion (Bild 11.22b) durch die sich im ruhenden Tropfen einstellende (durch die Schraffur angedeutete) Verteilung der Sauerstoffkonzentration bestimmt. Im Inneren des Tropfens wird das Metall durch Sauerstoffmangel anodisch, außen kathodisch. Dabei zeigt das Ausbleiben der Fe^{2+}-Anzeige im äußeren Ring an, daß hier die Kathode soweit alkalisiert ist, daß stabile Passivität erreicht wird. Der Rostring entsteht durch die

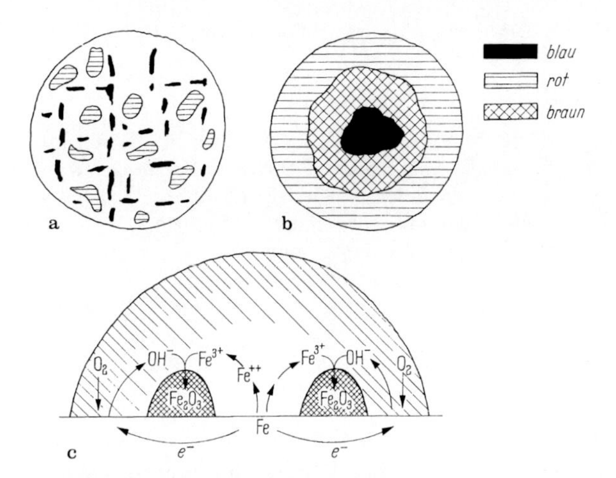

Bild 11.22a–c. Korrosion einer Stahloberfläche unter einem Tropfen einer Chloridlösung mit Zusatz von Phenolphtalein und Kaliumferricyanid. In a) u. b) Tropfen von oben, in c) von der Seite gesehen.
a Primäre und **b** sekundäre Verteilung von anodischen (blau) und kathodischen Flächen (rot) und Rostabscheidung (braun); **c** Reaktionsschema im stationären Zustand (schematisch). (Nach Evans)

Aufoxydation des Fe^{2+} zu Fe^{3+} und durch die Interdiffusion von Fe^{3+}- und OH^--Ionen.

Steht die Anode in O_2-freier Lösung, und ist die Kathode in O_2-haltiger Lösung passiviert, so sollte die Stromstärke j_a der Anode gleich der Kurzschlußstromstärke j_S der aus Anode und Kathode gebildeten galvanischen Zelle werden. Man macht sich leicht klar, daß ein diesbezüglich positiver experimenteller Befund als weiterer Beweis des grundsätzlich elektrolytischen Mechanismus der Korrosion zu werten ist. Deshalb interessieren ältere Messungen [23], bei denen – im Grunde zufällig – bei senkrecht in KCl-Lösungen eintauchenden Stahlproben die Grenze zwischen aktiver Anode und passiver Kathode sehr gut reproduzierbar war. Es konnte deshalb das Probeblech zu Beginn des Versuchs längs der Grenzlinie zersägt und dann der Kurzschlußstrom in einen Drahtkurzschluß gemessen werden. Anodische Metallauflösung und Kurzschlußstrom erwiesen sich als genau äquivalent. Man beachte bei alledem, daß allerdings die Passivität der Kathode keineswegs immer erwartet werden kann, sondern nur bei einem im Grunde sehr komplizierten Zusammenspiel vieler Einflußgrößen.

Nach dem 2. Fickschen Gesetz berechnet sich die zeitliche Änderung $\partial c/\partial t$ der Konzentration einer gelösten Substanz, also auch des gelösten Sauerstoffs, für konvektionsfreie Diffusion bei konstantem Diffusionskoeffizienten D für eine beliebige Stelle in der Elektrolytlösung zu:

$$\frac{\partial c}{\partial t} = D \operatorname{div} \operatorname{grad} c. \qquad (11.31)$$

Infolgedessen gilt für den Fall der stationären Konzentrationsverteilung ($\partial c/\partial t = 0$) die Gleichung:

$$\text{div grad } c = 0, \tag{11.32}$$

die formal der Laplace-Gleichung Gl. (11.3) des elektrischen Feldes entspricht. Die Analogie zwischen Konzentrationsfeld und Potentialfeld hat Bianchi [24] benutzt, um durch Vermessung eines passend hergestellten elektrischen Potentialfeldes die in Bild 11.18 qualitativ angedeutete Verteilung der Sauerstoffkonzentration quantitativ zu ermitteln.

Für die nichtmetallischen Gefäßwände gilt im Konzentrationsfeld

$$\frac{\partial c}{\partial n} = 0, \quad \textit{an nichtmetallischen Wänden}, \tag{11.33}$$

in Analogie zu Gl. (11.4). Die Flüssigkeitsoberfläche ist Äquikonzentrationsfläche, denn hier gilt mit der O_2-Sättigungskonzentration c_S überall

$$c = c_S, \quad \textit{an der Flüssigkeitsoberfläche}. \tag{11.34}$$

Im elektrischen Analogon ist daher die Flüssigkeitsoberfläche durch eine unpolarisierbare Metalloberfläche zu ersetzen. Die Elektrodenoberfläche ist ebenfalls Äquikonzentrationsfläche. Nach Voraussetzung wird hier nahezu jede durch Diffusion auftreffende Sauerstoffmolekel sofort reduziert. Daher gilt für die Sauerstoffkonzentration, sofern man sich im Grenzstrombereich befindet,

$$c = 0, \quad \textit{an der Elektrodenoberfläche}. \tag{11.35}$$

Infolgedessen ist die Elektrode im elektrischen Analogon ebenfalls durch eine unpolarisierbare Metalloberfläche zu ersetzen.

Wenn das Potentialfeld auch im Bereich der Flüssigkeitsmeniskus an der Elektrodenoberfläche ein genaueres Abbild des Konzentrationsfeldes sein soll, ist die experimentelle Verwirklichung des geschilderten elektrischen Analogons schwierig. In diesem Bereich kann bei sehr kleinem Abstand der die Flüssigkeitsoberfläche und der die Elektrode repräsentierenden Metallflächen das Auftreten merklicher Polarisation kaum vermieden werden. Dieses Problem umgeht man [24] durch Vermessung des konjugierten Potentialfeldes. Entsprachen im direkten Analogon im zweidimensionalen Schnitt die Potentiallinien den Konzentrationslinien, und die Stromlinien den Diffusionslinien, so entsprechen im konjugierten Analogon die Potentiallinien den Diffusionslinien und die Stromlinien den Konzentrationslinien. Im elektrischen Modell müssen nun die nichtmetallischen Gefäßwände Potentialflächen werden, während der Elektrodenoberfläche und der Flüssigkeitsoberfläche die Rolle von Isolatoroberflächen zu fällt, mit entsprechender Änderung der Randbedingungen. Die Vermessung des Potentialfeldes im konjugiert analogen Modell läuft also unmittelbar auf die Bestimmung der Stromlinien der Diffusion hinaus, aus deren Dichte auf der Oberfläche des korrodierten Metalls sich die kathodische Teilstromdichte der Sauerstoffreduktion an der betreffenden Stelle ergibt. Das Verfahren wird durch Bild 11.23 erläutert, in der a) die Konzentrations- und Diffusionslinien des realen Systems und b) die Potential-und Stromlinien des Analogons andeutet. Wie in b) gezeigt, hat man eine Hilfselektrode *B* hinzuzunehmen, die so angeordnet ist, daß im zweidimensionalen Schnitt das elektrische Feld als durch eine Quelle in der Dreiphasengrenze Luft/Elektrode/Elektrolyt bewirkt erscheint, die der Potentialfläche *A* gegenübersteht. Als unpolarisierbare Elektroden dienten Bleibleche in Bleisulphamatlösung. Als hauptsächlich interessierendes Ergebnis der Auswertung, deren Einzelheiten wir hier übergehen, zeigt Bild 11.24 den Verlauf der Sauerstoff-Reduktionsstromdichte, d. h. der kathodischen Diffusions-Grenzstromdichte, auf der Oberfläche der korrodierten Elektrode im realen System, als Funktion

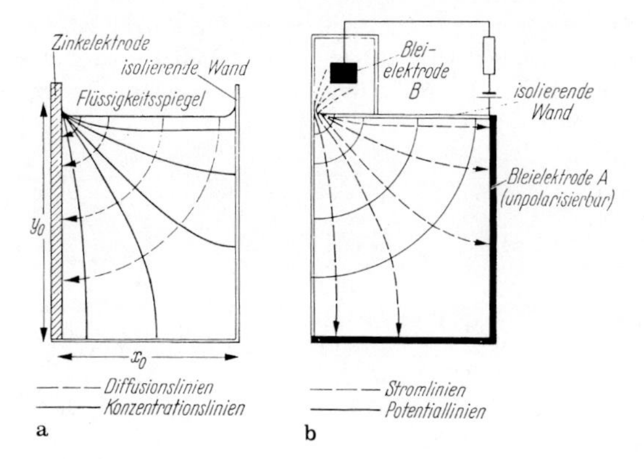

Bild 11.23. **a** Linien konstanter O_2-Konzentration und orthogonale Stromlinien der Sauerstoffdiffusion für eine senkrecht in ruhende Elektrolytlösung eintauchende, ebene Elektrode, bei korrosionsgeschwindigkeitsbestimmender O_2-Diffusionsgrenzstromdichte (schematisch); **b** Zu (*a*) konjugiert analoge Potentiallinien und orthogonale (elektrische) Stromlinien zwischen unpolarisierbaren Bleielektroden in Bleisulphamatlösung (schematisch) (Nach Bianchi)

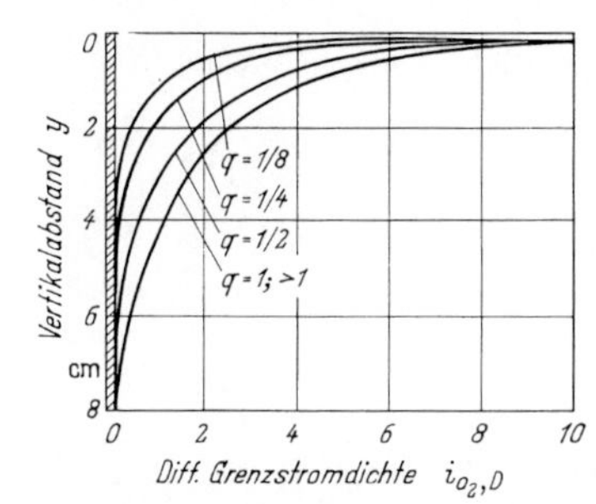

Bild 11.24. Durch Vermessung des Potentialfeldes im konjugiert analogen elektrischen System ermittelte Verteilung der Sauerstoff-Diffusionsgrenzstromdichte als Funktion der Eintauchtiefe y der betreffenden Stelle der korrodierten Elektrode, für verschiedene Verhältnisse $q = y_0/x_0$ von Höhe y_0 der benetzten Elektrodenoberfläche und Breite x_0 des Elektrolyttroges. Abszisse: $i_{O_2,D}$ in willkürlichen Einheiten. (Nach Bianchi)

der Eintauchtriefe der betreffenden Stelle. Parameter der Kurvenschar ist das Verhältnis $q = y_0/x_0$ der Höhe y_0 der eingetauchten Elektrodenfläche zur Breite (Abstand zwischen Elektrodenoberfläche und gegenüberliegender Trogwand) x_0 des Elektrolytgefäßes. Naturgemäß wird der Kurvenverlauf in der Praxis erheblich komplizierter, wenn sich im Verlauf der Korrosion unregelmäßige Deckschichten ausbilden, oder wenn die oben erwähnte langsame Konvektion der Lösung ins Spiel kommt.

Nach weiteren Messungen dieser Art [25] ist allerdings die Voraussetzung, daß an jeder Stelle der Zinkoberfläche in NaCl-Lösung jede durch Diffusion auftreffende Sauerstoffmolekel sofort reduziert wird, keineswegs in jedem Fall erfüllt. Vielmehr findet man zwar für in Säure vorgeätzte Elektroden Übereinstimmung zwischen Theorie und Experiment, nicht aber für ungeätzte. Dazu kann man annehmen, daß an reinem Zink die Sauerstoffüberspannung so hoch ist, daß als Sauerstoffeinfangfläche praktisch nur kathodisch wirksame Einschlüsse in der Elektrodenoberfläche wirken. Beim Ätzen (desgleichen vermutlich in jedem Fall nach längerer Korrosion) bilden die ungelösten Einschlüsse eine porige Deckschicht, weshalb in diesem Zustand praktisch die gesamte Oberfläche als Sauerstoffeinfangfläche wirkt und z. B. die erwartete Abhängigkeit der Korrosion von y_0/x_0 beobachtet wird. Bei relativ wenigen kathodisch wirksamen Einschlüssen in der frischen Zinkoberfläche drängen sich die Diffusionsstromlinien vor den Einschlüssen so eng zusammen, daß der „Diffusionswiderstand" ganz überwiegend in die nächste Umgebung der einzelnen Einschlüsse fällt und der Einfluß von y_0/x_0 verschwindet.

Literatur

1. Wagner, C.: J. Electrochem. Soc. *98*, 116 (1951)
2. Waber, J. T.: J. Electrochem. Soc. *101*, 27 (1954); *102*, 420 (1955); *103*, 567 (1956) – Waber, J. T.; Rosenbluth, M.: ibid. *102*, 344 (1955) – Waber, J. T.; Fagan, B.: ibid. *103*, 64 (1956) – Waber, J. T.; Morrissey, J.; Ruth, J.; ibid. *103*, 13 (1956)–Kennard, E.; Waber, J. T.: ibid. *117*, 880 (1970) – Melville, P. H.: ibid *126*, 208 (1979)
3. Parrish, W. R.; Newman, J.: ibid 117, 43 (1970) – Newman, J.; Harrar, J. E.: ibid *120*, 1041 (1973)
4. Klingert, J. A.: Lynn, S.; Tobias, C. W.: Electrochim. Acta *9*, 297 (1964) – Helle, H. P. E.; Beel, G. H. M.; Ligtelijn, J. T.: Corr. NACE *37*, 522 (1981) – Smyrl, W.; Newman, J.: J. Electrochem. Soc. *123*, 1423 (1976) – Doig, P.; Flewitt, P. E. J.: Phil. Mag. B *38*, 27 (1978) – British Corr. J. *13*, 118 (1987) – J. Electrochem. Soc. *126*, 2057 (1979) – McCafferty, E.: Corr. Sci. *16*, 183 (1976)–J. Electrochem. Soc. *123*, 1869 (1976)
5. Elze, H.; Oelsner, G.: Metalloberfläche *12*, 129 (1958)
6. Elze, J.; Oelsner, G.: Stromspannungsdiagramme wichtiger Gebrauchsmetalle. Berlin: Bundesanst. für Materialprüfung, 1957
7. Evans, U. R.: Corrosion und Oxidation of Metals, London: Arnolds 1960, p. 648
8. Kaesche, H.: Werkstoffe u. Korrosion *14*, 557 (1963)
9. Evans, U. R.: J. Chem. Ind. *47*, 731 (1928)
10. Safranek, W. H.; Hardy, R. W.; Miller, H. R.: 48th Ann. Techn. Proc. Amer. Electroplaters' Soc. *48*, 156 (1961), zitiert nach Elze, J., in: Handbuch der Galvanotechnik (Dettner, H. W., Elze, J., Herausgeber) Bd. III, München: Hanser, 1969, S. 398
11. Ilschner-Gensch, C.: Z. Electrochem. *64*, 275 (1960)
12. Copson, H. R.: Trans. Elctrochem. Soc. *84*, 71 (1943).
13. Vgl. z. B. Betz, A.: Konforme Abbildung, 2. Aufl. Berlin, Göttingen, Heidelberg: Springer 1964
14. Wagner, C., a) in: Handbuch der Metallphysik, Bd. 1, 2, Leipzig: Akad. Verlagsges. 1940, S. 165, – b) J. Electrochem. Soc. *99*, 1 (1952) – c) J. Electrochem. Soc. *107*, 447 (1960). – Vgl. auch Werkstoffe u. Korrosion *11*, 673 (1960)
15. Jaenicke, W.; Bonhoeffer, K. F.: Z. phys. Chem. A *193*, 301 (1944)
16. Levich, B.; Frumkin, A.: Acta physicochim. USSR *18*, 325 (1943)
17. Jaenicke, W.: Z. phys. Chem. A *191*, 350 (1942)
18. Ilschner-Gensch, C.: Techn. Mitt. Krupp *18*, 29 (1960)
19. Bianchi, G.: Caprioglio, G.: Werkstoffe u. Korrosion *9*, 440 (1958)
20. Kaesche, H.: Werkstoffe u. Korr. *15*, 379 (1964)
21. Agar, J. N.; Evans, U. R., zitiert bei Evans, U. R.: J. Iron Steel Inst. *141*, 219 (1940)
22. Evans, U. R.: Metal Ind. *29*, 481 (1926); vgl. auch [7], S. 118
23. Evans, U. R.; Hoar, T. P.: Proc. Roy. Soc. Ser. A 137, 343 (1932)
24. Blanchi, G.: Metallurg. ital. *45*, 123 (1953)
25. Blanchi, G.: Metallurg. ital *45*, 323 (1953)

12 Korrosions-Lochfraß, Lochkorrosion

12.1 Allgemeine Gesichtspunkte

Die Entstehung lochartiger Anfressungen in Metalloberflächen durch Korrosion, die in diesem Kapitel zur Diskussion steht, gehört zu den Erscheinungsformen der ungleichmäßigen Korrosion. Sie interessiert hier nur insoweit sie nicht trivial ist, also etwa dadurch zustandekommt, daß eine sonst gut wirksame Schutzschicht, also etwa ein Anstrich, auf der Metalloberfläche zufällig durchlöchert ist. Was hier als „Korrosions-Lochfraß" bzw. normgerecht als „Lochkorrosion" bezeichnet wird, ist etwas anderes und gefährlicheres, nämlich die sehr schnelle lokale Anfressung des Metalls durch hohe lokale anodische Polarisation. Die eigentlich wichtigen Fälle sind die des Lochfraßes passiver Metalle, und diese lassen auch am leichtesten den hauptsächlich wirksamen Effekt erkennen: Das Elektrodenpotential ε des passiven Metalls, sei es das Ruhepotential—bzw. das „freie Korrosionspotential" $-\varepsilon_R$, oder das durch eine Außenschaltung vorgegebene Potential, kann im Vergleich zum Gleichgewichtspotential $E_{Me/Me^{z+}}$ der aktiven Metallauflösung stark positiv sein. Tritt dann lokale Aktivierung ein, und kann die Repassivierung verhindert werden, so steht für die aktive Metallauflösung eine hohe Überspannung $\eta_{Me/Me^{z+}} = \varepsilon - E_{Me/Me^{z+}}$ zur Verfügung, und entsprechend hoch fällt dann die lokale anodische Stromdichte aus. Wie noch zu zeigen, ist zwar die Vorstellung, das Innere wachsender Löcher sei im bisher diskutierten Sinne normal „aktiv", zu einfach. In Wirklichkeit sind die momentanen Auflösungsreaktionen erheblich schneller als die mittlere Wachstumsgeschwindigkeit der wachsenden Löcher, obwohl auch diese schon hoch liegt, und die Metalloberfläche ist in einem besonderen Elektrodenzustand, nämlich salzbedeckt. Gleichwohl ist es nützlich, den Lochfraß als eines der Beispiele des Durchschlagens einer im Prinzip sehr hohen Auflösungstendenz durch die Passivität zu sehen. In der Praxis wird der Lochfraß naturgemäß normalerweise nicht durch eine Außenschaltung zustandekommen. Vielmehr handelt es sich normalerweise darum, daß der anodische Strom der Metallauflösung durch einen kathodischen Strom der Reduktion eines Oxidationsmittels an Ort und Stelle kompensiert wird. Der Ort und die Stelle kann aber, wieder normalerweise, nicht die Lochfraßstelle selbst sein, weil dort das Oxidationsmittel nur normal schnell reduziert werden kann, oder gar wegen der Hemmung der Nachlieferung so verarmt vorliegt, daß die kathodische Teilreaktion sogar stark gehemmt ist. Mithin läuft die kathodische Teilreaktion in der näheren oder weiteren Umgebung der Lochfraßstelle ab, so daß die Lochfraßstelle die Anode und die Umgebung die Kathode einer kurzgeschlossenen galvanischen Zelle darstellt. Beim Lochfraß passiver Metalle handelt es sich offenbar um aktiv/passiv-

Kurzschlußzellen. In Anbetracht dieses Mechanismus wird auch sofort deutlich, daß für den Ablauf des Lochfraßes in der Praxis u.a. die Elektronen-Leitfähigkeit des Passivoxids erhebliche Bedeutung hat. Dieser Gesichtspunkt wird in der einschlägigen Forschung meistens übergangen. Eine aktiv/passiv-Zelle mit normal niedriger Auflösungsgeschwindigkeit des Metalls im anodischen Bezirk zeigt schon der Evanssche Tropfenversuch. Er ist deshalb auch als einfaches Modell der Lochfraßvorgänge zu werten und zeigt in diesem Zusammenhang viele Eigenschaften des gefährlichen schnelleren eigentlichen Lochfraßes, wie er im folgenden hauptsächlich für passives Eisen, passive hochlegierte Stähle und Aluminium diskutiert werden wird. Im Evansschen Tropfen bewirkt der Fluß des Kurzschlußstromes das Auftreten *Ohmscher Spannungen* längs der Strombahnen in der Elektrolytlösung, also auch einen Unterschied des Elektrodenpotentials zwischen Anode und Kathode. In der Elektrolytlösung wird der Strom durch die gelösten Ionen gemäß ihrer Elektrolyse-Überführungszahl anteilig transportiert, wodurch Chlorionen bevorzugt zur Anode wandern. Dies bewirkt eine Anreicherung von gelöstem Chlorid im Elektrolytraum über der Anode, und die Elektrolytlösung wird durch Hydrolyse des Kations Fe^{2+} *sauerer*. Gleichzeitig ist mit den Cl^--Ionen über der Anode eben die Ionensorte angereichert, die den Prozeß insgesamt durch die ersten noch mikroskopischen Durchbrüche der ursprünglich schützenden Oxidhaut einleitete. Eventuell eintretender *Repassivierung* würde durch erneuten Cl^--Ionen-katalysierten Lochfraß entgegengewirkt. Die soeben hervorgehobenen Stichworte werden in der weiter unten folgenden Diskussion der Startvorgänge des Lochfraßes alle wiederkehren. Im übrigen kann der Mechanismus der Korrosion im ruhenden Wassertropfen weitgehend auch als Modell für das Zustandekommen des Lochfraßes zum Beispiel der Böden stählerner Lagerbehälter unter salzhaltigen Wasserresten unter Heizöl betrachtet werden.

Lehrreich ist auch der Übergang von gleichmäßigem Verrosten zu lokalem Lochfraß in gut bewegten NaCl-Lösungen beim Übergang von neutralen zu schwach alkalischen Lösungen [1]. Hält man dabei die Cl^--Konzentration mit z.B. 10^{-3} mol/kg klein, so ist unlegierter Stahl in solchen Lösungen oberhalb pH 10 stabil passiv (Bild 12.1). Bei mittlerem pH-Wert um pH 9 beobachtet man die Ausbildung lokaler Angriffstellen unter Rostmembranen inmitten blanker, offensichtlich passivierter Oberflächenbezirke. Das Reaktionsschema ist wie in Bild 12.2

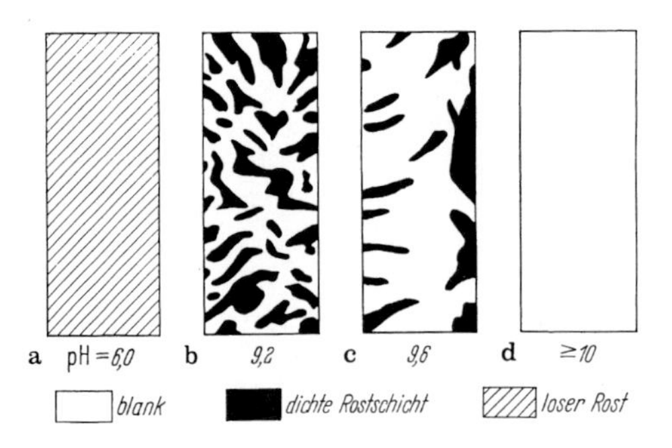

Bild 12.1a–d. Einfluß des pH-Werts sauerstoffhaltiger, bewegter 10^{-3} M NaCl-Lösungen auf die Korrosion voll eingetauchter Bleche aus unlegiertem Stahl bei 24-stündigen Korrosionsversuchen. (Schematisch, nach Aufnahmen bei Resch und Odenthal)

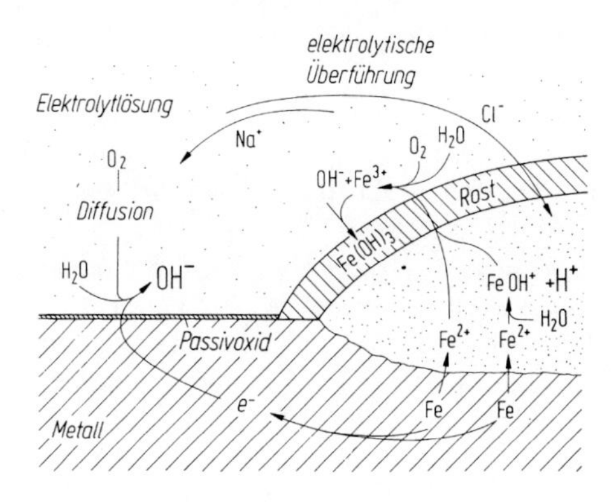

Bild 12.2. Schema des Mechanismus der Korrosion des in schwach alkalischer Lösung teilaktiven Eisens

skizziert zu denken: An den passiven kathodischen Bezirken wird Sauerstoff reduziert, an den anodischen geht unter den von Rost gebildeten Membranen Eisen zweiwertig in Lösung, wird beim Diffundieren durch die Membran durch gelösten Sauerstoff oxydiert, und wächst schließlich als $Fe(OH)_3$ (mit folgender Entwässerung) auf der Membran auf. Der Kurzschlußstrom des Elementes bedingt wieder die bevorzugte elektrolytische Überführung von Chlorionen durch die Rostmembran in den Anodenelektrolyten; dieser stellt also auch hier eine Lösung mit relativ hoher Konzentration von $FeCl_2$ dar, die durch Hydrolyse der Fe^{2+}-Ionen sauer reagiert.

Bei solchen Versuchen wird beobachtet, daß die über die ganze Probenoberfläche gemittelte Korrosionsgeschwindigkeit (bestimmt durch den Metallgewichtsverlust) im Bereich der Teilpassivität im Vergleich zur Geschwindigkeit des gleichmäßigen Rostens nicht sinkt, sondern häufig sogar bis auf das Doppelte und mehr ansteigt. Da gleichzeitig der Flächenanteil aktiver Eisenauflösung sinkt, so folgt, daß die *lokale Korrosionsgeschwindigkeit in Lochfraßstellen* auf ein Vielfaches des unter den Umständen „normalen„ Wertes angestiegen ist. Auch dies ist für den Lochfraß allgemein typisch. Hier bedeutet die Beobachtung auch, daß durch unvollständiges Passivieren infolge ungenügenden Alkalisierens der Elektrolytlösung der Korrosionsschutz der Versuchsbleche drastisch verschlechtert wurde, weil an die Stelle des vergleichsweise langsamen gleichmäßigen Rostens der schnelle Lochfraß trat. Die Erhöhung auch der mittleren Korrosionsgeschwindigkeit ist zunächst erstaunlich, da man nach dem Prinzip der Sauerstoffeinfangfläche eher Konstanz erwarten würde. Anscheinend ist hier die Sauerstoffreduktion an den passiven Flächenteilen schneller als an den mit losem Rost bedeckten [2]. Im Ganzen wird jedenfalls an diesem Beispiel deutlich, weshalb unterdosierte passivierende Inhibitoren in der Anwendung gefährlich werden können. Als weiterer, in der Praxis oft wichtiger Fall sei der eines in eine ruhende Chlorid-haltige Lösung senkrecht nicht voll eingetauchten Eisenblechs angeführt. Hier überlagert sich beim zunehmenden Alkalisieren der Teilpassivierung noch der Einfluß der weiten Diffusionswege des gelösten Sauerstoffs vom Flüssigkeitsspiegel zu tiefer eintauchenden Teilen der Probenoberfläche, mit der Folge, daß Rostpusteln in schon passivierten Flächenteilen vorzugsweise unten auftreten. Allerdings wird knapp vor Erreichen der vollen Passivität überraschenderweise nun der Bereich im Flüssigkeitsmeniskus stark angegriffen [3].

Zu den üblichen Erfahrungen der Praxis dieser Art von Korrosionsprüfungen gehört übrigens auch, daß Lochfraßherde bevorzugt an scharfen Graten von Schnittkanten, Graten und dergleichen auftreten. Auch dies ist ein weitgehend allgemein gültiges Detail überhaupt der Startvorgänge des Lochfraßes.

In diesen Zusammenhang gehört der wichtige Fall des Lochfraßes der Stahlarmierungen des Stahlbetons (auch der Spannstahlarmierungen des Spannbetons) in $CaCl_2$-haltigem, feuchten Beton [4, 5]. Im wesentlichen handelt es sich um Lochfraß in einer gesättigten $Ca(OH)_2$-Lösung (pH 12,4/12,6), in der die unlegierten bis sehr niedrig legierten Stähle stabil passiv sind, wenn nicht durch die Einwirkung von Cl^--Ionen Lochfraß auftritt. Dazu ergab sich [5], und auch dies ist eine für den Lochfraß allgemein typische Erscheinung, die Existenz einer Schwelle des Elektrodenpotentials, nach deren Überschreitung Lochfraß in der in Bild 12.2 skizzierten Art erst auftritt. Diese *Existenz eines Durchbruchs* – oder auch *Lochfraß-Potentials* ε_L wird durch die in Bild 12.3 wiedergegebenen Messungen der stationären, anodischen Teilstromspannungskurve der Eisenauflösung in Cl^--haltiger $Ca(OH)_2$-Lösung belegt. Die Kurven zeigen an, daß z. B. in einer l-molaren, an $Ca(OH)_2$-gesättigten, O_2-freien NaCl-Lösung der untersuchte Stahl (ebenso aber auch Carbonyleisen) für $\varepsilon \lesssim -0{,}28$ V stabil passiv ist. Dazu ergab z. B. ein potentiostatischer Kontrollversuch bei $-0{,}32$ V, daß auch während 70 Stunden keinerlei Rostpunkte auftraten. Die Kurve zeigt weiter an, daß für $\varepsilon > -0{,}28 \pm 0{,}01$ V kein stationärer Stromspannungswert existiert, da die Elektrode im stationären Zustand bei $\varepsilon = -0{,}28 \pm 0{,}01$ V unpolarisierbar wird. Dieses Elektrodenpotential ist für die gegebene Temperatur und Chlorionenkonzentration das Lochfraßpotential ε_L. Es hängt, auch dies wieder ein allgemeiner Befund, vom pH-Wert der Lösung nicht ab [6]. Typisch ist, daß ε_L mit zunehmender Cl^--

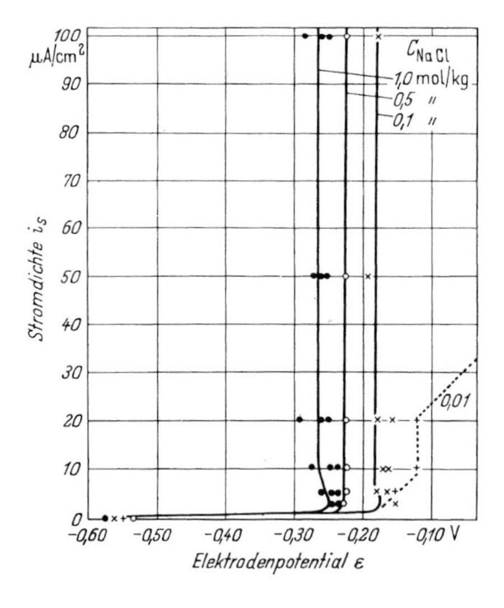

Bild 12.3. Stationäre anodische Stromspannungskurve eines unlegierten, vergüteten Stahls in O_2-freier, ges. $Ca(OH)_2$-Lösung, 25 °C, mit wechselnden Zusätzen von NaCl. (Nach Kaesche)

Konzentration negativer wird. Typisch ist wieder, daß bei kleiner Cl^--Konzentration der Verlauf der Stromspannungskurve irregulär wird, weil, wie noch genauer zu erörtern, im Spiel von Lochöffnung und Repassivierung ein stationärer Zustand nicht erreicht wird.

Ob bei gegebener anodischer Teilstrom-Spannungskurve vom Typ etwa der 1 M NaCl-Kurve von Bild 12.3 in der Praxis Lochfraß auftritt, hängt von der Lage des Ruhepotentials ε_R ab. Dieses wird hier durch die Überlagerung der Teilstrom-Spannungskurve der Eisenauflösung $i_{Fe}\{\varepsilon\}$ und der kathodischen Teilstrom-Spannungskurve $i_{O_2}\{\varepsilon\}$ der Reduktion von gelöstem Sauerstoff bestimmt. Man macht sich leicht klar, daß für ein Metall mit elektronenleitendem Passivoxid, das sich mit der (kleinen) Passivstromdichte i_P löst, $\varepsilon_R = \varepsilon_L$ wird, sofern nur $i_{O_2}\{\varepsilon_L\} > |i_P|$. Für Eisen in Cl^--haltiger $Ca(OH)_2$-Lösung ist dies erfüllt [5]. Die Skizze Bild 12.4 zeigt die Situation schematisch: Zwar ist bei ε_L der Potentialbereich des kathodischen Diffusionsgrenzstromes der Sauerstoffreduktion noch nicht erreicht, aber ε_R stellt sich dennoch bei ε_L ein. Dementsprechend wiesen in lufthaltigen Lösungen stehende Stahlproben nach einfachen Standversuchen tiefe Anfressungen auf.

Bei diesem Lochfraß handelt es sich im allgemeinen nicht um geometrisch regelmäßig geformte, z. B. halbkugelige Löcher, sondern um unregelmäßige Anfressungen. Das Schliffbild Bild 12.5 mag als typisches Beispiel dienen; es zeigt einen Ausschnitt des durch vielfachen Lochfraß zerklüfteten Bodens einer großen Anfressung. So sieht häufig das letzte Stadium der Start- und Anlaufvorgänge des

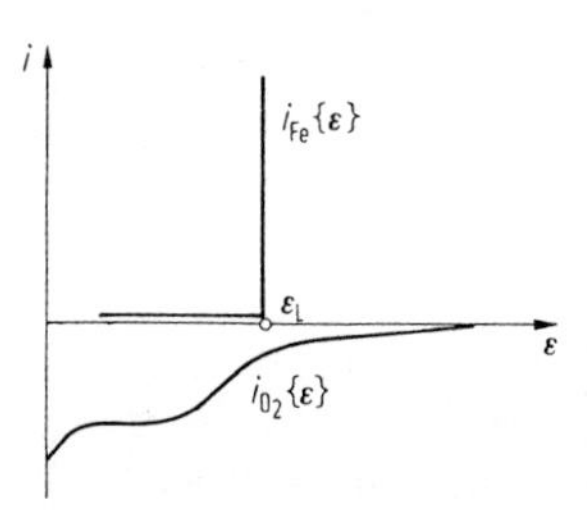

Bild 12.4. Schematisches Stromspannungsdiagramm des Eisens in O_2-haltiger, ges. $Ca(OH)_2$-Lösung. (Nach Kaesche)

Bild 12.5. Lochfraß eines Baustahls nach galvanostatischer anodischer Dauerpolarisation in $CaCl_2$-haltigem, $Ca(OH)_2$-getränktem Mörtel. Geätztes Schliffbild. (Nach Kaesche)

Lochfraßes aus, die in den folgenden Abschnitten erörtert werden. In anderen Fällen beobachtet man allerdings auch das tiefe Wachstum vereinzelter Löcher, so besonders beim Lochfraß in sauren Lösungen, wenn sich keine Deckschicht von Korrosionsprodukten bildet. Dann kommt es auch, so etwa beim Chrom-Nickel-Stahl, zur Ausbildung von Fraßstellen, die sich unter einer engen Mündung stark erweitern.

Einige für die Praxis wichtige Varianten des groben Lochfraßes, so der des Kupfers in kaltem [8] und der des feuerverzinkten Stahls in warmem Gebrauchswasser [9] werden im folgenden übergangen, desgleichen der Lochfraß des aktiven Eisens in inhibierten Säurelösungen [10]. Das Thema ist statt dessen der Lochfraß der ausgesprochen passiven Metalle. Für diese ist, wie weiter unten genauer belegt, der Befund typisch, daß die Momentangeschwindigkeit der Metallauflösung in „ahtiven" Lochfraßstellen die Größenordnung 0,1 A/cm^2 nicht unterschreitet. Dabei handelt es sich um die Auflösungsgeschwindigkeit in größeren Lochfraßstellen. Sie wird, wie ebenfalls noch zu zeigen, im Verlauf der Startvorgänge weit, nämlich um den Faktor 10^2 bis 10^4, noch übertroffen. Eine Stromdichte von z. B. 10 A/cm^2 entspricht aber einer Eindringtiefe der Korrosion von ca. 0,1 km/Jahr. Dieser Hinweis legt den Gedanken sehr nahe, sowohl interkristalline als auch Spannungsrißkorrosion versuchsweise als extreme Spielarten lochfraß-ähnlicher Korrosionsmechanismen zu verstehen. Davon abgesehen sind auch die „normal niedrigen" Lochfraßstromdichten hoch genug, um einige Millimeter dicke Metallwände in einer Zeit von der Größenordnung von einer Woche zu durchbrechen. Daß dies in der Praxis gewöhnlich nicht beobachtet wird, hat seinen hauptsächlichen Grund einerseits in der statistisch erheblichen Wahrscheinlichkeit der Repassivierung von einzelnen Lochfraßstellen. Gewöhnlich wird es sich darum handeln, daß große Fraßstellen vergleichsweise langsam wachsen, weil sie insgesamt durch unregelmäßig intermittiertes Wachstum einzelner kleinerer Löcher fortschreiten. Ein Beispiel für ein Einzelereignis dieser Art für den Fall des passiven Eisens in Cl^--haltiger Schwefelsäure zeigt Bild 12.6 [11]. Wiederum ist die Wahrscheinlichkeit, daß in alten, größeren, repassivierten Lochfraßstellen neue Lochkeime entstehen groß aus Gründen, die unter dem Stichwort Spaltkorrosion weiter unten erläutert werden.

Andererseits ist der Lochfraß in der Praxis dadurch begrenzt, daß der sehr hohe anodische Teilstrom der anodischen Metallauflösung nicht durch einen ebenso hohen kathodischen Teilstrom der Reduktion eines Oxidationsmittels im Loch selbst kompensiert werden kann. Anders als bei potentiostatischen oder galvanostatischen Schaltungen, bei denen der kathodische Strom an die Gegenelektrode verlegt ist, funktioniert deshalb der Lochfraß bei der natürlichen Korrosion

Bild 12.6. Die Bildung eines halbkugeligen, aktiven Loches (Bildmitte) im Inneren einer älteren großen Fraßstelle auf Weicheisen in 1 N H_2SO_4 mit Zusatz von $7 \cdot 10^{-4}$ M HCl, bei + 1,25 V. (Nach Herbsleb)

normalerweise durch die Tätigkeit von Kurzschlußzellen mit der aktiven Lochfraßstelle als Anode und der umgebenden passiven Oberfläche als Kathode. Dies wird z. B. durch die Ausmessung des Potentialfeldes im Elektrolyten über einer Lochfraßstelle auf 18 8 CrNi-Stahl in $FeCl_3$-Lösung bestätigt [12]. Bild 12.7 zeigt das Ergebnis der Auswertung, nämlich die Verteilung der Stromdichte auf der Metalloberfläche über der Lochfraßstelle und ihrer passiven Umgebung. Man beachte, daß eine $FeCl_3$-Lösung ein wirksames Agens zur Prüfung der Lochfraßanfälligkeit ist, solange das Lochfraßpotential nicht positiver ist als das Gleichgewichtspotential der Fe^{3+}/Fe^{2+}-Redoxreaktion, berechnet für das vorgegebene Fe^{3+}/Fe^{2+}-Konzentrationsverhältnis. Zum Vergleich zeigt Bild 12.8 das Stromspannungsdiagramm eines 18 10 CrNi-Stahles für verschiedene Elektrolytlösungen [13]. Die Inhibition des Lochfraßes durch $NaNO_3$ möge noch außer Betracht bleiben; auf die starke Erhöhung der kritischen passivierenden Stromdichte in NaCl-haltiger Schwefelsäure sei hingewiesen. Das Lochfraßpotential

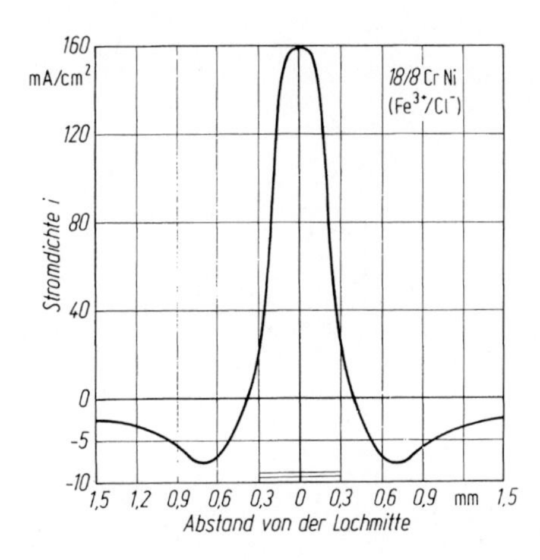

Bild 12.7. Verteilung der Stromdichte über einer aktiven Lochfraßstelle auf 18 8 CrNi-Stahl in $FeCl_3$-Lösung, ermittelt durch Vermessung des Potentialfeldes in der Elektrolytlösung, Lochmündungsdurchmesser: 0,6 mm. (Nach Rosenfeld und Danilov)

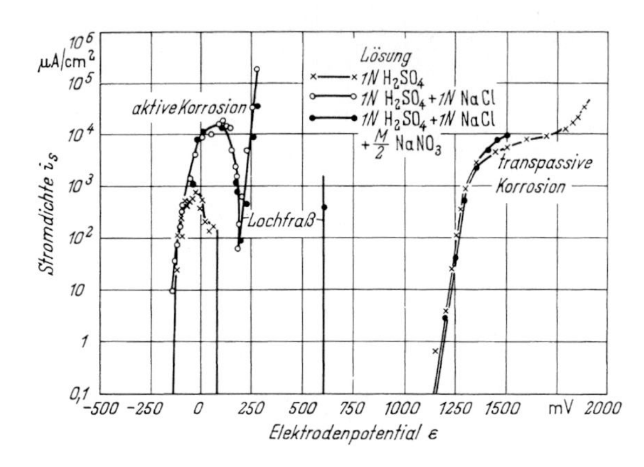

Bild 12.8. Stationäre anodische Stromspannungskurve eines 18 10 CrNi-Stahls in 1 N H_2SO_4, ohne gelösten Sauerstoff, mit und ohne Zusätze von NaCl und $NaNO_3$. (Nach Brauns und Schwenk)

erscheint auch hier als Schwelle eines steilen Stromanstiegs. Dieser anodischen Stromspannungskurve ist in der $FeCl_3$-Lösung die kathodische Teilstromspannungskurve der Fe^{3+}-Reduktion überlagert zu denken, und man wird erwarten, daß sich auch für diesen Fall als Ruhepotential das Lochfraßpotential einstellen wird. Zur Frage der Einstellung des Ruhepotentials relativ zum Lochfraßpotential ist der Fall des Aluminiums interessant. Wie durch Bild 12.9 belegt [15], zeigt das Metall den Effekt des Durchbruchspotentials sehr deutlich. ε_L ist wieder pH-unabhängig, aber nach den in Bild 12.10 wiedergegebenen Messungen stark abhängig von der Art und Konzentration des Lochfraß-auslösenden Halogenids. Die nadelstichartigen Anfressungen (Bild 12.11), die man namentlich in alkalischen Lösungen bei anodischer Elektrolyse leicht erzeugt, sind zum groben Lochfraß zu zählen. Mithin erscheint das Metall als stark Lochfraß-gefährdet. In Wirklichkeit

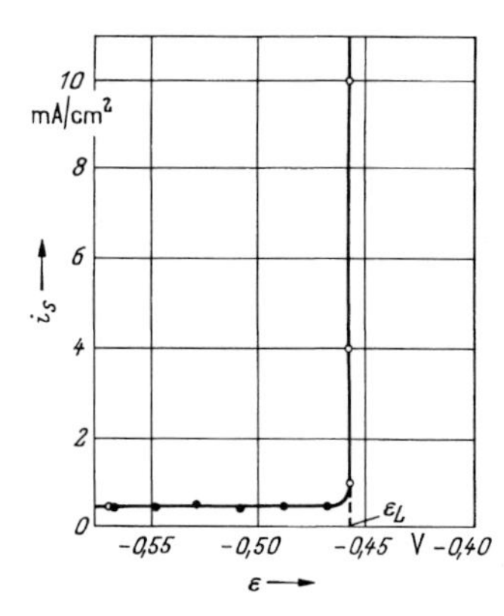

Bild 12.9. Stationäre Teilstrom-Spannungskurve der anodischen Aluminiumauflösung in NaOH/0,5 M NaCl-Lösung, 25 °C, pH 11, für 99,99%iges Aluminium. ● ● ● potentiostatische, ○ ○ ○ galvanostatische Messung. Unter den Versuchsbedingungen ist $i_S = i_{Al}$. (Nach Kaesche)

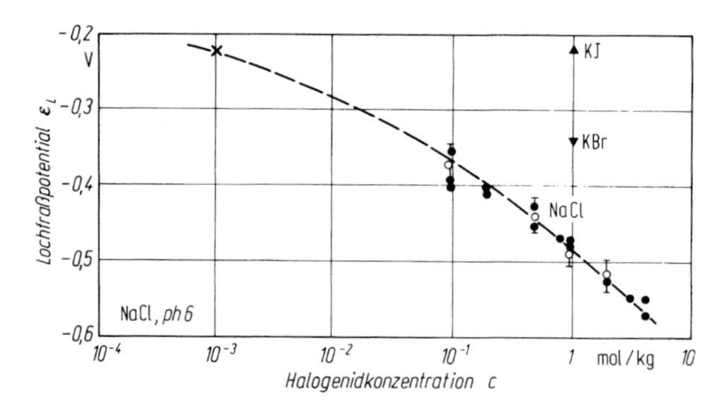

Bild 12.10. Lochfraßpotential ε_L von Reinaluminium in verschiedenen Halogenidlösungen, sowie Ruhepotential von Reinaluminium in NaCl-Lösungen mit Zusatz von 5 ppm Cu^{++}. Ausgefüllte Symbole: Lochfraßpotential gemessen bei pH 11; *x*: Lochfrasspotential gemessen in neutraler Lösung. Offene Kreise: Ruhepotential, hier gleich dem Lochfraßpotential, gemessen in neutraler Lösung. (Nach Daten von Kaesche, sowie Böhni und Uhlig)

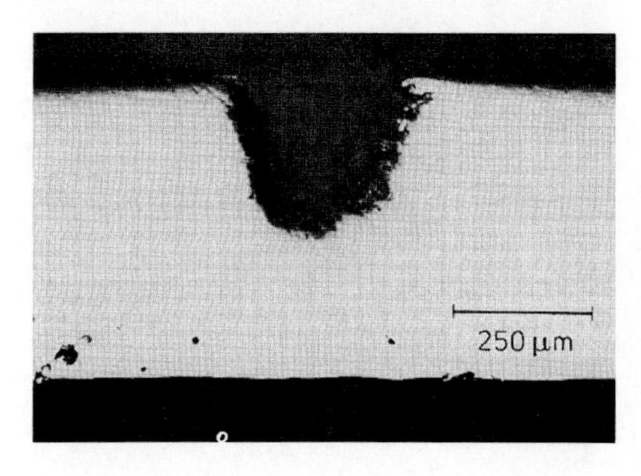

Bild 12.11. Querschnitt durch eine typische Lochfraßstelle auf poliertem Al 99,99, erzeugt durch galvanostatische anodische Polarisation in NaOH/0,5 M NaCl-Lösung, pH 11,25 °C. (Nach Kaesche)

ist für die Praxis die Gefahr aber vergleichsweise gering, weil in der aktiv/passiv-Kurzschlußzelle, die in der Praxis das Wachstum eines Loches unterhalten müßte, die schlechte Elektronenleitfähigkeit des Passivoxids auf Aluminium (vgl. Kap. 10) den Ablauf der kathodischen Teilreaktion auf der passiven Oberfläche in der Umgebung der Lochfraßstelle weitgehend blockiert. Gibt man allerdings der Chloridlösung ein Kupfersalz zu, so zementiert Kupfer an den Fehlstellen des Passivoxids aus (vgl. Kap. 10). Dann erwartet man, daß sich das Ruhepotential ε_R auf das Lochfraßpotential ε_L einstellt, und eben dies wird durch die in Bild 12.10 mit aufgenommenen Messungen des Ruhepotentials in neutralen, kupferhaltigen Chloridlösungen belegt [16]. Dasselbe wird naturgemäß auch dadurch erreicht, daß man Aluminium in Lochfraß-auslösenden Elektrolyten mit im Ruhepotential edleren, als Kathoden gut wirksamen großen Elektroden etwa aus Kupfer kurzschließt [17, 15]. Die Gefahr der Kontaktkorrosion ist also in diesem Fall sehr bedeutend.

12.2 Die Startvorgänge des Lochfraßes

Es ist erfahrungsgemäß schwierig, bei Laboratoriumsmessungen zu erreichen, daß die Lochfraßstellen auf der ganzen Elektrodenoberfläche statistisch verteilt erscheinen. Schnittkanten, Kratzer, die Ränder von Lackabdeckungen oder Einkittungen erweisen sich meist als besonders anfällig. Dies zeigt, daß Störstellen im passivierenden Oxidfilm eine erhebliche Rolle spielen. Auch weiß man, daß heterogene Einschlüsse bevorzugte Startplätze für den Lochfraß sind, so etwa Sulfideinschlüsse in CrNi-Stählen [18] oder Chromoxid-Einschlüsse in Cr-Stählen [19] und anderes mehr. Solche Effekte spielen in der Praxis wahrscheinlich die Hauptrolle. Für die Grundlagenuntersuchung ist die Betrachtung des Lochfraßes von Metallen mit ungestörter, homogener Passivschicht günstiger. Für den Vorgang der Lochkeimbildung, also der Bildung der ersten, kleinsten Stelle aktiver Metallauflösung inmitten der passiven Oberfläche, skizziert Bild 12.12 [20] die möglichen Varianten, nämlich den „*Penetrations*"-, den „*Adsorptions*"- und den „*Schichtrißmechanismus*".

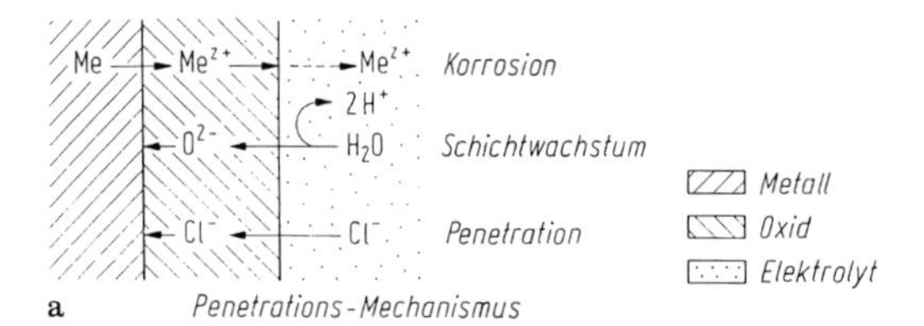

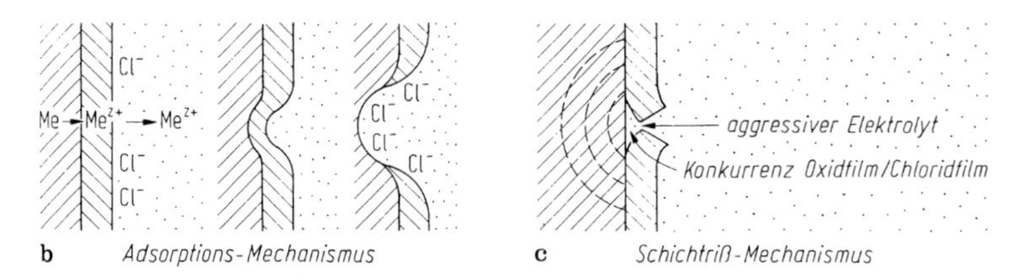

Bild 12.12a–c. Schemaskizze dreier möglicher Startvorgänge des Lochfraßes. **a** durch Einbau von Anionen in das Passivoxid, **b** durch Insel-Adsorption von Anionen auf dem Passivoxid, **c** durch Aufreißen des Passivoxids. (Nach Strehblow)

Es ist darauf hingewiesen worden [21], daß in Passivoxiden mit erheblichen inneren Spannungen zu rechnen ist, so aufgrund der Unterschiede des spezifischen Volumens von Oxid und Metall, aufgrund von partieller Hydration oder auch Dehydration des Oxids, aufgrund von Verunreinigungen, aufgrund der Oberflächenspannung und aufgrund des Elektrostriktionsdruckes im Oxidfilm. In Anbetracht der geringen Schichtdicke des Oxids von z. B. 1 nm einerseits und der hohen elektrischen Feldstärke von z. B. 10^6 V/cm andererseits, erscheinen Oberflächenspannung und Elektrostriktion als besonders wichtige Faktoren. Unter der Einwirkung dieser Kräfte kann das Passivoxid reißen, und es ist dargelegt worden, daß die Rißwahrscheinlichkeit von Elektrodenpotential und Elektrodenzusammensetzung so abhängen sollte, wie die beobachtete Wahrscheinlichkeit des Lochfraßes. Ist das Oxid angerissen, so entsteht die in Bild 12.12 skizzierte Situation: Der aggressive Elektrolyt hat nun direkten Zutritt zur ungeschützten Metalloberfläche, und alles weitere, also auch die eigentliche Lochkeimbildung, hängt dann davon ab, ob Repassivierung eintritt oder aber schnelle aktive Metallauflösung.

Hierzu interessieren Beobachtungen über das Verhalten von Eisen und Nickel im Potentialbereich der Passivität bei Potential-Sprungversuchen [20, 22] Dabei wurde z. B. Eisen in stark saurer Lösung bei + 1,3 V vorpassiviert und dann das Elektrodenpotential sprunghaft auf 0,7 V erniedrigt. Es läßt sich mit Scheiben-Ring-Messungen nachweisen, daß darauf sofort die Auflösung von Eisen zu Fe^{++} einsetzt, offenbar durch das fast momentane Aufreißen des Passivoxids an vielen Stellen. Enthält die Lösung nun keine Lochfraß-auslösenden Anionen, so verschwindet die Fe^{++}-Produktion infolge Ausheilens der Schadensstellen. Andernfalls schlägt das Elektrodenverhalten in die weiteren Startvorgänge des Lochfraßes um. In diesen Experimenten ist jedenfalls die Transitionszeit bis zum

Nachweis der Fe^{++}-Ionen mit u.U. nur Millisekunden so kurz, daß ein langsames Eindiffundieren von Ionen in den Passivfilm oder ein langsames Dünnen des Films kaum in Frage kommt. Die Versuche sprechen also stark für den Schichtriß-Mechanismus, allerdings unter ungewöhnlichen experimentellen Bedingungen.

Auch im Rahmen des soeben beschriebenen Modells der Lochkeimbildung durch Aufreißen des Oxidfilms können Lochfraß-auslösende Anionen schon vor dem Beginn der shnellen Metallauflösung dadurch eine Rolle spielen, daß die Oberflächenspannung des Oxids durch Anlagerung und/oder durch Einlagerung, also durch Adsorption und/oder durch Absorption der lonen verändert wird. Weitaus häufiger als dieser Gesichtspunkt wird aber in der Literatur die Frage behandelt, wie Adsorption und/oder Absorption der Anionen durch chemische Reaktionen zur Durchlöcherung des Oxidfilms führen kann. Dazu erläutert Bild 12.12 b einen älteren Vorschlag, der nur Adsorption der aggresiven lonen an der Oxidoberfläche vorsieht [23]. Diese Anlagerung z.B. von Chlorionen soll clusterartig geschehen, und sie soll durch Bildung komplexer Bindungen zwischen Chlorionen und Eisenionen die Bindung der Eisenionen an das Oxid lockern. Daraus resultiert eine Erhöhung der Geschwindigkeit der Oxidauflösung und damit eine lokale Verdünnung des Oxids. Nimmt man nun an, daß bei im ganzen unverändertem Elektrodenpotential im einzelnen auch die Sprünge des Galvani-Potentials an den Phasengrenzen Metall/Oxid, Oxid/Elektrolytlösung sowie die Potentialänderung durch das Oxid hindurch unverändert bleiben, so folgt weiter die Vermutung, daß im nun dünneren Oxidfilm der Potentialgradient steiler und die elektrische Feldstärke höher wird. Dann kann weiter vermutet werden, daß die Passivstromdichte lokal ansteigt. Diese ist aber auch die lokale Stromdichte der Metallauflösung. Wie in der Skizze angedeutet, arbeitet das Modell also mit der Vorstellung, daß mit dem lokalen Angriff auf den Oxidfilm auch sofort der Beginn der Bildung eines Grübchens in der Metalloberfläche verbunden ist. Diese Detaileigenschaft des Modells ist aber zweitrangig.

Für die Cluster-oder Insel-artige Adsorption von Anionen auf dem Passivoxidfilm können die Ergebnisse von Lochfraßversuchen mit passivem Eisen in Bromid-Lösung [24] und mit passivem Aluminium in Chlorid-Lösung sprechen [25], bei denen mit radioaktivem Brom bzw. Chlor gearbeitet wurde. Die radiografische Analyse ergab dabei lokale Anhäufungen von Bromid bzw. Chlorid; es kann jedoch hierbei nicht unterschieden werden, ob es sich um ad- oder absorbierte strahlende Teilchen handelt, ob also das Halogenid auf oder im Oxid vorlag.

Für den speziellen Fall des Lochfraßes des passiven Eisens in neutraler, Chlorionen-haltiger Lösung ist das Modell der allein durch lonenadsorption auf dem Passivoxidfilm kontrollierten Startvorgänge des Lochfraßes in den letzten Jahren sehr verfeinert worden [27]. Dazu zeigt Bild 12.13 schematisch zunächst den aus den Messungen erschlossenen Mechanismus der Vorgänge in der Phase zwischen der Chlorid-Adsorption an der Oxidoberfläche und dem Beginn der Metallauflösung. Wie die Skizze andeutet, bewirkt die im Grunde ad hoc postulierte Insel-Adsorption der Chlor-Ionen eine Beschleunigung der Oxidauflösung durch elektroneutrales Ablösen von Fe^{3+}-und O^{2}-Ionen. Zugleich bleibt der Fluß der Eisen-Ionen vom Metall durch das Oxid in die Elektrolytlösung, das ist der elektrische Passivstrom der Dichte i_P, unbeeinflusst. Die Skizze soll auch andeuten,

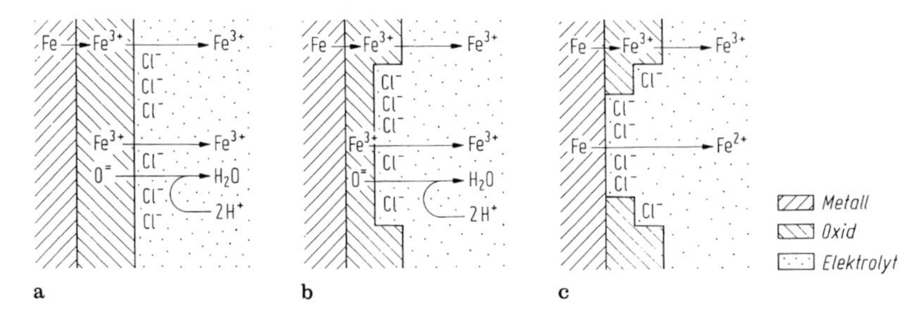

Bild 12.13a–c. Der Startvorgang der lokalen Perforation des Passivoxids auf Eisen in Cl^--haltiger Lösung bei mittlerem pH-Wert nach Heuslers Modell (zur Vereinfachung wurde der zur Metalloberfläche hin zunehmende Fe^{2+}-Gehalt des Passivoxids vernachlässigt)

daß die Bildung einer Adsorptions-Insel und ihr Einsinken in die oberste Moleküllage des Oxidfilms den Charakter einer Keimbildung im Sinne der Volmerschen Keimbildungstheorie [28] hat. Zwar betrifft die Keimbildungstheorie zunächst die Startvorgänge der Kondensation, insbesondere der Kristallisation fester Teilchen aus Lösungen, doch läßt sich die Bildung von Auflösungskeimen im Prinzip in gleicher Weise abhandeln, was weiter unten im Zusammenhang mit der Theorie des Lochfraßpotentials nochmals zur Sprache kommen wird. Im hier vorliegenden Fall des Abdünnens des Oxids handelt es sich um zweidimensionale Keimbildung. Das Modell sieht weiter vor, daß solche Adsorptionsinseln in der Oxidoberfläche fluktuieren, und daß sie weiter einerseits durch Oxidnachbildung wieder verschwinden, andererseits durch neuerliche Keimbildung an ihrem Boden tiefer werden können, bis gelegentlich die eine oder andere sich bis zur Metalloberfläche vertieft.

Für den Nachweis dieses Mechanismus dienten verschiedene Meßmethoden in einer für das Sachgebiet charakteristischen Kombination, nämlich die Messung von Stromtransienten und ihre Aufteilung in die Teilstrom-Transienten [27a,b,c], die Bestimmung der deterministischen Größe Lochfraßpotential und der stochastischen Größe Inkubationszeit [27b], sowie die Frequenzanalyse des Strom- und Potentialrauschens, das durch die fluktuierenden lokalen Auflösungs- und Ausheilungsprozesse des Oxidfilms bedingt ist [27b, c].

Dazu zeigt Bild 12.14 das Ergebnis einer Messung [27c] mit der weiter oben in Kap. 8 bereits beschriebenen zentrisch rotierenden Scheiben-Ring-Elektrode, deren Scheibe in diesem Fall aus passiviertem Eisen bestand, der Ring aus inertem Edelmetall. Durch die Scheibenelektrode fließt bei potentiostatischer Polarisation des Eisens vor der Zugabe von Chlorid zur Lösung der kleine Passivstrom der Dichte $i_P = 40\,nA/cm^2$ als Strom des Durchtritts von Fe^{3+} aus dem Oxid in die Lösung. Beim Einsetzen des Lochfraßes nach Durchbrechen des Oxidfilms steigt der Strom durch die Scheibe infolge der nun schnellen Auflösung von Fe^{2+} aus Lochfraßstellen steil an. Die Inkubationszeit ist die Zeit von der Zugabe des Chlorids bis zum Steilanstieg des Stromes. Unmittelbar nach der Chloridzugabe steigt aber die Geschwindigkeit an, mit der am Ring Fe^{3+}-Ionen reduziert werden können. Daraus berechnet sich der im Bild eingetragene Verlauf der Stromdichte

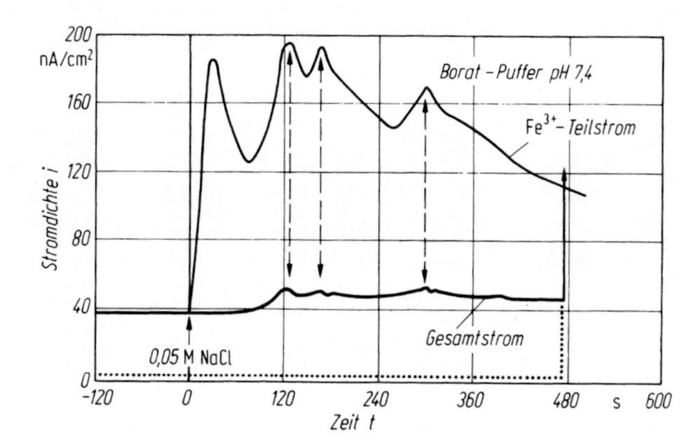

Bild 12.14. Die Auflösungsstromdichte von Fe^{3+}-Ionen sowie die Gesamtstromdichte durch passives Eisen vor und nach der Zugabe von 0,05 N Nacl Borat-Pufferlösung pH 7,4; 25 °C. Messung mit rotierender Scheiben-Ring-Elektrode bei 2000 U/min. Elektrodenpotential + 0,245 (V). Gestrichelt: Schematischer Verlauf der Fe^{2+}-Auflösung. (Nach Nachstedt)

der Fe^{3+}-Auflösung. Da sich die meßbare Dichte des Stromes durch die Scheibe aber kaum ändert, so folgt, daß die Zunahme des anodischen Teilstromes der Fe^{3+}-Auflösung durch einen kathodischen Strom kompensiert wird, bei dem es sich um die Auflösung von O^{2-}-Ionen handelt. Dies entspricht aber insgesamt der stromlosen Zunahme der Oxidauflösung und damit, bei konstantem i_P, dem Abdünnen des Oxids. Auf die Diskussion der Korrelation kleiner Änderungen des Scheibenstromes mit großen Änderungen des Ringstromes, die man in Bild 12.13 erkennt, wird hier verzichtet.

Es ist anzumerken, daß von anderer Seite [29] zwar der Effekt des Dünnens des Oxidfilms durch Oberflächenspektroskopie im Prinzip bestätigt worden ist, nicht aber der Effekt des schnellen Anstiegs der Fe^{3+}-Auflösung. In diesem Falle wurde das langsame Abdünnen des Oxids auf passivem Eisen sowie auf passivem Nickel [30] mittels XPS (Spektroskopie durch Röntgenstrahlen angeregter Photoelektronen) und ISS (Beugung niederenergetischer Ionenstrahlung) untersucht. Die Arbeitsrichtung der spektroskopischen Analyse der Passivschicht im Zusammenhang mit der Untersuchung der Startvorgänge des Lochfraßes kommt weiter unten nochmals zur Sprache. Im vorliegenden Fall nehmen die Autoren an, daß das Passivoxid insgesamt langsam abgedünnt wird, bevor lokale Durchbrüche entstehen. Auch dies wird nochmals interessieren, nämlich im Zusammenhang mit der Spaltkorrosion.

Weiter ist festzuhalten, daß auch nach den zitierten XPS-Untersuchungen vor oder während des Dünnens des Oxids keine Einwanderung der Halogenide in den Oxidfilm festzustellen ist. Diese Messungen stützen also insoweit das Adsorptionsmodell des Startvorgangs des Lochfraßes. Dieses benutzt, wie oben bemerkt zu seiner Stütze noch zahlreiche andere Messungen, so die der Messung der

Inkubationszeit für das Einsetzen der schnellen Metallauflösung nach dem Durchdringen des Oxidfilms [31]. Die gemessenen Werte dieser Zeit streuen stark, und zwar offenbar nicht wegen zufälliger Meßfehler, sondern grundsätzlich in dem Sinne, daß die Vorgänge des Durchdringens des Oxidfilms indeterminiert stochastisch ablaufen. Infolgedessen ist nur die Angabe eines Mittelwertes, nebst Angabe der Varianz etc., sinnvoll, als Funktion der deterministischen Versuchsparameter. Zu diesen, nämlich hauptsächlich dem pH-Wert und der Halogenid-Konzentration (vermutlich auch der Art des Halogenids), gehört, ebenfalls ausschlaggebend, das Lochfraßpotential ε_L. Seine Determiniertheit wurde bei den Messungen eigens gesichert, nämlich durch die Feststellung, daß sich sein jeweiliger Wert auf ca. 1 mV genau bestimmen läßt. Bei Unterschreitung von ε_L tritt Lochfraß nicht ein, bereits angelaufener Lochfraß wird unterbrochen. Die neben dem pH-Wert, bzw. der H^+-Ionenkonzentration c_{H^+}, und der Chloridkonzentration c_{Cl}-wichtige Einflussgröße ist dann die Abweichung $\Delta\varepsilon = \varepsilon - \varepsilon_L$ des Elektrodenpotentials ε vom Lochfraß-Potential ε_L. Für die mittlere Inkubationszeit $\bar{\tau}_i$ ergibt sich ein Zusammenhang von der Form ln $\bar{\tau}_i \sim 1/\Delta\varepsilon$, der mit geschwindigkeitsbestimmender zweidimensionaler Keimbildung verträglich ist. Im ganzen erhält man:

$$\ln(\bar{\tau}_i/\bar{\tau}_{i,0}) = \{k \ln(c_{Cl^-}/c_{Cl^-,0}) \ln(c_{H^+}/c_{H^+,0}) \Delta\varepsilon\}^{-1} \tag{12.1}$$

Hier lassen sich die Grössen $\bar{\tau}_{i,0}$; $c_{Cl^-,0}$ und $c_{H^+,0}$ als untere Grenzwerte für die Inkubationszeit, die Chlorid- und die Wasserstoffionenkonzentration verstehen. Im weiteren wurde in einer Apparatur mit einer großen Zahl von Einzelelektroden die Statistik des Einsetzens des Lochfraßes, also des Steilanstiegs des Stromes nach dem Ablauf streuender Werte der Einzel- Inkubationszeit τ_i, bestimmt [27b]. Ist t die Zeit seit Beginn der Chloridzugabe zur Elektrolytlösung, bzw seit dem Aufschalten positiver Werte von $\Delta\varepsilon$, und $P(t)$ der Anteil der Einzelelektroden, die zu diesem Zeitpunkt schon Lochfraß zeigen, so ist die Grösse $\{1 - P(t)\}$ die „Überlebenswahrscheinlichkeit", also die Wahrscheinlichkeit des Nichteintretens des Lochfraßes. Für diese findet man experimentell:

$$1 - P(t) = \exp(-At) \tag{12.2}$$

Hier ist die Grösse A noch zeitabhängig:

$$A(t) = [1 - \exp(-t/\tau_1)][a + b \exp(-t/\tau_2)] \tag{12.3}$$

Die 4 Parameter a; b; τ_1 und τ_2 in Gl. (12.3) hängen alle ebenso von $\Delta\varepsilon$ ab wie $\bar{\tau}_i$. Setzt man sie gleich A_k, mit $k = 1,2,3,4$, so gilt:

$$\ln(A_k/A_{k,0}) = -\varepsilon_0/\Delta\varepsilon \tag{12.4}$$

Wegen der Übertragung dieser Wahrscheinlichkeitsgleichungen in ein Computer-Modell, das das beobachtete Zeitverhalten der Elektroden wiederspiegelt, wird auf die Literatur verwiesen [27d]. Ferner ist anzumerken, daß die hier betrachteten stochastischen Prozesse auch für den Fall des Lochfraßes des austenitischen Chrom-Nickel-Stahles untersucht worden sind [34, 35].

Die für das Zeitintervall zwischen Halogenidadsorption auf der Oxidoberfläche und lokalem Bloßlegen der Metalloberfläche in dem hier beschriebenen Modell erwarteten stochastisch fluktuierenden Dünnungs- und Ausheilungsprozesse können bei potentiostatischen Versuchen entsprechend stochastische Fluktuationen des Polarisationsstromes hervorrufen. Der Frequenzgang dieses Stromrauschens sollte für den Charakter der ablaufenden Vorgänge typisch, die Frequenzganganalyse also nützlich sein. Dazu sieht man allerdings leicht, daß die Rauschamplitude klein ausfallen wird, da der an den lokalen Prozessen beteiligte Anteil der sonst passiven Fläche gering ist. Diesbezügliche Messungen ergaben [27c], daß man in den Bereich der ca. 100 Femtoampère gerät, mit entsprechenden Schwierigkeiten der Gewinnung zuverlässiger Daten. Es ist aber erkennbar, daß das Wechselspiel von Dünnungs- und Ausheilungsprozessen, bewirkt durch die Chloridadsorption, nicht etwa erst beim Lochfraßpotential ε_L, sondern bereits darunter einsetzt. ε_L muß erreicht oder überschritten werden, damit an der lokal bloßgelegten Metalloberfläche schnelle Metallauflösung einsetzen kann.

Das Lochfraßpotential ε_L war, wie oben bemerkt, bei diesen Versuchen wohl definiert. Es ist deshalb festzuhalten, dass ε_L unter sonst konstanten Bedingungen erheblich mit der Konzentration von Strukturfehlern des untersuchten Eisens variierte [27b]. Insbesondere erwiesen sich einkristalline, versetzungsfreie Whisker als bis zu + 1 V immun gegen Lochfraß. Anscheinend ist für das Einsetzen des Lochfraßes erforderlich, daß an der lokal bloßgelegten Metalloberfläche eine Schraubenversetzung durchstößt.

Die oben genauer beschriebenen Untersuchungen sind aus einer sehr großen Zahl von Publikationen zum speziellen Thema des Durchdringens der Passivschicht durch aggressive Anionen herausgegriffen, um den Stand und die Entwicklung des vielbearbeiteten Spezialgebietes beispielhaft klarzumachen. Auf den breiten Umfang der Spezialliteratur sei eigens hingewiesen, insbesondere auf die Veröffentlichungen der einschlägigen internationalen Tagungen [7, 14, 36, 37]. Im vorliegenden Zusammenhang sind zwei Ergänzungen nachzutragen, nämlich zum einen Anmerkungen zu Experimentiertechniken der Spektroskopie, zum anderen die Erörterung der Befunde bzw. Hypothesen zur Frage des Penetrationsmechanismus, wie er in Bild 12.12 a skizziert ist.

Als Beispiel für spektroskopische Untersuchungen der Startvorgänge des Lochfraßes waren oben bereits XPS- und ISS-Messungen beschrieben worden. Spektroskopische Messungen diverser Art spielen naturgemäß in der einschlägigen Literatur eine große Rolle, seit die hochauflösende Oberflächenanalytik weite Fortschritte gemacht hat. Neben XPS und ISS stehen naturgemäß die Auger-Elektronen-Spektroskopie (AES) und die Sekundärionen-Massenspektroskopie (SIMS). Das Problem der Verfälschung der in der Elektrolytlösung entstandenen Oxidfilme durch die Überführung der Proben in den Hochvakuum-Rezipienten des Spektroskops ist offenkundig schwierig. Die Arbeiten stehen im allgemeinen im grösseren Zusammenhang der Analyse des Aufbaus und der Oxidfilme auf passiven Metallen, und die Deutungen sind dementsprechend verquickt mit der Diskussion der Ordnung, Fehlordnung oder Glasigkeit der Filme, wie dargelegt in Kap. 10. Die Tiefenprofilmessung etwa des Chloridgehaltes eines Oxidfilms durch Absputtern der Oberfläche während der Analyse bietet sich zur Frage des Nachweises der Absorption der aggressiven Ionen offensichtlich an, soweit ein Penetrationsmechanismus überhaupt in Frage kommt. Wird Lochfraß etwa durch große Anionen ausgelöst, so ist das wohl nicht der Fall. Dies gilt für den Lochfraß des Eisens in Sulfatlösungen und Perchloratlösungen [38, 39], oder den des Aluminiums in Nitratlösung [40]. Die statt dessen zur Diskussion stehende Frage ist gewöhnlich die nach dem Einwandern oder Nichteinwandern der Chlorionen in die Passivschicht, und ferner gewöhnlich der Fall des Lochfraßes des passiven Eisens in einer neutralen Pufferlösung.

In diesem Zusammenhang ist die Diskussion stark kontrovers. So wurde einerseits dargelegt [27a], die beobachteten Inkubationszeiten für das Einsetzen des Lochfraßes seien um Größenordnungen kürzer, als zu erwarten wäre, wenn die aggressiven Anionen durch den Oxidfilm zur Metalloberfläche diffundieren müßten, Nach AES-Messungen wird Chlorid nicht in den Oxidfilm inkorporiert [41], jedoch liegen widersprechende Mitteilungen vor [42]. Nach dem Ergebnis kombinierter Messungen der Adsorption von Chlorid mit dem radioaktiven Isotop Cl^{36}, kombiniert mit XPS, ISS und SIMS, sowie Messungen der Lochfraß-Inkubationszeit [43] wird der Penetrationsmechanismus neuerlich intensiv diskutiert. Die Erörterung betrifft sogar Details höherer Ordnung, wie die Frage nach der tatsächlichen Struktur des Passivoxids. Dazu ist in Kap. 10 beschrieben worden, daß die stark gestörte Struktur des Oxids bis hin zur Glasigkeit zunehmend deutlich wird. In anderer Richtung ist eine Vorstellung entwickelt worden, die das Oxid als Intensiv-Halbleiter mit hoher Konzentration von Kationen- und Anionen-Leerstellen sieht [44]. Die Autoren benutzen zur Beschreibung des Raumtemperaturverhaltens des Oxids typische Hochtemperatur-Gleichgewichtsbetrachtungen, doch ist das Modell grundsätzlich interessant. Es sieht weiter vor, daß die Kationenwanderung zur Oxid/Lösungs-Phasengrenze an der Metall/Oxid-Phasengrenze gehäuft Kationen-Leerstellen zurückläßt, die sich zu Poren vereinigen können. Poren die eine kritische Größe erreichen, sind die Keime des Lochfraßes. Chlorionen werden auf Sauerstoff-Leerstellen eingebaut und beschleunigen die Kationen-Diffusion und damit die Leerstellen-Produktion. Neben diesem „Punktfehlstellen-Modell" existiert ein „Polymer-Oxid-Modell" [45], welches davon ausgeht, daß die Undurchdringlichkeit des Passivoxids darauf beruht, daß es amorph ist. Die amorphe Struktur wird durch den Wassergehalt des Oxids dadurch stabilisiert, daß Wasser-Molekeln in das Oxidgitter eingebaut sind und das Kristallisieren verhindern. Chlorionen verdrängen das Wasser, wodurch die Auflösungsgeschwindigkeit des Oxidfilms steigt. Die eigentliche Lochkeimbildung bleibt in diesem Modell außer Betracht.

Auch für den viel untersuchten Fall des Aluminiums ist der Penetrationsmechanismus angenommen worden [46], obwohl die geringe Fehlordnung des Isolators Al_2O_3 ein derartiges Modell nicht sehr nahelegt. Die aus Impedanzmessungen auf den Charakter der Fehlordnung des Oxids gezogenen Schlüsse sind deshalb angezweifelt worden [47]. Die Gegenmeinung ist, daß Oxidfilme auf Aluminium Störbezirke aufweisen, die im Grunde als präexistierende Löcher zu betrachten sind [47]. Taucht man solche Elektroden in chloridhaltige Lösungen, so soll praktisch ohne Inkubationszeit am Boden der Löcher Lochfraß einsetzen und das weitere Schicksal solcher Angriffstellen dann von der Wahrscheinlichkeit der Repassivierung abhängen. Zu diesem Punkt sei hier auf die weiter unten diskutierte Frage der Rolle des Lochfraß-Potentials verwiesen.

12.3 Morphologie und Kinetik des Lochwachstums

Auf das Stadium des Durchbrechens des Passivoxids folgt das Stadium der schnellen anodischen Metallauflösung am Boden der Pore im Oxidfilm. Wie die rasterelektronenmikroskopische Aufnahme Bild 12.15 zeigt, sind die kleinsten erkennbaren Löcher oft polygonale, also durch Gitterebenen begrenzte Ätzgrübchen [48a]. In diesem Bild erkennt man aber auch gerundete Angriffsformen, während gemäß Bild 12.16 ein offenbar wenig später folgendes Stadium nur noch polygonale Ätzgrübchen zeigt [48b]. Kristallografische Angriffsformen nach dem Durchbrechen des Oxidfilms werden auch bei Chrom [48c], bei Chrom-Stählen, Chrom-Nickel-Stählen, Nickel und Aluminium beobachtet [48d]; sie scheinen demnach für das Anlaufen der lokalen Metallauflösung allgemein typisch. Hebt man allerdings das Elektrodenpotential von Anfang an weit über das Lochfraßpotential an, so findet man mindestens bei Aluminium [48e, f] und Nickel [48g, h], daß sofort strukturlos halbrunde, wie innen elektropoliert erscheinende Löcher entstehen [15e].

Aus den sehr kleinen ersten Ätzgrübchen, wie sie auf den Bildern 12.15 und 12.16 zu sehen sind, entstehen gefährlich tiefe Löcher offenbar erst durch die lokale Häufung vieler solcher Ätzstellen. Wie weiter unten dargelegt, ist die Bildung einzelner tiefer, grober Lochfraß-Stellen eigentlich dadurch bedingt, daß die Keimbildung der einzelnen Ätzgrübchen, bzw. der ebenfalls weiter unten beschriebenen Mikrotunnel eher selten eintritt. Der andere Grenzfall, nämlich der der ganz

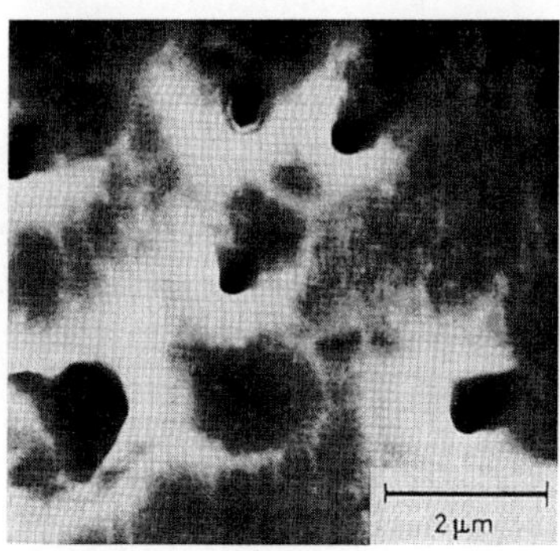
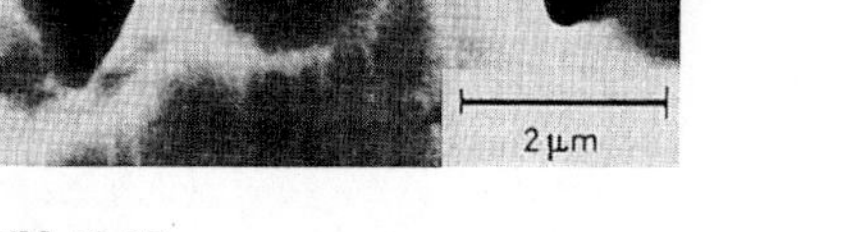

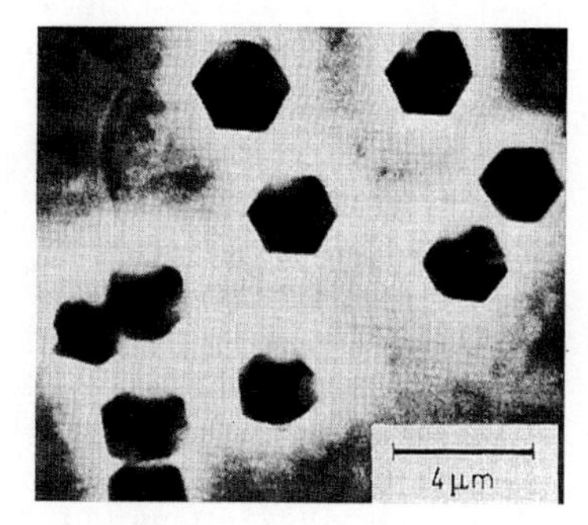

Bild 12.15

Bild 12.16

Bild 12.15. Polygonale, durch Gitterebenen des Eisens begrenzte Ätzgrübchen auf Eisen in Chlorid-, Sulfat-und Perchlorat-Lösungen als Beginn des Lochfraßes. (Nach Pickering und Frankenthal)

Bild 12.16. Polygonale, kristallographische Ätzgrübchen auf Eisen, entstanden in Phtalatpuffer (pH 5,0) mit Zusatz von 0,01 mol/kg Cl^- und 0,05 mol/kg $SO_4^=$, bei $\varepsilon = +1{,}18$ V. Versuchsdauer: 3 s. (Nach Vetter und Strehblow)

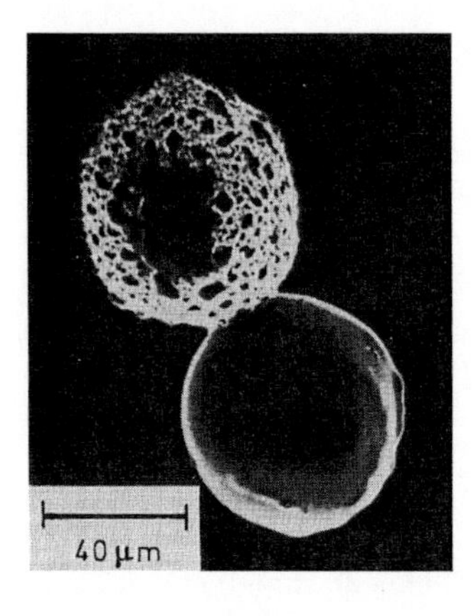

Bild 12.17. Spätere Stadien des Lochfraßes des Eisens in 0,5 M H_2SO_4/3 M NaCl-Lösung bei $\varepsilon = + 0{,}85$ V. (Nach Pickering und Frankenthal). Links oben: Halbkugelige Lochfraßstelle, gebildet aus zahlreichen kleinen Ätzgrübchen; Beginn des Umschlagens zum Elektropolieren am Boden der Anfressung. Rechts unten: Stadium des Wachstums innen elektropolierter Löcher. (Nach Pickering und Frankenthal)

gleichmäßig dichten Verteilung der Ätzgrübchen über die gesamte Metalloberfläche, der bei Aluminium technisch für die Herstellung von Elektrolytkondensatoren benutzt wird, ist im Grunde wesensgleich. Dies wird nochmals bei der Erörterung der Rolle des Lochfraßpotentials wichtig werden.

Zuvor sei der gut untersuchte Fall des Lochfraßes des passiven Eisens in schwefelsaurer Lösung mit Chloridzusatz hervorgehoben [48a,b; 49]. Dazu zeigt Bild 12.17 zunächst den Übergang vom lokal gehäuften Wachstum kleiner Ätzgrübchen zum Wachstum eines fast genau halbkugeligen, innen wieder elektropoliert erscheinenden Loches. Das weitere Wachstum dieser halbkugeligen Löcher läßt sich gut beobachten, zumal in den Löchern keine Gasentwicklung eintritt. Der Vorgang ist für den in der technischen Praxis schädlichen Lochfraß sicher eher atypisch, war aber für die Theoriebildung auf dem Spezialgebiet wichtig. Da die Löcher innen glatt poliert erscheinen, so ist in diesem Zustand die Lochinnenfläche von einem Elektropolierfilm bedeckt, bei dem es sich nach aller Voraussicht um eine wasserarme, gelatinöse Schicht einer übersättigten Eisensulfatlösung handelt [49a,b]. Die Löcher sind nadelstichartig klein, aber für die Einführung fein ausgezogener Haber-Luggin-Kapillaren groß genug. Man findet bei solchen Messungen [49g], daß das Elektrodenpotential des Lochbodens um ca. 1 V negativer ist als das Potential über der Lochmündung, d. h. der Elektropolierfilm nimmt eine erhebliche Spannung auf.

Das Wachstum der auf passivem Eisen in Cl^--haltiger Schwefelsäure entstehenden halbkugeligen Löcher läßt sich bei potentiostatischen Messungen verfolgen [49d–h]. Man findet im Normalfall, daß der Radius r eines wachsenden Loches mit der Zeit t linear wächst, d. h. es ist die *wahre Stromdichte* I_L *der Metallauflösung im Loch* zeitlich konstant. Bezieht man die Stromdichte I_L auf die *Lochmündungsfläche* $q'_L = r^2\pi$ des Loches, so gilt für die Stärke j'_L des aus diesem Loch fließenden anodischen Stromes

$$j'_L = r^2\pi I_L = 2\pi v^2 \frac{zF}{V_{Me}} \frac{dr}{dt}. \qquad (12.5)$$

$2\pi r^2 =$ *Lochinnenfläche* f'_L

z = Wertigkeit des in Lösung gehenden Metalls (hier $z = 2$)
F = Faraday-Konstante
V_{Me} = Atomvolumen des Metalls (hier Eisen)

dr/dt, d. h. auch I_L, hatte bei den zitierten Messungen für alle Löcher im wesentlichen denselben Wert. Ferner war die *Lochbildungsrate* v_L, d. i. die Zahl der pro Zeiteinheit und pro Einheit der Elektrodenoberfläche gebildeten Löcher, normalerweise zeitlich konstant. Dann berechnet sich der potentiostatische zeitliche Anstieg *der scheinbaren, d.h. auf die gesamte Elektrodenoberfläche bezogenen Stromdichte* $i = i_{Fe}$ wie folgt: Es sei j die momentane Stromstärke, Q die Elektrodenoberfläche, Q_L die Summe der Lochmündungsflächen, Q_P die restliche passive Oberfläche. Man sehe $Q_L/Q = q_L$; $Q_P/Q = q_P$. Sei endlich i_P die Passivstromdichte, so wird

$$i = i_{Fe} = i_P q_P + \sum j'_L = i_P q_P + I_L q_L. \tag{12.6}$$

Betrachtet man nur kurze Versuchszeiten, für die $q_L \ll q_P$, so daß $q_P \simeq 1$, so erhält man letztlich [49d, e]

$$i = i_{Fe} = i_P + \frac{\pi}{3}\left(\frac{V_{Me}}{2zF}\right)^2 v_L I_L^3 t^3 \tag{12.7}$$

Dieses t^3-Gesetz wurde experimentell gut bestätigt. I_L hing stark von der Cl-Konzentration der Schwefelsäure ab und stieg von ca. 0,1 A/cm² für $c_{Cl^-} = 10^{-3}$ auf ca. 5 A/cm² für $c_{Cl^-} = 10^{-1}$ mol/kg. Im untersuchten Potentialbereich zwischen + 0,85 und + 1,65 V hing I_L nicht vom Elektrodenpotential ab. Dies läßt sich verstehen, wenn man annimmt, daß das wahre Elektrodenpotential des Lochbodens weit negativer und konstant ist, und daß die Potentialänderung nur die Spannung über den Elektropolierfilm ändert [49].

Interessant ist die Abhängigkeit der Lochbildungsrate v_L vom Elektrodenpotential. Wie Bild 12.18 zeigt, sinkt v_L mit positiver werdendem Wert von ε stark ab. Man beachte auch, daß bei dieser Serie von Messungen v_L nicht genau

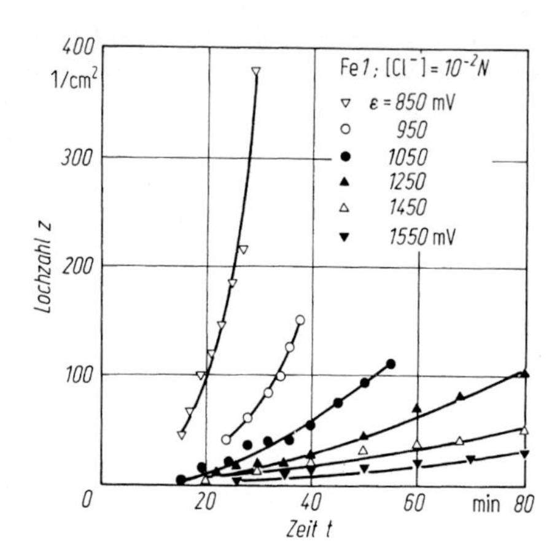

Bild 12.18. Die Zahl der Lochfraßstellen ($r \geq 2 \cdot 10^{-2}$ mm) auf Reineisen in 1 N $H_2SO_4/10^{-2}$N HCl-Lösung als Funktion der Zeit und des Elektrodenpotentials ε. (Nach Herbsleb und Engell)

zeitlich konstant war, sondern mit der Zeit wuchs. Die Abnahme von v_L mit wachsendem ε dürfte auf die Zunahme der Passivschichtdicke mit dem Elektrodenpotential zurückzuführen sein. Ferner sinkt v_L erwartungsgemäß mit sinkender Chlorionenkonzentration und wird bei ca. $3 \cdot 10^{-4}$ mol/kg Null [49f–h].

Der Elektropolierfilm in den Lochfraßstellen ist als viskose, wasserarme Salzlösung übersättigt und daher metastabil. Er kann deshalb in einem dritten Stadium des Anlaufvorgangs auskristallisieren und bildet dann eine kristalline, poröse Deckschicht im Lochinneren, dessen Zustand dann im wesentlichen dem Zustand der Oberfläche des aktiven Eisens in Schwefelsäure im Bereich der kritischen Stromdichte i_{krit} (vgl. Bild 10.2) entspricht. Dann bietet sich die in Bild 12.19 als Fall *A* skizzierte Deutung des Elektrodenzustandes an; d.h. es wird angenommen, daß die (gemessene) Ohmsche Spannung $\Delta\varepsilon$ in der kristallinen Deckschicht das Elektrodenpotential des Lochbodens unter das Passivierungspotential ε_P senkt.

Gegenüber dem soeben beschriebenen Modell des Elektrodenzustandes steht ein zweites, das die Erniedrigung des pH-Wertes in Lochfraßstellen durch Hydrolyse gelösten Metallkationen als wesentlichen Faktor in Rechnung stellt. Daß für neutrale bis alkalische Lösungen dieser in vorangegangenen Kapiteln schon mehrfach angedeutete Effekt für den Lochfraß besonders interessant ist, wurde schon früh erkannt [50]. In einer „*Säuretheorie des Lochfraßes*" wird dabei davon ausgegangen, daß die Löslichkeit des Passivoxids durch die lokale Ansäuerung des „*Lochelektrolyten*" gegenüber dem umgebenden Elektrolyten bedeutend erhöht

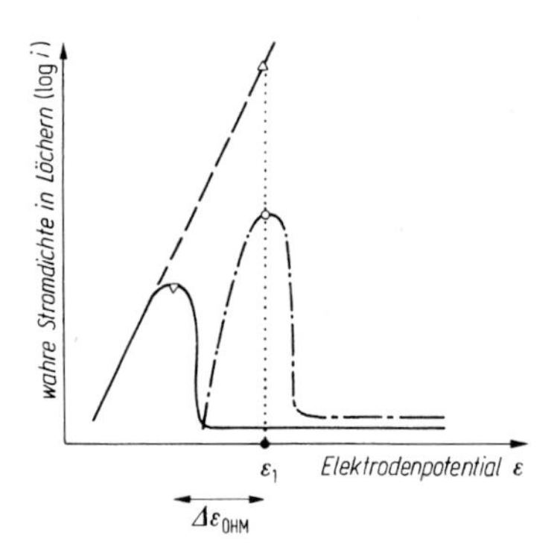

Bild 12.19. Drei Modelle des Elektrodenzustandes während des Wachstums von Lochfraßstellen. ε_1: Potentiostatisch vorgegebenes Elektrodenpotential über passiven Flächenbezirken und Lochmündungen. Fall *A*: Die Stromspannungskurve $i_{Me}\{\varepsilon\}$ der Metallauflösung (——) wird als konstant gegeben betrachtet. Über eine Salzdeckschicht im Lochinneren fällt die Ohmsche Spannung $\Delta\varepsilon_{OHM}$ ab, so daß am Lochboden das Elektrodenpotential (▽) im Bereich schneller aktiver Auflösung liegt. – Fall *B* (—.—.—): Annahme der Verschiebung des Passivierungspotentials im Lochelektrolyten durch pH-Erniedrigung infolge Hydrolyse des angereicherten Metallkations. Elektrodenpotential am Lochboden (○) gleich ε_1. – Fall *C*(– – –): Zur Deutung sehr hoher lokaler Stromdichten in kleinen Ätzgrübchen, für die sowohl ΔpH als auch $\Delta\varepsilon_{OHM} \simeq 0$ angenommen wird.

wird. Auf die anodische Metallauflösung nach

$$Me \rightarrow Me^{z+} + ze^- \tag{12.8}$$

folgt die *Hydrolyse* gemäß

$$Me^{z+} + nH_2O \rightarrow Me(OH)_n^{(z-n)+} + nH^+ \tag{12.9}$$

Dabei ist $n \leq z$. Die Gleichgewichtskonstante

$$K_{Hydrolyse} = \frac{[Me(OH)_n^{(z-n)+}][H^+]^n}{[Me^{z+}][H_2O]^n} \tag{12.10}$$

verknüpft die thermodynamischen Aktivitäten $[x]$ der verschiedenen Teilchensorten. Dabei berechnet sich K aus der freien Standard-Bildungsenthalpie ΔG^0 (vgl. Kap. 3) nach $\Delta G^0 = -RT \ln K$. Ist K bekannt, kennt man die Löslichkeit des Metallhydroxids $Me(OH)_z$ und die Löslichkeit der Salze, die das Metall mit Anionen des Elektrolyten bildet, kennt man ferner die Aktivitätskoeffizienten der verschiedenen Teilchensorten, so kann man $[H^+]$ und damit den pH-Wert berechnen [51]. Es wird sich dabei gewöhnlich um Überschlagsrechnungen mit sehr ungenauem Ergebnis handeln, weil man es mit hochkonzentrierten Salzlösungen zu tun hat, für die der Ansatz empirischer Näherungswerte für die Einzelionen-Aktivitätskoeffizienten problematisch wird. Noch ungenauer und mehr als Plausibilitätsbetrachtung sind die üblichen Rechnungen zu betrachten, bei denen, weil Korrekturdaten gar nicht bekannt sind, die Aktivitäten mit den Konzentrationen gleichgesetzt werden.

Am größten wird die berechnete pH-Erniedrigung, wenn man in Gl. (12.9) $n = z$, also die Rückbildung des Oxids durch Wiederausfällung annimmt. In älteren Mitteilungen [15] ist der Verfasser für den speziellen Fall des Aluminiums in alkalischen, Cl^--haltigen Lösungen aber von der Frage ausgegangen, ob die Hydrolyse nach

$$Al^{3+} + H_2O = Al(OH)^{2+} + H^+ \tag{12.11}$$

den Lochelektrolyten schon so ansäuert, daß in einer gesättigten Lösung von Aluminiumchlorid Aluminiumhydroxid nicht mehr ausfällt. Dies ist nach den vorliegenden Löslichkeitsdaten für $AlCl_3 \cdot 6H_2O$ und $Al(OH)_3$ rechnerisch in der Tat der Fall.

Bild 12.20 zeigt den angenommenen Reaktionsmechanismus: Aluminium löst sich in das Lochinnere hinein zu Al^{3+}-Kationen, die zum Teil mit Wasser zu $AlOH^{2+}$-Kationen und H^+-Ionen hydrolysieren. Zugleich wandern Cl^- Anionen als Ladungsträger des elektrischen Stromes in das Lochinnere ein, während Na^+-Kationen als Ladungsträger ebenso wie die Al^{3+}-Ionen in der Richtung auf das Innere der Lösung außerhalb des Loches transportiert werden. Der Gesamteffekt ist die Entstehung eines an gelöstem $AlCl_3$ reichen, eventuell gesättigten „*Lochelektrolyten*", der durch Hydrolyse angesäuert ist, im Kontakt mit dem bei diesen Versuchen schwach alkalischen umgebenden äußeren Hauptelektrolyten. Aus dem sauren Lochelektrolyten wird kathodisch Wasserstoff abgeschieden. Damit erklärt sich zwanglos die beobachtete Wasserstoffabscheidung bei einem Elektrodenpotential, das positiver lag als das für den umgebenden Elektrolyten berechnete

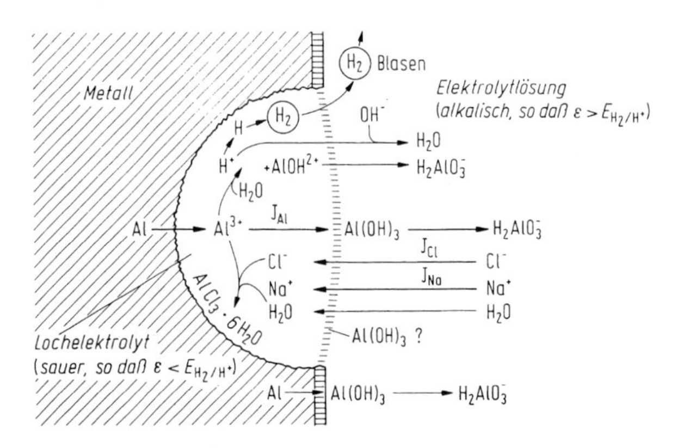

Bild 12.20. Der Mechanismus des Lochfraßes des Aluminiums bei anodischer Polarisation in schwach alkalischer NaCl-Lösung im Stadium nadelstichartiger, halbkugeliger Anfressungen. Stark ausgezogene Pfeile: Für die Massentransportrechnung in Ansatz gebrachte Ionenflüsse. Nebenreaktionen: Abscheidung von porösem, kristallisiertem Aluminiumchlorid, Hydrolyse des Al^{3+}; kathodische Wasserstoffabscheidung. (Nach Kaesche)

Wasserstoff-Gleichgewichtspotential. Die Stromdichte dieser kathodischen Teilreaktion wird durch eine entsprechende Erhöhung der Stromdichte der anodischen Aluminiumauflösung kompensiert; der Strom der anodischen Aluminiumauflösung ist also insgesamt höher, und zwar um ca. 10%, als der Aluminiumstrom, der durch die Lochmündung tritt. Aluminium-Ionen, die durch die Lochmündung treten, werden dort vorübergehend zu einem Schleier von festem $Al(OH)_3$ reagieren, das dann in Berührung mit dem alkalischen umgebenden Elektrolyten sich zu komplexen $Al(OH)_4^-$-Anionen wieder auflöst. Wasserstoff perlt in Blasen durch die Lochmündung.

Nach diesem Modell ist das Innere der Lochfraß-Stelle überall ständig aktiv. Zugleich wachsen diese Löcher, wie Bild 12.11 zeigte, in schwach alkalischer Lösung ungefähr halbkugelig. Die Wachstumsgeschwindigkeit nimmt nach Bild 12.21 mit steigender positiver Abweichung vom Lochfraßpotential zu, und zwar um so steiler, je höher die Chloridkonzentration der Lösung ist. Es fällt auf, daß beim Lochfraßpotential selbst die aus dem Wachstum der Lochfraßstellen ermittelte Stromdichte I_L der Aluminiumauflösung für alle Chloridkonzentrationen gleich wird, nämlich, auf die Lochmündung bezogen, 0,6 A/cm^2. Dies weist offenbar darauf hin, daß beim Lochfraßpotential, das ja mit der Chloridkonzentration variiert, am Lochboden ein stets gleicher Zustand herrscht. Dies wiederum legt den Gedanken neuerlich nahe, daß hier am Lochboden stets die gleiche Konzentration an Aluminiumchlorid vorliegt. Eben dies führte zu der Annahme, es läge eine gesättigte Lösung des hydratisierten Aluminiumchlorids vor. Der steile Anstieg der Wachstumsgeschwindigkeit der Löcher jenseits des Lochfraßpotentials mit Stromdichten von mehreren A/cm^2 blieb zunächst außer Betracht, desgleichen die nach Bild 12.11 offensichtliche Rauhigkeit der Innenfläche. Weitere Messungen betrafen das Zeitgesetz des Lochwachstums mit dem

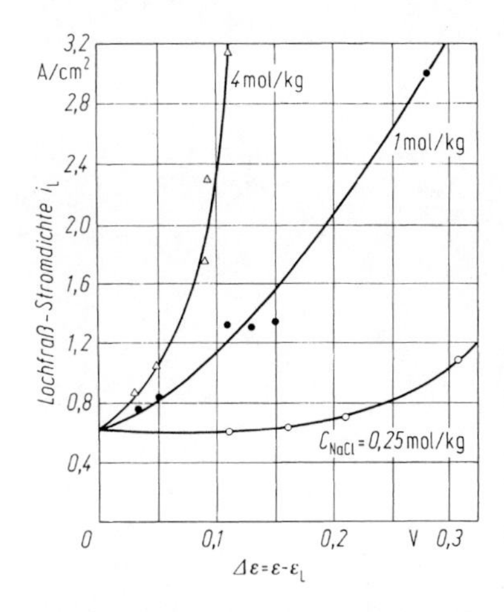

Bild 12.21. Die Abhängigkeit der auf die Lochmündungsfläche bezogenen Lochfraßstromdichte I_L von der Abweichung $\Delta\varepsilon$ des Elektrodenpotentials vom Lochfraßpotential und von der NaCl-Konzentration des umgebenden Elektrolyten (NaCl/NaOH-Lösung, pH 11; 25 °C) beim Lochfraß von Reinaluminium. (Nach Kaesche)

Ergebnis, daß im wesentlichen das oben beschriebene t^3-Gesetz wiedergefunden wird. Also ist, jedenfalls zu Beginn des Lochfraßes, die Lochbildungsrate v_L und die Stromdichte I_L konstant, und die Löcher sind alle ungefähr halbkugelig. v_L ist Null beim Lochfraßpotential und steigt mit steigendem Elektrodenpotential und mit steigender Chloridkonzentration. Nach längeren Zeiten, also über Stunden und Tage, ändert sich das Zeitgesetz. Dazu zeigt Bild 12.22 das Ergebnis von Messungen, bei denen als Elektroden einseitig mit alkalischer Chloridlösung benetzte dünne Aluminiumfolien dienten, für die die Versuchszeit bis zur Perforation durch Lochfraß bestimmt werden konnte [52a]. Danach klingt das Lochwachstum ungefähr mit der Wurzel aus der Versuchszeit ab, entsprechend sinkt mit der Zeit die Stromdichte I_L. Als Ursache wird angenommen, daß in diesem Stadium der Stromfluss der Metallauflösung durch den Ohmschen Widerstand im Lochelektrolyten beherrscht wird. Herrscht eine konstante Ohmsche Spannung $\Delta\varepsilon_\Omega$ zwischen Lochboden und Lochmündung, eine Stromdichte I_L, bei einer Lochtiefe l und

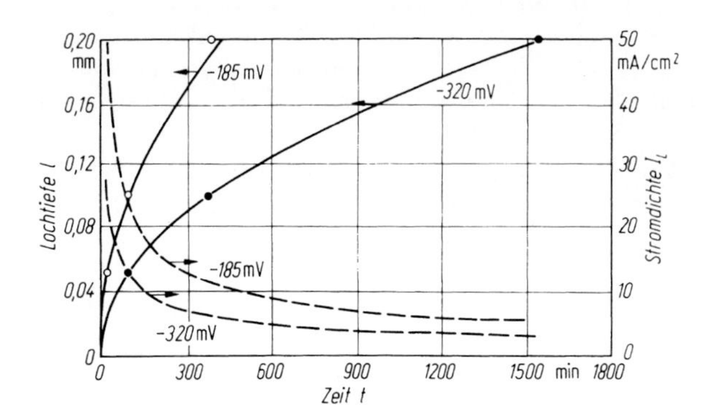

Bild 12.22. Die Tiefe (—) und die Auflösungsstromdichte (- - -) des Lochfraßes von potentiostatisch polarisiertem Aluminium in 0,01 M NaCl-Lösung, pH 11, während langer Versuchszeiten. (Nach Hunkeler und Böhni)

Elektrolytleitfähigkeit σ, so gilt nach dem Ohmschen Gesetz [53]:

$$\Delta\varepsilon_\Omega = (I_L l)/\sigma \tag{12.12}$$

Zugleich berechnet sich die Geschwindigkeit dl/dt der Vertiefung des Loches aus I_L, der Wertigkeit z des Kations (also $z = 3$ für Al^{3+}), der Faraday-Konstante F, dem Atomgewicht M_{Al} des Metalls und der Dichte ρ_{Al} nach:

$$dl/dt = (I_L M_{Al})/(\rho_{Al} z F) \tag{12.13}$$

Aus (12.12) und (12.13) folgt:

$$l = (\Delta\varepsilon_\Omega M_{Al} \sigma t / z F \rho_{Al})^{1/2} \tag{12.14}$$

Ein $t^{1/2}$-Gesetz würde auch dann erscheinen, wenn die Diffusion durch die Lochtiefe l mit einem konstanten Konzentrationsgradienten $\Delta c_{Al^{3+}}$ zwischen Lochmündung und Lochboden geschwindigkeitsbestimmend wäre. Dies wird im vorliegenden Fall wegen der Rührerwirkung der im Loch entstehenden Gasblasen ausgeschlossen.

Die Korrekturen der Annahme, daß in der Lochfraß-Stelle eine saure Lösung vorliegt, die dauernd die Repassivierung des Lochinneren verhindert, werden weiter unten genauer diskutiert. Die Annahme selbst läuft im übrigen auf den in Bild 12.19 skizzierten Fall B hinaus: Es wird angenommen, daß das Elektrodenpotential ε am Lochboden im wesentlichen den potentiostatisch vorgegebenen Wert hat, eine erhebliche Ohmsche Spannung im Lochinneren also nicht auftritt. Statt dessen ist die Stromspannungskurve der Metallauflösung durch das Ansäuern des Lochelektrolyten so verändert, daß am Lochboden nun $\varepsilon < \varepsilon_P$. Auch in diesem Modell sind zwischen den Mechanismen A und B überlagerte Fälle leicht denkbar, desgleichen das Auftreten nicht-kristalliner und/oder nicht-hydratisierter Salzfilme.

Das Auftreten starker Konzentrationsänderungen in elektrolytgefüllten, tiefen, von starken elektrischen Strömen durchflossenen Höhlungen, bedarf im Grunde eines besonderen experimentellen Beweises nicht. Experimente mit Modellanordnungen, die gewöhnlich mehr die Spaltkorrosion als den Lochfraß imitieren [54], bestätigen die Tendenz der Erwartungen, berücksichtigen aber die im Stadium der nadelstichartigen Anfressungen noch sehr hohen Stromdichten in den Lochmündungen oft nicht. Für die Untersuchung der Zusammensetzung des Lochelektrolyten besonders günstig sind Löcher, deren Mündung gegenüber dem Lochinneren verengt ist. In diesen kann der Lochelektrolyt (etwa durch Abkühlen in Trockeneis) eingefroren, dann entnommen und mikroanalytisch untersucht werden. Löcher dieser Art treten z. B. auf CrNi-Stahl häufig auf. Die Untersuchung des Elektrolyten in solchen Fraßstellen, die bei + 0,86 V auf CrNiMo-Stahl in 0,5 M NaCl/0,1 N H_2SO_4 erzeugt worden waren, ergab sehr hohe Werte der Cl^--Konzentration, nämlich bis zu 12 mole/l [55].

Ist für halbkugelig wachsende Löcher I_L die auf die Lochmündung bezogene Auflösungsstromdichte, so ist $\frac{1}{2} I_L$ die Stromdichte an der Lochinnenfläche, aus der sich die Verschiebung dieser Innenfläche berechnet. Für glatte Innenflächen bedarf dies keiner weiteren Erörterung. Zumindest für Aluminium bei nicht zu hohen Werten von $\Delta\varepsilon$ ist $\frac{1}{2} I_L$ aber nur ein mittleres Maß für die lokale Auflösungsge-

Bild 12.23. a Ätzgrübchen und Korrosions-Tunnel am Boden einer Lochfraßstelle auf Aluminium nach 2 h anodischer Polarisation beim Lochfraßpotential mit 10 mA/cm^2 in 0,1 M KCl-Lösung. Reinheit des Materials: Jeweils $\leq$ 0,002 Cu; 0,005 Zn; 0,01 Mg: 0,002 Mn; 0,004 Si; 0,0014 Fe (Gew.-%). (Nach Pleva) **b** Rasterelektronenmikroskopische Aufnahme des Bodens einer Lochfraßstelle auf Al (99,99%), entstanden in 1 M NaCl-Lösung. (Nach Galvele, De Micheli, Muller, Wexler, Alanis)

schwindigkeit, denn die Innenfläche ist (vgl. Bild 12.11) stark aufgerauht. Bei höherer Vergrößerung erkennt man [40, 48f, 56, 57] daß die Innenfläche von mikroskopischen bis submikroskopischen, kristallographischen *Korrosions-Tunneln* durchsetzt ist, die den Lochboden schwammartig porös machen. Bild 12.23 zeigt diese Tunnel-Korrosion zum einen im metallografischen Querschliff [48f], zum anderen in einer rasterelektronischen Aufnahme eines Lochbodens [40]. Das vorwiegende Auftreten kubischer Kristallflächen, also z.B. der (100)-Flächen, und das schnelle Vordringen senkrecht zu diesen Flächen, also z.B. in ⟨100⟩-Richtung ist offensichtlich. Tunnel-Korrosion wird bei Legierungen (vgl. Kap. 13) häufig beobachtet und dann durch besondere Effekte der selektiven Korrosion gedeutet. Solche Mechanismen lassen sich aber für z. B. 99,99%-Al kaum denken. Auch die Vermutung, die Korrosion eile längs passend angeordneter Versetzungen vor [57], bzw. die Segregation von Korrosionswasserstoff zu (100)-Flächen spiele eine Rolle [58], scheint spekulativ. Im übrigen verschwindet diese kristallografische Tunnelkorrosion, wenn das Elektrodenpotential so stark angehoben wird, daß der Elektropolierfilm auftritt [48f]. Ein typischer Fall ist Aluminium in Nitratlösung, wo Lochfraß erst bei sehr stark positivem Elektrodenpotential entsteht [40]. In den glatten, halbkugeligen Löchern (vgl. Bild 12.24a) kann der Elektropolierfilm nach dem Versuch mit dem Rastermikroskop direkt betrachtet werden. Dies zeigt Bild 12.24b, wobei die rissige Zerklüftung sicherlich erst während des Trocknens der Probe zur Präparation für das Mikroskop entstand.

Die Momentangeschwindigkeit der Tunnelausbreitung ist neuerdings studiert worden (vgl. weiter unten). Älter sind Messungen des Wachstums erster Ätzgrübchen auf im übrigen noch planen Metalloberflächen. In diesem Stadium des Lochfraßes, kurz nach dem ersten Durchbrechen der Passivschicht, werden sehr hohe Stromdichten erreicht. Bild 12.25 gibt für Eisen in schwach saurer

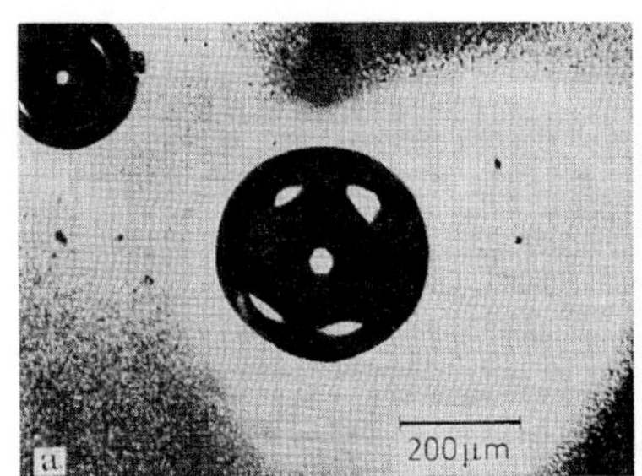

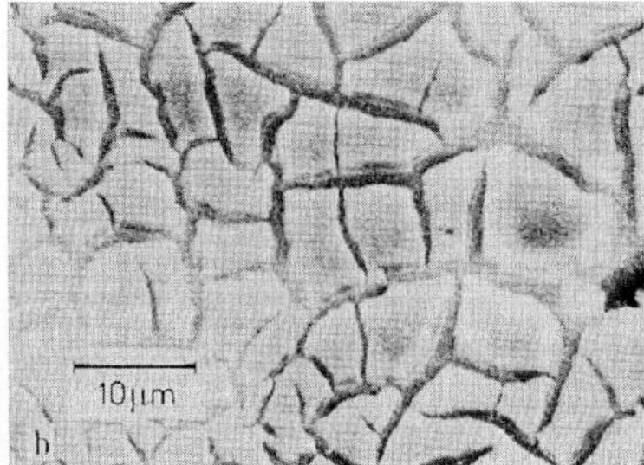

Bild 12.24. a Elektropolierte halbkugelige Lochfraßstellen auf Al (99,99%), entstand bei $\varepsilon > 1{,}7$ V in 1 M $NaNO_3$-Lösung. **b** REM-Aufnahme der am Lochboden eingetrockneten und rissig zersprungenen Elektropolierschicht. (Nach Galvele, De Micheli, Muller, Wexler, Alanis)

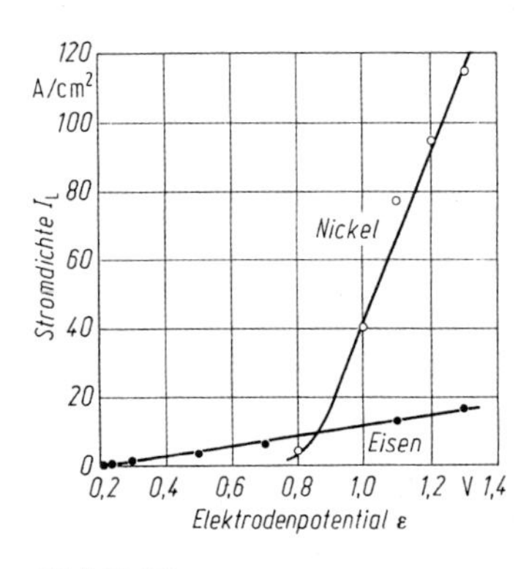

Bild 12.25

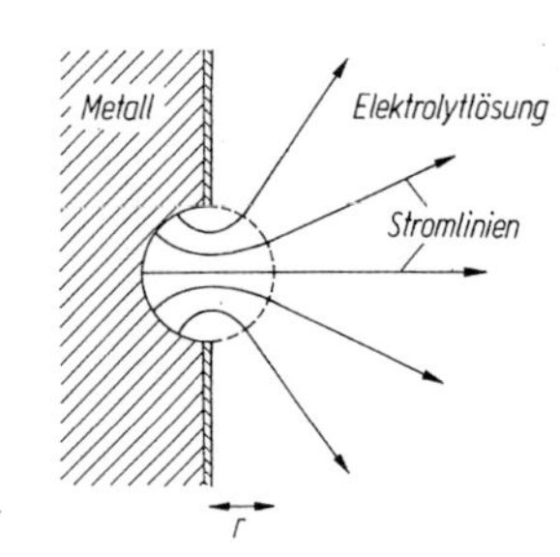

Bild 12.26

Bild 12.25. Die Abhängigkeit der wahren Stromdichte I_L (bestimmt durch Messung der zeitlichen Zunahme der Größe einzelner Ätzgrübchen) im Stadium der Bildung erster polygonaler Ätzgrübchen vom Elektrodenpotential. Eisen in Phthalat-Puffer (pH 5,0)/0,01 M KCl, 25 °C. (Nach Wenners und Vetter), Nickel in Phthalat-Puffer (pH 5,0)/0,1 M KCl. (Nach Strehblow und Ives)

Bild 12.26. Zur Berechnung des kugelsymmetrischen Konzentrationsfeldes außerhalb und auf einer konvexen Kugel, Radius r_1. Davon ausgehend Abschätzung des Konzentrationsfeldes innerhalb der Kugel bis zur Innenfläche. (Nach Vetter und Strehblow)

0,01 M Cl^--Lösung nach Messungen während potentiostatischer Versuche Werte für I_L bis zu 16 A/cm² [59a], für Nickel in 0,1 M Cl^--Lösung Werte bis zu 120 A/cm² [59c]. In diesem Zusammenhang ist dargelegt worden [59b], daß für kleine Ätzgrübchen die Ausbildung einer Metallsalzschicht durch Ausfällung aus gesättigter Lösung noch nicht infrage kommt. Die Rechnung behandelt (vgl. die Skizze Bild 12.26) zunächst die Konzentrationsanreicherung Δc_r auf einer sich in reiner $FeCl_2$-Lösung auflösenden Eisenkugel mit dem Radius r als Funktion der

Stromdichte I_L. Für die konvektionsfrei gedachte Umgebung sind die Diffusions- und Migrations-Stromlinien offensichtlich kugelsymmetrisch verteilt, und man erhält problemlos [28a]

$$\Delta c_r = \frac{r I_L}{z_{Me} F D_{Me}(1 + z_{Me}/z_A)} \tag{12.15}$$

z_{Me}; z_A = Ladung des Kations (Fe^{2+}) bzw. des Anions (Cl^-)
F = Faraday-Konstante
D_{Me} = Diffusionskoeffizient der Kationen.

Aus dieser Lösung soll die Größe Δc ermittelt werden, das ist die Konzentrationsanreicherung auf der Innenfläche einer Halbkugel, die als Modell des polygonalen Ätzgrübchens dient. Die Lösung dieses Problems der konformen Abbildung lag nicht vor[1], statt dessen wird geschätzt, daß $\Delta c \simeq 3\Delta c_r$. Mit z. B. $I_L = 9\ A/cm^2$; z. B. $r = 1\ \mu m$; z. B. $D = 5 \cdot 10^{-6}\ cm^2/s$ wird dann $\Delta c = 0{,}9$ mol/l.

Dies ist die Überhöhung der $FeCl_2$-Konzentration gegenüber dem Lösungsinneren. Ist dort die Konzentration klein, wird Δc praktisch gleich der Konzentration des $FeCl_2$ an der Lochinnenfläche. Die Sättigung (ca. 4,4 mol/l) wird nach dieser Rechnung also nicht erreicht. Die Schätzung ist zu niedrig, wenn etwa in stark NaCl-haltiger Lösung gemessen wird, sie ist andererseits zu hoch, wenn in hochkonzentrierten Pufferlösungen gemessen wird, und das Ergebnis erscheint im Ganzen nicht voll gesichert. Man beachte dazu, daß die Autoren durchaus nicht das Auftreten der Salzdeckschicht infrage stellen, sondern nur die übliche Vorstellung über ihr Zustandekommen durch Ausfällung aus übersättigter Lösung. Die

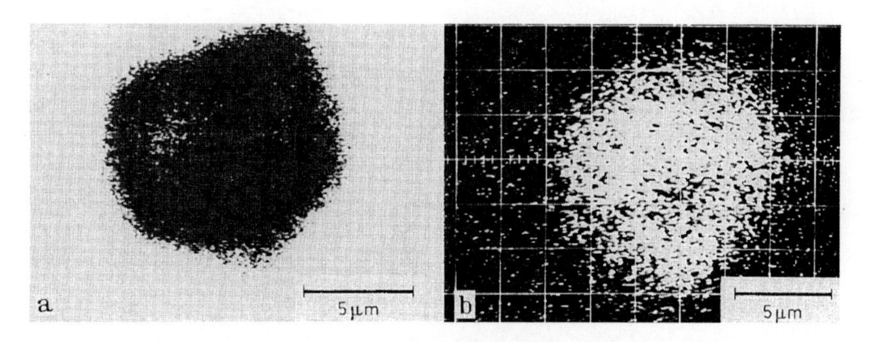

Bild 12.27a,b. Mikrosonden-Aufnahmen eines polygonalen Ätzgrübchens auf Eisen in Phthalatpuffer (pH 5,0)/0,01 M KCl, entstanden bei + 1,11 V innerhalb von 5 s. **a** Abbildung mit Rückstreuelektronen, **b** Chloridanhäufung, nachgewiesen durch Abbildung mit $Cl(K_\alpha)$-Strahlung. (Nach Strehblow, Vetter und Willgallis)

[1] Inzwischen teilten Newman, J.; Hanson, D. N.; Vetter, K. J. (Electrochim. acta *22*, 829 (1977)) ein rechnergestütztes Näherungsverfahren mit.

lokale Anhäufung des Lochfraß-auslösenden Chlorids wurde deutlich nachgewiesen, und zwar durch Messungen mit der Mikrosonde, für die Bild 12.27 ein Beispiel gibt [59d]. Die Dicke dieser Schicht, bei der es sich jedenfalls um $FeCl_2$ handelt, wird nach vergleichenden Eichmessungen auf einige nm geschätzt. Entsteht diese Schicht nicht durch Rückfällung aus dem Lochelektrolyten, so kann vermutet werden, daß sie in der Art kristallin und porenfrei aufwächst, wie dies für das Passivoxid des Eisens beschrieben wurde. Die Ionenwanderung durch den Salzfilm und die Reaktionen an der Oberfläche des Films wären dann im Prinzip ebenso zu behandeln wie die entsprechenden Reaktionen in und an Passivoxiden, allerdings bei um ca. 7 Zehnerpotenzen erhöhter Reaktionsgeschwindigkeit. Wiederum ist neuerdings vorgeschlagen worden, eher eine Adsorptionsschicht und in der Skizze Bild 12.19 den Fall *C* anzunehmen, dadurch charakterisiert, daß im Stromspannungsdiagramm der Arbeitspunkt des Bodens des Ätzgrübchens bei (Δ) zu suchen ist, also auf der Verlängerung der Stromspannungskurve der aktiven Metallauflösung [59c].

An dünnen Folien lassen sich Details des Lochfraßes des Aluminiums mit dem Lichtmikroskop direkt beobachten [57] Man erkennt dann unmittelbar das Wachstum von Ätzgrübchen und Mikrotunneln. Diese Technik, ergänzt durch fortlaufende Filmaufnahmen, ist neuerdings wieder aufgegriffen worden [60]. Die

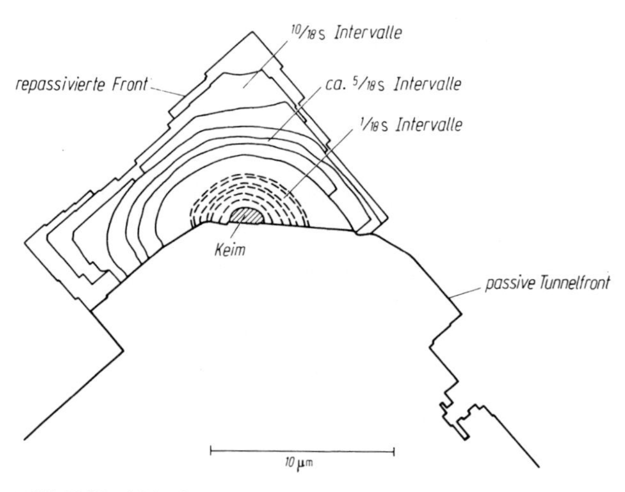

Bild 12.28. Ablauf eines einzelnen Vorgangs des Wachstums eines Mikrotunnels an der Front einer Lochfraßstelle auf Aluminium in neutraler 1N NaCl-Lösung, 25 °C, während potentiostatischer anodischer Polarisation nahe dem Lochfraßpotential. Unterste durchgezogene Kontur: Kristallografische Tunnelfront des vorangegangenen Tunnelwachstums, abgebrochen durch Zurückschalten des Elektrodenpotentials. Schraffiert: Erster sichtbarer Keim des neuerlichen Tunnelwachstums nach Hochschalten des Elektrodenpotentials. Gestrichelt: Wachstumsfronten aufgenommen in Intervallen von 1/18 s. Durchgezogen: Wachstumsfronten aufgenommen in Intervallen von 5/18 bzw. 10/18 s. Oberste Kontur: Tunnelfront nach Aufhören des Wachstums dieses Tunnels. (Nach Baumgärtner u. Kaesche)

Beobachtung zeigt deutlich, daß das Fortschreiten der Front einer Lochfraßstelle das Ergebnis des intermittierten Ablaufs von Ereignissen des Wachstums kristallografischer Mikrotunnel ist (Bild 12.28). Die Tunnelwände sind stets {100}-Flächen; die Tunnelfront ist nach dem Start eines Tunnelereignisses zunächst gerundet und wird dann ebenfalls zu {100}-Flächen. Die Wachstumsgeschwindigkeit eines Tunnels ist von der Größenordnung ein bis mehrerer 10 A/cm^2, also sehr hoch. Das vorübergehende Stehenbleiben der Tunnelwände wie auch das intermittierte Tunneln überhaupt zeigen, daß das Innere der Lochfraßstelle, die durch Tunnelereignisse wächst, im ganzen während der meisten Zeit passiv ist, anders als in den einfachen Lochfraßmodellen durchweg angenommen. Hinzu kommt, wie die Auswertung von Bildfolgen ergibt [60a,d], daß auch das Wachstum eines einzelnen Tunnels nochmals intermittiert abläuft, woraus ein Mechanismus des Tunnelwachstums in Sprüngen resultiert, mit nochmals höherer wahrer, lokaler, momentaner Stromdichte in der Größenordnung von nun nahe 100 A/cm^2. Solche Stromdichten sind für die übliche Elektrodenkinetik völlig ungewöhnlich, durchaus gewöhnlich aber für die Fertigungstechnik der elektrolytischen Formgebung.

Wegen der Details des Tunnelwachstums wird auf die Literatur verwiesen [60]. Im vorliegenden Zusammenhang ist festzuhalten, daß nach diesen Beobachtungen kein Wesensunterschied zwischen den oben beschriebenen flachen kubischen Ätzgrübchen an der Oberfläche eines Metalls und den engen Tunneln in der Tiefe von Lochfraßstellen besteht, außer daß die letzteren mit einem Lochelektrolyten gefüllt sind, der gegenüber der umgebenden Elektrolytlösung stark verändert ist. Zwischen flachen Ätzgrübchen und engen Tunneln kommen alle Zwischenstadien vor. Damit sind für die weitere Erörterung die Ergebnisse der Untersuchung der Ätzgrübchenbildung und die Ergebnisse der Untersuchung des Tunnelns zusammenhängend auszunutzen.

An dieser Stelle ist wichtig zu bemerken, daß auf Aluminium die Tiefe der groben Lochfraßstellen, die durch die lokale Häufung des Tunnelns gebildet sind, mit sinkendem pH-Wert der Lösung und steigender Chloridkonzentration sinkt, so daß sich der Lochfraß eher in die Breite ausdehnt. Die Bildung tiefer großer Löcher ist hier, anders als im Fall der elektropoliert wachsenden Löcher, bedingt durch die Inhibition der Startvorgänge des Lochfraßes an der äußeren Oberfläche wahrscheinlich durch Verdrängung der Chlorionen aus der Adsorptionsschicht durch überwiegende OH^--Adsorption [15]. Unter diesen Umständen wird die Bildung neuer Auflösungskeime am Ort einer vorangegangenen Keimbildung katalysiert, da dort die Chlorionen sich anreichern und die Hydrolyse der Metallionen den pH-Wert senkt. Die Folge ist Clusterbildung von Keimen, dann Vereinigung von Clustern zu zunächst kleinen, dann wachsend größeren Löchern. Ist die umgebende Elektrolytlösung von vorne herein sauer, so entfällt die Hemmung der Tunnel-Keimbildung. Dann wird die Metalloberfläche überall gleichmäßig durch lokales Tunneln aufgerauht. Weiter oben wurde bereits bemerkt, daß dann ein gut untersuchter technischer Fertigungsprozeß ins Blickfeld rückt, nämlich die gleichmäßige Aufrauhung von Aluminiumoberflächen durch anodische Auflösung z. B. in heisser Salzsäure [60b].

In neutralen bis sauren heißen Elektrolytlösungen sind die Tunnel wesentlich kleiner und zugleich schmäler als weiter oben beschrieben. Sie können für das

Raster-Elektronenmikroskop präpariert werden, indem die von Tunneln durchsetzte, sonst ebene Oberfläche anodisch oxidiert und dann das Aluminium-Metall in Brom-Methanol-Lösung weggelöst wird. Die Bilder 12.29 und 12.30 zeigen die typische Tunnelstruktur, der Aufnahmetechnik entsprechend so, als würden die Tunnel aus dem Inneren des Metalls gegen die Oberfläche stehend abgebildet. Wegen zahlreicher sehr interessanter Details dieser Art von Tunnelwachstum sei wieder auf die Literatur verwiesen [61a–c]. Hier interessiert vor allem, daß auch diese Tunnel kristallografisch ausschließlich mit {100}-Wänden wachsen, und zwar praktisch beim Lochfraßpotential, entsprechend früherem Befund, daß sich in saurer Lösung das Lochfraßpotential spontan einstellt (15). Die Geschwindigkeit des Tunnelwachstums ergibt sich aus der Tunnellänge wieder zu ca. 10 A/cm^2. Von besonderem Interesse ist Bild 12.30, auf dem man erkennt, daß die Seitenwände der Tunnel gerippt sind, und daß auf der Stirnfläche kubische Gebilde erscheinen, die als Keime der intermittiert sprunghaften Tunnelfortpflanzung gedeutet werden können. Ebenso wie oben für die vergleichsweise sehr breiten, in neutraler, kalter Chloridlösung entstehenden Tunnel gezeigt, ergibt sich dann auch hier eine sehr hohe wahre Momentange-

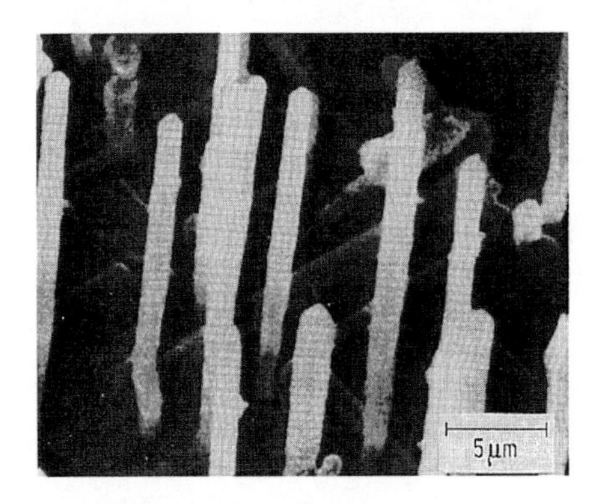

Bild 12.29. Submikro-Korrosionstunnel, entstanden in der Oberfläche von Aluminium bei anodischer Polarisation in 1N HCl-Lösung, 80 °C. Raster-elektronenmikroskopische Aufnahme der Oxidschicht nachträglich anodisch oxidierter Tunnelwände nach Ablösen des Metall-Substrats. (Nach Alwitt, Beck und Hebert)

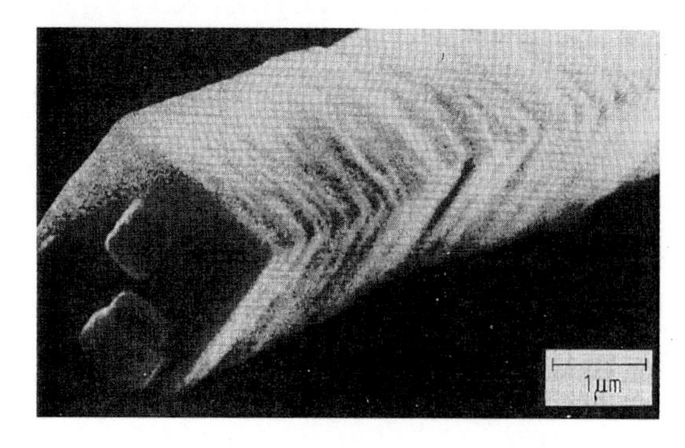

Bild 12.30. Stark vergrößerte Abbildung eines in 1N NaCl-Lösung, 80 °C, gewachsenen Tunnels. Herstellungstechnik wie für Bild 12.29. (Nach Alwitt, Beck und Hebert).

schwindigkeit der sprunghaften Tunnelausbreitung mit der Größenordnung 100 A/cm^2.

Da nun drei Gruppen von Untersuchungen stets auf lokale Stromdichten der Metallauflösung zwischen 10 und 100 A/cm^2 stoßen, so erscheint der Befund gut gesichert. Zugleich ist bei so hohen Stromdichten evident, daß die Elektrodenoberfläche nicht nackt in Berührung mit einer Elektrolytlösung steht, sodern eine Deckschicht aufweist, sei sie nun fest oder gelatinös, in dem für einen Salzfilm oben schon angedeuteten Sinn. In diesem Zusammenhang sind Modellexperimente hervorzuheben, bei denen der Zustand am Boden eines aktiv, oder „super-aktiv" wachsenden Tunnels makroskopisch nachgeahmt wird [60c]. Dazu dienen dünne, in ein Rohr dicht eingebettete Drähte, deren Stirnfläche stark anodisch polarisiert wird [61d–g], so daß eine Salzdeckschicht bei zugleich sehr hoher Auflösungsgeschwindigkeit sicher vorliegt. Impedanzmessungen ergeben, daß die Schicht doppellagig aufgebaut ist, mit einer porenfreien, wahrscheinlich inneren Lage, die den Strom durch Ionentransport mit exponentieller „Hochfeld"-Spannungsabhängigkeit leitet, und einer wahrscheinlich äußeren porigen Lage mit linearer, also Ohmscher Spannungsabhängigkeit des Stromtransports. Bild 12.31 zeigt schematisch den Aufbau der Salzschicht, die Transportreaktionen durch die Salzschicht hindurch und die Reaktionen an den Phasengrenzen Metall/Salzschicht und Salzschicht/Elektrolytlösung. Das Modell sieht vor, daß die Schicht von der Lösungsseite beginnend hydratisiert wird, und daß Repassivierung durch Reoxidierung eintritt, wenn zusätzlich diffundierendes Wasser die Metalloberfläche erreicht. Zugleich spielt das Wasser die Rolle des Lieferanten von H^+-Ionen, die an der Metalloberfläche zu atomarem Wasserstoff reduziert werden, dann zu H_2-Molekeln rekombinieren, die z.B. als solche zurückdiffundieren, um erst in einiger Entfernung von der Salzschicht Gasblasen zu bilden. Die Einzelheiten der Übertragung dieses Mechanismus auf den realen Fall des Lochfraßes bleiben noch zu leisten. Als Diskussionsgrundlage ist das Modell aber von besonderem Interesse.

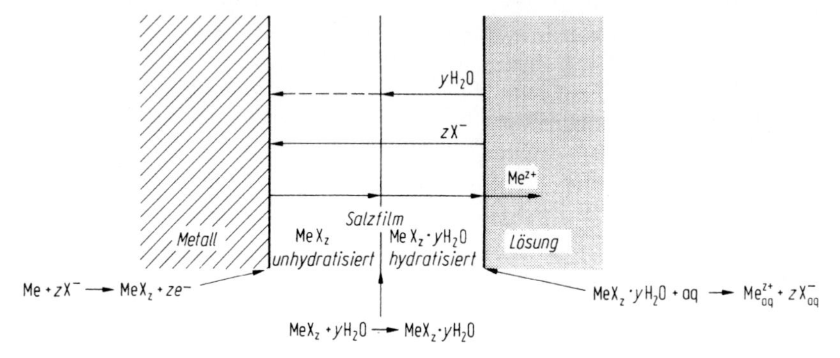

Bild 12.31. Modell der Salzdeckschicht auf in Halogenidlösung stark anodisch polarisiertem lochfraßanfälligem Metall mit schneller Auflösungsreaktion an der Phasengrenze Metall/Salzfilm, Metallhalogenidwanderung durch den Salzfilm und Auflösung des Metallhalogenids an der Phasengrenze Salzfilm/Elektrolytlösung Die Elektrolytlösung ist der Lochelektrolyt. (Vgl. Text) (Nach Beck)

Wie oben beschrieben, ist für den Startvorgang des sehr schnellen Wachstums relativ flacher Ätzgrübchen auf einer sonst noch ebenen Metalloberfläche zwar mit dem Auftreten einer Schicht von Metallhalogenid sofort zu rechnen, nicht aber mit der Veränderung des Elektrolyten zum konzentrierten, sauren „Lochelektrolyten", und auch nicht mit dem Auftreten einer merklichen Ohmschen Spannung. Für tiefere Löcher, Höhlungen, Spalten und Risse, durchflossen von hohen Elektrolyseströmen, ist zumindest die Konzentrationsveränderung sicher anzunehmen, eventuell zusätzlich eine erhebliche Ohmsche Spannung. Für eine quantitative Berechnung des dann sich einstellenden Zustandes im Loch- oder auch Tunnel-Inneren ist die Überlagerung der Einflüsse der Diffusion im Konzentrationsfeld, der elektrolytischen Überführung im Feld des Galvani-Potentials und der Konvektion zum einen durch die Elektrolytbewegung in das wachsende Loch hinein, zum anderen gegebenenfalls durch Gasentwicklung im Lochinneren in Ansatz zu bringen. Für die extrem schnell wachsenden Tunnel ist diesbezüglich noch nicht gerechnet worden, wohl aber für die im Mittel immer noch sehr schnell wachsenden eher halbkugeligen Anfressungen. Ein Beispiel dafür war schon die oben geschilderte Ableitung eines parabolischen Zeitgesetzes des Lochwachstums bei geschwindigkeitsbestimmendem Stromfluß in einem Feld mit konstanter Ohmscher Spannung in einem wachsenden Loch, dessen Lochelektrolyt durch Gasblasen ständig gut durchgerührt wird. In diesem wie in bislang jedem behandelten Fall wurde dabei die geringfügige Konvektion durch das Einsaugen des Elektrolyten in das wachsende Loch vernachlässigt. Ist statt dessen die Bewegung von Ionen im Fall der Überlagerung von Diffusion und Migration (Überführung) zu betrachten, so entstehen Probleme hinsichtlich der für die beiden Bewegungen zu wählenden Bezugssysteme [62]. Einfache Verhältnisse liegen nur dann vor, wenn der Lochelektrolyt hoch verdünnt ist, was ja gerade nicht der Fall sein soll. Diese Schwierigkeit ist bisher regelmäßig vernachlässigt worden, weshalb die Rechenergebnisse stets nur Näherungscharakter haben können. Regelmäßig wurden außerdem eindimensional abzuhandelnde Fälle betrachtet. Dann erhält man bei zeitlich stationärem bzw. annähernd stationärem Konzentrations- und Potentialfeld die Überlagerung von 1. Fickschem und Ohmschen Gesetz, wie folgt:

Es sei J_m (Menge/Flächex. Zeit, z. B. in SI-Einheiten Mol $m^{-2}s^{-1}$, gebräuchlicher Mol $cm^{-2}s^{-1}$) der Fluß einer Ionensorte m mit der Ladung z_m, Konzentration c_m(Mol cm^{-3}) im eindimensionalen Konzentrationsfeld mit dem Gradienten dc_m/dx (Mol cm^{-2}) und dem eindimensionalen Potentialfeld mit dem Gradienten $d\phi/dx$ (V cm^{-1}). Mit dem Diffusionskoeffizienten D_m ($cm^2 s^{-1}$) und der Beweglichkeit u_m ($cm^2 s^{-1} V^{-1}$) ergibt sich die „Nernst-Plancksche Differentialgleichung" [62]:

$$J_m = -D_m \frac{dc_m}{dx} - \frac{z_m}{|z_m|} c_m u_m \frac{d\phi}{dx} \tag{12.16}$$

Benutzt man als Näherung weiter die für hochverdünnte Lösungen genau gültige Beziehung

$$\frac{D_m}{RT} = \frac{u_m}{|z_m| F} \tag{12.17}$$

so geht Gl. (12.16) über in

$$J_m = -D_m\left[\frac{dc_m}{dx} + z_m c_m \frac{F}{RT}\frac{d\phi}{dx}\right] \tag{12.18}$$

außerdem gilt für die Elektrolytlösung, wie für jeden guten Leiter, die Elektroneutralitätsbedingung. Danach ist die gesamte elektrische Ladung eines Volumenelementes stets Null. Demnach gilt für die Sorten 1 bis n der Ionen, deren Konzentration ins Gewicht fällt:

$$\sum_1^n z_m c_m = 0 \tag{12.19}$$

In diesem Zusammenhang ist früher der Ansatz gemacht worden, in halbkugeligen Lochfraß-Stellen auf Aluminium fülle die konzentrierte saure, u. U. gesättigte Aluminiumhalogenid-Lösung gleichmäßig konzentriert das ganze Lochinnere [15]. Jenseits der Lochmündung war die alkalische umgebende NaCl-Lösung ebenfalls als homogen gedacht. Nur in der Lochmündung sollte eine Grenzschicht vorliegen, durchsetzt hauptsächlich von den Flüssen $J_{Al^{3+}}$ der Aluminium-, J_{Na^+} der Natrium- und J_{Cl^-} der Chlorionen. Der Zweck der Rechnung war der Nachweis, daß die Stromdichte der Aluminiumauflösung beim Lochfraßpotential ausreicht, um den sauren Lochelektrolyten gegen die Vermischung mit dem alkalischen umgebenden Elektrolyten zu stabilisieren. Dieser Gedankengang wird im folgenden Kapitel wieder aufgegriffen werden. Es war angenommen, daß das Lochinnere insgesamt aktiv ist, wodurch in der Rechnung das Verhältnis von Loch-Mündungs- zu Loch-Innenfläche und damit eine in der Tat wohl charakteristische Kenngröße des Problems erschien. Der neuere Befund des in Wirklichkeit intermittierten Wachstums der Lochfraß-Stelle könnte in einer Rechnung dieser Art berücksichtigt werden. Ein wichtiger Punkt war die Vernachlässigung der vergleichsweise langsamen Volumenvergrößerung des Loches gegenüber der Geschwindigkeit der Transportvorgänge im Lochelektrolyten. Daraus ergab sich die sehr wesentliche Vereinfachung, daß für Na^+- und Cl^--Ionen Diffusion und Migration ausbalanciert sind, so daß die Flüsse dieser Ionen verschwinden. Eine spätere, besonders übersichtliche Rechnung [63], nämlich die Behandlung des Schlitzes mit passiven Wänden und aktivem Boden, soll hier genauer beschrieben werden, obwohl sie dem Fall der Spaltkorrosion oder des Rißwachstums im Grunde besser angepaßt ist, als dem Wachstum mehr oder weniger gut halbkugeliger Löcher. Die Rechnung geht davon aus, daß Lochfraß eines Metalls M in der sauren Lösung einer Säure HY, also z. B. HCl abläuft. Das Metall löst sich am aktiven Boden der Lochfraßstelle gemäß $M \rightarrow M^+ + e^-$ zu einwertigen M^+-Kationen. Die Flußdichte J_{M^+} berechnet sich aus der Stromdichte I_L der Metallauflösung am aktiven Lochboden, unabhängig von dessen Fläche. Auch in diesem Fall wird angenommen, daß die Flüsse der übrigen Ionen, also J_{H^+} und J_{Y^-}, verschwinden. Dann erhält man das folgende System von Differentialgleichungen:

$$\frac{dc_{H^+}}{dx} + c_{H^+}\frac{F}{RT}\frac{d\phi}{dx} = 0 \tag{12.20}$$

$$\frac{dc_{Y^-}}{dx} - c_{Y^-}\frac{F}{RT}\frac{d\phi}{dx} = 0 \tag{12.21}$$

$$\frac{dc_{M^+}}{dx} + c_{M^+}\frac{F}{RT}\frac{d\phi}{dx} = \frac{I_L}{D_{m^+}F} \tag{22.22}$$

Die Elektroneutralitätsbedingung lautet:

$$c_{M^+} + c_{H^+} = c_{Y^-} \tag{12.23}$$

Anders als im älteren Rechenbeispiel wird hier angenommen, daß das Konzentrations- und Potentialgefälle das ganze Lochinnere erfüllt. Die Diffusionsgrenzschicht reicht also von der Lochmündung bis zum Lochboden.

Die Geometrie des Loches ist in Bild 12.32 skizziert. Für die Zwecke der Rechnung kann das Galvani-Potential ϕ in der Lochmündung auf Null normiert werden. Die Konzentration von M^+ außerhalb des Loches ist vernachlässigbar. Mithin erhält man die Randbedingungen wie folgt:
Für

$$x = 0: c_{H^+} = c_{Y^-} = c^0 \tag{12.24}$$

$$c_{M^+} = 0; \phi = 0$$

Die Lösung des Problems ergibt für den Verlauf des Potentials und der Konzentrationen im Loch die folgenden Beziehungen:

$$\phi = \frac{RT}{F}\ln\left[1 + \frac{I_L x}{2D_{M^+}Fc^0}\right] \tag{12.25}$$

$$c_{Y^-} = c^0 + \frac{I_L x}{2D_{M^+}F} \tag{12.26}$$

$$c_{H^+} = \frac{2D_{M^+}F(c^0)^2}{2D_{M^+}Fc^0 + I_L x} \tag{12.27}$$

$$c_{M^+} = \frac{4D_{M^+}Fc^0 I_L x + (I_L x)^2}{2D_{M^+}F(2D_{M^+}Fc^0 + I_L x)} \tag{12.28}$$

In allen Gleichungen erscheint $I_L \cdot x$, das Produkt aus der wahren Stromdichte I_L der Metallauflösung am Lochboden und der Lochtiefe x, als charakteristische Kenngröße des Problems. Bild 12.33 zeigt die Abhängigkeit des Potentials und der Ionenkonzentrationen im Loch von diesem Produkt für $D_m = 10^{-5}\,\mathrm{cm^2\,s^{-1}}$ und $c^0 = 1\,\mathrm{mol\,cm^{-3}}$. Falls $I_L = \mathrm{const}$, veranschaulicht die Skizze zugleich den Verlauf des Potentials und der Ionenkonzentrationen zwischen Lochmündung und Lochboden. Ist I_L z. B. $1\,\mathrm{A\,cm^{-2}}$, so bleibt also die Ohmsche Spannung im Lochinneren in Löchern bis zu mehreren 0,1 mm Tiefe kleiner als 100 mV.

Dieses Modell wird weiter unten nochmals benutzt werden. Für den speziellen Fall des Lochfraßes des Eisens in schwefelsauren [49g, 63] bzw. perchlorsauren [63] Lösungen von Natriumchlorid wurden, wie schon weiter oben vermerkt, in großen Lochfraßstellen bei Stromdichten zwischen ca. 0.1 und $1\,\mathrm{A\,cm^{-2}}$ in Wirklichkeit Ohmsche Spannungen von ca 1 V gemessen. Weiter oben wurde diese

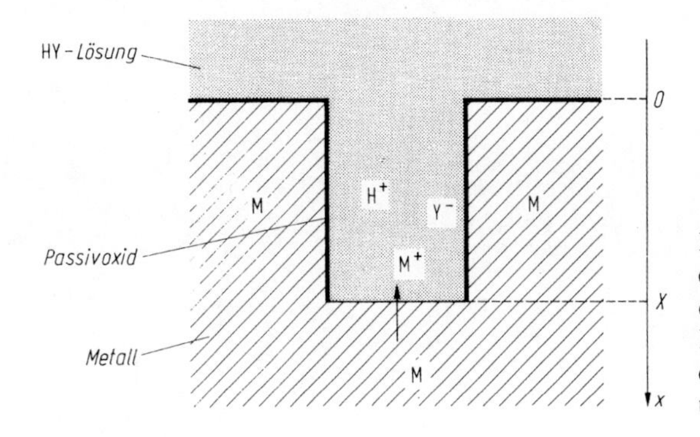

Bild 12.32. Schlitz mit Rechteckquerschnitt, passiven Wänden und aktivem Boden als Modell einer Lochfraßstelle in der Rechnung nach Pickering und Frankenthal (vgl. Text)

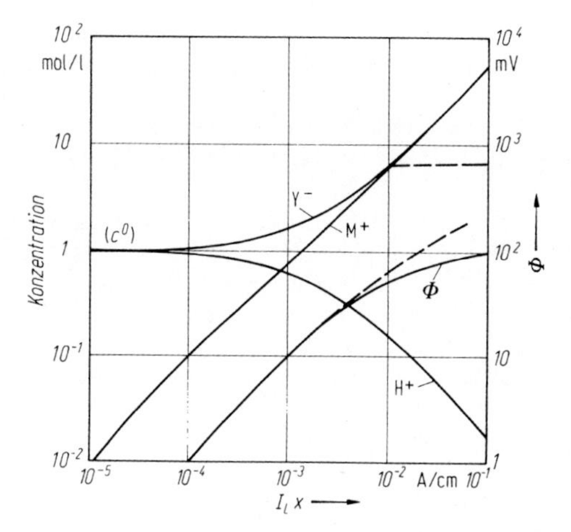

Bild 12.33. Die Konzentration der M^+-Kationen des Metalls (Fe) und der H^+-Kationen und Y^--Anionen einer Säure (HCl) in einem Schlitz gemäß Bild 12.32 als Funktion des Produktes $I_L x$ aus Stromdichte I_L der Metallauflösung und Lochtiefe x. Gestrichelt: Konzentrationsverlauf, falls die Sättigungskonzentration des Salzes MY erreicht wird. (Nach Pickering und Frankenthal)

Spannung dem Salzfilm zugeschrieben; deshalb ist zu vermerken, daß ein anderer Vorschlag [63] in diesem Zusammenhang dem Auftreten von Wasserstoffblasen in Lochfraßstellen großes Gewicht beimißt. Diese Blasen sollen, bevor sie entweichen, mit der Metalloberfläche einen engen, keilförmigen Spalt bilden, in welchem der Stromfluß die gegenüber der Rechnung stark erhöhte Ohmsche Spannung verursacht.

12.4 Die Rolle des Lochfraßpotentials Das Lochfraß-Inhibitionspotential

Für den Lochfraß in Lösungen mit hinreichend hoher Konzentration der passivitätszerstörenden Anionensorte ist dás Lochfraßpotential ε_L insbesondere bei galvanostatischen Schaltungen leicht zu erkennen: Es handelt sich (vgl. Bild 12.3, 12.8, 12.9) um die Schwelle des Elektrodenpotentials, an der die Elektrode praktisch unpolarisierbar wird. Als viertes Beispiel zeigt Bild 12.34 den Fall des Zirkoniums,

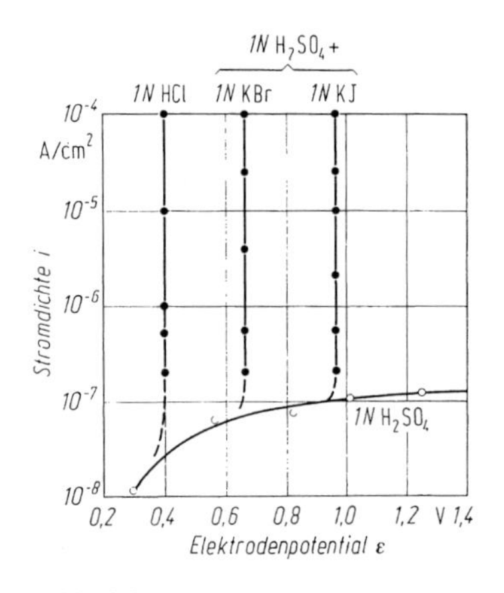

Bild 12.34

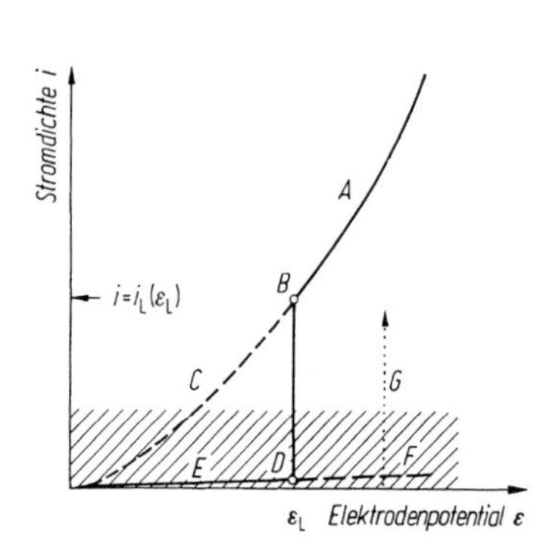

Bild 12.35

Bild 12.34. Die anodische Summenstrom-Spannungskurve des Zirkoniums in sauren Chlorid-, Bromid/Sulfat- und Jodid/Sulfat-Lösungen. (Nach Kolotyrkin)

Bild 12.35. Zur kinetischen Deutung des Lochfraßpotentials: *A-B-C* Stromspannungskurve der aktiven Metallauflösung in einem Elektrolyten von der Zusammensetzung des „Lochelektrolyten". *A-B*: Bereich der Stromdichten, die ausreichen, um den Lochelektrolyten durch Massentransporteffekte auf der gesamten Probenoberfläche in der hydrodynamischen Grenzschicht zu erzeugen. *B*: Kritisches Wertepaar i; ε_L, nach dessen Unterschreitung die Stromdichte nicht mehr ausreicht, um den aktivierenden Lochelektrolyten über die gesamte Probe herzustellen. *B-D*: Bereich der Teilaktivierung (Lochfraß) in dem der aktivierte Flächenanteil q_L von 1 auf 0, i von $i_L(\varepsilon_L)$ auf $i_P \simeq 0$ fällt, wobei I_L = const. *E-D-F*: Stromspannungskurve des passiven Metalls. *G*: Zeitlicher Anstieg des Stromes bei potentiostatischen Versuchen bei $\varepsilon > \varepsilon_L$. Durchgezogen: Meßbare Stromspannungskurve. Schraffiert: Üblicher Meßbereich. (In Anlehnung an Rickert und Holzäpfel)

dessen Lochfraßpotential ähnlich wie das des Aluminiums in der Reihenfolge Cl^-, Br^-, J^- positiver wird [64].

Die Unpolarisierbarkeit der Elektroden bei ε_L erklärt sich noch leicht: Dazu zeigen die Beobachtungen immer, daß der von Lochfraß befallene Flächenanteil q_L mit der vorgegebenen scheinbaren Stromdichte i (gemessene Stromstärke j/gesamte Elektrodenoberfläche Q) ansteigt. Ist die Elektrode völlig unpolarisierbar, wird man annehmen, daß der aktivierte Flächenanteil $q_L = Q_L/Q$ proportional zu i ist. Dann folgt auch (bei gegebenem Q, und für vernachlässigbare Passivstromdichte) $j = j_L \sim Q_L$, *d. h.* $j_L/Q_L = I_L$ = const. Die Elektrode erscheint also bei ε_L unpolarisierbar, weil sich I_L mit i nicht ändert.

Schwieriger ist die Deutung der Lage von ε_L. Für Aluminium, aber auch für andere Metalle ist gut bekannt, daß das Wachstum bei $\varepsilon > \varepsilon_L$ erzeugter, bei $\varepsilon = \varepsilon_L$ wachsender Löcher abbricht, sobald man auf $\varepsilon < \varepsilon_L$ zurückschaltet. Speziell für Aluminium steht fest, daß dies die Folge des Unterbrechens der Erzeugung von

Mikrotunneln ist, deren Gesamtheit die Lochfront bildet [60]. Wie noch darzulegen, verträgt sich der Befund des gelegentlichen Auftretens kristallografischer Ätzgrübchen weit unter dem Lochfraßpotential [26, 47] mit der Keimbildungstheorie des Lochfraßes. Ein Sonderfall ist allerdings anzumerken [48f]: Erzeugt man tief zerklüftete Aluminiumoberflächen durch Langzeit-Polarisation in neutralen bis sauren Lösungen, so fließt nach dem Zurückschalten des Potentials auf $\varepsilon < \varepsilon_L$ über Stunden ein anodischer Reststrom, der zwar um Größenordnungen kleiner ist als der die Zerklüftung erzeugende Strom, aber erheblich größer als der Passivstrom vor dem Einsetzen des Lochfraßes. Der Effekt ist anscheinend mit der weiter unten diskutierten Spaltkorrosion verwandt. Makroskopisch grober Lochfraß, oder auch die intensive gleichmäßige Aufrauhung der Metalloberfläche, die beide das gehäufte Auftreten lokaler schneller Auflösungsprozesse voraussetzen, sind jedenfalls an das Erreichen oder Überschreiten des Lochfraßpotentials gebunden. Anscheinend ist bisher nur für Aluminium geprüft und festgestellt worden, daß (vgl. Bild 12.21) für $\varepsilon = \varepsilon_L$ die auf die Lochmündung bezogene Stromdichte $I_L(\varepsilon_L)$ von der Chlorionen-Konzentration unabhängig wird. Für den Lochfraß des Aluminiums in alkalischer 1 M KBr-Lösung wurde $I_L(\varepsilon_L)$ zu 0.4 A cm^{-2} bestimmt [15], woraus folgt, daß die Erhöhung von ε_L beim Übergang von Chlorid-zu Bromidlösungen (vgl. Bild 12.10) nicht auf eine Erhöhung von $I_L(\varepsilon_L)$ mit entsprechender Erhöhung der Überspannung der Metallauflösung zurückgeht.

Eine *kinetische* Deutung des Auftretens eines wohl definierten Lochfraßpotentials geht von dem Modellfall des Auftretens koexistenter aktiver und passiver ebener Flächenbezirke bei der Auflösung z. B. des Bleis in einer Kaliumdichromat/Natriumazetat-Lösung aus [65]. Der Gedankengang sei, auf den Fall des Lochfraßes sinngemäß übertragen, an Hand des Bildes 12.35 skizziert: Man betrachte zunächst eine Elektrode, die von dem Elektrolyten, der im Loch entsteht, von vorneherein voll umgeben ist. Dann kann eine Stromspannungskurve $i_{Me}(\varepsilon)$ (ABC) gemessen werden, die der Stromspannungskurve $I_L(\varepsilon)$ des Lochbodens entspricht, weil die Elektrode insgesamt „Lochboden" geworden ist. Man betrachte weiter eine Elektrode, die nicht in den Lochelektrolyten, sondern z. B. in eine $NaCl^-$-Lösung taucht. Dann wird es hohe Stromdichten (AB) geben, bei denen sich die Elektrode insgesamt aktiviert, weil durch die Effekte des Massentransports (Diffusion und Migration) der Lochelektrolyt in der hydrodynamischen Flüssigkeitsgrenzschicht auf der gesamten Probenoberfläche stabilisiert wird. Senkt man von diesen (meßtechnisch schwer realisierbaren) sehr hohen Werten die Stromdichte, so wird ein kritischer Punkt $i(\varepsilon_L) = I_L(\varepsilon_L)$ erreicht, unterhalb dessen der Zustand der voll aktivierten Elektrode nicht erhalten werden kann, weil die Stromdichte nicht mehr ausreicht, um durch die elektrolytische Überführung der Diffusion auf der gesamten Oberfläche ausreichend entgegenzuwirken. Im i-ε-Diagramm schlägt das System dann zur Passivität um ($B \rightarrow D$). Im Umschlagsbereich geht q_L von 1 auf Null, aber in diesem Umschlagsbereich lassen sich quasistationäre Zustände lange Zeit galvanostatisch dadurch halten, daß sich q_L so verkleinert, daß $(q_L I_L) = i_{Me}$ wird. Dies ist der Fall des makroskopischen Lochfraßes. Insgesamt kann auf diese Weise das Lochfraßpotential im Prinzip allein aus kinetischen Daten berechnet werden; jedoch sind solche Rechnungen für einen realen Fall des Lochfraßes bisher nicht vorgelegt worden.

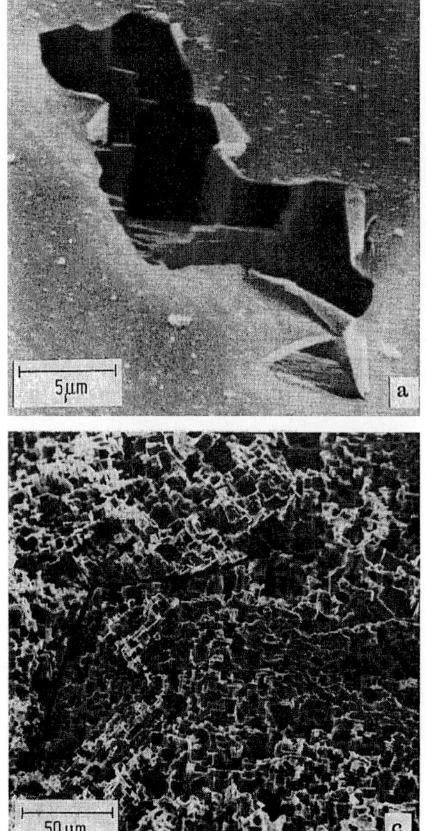

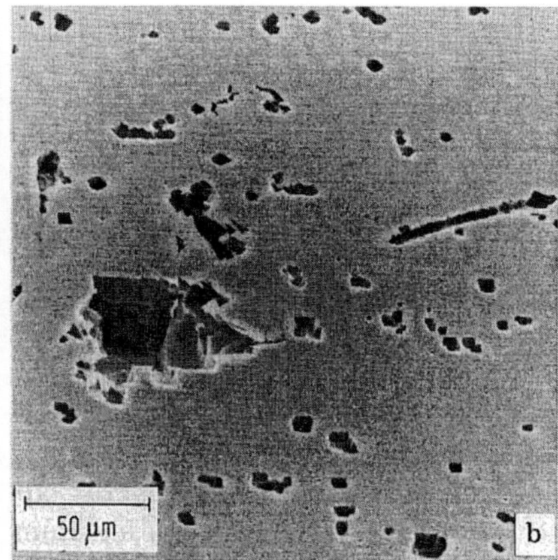

Bild 12.36a–c. Die Oberfläche von Aluminium in 1 N NaCl-Lösung nach 24-stündiger potentiostatischer, anodischer Dauerpolarisation bei **(a)** $\varepsilon = \varepsilon_L - 20$ mV, **(b)** $\varepsilon = \varepsilon_L$, **(c)** $\varepsilon_L + 20$ mV. (Man beachte den vergrößerten Maßstab in Bild a). (Nach Baumgärtner und Kaesche)

Zur Frage der Natur des Lochfraßpotentials ε_L zeigt Bild 12.36 den charakteristischen metallografischen Befund [60]. Man erkennt, daß die langdauernde potentiostatische Polarisation zu Werten des Elektrodenpotentials a) knapp unterhalb, b) gerade bei und c) knapp oberhalb von ε_L im einzelnen immer die Bildung kristallografischer Ätzgrübchen bzw. Tunnel bewirkt, daß aber die Häufigkeit der Einzelereignisse bei ε_L lawinenartig anwächst. Aus solchen Beobachtungen ist geschlossen worden, daß ε_L nicht nur für Aluminium, sondern allgemein, als Potentialschwelle für die Keimbildung der Ätzgrübchen bzw. Tunnel zu verstehen ist. Diese Vorstellung ist in dem Sinne *quasithermodynamisch*, als sie davon ausgeht, daß die freie Energie der Bildung von Lochkeimen durch in das System eingespeiste Überspannungsenergie erniedrigt wird. Dabei ist die Keimbildungsenergie für sehr kleine Löcher ebenso wie z. B. für kleine Kristallite positiv, weil der Energieaufwand für die Bildung der Keimwände mit deren Oberflächenspannung zunächst größer ist als der Energiegewinn durch die Auflösung der Metallatome. Wie für Kristallite existiert nach dieser Vorstellung auch für Ätzgrübchen eine kritische Mindestgröße, die erreicht werden muß, damit der Keim zugunsten des weiteren Wachstums gegen Wiederauflösung stabil ist. Diese kritische Größe wird durch die Überspannungs-Energiezufuhr erniedrigt. In dieser auf Volmer zurückgehenden, sowohl in Kap. 8 wie auch im vorliegenden Zusammenhang weiter oben schon angesprochenen Vorstellung wird die Vereinigung von Atomen zu Kristalliten, oder von Leerstellen zu Grübchen als Zufallsereignis betrachtet, also nicht schrittweise analysiert [28]. Wegen der Überlegungen über die Natur der Keime von Lochfraßstellen wird auf die Literatur verwiesen [60, 66, 67]. Der Gedankengang führt auf den Ansatz, daß das Elektrodenpotential als Summe des Gleichgewichtspotentials der ablaufenden Elektrodenreaktion und der Überspannung betrachtet wird, eventuell mit Korrekturen, die noch zu erörtern bleiben. Die Überspannung als Funktion der Stromdichte der lokalen Metallauflösung, wird speziell als Keimbildungs- Überspannung in Ansatz zu bringen sein. Handelt es sich um die Keimbildung auf der sonst noch ebenen Metalloberfläche, also um den Fall noch unerheblicher Einflüsse der Konzentrationsveränderungen und der Ohmschen Spannung in tiefen Höhlungen, und ist die Elektrodenreaktion z. B. die Bildung von wasserfreiem Aluminiumchlorid gemäß $Al + 3\,Cl^- \rightarrow AlCl_3 + 3\,e^-$, so erhält man zunächst für die Überspannung grundsätzlich den Ausdruck:

$$\eta = \varepsilon - E_{Al/AlCl_3} = \varepsilon - E^0_{Al/AlCl_3} + \frac{RT}{F} \ln a^0_{Cl^-} \qquad (12.29)$$

η Überspannung
ε Elektrodenpotential
$E_{Al/AlCl_3}$ Gleichgewichts-Elektrodenpotential
$E^0_{Al/AlCl_3}$ Normalpotential
$a^0_{Cl^-}$ Chlorionen-Aktivität der Ausgangslösung

Für die Summe der Passivstromdichte und der Stromdichte der Metallauflösung aus Auflösungskeimen erhält man bei geschwindigkeitsbestimmender Keimbildung für die auf die gesamte Elektrodenoberfläche bezogene Stromdichte der Aluminiumauflösung analog zu Gl. (8.3a) einen Ansatz von der Form:

$$i_{Al} = i_{passiv} + K_1 \exp\left[K_2 \frac{zF}{RT}\eta\right] \exp\left[-\frac{K_3}{\eta^2}\right] \qquad (12.30)$$

i_{Al} Stromdichte der Metallauflösung
i_{passiv} Passivstromdichte
K_1, K_2, K_3 Konstante
η Überspannung

Die Gleichung ist in dieser Form korrekt, solange der von Lochfraß befallene Anteil der Fläche gegenüber dem passiven noch klein ist. Andernfalls wäre der erste Term mit dem passiven Flächenanteil zu multiplizieren, was aber wegen der Kleinheit der Passivstromdichte hier nicht genau interessiert. Das Lochfraßpotential erscheint nicht mehr als singulärer Potentialwert, sondern als Schwelle des potentialabhängigen Übergangs von kleiner zu großer Wahrscheinlichkeit der Keimbildung. Dabei wird die Funktion durch den zweiten Exponentialterm in Gl.

(12.20) sehr steil, entsprechend dem schmalen Potentialbereich lawinenartiger Zunahme der Keimbildung. Wegen der Bedeutung der Konstanten K_1, K_2 und K_3 vgl. die Literatur [28]. Als Lochfraßpotential wird die Schwelle berechnet, bei der die gesamte Stromdichte der Aluminiumauflösung die Passivstromdichte erheblich übersteigt:

$$\varepsilon_L = E_{Al/AlCl_3} + \eta(i_{Al} \gg i_{passiv}) \tag{12.31}$$

Für andere Halogenide des Aluminiums gilt sinngemäß dasselbe. Gemäß Gl. (12.31) erwartet man eine Parallelität zwischen dem Lochfraßpotential und dem Normalpotential der Reaktionen $Al + 3X^- \rightarrow AlX_3 + 3e^-$ (mit X = Cl, Br, J) also für die Bildung der wasserfreien Aluminiumhalogenide, wie früher experimentell beobachtet [15]. Die Erwartung besteht immer dann, wenn der Überspannungsterm in einer Gleichung des Typs (12.31) von der Art des Halogenids nicht stark abhängt, setzt also den Keimbildungsmechanismus nicht voraus.

Der Einfluß der Art und der Konzentration des Halogenids auf das Lochfraßpotential kann auf diese Weise qualitativ gut erklärt werden, und zwar nicht nur für das hier in den Vordergrund gestellte Aluminium, und nicht nur für den Keimbildungsmechanismus. Man beachte im übrigen, daß die Lochkeimbildung mit der Erzeugung von Aluminium-Halogenid-Bindungen verknüpft sein muß, um die Lage des Lochfraßpotentials zu erklären. Ein Keim dieser Art wäre offenbar eine Pore im Oxidfilm mit halogeniertem Aluminiumboden [60b, c].

Für bereits tiefere, auch für größere Lochfraßstellen, wird es erforderlich, außer dem Gleichgewichtspotential der ablaufenden Elektrodenreaktion und der wie auch immer zu berechnenden Überspannung an der Phasengrenze Metall/Lösung weitere Potential-Anteile zu berücksichtigen. Liegt ein Salzfilm der oben beschriebenen besonderen, wasserarmen Art vor, so kann in diesem der Ionen-Stromfluß eine elektrische Spannung $\Delta\varepsilon_{Film}$ hervorrufen. Diese kann Ohmsch sein, also linear mit der Spannung verknüpft, oder gemäß einem Hochfeldstärke-Transportmechanismus exponentiell mit der Spannung steigend. In engen, langen Höhlungen, etwa in Tunneln, wird in der Lösung eine merkliche Ohmsche Spannung $\Delta\varepsilon_{Lsg}$ auftreten. Ist die Höhlung mit einem homogenen Lochelektrolyten stark veränderter Konzentration gefüllt, so tritt in der Mündung ein Diffusionspotential $\Delta\varepsilon_{Diff}$ auf, das übrigens qualitativ genügt, um die Änderung des Lochfraßpotentials mit der Halogenidkonzentration zu erklären [15]. Nimmt man eher den oben beschriebenen Schlitz mit passiven Wänden als Lochmodell, so erscheint statt dessen ein gleichwertiger Potentialterm der Konzentrationspolarisation, der als Überspannung η_{Konz} zu berechnen wäre, offenbar als Funktion $\eta_{Konz}(I)$ der wahren Stromdichte, die die Höhlung durchsetzt. In einer mechanistichen, nicht-statistischen Betrachtung würde ebenso die Überspannung der Phasengrenzreaktion sinngemäß auf die lokale Stromdichte bezogen, also als $\eta_{Reakt}(I_L)$, gegebenenfalls mit Berücksichtigung des intermittiert gepulsten Tunnelwachstums.

Sehr allgemein kann daher für das Elektrodenpotential einer Lochfraßstelle auf der Oberfläche eines Metalls Me bei Vorliegen eines festen Niederschlags eines Metallhalogenids $MeX_z \cdot n\,H_2O$ in einem Lochelektrolyten der Sättigungs-Halogenidaktivität $(a_{X^-})_S$ angenommen werden, daß (mit verkürzter Indizierung der

Überspannung, sonst Symbole wie oben beschrieben):

$$\varepsilon = E^0_{\mathrm{MeX_3 \cdot nH_2O}} - \frac{RT}{F} \ln(a_x)_S + \eta\{I_L\} + \Delta\varepsilon_{\mathrm{Film}} + \Delta\varepsilon_{\mathrm{Lösg}} + \Delta\varepsilon_{\mathrm{Diff}} \qquad (12.32)$$

$E^0_{\mathrm{MeXn \cdot n\,H_2O}}$ steht für das Normalpotential der Bildung des Halogenids mit der Hydrationszahl n, die für das wasserfreie Halogenid 0 wird, während z. B. für das Chlorid des Aluminiums im Gleichgewicht mit der gesättigten Lösung $n = 6$. Für das Lochfraßpotential gilt, im wesentlichen gleichbedeutend mit Gl. (12.31):

$$\varepsilon_L = \varepsilon\{i_{\mathrm{Me}} \gg i_{\mathrm{passiv}}\} \qquad (12.33)$$

Die Steilheit der Stromspannungskurve legt damit das Lochfraßpotential auf eine mehr oder weniger enge Schwelle fest. Man beachte nochmals, daß nach Überschreiten der Schwelle die Aufrauhung der Elektrodenoberfläche schon für sich allein die Steilheit weiter erhöht.

Sonderfälle des durch Gl. (12.32) beschriebenen Elektrodenpotentials sind zur Deutung des Lochfraßpotentials mehrfach benutzt worden. Eine der Formen war für den speziellen Fall des Lochfraßes des Aluminiums die folgende [15]:

$$\varepsilon = E^0_{\mathrm{AlX_3 \cdot n\,H_2O}} - \frac{RT}{F} \ln(a_x)_S + \eta\{I_L\} + \Delta\varepsilon_{\mathrm{Diff}} \qquad (12.34)$$

Dem lag der Gedanke zugrunde, daß eine Mindest-Stromdichte I^0_L erreicht werden muß, um in einer Lochfraßstelle den Lochelektrolyten, der das Metall aktiv hält, gegen die Vermischung mit dem umgebenden Hauptelektrolyten zu stabilisieren. Daraus ergab sich für das Lochfraßpotential der Ausdruck:

$$\varepsilon_L = \varepsilon\{I^0_L\} \qquad (12.35)$$

In einer jüngeren Serie von Arbeiten über den Lochfraß des Aluminiums und seiner Legierungen, des Eisens, des Nickels und des Zinks [40, 68] wird weiterhin unterstellt, daß es darauf ankommt, den pH-Wert am Lochboden so niedrig zu halten, daß Repassivierung nicht eintritt. Wie oben dargelegt, ist das Lochwachstum zumindest in einigen Fällen durch die Frequenz der Tunnelprozesse, bei sonst währender Passivität auch im Lochinneren bestimmt. Man beachte aber dazu, daß, wie oben ebenfalls dargelegt, die Berechnung von Transportvorgängen in konzentrierten Elektrolytlösungen ohnehin normalerweise Näherungscharakter hat. Die Näherungsberechnung eines kritischen, durch Hydrolyse der Metallionen bewirkten pH-Wertes mag dann qualitativ als Lochfraßkriterium etwas ähnliches ergeben wie Näherungsberechnung einer Metallhalogenidkonzentration schlechthin, bei der die Wahrscheinlichkeit der Tunnelinitiierung groß wird. Bei den hier zitierten Überlegungen [68b] wurde als Lochmodell der in Bild 12.32 skizzierte Schlitz mit passiven Wänden und aktivem Boden benutzt, als Elektrolytlösung aber nicht eine reine Säure angenommen, sonern eine Halogenidsalzlösung im Prinzip beliebigen pH-Wertes. Die aktive Metallauflösung am Lochboden verläuft gemäß $Me \rightarrow Me^{z+} + z\,e^-$. Für die Hydrolyse in Lösungen, die kaum OH^--Ionen enthalten, gilt vereinfacht das Gleichgewicht $Me^{z+} + H_2O = Me(OH)^{(z-1)+} + H^+$. Wie schon bei den weiter oben zitierten Rechnungen wird auch hier für den stationären Zustand nur der Fluß der Ionen des aufgelösten Metalls als von Null erheblich verschieden betrachtet, während die Flüsse der Halogenionen und der H^+-Ionen verschwinden sollen. Der Halogenidsalzüberschuß soll bewirken, daß im übrigen die Ionen des aufgelösten Metalls und die H^+-Ionen nur durch Diffusion transportiert werden. Sei $Me^{2+} = S_1$, $Me(OH)^{(z-1)+} = S_2$, $H^+ = S_3$, so erhält man die Flußgleichungen in der Form:

$$D_{S_1}\frac{dc_{S_1}}{dx} + D_{S_2}\frac{dc_{S_2}}{dx} = \frac{I_L}{zF} \tag{12.36a}$$

$$D_{S_3}\frac{dc_{S_3}}{dx} = 0 \tag{12.36b}$$

Hinzu kommt die Gleichgewichtskonstante der Hydrolysereaktion:

$$\frac{c_{S_2}c_{S_3}}{c_{S_1}} = K_{\text{Hydrolyse}} \tag{12.36c}$$

Enthält die umgebende Ausgangs-Elektrolytlösung in merklicher Konzentration OH^--Ionen, so wird die Rechnung umständlicher, aber im Prinzip nicht schwieriger. Läßt man einerseits mehrere Stufen der Hydrolyse der Me^{z+}-Kationen bis zum $Me(OH)_z$ zu, außerdem Transport der Ionen auch durch Migration im elektrischen Feld, endlich auch noch den Einfluß von Substanzen, die den pH-Wert puffern, so wird für die Gewinnung einer Näherungslösung ein Rechner benötigt [68f]. Bei alledem bewirkt das Schlitzmodell auch im vorliegenden Fall, daß die Konzentration der jeweils betrachteten Ionensorte als Funktion des Produktes $(I_L x)$ aus Stromdichte I_L der Metallauflösung und Schlitztiefe x erscheint. Ein interessantes numerisches Ergebnis ist, daß der als depassivierend kritisch eingeschätzte pH-Wert des Lochelektrolyten meistens für Werte $(I_L x) \leq 10^{-6}\,\text{A cm}^{-1}$ erreicht wird. Schätzt man nun weiter eher willkürlich, aber hinsichtlich der Größenordnung einleuchtend, $I_L \approx 1\,\text{A cm}^{-2}$, so wird die Tiefe von Löchern, deren Boden in Berührung mit einem hinreichend sauren Lochelektrolyten aktiv bleibt, $x \approx 10\,\text{nm}$. Das ist nach der Größenordnung die Dicke typischer Passivschichten, woraus gefolgert worden ist [68b], daß zufällige Verletzungen der Passivschicht, wie sie immer vorkommen mögen, für das Einsetzen des Lochfraßes ausreichen, wenn die Stromdichte I_L ausreichend hoch ist. Die Autoren gehen im Grunde von einer Gleichung des Typs (12.32) aus, allerdings ohne die Bedingung der Sättigung bezüglich des Metallhalogenids, also auch ohne $\Delta\varepsilon_{\text{Film}}$, und ohne Berücksichtigung von $\Delta\varepsilon_{\text{Diff}}$, jedoch mit einem besonderen Argument, wie folgt: Man betrachte das Metall, dessen Lochfraß interessiert, in einer Lösung mit der Zusammensetzung des Lochelektrolyten, der gerade so sauer ist, daß Passivierung nicht eintritt, wie soeben berechnet. Dann habe das Metall das Korrosionspotential ε_R, bedingt durch die Überlagerung der Stromspannungskurven der Metallauflösung und der Wasserstoffabscheidung. Umgibt man nun den Lochelektrolyten mit einer z. B. neutralen Lösung, so wird die Vermischung mit diesem den Lochelektrolyten so verdünnen, daß Passivierung eintritt. Es muß nun die Stromdichte der Metallauflösung erhöht werden, so daß das Zusammenspiel der Transportvorgänge zwischen Lochelektrolyt und umgebendem Hauptelektrolyten gerade verhindert wird. Dazu muß das Elektrodenpotential um einen Term η_{excess} der Erhöhung der Überspannung der anodischen Metallauflösung über den bereits in ε_R enthaltenen Überspannungsanteil erhöht werden. Hinzu kommen Spannungsanteile der Ohmschen Stromleitung in der Lösung und eventuell Anteile, die von Inhibitoren herrühren sollen und hier außer Betracht bleiben mögen. Dann tritt an die Stelle der Gl. (12.32) der Ausdruck:

$$\varepsilon_L = \varepsilon_R + \eta_{excess} + \Delta\varepsilon_{Lösg} \qquad (12.37)$$

Für die anodische Stromdichte I_L der Metallauflösung wird die für geschwindigkeitsbestimmenden Ladungsdurchtritt zu erwartende exponentielle Abhängigkeit von η vorgeschlagen.

Anstrengungen wie die Beobachtungen der extrem schnellen Metallauflösung unter offenbar wasserfreien, auch Hydratwasser-freien Salzschichten in Ätzgrübchen und in Tunneln, die weiter oben beschrieben wurden, mit momentanen Stromdichten um Größenordnungen höher als 1 A cm^{-2}, sind naturgemäß besonders interessant, vorerst jedoch selten [61 g]. Dazu ist insbesondere vorgeschlagen worden anzunehmen, daß die Durchtrittsüberspannung an der Phasengrenze Metall/Salzfilm geringfügig, die Metallauflösung durch diese Phasengrenze also im Quasi-Gleichgewicht ist, so daß $\eta(I_L) \approx 0$. In engen Tunneln wird dann jedenfalls eine Konzentrationsänderung gegenüber der umgebenden Lösung auftreten, die in diesem Modell als Konzentrations-überspannung η_{Konz} berücksichtigt wird, desgleichen eine Ohmsche Spannung $\Delta\varepsilon_{Lösg}$. Das Hauptinteresse beansprucht in diesem Modell die über den Salzfilm, der wie in Bild 12.31 skizziert gedacht wird, abfallende Spannung η_{Film}, und man erhält, im Grunde im Gefolge früherer Überlegungen über den speziellen Fall der halbrund elektropolierten Löcher [49 a–c] für das Elektrodenpotential den Ausdruck:

$$\varepsilon = E^0_{Me/Me\,X_3} - \frac{RT}{F} \ln a^0_{x^-} + \eta_{Konz} + \eta_{Film} + \eta_{Lösg} \qquad (12.37)$$

Der zweite Term der rechten Seite mit der Ausgangs-Halogenidaktivität $a^0_{x^-}$ fehlt in der zitierten Literaturstelle, weil dort mit $a^0_{x^-} \approx 1$ gerechnet wurde. Konzentrationspolarisation η_{Konz} und Ohmsche Spannung $\Delta\varepsilon_{Lösg}$ ergeben sich im Prinzip aus den Transportgleichungen für den Stromfluß in der Elektrolytlösung. Die interessante Größe ist η_{Film}, die elektrische Spannung im Salzfilm, die sich über den variablen Wassergehalt der Schicht den übrigen Parametern des Lochwachstums anpassen kann [61]. Ein attraktives Modell der Ereignisse während des Wachstums eines Tunnels erhält mann dann, wenn man annimmt, daß die Initiierung des Tunnelns durch eine Gleichung vom Typ (12.29) beherrscht wird, das Tunnelwachstum durch eine Gleichung vom Typ (12.37), das Wachstumsende durch eine Gleichung vom Typ (12.34). Diese Hypothese übergeht aber z. B. den oben geschilderten Befund, daß das schnelle Wachstum jedes einzelnen Mikrotunnels seinerseits wieder intermittiert ist.

Bei einer vergleichenden Betrachtung einerseits der selektiven Korrosion von Legierungen mit einer Edelmetallkomponente, also etwa der selektiven Kupferauflösung aus einer Kupfer- Palladium-Legierung, andererseits des Lochfraßes passiver reiner Metalle, also z. B. des Lochfraßes des passiven Aluminiums, fällt auf, daß das Durchbruchspotential der selektiven Korrosion und das Lochfraßpotential beide die Rolle einer Potentialschwelle spielen, innerhalb derer die Frequenz lokaler Auflösungsvorgänge steil anwächst. Im Falle der selektiven Legierungskorrosion (vgl. kap. 8) ist die Keimbildung auf Netzebenen erforderlich, weil die Halbkristallagen blockiert sind. Im Falle des Lochfraßes ist die Lochbildung in der Passivschicht erforderlich, die formal ebenfalls als Keimbildungsvorgang behandelt werden kann [60c,e]. Eine Weiterführung dieser Betrachtungsweise sollte die nächst-komplizierten Systeme, das sind die passiven Legierungen z. B. vom Typ der hochlegierten Stähle mit Oxidfilmen, deren Zusammensetzung durch die vorübergehende selektive Korrosion des Grundmaterials bestimmt wird, ins Auge fassen. Wie in Kap. 15 gezeigt, spielen dann ferner, auf weiter komplizierterem Gebiet, die Fragen der selektiven Korrosion des Mikrolochfraßes, der Passivität und der Bildung selektiv korrodierter Metallschichten offensichtlich alle neuerlich eine Rolle bei der Ausbreitung von Korrosions-induzierten Spannungsrissen. Ebenso tritt dort erneut die Frage nach der Ursache von Schwellenwerten des Elektrodenpotentials auf, hier mit der Komplikation des Einflusses lokaler Verformungsprozesse. Der angeschnittene Fragenkomplex hat mithin erhebliche aktuelle Bedeutung.

Bis hierher wurde unterstellt, daß das Lochfraßpotential ε_L oder jedenfalls der Steilanstieg der scheinbaren Stromdichte i_{Me} durch eine Messung ohne weiteres festgestellt werden kann, die Unterscheidung unterschiedlicher Potentialschwellen also nicht erforderlich ist. Zu diesem Thema gehört auch noch der Befund der Änderung von ε_L mit der Zusammensetzung von Legierungen, insbesondere mit der Zusammensetzung von Aluminium-Legierungen. Dies spielt eine wesentliche Rolle für die interkristalline Korrosion dieser Legierungen und wird dort (Kap. 13) näher betrachtet werden.

Ein Fall, in dem andererseits ein Lochfraßpotential durch die üblichen Stromspannungsmessungen gar nicht beobachtet wird, ist das Aluminium in Fluorid-Lösungen [69]. Anodische potentiostatische oder galvanostatische Polarisation verursacht dort keinen erheblichen Stromanstieg [69a], während bei Korrosionsversuchen in Fluoridlösung beim Ruhpotential kleine, pustelartige Anfressungen bewirken, daß die mittlere Korrosionsgeschwindigkeit zwar klein ist, aber größer als für die übrigen Halogenidlösungen [69b]. Für den Zustand der Elektrodenoberfläche ist die Bildung einer speziellen fluoridhaltigen Deckschicht vermutet worden [69c]. Neuerdings ergaben potentiostatische Polarisationsversuche, daß auch für diesen geringfügigen Lochfraß ein Durchbruchspotential existiert, wiewohl kein steiler Stromanstieg beobachtet wird, nämlich $+0{,}16\,V$ in einer Lösung von 0,001N NaF [69d]. Diese Potentialschwelle liegt allerdings unerwartet hoch.

Die besondere Rolle des Fluorids ist beim passiven Eisen und beim passiven Nickel durch elektrochemische und oberflächenspektroskopische Messungen untersucht worden [70]. Danach aktiviert das Fluorid im Falle des Eisens in alkalischen und schwach sauren Lösungen lokal, in stark sauren Lösungen gleichmäßig überall durch die Katalyse der Oxidauflösung über Eisen-Fluoro-Komplexe bis zur Aktivierung, aber ohne eigentlichen Lochfraß. Fluorionen treten in den Oxidfilm nicht ein. Beim Nickel wird ein ähnlicher Effekt gefunden, zusätzlich bei hohem

Elektrodenpotential die Bildung einer Fluorid-Deckschicht, d. h. aber ein neuartiger Reaktionsmechanismus.

Weit verbreitet, weil leicht zu automatisieren, ist auch für Lochfraß-Untersuchungen das Registrieren potentiokinetischer Stromspannungskurven. Als „Lochfraßpotential" wird dann die Potentialschwelle angegeben, nach deren Überschreitung ein merklicher Stromanstieg eintritt. Es ist dann zumindest erforderlich, den gewöhnlich erheblichen *Einfluß der Potentialvorschubgeschwindigkeit* zu dokumentieren [71]. Entsprechend kontrollierte potentiokinetische Messungen sind wohl geeignet, ein ungefähres Bild des verwickelten Zusammenspiels von Adsorptions-, Keimbildungs-, Wachstums- und Repassivierungsvorgängen zu erhalten, das insgesamt die tatsächliche Gefahr des Lochfraßes charakterisiert, wie sie in der Praxis interessiert. Man wird aber z. B. beim potentiokinetischen Messen das an sich nachweisbare Auftreten von Lochfraß noch für Chloridkonzentrationen zwischen 10^{-4} und 10^{-3} mol/l [5, 15c, 49d] „überfahren", weil die dann sehr geringe Lochbildungsgeschwindigkeit mit dem Potentialvorschub nicht „mitkommt". Will man eine Vorstellung über die tatsächliche Praxis-Gefahr des Lochfraßes erhalten, ist weiter zu beachten, daß es regelmäßig u. a. auf die Ausbildung von galvanischen Kurzschlußzellen ankommt, deren Charakteristik insgesamt weder dem galvanostatischen, noch dem potentiostatischen Fall entspricht [72]. Beim potentiokinetischen Messen zeigt sich besonders für die CrNi-Stähle, daß auf ε_L zunächst ein Potentialbereich folgt, in dem Stromspitzen das Auftreten von Lochkeimen anzeigen, die wieder repassiviert werden, und daß erst oberhalb einer wesentlich positiveren Potentialschwelle stabiler Lochfraß einsetzt. Auch bei potentiostatischen Messungen wenig oberhalb von ε_L wird bei nicht zu hoher Konzentration des aggressiven Anions oft nur repassivierender Lochfraß beobachtet. Typisch ist, daß sich bei solchen Messungen, wenn sie – wie zu empfehlen – nicht nur mit ständig wachsendem, sondern als Dreieckspannungsmessung durchgeführt werden, erhebliche Hystereseeffekte zeigen [73]. Man beachte, daß zur Interpretation solcher Hysteresekurven, oder auch der Angabe einer Anzahl typischer Kennwerte solcher Kurven, in der Regel erhebliche Vorkenntnisse unterstellt werden, z. B. über die Zunahme der Lochbildungsrate mit dem Potential im Falle des Aluminiums, und der entsprechenden Abnahme im Falle des Eisens (vgl. weiter oben). Mißt man hinreichend genau, so müssen sich z. B. im Falle des Aluminiums auch die Stromspitzen nachweisen lassen, die auf Ätzgrübchenbildung weit unter dem Lochfraßpotential zurückgehen, u. a. m.

Die soeben genannten „Kennwerte" des Verlaufs einer Hystereseschleife, die bei einer potentiokinetischen Dreieckspannungsmessung erhalten wird, wenn der Elektrodenzustand während des Potentialvorschubs noch instabil und demnach instationär war, können natürlich auch bestimmte Werte des Elektrodenpotentials sein. Dementsprechend kann dann z. B. ein Potential ε_{L1} des „repassivierenden Lochfraßes" unterhalb eines „Durchbruchspotentials" ε_{L2}, bei dem sich der Stromanstieg nicht mehr unterdrücken läßt, benannt werden, und endlich ein „Repassivierungspotential" ε_{L3}, bei dem während des Rücklaufs des Potentials der Strom wieder steil abfällt. Normalerweise wird dann ε_{L3} als das Potential, unterhalb dessen bereits vorhandene Löcher nicht weiter wachsen können, mit dem in den vorangegangenen Abschnitten diskutierten Lochfraßpotential schlechthin zusammenfallen. Dasselbe gilt vermutlich ebenfalls normalerweise für ein kritisches „Kratzpotential", jenseits dessen eine mechanisch angekratzte passive Metalloberfläche nicht mehr repassiviert, sondern in Lochfraß umschlägt [74, 75].

Für die Startvorgänge des Lochfraßes im Zeitbereich der Halogenidadsorption auf dem noch unverletzten Passivoxid bis zum lokalen Dünnen des Oxids und bis zum Beginn der aktiven Metallauflösung am Boden von Poren können Vorgänge das Geschehen beherrschen, die anders vom Potential abhängen als der dann einsetzende schnelle Metallabtrag. Also können für diese Periode auch andere kritische Potentialwerte bestehen. Dies mag, abgesehen vom oben erwähnten eher zufälligen „Überfahren" des stationären Lochfraßpotentials, auch grundsätzlich zur Unterscheidung verschiedener charakteristischer Potentialwerte der Startvorgänge des Lochfraßes einerseits und der Wachstums (auch des intermittierten Wachstums) von Lochfraßstellen führen.

In diesem Zusammenhang gehört auch die Frage des Einflusses z. B. von Inhibitoren des Lochfraßes auf das Lochfraßpotential. Inhibitoren des Lochfraßes sind z. B. Chromat- Anionen im Falle des Aluminiums [76]. Den Lochfraß des Eisens inhibieren Nitrat-, Sulfat-, Perchlorat- Anionen [77], wobei allerdings Sulfat und Perchlorat bei hohem Elektrodenpotential ihrerseits aggressiv werden, den Lochfraß der CrNi-Stähle Nitrat-, Perchlorat-, Sulfat- und Chromat-Anionen. Anders als etwa im Falle der Beizinhibitoren sind zur Unterdrückung des Lochfraßes allerdings vergleichsweise sehr hohe Inhibitorkonzentrationen erforderlich. Bei potentiokinetischen Messungen äußert sich nun die Inhibition häufig durch eine Verschiebung der Potentialschwelle des deutlichen Stromanstiegs zu positiverem Elektrodenpotential. Dafür zeigt Bild 12.37 den Fall der Wirkung von Chromatzusatz zu einer Chloridlösung, die Aluminium angreift [76]. Dazu sei angemerkt, daß gerade für diesen Fall nachgewiesen wurde, daß das stationäre Lochfraßpotential ε_L vom Chromatgehalt nur wenig abhängt [15c]. Davon abgesehen, ist das Ergebnis für den häufigen Befund typisch, daß es nicht auf den Absolutwert der Konzentration c_I inhibierender Anionen ankommt, sondern auf das Verhältnis von c_I zur Konzentration c_L der passivitätszerstärenden Anionen. Dies deutet darauf hin, daß solche Messungen eine Aussage vorwiegend über den

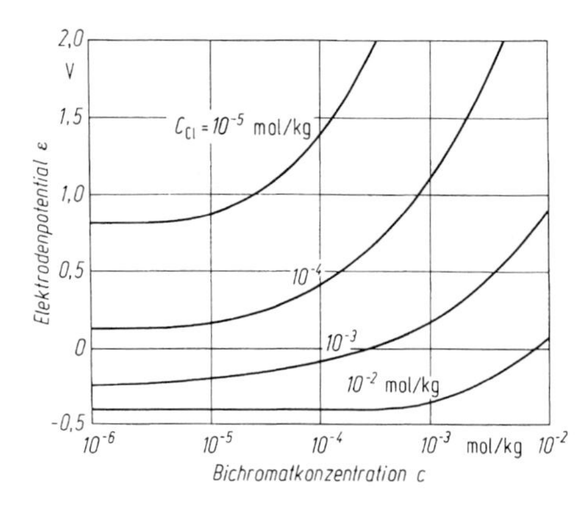

Bild 12.37. Die Abhängigkeit der Potentialschwelle für das Einsetzen schnellen Lochfraßes von reinem Aluminium in $NaCl/K_2CrO_4$-Lösungen von der Chlorid- und der Chromatkonzentration, bei schnellem potentiokinetischem Messen; $d\varepsilon/dt = 1$ V/h. (Nach Anderson und Hocking)

ersten Startvorgang des Lochfraßes enthalten, nämlich über die Adsorption der aggressiven Anionen auf dem noch intakten Passivoxid, und die Verdrängung dieser Anionen aus der Adsorptionsschicht durch einen Überschuß inhibierender Anionen. Zu den Inhibitoren zählen auch die Hydroxylionen, und man beachte, daß deshalb auch in nominell inhibitorfreier Lösung die primäre Adsorption etwa der Chlorionen als Verdrängungsadsorption zu deuten ist. Messungen, die die Zunahme der Cl^- Adsorption auf Chrom mit steigendem Elektrodenpotential einerseits, die Verdrängung der Cl^--Ionen aus der Adsorptionsschicht durch SO_4^{2-}- und durch OH^--Ionen andererseits direkt (durch Radiographie mit Cl^{36}) anzeigen, liegen vor [79]. Die Inhibitorwirksamkeit hängt stark von der Anionensorte ab. Mißt man potentiokinetisch, welche thermodynamische Aktivität $(a_I)_{krit}$ erforderlich ist, um bei gegebener Aktivität a_L des aggressiven Anions den Lochfraß zu unterdrücken, so erhält man gewöhnlich einen Zusammenhang von der Form

$$\log a_L = a \log (a_I)_{krit} + b \tag{12.38}$$

So wird für 18 8-CrNi-Stahl in Cl^--Lösung z. B. angegeben [78.d]

$$\begin{aligned} \log a_{Cl^-} &= 1{,}62 \log (a_{OH^-})_{krit} + 1{,}84 \\ &= 1{,}88 \log (a_{NO_3^-})_{krit} + 1{,}18, \\ &= 0{,}85 \log (a_{SO_4^{2-}})_{krit} - 0{,}05, \\ &= 0{,}83 \log (a_{ClO_4^-})_{krit} - 0{,}44, \end{aligned} \tag{12.39}$$

mit sinkender Inhibitor-Wirksamkeit in der Reihenfolge dieser Gleichungen, also vermutlich ebenso sinkender Adsorbierbarkeit der untersuchten Anionen. Verschiedene Komplikationen sind zu beachten: Erstens kann gleichmäßige Adsorption den Lochfraß nicht erklären; es muß vielmehr inselartige Adsorption unterstellt werden (vgl. weiter oben). Zweitens ist die Verwendung von Adsorptions-Gleichgewichtsdaten möglicherweise nicht erlaubt. Drittens gibt es ausgesprochene *Trainiereffekte* der Art, daß etwa in molybdänhaltigen CrNi-Stählen die Vorbehandlung der Proben das Verhalten stark beeinflußt [80a]. Viertens beruht die Wirkung des Chromats beim CrNi-Stahl nicht auf einer Hemmung der Lochkeimbildung, sondern auf der Hemmung der kathodischen Teilreaktion am elektronenleitenden Passivoxid [80c].

In anderen Fällen beruht die Wirkung des inhibierenden Anions darauf, daß der Potentialbereich des Lochfraßes dadurch eingeengt wird, daß ein oberes Lochfraßpotential bzw. ein *Lochfraß-Inhibitionspotential* ε_{LI} auftritt. Dafür zeigte schon Bild 12.8 für den Fall des CrNi-Stahls in Cl^-/NO_3^--haltiger Säure ein Beispiel. Der Nitratzusatz läßt das Lochfraßpotential ε_L unbeeinflußt, unterdrückt aber den Lochfraß oberhalb von $\varepsilon_L + 0{,}6$ V. Ein Lochfraß-Inhibitions-Potential wird auch für Eisen in $SO_4^=$-Lösungen und in ClO_4^--Losungen beobachtet [6], desgleichen in Cl^-- Br^--, J^--Lösungen nach Zusatz von inhibierendem Nitrat oder Perchlorat [78d]. Für die letzteren Mischungen aggressiver Salze und inhibierender Salze findet man Beziehungen z. B. der Form

$$\varepsilon_{LI} = +\,1{,}56 + 0{,}38 \log \frac{a_{Cl^-}}{a_{ClO_4^-}}, \tag{12.40}$$

die formal der Nernstschen Gleichung eines Gleichgewichtselektrodenpotentials ähneln [6]. Auch diese Gleichung gibt vermutlich den Einfluß konkurrierender Adsorption aggressiver und inhibierender Anionen wieder, jedoch fehlt auch dazu vorerst die genauere Erforschung.

12.5 Bemerkungen zur Spaltkorrosion

Enthält eine Konstruktion enge *Spalte* etwa zwischen den Stirnflächen verschraubter Flansche, oder an Schweißstellen, oder an eingewalzten Rohren in Kondensatorböden, oder auch etwa zwischen der Metalloberfläche und dem Dichtungsmaterial von Ventilen etc., und steht die Öffnung des Spalts in Verbindung mit der angreifenden Elektrolytlösung, so wird die Ausbildung schädlicher aktiv/passiv-Kurzschlußzellen stark begünstigt. Von vorne herein erkennt man leicht, daß im Falle der Korrosion durch gelösten Sauerstoff die Lösung im Spalt an Sauerstoff verarmen wird. Dann wird die Metalloberfläche im Spaltinneren anodisch gegenüber der äußeren Metalloberfläche, und die Kurzschlußströme bringen die elektrolytische Anionenüberführung in Gang. Handelt es sich um passivitätsstörende Anionen, im allgemeinen also Chlorionen, so ist die Entstehung von Lochfraßstellen im Spalt begünstigt. Es folgt schnelle Metallauflösung mit Ansäuern des Elektrolyten in der Umgebung der Fraßstellen. Auf die Dauer ist zu erwarten, daß in einem System dieser Art das Spaltinnere überall angegriffen wird.

Der Spalt wirkt dann wie eine grobe Lochfraßstelle vorgegebener Größe Deshalb bestehen einerseits deutliche Ähnlichkeiten, andererseits ebenfalls deutliche Unterschiede zwischen Spaltkorrosion und grobem Lochfraß. Das Thema wird hier, mit Hinweis auf die ausführliche referierende Literatur [81] nur kurz berührt.

Die Unterschiede sind im wesentlichen dadurch bedingt, daß der Spalt z. B. konstruktionsbedingt vorgegeben ist, oder durch Ablagerungen von Feststoffen auf der Metalloberfläche zufällig zustandekommt, jedenfalls also nicht erst durch die Korrosion entsteht. Für in der Tiefe des Spaltes gelegentlich auftretende kleine Angriffstellen sind dann von vorne herein die Transportvorgänge der Diffusion und der Migration zur Metalloberfläche stark gehemmt; der Konzentrationsausgleich durch Konvektion ist zugleich praktisch ausgeschlossen. Man sieht ein, daß dann dieses gelegentlich zufällige Auftreten einer zunächst mikroskopischen Anfressung im engen Spalt durch die dann folgende Änderung der Zusammensetzung des lokalen „Spaltelektrolyten“ das Auftreten der nächsten kleinen Anfressung in der nächsten Nähe begünstigt. Dazu lehrt die Erfahrung [81b,e] insbesondere, daß Spaltkorrosion bei Werten des Elektrodenpotentials eintritt, die erheblich unter dem Lochfraßpotential liegen. Dazu wäre die Modellvorstelllung attraktiv, daß die aktive Spaltkorrosion sich auf längere Sicht stabilisieren kann, wenn das Elektrodenpotential im Spalt mindestens das Lochfraßpotential in der gesättigten Lösung des jeweiligen Metallhalogenids erreicht. Wie es scheint, ist aber selbst dieses bereit ungünstige Potentialkriterium in Wirklichkeit noch zu optimistisch [82].

Das Ingangkommen der Änderung der Zusammensetzung des Spaltelektrolyten durch die Ionenflüsse zwischen Spaltinnerem und Umgebung ist für den speziellen Fall der Spaltkorrosion des Aluminiums experimentell, sowie – unter Benutzung der Nernst-Planckschen Differentialgleichungen – rechnerisch untersucht worden [83]. Von anderer Seite [84] ist, im wesentlichen mit den gleichen mathematischen Hilfsmitteln, der Gedankengang umgekehrt worden in dem Sinne, daß nach den Bedingungen gefragt wurde, unter denen sich ein zunächst aktiv gedachter Spalt nicht passiviert. Das Modellexperiment sieht vor, daß die die Spaltmündung umgebende Metalloberfläche durch potentiostatische Polarisation über das Passivierungspotential gebracht, also passiviert wird. Die Frage ist dann, unter welchen Bedingungen die Ohmsche Spannung, die der Stromfluß im Spaltelektrolyten erzeugt, Teile der Spaltoberfläche im Aktivbereich des Potentials hält. Ein wesensgleiches Problem bietet übrigens die Frage des anodischen Korrosionsschutzes (vgl. Anhang) eines Behälters mit angeschlossenen engen Rohren. Naturgemäß sind Spannungs- und Schwingungskorrosionsrisse u. a. auch extrem enge Spalte, so daß auch auf diesem Sachgebiet die hier angeschnittenen Fragen eine erhebliche Rolle spielen (vgl. Kap. 15 u. 16).

Zu den für Spaltkorrosion anfälligen Legierungen gehören die hochlegierten CrNi-Stähle. Das Ergebnis diesbezüglicher Modelluntersuchungen zeigt Bild 12.38 [85]. Hier wurde der Spalt durch Abdecken von Teilen der Versuchsproben modellmäßig vorgegeben, und es wurde die Größe der nicht abgedeckten Fläche variiert. Im Spalt setzte Lochfraßkorrosion ein, während die nicht abgedeckte Fläche unangegriffen passiv blieb. Wie die Abbildung zeigt, stieg der mittlere Gewichtsverlust mit der Größe der nicht abgedeckten Fläche linear an. Dies belegt, daß für die Korrosion letztlich die Geschwindigkeit der Sauerstoffreduktion am passiven Metall außerhalb des Spaltes geschwindigkeitsbestimmed war, und daß es sich im wesentlichen um Sauerstoffkorrosion im Diffusionsgrenzstrombereich handelte. Die Messung demonstriert daher insbesondere auch das Prinzip der Sauerstoffeinfangfläche (vgl. Kap. 11.2).

Bei dieser Untersuchung [85] ergab sich auch, daß die Spaltkorrosion nicht in jedem möglichen Fall in Gang kam. Vielmehr betrug die Wahrscheinlichkeit des

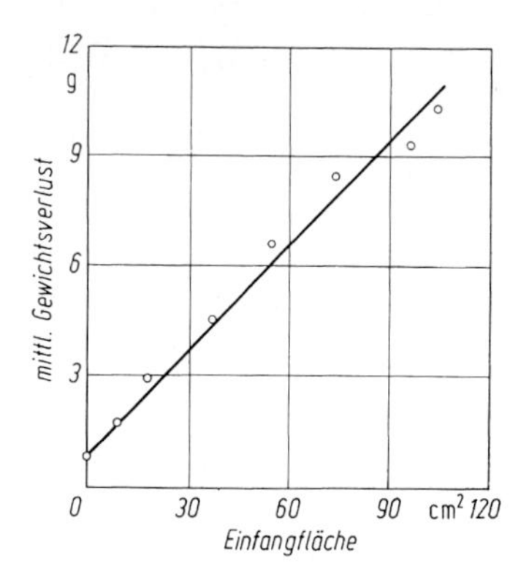

Bild 12.38. Der Gewichtsverlust, bedingt durch Spaltkorrosion, von Chromnickelstahl (AISI 430) in Meerwasser als Funktion der Sauerstoffeingangfläche. (Nach Ellis und La Que)

Einsetzens der Korrosion nur ca. 22% für Proben aus dem Stahl AISI 316 und 58% für Proben aus dem Stahl AISI 304 (bei Probenabmessungen von ca. 15 × 10 cm). Dies beleuchtet einen weiteren wichtigen Aspekt der Sache der Spaltkorrosion, wie auch des Lochfraßes, oder auch der Spannungsrißkorrosion: Alle diese Spielarten der Korrosion operieren mit einem komplizierten Zusammenspiel vieler Einzelreaktionen, ausgehend von Startvorgängen, diese ausgelöst durch Störungen des Zustandes gleichmäßiger Passivität, dann gefolgt von einem wiederum komplizierten Aufschaukeln zum quasistationären Zustand schneller lokaler Korrosion, dessen Stabilität störanfällig ist. Die Häufigkeit des Aufretens und die Lebensdauer solcher Schadensstellen wird dann teilweise zufällig. Auf hier interessierende statistische Analyse der Lochfraßhäufigkeit sei hingewiesen [86].

In der chemischen Prozeßindustrie, wo die Spaltkorrosion passiver Metalle erheblich stört, spielen die Belüftungszellen eine untergeordnete Rolle. Ein typisch anderer Fall ist die Spaltkorrosion des Titans namentlich bei erhöhter Temperatur in Chlor-haltiger Feuchtigkeit [87]. Das wirksame Agens ist hier das Chlor, das mit Wasser zur stark oxydierenden Hypochlorsäure und zu Salzsäure reagiert und damit eine hoch aggressive Elektrolytlösung erzeugt. Gleichwohl sind glatte Titanoberflächen kaum gefährdet, und die Spaltkorrosion wird zur eigentlichen Gefahr, auch hier durch Aktivierung des Metalls im Spalt, vermutlich durch dort angereichertes, stark sauer reagierendes Titanchlorid.

Literatur

1. Resch, G.; Odenthal, H.: Korrosion 15, Weinheim: Verlag Chemie 1962, S. 33
2. Vgl. auch Hömig, H. E.: Werkstoffe u. Korrosion *8*, 321 (1957)
3. Vgl. Evans, U. R.: Corrosion and Oxidation of Metals. London: Arnolds 1960
4. Bäumel, A.; Engell, H.-J.: Arch. Eisenhüttenwessen *30*, 417 (1959)
5. Kaesche, H.: Arch. Eisenhüttenwesen *36*, 911 (1965)
6. Vetter, K. J.; Strehblow, H.-H.: Ber. Bunsenges. phys. Chemie *74*, 449 (1970)
7. U. R. Evans-Conference on Localized Corrosion, Williamsburg 1971, NACE Houston 1974
8. Vgl. z. B. Campbell, H. S., in: [7] p. 625
9. Kaesche, H.: Heizung, Lüftung, Haustechnik *13*, 332 (1962) – Stichel, W.; in: Korrosion in Kalt und Warmwassersystemen der Hausinstallationen Bad Nauheim 1974. DGM Oberursel 1975
10. Heidemeyer, J.; Kaesche, H.: Corr. Sci. *8*, 377 (1968) – Herbsleb, G.; Schwenk, W.: Corr. Sci. *7*, 719 (1967)
11. Herbsleb, G.: Dissertation, Universität Bonn 1962
12. Rosenfeld, I. L.; Danilov, I. S.: Corr. Sci. *7*, 129 (1967)
13. Brauns, E.; Schwenk, W.: Arch. Eisenhüttenwesen *32*, 387 (1961)
14. 4th Int. Symp. Passivity and Breakdown of Passivity. Arlie, Va. 1977, NACE Houston (1978)
15. Kaesche, H.: a) Z. phys. Chem. N. F. *26*, 138 (1960) (in dieser Publikation sind in Bild 3 die ε_L-Werte für J^--und Cl^--Lösung vertauscht); b) Z. phys. Chem. N. F. *34*, 87 (1962); c) Werkstoffe u. Korrosion *14*, 557 (1963); d) [7] p. 516; e) [14], p. 935
16. Boehni, H.; Uhlig, H. H.: J. Electrochem. Soc. *116*, 906 (1969)

17. Pryor, M. J.; Keir, D. S.; J. Electrochem. Soc. *102*, 605 (1955); *104*, 269 (1957)
18. Smialowski, M.; Szklarska-Smialowska, Z.; Rychik, M.; Szummer, A.: Corr. Sci. *9*, 123 (1969) – Szklarska-Smialowska, Z.; Forchhammer, P.; Engell, H. J.: Werkstoffe u. Korrosion *20*, 1 (1969) – Stoffels, H.; Schwenk, W.: Werkstoffe u. Korrosion *12*, 493 (1961) – Herbsleb, G.; Schwenk, W.: Werkstoffe u. Korrosion *18*, 685 (1967)
19. Szummer, A.: Szklarska-Smialowska, Z.; Janik-Czachor, M.: Corr. Sci. *8*, 827 (1968)
20. Strehblow, H.-H.: Werkstoffe u. Korrosion a) *27*, 793 (1976) – b) *35*, 437 (1984) – c) Löchel, B. P.; Strehblow, H.-H.: Werkstoffe u. Korr. *31*, 353 (1980)
21. Sato, N.: Electrochim. Acta *16*, 1683 (1971)
22. Löchel, B. P.; Strehblow, H.-H.: Werkstoffe u. Korr. *31*, 353 (1980)
23. Hoar, T. P.; Jacob, W. R.: Nature *216*, 1299 (1967) – Hoar, T. P.; Mears, D. C.; Rothwell, G. P.: Corr. Sci. *5*, 279 (1965) – Hoar, T. P.: ibid. *7*, 341 (1967)
24. Weil, K. G.; Menzel, D.: Z. Elektrochemie *63*, 669 (1967)
25. Verkerk, B.; in: UNESCO Int. Conf. Radioisotopes in Scient. Res. UNESCO/BS/R 1 044; zitiert nach [26]
26. Pryor, M. J.; in: loc. cit. [7], p. 2
27. a) Heusler, K. E.; Fischer, L.: Werkstoffe u. Korr. *27*, 550, 697, 780 (1976) – b) Dölling, R.; Heusler, K. E.; in: Proc. 8th Int. Conf. Metallic Corrosion. Toronto 1984 – c) Nachstedt, K.: Dissertation. TU Clausthal 1987 – d) Dölling, R.: Dissertation. TU Clausthal 1984
28. Volmer, M.: Kinetik der Phasenbildung. Leipzig, Dresden: Th. Steinkopf, 1939. Vgl. hierzu: a) Vetter, K. J.: Electrochemical Kinetics. New York, London: Academic Press 1967. – b) Budevsky, W. B.: Electrocrystallisation. In: Comprehensive Treatise of Electrochemistry. Vol. 7: Kinetics and Mechanisms of Electrode Processes (Conway, B. E.; Bockris, J. O'M.; Yeager, E.; Khan, S. U. M.; White, R. E.; Eds.). New York, London: Plenum Press 1983
29. Khalil, W. S.; Haupt, S.; Strehblow, H.-H.: Werkstoffe u. Korr. *36*, 16 (1985)
30. a) Löchel, B.; Strehblow, H.-H.; Sakashita, M.: J. Electrochem. Soc. *131*, 522 (1984) – b) Löchel, B. P.; Strehblow, H.-H.: ibid. p. 713 – c) Strehblow, H.-H.; Titze, B.; Löchel, B. P.: Corr. Sci. *19*, 1047 (1979) – d) Löchel, B.; Strehblow, H.-H.: Electrochim. Acta *28*, 565 (1983)
31. Loc. cit. [27a, b]. Wegen früherer Messungen der Inkubationszeit vergl. [32, 33]
32. Engell, H.-J.; Stolica, N. D.: Z. Phys. Chemie NF *20*, 113 (1959)
33. Sato, N.; Kudo, K.; Okamoto, G.: Corr. Engineering *20*, 41 (1971)
34. Shibata, T.; Takeyama, T.: Corrosion NACE *33*, 243 (1977)
35. Williams, D. E.; Westcott, C.; Fleischmann, M.: J. Electrochem. Soc. *132*, 1796, 1804 (1985)
36. Proc. Int. Conf. Localized Corrosion, Orlando 1987. Houston: NACE (im Druck)
37. Proc. US-German Conf. Passivity and Breakdown of Passivity, Nümbrecht 1987. Corr. Sci. *29*, No. 2/3, 1989.
38. Vetter, K. J.; Strehblow, H.-H.: Ber. Bunsenges. Phys. Chemie *74*, 449, 1024 (1970)
39. a) Freiman, L. I.; Kolotyrkin, Ya. M.: Dokl. Akad. Nauk SSSR *153*, 886 (1963); Corr. Sci. *5*, 199 (1965) – b) Tousek, J.: Corr. Sci. *14*, 251 (1974)
40. Galvele, J. R.; DeMicheli, S. M.; Muller, I. L.; DeWexler, S. B.; Alanis, I. L.; in: loc. cit. [7], p. 580
41. Szklarska-Smialowska, Z.; Viefhaus, H.; Janik-Czachor, M.: Corr. Sci. *16*, 649 (1976) – Janik-Czachor, M.; Kaszczyszyn, S.: Werkstoffe u. Korr. *33*, 500 (1982)
42. a) Painot, J.; Augustynski, J.: Electrochim. Acta *20*, 747 (1975) – b) Augustynski, J. Painot, J.: J. Electrochem. Soc. *123*, 841 (1976) – Koudelkova, M.; Augustynski, J.: ibid. *124*, 1165 (1977)

43. a) Pou, T. E.; Murphy, O. J.; Young, V.; Bockris, J. O'M.; Tongson, L. L.: ibid. *131*, 1244 (1984) – b) Jovancicevic, V.; Bockris, J. O'M.; Carbajal, J. L.; Zelenay, P.; Mizuno, T.: ibid. *133*, 2219 (1986)
44. a) Chao, C. Y.; Lin, L. F.; Macdonald, D. D.: ibid. *128*, 1187 (1981) – b) Lin, L. F.; Chao, C. V.; Macdonald, D. D.: ibid. *128*, 1194 (1981)
45. a) Okamoto, G.; Shibata, T.: Corr. Sci. *10*, 371 (1970) – b) O'Grady, W. E.; Bockris, J. O'M.: Surf. Sci. *10*, 249 (1973) – c) Revie, R. W.; Baker, B. G.; Bockris, J. O'M.: J. Electrochem. Soc. *122*, 1460 (1975) – d) Saito, H.; Shibata, T.; Okamoto, G.: Corr. Sci. *19*, 693 (1979)
46. Pryor, M. J.: in loc. cit. [7], p. 2, 540, mit Zitaten früherer Mitteilungen von Pryor et al.
47. a) Wood, G. C.; Richardson, J. A.; Sutton, W. H.; Riley, T. N. K.; Malherbe, A. G.; in: loc. cit. [7], p. 526 – b) Richardson, J. A.; Wood, G. C.: J. Electrochem. Soc. *120*, 193 (1973) – c) Abd Rabbo, M. F.; Wood, G. C.; Richardson, J. A.: Corr. Sci. *14*, 645 (1974); *16*, 677, 689 (1976) – d) Wood, G. C.; Richardson, J. A.; Abd Rabbo, M. F.; Mapa, L. B.; Sutton, W. H.; in: loc. cit. [14] p. 973 – e) Janik-Czachor, M.; Wood, G. C., Thompson, G. E.: British Corr. J. *15*, 155 (1980)
48. a) Pickering, H. W.; Frankenthal, R. P.; in: loc. cit. [7], p. 261 – b) Vetter, K. J.; Strehblow, H.-H.: Ber. Bunsenges. Phys. Chemie *74*, 1024 (1970) – c) Kolotyrkin, Ya. M.; Kossyi, G. G.: Zash. Metal. *1*, 272 (1965) – d) Für zahlreiche Aufnahmen vergl. insgesamt loc. cit. [7] – e) Richardson, J. A.; Wood, G. C.: Corr. Sci. *10*, 313 (1970) – f) Pleva, J.: Dissertation, Erlangen 1976 – g) Garz, I.; Worch, H.; Schatt, W.: Corr. Sci. *9*, 71 (1969); – h) Kesten, M.: ibid. *14*, 665 (1974)
49. a) Franck, U. F.: Habilitationsschrift, Göttingen 1954 – b) id.: Werkstoffe u. Korr. *11*, 401 (1960) – c) Franck, U. F.; Meunier, L.: Comptes Rendus *244*, 2610 (1957) – d) Engell, H.-J.; Stolica, N. D.: loc. cit. [32] – e) id.; id.: Archiv Eisenhüttenwesen *30*, 239 (1959) – f) Herbsleb, G.; Engell, H.-J.: Z. Phys. Chem. *215*, 167 (1960) – g) id.; id.: Z. Elektrochemie *65u*, 881 (1961) – h) id.; id.: Werkstoffe u. Korr. *17*, 365 (1966)
50. Hoar, T. P.: a) Trans. Farad. Soc. *33*, 1152 (1937) – b) ibid. *45*, 683 (1949) – c) Disc. Farad. Soc. *1*, 299 (1947)
51. Vgl. z. B. Pourbaix, M.; in: loc. cit. [7], p. 12
52. Hunkeler, F.; Böhni, H.: a) Werkstoffe u. Korr. *32*, 129 (1981) – b) Corrosion NACE *37*, 645 (1981) – c) Werkstoffe u. Korr, *34*, 593 (1983) – d) Corrosion *40*, 534 (1984) – vgl. auch loc. cit. [53]
53. Böhni, H.: Localized Corrosion. In: Corrosion Mechanisms (Mansfeld, F.; Ed.). New York, Basel: Marcel Dekker 1987
54. Vgl. z. B. die zusammenfassende Beschreibung bei Fujii, C. T.; in: loc. cit. [7], p. 144
55. Mankowski, J.; Szklarska-Smialowska, Z.: Corr. Sci. *15*, 493 (1975)
56. Pearson, P. C.; Huff, H. J.; Hay, R. H.: Canadian J. Technology *30*, 311 (1952)
57. Edeleanu, C.: J. Inst. Metals *89*, 90 (1960)
58. Burger, F. J.; Thull, V. F. G.: Nature *172*, 729 (1953)
59. a) Wenners, J.: Diplomarbeit, FU Berlin 1971, zitiert nach: b) Vetter, K. J.; in: loc. cit. [7]. p. 240 – c) Strehblow, H.-H.; Ives, M. B.: Corr. Sci. *16*, 317 (1976) – d) Strehblow, H.-H.; Vetter, K. J.; Willgallis, A.: Ber. Bunsenges. Phys. Chemie *75*, 822 (1971)
60. Baumgärtner, M.; Kaesche, H.: a) in: Proc. Conf. Chemistry Within Pits, Crevices and Cracks, Teddington, 1984 (Turnbull, A.; Ed.), London: HMSO (1987), p. 511 – b) in: loc. cit. [37], p. 363 – c) Kaesche, H.: in: loc. cit. [36] – d) Baumgärtner, M.: Dissertation, Erlangen 1989 – e) Baumgärtner, M.; Kaesche, H.: in: Proc. Int. Symp. Corrosion Science and Engineering in Honor of M. Pourbaix's 85th Birthday, Brüssel, März 1989 (im Druck)
61. a) Beck, T. R.; Alkire, R. C.: J. Electrochem. Soc. *126*, 1662 (1979) – b) Alwitt, R. S.;

Uchi, H.; Beck, T. R.; Alkire, R. C.: J. Electrochem. Soc. *131*, 13 (1984) – c) Alwitt, R. S.; Beck, R.; Hebert, K.; in: loc. cit. [36] – d) Beck, T. R.: Electrochim. Acta *29*, 485 (1984) – e) id.: Chem. Ing. Commun. *38*, 393 (1985) – f) id.: Electrochim. Acta *30*, 725 (1985) – g) id.: loc. cit. [36]

62. Vgl. z. B. a) Newman, J.: Transport Processes in Electrolytic Solutions. In: Advances in Electrochemistry and Electrochemical Engineering. (Delahay, P.; Ed.). Vol. 5. New York: John Wiley (1967), p. 87 – b) Haase, R.: Transportvorgänge. In: Grundzüge der Physikalischen Chemie. (Haase, R.; Ed.). Darmstadt: Steinkopf (1973)
63. Pickering, H. W.; Frankenthal, R. P.: J. Electrochem. Soc. *119*, 1297 (1972)
64. Kolotyrkin, Ya. M.: J. Electrochem. Soc. *108*, 209 (1961)
65. Rickert, H.; Holzäpfel, G.: a) Ber. Bunsenges. Phys. Chemie *70*, 171 (1966) – b) Werkstoffe u. Korr. *17*, 376 (1966)
66. Sato, N.: J. Electrochem. Soc. *129*, 255, 260 (1982)
67. Okada, T.: ibid. *131*, 241, 1026 (1984)
68. a) Muller, I. L.; Galvele, J. R.: Corr. Sci. *17*, 995 (1977) – b) Galvele, J. R.: J. Electrochem. Soc. *123*, 464 (1976) – c) id.: Corr. Sci. *21*, 551 (1981) – d) id.; in: loc. cit. [14], p. 285 – e) Alvarez, M. G.; Galvele, J. R.: Corr. Sci. *24*, 27 (1984) – f) Gravano, S. M.; Galvele, J. R.: ibid. p. 517 – g) Keitelman, A. D.; Gravano, S. M.; Galvele, J. R.: ibid. p. 535
69. Kaesche, H.; in: a) loc. cit. [15] – b) loc. cit. [7], p. 516 – c) Pryor, M. J.: Z. Elektrochemie Ber. Bunsenges. Phys. Chemie *61*, 782 (1985) – d) Lorking, K. F.; Mayne, J. E. O.: British, Corr. J. *1*, 181 (1966) – e) Davies, D. E.; Prigmore, R. M.: British Corr. J. *21*, 191 (1986)
70. a) Löchel, B.; Strehblow, H.-H.: Electrochim. Acta *28*, 565 (1983) – b) Strehblow, H.-H.; Löchel, B.; in: Proc. 5th Int. Symp. Passivity: Passivity of Metals and Semiconductors. Bombannes 1983. Amsterdam, Oxford, New York, Tokyo: Elsevier 1983, p. 379 – c) Strehblow, H.-H.; Titze, B.; Löchel, B. P.: Corr. Sci. *19*, 1047 (1979)
71. Vgl. z. B. a) Herbsleb, G.: Werkstoffe u. Korr. *16*, 929 (1965) – b) Kaesche, H.; Längle, E.; Rückert, J.: ibid. *22*, 673 (1971)
72. Herbsleb, G.; Schwenk, W.: a) Corr. Sci. *12*, 739 (1973) – b) Werkstoffe u. Korr. *24*, 763 (1973) – c) ibid. *26*, 5(1975)
73. a) Pourbaix, A.; Klimzack-Mathieu, L.; Martens, Ch.; Meunier, J.; Van Leughenhage, Cl.; de Munck, L.; Laureys, J.; Nellmans, L.; Warzu, M.: Corr. Sci. *3*, 239 (1963) – b) Szklarska-Smialowska, S.; in: loc. cit. [7], p. 312, mit zahlreichen Literaturangaben.
74. Pessal, N.; Liu, C.: a) Electrochim. Acta *16*, 1987 (1971) – b) Corrosion *30*, 381 (1974)
75. Sinigaglia, D.; Vicentini, B.; Taccani, G.; Salvago, G.; Dallaspezia, G.: J. Electrochem. Soc. *130*, 991 (1983)
76. Anderson, P. J.; Hocking, M. E.: J. Appl. Chem. *8*, 352 (1964)
77. Freiman, L. J.; Kolotyrkin, Ya. M.: a) Dokl. Akad, Nauk SSSR *171*, 1138 (1966) – b) Z. Metallov *5*, 139 (1969)
78. a) Herbsleb, G.: Werkstoffe u. Korr. *16*, 929 (1965) – b) Kolotyrkin, Ya. M.: Corrosion NACE *19*, 261t (1963) – c) UHLIG, H. H.; GILMAN, J. R.: Z. Phys. Chemie *226*, 127 (1964) – d) Leckie, H. P.; Uhlig, H. H.: J. Electrochem. Soc. *113*, 1262 (1966)
79. Rosenfeld, I.; Mximtschuk, W.: Z. Phys. Chemie *215*, 25 (1960) – Für konkurrierende Adsorption auf Al_2O_3 vergl.: Hackerman, N.; Powers, R. A.: J. Phys. Chem. *57*, 139 (1953)
80. a) Herbsleb, G.; Schwenk, W.: Werkstoffe u. Korr. *26*, 5(1975) – b) Herbsleb, G.: ibid. *16*, 929 (1965)
81. a) Rosenfeld, I. L.; Marshakov, I. K.; in: Proc. 2nd Int. Congress Metallic Corrosion,

New York 1963 – b) Uhlig, H. H.: Mat. Prot. and Performance *12*, 42 (1973) – c) Pourbaix, M.; in: loc. cit. [7], p. 12 – d) Rosenfeld, I. L.; in: ibid. p. 373 – e) Wilde, B. E.; in: ibid. p. 342 – f) Ijsseling, F. P.: British Corr. J. *15*, 51 (1980) – g) Turnbull, A.: Corr. Sci. *23*, 833 (1983)

82. Baumgärtner, M.; Kaesche, H.; in: loc. cit. [36]
83. a) Hebert, K.; Alkire, R.: J. Electrochem. Soc. *130*, 1001, 1007 (1983) – b) Alkire, R.; Tomasson, T.; Hebert, K.: ibid. *132*, 1027 (1985)
84. a) Pickering, H. W.; Ateya, B. G.: J. Electrochem. Soc. *122*, 1018 (1975) – b) Pickering, H. W.: Corrosion *42*, 125 (1986) – c) Valdes, A.; Pickering, H. W.; in: loc. cit. [36] – Pickering, H. W.; in: loc. cit. [37]
85. Ellis, O. B.; LaQue, F. L.: Corrosion NACE *7*, 362 (1951)
86. Nathan, C. C.; Dulaney, C. L.: a) Mat. Prot. and Performance *2*, 21 (1971); loc. cit. [7], p. 184 – b) Aziz, P. M.; Godard, H. P.: Ind. Engng. Chem. *44*, 1791 (1952); Corrosion *27*, 223 (1954)
87. a) Gleekmann, L. W.; in: loc. cit. [7], p. 669 – b) Cerquetti, A.; Mazza, F.; Vigano, M.; in: loc. cit. [7], p. 661 – c) Vincetini, B.; Sinaglia, D.; Taccani, G.: Corr. Sci. *15*, 479 (1975)

13 Interkristalline und intrakristalline Korrosion

Als *interkristalline Korrosion* wird der bevorzugte Angriff der Korngrenzen eines polykristallinen Metalls bezeichnet. Dabei interessiert in der Praxis weniger die Bildung flacher Gräben längs der Korngrenzen, oder ein verstärkter Korngrenzenangriff eines Metalls, das insgesamt schnell korrodiert wird. Der für die Praxis hauptsächlich relevante Fall ist der der vernachlässigbaren Geschwindigkeit der gleichmäßigen Abtragung bei gleichzeitig schnellem Fortschreiten der Metallauflösung längs der Korngrenzen unter Ausbildung von Gräben, deren Breite gegenüber ihrer Tiefe verschwindend klein ist. Diese Spielart der Korrosion zerstört schließlich bei sehr geringem Gesamt-Metallverlust den Zusammenhalt der Kristallite; sie wird deshalb anschaulich als *Kornzerfall* bezeichnet. In manchen Einzelheiten der elektrochemischen Kinetik ist die interkristalline Korrosion dem Lochfraß und der Spaltkorrosion ähnlich. So wird z. B. damit zu rechnen sein, daß der die tiefen, engen Gräben füllende Elektrolyt seine Zusammensetzung gegenüber dem umgebenden Elektrolyten im Zusammenspiel der Stofftransportprozesse ändert. Dieser Gesichtspunkt hat allerdings bei der Diskussion der interkristallinen Korrosion (anders als bei der Spannungsrißkorrosion, vgl. Kap. 15) bisher vergleichsweise wenig Beachtung gefunden. Vielmehr steht der metallkundlich/metallphysikalische Aspekt der Sache derzeit im Vordergrund des Interesses.

Der Startvorgang der interkristallinen Korrosion, also die Ausbildung noch erst flacher Gräben längs der Korngrenzen, ist mehrfach untersucht worden, so für Reinaluminium in salzsaurer Lösung [2a,b] und in heißem Wasser [2c], für AlMg-Legierungen in phosphorsaurer Lösung [3a], für austenitischen Edelstahl in schwefelsaurer Lösung [3b], jeweils im Hinblick auf den Einfluß metallkundlicher Parameter, darunter insbesondere den Desorientierungsgrad benachbarter Kristallite, aber auch die Segregation von Verunreinigungen zu Korngrenzen. Zum derzeitigen Stand allgemein der Kenntnis der Korngrenzen vgl. [4]

Für den tiefgreifenden und zerstörenden eigentlichen Kornzerfall typische Fälle sind insbesondere die der interkristallinen Korrosion der hochlegierten austenitischen, kohlenstoffhaltigen CrNi-*Stähle*, die nach dem Lösungsglühen durch Anlassen bei z. B. ca. 600 °C sensibilisiert wurden, und die interkristalline Korrosion der hochlegierten ferritischen Cr-*Stähle*, die schon nach dem Abkühlen von der Temperatur des Lösungsglühens anfällig sind, Bild 13.1 zeigt das Erscheinungsbild der interkristallinen Korrosion am Beispiel eines austenitischen CrNiMo-Stahls [5]. Das Schliffbild macht den Effekt des Kornzerfalls sehr deutlich. Speziell für die Cr- und CrNi-Stähle ist der Einfluß von Stahlzusammensetzung, Wärmebehandlung und Angriffsbedingungen Gegenstand einer umfangreichen Spezialliteratur [6, 7], auf die wiederum hingewiesen sei. Die Deutung der Anfälligkeit der beiden Gruppen von hochlegierten Stählen geht übereinstimmend davon aus, daß die

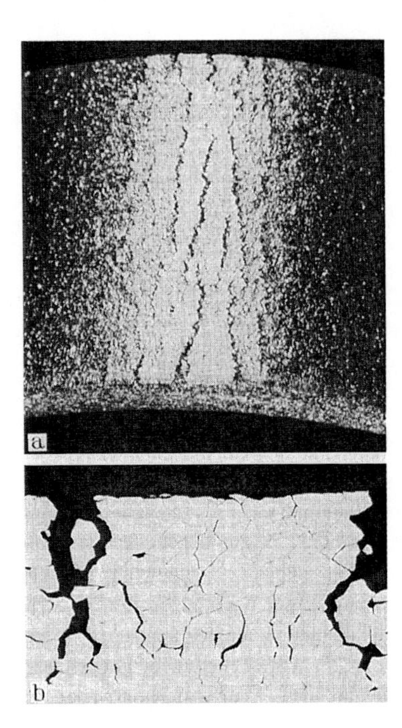

Bild 13.1a, b. Das Erscheinungsbild der interkristallinen Korrosion. **a** Makroaufnahme einer sensibilisierten Probe eines CrNiMo-Stahls (X5CrNiMo 18/12) nach der Prüfung in Strausscher Lösung. Probe nach dem Versuch zur Verdeutlichung des Angriffs gebogen. **b** Metallografischer Querschliff. (Nach Herbsleb)

Ausscheidung des Sonderkarbids $(Cr, Fe)_{23}C_6$ längs der Korngrenzen *chromverarmte Säume* erzeugt, deren Passivierungspotential gegenüber dem der chromreichen Matrix zu positiveren Werten verschoben ist. Der Nachweis der Korngrenzen-Karbidausscheidung gelingt unschwer, weitaus schwieriger ist der Nachweis zusammenhängend chromverarmter Säume längs der Korngrenzen, die durch das Zusammenlaufen der Diffusionshöfe um die einzelnen Karbidausscheidungen entstehen. Daher wurden gelegentlich auch Hypothesen diskutiert, nach denen die Kornzerfallsempfindlichkeit eher auf die Eigenspannungshöfe der Karbidteilchen zurückgeht [8]. Für die Schutzmaßnahmen gegen die Anfälligkeit ist diese Theoriediskussion wenig erheblich. Dafür kommt es nur darauf an, die Korngrenzen-Karbidausscheidung überhaupt zu vermeiden, sei es durch Verwendung kohlenstofffreier Stähle oder durch Zulegieren von Titan, Niob oder Tantal, deren Matrix fein verteilte Karbide den Kohlenstoff schon beim Lösungsglühen abbinden („stabilisierte" Stähle). Davon abgesehen ist die *Chromverarmungs-Theorie* aber in so hohem Maße geeignet, die Vielfalt der Beobachtungsergebnisse geschlossen zu deuten, daß diesbezüglich wenig Zweifel übrigbleiben [9]. Sehr grob vereinfacht läßt sich dann der Kornzerfall durch Korngrenzen-Karbidausscheidung sensibilisierter Edelstähle wie die Korrosion eines Edelmetalls (z. B. Platin) beschreiben, längs dessen Korngrenzen dünne Wände eines aktiven Metalls (z. B. Zink) eingeschoben wurden. Das Resultat ist ein System mit hohen Kurzschlußströmen in galvanischen Zellen mit kleinen Anoden mit geringem Polarisationswiderstand der Metallauflösung mit vergleichsweise großen Kathoden mit ebenfalls geringem

Polarisationswiderstand der Reduktion des Oxydationsmittels. Diesem Modell entspricht das Verhalten des sensibilisierten Stahles gut im Bereich des Elektrodenpotentials, wo die chromreiche Legierungsmatrix passiv ist (mit Passivierung durch einen gut elektronenleitenden Oxidfilm) die chromverarmten Korngrenzensäume aber aktiv bleiben. Dies ist nach Bild 10.19 für 2 normale Schwefelsäure der Potentialbereich um + 100 bis + 500 mV. In heißer Schwefelsäure liegen die Stromspannungskurven chromreicher und chromarmer CrNi-Stähle ähnlich [9]. Der in der Prüfpraxis übliche Straussche Test, das ist die Prüfung in heißer schwefelsaurer Lösung von Kupfersulfat mit Zusatz von Kupferspänen, fixiert ε ebenfalls im Bereich größter Kornzerfallsempfindlichkeit. Allerdings lehrt z. B. Bild 10.19, daß ein chromarmer Stahl – außer im Bereich des Überschwingens der Stromspannungskurve von der Chromähnlichen Transpassivität zur anodischen Sauerstoffentwicklung – überall eine gegenüber dem chromreichen Stahl erhöhte Auflösungsgeschwindigkeit zeigt. Es tritt dementsprehend in diesem ganzen Potentialbereich eine bevorzugte Korrosion der Korngrenzen ein. Sowohl im Bereich der Aktivität der chromreichen Matrix wie auch im Bereich der Transpassivität artet aber die interkristalline Korrosion gegenüber dem eigentlich interessanten Phänomen der Bildung haarfeiner Gräben längs der Korngrenzen mit passiven Flanken aus: Da nun die Grabenflanken nicht mehr passiv sind, so geht der Angriff nun auch in die Breite. Wie das nach Original-Schliffbildern skizzierte Bild 13.2 zeigt, entstehen breite Furchen und Gräben, von denen aus auch eine Art innerer Lochfraß in Gang kommen kann [9].

Da chromverarmte Korngrenzensäume gegenüber der chromreichen Matrix nicht nur im Passivbereich, sondern schon im Aktivbereich und bei höherem Potential bis hin zur Transpassivität höhere Stromdichten der Metallauflösung aufweisen, so kommen für die Prüfung auf Empfindlichkeit gegen interkristalline Korrosion außer dem Strauss-Test andere Prüfungen in Frage. So liegt beim Salpetersäure/Flußsäure-Test das Ruhepotential des Stahles bei ca. 0,1 V, beim Streicher-Test in schwefelsaurer Eisen-III-Sulfat-Lösung bei ca. 0,8 V, beim Huey-Test in Salpetersäure zwischen ca. 0,8 und 1,3 V. Die verschiedenen Prüfverfahren

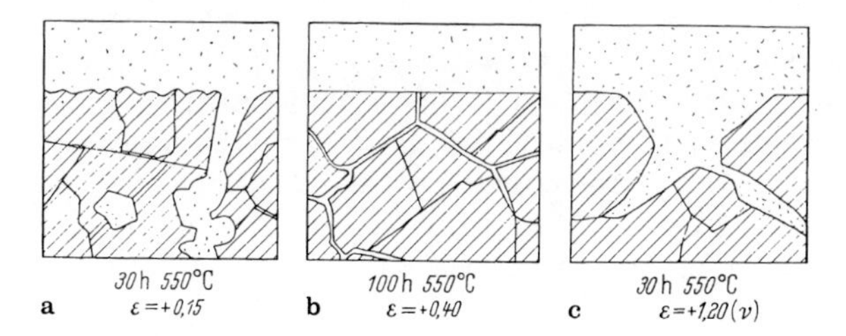

Bild 13.2a–c. Interkristalline Korrosion eines nicht stabilisierten, durch Anlassen bei 550°C sensibilisierten 18 10-CrNi-Stahls bei potentiostatischen Versuchen in siedender 2 N H_2SO_4-Lösung. **a** im Bereich aktiver Auflösung des chromreichen und des chromverarmten Materials, **b** im Bereich der Passivität des chromreichen Materials und der Aktivität chromverarmter Korngrenzensäume, **c** im Bereich der Transpassivität von chromreichem und chromverarmtem Material. (Schematisch, nach Schliffbildern bei Schüller, Schwaab und Schwenk)

sind inzwischen durch Normen und Spezifikationen festgelegt. Ein besonderer Fall ist der ebenfalls spezifizierte Oxalsäure-Test, bei dem der zu untersuchende Stahl anodisch bis zu ca 2,4 V polarisiert wird. In diesem Potentialbereich steigt nach Bild 10.19 die Stromdichte der Metallauflösung mit steigendem Chromgehalt. Wenn also interkristalline Korrosion auftritt, so sicherlich nicht wegen der Chromverarmung der Korngrenzensäume. Vielmehr spielen nun gerade chromreiche Bezirke sowie molybdänhaltige und borhaltige Phasen eine Rolle. Für eine genauere Abhandlung dieser Aspekte der Prüftechnik wie auch der Metallkunde der interkristallinen Korrosion der CrNi-Stähle sei auf eine kürzlich vorgelegte Klarstellung verwiesen [10], die auch die einschlägige Literatur verzeichnet.

Außer für die Edelstähle ist die Frage der Anfälligkeit für interkristalline Korrosion namentlich für die ausscheidungshärtenden *Aluminiumlegierungen* kritisch. Anders als bei den Stählen kommt hier hinzu, daß es gerade die erwünschten und beabsichtigten Härtungseffekte sind, die die unerwünschte Verminderung der Korrosionsbeständigkeit bewirken. Als erstes Beispiel möge hier die binäre Legierung Al-4 Gew.-% Cu dienen [11], die bei homogener Lösung einen bezüglich der intermetallischen Phase der ungefähren Zusammensetzung Al_2Cu übersättigten Mischkristall darstellt. Das tetragonale Al_2Cu scheidet sich als stabile „Θ-Phase“ erst oberhalb ca. 300 °C aus. Für den Härtungsvorgang wichtiger sind die Vorstufen der Ausscheidung, also das Auftreten von Guinier-Preston-Zonen (GP I-Zonen) bei Raumtemperatur, der Θ''-Phase (GP II-Zonen) bis gegen 200 °C, beide noch kohärent mit dem Gitter der Matrix, und der nur noch teilkohärenten Θ'-Phase. Diese Details der Ausscheidungsvorgänge können hier übergangen werden, wesentlich ist vorerst nur, daß eine beobachtete Kornzerfalls-Empfindlichkeit des Al-4% Cu offensichtlich auf die Ausscheidung von Al_2Cu, oder jedenfalls kupferreicher Vorstufen dieser Phase, zurückgeht. Auch wurde schon vor längerer Zeit gezeigt, daß die Korngrenzen von gealtertem Al-4% Cu gegenüber der Matrix des Materials anodisch reagieren. Das einfache Meßverfahren [12] verdient Beachtung: Das Problem besteht darin, für die Benutzung einer Gleichung vom Typ Gl. (11.15) Betrag und Vorzeichen von $\Delta\varepsilon_R$ festzustellen. Die Messung gelang dadurch, daß einmal alle Kornflächen mit Ausnahme schmaler Streifen längs der Korngrenzen, ein anderes Mal nur diese schmalen Streifen lackiert wurden. Dabei kann aber das gegenüber der Matrix des Al-4% Cu negativere Ruhepotential der Korngrenzen nicht das des Al_2Cu sein, denn Messungen an homogenen AlCu-Legierungen ergaben, daß das Ruhepotential mit dem Kupfergehalt positiver wird [13, 14]. Insbesondere ist das Ruhepotential von Al_2Cu (d.h. von Al-64 Gew.-% Cu) in 3%iger NaCl-Lösung um ca. 160 mV positiver als das des Reinaluminiums. Dies zwingt zu dem Schluß, daß die Kornzerfalls-Empfindlichkeit des gealterten Al-4% Cu auf das Auftreten kupferverarmter Säume der Korngrenzen zurückgeht, die durch das Zusammenlaufen der Diffusionshöfe um die kupferreichen Korngrenzenausscheidungen entstehen. Diese kupferverarmten Säume wurden inzwischen durch Mikroanalyse mittels gekoppelter Elektronenmikroskopie und Messung der Elektronenenergie [15, 16] mit einem Auflösungsvermögen < 10 nm nachgewiesen.

Dies erklärt qualitativ richtig zunächst nur das Vorzeichen der Ruhepotential-Differenz zwischen anodischen Korngrenzen und kathodischen Kornflächen. Da es in der Praxis für schädlich schnelle interkristalline Korrosion der Ausbildung von Kurzschlußzellen bedarf, muß zusätzlich erklärt werden, weshalb die Elektrodenoberfläche nicht ganz unabhängig vom Kupfergehalt stabil passiv bleibt. Selbst wenn für die Korngrenzen der Aktivierungsmechanismus verstanden wird, bleibt weiterhin zu fragen, weshalb nicht die isolierende Passivschicht der Kornflächen den Innenwiderstand der Kurzschlußzelle so hoch hält, daß schnelle interkristalline Korrosion ausbleibt. Die letztere Frage wird aber schon durch die in Bild 10.44 wiedergegebenen Messungen beantwortet, die zeigen, daß das Passivoxid des Al-4% Cu in NaCl-Lösung im Gegensatz zu dem des Reinaluminiums die kathodische Reduktion eines Oxidationsmittels wenig hemmt. In Gl. (11.15) ist also der Polarisationswiderstand der Kathoden niedrig einzusetzen. Ebenso wichtig ist der Befund [17], daß das Durchbruchspotential für den Lochfraß des homogenen Al-4% Cu in NaCl-Lösungen bei allen Chloridkonzentrationen um ca. 50–100 mV positiver liegt als das Durchbruchspotential von Reinaluminium und von kupferarmem AlCu (Al-02% Cu) Mißt man die anodische Stromspannungskurve von gealtertem (aber nicht überaltertem) Al-4% Cu in Chloridlösung, so findet man [17, 18] eine Kurve, die zwei Durchbruchspotentiale aufweist, nämlich das Durchbruchspotential ε_{IK} der kupferverarmten Korngrenzensäume, bei dem interkristalline Korrosion einsetzt, und das positivere Durchbruchspotential ε_L für das Einsetzen des Lochfraßes. Bild 13.3 zeigt neuere Messungen [18], die die früheren Mitteilungen bestätigen, und die zudem zeigen, daß ε_{IK} wie ε_L nicht vom pH-Wert abhängt. Die Schliffbilder Bild 13.4 geben den zugehörigen metallografischen Befund: Interkristalline Korrosion mit überlagertem Lochfraß (*A*) bei potentiostatischer Polarisation bei $\varepsilon > \varepsilon_L$, nur interkristalline Korrosion (*B*) bei $\varepsilon_L > \varepsilon > \varepsilon_{IK}$. Daß bei $\varepsilon < \varepsilon_{IK}$ metallografisch kein Korrosionsangriff festgestellt wurde, kann das Auftreten sehr kleiner Atzgrübchen nicht ausschließen, zeigt aber nochmals, daß das Fortschreiten grober Korrosionsschäden die Überschreitung des Durchbruchspotentials verlangt (vgl. Kap. 12).

Nach diesen Messungen handelt es sich bei der interkristallinen Korrosion des Al-4% Cu im Grunde um die Häufung des Lochfraßes auf Korngrenzensäumen.

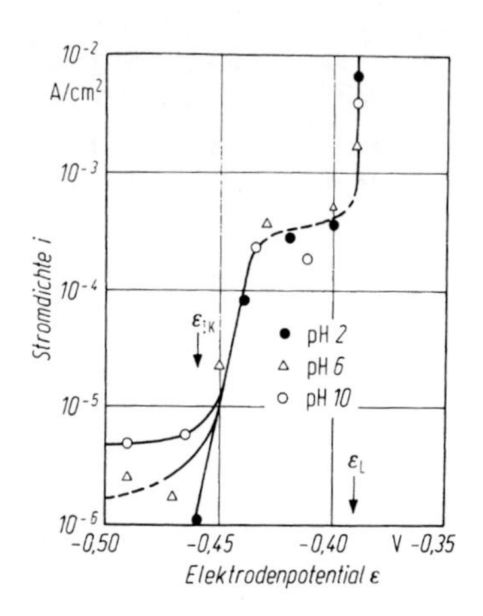

Bild 13.3. Stationäre anodische Stromspannungskurve von Al-4Gew.-% Cu (gealtert durch 3-stündige Lagerung bei 180 °C) in 1 M KCl-Lösung mit Zusatz von NaOH bzw. HCl zur pH-Einstellung. Versuchsdauer pro Meßpunkt mit jeweils frischer Elektrode ≃ 20 h. (Nach Pleva)

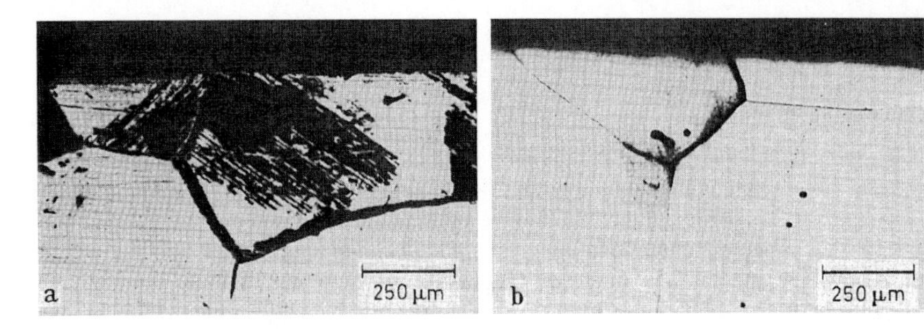

Bild 13.4a, b. Metallografischer Befund des Erscheinungsbildes der Korrosion von gealtertem Al-4% Cu (Auslagerung 3 h bei 176 °C) nach 20-minütiger potentiostatischer Polarisation in 1 M NaCl-Lösung **a** bei $\varepsilon = -0{,}35$ V, d.h. für $\varepsilon \gtrsim \varepsilon_L$: **b** bei $\varepsilon = -0{,}43$ V, d.h. für $\varepsilon_{IK} \lesssim \varepsilon < \varepsilon_L$. Zum Vergleich: Bei $\varepsilon = -0{,}66$ V, d.h. für $\varepsilon < \varepsilon_{IK}$; ε_L nach 90 Minuten kein Korrosionsbefund. (Nach Galvele, de Micheli)

Das Auftreten für die interkristalline Korrosion und für den Lochfraß unterschiedlicher Lagen des Durchbruchspotentials ist offensichtlich durch die unterschiedliche chemische Zusammensetzung der Matrix einerseits und der Korngrenzensäume andererseits bedingt. Das Problem einer Theorie dieser Spielart der interkristallinen Korrosion ist damit im Grund auf die Theorie schlechthin des Auftretens potentialabhängiger Stromdurchbrüche passiver Metalle zurückgeführt.

Die vereinfachte Ausdrucksweise, bei der interkristallinen Korrosion des gealterten Al-4% Cu handle es sich um auf den Korngrenzen gehäuften Lochfraß, übergeht allerdings offensichtliche Unterschiede zwischen interkristalliner Korrosion einerseits und Lochfraß andererseits. Für den Übergang zwischen Lochfraß und interkristalliner Korrosion fallen in diesem Zusammenhang die Spielarten kristallographisch orientierter Lokalkorrosion ins Auge, die unter dem Stichwort *intrakristalline* Korrosion subsummiert werden können. Man betrachte dazu zunächst nochmals Bild 12.23a, d. h. die intrakristallinen, kristallografischen Mikrokorrosionstunnel in Reinaluminium. Möglicherweise handelt es sich um Rest-Legierungseffekte, denn wesentlich gröber, und schon bei geringer Vergrößerung gut erkennbar, ist die kristallografisch orientierte selektive, tunnelartige Korrosion etwa am Boden der in Bild 13.4 abgebildeten Lochfraßstellen des abgeschreckten und gealterten Al-4% Cu. Man vergleiche damit umgekehrt in Bild 13.5 die kristallografisch selektive Resistenz dünner Platten beim Lochfraß von abgeschrecktem (nur bei Raumtemperatur ausgelagertem) Al-4% Cu [18]. Hier mag es sich um den Effekt der Segregation des gelösten Kupfers zu GP I-Zonen auf Gleitbändern oder auch auf Kristallebenen handeln. Man erkennt im Ganzen, wie sich die Mechanismen der interkristallinen, der intrakristallinen und der strukturabhängigen selektiven Korrosion (vgl. Kap. 8) stark überlappen.

Ein gut untersuchtes Beispiel für die Steuerung des im Grunde immer lochfraßartigen Korrosionsangriffs je nach der Vorbehandlung auf die Matrixflächen und/oder auf die Grenzen der Körner des Materials findet sich bei den

Bild 13.5. Morphologie des Korrosionsangriffs von abgeschrecktem, an Luft gelagertem Al-4 Gew.-% Cu nach 24-stündiger, anodischer, galvanostatischer Polarisation in 1 M KCl-Lösung. (Nach Pleva)

AlZnMg-Legierungen [19]. Diese härten ebenfalls durch Ausscheidungen, die in der Reihenfolge: Kohärente GP-Zonen–teilkohärente η'–Phase-inkohärente η-Phase auftreten. Die letztere ist die Gleichgewichts-Ausscheidung $MgZn_2$. Die Ausscheidungen verzehren also Magnesium und Zink, wobei das Lochfraßpotential des Aluminiums auf den Magnesiumgehalt nur wenig anspricht, mit steigendem Zinkgehalt aber erheblich negativer wird [20]. Zugleich kann die Art und der Ort und die Konzentration der Ausscheidung durch die Wärmebehandlung, insbesondere durch die Variation einer Stufenauslagerung bei Temperaturen zum einen unterhalb, zum anderen oberhalb der Solvus-Temperatur der GP-Zonen gezielt variiert werden [21]. Dadurch entsteht Probenmaterial mit unterschiedlichem Lochfraßpotential einerseits der Matrix, andererseits der ausscheidungsfreien Säume längs der Grenzen der Körner [19]. Ist das Lochfraßpotential für die Matrix positiver als für die Säume, erhält man wie bei AlCu-Legierungen interkristalline Korrosion, je nach Lage des vorgegebenen Potentials mit oder ohne Matrixangriff. Der letztere kann noch weiter differenziert werden, je nachdem ob die Ausscheidungen bestimmte kristallografische Ebenen bevorzugen oder nicht. Wird die Wärmebehandlung so gesteuert, daß die ausscheidungsfreien Säume an Zink und Magnesium verarmen, so kann man den Korrosionsversuch so steuern, daß die Säume allein stehen bleiben. Bild 13.6 gibt ein Beispiel für diesen überraschenden metallografischen Befund [19 a]. Die intermetallischen Phasen selbst spielen bei potentiostatischen Versuchen keine besondere Rolle. Sie können aber im Realfall der außenstromlosen Korrosion als Elektroden von Lokalelementen wichtig werden. Auf diesbezügliche Messungen an verschiedenen intermetallischen Phasen des Aluminiums sei deshalb hingewiesen [22].

Namentlich für die Theorie ist der Fall der interkristallinen Korrosion der nicht ausscheidungsfähigen, homogenen Mischkristalle interessant, und dabei der Übersichtlichkeit halber besonders der der binären Legierungen. Dazu liegen viele Mitteilungen von Graf et al. vor [23, 24, 25], bei denen allerdings zwischen interkristalliner Korrosion und interkristalliner Spannungsrißkorrosion (vgl. Kap. 15) experimentell wenig unterschieden wurde. Zur Theorie wurde jedoch frühzeitig

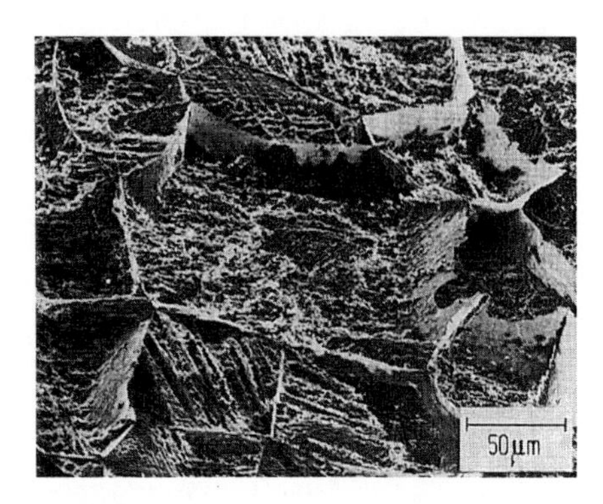

Bild 13.6

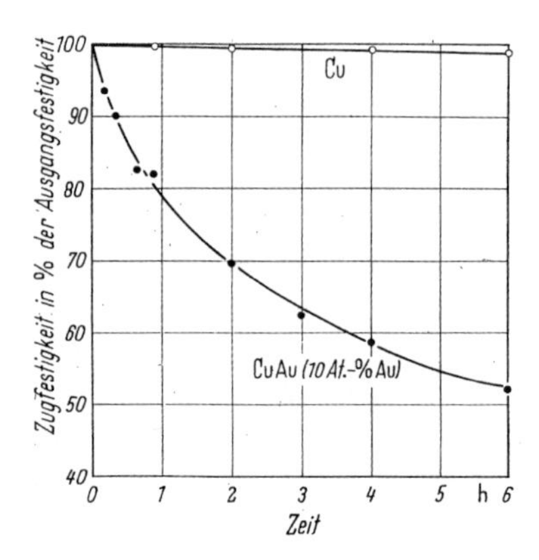

Bild 13.7

Bild 13.6. Das Erscheinungsbild der anodischen Auflösung einer AlZnMgl-Legierung in 1N NaCl-Lösung ($\varepsilon = -0{,}67$/V; Temperatur 30 °C). Wärmebehandlung: 1 h 753K-H_2O-7d Raumtemperatur-12h 368K-16h 418K. (Nach Stoll, Hornig, Richter u. Kaesche)

Bild 13.7. Der Einfluß der Korrosion ungespannter Proben aus reinem Kupfer bzw. aus CuAu mit 10At% Gold in 2%iger $FeCl_3$-Lösung auf die Zugfestigkeit. (Nach Graf)

zwischen einem *statischen Mischkristalleffekt I* und einem *dynamischen Mischkristalleffekt II* unterschieden. Ersterer bezeichnet eine grundsätzliche Schwächung der Korngrenzen durch Legierungsbildung, letzterer einen Zusatzeffekt, der erst im Zusammenhang mit der Spannungsrißkorrosion interessieren wird.

Für das Studium der interkristallinen Korrosion der homogenen Legierungen eignen sich speziell Systeme wie Kupfer-Gold, Nickel-Palladium, u. a. m. unter Bedingungen, wo das Zuschlagsmetall Gold oder Palladium etc. gegenüber der angreifenden Lösung thermodynamisch stabil ist, so daß die interkristalline Korrosion jedenfalls als Abart der selektiven Korrosion des unedleren Legierungsbestandteils zu betrachten ist, die für den Fall der gleichmäßigen Abtragung bereits in Kap. 8 untersucht wurde. Für einfache Korrosionsversuche, die die Potentialabhängigkeit der Reaktionen außer Betracht lassen, kommt z. B. die Prüfung in $FeCl_3$-Lösung infrage, die als starkes Oxydationsmittel die Fe^{3+}-Ionen enthält. In solchen Lösungen ist die interkristalline Korrosion von AuCu-Legierungen mehrfach studiert worden [26, 27]. Als Beispiel, hier nicht für den metallografischen Befund, sondern für Schädigung der Festigkeit des Materials durch die interkristalline Korrosion zeigt Bild 13.7 den Abfall der Zugfestigkeit einer Cu-Au-Legierung durch fortschreitende interkristalline Korrosion in $FeCl_3$-Lösung [27]: Das Abklingen des Festigkeitsverlustes mit wachsender Versuchsdauer ist auffällig und spiegelt wohl ein zeitliches Abklingen der Eindringgeschwindigkeit der interkristallinen Korrosion. Rückschlüsse auf die Kinetik der Teilvorgänge der Korrosion aus solchen Messungen erscheinen aber unsicher. Potentiostatische Messungen in oxidationsmittelfreier Elektrolytlösung ergaben demgegenüber kürzlich für ein anderes homogenes Legierungssystem, nämlich

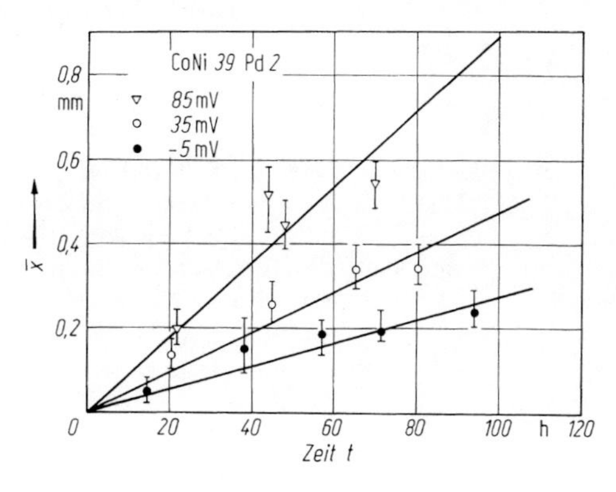

Bild 13.8. Die mittlere Eindringtiefe der interkristallinen Korrosion des homogenen Co-39Ni-2Pd (At%) in 0,1 M NaCl-Lösung als Funktion der Zeit bei potentiostatischen Halteversuchen. Parameter der Kurvenschar: Elektrodenpotential ε. (Nach Kaiser)

CoNi 39 Pd 2, nach Bild 13.8 den Befund einerseits stark potentialabhängiger, andererseits zeitlich über wenigstens 50 bis 100 Stunden eher konstanter Eindringgeschwindigkeit, d. h. eher konstanter anodischer Teilstromdichte der anodischen Metallauflösung durch interkristalline Korrosion [28]. Bei relativ negativem Elektrodenpotential und entsprechend langsamer interkristalliner Korrosion (—•—) kann zwar auch eine abklingende Kurve eingezeichnet werden, jedoch sprechen die übrigen und weitere Messungen jedenfalls nicht für ein parabolisches Abklingen. Insbesondere die Potentialabhängigkeit, wie auch die zeitliche Konstanz der Eindringgeschwindigkeit der interkristallinen Korrosion spricht offensichtlich gegen die Annahme geschwindigkeitsbestimmender Transportvorgänge in den Gräben längs der Korngrenzen, wie sie kürzlich postuliert worden ist [23, 24]. Das in der zitierten Arbeit vorgeschlagene Modell des Mechanismus der interkristallinen Korrosion nimmt als hauptsächliche Einflußgröße die mit zunehmender Konzentration der Atomsorte A bzw. B in einem AB-Substitutionsmischkristall steigenden lokalen Passungsschwierigkeiten im Gitter an. Weiter wird argumentiert, vorzugsweise an Korngrenzen könne die Eigenenergie solcher Störungen durch den Einbau von Versetzungen schon beim Erstarren aus der Schmelze erniedrigt werden. Bewegen sich diese Versetzungen von den Korngrenzen in die Randschichten der Körner, so hinterlassen sie nach dieser Hypothese auf den Korngrenzenflächen Gleitstufen, von denen die Metallatome besonders leicht durch Korrosion sollen abgelöst werden können. Die interkristalline Korrosion wird deshalb als Prozeß gesehen, der die mit Gleitstufen bedeckten Bereiche der Korngrenzen ausräumt. Dann wird weiter argumentiert, daß mit steigender Mischkristallkonzentration zunächst die Passungsschwierigkeit, letztlich die Dichte der Gleitstufen auf Korngrenzflächen und damit die Geschwindigkeit der interkristallinen Korrosion steigt. Daraus folgt u. a. notwendig ein Maximum der Geschwindigkeit der interkristallinen Korrosion bei einer Mischkristallkonzentration von 50 At%. Die Hypothese zielt auf eine verallgemeinerte Theorie der interkristallinen Korrosion wie auch der interkristallinen Spannungsrißkorrosion. Sie wurde kürzlich detailliert verfeinert vorgelegt [30]. Wegen einiger Einwände vergl. die diesbezügliche Diskussion [31], ferner auch den Befund, daß jedenfalls bei CoNiPd-Legierungen die inter- wie auch die intrakristalline Korrosion deutlich mit der Stapelfehlerdichte korreliert ist [28].

Genauere Untersuchungen der Korrosion der bereits erwähnten NiCoPd-Legierungen ergeben im ganzen ein Kompliziertes Bild [28, 29]. Das System hat

Bild 13.9. Transmissionselektronenmikroskopische Aufnahme der Mikro-Lochfraß-artigen Korrosion von Stapelfehlern in einer Folie aus Ni-69 At. %Co-2At. %Pd nach 30 (min) Polarisation bei 0,085 (V) in 0,21 M NaCl-Lösung. (Nach Kaiser)

Modellcharakter, da bei einer Steigerung des Ni/Co-Verhältnisses die Stapelfehlerenergie systematisch sinkt, die Dichte hexagonaler Stapelfehler also steigt, bis die kubisch flächenzentrierte (kfz) Struktur des Ni ab ca. 60 At.% Co gegenüber der Umwandlung in die Struktur des Co mit hexagonal dichtester Packung (hdp) so instabil wird, daß die martensitische kfz-hdp-Umwandlung bei plastischer Verformung eintritt. Im Stromspannungs-Diagramm zeigen diese Legierungen bei hoher Pd-Konzentration den in Kap. 8 für dic selektive Korrosion beschriebenen typischen Verlauf mit Steilanstieg der Stromdichte der Ni- und der Co-Auflösung bei einem Durchbruchspotential. Bei niedrigem Pd-Gehalt ist der Verlauf weniger übersichtlich. Für die Co-armen und Pd- armen Legierungen ist das Auftreten reiner interkristalliner Korrosion typisch, der sich mit wachsendem Co-Gehalt zunächst die Bildung eines Pd-reichen Korrosionsschwammes, dann die in Kap. 8 bereits beschriebene schnelle Auflösung martensitischer Platten. Für die Elektrodenkinetik der anodischen Metallauflösung ist der durch Bild 13.9 belegte Mikro-Lochfraß-artige Angriff von Stapelfehlern typisch, die nach Gitterumwandlung in die bereits in Kap. 8 beschriebene bevorzugte Auflösung martensitischer Strukturen übergeht. Die Ursache der Stapelfehlerkorrosion und damit letztlich die Ursache der schnellen Korrosion martensitischer Strukturen bleibt zu untersuchen. Für die stabil im kfz-Gitter kristallisierten Co-armen Legierungen wird dementsprechend die Häufung von Stapelfehlern in den Korngrenzensäumen vermutet.

Die Besprechung der Folgen der selektiven Korrosion im System CoNiPd wird in Kap. 15.6 fortgesetzt.

Literatur

1. U. R. Evans Conf. Localized Corrosion. Williamsburg 1971. Houston: NACE 1974
2. a) Froment, M.; Vignaud, C.; Métaux, Corrosion, Industrie; No. *581, 582*, (1974) – b) Arora, C. P.; Metzger, M.: Trans. TMS-AIME *236*, 1205 (1966) – c) Boos, Y. J.; Goux, C.; in: loc. cit [1], p. 556 – d) Bercovici, S. J.; Niessen, P.: Trans. TMS-AIME *246*, 2591 (1969) – e) Aust, K. T.; Iwao, O.; in: loc. cit [1], p. 62.

3. a) Erdmann-Jesnitzer, F.: Werkstoffe u. Korr. *9*, 7 (1958) – b) Beaunier, L.; Froment, M.: C. r. Acad. Sci. Paris, Série C *278*, 667 (1974)
4. Gleiter, H.: Mat. Sci. and Engng. *52*, 131 (1982)
5. Herbsleb, G.: Schriftenreihe Schweißen und Schneiden *5*, Nr. 3, 3 (1974)
6. a) Strauss, B.; Schottky, H.; Hinnüber, J.: Z. anorg. allgem. Chem. 188, 309 (1930), b) Huey, W. R.: Trans. ASST *18*, 1126 (1930), c) Schüller, H.-J.; Schwab, P.; Schwenk, W.: Arch. Eisenhüttenwesen *33*, 853 (1962); Ternes, H.; Schwenk, W.: Arch. Eisenhüttenwesen *36*, 99 (1965); Tedmon, C. S.; Vermilya; Rosolowski, J. H.: J. Electrochem. Soc. *118*, 192 (1971)
7. a) Bäumel, A.: Werkstoffe u. Korrosion *18*, 289 (1967); b) Herbsleb, G.; Schwenk, W.: Werkstoffe u. Korrosion *19*, 103 (1968); c) Heumann, T.; Rockel, M.: Arch. Eisenhüttenwesen *42*, 111 (1971); d) Herbsleb, G.: Werkstoffe u. Korrosion *19*, 204, 406 (1968); e) Herbsleb, G.; Schwaab, P.: Werkstoffe u. Korrosion *19*, 484 (1968); f) Herbsleb, G.: Arch. Eisenhüttenwesen *41*, 875 (1970), Mettalloberfläche *24*, 195 (1970)
8. Becket, F. M.: Trans. AIME *131*, 15 (1938); Kinzel, A. B.: Trans. AIME *194*, 469 (1952)
9. Bäumel, A.; Bühler, H. E.; Schüller, H.-J.; Schwaab, P.; Schwenk, W.; Zitter, H.: Corr. Sci. *4*, 89 (1964)
10. Herbsleb, G.; Schwaab, P.: Werkstoffe u. Korr. *37*, 24 (1986)
11. Vgl. z. B. Altenpohl, D.: Aluminium und Al-Legierungen. Berlin, Heidelberg, New Yok: Sprin er 1966
12. Mears, R. B.; Brown, R. H.; Dix, E. H.; in: Symposium on Stress Corrosion Cracking of Metals. Philadelphia New York: ASTME-AIME 1945, p. 323; Dix, E. H.: Trans. AIME *137*, 11 (1940); Trans. ASME *42*, 1057 (1950)
13. Holub, L.: unveröffentlicht, zitiert nach [14].
14. Vosskühler, H.: Werkstoffe u. Korrosion *1*, 179 (1950); *1*, 143, 310, 357 (1950); *8*, 463 (1957)
15. Doig. P.: Edington, J. W.: Proc. R. Soc. Lond. A *339*, 37 (1974)
16. Edington, J. W.; Hibbert, G.: J. Microsc. *99*, 125 (1973)
17. Galvele, J. R.; De Micheli, S. M. in: 4th Int. Conf. Metallic Corrosion, Amsterdam 1969, NACE, Houston 1972, p. 439
18. Pleva, J.: Dissertation Erlangen 1976
19. a) Stoll, F.; Hornig, W.; Richter, J.; Kaesche, H.: Werkstoffe u. Korr. *29*, 585 (1978) – b) Richter, J.; Kaesche, H.: ibid. *32*, 174 (1981)
20. Muller, I. L.; Galvele, J. R.: Corr. Sci. *17*, 995 (1977)
21. Wegen der metallkundlichen Literaturstellen vergl. die Angaben in loc. cit. [19b]
22. a) Grauer, R.; Widmer, E.: Werkstoffe u. Korr. *31*, 550 (1980) – b) Mazurkiewicz, B.: Corr. Sci. *23*, 687 (1983) – c) Mazurkiewicz, B.; Piotrowski, A.: ibid. *23*, 697 (1983)
23. Vgl. z. B. Graf, L. in: Theory of Stress Corr. Cracking in Alloys (Scully, J. C., Editor). Brussels: NATO Scientifique Affairs Division, 1971, p. 399, u. die dort zitierten Publikationen
24. Frank, W.; Graf, L.: Z. Metallkde, *66*, 555 (1975) vgl. auch [25]
25. Laupheimer, A.; Frank, W.: Z. Metallkunde *71*, 559 (1980)
26. Robertson, W. D.; Bakish, R., in: Stress Corr. Cracking and Embrittlement (Robertson, W. D., editor), New York: Wiley, London: Champmann & Hall 1965, p. 32
27. Graf, L.: Acta met. *6*, 116 (1958)
28. Kaiser, H.: Dissertation, Universität Erlangen 1976 – Kaiser, H.; Kaesche, H.: Z. f. Metallkunde *70*, 582 (1979)
29. Lenz, E.; Kaiser, H.; Kaesche, H. in: Int. Conf. Mechanisms of Environment Sensitive Cracking of Materials. Guildford 1977.
30. Frank, W.; Graf, L. in: Surface Effects in Crystal Plasticity (Latanision, R. M., Fourie, J. F., editors). Nato Advanced Study Institutes Series E, Nr. 17, Leyden: Noordhoff, 1973, p. 781
31. Engell, H.-J.; Staehle, R. W.; Bullough, R. in: loc. cit. [30], p. 790.

14 Wasserstoff in Eisen und Stahl: Beizblasen, Innenrisse, unterkritische Rißausbreitung

14.1 Einleitung und Ausblick

Wasserstoff in Metallen interessiert hier als Agens der Werkstoffschädigung. Das Thema ist kürzer und anschaulich mit dem Stichwort *Wasserstoffversprödung* (gewöhnlich abgekürzt HE benannt, von „hydrogen embrittlement") zu bezeichnen. Mit diesem Thema wird die Abhandlung des sehr umfangreichen Sachgebietes der Rißentstehung und Rißausbreitung in metallischen Bauteilen unter scheinbar unkritischen Bedingungen in Angriff genommen. Es handelt sich um den Komplex der Fragen der Rißentstehung und Rißausbreitung bei Zugbelastungen unterhalb der Bruchzähigkeit gekerbter Bauteile, oder unterhalb der Zugfestigkeit, ja sogar unterhalb der Streckgrenze, ungekerbter Bauteile. Dazu gehört einerseits die *Materialermüdung*, andererseits die *Spannungsrißkorrosion*, SpRK (bzw. SCC, von „stress corrosion cracking") und die *Schwingungsrißkorrosion*, SwRK bzw. CF, von „corrosion fatigue"), d. h. die *Korrosionsermüdung*. Darüber wird in folgenden Kapiteln teils zusammenfassend, teils im Detail zu berichten sein. Die Wasserstoffversprödung ist in diesem Rahmen, genau genommen, kein eigenständiges Thema, sondern ein wichtiger Teilaspekt der Sache. Sie wird aus zwei Gründen gleichwohl vorgezogen:

Erstens spielt Wasserstoffversprödung eine Sonderrolle, insofern die Einwanderung von Wasserstoff in Eisen und Stähle rißöffnende innere Spannungen selbst erzeugen kann, so daß innere oder äußere Spannungen nicht zusätzlich erforderlich sind. Dieser Vorgang verursacht bei weichem Stahl die Beizblasen, ab mittelfestem Stahl die Innenrisse, mit dem typischen Kennzeichen der erforderlichen sehr hohen Aktivität des Wasserstoffs in beiden Fällen. Der typische, aber nicht alleinige Praxis-Schadensfall ist das Auftreten von Innenrissen in Stählen in H_2S- sauren Wässern. Die übliche Bezeichnung für diese Wasserstoffinduzierten, kurz- „H-induzierten" Risse ist HIC („*hydrogen-induced cracking*").

Wasserstoffversprödung spielt weiter eine wichtige Rolle für Material höherer Festigkeit, insofern bei gekerbtem Werkstück unter äußerer Zugspannung, also bei ohnehin starker lokaler Überhöhung der mechanischen Spannung, einwandernder Wasserstoff Rißausbreitung weit unterhalb der Vakuum-Bruchzähigkeit des Materials auslösen kann. Für hochfesten Stahl genügt dabei die Einwirkung von gasförmigem Wasserstoff mit sehr kleinem Druck, also Wasserstoff sehr niedriger Aktivität. Der Effekt zeigt in einem übersichtlichen Grenzfall deutlich, und ohne Komplikation durch elektrochemische Korrosionsreaktionen, die Rolle der *Umgebungs-induzierten, unterkritischen Rißausbreitung* im Sinne der Bruchmechanik. Dazu enthält der Anhang (Kap. 17.3) einen Abriß einiger Grundsätze der linear-elastischen Bruchmechanik in ihrer Anwendung auf zuggespannte, gekerbte Proben im Zustand ebener Dehnung, mit kleiner plastischer Zone vor der Rißspitze.

Anders als bei der Ermüdung wirkt bei statischer Zugbelastung des gekerbten Materials bei niedrigem Druck nur O_2-freier Wasserstoff schädlich, weil sonst die Oxidation der Oberfläche den Eintritt des Wasserstoffs in das Innere des Metalls hemmt Die Messungen der Rißausbreitung unter statischer Belastung in reinem Wasserstoff bei niedrigem Druck haben daher mehr grundsätzliche als praktische Bedeutung. Bei hochfesten Stählen genügt aber an Luft schon ein Feuchtigkeitsfilm zur Auslösung der unterkritischen Rißausbreitung, offenbar durch eine geringfügige Reaktion vom Typ $3H_2O + Fe \rightarrow Fe(OH)_3 + 3H$ (oder ähnlich) des Umsatzes von Wassermolekeln mit Eisen zu Eisenhydroxid (oder Rost) und atomarem Wasserstoff, der versprödend in den Stahl einwandert. Hochfeste Stähle mit metallurgisch vorgegebenen Kerben, etwa in der Form harter Einschlüsse, in scheinbar harmloser Feuchtigkeit, mit leichtem Rostbefall, entsprechen deshalb in wesentlichen Punkten dem Verhalten hochfester, scharf gekerbter Stähle in trockenem Niederdruck-Wasserstoff. Gleichwohl wird hier die Grenze zu den Schadensereignissen überschritten, die als *Spannungsrißkorrosion* im gängigen Sinn des Begriffs bezeichnet werden, also als Rißausbreitung unter Einwirkung von mechanischer Zugspannung und gleichzeitiger chemischer, normalerweise elektrochemischer Korrosionsreaktionen.

Die Grenzziehung ist willkürlich, und gemäß einschlägiger deutscher Norm [A1], die die Korrosion als allgemein durch chemische und/oder physikalische Umgebungswirkung bewirkt definiert, ist auch die unterkritische Rißausbreitung in trockenem Wasserstoff Spannungsrißkorrosion, speziell H-induzierte Spannungsrißkorrosion. Dazu ist aber anzumerken, daß es bei der Wasserstoffversprödung auf die Gleichzeitigkeit von Wasserstoffaufnahme und Zugbelastung nicht ankommt. Wasserstoffversprödung kann z. B. durch spannungsfreie Wasserstoffbeladung während des Galvanisierens von Stahlteilen verursacht werden, wenn sich der kathodischen Metallabscheidung kathodische Wasserstoffabscheidung überlagert. Die Versprödung wird sich dann später zeigen, wenn das Bauteil auf Zug oder Schlag beansprucht wird. Dazu werden im vorliegenden Zusammenhang Messungen unterkritischer Rißausbreitung in mit Wasserstoff vorbeladenen Proben zitiert werden.

Innenrisse in Stahl in H_2S-saurem Milieu einerseits, unterkritische Rißausbreitung in hochfesten Stählen in trockenem, reinem Niederdruck-Wasserstoff bzw. in wenig Feuchtigkeit andererseits, repräsentieren die Grenzfälle der Folgen der Wasserstoffversprödung der Stähle. Bei mittlerer Festigkeit und/oder mittlerer Wasserstoff-Aktivität wirken überlagerte Mechanismen, die den Schadensvorgang wie auch das Schadensbild, mit Innenrissen, Terrassenrissen, Außenrissen komplizieren, ohne grundsätzlich neue Erklärung zu verlangen.

Die Klassifizierung der Schadensvorgänge in H-induzierte Bildung von Innenrissen ohne Mitwirkung vorgegebener Zugspannungen, in H-induzierte Spannungsrißkorrosion („HISCC") und in Überlagerungsfälle, wie sie durch die Betrachtung der verschiedenen Varianten der Schadensereignisse in Stählen nahegelegt wird, ist in der Literatur übersichtlich dokumentiert [A2]. Wasserstoffversprödung kommt aber auch in anderen Werkstoffen als ausschlaggebende Schadensursache vor [A2a]. Das gilt z. B. deutlich für die SpRK der aushärtenden Aluminiumlegierungen. Es sind bei diesen u. a. Legierungen Lochfraßmechanismen im Spiel, die im Rahmen der Diskussion der „anodischen" SpRK schneller unter dem speziellen Thema „anodische H-Versprödung" verständlich werden. Es wird sich darüber hinaus zeigen, daß die Mitwirkung des versprödenden Wasserstoffs, in Überlagerung mit anderen Rißmechanismen, noch mehrfach zu erörtern bleibt. Regelmäßig handelt es sich dabei um HISCC unter der gemeinsamen Einwirkung von Wasserstoff, entstanden beim Zusammenspiel von Korrosion mit Wasserstoffentwicklung und äußerer Zugspannung.

Schließlich ist vom Thema der Versprödung durch entweder interstitiell atomar gelösten oder molekular im Metallinneren ausgeschiedenen Wasserstoff die Versprödung durch heterogen ausgeschiedene Metall-Wasserstoff-Verbindungen, also durch Metallhydride, deutlich verschieden. Die Hydrid-Versprödung wird bei der Erörterung der SpRK der Titanlegierungen zur Sprache kommen.

14.2 Beizblasen, H-induzierte Risse, Wasserstoffpermeation

Wie in Kapitel 5 dargelegt, erzeugt die kathodische Wasserstoffabscheidung aus einer Säure in jedem Fall, ob über den Volmer-Tafel-oder über den Volmer-Heyrovsky-Mechanismus, als Zwischenprodukt atomaren Wasserstoff, der auf der Metalloberfläche adsorbiert ist. Diese adsorbierten Teilchen H_{ad} reagieren entweder nach der Heyrovsky-Reaktion ($H_{ad} + e^- + H^+ \rightarrow H_2$), oder nach der Tafel-Reaktion ($2H_{ad} \rightarrow H_2$) zu molekularem Wasserstoff, der sich in der Elektrolytlösung löst, oder in Gasblasen in die umgebende Atmosphäre entweicht. Bei hinreichender Waserstofflöslichkeit des Metalls, bei hinreichend geringer Hemmung des Eintritts des Wasserstoffs ins Metall, bei hinreichend hoher Diffusionsgeschwindigkeit des atomaren Wasserstoffs im Metall und bei hinreichend hohem Bedeckungsgrad Θ_H der Metalloberfläche an atomarem Wasserstoff wird atomarer Wasserstoff aus der Adsorptionsschicht in das Metallinnere absorbiert ($H_{ad} \rightarrow H_{ab}$). Ob der absorbierte, homogen gelöste Wasserstoff in Protonen und Elektronen, die in das Elektronengas des Metalls eingehen, dissoziert, oder ob das Elektron in der Nähe des Protons lokalisiert bleibt, ist für die quantenmechanische Berechnung etwa des weiter unten diskutierten Dekohäsionsmechanismus u. U. von Belang, bleibt hier aber außer Betracht. Wesentlich ist, daß der absobierte Wasserstoff, homogen gelöst oder durch lokale Wechselwirkung mit "Fallen" ("traps") die Festigkeitseigenschaften des Materials erheblich beeinflussen kann. Die Fallen sind entweder punktförmig z. B. als Gitterleerstellen, oder linienartig als Versetzungen, oder flächig als innere Grenzflächen z. B. von Ausscheidungen, oder räumlich z. B. als Mikrolunker oder Mikroporen zu denken. In Mikrolunkern oder Poren eindringender atomarer Wasserstoff wird zu molekularem Wasserstoff rekombinieren. Dann interessiert der Druck $p(H_2)^{(i)}$ des molekularen Wasserstoffs im Hohlraum. Man mache sich dazu klar, daß in einem Gleichgewichtssystem, also auch in einem statisch verspannten festen Körper, in einer trockenen Gasatmoshäre, das chemische Potential des Wasserstoffs in allen Phasen gleich ist. Sei also $\mu(H_2)^{(a)}$ das chemische Potential des Wasserstoffs in der umgebenden Atmosphäre, $\mu(H_2)^{(i)}$ dieselbe Größe im Hohlraum, so gilt dann:

$$\mu(H_2)^{(a)} = \mu(H_2)^{(i)} \tag{14.1}$$

Zugleich gilt, mit der thermodynamischen Aktivität (bzw. hier: „Fugazität") $a(H_2)$:

$$\mu(H_2) = \mu^0(H_2) + RT \ln a(H_2), \tag{14.2}$$

Bis zu sehr hohem Druck verhält sich Wasserstoff aber wie ein ideales Gas, so daß (vgl. Kap. 3.2) $a(H_2) = p(H_2)$, und

$$\mu(H_2) = \mu^0(H_2) + RT \ln p(H_2) \tag{14.3}$$

Das chemische Standardpotential des gasförmigen Wasserstoffs in einem Hohlraum im Metallinneren ist gleich dem in der umgebenden Atmosphäre, so daß für das Gleichgewicht folgt: $p(H_2)^{(i)} = p(H_2)^{(a)}$. Der auf dem Umweg über atomar gelösten Wasserstoff entstehende molekulare, gasförmig in Hohlräumen rekombinierte Wasserstoff kann unter diesen Bedingungen keinen höheren als den Außendruck erreichen. Dasselbe gilt für molekularen Wasserstoff, der z. B. an inneren Oberflächen wie denen von Ausscheidungen im Metall zur Rekombination tendiert; mithin sind an solchen Stellen insoweit keine Drucke zu erwarten, die für die Entstehung von spaltartigen Materialtrennungen ausreichen.

Anders verhält es sich in Ungleichgewichtssystemen, hier unter anderem in Systemen, in denen der metallische Werkstoff soeben plastisch verformt wird. Hier kann es zum Versetzungstransport des atomar gelösten Wasserstoffs kommen, mit „Abstreifen" des atomaren Wasserstoffs z. B. an inneren Oberflächen und Rekombination zu Wasserstoffmolekeln. Vielfach wiederholter Versetzungstransport dieser Art kann dazu führen, daß im Ungleichgewichtssystem, in das, etwa durch die Querjochbewegung der Prüfmaschine, Energie eingespeist wird, der Innendruck in Lunkern, Poren oder Spalten den Außendruck übersteigt: $p(H_2)^{(i)} > p(H_2)^{(a)}$. Typischerweise wird dann Wasserstoffversprödung während der Einschnürung einer Zugprobe beobachtet, desgleichen bei der Materialermüdung, die ja mit ständiger mikroplastischer Verformung verknüpft ist. Ersichtlich spielt hier im ganzen eine athermische Bewegung von Wasserstoffatomen bei Gleitprozessen eine Rolle, wozu die Möglichkeit der Umkehrung zu erwähnen ist, nämlich der Abbau innerer, durch Wasserstoffaufnahme erzeugter Spannungen durch plastische Verformung infolge Bewegung H-induzierter Versetzungen.

Der Zustand, daß $p(H_2)^{(i)} > p(H_2)^{(a)}$, ja, daß sogar $p(H_2)^{(i)} \gg p(H_2)^{(a)}$, kann ohne äußere Verformung leicht dadurch erreicht werden, daß in das System Metall + Umgebung, und zwar in der Praxis hauptsächlich in das System Stahl + Umgebung Ungleichgewichtsenergie in Form der elektrochemischen Überspannungsenergie eingespeist wird. Dies ist der Vorgang, der in Weicheisen z. B. in H_2S-Wasser die sogenannten „Beizblasen" erzeugt, daß sind oberflächennahe blasige Auftreibungen des Eisens, in denen molekularer Wasserstoff unter offensichtlich hohem Druck vorliegt. In diesem Fall ist die kathodische Wasserstoffabscheidung die Teilreaktion der Brutto-Korrosionsreaktion, und die wirksame Überspannung ist die Abweichung des freien Korrosionspotentials vom Wasserstoff-Gleichgewichtspotential. Ebenso kann der Wasserstoff aber auch durch

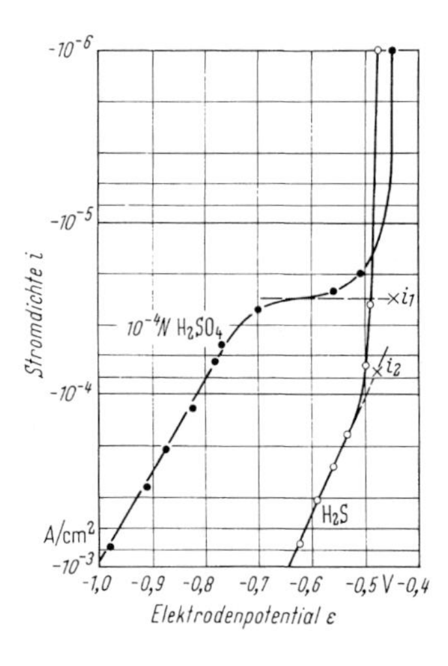

Bild 14.1. Kathodische Stromspannungskurve von Armco-Eisen in unbewegter 10^{-4} N H_2SO_4-Lösung mit Na_2SO_4-Zusatz, sowie in unbewegter, H_2S-gesättigter Na_2SO_4-Lösung, beide ohne gelösten Sauerstoff. (Nach Naumann und Carius)

kathodische Elektrolyse erzeugt werden. Der spezielle Mechanismus der Aufnahme von Korrosionswasserstoff sei hier am übersichtlichen Beispiel der Korrosion des Weicheisens in H_2S-Wasser erörtert. Dazu zeigt Bild 14.1 die Summenstrom-Spannungskurve des Eisens zum einen in 10^{-4} N H_2SO_4-Lösung, zum anderen in H_2S-Wasser [B3]. Die beiden Lösungen haben ungefähr gleichen pH-Wert. Der kathodische Ast der Kurve in H_2SO_4-Lösung läßt den Diffusionsgrenzstrom der Wasserstoffabscheidung durch H^+-Reduktion gut erkennen, dem sich zu negativeren Werten des Elektrodenpotentials die Wasserstoffabscheidung durch H_2O-Zersetzung überlagert. Die Korrosionsgeschwindigkeit $i_K = i_1$ ist offensichtlich höchstens gleich dem Betrage der Diffusionsgrenzstromdichte $i_{D,H}$, d. h. $\lesssim 30\ \mu A/cm^2$. Demgegenüber ist in der H_2S-Lösung der kathodische Diffusionsgrenzstrom verschwunden, und die Extrapolation der kathodischen Tafel-Geraden ergibt $i_K = i_2 \cong 80\ \mu A/cm^2$. Die Überspannung der Wasserstoffabscheidung ist also stark gesunken, die Korrosionsgeschwindigkeit stark gestiegen. Zugleich wird, was hier jedoch nur am Rande interessiert, die Teilreaktion der anodischen Eisenauflösung durch HS^--Ionen katalysiert, die in den Mechanismus der Eisenauflösung ähnlich eingehen wie OH^--Ionen [B4]. Die Beschleunigung der kathodischen Wasserstoffabscheidung geht demgegenüber darauf zurück, daß der pH-Wert (4,4) der H_2S-Lösung durch einen Überschuß (ca. 0.1 mol/l) von undissoziiert gelöstem H_2S gepuffert ist. Die Kinetik der Wasserstoffabscheidung wird dann besser beschrieben, wenn statt der H^+-Reduktion die H_2S-Reduktion in Ansatz gebracht wird. Die Reaktionsgleichungen lauten dann für den Volmer-Heyrovsky-bzw. den Volmer-Tafel-Mechanismus:

$$H_2S + e^- \rightarrow H_{ad} + HS^-, \tag{14.4}$$

$$H_2S + H_{ad} + e^- \rightarrow H_2^{(a)} + HS^-. \tag{14.5}$$

bzw.

$$H_2S + e^- \rightarrow H_{ad} + HS^-, \tag{14.6}$$

$$2\,H_{ad} \rightarrow H_2^{(a)}. \tag{14.7}$$

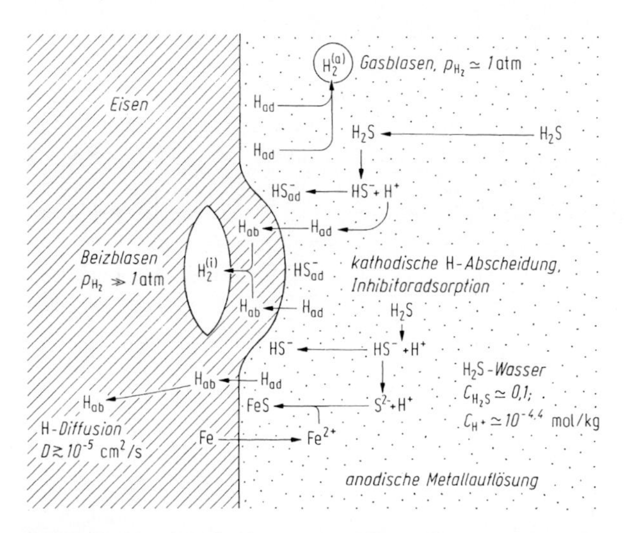

Bild 14.2. Der Mechanismus der Korrosion von Weicheisen in H_2S-Wasser und die Bildung von Beizblasen bei Volmer-Tafelschem Mechanismus der kathodischen Wasserstoffabscheidung

Der tatsächliche Mechanismus bleibt im Einzelfall nachzuweisen. In dem in Bild 14.2 skizzierten Reaktionsschema wurde Tafel-Rekombination nach (14.7) angenommen, jedoch kommt es darauf nicht wesentlich an.

Die anodische Teilreaktion der Eisenauflösung führt zunächst zu Fe^{2+}-Kationen, jedoch fällt bald festes Eisensulfid aus, da das Löslichkeitsprodukt dieser Substanz sehr klein und die $S^=$-Konzentration in H_2S-Wasser, wenn auch klein, so doch ausreichend ist. Das Eisensulfid fällt durchlässig und porös an; es beeinflußt die weitere Reaktion anscheinend wenig und wird hier deshalb nicht weiter berücksichtigt.

Im weiteren Verlauf der kathodischen Teilreaktion der Wasserstoffabscheidung rekombiniert der atomare Wasserstoff teils zu gasförmigem Wasserstoff, der in Gasblasen aus der Lösung entweicht. Diese Wasserstoffblasen stehen offensichtlich unter dem Druck $p(H_2)^{(a)} \simeq 1$ bar. Ein anderer Teil des adsorbierten Wasserstoffs diffundiert in das Metall ein, und die Rekombination an inneren Oberflächen liefert wasserstoffgefüllte Hohlräume, die als innere Blasen das Weicheisen auftreiben. In diesen inneren Blasen ist der Wasserstoffdruck offensichtlich $p(H_2)^{(i)} \gg 1$ bar. Der wichtige Effekt ist hier die Differenzierung des Reaktionsproduktes H_2 in zwei räumlich getrennte Gasphasen stark unterschiedlichen Druckes. Dazu ist erforderlich, daß der Bedeckungsgrad Θ_H der Metalloberfläche gegenüber seinem Wert $(\Theta_H)_{Gl}$ für das Gleichgewicht $2\,H_{ad} = H_2^{(a)}$, bzw. für das Gleichgewicht $H^+ + e^- + H_{ad} = H_2^{(a)}$ stark überhöht ist: $\Theta_H \gg (\Theta_H)_{Gl}$, d. h. daß die Rekombinationsreaktionen stark gehemmt sind.

Dieses Aufstauen des atomaren adsorbierten Wasserstoffs ist zweifellos gegeben. Nicht ebenso zwanglos richtig ist die übliche Annahme, daß unter diesen Umständen jede beobachtete Zunahme der Wasserstoffaufnahme des Metalls auf die Zunahme von Θ_H zurückgeht. Das berührt die Frage der Rolle der *Promotoren der Wasserstoffversprödung*. Dies sind „Elektrodengifte", d.h. Substanzen, die, in geringer Menge der Elektrolytlösung zugesetzt, die Wasserstoffaufnahme unter sonst konstanten Bedingungen stark fördern. Typisch ist in dieser Richtung speziell für Stähle die Wirkung von Arsensäure, oder von Cyaniden, u.a.m.. Für H_2S-Wasser wird die Promotorrolle üblicherweise den HS^--Ionen zugesprochen. Die weiter übliche Erklärung ist dann die, es handle sich bei den Promotoren um Inhibitoren der Tafelschen und/oder der Heyrovskyschen Rekombinationsreaktion. Möglich ist aber auch, daß Promotoren die Hemmung der Rekombination zu H_2-Molekeln nicht erhöhen, sondern daß sie vielmehr die vorgelagerte Volmer-Reaktion katalysieren, ebenfalls mit dem Effekt der Steigerung von Θ_H. Denkbar ist aber auch eine andere Rolle der Promotoren, nämlich die von Katalysatoren der Einwanderung von H-Atomen aus der Adsorptionsschicht in das Innere des Metalls. In dieser Richtung ist vermutet worden [B5], in H_2S-Wasser seien undissoziiert adsorbierte H_2S-Molekeln die Promotoren, mit der Wirkung der Katalyse sowohl der Volmer-Reaktion der H^+-Entladung als auch der H-Absorption.

Dieser Gedankengang führt auf die Betrachtung eines hypothetischen Grenzfalles [B6], bei dem die Hemmung der Rekombination an der Metalloberfläche vollständig ist, gasförmiger Wasserstoff also nicht in die Elektrolytlösung entweicht, und zugleich alle übrigen Teilschritte der Wasserstoffabscheidung einschließlich der Absorption im Metall, speziell im Stahl, und der Rekombination in inneren Hohlräumen im Gleichgewicht sind. Dann besteht auch Gleichgewicht zwischen H^+-Ionen in der Elektrolytlösung und H_2-Molekeln in Hohlräumen, und das Elektrodenpotential berechnet sich als Gleichgewichtspotential einer Wasserstoffelektrode mit dem H_2-Druck $p(H_2)^{(i)}$ (bzw. der entsprechenden Aktivität bzw. Fugazität):

$$\varepsilon = \frac{RT}{2F} \ln \frac{a_{H^+}^2}{p(H_2)^{(i)}} \tag{14.8}$$

Zugleich ist die Überspannung η_H der Wasserstoffabscheidung durch die Abweichung des Elektrodenpotentials vom Potential des Gleichgewichts mit der umgebenden Gasphase definiert:

$$\eta_H = \varepsilon - \frac{RT}{2F} \ln \frac{a_{H^+}^2}{p(H_a)^{(a)}} \tag{14.9}$$

Daraus wird, nach Umrechnen auf den dekadischen Logarithmus:

$$\log \frac{p(H_2)^{(i)}}{p(H_2)^{(a)}} = -\frac{\eta_H(V)}{0.029} \tag{14.10}$$

Auf diese Weise kommt man für realistisch leicht erreichbare Werte der Überspannung zu fast beliebig hohen Grenzwerten des Druckes (z.B. 10^{10} (bar) für $-0{,}290$ (V) Überspannung). Es handelt sich dann in Wirklichkeit um Fugazitäten, das heißt der Druck bleibt niedriger, und es wird statt dessen der Aktivitätskoeffizient größer. Jedenfalls genügt aber der Gedankengang, um darzulegen, daß Drucke erreicht werden, die innere Materialtrennungen ohne weiteres ermöglichen. Mit diesem Modell operierende Vorstellungen sind also völlig legitim, solange die hohe Oberflächenaktivität des adsorbierten Wasserstoffs nachgewiesen werden kann.

Kinetisch ist der adsorbierte Wasserstoff, der in der Oberflächenkonzentration „Bedeckungsgrad“ Θ_H (Teilchen bzw. Mol/Fläche) bzw. in der thermodynamischen Aktivität $(a_H)_{ad}$ vorliegt, der Angelpunkt für die Verzweigung des Weges des Wasserstoffs in die umgebende Atmosphäre bzw. in das Metallinnere. Die Größe Θ_H trat in Kap. 3.1 explizit bei der Herleitung der Gleichung der Stromspannungskurve für Wasserstoffabscheidung nach dem Volmer-Heyrovsky-Mechanismus auf. Er wurde dort durch das Einsetzen einer Gleichgewichtsbeziehung zum Verschwinden gebracht, die von der Annahme $(a_H)_{ad} = \Theta_H$ Gebrauch macht, also offenbar für $\Theta_H \ll 1$. Im Gegensatz dazu wird man, jedenfalls für hohe Stromdichten der Wasserstoffabscheidung, wie sie bei Experimenten mit kathodischer Beladung häufig vorkommen, eher $\Theta_H \approx 1$ annehmen. Für den hier wichtigen Zusammenhang ist die frühere Herleitung also nicht brauchbar. Experimentell ist schon Θ_H schwer zugänglich, um so mehr $(a_H)_{ad}$. Wenn sich Θ_H dem Sättigungswertert 1 nähert, steigt die Aktivität steil an, etwa wie $(a_H)_{ad} = \Theta_H/(1 - \Theta_H)$ [B8a]. Gewiß bleibt $(a_H)_{ad}$ in Wirklichkeit endlich, jedoch erkennt man jedenfalls, daß die quantitative Theorie des adsorbierten Wasserstoffs Schwierigkeiten macht [B9].

Es trifft sich deshalb günstig, daß eine mit der Wasserstoffversprödung unmittelbar zusammenhängende Größe, nämlich die Konzentration c_H des gelösten atomaren Wasserstoffs, aus *Permeationsmessungen* [B8a,b] gut zugänglich ist, und daß das Verhältnis $(a_H)_{ab}/(a_H^0)_{ab}$ der gegebenen Aktivität $(a_H)_{ab}$ des absorbierten atomaren Wasserstoffs, bezogen auf die Aktivität $(a_H^0)_{ab}$ im Gleichgewicht mit gasförmigem Wasserstoff von 1 (bar) Druck im wasentlichen gleich c_H/c_H^0 gesetzt werden kann [B10].

Es handelt sich um eine Meßmethode, die wesentlich auf der schon bei Raumtemperatur hohen Diffusionsgeschwindigkeit ($D_H \approx 10^{-5}\,cm^2/s$) von homogen in Eisen gelöstem Wasserstoff beruht. Das Verfahren ist in Bild 14.3 skizziert: Wie dort angedeutet, trennt eine Scheibe aus Eisen, oder unlegiertem, bzw. niedrig legiertem Stahl einen Raum, in dem die „Rückseite“ der Scheibe ($x = 0$) mit Wasserstoff beladen wird, von einem Raum, in dem der durch die Scheibe diffundierende Wasserstoff an der Scheiben- „Vorderseite“ ($x = L$) anodisch ionisiert wird. Die Ionisation erfolgt potentiostatisch bei einem Elektrodenpotential, bei dem der gemessene Strom gleich dem Teilstrom der Dichte i_H der Reaktion $H \rightarrow H^+ + e^-$ ist. Zur Katalyse der Ionisation mißt man gewöhnlich mit an der Wasserstoff-Austrittseite palladinierten Scheiben. Als Elektrolyt des Anodenraums kann eine alkalische Lösung verwandt werden, um eventuelle Poren der Palladiumschicht passiv zu halten. Die Methode der Beladung der Scheibe an der Rückseite wird den interessierenden Umständen angepaßt. Die Skizze nimmt den Fall der galvanostatischen Wasserstoffabscheidung aus einer z. B. promotorhaltigen Säure an; Wasserstoffabscheidung aus beliebig anderer Elektrolytlösung kommt aber ebenso in Frage, desgleichen auch Wasserstoffbeladung aus der Gasphase.

Die mathematische Behandlung des Problems der instationären Diffusion ist im Anhang (Kap. 17.2) skizziert. Qualitativ sieht man auch ohne Rechnung ein, daß sich mit wachsenden Zeiten t das Konzentrationsprofil $c_H(x)$ wie in Bild 14.3 skizziert verändert: Zum Zeitpunkt t_0 des Einschaltens des Beladungsstromes ist $c_H = 0$, außer

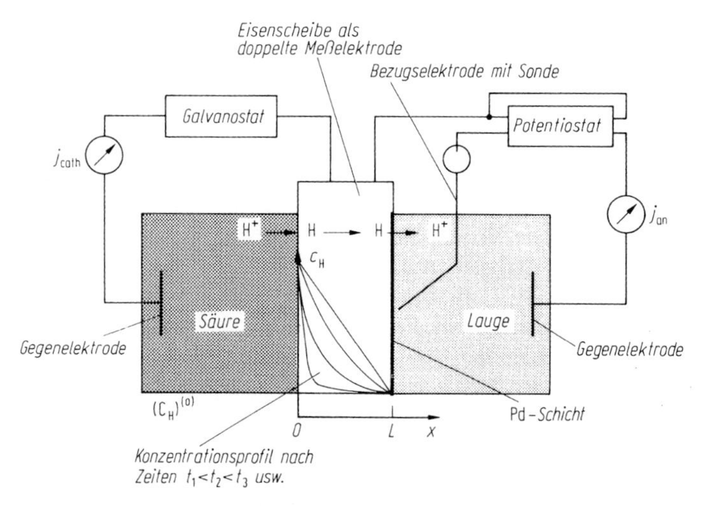

Bild 14.3. Prinzipskizze der Messung der Permeation von atomarem Wasserstoff durch eine dünne Eisenscheibe mit galvanostatischer kathodischer Wasserstoffbeladung der Scheibenrückseite und potentiostatischer anodischer Wasserstoffionisation an der Vorderseite. Konzentrationsprofil des diffundierenden Wasserstoffs nach verschiedenen Beladungszeiten.

bei $x = 0$, wo die Sättigungskonzentration $(c_H)^{(0)}$ im Gleichgewicht mit der durch die Elektrolysebedingungen eingestellten Oberflächenkonzentration Θ_H eingestellt ist. Die zeitliche Konstanz von$(c_H)^{(0)}$ ist für die Meßmethode wesentlich. Der Ionisationsstrom hält $(c_H)^{(L)}$ auf einem konstant kleinen Wert, im wesentlichen auf $(c_H)^{(L)} = 0$. Nach hinreichend langer Zeit wird ein stationärer Zustand mit linearem Abfall der Wasserstoffkonzentration von $(c_H)^{(0)}$· auf $(c_H)^{(L)}$ erreicht. Bei mittleren Zeiten ist der Konzentrationsverlauf nicht linear, und zwar in der skizzierten Weise so, daß der Gradient $(dc_H/dx)_L$ an der Austrittsseite mit der Zeit von Null auf den stationären Endwert $-(c_H)^{(0)}/L$ wächst. Der Ionisationstrom schwingt sich also von Null auf den stationären Endwert $(i_H)_\infty = D_H F(c_H)^{(0)}/L$ ein. Wie die Rechnung (vgl. Kap. 17.2) zeigt, erhält man aus der Einschwingkurve des Ionisationsstromes den Diffusionskoeffizienten aus der Zeit $t_{0.5}$, in der der Strom die Hälfte des Endwertes erreicht: $D_H = 0.138\ L^2/t_{0.5}$, so daß im Prinzip eine einzige Messung zur Bestimmung von sowohl D_H als auch $(c_H)^{(0)}$ genügt.

Als Beispiel der Auswertung von Permeationsmessungen zeigt Bild 14.4 die Bestimmung der Aktivität von atomar gelöstem Wasserstoff in Eisen in Berührung mit schwefelsauren Lösungen unterschiedlichen pH-Wertes [B10b]. Es handelt sich um Messungen ohne äußere Polarisation, also um Messungen beim freien Korrosionspotential, mit Einwirkung des Wasserstoffs, der in der kathodischen Teilreaktion der Korrosion entsteht. Die Aktivität ist, wie oben beschrieben, auf die (der Literatur entnommene) Wasserstofflöslichkeit im Eisen bei Raumtemperatur in einer Atmosphäre mit 1 bar Wasserstoff bezogen. Die beobachtete Abnahme der Aktivität geht offenbar parallel mit der abnehmenden Korrosionsgeschwindigkeit, d. h. mit der abnehmenden Geschwindigkeit der Wasserstoffabscheidung. Der Einfluß des gelösten

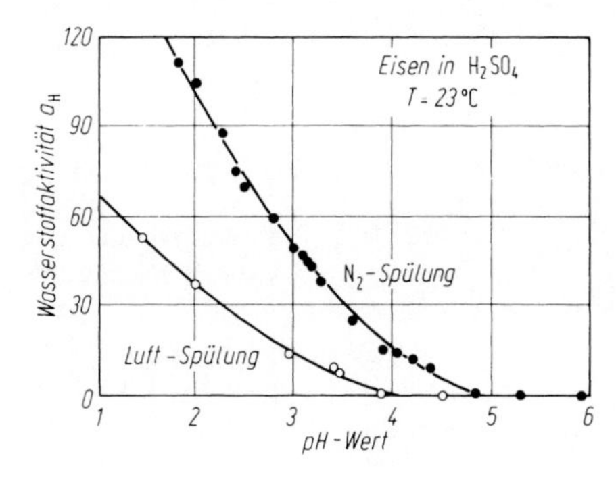

Bild 14.4. Die Aktivität von gelöstem Wasserstoff in Eisen bei 23 °C in verdünnter Schwefelsäure als Funktion des pH-Wertes in haltiger und in freier Lösung, (Nach Riecke und Johnen)

Sauerstoffs leuchtet ein, da die Überlagerung der kathodischen Sauerstoffreduktion mit der kathodischen Wasserstoffentwicklung zwar die Korrosionsgeschwindigkeit erhöht, die Wasserstoffentwicklung wegen des Anhebens des Korrosionspotentials aber erniedrigt. Dies ist jedenfalls im Rahmen des Modells der unabhängigen Überlagerung der Teilreaktionen die naheliegende Erklärung. Ob statt dessen, oder auch zusätzlich, die Aufoxidation von adsorbiertem atomaren Wasserstoff durch Sauerstoff mitwirkt, mag hier offen bleiben.

Aufgetriebene Beizblasen in Weicheisen stellen einen Extremfall von Wasserstoff-induzierten Innenrissen dar. Deutlicher rißartig im eigentlichen Sinn der HIC werden die bei hoher Wasserstoffaktivität auftretenden Materialtrennungen in festerem Stahl. In diesem wirken Ausscheidungen, z. B. inerte Oxidausscheidungen, oder auch harte Segregationszonen als innere Kerben im Sinne der Bruchmechanik (vgl. Kap. 17.3), an denen die lokale Überhöhung der rißöffnenden Komponente des Spannungstensors die Rißbildung initiiert [B12]. Auf diesem Gebiet liegen reichliche Erfahrungen über den Einfluß metallurgischer Parameter auf die HIC-Empfindlichkeit (wie auch auf die HISCC-Empfindlichkeit, vergl. weiter unten) vor, die hier nicht zu erörtern sind.

Statt dessen wird die Bestimmung der für die Rißinitiierung erforderlichen Grenzkonzentration c_k von Wasserstoff in niedrig legiertem Stahl als weiteres Beispiel für die Anwendung von Permeationsmessungen zitiert [B14]. Es handelte sich um Stähle mit (in Gew.%) a) ca. 0,2 C; 1,4 Mn; wechselnd 0–3,5 Ni; wechselnd wenig Cr, Mo, Cu. Die Messungen zeigen auch, wie aus Permeationsdaten Aufschlüsse über die Fallen für den gelösten atomaren Wasserstoff im Metallinneren erhalten werden können. Ohne detaillierte Diskussion der Natur der Fallen (Einschlüsse, Versetzungen, Korngrenzen, Poren, Zwillinge etc.) und des Spektrums der Bindungsenergie des Wasserstoffs in den Fallen wird hier zwischen zwei Klassen unterschieden: Fallen mit Wasserstoff-Bindungsenergien $< 0{,}8$ eV (entsprechend 77 kJ/mol) geben einmal aufgenommenen Wasserstoff wieder ab, im Gleichgewicht mit der Konzentration des homogen gelöst diffundierenden Wasserstoffs. Aus Fallen mit höherer Bindungsenergie entweicht Wasserstoff nur beim Ausheizen bei hoher Temperatur (≈ 600 °C). Verkürzt (und ungenau) nennt man die Fallen entsprechend „reversibel“ bzw. „irrversibel“.

Sobald Fallen ins Spiel kommen, muß bei der Permeationsmessung die zeitliche Einschwingkurve des Ionisationsstromes verzerrt werden, da die zunächst leeren

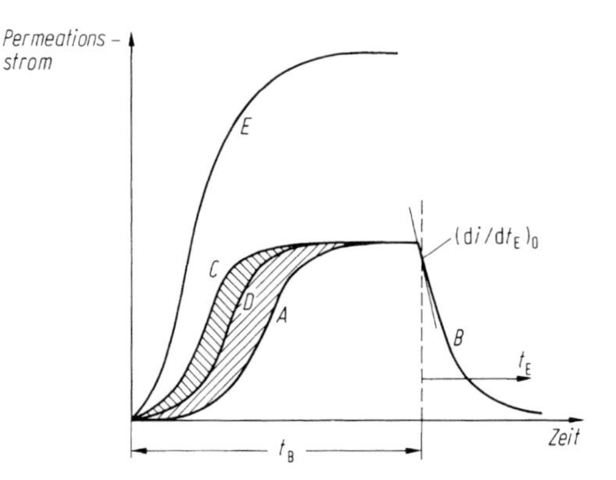

Bild 14.5. Zur Bestimmung der Konzentration von Wasserstoff in Stahl in homogener Lösung in energetisch flachen, sowie in energetisch tiefen Fallen aus wiederholten Permeationsmessungen. Vgl. den Text. (Nach Coudreuse u. Charles)

Fallen mit Wasserstoff gefüllt werden, der nicht weiterdiffundiert. Aufeinanderfolgende Beladungsmessungen geben dann Auskunft über die verschiedenen Anteile des Wasserstoffs im Stahl. Dazu wird die Permeationsscheibe zunächst aus alkalischer Lösung bei so niedrigem Elektrolysestrom beladen, daß Innenrisse nicht auftreten. Bild 14.5 zeigt den Ablauf der Messung schematisch: Im ersten Durchlauf, beginnend mit Wasserstoff-freiem Stahl, wird die Strom-Zeit-Kurve des Ionisationsstromes A der Beladung gemessen. Es folgt die Kurve B des Abklingens des Stromes, gemessen nach Abschalten der Beladungs-Elektrolyse. Der Verlauf von B ist im Augenblick der Beladungsunterbrechung allein durch den homogen gelöst diffundierenden Wasserstoff bedingt. Mithin ergibt sich aus der Tangente $(di/dt_E)_0$ der Diffusionskoeffizient D_H, und aus dem vorangegangenen Plateau von A berechnet man damit $(c_H)^{(0)}$. Mit D_H und $(c_H)^{(0)}$ berechnet man C; das ist die Beladungskurve für den fiktiven fallenfreien Stahl. Im zweiten Durchlauf, mit vom ersten her besetzten „irreversiblen" Fallen, erhält man die Beladungskurve D. Die Fläche zwischen *D* und A erlaubt die Bestimmung des Wasserstoffgehaltes der irreversiblen, die Fläche zwischen C und D die der reversiblen Fallen. Man erhält also unter den vorerst milden Beladungsbedingungen den Verlauf der Summe der Konzentrationen des Wasserstoffs in homogener Lösung $(c_H)_1$, in reversiblen Fallen $(c_H)_2$ und in irreversiblen Fallen $(c_H)_3$, als Funktion des Ortes in der Scheibe.

Nun wird die Permeationsscheibe in saurer Lösung mit hohem Elektrolysestrom so beladen, daß Innenrisse entstehen, wie an der Unregelmäßigkeit der Beladungskurve E abzulesen, die zugleich ein stark erhöhtes Plateau aufweist. Aus diesem wird (mit unverändertem Wert von D_H) $(c_H)^{(0)}$ neu berechnet. Da die Änderung der Beladungshöhe die Fallen nicht ändert, so kann mit dem neuen $(c_H)^{(0)}$-Wert der Verlauf der Konzentration des insgesamt gespeicherten Wasserstoffs als Funktion des Ortes in der Scheibe neu berechnet werden. Schließlich wird die Scheibe metallografisch in Querschliffen untersucht und der kleinste Abstand *d* von Innenrissen an Sulfideinschlüssen, gemessen von der Wasserstoff-Beladungsseite bestimmt. Für diesen Abstand *d* ergibt der berechnete Wasserstoff-Konzentrations-Verlauf einen kritischen Wert der lokalen, offenbar gerade noch rißauslösenden Wasserstoff-Gesamtkonzentration $c_k = \Sigma c_i(d)$, mit i = 1; 2, 3. Die so bestimmten kritischen Werte von c_k betrugen je nach Stahlsorte zwischen 0,7 und 2 ppm, in guter Übereinstimmung mit durch Heißextraktion des Wasserstoff ermittelten Kontrollwerten.

14.3 Unterkritische Rißausbreitung in trockenem Wasserstoff

Für die Entstehung von Beizblasen bzw. von Innenrissen in Eisen und unlegiertem bis niedrig legiertem, eher weichem bis wenig festem Stahl ist die Einwirkung von Wasserstoff hoher Aktivität erforderlich. Es ist dies ein Grenzfall der Wasserstoffeinwirkung, typisch für ungekerbtes, ungespanntes Material in Promotor-haltigen Elektrolytlösungen. Ersichtlich kommt dabei u. a. die elektrochemische Kinetik der kathodischen Wasserstoffentwicklung, wie sie in früheren Kapiteln eingehend abgehandelt worden ist, voll zur Geltung.

Der entgegengesetzte Grenzfall liegt bei der unterkritischen Rißausbreitung in trockener Wasserstoff-Atmosphäre mit niedrigem Gasdruck, d. h. niedriger H_2-Aktivität (bzw. H_2-Fugazität) vor. Es handelt sich um die Rißausbreitung in gekerbtem, hochfestem Stahl, also in einem vergleichsweise spröden Material, bei Belastung unterhalb der Bruchzähigkeit. Wie in der Bruchmechanik gezeigt (vgl. Kap. 17.3) treten hier vor der Rißspitze, begrenzt durch die Eigenschaften einer kleinen plastischen Zone, in der Zugrichtung sehr hohe Belastungen in der Höhe des Mehrfachen der Streckgrenze, z. B. in der Höhe von ca. 3,5 R_p auf. Das Material ist bei hinreichend hoher Wanddicke auch bei einachsiger äußerer Zugbelastung vor der Rißspitze im dreiachsigen Spannungszustand. Dieser wirkt verformungsbehindernd, also von sich aus schon „versprödend", so daß für das Einsetzen der Rißausbreitung nur wenig zusätzliche Versprödung erforderlich ist. Infolgedessen ist in diesem Falle schädliche Wasserstoffversprödung unter überraschend milden Umgebungsbedingungen möglich. Es genügt teils die Einwirkung von gasförmigem Wasserstoff bei niedrigem Druck und gewöhnlicher Umgebungstemperatur, teils geringfügige Wasserstoffentwicklung durch Reaktion etwa von Eisen mit einem Feuchtigkeitsfilm in so geringem Umfang, daß die Frage nach der Elektrodenkinetik des Korrosionsangriffs nicht mehr wesentlich erscheint.

Für die Erörterung der Messungen ist eine quantitative Beschreibung des Spannungszustandes der benutzten Proben erforderlich. Es handelt sich vorwiegend um bruchmechanisch orientierte Messungen mit seitlich gekerbten Proben, deren Abmessungen gegenüber dem Durchmesser der plastischen Zone vor der Rißspitze hinreichend groß sind, so daß mit der linear-elastischen Bruchmechanik gerechnet werden kann. Bild 17.3.1 (im Anhang Kap. 17.3), zeigt dazu die besonders charakteristische DCB-Probe, und der Text beschreibt die Spezifikationsgerechten Abmessungen speziell der CT-Proben, mit denen die weiter unten zitierten Messungen durchgeführt worden sind. Bild 17.3.2 illustriert die Lage der plastischen Zone vor der Rißspitze beim Spannungszustand „ebener Dehnung" (d. h. zweiachsiger Verzerrung), also dreiachsiger Spannung, im Probeninneren, und entsprechend „ebener Spannung" in den, und in der Nähe der Proben-Seitenflächen. Die Probenbelastung im wesentlichen lotrecht auf den Rißflanken entspricht dem sogenannten Rißmodus I. Das Bild 17.3.2 zeigt den Verlauf der rißöffnenden Komponente σ_{yy} des Spannungstensors in der Umgebung der Rißspitze. Für Orte im Abstand x von der Rißspitze in der xz-Ebene berechnet man für ideal sprödes Material (mit Durchmesser Null der plastischen Zone) $\sigma_{yy} = K_I/\sqrt{(2\pi x)}$, mit einer Singularität in $x = 0$. Wie im Bild angedeutet, begrenzt die plastische Zone die Spannungsüberhöhung im realen Material. Das Bild deutet die Verspannung der plastischen Zone in der Achsenrichtung an, in der sich die Zone nicht einformen kann. Kap. 17.3 skizziert kurz den mathematischen Formelapparat für den Fall der linear-elastischen Bruchmechanik, und mit Bild 17.3.3 das Ergebnis einer quantitativen Näherungsberechnung [C1] des Verlaufs von σ in der plastischen Zone. Der Spannungsintensitäts-Faktor K_I, der sich aus der äußeren Zuglast σ und der Rißlänge a, mit einem bei gegebener Probenform konstanten Geometriefaktor β zu $K_I = \beta\sigma\sqrt{(\pi a)}$ berechnet, erweist sich als charakteristische Kenngröße der Verspannung. Er bestimmt mit der Streckgrenze R_p den Durchmesser der plastischen Zone zu $r_{pl} \approx (1/6\pi)(K_I/R_p)^2$ und mit dem Elastizitätsmodul E die plastische Rißspitzenöffnung $\delta_t \approx 0.5\ K_I^2/(R_pE)$. Zugleich ist der Abstand des Spannungsmaximums in der plastischen Zone von der Rißspitze von der Größenordnung $2\delta_t$, z. B. von der Größenordnung μm. Alle Berechnungen beziehen sich allerdings auf ein statisches System, und es ist zu beachten, daß für den laufenden Riß, also für dynamische Bedingungen, Korrekturen erforderlich sein mögen [C1]. Wie dem Bild zu entnehmen, bewirkt eine Vergrößerung von K_I nicht etwa eine Steigerung der maximalen lokalen Spannungsüberhöhung, sondern eine Vergrößerung der plastischen Zone.

Instabile Rißausbreitung setzt ohne Umgebungs-Einwirkung bei einem kritischen Wert von K_I ein, der *Bruchzähigkeit* K_{IC}. Dieser zunächst experimentelle Befund wird theoretisch damit begründet, daß K_I mit der Energie-Freisetzungsrate G_I verknüpft ist, die die Rißausbreitung begleitet. Mit der Querkontraktionszahl ν wird $G_I = (1 - \nu)K_I^2/E$. Dabei ist die Größe G_I der spezifische Energiegewinn bei der Rißausbreitung infolge Relaxation der elastischen Verspannung des Systems von Prüfmaschine und Zugprobe. Spontane Rißausbreitung verlangt dann, daß die Energie-Freisetzungsrate die durch die Erzeugung von Rißflanken und die plastische Verformung bedingte Verbrauchsrate erreicht oder übersteigt. Dem kritischen Wert G_{IC} entspricht der kritische Wert K_{IC}. Dieser Zusammenhang hat dazu geführt, daß bei Untersuchungen der unterkritischen, Umgebungs-induzierten Rißausbreitung die Geschwindigkeit v der Rißausbreitung als Funktion des Spannungsintensitäts-Faktors K_I betrachtet wird. Dabei ist zwar an und für sich der physikalische Zusammenhang zwischen der Kinetik der Rißausbreitung, gekennzeichnet durch die Geschwindigkeit v, und einem Faktor K_I aus Berechnungen des Gleichgewichts-Verspannungszustandes des gekerbten Körpers, nicht ohne weiteres klar. Für die in Bild 14.6 wiedergegebenen Messungen vereinfacht sich aber der Zusammenhang zu einem Kriterium für das Ausbleiben oder Eintreten von Rißausbreitung. Es handelt sich um Messungen an DCB-Proben aus gekerbtem, hochfestem Stahl in hochgereinigter H_2-Atmosphäre [C3a]. Die Meßpunkte bezeichnen Wertepaare des H_2-Druckes $p(H_2)^{(a)}$ der Atmosphäre im Versuchsgefäß und des Spannungsintensitäts-Faktors K_I, bei denen die Rißausbreitung gerade nicht anläuft, bzw. gerade stehen bleibt. Es handelt sich also um die Bestimmung einer Art Gleichgewicht der Rißausbreitung [C3].

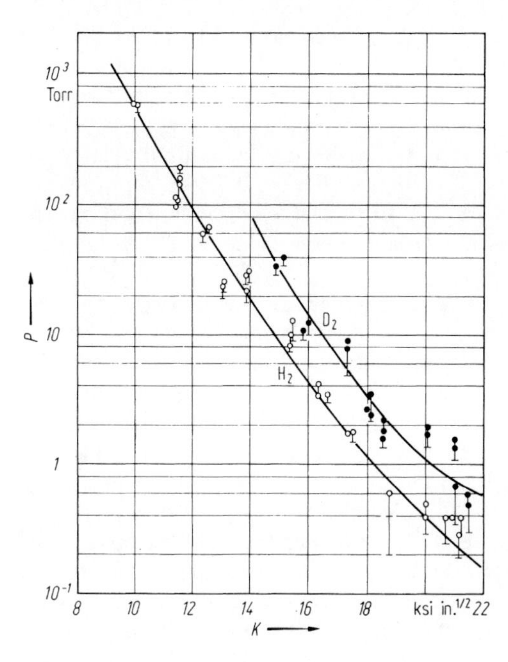

Bild 14.6. Wertepaare des Druckes $p(H_2)^{(a)}$ von reinem Wasserstoff (bzw. Deuterium) und des zugehörigen Spannungsintensitätsfaktors K_I für das Gleichgewicht der Rißausbreitung in statisch belasteten, gekerbten Proben aus einem hochfesten Stahl (AISI 4340, Streckgrenze 1700 MPA). (Nach Oriani u. Josephic). 1 Torr = 132 Pa; 1ksi(inch)$^{1/2}$ = 1,081 MN/m$^{3/2}$

Gemäß Bild 17.3.3 tritt das Maximum der rißöffnenden statischen Spannung im Inneren der plastischen Zone im Abstand $2\delta_t$ von der Rißspitze auf. Es ist also vernünftig anzunehmen, daß die Materialtrennung, die den Riß verlängert, ebenfalls zunächst im Abstand $2\delta_t$ beginnt, daß also ein isolierter Rißkeim entsteht, der sich dann rückwärts zur bestehenden Rißspitze hin verlängert. Daraus ergibt sich ein Modell zeitlich intermittierter Rißausbreitung. Weiter liegt es nahe zu vermuten, daß die Materialtrennung an inneren Grenzflächen, etwa zwischen Matrix und Einschlüssen, eintritt. Nach dem Modell der Bildung von Innenrissen wäre dann anzunehmen, daß der Innendruck $p(H_2)^{(i)}$ in so entstehenden Spalten Mikrorisse verursacht, die sich dann z. B. durch duktilen Mikrobruch zur Rißspitze verlängern. Der wesentliche Punkt ist aber nun, daß bei statischer Belastung die Aktivität, also der Druck, von gasförmigem Wasserstoff in Hohlräumen im Stahlinneren den Druck $p(H_2)^{(a)}$ nicht übersteigen kann: $p(H_2)^{(i)} \leq p(H_2)^{(a)}$, weil die Oberflächenbedeckung Θ_H höchstens dem Gleichgewicht mit $p(H_2)^{(a)}$ entspricht. Daher sollte auch in hoch verspanntem Material unter solchen Bedingungen der Innendruck in Hohlräumen für die Rißausbreitung nicht ausreichen.

Dies gilt jedenfalls für rein statische Verspannung des Systems überall, auch in der plastischen Zone, vor der Rißspitze. Sollte allerdings plastische Verformung, auch Mikroverformung, weiter ablaufen, so kann für die Dauer der Versetzungsbewegung auch Versetzungstransport von Wasserstoff eintreten, wie weiter oben schon beschrieben, mit „Abstreifen" des mitgeführten atomaren Wasserstoffs etwa an inneren Oberflächen und Rekombination zu molekularem, Spalten auftreibenden Wasserstoff mit Druck $p(H_2)^{(i)} > p(H_2)^{(a)}$. Die erforderliche Ungleichgewichts-Überschußenergie wird dann vom Verformungsvorgang in das System eingebracht, sodaß ein Widerspuch mit der Thermodynamik natürlich nicht existiert.

Der Mechanismus wird in dieser einfachen Form zur Zeit nicht diskutiert, wohl aber ein Mechanismus, bei dem die H-induzierte Erzeugung von Versetzungen die plastische Zone entfestigt, so daß sich der Riß, wiewohl auch halb-mikroskopisch noch scheinbar verformungslos – also scheinbar spröde, so daß der Verformungsbruch-Charakter fraktografisch nicht zutage tritt – letztlich durch mikroskopische Schervorgänge ausbreitet [C4]. Dieser Gesichtspunkt wird hier im Einzelnen nicht weiter verfolgt.

Das zusätzliche wichtige Argument betrifft das chemische Potential des vor der Rißspitze interstitiell atomar gelösten Wasserstoffs. In diesem Bereich ist das Material innerhalb und außerhalb der plastischen Zone elastisch verspannt, und der Spannungstensor hat einen hydrostatischen Anteil, der als σ_h bezeichnet sei. Unter der Wirkung von σ_h wird das Kristallgitter gedehnt, und diese Dehnung bewirkt eine Verminderung des chemischen Potentials μ_H des atomar gelösten Wasserstoff [C3d, C5a], gleichbedeutend mit einer Zunahme der Löslichkeit, d. h. der Sättigungskonzentration $(c_H)_s$, wie im folgenden erläutert:

Die Größe $(c_H)_s$ (ebenso wie bei der Erörterung der Permeationsversuche die Größe $(c_H)^{(0)}$) hat die Bedeutung der Konzentration von gelöstem Wasserstoff im Gleichgewicht mit Wasserstoff der Umgebung, hier also mit gasförmigem Wasserstoff des Druckes $p(H_2)^{(a)}$. Das chemische Potential $\mu(H_2)^{(a)}$ des Wasserstoffs in der Gasphase ist durch Gl. 14.2 gegeben, mit $\mu(H_2) = \mu(H_2)^{(a)}$. Das chemische Potential des atomar in der Konzentration c_H gelösten Wasserstoffs ist $\mu(H) = \mu^0(H) + RT \ln c_H$. Im Gleichgewicht ist $c_H = (c_H)_S$ und $\mu(H_2)^{(a)} = 2\mu(H)$, daher wird

$$[\mu^0(H_2) - 2\mu^0(H)]/RT + \ln p(H_2)^{(a)} = 2 \ln(c_H)_s. \tag{14.11}$$

Dies ergibt das Sievertsche Gesetz der Wasserstofflöslichkeit: $(c_H)_S = K_{Gl}\sqrt{[p(H_2)^{(a)}]}$, dessen Gleichgewichtskonstante K_{Gl} sich leicht aus der Differenz der Standardpotentiale in der eckigen Klammer errechnet.

Es sei ferner $\mu^0(H)$ das Standardpotential des gelösten Wasserstoffs, $(c_H)_S$ die Gleichgewichtskonzentration, beides im unverspannten Metall. Dann ist das Standardpotential im verspannten Metall $\mu^{0*}(H) = \mu^0(H) - \sigma_h V_H$. Die Größe V_H ist die Ableitung des Volumens des Metalls nach der Zahl n_H gelöster Mole (bzw. Gramm-Atome) Wasserstoff, also das partielle Molvolumen $\partial V/\partial n_H$. Dann ergibt sich die Gleichgewichtskonzentration $(c_H)_S^*$ des gelösten Wasserstoffs für den Fall einachsiger Zugspannung zu:

$$\ln[(c_H)_S^*/(c_H)_S] = \sigma_h V_H/RT. \tag{14.12}$$

Mithin liegt gelöster Wasserstoff im verspannten Material, sofern das Gleichgewicht erreicht wird, in stark überhöhter Konzentration vor. An dieser Stelle greift die *Dekohäsions-Hypothese* [C6, 3] mit dem Ansatz ein, daß interstitiell gelöster Wasserstoff die chemische Bindung zwischen Eisenatomen schwächt, so daß die Kraft des Aufreißens der Bindung durch die Gitterdehnung unter der Einwirkung einer Zugspannung sinkt. Beachtet man, daß sprödes Spalten des Materials durch eben dieses

Aufreißen aller chemischen Metallatom/Metallatom-Bindungen zwischen benachbarten Netzebenen des Gitters in der Rißfläche bewirkt wird, so leuchtet ein, daß diese Netzebenen-„Dekohäsion" durch interstiellen Wasserstoff begünstigt wird. Die Bindungslockerung nimmt nach dieser Hypothese wegen der hohen Konzentration des gelösten Wasserstoffs im verspannten Material bedeutende Beträge an.

Für die quantitative Behandlung des Problems [C3] wird angesetzt, daß Rißausbreitung einsetzt, wenn die rißöffnende Spannungskomponente σ_{yy} den maximalen Widerstand der chemischen Bindung F_m bei der höchstmöglichen Dehnung des Atom-Atom-Abstandes erreicht. Für den kritischen Wert σ_{yy}^* ergibt sich, bei N Atomen pro Flächeneinheit der Rißebene, $\sigma_{yy}^* = NF_m$. Dabei ist F_m eine Funktion $F_m\{c_H\}$ der Konzentration des gelösten Wasserstoffs. Da dieser funktionelle Zusammenhang explizit nicht bekannt ist, so wird der einfache Ansatz $F_m\{c_H\} = F_m^0 - \alpha c_H$ gewählt, mit einem adjustierbaren Parameter α. σ_{yy} wird nach einem hier nicht genauer erörterteten Modell des Spannungsverlaufs in der plastischen Zone berechnet, welches als wesentlichen Parameter das Verhältnis a/ρ von Rißlänge a und Rißspitzenradius ρ benutzt. Das ergibt für den Spannungsintensitäts-Faktor K_I^* des Einsetzens der unterkritischen Rißausbreitung unterhalb von K_{IC}, nach Umrechnungen, mit neuerlich adjustierbarem Parameter k:

$$K_I^* = k\rho^{1/2}N(F_m^0 - \alpha c_H) \tag{14.13}$$

Der kritische Wert K_I^* des Spannungsintensitäts-Faktors entspricht dem kritischen Wert K_{ISCC} der Spannungsrißkorrosion (vgl. Kap. 17.3). Soweit die unterkritische Rißausbreitung in trockenem Wasserstroff als Variante der H-induzierten SpRK eingeordnet wird, bedarf es der besonderen Benennung K_I^* nicht.

Für den Fall der kleinen plastischen Zone vor der Rißspitze wird anstelle von Gl. (14.12) genauer angesetzt:

$$\ln[(c_H)_S^*/(c_H)_S] = \sigma_h V_H/RT - u\sigma_h^2/RT \tag{14.14}$$

σ_h wird als Funktion des Spannungsintensitäts-Faktors K_I und des Radius ρ angegeben; u ist anzupassender Parameter. Mit Gln. (14.12)–(14.14), und dem Sievertschen Gesetz für die Löslichkeit des Wasserstoffs im unverspannten Material, erhält man eine Gleichung, die K_I^* und $p(H_2)^{(a)}$ impliziert, und mit der der Verlauf der Ausgleichskurven in Bild 14.6 berechnet wurde. Die Übereinstimmung von Experiment und Rechenergebnis ist offensichtlich zufriedenstellend. Gemäß dieser Berechnung steigt σ_{yy} mit wachsendem K_I^* von ca. $E/30$ auf ca. $E/12$; $(c_H)_S^*/(c_H)_S$ erreicht den Wert 10^4; F_m/F_m^0 ergibt sich als vernünftig bemessener Bruch < 1, wachsend mit wachsendem K_I^*. Für $(c_H)_S^*$ wird ein sehr hoher Wert von ca. 1000 Mol (bzw. g-Atom)/m^3 geschätzt.

Dieser halb-quantitative Erfolg der Dekohäsions-Hypothese ist festzuhalten. Gleichwohl wird das Bild der Dekohäsion des Metallgitters in einer homogen gedachten plastichen Zone sicherlich zu einfach sein [Cl, C3c]. Es ist anzunehmen, daß der Dekohäsionseffekt an Inhomogenitäten der plastischen Zone verstärkt wird, so daß dort, namentlich an Einschlüssen, auch an Korngrenzen, die spröde Trennung des Materials eintreten wird, mit folgendem Zusammenwachsen mit der Rißspitze. Lokale mikroplastische Verformungsvorgänge werden das Bild weiter komplizieren, zumal auch in dem Sinne, daß mikroplastische Verformung auch bedeutet, daß die Rißöffnung in Mikrobereichen nicht dem Modus I folgt, sondern dem Modus II [C3c]. Die Mischung von Modus I und Modus II in wechselnden Anteilen im Mikrobereich, bei makroskopischem Modus I, ist für den Mechanismus der Rißausbreitung vermutlich besonders interessant. Zugleich steht die tatsächliche räumliche Verteilung des gelösten Wasserstoffs innerhalb der gekerbten und gespannten Probe zur Diskussion, wozu Kontinuums-mechanische Rechnungen vorliegen [C7].

Der oben genannten Schätzung der Konzentration c_H des in der verspannten plastischen Zone angereicherten Wasserstoffs stehen weit abweichende andere gegenüber, mit Werten zwischen 0,2 [C5a] und 70–700 Mol/m^3 [C5b]. Naturgemäß wird c_H von der Sorte des hochfesten Stahls abhängen; die sehr große Streuung der Angaben ist aber eher eine Folge unterschiedlicher Modelle, als unterschiedlicher Stähle. Dazu interessieren Messungen der für die Rißauslösung bei vorgegebenem Wert von K_I kritischen Konzentration c_{HC} an der Rißspitze [C8c]. Der Werkstoff war Stahl 90 Mn V 8; die Streckgrenze betrug je nach Wärmebehandlung wechselnd 1600 bis 2000 MPa. Wie in Bild 14.7a skizziert, wird dazu die gekerbte und unterkritisch gespannte CT-Probe von der Rückseite her kathodisch mit Wasserstoff beladen, und es wird die Zeit gemessen, nach der Rißausbreitung offenbar deshalb einsetzt, weil der von der Rückseite zur Rißspitze diffundierende Wasserstoff dort die kritische Konzentration erreicht. Die Messung benutzt das Potentialsonden-Verfahren, bei dem die Probe von einem Gleichstrom durchflossen wird, der eine Ohmsche Spannung zwischen Abtast-Stellen beiderseits der Rißebene erzeugt. Mit dem Einsetzen der Rißausbreitung, die die Probe dann vergleichsweise sehr schnell zum Bruch bringt, steigt die Ohmsche Spannung, weil der leitende Restquerschnitt in der Rißebene sinkt. Der Rißverlauf war stets interkristallin in Bezug auf frühere Austenitkorngrenzen.

Für die Lösung des Problems der instationären Diffusion wird ein Ansatz benötigt, der die Berücksichtigung der Erhöhung der Löslichkeit des Wasserstoffs im verspannten Material erlaubt. Dazu dient der Satz der Thermodynamik irreversibler Prozesse [C9], daß für hinreichend kleine Abweichungen vom Gleichgewicht die Geschwindigkeit eines physikalisch-chemischen Vorgangs als Produkt aus einem Koeffizienten und dem Gradienten des jeweils treibenden thermodynamischen Potentials angesetzt werden kann. Von dieser Form ist z. B. das Ohm-sche Gesetz, wonach ein elektrischer Strom dem Produkt aus Leitfähigkeit und Gradient des Galvani-Potentials proportional ist Von dieser Form ist auch das 1. Fick-sche Gesetz für den Fluß gelöster Teilchen der Sorte i im Konzentrationsfeld: $j_i = -D_i \operatorname{grad} c_i$, wie man für den eindimensionalen Fall leicht einsieht: Für diesen ist $\operatorname{grad} c_i = \partial c_i/\partial x$, mit den Identitäten $\partial c_i/\partial x = c_i \partial \ln c_i/\partial x = (c_i/RT)\partial(RT \ln c_i)/\partial x$. Soweit Konzentration und Aktivität gleich sind, erhält man also $\partial c_i/\partial x = (c_i/RT)\partial\mu_i/\partial x$. Auf den Beweis des Zusammenhangs, sowie auf die Erweiterung für den Fall, daß für das chemische Standardpotential des verspannten Materials $(\mu^0(H) - \sigma_h V_H)$ zu setzen ist, wird hier verzichtet.

Zu den Gleichungen für den Fluß J_H und das chemische Potential $\mu(H)$ des gelösten Wasserstoffs tritt noch das 2. Ficksche Gesetz als Differentialgleichung für die zeitliche Änderung von c_H, ferner die Berechnung der hydrostatischen Komponente des Spannungstensors für ebene Dehnung [C7]. Damit erhält man insgesamt das Gleichungssystem:

$$J_{\mathrm{H}} = -\frac{D_{\mathrm{H}}}{RT} c_{\mathrm{H}} \operatorname{grad} \mu_{\mathrm{H}} \quad \text{a)} \qquad \mu_{\mathrm{H}} = \mu^{0}_{(\mathrm{H})} + RT \ln c_{\mathrm{H}} - \sigma_{\mathrm{h}} V_{\mathrm{H}} \quad b)$$

$$\frac{\partial c_{\mathrm{H}}}{\partial t} = -\operatorname{div} J_{\mathrm{H}} \quad \text{c)} \qquad \sigma_{\mathrm{h}} = \frac{2}{3}(1+\nu)\frac{K_{\mathrm{I}}}{\sqrt{2\pi r}} \cos\frac{\theta}{2} \quad d) \tag{14.15}$$

Die x-Achse zeigt von der Rückseite der CT-Probe, an der Wasserstoff entwickelt wird, in das Probeninnere, die Zylinderkoordinaten r und θ sind die Zylinderkoordinaten eines Ortes im Ligament vor der Rißspitze. Die Rechnung wird durch die Annahme vereinfacht, daß die oxidbedeckten Seitenflächen der CT-Probe für Wasserstoff undurchlässig sind. Stark vereinfachend wird außerdem die θ–Abhängigkeit der Spannungsfunktion vernachlässigt. Für die Konzentration $c_{\mathrm{H}}^{(0)}$ in der Probenrückseite und für den Diffusionskoeffizienten D_{H} werden aus parallel durchgeführten Permeationsmessungen ermittelte Werte eingesetzt. Die numerische Lösung des Gleichungssystems liefert die in Bild 14.7 b eingetragenen Werte der kritischen Konzentration c_{HC}. Die Streuung der Messungen ist deutlich, zugleich aber ist die Abhängigkeit der kritischen Konzentration vom Spannungsintensitäts Faktor ersichtlich gering bzw. nicht vorhanden. Dies steht in Übereinstimmung mit dem weiter oben diskutierten Befund, daß mit steigendem K_{I} nicht der Maximalwert von σ_{yy} steigt, sondern daß die plastische Zone wächst, offenbar ohne besondere Folgen für die Rißausbreitung. Davon abgesehen, sind die ermittelten Werte der kritischen Wasserstoffkonzentration sehr niedrig, sicherlich zu niedrig

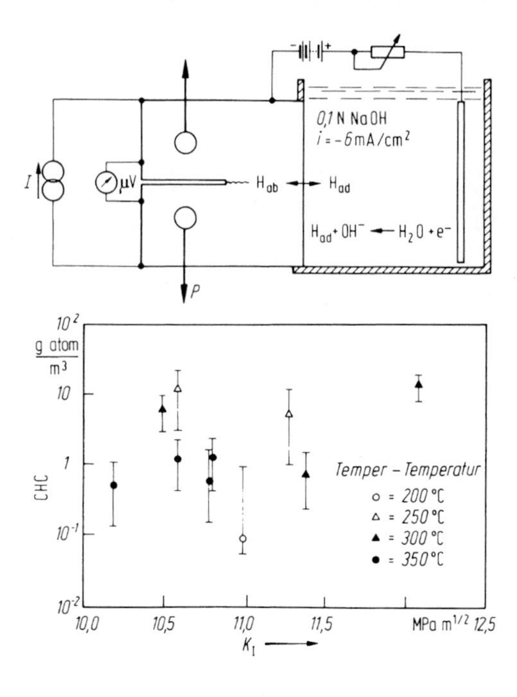

Bild 14.7. Bestimmung der kritischen Konzentration c_{HC} des an der Rißspitze atomar gelösten Wasserstoffs für die unterkritische Rißausbreitung in einer gekerbten CT-Probe aus gehärtetem Stahl 90 Mn V 8. a: Experimentelle Anordnung der Wasserstoffbeladung der Probe von der Rückseite und Registrierung der Rißausbreitung nach dem Potentialsonden-Verfahren. b: Die kritische Konzentration c_{HC} als Funktion des Spannungsintensitäts-Faktors K_{I} des ebenen Dehnungszustands. (Nach Maier, Popp und Kaesche)

für ein Modell der Dekohäsion von Netzebenen mit gleichmäßiger Verteilung der gelösten Wasserstoffatome. Es muß offensichtlich eine starke lokale Anreicherung an inneren Oberflächen angenommen werden, um erhebliche Dekohäsionskräfte zu erhalten, wie schon weiter oben diskutiert.

Die Messungen ergaben ferner, daß der Grenzwert von K_I für das Eintreten der unterkritischen Rißausbreitung durch Steigerung der Wasserstoffbeladung nicht beliebig erniedrigt werden kann. Vielmehr existiert ein Grenzwert, hier als K_{ISCC} bezeichnet, unterhalb dessen unterkritische Rißausbreitung nicht mehr möglich ist. Der Befund ist im Prinzip bedeutend für den Mechanismus der unterkritischen Rißausbreitung, jedoch kann zur Zeit zwischen drei möglichen Erklärungen nicht entschieden werden: Entweder versagt bei kleinen Werten von K_I das Modell der plastischen Zone mit konstantem Maximalwert von σ_{yy}. Oder es ist in diesem Bereich von K_I das stets von K_I abhängige Spannungsfeld außerhalb der nun sehr kleinen plastichen Zone entscheidend [C10]. Oder es existiert ein kritischer unterer Wert des Durchmessers der plastischen Zone [C1], z. B. gleich dem Abstand von Ausscheidungen, oder dem Abstand früherer Austenitkorngrenzen. An dieser Stelle wird erneut deutlich, daß an der Schnittstelle zwischen Kontinuumsmechanischer und atomistisch-metallphysikalischer Betrachtungsweise die expliziten Antworten zur Zeit noch ausstehen.

Die bisher beschriebenen Messungen betreffen die Frage der Schwellenwerte von K_I und c_H für das Einsetzen unterkritischer Rißausbreitung. Wie im Anhang (Kap. 17.3) dargelegt, schließt sich daran, unter sonst konstanten Bedingungen, mit wachsendem K_I häufig ein Bereich schwacher bis fehlender K_I-Abhängigkeit der Rißausbreitungsgeschwindigkeit v an. Die Skizze Bild 17.3.4 resümiert die Erfahrungen aus zahlreichen Messungen der Spannungsrißkorrosion im üblichen Sinn des Begriffs, also für Rißausbreitung in Elektrolytlösungen. Einen ähnlichen funktionalen Zusammenhang findet man aber auch für gekerbte Stähle unter statischer Belastung in reinem Wasserstoff. Dazu zeigt Bild 14.8 zwei Beispiele der

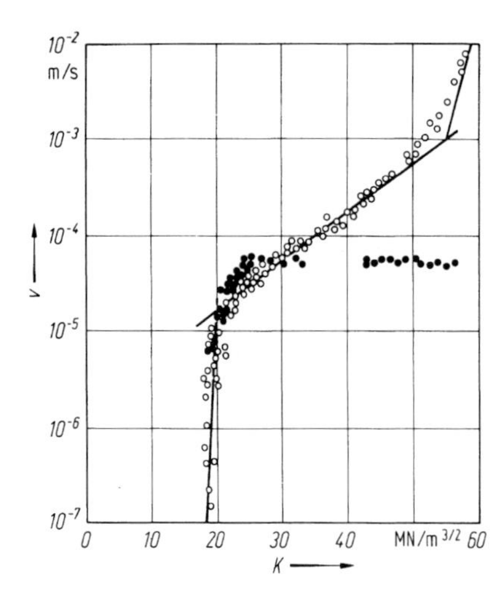

Bild 14.8. Die Rißausbreitungsgeschwindigkeit in gekerbten Torsionsproben bei konstanter Verformung in reinem Wasserstoff bei 24 °C, (Nach Nelson und Williams, sowie Hudak)

$\ln v - K$-Kurve für in Torsion (also nicht im Bruchmodus I) konstant verformte spezielle Bruchmechanik-Proben aus einem niedrig legierten Stahl (AISI-SAE 4130, mit 1 Gew. %Cr, 0,2 Mo, 0,3 C) und einem Martensit-härtenden 18 Ni-Stahl [A2a, C11]. Man erkennt, daß im Bereich II der $\ln v - K$-Kurve je nach dem Stahlmaterial das K-unabhängige Plateau oder ein stark K-abhängiger Verlauf erscheint. Die Autoren beobachten für den AISI-Stahl, bei qualitativ unveränderter Kurvengestalt, mit sinkendem Wasserstoffdruck $p(H_2)$ eine Zunahme des Schwellenwertes K_{SCC} und ein dazu paralleles Absinken der Kurve im Bereich II. Sie beobachten bei konstantem $p(H_2)$ eine Zunahme von K_{SCC} mit sinkender Streckgrenze, wieder begleitet vom Absinken des Kurvenverlaufs im Bereich II. Sinkt die Streckgrenze unter 1200 MPa, so sinkt die Rißausbreitungsgeschwindigkeit im Bereich II stark ab, die $\ln v - k$-Kurve wird zugleich erheblich steiler im Sinne einer Annäherung an die instabile Rißausbreitung erst bei K_C, der Bruchzähigkeit ohne Umgebungs-Einwirkung. Die Ergebnisse werden von den Autoren im wesentlichen im Rahmen der Dekohäsions-Hypothese diskutiert.

Im Zusammenhang mit der Frage des Mechanismus der H-induzierten Rißausbreitung, speziell, mit der Frage des geschwindigkeitsbestimmenden Teilschrittes, interessieren Messungen der Rißausbreitung in gekerbten, zugbelasteten Proben ohne Umgebungs-Einwirkung, aber mit vorgegebenem Wasserstoffgehalt des Stahles. Es wäre denkbar, daß dann nur eine Versprödung des Werkstoffs zur Wirkung käme, die sich durch eine Verminderung von K_{IC} zu erkennen gibt. In Wirklichkeit wird auch dann „unterkritische" Rißausbreitung beobachtet [A2a]. Dazu wird eine Messung der unterkritischen Rißausbreitung in DCB-Proben aus einem hochfesten Stahl (90 MnV 8; $Rp = 1530\ \mathrm{Mn/m^{3/2}}$) zitiert, die vor dem Versuch mit Wasserstoff kathodisch beladen worden waren [C 8b]. Die Probe war durch galvanisches Metallisieren z. B. mit Kupfer gegen das Ausdiffundieren des Wasserstoffs geschützt; mehrwöchiges Lagern sicherte die Homogenisierung der Wasserstoffverteilung. Wie Bild 14.9 zeigt, ist danach an Luft unterkritische Rißausbreitung leicht nachzuweisen. Es ist anzumerken, daß in nicht mit Wasserstoff beladenen Proben unterkritische Rißausbreitung in diesem Material durch die Einwirkung von Laborluft nicht verursacht wird. Wohl aber tritt sie in nicht mit

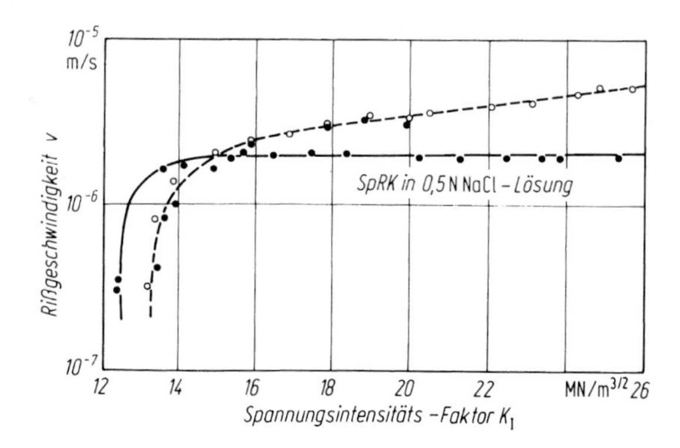

Bild 14.9. Die unterkritische Rißausbreitung in DCB-Proben aus Stahl 90 Mn V 8 (auf $R_p = 1530$ MPa getempert), gestrichelt: an Luft nach vorangegangener kathodischer Wasserstoffbeladung (verkupferte Proben); durchgezogen: ohne Wasserstoffbeladung in 0,5 N NaCl-Lösung. (Nach Stellwag und Kaesche)

Wasserstoff beladenen Proben in NaCl-Lösung auf. Der Vergleich der Meßdaten läßt wenig Zweifel daran, daß in jedem Fall der Wasserstoff-Versprödungsmechanismus vorliegt. Das Einsaugen des gelösten Wasserstoffs in die verspannte plastische Zone vor der Rißspitze aus der Masse des Stahles hat im wesentlichen also die gleiche Wirkung wie das „Einsaugen" von Wasserstoff, der an der äußeren Oberfläche der Rißspitze durch Oberflächenreaktion mit Wasser der Salzlösung entsteht, in die Umgebung der Rißspitze.

Nach dieser Beobachtung scheidet für den Plateaubereich II der $\ln v - K_I$-Kurve der Eintritt von Wasserstoffatomen aus der Gasphase in das Metallinnere als Geschwindigkeits-bestimmender Reaktionsschritt ebenso aus wie der Stofftransport durch Diffusion im engen Spalt des Anrisses zur Rißspitze. Das Plateau erklärt sich im Prinzip einleuchtend mit dem Befund, daß sich mit der Zunahme von K_I nur die plastische Zone vergrößert, der Maximalwert der rißöffnenden Spannungskomponente σ_{yy} aber nicht ändert. Dann sollte die Plateau-Höhe von der Natur des umgebenden Mileus unabhängig sein. Das trifft hier ungefähr zu, in anderen Fällen der Umgebungs-induzierten Rißausbreitung, etwa (vgl. weiter unten) der Aluminium- und der Titan Legierungen aber durchaus nicht. Auch bleibt noch unklar, warum unter solchen Bedingungen doch $\ln v - K_I$-Kurven häufig vorkommen, die im Bereich II eher steil ansteigen. Der Sachverhalt wird im folgenden Kapitel erneut aufgegriffen.

Für mehrere hochfeste Stähle ist für den Fall der Rißausbreitung in mit Wasserstoff vorbeladenen Proben, die mittlere Mindestkonzentration an atomar gelöstem Wasserstoff bestimmt worden [B 12]. Sie lag stets bei 0,3 bis 0,4 ppm. Der diffundierbare Anteil, der sich an der Rißspitze angehäuft versammeln kann, ist sicherlich erheblich kleiner. Erneut wird also deutlich, daß für den Versprödungseffekt in der plastischen Zone mengenmäßig sehr wenig Wasserstoff benötigt wird.

Das Thema Wasserstoff in Eisen und Stahl ist Gegenstand sehr umfangreicher Untersuchungen der verschiedenen Aspekte des Eindringens, des Zustands im Innern des Metalls und der Folgen für die Festigkeitseigenschaften. Davon wurde im vorliegenden Zusammenhang nur eine Skizze geliefert, die zum Thema Spannungsrißkorrosion überleitet Für die ausführliche Diskussion der Details steht die Literatur zur Verfügung [C 13].

Literatur

A1. a) DIN 50900: Korrosion der Metalle; Begriffe, Ausgabe 1983. Berlin: Beuth Verlag – b) DIN 50992: Korrosion der Metalle. Untersuchung der Beständigkeit von metallischen Werkstoffen gegen Spannungsrißkorrosion ibid. 1985

A2. a) Nelson, H. G.: Hydrogen Embrittlement. In: Embrittlement of Engineering Alloys (Briant, C. L.; Banerji, S. K.; Eds.); in: Treatise on Materials Science and Technology (Herman, H.; Ed.). Vol. 25. New York, London, Paris etc.: Academic Press (1983), p. 275 – b) Pöpperling, R.; Schwenk, W.: VDI – Berichte *365*, 49 (1980) – c) Haumann, W.; Heller, W.; Jungblut, H.-A.; Pircher, H.; Pöpperling, R.; Schwenk, W.: Stahl u. Eisen *107*, 585 (1987)

B1. Vgl. z. B. a) Hirth, J. P.: Effects of Hydrogen on the Properties of Iron and Steel. In: Metall. Trans. *11A*, 861 (1980) – b) loc. cit. [A 2a].
B2. a) Prussin, S.: J. Appl. Phys. *32*, 1876 (1961) – b) Kapusta, S. D.; Kam, T. T.; Heusler, K. E.: Z. Phys. Chem. N. F. *123*, 219 (1980); Kam, T. T.; Chatterjee, S. S.; Heusler, K. E.: J. Appl. Phys. *A35*, 219 (1984)
B3. Naumann, K. F.; Carius, W.: Archiv Eisenhüttenwesen *30*, 283 (1959)
B4. a) Jofa, Z. A.; Tomashova, G.: Zhur. Fiz. Khim. SSSR *34*, 1036 (1960) – b) id.id.: Corrosion NACE *19*, 13t (1963)
B5. Kawashima, A.; Hashimoto, K.; Shimodaira, S.: Corrosion NACE *32*, 323 (1976)
B6. Zapffe, C.; Zims, C.: Trans. AIME *145*, 225 (1941)
B7. Comprehensive Treatise of Electrochemistry. (Bockris, J.O'M.; Conway, B. E.; Yeager, E.; White, R. E.; Eds.), Vol. 4: Electrochemical Materials Science. New York, London: Plenum Press, (1981)
B8. a)Subramanyan, P. K.: Electrochemical Aspects of Hydrogen in Metals. In. loc. cit. [B7], p. 411 – b) Devanathan, M. A. V.; Stachurski, Z.: Proc. Roy. Soc. *A270*, 90 (1962) – c) McBreen, J.; Nanis, L.; Beck, W.: J. Electrochem. Soc. *113*, 1218 (1966)
B9. Pöpperling, R.; Schwenk, W.: Electrochim. acta *22*, 121 (1977)
B10. Riecke, E.: Werkstoffe u. Korr. *29*, 106 (1978) – b) Riecke, E.; Jonen, B.: ibid. *37*, 311 (1986)
B11. Proc. Ist Int. Conf. Current Solutions to Hydrogen Problems in Steels (Interrante, C. G.; Pressouyre, G. M.; Eds.). Washington D.C.: ASM (1982)
B12. a) Pressouyre, G. M.; Blondeau, R.; Primon, G.; Cadiou, L.; in: loc. cit. [B 11], p. 212 – b) Jino, M.; Nomura, N.; Takezawa, H.; Gondom, M.: Rev. Métall. *76*, 561 C(1976) – Taira, T.; Tsukada, T.; Kobayashi, Y.; Inagaki, H.; Watanabe, T.: Corrosion NACE *37*, 5 (1981)–Nakai, Y.; Kurahashi, H.; Emi, T.; Haida, O.: Trans. ISIJ *19*, 401 (1979)
B13. Proc. Conf. Hydrogen Sulfide-Induced Environment Sensitive Fracture of Steels, Amsterdam 1986. Corr. Sci. *27*, Nr. 10/11 (1987)
B14. Coudreuse, L.; Charles, J.; in: loc. cit. [B13], p. 1169
C1. Rice, J. R.; in: loc. cit. [C2], p. 11, u. die dort zitierte Originalliteratur
C2 Proc. Int. Conf. Stress Corrosion Cracking and Hydrogen Embrittlement of Iron Base Alloys. Unieux-Firminy 1973 (Staehle, R. W.; Hochmann, J.; McCright, R. D.; Slater, J. E.; Eds.). Houston: NACE (1977)
C3. a) Oriani, R. A.; Josephic, P. H.: Acta Metall. *22*, 1065 (1974) – b) Oriani, R. A.; in: loc. cit. [C3], p. 351 – c) id.: Corrosion NACE *43*, 391 (1987) – d) Li, J. C. M.; Oriani, R. A.; Darken, L. S.: Z. phys. Chemie NF *58*, 18 (1966)
C4. a) Beecham, C. D.: Met. Trans. *3*, 437 (1972) – b) Lynch, S. P.: Scripta met. *13*, 1051 (1979); *20*, 1067 (1986); *21*, 157 (1987)
C5. a) Bockris, J. O'M.; Beck, W.; Genshaw, M. A.; Subramanyan, P. K.; Williams, F. S.: Acta metall. *19*, 1209 (1971) – b) Marichev, V. A.: Protect. Metals *16*, 427 (1980)
C6. a) Frohmberg, R. P.; Barnett, W. J.; Troiano, A. R.: Trans. ASM *47*, 892 (1955) – b) Blanchard, P.; Troiano, A. R.: Mémoires Scient. – Révue de Métall. *57*, 409 (1960)
C7. van Leeuwen, H. P.: Materialpruf. *16*, 263 (1974)
C8. a) Stellwag, B.; Kaesche, H.: Corrosion NACE *35*, 397 (1979) – b) id.; id.: Werkstoffe u. Kor. *33*, 274, 323 (1982) – c)Maier, H. J.; Popp, W.; Kaesche, H.: Acta metall. *35*, 875 (1987)
C9. Vgl. die Textbücher der physikalischen Chemie, z. B. Haase, R.: Transportvorgänge. In: Grundzüge der physikalischen Chemie (Haase, R.; Ed.) Darmstadt: Steinkopff Verlag (1973)
C10. Gerberich, W. W.; Chen, Y. T.; John, C. St.: Metall. Trans. a. *6A*, 1485 (1975)

C11. a) Nelson, H. G.; Williams, D. P.; in: loc. cit. [C2], p. 390 – b) Hudak, S. J.: M. S. Thesis, Metallurgy and Material Science, Lehigh University (1972)
C12. Dautovich, D. P.; Floreen, S.: Metall. Trans. *4*, 2627 (1973)
C13. Vgl. insbes.: Hydrogen Degradation of Ferrous Alloys. (Oriani, R. A.; Hirth, J. P.; Smialowski, M.; Eds.). Park Ridge: Noyes Publications (1985)

15 Die Spannungsrißkorrosion

15.1 Allgemeine Gesichtspunkte

Als Spannungsrißkorrosion, SpRK (bzw. SCC, vgl. Kap. 14), wird die Ausbreitung von Rissen in Werkstücken unter der gleichzeitigen Einwirkung von Korrosion und entweder statischer, oder einsinnig schwellender Zugspannung verstanden. „Korrosion“ ist in diesem Zusammenhang im erweiterten Sinn des Begriffs jede schädliche Umgebungs-Einwirkung, also auch die Wasserstoffversprödung. Im folgenden handelt es sich aber bei der Umgebung stets um eine Elektrolytlösung, so daß für die Korrosion die Kinetik der Elektrodenprozesse durchgreift. Im Grenzfall der SpRK in hochverdünnten Lösungen tritt dieser Gesichtspunkt allerdings wieder zurück. Ein Grenzfall ist auch die SpRK der hochfesten Stähle, bei denen die Korrosion nur so wenig Wasserstoff liefern muß, um die unterkritische Rißausbreitung zu triggern, daß sich genauere Untersuchungen über die Kinetik der Wasserstoff- erzeugenden Korrosionsreaktion erübrigen.

Die Spannungskorrosionsrisse verlaufen makroskopisch verformungsarm bis praktisch verformungsfrei im wesentlichen senkrecht zur Zugspannung. Bei hinreichender Verringerung des tragenden Restquerschnittes tritt naturgemäß der Gewaltbruch des betroffenen Bauteils ein, je nach den Umständen als scherender Verformungsbruch, oder als Spaltbruch. Der Bruch nach Überlastung des Restquerschnittes ist selbst keine SpRK. Auch wenn der Gewaltbruch eintritt, weil der Restquerschnitt durch abtragende Korrosion, oder durch Lochfraß, oder durch interkristalline Korrosion kritisch verringert wurde, liegt keine SpRK vor. Allerdings kann die Kerbwirkung der durch interkristalline Korrosion erzeugten Spalten im Zugversuch die Brucheinschnürung und die Bruchdehnung verringern, also eine Versprödung anzeigen, die interkristalline SpRK vortäuscht [A1].

Als Beispiele für den metallografischen Befund zeigt Bild 15.1 [A2a] einen interkristallinen, Bild 15.2 einen transkristallinen Spannungskorrosionsriß in austenitischem Chrom-Nickel-Stahl, Bild 15.3 trans- und interkristalline Spannungskorrosionsrisse in Messing [A3]. Der Verlauf der Risse im mikroskopischen Bereich teils durchweg interkristallin, teils durchweg transkristallin ist typisch in dem Sinne, daß gemischt trans- und interkristalline Risse nur selten auftreten. Die Bilder zeigen, daß ein und dasselbe Material je nach den Umständen, also je nach einwirkender Elektrolytlösung, den einen oder den anderen Rißverlauf aufweisen kann.

Die Spannungsrißkorrosion wird in den folgenden, jeweils gesonderten Kapiteln für mehrere typische Systeme von Metall und Umgebung in einigen Einzelheiten diskutiert. Es wird sich zeigen, daß verschiedene Varianten des

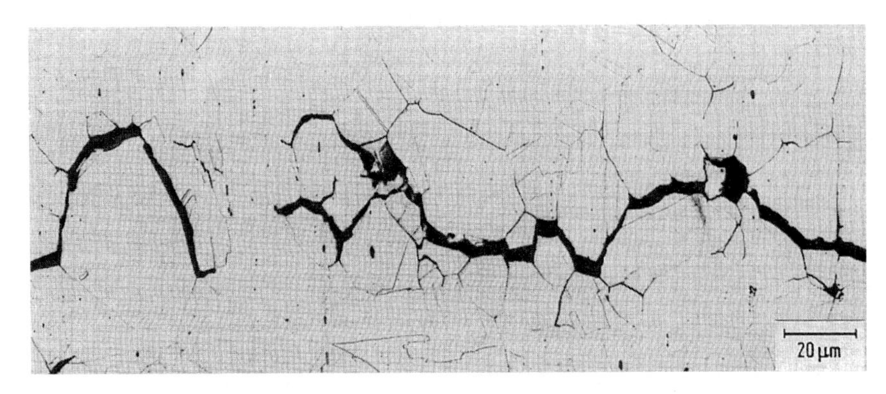

Bild 15.1. Interkristalline Spannungsrißkorrosion eines austenitischen CrNi-Stahles. (Nach Herbsleb)

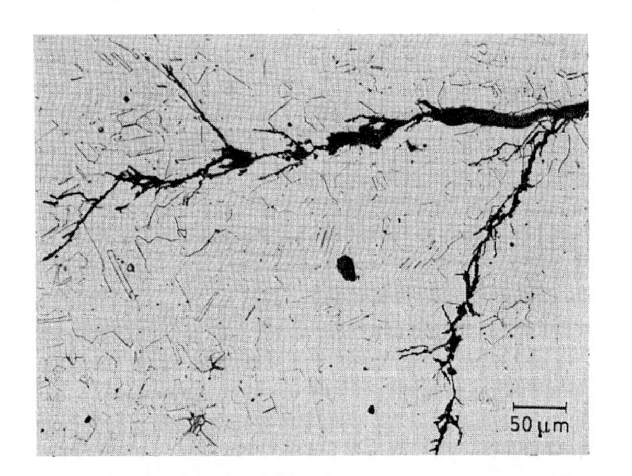

Bild 15.2. Transkristalline Spannungsrißkorrosion eines austenitischen CrNi-Stahles.

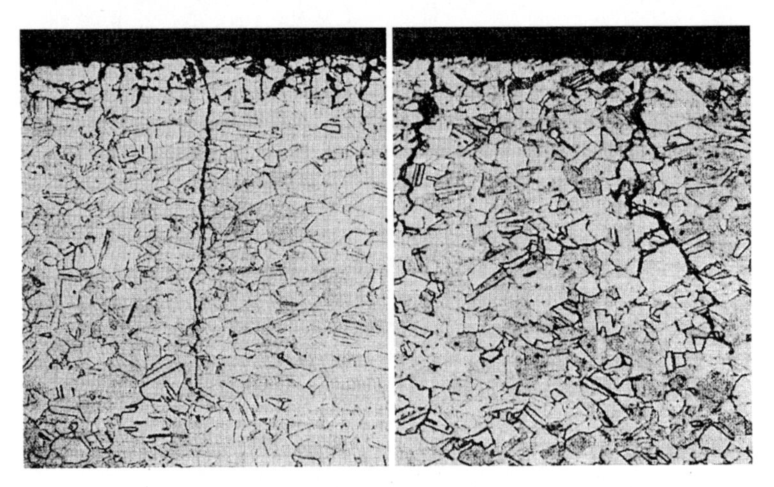

Bild 15.3. Transkristalline und interkristalline Spannungsrißkorrosion von α-Messing. (Nach Mattson)

Rißausbreitungsmechanismus auftreten. Es gehört, nach derzeitigem Stand der Kenntnis, zum Wesen der SpRK, daß sie, im (thermodynamischen) Grunde auf den Abbau der elastischen Energie im verspannten System der Zugprobe und der Zugvorrichtung abzielend, im kinetischen Detail keinem einheitlichen Mechanismus folgt. Es handelt sich deshalb bei der forschenden Untersuchung jeweils um die Aufklärung des Einzelfalls, und, jedenfalls derzeit voraussichtlich, nicht um die Suche nachschlechthin einer einheitlichen Theorie der Spannungsrißkorrosion.

Zugleich können aber einige gemeinsame Aspekte der verschiedenen Erscheinungsformen der SpRK und einige stets wiederkehrende typische Fragestellungen gleichwohl der Erörterung der Einzelfälle vorangestellt werden.

Zur Experimentiertechnik versteht sich, daß die Metallografie mit dem Lichtmikroskop und die Fraktografie mit dem Raster-Elektronenmikroskop (REM) für die Untersuchung der SpRK unentbehrlich sind. Die Transmissions- Elektronenmikroskopie (TEM) wird benötigt, wann immer die Versetzungsstruktur oder die Verteilung von Ausscheidungen des reißenden Metalls interessiert. Soweit die Mechanismen der elektrolytischen Korrosion, darunter auch die Mechanismen kathodischer Wasserstoffabscheidung in den Mechanismus der Rißausbreitung durchgreifen, ist die Kontrolle der elektrochemischen Parameter wichtig. Dies führt dazu, daß die Zugprobe des SpRK- Versuchs als Meßelektrode in der typischen Drei-Elektrodenanordnung mit Gegen- und Bezugs-Elektrode in einer potentiostatischen Schaltung benutzt wird. Bild 15.4 [A2b] zeigt die typische Versuchsanordnung für den Fall der Verwendung einer glatten Zugprobe, z. B. einer genormten Rundzugprobe, im potentiostatischen Zugversuch in einer Elektrolytlösung. In der skizzierten Anordnung wird die Temperatur der Lösung geregelt, und durch Spülen der Lösung mit einem Gasstrom auch die Zusammensetzung der Atmosphäre, d. h. auch der Gehalt der Lösung an gelösten Gasen. Im ganzen ist die Kontrolle der Umgebungsbedingungen weitgehend komplett.

In der in Bild 15.4 skizzierten Versuchsanordnung bleibt das Programm der Aufbringung der Last P noch variabel. Es kann zum einen die Zugprobe konstant verformt werden, dann handelt es sich um einen Versuch mit Spannungsrelaxation durch den Spannungskorrosionsriß. Es kann zum zweiten die Last P festgehalten werden, dann handelt sich um „Zeitstandmessungen“ mit konstanter Last (CLT, von “constant load testing”). Endlich kann die Verformungsgeschwindigkeit geregelt werden, sei es durch vorgegebene Querjochbewegung der Maschine, sei es mit Regelung der Querjochbewegung durch die wahre Probendehnung. Wird dabei die Abzugsgeschwindigkeit des Querjochs, bei aufwendiger Versuchsdurchfürung die Geschwindigkeit der Probendehnung, auf einem typischerweise sehr kleinen Wert gehalten, so entsteht der neuerdings viel benutzte Langsamzugversuch (CERT, von “constant extension rate testing”).

Die Versuchstypen der Prüfung der SpRK mit a) konstanter Last und b) mit konstanter Verformungsgeschwindigkeit werden weiter noch genauer diskutiert, auch im Vergleich zur bruchmechanisch orientierten Versuchsdurchführung mit Kontrolle des Spannungsintensitätsfaktors vorgekerbter Proben (vgl. Kap. 14.3 und 17.3). Gegenüber CLT, CERT und der bruchmechanisch orientierten Prüfung ergibt der Relaxationsversuch keinen besonders andersartigen Gesichtspunkt. Dasselbe gilt für die zahlreichen Varianten vereinfachter Prüfung mit konstanter

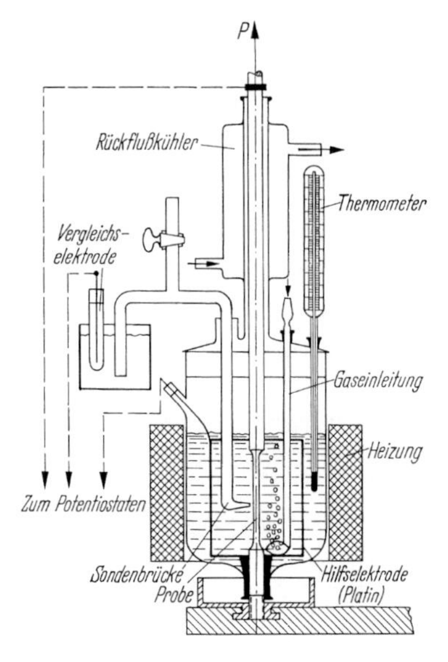

Bild 15.4

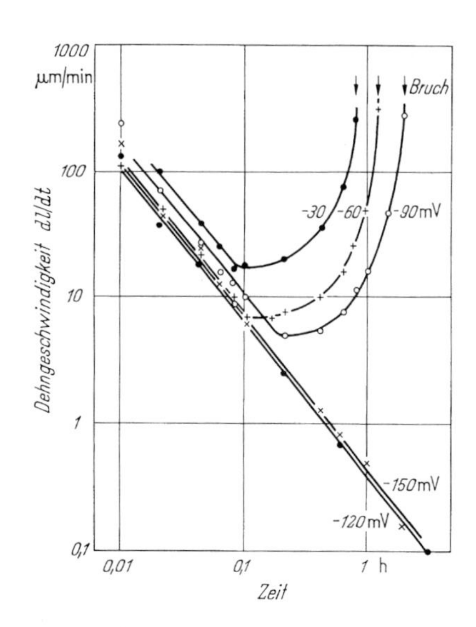

Bild 15.5

Bild 15.4. Beispiel einer potentiostatischen Versuchsanordnung zur Messung der Spannungsrißkorrosion in einer Elektrolytlösung im Zugversuch (Last P) mit glatter Zugprobe. (Nach Münster und Gräfen)

Bild 15.5. Zeitlicher Verlauf der Dehngeschwindigkeit dl/dt von Zugproben aus 18 9-CrNi-Stahl bei konstanter Zugbelastung (200 MN/m^2) in siedender $MgCl_2$-Lösung, ohne gelösten Sauerstoff, bei verschiedenen Werten des potentiostatisch vorgegebenen Elektrodenpotentials. (Nach Ternes)

Verformung, mit Schlaufenproben, Hufeisenproben, Jones-Proben und dergleichen, oder für einfache Hebelproben mit konstanter Belastung, teils glatt, teils gekerbt für bruchmechanisch orientiertes Prüfen, u. a. m. Diese werden hier nicht diskutiert.

Zur Veranschaulichung der drei vorrangig interessierenden Prüfmethoden wird als jeweils exemplarisch vorgestellt: a) Die Prüfung mit konstanter Last der SpRK des austenitischen CrNi-Stahles in heißer $MgCl_2$-Lösung, b) die Prüfung mit konstanter Verformungsgeschwindigkeit der Titan-Legierung Ti-5Al-2Sn in methanolischer Salzsäure-Lösung und in wäßriger NaCl-Lösung, c) die bruchmechanisch orientierte Prüfung der Aluminium-Legierung AlZnMgCu in Wasser und in Kaliumjodidlösungen.

In der in Bild 15.4 skizzierten Anordnung fehlt noch die Registrierung des Fortschritts der Rißausbreitung. Im einfachsten und häufigsten Fall ist dies eine Vorrichtung zur Registrierung des Bruchs der Probe nach der Überlastung des tragenden Restquerschnitts. Die Zeit vom Versuchsbeginn bis zum Gewaltbruch ist die *Standzeit*, gewöhnlich mit τ bezeichnet. Mehr Einsicht in den Mechanismus der Rißausbreitung wäre offensichtlich aus der zeitlichen Änderung der Rißlänge zu erhalten. Diese ist aber bei einem Versuch des in Bild 15.4 skizzierten Typs nicht direkt zugänglich. Statt dessen ist aber bei solchen Versuchen mit empfindlichen Wegaufnehmern die Probenlänge gut zu registrieren, aus deren zeitlicher Änderung das Einsetzen und Fortschreiten der SpRK qualitativ deutlich abzulesen ist. Dazu zeigt Bild 15.5 das Ergebnis von Messungen der SpRK von austenitischem CrNi-Stahl mit glatten Rundzugproben unter konstanter Last in siedender $MgCl_2$-Lösung [A4]. Dieses Material reißt unter diesen Bedingungen rein transkristallin, wobei viele Korrosionsanrisse von der glatten Probenoberfläche ausgehen und der zufällig am weitesten vorgedrungene schließlich den Gewaltbruch verursacht. Der Verlauf der Dehngeschwindigkeits-Zeit-Kurven z. B. bei $\varepsilon = -30\,mV$ weist aus, daß der Stahl zunächst mit abnehmender Geschwindigkeit kriecht, bis nach knapp 0,1 h eine rasch wachsende Zunahme der Dehngeschwindigkeit einsetzt, die ganz offensichtlich durch die SpRK bewirkt wird und schließlich zum Bruch der Probe führt. Die *Standzeit* τ der Probe bis zum Bruch erscheint hier wie in vielen anderen Fällen aus 2 Zeitanteilen zusammengesetzt, nämlich einer *Inkubationszeit* τ_I und einer anschließenden *Rißausbreitungszeit* τ_{RA}. Der weiterhin anschließende dritte Zeitanteil, nämlich die Dauer des nach Überlastung des tragenden Restquerschnitts eintretenden Gewaltbruches, fällt nicht ins Gewicht und wird nicht eigens in Ansatz gebracht. Die Rißausbreitungszeit τ_{RA} ist mechanistisch-begrifflich offensichtlich wohl definiert, eben als die Zeit meßbarer Geschwindigkeit der Rißausbreitung. Damit ist im Prinzip auch die Inkubationszeit τ_I wohldefiniert, nämlich als Differenz $(\tau - \tau_{RA})$ zweier Größen, von denen die erstere leicht, die zweitere jedenfalls im Prinzip meßbar ist, so etwa über die Zunahme der Dehngeschwindigkeit der Probe. Was allerdings in der Inkubationszeit τ_I physikalisch-chemisch an der Probenoberfläche geschieht, bleibt im zitierten wie in anderen Fällen zunächst offen. Die Inkubationszeit als die Zeit zu beschreiben, innerhalb derer „Rißkeime“ gebildet werden, bringt dabei noch keinen Fortschritt, solange nicht gesagt werden kann, genau was unter einem Rißkeim zu verstehen ist. Im übrigen ist in dem in Bild 15.5 wiedergegebenen Meßbeispiel die Inkubationszeit kurz und zudem relativ ungenau ablesbar, da man vermutet, daß die Abweichung der Dehngeschwindigkeits-Zeitkurve von der Abklingkurve des Kriechens das Einsetzen der SpRK eher verspätet anzeigt. Wird die Inkubationszeit in anderen Fällen groß gegenüber der Rißausbreitungszeit, so verliert diese Ungenauigkeit ihre Bedeutung.

Während des Ablaufs der SpRK im Zeitstandversuch mit kostanter Last kriechen die Zugproben aus 18 9CrNi- Stahl deutlich. Es handelt sich also im Grunde um einen Versuch mit ständig langsamer werdender plasticher Verformung. Die Verformungsgeschwindigkeit ist dabei klein. Auch der Langsamzugversuch (CERT) operiert mit ständig kleiner Geschwindigkeit der plastischen Verformung, die aber nun makroskopisch konstant gehalten wird. Anders als beim Versuch mit konstanter Last, bei dem willkürlich festgelegt werden muß, wann – z. B. nach 1000 Stunden – die Prüfung auf SpRK-Empfindlichkeit als ergebnislos abgebrochen werden darf, wird die Probe bei CERT auf jeden Fall zum Gewaltbruch gebracht. Sie zeigt also nach Versuchsende eine Bruchdehnung (Z) und eine Brucheinschnürung (A). Der Grundgedanke der Methode ist, daß während des langsamen Ziehens eintretende SpRK den Restquerschnitt praktisch verformungslos verringert, so daß A und Z kleiner ausfallen, als ohne SpRK. Zugleich verkürzt sich die Dehnzeit bis zum Eintritt des Gewaltbruchs, mithin endet der Versuch auch bei einer verringerten Gesamtdehnung ε*. Also verringert sich im Spannungs-Dehnungs – Diagramm die Fläche unter der $\sigma(\varepsilon)$-Kurve, bzw. das Integral $\int \sigma d\varepsilon$. Also verringert die SpRK neben der Brucheinschnürung und der Bruchdehnung auch die sogenannte „Bruchenergie". Diese enthält allerdings auch Verformungsarbeit, die vor dem Bruch aufgebracht wird.

Beim Langsamzugversuch (CERT) mit konstanter kleiner Querjoch-Abzugsgeschwindigkeit, oder, bei genauerer Regelung, mit konstanter wahrer Geschwindigkeit der makroskopischen Dehnung, sind die Beanspruchungsbedingungen zum Zeitpunkt des Versuchsbeginns teils besser definiert als beim Zeitstandversuch (CLT) mit unter konstanter Last kriechender Zugprobe. Es versteht sich zwar, daß mit dem Einsetzen der SpRK, also mit der Rißkeimbildung und der beginnenden Rißausbreitung, die nominell einachsige Zugspannung mehrachsig wird. Bei beginnender Einschürung liegt im wesentlichen der Zustand ebener, also zweiachsiger Spannung mit geringer Verformungsbehinderung vor, die Zugbeanspruchung hat dann in etwa die Höhe der wahren Streckgrenze. Häufig, wie bei hochlegierten CrNi-Stählen in heißer Chloridlösung, entstehen zahlreiche SpRK-Anrisse, von denen einer, zufällig länger als die übrigen, den Gewaltbruch verursacht. Für die übrigen, die sogenannten „Sekundärrisse", ist dann der lokale Spannungszustand stark vom Abstand vom längsten Anriß abhängig.

CLT ist vergleichsweise praxisnah, da die Zugspannung realistisch begrenzt werden kann. Demgegenüber entspricht dem CERT bis zum Verformungsbruch offenbar kein häufiger Praxisfall. Zudem verursacht die massive plastische Verformung im Bereich der Einschnürung unter Umständen sehr spezielle Korrosionsmechanismen z. B. bei der H-induzierten SpRK. Wie noch genauer darzulegen, hat dabei der Transport des atomaren Wasserstoffs durch Versetzungsbewegung in das Metallinnere hinein erhebliche Folgen, grundsätzlich in dem Sinne, daß nun nicht mehr die SpRK dem Verformungsbruch vorausgeht, sondern daß sie ihn begleitet. Der Effekt wird offenbar noch intensiver, wenn CERT nicht mit glatten, sondern extremerweise mit gekerbten Zugproben durchgeführt wird.

Von der Komplikation der Einleitung der SpRK durch die plastische Verformung sich schon einschnürender CERT-Proben abgesehen, eröffnet die Prüfung zumindest grundsätzlich die interessante Möglichkeit, durch Variation der Dehngeschwindigkeit die Konkurrenz der Kinetik des Verformungsbruches einerseits und der SpRK-Rißausbreitung andererseits zu studieren. Zur Verdeutlichung dieses Gesichtspunktes zeigt Bild 15.6 [A5] die Bruchdehnung von Zugproben aus einer Titan-Aluminium-Zinn-Legierung im Langsam-Zugversuch mit wechselnder Querjochgeschwindigkeit in Luft, in wäßriger NaCl-Lösung und in alkoholischer HCl-Lösung. In Luft ist die Bruchdehnung (ebenso wie die Brucheinschnürung und die Spannungs-Dehnungs-Arbeit bis zum Bruch) wenig von der Dehnge-

* Da das Elektrodenpotential als ε bezeichnet wird, die Dehnung üblichem Gebrauch entsprechend ebenso heißt, so wird für sie hier kursiv ε gesetzt.

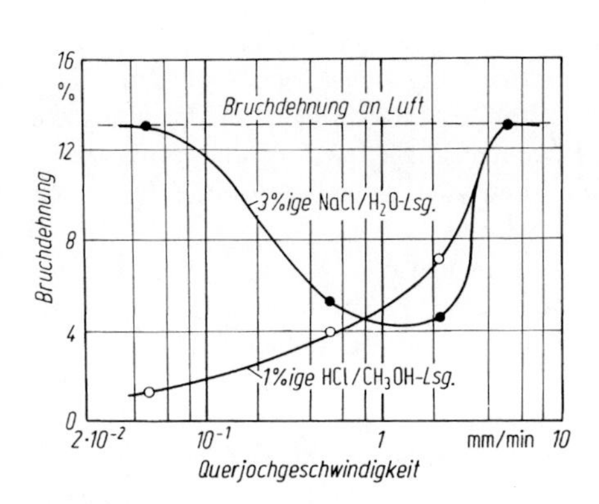

Bild 15.6

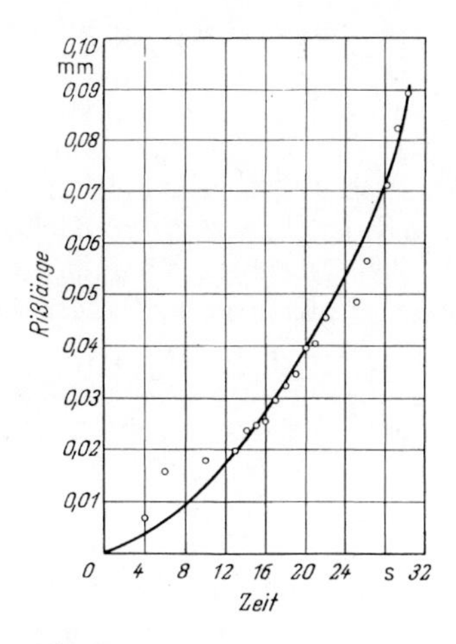

Bild 15.7

Bild 15.6. Die Bruchdehnung von Zugproben aus Ti-5Al-2Sn an Luft, in wässriger NaCl-Lösung und in alkoholischer HCl-Lösung als Funktion der Dehngeschwindigkeit. (Nach Scully und Powell)

Bild 15.7. Die Ausbreitung eines interkristallinen Spannungskorrosionsrisses in einer dünnen Weicheisenprobe in heißer $Ca(NO_3)_2$-Lösung. (Nach Engell, Bohnenkamp und Bäumel)

schwindigkeit abhängig. In Elektrolytlösungen wird bei hinreichend schneller Dehnung in jedem Fall die relativ hohe Brucheinschnürung des Verformungsbruches an Luft erreicht, der Mechanismus einer eventuellen SpRK also „überrollt". Bei mittleren Werten der Dehngeschwindigkeit wird in beiden Prüflösungen eine erhebliche Verminderung der Brucheinschnürung beobachtet, die durch die verformungsarmen, durch SpRK bewirkten Anteile der Rißausbreitung verursacht sind. Während aber in der methanolischen Säurelösung die Einschnürung auch bei sehr niedriger Dehnrate klein bleibt, vermutlich wegen einer SpRK-Empfindlichkeit auch bei statischer Belastung, steigt die Einschnürung in der wäßrigen Salzlösung bei Verminderung der Dehngeschwindigkeit wieder auf den im Zugversuch an Luft beobachteten Wert an. Es tritt also SpRK nur bei mittlerer Verformungsgeschwindigkeit auf. Entsprechend wird bei Legierungen dieses Typs an glatten Proben im CL-Versuch in Meerwasser (d. h. in einer u. a. ca. 1 molaren NaCl-Lösung) keine SpRK-Empfindlichkeit beobachtet.

Der Befund ist offenbar grundsätzlich hinsichtlich des Mechanismus der SpRK interessant. Einleuchtend wäre, daß die SpRK um so deutlicher in Erscheinung tritt, je mehr Zeit ihr verschafft wird, je langsamer also die Probe bis zum Bruch gezogen wird. „Normal" ist also der in methanolischer Salzsäure erhaltene Befund. Wird in anderer Umgebung statt dessen festgestellt, daß bei sehr langsamem Dehnen die SpRK wieder verschwindet, so ist offensichtlich zu vermuten, daß für die Bildung und/oder die Ausbreitung von Spannungskorrosions-Rissen dauernde plastische Verformung benötigt wird, die nicht zu geringfügig sein darf. Dies führt auf das Modell der Rißausbreitung durch schnelle Korrosionan aktivierten Stufen der Grobgleitung an der Rißspitze in im ganzen passiven Metallen. Die Einzelheiten dieses sehr anschaulichen, gleichwohl zu einfachen Modells werden später genauer erörtert. Man beachte dazu hier schon, daß nach der Riß-Entstehung die lokale Spannungsüberhöhung vor der Rißspitze auf jeden Fall lokale plastische Verformung verursacht. Ob die Rißausbreitung auch ohne diesen Effekt eintreten würde, läßt sich also experimentell nicht feststellen.

Demnach wäre die SpRK des Ti-5Al-2Sn in wäßriger Salzlösung an die plastische Dehnung des Materials gebunden, nicht aber die SpRK desselben Materials in methanolischer Salzsäure-Lösung. Die quantitative Erhellung der beiden Mechanismen ist hier wie in anderen ähnlichen Fällen wegen des schwer zu übersehenden Zusammenhangs zwischen makroskopischer Dehnung der vielfach angerissenen Probe, und lokaler Verformung an der Rißspitze in einem Material, auf das die linear-elastische Bruchmechanik bei hoher Last nicht anwendbar ist, schwierig, Eine quantitative Theorie dieses Zusammenhanges, die zur Begründung der CERT-Technik natürlich grundlegend wäre, liegt nicht vor. Allerdings springt ein Aspekt der Praxis ins Auge: Offenbar wird die SpRK-Empfindlichkeit eines Materials, das nur bei kritischer lokaler Verformungsgeschwindigkeit SpRK-empfindlich ist, bei einfachen Versuchen mit konstanter Last oder konstanter Verformung leicht übersehen. Dies hat dazu geführt [A6], diese Sorte von SpRK eigens als *Dehnungs-induzierte Spannungsrißkorrosion* zu klassifizieren, im Gegensatz zur SpRK, die auch bei einem rein statisch verspannten System einsetzt und deshalb als *Spannungs-induzierte Spannungsrißkorrosion* bezeichnet wird.

Das Klassifizieren erzeugt allerdings leicht den Eindruck sehr erheblicher, grundsätzlicher Unterschiede des jeweiligen Rißbildungsmechanismus. Dazu fällt zunächst auf, daß die Diskussion [A8, A9] vornehmlich die Frage betrifft, ob scheinbar Spannungs-induzierte SpRK nicht in Wirklichkeit durch lokale mikroplastische Ereignisse initiiert wird. Der viel deutlichere und unmittelbar Praxisrelevante Befund des Verschwindens der SpRK bei hinreichender Verkleinerung der makroskopischen Dehnrate, wie er in Bild. 15.6 dokumentiert ist, scheint demgegenüber in Wirklichkeit vereinzelt zu stehen. Zur Diskussion über die Spannungs-induzierte SpRK versteht sich von vorne herein, daß sie, was die experimentelle Prüfung anbelangt, nur die Rißentstehung betrifft. Eine eventuelle Verformungs-unbeeinflußte Rißausbreitung ist möglich, kann aber in Metallen nicht geprüft werden. Wiederum ist für die Rißentstehung auch bei verschwindendem makroskopischen Kriechen im statischen Zugversuch die Einwirkung mikroplastischer Ereignisse etwa an Einschlüssen schwer auszuschließen. Der Fall der CrNi-Stähle in heißer Chloridlösung scheint allerdings klar, da hier die Rißkeimbildung sogar eintritt, während die Last heruntergefahren wird, also bei makroskopisch negativer Dehnrate [A8]. Die Ursache ist die Bildung kerbartige Ätzgrübchen auch unterhalb des Lochfraßpotentials (vgl. weiter unten) [A9]. Diese entstehen bei plastisch verformten Zugproben gehäuft auf Gleitstufen, seltener, aber ebenfalls rißauslösend, auch auf verformungsfreien Bezirken der Probenoberfläche. Dabei ist gemäß der Klassifizierung die Rißauslösung durch lokalen Lochfraß ohne vorherige plastische Dehnung formal Spannungs-induziert, Rißauslösung durch Lochfraß auf Gleitstufen formal Dehnungs-induziert; gleichwohl sind die Startvorgänge der SpRK in jedem Fall wesensgleich; es ändert sich nur ihre Häufigkeit. Ein anderer Fall, der als Spannungs-induziert gilt, ist die SpRK des unlegierten weichen Stahles in Karbonat-Lösungen. Dafür wurde gezeigt [A11], daß im Potentialbereich der Anfälligkeit des Materials für SpRK auch ohne Zugbeanspruchung in einer Magnetit- Deckschicht Gräben längs der Korngrenzen des Grundmaterials vorliegen, die interkristalline Korrosion des Grundmetalls verursachen. Die Gräben der interkristallinen Korrosion können unter Zugbelastung Wieder als Spannungs-überhöhende Kerben wirken, plastische Verformung in der Zone vor der Kerbe ist also möglich.

Der Vollständigkeit halber ist hier die *Spannungs- induzierte Korrosion* aufzuführen. Es handelt sich um lokale, teils rißähnliche Anfressungen, die am Boden von Rissen spröder Schutzschichten auftreten können. Typisch ist das Aufreißen etwa der in Berührung mit heißem Druckwasser entstehenden Magnetit-Schutzschicht auf Stahloberflächen im Kraftwerksbetrieb in Stillstandsphasen bei niedriger Temperatur [A 12]. Am Boden solcher Verletzungen rostet der Stahl ungeschützt bis zur Neubildung der Magnetitschicht bei wieder hoher Wassertemperatur. Der Schaden wird eigentlich durch die Kontraktion des Stahles beim Abkühlen verursacht, verdient also besser die Bezeichnung *Dehnungs-induzierte Rißkorrosion* [A8a]. Im Grunde handelt es sich auch hier um einen Grenzfall der SpRK. Das spezielle Thema wird hier nicht weiter verfolgt.

Zum allgemeinen Thema des Zusammenwirkens von Spannung, Dehnung und Korrosion (oder allgemein des Umgebungseinflusses) bei statischer, oder schwellender, oder zyklisch wechselnder mechanischer Belastung bei der unterkritischen Rißausbreitung ist einerseits die Klassifizierung zur Klarstellung der Varianten von Schadensvorgängen in der Praxis zweifellos fortschrittlich. Für die forschende Klärung der Grundvorgänge, die hier vornehmlich interessiert, ist es andererseits aber vorteilhaft, hauptsächlich die Gemeinsamkeiten der Vorgänge zu sehen. Man erkennt dann den Zusammenhang im Gang vom Gewaltbruch bei überhöhter statischer Zugbelastung, über einerseits die Ermüdung zur Korrosionsermüdung, andererseits über die Dehnungs- zur Spannungs-induzierten SpRK bis letztlich zum Verschwinden der Rißausbreitung. In dieser Reihenfolge sinkt der Anteil makroskopischer und mikroskopischer plastischer Verformung an der Rißbildung; es steigt der Anteil der Korrosion, mit der Folge steigender Selektivität der Systembedingungen, die rißauslösend wirken [A 13]. Die weitere Querverbindung von der Korrosionsermüdung zur Spannungsrißkorrosion wird beim Übergang von der Wechselbelastung mit hoher Frequenz zur solcher mit niedriger Frequenz deutlich (vgl. Kap. 16) [A8c].

Noch unter dem Stichwort der allgemeinen Gesichtspunkte sei die Ausbreitungsgeschwindigkeit von Spannungskorrosionsrissen an einigen Beispielen demonstriert. Dazu zeigt Bild 15.7 [A14] die interkristalline Rißausbreitung in einem dünnen, gekerbten Weicheisenplättchen, das unter praktisch konstanter Nennspannung dem Angriff siedender konzentrierter $Ca(NO_3)_2$-Lösung ausgesetzt war. Die in der Probenoberfläche zutage tretende Rißflanke wurde laufend fotografiert; das Bild zeigt die Rißlänge als Funktion der Zeit. Eine Inkubationszeit trat bei diesen Versuchen nicht auf. Man liest ab, daß die Rißausbreitungsgeschwindigkeit im Verlaufe der Messung von ca. 10^{-6} auf ca. 10^{-5} m/s anstieg. Es ist nützlich, sich dann vor Auge zu führen, welchem Zahlenwert die Eindringgeschwindigkeit der SpRK in der elektrischen Stromdichte der Metallauflösung entspricht. Nimmt man an, daß sich Eisen zweiwertig auflöst, so berechnet man mit dem Faradayschen Gesetz (vgl. Kap. 4), daß die Stromdichte 1 bzw. 10 bzw. 100 A/cm^2 einer Eindringgeschwindigkeit von $4 \cdot 10^{-7}$ bzw. $4 \cdot 10^{-6}$ bzw $4 \cdot 10^{-5}$ m/s entspricht. Diese Stromdichte-Werte liegen sehr hoch, doch wurde schon in Kap. 12 gezeigt, daß Stromdichten der anodischen Metallauflösung von einigen 10 bis zu knapp 100 A/cm^2 zumindest bei der zeitlich intermittierten Bildung von Ätzgrübchen und Korrosionstunneln erreicht werden. Die Frage der Mitwirkung der sehr schnellen Keimbildung und der Tunnelkorrosion bei der Spannungsrißkorrosion wird weiter unten wieder aufgegriffen werden. Jedenfalls können die beobachteten Werte der Rißausbreitungsgeschwindigkeit im Prinzip mit der Annahme gedeutet werden, daß die Rißausbreitung durch entsprechend schnelle anodische Metallauflösung bewirkt wird. Die Zahlenbeispiele sind größenordnungsmäßig auch für andere Metalle typisch. Nimmt man andererseits an, daß höhere Stromdichten der Metallauflösung als ca. 10^2 A/cm^2 nicht infrage kommen, so ergibt sich, daß Rißausbreitungsgeschwindigkeiten, die ca. $5 \cdot 10^{-5}$ m/s überschreiten, nicht mehr aufgrund entsprechend schneller anodischer Metallauflösung gedeutet werden können.

Im gleichen Zusammenhang zeigt Bild 15.8 [A16] die ebenfalls interkristalline Rißausbreitung in einer ausscheidungsgehärteten Aluminiumlegierung. Es handelt sich um die SpRK von DCB-Proben aus einer AlZnMgCu-Legierung in wässrigen Kaliumjodidlösungen wechselnder Konzentration, sowie in destilliertem Wasser. Die Auftragung des Logarithmus der Rißausbreitungsgeschwindigkeit v über dem Spannungsintensitätsfaktor K_I der Zugspannungsüberhöhung vor der Kerbpitze in Bruchmechanikproben im Bruchmodus I (vgl. Kap. 17.3) wurde bereits in Kap. 14 für die unterkritische Rißausbreitung in hochfesten Stählen durch Wasserstoffversprödung vorgestellt. Man erkennt wieder das Auftreten eines Plateau-ähnlichen „Bereichs II" der Kurve, mit Steilabfall im anschließenden „Bereich I" zu einem Grenzwert K_{ISCC} des Spannungsintensitätsfaktors, nach dessen Unterschreiten die Rißausbreitung entweder verschwindet, oder jedenfalls vernachlässigbar langsam wird. Der „Bereich III" (vgl. Kap. 17.3) der instabil schnellen Ri*ß*ausbreitung bei Annäherung an die Bruchzähigkeit K_{IC} wurde auch bei diesen, und bei den im folgenden zitierten Messeungen nicht miterfaßt.

Über den Mechanismus der Spannungsrißkorrosion in Ausscheidungsgehärteten Aluminium-Legierungen wird in Kap. 15.5 genauer berichtet. Für den allgemeinen Zusammenhang ist hier festzuhalten, daß nach Bild 15.8 die weiter oben in Bild 14.9 für einen Stahl dokumentierte weitgehende Unabhängigkeit der Rißausbreitungsgeschwindigkeit im Bereich II der ln v- K_I-Kurve von der Art der Umgebung sicher nicht allgemein zutrifft. Gewöhnlich existiert ein Umgebungseinfluß, so daß die Bruchmechanik allein die Plateau- Geschwindigkeit sicher nicht erklären kann. Dies berührt eine an und für sich attraktive Hypothese, wonach v im Plateau- Bereich II konstant bleibt, weil sich das Maximum der in die Rißausbreitung eingehenden Spannungskomponente σ_{yy} mit wachsendem K_I nicht

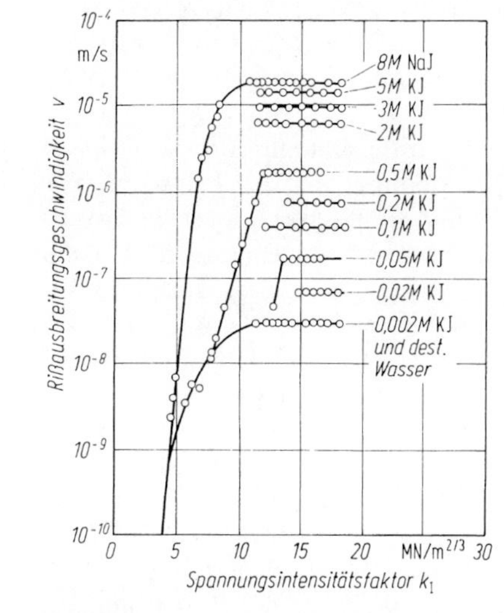

Bild 15.8

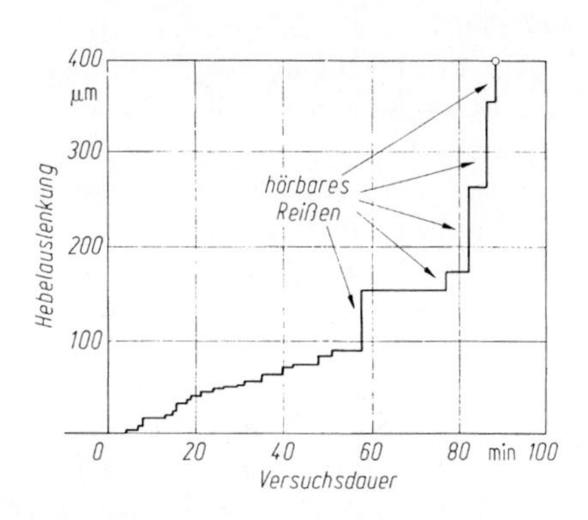

Bild 15.9

Bild 15.8. Die Ausbreitungsgeschwindigkeit interkristalliner Spannungskorrosionsrisse in DCB-Proben aus AlZnMgCu (US-Legierungstyp 7079-T651) bei potentiostatischen Versuchen (Elektrodenpotential $\varepsilon = -0{,}45$ V) in Lösungen von Natriumjodid, bzw. Kaliumjodid, sowie in destilliertem Wasser (pH $\simeq$ 6; 23 °C) als Funktion des Spannungsintensitätsfaktors. (Nach Speidel)

Bild 15.9. Zeitlicher Verlauf der interkristallinen Rißausbreitung in gehärtetem AlZnMg3 in gekerbten Hebelproben (Spannungszustand ebener Dehnung, Belastung auf 80% der Streckgrenze) bei Messungen in 3%iger NaCl-Lösung, gemessen mittels Registrierung der Hebelauslenkung. (Nach Watkinson und Scully)

ändert, sondern statt dessen der Durchmesser der plastischen Zone. Der Umgebungseinfluß bewirkt zumindest hier erheblich mehr als ein „Triggern" der Rißausbreitung unterhalb von K_{IC} bei K_{ISCC}. Es bleibt allerdings grundsätzlich zu diskutieren, ob die Rißausbreitung unmittelbar an der Rißspitze eintritt, z. B. durch anodische Metallauflösung, und daß daher der Umgebungseinfluß rührt. Im Prinzip kann die Größe, wohl auch die Form, sowie die Kaltverfestigung der plastischen Zone vor der Rißspitze z. B. durch Wasserstoffversprödung verändert werden, die ihrerseits Umgebungs-abhängig ist. Dadurch wird der Verlauf von σ_{yy} Umgebungs-abhängig, und eine Hypothese, von der Form, daß die Rißverlängerung jeweils im Abstand einiger CTOD vor der Rißspitze einsetzt, wird erneut diskutabel. Wie es scheint, sind die diesbezüglichen Argumentationsangebote der Bruchmechanik derzeit nicht ausgeschöpft. Man beachte dazu auch, daß bei schnell laufenden Rissen die Berechnung der Eigenschaften der plastischen Zone nicht mehr elementar ist. Die Umgebungs-Abhängigkeit der Plateaugeschwindigkeit der Rißausbreitung kann insgesamt jedenfalls auch durch

Versprödungseffekte verursacht werden, die in der Tiefe der plastischen Zone wirken. Die Versprödung ihrerseits muß nicht immer durch Wasserstoff verursacht sein, Fehlstelleninjektion etwa durch selektive Legierungskorrosion (vgl. Kap. 13 und 15.6) kommt u. a. ebenfalls in Frage.

Für die SpRK-Prüfung vom Typ CLT ist die Bestimmung der Standzeit τ typisch, für die Prüfung vom Typ CERT die Bestimmung der Brucheinschnürung (oder Bruchdehnung, oder Brucharbeit), CLT und CERT werden jeweils zweckmäßigerweise ergänzt durch Metallografie und Fraktografie. Demgegenüber ist die bruchmechanische Prüftechnik insoweit fortschrittlich, als sie naturgemäß Daten der momentanen Rißausbreitungsgeschwindigkeit liefert, ohne besondere Komplikationen allerdings nur im Probenzustand nahezu ebener Dehnung, also bei relativ niedriger Belastung bei gegenüber den Probenabmessungen kleiner plastischer Zone vor der Rißspitze. Bei geeigneter Versuchsdurchführung sind bruchmechanisch korrekte Daten von DCB – Proben auch aus eher zähem Material zu erhalten, so etwa dem 18 9-CrNi-Stahl in heißer $MgCl_2$-Lösung. Man findet dann sehr deutlich sowohl den Bereich I wie auch den Bereich II der ln v-K_I-Kurve [A 18, 19]. Allerdings tendieren die bruchmechanischen Messungen zum „Glätten" der Kurve in dem Sinne, daß eine kurzzeitige Intermittierung der Rißausbreitung nicht ohne weiteres erkannt wird. Mindestens, aber sicher nicht allein für die Wasserstoff-induzierte interkristalline Rißausbreitung in ausgehärteten Aluminium-Legierungen des Typs AlZnMg ist die intermittiert schrittweise Rißausbreitung typisch. Als Beispiel zeigt Bild 15.9 den Verlauf eines Versuchs mit einer gekerbten Hebelprobe aus gehärtetem AlZnMg 3 in NaCl-Lösung [A20]. Die Hebelauslenkung diente als Maß der Rißlänge; Sprünge der Hebelauslenkung zeigen Sprünge der Rißverlängerung an, die schließlich auch unmittelbar hörbar wird. Diese Art von Messungen läßt sich naturgemäß durch die genauere Registrierung der Schallemission mittels Piezo-Quarzkristallen verfeinern [A22].

Hinsichtlich des Mechanismus der Rißausbreitung sind hauptsächlich drei Varianten zu diskutieren: Rißausbreitung durch Wasserstoffversprödung, durch anodische Metallauflösung und durch Leerstellen-Versprödung. Die verschiedenen Mechanismen können aber auch alternierend, oder auch überlagert auftreten. Bei überlagerten Mechanismen interessieren insbesondere solche, bei denen die alternativen Schritte kinetisch untereinander gekoppelt sind. Dafür ist die H-induzierte SpRK des ausgehärteten AlZnMg3 [A23] ein typischer Fall der SpRK durch einen Mechanismus, der zweckmäßig als „anodische" Wasserstoffversprödung bezeichnet wird. Bild 15.10 beschreibt das Modell für den Fall der hier allerdings kontinuierlich gedachten Rißausbreitung in AlZnMg3 in einer Cl^--haltigen Lösung [A23]. In direkter Übertragung des in Kap. 12 vorgestellten Modells des Mechanismus des Lochfraßes von Aluminium wird hier angenommen, daß die Rißspitze eine Aluminiumchlorid-Salzdeckschicht aufweist, durch die hindurch sich Aluminium zu Al^{3+} auflöst, dann zu $AlOH^{2+} + H^+$ hydrolysiert, worauf in der Umgebung der Rißspitze lokale Wasserstoffentkwicklung einsetzt, die über das Zwischenprodukt des adsorbierten atomaren Wasserstoffs verläuft. Der zu H_2 rekombinierte Wasserstoff entweicht in Gasblasen; ein anderer Teil des atomaren Wasserstoffs wird versprödend absorbiert. Die Rißausbreitung wird als Folge der lokalen Versprödung betrachtet, die begleitende anodische Alumin-

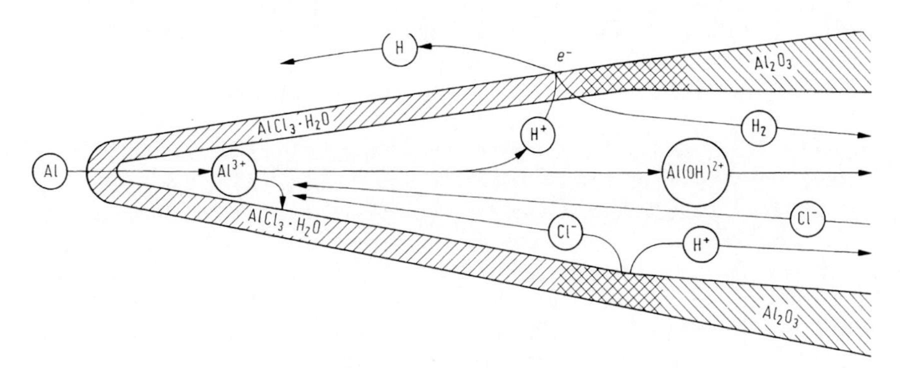

Bild 15.10. Rißausbreitung durch lokale „anodische“ Wasserstoffversprödung: Die Übertragung des Lochfraßmodells auf die Spannungsrißkorrosion des AlZnMg3 in Halogenidlösung. (Nach Speidel und Hyatt)

iumauflösung stabilisiert die pH-Erniedrigung durch fortdauernde Hydrolyse der Al^{3+}-Ionen im „*Rißelektrolyten*“. Eine quantitative Durcharbeitung dieses Modells fehlt bislang. Sie müßte im übrigen hier fehlschlagen, da die Rißausbreitung in AlZnMg3 nachweislich diskontinuierlich abläuft. Darauf kommt es jedoch für den Augenblick nicht an, denn grundsätzlich mag eine andere Legierung nach diesem kontinuierlichen Mechanismus reißen. Einige weitere charakteristische Züge dieses Modells seien desalb hier skizziert:

Man beachte zunächst, daß dieses Modell letztlich nur eine apezielle Variante der allgemeinen Gruppe von Modellen darstellt, die der Stromdichte der anodischen Metallauflösung im Rißgrund eine entscheidende Rolle zusprechen. Die durch Hydrolyse der anodisch gelösten Metall-Kationen bewirkte Azidität des Rißelektrolyten, damit die Geschwindigkeit der lokalen Wasserstoffabscheidung, damit letztlich auch die Geschwindigkeit der Absorption von atomarem Wasserstoff im Metall, ist in ganzen offensichtlich eine Funktion der anodischen Stromstärke der Metallauflösung an der Rißspitze. In der quantitativen Theorie dieses Mechanismus der kontinuierlichen Rißausbreitung muß also letztlich die Rißausbreitungsgeschwindigkeit v als Funktion $v\{j_{\mathrm{Me}}\}$ der anodischen Stromstärke j_{Me} der anodischen Metallauflösung erscheinen. Im Grenzfall verschwindenden Einflusses der Wasserstoffabsorption, also bei Rißverlängerung allein entsprechend der Geschwindigkeit der Metallauflösung geht die Funktion über in $v = I_{\mathrm{Me}} M_{\mathrm{Me}} / zF\varrho$, wobei I_{Me} die wahre Stromdichte der anodischen Metallauflösung im Rißgrund bezeichnet, M_{Me} das Atomgewicht des Metalls, z die Ladung der gelösten Kationen, F die Faradaykonstante und ρ die Dichte des Metalls. Ist I_{Me} die wahre Stromdichte der Metallauflösung, so tritt dieser Anteil der Ausbreitungsgeschwindigkeit auf jeden Fall auf, eventuell durch lokale Wasserstoffversprödung bewirktes Materialtrennen träte dann hinzu. Der absorbierte Wasserstoff muß dazu offensichtlich per Diffusion der Rißspitze vorauseilen, sei es im Falle der interkristallinen SpRK durch Korngrenzen-, oder sei es im Falle der transkristallinen SpRK durch Volumendiffusion. Bei kontinuierlicher Rißausbreitung ist dazu schnelle Diffusion des atomaren Wasserstoffs erforderlich. Zur Abschätzung ist das Produkt $(v \cdot t)$ aus Rißausbreitungsgeschwindigkeit und Zeit mit der Wurzel aus dem mittleren Verschiebungsquadrat $\bar{x}^2 = 2D_H t$ zu betrachten, wo D_H für den Diffusionskoeffizienten des atomaren Wasserstoffs steht. Hat v z. B. die Größenordnung 10^{-3} cm/s, so wird für D_H die Größenordnung 10^{-6} cm^2/s verlangt, wenn der absorbierte Wasserstoff von der Rißspitze nicht überholt werden soll. Allerdings ist die interstitielle Diffusion von atomarem Wasserstoff in Metallen auch bei Raumtemperatur in der Tat relativ schnell. Der Diffusionskoeffizient D_H erreicht im Extremfall (z. B. für reines α-Eisen) Werte bis nahe an $10^{-4}\,cm^2/s$. Für die Erarbeitung einer quantitativen Theorie der kontinuierlichen Rißausbreitung durch mitwirkende, oder ausschlaggebende lokale Wasserstoffverödung stellt sich weiterhin die Frage der erforderlichen Menge des adsorbierten Wasserstoffs. Im Rahmen von Überlegungen, bei denen wesentliche Eigenschaften des Lochfraßmodells zur Deutung der SpRK übernommen werden, ist auch daran zu erinnern, daß für Aluminium die Stromdichte der in Lochfraßstellen eintretenden kathodischen Wasserstoffabscheidung nur ca. 10% der Stromdichte der anodischen Metallauflösung betrug (vgl. Kap. 12). In einem engen Spalt, wie ihn der Korrosionsriß darstellt, kann der prozentuale Anteil der lokalen Säurekorrosion zwar größer ausfallen, jedoch fehlen diesbezügliche Messungen. Zur Übertragung des Lochfraßmodells auf die interkristalline SpRK ist bei alledem festzuhalten, daß die SpRK, begleitet von sichtbarer Wasserstoffentwicklung, weit unterhalb des Lochfraßpotentials abläuft [A24]. In Wirklichkeit wird also speziell für AlZnMg-Legierungen ein Mechanismus anzunehmen sein, der mit Spannungs- oder Dehnungs-induzierter Lochkeimbildung an der Rißspitze operiert, nicht mit einem Mechanismus in Analogie zum groben Lochfraß (vgl. Kap. 15.5).

Als Beispiel für Vorkommen sowohl „gewöhnlicher" Wasserstoffversprödung infolge massiver Wasserstoffbeladung eines Metalls durch kathodische Elektrolyse als auch der „anodischen" Wasserstoffversprödung nach dem Lochfraßmechanismus zeigt Bild 15.11 Messungen mit einem martensitischen Chromstahl in NaCl-Lösung [A25]. Das Stromspannungsdiagramm Bild 15.11 a zeigt für hinreichend negative Werte des Elektrodenpotentials den Anstieg negativer Elektrolyseströme der Wasserstoffabscheidung durch Wasserzersetzung. Der Stahl ist in diesem Potentialbereich vermutlich aktiv, aber durch den kathodischen Strom korrosionsgeschützt. Er versprödet durch Wasserstoffaufnahme, wodurch sich, wie Bild 15.11b zeigt, die Standzeit in einer Hebel-Prüfmaschine bei konstanter Last steigend vermindert. Zu positiveren Werten des Elektrodenpotentials hin steigt der nun anodische Elektrolysestrom steil an, offensichtlich durch das Auftreten des Lochfraßes des nun passiven Stahles. Die Elektrode wird durch die Zunahme der Lochfraßstellen mit steigendem Polarisationsstrom praktisch unpolarisierbar. Zugleich fällt nun in der Hebelprüfung die Standzeit neuerlich steil ab, offensichtlich durch lokale Wasserstoffversprödung in Lochfraßstellen gemäß dem Lochfraßmechanismus. Die Kurve der Standzeit kann, wie gestrichelt angedeutet, entsprechend dahingehend interpretiert werden, daß im Endeffekt im anodischen Bereich keine Stromdichteabhängigkeit der Standzeit besteht, weil auch keine Potentialabhängigkeit mehr vorliegt.

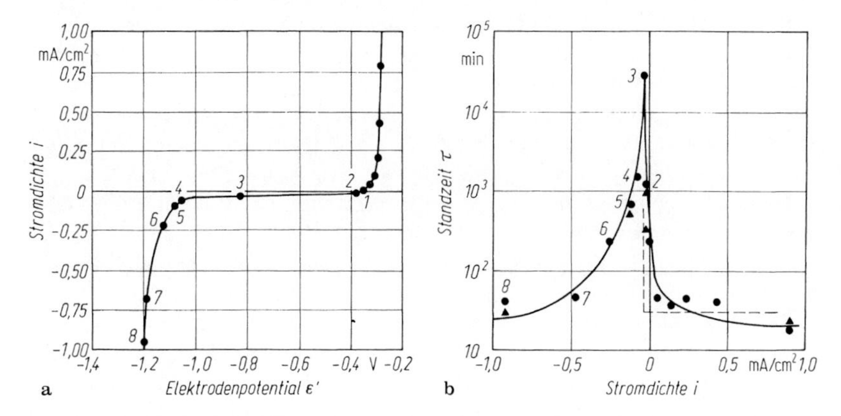

Bild 15.11. a Die Stromspannungskurve eines martensitischen Chromstahls (12,36 Gew.-% Cr; 0,75 Ni; 1.02 Mo, Streckgrenze 1393 MN/m^2, Zugfestigkeit 1735 MN/m^2), in O_2-freier 3%iger NaCl-Lösung bei 25 C. (Nach Bhatt und Phelps): Kathodische Wasserstoffabscheidung auf der Probenoberfläche durch Wasserzersetzung für $\varepsilon' \lesssim 0{,}8$ V; anodische Auflösung des passiven Stahls durch Lochfraß mit überlagerter Wasserstoffabscheidung im durch Hydrolyse angesäuerten Lochelektrolyten für $\varepsilon' \gtrsim -0{,}4$ V. ε' bez. auf ges. Kal. Elektrode. **b** Standzeit des Stahles in 3%iger NaCl-Lösung bei Hebel-Belastung mit 75% der Streckgrenze als Funktion der Stromdichte. Numerierung wie in **a** (Nach Bhatt und Phelps: ● ●, nach Wilde ▲ ▲)

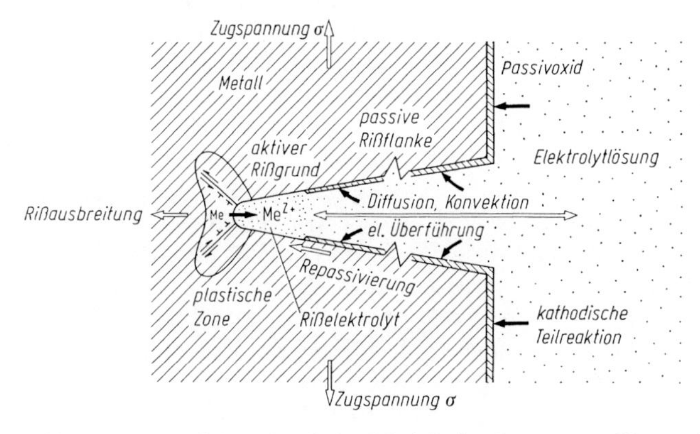

Bild 15.12. Das elektrochemische Modell der Spannungsrißkorrosion einer passiven Legierung durch anodische Metallauflösung aus der Zone plastischer Verformung vor der Rißspitze

Zu dem in Bild 15.12 mit einigen zusätzlichen Details skizzierten Modell der Rißausbreitung allein durch anodische Metallauflösung im Rißgrund kommt man für den Fall verschwindender lokaler Wasserstoffaufnahme. Wie schon in Bild 15.10 ist angenommen, daß die Rißflanken durch eine Deckschicht, und zwar im skizzierten Fall durch eine Passivoxidschicht, gegen abtragende Korrosion geschützt sind. Zwar gibt es SpRK Deckschichten-freier Systeme, wie etwa die H-induzierte SpRK von Stählen in Säuren, doch ist die korrosionsbedingte Rißausbreitung in passiven, oder sonstwie Deckschichten-behafteten Metallen, geradezu der Normalfall der SpRK. Dann ist offensichtlich anzunehmen, daß sich die Rißflanken repassivieren. In anderen Fällen, so etwa deren der binären Legierungen mit einer edlen Komponente, wie etwa AuCu-Legierungen, ist die gleichmäßige Abtragung (unterhalb der Resistenzgrenze) nicht durch einen Oxid- sondern durch einen Edelmetallfilm blockiert, und dieser sollte dann auch die Rißflanken schützen. Die Deckschichten gleich welcher Art brauchen nicht porenfrei und submikroskopisch dünn zu sein. Dickere Schichten kommen vor, so z. B. auf Messing, aber auf die starke Verminderung einer an sich gegebenen Tendenz zur schnellen Metallauflösung durch die Deckschicht kommt es offenbar an; die Deckschichten müssen also jedenfalls Schutzschichten sein. Dieser Befund gilt für die kontinuierliche wie für die diskontinuierliche Rißausbreitung. Die Frage, ob solche Deckschichten die eigentliche Ursache der SpRK sind, stellt sich nicht, da die SpRK als offensichtlich kompliziertes Zusammenspiel vieler elektrochemischer, metallphysikalischer und bruchmechanischer Einflußgrößen zu verstehen ist. So reißt ja z. B. nicht schon passives Reinaluminium, sondern erst z. B. die durch Ausscheidungen gehärtete AlZnMg-Legierung, und insoweit vereinfacht die Skizze Bild 15.10 den SpRK-Vorgang zweifellos erheblich, da sie den Legierungseffekt nicht verdeutlicht.

Ist die Rißausbreitung zeitlich kontinuierlich, so ist anzunehmen, daß der Reaktionszustand des Systems stationär ist, mit Ausnahme der durch steigende Belastung des Restquerschnitts (bzw. steigender Spannungsintensität, zunehmenden) Rißausbreitungsgeschwindigkeit. Im Bereich II der Rißausbreitungs-Spannungsintensitätskurve ist der Zustand stationär. Dies bedeutet auch, daß die Wiederbedeckung der Rißflanken mit der Schutzschicht, speziell im Falle der passiven Metalle die Wiederbedeckung der Rißflanken mit der Passivschicht, gerade im Tempo der Rißausbreitungsgeschwindigkeit fortläuft. Daher rührt das Interesse an der *Repassivierungsgeschwindigkeit.* Auf Messungen z. B. der Repassivierung mechanisch geschabter und dadurch aktivierter Ti-Legierungen sei hingewiesen [A26]. Weshalb aber die Repassivierungsgeschwindigkeit gerade gleich der Rißausbreitungsgeschwindigkeit sein soll, bleibt zunächst unklar schon deshalb, weil die Rißausbreitungsgeschwindigkeit im allgemeinen Fall mit der wahren Zugspannung steigt, die Repassivierung aber auf den ungespannten Rißflanken abläuft. Wenn die Repassivierung der Rißausbreitung in dem Sinne genau nachläuft, daß eine aktive Rißspitze gerade ständig freibleibt, so muß gefolgert werden, daß Repassivierung und Rißausbreitung kinetisch auf andere Weise gekoppelt sind, etwa dadurch, daß die anodische Metallauflösung nach dem Lochfraßmodell stets, wie schnell oder langsam sie auch abläuft, einen Rißelektrolyten erzeugt, in dem das Passivoxid thermodynamisch instabil ist [A 27]. In diesem Fall wären Messungen der Kinetik der Passivierung zunächst aktiver Metalle in passivierenden Lösungen im Prinzip nicht erforderlich. Andernfalls führt die Überlegung geradezu auf die Vermutung, daß der Rißverlauf in der Regel diskontinuierlich wird, weil Rißausbreitungs- und Repassivierungsgeschwindigkeit normalerweise nicht übereinstimmen werden.

In der Skizze Bild 15.12 ist angedeutet, daß der anodische Strom der Metallauflösung im Rißgrund durch kathodische Ströme am Passivoxid kompensiert wird, und daß die kathodische Teilreaktion auch noch außerhalb des Risses an der Probenoberfläche abläuft. Das System bildet nach dieser Vorstellung eine relativ großflächige galvanische Kurzschlußzelle. Eventuell hinzutretende lokale Wasserstoffentwicklung im Rißgrund wurde vernachlässigt. Offensichtlich erste Voraussetzung für das Funktionieren der galvanischen Kurzschlußzelle ist eine hinreichende Elektronenleitfähigkeit der Deckschicht. Handelt es sich um eine Metall-Deckschicht, ist dieser Punkt unproblematisch; bei Passivoxiden bedarf er jeweils der Prüfung. Für schlecht leitende Passivoxide kann der Mechanismus unmöglich werden, es sei denn, man habe die kathodische Teilreaktion zwangsweise an die Gegenelektrode einer galvanostatischen oder potentiostatischen Elektrolyseschaltung verlegt, oder es liege Kontakt mit einem anderen Metall vor. Die Situation ist dann im Prinzip ähnlich wie beim groben Lochfraß des Aluminiums (vgl. Kap. 12), der durch erzwungene anodische Polarisation des Metalls sehr leicht erzeugt werden kann, in der Praxis aber wegen des zu hohen Innenwiderstandes der aktiv/passiv-Kurzschlußzelle zwischen aktiver Lochinnenfläche und passiver Umgebung ausbleibt.

Für das Weitere sei angenommen, daß die Elektronenleitfähigkeit der Deckschicht hinreichend hoch sei. Dann ist weiter zu fragen, ob nicht die Länge der Strombahnen zwischen Rißgrund und Probenoberfläche eine so hohe Ohmsche Spannung erzeugt, daß die Kurzschlußzellenbildung mit der Probenoberfläche wiederum unwirksam wird, so daß die effektive Reichweite der Kurzschlußströme kleiner wird als die Rißlänge. In diesem Fall zöge sich die die Rißausbreitung unterhaltende Kurzschlußzelle laufend weiter von der Probenoberfläche zurück, und ihr Funktionieren würde vom elektrochemischen Zustand der Oberfläche der Probe unabhängig. Insbesondere wäre man dann auch nicht in der Lage, das Elektrodenpotential im Rißgrund potentiostatisch vorzugeben, da die Mündung der Haber-Luggin-Kapillare nicht in den Riß eingeführt werden kann. Hier ist allerdings vorausgesetzt, daß sich die Entfernung zwischen Rißspitze und Probenoberfläche mit wachsender Rißlänge vergrößert. Bild 15.13 zeigt, daß dies z. B. bei an einer Schmalseite gekerbten Flachprobe nicht der Fall ist. Dort bleibt der Weg für den Stoff- wie auch für den Stromtransport zwischen den Breitseiten der Probe und dem Rißgrund zeitlich konstant, dabei aber für randnahe Bereiche des Risses kürzer als für randferne. Die ständige Verlängerung des Weges zwischen Rißspitze und Probenoberfläche ist dagegen beim Eindringen von Rissen in dicke Wände zu erwarten, z. B. beim Eindringen in die Wände von Druckbehältern. Im Laboratorium erhält man ähnliche Verhältnisse beim Eindringen von ringförmigen Anrissen in Rundproben. In diesem Fall (vgl. Bild 15.14) ist die Verlängerung des Weges für Stoff- und Stromtransport zwischen Rißgrund und Probenoberfläche stets gleich der Verlängerung des Risses selbst.

Für eben diese Probengeometrie ergibt sich aus Messungen der transkristallinen SpRK des austenitischen CrNi-Stahls in siedender konzentrierter $MgCl_2$-Lösung, daß mindestens bei diesem speziellen System eine hohe Ohmsche Spannung im Rißinneren nicht auftritt [A4]. Dazu zeigt Bild 15.15 den Verlauf der Dehngeschwindigkeit als Funktion der Zeit einmal (durchgezogene Kurve) für eine

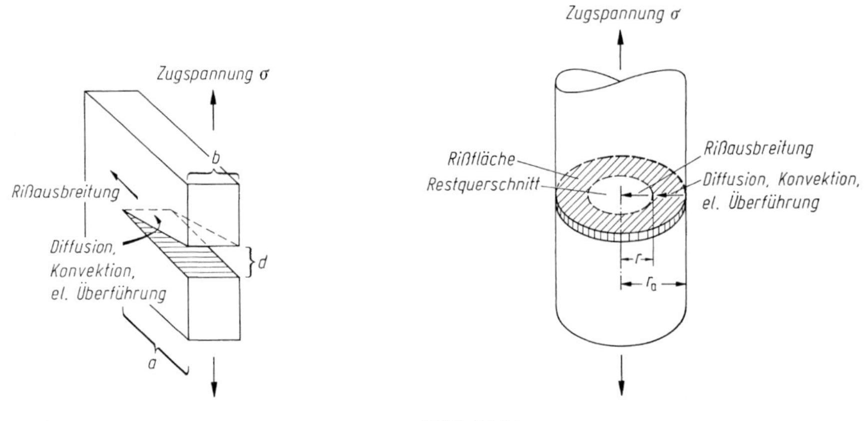

Bild 15.13 **Bild 15.14**

Bild 15.13. Der Weg l für Diffusion, Konvektion und elektrolytische Überführung bei von einer Schmalseite anreißenden flachen Zugprobe ohne Abdeckung der Breitseiten. Verhältnis d/a von Rißöffnungsweite zu Rißlänge stark übertrieben. Abschätzung: Für $b/a < 1$ wird $l \leq \frac{b}{2}$ und zeitlich konstant

Bild 15.14. Allseitiges Eindringen eines Spannungskorrosionsrisses in eine zylindrische Zugprobe. Änderung dl des Weges für Stoff- und Stromtransport gleich Änderung dr der Riß-Eindringtiefe

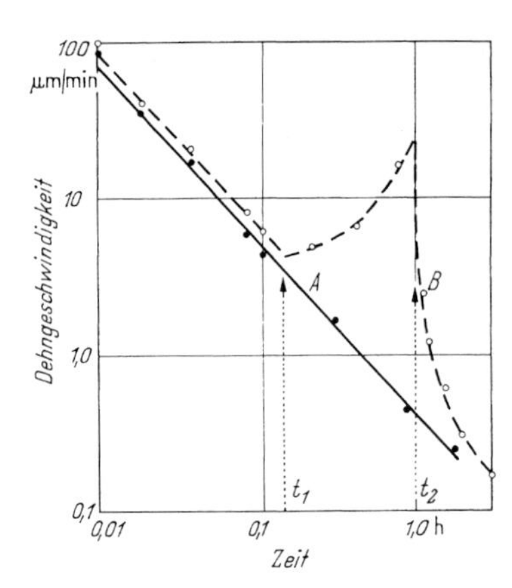

Bild 15.15. Die Dehngeschwindigkeit von Rundstab-Zugproben aus 18 9-CrNi-Stahl in siedender $MgCl_2$-Lösung, Belastung 200 MN/m^2. Elektrodenpotential zunächst −90 mV, dann umgeschaltet auf −130 mV zum Zeitpunkt t_1 (Kurve A) zurück auf −90 mV bei t_2 (Kurve B). (Nach Ternes)

Probe, die vor Beginn der SpRK-Ausbreitung kathodisch geschützt wurde, zum anderen für eine Probe (gestrichelte Kurve), bei der das Anlaufen der SpRK zugelassen und dann durch Umschalten des Potentiostaten auf das Schutzpotential angehalten wurde, Der Verlauf der Dehngeschwindigkeit kehrt dann zu dem der ungeschädigten Probe zurück, woraus folgt, daß die potentiostatische Regelung bis zum Rißgrund durchgriff. Mithin war die Ohmsche Spannung im Anriß (bzw. in den zahlreichen Anrissen, die solche Proben zeigen) sicher klein gegenüber der Differenz der Werte $\varepsilon_1 = -130$ und $\varepsilon_2 = -90\,\text{mV}$, also klein gegenüber 40 mV. Die Messung liefert ferner ein sehr starkes Argument für den elektrolytischen Charakter der SpRK im untersuchten System.

Eine rechnerische Abschätzung der Ohmschen Spannung im Rißinneren [A29] unterstellt die in Bild 15.16 im Schnitt skizzierte Geometrie des Risses: Der Riß wird als senkrecht zur Zeichenebene unendlich ausgedehnter Keil betrachtet, mit ebenen Rißflanken, die miteinander den Winkel α einschließen. Die Rißflanken enden im Rißgrund der Höhe h, der sich im Abstand x_1 vom Schnittpunkt der gedachten Verlängerung der Rißflanken befindet. Elektrischer Strom der Metallauflösung tritt mit der Stromstärke j allein durch den Rißgrund. Durch die Rißflanken tritt kein elektrischer Strom, dieser fließt vielmehr restlos zur Oberfläche außerhalb des Risses bzw. zur Gegenelektrode einer Elektrolyseschaltung. Für eine angenommene Höhe von 10^{-6} cm und $\alpha = 5°$ ist x_1 (wegen $x_1 \simeq h/2 \sin(\alpha/2)) \simeq 10^{-5}$ cm. Wegen $x_1 \ll x_2$ ist die Rißlänge $(x_2 - x_1) \simeq x_2$. Sei κ die Elektrolytleitfähigkeit, I_R die wahre Stromdichte im Rißgrund, so wird die Ohmsche Spannung

$$\varphi_{1,0} = I_R \frac{h}{\alpha\kappa} \ln \frac{x_2}{x_1}. \tag{15.1}$$

Es sei z. B. $I_R = 2{,}5\ \text{A/cm}^2$; $\alpha = 5°$ (bzw. im Bogenmaß 0,087); $x_2 = 0{,}1$ cm; κ (entsprechend einer 5%-igen NaCl-Lösung) $= 6 \cdot 10^{-2}\ (\Omega\,\text{cm})^{-1}$, so wird $\varphi_{1,0} \simeq 4\,\text{mV}$, also in der Tat klein. Eine Verlängerung des Risses auf z. B. 1 cm bewirkt keine Veränderung der Größenordnung des Rechenergebnisses, auch nicht die Annahme eines schärferen Anrisses mit geringeren Werten für sowohl h wie α. Hingegen hebt eine Verringerung der Leitfähigkeit und eine Vergrößerung der wahren Stromdichte I_R die rechnerische Ohmsche Spannung stark an, so z. B. um den Faktor 10^2 für eine Vergrößerung von I_R und eine Verkleinerung von κ um jeweils den Faktor 10. Die Modellbetrachtung dürfte daher für in Materialien wie weichem Stahl weit klaffende Risse die Vernachlässigbarkeit der Ohmschen Spannung im Riß nachweisen, nicht aber auch für sehr schmale Risse in härterem Material. Für die letzteren kommt man im Grenzfall zu der Vorstellung der „Entkopplung" der Rißspitze von der Elektrolytlösung jenseits der Rißmündung derart, daß die potentiostatische Regelung mit einer Außenschaltung nicht mehr durchgreift.

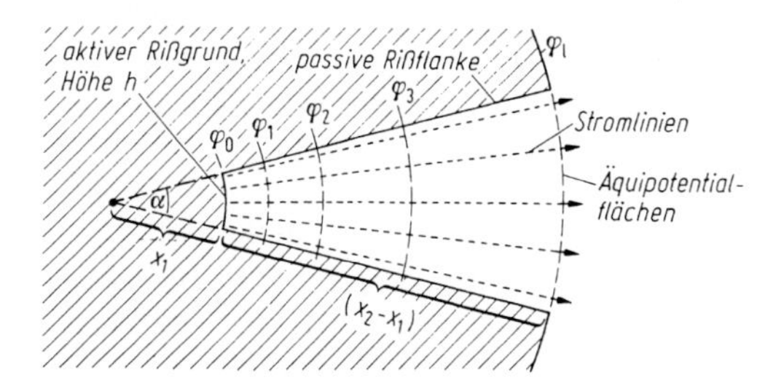

Bild 15.16. Zur Abschätzung der Ohmschen Spannung $\varphi_{0,1}$ in einem mit dem Winkel α klaffenden, keilförmigen Rißgrund Länge $l = (x_2 - x_1)$ zwischen Oberfläche und dem zur Höhe h aufgezogenen Rißgrund (Schnitt durch den senkrecht zur Zeichenebene beliebig langen Riß)

In der soeben beschriebenen Rechnung war unterstellt, daß der Beitrag der passiven Rißflanken zum Strom vernachlässigt werden kann. Dies erscheint in Anbetracht des hohen Verhältnisses von aktiver Auflösungstromdichte an der Rißspitze und Passivstromdichte an den Rißflanken von z. B. 10^4 auch bei ausgedehnten Rißflanken zweckmäßig [A30]. Berücksichtigt man statt dessen einen Elektrolyse-Stromfluß durch die passiven Rißflanken, so kompliziert sich die Rechnung erheblich [A33]. Man betrachte dazu einen durch die Probe gehenden Schlitz, zur neuerlichen Vereinfachung mit parallelen Flanken. Seine Höhe sei h, seine Breite gleich der Probendicke b, seine momentane Länge L. Eine potentiostatische Regelschaltung halte wieder das Elektrodenpotential ε in der Rißmündung auf dem konstanten Wert ε(L). In einer Variante der Rechnung ist ε(L) statt dessen das freie Korrosionspotential ε_R der passiven äußeren Probenoberfläche. Gesucht ist wieder die Ohmsche Spannung $(\varepsilon(L) - \varepsilon(0))$ zwischen der Rißmündung und der Rißspitze, in der Elektrolytlösung mit der Leitfähigkeit κ. Das Problem läßt sich rechnerisch eindimensional abhandeln, wiewohl die Rißflanken überall zum anodischen Strom längs des Rißinneren von der Seite her beitragen. Die x-Achse zeige von der Rißspitze zur Rißmündung, mit $x = 0$ an der Rißspitze. Ist die örtliche Stromstärke im Rißelektrolyten $j(x)$, so gilt mit dem Gradienten $d\phi/\mathrm{d}x$ des Galvani-Potentials: $\mathrm{d}\phi = -j(x)\,\mathrm{d}x/(hb\,\kappa)$, für das Elektrodenpotential: $\mathrm{d}\varepsilon = j(x)\,\mathrm{d}x/(hb\,\kappa)$. Ist $I(\varepsilon)$ die Gleichung der Stromspannungskurv, so ändert sich der Stomfluß längs des Rißinneren durch den seitlichen Beitrag zwischen einer Stelle x und einer Stelle $(x + \mathrm{d}x)$ um $\mathrm{d}j(x) = 2bI(\varepsilon)\,\mathrm{d}x$. Der Faktor 2 erscheint, weil 2 Rißflanken einander gegenüberstehen. Man erhält die Beziehung:

$$\frac{\mathrm{d}^2\varepsilon(x)}{\mathrm{d}x^2} = \frac{2}{h\kappa}\, I(\varepsilon) \tag{15.2}$$

An der zur Höhe h aufgezogenen Rißspitze wird die Metallauflösung als durch die plastische Verformung beschleunigt angenommen. Im übrigen wird für die Rißspitze wie auch für die Rißflanken eine Gleichung der Stromspannungskurve vom Typ der Gl. 6.16 angenommen. Es soll also überall und für alle Teilreaktionen der Ladungsdurchtritt durch die elektrochemische Doppelschicht geschwindigkeitsbestimmend sein. Das Verhältnis der Vorfaktoren (i_K in Gl. 6.16) für Rißspitze und Rißflanken wird mit dem Wert 10 (statt z. B. 10^4) sehr klein angenommen [A33c]. Dann ist der Beitrag der Rißflanken zum Stromfluß im Rißelektrolyten groß. Entsprechend groß wird die durch rechnergestützte Näherung erhaltene Ohmsche Spannung im Rißinneren. Für größere Werte des Stromdichtenverhältnisses für Rißspitze und Rißflanken vereinfacht sich die Rechnung [A33d].

Soweit blieb in solchen Rechnungen die Änderung der Zusammensetzung des Rißelektrolyten durch das Zusammenspiel von elektrolytischer Überführung und Diffusion noch vernachlässigt. Die Berücksichtigung mit Hilfe der Nernst- Planckschen Differentialgleichungen (vgl. Kap. 11) ist naturgemäß für Spannungskorrosionsrisse ebenso näherungsweise möglich wie für tiefe Lochfraßstellen. Einfacher als bei Annahme des Stromflusses auch durch die Rißflanken wird die Rechnung naturgemäß auch in diesem Fall bei Annahme des Stromflusses allein durch die Rißspitze. Es interessiert zudem, ebenso wie im Falle des Lochfraßes, die durch die Hydrolyse bewirkte Absenkung des pH-Wertes des Elekrolyten an der Rißspitze gegenüber dem pH- Wert der Ausgangs-Elektrolytlösung. In die Rechnung gehen dann außer den Differentialgleichungen der Flüsse der verschiedenen Ionensorten und der Elektroneutralitätsbedingung Gleichgewichtsbedingungen der Hydrolyse gelöster Kationen oder anderer nachgelagerter chemischer Reaktionen ein. Durchweg [A35] handelt es sich um Rechnungen im Rahmen des Modells der kontinuierlichen Rißausbreitung mit der Annahme, daß die Repassivierung der Rißspitze nur ausbleibt, wenn im Rißspitzen-Elektrolyten ein kritisch niedriger pH-Wert nicht überschritten wird. Nach solchen Rechnungen ist z. B. die Rißausbreitung in einem 19 11-CrNi-Stahl in Phosphat-gepuffertem heißen (300 °C) Hochdruckwasser nahezu unmöglich [A35b].

Wie in diesem Kapitel dargelegt, verläuft die Spannungsrißkorrosion häufig intermittiert pulsierend. Dann ist die Vorstellung, die Rißausbreitung setze voraus, daß an der Rißspitze Repassivierung nicht eintreten kann, nicht haltbar. Dadurch wird der Gang der Rechnungen im Prinzip zwar nicht berührt, wohl aber die Randbedingung der kritischen pH-Erniedrigung zur Verhinderung der Repassivierung. Statt dessen handelt es sich nun um die Berechnung einer lokal hohen Konzentration aggressiver Anionen zur Rißkeimbildung an der repassivierten Rißspitze und eventuell der Berechnung der Erniedrigung der Konzentration von Hydroxyl-Ionen durch die lokale pH- Erniedrigung. Hydroxyl-Ionen sind u. U. Inhibitoren der Rißkeimbildung, wenn diese nach dem Modell der Loch-Keimbildung z. B. durch Tunnelkorrosion erfolgt. Man beachte in diesem Zusammenhang auch, daß ein Riß an seiner Front nicht überall entweder aktiv oder passiv sein muß. Lokale Rißausbreitungsereignisse können statt dessen längs der Rißfront sowohl zeitlich als auch örtlich alternierend eintreten. Die Situation ist dann ähnlich wie weiter oben für das zeitlich und örtlich intermittierte Wachstum großer Lochfraßstellen durch kurzlebiges Wachstum von Ätzgrübchen oder Mikrotunneln. Wie dort für große Lochfraßstellen, so bleiben auch hier für die durch die Risse gebildeten tiefen Schlitze die Modellrechnungen für die Migration und Diffusion in Höhlungen erhalten.

Zum Thema Rißausbreitung ist auch der spezielle Fall betrachtet worden, daß die Höhe, h, um die Rißspitze plastisch aufgezogen wird, kleiner ist als die Dicke der elektrochemischen Doppelschicht (vgl. Kap. 5) [A36]. Dann überlappen sich die Doppelschichten der gegenüberliegenden Rißflanken, und der Stromfluß längs des Risses läuft in einem Elektrolytgebiet, für das die Elektroneutralitätsbedingung $\Sigma z_i c_i = 0$ nicht mehr gilt, sondern in dem Raumladungen vorliegen. In konzentrierten Lösungen ist die Dicke der elektrochemischen Doppelschicht praktisch gleich der ihres „starren" Anteils. Eben deshalb ist für die Elektrodenkinetik der Korrosion gewöhnlich der Plattenkondensator als Modell der Doppelschicht passend. Die zitierte Betrachtung betrifft statt dessen den Fall der stark verdünnten Lösung in einem sehr engen Spalt, zudem ohne Annahme einer Passivschicht auf den Spaltflanken, im Ganzen also passend für die spröde Rißausbreitung etwa in Stählen in Wasser- ähnlichen Medien. Man hat dann die Differentialgleichung der instationären und mehrdimensionalen Überlagerung von Migration und Diffusion zu benutzen. Es gilt, für verdünnte Lösungen sogar deutlich genauer als für konzentrierte, für die i-te Sorte von Ionen, außer den durch anodische Auflösung neu erzeugten Ionen des Metalls:

$$\frac{\partial c_i}{\partial t} = D_i \Delta c_i + \frac{D_i z_i F}{RT} \operatorname{div}(c_i \operatorname{grad} \phi) \tag{15.3}$$

Für die anodisch gelösten Metall-Ionen tritt ein Term mit der Quellengeschwindigkeit Q_i hinzu. Für die Lösung des Problems interessiert nun die Verteilung der Konzentrationen c_i innerhalb des diffusen Anteils der Doppelschicht in Richtung der in y-Richtung gedachten Normalen auf den Rißflanken. Es handelt sich um eine Boltzmann – Verteilung von Ionen im Feld des Galvani- Potentials ϕ^*, bezogen auf das Potential im Inneren der Lösung. Die Dielektrizitätskonstante ε' sei konstant. Dann gilt, solange sich die Doppelschichten noch nicht überlappen [A37]:

$$\frac{d^2\phi}{dy^2} = -\frac{4\pi}{\varepsilon'} \sum z_i c_i \exp\left(-\frac{z_i F}{RT}\phi^*\right) \tag{15.4}$$

Die aufwendige Lösung des Problems wird hier übergangen. Der betrachtete Punkt ist aber für sehr enge Risse interessant, weil bei überlappenden Doppelschichten die Elektrolytlösung an der Rißspitze vom Inneren der Lösung wesentlich stärker abgekoppelt ist, als nur durch einen hohen Ohmschen Widerstand.

Zu einer Abschätzung der maximalen wahren Stromdichte an der Rißspitze gelangt man wie folgt: es sei die Ohmsche Spannung längs des Rißelektrolyten klein, das Elektrodenpotential also im wesentlichen überall gleich dem potentiostatisch vorgebenen Potential ε, oder auch gleich dem meßbaren freien Korrosionspotential. Es sei $E_{Me/Me^{z+}}$ das Gleichgewichtspotential der Elektrodenreaktion der Metallauflösung bei gegebener Metallsalz- Aktivität $a_{Me^{z+}}$ (bzw. vereinfacht Metallsalz- Konzentration $c_{Me^{z+}}$), i^0_{Me} die Gleichgewichts-Austauschstromdichte. Für die Metallauflösung sei die Ladungs- Durchtrittsreaktion geschwindigkeitsbestimmend. Dann ist die Überspannung der Metallauflösung $\eta_{Me} = \varepsilon - E_{Me/Me^{z+}}$. Man erhält für die wahre Stromdichte I_R der Metallauflösung, mit dem Durchtrittsfaktor α und der Zahl n_e der Ladungen der durchtretenden Ionen:

$$\frac{I_R}{i^0_{Me}} = \exp\left\{\frac{\alpha n_e F}{RT}\eta_{Me}\right\} \tag{15.5}$$

Setzt man $\alpha = 0{,}5$ und n_e z. B. $= 2$, so wird $\alpha n_e F/RT \simeq 38.4\ (V^{-1})$, und man erhält für I_R/i^0_{Me} den Wert $2{,}8 \cdot 10^8$ bzw. $4{,}6 \cdot 10^{16}$, falls η_{Me} den Wert 0,5 bzw. 1,0 (V) annimmt. Ist nun bei kleiner Ohmscher Spannung $\varphi_{1,0}$ das Elektrodenpotential ε_0 des Rißgrundes im wesentlichen gleich dem gemessenen Elektrodenpotential ε_1, und liegt ε_1 bei „normalen" Werten, nämlich im Bereich von ca. – 1,0 bis ca 0,0 V, dann schätzt man für Metalle mit stark negativem Normalpotential $E^0_{Me/Me^{z+}}$ hohe Werte der Überspannung η_{Me}. Entsprechend hoch berechnet sich dann I_R/i^0_{Me}. Selbst für kleine Werte der Austauschstromdichte i^0_{Me} schätzt man dann weiter so hohe Werte für I_R, daß in Wirklichkeit das Auftreten von Salzdeckschichten wie auch erhöhter Ohmscher Spannungen wahrscheinlich ist. Der Gedankengang führt also zu der Vermutung, daß andere Reaktionsschritte als der angenommene geschwindigkeits bestimmend werden.

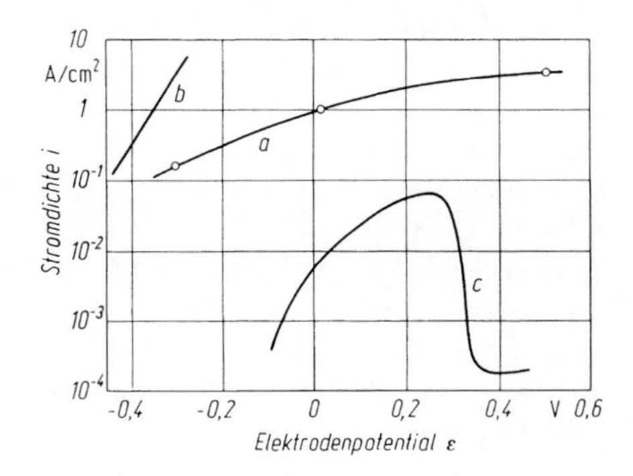

Bild 15.17. Zur Frage der Kinetik der Auflösung deckschichtenfreier Metalle mit stark negativem Normalpotential: *a* Spitzenwerte der Stromdichte der Auflösung von Titan zu Ti^{3+}, gemessen ca. 1 (ms) nach den spröden Spalten des Metalls in 12 M HCl-Lösung. Die Stromspannungskurve ist durch einen Ohmschen Spannungsanteil in der Elektrolytlösung verzerrt. *b* Geschätzte Lage der wahren Teilstrom-Spannungskurve der anodischen Titanauflösung aus frischen Spaltflächen. *c* Die stationäre Stromspannungskurve des Titans in 12 M HCl-Lösung. $E^0_{Ti/Ti^{3+}} = -1{,}2$ V. (Nach Beck)

Zur Frage des Verhaltens deckschichtenfreier Metalle mit stark negativem Normalpotential interessieren die in Bild 15.17 wiedergegebenen Messungen der Stromspannungskurve frischer Titan-Spaltflächen in konzentrierter Salzsäure [A38]. In dieser Lösung ist Titan im stationären Zustand passiv. Zur Erzeugung „nackter“ Titanoberflächen wurden Proben in der Elektrolytlösung ruckartig zerrissen. Der anschließende Zeitverlauf des vom Potentiostaten geregelten Stromes wurde oszillographisch registriert. Die Spitzenwerte des Stromes ergeben die Kurve a), die aber wegen Ohmschen Spannung zwischen Probe und Mündung der Meßsonde erheblich verzerrt ist. Die Korrektur führt auf die Kurve b), die einer Gleichung vom Typ der Gl. (15.5) gut entspricht. Zum Vergleich ist mit c), die stationäre Stromspannungskurve des Titans eingetragen. Man beachte, daß diese Kurve im Bereich unterhalb ca. + 0,2 (V) eine Stromdichte der Auflösung des „aktiven“ Titan einzeigt, die weit unter den Spitzenwerten für frische Bruchflächen liegt. Das Meßverfahren ist im übrigen der schnellen Rißausbreitung in Ti-Legierungen angepaßt. Für langsamere Risse in zäherem Material bietet sich ein anderes Verfahren an. Wie in Bild 15.12 angedeutet, ist vor der Rißspitze eine Zone plastischer Verformung anzunehmen. Schreitet der Riß durch anodische Metallauflösung fort, so handelt es sich demnach um Metallauflösung aus sich plastisch verformendem Material, d. h. aus Oberflächen, in die Versetzungen einlaufen, Diese Versetzungen erzeugen dort aber Stufen, d. h. sie erhöhen dort die Zahl der Gitter-Abbaustellen. Es ist anzunehmen, daß die Austauschstromdichte i^0_{Me} der Metallauflösung mit der Zahl solcher Abbaustellen steigt, so daß die Verformung im Rißgrund unter sonst konstanten Bedingungen die Stromdichte der Metallauflösung erhöhen sollte [A40]. Dies gilt auch, falls die Metallauflösung über auf der Oberfläche diffundierende adsorbierte Atome abläuft. Eine quantitative Prüfung ist für den Fall des deckschichtenfreien, reinen Kupfers im Gleichgewicht (bzw. für kleine Werte der Überspannung) in Kupfersulfatlösung mitgeteilt worden

[A41]. Nimmt man nun an, daß dieser *mechano-chemische Effekt* für die schnelle Metallauflösung in Rißgrund wichtig ist, so liegt der Gedanke nahe, die Probe insgesamt mit derjenigen Geschwindigkeit zu dehnen, mit der im Fall der SpRK die Verformung im Rißgrund abläuft. Es besteht dann Hoffnung, auf diese Weise die gesamte Probenoberfläche in den bei der SpRK nur im Rißgrund herrschenden Zustand zu versetzen. Messungen an Drähten aus 18/8-CrNi-Stahl, mit der Geschwindigkeit 108%/min in siedender, konzentrierter, schnell bewegter $MgCl_2$-Lösung gedehnt, ergaben Stromdichten bis zu 160 ± 10 mA/cm^2 [A42]. Nimmt man weiter an, daß die wahre Dehngeschwindigkeit im Rißgrund ein Mehrfaches von 100%/min betragen kann, so scheinen auch die Werte von größenordnungsmäßig 1 A/cm^2 erreichbar, die zur Deutung der Rißausbreitungsgeschwindigkeit in diesem Fall erforderlich sind. Da aber (vgl. weiter unten) der Stahl in dieser Lösung passiv ist, so bleibt bislang dahingestellt, ob es sich um eine Messung des mechanochemischen Effektes handelt, oder um eine zweifellos ebenso interessante Messung des Stromes der Repassivierung.

Dasselbe gilt für die in Bild 15.18 wiedergegebenen Messungen des Elektrodenverhaltens von Drähten aus Al-7%Mg in NaCl- und in Na_2SO_4-Lösungen bei pH 5,5 und pH 2 [A43]. Die ungedehnten Proben zeigen in Na_2SO_4-Lösung bei anodischer Polarisation die kleine Passivstromdichte, in NaCl-Lösungen zusätzlich das Durchbruchspotential der interkristallinen Korrosion bei ca. − 0,55 V. Werden die Drähte mit 80(%/min) gedehnt, so bleibt das in Chlorid-Lösung beobachtete Durchbruchspotential unverändert, aber die Passivstromdichte steigt um mehrere Größenordnungen an. Nach dem Plateau-ähnlichen Kurvenverlauf scheint übrigens fraglich, ob nicht dieser letztere Effekt statt auf die Repassivierung freigelegter Oberflächenbezirke in Wirklichkeit auf die Erhöhung des Stromtransports durch eine weiterhin überall vorhandene Deckschicht zurückgeht. Diese mag insgesamt dünner werden, oder sie mag Risse aufweisen, an deren Boden nur noch ein dünner Oxidfilm vorliegt.

Die soeben angedeutete Möglichkeit, daß die bei fast allen Modellen des SpRK-

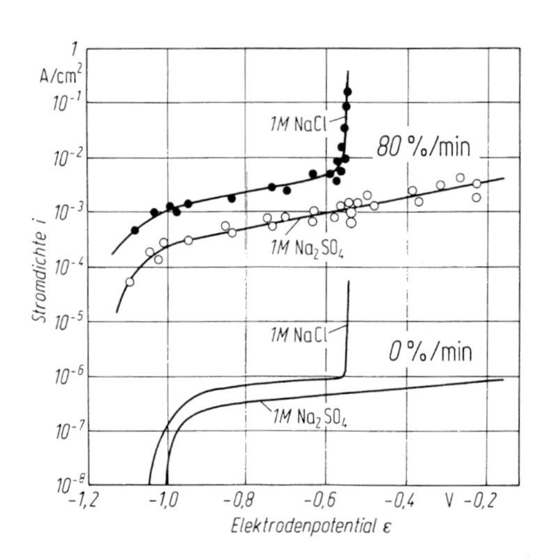

Bild 15.18. Die stationäre anodische Stromspannungskurve von Drähten aus Al-7% Mg (7.15 Gew.-% Mg, ca. 0,12% (Si + Cu). Wärmebehandlung: 4 h 360 °C, Wasser) in 1 M NaCl bzw. 1 M Na_2SO_4-Lösung (pH 5.5: ähnliche Ergebnisse bei pH 2,0), ohne und mit Dehnung um 80 (%/min). (Nach Hoar und Ford)

Mechanismus unterstellte Aktivität des Rißgrundes im Prinzip der Prüfung bedarf, dürfte auch in anderen Fällen Beachtung verdienen. Im Falle des Al-7% Mg ist übrigens im Prinzip auch fraglich, ob schnelles kontinuierliches Dehnen eine ebene Oberfläche in den Zustand des Rißgrundes bei der interkristallinen SpRK versetzt, denn dieses Material reißt diskontinuierlich, nämlich zeitlich intermittiert [A44].

Für die zeitlich diskontinuierliche Rißausbreitung sind verschiedene Modelle vorgeschlagen worden. Hierzu seien zunächst Beobachtungen über die Ausbreitung der transkristallinen SpRK in gekerbten α-Messing-Einkristallen zitiert, verursacht durch Biegespannungen in ammoniakalischer Lösung [A45]. Die Rißausbreitung wurde auf den Probenflanken mikroskopisch verfolgt. Das Ergebnis, in Bild 15.19 sehr stark schematisch skizziert, war, daß der aus der Kerbe anlaufende Korrosionsriß meistens in einem Gebiet starker vorhergegangener Gleitung stillsteht und klaffend aufgezogen ist. Durch lokale Korrosion wird im Gebiet der starken Gleitung eine Art Stufe gebildet, aus der heraus dann nach Haltezeiten von z.B. 10 s ein feiner Haarriß herausspringt, der in ein Gebiet vorangegangener schwacher Gleitung vordringt und dort stehenbleibt. Der Riß zieht sich dann durch plastische Verformung vor der stillstehenden Rißspitze auf, Elektrolyt dringt ein, es folgt erneut Stufenbildung, bis sich ein Haarriß neuerlich entwickelt usf. Zur Erklärung wurde angenommen, daß die Stufenbildung Perioden lokaler Korrosion anzeigt, die aus dem Messing selektiv Zink herauslöst und damit in die nächste Umgebung *Gitter-Leerstellen* injiziert. Die Leerstellen-Injektion versprödet diesen Bezirk. Eine verfeinerte Betrachtung nahm einen Einfluß der bevorzugten Korrosion von *Stapelfehlern* hinzu. Aus dem durch Leerstellen-Injektion versprödeten Bereich springt über eine mikroskopische Distanz ein Sprödbruch vor. Daß dieser nicht durch plastische Verformung überholt wird, soll daher rühren, daß α-Messing verformungsbehindernde *Nahordnung* aufweist. Diese ist aber in Gebieten, wo schon Gleitung stattgefunden hat, zerstört, deshalb bleibt dort der spröde Haarriß stehen, bis lokale selektive Korrosion die Umgebung der Rißspitze wieder versprödet hat. Ob die Beobachtungen zum Beweis der vorgeschlagenen Deutung ausreichen, ist hier unerheblich. Wichtig ist vielmehr, daß eine Möglichkeit gezeigt wird, wie der spröde Riß sprunghaft dem

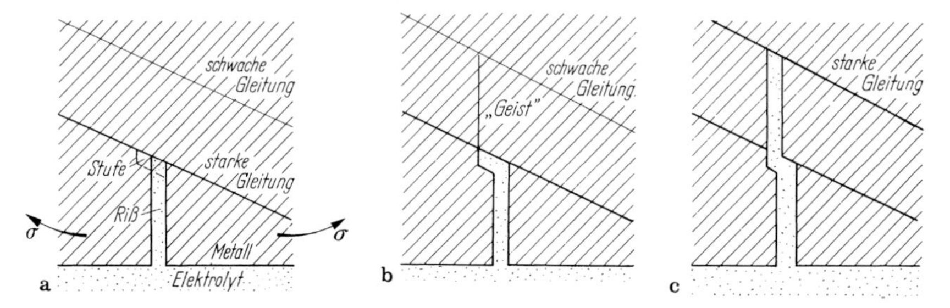

Bild 15.19a–c. Aufeinanderfolgende Stadien der Rißausbreitung in der Oberfläche eines auf Biegung beanspruchten α-Messing-Einkristalls in ammoniakalischer Lösung (Stark schematisiert, nach Edeleanu)

Bereich der Korrosionseinwirkung vorauseilen kann. Die wesentliche Korrosionseinwirkung ist hier die Leerstelleninjektion. Ebenso kann aber auch die lokale Absorption von atomarem Wasserstoff infrage kommen [A47].

Ist die Rißausbreitung zeitlich intermittiert, so ergibt sich die Rißausbreitungszeit τ_{RA} als Summe der Teilzeiten $\Delta\tau_H$, während derer der Riß steht, und $\Delta\tau_L$ während derer er läuft, d. h.

$$\tau_{RA} = \sum \Delta\tau_H + \sum \Delta\tau_L \tag{15.6}$$

Handelt es sich bei den $\Delta\tau_L$ um Teilzeiten der sprödbruchartigen Rißverlängerung, so wird $\sum \Delta\tau_L$ klein, und τ_{RA} im wesentlichen durch $\sum \Delta\tau_H$ bestimmt. Bei den beschriebenen Messungen mit Messing-Einkristallen war $\sum \Delta\tau_H$ groß, die einzelnen Pausen $\Delta\tau_H$ nämlich von der Größenordnung 10 sec. In anderen Fällen mag aber auch $\sum \Delta\tau_H$ klein werden. Dann wird einerseits die Rißausbreitung quasikontinuierlich. Andererseits schlägt dann die Schnelligkeit der Sprödbrüche über kurze Distanzen so durch, daß die Rißausbreitung insgesamt sehr schnell, z. B. schneller als die Diffusion von absorbiertem Wasserstoff wird. Auf diese Weise lassen sich auch die schnellsten beobachteten Spannungskorrosionsrisse, die gleichwohl stets langsam im Vergleich zum makroskopischen Sprödbruch laufen, grundsätzlich deuten.

Bild 15.20 skizziert eine Variante des Modells der diskontinuierlichen Rißausbreitung, entwickelt für den speziellen Fall der interkristallinen SpRK des α-Messings in den sogenannten „filmbildenden" Lösungen, in denen sich auf dem Metall ein sichtbarer Cu_2O-Film ausbildet [A48, 50]. Es wird angenommen, daß die Oxydation längs der Korngrenzen bevorzugt schnell in das Metall eindringt, daß das spröde Oxid unter der Einwirkung der Zugkraft dann reißt. Der Sprödbruch wird im Metall sofort, oder in sehr geringer Entfernung von der Oxid/Metall-Grenze, durch plastische Verformung aufgefangen, die den Riß aufzieht. In der dann folgenden Phase des Riß-Stillstandes setzt erneut die vergleichsweise langsame Korngrenzen-Oxidation ein usw. Das Modell ist allgemein interessant, weil es keine Versprödung des Metalls durch Fehlstelleninjektion oder durch Wasserstoffabsorption postuliert. Da die Korngrenzenoxidation in Zeitintervallen

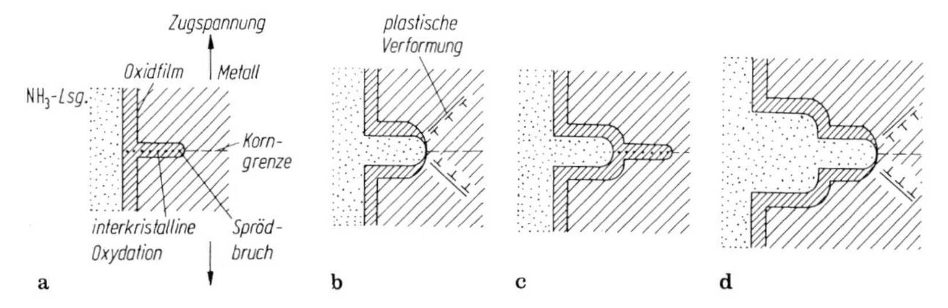

Bild 15.20a–d. Das Modell der diskontinuierlichen interkristallinen Spannungsrißkorrosion von α-Messing in „filmbildenden" ammoniakalischen Lösungen: **a** Sprödbruch des Oxids auf einer Korngrenze, **b** Auffangen der Rißausbreitung durch plastische Verformung des Metalls, Aufziehen des Risses, **c** erneuter Sprödbruch nach weiterer Oxydation der Korngrenze, **d** wie **b**. (Nach Mc Evily und Bond)

$\Delta\tau_H$ sicher langsam ist gegenüber der Rißausbreitung in Zeiten $\Delta\tau_L$, ist hier sicher $\tau_{RA} \simeq \sum \Delta\tau_H$, und insgesamt wird die Rißausbreitung durch die Geschwindigkeit des Fortschreitens der Korngrenzenoxydation bestimmt. Dies bedeutet aber, daß die anodische Stromdichte der Metalloxidation längs der Korngrenzen die Rißausbreitung bestimmt und begrenzt.

In anderen Fällen ist die Oxidschicht des Metalls sicher zu dünn, um ein Rißausbreitungsmodell der in Bild 15.20 skizzierten Art zu motivieren. Dies gilt z. B. für die transkristalline SpRK des austenitischen CrNi-Stahls in siedender $MgCl_2$-Lösung. Die Rißausbreitung ist gemäß dem Ergebnis sowohl von Schallemissions- wie auch von Dehnungsmessungen [A51] kontinuierlich. Für das zunächst naheliegende, in Bild 15.12 skizzierte Modell des Zustandes des laufenden Risses war auf das Problem des Gleichlaufs von Repassivierung der Rißflanken und Rißausbreitung weiter oben bereits hingewiesen worden. Diese Schwierigkeit entfällt, wenn man statt dessen annimmt, daß die Repassivierung stets bis zur Rißspitze nacheilt, und durch Gleitvorgänge immer wieder unterbrochen wird. Der Grundgedanke [A52, 53] wird durch Bild 15.21 veranschaulicht, das im schematischen Schnitt durch die Oberfläche eines passiven Metalls den Zustand für einen Zeitpunkt zeigt, zu dem plastische Verformung des Metalls eine Gleitstufe erzeugt hat, deren Höhe die Dicke des Passivoxids wesentlich übersteigt. Sinngemäß muß es sich um *Grobgleitung* handeln, denn die erforderliche Stufenhöhe wird nur erreicht, wenn viele Versetzungen auf ein und derselben, passend zur Oberfläche und zur Richtung der Zugspannung orientierten Gleitebene laufen. Der Fall der Feingleitung, die ungenügende Stufenhöhe erzeugt, ist gestrichelt angedeutet. Auf der freigelegten groben Gleitstufe setzt aktive Metallauflösung ("slip step dissolution") ein, bis die Repassivierung die Lücke schließt. Neue Grobgleitung startet den Vorgang erneut usf. Es handelt sich demnach um ein Modell der diskontinuierlichen Rißausbreitung, jedoch kann mit so häufiger Wiederholung der Gleitschritte gerechnet werden, daß der Vorgang quasi-kontinuierlich abläuft. Bild 15.22 [A54] zeigt, wie die Rißausbreitung durch Betätigung mehrerer Ebenen der Grobgleitung entweder in einem einzelnen (a) und (b) oder auch in mehreren Gleitsystemen (c) zu denken ist. Wie noch in den folgenden Kapiteln zu zeigen, bedarf das Modell der Verbesserung durch die Berücksichtigung der Ausbreitungsrichtung der Korrosion. Außerdem ist die Tunnelkorrosion und der mikroskopische Lochfraß von Stufen der Grobgleitung zu beachten. Gleitstufen-Lochfraß wird in 15.3 noch genauer beschrieben; das Auftreten gereihter mikroskopischer Korrosionstunnel durch Bild 15.23 illustriert [A55b].

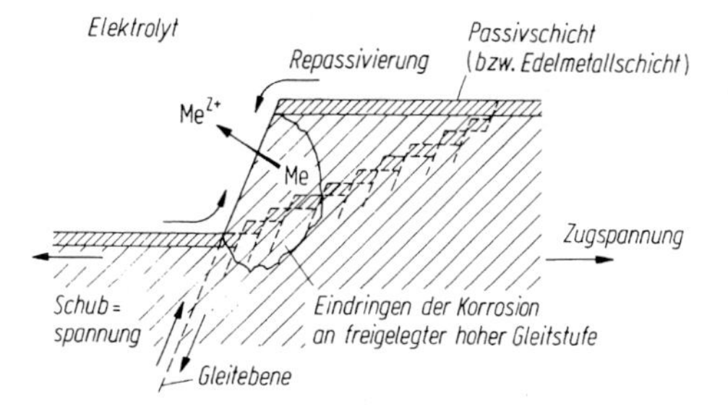

Bild 15.21. Das Modell der lokalen aktiven Metallauflösung an einer durch plastische Verformung gebildeten Gleitstufe im Falle der Grobgleitung. Gestrichelt: Gleiche Verformung ohne lokale Aktivierung des Metalls bei Feingleitung. (Nach Pickering und Swann)

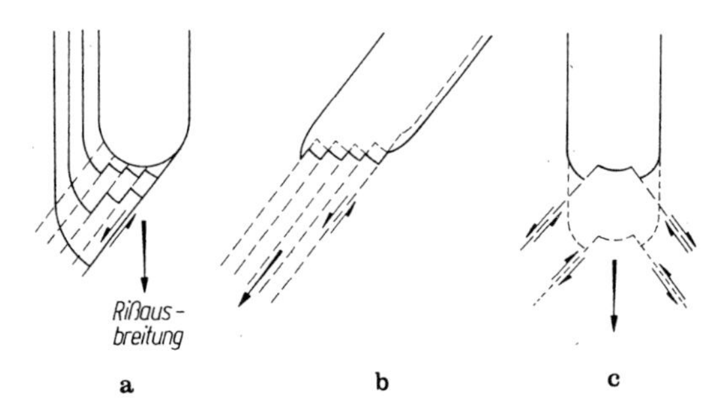

Bild 15.22a–c. Quasi-kontinuierliche Rißausbreitung durch aktive Metallauflösung an Gleitstufen. Rißausbreitung **a** schräg zu einem einzelnen Gleitsystem, **b** in Richtung eines einzelnen Gleitsystems, **c** durch Betätigung zweier Gleitsysteme. (Nach West)

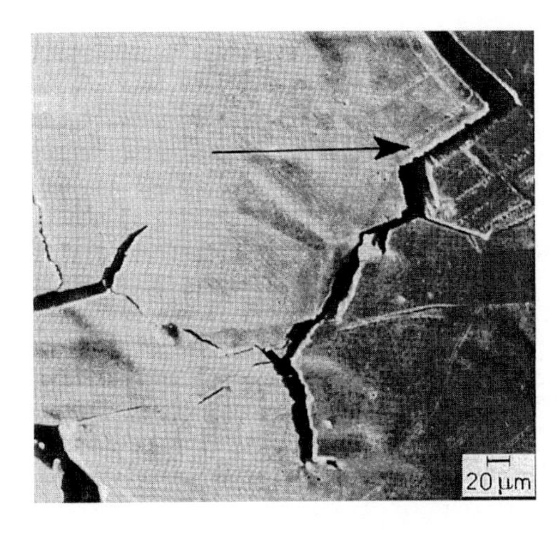

Bild 15.23. Gereihte Korrosionstunnel (→) und transkristalline Spannungsrißkorrosion eines 18/10-CrNi-Stahles in H_2SO_4/NaCl-Lösung. (Nach Scully)

Die Mikro-Tunnelkorrosion ist als typische Erscheinungsform der Legierungskorrosion in Kap. 8 vorgestellt worden. Wie dort beschrieben, gelingt die Beobachtung gut bei homogenen Legierungen mit einer Edelmetallkomponente, also etwa im System CuPd, aber auch in CuAu- und NiAu- Legierungen [A55a]. Das durch Bild 15.23 gezeigte Auftreten der Tunnel in einem austenitischen CrNi-Stahl legt offenbar zumindest für diesen Fall das durch Bild 15.24 beschriebene einfache Modell der Rißentstehung durch Reihung von Tunneln mit folgendem duktilem Reißen der Zwischenwände nahe [A52c]. Das Modell ist inzwischen durch Transmissions- Elektronenmikroskopie transkristalliner Spannungskorrosionsrisse in solchem Material erheblich verfeinert worden [A56]. Danach entstehen die Risse in der Umgebung nichtmetallischer Einschlüsse auf groben Gleitstufen durch anfängliche Tunnelkorrosion, die schwammartig zerfressene Gebiete erzeugt. Darunter treten dann unter der Einwirkung der Zugspannung ungefähr in (110)-Ebenen Schlitze auf, die sich durch mechanisches Reißen von Zwischenwänden zum Rißkeim vereinigen. Die Schlitze sind sehr eng, mit Breiten an der Spitze bis herab zu < 10 nm. Ihre Wände sind offenbar durch Cr- und Mo-Anreicherung infolge selektiver Ni- und Fe- Auflösung passiviert. Man beachte hier im ganzen

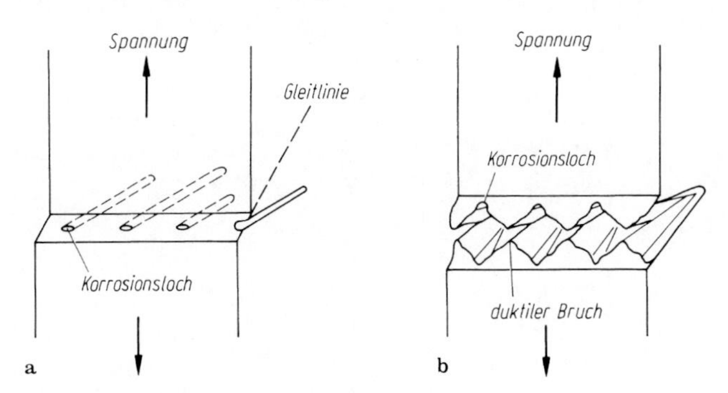

Bild 15.24a, b. Das Modell der Rißentstehung durch Aufreihung von Mikro-Korrosionstunneln auf Gleitstufen, mit duktilem Einreißen der Zwischenwände. (Nach Swann und Embury)

das Zusammenspiel von Lochkeimbildung auf gemäß in Kap. 15.3 zitiertem Befund passiven Gleitstufen und Tunnelkorrosion einer Legierung durch selektive Korrosion, gekoppelt mit der Betätigung mehrerer Gleitsysteme an der Rißspitze, für das Zustandekommen grundsätzlich intermittierter, jedoch quasi-kontinuierlicher Rißausbreitung durch vielfach wiederholte Rißkeim-Bildung.

Allerdings ist Spannungsrißkorrosion durchaus nicht die Eigenschaft nur von Legierungen. So findet man transkristalline SpRK z. B. auch in reinem Kupfer im Langsam-Zugversuch (CERT) in Nitrit-Lösungen [A57]. Die Bruchflächen zeigen Rißausbreitung durch verformungsloses Spalten an. Der Mechanismus wird weiter unten noch genauer diskutiert. Die Beobachtung von Flächenanteilen des spröden Spaltens auf den Flanken transkristalliner Spannungskorrosionsrisse ist verallgemeinert worden [A58], die Erörterung wird hier gleichwohl verschoben.

Ein zweiter Fall der SpRK fast reiner Metalle ist der des reinen Eisens in heißer Ammonnitratlösung [A59]. Die Proben wurden dabei aus zonengeschmolzenem Eisen (Verunreinigung ca. 40 ppm) hergestellt, im Austenitgebiet lange getempert und dann in das Ferritgebiet abgeschreckt. Nach dieser Wärmebehandlung sollten die Ferritkorngrenzen praktisch verunreinigungsfrei sein. Die Proben wurden beim SpRK-Versuch im Langsam-Zugversuch zu Bruch gebracht, wobei sie gegenüber einem Parallelversuch in heißem Öl verringerte Festigkeitswerte, mithin Anzeichen von SpRK aufwiesen. Der Bruch trat einerseits längs der alten Austenitkorngrenzen ein, andererseits aber auch längs der praktisch verunreinigungsfreien Ferritkorngrenzen, hier also in sehr reinem Material. Dennoch handelt es sich hier wie bei den Versuchen mit Kupfer um ganz vereinzelte Beobachtungen. Es scheint annehmbar, sie in das allgemeine Bild der interkristallinen Korrosion und der interkristallinen SpRK unter dem Gesichtspunkt einzuordnen, daß beim Übergang zu nominell reinen Metallen die Empfindlichkeit nicht verschwindet, sondern nur steigend gegen Null tendiert [A27]. Für die Erforschung der Legierungseffekte ist die Untersuchung besser definierter, weil höher legierter Systeme dann rationeller.

An dieser Stelle sind die systematischen Untersuchungen der interkristallinen Korrosion mit überlagerter interkristalliner SpRK der homogenen Mischkristalle

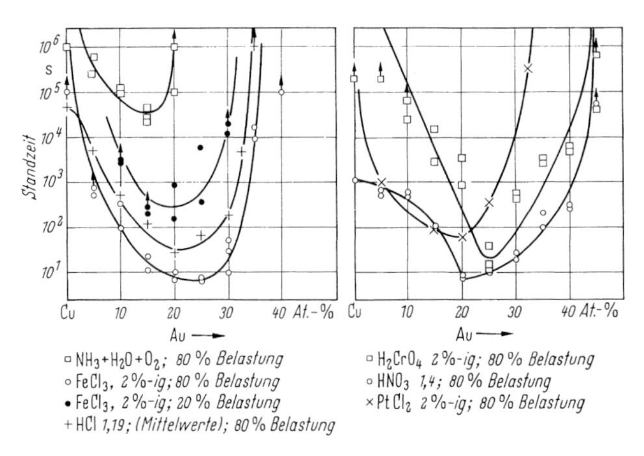

Bild 15.25. Standzeit von Zugproben aus CuAu-Mischkristallen in verschiedenen Angriffsmitteln. (Nach Graf und Budke)

durch Graf und Mitarbeiter [A60] zu nennen. Aus der Menge der Ergebnisse von Standzeitmessungen gespannter Proben aus homogenen Legierungen in verschiedenen Elektrolytlösungen greift Bild 15.25 ein charakteristisches Beispiel heraus, nämlich das Ergebnis der Messungen mit Kupfer-Gold-Legierungen [A60b]. Wie schon in Kap 13 bemerkt, ist bei solchen Messungen die Unterscheidung des Effektes allein der interkristallinen Korrosion und des Zusatzeffektes der interkristallinen SpRK unscharf, jedoch besteht kaum ein Zweifel, daß bis in den Bereich weniger Sekunden verkürzte Standzeiten SpRK anzeigen. Desgleichen wurde bereits in Kap. 13 die Überlagerung eines statischen und eines dynamischen Mischkristalleffektes zur Deutung der Messungen zitiert. Der „statische" Effekt sollte durch hohe vorgegebene Dichte von Versetzungen an den Korngrenzen bewirkt werden, für den „dynamischen" Effekt wird die Hypothese wiederum an Korngrenzen hoher Produktionsrate von Versetzungen vorgeschlagen [A60c]. Beide Effekte sollten eine Zunahme der Korrosionsanfälligkeit bis zur Mischkristallkonzentration 50 At.% bewirken, im Gegensatz zu den Beobachtungen, die (vgl. z. B. Bild 15.25) regelmäßig ein Standzeitminimum bei ca. 20 bis 30 At.% anzeigen. Dies wird versuchsweise mit der Annahme erklärt, daß das bei der selektiven Korrosion übrigbleibende Gold die Korrosionsgräben längs der Korngrenzen bei zu hoher Goldkonzentration der Legierung schließlich „verstopft". Eine Messung, bei der die beiden postulierten Mischkristalleffekte deutlich getrennt erscheinen, gibt Bild 15.26: Der Zugversuch an Luft zeigt die Schwächung einer durch interkristalline Vorkorrosion beschädigten Probe; der Zugversuch in $FeCl_3$-Lösung – im Grunde ein frühes Beispiel für CERT – den Effekt der Verformungs-induzierten SpRK [A60d].

Eine große Zahl anderer Beobachtungen über den Einfluß von Legierungseffekten läßt sich unter dem Gesichtspunkt zusammenfassen, daß die Grobgleitung und das dadurch bewirkte Auftreten von Gleitstufen großer Höhe offenbar zu den

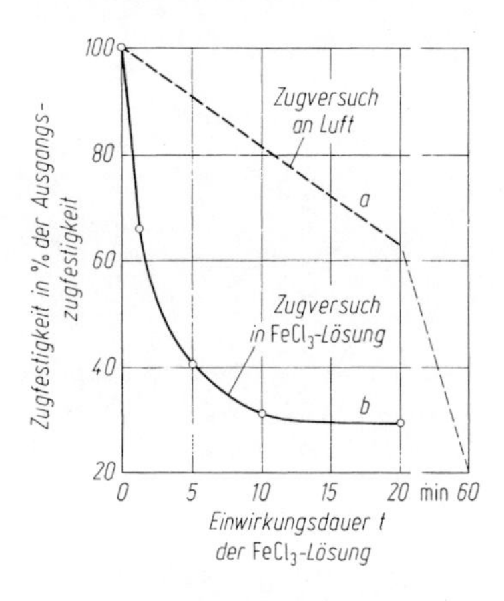

Bild 15.26. Die Zugfestigkeit von Proben aus Cu-10At% Au nach interkristalliner Vorkorrosion (ohne Zugspannung) in 2%iger $FeCl_3$-Lösung während der Zeit *t*. *a* Zugversuch an Luft mit gereinigten und getrockneten Proben: Messung der Schädigung durch die Vorkorrosion allein. *b* Zugversuch in der $FeCl_3$-Lösung nach der Zeit *t*: Messung der Schädigung durch Vorkorrosion + Schädigung durch beim Zugversuch einsetzende interkristalline SpRK. (Nach Graf und Klatte)

hauptsächlichen Einflußgrößen gehört [A61]. Alle metall-physikalischen Parameter, die die SpRK-Empfindlichkeit steigern, erhöhen zugleich die Grobgleitung. Das gilt für die Zunahme der SpRK-Empfindlichkeit mit zunehmender *Korngröße*, mit zunehmender Aushärtung durch *kohärente Ausscheidungs-Teilchen*, mit zunehmender *Fernordnung*, mit zunehmender *Nahordnung*, mit zunehmender *Häufigkeit von Stapelfehlern* infolge abnehmender Stapelfehlerenergie, endlich auch mit zunehmender Materialschädigung durch Neutronenbestrahlung. Dieses generelle Subsummieren der metallphysikalischen Effekte unter dem einzigen Stichwort „Grobgleitung" mag die Dinge allzu stark vereinfachen, zumal auf diese Weise die sicherlich wichtigen Mechanismen der selektiven Korrosion aus der Diskussion verdrängt werden.

In allen bisher beschriebenen SpRK-Modellen erscheint die anodische Teilreaktion der Metallauflösung als entweder ausschlaggebend oder doch mitwirkend. Wesentlich war dabei die Betrachtung der Stromdichte im Rißgrund, also der Quotient aus Stromstärke und aktiver Fläche im Rißgrund. Dabei ist die aktive Fläche, bezogen auf die Einheit der Rißbreite, bestimmt durch die Rißhöhe im Rißgrund. Diese Größe ist zunächst unbekannt. Sie kann aber, solange die Rißausbreitung durch anodische Metallauflösung erklärt werden soll, jedenfalls die Höhe einer Atomlage nicht unterschreiten. Schreitet der Riß durch Trennen zweier benachbarter Atomlagen fort, ohne daß wenigstens eine dazwischenliegende Atomlage aufgelöst wird, so handelt es sich um ein Spalten. Dazu ist geltend gemacht worden [A63], daß man mindestens zwei Effekte, nämlich die Abhängigkeit der SpRK vom Elektrodenpotential und die Inhibition der SpRK ohne die Annahme der anodischen Metallauflösung allein mit der Annahme, daß Anionenadsorption die Spaltarbeit senkt, qualitativ deuten kann. Der Grundgedanke dieses Modells des *Adsorptions-Sprödbruches* wird durch das Bild 15.27 schematisch veranschaulicht. Dort ist für einen angerissenen Körper einerseits eine Gleitebene angedeutet, deren Betätigung den Riß durch plastisches Fließen verlängern würde, andererseits die Spaltebene. Sprödes, schnelles Spalten ist begünstigt, wenn die Trennfestigkeit unter die kritische Schubspannung sinkt. Die Trennfestigkeit läßt sich letztlich auf die Bindungskraft der Metallatome im Rißgrund

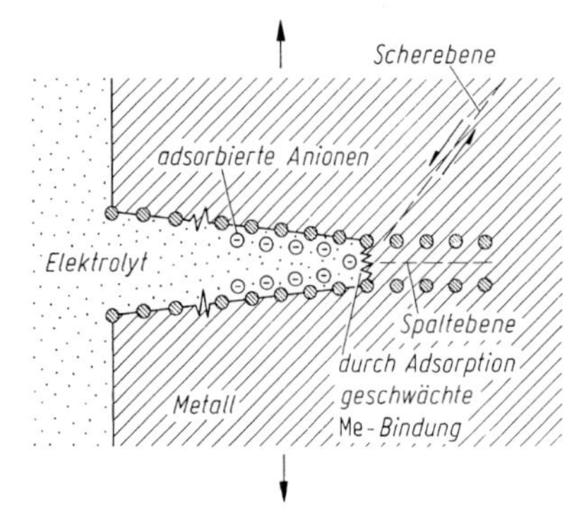

Bild 15.27. Das Modell des Adsorptions-Sprödbruchmechanismus: Anionenadsorption (○) an Gitteratomen (●) senkt die chemische Bindung der Metallatome im Rißgrund (●∧∧∧●)

zurückführen, diese aber kann bei chemischer Anionenadsorption sinken. Dabei ist zwar richtig, daß Anionen aus der Adsorptionsschicht mit negativer werdendem Elektrodenpotential verdrängt werden, jedoch fehlt der Beweis des quantitativen Zusammenhangs der Potentialabhängigkeit der SpRK-Anfälligkeit mit der (schwer zu erhaltenden) Adsorptionsisotherme und der Potentialabhängigkeit der Adsorption der SpRK-auslösenden Anionen.

Die Vorstellung der rißauslösenden Adsorption von Ionen, die die Bindungsenergie zwischen Atomen an der Rißspitze erniedrigen, ist ersichtlich der Dekohäsionshypothese der H-induzierten SpRK verwandt. Davon abgesehen, kann die Adsorptionshypothese im Prinzip auch auf Rißspitzen angewandt werden, die nicht atomar scharf, sondern um einige Atomlagen plastisch aufgezogen sind. Im Bereich atomarer Dimensionen ist die lokale Spannungsüberhöhung an der Rißspitze rechnerisch anscheinend von der Rißhöhe wenig abhängig [A64a]. Eine Variante der Adsorptions- SpRK – Hypothese ist das Modell der Ausbreitung von Spannungskorrosions-Rissen durch Oberflächendiffusion von Atomen von der Rißspitze zu Halbkristallagen auf den Rißflanken [A64b,c]. Bild 15.28 veranschaulicht die Grundidee der Atomwanderung, der die entgegengesetzte Wanderung von Leerstellen in die Rißspitze offenbar äquivalent ist. Formal wird mit der Wanderung von Leerstellen gerechnet, deren Konzentration $c_{\square}$ in einem durch

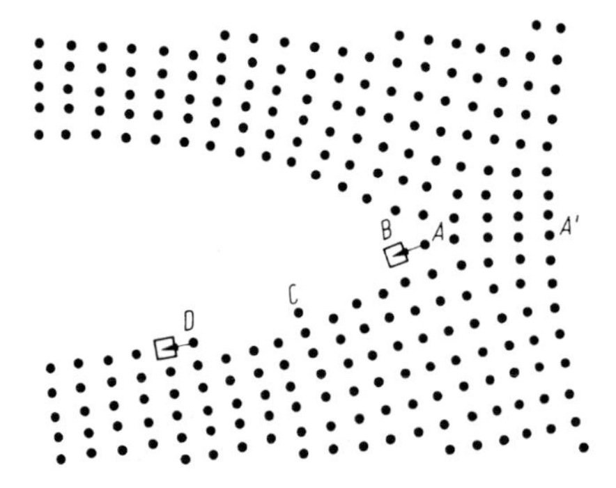

Bild 15.28. Schema des Modells der Spannungskorrosions-Rißausbreitung durch Oberflächendiffusion von Atomen an der Rißspitze (A) über benachbarte Leerstellen (B) in die Adsorptionsschicht (C) zu Halbkristall-Lagen (D). (Nach Galvele)

die (vermutlich hydrostatisch gedachte) Zugspannung σ gedehnten Gitter gegenüber einem Ausgangswert $c_{\square}^{0}$ gemäß $c_{\square} = c_{\square}^{0} \exp(\sigma a^3/kT)$ erhöht ist. a ist der Gitterabstand der Atome. Dieser Ansatz ist dem für „Nabarro"-Kriechen üblichen analog. Die Zugspannung verschwindet in einem Abstand l von der Rißspitze, mit $l = A - D$, so daß dort $c_{\square} = c_{\square}^{0}$. Nach Umrechnungen erhält man einen Ausdruck für den Diffusionsfluß der Leerstellen im Leerstellen-Konzentrationsfeld, und daraus für die Rißausbreitungsgeschwindigkeit v den Ausdruck:

$$v = \frac{D_s}{l}\left[\exp\frac{\sigma_2^3}{kT} - 1\right] \qquad (15.7)$$

D_3 ist der Koeffizient der Diffusion (genauer: der Selbstdiffusion) der Leerstellen auf der Metalloberfläche zwischen Rißspitze und Halbkristallage. Meßwerte für diese Größe liegen kaum vor. Gleichwohl geht die Vorstellung davon aus, daß die Erhöhung der Leerstellenbeweglichkeit durch Anionenadsorption aus Elektrolytlösungen, oder aus der Gasphase, die Rißausbreitung katalysiert. Zur Verifikation werden Langsam-Dehnversuche mit reinem Kupfer in heißem CuCl-Dampf zitiert [A64d]. Das Modell läßt auch die Berücksichtigung der anodischen Metallauflösung einschließlich der Fehlstelleninjektion durch selektive Metallauflösung zu: Diese kann über ad-Atome auf der Rißflanke (Position C) oder über Netzebenenatome bei C laufen und verkürzt dann die Länge l, mit entsprechender Erhöhung der Rißausbreitungsgeschwindigkeit. Im ganzen ist die Vorstellung der Rißverlängerung durch Einwanderung von Leerstellen in die Rißspitze als eine unter anderen diesbezüglichen Varianten von Interesse; die Reichweite des Vorschlags bleibt abzuwarten.

15.2 Unlegierte und niedrig legierte Stähle

15.2.1 Wasserstoff-induzierte Spannungsrißkorrosion

In Kap. 14 waren Wasserstoff-induzierte Risse und Wasserstoff-induzierte Spannungsrisse bereits vorgestellt worden. Als typischer Grenzfall war die HIC in weichem Stahl in Gegenwart von adsorbiertem atomaren Wasserstoff hoher thermodynamischer Aktivität zumal in sulfidsauren Lösungen vorgestellt worden, ein entgegengesetzter Grenzfall war die H-induzierte Rißausbreitung, oder auch Wasserstoff-induzierte „Spannungsrißkorrosion" in gekerbtem hochfesten Stahl unter der Einwirkung von reinem, trockenen Wasserstoff sehr niedriger Aktivität. In jedem Fall lag der Betrachtung die Annahme des thermodynamischen Gleichgewichtes zwischem atomarem Wasserstoff in der Adsorptionschicht und interstitiell gelöstem atomarem Wasserstoff diesseits der Metalloberfläche zugrunde, für die Rißausbreitung in trockenem Wasserstoff zudem die Annahme des Gleichgewichtes zwischen atomarem Wasserstoff in der Adsorptionsschicht und molekularem Wasserstoff in der umgebenden Atmosphäre. Wie in Kap. 14 dargelegt, wird die Aufnahme von Wasserstoff ins Metall bei kathodischer Wasserstoffabscheidung aus Elektrolytlösungen bei plastischer Verformung durch die

Versetzungsbewegung in dem Sinne begünstigt, daß sich die Wasserstoffaktivität im Metallinneren u. U. gegenüber dem Gleichgewicht übersättigt. H-induzierte Spannungsrißkorrosion wird deshalb durch dynamische Materialbeanspruchung begünstigt. Dementsprechend läßt sich Empfindlichkeit gegenüber HISCC bei sich plastisch dehnenden Stählen jeder Sorte auch ohne Einwirkung typischer Promotoren der Wasserstoffaufnahme nachweisen [B1a].

HIC wie auch HISCC, sowie die Überlagerungen von HIC und HISCC werden durch die Parameter der Metallurgie des Stahles und der Zusammensetzung der Umgebung stark beeinflußt. Diese Details [B 1b] werden hier übergangen, mit Ausnahme einer Zusammenstellung von Daten für die untere Grenze der Zugbelastung für das Eintreten der Rißschäden in saurem H_2S-Wasser [B1b]. Es handelt sich um Daten für eine Anzahl von niedrig legierten Baustählen mit $400 \leq R_p \leq 600$ MPa und von niedrig legierten Vergütungsstählen für Ölfeldrohre mit $500 \leq R_p \leq 1100$ MPa. Für diese Stähle steigt die untere Grenzlast bis zu $R_p \approx 600$ MPa ungefähr linear mit der Streckgrenze, um dann nach Durchlaufen eines Maximums stark abzufallen. Der Anstieg zeigt vermutlich den mit der Festigkeit wachsenden Widerstand des Materials gegen HIC an, der Abfall den Übergang zur HISCC steigend kerbempfindlicher Stähle. Die Reihung führt weiter über Stähle mit einer Vickers-Härte zwischen ca. 350 und ca. 550, die in Salzlösungen ohne Promotoren HISCC- empfindlich sind, bis zu Stählen sehr hoher Festigkeit und Härte (HV > 550) bei denen HISCC schon durch reines Wasser ausgelöst wird [B1b].

Bild 15.29 zeigt das Ergebnis einer bruchmechanisch orientierten Prüfung der sicherlich H-induzierten Spannungsrißkorrosion eines niedrig legierten Stahles der Streckgrenze $R_p = 1330$ MPa in destilliertem Wasser [B2]. Man erkennt den weitgehend Temperatur-unabhängigen typischen Steilanstieg bei K_{ISCC} im Bereich I der $\ln v - K_I$-Kurve, sowie den hier deutlich mit K_I steigenden Verlauf im

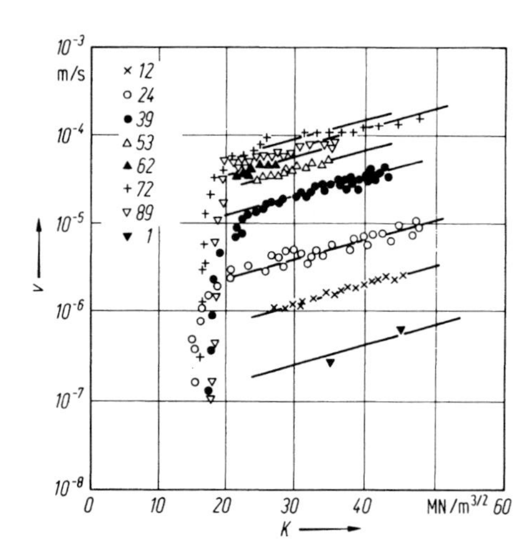

Bild 15.29. Der Einfluß der Temperatur (°C) auf die $\ln v - K_I$-Kurve eines niedrig legierten Stahles (AISI 4130, $R_p = 1330$ MPa) in destilliertem Wasser. (Nach Nelson und Williams)

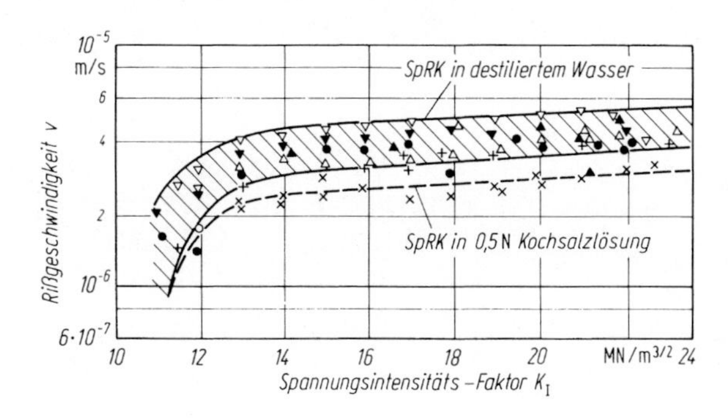

Bild 15.30. Die Rißausbreitung im Stahl 90 MnV 8 ($R_p = 1530$ MPa) in destilliertem Wasser und in NaCl-Lösung bei Raumtemperatur. (Nach Stellwag und Kaesche).

Bereich II. Demgegenüber war gemäß Bild 15.30 die Geschwindigkeit der sicherlich auch hier H-induzierten Rißausbreitung, bei ebenfalls bruchmechanisch orientierten Versuchen, mit dem ebenfalls niedrig legierten, martensitischen Stahl 90 MnV 8 im Bereich II der ln $v-K_I$-Kurve sowohl in destilliertem Wasser wie auch in einer NaCl-Lösung im wesentlichen unabhängig von K_I [B3].

Anders als für ausgehärtete Aluminiumlegierungen (vgl. Bild 15.8) ist hier die Rißausbreitungsgeschwindigkeit im Breich II von der Elektrolytzusammensetzung nur wenig abhängig. Der Chloridgehalt inhibiert offenbar die Rißausbreitung geringfügig. Zum Verständnis dieser Rolle der Chlor-Anionen beachte man, daß es sich hier nicht um SpRK eines passiven Metalls handelt, weshalb die sonst durchschlagende Wirksamkeit der Halogenide als Passivitäts- zerstörender Agenzien entfällt. Im übrigen wird bei der Rißausbreitung in nominell reinem Wasser an der Rißspitze, bedingt durch das Anrosten des Stahles und die Auflösung seiner Verunreinigungen, vermutlich eine, wenn auch vielleicht nur verdünnte, Elektrolytlösung vorliegen. In dieser läuft die Wasserstoffabscheidung, die die lokale Wasserstoffversprödung bewirkt, im Prinzip, wenn auch schwer kontrollierbar, geringfügig als Teilreaktion einer Brutto- Korrosionsreaktion ab. Deshalb gelingt es auch, wie Bild 15.31 zeigt, die Rißausbreitung durch Zusatz von Inhibitoren zur umgebenden Lösung zu inhibieren [B4]. Das hier verwendete Chromat ist, ebenso wie das in der zitierten Untersuchung ebenfalls benutzte Benzoat, ein typischer passivierender Inhibitor (vgl. Kap. 10). Dadurch entstehen verwickelte Befunde u. a. von der Art, daß die Inhibition in destilliertem Wasser geringfügig bleibt. Dort wiederum wirkt gelöster Sauerstoff rißbeschleunigend, nicht aber in der Chloridhaltigen Lösung, u. a. m. Zumindest formal können derartige Effekte unter der Annahme summiert werden, daß die Rißausbreitung letztlich durch die anodische Teilreaktion der Metallauflösung gesteuert ist [B4]. Im Detail ist aber zu vermuten, daß es sich um Grenzfälle der „anodischen" Wasserstoffversprödung handelt, mit starker Beeinflussung teils passivierender und dann Lochfraß-anfälliger, teils nicht-passivierender, eher Rost-ähnlicher Oxidfilme. Im übrigen zeigen die Messungen in Bild 15.31 auch den gewöhnlich bei solchen Untersuchungen nicht miterfaßten Übergang der ln $v-K_I$-Kurve im „Bereich III" der Annäherung an die Bruchzähigkeit.

Vergleicht man die Bilder 14.8, 14.9, 15.8, 15.29–15.31, so wird (vgl. auch Anhang Kap. 17.3) nochmals deutlich, daß die ln $v-K_I$-Kurve im Bereich II teils

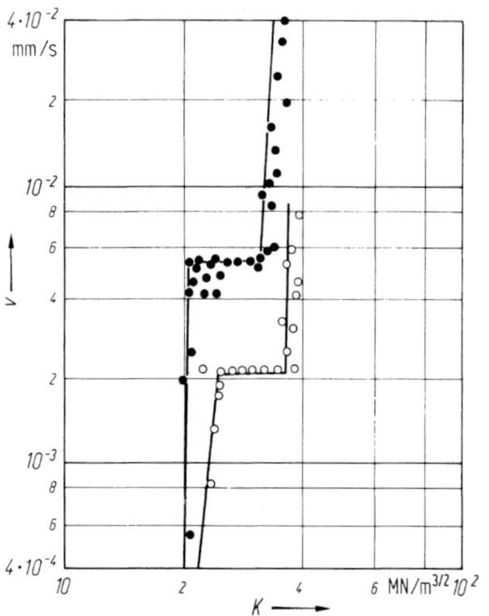

Bild 15.31. Die Rißausbreitung in einem niedrig legierten martensitischen Stahl (AISI 4340, Zugfestigkeit R_m Ca. 1900 MPa) in 0.25%iger NaCl-Lösung mit (○) und ohne (●) Zusatz von 0.01 M/l K_2CrO_4 (Nach Jaberi)

ungefähr waagerecht verläuft, teils mehr oder weniger steil mit K_I ansteigt. Ein Plateaubereich II ist zunächst schon deshalb wichtig, weil er zur Rißverzweigung führt [B5]. Davon abgesehen, bleibt aber die Frage nach der tieferen Ursache des Auftretens oder Nicht- Auftretens des Plateaus. Vermutlich stark vereinfachend ist dazu angenommen worden [B3], es sei zunächst der von K_{ISCC} ausgehende Steilanstieg im Bereich I im wesentlichen als ein Schwellenwert der unterkritischen Rißausbreitung zu betrachten. Die Festlegung der Schwelle z. B. durch eine kritische lokale Dehnung an der Rißspitze ist zur Zeit nicht bekannt. Das darauf folgende Plateau im Bereich II ist dann durch die Annahme gedeutet worden, daß im Sinne der Dekohäsionstheorie die Rißausbreitung einer im Material vor der Rißspitze vorauslaufenden Welle der Konzentration von gelöstem atomarem Wasserstoff folgt. Im ganzen erfolgt die kritische Lockerung der Gitterbindungen additiv durch die mechanische Zugspannung und durch die Einlagerung von H- Atomen. Ist die letztere ausschlaggebend, so kommt es auf Änderungen der lokalen Zugspannung nicht mehr stark an, und die Rißausbreitung wird K_I-unabhängig. Wie schon weiter oben bemerkt, ist außerdem aber zu diskutieren, daß letztlich nicht die Rechengröße K_I, sondern der mit K_I berechnete Verlauf der Spannungskomponente σ_{yy} und insbesondere der Maximalwert $(\sigma_{yy})_{max}$ vor der Rißspitze entscheidend sein sollte, und daß gemäß Kap. 17.3 $(\sigma_{yy})_{max}$ u. U. unabhängig von K_I wird. Dadurch wird die Unabhängigkeit der Rißausbreitungsgeschwindigkeit von K_I u. U. geradezu trivial. In jedem Fall ist das resultierende Modell des Rißausbreitungsmechanismus aber wegen der tatsächlich häufigen K_I-Abhängigkeit von v im Bereich II korrekturbedürftig. Wie Bild 15.32 zusätzlich zeigt, ist für den Stahl 90 MnV 8 bei relativ niedriger Festigkeit der Plateaubereich ausgeprägt, während bei hoher Festigkeit kein Plateaubereich existiert [B3]. Der Rißverlauf war in jedem Fall interkristallin in Bezug auf frühere Austenitkorngrenzen, die Struktur teils bainitisch, teils martensitisch. Dazu ist vermutet wor-

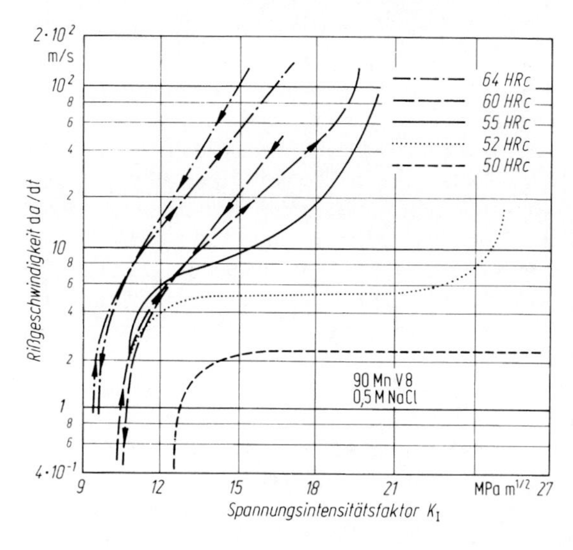

Bild 15.32. Der Einfluß der Probenfestigkeit auf die Rißausbreitung im Stahl 90 MnV 8, unterschiedlich gehärtet auf HRc zwischen 50 und 65 (entsprechend R_p steigend von ca 1500 auf 2500 MPa, Bruchzähigkeit sinkend von 27 auf 19 MN m$^{-3/2}$) in 0,5 N NaCl-Lösung. (Nach Stellwag und Kaesche).

den, daß bei hoher Festigkeit der Dekohäsionsanteil des gelösten Wasserstoffs an der gesamten Gitterlockerung nur wenig Anteil hat, so daß der mechanische Anteil durchschlägt [B3]. Wenn dieser mit K_I wachsen soll, so sollte allerdings die oben beschriebene Konstanz von $(\sigma_{yy})_{max}$ nicht gelten. Dies mag darauf zurückgehen, daß bei sehr hoher Festigkeit der Durchmesser der plastischen Zone vor der Rißspitze sehr klein wird, z. B. von der Größenordnung von Ausscheidungen, so daß der Rechenansatz der Bruchmechanik korrigiert werden muß. Der Punkt berührt das Probelm der „Schnittstelle" zwischen physikalisch-chemischer Atomistik einerseits und bruchmechanischer Kontinuumsbetrachtung, dessen zweckmäßige Lösung die einschlägige Theorie entscheidend fördern sollte.

Zum Typ der Wasserstoff-induzierten Spannungsrißkorrosion fester bis hochfester Stähle gehört die Rißentstehung und Rißausbreitung in vorgespannten Stahlarmierungen des Spannbetonbaus. Der Rißverlauf ist vorwiegend transkristallin bei relativ niedriger, vorwiegend interkristallin (in Bezug auf frühere Austenitkorngrenzen) bei relativ hoher Festigkeit [B6a]. Die bekannt gewordenen Schäden sind anscheinend durchweg die Folge unsachgemäßer Bauausführung mit mangelhaftem Schutz der Armierungen durch den umhüllenden Beton bzw. den Verpreßmörtel der Spannkanäle [B6a–f]. Ein speziell interessanter Punkt ist dabei die Frage der Kurzschluß-Elementbildung zwischen einer Verzinkungsschicht der Armierung und mit in Fehlstellen der Schicht zutage tretendem Stahl in der alkalischen Umgebung des feuchten Betons. Der Fall scheint kritisch, da im Kurzschluß bei dem sehr negativen Korrosionspotential des Zinks am Eisen Wasserstoff entwickelt werden kann [B6c]. Wasserstoff- Permeationsmessungen (vgl. Kap. 14) zeigen aber, daß die Wasserstoffaktivität sehr niedrig bleibt [B6b, g]. Wie zu erwarten, kommt es unter solchen Bedingungen zwar an gekerbten, nicht aber an glatten Zugproben aus Spannstahl zu HISCC. Bei bruchmechanisch orientierten Untersuchungen [B6h, i] zeigt sich auch, daß bei einem pH-Wert $\geq$ 12.7 der Feuchtigkeit im Beton hohe Chlorid- und Sulfat- Konzentrationen ertragen werden, ohne daß Spannungsrißkorrosion eintritt, obwohl Chlorid stets Lochfraß verursacht. Bei pH 12.6 genügen allerdings ca. 0,1 % NaCl, bei pH 12,4 schon ca. 0,03 % NaCl in $Ca(OH)_2$ – Lösung zur Rißausbreitung. Die Daten stammen von Spanndraht- Proben die in Längsrichtung gekerbt waren, während im Praxisfall Kerben eher senkrecht zur Oberfläche wirken sollten. Nach Messungen in reinen $Ca(OH)_2/NaHCO_3$-Lösungen mit 12,6 $\geq$ pH $\geq$ 7 wird Spannungsrißkorrosion nur für vergütete Spannstähle beobachtet, zugleich nur bei mittlerem pH-Wert, und nur im Potentialbereich des aktiv/passiv- Übergangs [B6 j]. Diese Beobachtungen leiten bereits über zum weiter unten besprochenen Gebiet der SpRK der weichen Stähle.

Von großem praktischen Interesse ist die Spannungsrißkorrosion feinkörniger, mit Nickel, Chrom und Molybdän niedrig legierter Stähle mit einer Streckgrenze um ca. 500 MPa in heißen Kraftwerks- Druckwässern. Aus solchem Material bestehen z. B. die – allerdings zusätzlich mit hochlegiertem CrNi-Stahl ausgekleideten – Reaktor-Druckbehälter. Die selten beobachteten Rißschäden durch SpRK und durch Korrosionsermüdung [B7] haben mehrfach sowohl bruchmechanisch orientierte als auch Langsam-Zug-Untersuchungen angeregt [B7c, B10]. Im vorliegenden Zusammenhang interessiert hauptsächlich, inwieweit die Rißkeimbildung und Rißausbreitung durch anodische Metallauflösung und/oder durch Wasserstoffversprödung bedingt ist. Das experimentelle Problem liegt im Auftreten hoher Ohmscher Spannungen zwischen der Spitze der Haber-Luggin-Kapillaren und der Stahloberfläche bei Stromspannungs- Messungen im schlecht leitenden Wasser, die durch Kompensationsschaltungen eliminiert werden müssen [B10d]. Gleichwohl ergibt sich [B10d, e], daß das Einsetzen der SpRK der Stähle offenbar an die Passivität gebunden ist. Daraus erklärt sich der Einfluß von gelöstem Sauerstoff, der das freie Korrosionspotential in den Bereich der Passivität anhebt. Allerdings ist der Oberflächenzustand des Stahles je nach Temperatur, pH-Wert und Potential durch das Auftreten dickerer Oxid- und Hydroxid-Phasen kompliziert [B10a, d, B11], und die Elektrodenkinetik der Passivität in heißen Druckwässern im Detail zur Zeit nicht geklärt.

Aus dem Vergleich der Rißausbreitungsgeschwindigkeit und der Stromdichte der anodischen Metallauflösung ergibt sich, daß zur Rißverlängerung durch Metallauflösung erhebliche Anteile rein mechanischer Materialtrennung hinzukommen müssen [B 10d]. Außerdem spielen offenbar für die SpRK-Empfindlichkeit Mangansulfid- Einschlüsse eine erhebliche Rolle [B10e]. Langsam-Zugversuche (CERT) ergaben, daß es in diesem Fall nicht auf die Dehnrate ankommt, sondern auf das Erreichen einer kritisch starken Verformung, sodaß an kerbartigen, oberflächennahen Mangansulfid-Einschlüssen Spalten aufgezogen werden. In diesen führt dann offenbar die chemische Auflösung des Sulfids zur Bildung eines sauren Spaltelektrolyten, der die spröde, Wasserstoff-induzierte, intermittierte Rißausbreitung durch die Spannungshöfe tiefer liegender Sulfideinschlüsse initiiert. Dieser Mechanismus der Rißausbreitung ist also eine Variante des Modells der „anodischen“ Wasserstoffversprödung, gekoppelt mit besonderen Erscheinungsformen der Passivität und der Spaltkorrosion, unter Mitwirkung von Einschlüssen die sowohl Spannungs-überhöhend kerbartig, wie auch als Quelle einer aggressiven Elektrolytlösung wirken. Dabei setzt das Einsetzen der SpRK aber erhebliche plastische Verformung voraus. Die wahre Rißausbreitungsgeschwindigkeit ist von der Dehnrate unabhängig. Es ist anzumerken, daß im ganzen die weniger aufwendige Prüfung mit konstanter Last gleiche Ergebnisse erbracht hätte.

In jedem Modell der H-induzierten SpRK spielt letzlich die Aktivität des atomar adsorbierten Wasserstoffs an der Rißspitze für die Rißausbreitung die ausschlaggebende Rolle. Bei gegebener Aktivität existiert zugleich eine Schwelle der Festigkeit des Stahles, jenseits derer erst die Rißausbreitung einsetzt. Ein dazu lehrreicher Fall, der ebenfalls zum Thema des folgenden Kapitels überleitet, ist der Wechsel des Mechanismus der SpRK eines gehärteten, niedrig legierten Stahles in siedender $Ca(NO_3)_2/NH_4NO_3$-Lösung bei 110 °C von der quasi-kontinuierlichen vermutlich durch anodische Metallauflösung gesteuerten SpRK zur H-induzierten, diskontinuierlich intermittierten Rißausbreitung [B12]. Bild 15.33 zeigt dazu ein Beispiel einer simultanen Schallemissions- und Dehnungsmessung an Zugproben. Man beobachtet zunächst rein mechanisches Kriechen ohne erhebliche Schallemission, danach SpRK ebenfalls ohne Schallemission, also vermutlich durch anodische Metallauflösung („APC", von "active path corrosion"), schließlich bei hoher Last auf dem Restquerschnitt der angerissenen Probe SpRK durch Wasserstoffversprödung (HE). Die nachträgliche Fraktografie ergibt für APC einen in Bezug auf frühere Austenitkorngrenzen interkristallinen, für HE einen transkristallinen Rißverlauf. Der Wechsel der Mechanismen hängt von der Härte des Stahles ab; er tritt um so eher ein, je höher das Material gehärtet wurde. Dies deckt sich mit dem Befund allgemein mit der Festigkeit steigender Empfindlichkeit gegen HISCC.

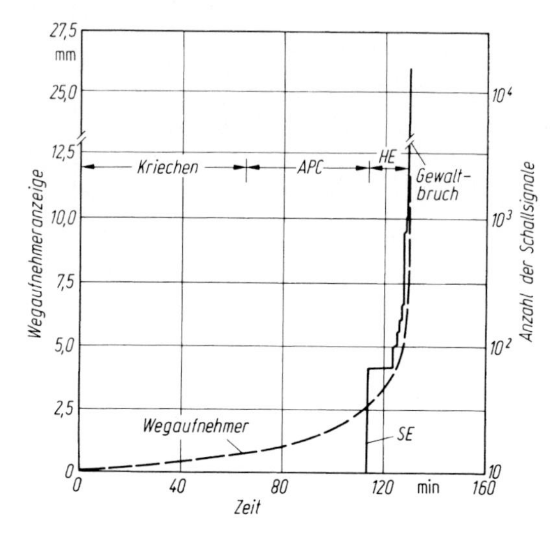

Bild 15.33. Schallemission (SE) und Längenänderung während der Spannungsrißkorrosion eines niedrig legierten Stahles (0,3% C; 1,3% Cr; 0,5% Mo; R_m = 1620 MPa) in 60% $Ca(NO_3)_2$/3% NH_4NO_3-Lösung bei 110 °C (Nach Okada, Yukawa und Tamura)

15.2.2 Die Spannungsrißkorrosion weicher Stähle

Zu den ältesten bekannten Fällen katastrophaler Spannungsrißkorrosion gehört die „Laugensprödigkeit", d. h. die interkristalline SpRK weicher Stähle in heißen stark alkalischen Lösungen. Entsprechend dem Schadensmilieu dient als Prüflösung häufig eine heiße konzentrierte Lauge. Entsprechend dem Vorkommen ebenso interkristalliner SpRK solcher Stähle in konzentrierten Düngemittel-Lösungen wird außerdem vielfach eine heiße, konzentrierte Lösung eines Nitrats benutzt, zumal eine Lösung von $Ca(NO_3)_2$ oder NH_4NO_3. In solchen Lösungen ist unlegierter oder niedrig legierter Stahl passiv, oder jedenfalls passivierbar. Das Elektroden- und das Spannungsrißkorrosions-Verhalten der weichen Stähle ist aber im übrigen in den beiden Sorten von Prüflösungen erheblich verschieden. Zur Verdeutlichung zeigt Bild 15.34 zunächst die stationäre Stromspannungs-kurve eines Eisen- Einkristalls in einer bei 115 °C siedender 55%iger $Ca(NO_3)_2$-Lösung [C1a]. Das Material ist offensichtlich passiv; das freie Korrosionspotential liegt mit + 90 (mV) im Bereich der stabilen Passivität. Die Brutto- Korrosionsreaktion wurde zu

$$10Fe + 6NO_3^- + 3H_2O \rightarrow 5Fe_2O_3 + 6OH^- + 3N_2 \qquad (15.8)$$

angenommen, doch fehlen die – voraussichtlich schwierig zu ermittelnden – Detailkenntnisse. Vermutlich tritt intermediär auch kathodische Wasserstoffentwicklung ein [C2], die schwer nachzuweisen ist, weil die Salpetersäure den Wasserstoff

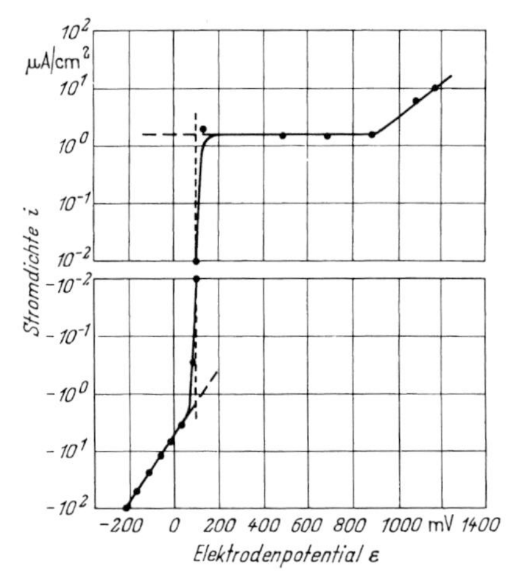

Bild 15.34

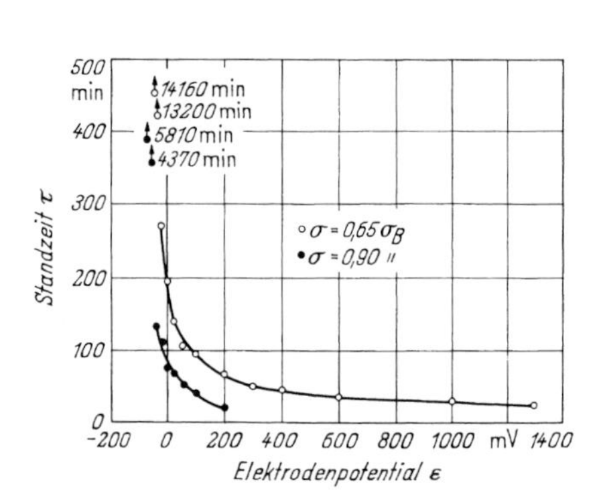

Bild 15.35

Bild 15.34. Stationäre Summenstrom-Spannungskurve eines Eisen-Einkristalls in siedender, O_2-freier, 55%iger $Ca(NO_3)_2$-Lösung. (Nach Engell und Bäumel)

Bild 15.35. Die Standzeit eines unlegierten Stahls in siedender $Ca(NO_3)_2$-Lösung als Funktion des Elektrodenpotentials bei zwei Werten der Belastung. (Nach Bäumel und Engell)

aufoxidiert, bevor er zur Analyse gelangen kann. Eine genaue Untersuchung der SpRK glatter Rundproben aus einem normalisierten Stahl mit 0,006%C im Zugversuch mit konstanter Last (CLT) bei z. B. 65 oder 90% der Zugfestigkeit ergab eine unregelmäßig schubweise Dehnung der Probe [C1]. Diese zeigte aber keine entsprechende Unregelmäßigkeit der SpRK an und wird hier übergangen. Die Standzeit der Proben bei CLT sinkt nach Bild 15.35 schnell mit steigendem Elektrodenpotential. Dies entspricht offenbar qualitativ den Erwartungen im Falle Geschwindigkeits-bestimmender anodischer Metallauflösung an der aktiven Spitze eines sonst repassivierten Spannungskorrosionsrisses. Der Kurvenverlauf in Bild 15.35 ist aber im Detail noch überraschend, insofern nach einem anfänglichen Steilabfall die Standzeit schließlich auf sehr erhebliche Steigerungen der Überspannung der Metallauflösung nur noch wenig anspricht. Im übrigen geht die Standzeit gegen unendlich, wenn das Elektrodenpotential unter ca.-0,05 (V) sinkt; die SpRK kann also durch kathodischen Schutz unterdrückt werden.

Für eine Rechnung mit den Mitteln der linear- elastischen Bruchmechanik sind SpRK-Versuche mit Lasten jenseits der Streckgrenze ungeeignet. Die Standzeit läßt sich aber quantitativ mit dem einfachen empirischen Ansatz erfassen, daß die Rißausbreitungsgeschwindigkeit v bei gegebenem Elektrodenpotential linear von einer Konstanten k und der Differenz der wahren mittleren Last $\sigma(t)$ zur Zeit t auf dem jeweils noch tragenden Restquerschnitt und einer unteren Grenzlast σ_0 in der Nähe der Streckgrenze abhängt [C1]:

$$v = k[\sigma(t) - \sigma_0] \tag{15.9}$$

Setzt man hier die Geschwindigkeit v gleich der Änderungsgeschwindigkeit $-dr/dt$ des Restquerschnitts der Zugprobe durch einen ringförmig einwachsenden Riß, und vernachläsigt man das gleichzeitige Auftreten zahlreicher Risse, so erhält man aus Gl. (15.9) einen Ausdruck für die Zeit t als Funktion von k, σ_0, dem Ausgangsradius r_a und dem Verhältnis $x = \sigma_a/\sigma_B$ aus Ausgangs- Last σ_a und Zugfestigkeit σ_B (bzw. R_m). Die Standzeit τ berechnet man dann unter Berücksichtigung der wahren Zugfestigkeit σ_B^* der durch den Riß gekerbten Probe, mit $\sigma_B^* > \sigma_B$. Das Verhältnis σ_B^*/σ_B, in das offenbar die elasto-plastische Variante der Bruchmechanik eingeht (vgl. Kap. 17.3), wird experimentell bestimmt. Schließlich erhält man einen Ausdruck von der Form

$$\tau = (r_a/k\sigma_0) f\{x\}, \tag{15.10}$$

mit einer explizit angebbaren Funktion $f\{x\}$. Die Konstante k erweist sich als stark, die Grenzlast σ_0 als kaum vom Elektrodenpotential abhängig. Gl. (15.10) beschreibt die Meßergebnisse sehr zurfriedenstellend; die Funktion f{x} ist im übrigen gut angenähert proportional dem Ausdruck $\exp(-m\sigma_a)$, mit einem konstanten Faktor m.

Zur Deutung des Einflusses der Zugspannung sind die in Bild 15.36 wiedergegebenen Messungen wichtig [C3a,b]. Sie zeigen die stationäre, bzw. nahezu stationäre Stromspannungskurve eines unlegierten Stahls in siedender $Ca(NO_3)_2$-Lösung sowohl für gespannte, wie auch für ungespannte Proben. Für die ungespannte Probe bezeichnet der Stromanstieg zwischen $+0{,}9$ und $+1{,}0$ V das Einsetzen interkristalliner Korrosion. Ihr Bereich ist zu positiveren Werten des

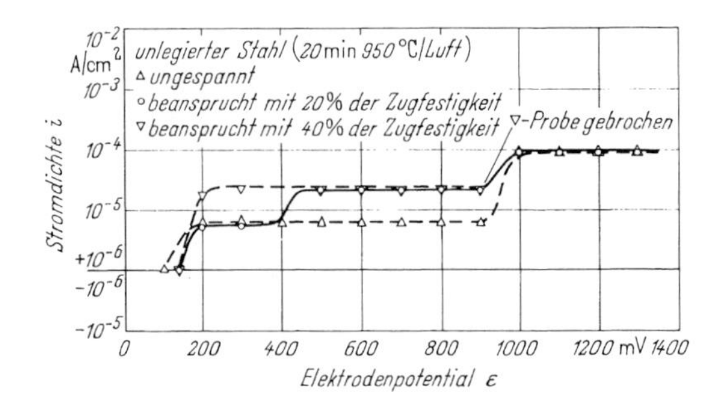

Bild 15.36. Die stationäre anodische Stromspannungskurve eines unlegierten Stahls in siedender $Ca(NO_3)_2$-Lösung bei verschiedenen Werten der statischen Zugspannung. (Nach Münster und Gräfen)

Potentials hin begrenzt und endet bei ca. + 1,3 V mit dem Einsetzen schneller anodischer Sauerstoffentwicklung. Es existiert jedenfalls ein Durchbruchspotential ε_{IK} der interkristallinen Korrosion bei ca. + 0,9 V. Setzt man die Probe nun unter Zugspannung, so tritt ein Durchbruchspotential bei weit negativerem Elektrodenpotential auf, nämlich, falls $\sigma = 0{,}2\ R_m$, bei ca. + 0,4 V. Wird die Zugspannung weiter gesteigert, so wird die Hochlage des Stromes schon nahe beim Ruhepotential erreicht. Man beachte, daß dies wegen der Überlagerung anodischer und kathodischer Teilströme die Hochlage des anodischen Teilstromes der Metallauflösung schon beim Ruhepotential ε_R selbst anzeigt. Bei so hoher Zugspannung reißt die Probe durch interkristalline SpRK im Zugversuch beim Ruhepotential. Erscheint das Durchbruchspotential bei niedriger Zugspannung erst jenseits des Ruhepotentials, so ist die Probe erst nach erzwungener Überschreitung des Durchbruchpotentials SpRK-anfällig. Damit erscheint die SpRK-Anfälligkeit als Folge einer „spannungsinduzierten" interkristallinen Korrosion, bei der der Zugspannung die Rolle zufällt, das Durchbruchspotential der interkristallinen Korrosion in die Richtung negativerer Werte zu schieben [C3a,b; C1b]. „Spannungsinduktion" steht hier in Anführungszeichen, da der Einfluß von Verformungsvorgängen an Korngrenzen-Kerben nicht ausgeschlossen wird. Eine jüngere Untersuchung [C4] bestätigt das Auftreten von Stromspannungskurven des in Bild 15.36 gezeigten Typs, desgleichen die Rolle des Stromanstiegs beim ersten Durchbruchspotential als Anzeige der interkristallinen Korrosion, die mit zunehmender Zugspannung bei negativerem Elektrodenpotential einsetzt. Jedoch ergab sich, daß zwischen spannungsinduzierter interkristalliner Korrosion und interkristalliner SpRK unterschieden werden muß. Bei dem benutzten Stahl (0,08%C; 0,004%N, normalgeglüht) lag das Durchbruchspotential mit $0{,}2\,R_m$ gespannter Proben bei ca. + 0,7 V. Die belasteten Proben zeigten aber bis zu einem Potential von ca. + 0,80 V nur interkristalline Korrosion, der sich ab + 0,85 V deutlich schnellere SpRK überlagerte, die – wie die interkristalline Korrosion – ab ca. + 1,3 V wieder verschwand. Ein metallografisches Schliffbild, das die Überlagerung „spannungsinduzierter" allgemeiner, vergleichsweise langsamer interkristalliner Korrosion und vergleichsweise schneller interkristalliner SpRK dokumentiert, gibt Bild 15.37. Steigert man die Zugspannung, so überholt aber die SpRK die interkristalline Korrosion derart, daß z. B. bei $0{,}7\,R_m$ der Stahl schon beim Ruhepotential ohne Anzeichen allgemeiner IK durch interkristalline SpRK reißt. Solche Effekte zeigen offensichtlich eine unterschiedliche Potentialabhängigkeit

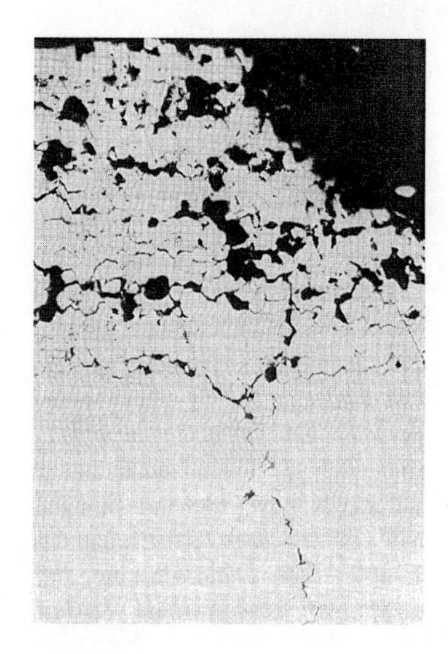

Bild 15.37

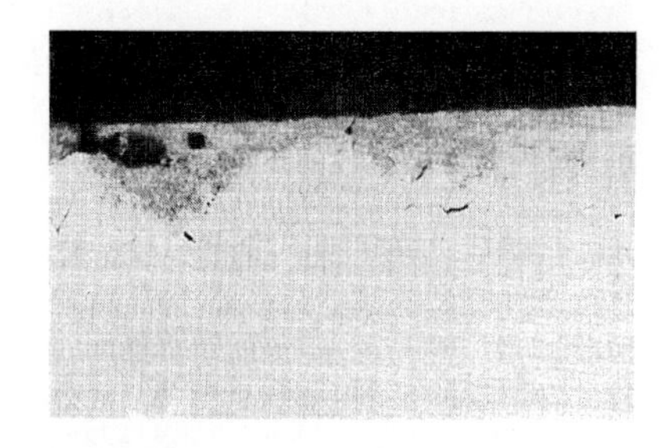

Bild 15.38

Bild 15.37. Interkristalline Korrosion und interkristalline Spannungsrißkorrosion eines unlegierten Stahles in siedender konzentrierter $Ca(NO_3)_2$-Lösung, $\varepsilon = +0{,}85$ (V), $\sigma = 0{,}2\,R_m$, Versuchsdauer 168 h. (Nach Nach Schneider, Kessler und Kaesche).

Bild 15.38. Metallografisches Schliffbild eines ohne Zugspannung in siedender $Ca(NO_3)_2$-Lösung während 24 h bei $\varepsilon = +0{,}6$ (V) anodisch polarisierten unlegierten Stahles. (Nach Schneider, Kessler und Kaesche)

von interkristalliner Korrosion und SpRK an. Es bleibt zur Zeit offen, ob die SpRK bei z. B. $0{,}2\,R_m$ ein anderes, positiveres Durchbruchspotential hat als die interkristalline Korrosion, oder ob es sich darum handelt, daß die interkristalline Korrosion bei niedriger Zugspannung und in der Nähe von ε_{IK} die SpRK „abfängt".

Im ganzen Potentialbereich ist der unlegierte Stahl stets eine Metall/Metalloxid-Elektrode. Die Reaktionsmechanismen sind zwar teilweise kompliziert. So findet man (vgl. Bild 15.38) bei gespannten wie ungespannten Proben bei Werten des Elektrodenpotentials zwischen dem Ruhepotential und dem Durchbruchspotential nicht das Verhalten der regulären Passivität, sondern eine Art innerer Oxidation, die von der Oberfläche ausgehend alle Kristallite durchsetzt und zugleich längs der Korngrenzen erheblich schneller fortschreitet. Dieser Effekt verschwindet bei Eintreten der interkristallinen Korrosion, jedoch besteht für deren Potentialbereich am Vorliegen eines Passivoxidfilms kein Zweifel. Der unlegierte Stahl unter Zugspannung in heißer Nitratlösung ist daher ein Beispiel für den weiter oben vorgestellten Grundsatz, daß es sich bei SpRK-empfindlichen Systemen stets um Deckschichtenelektroden handelt.

Andererseits gilt als gesicherte Kenntnis [C5], daß die SpRK-Empfindlichkeit ein Legierungseffekt ist, bewirkt durch Segregation von Kohlenstoff und Stickstoff zu den Korngrenzen. Wegen seiner überragenden Bedeutung für die Eigenschaften des Massenproduktes unlegierter Stahl interessiert zur Zeit hauptsächlich der Kohlenstoff. Unbestritten ist insbesondere, daß die SpRK-Empfindlichkeit bei verschwindendem C-Gehalt des Eisens gegen Null tendiert. Als Grenze der Nachweisbarkeit der SpRK-Empfindlichkeit sind 5 ppm C (und 0,3 ppm N) angegeben worden [C6a]. Andere Autoren [C6b] nennen für NH_4NO_3-Lösungen noch geringere, nachweislich ungünstige Gehalte. Solche unterschiedlichen Angaben über die Grenzen von Legierungseffekten sehr geringer Verunreinigungs-ähnlicher Legierungsbestandteile überraschen nicht und sollen hier nicht weiter diskutiert werden. Mit steigendem C-Gehalt steigt dann die SpRK-Empfindlichkeit, durchläuft ein Maximum und verschwindet ab ca. 0,3%C. Im einzelnen hängt das SpRK-Verhalten außer vom Kohlenstoffgehalt noch stark von der übrigen Zusammensetzung, von der Wärmebehandlung und von der Kaltverformung des Stahls ab. Wie es scheint, können diese Einflüsse unter dem Generalnenner der Konzentration des gelösten Kohlenstoffs an Korngrenzen subsummiert werden. So erklärt sich der Wiederanstieg der SpRK-Beständigkeit mit steigendem C-Gehalt durch das „Abziehen" des Kohlenstoffs von den Korngrenzen durch Perlit-Bildung. So verringert Kornverfeinerung das Angebot von Kohlenstoff für die Kornflächeneinheit, u.a.m. Bild 15.39 [C 6c] zeigt das Ergebnis einer genaueren Prüfung dieses Zusammenhangs mit Zugproben aus Stählen mit wechselnd $0{,}002 \leq \%C \leq 0{,}33$; $0{,}001 \leq \%N \leq 0{,}014$, deren mittlere Korngröße durch entsprechende Rekristallisationsbehandlung wechselnd auf Werte zwischen 6,5 und 243 μm eingestellt war. Als Maß für die nach ihrem

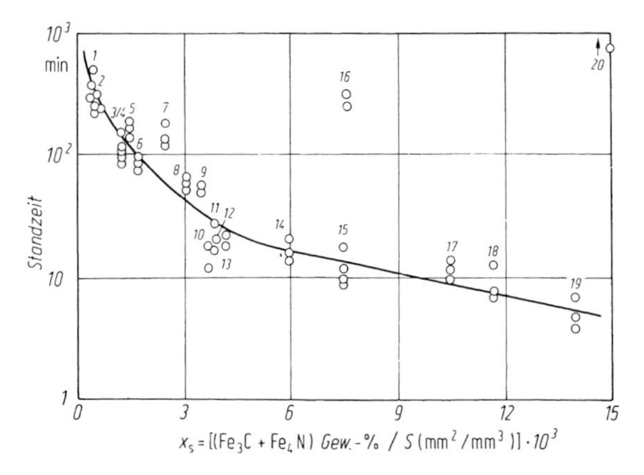

Bild 15.39. Die Standzeit von Zugproben aus unlegiertem Stahl wechselnden C- und N-Gehaltes sowie wechselndem mittlerem Korndurchmesser als Funktion der Kornflächenbelegung mit Kohlenstoff und Stickstoff. Wärmebehandlung: Normalisieren bei 920°, Luftkühlung, Kaltverformung um 85%, Rekristallisation bei wechselnder Temperatur, Luftabkühlung. Prüflösung: 55%ige $Ca(NO_3)_2$-Lösung, 110 °C, Belastung: 0,7 σ_B. (Nach Graf und Becker)

Absolutwert unbekannte Kornflächenbelegung wurde die Gleichgewichts-($Fe_3C + Fe_4N$)-Konzentration ermittelt und durch die spezifische Korngrenzenfläche dividiert. Dann ergibt sich der abgebildete monotone Zusammenhang zwischen der ($Fe_3C + Fe_4N$)-Konzentration (bzw. der (C + N)-) Konzentration und der Standzeit im SpRK-Versuch. Die wenigen stark abweichenden Werte werden auf Kohlenstoff-Abbinden durch intrakristalline Perlitbildung zurückgeführt, die übrigen Werte als Bestätigung eines ausgesprochenen Mischkristalleffektes im weiter oben dargelegten Sinn betrachtet.

Wie bemerkt, endet der Potentialbereich der interkristallinen SpRK in $Ca(NO_3)_2$-Lösung bei ca. + 1,3 V. Die Ursache dieser Grenze ist zur Zeit nicht bekannt; möglicherweise handelt es sich um einen Effekt der Transpassivität im Bereich der anodischen Sauerstoffentwicklung. Praktische Bedeutung etwa im Sinne der Möglichkeit, durch anodische Polarisation eine technische Anlage zu schützel, hat eine derart hochliegende obere Schwelle der SpRK nicht.

Wesentlich andere Verhältnisse herrschen dagegen bei der interkristallinen SpRK der unlegierten Stähle in heißen, konzentrierten Laugen. Hier ist das Auftreten der SpRK auf einen überraschend engen Potentialbereich beschränkt [C 7]. Das Bild 15.40 zeigt den Effekt für zwei verschiedene unlegierte Stähle in siedender 33%-iger bzw. 35%-iger NaOH-Lösung als Ergebnis jeweils potentiostatischer Messungen, zum einen unter konstanter Last, zum anderen bei konstant schneller Dehnung bis zum Bruch [C 7 c]. Die nicht ganz deckungsgleiche Anzeige der SpRK-Empfindlichkeit als Funktion des Elektrodenpotentials nach den beiden Meßmethoden bleibt hier als Effekt höherer Ordnung außer Betracht. Wichtig ist hauptsächlich die Beobachtung, daß SpRK nur zwischen ca. − 0,8 und ca. − 0,6 V auftritt. Man vergleiche dazu die anodische Teilstrom-Spannungskurve der Eisenauflösung in der etwas schwächer konzentrierten, 20%-igen KOH-Lösung bei 90 °C in Bild 15.41 [C 8], die weitgehend ähnlich auch für stärker konzentrierte NaOH-Lösung gelten sollte. Man vergleiche ferner den in Bild 15.42 gegebenen Ausschnitt aus dem Potential-pH-Diagramm des Eisens im Bereich

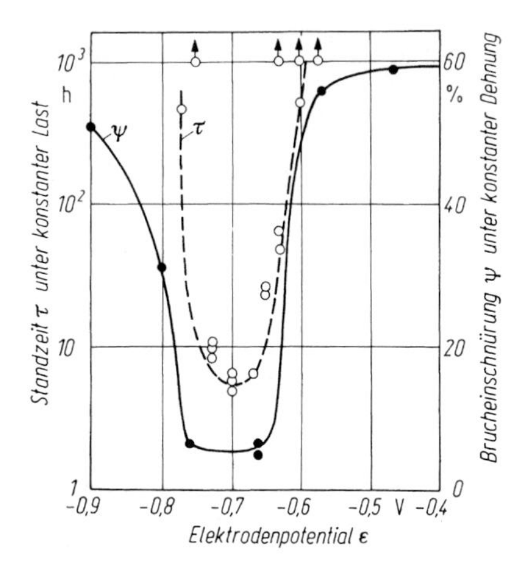

Bild 15.40. Die Standzeit eines unlegierten Stahls (0,02% C; 0,006% N, Wärmebehandlung: 950 °C, Luft) unter konstanter Last (300 MN/m^2) in siedender 33%iger NaOH-Lösung (○). (Nach Daten von Bohnenkamp). Die Brucheinschnürung eines unlegierten Stahls (0,08% C; 0,002% N/1080 °C, 17 h 650 °C) nach Dehnung mit $4{,}6 \cdot 10^{-6}\ min^{-1}$ in siedender 35%iger NaOH-Lösung (●). (Nach Daten von Humphries und Parker)

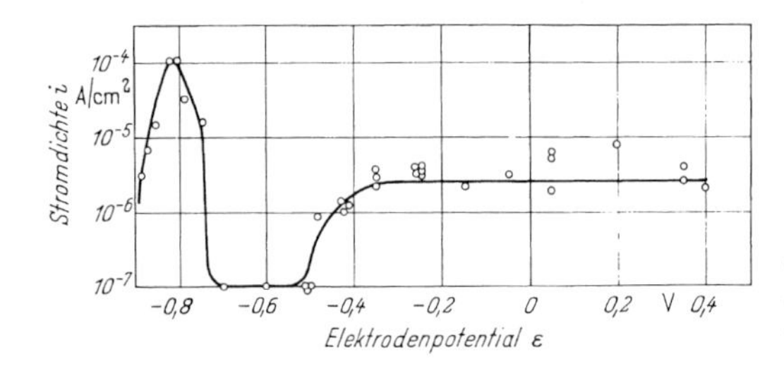

15.41. Teilstrom-Spannungskurve der anodischen Eisenauflösung in 4 N KOH-Lösung (etwa 20%ig), 90 °C. (Nach Simon und Schwarz)

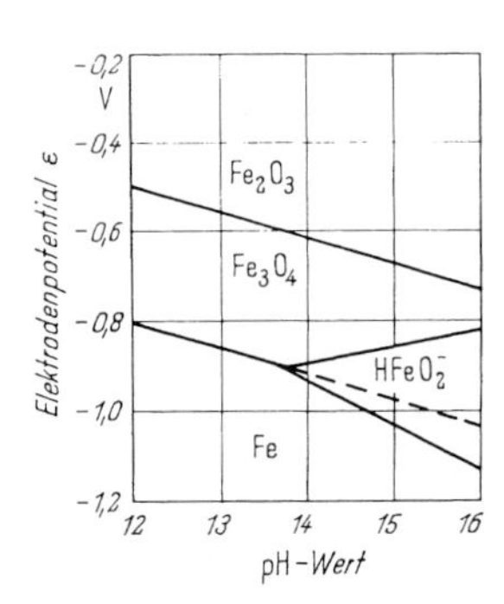

Bild 15.42. Ausschnitt aus dem Potential-pH-Diagramm des Eisens bei hohen pH-Werten. (Nach Pourbaix)

stark alkalischer Lösungen [C 9]. Danach interessieren die Elektrodenreaktionen der Auflösung des Eisens zu $HFeO_2^-$-Anionen, die Reaktion des $HFeO_2^-$ zu Fe_3O_4 und die Umwandlung des Fe_3O_4 in α-Fe_2O_3, soweit nicht auch hier das γ-Fe_2O_3 eine Rolle spielt. Die Daten für das Fe_3O_4/α-Fe_2O_3-Gleichgewicht wurden schon genannt (vgl. Kap. 10). Für die Reaktion

$$Fe + 2H_2O \rightarrow HFeO_2^- + 3H^+ + 2e^- \tag{15.11}$$

gilt bei 25 °C (in Volt):

$$E_{Fe/HFeO^-} = 0{,}493 - 0{,}087\,(pH) + 0{,}029 \log a_{HFeO_2^-} \tag{15.12}$$

für die Reaktion

$$HFeO_2^- + H^+ \rightarrow Fe_3O_4 + 2H_2O + 2e^- \tag{15.13}$$

$$E_{HFeO_2^-/Fe_3O_4} = -1{,}82 + 0{,}029\,(pH) - 0{,}087 \log a_{HFeO_2^-} \tag{15.14}$$

Für die Berechnung der Gleichgewichtslinien in Bild 15.42 wurde die $HFeO_2^-$-Aktivität zu 10^{-6} mol/kg angenommen. Auf die Umrechnung auf höhere Temperatur wird verzichtet Demnach ist anzunehmen, daß die durch die Stromspannungskurve angezeigte Passivierung des Eisens zwischen $-0{,}8$ und $-0{,}7$ V durch einen Magnetitfilm bewirkt wird, der sich mit steigendem Elektrodenpotential entweder zu α-oder zu γ-Fe_2O_3 aufoxidiert. Ferner bemerkt man, daß der Potentialbereich der SpRK (vgl. Bild 15.40) im wesentlichen mit dem Potentialbereich des aktiv/passiv-Übergangs zusammenfällt. Mißt man die Stromspannungskurve und die SpRK-Empfindlichkeit an ein und demselben Stahl in ein und derselben Lösung, so wird das Zusammentreffen der kritischen Potentialbereiche noch deutlicher [C7c]. Dies legt offensichtlich die Vorstellung sehr nahe, daß das Auftreten der SpRK hier an das Vorliegen eines erst teilweise passivierenden Oxidfilms gebunden ist, und daß die SpRK-Empfindlichkeit verschwindet, wenn reguläre, sichere Passivität erreicht ist. Als Arbeitshypothese scheint die Annahme geeignet, im aktiv/passiv-Übergangsbereich seien die Kornflächen bereits sicher, die Korngrenzen aber noch ungenügend passiviert. Im Ganzen erscheint daher der Mechanismus der interkristallinen SpRK der unlegierten Stähle in heißen Laugen von dem der SpRK in heißer Nitratlösung stark verschieden. Man beachte dazu aber, daß nach früheren Mitteilungen [C7a] unlegierter Stahl in heißen Laugen nicht nur in dem hier diskutierten Potentialbereich des aktiv-passiv-Übergangs, sondern auch in einem weit positiveren zweiten Bereich, nämlich jenseits ca. + 0,6 V unter Zugspannung schnell zu Bruch geht, und zwar wieder durch interkristalline Korrosion. Möglicherweise ist dies der dem Reißen in Nitratlösungen analoge Fall.

Bild 15.41 gab für die alkalische Lösung die stationäre anodische Teilstromspannungskurve. Es ist anzumerken, daß sich der stationäre Zustand des Eisens in alkalischer Lösung träge einstellt, so daß z. B. die Lage potentiokinetisch gemessener Summenstrom-Spannungskurven stark von der Potential-Vorschubgeschwindigkeit abhängt. Solche Zeiteffekte haben sich als Orientierungshilfe bei der Suche nach für die SpRK kritischen Bereiche des Elektrodenpotentials bewährt [C10]. Da sie langsame Effekte des Aufbaus, des Umbaus oder auch der Wiederbildung passivierender Deckschichten anzeigen, sollten sie in der Tat auch in ursächlichem Zusammenhang mit der SpRK stehen können. Ebenso leuchtet im Prinzip ein, daß die Stromspannungskurven statischer Proben einerseits und dauernd gedehnter Proben andererseits im Potentialbereich der SpRK-Empfindlichkeit am stärksten auseinanderfallen.

Bei gegebener Teilstromspannungskurve der anodischen Metallauflösung wird die Einstellung des Ruhepotentials durch die Überlagerung der kathodischen Teilstrom-Spannungskurve der Reduktion des jeweils wirksamen Oxidationsmittels bestimmt. Soll in der Praxis im außenstromlosen Fall SpRK auftreten, so muß sich in der heißen Lauge das Ruhepotential gerade im kritischen Bereich um − 0,7 V einstellen. Es genügt z. B. schon reichliches Angebot von gelöstem Sauerstoff, um das Ruhepotential zu positiveren Werten anzuheben, so daß SpRK ausbleibt. Andererseits bleibt in ganz sauerstoffbreier Lösung das Ruhepotential bei negativeren Werten als dem kritischen Bereich [C3]. Gut reproduzierbare Ergebnisse von Routine-SpRK-Prüfungen lassen sich deshalb mit potentiostatischer Kontrolle sicherlich leichter erhalten als bei Versuchen beim Zufalls-Arbeitspunkt des jeweiligen Ruhepotentials. Davon abgesehen, ermöglicht die Begrenzung des kritischen Potentialbereichs bei noch stark negativem Wert von ca. − 0,6 V, mit anschließendem Bereich stabiler Passivität, die Beseitigung der SpRK-Gefahr durch Dauerpolarisation mit Hilfe kleiner, anodischer Elektrolyseströme, also durch den anodischen Korrosionsschutz (vgl. Anhang). Dies wurde am Beispiel einer Alkalielektrolyseanlage [C3c] ebenzo gezeigt wie am Beispiel eines Laugenverdampfers [C11].

Ähnlich wie in heißen Laugen wird auch in schwächer alkalischen heißen Karbonat/Bikarbonat-Lösungen interkristalline SpRK der weichen Stähle nur in einem relativ engen Potentialbereich des aktiv/passiv-Übergangs beobachtet [C12, A11b]. Der Fall ist interessant geworden, weil er unter ungünstigen sonstigen Umständen [C12], die hier nicht besprochen werden, zur SpRK erdverlegter Rohre geführt hat, die gegen abtragende Korrosion korrekt kathodisch geschützt, aber eben dadurch in den kritischen Potentialbereich polarisiert waren. Außerdem liegt offenbar Dehnungs-induzierte SpRK vor.

In einem Modellsystem für die interkristalline SpRK der niedrig legierten weichen Stähle, nämlich für FeSi-Einkristalle mit 2,6 Gew.% Si in heißer $(NH_4)_2CO_3$-Lösung ist die Frage der zeitlichen Kontinuität oder Diskontinuität der Rißausbreitung untersucht worden [C13]. Der Grundgedanke geht von der Vorstellung aus, daß sich im insgesamt passiven Bikristall ein Anriß längs der Korngrenzen teils durch plastische Verformung, teils durch anodische Metallauflösung verlängert. Dabei bewirkt die plastische Verformung jeweils die Entstehung einer interkristallinen, entpassivierten Gleitstufe, die dann vorübergehend durch anodische Metallauflösung schnell angegriffen wird. Es folgen also Schritte der Rißverlängerung Δa_d durch duktile Gleitvorgänge und Δa_c durch anodische Metallauflösung, bzw. durch Korrosion, aufeinander. Dabei ist die Metallauflösung längs der Korngrenzen gerichtet; laterale Auflösung findet nicht statt, so daß der Rißspitzenwinkel bei der Rißverlängerung um $\Delta a = \Delta a_d + \Delta a_c$ offensichtlich schärfer wird als bei Verlängerung nur um $\Delta a = \Delta a_d$. Dieses Gerichtetsein der

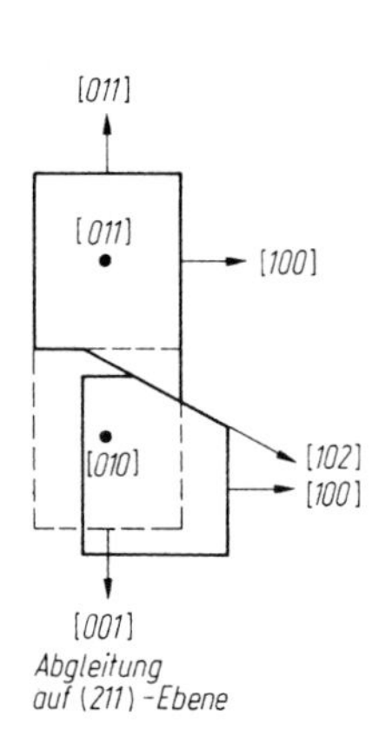

a

b

Bild 15.43a, b. Sicht auf die Seitenfläche eines durch SpRK in heißer $(NH_4)_2CO_3$-Lösung angerissenen FeSi-Bikristalls. Der Riß breitet sich, begleitet von plastischer Verformung (s. rechte Seite des Kristalls) Längs der 45° -⟨100⟩-asym. Kipp- Korngrenze aus. (Nach Stenzel, Vehoff und Neumann).

anodischen Metallauflösung erscheint bei interkristalliner SpRK von vorne herein annehmbar; die Problematik der Sache wird erst (vgl. weiter unten) bei der Betrachtung der transkristallinen SpRK deutlich. Davon abgesehen, macht das Modell im wesentlichen vom Konzept der "slip-step-dissolution" Gebrauch, einschließlich der Annahme der Repassivierung nach einem exponentiellen Zeitgesetz. Der Bikristall wird so orientiert und gekerbt, daß nur ein einziges Gleitsystem alternierend die plastische Verformung übernimmt. Wie die Übersichtsaufnahme 15.43 zeigt, ist an der Rückseite das plastische Abgleiten, an der Vorderseite der SpRK-Anriß gut zu sehen. Gemäß der Skizze 15.44 a gilt für die plastische Verformung, mit dem Rißinkrement Δa_d, mit der Rißspitzenöffnung („CTOD", vgl. Kap. 17.3) $\Delta\delta$ und mit dem Kotangens $a_n^d = \mathrm{ctg}\,(\alpha^d/2)$ des Rißspitzenwinkels α^d:

$$\Delta a_d = 2a_n^d \Delta\delta \tag{15.15}$$

Gemäß Skizze 15.44b erhält man den Kotangens a_n des Rißspitzenwinkels α bei Überlagerung von Rißverlängerung Δa_d und Δa_c, längs der Korngrenze gb, nach:

$$a_n = \mathrm{ctg}\frac{\alpha}{2} = \frac{2(\Delta a_d + \Delta a_c)}{\Delta\delta} = a_n^d + \frac{2\Delta a_c}{\Delta\delta} \tag{15.16}$$

Es ist dann hauptsächlich die Frage, ob ein charakteristisches Zeitintervall t_s zwischen zwei Ereignissen plastischer Verformung kleiner oder größer ist als ein charakteristisches Zeitintervall t_p der Repassivierung einer aktivierten Gleitstufe. Dazu wird angenommen, daß sich zu einem Zeitpunkt t nach der Aktivierung die Größe $\Delta a_c(t)$ wegen der Repassivierung zu

$$\Delta a_c(t) = \Delta a_p[1 - \exp(-t/t_p)] \tag{15.17}$$

berechnet. Δa_p ist die Rißverlängerung durch anodische Metallauflösung für den Fall, daß kein weiteres Verformungsereignis folgt ($t_s \to \infty$). Für die Auswertung benötigt man die Änderung δ_s von CTOD pro Gleitereignis, sowie die gemittelte

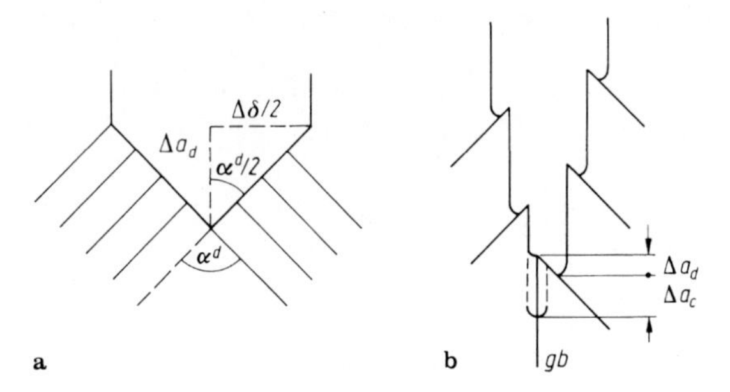

Bild 15.44. a Rißwachstum bei alternierender Grobgleitung im Fall idealer Duktilität, ohne Korrosion. Der Rißspitzenwinkel α^d ist gleich dem Winkel zwischen den Gleitebenen. Rißöffnungsänderung (CTOD): $\Delta\,\delta$. **b** Interkristalline Spannungsrißkorrosion: Zur Verdeutlichung der Verringerung des Rißspitzenwinkels α^d durch anodische Gleitstufenauflösung längs der Korngrenze gb um $\Delta\,a_c$, ohne erhebliche laterale Metallauflösung. (Nach Stenzel, Vehoff und Neumann)

Änderungsgeschwindigkeit δ_s/t_s von CTOD. Schließlich erhält man für die mittlere Rißausbreitungsgeschwindigkeit v den Ausdruck:

$$v = \frac{\Delta a}{t_s} = \left(\frac{a_n^d}{2} + \frac{\Delta a_p}{\delta_s}\left[1 - \exp\left(-\frac{t_s}{t_p}\right)\right]\right)\frac{\delta_s}{t_s} \tag{15.18}$$

Die Messungen ergaben, unter anderem, daß die Repassivierung der aktivierten Gleitstufe schnell genug ist, um zwischen zwei Gleitereignissen die Rißspitze zu erreichen. Die Rißausbreitung ist in diesem speziellen System also in der weiter oben allgemeiner vermuteten Weise zeitlich intermittiert.

15.3 Hochlegierte Chrom-Nickel-Stähle

Die Spannungsrißkorrosion der austenitischen CrNi-Stähle, speziell des 18 9 CrNi-Stahles in heißen Chlorid-haltigen Lösungen gilt seit langem als der Prototyp der transkristallinen SpRK. Interkristalline SpRK wurde früher nur für den speziellen Fall der sensibilisierten Stähle in Parallele zu deren Anfälligkeit für interkristalline Korrosion diskutiert. Neuerdings ist aber mehrfach über wechselnd trans- und interkristalline SpRK nicht-sensibilisierter derartiger Stähle berichtet worden [D 1, A 9]. Die gebräuchliche Vorstellung vom Charakter der SpRK der Stähle ist insoweit offenbar korrekturbedürftig, wie weiter unten noch genauer erörtert.

Für die transkristalline SpRK wurde und wird vorwiegend das weiter oben vorgestellte Modell der vorübergehend schnellen anodischen Metallauflösung aktivierter Stufen grober Gleitung benutzt. Das "slip-step-dissolution" - Modell [A 52] wurde geradezu für diesen Fall der SpRK ursprünglich entwickelt. Das gilt einschließlich des Ansatzes für die Repassivierung mit exponentiellem Abklingen der anodischen Stromdichte der Metallauflösung von der Stufe wie $i_{Me} = i_0 \exp(-t/t_p)$, mit einer charakteristischen Zeitkonstanten t_p [A52, D2]. Wie aber die ebenfalls weiter oben bereits vorgestellten Beobachtungen der Mikro-Tunnelkorrosion und des Mikro-Lochfraßes auf Gleitstufen zeigen, ist das Modell der längs aktivierter Stufen gleichmäßig gedachten Metallauflösung sicherlich zu einfach [A 9, 55]. Dazu illustriert Bild 15.45 das Auftreten vereinzelter Mikro-Lochfraßstellen auf glatten Zugproben bei Probenbelastung unterhalb der Streckgrenze, sowie das sprunghaft gehäufte Auftreten solcher Angriffsstellen bei Probenbelastung oberhalb der Streckgrenze, beides im übrigen bei potentiostatischer Polarisation der Probe unterhalb des Lochfraßpotentials. Die Mikro-Röntgenfluoreszenz-Analyse (EDX) ergab für solche Angriffsstellen eine Abreicherung von Nickel und Eisen und eine Anreicherung von Chrom, offenbar in Chromoxid, daß sich in den Angriffstellen ansammelt. Spröde Risse in dieser Oxidfüllung der mikroskopischen Anfressungen kommen für die Auslösung der Rißausbreitung in Frage [A9]. Diese mit dem Raster-Elektronenmikroskop erhaltenen Befunde werden durch ähnlich zielende Transmissions-elektronenmikroskopische Befunde der Rißentstehung in dünnen Folien aus CrNi-Stähl bestätigt und im Einzelnen ergänzt [A55].

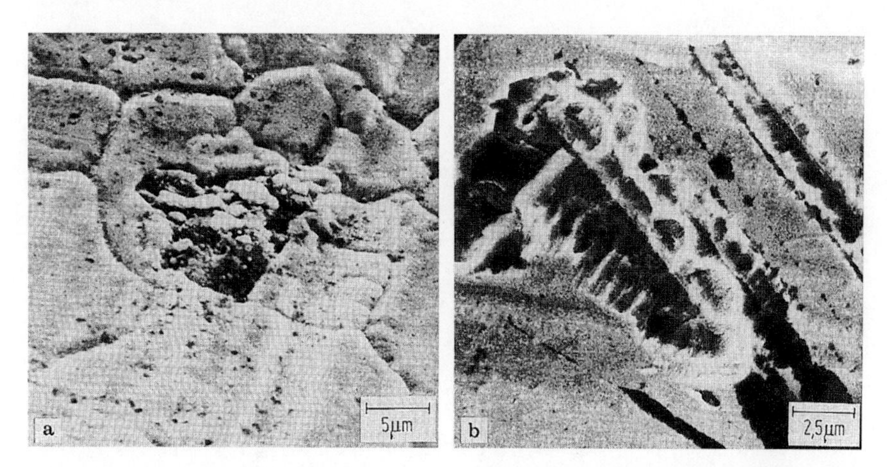

Bild 15.45a, b. Zur Frage der Rißkeimbildung auf Zugproben aus 18 9 Cr Ni-Stahl in heißer $MgCl_2$-Lösung bei potentiostatischer Polarisation unterhalb des Lochfraßpotentials: **a** Bildung vereinzelter Mikro-Lochfraßstellen bei Belastung unterhalb der Streckgrenze; **b** Bildung gehäufter Mikro-Lochfraßstellen auf Gleitstufen bei Belastung oberhalb der Streckgrenze. (Nach Kessler und Kaesche)

Für die Prüfung der SpRK der austenitischen CrNi-Stähle kann die linearelastische Bruchmechanik herangezogen werden, sofern die Probenabmessungen und die Last entsprechend gewählt sind. Dann findet man, wie Bild 15.46 zeigt, den typischen Verlauf der ln v-K_I-Kurve ausgehend von einem unteren Schwellenwert K_{ISCC} der merklichen Rißausbreitung durch einen Steilanstieg der Ausbreitungsgeschwindigkeit im „Bereich I" der Kurve zu einem Plateau im „Bereich II". Im Plateaubereich, in dem die Ausbreitungsgeschwindigkeit vom Spannungsintensitätsfaktor nicht mehr abhängt, verzweigt sich der Riß [A18]. Im ganzen ist die Ausbreitung von Spannungskorrosionsrissen in austenitischem hochlegiertem Stahl jedenfalls ein durchaus passender Gegenstand der wichtigen Entwicklung einer fortschrittlich kombiniert bruchmechanisch/metallphysikalisch/chemischen Beschreibung. In diesem Zusammenhang wird die Deutung des Zustandekommens der Rißausbreitungsschwelle bei K_{ISCC} und zumal die Deutung der Änderung von K_{ISCC} mit den Systemparametern eine wichtige Rolle spielen. Dazu zeigt Bild 15.47 speziell die Abhängigkeit des Steilanstiegs der Kurve von der Abweichung des Elektrodenpotentials vom freien Korrosionspotential [A19]. In der Richtung positiver werdender Abweichung steigt die Überspannung der anodischen Metallauflösung, und damit sinkt K_{ISCC}. Diese Beobachtung, gemeinsam mit der Tunnelkorrosion, macht ein Modell diskutabel, in dessen Rahmen die Kleimbildung der Ereignisse lokaler Metallauflösung für die intermittierte Rißausbreitung geschwindigkeitsbestimmend wird, ähnlich wie für den Lochfraß und die selektive Legierungskorrosion ungespannter Metalle.

Ein Mechanismus der Rißkeimbildung und des intermittierten Rißwachstums durch stets wiederholte Rißkeimbildung durch Tunnelkorrosion muß durch die

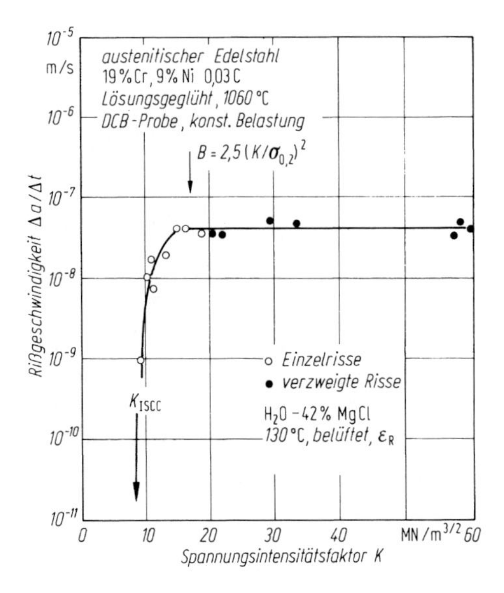

Bild 15.46. Die Ausbreitungsgeschwindigkeit der transkristallinen Spannungsrißkorrosion in DCB-Proben aus austenitischem 19 9 CrNi-Stahl in heißer $MgCl_2$-Lösung als Funktion des Spannungsintensitätsfaktors. (Nach Speidel).

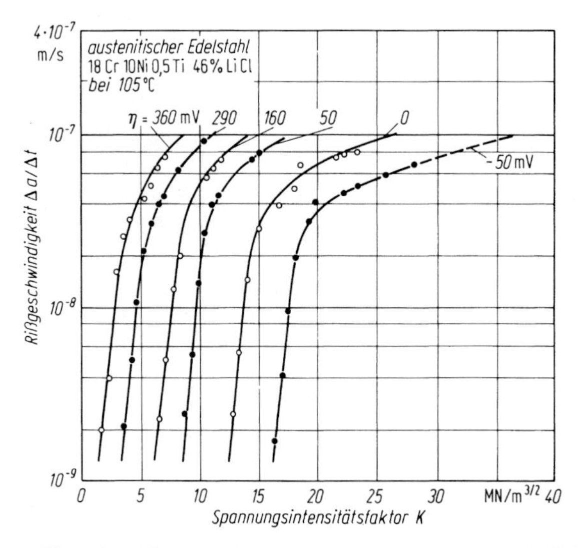

Bild 15.47. Die potentiostatische Ausbreitungsgeschwindigkeit der transkristallinen Spannungsrißkorrosion in DCB-Proben aus austenitischem 18 8 Cr Ni-Stahl in heißer LiCl-Lösung als Funktion des Spannungsintensitätsfaktors K_I und der Überspannung η (bezogen auf das freie Korrosionspotential) der anodischen Metallauflösung. (Nach Eremiáš und Maričev)

Annahme ergänzt werden, daß diese lokalen Metallauflösungsvorgänge die eigentliche Rißverlängerung jeweils erst verursachen. Die schrittweise tatsächliche Rißverlängerung selbst erfolgt anscheinend jeweils aus durchtunneltem Gebiet heraus durch sprödes Materialspalten. Es muß dies aus dem regelmäßigen Befund des Auftretens typisch facettierter Sprödbruchflächen auf den Flanken der Spannungskorrosionsrisse geschlossen werden [A 55b,c]. Damit wendet sich die Aufmerksamkeit wieder den Mechanismen der Versprödung durch selektive Korrosion und/oder Wasserstoffabsorption zu.

Man beachte, daß gleichwohl der lokale Angriff der Gleitstufen für die Rißbildung und die Rißverlängerung die zunächst ausschlaggebende Rolle spielt. Deshalb ist sehr wohl möglich, daß die tatsächlich komplizierte Folge von Ereignissen durch ein vereinfachtes Modell quantitativ richtig beschrieben werden kann, das nur Gleitstufenaktivierung, vorübergehende Metallauflösung und Gleitstufenrepassivierung vorsieht. Eine Theorie dieser Art enthält u. U. bereits genügend wählbare, weil experimentell unbestimmte Faktoren, um die meßbaren Eigenschaften des Ablaufs der SpRK zufriedenstellend zu beschreiben. Man beachte dazu auch, daß die Rißausbreitung nicht nur zeitlich, sondern auch räumlich intermittiert ablaufen kann, in dem Sinne, daß längs der Rißfront Orte des Rißwachstums und des Rißstillstands abwechseln. Alle diese feineren Details pauschaliert das "slip-step-dissolution" – Modell offenbar mit Erfolg [A 52, D 1c]. Erst die Untersuchung der Details macht aber verständlich, weshalb die SpRK scharfe, tiefe Risse mit geringem Rißspitzenwinkel erzeugt, statt eher breite Gräben. Genau genommen, ist das Modell zuvor eine Variante des Mechanismus der Bildung rißähnlicher Vertiefungen, die unter 15.1 als „dehnungsinduzierte Rißkorrosion" vorgestellt wurde. Um die eigentliche Rißausbreitung quantitativ zu erklären, muß typischerweise ein Asymmetrieparameter der anodischen Metallauflösung zu Hilfe genommen werden, der im Rahmen des Modells willkürlich bleibt [C13d].

In jedem der vorgestellten Modelle spielt für die SpRK der austenitischen CrNi-Stähle in heißer Chlorid-haltiger Lösung die anodische Metallauflösung an der Rißspitze eine wesentliche Rolle. Da die Risse hinreichend klaffen, um den Durchgriff einer potentiostatischen Regelschaltung bis zur Rißspitze sicherzustellen, kann die SpRK dementsprechend über das Elektrodenpotential gesteuert werden (vgl. Bild 15.5). Konventionelle Messungen mit konstanter Last ergeben deshalb eine mit steigendem Elektrodenpotential abnehmende Standzeit. Betrachtet man dazu Bild 15.48 [A 4] genauer, so fällt auf, daß die Standzeit, vom Elektrodenpotential des kathodischen Schutzes kommend, nach einem Steilabfall eher konstant wird. Offenbar existiert ein Zugspannungs- abhängiger Schwellenwert des Elektrodenpotentials für das Einsetzen der SpRK, gefolgt von einer im Rahmen konventioneller Vorstellung unerwartet geringen Potentialabhängigkeit der Rißausbreitung. Für eine genauere Diskussion in dieser Richtung sind aber einfache Standzeitmessung wenig geeignet.

Gemäß Bild 15.48 ist die transkristalline SpRK der austenitischen CrNi-Stähle in siedender $MgCl_2$-Lösung noch bei sehr niedriger Zugspannung nachweisbar. Der Befund wird zwar nach neueren Messungen an völlig Eigenspannungs-freien Zugproben dahingehend korrigiert, daß die Empfindlichkeit zumindest für 18 10-CrNi-Stahl (Werkstoff-Nr. 1.4301) ab einer Belastung von 50 MPa verschwindet,

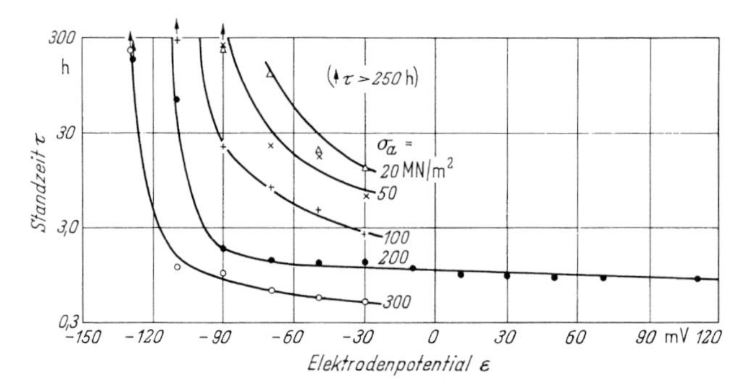

Bild 15.48. Die Standzeit von Rundstäben aus 18 9 CrNi-Stahl in O_2-freier, siedender $MgCl_2$-Lösung als Funktion der Zugspannung und des Elektrodenpotentials. (Nach Ternes)

doch liegt auch dieser Wert noch sehr tief [D3]. Der Sachverhalt ist für die Theorie, derzufolge die lokale Spannungsüberhöhung an Lochfraßstellen auch bei niedriger Nennspannung eintreten kann, nicht grundsätzlich problematisch, wohl aber offensichtlich für Sicherheitsbetrachtungen. Für diese interessiert andererseits, daß die SpRK der austenitischen CrNi-Stähle in konzentrierter $MgCl_2$-Lösung, erst ab ca. 40–45 °C vorkommt [D 3a]. Die Erfahrungen der technischen Praxis lehren [D 4], daß in heißen Druckwässern die schädliche Wirkung der Chlorionen bis herab zu einer Konzentration von 10 ppm nachweisbar ist.

Gemäß dem bisher entworfenen Bild handelt es sich bei der SpRK der austenitischen CrNi-Stähle insgesamt um die Rißentstehung und Rißausbreitung in einem typisch elektrochemisch passiven System. Das Zusammenspiel von Vorgängen lokaler lochfraßartiger Auflösungsvorgänge, gekoppelt mit Eigenschaften der selektiven Legierungskorrosion, gekoppelt mit Sprüngen spröder Materialtrennung, ist zwar kompliziert, am Anfang steht aber jedenfalls der Mikro-Lochfraß, wie oben beschrieben entweder gehäuft auf Gleitstufen plastisch verformter Proben, oder vereinzelt auf der Oberfläche nur elastisch verformter Proben. Wegen des letzteren Falles bedarf die Rißkeimbildung im Prinzip keiner vorangegangenen plastischen Verformung. Zugleich ist die Häufigkeit des Lochfraßes stark vom Elektrodenpotential abhängig. Dazu zeigt Bild 15.49 die stationäre Stromspannungskurve in heißer $MgCl_2$-Lösung [D 5a]. Im anodischen Steilanstieg ist der gemessene Summenstrom im wesentlichen gleich dem anodischen Teilstrom der Metallauflösung durch allgemeinen Lochfraß, im kathodischen Bereich im wesentlichen gleich dem Teilstrom der Wasserstoffabscheidung. Der Kurvenverlauf zeigt den Bereich der Passivität des Stahles unterhalb des Nulldurchgangs der Stromspannungskurve nicht an, weil hier die Stromdichte der Wasserstoffabscheidung gegenüber dem kleinen Reststrom der Metallauflösung im Passivbereich bei weitem überwiegt. Der Stahl zeigt aber auch im Bereich der Aktivierung bei ca. – 150 mV und im negativeren Bereich der Aktivität keine erheblichen anodischen Ströme der Metallauflösung, weshalb in der stationären Stromspannungskurve auch der aktiv/passiv-Übergang nicht sichtbar wird. Erst bei instationär schnellem potentiokinetischen Messungen wird der Stromverbauch der

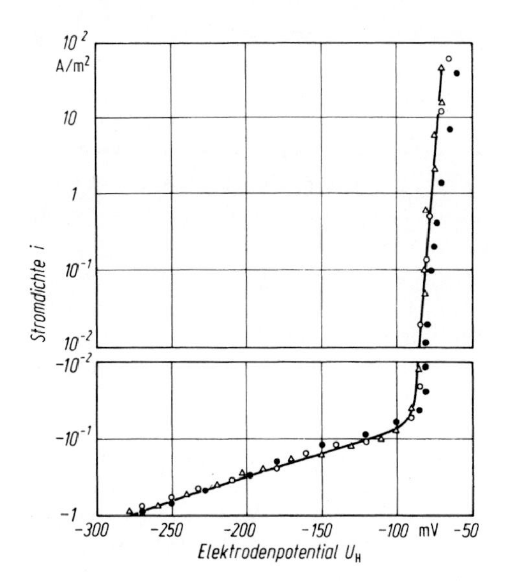

Bild 15.49. Die stationäre Stromspannungs-Kurve des Stahles *x*5 CrNi 18 9 in 35% iger $MgCl_2$-Lösung bei 120 °C. Die Elektroden waren 10% (■ ■ ■), 20% (□ □ □), 40% (▲ ▲ ▲) kaltverformt. (Nach Kessler u. Kaesche).

Passivierung gelegentlich erfaßt [A4]. Messungen der Teilstromspannungskurve der langsamen Metallauflösung im Aktivbereich liegen vor [D 3c]. Das freie Korrosionspotential, also der Nulldurchgang der Stromspannungskurve, fällt praktisch mit dem Lochfraßpotential zusammen. Im Potentialbereich zwischen der Passivierung und dem Lochfraßpotential ε_L tritt allein SpRK auf, wie beschrieben mit mikroskopischen, lochfraßähnlichen Startvorgängen. Man beachte dazu, daß gemäß Kap. 12 unterhalb von ε_L der Lochfraß nicht unmöglich, sondern nur selten wird. Offensichtlich wird in diesem Bereich die Frequenz der Lochkeimbildung durch die Gleitstufenbildung jenseits der Streckgrenze bedeutend erhöht. Ab ε_L überlagern sich SpRK und allgemeine Aufrauhung der Probenoberfläche durch Lochfraß.

Der Befund, daß in siedender $MgCl_2$-Lösung die SpRK-Empfindlichkeit auch bei hoher Zugbelastung unterhalb ca. − 150 mV, also nach Unterschreitung der Passivierungsschwelle, verschwindet, ist mehrfach bestätigt [D6]. Im Modell der kontinuierlichen Rißausbreitung gemäß Bild 15.12 muß eine Stromdichte der Metallauflösung von ca. 1 A/cm² (bzw. 10^4 A/m²) verlangt werden, um die mittlere Rißausbreitungsgeschwindigkeit allein durch anodische Metallauflösung zu deuten. Dieser Wert erscheint durchaus akzeptabel; insofern ist das Modell also haltbar. Wegen der vermutlich quasikontinuierlichen Rißausbreitung sind aber die tatsächlich momentanen Stromstöße der Metallauflösung vermutlich weit stärker. An der Rißspitze wird kathodische Wasserstoffentwicklung beobachtet, sodaß auch in diesem Fall offenbar ein durch Hydrolyse angesäuerter Rißspitzen-Elektrolyt mit hoher Konzentration der gelösten Salze der Legierungskomponenten vorliegt [D7]. Zur Frage der selektiven Legierungskorrosion geben die Beobachtungen der Abreicherung von Ni und Fe und der Anreicherung von Cr Hinweise [A 9,55, D8].

Soweit bisher besprochen, ist also die SpRK der austenitischen CrNi-Stähle an den Potentialbereich der elektrochemischen Passivität gebunden, wobei unterstellt wird, daß es sich um Passivität durch einen Oxidfilm handelt. Die Befunde stammen von Messungen in heißer, meist siedender und meist konzentrierter $MgCl_2$-Lösung. Die Verbreitung dieser Prüflösung rührt daher, daß mit ihr drucklos die relativ sehr hohe Temperatur von ca. 154 °C erreicht werden kann. Andere schwach saure und chloridhaltige Lösungen interessieren im Prinzip genau so. In solchen anderen Lösungen erhält man zum Teil neuartige Befunde. So beobachtet man [D 3a] z. B. in 0,05 N H_2SO_4/NaCl-Lösung an verschiedenen Sorten austenitischer CrNi-Stähle schon bei normal niedriger Temperatur transkristalline SpRK, jedoch nur in einem beschränkten Potentialbereich. Die Autoren teilen mit, es handle sich um einen schmalen Potentialbereich knapp vor der Passivierung des Materials, demnach um SpRK ohne Oxidfilm-Einfluß. Die erscheint sehr wohl möglich, wenngleich im vorliegenden Fall die Unterscheidung der Potentialbereiche der Aktivität, des aktiv/passiv-Übergangs und des einsetzenden Lochfraßes unscharf war. Es wird weiter vermutet, daß die Stahloberfläche im Aktivzustand eine Deckschicht z. B. von $NiCl_2$ aufweist. Auch in der siedenden $MgCl_2$-Lösung wird knapp unterhalb des Potentialbereichs der Aktivierung des Stahles noch transkristalline SpRK beobachtet und auf solche Salzdeckschichten versuchsweise zurückgeführt.

Die heiße $MgCl_2$-Lösung, die als Prüflösung für die SpRK der austenitischen CrNi-Stähle vorzugsweise benutzt wird, bedarf besonderer Kontrolle, weil sie ihren pH-Wert im Gebrauch verändert, und weil der pH-Wert in den Ablauf der SpRK offenbar entscheidend eingeht. So wird berichtet [D1c], daß in einer frisch angesetzten Salzlösung bei 100 °C sowohl inter- als auch transkristalline SpRK beobachtet wird, aber keine kritische Potentialschwelle, während in heiß gealterten Lösungen nur transkristalline SpRK und zugleich eine kritische Potentialschwelle auftritt. Ein pH-Effekt läßt sich anscheinend auch in HCl/NaCl-Lösungen beobachten [D1d]: In relativ stark saurer Lösung sollen zwei getrennte Potentialbereiche der SpRK auftreten, der eine beim freien Korrosionspotential, der andere nahe dem positiver liegenden Lochfraßpotential. Reduziert man die HCl-Konzentration, so verschwindet die Unterteilung der Potentialbereiche. Bei diesen und weiteren [D9] Messungen dieser Autoren wurde im übrigen der im Kap. 15.1 beschriebene Schnell-Zugversuch wieder aufgegriffen, mit Vergleich der Ergebnisse aus dem Langsam-Zugversuch.

Die weitere Diskussion des Mechanismus der SpRK der austenititschen CrNi-Stähle betrifft derzeit im Bereich der Grundsatzfragen zum einen die Frage des Wechsels von trans- zu interkristalliner Rißausbreitung, zum anderen die Mitwirkung von atomarem Wasserstoff, der im Verlauf der SpRK nachweislich an der Rißspitze entsteht. Zur Frage des Rißverlaufs findet sich dazu neben der schon zitierten Angabe, interkristalline und transkristalline SpRK träten nebeneinander nur in frischen $MgCl_2$-Lösungen auf [D1c], auch der Befund [D1a] einerseits der interkristallinen SpRK in $MgCl_2$-Lösung nur unterhalb von 135 °C, andererseits der nur transkristallinen SpRK bei 154 °C, ferner der Hinweis [D 1a, b] der Rißverlauf hänge von der Verformungsgeschwindigkeit bei CERT ab. Zur anderen Frage der Mitwirkung von Wasserstoff wird zum einen direkt die Versprödung

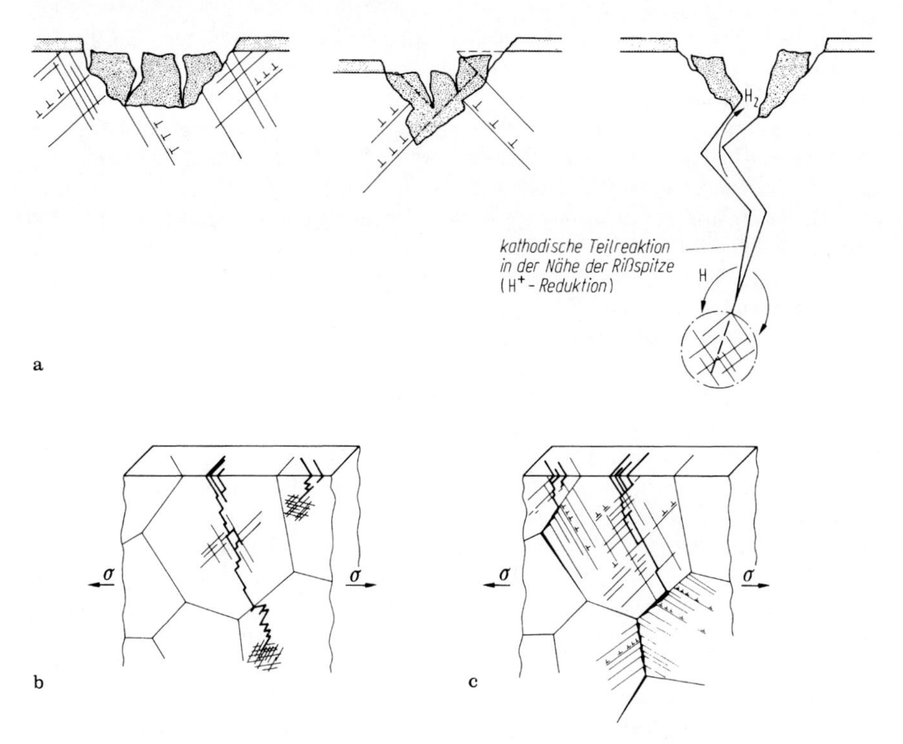

Bild 15.50a–c. Schema der Schritte der Spannungskorrosions-Rißausbreitung in austenitischem CrNi-Stahl in heißer Chlorid-Lösung. **a** Der elektrochemische Startvorgang der Rißentstehung durch Lochkorrosion z.B. auf Gleitstufen, mit Anrißbildung und Ausbildung des sauren Rißspitzenelektrolyten. **b** Transkristalline, durch "anodisch" entstehenden Wasserstoff induzierte Rißausbreitung bei schwacher Verformung. **c** Übergang zur interkristallinen Rißausbreitung im stark verformten Material. (Nach Kessler u. Kaesche)

durch atomaren Wasserstoff angenommen. [A 9, D 5b, D 10]. Diese Betrachtung wird durch die Ähnlichkeit des fraktografischen Befundes für durch SpRK erzeugte oder durch Bruch mit Wasserstoff kathodisch beladener Stahlproben begründet. Allerdings ist zu beachten, daß im austenitischen Gitter Wasserstoff zwar besser löslich, aber erheblich weniger beweglich ist als im ferritischen Gitter. Im Falle des Austeniten ist deshalb von vorne herein zu erwarten, daß der Wasserstofftransport durch Versetzungsbewegung während plastischer Verformung wichtig werden wird. Messungen [A 9, D 5b] legen dazu für den Zusammenhang der Fragen sowohl des inter-oder transkristallinen Rißverlaufs wie auch der Mitwirkung des atomaren Korrosionswasserstoffs im ganzen das in Bild 15.50 skizzierte Modell nahe: Die Spannungsrißkorrosion beginnt, wie weiter oben beschrieben, mit der Bildung von Mikro-Lochfraßstellen, die gehäuft auf Gleitstufen auftreten. Die nicht mitskizzierten Stadien der Tunnelkorrosion und Schlitzbildung erzeugen den wachstumsfähigen Anriß, in dem an der Rißspitze lokale Wasserstoffabscheidung durch Säurekorrosion eintritt. Die weitere Rißausbreitung wird durch das Zusammenwirken von Verformung, anodischer Metallauflösung und Wasserstoff-induzierten spröden Spaltvorgängen bedingt. Diese bleiben transkristallin, solange die Versetzungen bei im ganzen geringer plastischer Verformung des Materials beim Durchqueren von Korngrenzen nur wenig behindert werden. Die Versetzungen transportieren aber Wasserstoff durch das Gitter, der an Fallen, so auch an Korngrenzen, abgestreift wird. Dies bewirkt, parallel zur wachsenden Verformung der reißenden Probe, die Versprödung der Korngrenzen, an denen sich die Versetzungen nun aufstauen. Wegen der dadurch steigenden Spannungserhöhung an den Korngrenzen kann die Rißausbreitung schließlich vom transkristallinen zum interkristallinen Verlauf umschlagen. Im Einzelnen spielen verschiedene Einwirkungsparameter eine Rolle, die hier nicht erörtert werden. Im ganzen erscheint die interkristalline SpRK der nicht-sensibilisierten CrNi-Stähle als mögliches Endstadium der SpRK nach starker plastischer Verformung, mithin nicht als besonderes Gefahrenmoment. Die Ergebnisse von Untersuchungen mittels Hochspannungs-Transmissions-Elektronenmikroskopie an Rissen in Folien aus austenitischem CrNi-Stahl nach SpRK und nach kathodischer Wasserstoffbeladung variieren das Bild erneut, und zwar für die Rißausbreitung in stark schwefelsauren NaCl-Lösungen: Danach erfolgt die Rißausbreitung bei der SpRK bei niedriger mechanischer Zugspannung vorzugsweise durch die anodische Gleitstufenauflösung, bei hoher Spannung durch diese und durch parallele anodische Auflösung und H-induziertes Spalten martensitischer Phasen [D 10a]. Nochmals von anderer Seite wurde mitgeteilt, daß, ebenfalls nach dem Ergebnis Transmissions-elektronenmikroskopischer Untersuchungen der Rißausbreitung einerseits durch „anodische“ SpRK, andererseits durch H-Versprödung nach kathodischer Probenbeladung, ein Anteil der letzteren an der anodischen SpRK nicht nachzuweisen ist [D 10b]. Das im ganzen offenbar komplizierte Bild wird wahrscheinlich dadurch übersichtlicher, daß man im Anschluß an die Darlegung in Kp. 15.2 über die Rißausbreitung in weichen Stählen um jeweils einen kurzen Schritt Δa als Summe der schrittweisen Rißverlängerungen um einen duktilen Anteil Δa_{d} durch plastische Verformung und um einen verformungslosen Anteil $\Delta \mathrm{a}_{\mathrm{c}}$ durch anodische Metallauflösung [C 13] allgemein zuläßt, daß ein Anteil Δa_{b} durch sprödes Spalten hinzukommt: $\Delta a = \Delta a_{\mathrm{d}} + \Delta a_{\mathrm{c}} + \Delta a_{\mathrm{b}}$ [A 9]. Dann können die unterschiedlichen Beobachtungen in einem einheitlichen Modell mit unterschiedlichen Anteilen der schrittweisen Rißausbreitung untergebracht werden. Dabei ist der relative Anteil zumal der Schritte Δa_{c} und Δa_{b} offenbar je nach speziell betrachtetem System stark variabel. Man beachte auch, daß mit der Hinzunahme von Schritten der Rißverlängerung durch sprödes Spalten das Problem der Einführung eines Asymmetriefaktors der anodischen Metallauflösung formal entfällt. Dieses Thema wird weiter unten (Kap. 15.6) wieder aufgegriffen werden.

Die Abhängigkeit der SpRK der austenitischen CrNi-Stähle von metallurgisch/metallkundlichen Parametern wird hier nur gestreift. Man vergleiche wegen der Erfahrungen der Entwicklung für die Praxis die Literatur [D12]. Im vorliegenden Zusammenhang interessiert aber grundsätzlich der eventuelle Einfluß martensitischer Phasen im nominell austenitischen Gitter. Zunächst ist wohlbekannt, daß die SpRK-Empfindlichkeit austenitischer CrNiFe-Legierungen bei einer starken, über 8% hinausgehender Steigerung des Nickelgehaltes schnell absinkt. Eben dieser Befund ist einer der hauptsächlichen Anlässe, in Fällen kritischer Sicherheitsanforderungen von den Stählen auf die Nickelbasis-Legierungen auszuweichen. Mit steigendem Nickelgehalt steigt dabei die thermodynamische Stabilität des austenitischen Gitters. Der günstige Effekt erscheint zunächst paradox, da ja die Ni-armen ferritischen CrNi-Stähle die Empfindlichkeit gegenüber transkristalliner SpRK nicht zeigen, weshalb bekanntlich auch die ferritisch-austenitischen Duplex- Stähle unter besonderen Umständen gerade dann Verwendung finden, wenn die SpRK kritisch wird. Zur Deutung ist der Sachverhalt hinsichtlich der Rolle der mit steigendem Nickelgehalte, ebenso mit steigendem Gehalt an Kohlenstoff und Stickstoff, steigenden Stapelfehlerenergie des austenitischen Kristallgitters zu diskutieren, und damit zusammenhängend auch hinsichtlich der Rolle der Verformungs- und/oder Wasserstoff-induzierten Martensitbildung.

Stapelfehler sind im flächenzentriert austentischen Gitter Bezirke hexagonaler Aufeinanderfolge von Kristallebenen, erzeugt durch Versetzungsdissoziation. Dissoziierte Versetzungen können ihre Gleitebene nur schwer verlassen, mit der Zunahme dissoziierter Versetzungen steigt deshalb die Tendenz zur Grobgleitung, damit die Tendenz zur Bildung hoher Gleitstufen. Wie in Kap. 15.1 dargelegt, ist aber Grobgleitung geradezu eine Voraussetzung des "slip-step-dissolution"-Modells, weshalb während einiger zurückliegender Jahre die Rolle der Stapelfehlerenergie für die SpRK allgemein intensiv diskutiert wurde [D13]. Die Gleitstufenhöhe geht natürlich auch in andere Modellvarianten als die einfache Vorstellung der vorübergehend aktiven Auflösung von Gleitstufen ein; mithin ist auch die Diskussion des Einflusses der Stapelfehlerenergie nicht obsolet.

Die diffusionslose Umwandlung des Austenits in raumzentrierten α'-Martensit läuft über hexagonalen ε-Martensit. Die Bildung hexagonaler Stapelfehler und die Bildung von hexagonalem ε-Martensit auf dem Weg zum α'-Martensit sind also im Prinzip verwandte Vorgänge; der metallphysikalische Hintergrund der Grobgleitung ist mithin ähnlich dem der Bildung von Martensitteilchen. Das Umschlagen in die Martensitstruktur wird dabei sowohl durch die plastische Verformung vor der Rißspitze wie auch durch dort einwandernden atomaren Wasserstoff begünstig [D 14a, b]. Auch wurde durch Elektronenbeugungsaufnahmen gezeigt, daß auf den Rißflanken α'-Martensit tatsächlich vorliegen kann [D14c]. Dann ist zu erwägen, ob der Rißfortschritt durch sprödes Brechen von Martensitplatten vor der Rißspitze erfolgt, oder ob es sich darum handelt, daß bei gleicher chemischer Zusammensetzung der Martensit schneller anodisch gelöst wird als der Austenit [D14d], oder ob statt dessen die Materialtrennung an der Martensit/Austenit-Phasengrenze eintritt [D14e]. In jedem Fall wird die Rißausbreitung insgesamt begünstigt. Atomarer Wasserstoff kann dann je nach Stabilität des Austenitgitters vermutlich sowohl unmittelbar über Dekohäsionseffekte, wie auch mittelbar über die Induktion der Martensitbildung wirksam werden.

Für das Einsetzen der Spannungsrißkorrosion existiert jeweils ein kritischer Schwellenwert des Elektrodenpotentials, der sinngemäß als ε_{SCC} bezeichnet wird. Wie bei niedrig legierten weichen Stählen fällt bei hinreichend hoher Zugbelastung ε_{SCC} anscheinend mit dem Aktiv/Passiv-Übergangspotential ε_p zusammen. Mit sinkender Belastung rückt ε_{SCC} zu positiveren Werten des Potentials in Richtung zum gewöhnlichen Lochfraßpotential. Möglicherweise handelt es sich darum, daß für den rißauslösenden Mikrolochfraß ein Grenzpotential $\leq \varepsilon_L$ existiert, das mit steigender Zugspannung negativer wird, bis schließlich mit der Aktivierung des Stahles auch der Mikrolochfraß verschwindet, und das bei sinkender Zugspannung schließlich mit ε_L zusammenfällt. Diese Arbeitshypothese ist allerdings derzeit ungeprüft. Sie erscheint aber auch aussichtsreich, um Änderungen von ε_{SCC} zu verstehen, die wie unten beschrieben z. B. durch Inhibitoren, oder z. B. durch die Änderung des Nickelgehaltes der Legierung verursacht werden.

Existiert eine Potentialschwelle ε_{SCC}, so hängt es bei einfachen Korrosionsprüfungen ohne Potentialvorgabe unter sonst gleichen Umständen von der Lage des freien Korrosionspotentials, oder auch Ruhepotentials ε_R relativ zu ε_{SCC} ab, ob Spannungsrißkorrosion eintritt oder ausbleibt. Dazu zeigt Tabelle 21 Messungen des Korrosionspotentials eines austenitischen Stahles in $MgCl_2$-Lösung mit Zusätzen von Natriumacetat und Natriumnitrit, die beide für verspannte Bügelproben die kritische Potentialschwelle zu positiveren Werten des Elektrodenpotentials verschieben, und das zugehörige spontan eingestellte Ruhepotential [D15a]. In reiner $MgCl_2$-Lösung wie auch bei Zusatz von 0,1% Natriumacetat bzw. 2% Natriumnitrat brachen die Proben durch Spannungsrißkorrosion, nicht aber bei Zusatz von 2% Natriumacetat und 5% Natriumnitrat, da in diesen beiden Fällen das Ruhepotential negativer lag als ε_{SCC}. Der Befund ist formal sehr klar, die genauere Ursache der Änderung von ε_R und ε_{SCC} nicht ohne weiteres. Die Autoren vermuten zur Änderung von ε_{SCC} einen Einfluß der Adsorption von Acetat-bzw. Nitrat-Anionen im Sinne der Spannungs-Adsorptions- Hypothese, doch läßt sich ebenso ein Einfluß der Verdrängung der aggressiven Cl^--Anionen aus der Adsorptionschicht auf dem Passivoxidfilm im Sinne der Hypothese des rißauslösenden Mikrolochfraßes auf (passiven) Gleitstufen diskutieren.

Wie bekannt und weiter oben bereits vermerkt, sinkt die SpRK-Empfindlichkeit mit über 8 – 9% steigendem Nickelgehalt von FeNiCr-Legierungen. Wie ebenfalls erwähnt, kann darin ein metallphysikalischer Einfluß der in dieser Richtung steigenden Stapelfehlerenergie gesehen werden. Solche Schlüsse aus zumeist einfachen Korrosionsversuchen können aber in die Irre führen. Dazu zeigt

Tabelle 21. Die kritische Potentialschwelle für das Einsetzen der transkristallinen Spannungsrißkorrosion und das nach einigen Stunden Versuchsdauer eingestellte Ruhepotential von Bügelproben aus 18-8 CrNi-Stahl (AISI 304) mit konstanter Verformung in $MgCl_2$ Lösung (Siedepunkt 130 °C) mit Inhibitorzusätzen (nach Uhlig und Cook)

Elektrolyt-Lösung	Kritische Potentialschwelle V	Ruhepotential V
$MgCl_2$	– 0,145	– 0,11
+ 0,1% CH_3COONa	– 0,132	– 0,12
+ 2% CH_3COONa	– 0,116	– 0,12
+ 2% $NaNO_3$	– 0,090	– 0,06
+ 5% $NaNO_3$	– 0,070	– 0,06

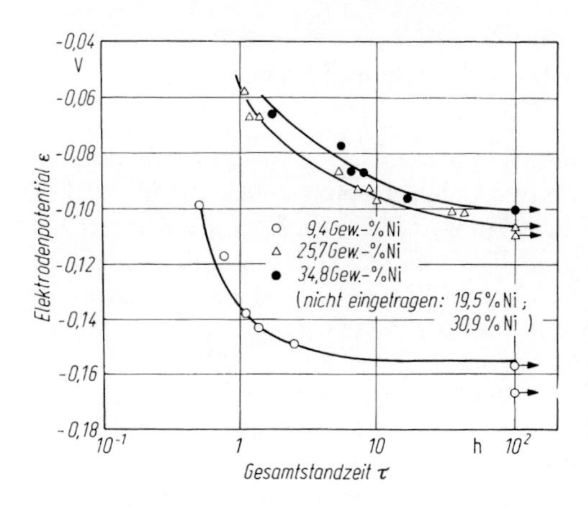

Bild 15.51. Die Abhängigkeit der Standzeit von Bügelproben (konstante Verformung) aus 20% Cr-Ni-Stählen als Funktion des Elektrodenpotentials in $MgCl_2$-Lösung (Siedepunkt 130 °C). (Nach Lee and Uhlig)

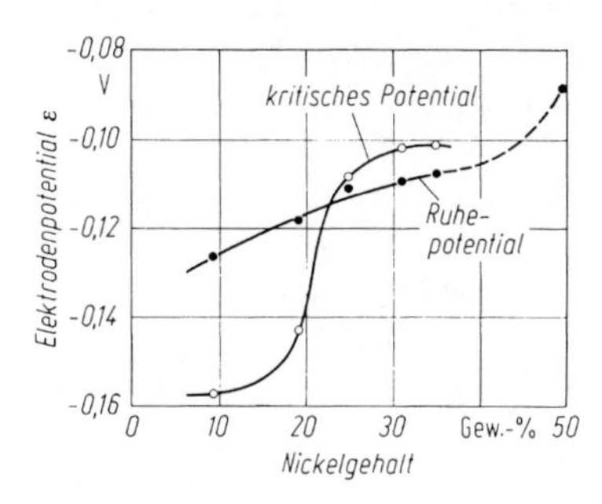

Bild 15.52. Die Abhängigkeit der kritischen Potentialschwelle der SpRK und des Ruhepotentials von 20% Cr-Ni-Legierungen in $MgCl_2$-Lösung vom Nickelgehalt. (Nach Lee und Uhlig)

Bild 15.51 das Ergebnis bereits verbesserter, nämlich potentiostatischer Standzeitmessungen mit verspannten Bügelproben aus Proben mit 20% Cr und unterschiedlichem Gehalt an Ni in heißer $MgCl_2$-Lösung. Danach reißen auch sehr Ni-reiche Legierungen, wenn nur das Elektrodenpotential hoch genug angesetzt wird, wobei die erforderliche zusätzliche anodische Polarisation mit weniger als 0,1 V relativ unerheblich erscheint [D15b]. Aus dem Bild liest man die kritische Potentialschwelle ε_{SCC} als Funktion des Ni-Gehaltes der untersuchten Legierungen ab. Diese sind in Bild 15.52 über dem Ni-Gehalt aufgetragen. Zugleich enthält dieses Bild die Daten für das freie Korrosionspotential ε_R, das sich in der heißen $MgCl_2$-Lösung für die verschiedenen Legierungen einstellt. Spannungsrißkorrosion wird dann ohne potentiostatische Potentialregelung wieder nur dann ausbleiben, wenn $\varepsilon_R \leq \varepsilon_{SCC}$, bei diesen Versuchen also zufällig für Ni-Gehalte über ca. 22%. Da aber auch hoch Ni-haltige Legierungen reißen würden, wenn nur eine relativ geringe zusätzliche Verschiebung des freien Korrosionspotentials um ca. 0,1 V zu positiveren Werten einträte, so scheinen weitreichende metallphysikalische Schlußfolgerungen riskant. Der Punkt berührt voraussichtlich auch Sicherheitsbetrachtungen.

15.4 Die Spannungsrißkorrosion der Titan-Legierungen in alkoholischen und wässrigen Halogenidlösungen

Titan und seine Legierungen gehören zu den Metallen, deren Brauchbarkeit als technische Werkstoffe mit der Passivierung durch einen Oxidfilm steht und fällt. Es besteht daher bei der SpRK der Titanlegierungen [E1] kein Zweifel, daß es sich um die SpRK passiver Metalle handelt. Die Passivität des Titans technischer Reinheit wurde bereits in Kap. 10 behandelt. Genauere Untersuchungen des Aufbaus, der Struktur und der Dicke der Passivschicht der Titanlegierungen liegen bislang kaum vor. Als Beispiel einer Stromspannungsmessung zeigt Bild 15.53 potentiodynamisch aufgenommene Stromspannungskurven von Ti-8 Al-1 Mo-1 V in Schwefelsäure [E2]. Man erkennt zwei Maxima der Stromdichte, die der Bildung zweier Oxide unterschiedlicher Bildungsenergie zugeschrieben werden können. Unter Hinzunahme der Ergebnisse von galvanostatischen Messungen der Oxidreduktion interpretieren die Autoren dieses Verhalten im Rahmen des für Reintitan schon diskutierten Modells der Sandwich-Schicht Ti_2O_3/TiO_2. Danach wäre der Einfluß der Zuschlagmetalle im Prinzip gering. Demgegenüber wird eine sehr starke Erhöhung der Lochfraßanfälligkeit gefunden. Das Durchbruchspotential von Ti-8-1-1 liegt in 3%iger NaCl-Lösung bei Raumtemperatur bei ca. + 2 V gegenüber mehr als + 10 V für Reintitan. Auch dieser Wert des Durchbruchspotentials ist aber noch zu hoch, um in der Praxis Lochfraß erwarten zu lassen.

In Methanol-Salzsäure-Lösungen reißt Titan technischer Reinheit [E3a], wenn der Alkohol hinreichend wasserfrei war. Dazu zeigt Bild 15.54 nach einfachen Messungen mit dünnen gespannten Titanfolien den Effekt der Salzsäure-Konzentration und des Wassergehaltes des Methanols [E 3b]. Bei sehr geringem Wassergehalt genügen bereits 10^{-5} mol/kg HCl zur Rißauslösung. Höhere Wassergehalte inhibieren den Effekt.

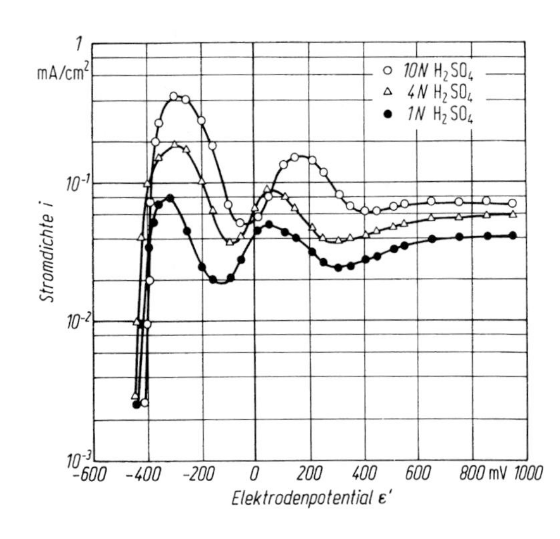

Bild 15.53. Potentiokinetisch gemessene anodische Stromspannungskurven von Ti-8Al-1Mo-1V (Gew. %) in H_2SO_4-Lösungen wechselnder Konzentration. (Nach Chen, Beck und Fontana). ε' gem. gegen ges. Kal. Elektrode

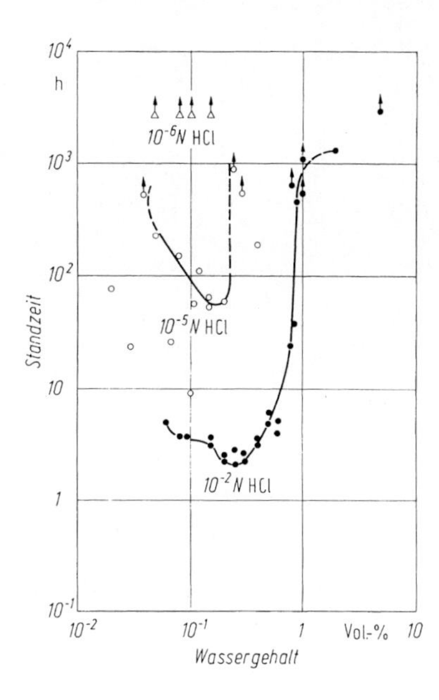

Bild 15.54. Die Standzeit dünner Titanfolien (0,07% Fe; 0,02 C; 0,01 N; 0,04 H), bei Belastung mit 75% der Streckgrenze bei 30 °C in Methanol mit verschiedenen Gehalten an H_2O und HCl. (Nach Haney und Wearmouth)

Desgleichen reißt Titan technischer Reinheit auch in Methanol/Bromid- [E4a] und Methanol/Jodid-Lösungen [E4b], wobei es nicht darauf ankommt, ob das Halogen in der Form der Säure, des Salzes, oder elementar zugefügt wird. Methanol kann durch höhere Alkohole ersetzt werden, wobei die Standzeit gespannter Proben linear mit der Viskosität der Lösung ansteigt [E 4c]. Nimmt man die Standzeit als ungefähres Maß für den Kehrwert der mittleren Rißfortpflanzungsgeschwindigkeit, so ergibt sich die Vermutung, daß für die Rißausbreitung die Diffusion von Reaktionsteilnehmern im Alkohol geschwindigkeitsbestimmend ist. Der Alkohol wirkt nach dieser Vorstellung nur als Lösungsmittel des Elektrolyten, und die eventuelle Möglichkeit der Reaktion des Titans unmittelbar mit Alkohol bleibt außer Betracht.

Die SpRK-Risse von Reintitan verlaufen interkristallin. Dabei ist die Beobachtung wichtig, daß je nach den Versuchsbedingungen SpRK mit überlagerter interkristalliner Korrosion auftritt, und daß endlich auch interkristalline Korrosion ungespannter Proben vorkommt. Dazu zeigt Bild 15.55 [E 5] metallographische Querschliffe durch korrodierte Proben von Reintitan, die wasserhaltigem und NaCl-haltigem Methanol ausgesetzt waren. Die Reihenfolge der Bilder entspricht einem sinkenden Verhältnis von Chloridgehalt zu Wassergehalt des Methanols und damit einer sinkenden Aggressivität der Lösung. Es muß für den Zusammenhang allerdings unterstellt werden, daß das nominell HCl-freie Methanol Chloridspuren doch enthielt, da Titan gegen völlig reines Methanol immun sein sollte. Danach handelte es sich grundsätzlich um eine Anfälligkeit des Materials gegen interkristalline Korrosion, die mit sinkender Aggressivität der Lösung steigender Mitwirkung mechanischer Zugspannungen bedarf, um zum Schaden zu führen.

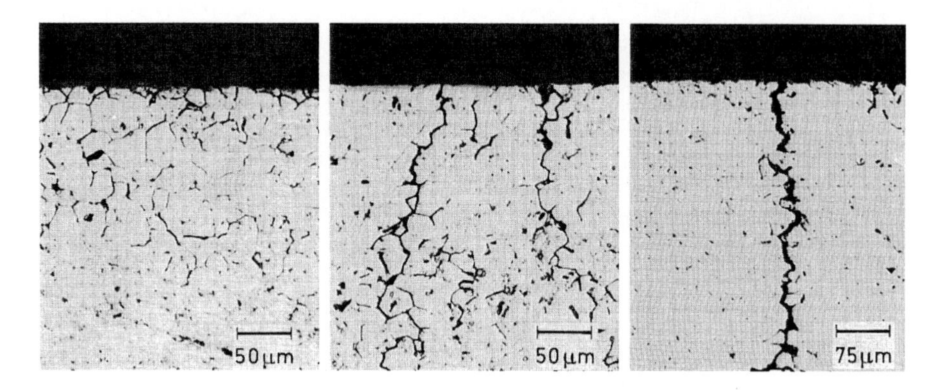

Bild 15.55. Querschliffe von Titan (0,1% Fe; 0,008 N; 0,006 H) nach Korrosion in Methanol. Links: CH_3OH + 0,1%H_2O + 0,1 M NaCl. Mitte: CH_3OH + 0,1% H_2O + 10^{-5} M NaCl. Rechts: CH_3OH + 10 ppm H_2O. (Ausschnitte aus Schliffbildern bei Mazza)

Weshalb der Übergang vom Lösungsmittel Wasser zum Lösungsmittel Alkohol wichtig ist, und worin die Rolle des Wassers als Inhibitor besteht, ergibt sich aus Stromspannungsmessungen [E 5]. Wie Bild 15.56 zeigt (ähnliche Messungen leigen für fluorid-, bromid- und jodidhaltigen Alkohol vor), ist Titan in Methanol bei hohem Verhältnis von Wasser- zu Chloridgehalt stabil passiv, in Methanol mit kleinem Verhältnis von Wasser- zu Chloridgehalt dagegen aktiv. In einem Übergangsbereich erhält man zusätzlich stabile Passivität mit zeitlich sinkenden Stromdichten, bis ein Durchbruchspotential erreicht wird, worauf ein Bereich der instabilen Passivität mit zeitlich dauernd steigenden Stromdichten folgt. Danach ist die SpRK und die interkristalline Korrosion des Titans hauptsächlich durch die bei gegebenem passivierendem Wassergehalt aktivierende Wirkung der Halogen-Ionen bestimmt. Bereits bei leicht erhöhtem Gehalt an Legierungsbestandteilen treten bei der SpRK des Titans transkristalline Rißanteile auf. Dazu zeigt

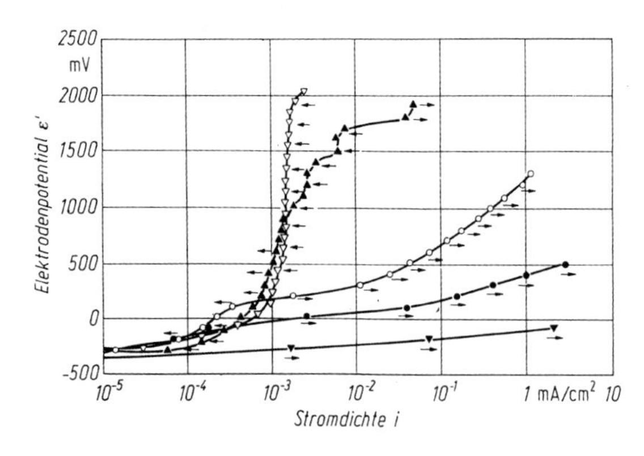

Bild 15.56. Anodische Stromspannungskurve des Titans technischer Reinheit in Methanol mit Zusatz von 0,01 mol/l NaCl + 0,1% H_2O (▼); 2% H_2O (●); 4% H_2O (○); 10% H_2O (△); 50% H_2O (▽). Pfeile → zeigen zeitlich steigende, Pfeile ← zeitlich sinkende Stromdichten an. ε' bez. auf ges. Kal. Elektrode. (Nach Mazza)

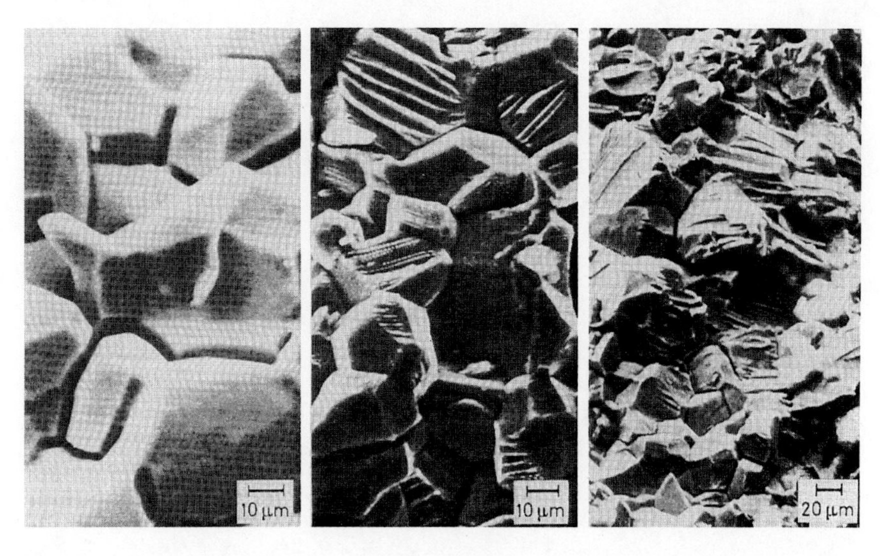

Bild 15.57. Links: Interkristalline Buchfläche einer in CH_3OH/HCl unter Spannungsvorkorrodierten Bruchfläche von Titan technischer Reinheit.–Mitte: Inter-und transkristalline Spannungskorrosions-Bruchflächen von stark sauerstoffhaltigem Titan CH_3OH/HCl.–Rechts: Dasselbe, jedoch an einer Probe, die nach Wärmebehandlung TiH_2-Ausscheidungen aufwies. (Ausschnittvergrößerung nach fraktografischen Aufnahmen bei Powell und Scully)

Bild 15.57 (links) zunächst eine Rasterelektronenmikroskop-Aufnahme der rein interkristallinen Bruchfläche von Titan mit 0,024% Fe und 40 ppm H [E 6a]. Es handelte sich um eine U-Probe, die in salzsäurehaltigem Methanol nicht gebrochen, jedoch durch interkristalline bzw. durch beginnende Spannungsrißkorrosion geschädigt und danach in der Zugmaschine zum Bruch gebracht worden war. Unter gleichen Versuchsbedingungen geht weniger reines Ti (0,015% Fe; 2900 ppm O; 65 ppm H) bereits während des Korrosionsversuches zu Bruch und die Bruchfläche weist nach Bild 15.57 (Mitte) einen deutlichen Anteil transkristalliner Spaltungen auf. Auch die Kaltverformung des Titans kann zu transkristallinen Bruchanteilen führen. Damit erscheint im ganzen der Übergang vom Titan technischer Reinheit zu den Legierungen fließend. Als Hinweis für die weiter unten folgende Diskussion zeigt Bild 15.57 (rechts) die SpRK-Bruchfläche des gleichen Titans wie in Bild 15.57 (Mitte), jedoch nach vorausgegangener Wärmebehandlung (1 h 700 °C, Ofenkühlung), die TiH_2-Ausscheidung erzeugte. Der Anteil von transkristallinen Spaltbrüchen an der Bruchfläche ist erheblich größer als vorher, bei sonst gleichem Habitus des Bruches. Derartigen Beobachtungen werden als Argument für eine Deutung herangezogen, die für die Bruchvorgänge der Versprödung durch Hydridausscheidungen die Hauptrolle zuschreibt.

Wie für unlegiertes Titan ist für die Legierungen in Methanol/HCl das Auftreten von SpRK-Rissen im statischen Zugversuch mit ungekerbten Proben typisch. Bild 15.58 zeigt dazu die Standzeit der β-Legierung Ti-13 V-11 Cr-3 Al in

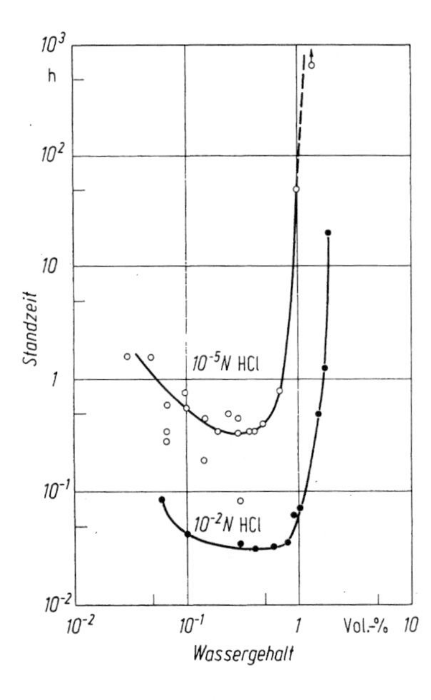

Bild 15.58. Standzeit dünner, gespannter Folien aus Ti-13V-11Cr-3Al (Gew.-%) in $CH_3OH/H_2O/HCl$-Lösungen. (Nach Haney und Wearmouth)

Methanol mit Zusätzen von H_2O und HCl, gemessen nach einem bereits weiter oben (vgl. Bild 15.54 [E 3 b]) beschriebenen Verfahren. Die Standzeiten sind durchweg erheblich kürzer als im Falle des α-Titans, die Abhängigkeit von der HCl- bzw. H_2O-Konzentration ist jedoch qualitativ die gleiche. Die Immunität bei hinreichend hohem Wassergehalt der Lösungen stellt den Zusammenhang mit dem Verhalten der Legierungen in rein wäßrigen Lösungen wie etwa Meerwasser her: Dort wurde SpRK ungekerbter Proben unter statischer Belastung noch für keine Legierung des Titans beobachtet. Interessant ist der Wiederanstieg der Standzeiten bei sehr kleinem Wassergehalt des Methanols, der in Bild 15.54 bereits für unlegiertes Titan angedeutet war, hier aber deutlicher zutage tritt. Diese Messungen legen die Vermutung nahe, daß eine schwache Passivierung der Metalloberfläche die SpRK mindestens stark fördert. Demgegenüber scheint sowohl völlige Abwesenheit des Passivators H_2O als auch die stabile Passivierung in wasserreicher Lösung die SpRK-Empfindlichkeit aufzuheben. Es fehlen jedoch an dieser Stelle wichtige Messungen über die relativen Einflüsse der Inkubationszeit einerseits und der Rißausbreitungszeit andererseits auf die Gesamtstandzeit.

Nach fraktographischen Untersuchungen an der α-Legierung Ti-5Al-2,5Sn haben die Bruchflächen unter der Einwirkung von Methanol/HCl weitgehend dasselbe Aussehen wie nach Einwirkung von wäßrigen NaCl-Lösungen [E 6b]. Gekerbte Proben der α-β-Legierung Ti-8 Al-1 Mo-1 V zeigen ebenfalls weitgehende Analogien des Verhaltens in Methanol/HCl und in wäßrigen NaCl-Lösungen: In beiden Lösungssorten liegen die Spaltebenen nahe zur hexagonalen Basisfläche (0001) der α-Kristallite, und es hemmen sowohl β-Körner als auch aus β entstandener Martensit die Rißfiortpflanzung. Zwar ist einerseits die für das Anlaufen der Risse erforderliche lokale Spannungsintensität in CH_3OH/HCl geringer als in

H_2O/NaCl, andererseits die Rißfortpflanzung in methanolischen Lösungen langsamer als in wäßrigen. Dennoch wird man für den Augenblick zweckmäßig mit der Hypothese arbeiten, daß der Mechanismus der Rißfortpflanzung einmal angerissener Proben für alkoholische und für wäßrige Lösungen in wesentlichen Grundzügen ähnlich ist. Inwieweit in dieses vereinheitlichte Bild auch die Fälle der SpRK in Tetrachlorkohlenstoff [E6b, c, E7a] sowie in fluorierten Chlorkohlenwasserstoffen [E7b] passen, kann hier nicht erörtert werden. Die SpRK in Stickstofftetroxid [E7c] dürfte ein Sonderfall sein.

Wie schon bemerkt, zeigen Titanlegierungen bei der Prüfung glatter Proben unter statischer Zugbelastung in neutraler NaCl-Lösung, oder auch in Meerwasser, keine SpRK. Bild 15.6 lehrte aber, daß die SpRK-Empfindlichkeit im dynamischen Zugversuch nachgewiesen werden kann. Statische und dynamische Prüfungen glatter Proben haben also in diesem Fall verschiedene Ergebnisse. Vermutlich handelt es sich darum, daß im Falle statischer Prüfungen die Inkubationszeit der Rißkeimbildung sehr lang wird. Der Grad der SpRK-Empfindlichkeit ist vom Legierungstyp und der Probenvorbehandlung stark abhängig [E 8], worauf wir hier nicht eingehen. Grundsätzlich wichtig ist der Befund [E 9], daß es zumindest im Falle des Ti-7Al-2Nb-1Ta darauf ankommt, daß die statische Last auf die Probe mit Ermüdungsanriß erst aufgegeben werden darf, wenn die Probe schon unter Elektrolytlösung steht. Andernfalls tritt der Bruch erst ein, wenn die an Luft gemessene Bruchzähigkeit erreicht wird. Dies legt die Vermutung nahe, daß es darauf ankommt, mit der ersten durch die Lastaufgabe bewirkten Verformung den SpRK-Mechanismus in Gang zu bringen.

Die Rißausbreitung in Titanlegierungen zeigt bei bruchmechanisch orientierten Versuchen den typischen Gang der $\ln v - K_I$-Kurve durch einen Steilanstieg bei K_{ISCC} und einen „Plateau"- Bereich II [E10]. Im Plateaubereich finden sich bei Titanlegierungen sonst anscheinend nicht beobachtete Stufen, die hier außer Betracht bleiben mögen. Der charakteristische Kurvenverlauf findet sich für die Rißausbreitung z. B. in Ti- 8Al- 1Mo- 1V in den verschiedensten Medien, so etwa in reinem Methanol (mit $v_{Plateau} \approx 10^{-6}$ m/s), Tetrachlorkohlenstoff, Salzsäure, Chlorid-Salzschmelzen, Quecksilber (mit $v_{Plateau} \approx 10^{-1}$ m/s). In dieser Legierung breiten sich Spannungskorrosionsrisse in KCl- Lösung im Plateaubereich z. B. mit ca. 10^{-4} m/s aus. Es bestehen dann erhebliche Zweifel daran, daß hinreichend hohe Stromdichten der anodischen Metallauflösung zur Deutung der Rißausbreitungsgeschwindigkeit angenommen werden können. Für die Legierung Ti- 6Al- 4V zeigt Bild. 15.59 die Abhängigkeit sowohl von K_{ISCC} als auch der Rißausbreitungsgeschwindigkeit im Plateaubereich der $\ln v - K_I$-Kurve vom Elektrodenpotential [E11]. Zumal das Verhalten von K_{ISCC} ist überraschend: Dem Verlauf dieser Kurve entsprechend wechselt offensichtlich der geschwindigkeitsbestimmende Mechanismus der Rißauslösung im Verlauf des Elektrodenpotentials. Eine einleuchtende Deutung solcher Befunde liegt zur Zeit nicht vor. Man hat dabei zu beachten, daß die Oberflächenchemie des Titans und seiner Legierungen wegen der starken Tendenz nicht nur zu Oxidbildung, sondern auch zur Hydridbildung, im Rahmen der üblichen Vorstellungen über aktive Rißspitzen im Kontakt mit passiven Rißflanken ungewöhnlich ist, daß also Titanlegierungen dementsprechend ungewöhnliches Verhalten zeigen können. Die Abhängigkeit der Plateau-Riß-

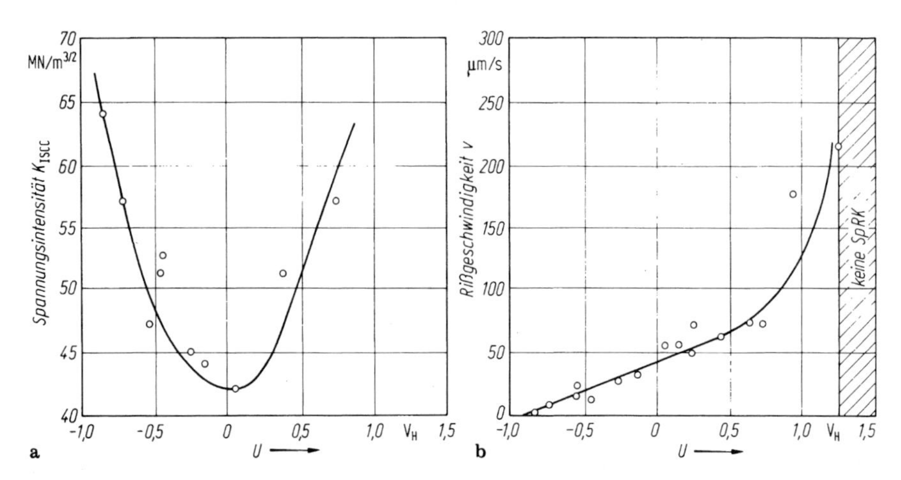

Bild 15.59a, b. Die Spannungskorrosions-Rißausbreitung in DCB-Proben aus der Legierung Ti-6Al-4V in 3,5% iger NaCl-Lösung als Funktion des potentiostatisch vorgegebenen Elektrodenpotentials. **a** Der Grenzwert K_{ISCC} für verschwindende Rißausbreitung. **b** Die Rißausbreitungsgeschwindigkeit im Plateau-Breich II der $\ln v$-K_I-Kurve. (Nach Vogelhuber).

ausbreitungsgeschwindigkeit vom Elektrodenpotential ist nach demselben Bild zunächst normal im Sinne der Vorstellung der Rißausbreitung durch anodische Metallauflösung durch allerdings sehr hohe Stromdichten an der Rißspitze. Sie ist wieder abnorm sowohl wegen des Steilanstiegs der Rißausbreitungsgeschwindigkeit bei stark positivem Elektrodenpotential und dem darauf folgenden völligen Verschwinden der Rißausbreitung bei weiter gesteigerter anodischer Polarisation. Im Lichte derart komplizierter Befunde sind die im folgenden diskutierten vergleichsweise einfachen Theorieansätze zu betrachten.

Da das Normalpotential $E^0_{Ti/Ti3+}$ einer $Ti/Ti_3{}^+$-Elektrode mit $-$ 1.45 V sehr negativ leigt, so steht für die anodische Titanauflösung an der Rißspitze bei normal bemessener Konzentration von gelöstem Titan eine erhebliche Überspannung η_{Ti} zur Verfügung [E12a]. Schätzt man das Elektrodenpotential an der Rißspitze zu z. B. ca. $-$ 0.9 V, und nimmt man an, daß der Durchtritt der Titan- Kationen durch die elektrische Doppelschicht geschwindigkeitsbestimmend ist, so erhält man rechnerisch mit der Schätzformel Gl. 15.5 für das Verhältnis I_{Me}/i^0_{Me} die Größenordnung 10^9. Damit wird für plausible Werte von i^0_{Me} die so geschätzte Stromdichte I_{Me} enorm hoch, so daß anzunehmen ist, daß in Wirklichkeit die Gl. 15.5 nicht gilt, weil sich die Rißspitze mit einer Salzschicht ebenso bedeckt, wie dies für die Mikro-Vorgänge des Lochfraßes in Kap. 12 diskutiert wurde. Dann erhält man ein Modell des Mechanismus der Spannungsrißkorrosion, das dem in Bild 15.10 für die SpRK ausgehärteter AlZnMg-Legierungen genau entspricht. Wie dort speziell für AlZnMg-Legierungen, so wird hier für Titan-Legierungen die Frage der selektiven Legierungskorrosion nicht berührt. Das Modell ist im übrigen seinerseits eine direkte Übersetzung eines Lochfraßmodells für Aluminium in die

Geometrie eines Spannungskorrosionsrisses. Wie in Kap. 12 dargelegt, ist dieses Modell allerdings zu einfach. Insbesondere muß die früher für die quantitative Auswertung benutzte Randbedingung, die Stromdichte der anodischen Metallauflösung müsse mindestens gerade so hoch sein, daß sich im Lochinneren eine an der Gleichgewichtsphase des jeweiligen Aluminiumhalogenids gesättigte Elektrolytlösung stabilisiert, korrigiert werden. Dasselbe gilt vermutlich auch für die Annahme [E12b], es sei die Stromdichte an der Spitze eines Spannungskorrosionsrisses in einer Titanlegierung mindestens gerade so hoch, daß sich dort in einer gesättigten $TiCl_3$-Lösung eine Deckschicht von festem $TiCl_3$ bilde. Wie in Kap. 12 ebenfalls dargelegt, bleiben aber, mit veränderten Randbedingungen, die Berechnungen des Zusammenspiels von Diffusion und Migration für die Entstehung von Loch- bzw. Rißelektrolyten besonderer Zusammensetzung im Prinzip richtig. In Anbetracht des Näherungscharakters solcher Rechnungen bleibt dann sogar die Benutzung nicht genau richtiger Randbedingungen u. U. ohne schwerwiegende Folgen. Varianten der Näherungslösung der Differentialgleichungen für den Stofftransport in engen Spalten bzw. Rissen durch überlagerte Diffusion gemäß dem Ohmschen Gesetz und Diffusion gemäß dem 1. Fickschen Gesetz, regelmäßig mit Vernachlässigung eines Einflusses der Konvektion etwa durch Gasblasen, wurden schon in Kap. 15.1 vorgestellt. Für den speziellen Fall der SpRK der Titanlegierungen ist eine Lösung des Problems mitgeteilt worden, die davon ausgeht, daß im Bereich der nicht repassivierten, mit festem $TiCl_3$ bedeckten Rißspitze entsprechend dem Lochfraßmodell überall eine homogene gesättigte $TiCl_3$-Lösung vorliegt [E12b]. In ihr erfolgt der Transport von Ti^{3+}-Kationen also nur durch elektrolytische Überführung. Die Lösung dieses Teilproblems erhält man wie für Gl. 15.1 dargelegt, wenn man dort x_2 nicht mit der Rißlänge identifiziert, sondern (vgl. Bild 15.10) mit der kleinen Länge der nicht repassivierten, chloridbedeckten Rißspitze. Es wird weiter argumentiert, das für den äußeren, repassivierten Rißbereich die Ohmsche Spannung vernachlässigbar ist, die erste Teilrechnung also schon die Spannung längs des gesamten Risses liefert. Im äußeren Bereich des Rißelektrolyten bewegen sich die Ti^{3+}-Kationen in einem Konzentrationsfeld zwischen der Sättigungskonzentration c_S des $TiCl_3$ nahe der Rißspitze und der Konzentration $c \approx 0$ in einem Abstand von z. B. 0,1 cm von der Rißspitze. In diesem äußeren Bereich enthält die Lösung die Ionen des umgebenden Elektrolyten im Überschuß, weshalb in einer zweiten Teilrechnung für die Wanderung der Ti^{3+}-Kationen durch den äußeren Rißbereich nur das 1. Ficksche Gesetz in Ansatz zu bringen ist. Man erhält mithin zwei Ausdrücke für die in den beiden Rißbereichen im stationären Zustand gleichen Flüsse der Wanderung der Ti^{3+}-Kationen. Der weitere Gedanke geht dahin, daß aus der Wanderungsgeschwindigkeit die Stromdichte der Titanauflösung an der Rißspitze und daraus mit dem Faradayschen Gesetz die Rißausbreitungsgeschwindigkeit zu erhalten ist. Die Durchführung der Rechnung ergibt, mit plausibler Anpassung mehrerer wählbarer Parameter, eine größenordnungsmäßig zufriedenstellende Begründung der Beobachtung, daß in neutralen Salzlösungen die Rißausbreitungsgeschwindigkeit in Ti- 8Al- 1Mo- 1V eine untere Grenze bei ca. 10^{-5} (m/s) hat, und daß die Änderung $\partial v/\partial \varepsilon$ der Rißgeschwindigkeit v mit dem Elektrodenpotential ε ca. $2 \cdot 10^{-4}$ (cm/sV) beträgt. Nach Bild 15.59 ist v in Ti-6Al-4V im Grenzfall bei ca. –1 V kleiner, aber immerhin nicht erheblich kleiner als 10^{-5} (m/s); $\partial v/\partial \varepsilon$ beträgt im Bereich des linearen Zusammenhanges zwischen v und ε ca. $4 \cdot 10^{-5}$ (cm/sV). Dergleichen Abweichungen kann das Rechenmodell z. B. durch Variation der angenommenen Höhe h (vgl. Bild 15.16) verarbeiten, und im ganzen mag die Größenordnungsmäßige Richtigkeit der Abschätzungen festgehalten werden.

Mit solchen Näherungsrechnungen unter Annahame einer zeitlich kontinuierlichen Rißausbreitung wird das Vorliegen einer in Wirklichkeit diskontinuierlich intermittierten Rißausbreitung im Prinzip nicht ausgeschlossen. Rechnungen dieser Art wären nur dann sehr unzutreffend, wenn die Schritte der Rißausbreitung zeitlich so weit auseinander liegen, daß in der Zwischenzeit jeweils der Rißelektrolyt durch Diffusion nach außen verloren geht. Es können also weiterhin Modelle der diskontinuierlichen Rißausbreitung diskutiert werden. In Anbetracht der hohen Affinität des Titans zu Wasserstoff liegt insbesondere die Frage der Wasserstoffversprödung sehr nahe, und in diesem Zusammenhang die spezielle Frage der Versprödung durch Titanhydridausscheidungen. Man vergleiche dazu die fraktografischen Aufnahmen in Bild 15.60 [E6e]. Dort zeigt die erste Aufnahme die Bruchoberfäche einer Probe aus Ti-5Al-2,5Sn nach einem Langsam-Zugversuch in NaCl-Lösung, die zweite die Bruchoberfläche eines Sauerstoff-reichen Titans, gebrochen im Zugversuch an Luft nach einer vorausgegangenen Wärmebehandlung, die feindisperse Hydridausscheidungen erzeugte, die dritte die Bruchoberfläche einer Probe aus Ti-5Al-2,5Sn gebrochen im Zugversuch an Luft nach Vorkorrosion in methanolischer HCl-Lösung. Die Rißausbreitung ist in jedem

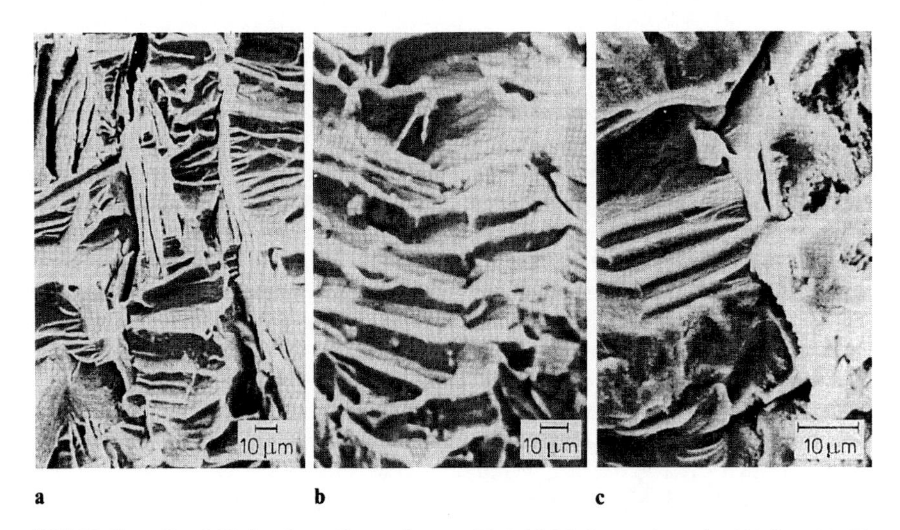

Bild 15.60. **a** Bruchfläche einer Zugprobe aus Ti-5-Al-2,5 Sn, gerissen in 3% iger NaCl-Lösung bei der Dehngeschwindigkeit 0,5 mm/min. **b** Bruchfläche einer Zugprobe aus Ti-2100 ppm O, die zur Erzeugung feinverteilter Hydridausscheidungen von 700 °C langsam abgekühlt wurde, Bruch an Luft. **c** Bruchfläche von Ti-5- Al-2,5 Sn, ungespannt vorkorrodiert in CH_3OH/HCl, dann an Luft zerrissen. (Nach Scully)

Fall transkristallin, das Aussehen der Bruchflächen sehr ähnlich. Da für das Titan mit Hydridausscheidungen deren Vorliegen den Rißverlauf stark beeinflussen sollte, so ist zu diskutieren, ob dasselbe für die Legierungsproben ebenfalls zutrifft. Dazu ist allerdings bei Versuchen bei konstanter Temperatur ein Mechanismus erforderlich, der vor der Hydridausscheidung für die Übersättigung des Gitters des Metalls an homogen interstitiell gelöstem Wasserstoff und dann für die Gleichgewichtseinstellung durch Hydridausscheidung sorgt. Wasserstoff, der statt dessen die Ausbildung einer Hydridschicht an der Probenoberfläche verursacht, würde die Rißausbreitung voraussichtlich blockieren. Also wird vermutet, daß es sich um das Einschleppen von atomarem Wasserstoff durch Versetzungstransport während plastischer Verformung handelt, mit folgender, ebenfalls Verformungs-induzierter, Titanhydridausscheidung auf Gleitebenen. Der Effekt führt den Namen "low strain rate embrittlement", da er bei schneller Verformung offenbar nicht wirksam werden kann. Der Wasserstoff selbst entsteht nach dieser Vorstellung gemäß dem Modell der „anodischen" Wasserstoffversprödung durch lokale Säurekorrosion an der Spitze des Spannungskorrosionsrisses, womit der Anschluß an die vorangegangenen Überlegungen hergestellt ist.

15.5 Die interkristalline Spannungsrißkorrosion der aushärtenden Legierungen des Aluminiums mit Zink, Magnesium und Kupfer

In der Gruppe der Ausscheidungs-härtenden, teils hochfesten Legierungen des Aluminiums ist die Empfindlichkeit gegenüber interkristalliner Spannungsrißkorrosion in der technischen Praxis hinderlich [F 1]. Typisch ist dafür der Fall des AlZn5Mg3, also des Al-5Gew.% Mg-3Gew.% Zn, dessen Zustand höchster Aushärtung wegen zu großer SpRK-Anfälligkeit nicht ausnutzbar ist, so daß komplizierte Stufen- Wärmeauslagerungsprogramme notwendig sind, um zu einem tragbaren Kompromiß hinsichtlich Festigkeit einerseits und Korrosionsbeständigkeit andererseits zu kommen. In der Praxis führt das bei den AlZnMg- Legierungen zur überwiegenden Verwendung der Typen AlZn5Mg2 und zumal AlZn5Mg1, die sicherer handhabbar sind.

Die Legierung AlZn5Mg3 ist hinsichtlich des SpRK-Verhalten der eine Prototyp der ausgehärteten Aluminiumlegierungen. Wie weiter unten genauer gezeigt, erscheint hier die Anfälligkeit für interkristalline SpRK schon für sich allein in einem Bereich des Elektrodenpotentials, wo abtragende Korrosion, Lochfraß und interkristalline Korrosion nicht vorkommen. Dazu zeigt Bild 15.61 vorweg die stationäre Summenstrom- Spannungs- Kurve von rein erschmolzenem AlZn5Mg3 in 1 N NaCl-Lösung für mehrere Auslagerungszustände der Legierung [F2b]. Die Details werden weiter unten besprochen; hier ist zunächst als wesentlich festzuhalten, daß die Legierung in der Chloridlösung einen Passivbereich aufweist, in dem keine merklichen Ströme von Elektrodenreaktionen fließen. In diesem Bereich ist die anodische Metallauflösung durch die Passivschicht blockiert, die

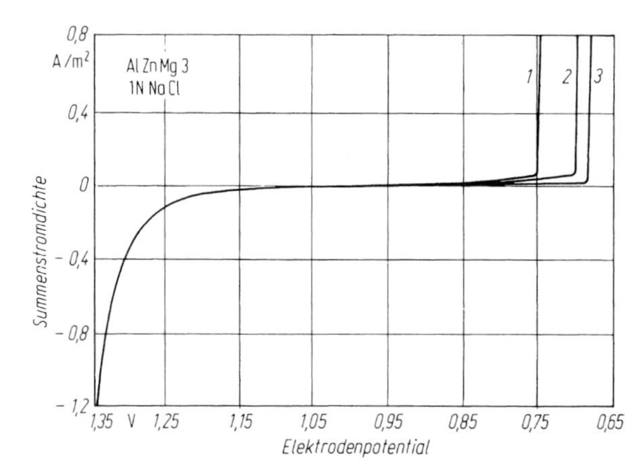

Bild 15.61. Die stationäre Stromspannungskurve von rein erschmolzenem AlZnMg3 in 1 N NaCl-Lösung, O_2-haltig, bei Raumtemperatur.
1: Material lösungsgeglüht bei 753 K; 2: 100 h Auslagerung bei 373 K;
3: Stufenauslagerung 15 min bei 353 K, 100 h bei 453 K. (Nach Richter u. Kaesche)

zugleich wie bei Reinaluminium als Isolator wirkt, an dem auch keine kathodische Sauerstoffreduktion möglich ist. Der Passivbereich wird einerseits durch das Durchbruchspotential für Lochfraß bzw. interkristalline Korrosion begrenzt, andererseits durch das Versagen des Oxidfilms im Bereich der „kathodischen“ Korrosion des Aluminiums mit überlagerter Wasserstoffentwicklung (vgl. Kap. 10). Unter solchen Bedingungen ist einerseits das freie Korrosionspotential nur unsicher streuend im Passivbereich festgelegt, bleibt aber negativer als das Durchbruchspotential für Lochfraß bzw. interkristalline Korrosion. In eben diesem negativeren Potentialbereich wird dann aber die interkristalline Spannungsrißkorrosion beobachtet.

Der zweite Prototyp ist die Modell-Legierung AlCu4, d. h Al-4Gew.% Cu. Bei dieser ist anscheinend die SpRK-Empfindlichkeit auf den Potentialbereich der auch ohne mechanische Zugspannung eintretenden interkristallinen Korrosion und des Lochfraßes beschränkt [F3a]. Der eigentliche Lochfraß dieser Legierung und die interkristalline Korrosion als eine Art gehäufter Lochfraß in den durch die Al_2Cu-Ausscheidungen auf Korngrenzen erzeugten Kupfer-verarmten Säumen der Korngrenzen wurden bereits in Kap. 13 beschrieben. Die interkristalline SpRK erscheint dann als Variante der interkristallinen spannungslosen Korrosion mit Komplikationen, die hier nicht diskutiert werden.

Ähnlich wie die Modell- Legierung AlCu4 verhält sich vermutlich auch die technische Legierung AlCu5Mg2 des Flugzeugbaus [F3b]. Legierungen dieses Typs werden bekanntlich wegen sonst ungenügender Korrosionsbeständigkeit mit Reinaluminium dünn plattiert. Die Ursache wird durch Bild 15.62 deutlich [F4]: Auch für dieses Material ist zwar unterhalb des jeweiligen Durchbruchspotentials für Lochfraß bzw. interkristalline spannungslose Korrosion die anodische Metallauflösung durch den Passivoxidfilm blockiert. Zugleich verläuft aber in Gegenwart von gelöstem O_2 die kathodische Reduktion des im Elektrolyten gelösten Sauerstoffs ohne wirksame Hemmung im Bereich des kathodischen Diffusionsgrenzstromes (vgl. Kap. 5). Zwei Ursachen kommen in Frage und werden zur Zeit untersucht: Entweder ist die Passivschicht durch Dotierung des Aluminiumoxids

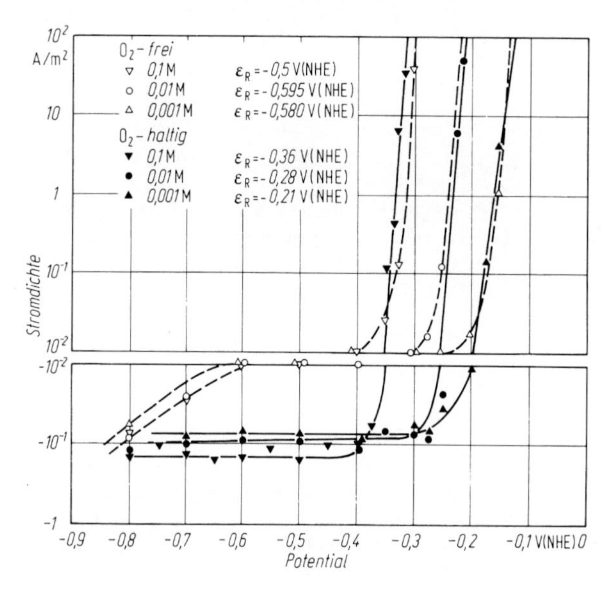

Bild 15.62. Die Stationäre Stromspannungskurve einer technischen Legierung Al-4,5 Gew.% Cu-2Gew.% Mg (T 351) in 1 N NaCl-Lösung bei 30 °C. Offene Symbole: Lösung O_2-frei; ausgefüllte Symbole Lösung O_2-haltig. (Nach Nikol und Kaesche)

mit anderen Legierungsbestandteilen hinreichend elektronenleitend geworden, oder es handelt sich um Elektronenleitung über intermetallische Ausscheidungen in der Legierung, deren Partikel die Passivschicht durchdringen. Für die Praxis liegt der wesentliche Effekt darin, daß nun das freie Korrosionspotential direkt gleich dem Durchbruchspotential für Lochfraß bzw. interkristalline Korrosion wird. Deshalb setzen diese Spielarten der Korrosion spontan massiv ein, sobald ein chloridhaltiger Elektrolyt einwirkt, im Gegensatz etwa zum Lochfraß des Reinaluminiums, der nur bei Kontaktkorrosion oder anderer äußerer Polarisation in Gang kommt. Diese Effekte demonstrieren insgesamt den Einfluß der Natur des Oxidfilms auf den spontanen Lochfraß wie auch auf die spontane interkristalline Korrosion und Spannungsrißkorrosion, der bei den üblichen und in der Tat normalerweise vorzuziehenden Versuchen mit potentiostatischer Polarisationsschaltung nicht zu Tage tritt. Die wünschenswerten Untersuchungen der Oxidfilme auf Aluminiumlegierungen stehen weitgehend noch aus. In einem Einzelfall wurde durch Auger- Spektroskopie gefunden, daß die Oxidhaut auf AlZn5,5 Mg2.5 nach der Wärmebehandlung überwiegend aus MgO besteht, auf dem später an Luft ein Al-reiches Oxid aufwächst [F5].

Den typischen Befund bruchmechanischer Untersuchungen mit selbstspannenden DCB-Proben zeigte bereits Bild 15.8. Man beachte dort insbesondere, daß die Rißausbreitung auch in destilliertem Wasser beobachtet wird. Anders als beim hochfesten Stahl (vgl. Kap. 15.2) spielt hier aber die Salzkonzentration der Elektrolytlösung eine erhebliche Rolle. Dies wird ebenso durch konventionelle

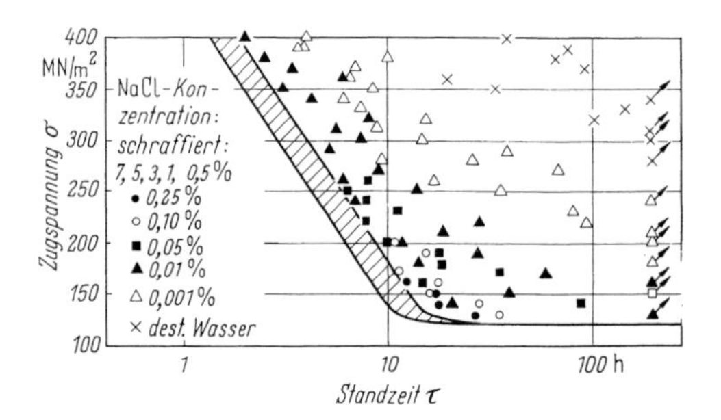

Bild 15.63. Abhängigkeit der Standzeit von Zugproben aus gehärtetem AlZnMg3 in NaCl-Lösungen wechselnder Konzentration, sowie in destilliertem Wasser, von der Zugspannung. Pfeile bezeichnen nichtgerissene Proben. (Nach Gruhl)

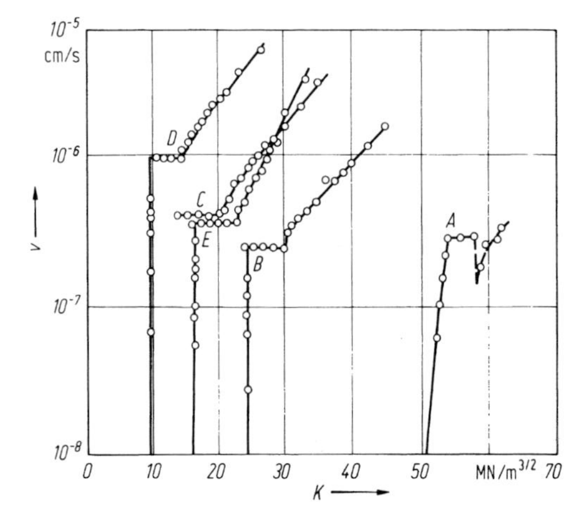

Bild 15.64. Die mittlere Rißausbreitungsgeschwindigkeit in selbstspannenden DCB-Proben aus technischem AlZn5Mg2Cu2-Material (Alloy 7075) in 3,5% NaCl-Lösung an Luft bei Raumtemperatur. Rißöffnung in der kurzen Querrichtung des gewalzten Materials. Auslagerung 24 h bei 394 K nach 2 h Lösungsglühen bei A: 666 K; B: 711 K; C: 755 K; D: 800 K. E: 2 h 800 K + 666 K. (Nach Shastry, Levy und Joshi).

Standzeitmessungen mit glatten Proben aus technischem AlZnMg3- Material im Zugversuch mit konstanter Last beobachtet. Solche Messungen ergeben nach Bild 15.63 [F6a,b] die Existenz einer unteren Grenzspannung, nach deren Unterschreitung die SpRK verschwindet. Die bruchmechanisch orientierten Messungen an einer ähnlichen technischen Legierung, die in Bild 15.64 wiedergegeben sind, zeigen den starken Einfluß der Wärmebehandlung des Materials, mithin den Einfluß metallkundlicher Parameter. Mit steigender Temperatur des Lösungsglühens sinkt K_{ISCC} bis herunter zu 3.3 MPa $m^{1/2}$; das erste Plateau der $\ln v - K_I$–Kurve durchläuft zunächst ein Minimum, um dann ebenfalls anzusteigen. Der folgende Anstieg von v mit K_I bleibt außer Diskussion [F7]. Zur erläuterung wird hauptsächlich angegeben, daß mit steigender Temperatur des Lösungsglühens die Festigkeit der Legierung steigt. Der mögliche Einfluß des Elektrodenpotentials wurde hier nicht untersucht. Dieser Einfluß ist im ganzen kompliziert, da sich bei Polarisation des Materials in anodischer Richtung die interkristalline Korrosion überlagert, bei Polarisation in kathodischer Richtung die kathodische Korrosion des Aluminiums. Für die Einzelheiten dieser Zusammenhänge wird auf die Literatur verwiesen [F2].

Zum Mechanismus der Rißausbreitung in AlZnMg-Legierungen und AlZnMgCu-Legierungen ist seit langem die Wasserstoffversprödung der Korngrenzen als hauptsächlich wirksamer Effekt angenommen worden, speziell in der Variante der schon in Kap. 15.1 beschriebenen „anodischen" Wasserstoffversprödung. Dafür sprechen ausgesprochene „Gedächtniseffekte" der Rißausbreitung in der Form des sehr langen Nachhinkens von Änderungen der Rißausbreitungsgeschwindigkeit nach Wechsel des Elektrodenpotentials, oder nach Ausblasen der Elektrolytlösung aus dem Riß, u. a. m. [F2a,4b]. Der Nachweis ist inzwischen auf anderem Wege direkt erbracht worden [F6c,d], im Prinzip, wenn auch vereinfacht, in der Weise, die auch dem in Bild 14.7 geschilderten Versuch zugrunde liegt. Dazu wurde im vorliegenden Fall ein Rohr aus technischem AlZnMg-Material außen mit einer umlaufenden Kerbe versehen und dann durch geeignete Wärmebehandlung (120 h bei 363 K) SpRK-empfindlich gemacht. Die Rohraußenseite wurde durch Verzinken völlig gegen Korrosion geschützt. Das Verzinken bewirkte keine Wasserstoffaufnahme. Das Rohr wurde dann innen mit NaCl-Lösung gefüllt und in diesem Zustnd zuggespannt. Die interkristalline SpRK setzt dann nach einigen Stunden ein, und zwar vom Grunde der äußeren Kerbe ausgehend. Demnach löste die Rohr-Innenkorrosion außen die Rißausbreitung aus, offensichtlich durch Diffusion des atomaren Korrosionswasserstoffs von der Rohr-Innenseite durch die Rohrwand zur Kerbspitze.

Wie schon durch Bild 15.9 belegt, ist die Rißausbreitung in AlZnMg3 zeitlich intermittiert [F2,6e,8]. Mißt man an gekerbten, dünnen Flachzugproben, so kann die Rißausbreitung direkt mikrofotografisch registriert werden [F2]. Dann wird, wie durch Bild 15.65 belegt, die zeitlich diskontinuierliche Rißverlängerung sehr deutlich. Man liest ab, daß bei dieser Messung während der gesamten Rißausbreitungszeit von 53 min die tatsächliche Rißlaufzeit sehr kurz war. Nicht nur ist es deshalb offensichtlich müßig, aus dem Kehrwert der gesamten Standzeit eine typische Rißausbreitungsgeschwindigkeit zu errechnen und physikalisch-chemisch zu interpretieren. Verfehlt ist es vielmehr auch noch, aus geglätteten Rißlänge-Zeit-Kurven, wie sie insbesondere bei bruchmechanisch orientierten Messungen anfallen, nicht nur mittlere Momentanwerten der Ausbreitungsge-

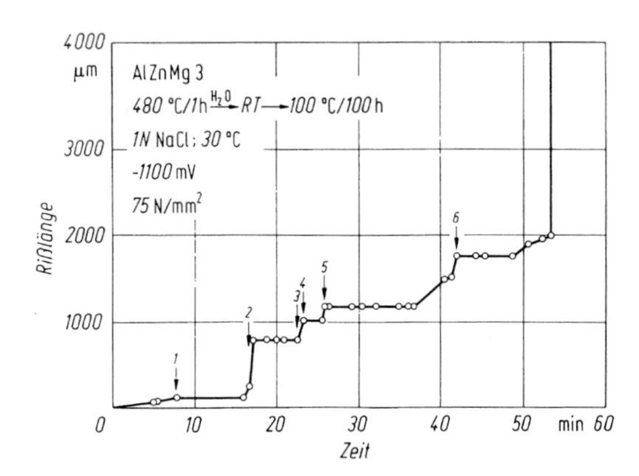

Bild 15.65. Die zeitliche Ausbreitung eines interkristallinen Spannungskorrosionsrisses in einer angekerbten dünnen Zug-Flachprobe aus gealtertem AlZnMg3 (rein erschmolzen) bei potentiostatischer Polarisation ($\varepsilon = -1{,}1$ V) in 1 M NaCl. (Nach Richter und Kaesche)

schwindigkeit v abzulesen, sondern sie wiederum physikalisch-chemisch zu interpretieren. So spricht zwar z. B. nichts gegen die formale Ausrechnung der Abhängigkeit typischer derart erhaltener v-Werte vom Kehrwert $1/T$ der Temperatur zur Charakterisierung etwa des Temperatureinflusses auf v im Bereich des Plateaus. Wohl aber ist es verfehlt, aus dieser Neigung die Aktivierungsenergie des für die Rißausbreitung Geschwindigkeits- bestimmenden Reaktionsschrittes ermitteln zu wollen, wenn die tatsächlichen Momentanwerte von v um ein Vielfaches höher liegen. Diese Momentanwerte erreichen nach dem Ergebnis von Ultraschallmessungen der Rißausbreitung in verspannten Biegeproben in heißem Wasserdampf erstaunliche Werte bis zu 0,2 m/s [F6e]. Aus fraktografischen Untersuchungen der Sprödbruchanteile von Bruchflächen wurden Momentanwerte von v der niedrigeren und plausibleren Größenordnung 0,01 m/s ermittelt [F8]. In jedem Fall ist klar, daß die Rißausbreitung in sehr schnellen Sprüngen nach langen Pausen erfolgt. Diese Folge von Ereignissen kann offenbar als Rißausbreitung durch Wasserstoffversprödung gedeutet werden, mit den die Wasserstoffdiffusion nicht mitkommt, sodaß in den Pausen der Rißausbreitung jeweils durch langsame lokale Korrosion die Umgebung der momentanen Rißspitze neuerlich versprödet werden muß. Ein Teil des zuvor gelösten Wasserstoffs wird im Zugspannungsfeld der Rißspitze mitwandern [F4b]. Die Haltepunkte der Rißausbreitung sind eingehend untersucht worden: Es handelt sich stets um Korngrenzentripelpunkte [F2b]. Dies leuchtet ein, da ein über eine Korngrenze laufender Riß beim Eintreffen in einem Korngrenzentripelpunkt stets nur nach starker Umlenkung weiterlaufen kann. War die Korngrenze zuvor günstig ungefähr senkrecht zur Zugspannung orientiert, so ist dies am Tripelpunkt plötzlich nicht mehr der Fall, d. h. für die Umlenkung ist die wirksame rißöffnende Komponente des Spannungstensors wesentlich kleiner.

Die Auswertung von Standzeitmessungen mit konstanter Last ergab [F6c], daß die Spannungskorrosions-Rißfläche proportional zur Wurzel aus der Standzeit, d. h. der Lebensdauer τ der Probe bis zum Bruch ist. Daraus wurde geschlossen, für die Rißausbreitung sei die Korngrenzendiffusion des atomaren Wasserstoffs Geschwindigkeits-bestimmend. Nun ist die Standzeit τ ein spezieller Wert der Rißausbreitungszeit τ_{RA} in Gl. (15.6), nämlich die kritische Zeit $(\tau_{RA})_{crit}$, nach der die Rißausbreitung zum Gewaltbruch der Probe durch Überlastung des Restquerschnitts fuhrt. Im vorliegenden Fall ist im wesentlichen vermutlich $\tau \approx \Sigma\tau_H$, d. h. die Rißausbreitungszeit, also auch $(\tau_{RA})_{crit}$, wird im wesentlichen durch die Haltezeiten bestimmt. Diese Zeit ist dann auch als die Gesamtzeit der Wasserstoffdiffusion von der jeweiligen Rißspitze zu betrachten. Der Befund der Geschwindigkeits-bestimmenden Korngrenzendiffusion des Wasserstoffs kann dann so verstanden werden, daß das Triggern des jeweiligen Rißverlängerungssprunges die Bildung eines kritisch großen versprödeten Bereichs vor der jeweiligen Rißspitze durch Wasserstoffdiffusion verlangt. Der Befund ist insoweit durchaus einleuchtend.

Für die Wasserstoff- induzierte Rißausbreitung in Stählen wurde in Kap. 14 über neuerdings mitgeteilte Vorschläge berichtet, nach denen es sich bei den Spaltvorgängen in Wirklichkeit um auf mikroskopische Bereiche beschränkte Rißausbreitung durch Wasserstoff-induzierte Versetzungsbewegung handelt, also um ein nur scheinbar sprödes Spalten. Dieser Mechanismus wird auch für die Rißausbreitung in AlZnMg-Legierungen vorgeschlagen [F9]. Zur Begründung wird darauf hingewiesen, daß die Rißausbreitung von deutlichem Gleiten auf {111}-Ebenen begleitet ist, die die Rißfront kreuzen, daß die Rißfront selbst parallel zum Schnitt von {111}-Ebenen mit der makroskopischen {100}-Spaltebene liegt und daß schließlich auf den Rißflanken sehr kleine, aber zahlreiche „dimples" beobachtet werden. Im Einzelnen besagt die Hypothese, daß nicht die Absorption des atomaren Wasserstoffs versprödend durch Dekohäsionseffekte im Gitter-Inneren wirkt, sondern daß die Adsorption des atomaren Wasserstoffs an der Rißspitze dort zur Versetzungs-Injektion führt.

Die Begleitung der Rißausbreitung durch Grobgleitung läßt sich in der Tat leicht beobachten. Bild 15.66 gibt ein Beispiel für die nachträgliche Dekoration der Gleitbänder durch galvanische Metallabscheidung [A29a]. Die die Rißausbreitung begleitende Verformung läßt sich aber auch in situ gut erkennen [F2]. Dazu ist aber zu beachten, daß das bisher entworfene Bild des Mechanismus der Spannungskorrosions-Rißausbreitung durch intermittierte Folgen von schnellen Sprüngen und von Haltezeiten der lokalen Wasserstoff-Versprödung (oder auch der lokalen Versetzungs- Injektion) noch unvollständig ist. Es berücksichtigt den sehr starken Einfluss der Halogenidkonzentration der Elektrolytlösung noch nicht ohne weiteres. Die Abrundung des Bildes gelingt aber zumindest qualitativ überzeugend unter Hinzunahme des Befundes der Passivität des AlZnMg-Materials. Dann bietet sich, zunächst wieder vereinfachend, daß "slip-step-dissolution"-Modell der momentan schnellen anodischen Metallauflösung auf durch interkristalline Grobgleitung aktivierten Gleitstufen an. Diese wird nach dem Lochfraßmodell zur Erzeugung eines durch Hydrolyse angesäuerten Rißspitzen- Elektrolyten führen, in dem sich der anodischen Metallauflösung die lokale Wasserstoffentwicklung übelagert, die ihrerseits direkt experimentell beobachtet wird [F2]. Im Anfangsstadium wird Repassivierung dann vermutlich jeweils die Rißspitze wieder erreichen, bevor die sprunghafte Rißverlängerung durch Wasserstoff-induzierte Spaltvorgänge eintritt. Die Vorstellung der Ausbildung aktivierter Gleitstufen mit vorübergehender anodischer Metallauflösung ist im Detail vermutlich hier ebenso zu einfach wie etwa im Falle der SpRK der austenitischen CrNi-Stähle, und in

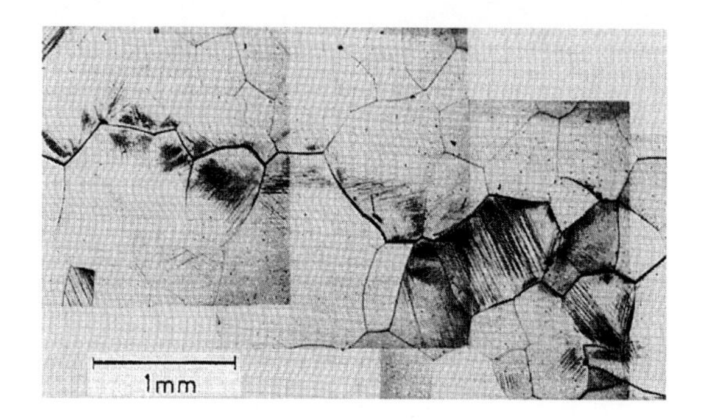

Bild 15.66. Verlauf eines Spannungskorrosionsrisses mit begleitender grober Gleitung in rein erschmolzenem AlZnMg3. Die Gleitbänder wurden durch Metallabscheidung und Ätzen sichtbar gemacht. (Nach Engell und Speidel)

Wirklichkeit durch das Modell der Rißinitierung durch lokalen Mikro-Lochfraß bzw. durch Mikro-Tunnelkorrosion auf bereits repassivierten Gleitstufen zu ersetzen, wie sie in Kap. 12 beschrieben sind. Es handelt sich im Rahmen des Lochfraßmodells dann um Loch-Keimbildungsvorgänge, deren Frequenz an der Rißfront Verformungs-induziert ist. Diese Keimbildungsvorgänge sind deshalb an der Rißfront bereits weit unter dem Durchbruchspotential für Lochfraß bzw. interkristalline Korrosion häufig.

Es ist also einerseits der Rißausbreitungsweg in der in Kap. 15.3 eingeführten Aufteilung $\Delta a = \Delta a_d + \Delta a_c + \Delta a_b$ der schrittweisen Rißausbreitung in Anteile der duktilen Verformung, der anodischen Metallauflösung und des spröden Spaltens zu sehen, hier mit $\Delta a \approx \Delta a_d + \Delta a_b$. Andererseits ist das Zeitintervall eines Rißausbreitungsschrittes als Summe $\Delta\tau_{RA} = \Delta\tau_L + \Delta\tau_H$ aus Laufzeit und Haltezeit zu betrachten, hier mit $\Delta\tau_{RA} \approx \Delta\tau_H$. Dabei hängt die Rißausbreitungsgeschwindigkeit im Einzelnen stark von den metallkundlich- metallurgischen und den bruchmechanischen Parametern ab. Die starke Abhängigkeit bei Walzmaterial mit Walztextur von der Richtung der Zugbelastung relativ zur Textur bewirkt große Unterschiede der SpRK-Ausbreitungskinetik je nach Probenentnahme relativ zur Walzrichtung. Ferner wird die Gefügeausbildung und die Mikrostruktur entscheidend durch viele weitere Legierungsbestandteile beeinflußt, derart, daß z. B. eine rein erschmolzene AlZnMg1-Legierung leicht, das entsprechende technische Material aber nur schwer der SpRK zum Opfer fällt. Auf systematische Messungen der Rißausbreitungsgeschwindigkeit speziell in DCB- Proben aus AlZnMg1 mit Variation der begleitenden Legierungsbestandteile wird hingewiesen [F2d,e]. Für Material konstanter Zusammensetzung ergibt sich, daß die mittlere Rißaus-

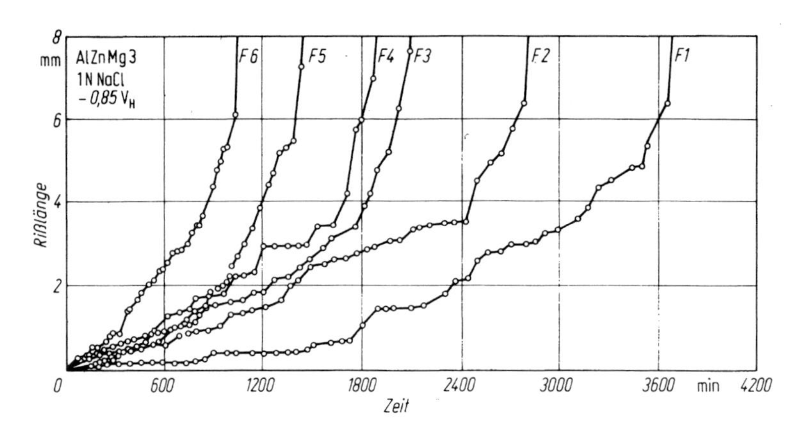

Bild 15.67. Die Rißausbreitung in DCB-Proben aus rein erschmolzenem AlZnMg3 in 1 N NaCl-Lösung bei 30 °C und $\varepsilon = -0{,}85$ (V). Wärmebehandlung: 753 K/15 min, Abschrecken in H_2O; 373 K/x min; 456 K/60 min. *F1*:$x = 15$; *F2*: $x = 25$; *F3*: $x = 50$; *F4*: $x = 100$; *F5* $x = 150$; *F6*: $x = 500$ min. (Nach Richter und Kaesche).

breitungsgeschwindigkeit mit der Spannungskonzentration durch Versetzungsaufstau an den Korngrenzen steigt [F2b,e]. Dazu zeigt Bild 15.67 das Ergebnis einer Versuchsreihe, bei der bei einer Stufenauslagerung zunächst bei 373 K unterhalb und dann bei 456 K oberhalb der Solvustemperatur der Guinier-Preston-Zonen die Auslagerungsdauer bei 373 K variiert wurde. Mit wachsender Dauer dieser Auslagerung werden in dieser Legierung die relativ weichen Ausscheidungsfreien Säume an Korngrenzen aus hier nicht zu erörternden Gründen schmäler. Mithin sinkt die Fähigkeit der Säume, auflaufende Versetzungen aufzufangen. Es steigt die an den Korngrenzen durch stauende Versetzungen bewirkte Spannungsüberhöhung, und dementsprechend wird die Rißausbreitung im ganzen immer schneller. Im Einzelnen ergaben Transmissions-elektronenmikroskopische Untersuchungen, daß es sich um eine entsprechende Änderung der Sprungweite der mikroskopischen Spaltereignisse handelt.

Wie schon aus Bild 15.61 ersichtlich, ist das Durchbruchspotential für den Lochfraß der Matrix bzw. für den Lochfraß der Korngrenzensäume, also für die interkristalline Korrosion, stark von der Wärmebehandlung der Legierung abhängig. Da die SpRK stets interkristallin abläuft, so liegt an und für sich nahe, hier wie für die AlCu- Legierungen eine Parallelität der Anfälligkeit gegenüber IK und gegenüber interkristalliner SpRK zu vermuten. Diese ist aber nicht gegeben. So sinkt in der Reihenfolge der Wärmebehandlungen F1 bis F6, die in der Legende zu Bild 15.67 beschrieben sind, die Anfälligkeit des Materials gegenüber interkristalliner Korrosion, während die Anfälligkeit gegen SpRK gerade steigt. Dies liegt daran, daß im Verlaufe dieser Wärmebehandlung die Konzentration der Ausscheidungs-freien Korngrenzensäume an gelöstem Zink und Magnesium sinkt, wodurch das Durchbruchspotential zu positiveren Werten verschoben wird. Mit solchen Messungen läßt sich die chemische Zusammensetzung der Säume, wie schon in Kap. 12 notiert, sehr genau feststellen. Für den vorliegenden Zusammenhang wird nur festgehalten, daß die Überlagerung von SpRK und IK unter solchen Bedingungen voraussagbare Komplikationen ergibt, die im Einzelnen außer Diskussion bleiben mögen.

Für die reine interkristalline SpRK, ohne überlagerte spannungslose interkristalline Korrosion ergibt sich das folgende Bild [F2e]: Die intermittierte Rißausbreitung ist die Folge der „anodischen“ Wasserstoffversprödung an der Rißspitze in Riß-Haltezeiten durch Mikro- Lochfraß-ähnliche lokale Ereignisse der Metallauflösung. Die Rißausbreitung wird im ganzen durch die Spannungskonzentration an Korngrenzen kontrolliert, damit unter anderem durch die Tendenz zur Grobgleitung, die ihrerseits von der Art und Dichte von intrakristallinen Ausscheidungen beherrscht wird. Zuschläge von Ti, Zr, Cu, Fe, sowie eine Kombination von Fe und Si ändern die Ausscheidungskinetik derart, daß die SpRK-Ausbreitungsgeschwindigkeit zurückgeht. In derselben Richtung wirken weiche Ausscheidungs-freie Säume. Die Rißausbreitung durchläuft zwischen dem Elektrodenpotentialbereich der kathodischen Korrosion und dem der anodischen lokalen Korrosion ein Minimum. Gedächtniseffekte der Korngrenzendiffusion des versprödenden Wasserstoffs bewirken, daß die Rißausbreitung auf Potentialwechsel nicht immer reagiert.

15.6 Selektive Korrosion; intermittierte Ausbreitung spröder Risse; Rißinduktion in spröden Deckschichten

Bei der bisherigen Erörterung des Mechanismus der Spannungsrißkorrosion der Legierungen kam im Grunde die Frage der selektiven Korrosion von relativ unedlen Legierungskomponenten zu kurz. Zu diesem Thema liegen neuere Untersuchungen speziell der SpRK des Messings und der homogenen CuAu-Mischkristalle vor, die hier besprochen werden. In diesem Rahmen spielt der Inhalt der Kap. 8 (Legierungskorrosion) und 13 (Interkristalline und intrakristalline Korrosion, speziell der Fall der CoNiPd-Legierungen) neuerlich eine Rolle. Desgleichen interessiert nochmals die transkristalline SpRK der austenitischen CrNi-Stähle. Die hier besprochenen Resultate, bis hin zum Mechanismus der Rißauslösung in versprödeten Schichten der selektiven Korrosion bzw der Oxidation haben allgemeinere Bedeutung, in dem Sinne, daß hier Mechanismen deutlich zutage treten, die in anderen Systemen in wechselndem Umfang mitspielen mögen.

Sehr zahlreiche Untersuchungen befassen sich seit langer Zeit mit der teils transkristallinen, teils interkristallinen SpRK des Messings, und zwar insbesondere des flächenzentriert kristallisierten α-Messings [G2]. Die Untersuchungen betreffen vornehmlich den altbekannten Fall der SpRK in ammoniakalischen Medien („season cracking") der auch hier im weiteren hauptsächlich diskutiert wird. Es ist zwar inzwischen bekannt, daß SpRK des α-Messings auch in Lösungen von Schwefeldioxid, von Karbonat, Pyrophosphat, Zitrat, Tartrat, Sulfat, Nitrit, u. a. m. beobachtet werden kann, jedoch bleibt es offenbar bei der überwiegenden Häufigkeit der Schadensereignisse in ammoniakalischer Lösung. Von diesem Typ ist die Mattsonsche Prüflösung von Ammoniak mit Gehalt an gelöstem Kupfer in der die in Bild 15.3 gezeigten teils inter-, teils transkristallinen Risse in polykristallinem Material entstanden. Von diesem Typ ist auch die Lösung, in der die in Bild 15.19 skizzierten Schritte der transkristallinen Rißausbreitung in einem Messing-Einkristall beobachtet wurden. Es wird sich zeigen, daß gerade dieser Mechanismus des Einlaufens eines in versprödetem Material getriggerten Risses in weicheres Material bis zum Abfangen durch plastische Verformung derzeit wieder hoch aktuell ist.

Die weitere Frage, wann in ein und demselben Messing die Rißausbreitung je nach anderen Umständen trans-oder interkristallin verläuft, ist derzeit nicht klar zu beantworten. Frühere Unterscheidungen einerseits der interkristalline SpRK in sogenannten filmbildenden („tarnishing") Lösungen, in der poröse, relativ dicke, schwarze Deckschichten von Kupfer-I-Oxid auftreten, und andererseits transkristalliner SpRK in nichtfilmbildenden Lösungen, in denen dünne Oxidfilme gleichwohl nachgewiesen wurden [G3a], gelten als zu stark vereinfacht und überholt [G2]. Transkristalline SpRK tritt auch in filmbildenden Lösungen auf [G2, 3b]. Das in Bild 15.20 vorgestellte Modell der Rißausbreitung mit sprödem interkristallinem Reißen des Films und folgender plastischer Verformung der Legierung bleibt dann im Prinzip attraktiv. Nach neueren Untersuchungen wird allerdings angegeben, daß nach jedem Schritt diskontinuierlicher Rißausbreitung zunächst nicht ein dicker, spröder, sondern ein dünner passivierender Oxidfilm die Rißspitze erreicht [G3c]. Dieser Vorgang verdient eher die Bezeichnung Repassivierung als Reoxidation. Der wenig später neu entstehende dickere schwarze Belag scheint letztlich keine wichtige Rolle zu spielen. Hinsichtlich der Ursache des Wechsels zwischen inter- und transkristallinem Rißverlauf ist der Übergang von zunächst inter- zu transkristallinem Verlauf sehr interessant, der offenbar auch den in der technischen Praxis wichtigen Einfluß der Begleitelemente vom Typ Zinn, Arsen u. a. m. zutage bringt [G2]. Diese Beobachtungen werden aber hier mangels deutlicher Befunde nicht weiter erörtert.

Die interkristalline SpRK des Messing wird zur Zeit weiterhin vorwiegend als Beispiel für die Rißausbreitung durch anodische Metallauflösung an der Rißspitze betrachtet. Vermutlich ist aber auch hier die Vorstellung der schnellen Auflösung vorübergehend aktivierter, hier interkristalliner Gleitstufen zu einfach. Wie es scheint, spielt die Bildung von interkristallinen Mikrorissen eine Rolle, die durch Versetzungs-Aufstau an den Korngrenzen entstehen, und die durch die Korrosion zu Makrorissen vereinigt werden [G3d]. Die Meinung, die interkristalline SpRK des Messings sei eher einfach als Folge der anodischen Metallauflösung an der Rißspitze zu betrachten, rührt möglicherweise mit daher, daß die Fraktographie, bei der Untersuchung der transkristallinen Spaltflächen mit deren Facettierung und „Fluß"-Markierungen sehr ergiebig, für strukturlos interkristalline Rißflanken wenig Information, liefert.

Demgegenüber wird die transkristalline Rißausbreitung jedenfalls als Folge von mikroskospischen Sprödbruchsprüngen, d. h. von verformungslosen Spaltvorgängen über mikroskopische Distanzen gesehen [G2], verursacht durch lokale

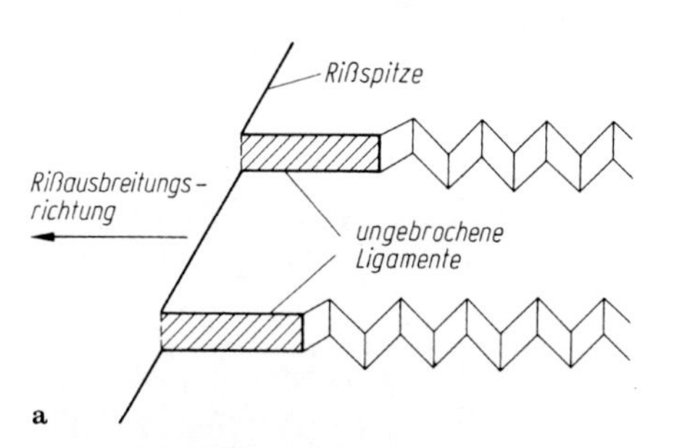

Bild 15.68a, b. Die Oberfläche eines transkristallinen Spannungskorrosions-Risses in Admiralitäts-Messing in ammoniakalischer Lösung. **a** Schema mit Skizze der gezackten Stufen zwischen primären Spaltflächen und der noch ungebrochenen Ligamente an der Rißfront. **b** Raster-elektronenmikroskopische Aufnahme der Rißflanke mit Blick auf (011)-Facetten. (Nach Bursle und Pugh).

Versprödung der Umgebung der Rißspitze durch Korrosionsprozesse während der Stillstandsperioden der Rißausbreitung. Zu dieser Annahme gibt die Untersuchung der Flanken von Spannungskorrosionsrissen sehr deutlichen Anlaß. Wie die fraktographische Aufnahme in Bild 15.68b zeigt, treten Flächen des offensichtlich spröden Spaltens ohne jeden Hinweis auf die Mitwirkung einer begleitenden anodischen Metallauflösung auf[A50b]. Die Skizze 15.68 a erläutert den Befund schematisch. Die Skizze 15.69 beschreibt den Ablauf der sprunghaften Rißausbreitung nach einer Ausbreitungspause: Die Schrittweite Δx^* der Rißverlängerung ist von der Größenordnung 10 μm, das Zeitintervall $\Delta\tau_H$(vgl. Kap. 15.5) zwischen zwei Schritten der schnellen Rißausbreitung von der Größenordnung 100 s [G2d]. Die schnellen Rißverlängerungsschritte haben vermutlich die Geschwindigkeit elastischer Wellen im Metall, während die mittlere Rißausbreitungsgeschwindigkeit wegen der langen Pausen nur bei 0,1 (μm/s) liegt.

Im Nachgang zur Diskussion über die schrittweise intermittierte Rißausbreitung in CrNi-Stählen in Kap. 15.3 wird notiert, daß für den Stahl AISI 403 in heißer $MgCl_2$-Lösung $\Delta x^* \approx 0{,}5\ \mu$m und $\Delta\tau_H \approx 15$ s gemessen wurde [G2e]. In diesem Zusammenhang ist außerdem auf eine Dokumentation fraktografischer Befunde des Auftretens spröder Spaltflächen auf den Flanken transkristalliner Risse nicht nur bei Messing und bei austenitischem Cr-Ni-Stahl, sondern ebenso auch bei Zirkonium, bei MgAl-Legierungen, bei reinem Magnesium und erwartungsgemäß bei Titan- und bei AlZnMg-Legierungen nachdrücklich hinzuweisen [G4]. Der Befund, daß in einer Aufteilung der schrittweisen Rißverlängerung $\Delta a = \Delta a_d + \Delta a_c + \Delta a_b$ in Verformungs-, Korrosions- und Spalt-Anteile der letztere überwiegt, ist offenbar zumindest für die transkristalline SpRK weitreichend charakteristisch.

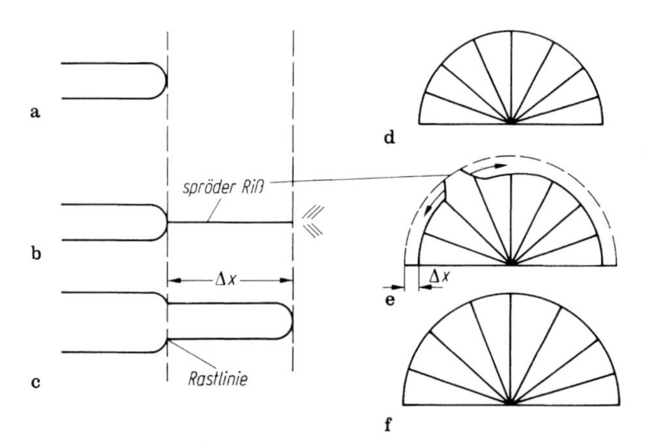

Bild 15.69a–f. Skizze der Folge von Ereignissen bei der transkristallinen Rißausbreitung. **a–c** Schnitte durch die Rißspitze; **d–f** Sicht auf eine halbkreisförmige Rißebene, mit radialer Ausbreitung von Spaltstufen vom Rißkeim jeweils über die mikroskopische Distanz Δx^*. (Nach Pugh).

Die Vorstellung der lokalen Versprödung der Rißspitzenumgebung während der Haltezeiten der Rißausbreitung lag im Prinzip bereits dem in Bild 15.19 skizzierten Mechanismus mit der spezielleren Annahme zugrunde, daß es sich um lokale Versprödung durch Leerstellen- Injektion infolge selektiver anodischer Zinkauflösung handelt. In Anbetracht des übrigen Ganges der Diskussion der SpRK ist an dieser Stelle offenbar zunächst die alternative Frage der Versprödung durch Korrosionswasserstoff anzuschneiden. Dazu ist bemerkt worden, daß sich z. B. für Messing (Cu-30 Gew. % Zn) in 1 M NH_3-Lösung mit 0,8 g/l gelöstem Kupfer das freie Korrosionspotential auf ca. $-0{,}15$ V einstellt. Die Lösung hat ungefähr pH 12, d. h. das Gleichgewichtspotential der Wasserstoff-Abscheidung und Wasserstoff-Ionisation liegt für den Wasserstoff-Druck $p(H_2) = 1$ (bar) bei etwa $-0{,}7$ V. Der Gleichgewichtsdruck $p(H_2)$ berechnet sich für das Wasserstoff-Gleichgewichtspotential bei $-0{,}15$ V nach Gl. 3,79 zu ca. 10^{-19} (bar), ist also bei diesem Potential in einer Lösung vom pH-Wert 12 verschwindend gering, sodaß Wasserstoffversprödung sehr unwahrscheinlich ist. Um mit ihr in einem Rißausbreitungsmodell für Messing in ammoniakalischer Lösung operieren zu können, müßte angenommen werden, daß am Rißgrund der pH-Wert des Elektrolyten bis auf den Wert von ca. 3 absinkt, was wiederum in der Ammoniaklösung wohl nicht in Frage kommt.

Die Kinetik der anodischen Metallauflösung wird durch die Bindung der gelösten Zn^{2+}-, Cu^{+}- und Cu^{2+}-Kationen in komplexen Ammoniakaten kompliziert [G2a]. Die anodische Teilreaktionen der Kupferauflösung verläuft gemäß

$$Cu + 2\,NH_3 \rightarrow Cu(NH_3)_2^+ + e^-, \tag{15.19a}$$

zunächst zum einwertig gelösten Kupfer, die anodische Zinkauflösung gemäß

$$Zn + 4NH_3 \rightarrow Zn(NH_3)_4^{2+} + e^-. \tag{15.19b}$$

Enthält die Lösung 1 Mol/l Ammoniak und 0,8 g/l gelöstes Kupfer, so beginnt die Zinkauflösung bei ca. $-1{,}05$ V und wird (vgl. Kap. 8) vermutlich durch die Verarmung der Oberfläche an Zink-Atomen in Abbaustellen schnell begrenzt. Ob dann die Volumendiffusion des Zinks zur Legierungsoberfläche geschwindigkeitsbestimmend wird, bleibt dahingestellt; die selektive Korrosion bewirkt, gleich nach welchem Mechanismus, jedenfalls die Versprödungseffekte. Ab ca. $-0{,}25$ V überlagert sich der anodischen Zinkauflösung die anodische Kupferauflösung. In O_2-haltiger Lösung ist Cu^+ gegen Oxidation zu Cu^{2+} instabil. Es bildet sich, vermutlich in einer Homogenreaktion im Inneren der Elektrolytlösung, der Cu-II-Komplex gemäß

$$2\,Cu(NH_3)_2^+ + 1/2\,O_2 + H_2O + 4\,NH_3 \rightarrow 2\,Cu(NH_3)_4^{2+} + 2\,OH^-. \tag{15.19c}$$

Dieser ist das wirksame Agens der kathodischen Teilreaktion, die nach

$$Cu(NH_3)^{2+} + e^- \rightarrow Cu(NH_3)^+ + 2\,NH_3 \tag{15.19d}$$

mit einem Gleichgewichtspotential bei ca. $+0{,}05$ V verläuft. Die Überlagerung der Teilreaktionen nach Gl. (15.19a,b,d) stabilisiert das Korrosionspotential im Bereich der simultanen Zink- und Kupfer-Auflösung [G2f].

Nach diesem Elektrodenreaktions-Mechanismus ist für die simultane Zink- und Kupfer-Auflösung in Ammoniaklösungen ohne äußere Polarisation die Sauerstoffreduktion mit zwischengeschalteter Redox-Reaktion des Cu^+/Cu^{2+}-Systems charakteristisch. In einer Lösung, die zwar einwertig gelöstes Kupfer enthält, nicht aber zweiwertig gelöstes Kupfer, und von der das Oxidationsmittel O_2 ferngehalten wird, ist das Korrosionspotential soviel negativer, daß allein die anodische selektive Zinkauflösung möglich ist. Die Erzeugung der entzinkten Oberflächenschicht, die infolge ihrer hohen Fehlstellendichte stark versprödet ist, leuchtet dann um so mehr ein. Der Zusammenhang zwischen selektiver Korrosion und transkristalliner SpRK ist neuerdings für die Systeme α-CuZn und α-CuAl genauer untersucht worden [G5]. Es handelte sich um Messungen an Einkristallen bei spontan sich einstellenden Korrosionspotential ε_R in Lösungen des Cupro- Ammoniakats, in denen ε_R durch das Gleichgewicht der Elektrodenreaktion Gl. 15.19 a festgelegt ist. Die Änderung dieses Gleichgewichtes bei der Variation des Kupfergehaltes der Legierung ist wenig erheblich. Unter diesen Umständen wird, wie für die selektive Korrosion relativ hochschmelzender Legierungen nach Kap. 8 typisch, die Entzinkung nur dann erheblich schnell, wenn für die jeweilige Konzentration γ_{Zn}, bzw. γ_{Al} das Durchbruchspotential der anodischen Zinkauflösung, bzw. der Aluminiumauflösung aus der Legierung negativer wird als ε_R. Es existiert demnach bei solchen Versuchen ein kritischer Zink- bzw. Aluminium- Gehalt der Legierung, nach dessen Überschreitung erheblich schnelle Entzinkung auftritt. Diese „Resistenzgrenze" wurde durch Messungen festgestellt, bei denen der zeitliche Strom der vorübergehenden Auflösung der unedlen Komponente nach Ankratzen der Legierungsoberfläche gemessen wurde. Aus dem Stromverlauf während der ersten 18 Sekunden ließ sich die Tiefe der Entzinkungs- bzw. der Entaluminierungsschicht abschätzen. Die transkristalline Spannungsrißkorrosion wurde im Langsamzugversuch geprüft, die mittlere Rißausbreitungsgeschwindigkeit aus der Versuchszeit und der Eindringtiefe der SpRK ermittelt. Bild 15.70 demonstriert, daß die kritische Aluminiumkonzentration in CuAl-Legierungen für die schnelle Entaluminierung mit der kritischen Konzentration für das Einsetzen der transkristalline SpRK zusammenfällt. Für CuZn-Legierungen ist der Befund ähnlich. Zur Deutung wird angenommen, daß die Kombination von Versprödung der Oberflächenschicht durch selektive Korrosion, innerer Verspannung dieser Schicht und Verformungsbehinderung in der angrenzenden Legierung das Anlaufen eines Sprödbruchs triggert, der aus der Korrosionsschicht von 20 bis 50 nm Dicke bis zu einer Tiefe von ca. 2 μm in die Legierung hineinspringt. Der Vorgang wiederholt sich nach neuerlicher selektiver Korrosion der Rißspitzenumgebung. Das Modell beschreibt daher eine Variante der intermittierten Ausbreitung von Spannungskorrosionsrissen.

Das Modell des Rißanlaufs in einer versprödeten Randschicht, mit Rißausbreitung in relativ weiches Material hinein, ist dem weiter oben in Bild 15.19 vorgestellten Modell sehr ähnlich. Es präzisiert allerdings die Vorstellung durch die Berücksichtigung einer selektiv korrodierten Schicht definierter, meßbarer Dicke. Für diese Schicht kommt es ferner auf die chemische Zusammensetzung erst in zweiter Linie an, es interessiert vornehmlich die Sprödigkeit. Deshalb kann in diesem Rahmen auch ein Mechanismus skizziert werden, der die Rißausbreitung

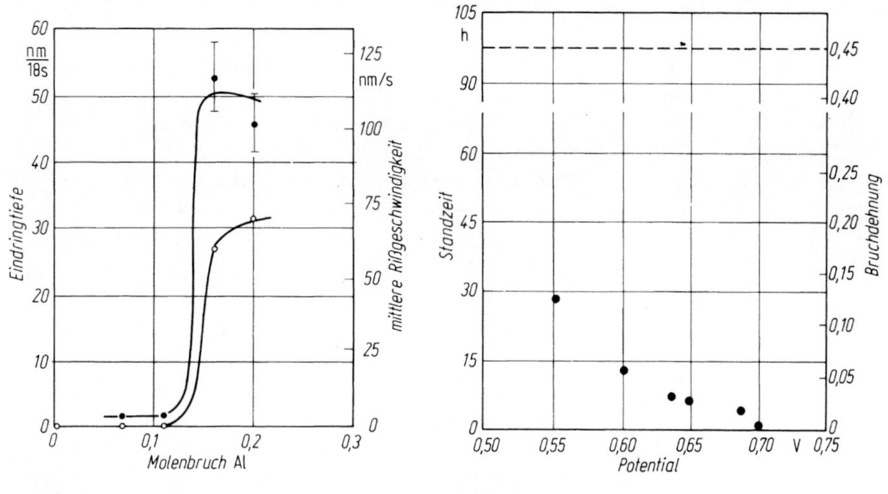

Bild 15.70 **Bild 15.71**

Bild 15.70. Die Abhängigkeit der Eindringtiefe der Entaluminierung (●) bei Kratzversuchen und der mittleren Ausbreitungsgeschwindigkeit transkristalliner Spannungskorrosionsrisse (○) langsam gedehnter, gekerbter, einkristalliner Proben aus homogenen CuAl-Legierungen in ammoniakalischer Cu^+-Lösung, O_2-frei, von der Legierungszusammensetzung. (Nach Sieradzki, Kim, Cole und Newman).

Bild 15.71. Die Standzeit und Bruchdehnung glatter Einkristall-Zugproben aus Cu-25 At. %Au in 0,6 M NaCl-Lösung im Langsamzugversuch mit der Dehnrate $1{,}3 \cdot 10^{-6}\,s^{-1}$; ⟨110⟩-Richtung der Probe nahe der Zugrichtung. Durchbruchspotential der Cu-Auflösung ca. 0,7 (V). (Nach Flanagan, Lee, Zhu und Lichter).

durch Spannungskorrosion in reinen, aber z. B. Oxid-beschichtetem Material verständlich macht, z. B. also die Rißausbreitung in reinem Kupfer. Im Zusammenhang mit der Spannungsrißkorrosion der Legierungen ist hier auf die Diskussion der Rolle der Keimbildungseffekte einerseits und des Perkolationsmodells andererseits in Kap. 8 zurückzuverweisen.

Für Untersuchungen des Mechanismus der transkristallinen Spannungsrißausbreitung durch selektive Korrosion bieten sich Einkristalle aus homogenen CuAu-Legierungen an. Auch für diese werden parallel geführte Messungen an gekratzten Elektrodenoberflächen und Messungen der Spannungskorrosions-Rißausbreitung berichtet [G7]. Für die SpRK-Prüfung diente – nach vorangegangenen Messungen mit konstant verformten Biegeproben – der Langsam-Zugversuch. Als Elektrolytlösung wurde zum einen eine $FeCl_3$-Lösung gewählt, mit Versuchsdurchführung beim Ruhepotential, zum andern eine O_2-freie NaCl-Lösung, mit potentiostatischer anodischer Polarisation. Die CERT-Maschine war steif, sodaß ruckartige Längenänderung der Proben durch intermittierte Rißausbreitung und folgender plastischer Dehnung des Rißspitzenbereichs durch einen Lastabfall bemerkt wurden. Die Rißausbreitungsschritte waren dabei von Spitzen des anodischen Stromes begleitet. Bei Stromspannungs-Messungen findet man für diese Legierungen den in Kap. 8 beschriebenen typischen Kurvenverlauf mit einem Durchbruchspotential, das für die Legierung Cu-25At.% Au von ca. + 0,085 V auf ca. + 0,7 V absinkt, wenn die Chloridkonzentration einer NaCl-Lösung von 0,006 M auf 0,6 M ansteigt. Demnach wäre im Anschluß an die soeben geschilderten Ergebnisse der Versuche mit Messing und Kupferbronze zu erwarten, daß SpRK-Empfindlichkeit erst bei Überschreiten dieses Grenzpotentials auftritt. Statt dessen liest man aber in Bild 15.71 ab, daß die Spannungsrißkorrosion bereits nachweisbar ist, wenn das Elektrodenpotential noch ca. 0,15 V unter dem Durchbruchspotential liegt. Bei Messungen in $FeCl_3$-Lösung ist die Unterschreitung des kritischen Potentials noch stärker. Nach Versuchsende ergab die Fraktographie, daß sich die Spannungskorrosionsrisse in jedem Fall mit mikroskopischen, spröden Schritten ausbreiteten. Die Schrittweiten Δx^* betrugen wechselnd 75 bis 150 μm, waren also hier sehr beträchtlich, die Haltepausen Δt_H lagen wechselnd zwischen 5 und 180 s. Die mittlere Rißausbreitungsgeschwindigkeit lag bei ca. 1 μm/s.

Die mittlere Rißausbreitungsgeschwindigkeit war bei diesen Versuchen um Größenordnungen höher als nach dem Faradayschen Gesetz aus dem anodischen Stromfluß berechnet. Auch daraus folgt, daß die Rißausbreitung durch Ereignisse der anodischen Metallauflösung nur induziert, aber nicht begrenzt wird. In Anbetracht der Lage des Elektrodenpotentials ist auch bei diesen Versuchen die Rißausbreitung durch Wasserstoffversprödung nicht anzunehmen. Vielmehr handelt es sich offenbar auch hier um Versprödung durch selektive Korrosion, wie oben für Messing und Kupferbronze beschrieben. Der in diesem Zusammenhang neue Befund des Auftretens der Rißausbreitung erheblich unter der Potentialschwelle für den Durchbruch der selektiven Kupferauflösung weist daraufhin, daß die Vorgänge mikroskopischer plastischer Verformung an der Rißspitze ihrerseits das Einsetzen der Vorgänge lokaler selektiver Metallauflösung katalysieren. Ein ähnlicher Effekt zeigt sich nach Bild 15.72 für die interkristalline Spannungsrißkorrosion der Legierung NiPd10 [G8] bei Messungen, im System NiCoPd, die in Kap. 13 bereits angeschnitten worden waren. Die Legierung zeigt ein ausgeprägtes Durchbruchspotential für die selektive teils gleichmäßige, teils interkristalline Nickelauflösung, das in 0,1 M NaCl-Lösung bei 0,4 Volt liegt; sie ist unterhalb dieser Potentialschwelle in dieser Lösung resistent. Unter der Einwirkung einer Zugspannung nahe der Streckgrenze tritt aber relativ schnelle interkristalline Rißausbreitung bei einem deutlich negativeren Elektrodenpotential auf. Im Potentialbereich gleichzeitiger interkristalliner Korrosion und interkristalliner Spannungsrißkorrosion ist die letztere um ein Größenordnung schneller, also auch um ebensoviel schneller als die lokale Stromdichte der Metallauflösung.

Es ist anzunehmen, daß sich auch in dieser Verschiebung des Grenzpotentials der Einfluß von lokalen Verformungsvorgängen auf die Riß-auslösenden Vorgänge der anodischen Metallauflösung an der Rißspitze ausdrückt. Dann liegt sehr nahe, in beiden Fällen die Verformungs-Abhängigkeit der Keimbildung der lokalen Korrosionsvorgänge, insbesondere der Tunnelkorrosion als wichtige Einflußgröße

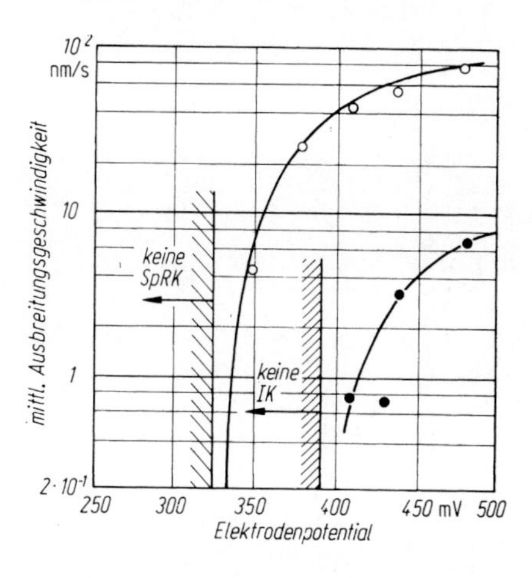

Bild 15.72. Die Ausbreitungsgeschwindigkeit der interkristallinen Spannungsrißkorrosion (○○) bzw. der interkristallinen Korrosion (□□) in schwach saurer N/10 NaCl-Lösung in gekerbten Flachproben aus polykristallinem Ni-10 At.%Pd bei konstanter Last von 0,9 R_p. (Nach Kaiser, Lenz und Kaesche).

anzunehmen. Man vergleiche damit die Beobachtung der Mikro-Lochfraßbildung bei der Keimbildung transkristalliner Risse auf zuggespannten passiven CrNi-Stahl-Proben in heißer $MgCl_2$-Lösung erheblich unterhalb des Lochfraßpotentials des Materials, sowie das Einsetzen der interkristallinen Spannungsrißkorrosion in AlZnMg-Legierungen in NaCl-Lösungen erheblich unterhalb des Lochfraßpotentials bzw. der Potentialschwelle interkristalliner Korrosion. Hier ist an den in Kap. 12 diskutierten Gesichtspunkt der Ähnlichkeit der Keimbildung der selektiven Korrosion einerseits und des Lochfraßes andererseits zu erinnern. Man erkennt, daß sich mit dieser Vorstellung auch für die Mechanismen der Ausbreitung von Korrosionsrissen zumindest in Umrissen ein bei großer Variabilität der Details im Grundsätzlichen einheitliches Bild abzeichnet.

Sowohl für CuAu-Einkristalle wie auch für die polykristalline Ni Pd 10-Legierung ist mithin quantitativ gezeigt, daß die Rißausbreitungsgeschwindigkeit erheblich höher liegt als das Faradaysche Äquivalent der Stromdichte der anodischen Metallauflösung. Anders verhalten sich NiCoPd-Legierungen mit geringem Pd-Gehalt. Bei diesen wird in Zug-gespannten Proben bei niedrigem Kobaltgehalt interkristalline Rißausbreitung beobachtet. Mit steigendem Kobaltgehalt, also steigender Stapelfehlerdichte, tritt transkristalline Rißausbreitung zunächst in der schwammartig durch Tunnelkorrosion gebildeten Oberflächenschicht, dann in Verformungs-Gleitbändern, schließlich bei hohem Kobaltgehalt in den Verformungs-induzierten Platten des hdp-Martensits auf [G8]. Bild 15.73 zeigt den metallografischen Befund an zwei Beispielen. Der wesentliche Punkt ist hier, daß die Rißausbreitungsgeschwindigkeit die Geschwindigkeit der interkristallinen Korrosion, bzw. der Eindringgeschwindigkeit der Schwammbildung durch Tunnelkorrosion, bzw. der selektiven Korrosion der Martensitplatten, die ohne äußere Zugspannung gemessen wird, nicht übersteigt. Es handelt sich also um das im Grunde triviale mechanische Aufreißen versprödeter Deckschichten oder Phasen mit genau der Bildungsgeschwindigkeit der Schichten oder Phasen. Mithin fehlt hier das Kennzeichen der intermittierten schnellen Rißausbreitung durch sprunghaftes Vorauseilen von spröden Spaltereignissen in noch unversprödetes Material.

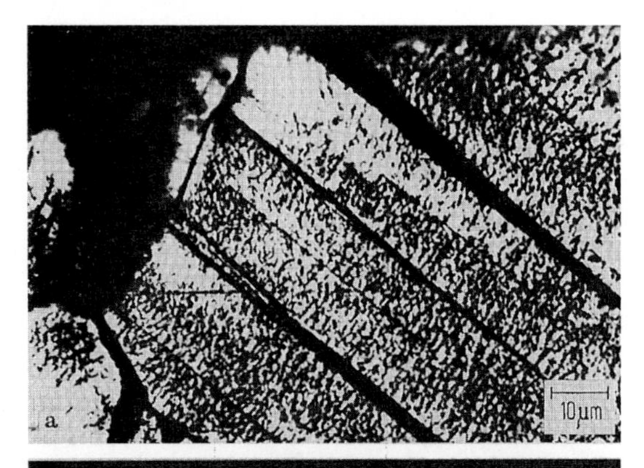

Bild 15.73a, b. Transkristalline Rißausbreitung. **a** in durch Tunnelkorrosion schwammartig selektiv korrodierter Oberfläche von Ni-59Co-2Pd, **b** in Verformungs-induzierten hdp-Martensit-Platten in Ni-69Co-2Pd. 0.1 M NaCl-Lösung; Elektrodenpotential + 0,085 (V), Zugspannung 2 R_p bzw. 3 R_p; Versuchsdauer 30 bzw. 34 Studen. (Nach Kaiser, Lenz und Kaesche).

Dieses erscheint erst beim Übergang auf 8 At.% Pd. Die genauere Untersuchung dieses Übergangs von langsamer Rißausbreitung, die die Bezeichnung Spannungsrißkorrrosion nicht eigentlich verdient, zu schneller wahrer Spannungskorrosions-Rißausbreitung wird sich vermutlich lohnen. Für die Legierungen mit 10 At% Ni steigt die Rißausbreitungsgeschwindigkeit mit steigendem Kobaltgehalt [G8b], ein Hinweis auf den offenbar auch hier wirksamen Einfluß der Stapelfehlerenergie. Desgleichen steigt die Rißausbreitungsgeschwindigkeit mit zunehmender Nahordnung.

Literatur

A1. v. Meysenbug, C. M.; Litzkendorf, M.: Werkstoffe u. Korr. *19*, 901 (1970)

A2. a) Herbsleb, G.; Heilung 1989 – b) Münster, R.; Gräfen, H.: Arch. Eisenhüttenwesen *36*, 277 (1965)

A3. Mattson, E.: Electrochim. acta *3*, 279 (1961)

A4. Brauns, E.; Ternes, W.: Werkstoffe u. Korr. *19*, 1 (1968) – Ternes, W.: Dissertation, Tu clausthal 1963.

A5. Scully, J. C.; Powell, D. T.: Corrosion NACE *25*, 483 (1969)

A6. Mittlg. AGK-Arbeitskreise „Wasserstoff-induzierte Werkstoffschäden" und „Spannungs- u. Schwingungsrißkorrosion". Werkstoffe u. Korr. *37*, 45 (1985)
A7. Symp. Spannungs- und dehnungsinduzierte Korrosionsprozesse; Baden-Baden 1978. Werkstoffe u. Korr. *29*, H. 11 (1978)
A8. a) Herbsleb, G.; Pöpperling, R.; in: loc. cit. [A7], p. 732 – b) Herbsleb, G.; Schwenk, W.: Corr. NACE *41*, 431 1985) – c) Schwenk, W.; in: loc. cit. [A7], p. 740
A9. a) Kessler, K. J.; Kaesche, H.; in: Electrochemical Corrosion Testing; San Francisco 1979 (Mansfeld, F.; Bertocci, U.; Eds.). Philadelphia: ASTM (1981) – b) id.; id.: Werkstoffe u. Korr. *35*, 171 (1984) – c) id.; id.; in: loc. cit. [A10], p. 536
A10. Proc. 8th Int. Conf. Metallic Corrosion; Mainz 1981. Frankfurt: Dechema (1981)
A11. Wendler-Kalsch, E.: a) loc. cit. [A7], p. 703 – b) Werkstoffe u. Korr. *31*, 534 (1980)
A12. Krägeloh, E.; Navab-Motlagh, M. M.: Z. Werkstofftechnik *9*, 400 (1979)
A13. Kaesche, H.: a) Symp. Korrosion und Bruch; Frankfurt 1988. Berlin: DVM (1988) – b) Tagung Spannungsrißkorrosion von Stahl in Wasser; Zürich 1988. Zürich: SVMT (1988)
A14. Engell, H.-J.; Bohnenkamp, K.; Bäumel, A.: Archiv Eisenhüttenwesen *33*, 285 (1962)
A15. Proc. Conf. Theory of Stress Corosion Cracking, Ericeira 1971 (Scully, J.; Ed.). Brussels: NATO Scientifique Affairs Division (1971).
A16. Speidel, M. O.; in: [A15], p. 140
A17. Proc. 4th Int. Congress Metallic Corrosion, Amsterdam 1969. Houston, NACE (1969)
A18. Speidel, M. O.: Corrosion NACE *33*, 199 (1977)
A19. Eremiáš, B.; Maričev, V. V.: Corr. Sci. *20*, 307 (1980)
A20. Watkinson, F. E.; Scully, J. C.; in: [A15], p. 140
A21. Proc. Int. Conf. Stress Corrosion Cracking and Hydrogen Embrittlement in Iron Base Alloys, Unieux-Firminy 1973 (Staehle, R. W., Hochmann, J.; McCright, R. D.; Slater, J. C.; Eds.). Houston: NACE: (1979)
A22. Vgl. z. B. Tatro, C. A.; Liptal, R. G.; Moon, D. W.; in: [A21], p. 509
A23. Speidel, M. O.; Hyatt, M. V.: Stress Corrosion Cracking of High-Strength Aluminum Alloys. In: Advances in Corrosion Science and Technology (Fontana, M. G.; Staehle, R. W.; Eds.). Vol. 2. New York: Plenum Press (1972), p. 115
A24. a) Berggreen, J.; Engell, H.-J.; Kaesche, H.: Werkstoffe und Korr. *26*, 599 (1975) – b) Richter, J.; Kaesche, H.: ibid. *28*, 602 (1977)
A25. a) Bhatt, H. J.; Phelps, E. H.: Corrosion NACE *17*, 430t (1961) – b) Wilde, B. E.: ibid. *27*, 326 (1961)
A26. a) Buhl, H.: Corr. Sci. *13*, 639 (1973) – b) Rätzer-Scheibe; Buhl, H.: Werkstoffe u. Korr. *26*, 2 (1975)
A27. Kaesche, H.: Z. f. Metallkunde *67*, 439 (1976)
A28. Spannungsrißkorosion, Frankfurt 1968. Korrosion 22 (Kaesche, H.; Ed.). Weinheim: Verlag Chemie (1969)
A29. a) Engell, H.-J.; Speidel, M. O.; in: [A28], p. 1 – b) Engell, H.-J.; in: [A15], p. 68
A30. Vetter, K. J.: Electrochemical Kinetics. Theory and Experimental Aspects. New York: Academic Press (1967)
A31. U. R. Evans Conf. Localized Corrosion, Williamsburgh 1971). Houston,: NACE (1974)
A32. Proc. Int. Conf. Mechanisms of Environment-Sensitive Cracking of Materials, Guildford 1977 (Swann, P. R.; Ford, F. P.; Westwood, A. R. C.; Eds.). London: The Metals Society (1977)
A33. a) Shuck, R. R.; Swedlow, J. L.; in: [A31] p. 190, 208 – b) Doig, P.; Flewitt, P. F.; in: [A32], p. 113 – c) id.; id.: Corrosion NACE *37*, 378 1981 – d) Melville, P. H.: Br. Corros. J. *14*, 15 (1979)
A34. Proc. Conf. Corrosion Chemistry within Pits. Crevices and Cracks, Teddington 1984 (Turnbull, A.; Ed.). London: HMSO (1987)

A35. Gravano, S. M.; Galvele, J. R.: Corr. Sci. *24*, 517 (1984) – b) Grötsch, H.; Wendler-Kalsch, E.; Kaesche, H.; in: [A34], p. 301
A36. Cherepanov, G. P.: Stress Corrosion Cracking, In: Loc. cit. Kap. 14 [B7]
A37. Vgl. die Textbücher der physikalischen Chemie, bzw. Elektrochemie.
A38. Beck, T. R.; in: [A15], p. 64
A39. Proc. Conf. Fundamental Aspects of Stress Corrosion Cracking, Columbus 1967 (Staehle, R. W.; Forty, A. J.; Van Rooyen, D.; Eds.). Houston: NACE 1969
A40. a) Hoar, T. P.; in: [A39], p. 98 – b) Gerischer, H.; Rickert, G.: Z. f. Metallkunde *46*, 681 (1955)
A41. Devanathan, M. A. V.; Fernando, M. J.: Electrochim. acta *15*, 1623 (1970)
A42. Scully, J. C.; Hoar, T. P.; in: Proc. 2nd Int. Congress Metallic Corosion, New York 1963. Houston: NACE (1966), p. 66
A43. Hoar, T. P.; Ford, F. P.: J. Electrochem. Soc. *120*, 1013 (1973)
A44. Edeleanu, C.: J. Inst. Metals *80*, 187 (1952)
A45. id., in: [A46], p. 79
A46. Forty, A. J.; in: Recent Advances in Stress Corrosion (A. Bresle; Ed.). Stockholm: Esselte AB (1961)
A47. Powell, D. T.; Scully, J. C.: Corrosion NACE *24*, 151 (1968) – Sanderson, G.; Powell, D. T.; Scully, J. C.: Corr. Sci. *8*, 473 (1968)
A48. McEvily, A. J.; Bond, A. P.: J. Electrochem. Soc. *112*, 131 1965
A49. Proc. Symp. Environment-Sensitive Fracture of Engng. Materials, Chicago 1977 (Fouroulis, Z. A.; Ed.). Warrendale: The Metallurgical Society of AIME (1979)
A50. Vgl. z. B. a) Pugh, E. N.; in: [A15], p. 418 – b) id.; Bursle, A. J.; Pugh, E. N.; in: [A49], p. 18
A51. West, J. M.; Fairmann, L.: Br. Corr. J. *1*, 67 (1966)
A52. a) Swann, P. R.: Corrosion NACE *19*, 102 (1963) – b) Pickering, H. W.; Swann, P. R.: ibid. 373 – c) Swann, P. R., Embury, J. D.; in: High Strength Materials (Zackay, V. F.; Ed.). New York: J. Wiley (1965), p. 327 – d) Staehle, R. W.; Smith, T. J.: Corrosion NACE *23*, 117 (1967) – e) vergl. z. B. [A53]
A53. a) Staehle, R. W.; in: [A21], p. 180
A54. West, J. M.; in: Electrodeposition and Corrosion Processes. New York: Van Nostrand (1965)
A55. a) Swann, P. R.; in: [A15], p. 113 – b) Scully, J. C.: ibid. p. 127 – c) id.; in: [A21], p. 496
A56. Silcock, J. M.; Swann, P. R.; in: [A49], p. 133
A57. a) Pednakar, S. P.; Agrawal, A. K.; Chang, H. E.; Staehle, R. W.: J. Electrochem. Soc. *126*, 701 (1979) – b) Sieradski, K.; Sabatini, R. L.; Newman, R. C.: Met. Trans. *15A*, 1941 (1984) – c) Meletis, E. I.; Hochmann, R. F.: Corr. Sci. *24*, 843 (1984)
A58. Pugh, E. N.: Corrosion NACE *41*, 517 (1985)
A59. Flis, J.: Br. Corr. J. *3*, 183 (1968)
A60. Vergl. z. B. Graf, L.; in: [A15], p. 399 – b) Graf, L.; Budke, J.: Z. f. Metallkunde *46*, 378 (1955) – c) Frank, W.; Graf, L.: ibid. *66*, 555 (1975) – d) Graf, L.; Klatte, H.: ibid. *46*, 673 (1955)
A61. Vergl. z. B. [A2a]
A62. Physical Metallurgy of Stress Corrosion Failure (Rhodin, T. N.; Ed.). New York, London: Interscience Publs. (1959)
A63. Uhlig, H. H.; in: a) [A62], p. 1 – b) [A39], p. 86
A64. a) Paskin, A.; Massoumzadeh, B.; Shukla, K.; Sieradzki, K.; Diener, G. J.: Acta metall. *33*, 1987 (1985) – b) Galvele, J. R.: J. Electrochem. Soc. *133*, 953 (1986) – c) id.: Corr. Sci. *27*, 1 (1987) – d) Bianci, G. L.; Galvele, J. R.: ibid. p. 631

B1. a) Pöpperling, R.; Schwenk, W.; Venketeswarlu, J.: Werkstoffe u. Korr. *36*, 389 (1985) – b) loc. cit. Kap. 14 [A2c], mit Literaturangaben
B2. Loc. cit. Kap. 14 [C11a, b]
B3. Loc. cit. Kap. 14 [C8b]
B4. Jaberi, J.: Br. Corros. J. *20*, 133 (1985)
B5. a) Speidel, M. O.: Corrosion NACE *33*, 199 (1977) – b) Stellwag, B.; Kaesche, H.: ibid. *35*, 397 (1979)
B6. a) Riecke, E.: Archiv Eisenhüttenwesen *44*, 647 (1973) – b) id.: Werkstoffe u. Korr. *30*, 610 (1979) – c) Kaesche, H.: Archiv Eisenhüttenwesen *36*, 911 (1965) – d) Richarts, W.: Zement, Kalk, Gips *22*, 447 (1969) – e) Engell, H.-J.: Stahl u. Eisen *98*, 637 (1978) – f) Nürnberger, U.: Forschung, Straßenbau u. Verkehrstechnik Nr. 308 (1980) – g) Riecke, E.; Johnen, B.: Werkstoffe u. Korr. *37*, 310 (1986) – h) McGuinn, K.; Griffiths, J. R.: Br. Corros. J. *12*, 152 (1977) – i) Eickemeyer, J.: Corr. Sci. *18*, 397 (1978) – j) Stoll, F.; Kaesche, H.; in: a) [A10], p. 530 – b) Proc. Asian Pacific Corrosion Control Conf., Taipei (1983). Taipei: APMACA (1983), p. 19
B7. a) Scott, P. M.: Corr. Sci. *25*, 583 (1985) – b) Hickling, J.; Blind, D.: Nuclear Energy and Design *91*, 305 (1986) – c) Magdowski, R.; in: [B8]
B8. Moderne Stähle (Uggowitzer, P. J.; Ed.). Ergebnisse der Werkstoffwissenschaften, Bd. 1. Zürich: Schweiz. Akad. Werkstoffwiss. (1987)
B9. Proc. 2nd Int. Atomic Energy Agency Specialists' Meeting on Subcritical Crack Growth, Sendai 1985 (Cullen, W. H.; Ed.). Lanham: Mat. Engng. Ass. (1986)
B10. a) Congleton, J.; Shoji, T.; Parkins, R. N.: Corr. Sci. *25*, 633 (1985) – b) Congleton, J.; Hurst, P.; in: [B9], p. 439 – c) Speidel, M. O.: J. Mater. Engng. *9*, 157 (1987) – d) Congleton, J.; Parkins, R. N.: Corrosion NACE *44*, 290 (1988) – e) Rippstein, K.; Kaesche, H.: Corr. Sci. *29*, 517 (1989) – f) Macdonald, D. D.; Smialowska, S.; Pednekar, S.: EPRI NP 2853 Project T 115-5 (1983). Columbus: Ohio State Univ. (1983)
B11. a) Rohlfs, U.; Kaesche, H.: Maschinenschaden *57*, 11 (1984) – b) Bornak, W. E.: Corrosion NACE *44*, 154 (1988)
B12. Okada, H.; Yukawa, K.-J.; Tamura, H.: Corrosion NACE *32*, 201 (1976)
C1. a) Engell, H.-J.; Bäumel, A.: in: [A62], p. 341 – b) Bäumel, A.; Engell, H.-J.: Archiv Eisenhüttenwesen *32*, 379 (1961) –
C2. a) Parkins, R. N. Usher, R.; in: 1st Int. Congress Metallic Corrosion, London 1961). London: Butterworth (1962), p. 289 – b) Smialowsky, M., in: ibid. p. 295
C3. a) Münster, R.; Gräfen, H.: Archiv Eisenhüttenwesen *36*, 277 (1965) – b) Gräfen, H.: Corr. Sci. *7*, 177 (1967) – c) Gräfen, H.; Kuron, D.: Archiv Eisenhüttenwesen *36*, 285 (1965) – e) Rädecker, W.; Gräfen, H.: Stahl u. Eisen *76*, 1616 (1958)
C4. Schneider, M.; Kessler, K. J.; Kaesche, H.: Archiv Eisenhüttenwesen *50*, 261 (1979)
C5. Vgl. z. B. die Übersichtsreferate von Parkins, R. N.; in: a) [A39], p. 361 – b) [A15], p. 167 – c) [A21], p. 601
C6. a) Long, M. L.; Uhlig, H. H.; J. Electrochem. Soc. *3*, 182 (1968) – b) Flis, J.: Br. Corros. J. *3*, 182 (1968); Corrosion NACE *29*, 37 (1973) – c) Graf, L.; Becker, H.: Z. f. Metallkunde *62*, 685 (1971)
C7. a) Venczel, J.; Wranglen, G.: Corr. Sci. *4*, 137 (1964) – b) loc. cit. [C3e] – c) Bohnenkamp, K.: Archiv Eisenhüttenwesen *39*, 361 (1968) – d) Humphries, M. J.; Parkins, R. N.: [A39], p. 384
C8. Simon, W.; Schwarz, W.: Ber. Bunsenges. phys. Chemie *67*, 108 (1963)
C9. Pourbaix, M. Atlas d'Equilibres Electrochimiques. Paris: Gauthier – Villars 1963
C10. Loc. cit. [C7d]; [C5c]
C11. Paulekat, F.: Bemerkung zu Herbsleb, G.; Schwenk, W.: Stahl u. Eisen *90*, 903 (1970)

C12. a) Parkins, R. N.; Fessler, R. R.: Engng. Appl. *1*, 80 (1978) – b) Fessler, R. R.; Markworth, A. J.; Parkins, R. N.: Corrosion NACE *39*, 20 (1983) – c) Parkins, R. N.; O'Dell, C. S.; Fessler, R. R.: Corr. Sci. *24*, 343 (1984)
C13. Stenzel, H.; Vehoff, H.; Neumann, P.; in: Proc. Meeting Modeling Environmental Effects on Crack Growth Processes, Toronto 1985. (Jones, R. H.; Gerberich, W. W.; Eds.). Warendale: TMS – AIME (1986), p. 225 – b) Vehoff, H.; Neumann, H.; in: loc. cit. Kap. 14 [c13], p. 686. c) Vehoff, H.; Stenzel, H.; Neumann, P.: Z. f. Metallkunde *78*, 550 (1987) – d) Gröschel, F.: Dissertation, RWTH Aachen (1981)
D1. a) Stalder, F.; Duquette, D. J.: Corrosion NACE *33*, 67 (1977) – b) Takano, M.: in: Proc. 5th Int. Congr. Metallic Corrosion, Tokio 1972. Houston: NACE (1974) – c) Manfredi, C.; Maier, I. A.; Galvele, J. R.: Corr. Sci.: *27*, 887 (1987) – d) Maier, I. A.; Manfredi, C.; Galvele, J. R.: ibid. *25*, 15 (1985)
D2. Staehle, R. W.; in: a) [A15], p. 223 – b) [A21], p. 180
D3. a) Herbsleb, G.; Pfeiffer, B.; Ternes, H.: Werkstoffe u. Korr. *30*, 322 (1979) – b) Herbsleb, G.; Pfeiffer, B.: ibid. *35*, 254 (1984) – c) Herbsleb, G.; Schwenk, W.: ibid. *18*, 521 (1967)
D4. Congleton, J.; Shih, H. C.; Shoji, T.; Parkins, R. N.: Corr. Sci. *25*, 769 (1985)
D5. a) Kessler, K. J.; Kaesche, H.: Werkstoffe u. Korr. *31*, 907 (1980) – b) id.; in: Wasserstoff in Metallen. Ergebnisse eines Schwerpunktprogramms. Deutsche Forschungsgemeinschaft (1985), p. 427
D6. a) Hines, J. G.; Hoar, T. P.: J. Appl. Chem. (1958) 764 – b) Hoart, T. P.; West, I. M.: Proc. Roy. Soc. *A 268*, 304 (1962) – c) Barnartt, S.; Van Rooyen, D.: J. Electrochem. Soc. *108*, 222 (1961) – d) Graf, L.; Springe, G.: Werkstoffe u. Korr. *20*, 323 (1969)
D7. Smith, J. A.; Peterson, M. H.; Brown, B. F.: Corrosion NACE *26*, 540 (1970)
D8. Vaccaro, F. P.; Hehemann, R. F.; Troiano, A. R.: Corrosion NACE *36*, 530 (1980)
D9. Maier, I. A.; López-Pérez, Galvele, J. R.: Corr. Sci. *22*, 537 (1982)
D10. a) Nakayama, T.; Takano, M.: Corr. NACE *38*, 1 (1982) – b) Chu, W.-Y.; Wang, H.-L.; Hsiao, C.-M.: ibid. *40*, 487 (1984)
D11. Moderne Stähle. Ergebnisse der Werkstoff-Forschung; Bd. 1 (Uggowitzer, P. J.; Ed.). Basel: Verlag der Schweizerischen Akademie der Wissenschaften
D12. Vgl. z. B. Karzenmoser, M. A.; Uggowitzer, P. J.; in: [D11], p. 219
D13. a) Douglass, D. L.; Thomas, G.; Roser, W. R.: Corr. NACE *20*, 15 t, (1964) – b) Vergl. z. B. Latanision, R. M.; Westwood, A. R. C., in: Advances in Corrosion Science and Technology. (Fontana, M. G.; Staehle, R. W.; Eds.). Vol. 1. New York: Plenum Press (1970) – c) Latanision, R. M.; Staehle, R. W.; Acta met. *17*, 307 (1969) – d) Staehle, R. W.; in: [A15], p. 223
D14. a) Latanision, R. M.; Staehle, R. W.; in: [A39], p. 214 – b) Vaughn, D. A.; Phalen, D. I.; Peterson, C. L.; Boyd, W. K.: Corr. NACE *19*, 315 (1963) – c) Birley, S. S.; Tromans, D.: ibid. *27*, 63 (1971) – d) Honkasolo, A.: ibid. *29*, 237 (1973) – e) Schreiber, F.; Engell, H.-J.: Werkstoffe u. Korr. *23*, 175 (1972)
D15. a) Uhlig, H. H.; Cook, E. W.: J. Electrochem. Soc. *116*, 173 (1969) – b) Lee, H. H.; Uhlig, H. H.: ibid. *117*, 18 (1970)
E1. a) Vgl. z. B. a) Kaesche, H.: Z. f. Metallkunde *64*, 593 (1973) – b) Wanhill, R. J. H.: British Corr. J. *10*, 69 (1975)
E2. Chen. C. M.; Beck, F. H.; Fontana, M. G.: Corr. NACE *26*, 135 (1970)
E3. a) Mori, K.; Takamura, A.; Shimose, T.: ibid. *22*, 29 (1966) – b) Haney, E. G.; Wearmouth, W. R.: ibid. *25*, 87 (1969)
E4. a) Sedriks, A. J.; Slattery, P. W.; Pugh, E. N.; in: [A39], p. 673 – b) Sedriks, A. J.; Green, J. A.; Salttery, P. W.: Corr. NACE *24*, 172 (1968) – c) Sedriks, A. J.: ibid. *25*, 207 (1969)
E5. Mazza, F.: Werkstoffe u. Korr. *20*, 199 (1969)

E6. a) Powell, D. T.; Scully, J. C.: Corr. NACE *25*, 483 (1969) – b) Sanderson, G.; Powell, D. T.; Scully, J. C.; in: [A39], p. 638 – c) Scully, J. C. Powell, D. T.: Corr. Sci. *10*, 719 (1970) – e) Scully, J. C.; in: [A15], p. 127
E7. a) Leith, J. R.; Hightower, J. W.; Harkins, C. G.: Corr. NACE *26*, 377 (1970) – b) Raymond, L.; Russel, R. J.: ibid. *25*, 250 (1969) – c) Boyd, W. K.; in: [A39], p. 593
E8. Vgl. z. B. Blackburn, M. J.; Williams, J. C.; in: [A39], p. 620
E9. Leckie, H. P.: Corr. NACE *23*, 187 (1967)
E10. a) Feeney, J. A.; Blackburn, M. J.; in: [A15], p. 355 – b) Feeney, J. A.; Blackburn, M. J.; Beck, T. R.; in: Advances in Corrosion Science and Technology (Fontana, M. G., Staehle, R. W.; Eds.). Vol. 3. New York: Plenum Press (1973), p. 67
E11. Vogelhuber, G.: Diplomarbeit, Universität Erlangen Nürnberg (1981)
E12. a) Beck, T. R.: Corr. NACE *30*, 408 (1974) – b) id.; in: Proc. Conf. Predictive Capabilities in Environmentally Assisted Cracking. (Rungta, R.; Ed.). ASME (1985), p. 177
F1. Vgl. z. B. [A23] – b) Speidel, M. O.; in: [A15], p. 344
F2. a) Berggreen, J.; Engell, H.-J.; Kaesche, H.: Werkstoffe u. Korr. *26*, 599 (1975) – b) Richter, J.; Kaesche, H.: ibid. *28*, 602 (1977); *32*, 174, 289 (1981) – c) Stoll, F.; Hornig, W.; Richter, J; Kaesche, H.: ibid. *29*, 585 (1978) – d) Richter, J.; Hornig, W.; Kaesche, H.: ibid. *35*, 23 (1984) – e) Rippstein, K.; Baumgärtner, M.; Konys, J.; Kaesche, H.: Z. Metallkunde *75*, 291 (1984) – f) Baumgärtner, M. Kaesche, H.: Corr. NACE *44*, 231 (1988)
F3. a) Sugimoto, K.; Hoshino, K.; Kageyama, M.; Kageyama, S.; Sawada, Y.: Corr. Sci. *115*, 709 (1975) – b) Urushino, K.; Sugimoto, K.: Corr. Sci. *19*, 225 (1979)
F4. a) Nikol, Th.; Kaesche, H.; in: Preprints Conf. Eurocorr, Karlsruhe 1987. Frankfurt: DECHEMA (1987), 505 – b) David, W.; Stellwag, B.; Kaesche, H.: Aluminium *59*, E147 (1983)
F5. Viswanadham, R. K.; Sun, T. S.; Green, J. A. S.: Corr. NACE *36*, 275 (1980)
F6. a) Gruhl, W.: Metall *17*, 197 (1963) – b) id. Z. Metallkunde *53*, 670 (1963) – c) Ratke, L.; Gruhl, W.: Werkstoffe u. Korr. *31*, 768 (1980) – d) id.; id.: Z. Metallkunde *71*, 568 (1980) – e) Brungs, D.; Gruhl, W.: Metall *24*, 217 (1970)
F7. Shastry, C. R.; Levy, M.; Joshi, A.: Corr. Sci. *21*, 673 (1981)
F8. a) Haynie, F. H.; Boyd, W. K.; in: [A39], p. 580 – b) Gest, R. J.; Troiano, A. R.; Corr. NACE *30*, 274 (1974)
F9. Lynch, S. P.: Corr. Sci. *24*, 375 (1984)
G1. Proc. Int. Conf. Environment-Induced Cracking of Metals, Kohler 1988. (B. J. Ives, Gangloff, R.; Eds.) Houston: NACE (im Druck)
G2. a) Pugh, E. N.: Corr. NACE *41*, 517 (1985) – b) Bertocci, U.; Pugh, E. N.; in: [A34], p. 144 – c) Pugh, E. N.; in: [G1] – d) Beggs, D. V.; Hahn, M. T.; Pugh, E. N.; in: Hydrogen Embrittlement and Stress Corrosion Cracking. Metals Park: ASTM (1984), p. 181 – e) Hahn, M. T.; Pugh, E. N.: Corr. NACE *36*, 380 (1980) – f) Cheng, B. C.: Ph. D. Thesis, University of Illinois, Urbana-Champaign (1975), zitiert nach [G2b]
G3. a) Wendler-Kalsch, E.; in: [A32], p. 102 – b) Kermani, M.; Scully, J. C.: Corr. Sci. *18*, 883 (1978) – c) Pinchback, T. R.; Clough, S. P.; Heldt, L. A.: Met. Trans. *6A*, 1479 (1975) – d) Takano, M.; Teramoto, K.; Nakayama, T.: Corr. Sci. *21*, 459 (1981)
G4. Meletis, E. I.; Hochman, R. F.: Corr. Sci. a) *25*, 843 (1984) – b) *26*, 63 (1986)
G5. a) Sieradzki, K; Newman, R. C.: Philos. Mag. A *51*, 95 (1985) – b) Newman, R. C.; Sieradzki, K.; in: Proc. Conf. Modeling Environmental Effects on Crack Growth Processes (Gerberich, W. W.; Jones, R. H.; Eds.). Warrendale: TMS-AIME (1986), p. 199 – c) Newman, R. C.; Sieradzki, K.; in: [G6] – d) Sieradzki, K.; Kim, J. S.; Cole, A. T.; Newman, R. C.: J. Electrochem. Soc. *134*, 1635 (1987)

G6. Proc. NATO Advanced Research Workshop Chemistry and Physics of Fracture. (Latanision, R. M.; Jones, R. H.; Eds.). ASI Series E, No. 130. Dordrecht: Martinus Nijhoff (1987)

G7. a) Cassagne, T. B.; Flanagan, W. F.; Lichter, B. D.: Metall. Trans. *17A*, 703 (1986); *19A*, 281 (1988); [G6] – b) Lichter, B. D.; Flanagan, W. F.; Lee, J. B.; Zhu, M.; in: [G1] – c) Flanagan, W. F.; Lee, J. B.; Zhu, M.; Lichter, B. D.; in: Proc. Symp. Environmentally assisted Cracking: Science and Engineering, Bal Harbor 1987. ASTM (im Druck).

G8. a) Loc. cit. Kap. 8 [28, 29] – f) Lenz, E: Dissertation, Universität Erlangen-Nürnberg (1978)

16 Die Schwingungsrißkorrosion (Korrosionsermüdung)

16.1 Allgemeine Gesichtspunkte. Wöhlerkurven

Als *Materialermüdung* bezeichnet man den Festigkeitsverlust von Bauteilen unter dem Einfluß zyklisch wechselnder, also schwingender Belastung. Schon im Vakuum, oder in inerten Gasen und Flüssigkeiten, beobachtet man dabei die Ausbreitung makroskopisch verformungsloser *Ermüdungsrisse* bei Lastamplituden $\Delta\sigma = (\sigma_{max} - \sigma_{min})$, die an die Zugfestigkeit R_m glatter Probe, bzw. bei Amplituden $\Delta K_I = (K_{max} - K_{min})$ des Spannungsintensitätsfaktors, die an die Bruchzähigkeit K_{IC} gekerbter Proben des Materials nicht heranreichen. Die bruchmechanische Behandlung der Ermüdung ist im Anhang in Kap. 17.3 für den Fall der linear-elastischen Rechnung und den Rißmodus I mit senkrecht auf die Rißflanken wirkender rißöffnender Spannungskomponente σ_{yy} kurz skizziert.

Es ist nützlich, sich vor Augen zu führen, daß schon die Ausbreitung von Ermüdungsrissen im Vakuum und in inerten Medien als unterkritische Rißausbreitung ohne Umgebungseinfluß zu betrachten ist. Ein dritter Mechanismus unterkritischer Rißausbreitung, nämlich das Auftreten von Kriechrissen, ist bei normal niedriger Temperatur ungefährlich und bleibt hier außer Betracht. Man beachte, daß bei dem im vorangegangenen Kapitel behandelten Fall der Spannungsrißkorrosion die unterkritische Rißausbreitung ohne Umgebungseinfluß nicht möglich ist, es sei denn im Spezialfall der Rißausbreitung unterhalb von K_{IC} in Proben, die mit diffundierbarem Wasserstoff vorbeladen wurden. Die Erklärung der Rißausbreitung ist deshalb dort vorrangig Sache der Korrosionskunde. Demgegenüber ist *Schwingungsrißkorrosion* (ScRK, oder auch SwRK) bzw. *Korrosionsermüdung* (CF, von "corrosion fatigue") der Fall der Verstärkung der Tendenz zur schon ohne Umgebungseinfluß eintretenden Rißausbreitung durch zusätzliche Korrosion. Dann obliegt die Erklärung der Rißbildung und Rißausbreitung zunächst der Metallphysik und der Bruchmechanik, und die Korrosionskunde greift nur ergänzend ein. Entsprechend umfangreich ist die Literatur zum Thema Ermüdungsrißausbreitung in inerten Medien, die hier nicht referiert werden kann [1a,b], im Vergleich zur Literatur zum Thema ScRK [z. B. 2]. Man beachte allerdings, daß das Medium, wenn es sich dabei um Luft handelt, häufig nur scheinbar inert ist, und z. B. der Wassergehalt u.U. bereits ausreicht, um die Ermüdung im Sinne der Korrosionsermüdung zu beeinflussen.

In der Praxis ist die Schwingungsrißkorrosion häufiger, weil erheblich weniger an spezielle Systembedingungen gebunden, als die Spannungsrißkorrosion. So wird berichtet [3], daß in einem Großbetrieb der Chemie Spannungsrißkorrosion im wesentlichen nur für die Edelstähle ein Problem ist, Schwingungsrißkorrosion aber praktisch alle Werkstoffe betrifft. Außer in der chemischen Industrie spielt die Schwingungsrißkorrosion eine erhebliche Rolle auch in der Luftfahrt [4a], der Schiffahrt [4b] und im Kraftwerksbetrieb [4c].

Das ursprünglich bevorzugte Verfahren der Charakterisierung der Ermüdungs-Empfindlichkeit ist die Messung der Lastwechselzahl, oder „Bruch-Lastspielzahl" N_B, nach der in Wechselbiege-, oder Umlaufbiege oder Zug-Druck-Versuchen bei einer vorgegebenen Nennlast-Amplitude $\Delta\sigma$ der Bruch der Probe eintritt. Die Auftragung von $\Delta\sigma$ über N_B liefert die bekannte *Wöhler-Kurve*. Bild 16.1 zeigt das Ergebnis solcher Messungen mit Wechsel-Biegeproben aus dem Stahl *x*20 Cr13 mit ca. 0,2%C und 13,7%Cr [5] sowohl für glatte als auch für gekerbte Proben bei Versuchen zum einen in Luft, zum anderen in konzentrierter NaCl-Lösung. An der Normalkurve 1 für die glatte Probe an Luft wird deutlich, daß bei relativ hoher Lastamplitude die Lastspielzahl bis zum Bruch N_B steigt, wenn $\Delta\sigma$ sinkt. Dies entspricht offensichtlich qualitativ den Erwartungen. Eher unerwartet ist der Befund, daß Lastamplituden unterhalb eines kritischen Wertes beliebig lange ertragen werden. Durch dieses Verhalten werden die Begriffe der *Zeitfestigkeit* ΔR_Z und der *Dauerfestigkeit* ΔR_D festgelegt. Allerdings ist das Auftreten der Dauerfestigkeit zwar häufig und zumal für die Kohlenstoffstähle typisch, aber keine allgemeine Eigenschaft der Ermüdung. Fehlt die deutliche Dauerfestigkeitsgrenze, so nimmt man als Sicherheitsgrenze die Spannungsamplitude, die z. B. 10^8 mal ertragen wird. Die Kurve 3 für die glatte Probe in NaCl-Lösung zeigt eine starke Zunahme der ScRK-Empfindlichkeit offenbar infolge Korrosion, und dieser Befund demonstriert den Effekt der Schwingungsrißkorrosion bzw. der Korrosionsermüdung sehr deutlich. Den durchschlagenden Einfluß der Oberflächenqualität

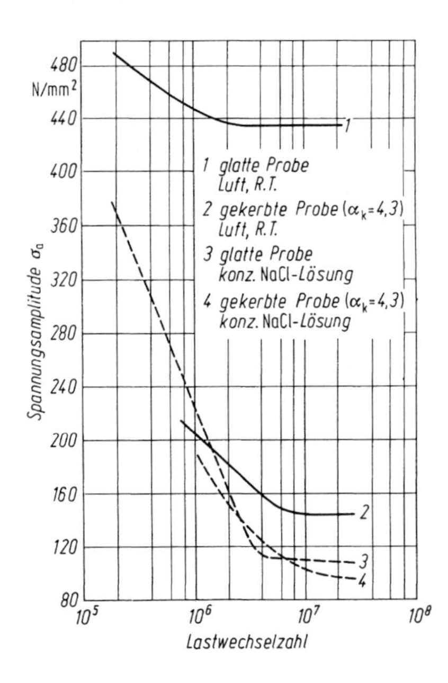

Bild 16.1. Wöhlerkurven eines Chromstahles nach Biegewechselprüfungen in Luft und in NaCl-Lösung. (Nach Lipp)

auf das Versuchsergebnis zeigen die Kurven 2 und 4 für gekerbte Proben in Luft und in NaCl-Lösung: Die gekerbte Probe ergibt schon bei der Messung in Luft eine starke Zunahme der ScRK-Empfindlichkeit, die sich nun durch die zusätzliche Korrosionseinwirkung nicht mehr stark ändert. Die Beobachtung der Kerbwirkung in Luft läßt vermuten, daß die Schwingungsrißkorrosion in diesem Fall einfach zu erklären ist: Der hochlegierte Chromstahl ist in neutraler Elektrolytlösung, die gelösten Sauerstoff enthält, vermutlich passiv, sein Elektrodenpotential zugleich aber vermutlich gleich dem Lochfraßpotential. Infolgedessen ist damit zu rechnen, daß Lochfraß eintritt, der wahrscheinlich auf der zunächst glatten Probe kerbartige Vertiefungen erzeugt. Est wird sich dazu zeigen, daß sich im Bereich der ScRK einfache Deutungen noch mehrfach anbieten. Auch dies ist aber kein allgemein gültiger Befund, und kompliziertere Erscheinungen werden zu besprechen sein.

An Hand der Wöhlerkurve lassen sich zwei in der Diskussion der Ermüdung häufig auftretende Begriffe leicht erklären, nämlich „*low-cycle fatigue*“ (LCF) und „*high-cycle fatigue*“ (HCF). Gemeint ist eine Unterscheidung derjenigen Ermüdungsvorgänge, die schon bei kleinen Lastspielzahlen (z. B. für N_B um 10^3 bis 10^4) zum Bruch führen, und jener, die das erst bei hoher Lastspielzahl tun. Es handelt sich nicht nur um eine praktisch wichtige, sondern auch um eine grundsätzliche Unterscheidung. Ist nämlich N_B groß, so ist $\Delta\sigma$ und damit auch die zyklische Probenverformung klein, und dies ist der zunächst hauptsächlich interessierende Fall der Ermüdungsrißausbreitung bei zyklischer Belastung deutlich unter der Streckgrenze. Allerdings steht fest, daß die Ermüdungsrißausbreitung in jedem Fall, also auch für high-cycle fatigue, die Folge der lokal zu sehr hohen Beträgen akkumulierten plastischen Verformung in mikroskopischen Bereichen ist. Bei rein elastischer Wechselbelastung gibt es keine Materialermüdung. Daher rührt zum einen das Interesse an der *zyklischen Spannungs-Dehnungskurve* $\Delta\varepsilon_{pl}\{\Delta\sigma\}$, die für einen stationären Zustand im Zeitbereich mittlerer Lastspielzahlen die plastische Dehnungsschwingbreite $\Delta\varepsilon_{pl}$ mit der Spannungsamplitude verknüpft. Daher rührt zum anderen die *Coffin-Manson*- Beziehung, die $\Delta\varepsilon_{pl}$ mit der Bruchlastspielzahl N_B verknüpft. Mit einem „Ermüdungsduktilitätsfakor“ const. und einem „Ermüdungsduktilitätsexponenten“ c setzt man dabei $\Delta\varepsilon_{pl} = \text{const.}\ (N_B)^c$. Betrachtet man Versuche mit hoher Belastungsamplitude, also LCF, sodaß die makroskopische plastische Verformung groß wird, so kann diese Beziehung unmittelbar benutzt werden. Dann ist die Konstante ungefähr gleich der Bruchdehnung im Zugversuch, und der Exponent liegt gewöhnlich im Bereich $-0{,}5$ bis $-0{,}7$. Bei Versuchen mit nominell nur elastischer Verformung, also HCF, ist eine empirische Beziehung von der Form $\Delta\sigma = \text{const.}\ (2N_b)^b$ nützlich. Der „Ermüdungsfestigkeitskoeffizient“ const. ist ungefähr gleich der Zugfestigkeit des Materials, typische Werte des „Ermüdungsfestigkeitsexponenten“ b liegen bei $-0{,}1$.

Der Mechanismus der Rißkeimbildung [6] und der Rißausbreitung [7] ist offensichtlich mit der lokalisierten Akkumulation irreversibler mikroskopischer Schadensereignisse verknüpft, die bei der Wiederholung mikroplastischer Verformungsereignisse entstehen. Reversible Versetzungsbewegungen, die keine solchen Schadensereignisse verursachen, sind dann wirkungslos. Daraus erklärt sich die Existenz eines Schwellenwertes der Amplitude der plastischen Verformung, und damit verknüpft auch der Amplitude der Spannung für das Auftreten der Ermüdung, also die Existenz einer Dauerfestigkeit noch oberhalb der wahren Elastizitätsgrenze. Die Schadensereignisse sind von Fall zu Fall sehr verschieden; sie reichen von der bekannten Bildung persistenter Gleitbänder bis zum Porenwachstum um Einschlüsse in der plastischen Zone vor der Rißspitze, und anderem mehr. Entsprechend vielfältige Einflüsse der überlagerten Korrosion zum Vorgang dann insgesamt der Korrosionsermüdung lassen sich erwarten. Wie schon für den Fall der Ermüdung eines in Chlorid-haltiger Lösung passiven, aber Lochfraß-anfälligen Stahles oben bemerkt, ist eine qualitative Deutung oft leicht mit der Vorstellung zu erhalten, daß lokale Korrosion an der Rißspitze die Rißausbreitung pro Lastwechsel nach Maßgabe der zu erwartende Korrosionsgeschwindigkeit durchgehend erhöht. Dazu zeigt Bild 16.2 die Bruch-Lastspielzahl eines Chromstahles bei potentiostatischer Polarisation von Wechsel-Biegeproben in schwach schwefelsaurer Lösung [3] über einen weiten Bereich des Elektrodenpotentials. Der Stahl ist in dieser Lösung unterhalb ca. 0 V aktiv, zwischen ca. 0 und ca. 1.1 V passiv, darüber transpassiv. Das Ruhepotential liegt im Bereich der Aktivität bei ca. – 0,1 V; bei diesem Potential relativ schneller Korrosion tritt der Ermüdungsbruch bei $N_B \cong 10^5$ ein. Bei kathodischer Polarisation steigt N_B offensichtlich parallel zum Absinken der Korrosionsgeschwindigkeit. Anodische Polarisation passiviert den Stahl zunächst und hebt N_B an. Nach Überschreiten der Potentialschwelle der Transpassivität steigt die Stromdichte der Metallauflösung stark an, entsprechend fällt N_B ab.

Ebenso gut ist der Einfluß des pH-Wertes auf die Korrosionsermüdung von gewöhnlichem, unlegierten Stahl in sauren bis alkalischen Salzlösungen verständlich. Dazu zeigt Bild 16.3 den Verlauf der Bruch-Lastspielzahl eines unlegierten Stahles in NaCl-Lösung mit Säure-bzw. Laugenzusatz bei zwei Lastamplituden [8a]. Der Gleichlauf der Änderung von N_B mit dem Verlauf der Korrosionsgeschwindigkeit in Bild. 6.19 ist deutlich. Der Anstieg von N_B auf Werte $> 10^7$ zeigt den hier sehr günstigen Effekt der Passivierung an.

Erwartungsgemäß kann die Korrosionsermüdung des unlegierten Stahles durch kathodischen Korrosionsschutz unterdrückt werden. Wie Bild 16.4 lehrt [8a], steigt die Bruch-Lastspielzahl bei einer Spannungsamplitude von 270 MN/ m^2, die tiefer liegt als die an Luft bestimmte Dauerfestigkeit, mit sinkendem

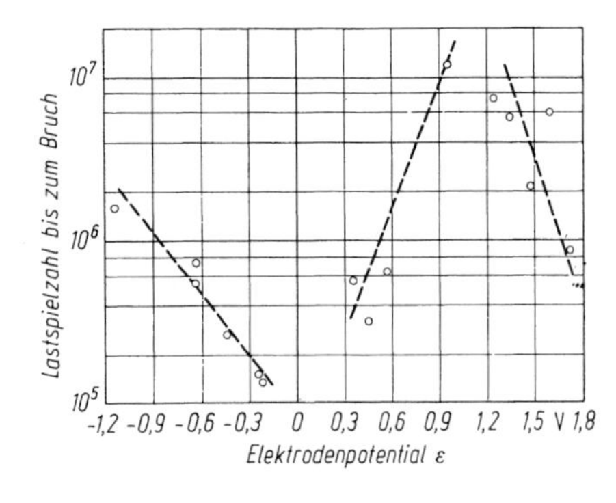

Bild 16.2. Die Lastspielzahl bis zum Bruch eines 13%igen Chromstahls (Typ 4021) in H_2SO_4-Lösung (pH 2, 20 °C, unter Luftabschluß). Lasthöhe 90% der in Luft gemessenen Dauerfestigkeit. (Nach Spähn)

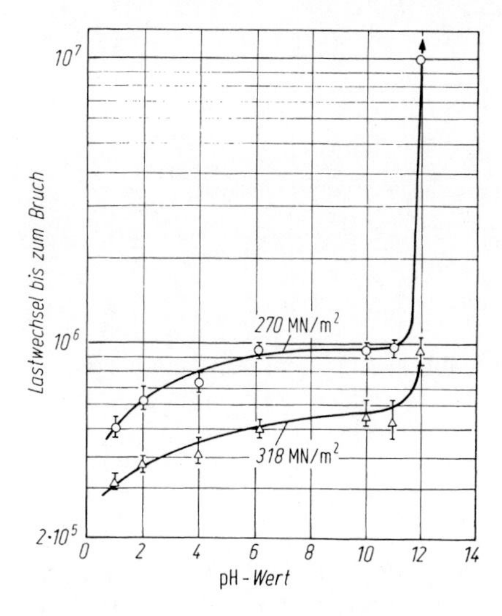

Bild 16.3. Die Lastwechselzahl bis zum Bruch eines unlegierten, kohlenstoffarmen Stahls als Funktion des pH-Wertes einer NaCl-Lösung mit Säuren-bzw. Laugenzusatz. (Nach Duquette und Uhlig)

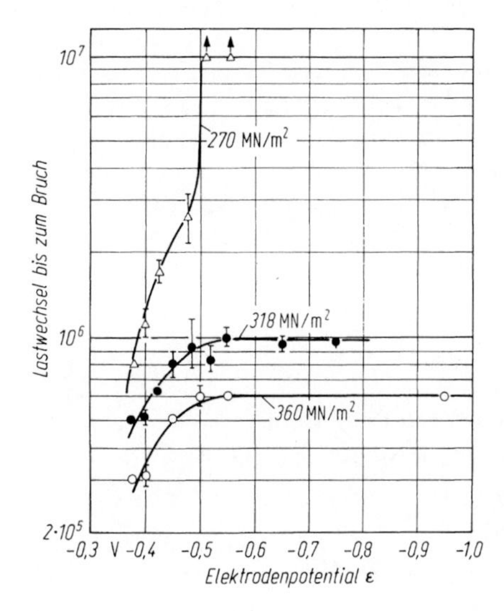

Bild 16.4. Die Lastwechselzahl bis zum Bruch eines unlegierten, kohlenstoffarmen Stahles als Funktion des Elektrodenpotentials in neutraler 3% NaCl-Lösung. (Nach Duquette und Uhlig)

Elektrodenpotential steil bis zu Werten $N_B > 10^7$; es wird also voller Schutz gegen Ermüdung erreicht. Ist statt dessen die Lastamplitude höher als die Dauerfestigkeit, so kann durch kathodischen-Schutz nur der Effekt der Korrosion beseitigt werden. Man mißt dann bei 318 bzw. 360 MN/m^2 und hinreichend negativem Elektrodenpotential die naturgemäß potentialunabhängige Zeitfestigkeit des Materials wie an Luft.

Endlich ist im Normalfall der Sauerstoffkorrosion des unlegierten Stahles in einer neutralen Salzlösung zu erwarten, daß der Korrosionseffekt auch dann

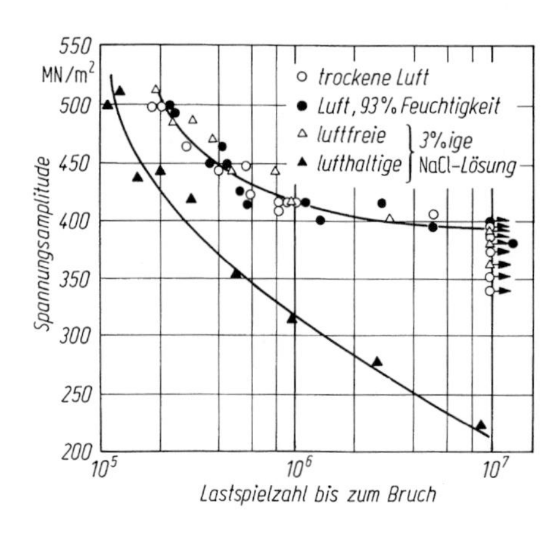

Bild 16.5. Die Wöhler-Kurve eines unlegierten Stahls (AISI 4140) in Luft und in NaCl-Lösung mit und ohne gelösten Sauerstoff. (Nach Lee und Uhlig)

verschwindet, wenn das Oxidationsmittel, also der gelöste Sauerstoff, aus der Lösung entfernt wird. Auch dies wird durch das Experiment bestätigt: Dazu führt Bild 16.5 mit den Wöhler-Kurven des unlegierten Stahles zum einen in Luft, zum anderen in lufthaltiger NaCl-Lösung zunächst den Effekt der Korrosion auf die Ermüdung nochmals vor Augen, zudem auch den häufigen Befund, daß im Falle der Korrosionsermüdung keine Dauerfestigkeit mehr angegeben werden kann. Entfernt man aus der Lösung den Sauerstoff, so hört die Korrosion auf, und die Meßpunkte fallen wieder auf die an Luft bestimmte Wöhler-Kurve. Interessant ist die Beobachtung, daß auch in Luft von 93% relativer Feuchte ScRK nicht auftrat. Dies zeigt, daß die Probenoberfläche und die Luft keine hygroskopischen Verunreinigungen enthielten, sodaß auf der Probe keine Feuchtigkeit kondensierte, die sonst atmosphärische Korrosion verursacht hätte.

16.2 Bruchmechanik der Korrosionsermüdung. Echte Korrosionsermüdung, Spannungskorrosionsermüdung

Für die Ermüdung gekerbter Proben ist nach Kap. 17.3 der Zusammenhang zwischen dem Logarithmus der Rißausbreitungsrate $\mathrm{d}a/\mathrm{d}N$ pro Lastwechsel und der Amplitude ΔK_I der zyklischen Änderung des Spannungsintensitätsfaktors charakteristisch. Dann findet man für die Korrosionsermüdung bei hochfesten Materialien wie Stahl, oder Aluminium- und Titanlegierungen drei Klassen von Befunden [10], die sich zusammenfassend wie folgt darstellen [11a]: „Echte Korrosionsermüdung" („true corrosion fatigue") rufen solche Medien hervor, die keine Spannungsrißkorrosion auslösen, wohl aber ein beschleunigtes Rißwachstum gegenüber einem Ermüdungsversuch im Vakuum oder in inerter Umgebung. Korrosion und zyklische Belastung wirken dabei synergistisch, und man erhält die in Bild 16.6 a schematisch dargestellte $\log(\mathrm{d}a/\mathrm{d}N) - \log(\Delta K_\mathrm{I})$-Kurve. Erleidet das Material keine echte Korrosionsermüdung, wohl aber Spannungsrißkorrosion,

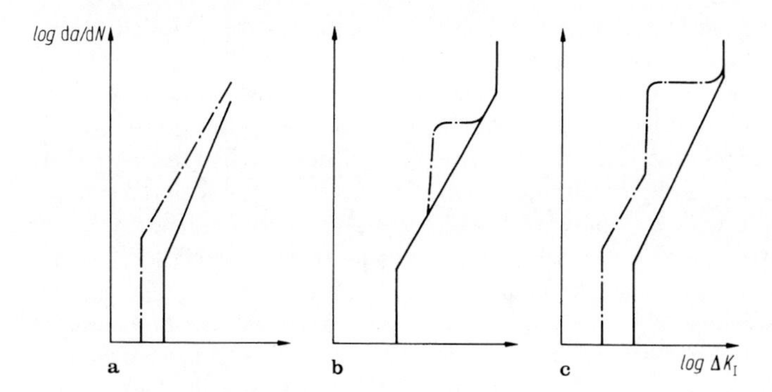

Bild 16.6a–c. Die Grundtypen der Schwingungsrißwachstums-Diagramme; **a** Echte Korrosionsermüdung; **b** Spannungskorrosionsermüdung; **c** Überlagerung von echter Korrosionsermüdung und Spannungskorrosionsermüdung.

so erhält man Diagramme der in Abb. 16.6b dargestellten Art, wenn bei entsprechenden Spannungsrißkorrosions-Messungen die $\ln v - K_{\mathrm{I}}$ – Kurve einen deutlichen Schwellenwert K_{Iscc} im „Bereich I" und ein Plateau im „Bereich II" der Rißausbreitung aufweist. Die Berechnung der Überhöhung der log $(\mathrm{d}a/\mathrm{d}N)$ $-\log(\Delta K_{\mathrm{I}})$-Kurve im Bereich von Spannungsamplituden, die SpRK auslösen, wird weiter unten gezeigt. Man klassifiziert diese Art von Korrosionsermüdung als „Spannungskorrosionsermüdung" („stress corrosion fatigue"). Echte Korrosionsermüdung und Spannungskorrosionsermüdung können nebeneinander auftreten; dann erhält man die in Bild 16.6c schematisch skizzierte Überlagerung der in Bild 16.6a und b dargestellten Kurven.

Durch geeignete Wahl der mechanischen Versuchsparameter kann der Übergang zwischen Ermüdung bzw. echter Korrosionsermüdung und Spannungskorrosionsermüdung gesteuert werden. Ist das Belastungsprogramm spannungsgesteuert, die Änderung der Last mit der Zeit t sinusförmig, entsprechend $\sigma = \Delta\sigma \sin(2\pi \mathrm{f} t)$, mit der Spannungsamplitude $\Delta\sigma = \sigma_{\max} - \sigma_{\min}$, so sind die mechanischen Einflußgrößen die Frequenz f und die Mittellast, die üblicherweise durch das Verhältnis $R = \sigma_{\min}/\sigma_{\max}$ gekennzeichnet wird.

Es leuchtet dazu ein, daß bei hohem statischen Anteil der Belastung und zugleich kleinen Lastamplituden ($R \to 1$) und niedriger Frequenz die Versuchsbedingungen weitgehend einem statischen Belastungsversuch entsprechen und die SpRK des Materials die Rißausbreitung dominieren wird. Umgekehrt werden bei hoher Frequenz, großer Lastamplitude und niedrigem Mittellastanteil ($R \approx 0$) die Versuchsbedingungen „Ermüdungsbetont" und die Rißausbreitung wird durch die Ermüdung bzw. echte Korrosionsermüdung dominiert.

Das Ineinandergreifen der mechanischen Ermüdung, der Spannungskorrosionsermüdung und der echten Korrosionsermüdung läßt von vorneherein komplizierte Befunde erwarten. Zwei einfache Modellvorstellungen, nämlich das Modell der konkurrierenden Schadensvorgänge („process competition model") einerseits [10c,d] und das Modell der additiven Überlagerung der Schadensvorgänge („process superposition model") [12] sind aber für eine vorläufige

Ordnung der Beobachtungen sehr nützlich. Nach dem ersteren Modell stehen Ermüdung bzw. echte Korrosionsermüdung und Spannungsrißkorrosion als unabhängige Prozesse in Konkurrenz zueinander, das Rißwachstum wird dann alternativ durch SpRK oder Ermüdung bzw. Korrosionsermüdung bewirkt, die Teilprozesse beeinflussen sich nicht wechselseitig, und der jeweils schnellere Vorgang kontrolliert die Rißausbreitung. Nach dem letzteren Modell tragen die verschiedenen Teilprozesse ständig gemeinsam zur Rißausbreitung bei, mit dem Resultat einer verstärkten Gesamtschädigung. Gemäß experimenteller Erfahrung ist mit dem Vorkommen beider Mechanismen zu rechnen [10b,c,d, 12]. Ein gut untersuchtes Beispiel ist die Ermüdungs-Rißausbreitung des auf eine Streckgrenze von 1500 MPa und eine Bruchzähigkeit von 27 $MN m^{-3/2}$ getemperten Stahles 90MnV8 in NaCl-Lösung [11a,b]. Aus SpRK-Versuchen, die in Kap. 15 beschrieben wurden ist bekannt, daß es sich um H-induzierte interkristalline SpRK handelt, daß K_{ISCC} bei 12,5 $MN m^{-3/2}$ liegt und daß im Plateau-Bereich II der $\ln v - K_I$ – Kurve die Rißausbreitungsgeschwindigkeit konstant ist, mit $v \cong 2$ (μm/s). Wenn nun die SpRK auch im Ermüdungsversuch mit hinreichend hohem R-Wert eintritt, so gilt für die Rißausbreitungsgeschwindigkeit $v = da/dt$ und die Ausbreitungsrate da/dN mit der Frequenz f der Zusammenhang $da/dN = v/f$. Liegt Rißausbreitung gemäß dem „process competition“ – Modell vor, so sollte die $\log(da/dN) - \Delta K_I$-Kurve ein Plateau dieser Höhe aufweisen, soweit v/f deutlich größer ist als die in inerter Umgebung gemessene Rißausbreitungsgeschwindigkeit, und solange K_{max} des Ermüdungsversuchs mindestens den K_{ISCC} des SpRK-Versuchs erreicht. Die Begrenzung des Plateaus zu kleinen Werten von K_{max} hin sollte dabei schon deshalb unscharf sein, weil pro Lastwechsel die Spannungskorrosions-Rißausbreitungszeit zunehmend kürzer wird, wenn K_{min} unter K_{ISCC} sinkt. Bild 16.7 zeigt, daß die Versuchsauswertung die Annahmen des „process competition“ – Modells quantitativ bestätigt. Die Inserts des Bildes zeigen außerdem die einleuchtende Ursache dieses Verhaltens: Die Ausbreitung der Spannungskorrosionsrisse ist interkristallin, die der Ermüdungsrisse transkristallin, sodaß ein synergistisches Zusammenwirken der beiden Schadensmechanismen nicht möglich ist, sondern jeweils der schnellere überwiegt. Im weiteren Detail ergaben die Messungen Übereinstimmung mit dem Modell für Werte von R bis herab zu 0,1. Es ist anzumerken, daß gleichartige Messungen mit Stahlproben, die nicht der NaCl-Lösung ausgesetzt, aber mit Wasserstoff vorbeladen waren, gleichartige Ergebnisse hatten, sodaß der Mechanismus der H-induzierten SpRK des hochfesten Stahles in Überlagerung zur rein mechanischen Ermüdung im ganzen sehr wohl belegt erscheint. Überraschend ist der Einfluß der Frequenz: Während zu erwarten wäre, daß die SpRK um so deutlicher zum Zug kommt, je niederfrequenter die Schwingung ist, ergab die Messung bei 0,23 Hz statt der erwarteten Plateaugeschwindigkeit von $da/dN = 8$ nur 1,5 (μm/Lastwechsel). Als Ursache ist anzunehmen, daß die SpRK bei sehr tiefer Frequenz der Belastungsamplitude „nachhinkt“, wobei die Ursache dieses Verhaltens im einzelnen genauer zu klären bleibt.

In Kap. 15.2 ist dargelegt worden, daß die Spannungsrißkorrosion mittelfester niedrig legierter Druckbehälter-Stähle in heißen Druckwässern vermutlich zu den komplizierteren Fällen der H-induzierten SpRK gehört. Dazu zeigt Bild 16.8 für einen derartigen Stahl die $\log(da/dN) - \Delta K_I$ – Kurve sowohl für eine inerte

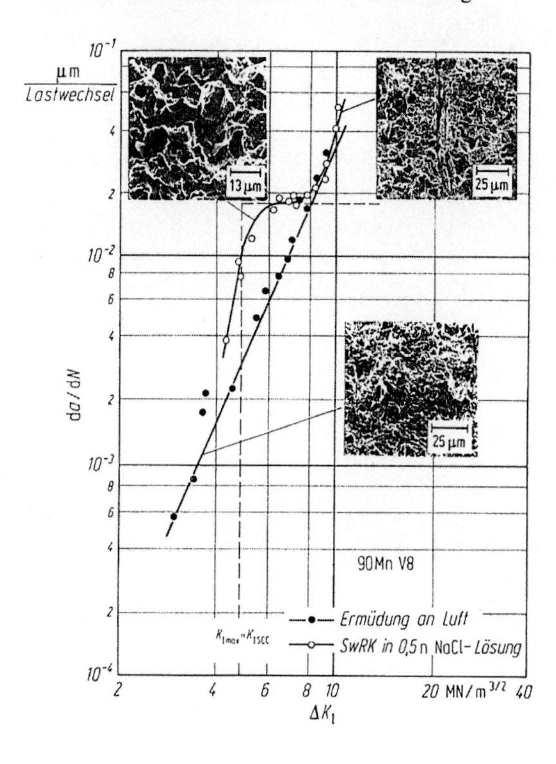

Bild 16.7. Die Ermüdungsriß-Ausbreitung in DCB-Proben aus 90 Mn V8 (R_p = 1530 MPa, K_{IC} = 27 MNm$^{-3/2}$) in 0,5 M NaCl-Lösung. Frequenz f = 109 Hz; R = 0.6. Gestrichelt senkrecht: ΔK_I für $K_{max} = K_{ISCC}$, waagerecht: da/dN berechnet aus der Plateau-Geschwindigkeit der *SpRK-Riß*ausbreitung. Inserts: Fraktografischer Befund. (Nach Deimling, Stellwag und Kaesche).

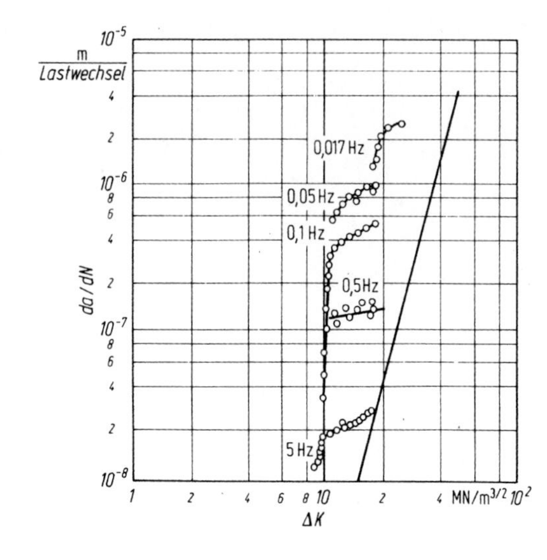

Bild 16.8. Frequenzeinfluß auf die Ermüdungs-Rißausbreitung in einem Reaktor-Druckbehälter-Stahl in Wasser bei 288 °C. (Kurvenberechnung nach Speidel anhand von Daten bei Atkinson, Tice und Scott.)

Umgebung als auch in heißem Druckwasser [13]. Die durch die letzteren Daten gezeichnete Kurven beruhen auf der Übernahme von Daten aus SpRK-Versuchen nach dem soeben geschilderten Modell; mithin erscheint auch in diesen Fällen die Ermüdungsrißausbreitung je nach der Höhe der Spannungsamplitude entweder durch Spannungsrißkorrosion oder durch mechanische Ermüdung verursacht. Das Modell gibt die Höhe der Plateau-Geschwindigkeit in diesem Fall offenbar bis zu sehr niedriger Frequenz richtig wieder. Allerdings scheint in diesem System die Forderung verletzt, daß die Spannungskorrosionsermüdung Frequenz-unabhängig stets bei demselben Schwellenwert der Amplitude des Spannungsintensitätsfaktors einsetzen sollte.

Ähnlich wie im Falle der SpRK der hochfesten Stähle kann auch für Stähle unter Ermüdungsbedingungen die Rolle der Wasserstoffversprödung auch schon in trocken gasförmigem Wasserstoff untersucht werden. Bei der schwingenden Beanspruchung ist die Wasserstoffaufnahme im Prinzip gegenüber dem Fall der statisch belasteteten Materialien erheblich erleichtert. Wie in Kap. 14 dargelegt kann der irreverisble Versetzungstransport des atomar gelösten Wasserstoffs bewirken, daß die Lösungskonzentration über den Gleichgewichtswert ansteigt. Wenn sich nun bei der Ermüdung die lokale mikroplastische Verformung ständig wiederholt, so kommt dieser Effekt weit deutlicher zum Tragen. Dazu zeigt Bild 16.9 den Einfluß nicht nur von gasförmigem Wasserstoff, sondern auch von Wasserdampf und Sauerstoff auf die Rißausbreitungsgeschwindigkeit in Stahl 90 MNV8 [11c]. Der Wasserstoff-Effekt kann quantitativ nach dem Dekohäsionsmodell verstanden werden (vgl. Kap. 14); allerdings ist wahrscheinlich, daß es sich nicht um Dekohäsion des Gitters der Eisenatome handelt, sondern um Dekohäsion innerer Phasengrenzen etwa an Einschlüssen. Der Effekt des Wasserdampfes leuchtet ebenso ein, da er als Quelle für Wasserstoff wirkt, der aus H_2O

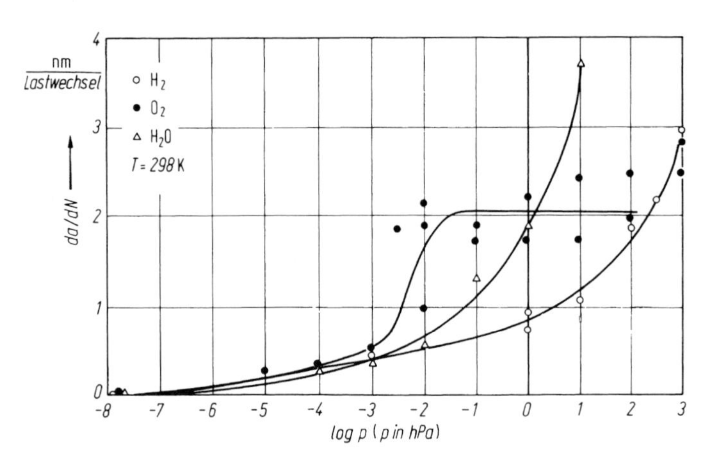

Bild 16.9. Der Einfluß des Druckes von Wasserstoff, Wasser und Sauerstoff auf die Ermüdungsriß-Ausbreitungsgeschwindigkeit in Stahl 90 Mn V8, $R_p = 650$ MPa, im Bereich I der ln(da/dN)-ln(ΔK_I)-Kurve. (Nach Popp und Kaesche).

vermutlich in der Adsorptionsschicht abgespalten wird. Die Bildung des atomaren Wasserstoffs ist anscheinend auf diese Weise gegenüber der aus H_2 sogar erleichtert. Der Effekt des Sauerstoffs ist zunächst unerwartet, da die O_2-Teilchen in das Gitter nicht eintreten, also aus der Adsorptionsschicht in das Gitter hineinwirken müssen. Vermutlich handelt es sich um eine Beeinflussung der Versetzungsproduktion an der Metalloberfläche im Rißgrund, d. h. um einen Einfluß der Adsorption, oder auch der beginnenden Oxidation, auf die lokale Mikroplastizität. In einem Modellsystem, nämlich in Nickel-Bikristallen mit kontrollierter Desorientierung und kontrollierter Belegung der Korngrenze mit Schwefel, ist der Einfluß der Kohäsionskräfte an inneren Oberflächen genauer untersucht worden [11d]. Im Falle sauberer Korngrenzen geschieht die Rißkeimbildung in peristenten Gleitbändern. Im Falle mit Schwefel belegter Korngrenzen wird wesentlich, ob die Körner noch elastisch kompatibel sind oder nicht. Erst im letzteren Fall genügen geringe Drucke von gasförmigem Wasserstoff zur Ermüdungs-Rißbildung.

Sowohl die zuvor bemerkte Abhängigkeit des Schwellenwertes von ΔK_{I} wie auch die falsche Berechnung der Plateau-Geschwindigkeit für den hochfesten Stahl in NaCl-Lösung bei niedriger Frequenz kann mit der vieldiskutierten Frage des Einflusses der Verformungsgeschwindigkeit an der Rißspitze zusammenhängen, die von der Bruchmechanik nicht ohne weiteres verarbeitet wird. In diesem Zusammenhang ist daran zu erinnern, daß bei Langsamzug-Untersuchungen der Spannungsrißkorrosion die durch die Eindringtiefe der Spannungskorrosions-Risse verursachte Verminderung der Bruchdehnung und der Brucheinschnürung von der Dehngeschwindigkeit abhängt. Im besonderen Fall der in Kap. 15 als „Dehnungsinduziert" beschriebenen SpRK ist nur ein mittlerer Bereich kleiner Dehnraten im Bereich z. B. von $10^{-7}(s^{-1})$ gefährlich. Es liegt dann eine entsprechende Abhängigkeit entweder der Rißkeimbildung und/oder der Rißausbreitungsgeschwindigkeit von der Dehnrate vor. Die Aufteilung des Gesamteffektes auf diese Anteile ist ohne genaue Untersuchung schwierig; das häufig geübte pauschale Gleichsetzen des Quotienten aus Eindringtiefe der SpRK und Standzeit der Probe mit der Ausbreitungsgeschwindigkeit fragwürdig. Gleichwohl wird nun interessant, daß sich bei Wechselbelastung die Verformungsgeschwindigkeit während jedes Zyklus periodisch ändert. Sei dazu der Versuch Dehnungs-gesteuert gedacht, und sei die zeitliche Änderung der Dehnungsamplitude sinusförmig gemäß $\varepsilon = \Delta\varepsilon \sin(2\pi ft)$, so ist $\mathrm{d}\varepsilon/\mathrm{d}t = 2\pi f\Delta\varepsilon \cos(2\pi ft)$. Unter diesen Umständen schwankt also die Dehnrate zyklisch zwischen 0 und $2\pi f\Delta\varepsilon$, und man erwartet entsprechende Schwankungen der Intensität der SpRK während jedes Zyklus [14]. Allerdings ist es bislang schwierig, den Einfluß der Dehnrate auf den Mechanismus der SpRK explizit zu erhalten. Wie in Kap. 15.2 dargelegt, war die Rißausbreitungsgeschwindigkeit im speziellen Fall der SpRK eines niedrig legierten Druckbehälterstahles in heißem Druckwasser sogar von der Dehnrate unabhängig.

Wegen der Details der Diskussion speziell der Ermüdungsriß-Ausbreitung im System niedrig legierter Stahl/heißes Druckwasser wird auf die Literatur verwiesen [13a, 15]. Für den allgemeinen Zusammenhang ist hier zu referieren, daß für die Darlegung des Einflusses der Rißspitzen-Verformungsgeschwindigkiet zum einen gewöhnlich das Superpositionsmodell der Korrosionsermüdung benutzt wird. Allerdings kann im Einzelfall der mechanische Anteil der Rißausbreitung gegenüber dem Spannungskorrosionsanteil soweit zurücktreten, daß ebensogut vom „process-competition“ Modell gesprochen werden kann. Zum anderen wird üblicherweise die Vorstellung des „slip-step-dissolution“ – Modells der vorübergehend schnellen anodischen Metallauflösung auf aktivierten Gleitstufen an der Rißspitze, bei sonst passiven Rißflanken, in die Modellvorstellung hereingezogen. Es handelt sich dann um ein Modell der Spannungskorrosionsermüdung mit oder ohne überlagerter rein mechanischer Ermüdung. Ein Schritt $(\mathrm{d}a/\mathrm{d}N)_{CF}$ insgesamt der Korrosionsermüdung setzt sich also bei dieser Betrachtungsweise nur aus wechselnden Anteilen $(\mathrm{d}a/\mathrm{d}N)_F$ und $(\mathrm{d}a/\mathrm{d}N)_{SCC}$ zusammen, echte Korrosionsermüdung kommt nicht hinzu. Der erstere Anteil ist in Bereichen, in denen sich auf den $\ln(\mathrm{d}a/\mathrm{d}N - \ln \Delta K_I$ – Kurven hohe „Schultern“ zeigen, unerheblich; der letztere kann mit der Frequenz f auch als $f(\mathrm{d}a/\mathrm{d}t)_{SCC}$ umgeschrieben werden [15d]. Sei nun B die Bruchdehnung des passivierenden Oxidfilms, $\dot{\varepsilon}$ die Dehnrate, so berechnet sich das Zeitintervall τ zwischen zwei Oxid-Aufreiß-Ereignissen zu $\tau = B/\dot{\varepsilon}$. Das Film-Aufreißen tritt bei jeder Zugphase der schwingenden Belastung auf, jeweils mit Zutagetreten einer aktivierten Gleitstufe, von der bis zur Repassivierung Metall anodisch gemäß einer abklingenden Funktion $i\{t\}$ in Lösung geht. $(\mathrm{d}a/\mathrm{d}t)_{SCC}$ berechnet sich aus $\mathrm{d}(i\{t\})/\mathrm{d}t$ mit Hilfe des Faradayschen Gesetzes. Insgesamt resultiert ein Zusammenhang zwischen der Dehnrate und der Rißausbreitung durch Spannungsrißkorrosion, dessen explizite Form zunächst von der Art der Abklingfunktion $i\{t\}$ abhängt. Dafür benutzen die Autoren [15b] ein Potenzgesetz von der Form $i = i_0(t/t_0)^{-n}$ anstelle des in Kap. 15.2 verwendeten, vermutlich ebensogut geeigneten exponentiellen Ansatzes. Der Exponent n, die Stromdichte i_0 und die charakteristische Repassivierungszeit t_0 sind anpassbare Parameter. Die Rißspitzen-Dehnrate wird auf verschiedene Weise analysiert. Ein einfacher Ansatz sah eine Mittelung zu einem Wert $\dot{\varepsilon}_{av}$ über jede Zugphase der Belastung vor, verknüpft mit der Mittelung der zyklischen Änderung der Rißspitzenöffnung (CTOD) δ die ihrerseits aus der Amplitude ΔK_I, dem Elastizitätsmodul E und der Streckgrenze R_p gemäß $\Delta\delta = \Delta K_I/(2ER_p)$ verknüpft ist. Andere Überlegungen führen zur Benutzung der mittleren Rißspitzen-Scherdehnungsrate [15c]. Die Auswertung liefert letztlich einen Zusammenhang zwischen der Dehnrate und der Ermüdungs-Rißausbreitung im Bereich von Schultern der $\ln(\mathrm{d}a/\mathrm{d}N) - \ln \Delta K_I$ – Kurven von der Form $\ln(\mathrm{d}a/\mathrm{d}t)_{SCC} = \text{const.} \ln \dot{\varepsilon}_{av}$, der für Reaktor-Druckbehälter-Stähle in heißen Druckwässern charakteristisch verschiedene Werte von m für verschiedene Parameterkombinationen, wie Fließgeschwindigkeit und Sauerstoffgehalt ergibt [15a]. Das Resultat ist überraschend wenig von der genaueren Berechnung der Dehnrate abhängig. Betrachtet man im übrigen das Zustandekommen der Ableitung, so erkennt man, daß jeder Mechanismus, der bei jedem Belastungszyklus eine vorübergehende Rißverlängerung nach sich zieht, die mit einer Abklingfunktion beschrieben werden kann, zu einem formal ähnlichem Zusammenhang führt. Wesentlicher ist der Gesichtspunkt, daß in dieser Betrachtungsweise nicht die lokale Überhöhung der Zugspannungskomponente σ_{yy} als physikalisch wesentlicher Einflußfaktor erscheint, sondern eine lokale Dehnrate an der Rißspitze. Die Parallele dieses Problems zu dem der Spannungs-bzw. Dehnungs- induzierten Spannungsrißkorrosion ist deutlich.

Zu den Systemen, für die die Überlagerung von Spannungsrißkorrosionsermüdung und Korrosionsermüdung genauer untersucht worden ist, gehört C-Mn-Stahl in Karbonat/Bikarbonat-Lösungen [15d]. Die in Kap. 15.2 beschriebene SpRK ist interkristallin und anscheinend vom Typ der Dehnungsinduzierten SpRK. Das System ist hier interessant, weil je nach Amplitude und Mittellast einer niederfrequenten Belastung nebeneinander interkristalline Spannungsrißkorrosion und transkristalline echte Korrosionsermüdung auftreten. In Bild 16.10 ist die zyklische Amplitude des Spannungsintensitätsfaktors ΔK_I über seinem Mittelwert $(\sigma_{max} - \sigma_{min})/2$ aufgetragen, die Symbole der Meßpunkte bezeichnen interkristalline, transkristalline und gemischt interkristallin/transkristalline Risse, bzw. Rißfreiheit. Für $\Delta K_I = 0$ ist der Versuch eine SpRK-Prüfung und ergibt $K_{ISCC} = 21$ MNm$^{-3/2}$. Bei hoher Mittellast herrscht bis zu hohen Werten von ΔK_I SpRK vor, der sich mit weiter wachsendem ΔK_I schließlich transkristalline Ermüdungs-Rißausbreitung überlagert. Mit sinkender Mittel-Last tritt der SpRK-Anteil gegenüber dem der Ermüdung zurück. Daß Ermüdungs-Rißausbreitung für Mittellasten unterhalb von K_{ISCC} beobachtet wird, entspricht den Erwartungen. Es überrascht aber, daß dies auch für die interkristalline Rißausbreitung, also für den SpRK-Anteil zutrifft. Dieser sollte nach den beschriebenen einfachen Modellvorstellungen verschwinden, wenn K_{max}, oder ungefähr auch die Mittellast, K_{ISCC} unterschreitet. Bei Versuchen mit höherer Frequenz ist dies auch der Fall; mithin scheint das bei tiefer Frequenz beobachtete, insoweit irreguläre Verhalten auf einen Einfluß der Verformungsgeschwindigkeit auf das Einsetzen der SpRK stark hinzuweisen.

Da im ganzen offensichtlich der Einfluß der Dehnrate auf die Prozesse an der Rißspitze interessiert, so liegen Versuche mit anderer als sinusförmiger Wechselbelastung nahe. In diesem Zusammenhang ist über Messungen über die Niederfrequenz-Korrosionsermüdung eines austenitischen CrNi-Stahles (Typ AISI 304) in heißem reinem Druckwasser zu berichten [16]. Die Versuchstemperatur betrug 288 °C; der Sauerstoffgehalt lag mit 8 ppm hoch; die Leitfähigkeit des Wassers bei

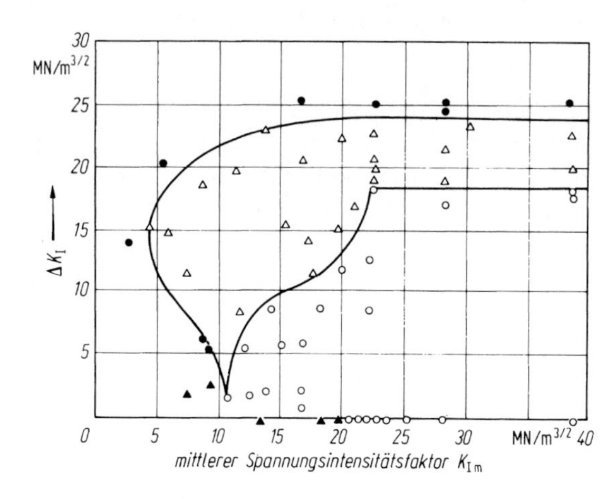

Bild 16.10. Der Einfluß der Belastungsparameter auf die Korrosionsermüdung eines niedrig legierten C-Mn-Stahls in 0,5 M Na_2CO_3/0,5 M $NaHCO_3$-Lösung bei 75 °C, $\varepsilon = -0{,}4$ (V), n = 0,19 Hz.
▲ ▲ ▲ keine, ○ ○ ○ interkristalline, ● ● ● transkristalline □ □ □ trans- und interkristalline Rißausbreitung
(Nach Parkins und Greenwell)

$< 10^{-4}$ (S/cm). Die zyklische Belastung wurde zwischen positivem Sägezahn (ansteigende Lastrampe, gefolgt von schneller Entlastung), negativem Sägezahn (schnelle Belastung, gefolgt von absteigender Rampe), Trapezbelastung (Dauerbelastung, pulsierend unterbrochen) und Pulsbelastung (ohne Dauerbelastung) variiert. Die normgerecht als CT-Proben dimensionierten DCB-Proben waren teils lösungsgeglüht, teils 2 h bei 650 °C sensibilisiert und dann anfällig gegen interkristalline Korrosion (vgl. Kap. 13). An Luft zeigt das Material in jedem Fall den normalen Zusammenhang zwischen Riß-Ausbreitungsgeschwindigkeit da/dN und Amplitude ΔK_I des Spannungsintensitäts-Faktors gemäß der Paris-Beziehung $\log(da/dN) = \text{const.} + m \log \Delta K_I$ (vgl. Kap. 17.3). In Heißwasser ist der Korrosionseinfluß bis herab zu Frequenzen $f \cong 10^{-2}$ Hz relativ klein. Darunter macht sich der Einfluß des Mediums immer stärker bemerkbar, bis zu einer Erhöhung von da/dN um den Faktor 15 für das sensibilisierte Material bei positiver Sägezahn-Belastung mit $f = 10^{-4}$ Hz. Diese Erhöhung der Riß-Ausbreitungsgeschwindigkeit sinkt bei konstanter Frequenz in der Reihenfolge: positiver Sägezahn–Trapez–negativer Sägezahn–Pulsbelastung. Im homogenisierten Material ist die Rißausbreitung rein transkristalline, echte Korrosionsermüdung, wie sie im übrigen auch in einem „maraging" Stahl mit Alterungs-Martensit in NaCl-Lösung beobachtet wurde [17]. Die Korrosion verstärkt also nur den Effekt der Ermüdung an Luft. Ist dort bei gegebenem ΔK_I die Ausbreitungsgeschwindigkeit $(da/dN)_F$, so erhält man die Geschwindigkeit $(da/dN)_{CF}$ der Korrosionsermüdung mit der Rampen-Anstiegszeit Δt des positiven Sägezahns nach einem empirischen Ansatz von der Form

$$(da/dN)_{CF} = \text{const.} (\Delta t)^m \, (da/dN)_F . \qquad (16.1)$$

Demgegenüber zeigt der sensibilisierte Stahl mit sinkender Belastungsfrequenz zunehmende interkristalline Anteile der Rißausbreitung. Die $\log(da/dN) - \log \Delta K_I$-Kurve weist nun die für die Überlagerung der Spannungsrißkorrosion typische Schulter im Paris-Bereich auf. Die Addition der momentanen Rißausbreitungsgeschwindigkeit $(da/dt)_{SCC}$ durch Spannungskorrosions-Ermüdung und $(da/dt)_{CF} = f(da/dN)_{CF}$ durch echte Korrosionsermüdung ergibt formal:

$$da/dt = (da/dt)_{SCC} + f(da/dN)_{CF} . \qquad (16.2)$$

Dabei ist der Fall der zyklischen Trapez-Belastung einfach insofern, als $(da/dt)_{SCC}$ dem statischen SpRK-Versuch entnommen werden kann. Für die Versuche mit positiver Sägezahn-Belastung trifft dies nicht zu: Hier wird die so berechnete Größe da/dt insgesamt zu niedrig; es muß an die Stelle von $(da/dt)_{statSCC}$ genauer ein höherer Wert $(da/dt)_{dynSCC}$ gesetzt werden, der für die Rißausbreitung bei „dynamisch-zyklischer" Spannungsrißkorrosion steht. Offensichtlich ist dann die weitere Frage, ob $(da/dt)_{dynSCC}$ einem SpRK-Versuch mit monoton, entsprechend der zyklischen Belastungsrampe, schwellender Last entnommen werden kann, oder ob es auf die zyklische Belastung ankommt. Jedenfalls führt der Befund auf die Frage allgemein des Einflusses der Verformungsgeschwindigkeit an der Rißspitze auf die Rißausbreitung zurück. Man beachte (vgl. Kap. 15), daß diese Geschwindigkeit bei der bruchmechanisch orientierten Prüfung von DCB-Proben im Bereich der unterkritischen Rißausbreitung durch SpRK keineswegs Null ist. Im vorliegenden Fall

[16] gelingt die rechnerische Wiedergabe der Meßergebnisse mit einem empirischen Ansatz von der Form

$$(\mathrm{d}a/\mathrm{d}t)_{\mathrm{dynSCC}} = \mathrm{const.} f^{\mathrm{n}} (\mathrm{d}a/\mathrm{d}t)_{\mathrm{statSCC}}. \quad (16.3)$$

Die Beobachtungen lassen sich im übrigen summarisch im Rahmen des Modells der vorübergehend schnellen anodischen Metallauflösung interkristallin aktivierter Gleitstufen verstehen.

Einige genauere Details der schrittweisen Ermüdungs-Rißausbreitung ergaben sich aus der vergleichenden Untersuchung des Verhaltens eines mittelfesten martensitischen Stahles (Typ HT 80, mit Cu, Ni, Cr, Mo; $R_p = 784$ MPa), eines ferritisch-perlitischen gewöhnlichen Stahles ($R_p = 372$ MPa) und eines austenitischen CrNi-Stahles, jeweils in 3%iger NaCl-Lösung bei 0,3 und 50 Hz, $R = 0{,}1$ und Raumtemperatur [18]. Die Autoren weisen zunächst nach, daß Riß-Schließeffekte auf jeden Fall berücksichtigt werden müssen, zu welchem Zweck ΔK_{eff} (vgl. Kap. 17.3) experimentell zu bestimmen ist. Sie interpretieren ferner den Mechanismus der echten Korrosionsermüdung auf doppelte Weise: Zum einen wird für Dehnphasen wie üblich die vorübergehend schnelle anodische Metallauflösung „aktivierter" Gleitstufen angenommen; zum anderen wird berücksichtigt, daß diese Gleitstufenkorrosion die Umkehrung der Versetzungsbewegung bei der zyklischen Rückverformung verhindert. Speziell für unlegierten und niedrig legierten Stahl, der in neutraler Salzlösung nicht passiv ist, wird angenommen, das Absinken des Stromes nach jeder Gleitstufen-„Aktivierung" beruhe auf der Hydroxylierung der zunächst „nackten" Oberfläche durch die Elektrodenreaktion $Fe + H_2O \rightarrow Fe(OH)_{ads} + H^+ + e^-$. Im Rückgriff zu Kap. 5 fällt dazu zwar auf, daß ein Reaktionsschritt dieser Art gerade am Anfang der Folge von Reaktionsschritten der OH^--katalysierten anodischen Eisenauflösung steht und die folgenden Reaktionsschritte also nicht blockiert. Es zeichnet sich aber an dieser Stelle die Aussicht ab, gerade durch genauere Berücksichtigung der tatsächlichen Kinetik der Elektrodenprozesse die erforderliche Verfeinerung der SpRK-wie auch der ScRK-Modelle zu erreichen. Zugleich ist die getrennte Berücksichtigung der Effekte des Rißschließens, der Gleitstufenkorrosion und der Blockierung des reversiblen Rückgleitens lehrreich. Man erhält damit ein Modell, das die Vergröberung der Ausbildung von Rastlinien auf den Flanken des Ermüdungsrisses durch die Korrosion einleuchtend deutet.

Für Aluminium-Legierungen war in Kap. 15 der grundsätzliche Unterschied zwischem dem Spannungskorrosions-Verhalten der Ausscheidungsgehärteten Legierungen einerseits vom Typ AlCu, andererseits vom Typ AlZnMg gezeigt worden. Bei den ersteren ist die SpRK vornehmlich Spannungs-beschleunigte interkristalline Korrosion, bei den letzteren tritt schnelle interkristalline SpRK weit unter dem Durchbruchspotential der spannungslosen interkristallinen Korrosion auf. Ähnlich fällt das Verhalten dieser Legierungstypen auch bei der Korrosionsermüdung auseinander. Dazu zeigt Bild 16.11 den Umgebungseinfluß auf die Ermüdung von gehärtetem AlCuMg2 [19]. Der gekrümmte Kurvenverlauf im Vakuum bei kleinen Werten von ΔK_{I}, anscheinend typisch für Aluminium-Legierungen, wird hier nicht diskutiert. Im vorliegenden Zusammenhang fällt auf, daß die bei kleinen Werten von ΔK_{I}-beobachtete Wirkung allein schon der nur

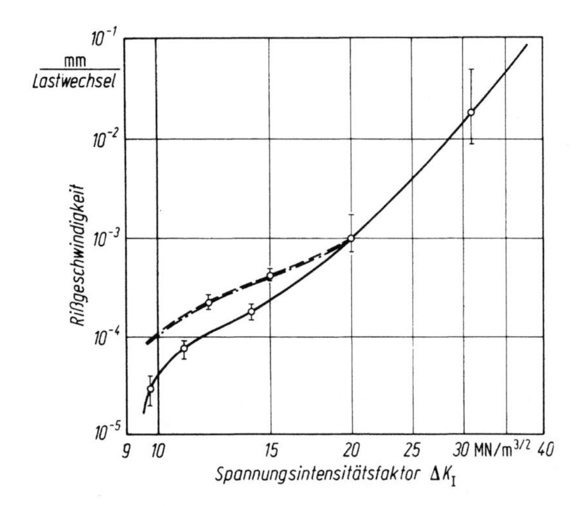

Bild 16.11. Die Riß-Ausbreitungsgeschwindigkeit in Ausscheidungs-gehärteten DCB-Proben aus Al-4,3 Gew.% Cu-1,5 Gew.% Mg (Typ 2024 T 351) bei Raumtemperatur. $f = 0{,}1$ Hz; $R = 0{,}05$. Meßwerte fortlaufend dicht erfaßt; Streubereich wiederholter Meßreihen entsprechend Fehlerbalken.
—— Vakuum (10^{-9} hPa); —·— Raumluft (ca. 60% rel. Feuchte) --- 0,1 M NaCl-Lösung, Luft-gespült, freies Korrosionspotential. (Nach Nikol und Kaesche).

wenig feuchten Laborluft durch zusätzliche Einwirkung von NaCl- Lösung nicht verstärkt wird. Der Rißverlauf ist durchweg transkristallin; mithin handelt es sich bei der Einwirkung der feuchten Luft, wie auch der Salzlösung, um echte Korrosionsermüdung.

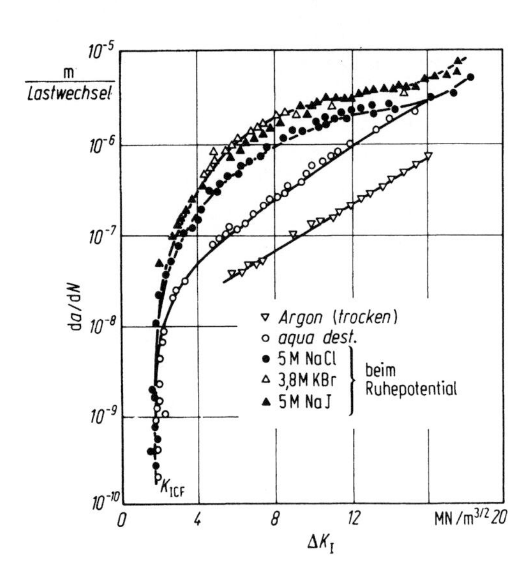

Bild 16.12. Die Ermüdungs-Rißausbreitung in ausgehärtetem AlZnMg3 (Typ 7079 T 651) als Funktion der Amplitude des Spannungsintensitätsfaktors in DCB-Proben in verschiedenen Medien, bei Raumtemperatur und beim freien Korrosionspotential. (Nach Speidel, Blackburn, Beck und Feeney).

Im Gegensatz dazu ist die Ermüdungsriß-Ausbreitung in ausgehärtetem AlZnMg3 nach Bild 16.12 stark nicht allein von der Feuchtigkeit der Umgebung abhängig, sondern auch vom Halogenidgehalt einer umgebenden Elektrolytlösung abhängig [10a]. Die naheliegende Vermutung, daß hier die Spannungskorrosions-Empfindlichkeit des Materials zutage tritt, wird durch den fraktographischen Befund des Auftretens interkristalliner Rißausbreitung bestätigt. Die relativen Anteile der duktil transkristallinen ("Typ A"), der spröde transkristallinen ("Typ B") und der interkristallinen ("Typ C") Rißausbreitung sind für ausgehärtetetes AlZnMg3 (Type 7017-T651) in Meerwasser als Funktion der Frequenz und der Amplitude des Spannungsintensitäts-Faktors genauer untersucht worden [20]. In Bild 16.13 sind in einem Frequenz-Spannungsintensitäts-Diagramm die Bereiche jeweils vorherrschenden Typs der Rißausbreitung abgegrenzt. Es ist zu beachten, daß bei relativ hoher Frequenz und mittlerem ΔK_I nicht etwa rein mechanische Ermüdung vorliegt. Vielmehr ist auch hier schon die Ausbreitungsgeschwindigkeit da/dN im Meerwasser gegenüber dem Verhalten im Vakuum stark erhöht, d. h. es liegt echte Korrosionsermüdung vor. Senkt man f bei konstantem ΔK_I, so steigt da/dN, zur echten Korrosionsermüdung tritt Spannungskorrosionsermüdung hinzu und wird schließlich vorherrschend. Ferner ist zu beachten, daß zwar für das besonders SpRK-empfindliche Material 7075-T 651, nicht aber für 7017-T651 die Geschwindigkeit der SpRK unter statischer Last ausreicht, um dem SpRK-Einfluß auf die Ermüdung quantitativ zu beschreiben. Der tatsächliche Effekt ist weit stärker; es muß also auch hier mit der Vorstellung erheblich schnellerer „dynamischer SpRK" operiert werden.

In Anbetracht der Evidenz der Wasserstoff-induzierten Spannungsrißkorrosion des ausgehärteten AlZnMg3 (vgl. Kap. 15) ist es naheliegend, auch für die Spannungskorrosionsermüdung die lokale Wasserstoffversprödung verantwortlich zu machen. Wasserstoff wird an der Rißspitze durch elektrolytische Korrosion ent-

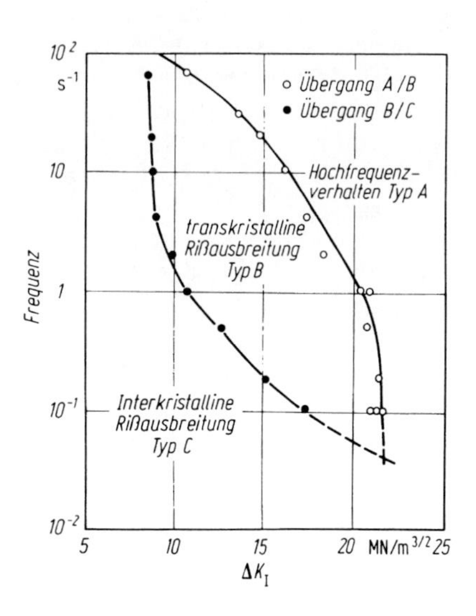

Bild 16.13. Wertepaare der Belastungsfrequenz f und der Amplitude ΔK_I des Spannungsintensitäts-Faktors für vorherrschende duktil transkristalline (Typ A), spröde transkristalline (Typ B) und interkristalline (Typ C) Ermüdungs-Rißausbreitung in ausgehärtetem AlZnMg3 (7017-T 651) in Merwasser. (Nach Holroyd und Davie.)

stehen, wie in vorangegangenen Kapiteln beschrieben. Benutzt man für die Berechnung der Eindringtiefe der Wasserstoffdiffusion von der Rißspitze in das Metallinnere vereinfachend die eindimensionale Lösung des 2. Fickschen Gesetzes (vgl. Kap. 17.2) in der Form $c(x) = c(0)\ (1 - \mathrm{erf}[z])$, mit dem Argument der Fehlerfunktion $z = x/[2\sqrt{(D_H t)}]$, so kann man den Koeffizienten D_H der Diffusion des atomaren Wasserstoffs im Metall abschätzen [20]. Der Vorschlag geht von dem Gedanken aus, daß die Rißausbreitung vom transkristallinen duktilen Typ A in den weiterhin transkristallinen aber spröden Typ B umschlägt, sobald die versprödend wirkende Wasserstoffdiffusion schneller ist als die Rißausbreitung im unversprödeten Material. Berechnet man aus dem kritischen Frequenzbereich f_{krit} ein kritisches Zeitintervall t_{krit}, so schätzt man in guter Übereinstimmung mit Literaturdaten für die Volumendiffusion des Wasserstoffs $D_H = 3 * 10^{-13}\,(m^2/s)$. Es bleibt dann zu erklären, warum bei der Ermüdung die H-induzierte transkristalline Rißausbreitung offenbar leichter eintritt als interkristalline, sicherlich ebenfalls H-induzierte Rißausbreitung. Dies liegt vermutlich daran, daß die ohnehin ablaufende transkristalline, Umgebungs-unabhängige Ermüdung den zyklischen Versetzungstransport des atomaren Wasserstoffs in das Material vor der Rißspitze in Gang setzt. Dieser Mechanismus kommt bei der statischen SpRK, oder auch im Langsamzugversuch nicht vor. Erst bei weiter sinkender Frequenz steigt offenbar die lokale Konzentration c(0) unmittelbar an der Rißspitze so hoch an, daß nun die interkristalline SpRK zum Zuge kommt. Hier, wie auch sonst, bleibt der Steilabfall der Rißausbreitungsgeschwindigkeit bei einem kritischen unteren Wert ΔK_{ICF} noch ungeklärt.

Der Einfluß des Wasserdampfgehaltes von Luft und Stickstoff auf die transkristalline Ermüdungs-Rißausbreitung ist für rein erschmolzene AlZnMg-Einkristalle mit Blick auf den Rißverlauf entweder in persistenten Gleitbändern, also auf Scherebenen ("Stage I") oder nicht-kristallografisch spaltend ("Stage II") untersucht worden [21]. Relativ schnelle Rißausbreitung unter der Wirkung der Schubspannung tritt im ausgehärteten Material mit kohärenten η'-Ausscheidungen auf, unter der Wirkung der spaltenden Zugspannung σ_{yy} in überaltertem Material mit gröberen $MgZn_2$-Ausscheidungen. Im vorliegenden Zusammenhang interessieren speziell Messungen an maximal ausgehärteten Bikristallen in Stickstoff wechselnden Wasserdampfgehaltes [22]. Nach Bild 16.14 wird bis zu einem Wasserdampfdruck $p(H_2O) \cong 8$ (hPa) kein Umgebungseinfluß bemerkt. Der Rißverlauf ist nicht-kristallografisch transkristallin und relativ langsam. In der Auftragung ist wegen des mit $R = -1$ symmetrischen Zug-Druck-Versuchs für ΔK_{eff} vereinfachend der Bereich zwischen $K = 0$ und K_{max}, also $\Delta K_{eff} = K_{max}$ angenommen. Für höhere Werte von $p(H_2O)$ wird der Rißverlauf unterhalb von $\Delta K_{eff} \cong 30$ $(MN\,m^{-3/2})$ erheblich schneller und zugleich interkristallin; es überlagert sich nun offenbar die Spannungskorrosionsermüdung der echten Ermüdung. Zugleich sinkt mit steigendem $p(H_2O)$ der kritische Grenzwert ΔK_{ICF} stark ab. Die Messungen lassen sich mit der Beziehung

$$\Delta K_{ICF} = \Delta K'_{ICF}[p'(H_2O)/p(H_2O)]^{1/2}, \tag{16.4}$$

interpolieren, wobei $\Delta K'_{ICF} \cong 2(MN\,m^{-3/2})$; $p'(H_2O) \cong 8$ h Pa. Die Spannungskorrosionsermüdung ist auch hier sicherlich auf die hier interkristalline Wasser-

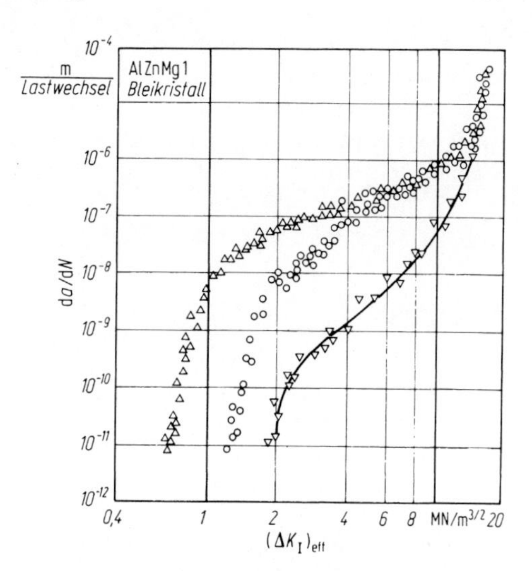

Bild 16.14. Die Rißausbreitungsgeschwindigkeit in rein erschmolzenen, maximal gehärteten (100 h, 135 °C) gekerbten Bikristallen aus Al-4,5 Gew. % Zn-1,25 Gew. % Mg in Stickstoff wechselnden H_2O-Partialdruckes als Funktion der Amplitude des Spannungsintensitäts-Faktors. $f = 100$ Hz; $R = -1$; $\Delta K_{eff} = K_{max}$. △ △ △ bzw. □ □ □: Interkristalline Rißausbreitung bei $p(H_2O) = 31$ bzw. 12 hPa; ▽ ▽ ▽: Transkristalline Rißausbreitung bei $p(H_2O) \leq 8$ hPa. (Nach Niegel, Gutladt, Gerold.)

stoffversprödung zurückzuführen. Dafür sprechen auch typische Gedächtniseffekte der lange anhaltenden Persistenz der interkristallinen Rißausbreitung beim Wechsel von feuchter zu trockener Gasatmosphäre. Auch für die Rißausbreitung längs der Korngrenze der Bikristalle ergibt sich im übrigen, daß die Geschwindigkeit der quasi-statischen SpRK nicht ausreicht, um die beobachtete Rißausbreitungsgeschwindigkeit zu erklären. Es muß also neuerlich die Vorstellung der schnelleren „dynamischen" Spannungskorrosion zu Hilfe genommen werden. Da die interkristalline Rißausbreitung bei mittleren und kleinen Werten von ΔK_{eff} bei weitem überwiegt, ist in diesem Bereich dann

$$da/dN = (da/dN)_{CF} + (da/dt)_{dynSCC} \cong (da/dt)_{dynSCC}. \qquad (16.5)$$

Man beachte die Abhängigkeit von ΔK_{ICF} vom Wasserdampf-Partialdruck im Vergleich zur Unabhängigkeit von ΔK_{ICF} des polykristallinen AlZnMg-Materials von der Lösungszusammensetzung trotz starker Abhängigkeit der Ausbreitungsgeschwindigkeit da/dN von derselben Lösungszusammensetzung in Bild 16.12. Wie es mithin scheint, wird ΔK_{ICF} vom Wasserangebot beherrscht, und der Mechanismus der Ermüdungsrißausbreitung mit ständiger plastischer lokaler Mikroverformung und Aufreißen des vermutlich spröden Oxidfilms bringt den Einfluß des lokalen Mikro-Lochfraßes zum Verschwinden. An dieser Stelle ist allerdings die Theorie bislang nicht weit gediehen.

In Kap. 15 war dargelegt worden, daß für die Spannungskorrosions-Rißausbreitung die Eigenschaften Ausscheidungs-freier Säume (AFS) längs der mit $MgZn_2$-Ausscheidungen belegten Korngrenzen eine erhebliche Rolle spielen. In diesem Zusammenhang paßt der Befund, daß in überalterten AlZnMg1-Bikristallen der Anteil der Spannungskorrosionsermüdung verschwindet, schon deshalb, weil in diesem Zustand die weichen AFS relativ breit sind. Dadurch wird die lokale Spannungsüberhöhung durch auflaufende Versetzungen, die auf die Korngrenze wirkt, relativ klein. Darüber hinaus ist aber festgestellt worden [22b], daß zugleich der Gesamt-Zinkgehalt der Säume (ohne Anteil der Korngrenzen-Ausscheidungen) mit der Überalterung stark sinkt. Damit korreliert das Verhalten der Spannungskorrosionsermüdung mit der allgemeinen Erfahrung, daß die Spannungskorrosions-Empfindlichkeit der Aluminiumlegierungen allgemein mit dem Zinkgehalt parallel geht.

Literatur

1. a) Vgl. z. B. Konf. Ermüdungsverhalten metallischer Werkstoffe (Munz, D., Ed.). Oberursel: DGM Informationsgesellschaft Verlag (1985) – b) vgl. z. B. Hertzberg, R. W.: Deformation and Fracture Mechanics of Engineering Materials. New York, Sta. Barbara, London, Sidney, Toronto: John Wiley & Sons (1983)
2. a) Proc. Int. Conf. Corrosion Fatigue: Chemistry, Mechanics and Microstructure, Storrs 1971. (Devereux, O.; Mc Evily, A. J.; Staehle, R. W.; Eds.). Houston: NACE 1972 – b) Subcritical Crack Growth Due to Fatigue, Stress Corrosion and Creep. (Larsson, L. H.; Ed.). London, New York: Elsevier Applied Science Publishers (1984) – c) Proc. Int. Conf. Stress Corrosion Cracking and Hydrogen Embrittlement of Iron Base Alloys, Unieux-Firminy 1973. (Staehle, R. W.; Hochmann, J.; McCright, R. D.; Slater, J. C.; Eds.). Houston: NACE 1979 – d) Angewandte Bruchuntersuchung und Schadenklärung. Diskussionstagung Ismaning 1975. Technische Information. Ismaning: Allianz-Zentrum für Technik (1976). – e) Proc. 2nd Int. Conf. Low Cycle Fatigue and Elasto-Plastic Behaviour of Materials, München, 1987. (Rie, K.-T. Ed.). London, New York: Elsevier Applied Science (1987)
3. Spähn, H.; in: a) [2a], p. 40 – b) [2b], p. 275 – c) [2d], p. 59
4. a) Vgl. z. B. Cohen, B.; in: [2a], p. 65 – b) vgl. z. B. Brown, B. F.; in: ibid. p. 25 – c) vgl. z. B. Mogford, I. L.; Jones, D. G.; in. ibid. p. 30
5. Lipp, H.-J.: Werkstoffe u. Korr. *26*, 825 (1975)
6. Vgl. z. B. a) Mughrabi, H.; in: [1a], p. 7 – b) Laird, C.; Duquette, D. J.; in: [2a], p. 88
7. Vgl. z. B. Stanzl, S. E.; in: [1a], p. 107
8. a) Duquette, D. J.; Uhlig, H. H.: Trans. ASM *62*, 839 (1969) – b) Lee, H. H.; Uhlig, H. H.: Metal Trans. *3*, 2949 (1969)
9. Proc. Conf. Mechanisms of Environment-Sensitive Cracking of Materials, Guildford 1977 (Swann, P. R.; Ford, F. P.; Westwood, A. R. C.; Eds.). London: The Metals Society (1977)
10. a) Speidel, M. O.; Blackburn, M. J.; Beck, T. R.; Feeney, J. A.; in: [2a], p. 324 – b) McEvily, A. J.; Wei, R. P.; in: [2a], p. 381 – c) Austen, J. M.; Walker, E. F.; in: [9], p. 334 – d) id.; id.: I. Mech. E. Conf. Publ. 4 (1977), p. 1.
11. a) Deimling, H.-J.; Stellwag, B.; Kaesche, H.: Z. Werkstofftechnik *12*, 51 (1981) – b) loc. cit. Kap. 14, [C8a,b] – c) Popp, W.; Kaesche, H.; in: [2e], p. 383 – d) Vehoff, H.; Laird, C.; Duquette, D. J.: Acta metall. *35*, 2877 (1987)
12. a) Wei, R. P.; Landes, J. D.: Mat. Res. Stand. *9*, 25 (1969) – b) Wei, R. P.; Gallagher, J. P.; in: [2a], p. 409
13. a) Atkinson, J. D.; Tice; Scott, P. M.; in: Proc. 2nd IAEA Specialists' Meeting on Subcritical Crack Growth, Sendai 1986. Report NUREG/CP-0067. Vol. 1. Springfield: National Technical Information Service (1986), p. 251 – b) Speidel, M. O.: J. Mater. Engng. *9*, 157 (1987)

14. a) Schwenk, W.: Werkstoffe u. Korr. *29*, 740 1978) – b) Herbsleb, G.; Schwenk, W.: Corrosion NACE *41*, 431 (1985)
15. a) Scott, P. M.; Truswell, A. E.; Druce, S. G.: Corrosion NACE *40*, 351 (1984) – b) Ford, R. P.: Mechanism of Environmental Cracking in Systems Peculiar to the Power Generation Industry. Final report EPRI contract RP 1332-1. EPRI Report NP-2589 (1982) – c) Lidbury, D. P. G.: Symp. Localized Crack Chemistry and Mechanics in Environment Assisted Cracking, Philadelphia 1983. Zitiert nach [15a] – d) Parkins, R. N.; Greenwell, B. S.: Metal Sci. *11*, 405 (1977)
16. Kawakubo, T., Hishida, M.; Amano, K.; Katsuda, M.: Corr. NACE *36*, 638 (1980)
17. Barson, J. M.; in: [2a], p. 424
18. Masuda, H.; Matsuoka, S.; Nishijima, S.; Shimodaria, M.: Corr. Sci. *28*, 433 (1988)
19. Nikol, Th.; Kaesche, H.; in: Proc. Eurocorr, Karlsruhe 1987. Frankfurt: DECHEMA (1987), p. 505
20. Holroyd, N. J. H.; Hardie, D.: Corr. Sci. *23*, 527 (1983)
21. Liang, P.; Gudladt, H.-J.; Gerold, V.; in: a) Proc. ECFG, Fracture Control of Engineering Structures, Amsterdam 1986. (Van Elst, H. C. Bakker, A.; Eds.). London: Chameleon Press (1986), Vol. III, p. 1493 – b) [2e], p. 687
22. Niegel, A.; Gudladt, H.-J.; Gerold, V.; in: a) Proc. 3rd Conf. Fatigue and Thresholds, Charlottesville, 1987 (Ritchie, R. O.; Starke, E. A.; Eds.). Warley: EMAS, Advisory Service Ltd. (1987). Vol. III, p. 1229 – b) Proc. Int. Conf. Structure and Properties of Internal Interfaces, Lake Placid 1987. J. de Physique (in Vorbereitung)

17 Anhang

17.1 Bemerkungen zum anodischen und zum kathodischen Korrosionsschutz

Ist ein Metall in einer gegebenen Elektrolytlösung an sich passivierbar, liegt das Ruhepotential aber im Bereich der aktiven schnellen Korrosion, so kann grundsätzlich daran gedacht werden,die Passivität und damit den Korrosionsschutz durch anodische Polarisation mit äußeren Strömen zu erzwingen. Dieses Verfahren wird als *anodischer Korrosionsschutz* bezeichnet. Seine Grundlagen ergeben sich ohne weiteres aus den Darlegungen über die Passivität der Metalle (vgl. Kap. 10). Die im stationären Zustand erforderliche Dichte des „Schutzstroms", also des Polarisations-Summenstroms ist höchstens gleich der Passivstromdichte i_p. Da aber das passive Metall nur bei kleinen Werten von i_p ausreichend korrosionsbeständig ist, so ist der erforderliche Schutzstrom in den Fällen, die für das Verfahren überhaupt in Frage kommen, ebenfalls sehr klein. Als Beispiel mögen Untersuchungen von Tomaschow [1] zitiert werden, der gezeigt hat, daß die an sich schnelle Korrosion eines 18/8-Chrom-Nickel-Stahles in 50% iger Schwefelsäure bei 50 °C durch anodische Dauerpolarisation mit einer Stromdichte von 2.5 $\mu A/cm^2$ vollständig unterdrückt wird.

Der anodische Schutz ist insbesondere für die Aufrechterhaltung der Passivität von Edelstahlbehältern der chemischen Industrie geeignet. Hierzu beschreiben Riggs, Hutchison und Conger [2] eine Vorrichtung für den anodischen Schutz einer kompletten Sulfonierungsanlage mit Hilfe von Potentiostaten. Das Schutzpotential wurde nach Stromspannungsmessungen unter verschiedenen für die Anlage typischen Bedingungen festgelegt. Der Schutzbereich umfaßte auch die Rohrleitungen zwischen den verschiedenen Behältern, d.h. der Widerstand für den Stromübergang durch das Passivoxid in die Lösung war so groß, daß der Widerstand für den Stromfluß zwischen Schutzkathode und Behälter- bzw. Rohrwand nicht ins Gewicht fiel, Wie Edeleanu [3] darlegt, bedarf allerdings für Sicherheitsbetrachtungen die Frage der Repassivierung zufällig aktivierter Stellen besonderer Beachtung, Der Polarisationswiderstand der aktiven Metalloberfläche ist klein und daher die Reichweite des von einer in einem Behälter installierten Schutzkathode kommenden Stromes in den angeschlossenen Rohrleitungen gering, falls die Rohrinnenwände aktiviert sind.

Außerdem ist der anodische Schutz passiver Metalle naturgemäß nicht anwendbar, wenn bei dem gewählten Schutzpotential Lochfraß, Kornzerfall oder Spannungsrißkorrosion eintreten kann. Ein in diesem Zusammenhang besonders interessierendes Beispiel der Anwendung des anodischen Schutzes ist das von Gräfen und Kuron [4] beschriebene Verfahren, die Spannungsrißkorrosion von unlegiertem Stahl in Laugen durch anodische Polarisation zu unterdrücken. In diesem Falle ist der Potentialbereich der Spannungsrißkorrosion nicht nur nach negativen, sondern auch nach positiven Werten des Elektrodenpotentials begrenzt (vgl. Kap. 10e), mithin kann der Schutz durch Anheben des Potentials über den oberen Schwellenwert erzielt werden.

Für die Einrichtung des anodischen Schutzes passiver oder passivierbarer Metalle ist die Notwendigkeit typisch, das Schutzpotential durch eingehende Messungen des Verlaufs der

Teilstromspannungskurve der Metallauflösung festzulegen. Diese Komplikation entfällt im allgemeinen beim *kathodischen Korrosionsschutz* aktiver Metalle. Darunter versteht man den Korrosionsschutz durch Polarisation mit einem kathodischen Summenstrom, d.h. durch Senken des Elektrodenpotentials zu Werten unter denen des Ruhepotentials. Die Grundlagen auch dieses Verfahrens ergeben sich bereits aus den früheren Darlegungen über die Kinetik der elektrolytischen Korrosion (vgl. Kap. 6). Zwar ist auch hier die Kenntnis des Verlaufs der Teilstromspannungskurve der Metallauflösung vorteilhaft, insofern sie genaue Angaben über die Potentialabhängigkeit der Schutzwirkung erlaubt, jedoch kann auf wesentlich einfachere Weise ein Kriterium für das Schutzpotential [5] hergeleitet werden, nach dessen Einstellung die Korrosion sicher vernachlässigbar langsam geworden ist. Dies ist insofern von erheblicher Bedeutung, als im Bereich der hauptsächlichen Anwendung des kathodischen Schutzes, nämlich im Bereich der Korrosion erdverlegter Rohrleitungen und Lagerbehälter, der genaue Verlauf der anodischen Teilstromspannungskurve in aller Regel nicht bekannt und auch nicht leicht feststellbar ist. Es ist aber zu betonen, daß es sich bei der *Erdbodenkorrosion* [6] stets um die gewöhnliche elektrolytische Korrosion handelt. Das wirksame Oxidationsmittel ist in der Mehrzahl der Fälle gelöster Sauerstoff. In sauren Böden kann Säurekorrosion vorliegen. Bestimmte Bodenbakterien erzeugen als Stoffwechselprodukt aggressiven Schwefelwasserstoff und wirken dadurch mittelbar metallangreifend.

Die anodische Teilreaktion der Metallauflösung sei $Me \rightarrow Me^{z+} + ze^-$. Im einfachsten Fall hat die Elektrolytlösung eine wohldefinierte Konzentration $c_{Me^{z+}}$ der Ionen des korrodierten Metalls. Die Aktivität $a_{Me^{z+}}$, die nur angenähert berechnet werden kann (vgl. Kap. 3), möge gleich der Konzentration gesetzt werden. Dann ist die Korrosionsgeschwindigkeit bei gewöhnlicher Umgebungstemperatur Null, wenn das Elektrodenpotential ε auf den Wert $E_{Me/Me^{z+}} = E^0_{Me/Me^{z+}} + (0{,}06/z) \log c_{Me^{z+}}$ gebracht wird. In der Praxis ist c^{z+}_{Me} im allgemeinen nicht bekannt oder undefiniert klein. In diesem Fall kann dennoch ein Kriterium des sicheren kathodischen Schutzes durch kinetische Betrachtungen hergeleitet werden, wenn man beachtet, daß im stationären Zustand die Geschwindigkeit der Korrosion gleich der Geschwindigkeit der Diffusion der Me^{2+}-Ionen von der Metalloberfläche in das Innere der Lösung sein muß. Die Konzentration $(c_{Me^{z+}})_0$ der Me^{z+}-Kationen im Innern der Elektrolytlösung sei Null, die Konzentration unmittelbar vor der Metalloberfläche $(c_{Me^{z+}})_*$. Dann berechnet sich die Geschwindigkeit der Diffusion nach dem Nernstschen Modell (vgl. Kap. 5) zu $v_D = D_{Me^{z+}}((c_{Me^{z+}})_*/\delta)$. Für den Diffusionskoeffizienten ist normalerweise $D_{Me^{z+}} \cong 10^{-5}\,cm^2/sec$ zu setzen, für die Grenzschichtdicke im ungünstigsten Fall schnell bewegter Lösungen $\delta \cong 10^{-3}$ cm. Wäre nun $(c_{Me^{z+}})_*$ z.B. gleich $10^{-10}\,mol/cm^3$ (entsprechend 10^{-7} mol/l), so ergäbe sich für die Korrosionsgeschwindigkeit $c_k = 10^{-12}\,mol/cm^2\,sec$. Das entspricht für Eisen der sicher vernachlässigbar kleinen Abtragung von $2 \cdot 10^{-3}$ mm/Jahr. Für andere Metallsorten ergeben sich ähnlich kleine Werte.

Weiterhin den ungünstigsten Fall vorausgesetzt, geht das Metall ohne Kristallisations- oder Durchtrittsüberspannung in Lösung. Dann ist $\varepsilon = E^0_{Me/Me^{z+}} + (0{,}06/z) \log (c_{Me^{z+}})_*$. Mithin ist aber schließlich die Korrosionsgeschwindigkeit vernachlässigbar klein, nämlich $< 10^{-12}\,mol/cm^2\,sec$, falls ε so gewählt wird, daß

$$\varepsilon \leq E^0_{Me/Me^{z+}} + (0{,}06/z) \log 10^{-7} \quad . \tag{17.1.1}$$

Daraus berechnet man für Eisen als Wert des sicher hinreichend negativen Schutzpotentials $\varepsilon \lesssim -0{,}64$ V (bezogen auf die Normalwasserstoffelektrode). Wie die Praxis lehrt, genügt im allgemeinen bereits ein positiverer Wert, nämlich $-0{,}53$ V (entsprechend $\varepsilon' = -0{,}85$ V, bezogen auf die bei Feldmessungen gebräuchliche gesättigte $Cu/CuSO_4$-Bezugselektrode). Die Herleitung des Schutzkriteriums setzt allerdings voraus, daß das Metall nicht als komplexes Ion in Lösung geht. Andernfalls ist in Gl. (17.1.1) das Normalpotential der Me/Me^{z+}-Reaktion durch das Normalpotential der tatsächlichen Elektrodenreaktion zu ersetzen. Weiß man andererseits, daß sich auf der Metalloberfläche ein bestimmtes Oxid oder Hydroxid niederschlägt, so kann man als Schutzpotential auch das Gleichgewichtspotential der Metall/Oxid- bzw. Metall/Hydroxid-Elektrode angeben, erhält dann aber (vgl. Kap. 3) einen pH-abhängigen Wert [7]. Dabei ist aber der pH-Wert in der Diffusionsgrenzschicht wegen des Effektes der „Wandalkalisierung" eine Funktion der Schutzstromdichte [9, 10]. Die pH-Erhöhung, u. U. gefährlich für zur Verseifung neigende Anstriche, kann berechnet werden, wenn man davon ausgeht, daß die zur Erreichung des Schutzpotentials erforderliche Schutzstromdichte im Normalfall der Praxis gleich der Diffusionsgrenzstromdichte der Sauerstoffreduktion sein wird [10]. Anders verhält es sich beim im Prinzip möglichen kathodischen Korrosionsschutz passiver Metalle, die durch Lochfraß, oder interkristalline, oder Spannungsriß-, oder Schwingungsrißkorrosion gefährdet sind. Wie in den vorangegangenen Kapiteln dargelegt, kennt man dann oft kritische Potentialschwellen fur das Einsetzen dieser Spielarten der Korrosion, und es genügt, den kathodischen Schutz so auszulegen, daß eben diese Potentialschwellen nicht überschritten werden [11].

Für die Technik der Einrichtung kathodischer Schutzanlagen wird auf die Literatur verwiesen [12].

Literatur

1. Tomaschow, N. D.: Z. Elektrochem. *62*, 717 (1958)
2. Riggs, O. L.; Hutchison, M.; Conger, N. L.: Corrosion *16*, 102 (1960)
3. Edeleanu, C.: Chem. and Ind. 1961, 301
4. Gräfen, H.; Kuron, D.: Arch. Eisenhüttenwerk *36*, 285 (1965)
5. Wagner, C.: J. electrochem. Soc. *99*, 1 (1952)
6. Vgl. z. B. Klas, H.; Steinrath, H.: Die Korrosion des Eisens und ihre Verhütung, 2. Aufl., Düsseldorf: Verlag Stahleisen 1974
7. Vgl. z. B. Pourbaix, M.: Corrosion NACE, *25*, 267 (1969)
8. Kathodischer Korrosionsschutz, Korrosion 11 (Wiederholt, W.; Kaesche, H., Herausgeber) Weinheim: Verlag Chemie 1959
9. Winkelmann, D., in [8] p. 58
10. Engell, H.-J.; Forchhammer, P.: Corr. Sci. *5*, 479 (1965)
11. Vgl. z. B. Kaesche, H., in: Proc. 4th Int. Conf. Metallic Corrosion. Amsterdam 1969 (Hamner, N. E., editor). NACE Houston 1971, p. 15 – Pourbaix, M.: Revue Roumaine de Chemie *17*, 239 (1972)
12. Baeckmann, W. v.; Schwenk, W. (mit anderen Autoren): Handbuch des kathodischen Korrosionsschutzes. Driffe Auflage Weinheim: Verlag Chemie (1989)

17.2 Bemerkungen zum Stofftransport durch Diffusion

17.2.1 Berechnung der Diffusionsgrenzstromdichte der Sauerstoffreduktion

Für die Berechnung der Stromdichte einer Elektrodenreaktion mit geschwindigkeitsbestimmender vorgelagerter oder nachgelagerter Diffusion reagierender Teilchen war in Kap. 5 das Nernstsche einfache Modell einer Diffusionsgrenzschicht herangezogen worden Dabei wurde vereinfachend angenommen, daß in einer im übrigen gut bewegten Elektrolytlösung an der Elektrodenoberfläche eine volkommen ruhende Flüssigkeitsschicht der ortsunabhängigen Dicke δ adhäriert, in der die Konzentration c der reagierenden Teilchen vom Wert c_0 im Innern der Lösung in den Wert c_* an der Elektrodenoberfläche linear übergeht.

Dagegen war in Kap. 6 bereits die Gl. (6.29) benutzt worden, die sich aus der genaueren Betrachtung des Stofftransports zu einer rotierenden Scheibe ergibt. Messungen an rotierenden Scheibenelektroden waren auch in Kap. 8 zitiert worden, jedoch bleibt die dort skizzierte elektrodenkinetische Meßtechnik der Scheiben-Ring-Elektrode hier außer Betracht. Statt dessen soll hier allgemeiner die Berechnung des Stofftransports in bewegten Flüssigkeiten zu Elektrodenoberflächen kurz behandelt werden, demonstriert insbesondere am Beispiel der kathodischen Diffusionsgrenzdichte der Sauerstoffreduktion. Für den Transport der Transport der ungeladenen Sauerstoffmolekeln spielt die elektrolytische Überführung grundsätzlich keine Rolle. Für Oxidationsmittel, die als Ionen vorliegen, also insbesondere für die Wasserstoffionen, kann die elektrolytische Überführung jedenfalls in Lösungen mit Neutralsalzüberschuß vernachlässigt werden. In neutralsalzfreien Lösungen fällt die Überführung der Ionen des Oxidationsmittels zwar bei Stromspannungsmessungen ins Gewicht, nicht aber für die gleichmäßige Korrosion. Bei ungleichmäßiger Korrosion, etwa bei geschwindigkeitsbestimmendem vorgelagertem Transport von H^+-Ionen zu punktartigen Lokalkathoden in einer größeren anodischen Fläche, ist die elektrolytische Überführung der Ionen des Oxydationsmittels zwar zu berücksichtigen. Davon soll hier aber abgesehen werden. Ferner soll die Berechnung des Diffusionsgrenzstroms (d. h. der Fall $c_* = 0$) in den Vordergrund gestellt werden.

Für die Stromstärke j ($c_* \neq 0$) bzw. die Grenzstromstärke j_D ($c_* = 0$) der kathodischen Reduktion von Teilchen mit dem Diffusionskoeffizienten D, deren jedes z Elektronen von der Elektrode der Gesamtoberfläche Q aufnimmt, ergibt sich unter den genannten Voraussetzungen aus dem Nernstschen Modell die Beziehung

$$j = -zQF\frac{D}{\delta}(c_0 - c_*), \tag{17.2.1}$$

$$j_D = -zQF\frac{D}{\delta}c_0. \tag{17.2.2}$$

Es ist zweckmäßig, einen Stoffübergangskoeffizienten β einzuführen, definiert durch

$$\beta \equiv \frac{D}{\delta} \tag{17.2.3}$$

und statt Gl. (17.2) und (17.3)

$$j = -zQF\beta(c_0 - c_*), \tag{17.2.4}$$

$$J_D = -zQF\beta c_0 \tag{17.2.5}$$

zu schreiben.

Daß das Nernstsche Modell den wahren Konzentrationsverlauf in der Grenzschicht stark vereinfacht, liegt auf der Hand, da ein unstetiger Konzentrationsverlauf angenommen wird, so daß für alle Abstände von der Elektrodenoberfläche, die kleiner sind als δ, die in die Richtung der Flächennormalen n fallende Komponente $\partial c/\partial n$ konstant und von Null verschieden, für alle größeren Abstände jedoch Null sein soll. In Wirklichkeit muß c mit wachsendem Abstand von der Elektrodenoberfläche stetig in c_0 übergehen.

Die physikalische Bedeutung der Größe δ ergibt sich daraus, daß die *örtliche Stromdichte* I (die noch eine Funktion des Ortes auf der Metalloberfläche sein kann) mit dem örtlichen

Gradienten $(\partial c/\partial n)_*$ an der Oberfläche, d. h. für den Abstand Null, verknüpft ist durch:

$$I = -zFD\left(\frac{\partial c}{\partial n}\right)_* . \tag{17.2.6}$$

Daher gilt für die Stromstärke j

$$j = \int_Q I(Q)\,dQ = -zFD\int\left(\frac{\partial c}{\partial n}\right)_* dQ, \tag{17.2.7}$$

woraus man durch Vergleich mit Gl. (17.2) findet, daß

$$\delta = \frac{c_0 - c_*}{\frac{1}{Q}\int_Q\left(\frac{\partial c}{\partial n}\right)_* dQ} . \tag{17.2.8}$$

Die Berechnung von β und der Stromstärke j bzw. j_D setzt daher die Kenntnis der Werte von $(\partial c/\partial n)_*$ für die gesamte Oberfläche voraus. Die analytische Lösung des Problems gelingt nur für einfache Fälle, so daß man im allgemeinen auf Messungen angewiesen ist. Die Anzahl der notwendigen Messungen reduziert sich jedoch erheblich unter Berücksichtigung der Ähnlichkeitstheorie des Wärme- und des analogen Stoffübergangs [1], in der gezeigt wird, daß der stationäre Stoffübergangskoeffizient β in der durch äußere Kräfte erzwungenen Strömung proportional dem Quotienten D/L aus Diffusionskoeffizient und einer charakteristischen Länge L, sowie proportional einer Funktion der dimensionslosen Kenngrößen $(v\ L/D)$ und $(v\ L/\nu)$ ist, wo v (cm/sec) die Strömungsgeschwindigkeit und ν (cm^2/sec) die kinematische Zähigkeit bezeichnet.

$(v\ L/D)$ ist die Peclet-Zahl Pe′ des Stoffübergangs:

$$\mathrm{Pe}' \equiv \frac{vL}{D}, \tag{17.2.9}$$

$(v\ L/\nu)$ die Reynolds-Zahl Re:

$$\mathrm{Re} \equiv \frac{vL}{\nu}. \tag{17.2.10}$$

Daher gilt für β allgemein:

$$\beta = \frac{D}{L} f\{\mathrm{Pe}', \mathrm{Re}\}. \tag{17.2.11}$$

Faßt man schließlich β, D und L zu der Sherwood-Zahl Sh des Stoffübergangs zusammen, definiert durch

$$\mathrm{Sh} \equiv \frac{\beta L}{D}, \tag{17.2.12}$$

so geht Gl. (17.2.11) über in

$$\mathrm{Sh} = f\{\mathrm{Re}, \mathrm{Pe}'\}. \tag{17.2.13}$$

Ist für ein bestimmtes System mit gegebenen Anfangs- und Randbedingungen des Stoffübergangs bei gegebenem Charakter der Strömung die Funktion $f\{\mathrm{Re}, \mathrm{Pe}'\}$ gefunden, so hat $f\{\mathrm{Re}, \mathrm{Pe}'\}$ für jedes geometrisch ähnliche andere System mit gleichen Anfangs- und Randbedingungen und gleichem Charakter der Strömung dieselbe Form.

Die Behandlung von Stoffübergangsproblemen mit den Mitteln der Ähnlichkeitstheorie hat auch in der Elektrochemie große Bedeutung erlangt [*I*b,2]. In der Literatur finden sich einige Anwendungen auf Probleme der Korrosion [3]. Darauf gehen wir im einzelnen nicht ein, sondern geben nur einen Überblick über die wichtigsten in Frage kommenden Beziehungen. Die folgende kurze Einführung in das Gebiet stützt sich in wesentlichen Punkten auf die Darstellung bei Krischer, Kast [4] und Levich [1b].

Es möge zunächst die Stromstärke z. B. der Reduktion von gelöstem Sauerstoff an einer ebenen Metallelektrode, z. B. einer Platinelektrode, in vollkommen ruhender Lösung berechnet werden. Die Elektrode der Oberfläche Q bilde mit beliebiger Kontur den Boden eines elektrolytischen Troges und liege der yz-Ebene. Der Trog besitze auf dem Elektrodenrand senkrecht stehende, isolierende Wände und sei bis zu der in die x-Richtung fallenden Höhe h mit Elektrolytlösung der Sauerstoffkonzentration c_0 gefüllt. h möge sehr groß sein und wird für das folgende ∞ gesetzt. Zur Zeit $t = 0$ werde die Elektrode potentiostatisch auf ein Elektrodenpotential im Bereich des kathodischen Diffusionsgrenzstroms der O_2-Reduktion gebracht, so daß für alle $t > 0$ gilt: $c_* = 0, j = j_D$. Dafür ist eine Gegenelektrode und eine Bezugselektrode erforderlich. Ihre Anbringung ist für Messungen in ruhender Lösung noch verhältnismäßig unproblematisch, wird aber schwierig bei Messungen in strömenden Medien, wenn es darauf ankommt, Turbulenz zu vermeiden. Man beachte auch, daß das Problem wegen der Annahme der in der x-Richtung unendlich ausgedehnten Flüssigkeit von dem von Bianchi (vgl. Kap. 11.2) behandelten Fall der Einstellung einer zeitlich stationären Verteilung der Sauerstoffkonzentration in einem kleinen Elektrolytvolumen verschieden ist. Wie dort soll aber zunächst unterstellt werden, daß die Reaktion in der Flüssigkeit keine örtlichen Dichteunterschiede hervorruft.

Unter den vorgegebenen Bedingungen vereinfacht sich Gl. (11.31) zu

$$\frac{\partial c}{\partial t} = D\frac{\partial^2 c}{\partial x^2}. \tag{17.2.14}$$

Die x-Achse fällt mit dem auf der Elektrodenoberfläche errichteten Lot zusammen, die Elektrodenoberfläche befindet sich bei $x = 0$. Die hier passende, durch Laplace-Transformation (vgl. Kap. 17.4.4) zu gewinnende Lösung der Differentialgleichung lautet

$$c = c_0 G\{\lambda\}, \tag{17.2.15}$$

wobei $G\{\lambda\}$ das Gaußsche Fehlerintegral

$$G\{\lambda\} = \frac{2}{\sqrt{\pi}}\int_0^\lambda e^{-w^2}\mathrm{d}w \tag{17.2.16}$$

bezeichnet. w ist eine beliebige Integrationsvariable; für λ gilt:

$$\lambda = \frac{1}{2}\frac{x}{\sqrt{Dt}}. \tag{17.2.17}$$

Das Gaußsche Fehlerintegral (*error function*) $G\{\lambda\}$ wird auch als $\operatorname{erf}\{\lambda\}$, das Komplement (*error function complement*) $[1 - \operatorname{erf}\{\lambda\}]$ als $\operatorname{erfc}\{\lambda\}$. Funktionswerte findet man in Tabellenwerken. Für $\lambda = 0$ ist $\operatorname{erf}\{\lambda\} = 0$; für $\lambda = \infty$, und in guter Näherung bereits für $\lambda = 3$, ist $\operatorname{erf}\{\lambda\} = 1$.

Nach Gl. (17.2.15) hängt die relative Konzentration c/c_0 nur von der dimensionslosen Kenngröße $\lambda = x/2\sqrt{Dt}$ ab. Bei gleichen Anfangs- und Randbedingungen hat also die Differentialgleichung für konstante Werte von λ stets dieselbe Lösung. Ist der elektrolytische Trog in der x-Richtung nicht unendlich tief, so gelten alle hergeleiteten Beziehungen nur so lange, als für $x = h$ noch $c = c_0$ erfüllt ist.

Im oben betrachteten System ist $(\partial c/\partial n)_* = (\partial c/\partial x)_{x=0}$. Durch Differenzieren des bestimmten Integrals Gl. (17.2.16) nach x findet man für $x = 0$

$$\left(\frac{\partial c}{\partial x}\right)_{x=0} = c_0 \frac{1}{\sqrt{\pi D t}}. \tag{17.2.18}$$

Daraus folgt für die örtliche Stromdichte $I(c_* = 0) = I_D$ nach Gl. (17.2.6)

$$I_D = -zFc_0\sqrt{\frac{D}{\pi t}}. \tag{17.2.19}$$

$(\partial c/\partial n)_{x=0}$ ist hier vom Ort auf der Elektrodenoberfläche unabhängig; daher kann die Strom stärke nach $j_D = I_D F$ berechnet werden. Man erhält:

$$j_D = -n_d Q F c_0\sqrt{\frac{D}{\pi t}}, \tag{17.2.20}$$

Mithin ergibt sich mit Gln. (17.9) und (17.4) der Stoffübergangskoeffizient β als zeitabhängige Größe der Form

$$\beta = \sqrt{\frac{D}{\pi t}}, \tag{17.2.21}$$

die für $t \to \infty$ gegen Null geht.

Ein grundsätzlich anderes Ergebnis erhält man für die Grenzstromstärke einer allseitig von unendlich ausgedehnter Flüssigkeit umgebenen Elektrode. Die Elektrode möge z. B. eine kleine Platinkugel vom Radius r_0 sein. In Kugelkoordinaten, mit dem Ursprung im Zentrum der Kugel, lautet nun die Ficksche Differentialgleichung

$$\frac{\partial c}{\partial t} = D\left[\frac{\partial^2 c}{\partial r^2} + \frac{2}{r}\frac{\partial c}{\partial r}\right]. \tag{17.2.22}$$

Die hier passende Lösung ergibt sich zu

$$\frac{c}{c_0} = 1 - \frac{r_0}{r}[1 - G\{\lambda'\}], \tag{17.2.23}$$

$$\lambda' = \frac{r - r_0}{2\sqrt{Dt}}. \tag{17.2.24}$$

Die weitere Auswertung liefert

$$j_D = -zQFc_0\left[\sqrt{\frac{D}{\pi t}} + \frac{D}{r_0}\right]. \tag{17.2.25}$$

Das heißt, man findet für kurze Versuchszeiten t dasselbe Ergebnis wie oben; für lange Versuchszeiten strebt die Stromstärke jedoch einem konstanten Grenzwert zu. Entsprechend gilt für den Stoffübergangskoeffizienten im stationären Zustand

$$\beta = \frac{D}{r_0}; \quad \text{für } t \to \infty. \tag{17.2.26}$$

Das bedeutet aber für die mit dem Kugeldurchmesser d gebildete Sherwood-Zahl $Sh_d = \beta d/D$; $Sh_d = 2$ (für $t \to \infty$). Bildet man statt dessen mit der „Anströmlänge" $L = \pi r$ der Kugel die Zahl $Sh_L = \beta L/D$, so erhält man als Grenzwert $Sh_L = \pi$.

Wie noch zu zeigen, wird Sh_e in strömender Flüssigkeit größer als in ruhender. Allgemein gilt aber für den Grenzfall verschwindender Strömungsgeschwindigkeit für umströmte Körper $(Sh)_{v \to 0} = \text{const.}$ Eine solche Beziehung gilt auch, wenn anstelle der ebenen Elektrode, die den Boden eines elktrolytschen Troges bildet, ein Platinblech in ein großs mit Flüssigkeit gefüllten Gefäß voll eingetaucht wird. Mit wachsenden Abmessungen des umströmten Körpers geht aber $(Sh)_{v \to 0}$ gegen Null. Für die Berechnung des zeitlichen Verhaltens der Stromstärke an einem größeren, voll eingetauchten Elektrodenblech spielt daher das Nichtverschwinden von Sh für $t \to \infty$ nur die Rolle eines vernachlässigbaren Kanteneffektes.

Ein formal weitgehend analoges Problem liegt vor, wenn eine auf ein Potential im Bereich des Diffusionsgrenzstroms gebrachte ebene Elektrode nicht mit ruhender Lösung in Berührung steht, sondern von einer idealen reibungsfreien Flüssigkeit längs angeströmt wird. Die angenommene Geometrie der Versuchsanordnung (ohne Gegen- und Bezugselektrode) ist in Bild 17.2.1 skizziert. Die angeströmte Platte beginnt bei $y = 0$ mit einer in der z-Achse liegenden geraden Kante, sie reicht bis $y = +\infty$ und erstreckt sich in der z-Richtung bis $z = \pm 1/2b$. Das System ist durch isolierte Wände abgeschlossen zu denken, die bei $z = \pm b/2$ in der $x\,y$-Ebene liegen. Für hinreichend große Werte von b kann aber unter Vernachlässigung kleiner Kanteneffekte (vgl. oben) auch eine Platte in der allseits unendlich tiefen Strömung, also mit umströmten Längskanten gedacht werden. Bei endlicher Tiefe der Flüssigkeit gelten die folgenden Überlegungen nur für kleine Anströmlängen, für die die Diffusionsgrenzschicht (vgl. weiter unten) die Gefäßwände noch nicht erreicht hat.

In der idealen Flüssigkeit hat der Vektor v der Strömungsgeschwindigkeit nur eine Komponente in der y-Richtung und ist überall konstant: $v = v_y = \text{const.}$ Insbesondere gleitet die der Metalloberfläche unmittelbar benachbarte Flüssigkeitsschicht ebenfalls mit der Geschwindigkeit v_y über die Platte. Daher kommt für den Stofftransport zur Plattenoberfläche wie im Falle der ruhenden Flüssigkeit nur die Diffusion in Frage. Will man, wie üblich, auch den durch die Flüssigkeitsbewegung, also durch Konvektion beeinflußten Stofftransport unter den Begriff Diffusion fallenlassen, so unterscheidet man sinngemäß zwischen „konvektiver‘ und „nichtkonvektiver“ Diffusion, wobei die letztere, die bisher allein diskutiert worden ist, gewöhnlich als „molekulare“ Diffusion bezeichnet wird.

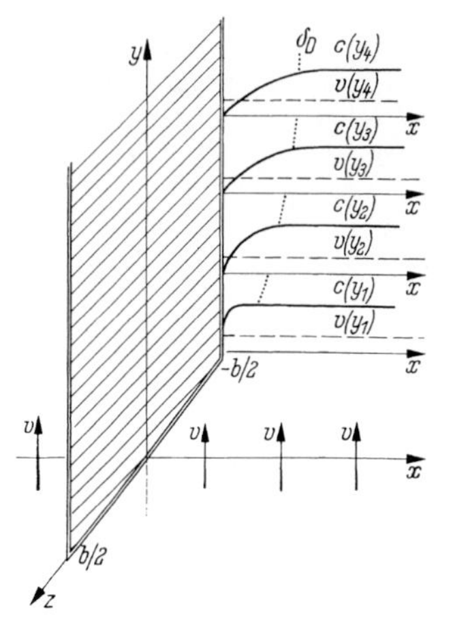

Bild 17.2.1. Zur Berechnung des Stoffübergangs aus einer ideal reibungsfreien Flüssigkeit an die ebene, angeströmte Wand. $v(y_1) \ldots v(y_4)$ Strömungsgeschwindigkeitsprofil, $c(y_1) \ldots c(y_4)$ Konzentrationsprofil der an der Wand im Diffusionsgrenzstrombereich reduzierten Substanz, für verschiedene Anströmlängen $y_1 \ldots y_4$ (schematisch, vgl. Text)

Man betrachte nun eine Flüssigkeitsschicht der Höhe dy, eingeschlossen zwischen zwei zur xy-Achse parallelen Ebenen, die zur Zeit $t = 0$ die Stelle $y = 0$ passiert. Diese Flüssigkeitsschicht wandert in der Folge unverzerrt an der Platte vorbei. Wären ihre Trennebenen zur nächstfolgenden und zur voranlaufenden Schicht undurchlässig, so würde die Konzentration c der reagieren Teilchen in der Schicht in exakt derselben Weise von D, t und x abhängen, wie im Falle der ruhenden Lösung. Da die Schicht zur Zeit t den Ort $y = v_y t$ erreicht, so hätte demnach das zeitlich stationäre, ortsabhängige Konzentrationsprofil in der bewegten Flüssigkeit an der Stelle y auf der angeströmten Wand dieselbe Form wie das zeitlich instationäre, ortsunabhängige Konzentrationsprofil in der ruhenden Flüssigkeit zur Zeit $t = y/v_y$. Nun tritt zwar in Wirklichkeit in der Nähe der Wandoberfläche eine molekulare Diffusion in der y-Richtung ein, da dort für konstante Werte von x die Konzentration c in der y-Richtung sinkt. Dieser Effekt kann aber vernachlässigt werden. Infolgedessen erhält man die hier passende Lösung der Differentialgleichung der Diffusion mit genügender Genauigkeit aus Gl. durch Ersetzen von t durch y/v_y. Daher berechnet man die örtliche Diffusionsgrenzstromdichte I_D zu

$$I_D = -zFc_0 \frac{1}{\sqrt{\pi}} \sqrt{\frac{v_y D}{y}}. \tag{17.2.27}$$

Durch Integration über einen Abschnitt $0 \leq y \leq l$ der angeströmten Platte ergibt sich für die Grenzstromstärke j_D (mit $b \times 1 = Q$)

$$j_D = b \int_0^l I_D(y)\, dy = -zFQc_0 \frac{2}{\sqrt{\pi}} \sqrt{\frac{v_y D}{l}}. \tag{17.2.28}$$

Daher lautet die Gleichung des Stoffübergangskoeffzienten

$$\beta = \frac{2}{\sqrt{\pi}} \sqrt{\frac{v_y D}{l}}. \tag{17.2.29}$$

Bildet man mit der Anströmlänge l die Sherwood-Zahl Sh und die Peclet-Zahl Pe′ so erhält man schließlich

$$\mathrm{Sh} = 1{,}13\sqrt{\mathrm{Pe}'}. \tag{17.2.30}$$

Die Reynolds-Zahl tritt also als Einflußgröße nicht auf. Der Konzentrationsverlauf vor der angeströmten Platte ist in Bild 17.2.1 für verschiedene Anströmlängen $y_1 \ldots y_4$ schematisch angedeutet. Man kann aussagen, es bilde sich an der angeströmten Platte eine Diffusionsgrenzschicht aus, deren Dick δ_D mit wachsender Anströmlänge steigt und inherhalb derer $c < c_0$. Dazu ist allerdings eine willkürliche Vereinbarung erforderlich, etwa der Art, es sei $c \cong c_0$, sobald $c \gtrsim 0{,}9\, c_0$.

Nun kann zwar hier für nicht zu viskose Flüssigkeiten die Strömung in größerem Abstand von festen Wänden (sogenannte „Kernströmung") als praktisch reibungsfrei angesehen werden, nicht aber die Strömung in Wandnähe. Insbesondere ist die an der Wand anliegende Flüssigkeitsschicht stets als ruhend anzunehmen. Infolgedessen existiert stets eine Prandtlsche Strömungsgrenzschicht der Dicke δ_{Pr}, innerhalb derer die Strömungsgeschwindigkeit von Null auf die Geschwindigkeit der Kernströmung ansteigt bzw. praktisch gleich dieser wird. Daher sind an der Wand, an der eine Reaktion mit geschwindigkeitsbestimmender Diffusion abläuft, Diffusions- und Strömungsgrenzschicht überlagert, und die Existenz der Strömungsgrenzschicht beeinflußt den Stoffübergang.

Es sei zunächst eine *laminare* Strömungsgrenzschicht angenommen, in der die einzelnen Flüssigkeitsschichten verschiedener Geschwindigkeit ohne Verwirbelung der Stromfäden nebeneinander fließen. Demgegenüber steht die *turbulente* Grenzschicht, in der kleine Flüssigkeitsvolumina unregelmäßig schwankende Bewegungen um die mittlere Strömungsrichtung ausführen. Diese Bewegung sogenannter „Turbulenzballen" beeinflußt naturgemäß den konvektiven Stofftransport stark. Das Kriterium für ein rein laminare Strömung ist ein hinreichend kleiner Wert der Reynoldsschen Zahl. Für die längs angeströmte Platte ist der laminare Charakter der Strömung anzunehmen, falls die mit der Anströmlänge l gebildete Reynolds – Zahl $\mathrm{Re}_l = vl/\nu \lesssim 10^5$. Das bedeutet, daß bei einer Strömungsgeschwindigkeit von z. B. $v = 100\,\mathrm{cm/s}$ und einer Viskosität ν von $10^{-2}\,\mathrm{cm^2/s}$ (Wasser bei Raumtemperatur) die Grenzschicht bis zur Anströmlänge $l = 10\,\mathrm{cm}$ noch sicher laminar ist. Darüber geht die laminare in die teilweise turbulente Grenzschicht über, wobei bei technischen Metalloberflächen mit dem Einsetzen der Turbulenz etwa ab $\mathrm{Re}_l \gtrsim 5 \cdot 10^5$ sicher gerechnet werden kann. Bei laminarer Schicht ist der Mechanismus des Strofftransportes zwischen den Flüssigkeitsschichten wieder der der molekularen Diffusion. Infolgedessen tritt ein Beitrag der Konvektion zum Stofftransport nur auf, falls die örtliche Strömungsgeschwindigkeit eine Komponente senkrecht zur Wandoberfläche hat. Mithin handelt es sich aber um Strofftransport allein durch molekulare Diffusion, wenn das Geschwindigkeitsprofil der Strömung in der Grenzschicht von der Anströmlänge nicht abhängt. Daher ist in diesem Fall der Stoffübergang ebenfalls keine Funktion von Re, sondern nur von Pe′, wobei allerdings der funktionelle Zusammenhang zwischen Sh und Pe′ eine andere Form hat als für die Strömung einer idealen Flüssigkeit. Eine Strömungsgrenzschicht mit ortsunabhängigem Geschwindigkeitsprofil bildet sich insbesondere in durchströmten Rohren, sobald die Grenzschicht den gesamten Rohrquerschnitt erfüllt. Der Abstand von der Einlaufmündung, von dem ab dieser Zustand erreicht ist, wird als „hydrodynamische Einlauflänge" bezeichnet. Im hinreichend langen Rohr mit Wandreaktion erfüllt zwar auch die Diffusionsgrenzschicht schließlich den gesamten Rohrdurchmesser, jedoch ist die Diffusions-Einlauflänge im allgemeinen groß gegenüber der hydrodynamischen. Innerhalb der Diffusions-Einlauflänge bleibt in der Rohrachse c_0 konstant gleich dem Anfangswert. Ist l die Länge des Rohrabschnittes (groß gegenüber der hydrodynamischen Einlauflänge), d der Rohrdurchmesser, so erhält man die mit dem Durchmesser gebildete Sherwood-Zahl $\mathrm{Sh_d} = \beta d/D$ als Funktion der ebenfalls mit dem Durchmesser gebildeten Péclet-Zahl $\mathrm{Pe'_d} = vd/D$ und eines geometrischen Verhältnisses d/l in der folgenden Form

$$\mathrm{Sh} = 1{,}27\sqrt[3]{\mathrm{Pe'_d}\frac{d}{l}}. \tag{17.2.31}$$

Die Rohrströmung ist laminar, falls die mit dem Rohrdurchmesser gebildete Reynolds-Zahl $\mathrm{Re_d} = vd/D$ einen Wert $< 2{,}3 \cdot 10^3$ hat.

Andere Bedingungen liegen vor, wenn, wie in jedem Fall bei der angeströmten Platte, oder beim durchströmten Rohr innerhalb der hydrodynamischen Einlauflänge, die Prandtlsche Grenzschicht in der Strömungsrichtung dicker wird. Dann fällt der Vektor v der Strömungsgeschwindigkeit in der Strömungsgrenzschicht nicht mit der Komponente v_y zusammen, sondern besitzt eine Komponente in der x-Richtung. Unter diesen Bedingungen gilt für Sh eine Funktion von der allgemeinen Form der Gl. (17.2.13). Es ist zweckmäßig, aus Re und Pe′ eine weitere Kenngröße zu bilden, die Schmidt-Zahl Sc:

$$\mathrm{Sc} \equiv \frac{\mathrm{Pe'}}{\mathrm{Re}} = \frac{\nu}{D}. \tag{17.2.32}$$

Damit geht Gl. (17.14) über in

$$\mathrm{Sh} = f\{\mathrm{Sc}, \mathrm{Re}\}. \tag{17.2.33}$$

Die Schmidt-Zahl ist eine Stoffeigenschaft. Sie hat für verdünnte wäßrige Lösungen ($\nu \cong 0{,}01\ \mathrm{cm^2/s}$) mit einem Diffusionskoeffizienten des reagierenden Stoffes von in der Regel etwa $10^{-5}\ \mathrm{cm^2/s}$ die Größenordnung 10^3, kann aber in stärker viskosen Lösungen noch erheblich größer werden. Der Diffusionskoeffizient der Wasserstoffionen ist mit $D_{H^+} \cong 10^{-4}\ \mathrm{cm^2/s}$ ungewöhnlich groß, daher hat Sc in verdünnten wäßrigen Lösungen bei geschwindigkeitsbestimmender H^+-Diffusion die Größenordnung 10^2.

Bei laminarer Grenzschicht lautet die analytische Lösung des Stoffübergangs an die längs angeströmte ebene Platte (für Re $\gtrsim$ 10):

$$\mathrm{Sh} = 0{,}68\ \sqrt[3]{\mathrm{Sc}}\sqrt{\mathrm{Re}} = 0{,}68\ \frac{\sqrt{\mathrm{Pe}'}}{\sqrt[6]{\mathrm{Sc}}}. \tag{17.2.34}$$

Wie der Vergleich mit Gl. (17.2.30) zeigt, bewirkt der Einfluß der Zähigkeit der Flüssigkeite bei $\mathrm{Sc} = 10^2$ eine Verringerung von Sh auf knapp die Hälfte, bei $\mathrm{Sc} = 10^3$ auf ein Fünftel, bei $\mathrm{Sc} = 10^4$ auf ein Dreißigstel der für die reibungsfreie Flüssigkeit berechneten Werte.

Ein für Laboratoriumsuntersuchungen besonders geeignetes System ist die *zentrisch rotierende Scheibe in einer Flüssigkeit, in der die Strömung durch die Scheibenrotation erzeugt wird.* Bildet man mit dem Scheibenradius die Schmidt-Zahl $\mathrm{Sc_r} = \beta r/D$, und mit der Umdrehungsgeschwindigkeit ω und dem Quadrat des Scheibenradius die Reynolds-Zahl $\mathrm{Re_r} \equiv \omega r^2/\nu$, so gilt

$$\mathrm{Sh} = 0{,}62\sqrt[3]{\mathrm{Sc_r}}\sqrt{\mathrm{Re_r}}. \tag{17.2.35}$$

Die Strömung ist laminar für $\mathrm{Re} \lesssim 2\cdot 10^4$. Gl. (17.2.35) führt auf Gl. (6.2.9).

Mit der rotierenden Scheibe sind die genauesten Untersuchungen über den laminaren Stofftransport zu Elektrodenoberflächen ausgeführt worden. Wegen einer zusammenfassenden Diskussion der Messungen, die im allgemeinen die geforderte Proportionalität $j_D \sim c_0$; $j_D = D^{2/3}$, $j_D = \omega^{1/2}$ gut bestätigen, wird auf Levich [1b] vewiesen.

Übersteigt die Reynolds-Zahl den jeweils kritischen Grenzwert, so setzt in der Grenzschicht Turbulenz ein. Dabei bleibt aber eine laminare Unterschicht erhalten, so daß Gl. (17.2.6) auch bei Turbulenz der Grenzschicht gilt. Die rechnerische Lösung des Problems ist bisher nicht volständig gelungen, jedoch bewährten sich allgemein empirische Ansätze von der Form

$$\mathrm{Sh} = \mathrm{const}(\mathrm{Sc})^m(\mathrm{Re})^n \tag{17.2.36}$$

über weit Bereiche der Werte von Sc und Re.

Mit Hilfe der Reynoldsschen Analogie zwischen Stoffübergang und Strömungswiderstand findet man [1b] eine Beziehung

$$\mathrm{Sh} = \sqrt{K_f}\,\mathrm{Re}(\mathrm{Sc})^{1/4}, \tag{17.2.37}$$

in der K_f einen Widerstandsfaktor bezeichnet, der aus der auf eine Plattenseite wirkenden Schubkraft K, der Plattenlänge l und dem Druck $\rho v^2/2$ (ρ = Dichte) als Quotient $2K/\varrho v^2 l$ gebildet wird. Da ferner $K_f \sim \mathrm{Re}^{-0.1}$, so wird

$$\mathrm{Sh} = (\mathrm{Re})^{0{,}9}(\mathrm{Sc})^{0{,}25}. \tag{17.2.38}$$

Für die rotierende Scheibe gilt dasselbe. Die geforderte Proportionalität $j_D \sim \omega^{0.9}, j_D \sim D^{3/4}$ wird experimentell bestätigt [1b]. Ein Gebiet reiner Turbulenz, in dem Gl. (17.2.6) hinfällig würde, ist offenbar bisher nicht beobachtet worden.

Die Wandreaktion an einer in eine zunächst ruhende Flüssigkeit eintauchenden Elektrode wird im allgemeinen bewirken, daß die Flüssigkeitsdichte an der Wandoberfläche von der Dichte im Innern der Flüssigkeit verschieden ist. Infolgedessen bleibt die Flüssigkeit nicht in Ruhe; vielmehr bildet sich unter der Einwirkung der Schwerkraft eine Auftriebsströmung aus. Für diese ist nicht die Reynolds-, sondern die Grasshoff-Zahl Gr charakteristisch. Gr ist definiert durch

$$\mathrm{Gr} \equiv \frac{gL^3}{\nu^2} \frac{|\Delta\varrho|}{\varrho_0} \tag{17.2.39}$$

g steht für die Erdbeschleunigung (981 cm/s^2), L für die charakteristische Anströmlänge, ϱ_0 für die Dichte der Flüssigkeit in größerer Entfernung von der Wand, $\Delta\varrho$ für den Dichteunterschied zwischen Wandoberfläche und Flüssigkeitsinnerem. Bei geschwindigkeitsbestimmender Diffusion der an der Wand reagierenden Teilchen tritt hier an die Stelle der Gl. (17.2.33) der allgemeine Ausdruck

$$\mathrm{Sh} = f\{\mathrm{Sc}, \mathrm{Gr}\}. \tag{17.2.40}$$

Für die den Stoffübergang charakterisierenden großen Werte von Sc hat $f\{\mathrm{Sc}, \mathrm{Gr}\}$ allgemein die Form $f\{\mathrm{Sc} \cdot \mathrm{Gr}\}$. Man schreibt dafür auch $f\{\mathrm{Ra}'\}$, mit Ra′ (Rayleigh-Zahl) $\equiv$ (Sc · Gr). Hierzu hat Wagner [5] den besonders übersichtlichen Fall der Auflösung einer senkrecht in zunächst ruhendes, reines Wasser eingetauchten Rechteckplatte aus Natriumchlorid untersucht. Dabei liegt an der Plattenoberfläche eine gesättigte NaCl-Lösung vor, die längs der Platte abwärts fließt, so daß als charakteristische Anströmlänge der Abstand l der betrachteten Stelle auf der Platte von deren Oberkante einzuführen ist. Die Geschwindigkeit dn/dt (mol/s) der Salzauflösung von einer gesamten Plattenseite der Länge l und der Breite b ergibt sich rechnerisch zu

$$dn/dt = 0{,}73\, blc_s D \left(\frac{g}{\nu D l} \frac{|\Delta\varrho|}{\varrho_0} \right)^{1/4} = DQ\beta c_0 \tag{17.2.41}$$

$$\mathrm{Sh}_1 = \beta l/D = 0{,}73 (\mathrm{Sc}, \mathrm{Gr})^{1/4} \tag{17.2.42}$$

c_s ist die NaCl-Sättigungskonzentration, D der Diffusionskoeffizient des gelösten NaCl. Die experimentelle Prüfung bestätigt die Gültigkeit von Gl. (17.2.42) vorzüglich.

Handelt es sich bei dem betrachteten System um eine Metallelektrode in ruhender Neutralsalzlösung, und beim Stoffübergang um die durch Elektrolyse mit einem elektrischen Summenstrom erzwungene kathodische Reduktion eines Oxidationsmittels im Grenzstrombereich, so herrschen andere Bedingungen. Die Dichteänderung in der Diffusionsgrenzschicht wird nun durch das Zusammenwirken der elektrolytischen Überführung und der Diffusion nicht nur der an der Elektrode reagierenden Stoffe, sondern auch der am Stromtransport beteiligten Ionen des Neutralsalzes bewirkt. Ein weitgehend analoges Problem, die kathodische Abscheidung von Kupfer an einer ebenen, senkrecht stehenden Elektrode aus einer Kupfersulfat-Schwefelsäure-Lösung, hat ebenfalls Wagner [6] untersucht. In diesem Fall bewirkt die Verarmung der Grenzschicht an Kupfersulfat eine Erniedrigung der Flüssigkeitsdichte und entsprechend eine Längsströmung der Flüssigkeit von der Elektrodenunterseite nach oben. Die Näherungsrechnung ergibt für die mit dem Diffusionskoeffizienten der Kupferionen zu bildende Zahl Sh den Ausdruck

$$\mathrm{Sh} = 0{,}73\ \mathrm{Sc}^{1/4} \left[\frac{gl^3}{\nu^2} \left(c_0 \left\{ \frac{\partial \ln \varrho}{\partial c_{\mathrm{CuSO_4}}} - 0{,}6 \frac{\partial \ln \varrho}{\partial c_{\mathrm{H_2SO_4}}} \right\} \right) \right]^{1/4} \tag{17.2.43}$$

Der Ausdruck in runden Klammern bezeichnet die Größe $|\Delta\varrho|/\varrho$, der Ausdruck in eckigen Klammern mithin die Größe Gr, so daß Gl. (17.2.43) mit Gl. (17.2.42) identisch ist.

Gleichung (17.2.43) kann in die für die kathodische Sauerstoffreduktion aus einer Neutralsalzlösung passende Form gebracht werden. Dies interessiert hier aber weniger als die Betrachtung der Korrosion einer in zunächst ruhende Lösung eintauchenden, ebenen Metallplatte. Unter der Voraussetzung, daß auf der Metalloberfläche keine makroskopische Kurzschlußzellen ausgebildet sind, entfällt hier die elektrolytische Überführung aus dem Lösungsinneren zur Metalloberfläche. Die Konzentration des Neutralsalzes ist also in der Grenzschicht dieselbe wie im Lösungsinneren. Jedoch ist in der Grenzschicht die Konzentration des Oxidationsmittels erniedrigt, die der Korrosionsprodukte (also des gelösten Metallhydroxids) erhöht, Da die beiden Effekte sich im allgemeinen nicht vollständig kompensieren werden, so ist auch in diesem Fall das Einsetzen einer Auftriebsströmung zu erwarten. Jedoch sollte deren Einfluß auf die mittlere Korrosionsgeschwindigkeit klein bleiben, da zwischen Randschicht und Lösungsinnerem nur Konzentrationsunterschiede von der Größenordnung der O_2-Konzentration im Lösungsinneren auftreten werden [7].

17.2.2 Berechnung der Wasserstoffpermeation einer Scheibe

In Kap. 14.2 wurde die passende Lösung der Differentialgleichung (14.15) für die Berechnung der eindimensionalen Wasserstoffpermeation durch eine Scheibe geringer Dicke L zum Zwecke der Bestimmung der Sättigungskonzentration $(c_H)^{(0)}$ des atomar gelösten Wasserstoffs in der Scheiben–Rückseite ($x = 0$) und des Koeffizienten D_H seiner interstitiellen Diffusion benötigt. Für das Problem ist charakteristisch, daß in der Scheibenvorderseite ($x = L$) die Konzentration durch die anodische Ionisation des durch die Phasengrenze Metall/Elektrolytlösung tretenden atomaren Wasserstoffs stets auf einem konstanten kleinen Wert gehalten wird, der zu Null gesetzt werden kann: $(c_H)^{(L)} = 0$. Die letztere Randbedingung bewirkt, daß die Lösung für die Konzentration $c_H\{x, t\}$ als Funktion des Ortes x in der Scheibe ($0 \leq x \leq L$) und der Zeit t ($0 \leq t \leq \infty$) als unendliche Reihe erscheint. Man gewinnt Reihenentwicklungen durch Fourier- oder auch durch Laplace-Transformation. Zur ersteren findet man die Lösung bei (Lit. Kap. 14 [B6b]), zur letzteren bei (ibid. [B6c]) in der folgenden Form:

$$\frac{C_H(x, t)}{C_H^{(0)}} = \sum_{n=0}^{\infty} (-1)^n \operatorname{erfc}\left(\frac{x + 2uh}{2(Dt)^{1/2}}\right) - \sum_{n=0}^{\infty} (-1)^n \operatorname{erfc}\left(\frac{2L(n + 1| - x}{2(Dt)^{1/2}}\right) \qquad (17.2.44)$$

Für die anodische Stromdichte $(i_H)_t$ der Wasserstoffionisation an der Scheibenvorderseite gilt entsprechend zu Gl. (5.8), für alle t:

$$(i_H)_t = -D_H F (\mathrm{d}c_H/\mathrm{d}x)_L . \qquad (17.2.45)$$

Für die stationäre Stromdichte $(i_H)_\infty$ zur Zeit $t = \infty$ gilt entsprechend Gl. (5.9):

$$(i_H)_\infty = D_H F (c_H)^{(0)}/L \qquad (17.2.46)$$

Entwickelt man die Reihe für den Quotienten $(i_H)_t/(i_H)_\infty$, so erscheint als erstes Glied, für $n = 0$, der Ausdruck:

$$\frac{(i_H)_t}{(i_H)_\infty} = \frac{2L}{\sqrt{\pi D_H t}} \exp\left(-\frac{L^2}{4D_H t}\right) \qquad (17.2.47)$$

Diese Näherung ist bis $(i_H)_t \leq 0{,}965\ (i_H)_\infty$ gut brauchbar. Wenn ferner eine Zeit $t_{0.5}$ so gewählt wird, daß $(i_H)_t/(i_H)_\infty = 0{,}5$, so gilt:

$$D_H = 0{,}138\, L^2/t_{0.5} \qquad (17.2.48)$$

Aus dem Zeitverlauf von i_H erhält man also im Prinzip sowohl $(c_H)^{(0)}$, das ist die Konzentration des gelösten Wasserstoffs im Gleichgewicht mit der Adsorptionsbelegung der Oberfläche, als auch D_H.

Literatur

1. Vgl. z. B. a) Eckert, A.: Einführung in den Wärme- und Stauffaustausch. Berlin, Göttingen, Heidelberg: Springer 1959, b) Levich, V.: Physicochemical Hydrodynamics. Englewood, Cliffs, N.J.: Prentice Hall, 1962.
2. Vielstich, W.: Z. Elktrochemie *57*, 646 (1953); – Ibl, N.: Electrochim. acta *1*, 117 (1959); Hsueh, L.; Newman, J.: Electrochim. acta *12*, 417, 429 (1967) – Wegen des z. B. für die Säurekorrosion interessanten Falles des Stofftransports zu Elektroden, an denen Gase entwickelt werden, vgl. Ibl, N.; Adam, E.; Venczel, J.; Schalch, E.: Chem. Ing. Techn. *43*, 202 (1971)
3. Vgl. z. B. Makrides, A. C.; Hackerman, N.: J. electrochem. Soc. *105*, 156 (1958) – Moshtev, R. V.; Budevsky, E. B.; Christova, N. J. Corr. Sci. *3*, 125 (1963); Venczel, J.; Knutson, L.; Wranglen, G.: Corr. Sci. *4*, 1 (1964); Heitz, E.: Werkstoffe u. Korr. *15*, 63 (1964; Electrochim. acta *10*, 49 (1965); Mahato, B. K.; Steward, F. R.; Shemilt, L. W.: Corr. Sci. *8*, 173, 737 (1968); Bohnenkamp, K.: Arch. Eisenhüttenwesen *47*, 253 (1976); vgl. auch Kamenetzki-Frank, D. A.: Stoff u. Wämeübergang in der chemischen Kinetik, Berlin, Göttingen, Heidelberg: Springer 1959
4. Krischer, C.; Kast, W.: Die wissenschaftlichen Grundlagen der Trocknungstechnik. 3. Aufl. Berlin, Heidelberg, New York: Springer 1978
5. Wagner, C.: J. Phys. Coll. Chem. *53*, 1030 (1949).
6. Wagner, C.: J. electrochem. Soc. *95*, 161 (1948).
7. Mitteilungen über den Einfluß von Auftriebsströmungen bei Elektrodenreaktionen geben z. B. Böhm, U.; Ibl, N.; Frei, A. M.: Electrochim. acta *11*, 421 (1966); Böhm, U.; Ibl, N.: Electrochim. acta *13*, 891 (1968); Marchiano, S. B.; Arvia, A. J.: Electrochim. acta *13*, 1657 (1968), *14*, 741 (1969), *15*, 325 (1970); Wragg, A. A.; Ross, T. K.: Electrochim. acta *12*, 1421 (1967); Wragg, A. A.: Electrochim. acta *13*, 2159 (1968); Taylor, J. L.; Manratty, T. J.: Electrochim. acta *19*, 529 (1974).
8. a) Loc. cit. Kap. 14 [B6b] – b) ibid. [B6b]

17.3 Der Gesichtspunkt der Bruchmechanik

Die ingenieursmäßig Kontinuums-mechanische Betrachtungsweise der Fragen der Riß- und Bruchvorgänge, kurz: die *Bruchmechanik* [1–3], behandelt vorrangig, und zwar quantitativ-theoretisch, die Sicherheit durch Risse vorgeschädigter, zuggespannter Bauteile. Es wird keineswegs nur, aber jedenfalls vorrangig die Frage untersucht, ob ein vorhandener Anriß der Länge a (bzw. a_0) unter der Einwirkung äußerer Zugspannungen gegenüber spontaner Verlängerung stabil oder instabil ist. Die Behandlung ist im Grunde thermodynamisch, d.h. ein Anriß wird als instabil betrachtet, wenn seine Verlängerung im ganzen Energie freisetzt. Der gesamte Umsatz an (freier) Energie ergibt sich dabei für die differentielle Rißverlängerung da als Summe dreier einzelner Energieumsätze: U'_1 als spezifischer Energieaufwand zur Erzeugung frischer mit einer Oberflächenspannung behafteter Rißflanken, U'_2 als Energieaufwand der plastischen Verformung des Ligaments vor der Rißspitze, U'_3 als Energiegewinn durch den Abbau der elastischen Verspannung des aus Zugvorrichtung und

Zugprobe bestehenden Systems. Die U'_i sind Differentialquotienten von der Form (dU_i/da). Die Instabilitätsbedingung für die Rißverlängerung um da lautet also $\Sigma(U'_i da) < 0$. Dabei ist U'_3 die *Energie–Freisetzungsrate* (häufig als G bezeichnet); $(U'_1 + U'_2)$ der *Rißwiderstand* (häufig: R). Ob und wie schnell ein gemäß diesem Energiekriterium instabiler Riß tatsächlich wächst, bleibt grundsätzlich offen, da die Rißausbreitung aus anderen Gründen blockiert sein kann, ähnlich wie etwa die Korrosion passiver Metalle, wiewohl energetisch begünstigt, kinetisch blockiert ist. Im Bereich der Bruchmechanik hat aber die Erfahrung gelehrt, die thermodynamische Instabilität von Rissen sehr ernst zu nehmen.

Die Frage der Rißausbreitungsgeschwindigkeit im Falle der energetischen Instabilität steht hier nicht zur Diskussion. Statt dessen interessiert sehr erheblich die Geschwindigkeit der „unterkritischen" Rißausbreitung durch Spannungsrißkorrosion, also die Korrosions-induzierte Rißverlängerung, allgemeiner die Umgebungs-induzierte Rißausbreitung die scheinbar im Widerspruch zum Energiekriterium fortschreitet. Natürlich wird das Energiekriterium der insgesamt erforderlichen negativen Bilanz der freien Energie nicht verletzt. Unterkritische Rißausbreitung durch Spannungsrißkorrosion oder andere Umgebungseinflüsse ist stattdessen durch ihrerseits thermodynamisch spontane, chemische bzw. physikalisch-chemische Prozesse bewirkt.

Die Bruchmechanik geht im Prinzip zunächst vom Verhalten der vollkommen spröden, scharf gekerbten Zugprobe aus. Dann treten, außer sprödem Spalten, nur elastische Verzerrungen der Probe auf. Läßt man außerdem nur Hookesches Verhalten zu, so resultiert die *linear-elastische Bruchmechanik* (*LEBM*). Sie ergibt wegen rechnerisch unendlicher Überhöhung der lokalen Spannung vor der Rißspitze die Festigkeit Null der noch so kurz gekerbten Probe. In Wirklichkeit wird stets in einer größeren oder kleineren Zone vor der Rißspitze plastische Verformung eintreten, die die Spannungsüberhöhung begrenzt. Ist die plastische Zone hinreichend klein, kann die LEBM mit Korrekturen weiter benutzt werden, mit dem Ziel der Extrapolation des Verlaufs der Spannungskomponenten in die plastische Zone hinein. Andernfalls, bei stärkerem Einfluß der Plastizität, wird erforderlich, die *elasto-plastische Bruchmechanik* (*EPBM*) zu benutzen.

Das eigentliche, zur Zeit lebhaft diskutierte Ziel ist der Anschluß der in den mikroskopischen Bereich extrapolierten LEBM-Rechnung an die aus den entgegengesetzten, atomistischen, ebenfalls in den mikroskopischen Bereich extrapolierten Berechnungen der physikalisch-chemischen, speziell auch metallphysikalischen Reaktionskinetik der Elementarprozesse der Rißausbreitung. Es leuchtet ein, daß der gegenseitige Anschluß der beiden Betrachtungsweisen um so aussichtsreicher ist, je kleiner die plastische Zone angenommen werden kann. Deshalb wird im folgenden die Anwendbarkeit der LEBM unterstellt. Dann spielt der *Spannungsintensitätsfaktor* eine wesentliche Rolle. Seine Bedeutung wird im folgenden knapp beschrieben:

Gegeben sei eine einseitig gekerbte Zugprobe wie in Abb. 17.3.1 skizziert. Die äußere Zugbelastung P greift über Bohrungen oberhalb und unterhalb der Kerbe an; diese ist (wie schraffiert angedeutet) durch Anschwingen um einen Ermüdungsanriß verlängert. Die Anrißlänge a_0 ist gleich der Projektion des Abstandes vom Zentrum des Angriffspunktes bis zur Kerbspitze einschließlich des Ermüdungsrisses. x, y und z sind die kartesischen Koordinaten vom Mittelpunkt der Riß-Spitze gerechnet. r, θ und z sind die Zylinderkoordinaten eines Punktes im Ligament der Probe, bezogen auf denselben Koordinatenursprung.

Die in Bild 17.3.1 skizzierte Probe ist allgemein eine "DCB" ("double cantilever beam")–Probe. Für spezielle Abmessungen der Höhe 2 H, der Breite W_1, des Bohrungsdurchmessers D, der Distanz V zwischen der Proben-Rückseite und dem Zentrum der Bohrungen, der Distanz $H1$ zwischen diesem Zentrum und der Ober- bzw. Unterkante, sowie für das Verhältnis a_0/W ist die Probe speziell eine CT ("compact tension")-Probe.

Bei der skizzierten Richtung der einachsigen äußeren Zugbelastung senkrecht auf den Rißflanken liegt der hier allein berücksichtigte „Rißmodus I" vor, in dem für $y = 0$

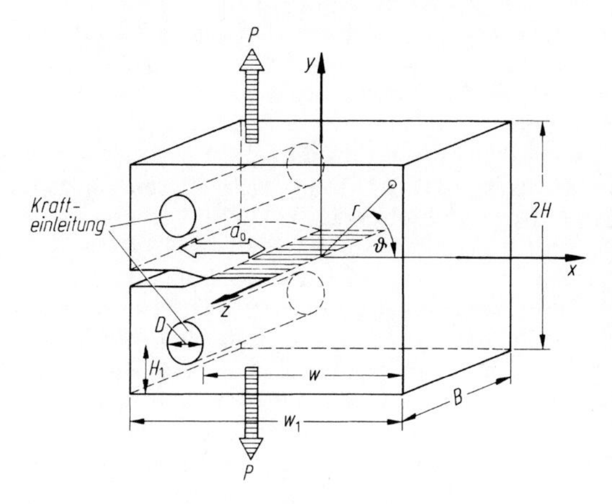

Bild 17.3.1. DCB- (double cantilever beam-) Probe für die bruchmechanisch orientierte Festigkeitsprüfung unter der Zugbelastung P; mit kartesischen Koordinaten x, y, z für die Spannungskomponenten und Zylinderkoordnaten Γ, θ, z für die Ortsangabe, sowie mit den Abmessungen des Prüfkörpers

Scherspannungen τ_{xy} verschwinden. Der Vollständigkeit halber wird auf die Existenz des „Rißmodus II" bzw. „III" hingewiesen, mit longitudinalem reinen Scheren der Bruchflanken aufeinander in der x-Richtung, bzw. mit transversalem reinen Scheren der Bruchflanken in der xy-Ebene. Dabei versteht sich, daß in der Praxis alle drei Beanspruchungstypen wichtig sind; die Beschränkung auf Typ I soll hier nur abkürzend wirken.

Der belastete Körper sei zunächst als in x-Richtung halb-unendlich große Platte gedacht. Er werde unter der Einwirkung der Last P ohne plastische Verformung, auch ohne lokale Verformung in einer plastischen Zone vor der Rißspitze, linear-elastisch verspannt. Dann berechnen sich die Komponenten σ_{yy}, σ_{xx} und τ_{xy} der Spannung an einer Stelle (r, θ) im Ligament vor der Rißspitze, unabhängig von z, zu:

$$\sigma_{yy} = \frac{K_I}{\sqrt{2\pi r}} \cos\frac{\theta}{2}\left[1 + \sin\frac{\theta}{2}\sin\frac{3\theta}{2}\right] \tag{17.3.1}$$

$$\sigma_{xx} = \frac{K_I}{\sqrt{2\pi r}} \cos\frac{\theta}{2}\left[1 - \sin\frac{\theta}{2}\sin\frac{3\theta}{2}\right] \tag{17.3.2}$$

$$\sigma_{xy} = \frac{K_I}{\sqrt{2\pi r}} \cos\frac{\theta}{2}\sin\frac{\theta}{2}\cos\frac{3\theta}{2} \tag{17.3.3}$$

Die Gleichungen (17.3.1)–(17.3.3) sind Näherungen, da sie z. B. für große Werte von r für σ_{yy} den Wert Null liefern, statt, wie offensichtlich richtig, die äußere Zugspannung $\sigma = P/WB$. Die höheren Glieder einer genaueren Reihenentwicklung brauchen aber für die Umgebung der Rißspitze nicht berücksichtigt zu werden.

Für $\theta = \text{const}$, also auch für $\theta = 0$ in der xz-Ebene, wird $\sigma_{xx} = \sigma_{yy} = K_I/\sqrt{(2\pi r)}$. Die Spannungskomponenten, auch die rißöffnende Komponente $(\sigma_{yy})_{\theta=0}$ gehen also rechnerisch wie $1/r$ mit sinkendem r gegen Unendlich. Unter der Einwirkung der jedenfalls zur Rißspitze hin steil ansteigenden Spannungen σ_{xx} und σ_{yy} wird das Material vor der Rißspitze stark beansprucht, und zwar grundsätzlich auch in der z-Richtung. Dabei ist aber der Spannungszustand für das Probeninnere und für die seitlichen Oberflächen deutlich verschieden: Hinreichende Dicke B vorausgesetzt, ist im Probeninneren in der engen, von kaum gedehntem Material umschlossenen plastischen Zone Querkontraktion nicht möglich, dort wird, bei ausschließlich elastischem Verhalten, $\sigma_{zz} = \nu(\sigma_{yy} + \sigma_{xx})$, mit der Poissonschen Querkontraktionszahl ν. Der Spannungszustand ist also dreiachsig, der Verzerrungszustand zweiachsig; mithin liegt der Zustand ebener Verzerrung vor, wofür die Bezeichnung *Zustand ebener Dehnung* eingebürgert ist. Die seitlichen Probenflächen sind statt dessen in der z-Richtung kräftefrei; der Spannungszustand ist hier zweiachsig, die Verzerrung dreiachsig; es liegt der *Zustand ebener Spannung* vor. In den Randzonen der Oberfläche gehen die beiden Spannungszustände ineinander über.

Im vorliegenden Zusammenhang interessiert vornehmlich die LEBM für den Zustand ebener Dehnung, weil in diesem die reale Spannungsüberhöhung vor der Rißspitze weitaus höher wird als bei ebener Spannung. Dann muß die Probendicke relativ groß sein, wenn der Zustand ebener Dehnung im Probeninneren im ganzen so weit überwiegen soll, daß die oberflächennahen Bezirke vorwiegend ebener Spannung rechnerisch außer Betracht bleiben können. Die Behandlung schließt damit im wesentlichen an die Sicherheitsbetrachtungen z. B. für dickwandige Druckbehälter oder Rohre an. Die Bruchmechanik dünner Bleche im vorwiegend ebenen Spannungszustand bleibt hier ausgeklammert, bzw. der Prüfung etwa im Versuch mit ungekerbten Proben bei konstanter Last bzw. konstanter Dehngeschwindigkeit überlassen. In der gleichen Richtung liegt auch die Beschränkung auf Fälle der Anwendbarkeit der LEBM, d.h. das Übergehen der Fälle der Anwendbarkeit erst der elasto-plastischen Bruchmechanik (EPBM).

Nach den oben zitierten Gleichungen enthält der Spannungsverlauf für $r = 0$ eine Singularität. Bild 17.3.2 deutet dies für den Verlauf von σ_{yy} als Funktion von x in der xz-Ebene an. Wie steil der rechnerische Verlauf der Singularität zustrebt, wird durch den *Spannungsintensitäts-Faktor* K_I des Bruchmodus I beschrieben, der in den Gleichungen (17.3.1)–(17.3.3) auftritt. Mit der äußeren Spannung $\sigma = P/WB$ erhält man für den Grenzfall einer unendlich ausgedehnten Platte mit einem Innenriß der Länge $2a$ die Beziehung $K_\mathrm{I} = \sigma\sqrt{(\pi a)}$; für endlich breite Proben, auch für die hier betrachtete DCB-Probe, einen korrigierten Ausdruck,

$$K_\mathrm{I} = \beta\{a/W\}\sigma\sqrt{(\pi, a)}; \qquad (17.3.4)$$

mit einem von der Probengeometrie, speziell vom Verhältnis a/W, abhängigen, konstanten Formfaktor $\beta\{a/W\}$. β berechnet sich nach $\beta = k_0 - k_1\,(a/W) + k_2(a/W)^2 - k_3(a/W)^3 + k_4(a/W)^4$; die Zahlenwerte der k_i für die jeweils betrachtete Probengeometrie sind in der Fachliteratur der Bruchmechanik tabelliert. Für den Spezialfall $a \ll W$ wird $\beta = 1.12$.

Im realen Fall führt die starke Überhöhung der Spannung mit Annäherung an die Rißspitze zur Ausbildung einer plastischen Zone durch die Probe hindurch längs der

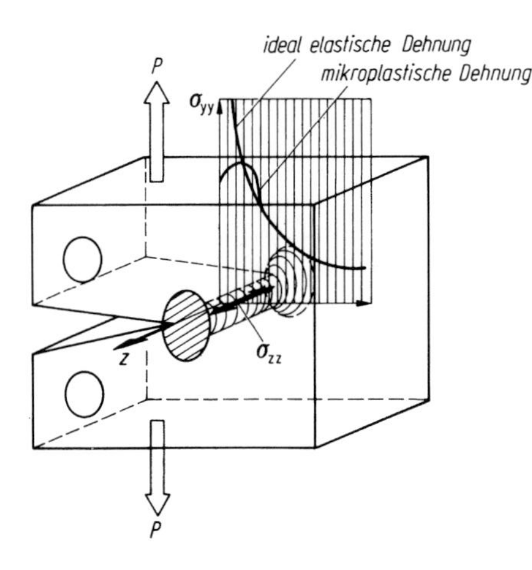

Bild 17.3.2. Der Verlauf der Spannungskomponente σ_{yy} in der xz-Ebene (für $\theta = 0$) als Funktion des Abstandes $r = x$ von der Rißspitze bei ideal elastischem, sowie bei mikroplastischem Werkstoffverhalten. Die Lage der plastischen Zone bei ebener Dehnung im Probeninneren, ebener Spannung nahe der Proben-Seitenflächen, mit verspannter plastischer Zone (plastic constraint)

Rißkante, wie in Bild 17.3.2 angedeutet. Die Größenordnung des Durchmessers der plastischen Zone ergibt sich aus der Überlegung, daß im Falle ebener Spannung, also bei unbehinderter Verformung, Fließen des Materials eintritt, wenn σ_{yy} die Streckgrenze R_p erreicht. Damit schätzt man für den Radius der plastischen Zone r_{pl}:

$$r_{pl} \simeq \frac{1}{2\pi}\left[\frac{K_I}{R_p}\right]^z; \quad \textit{für ebene Spannung} \tag{17.3.5}$$

In der plastischen Zone bleibt σ_{yy} bei ebener Spannung konstant gleich R_p; damit die volle Last gleichwohl übertragen wird, vorgrößert sich deshalb r_{pl} um den Faktor 2 gegenüber der obigen Schätzung. Andererseits bleibt der Radius der plastischen Zone bei ebener Dehnung wegen der Behinderung der Quer-Einformung der plastischen Zone in der z-Richtung (*plastic constraint*) und die dadurch bewirkte Erhöhung der effektiven Streckgrenze wesentlich kleiner. Soweit das Material nicht zusätzlich bei der Verformung verfestigt, schätzt man $(R_p)_{eff} \simeq 3R_p$, mit Kaltverfestigung im normalen Umfang z. B. $(R_p)_{eff} \simeq 3{,}5\ R_p$. Wiederum verringert sich der danach im Nenner auftretende Faktor 3^2 in Wirklichkeit, weil σ_{yy} durch die plastische Zone hindurch nicht konstant hoch bleibt. Zur freien Oberfläche der Rißspitze hin wird die Spannung wieder zweiachsig, weshalb σ_{yy}, wie in Bild 17.3.2 mit angedeutet, ein Maximum durchläuft. Deshalb ist, über die plastische Zone gemittelt, $(R_p)_{eff}$ deutlich kleiner als $3R_p$ bzw. $3{,}5\ R_p$. Man schätzt dann:

$$r_{pl} \approx \frac{1}{6\pi}\left[\frac{K_I}{R_D}\right]^2; \quad \textit{für ebene Dehnung.} \tag{17.3.6}$$

Die linear-elastische Bruchmechanik bleibt insgesamt anwendbar, solange die plastische Zone im Vergleich zu den übrigen Dimensionen der Zugprobe klein ist. Quantitativ läuft die Forderung darauf hinaus, daß $B \geq 2{,}5\,(K_I/R_p)^2$, mit entsprechenden Folgen für die übrigen Abmessungen.

Des weiteren ist der Querschnitt der plastischen Zone rechnerisch nicht kreisförmig, sondern, wie im Insert des Bildes (17.3.3) angedeutet, doppelt keulenartig. Das Bild zeigt

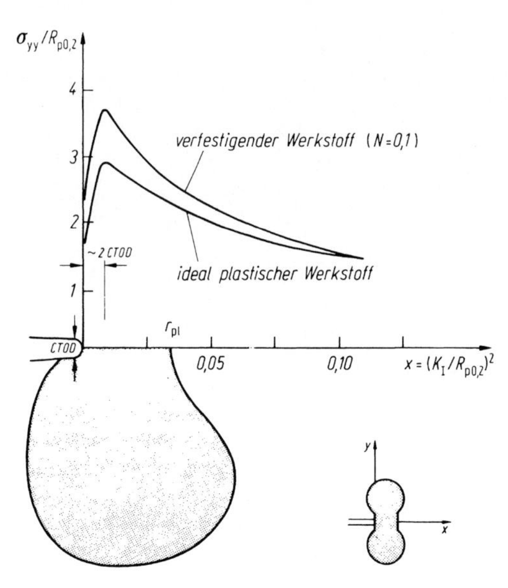

Bild 17.3.3. Näherungsberechnung des Verlaufs der Spannungskomponente σ_{yy} für $\theta = 0$ als Funktion des Abstandes von der Rißspitze eines stationären Risses unter statischer Last, für ideal plastisches bzw. für verformungsverfestigendes Material (Verfestigungsexponent N). Untere Diagrammhälfte: Grenze der plastischen Zone, mit gleichem x-Maßstab gezeichnet, in der xy-Ebene. Insert: Verkleinerter Schnitt durch die plastische Zone (Nach Rice).

außerden die Rißspitzenöffnung δ_t ("CTOD", *crack tip opening displacement*), das ist die Abstumpfung der Rißspitze durch das plastische Aufziehen des Risses. Für δ_t schätzt man mit dem Elastizitätsmodul E die Größenordnung $K_I^2/E\sigma$. Der Verlauf der rißöffnende Spannungskomponente $(\sigma_{yy})_{\theta=0}$ ist in Bild (17.3.3) nach dem Ergebnis von Näherungsrechnungen eingetragen, die den Anschluß zwischen der Rechnung für ebene Spannung bei $x = 0$ und für rein elastische Dehnung für $x > r_{pl}$ herstellen [4]. σ_{yy} ist in Einheiten der Streckgrenze angegeben. Ein wesentlicher Punkt ist die Normierung des Abstandes x in Einheiten von $(K_I/R_p)^2$ mit der Annahme, daß für gleiche Werte von $(K_I/R_p)^2$ stets gleiche Werte von σ_{ij} vorliegen. Man beachte, daß nach diesem Modell der Maximalwert auch von von σ_{yy} nicht von K_I abhängt. Mit K_I vergrößert sich statt dessen die plastische Zone, und der Verlauf von σ_{yy} dehnt sich entsprechend, bei Konstanz des Maximalwertes. Wie Bild (17.3.3) ebenfalls zeigt, steigt naturgemäß der Maximalwert der lokalen Spannung, wenn das Material in der plastischen Zone durch die Verformung verfestigt wird. Der Verfestigungsexponent N enstammt dem Ansatz, daß die wahre Dehnung ε_w mit der Spannung σ durch eine Beziehung von der Form $\sigma = K\,(\varepsilon_w)^N$ verknüpft ist.

Modelle mit anderen Eigenschaften sind vermutlich konstruierbar; gleichwohl wird hier jedenfalls deutlich, daß der Spannungs-intensitäts-Faktor nicht mit der physikalisch wirksamen, lokalen Spannung verwechselt werden darf. Die Verwechslung wird erleichtert, wenn der Spannungsintensität-Faktor verkürzt „Spannungsintensität" genannt wird. Die wahre Bedeutung des Spannungsintensitäts-Faktors rührt daher, daß, unter sonst konstanten Bedingungen, für gleiche Werte von $\sigma\sqrt{a}$ gleicher Spannungsverlauf und gleiche Ausdehnung der plastischen Zone, insgesamt gleiches bruchmechanisches Verhalten angenähert erwartet werden kann. Damit sind z. B Daten aus der Materialprüfung auf die Praxis übertragbar. Insbesondere gilt das für den kritischen Wert K_{IC}. Dies ist die *Bruchzähigkeit* des Materials, nach deren Überschreiten die Ausbreitung des vorhandenen Anrisses einsetzt. Bei Vorherrschen ebener Dehnung ist diese Rißausbreitung instabil, also potentiell katastrophal.

Für die Rißausbreitung war weiter oben das Energiekriterium kurz beschrieben worden. Es läßt sich zeigen, daß für den Zustand der ebenen Dehnung, bei Rißlängen-unabhängigem Rißwiderstand W, ein eindeutiger Zusammenhang zwischen K_{IC} und einer kritischen Energiefreisetzungsrate G_{IC} besteht, nämlich $G_{IC} = (1 - \nu^2)K_{IC}^2/E$. Mithin ist die Verwendung des Begriffs der kritischen Energiefreisetzungsrate der des Begriffes Bruchzähigkeit grundsätzlich äquivalent. In einem Diagramm mit der Rißausbreitungsgeschwindigkeit v (besser ihrem Logarithmus $\ln v$) und dem Spannungsintensitätsfaktor K_I als Abszisse ist dann $v\{K_1\}$ überall Null, bis v bei der Bruchzähigkeit K_{IC} steil ansteigt. In dieser Auftragung macht sich die unterkritische Rißausbreitung in sehr charakteristischer Weise bemerkbar. Wie in Bild 17.3.4 skizziert, tritt bei unterkritischer Rißausbreitung unterhalb von K_{IC} eine Schulter der $\ln v - K_I -$ Kurve auf, häufig mit geringer Steigung, sodaß in der logarithmischen Auftragung ein Plateau-ähnlicher Verlauf erscheint, gelegentlich auch mit stärkerer Neigung, wie in der Skizze angedeutet, gelegentlich auch abgestuft. An diesen „Bereich II" schließt sich mit weiter sinkendem K_I-Wert ein steiler Abfall, der teils als Grenzwert (mit $\mathrm{d}(\ln v)/\mathrm{d}K_I \simeq \infty$), teils eher als exponentieller Anstieg ($\mathrm{d}(\ln v)/\mathrm{d}K_I \simeq \mathrm{const}$) interpretiert werden kann. Im ersteren Falle existiert eine deutliche Schwelle von K_I, „K_{ISCC}" genannt (SCC von "stress corrosion cracking"), unterhalb derer die unterkritische Rißausbreitung verschwindet, im letzteren kann eine Schwelle, ebenfalls K_{ISCC} genannt, angegeben werden, nach deren Unterschreitung die unterkritische Rißausbreitung vernachlässigbar langsam wird.

Die praktische Bedeutung des Schwellenwertes als Sicherheitskriterium liegt auf der Hand. Für die Grundsatzfragen der Rißausbreitung hat die bruchmechanisch orientierte Denkweise und Meßtechnik sehr große Bedeutung nicht zuletzt wegen des Interesses an

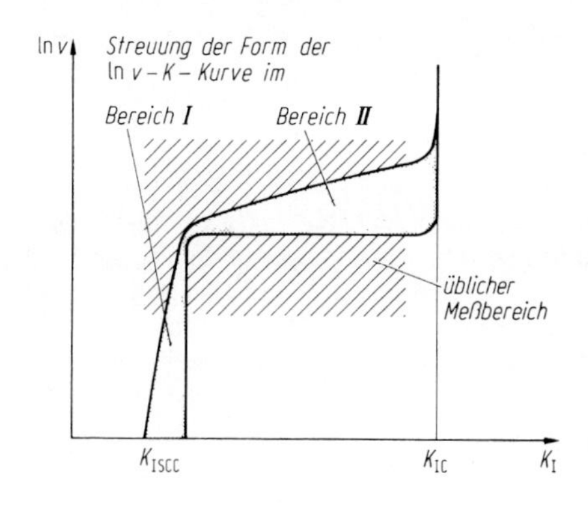

Bild 17.3.4. Charakteristischer Verlauf der Rißausbreitungsgeschwindigkeit v als Funktion des Spannungsintensitätsfaktors K_I bei „Spannungsrißkorrosion" unter statischer Last: Steilanstieg bei Überschreiten des Grenzwertes K_{ISCC} („Bereich I"), Übergang zu schwacher bis mittlerer K_I-Abhängigkeit („Bereich II"), Steilanstieg bei Erreichen der Bruchzähigkeit K_{IC} („Bereich III"). Dicht punktiert: Typische Variation des Kurvenverlaufs; schraffiert üblicher Meßbereich.

Messungen der momentanen Rißausbreitungsgeschwindigkeit. Wie in den Kapiteln 14 und 15 dargelegt, ist die Rißausbreitung zwar häufig zeitlich intermittiert, und die bruchmechanische Messung liefert dann Mittelwerte der Geschwindigkeit. Diese sind aber durchweg über sehr kurze Zeiten gemittelt, anders als etwa Geschwindigkeitswerte, die als Quotient aus Standzeit einer glatten Zugprobe im Zugversuch mit konstanter Last und gesamter KorrosionsrißLänge erhalten werden. Zur Messung der Rißausbreitungsgeschwindigkeit dient in der Bruchmechanik in günstigen Fällen die direkte Beobachtung des Risses, der auf den Seitenflächen der Proben zutage tritt, oder die auf die Rißlänge eichbare „Nachgiebigkeit" (compliance) der Probe, das ist im wesentlichen die Rißmündungsöffnung, als Funktion der Zeit, oder das Potentialsonden-Verfahren, bei dem die mit wachsendem Riß steigenden Ohmsche Spannung für den Fluß des elektrischen Stroms durch den Restquerschnitt gemessen wird.

Der gut zugängliche Meßbereich der $\ln v$-K-Kurve ist in Bild 17.3.4 angedeutet. Üblicherweise mißt man an DCB-Proben mit konstanter Belastung, sodaß der Spannungsintensitätsfaktor mit wachsender Rißlänge steigt. Die Bestimmung von K_{ISCC} verlangt dann bei vorgegebenem Anriss die stufenweise Erhöung von K_I bis zum Anlaufen des Risses. Sehr günstig sind für die Bestimmung von K_{ISCC} DCB-Proben, die auf eine hohe Anfangs-Rißmündungsöffnung konstant so verspannt sind, daß $K_{ISCC} < K_I < K_{IC}$. Dann wächst der Anriß mit zeitlich sinkendem K_I, bis mit Erreichen von K_{ISCC} die Rißausbreitung aufhört, bzw. vernachlässigbar langsam wird [5].

Deutungsansätze für die Form der $\ln v$-K_I-Kurve sind in den Kap. 14 und 15 diskutiert. Die Verknüpfung der Rißausbreitungsgeschwindigkeit v und des Spannungsintensitätsfaktors K_I läuft vordergründig offenbar auf eine Korrelation von v mit der Wurzel $\sqrt{a}$ der Rißlänge hinaus. Die Bedeutung der Umrechnung in die Korrelation mit K_I ist nicht sofort klar, da ja K_I keine physikalisch- chemische Größe ist, auch nicht Spannungen selbst bezeichnet, sondern ihren räumlichen Verlauf charakterisiert, und zwar unmittelbar im elastisch verspannten Ligament, mittelbar, über Näherungsrechnungen, auch in der plastischen Zone. Wie soeben dargelegt, ändert sich mit K_I nicht die maximal erreichte Spannungsüberhöhung, sondern die rechnerische Ausdehnung der plastischen Zone. Diese wiederum hängt, auch hinsichtlich ihrer räumlichen Form, zunächst vom verwendeten Fließkriterium ab. Unter diesen Umständen leuchtet zwar gut ein, daß die lokale Spannungsüberhöhung auf $> 3R_p$ im Prinzip ausreicht, um Materialtrennungen etwa an Einschlüssen hervorzubringen, wenn diese in ihren Dimensionen entsprechend klein sind. Die quantitative Behandlung der Details, einschließlich der wesentlicheren Frage der Ursache der Existenz von K_{ISCC}, steht aber noch aus [4].

Für die Anwendung der Bruchmechanik auf die Ermüdungsrißausbreitung wird hier weiterhin die Gültigkeit der LEBM vorausgesetzt. Ferner sei eine rein sinusförmige zeitliche Wechsel-Nennspannung $\sigma(t)$ von der Form

$$\sigma(t) = \sigma_0 + (\Delta\sigma/2)\sin(2\pi f t) \quad (17.3.7)$$

angenommen. σ_0 ist die Mittel-Nennspannung und sei stets positiv oder Null, $\Delta\sigma = (\sigma_{max} - \sigma_{min})$ ist die Amplitude der Nennbelastung, f ihre Frequenz. Der betrachtete Versuch werde mit konstanter Lastamplitude und Mittellast durchgeführt. Der Rißöffnungsmodus sei weiterhin vom Typ I, mit der rißöffnenden Spannungskomponente σ_{yy} in Richtung des Lotes auf den Rißflanken. Der Riß möge für $\sigma_{op} \leq \sigma_0$ geschlossen sein. Dann interessiert eine für die Rißausbreitung allein wirksame, bezüglich σ_0 asymmetrische, effektive Belastungsamplitude $\Delta\sigma_{eff} = (\sigma_{max} - \sigma_{op}) \leq \Delta\sigma$.

Weiterhin berechnet sich der Spannungsintensitätsfaktor K_I wie bisher mit der Nennspannung σ, der Wurzel aus der Rißlänge a und dem Geometrie-Korrekturfaktor β. Mithin berechnet sich der Zeitverlauf der Amplitude $\Delta K_I = (K_{max} - K_{min})$ des Spannungsintensitätsfaktors, sowie der Zeitverlauf der für die Rißausbreitung wirksamen Amplitude $(\Delta K_I)_{eff} = (K_{max} - K_{op})$ als Funktion der Rißlänge. Sei da/dN die Rißlängenänderung pro Lastwechsel, so ist dabei offenbar die Rißlänge gegeben durch

$$a = a_0 + \int (da/dN)\,dN \quad (17.3.8)$$

Mit wachsender Rißlänge steigen, auch wenn ΔK_I konstant gehalten wird, K_{max} und K_{min}, hingegen bleibt das Verhältnis $R = K_{min}/K_{max}$ konstant. Deshalb wird der Ermüdungsversuch zweckmäßig durch die Angabe von ΔK_I und R charakterisiert. Ohne Umgebungseinflüsse ist die Ermüdungsrißausbreitung von der Belastungsfrequenz f normalerweise kaum abhängig, weshalb die Versuche mit hoher Frequenz in relativ kurzer Zeit bis zu Lastwechselzahlen N von typischerweise 10^6 bis 10^7 gefahren werden können, ohne an Übertragbarkeit in die Praxis einzubüßen. Bei Beeinflussung der Rißausbreitung durch Umgebungseinflüsse, insbesondere durch Korrosion, wird der Frequenzeinfluß, wie in Kap. 16 dargelegt, u. U. wesentlich.

Die auf Lastwechsel bezogene Ermüdungs-Rißausbreitungsgeschwindigkeit da/dN wird ebenso grundsätzlich vom Verlauf der rißöffnenden Komponente σ_{yy} des Spannungstensors am Ort der Rißverlängerung abhängen wie die die Spannungskorrosions-Rißausbreitungsgeschwindigkeit v. Wie dort die übliche Auftragung von $\ln v$ über K_I, so korreliert hier die ebenfalls übliche Auftragung von $\ln(da/dN)$ über $\ln \Delta K_I$ zwei nicht unmittelbar mechanistisch verknüpfte Größen. Das Vorgehen ist auch hier sinnvoll, wenn unterstellt wird, daß der mit K_I bis in die plastische Zone hinein berechnete Verlauf der Spannungskomponenten durch die Angabe nur von K_I selbst sinnvoll charakterisiert wird. Das Verfahren bewährt sich mindestens insoweit, als die genannte Auftragung regelmäßig einen charakteristischen Kurvenverlauf des in Bild 17.34 gezeigten Typs ergibt. Wie hier skizziert, tritt ein unterer Schwellenwert ΔK_{IF} (mit "F" von "fatigue") auf; daran anschließend ein Bereich, in dem $\ln(da/dN)$ gemäß der sogenannten "Paris-Gleichung" in etwa linear mit der m-ten Potenz von ΔK_I ansteigt, bis bei Annäherung von K_{max} an die Bruchzähigkeit K_{IC} die Rißausbreitung instabil wird. K_{IF} liegt bei ca. 2 bis 12 $(\mathrm{MPa}\sqrt{m})$, m häufig bei 4, Bereich 11 beginnt bei Werten von da/dN von ca. 10^{-6} bis 10^{-7} (m/Lastwechsel). Auf diesen Kurvenverlauf hat die Temperatur normalerweise keinen erheblichen Einfluß. Unter sonst konstanten Bedingungen sinkt da/dN mit steigendem Elastizitätsmodul E, sodaß eine Auftragung von $\ln(da/dN$ über $\ln \Delta K_I/E$ die Kurven für viele Systeme in ein schmales Streuband vereinigt. Die Mikrostruktur des Materials, der R-Wert und die Umgebungseinflüsse, also speziell die Korrosion beeinflussen den Kurvenverlauf im Bereich I und im Übergangsbereich I/II stark, schwächer meistens den Bereich II. Dabei spielt R eine besondere Rolle beim Einfluß des

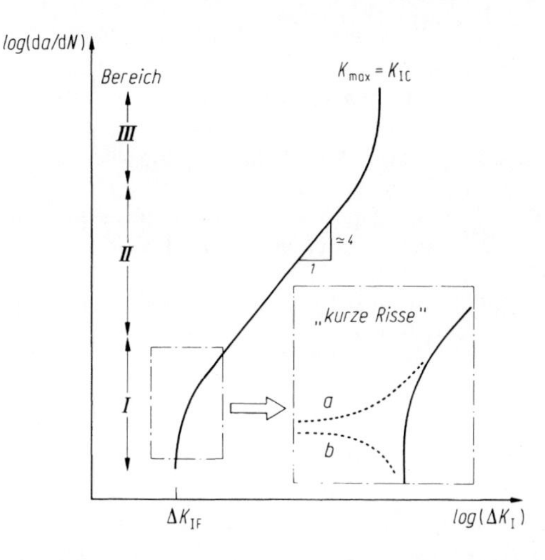

Bild 17.3.5. Die typische Abhängigkeit des Logarithmus der Rißausbreitung da/dN pro Lastwechsel im Vakuum bzw. in inerter Umgebung in DCB-Proben als Funktion des Logarithmus der Amplitude des Spannungsintensitätsfaktors. Bereich I, II, III der Rißausbreitung beim Schwellenwert ΔK_{IF}, im Bereich der Paris-Beziehung und beim Übergang zur instabilen Rißausbreitung bei $K_{max} \to K_{IC}$.

Riß-Schließens auf den Kurvenverlauf: Man sieht zunächst ein, daß für $R = -1$, also für den symmetrischen Zug-Druck-Versuch mit der Mittellast Null, nur die Zugphase den Ermüdungsriß öffnet, sodaß die effektive Amplitude ΔK_{eff} des Spannungsintensitätsfaktors nur 0,5 ΔK_I beträgt. Mit steigendem R steigt der rißöffnende Anteil ΔK_{eff} von ΔK_I etwa wie $(0{,}5 + 0{,}4R)\,\Delta K_I$ [6]. Die Auftragung von ln(da/dN) über ln ΔK_{eff} statt über ln ΔK_I bewirkt häufig das Zusammenfallen der sonst mit wachsendem R zu höheren Werten von da/dN wandernden Kurven. Dabei ist die Rißschließung aber nicht trivial zu berechnen, sondern wechselnd von der plastischen Verformung, von der Bruchflächenrauhigkeit u.a.m. abhängig, so auch von Oxidflmen auf den Rißflanken.

Für den Radius der plastischen Zone vor der Rißspitze schätzt man wieder $r_{pl} \approx (\Delta K_I/R_p)^2$. Man sieht aber ein, daß r_{pl} bei zyklischer Probenbelastung kleiner ist als bei statischer oder einsinnig schwellender Belastung, wenn nicht die Mittellast sehr hoch liegt. Für $R = 0$ ist $(r_{pl})_{zykl} \cong (1/4)\,(r_{pl})_{stat.}$. Entsprechend verkleinert sich jeweils auch CTOD.

In der Praxis wird das betrachtete Bauteil normalerweise keine von der Oberfläche ausgehende makroskopische Kerbe aufweisen. Die Kerbwirkung geht dann von kleineren Unregelmäßigkeiten aus, so z. B. Anfressungen durch Korrosion, oder aber von harten Einschlüssen, u.a.m.. Diese sind u. U. für die Kontinuums-mechanische Rechnung der Bruchmechanik zu klein und zeigen dann irreguläre Rißausbreitung. Im Insert in Bild 17.3.5 sind zwei Fälle skizziert: a) ein kurzer Riß, der schneller wächst als unter sonst gleichen Bedingungen ein langer, b) ein kurzer Riß, der nur vorübergehend wachstumsfähig ist. Die kurzen Risse entstehen jedenfalls bei der schwingenden Beanspruchung glatter Proben, wenn die Belastungsamplitude die Dauerfestigkeit übersteigt. An dieser Stelle berühren sich die Versuchstechniken einerseits der bruchmechanisch orientierten Prüfung definiert vorgeschädigter Proben, andererseits der konventionellen Technik der Bestimmung von Wöhler-Diagrammen für nominell glatte Proben (vgl. Kap. 16).

Literatur

1. Broek, D.: Elementary Engineering Fracture Mechanics. Dordrecht. Martinus Nijhoff Publ. (1986)

2. Schwalbe, K.H.: Bruchmechanik metallischer Werkstoffe. München: Hanser Verlag 1980
3. Spähn, H.; Lenz, H. W.: Z. Werkstofftechnik/J. Mat. Technol. *4*, 16, 351 (1973)
4. Rice, R. C.; in: Proc. Int. Conf. Stress Corrosion Cracking and Hydrogen Embrittlement of Iron Base Alloys, Unieux-Firminy 1973 (Staehle, R. W.; Hochmann, J.; McCright, R. D.; Slater, J. E.; Eds.). Houston: NACE 1977, p. 11. Vgl. die dort angegebenen weiteren Stellen.
5. Speidel, M. O.; Hyatt, M. V.: Stress Corrosion Cracking of High-Strength Aluminum Alloys. In: Advances in Corrosion Science and Technology (Fontana, G.M.; Staehke, R. W.; Eds.), Vol. 2 New York, London: Plenum Press (1972), p. 115
6. Symp. Ermüdungsverhalten metallischer Werkstoffe, 1984. (Munz, D.; Ed.). Oberursel: DGM Informationsgesellschaft Verlag (1985).
7 Stanzl, S. E., in. [6], p. 107

17.4 Impedanzmessungen in der Korrosionsforschung

17.4.1 Phasenverschiebung von Polarisations-Wechselströmen komplexe Impedanz, Ersatzschaltbilder

Für die Untersuchung von Elektrodenreaktionen an Phasengrenzen Metall/Elektrolytlösung, oder auch an Systemen von Phasengrenzen Metall/Deckschicht/Elektrolytlösung, wird neuerdings vielfach die Wechselstrom-Impedanz-Spektroskopie herangezogen. Da zumindest für ausreichend elektrolythaltige, also ausreichend gut leitende angreifende Lösungen die Kinetik der Korrosionsreaktionen als Sonderfall der Kinetik allgemein der Elektrodenreaktionen zu betrachten ist, so wird dieses Verfahren auch zur Untersuchung von Korrosionsreaktionen viel benutzt. Im Prinzip handelt es sich darum, Information über den jeweiligen Mechanismus aus der Antwort des Polarisationsstromes, bzw. des Elektrodenpotentials des jeweils untersuchten Systems auf eine äußere Polarisation mit einer sinusförmigen Potential- Oszillation bzw. einem sinusförmigen Wechselstrom, mit der Frequenz des Sinus- Signals als Parameter, zu erhalten. Die Amplitude des Sinus wird so klein gewählt, daß die Antwort trotz der normalerweise nichtlinearen Stromdichte-Elektrodenpotential-Charakteristik ebenfalls sinusförmig ist. Die Messung kann im Falle z.B. der potentiostatischen (genauer: potentiokinetischen) Vorgabe der Potential-Oszillation bei jedem – im übrigen normalerweise ebenfalls potentiostatisch vorgegebenen – mittleren Elektrodenpotential durchgeführt werden, also an jedem Punkt der stationären Stromspannungskurve. Die verfügbaren technischen Hilfsmittel erlauben, die Frequenz f der Potential-Oszillation zwischen ca. 0,001 bis weit über 10000 Hz hinaus zu variieren. Mithin erhält man regelmäßig eine große Menge von Daten des Frequenzgangs der Impedanz, deren Informationsgehalt dann zu analysieren ist. Daß die Analyse häufig schwierig ist, und daß die mitgeteilten Ergebnisse nicht immer überzeugen, ändert nichts daran, daß die Impedanzdaten grundsätzlich viel mehr Informationen liefern, als der Verlauf allein der stationären Strom- Spannungskurve. Ob der Gewinn denjenigen übersteigt, der mit anderen Untersuchungsmethoden besser oder einfacher erhalten werden kann, bleibt in jedem Einzelfall zu prüfen.

Die Impedanz- Spektroskopie ist naturgemäß nur eine von vielen Möglichkeiten, für die Analyse der Kinetik elektrolytischer Reaktionen über die Messung der stationären Strom-Spannungskurven hinaus Methoden der Messung der instationären Strom- (bzw. Spannungs-) Antwort auf instationäre Spannungs- (bzw. Strom-) Signale heranzuziehen [1]. Sie ist allerdings derzeit besonders weit verbreitet.

Der moderne Stand des im Grunde seit langem bearbeiteten Spezialgebietes wird in Publikationen abgehandelt, die den Zugang zu den zahlreichen Detailuntersuchungen öffnen [2, 3]. Auch die Sekundärliteratur ist bereits umfangreich [1, 4]. Im folgenden werden die Grundzüge an Hand von Beispielen dargelegt, und dann ohne Beweis verallgemeinert. Die jeweilige strenge Beweisführung ist Gegenstand der Theorie dynamischer Systeme [5a], das sind Systeme, deren Momentanverhalten von der zeitlichen Vorgeschichte abhängt, die also wie Kapazitäten oder Induktivitäten der Elektrotechnik ein "Gedächtnis" besitzen. Für die Anwendung der Theorie muß das betrachtete System kausal reagieren, ausreichend linear und ausreichend zeitinvariant sein. Kausalität kann normalerweise vorausgesetzt werden. Eine genaue Zeitinvarianz wird für ein System mit Korrosionsreaktionen gewöhnlich nicht vorliegen, wohl aber in günstigen Fällen eine für die erforderliche Dauer der Untersuchung ausreichende Quasi-Konstanz des Verhaltens. Dieser Punkt ist wegen der Analyse der Systemantwort auf eine Sinuserregung des Elektrodenpotentials mit z.B. 0,001 Hz aber keineswegs unbedenklich. Die geforderte Linearität bedingt zudem, daß die Amplitude $\Delta\varepsilon$ des Elektrodenpotentials bzw Δi der Dichte eines Elektrolysestromes 5–10 mV bzw. ca. 10^{-1} A/m^2 nicht übersteigt. Für größere Amplituden wird die Nichtlinearität der Stromspannungskurven gewöhnlich merklich ins Gewicht fallen.

Das betrachtete System ist die von Elektrolyseströmen durchsetzte, mit einer elektrischen Doppelschicht behaftete Grenzschicht Metall/Elektrolytlösung. Sie möge zunächst deckschichtenfrei gedacht werden, die Elektrolytlösung gut leitend, also reich an gelösten Elektrolyten. Dann kann, wie in Kap. 5 dargelegt, die Doppelschicht vereinfacht als Plattenkondensator betrachtet werden, über den die volle Galvani-Einzelspannung $\varphi_{\mathrm{Me,L}}$ abfällt. Infolgedessen ist die Doppelschichtkapazität C_{DS} im vorliegenden Zusammenhang im Prinzip unproblematisch, nämlich frequenzunabhängig. C_{DS} ist aber auch für deckschichtenfreie Elektroden grundsätzlich vom Potential abhängig und weist jeweils beim Ladungs- Nullpunkt (vgl. Kap. 7) ein Minimum auf. Man beachte, daß – anders als etwa bei den Kapazitätsmessungen zur Bestimmung der Struktur der Doppelschicht – die Doppelschichtkapazität C_{DS} bei der Impedanzspektroskopie zur Aufklärung des Mechanismus von Elektrodenreaktionen nur stört, aber gleichwohl stets mitgemessen wird. Ob dabei die Potentialabhängigkeit von C_{DS} bei Impedanz-Messungen an wechselnden Stellen der stationären Strom- Spannungskurve ins Gewicht fällt, ist neuerlich jeweils zu prüfen; die Potentialabhängigkeit innerhalb der Oszillations-Amplitude der Wechselspannung wird in aller Regel vernachlässigt werden dürfen.

Der für die Analyse des Reaktionsmechanismus allein interessierende Anteil der Wechselspannungs- Impedanz ist derjenige, der durch die Elektrodenreaktionen durch die Doppelschicht verursacht wird. Dieser Anteil ist die "Faraday-Impedanz" Z_{F} des untersuchten Systems, eingelagert in die unmittelbar zugängliche Gesamt-Elektrodenimpedanz Z_{G}. Im einfachsten Fall hat die Faraday-Impedanz Z_{F} die Eigenschaft eines Frequenz-unabhängigen Ohmschen Widerstandes, nämlich des Durchtrittswiderstandes R_{D}. Dieser Fall liegt dann vor, wenn der Mechanismus der Durchtrittsreaktionen keine dynamischen Effekte enthält, die wie die Kapazitäten oder Induktivitäten der Elektrotechnik ein Gedächtnis, d.h. eine Speicherwirkung aufweisen. Mann sieht ein, daß es sich andernfalls um Systeme handelt, bei denen die Belegung einer Adsorptionsschicht, oder die Dicke einer Passivschicht, u.a.m., Strom- verbrauchend mit dem Potential oszilliert. Gerade solche System sind aber für die Impedanzspektroskopie besonders interessant, und mit ihrem Verhalten beschäftigt sich die Fachliteratur weithin. Der einfache Fall, daß $Z_{\mathrm{F}} = R_{\mathrm{D}}$, macht im Prinzip keine Schwierigkeiten, da dann der Durchtrittswiderstand R_{D} gleich dem in Kap. 6 beschriebenen "differentiellen Polarisationswiderstand" wird, also gleich der Neigung der stationären Strom-Spannungskurve beim jeweiligen Mittel-Elektrodenpotential ε. Der Zusammenhang dieser Größe für den speziellen Fall $\varepsilon = \varepsilon_{\mathrm{R}}$ mit der stationären bzw. quasi-stationären Korrosions- Geschwindigkeit i_{K} war dort beschrieben worden.

Falls nur die Impedanzelemente C_{DS} ($F/\mathrm{m}^2 = \mathrm{As/Vm}^2$) und R_{D} ($\Omega\mathrm{m}^2 = \mathrm{Vm}^2/A$) vorkommen, hat das untersuchte System denselben Frequenzgang wie die Parallelschaltung eines Kondensators mit der Kapazität C_{DS} und eines festen Widerstands R_D. Dieses elektrotechnische „Ersatzschaltbild" erklärt dann anschaulich die physikalisch-chemischen Eigenschaften des untersuchten Systems, nämlich das Vorliegen einer elektrischen Doppelschicht die als Kondensator wirkt, durch den die Elektrodenreaktions-Ströme als „Verlustströme" über den Widerstand R_D fließen.

Man sieht ein, daß die obige Beschreibung eines sehr einfachen Systems schon voraussetzt, daß die zeitliche Oszillation $\Delta\varphi_{Me,L}$ des Einzelpotentialsprungs des Galvani- Potentials über die Phasengrenze Metall/Eekrolytlösung gleich der Oszillation $\Delta\varepsilon$ des Elektrodenpotentials ist. In Wirklichkeit enthält $\Delta\varepsilon$ stets einen trivialen Ohmschen Anteil $\Delta\varepsilon_\Omega$, der wiederum als Störeffekt bei der Impedanzmessung getrennt bestimmt werden muß. Es handelt sich um die Ohmsche Spannung in der Elektrolytlösung zwischen der Metalloberfläche und der Mündung der kapillaren Sonde der Bezugselektrode vor der Metalloberfläche. $\Delta\varepsilon_\Omega$ ist vom Elektrodenpotential unabhängig und im hier interessierenden Frequenzbereich auch unabhängig von der Frequenz. $\Delta\varepsilon_\Omega$ berechnet sich aus der Elektrolyse-Stromdichte i und dem wirksamen Elektrolytwiderstand R_E nach dem Ohmschen Gesetz zu $\Delta\varepsilon_\Omega = R_E \cdot i$. Nur der restliche Anteil $\Delta\varepsilon_{DS} = \Delta\varepsilon - \Delta\varepsilon_\Omega$ geht in die Kinetik der Elektrodenreakionen ein. Der Elektrolysestrom der Dichte i setzt sich aus dem Faradayschen Elektrodenreaktions-Strom i_F und dem Lade-bzw. Entladestrom der Doppelschicht-Kapazität i_C zusammen: $i = i_F + i_C$. Im einfachen Fall einer rein Ohmschen Faraday-Impedanz ist $\Delta\varepsilon_{DS} = R_D i_F$; zugleich ist aber auch $\Delta\varepsilon_{DS} C_{DS} = \int i_C \mathrm{d}t$. Wie noch zu diskutieren, enthält auch die Faraday-Impedanz häufig kapazitive Anteile, außerdem kommen Induktivitäten vor, für die $\Delta\varepsilon_{DS} = L_F(\mathrm{d}i_L/\mathrm{d}t)$. Triviale induktive Effekte der Selbstinduktion in den Zuleitungsdrähten der Meßanordnung mögen dabei außer Betracht bleiben.

Man beachte die Voraussetzung der für die Anwendung des einfachen Kondensatormodells der Doppelschicht hinreichend konzentrierten Elektrolytlösung. Sehr komplizierte Verhältnisse entstehen, wenn in verdünnten Elektrolytlösungen der Anteil der diffusen Doppelschicht am Potentialsprung $\varphi_{Me,L}$, der in die Kinetik der Durchtrittsreaktionen nicht eingeht, wohl aber in die Doppelschicht-Kapazität, nicht mehr klein ist, oder gar überwiegend wird. Probleme dieser Art sind kürzlich angesprochen worden [6].

17.4.2 Der Grundtyp: Doppelschichtkapazität und Durchtrittswiderstand parallel, in Reihe mit Elektrolytwiderstand

Soweit der Einfluß des Elektrolytwiderstandes R_E nicht vernachlässigt werden kann, ist das Ersatzschaltbild des Systems eine Spezialfall des in Bild 17.4.1 skizzierten allgemeinen Schaltbildes für ein Phasengrenze Metall/Elektrolytlösung mit Durchtrittsreaktionen. Das System hat unter den vereinbarten Voraussetzungen denselben Frequenzgang wie die Parallelschaltung von R_D und C_{DS} mit in Reihe zugeschaltetem R_E. Der nun wesentliche Satz der Systemtheorie besagt, daß das System von der Art der von Elektrolyseströmen durchsetzten, mit einer elektrischen Doppelschicht behafteten Phasengrenze Metall/Elektrolytlösung auf die Anregung durch eine sinusförmige Oszillation

$$\Delta\varepsilon = \Delta\varepsilon_0 \sin(\omega t) \tag{17.4.1}$$

des Potentials im sogenannten eingeschwungenen Zustand mit einer Stromdichte-Oszillation von der Form

$$\Delta i = \Delta i_0(\omega) \sin(\omega t - \Phi\{\omega\}) \tag{17.4.2}$$

antwortet. Anregung und Antwort können sinngemäß vertauscht werden. Das System ist

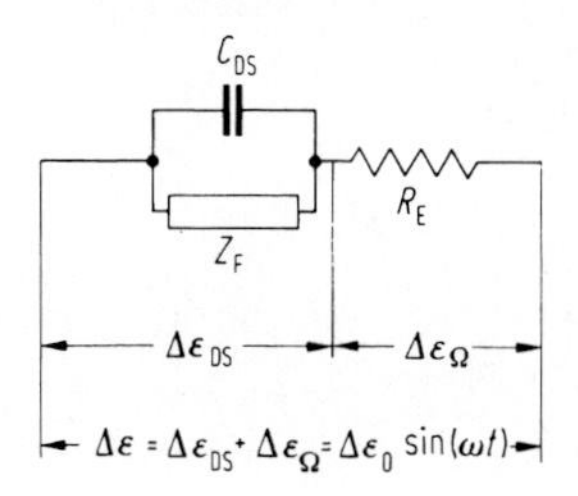

Bild 17.4.1. Schematisches Schaltbild der Doppelschichtkapazität C_{DS}, der Faraday-Impedanz Z_F der Durchtrittsreaktionen, des Elektrolytwiderstandes R_E zwischen Metalloberfläche und kapillarer Sonde der Bezugselektrode, einer Deckschichten-freien Elektrode. Im einfachsten Fall ist Z_F gleich einem festen Durchtrittswiderstand R_D.

„eingeschwungen", entweder in einfachen Fällen sofort, oder sonst erst einige Zeit nach dem Aufschalten der Potentialschwingung auf das zuvor stationäre Ausgangspotential. t ist die Zeit, $\omega = 2\pi f$ die Kreisfrequenz, $\Delta i_0(\omega)$ die frequenzabhängige Amplitude der Systemantwort, $\Phi(\omega)$ der frequenzabhängige Winkel, um den die Phase der Systemantwort gegenüber dem Eingangssignal verschoben ist.

Für einfache Fälle ergibt sich der Phasenwinkel Φ leicht. Handelt es sich um einen Widerstand, so ist das System nicht dynamisch, Spannung und Strom sind in Phase, also gilt $\Phi = 0$. Im Falle einer einfachen Kapazität wird

$$i = i_C = C\frac{d(\Delta\varepsilon)}{dt} = \omega C \Delta\varepsilon_0 \cos(\omega t) = \omega C \Delta\varepsilon_0 \sin\left(\omega t + \frac{\pi}{2}\right) \tag{17.4.3}$$

Der Phasenwinkel ist $\Phi = -(\pi/2)$; der Quotient $\Delta\varepsilon_0/\Delta i_0 = 1/wC$. Handelt es sich statt dessen um eine einfache Induktivität, so wird

$$i = i_L = \frac{1}{L}\int(\Delta\varepsilon)dt = -\frac{\Delta\varepsilon_0}{\omega L}\cos(\omega t) = \frac{\Delta\varepsilon_0}{\omega L}\sin\left(\omega t - \frac{\pi}{2}\right) \tag{17.4.4}$$

Der Phasenwinkel ist $\Phi = +(\pi/2)$, der Quotient $\Delta\varepsilon_0/\Delta i_0 = \omega L$. Gl. 17.4.2 gilt aber auch für kompliziertere Systeme, solange sie kausal, linear und zeitinvariant sind. Der Phasenwinkel liegt dann zwischen $-\pi/2$ und $+\pi/2$. Stets hat aber unter diesen Voraussetzungen die Stromantwort die gleiche Frequenz wie das Spannungssignal, und bei konstanter Frequenz ω ist das Verhältnis $\Delta\varepsilon_0/\Delta i_0(\omega)$ der Ampslituden des Spannungssignals und der Stromantwort ebenso zeitunabhängig wie der Phasenwinkel $\Phi(\omega)$.

Das Ziel der Impedanz-Spektroskopie mit z. B. potentiostatischer Signalvorgabe ist es dann, aus dem experimentell beobachteten Frequenzgang $\Delta i_0(\omega)$ der Stromamplitude und $\Phi(\omega)$ der Phasenverschiebung den Reaktionsmechanismus zu erschließen. Das bedeutet, die Aufgabe zu lösen, eine Verknüpfung von einzelnen Impedanzelementen zu finden, die je von einzelnen Reaktionsschritten verursacht werden, so daß der Frequenzgang des Modellsystems gleich dem des realen Systems ist [3]. Dazu wird sich allerdings zeigen, daß nicht alle Impedanzelemente der Elektrodenkinetik durch einfache Kombinationen von frequenzunabhängigen Schaltgliedern R, C und L beschrieben werden können.

Nicht zwingend notwendig, aber äußerst nützlich, ist an dieser Stelle der Übergang zur komplexen Schreibweise für Größen, die als vektorielle Zeiger **A** in Polarkoordinaten durch ihren Betrag A und einen Winkel α beschrieben werden können. Es gilt dann nach den Regeln des Rechnens mit komplexen Zahlen (mit $j = \sqrt{(-1)}$): $\mathbf{A} = A\ \exp(j\alpha)$. In der algebraischen Darstellung derselben komplexen Zahl, von der Form $\mathbf{A} = a + jb$, ist der "Realteil" $\mathrm{Re}(\mathbf{A}) = a$ die Projektion von A auf die "reelle" x-Achse, der "Imaginärteil" $\mathrm{Im}(\mathbf{A}) = b$ die Projektion von **A** auf die "imaginäre" y-Achse der komplexen Zahlenebene.

Für das Rechnen mit komplexen Zahlen wird notiert, daß

$$\mathbf{A} = A\exp(j\alpha) = A(\cos\alpha + j\sin\alpha) = \mathrm{Re}(\mathbf{A}) + j\mathrm{Im}(\mathbf{A}) \tag{17.4.5}$$

$$\mathbf{A}^2 = \mathrm{Re}^2(\mathbf{A}) + \mathrm{Im}^2(\mathbf{A})$$

$$\tan\alpha = \mathrm{Im}(\mathbf{A})/\mathrm{Re}(\mathbf{A})$$

$$\exp(\pm j\pi/2) = \pm j;\ \exp(\pi/4) = \sqrt{[\exp(j\pi/2)]} = \sqrt{j};\quad -j = 1/j.$$

Der Übergang zur komplexen Schreibweise ist wie folgt begründet: Der momentane zeitliche Verlauf des Spannungssignals und der Stromantwort (oder auch, bei galvanostatischer Schaltung, des Stromsignals und der Spannungsantwort) ist für die Impedanzanalyse ohne Interesse, wenn für konstantes ω jeweils A and Φ konstant sind. Dann ist das Spannungssignal aber voll ausreichend durch die komplexe Größe

$$\Delta\varepsilon = \Delta\varepsilon_0 \exp(j\omega t) \tag{17.4.6}$$

charakterisiert, die Stromantwort desgleichen durch

$$\Delta i = \Delta i_0\{\omega\}\exp[j(\omega t - \Phi(\omega))]. \tag{17.4.7}$$

Mithin werden aber nun die charakteristischen Größen $\Delta\varepsilon_0$; $\Delta i_0\{\omega\}$ und $\Phi\{\omega\}$ durch eine wiederum komplexe Größe verknüpft:

$$\mathbf{Z} = \Delta\varepsilon/\Delta i = (\Delta\varepsilon_0/\Delta i_0)\exp(j\Phi) = Z\exp(j\Phi) \tag{17.4.8}$$

$\mathbf{Z}$ ist die „komplexe Impedanz" des Systems. Für $\Delta\varepsilon$; Δi und $\mathbf{Z}$ gelten die oben für die komplexe Zahl A skizzierten Rechenregeln. Bild 17.4.2 zeigt dazu die in der komplexen Ebene rotierenden Zeiger der Spannung und des Stromes, sowie die in diesem Diagramm bei konstantem ω konstante Impedanz $\mathbf{Z}$. Der Vorteil dieser Art von Handhabung der Impedanz liegt darin, daß die Eigenschaften von Schaltungen einzelner Impedanzelemente nun einfach hingeschrieben werden können [5b]: Es ist für die Reihenschaltung zweier komplexer Impedanzelemente $\mathbf{Z}_1$ und $\mathbf{Z}_2$ die Gesamtimpedanz $\mathbf{Z} = \mathbf{Z}_1 + \mathbf{Z}_2$; es ist für die Parallelschaltung derselben Elemente $1/\mathbf{Z} = 1/\mathbf{Z}_1 + 1/\mathbf{Z}_2$, usw.

Es versteht sich, daß für einen einfachen Widerstand $\mathbf{Z}_\mathrm{R} = R$. Für eine einfache Kapazität ist

$$\mathbf{Z}_\mathrm{C} = (1/\omega C)\exp(-j\pi/2) = -j/\omega C = 1/j\omega C; \tag{17.4.9}$$

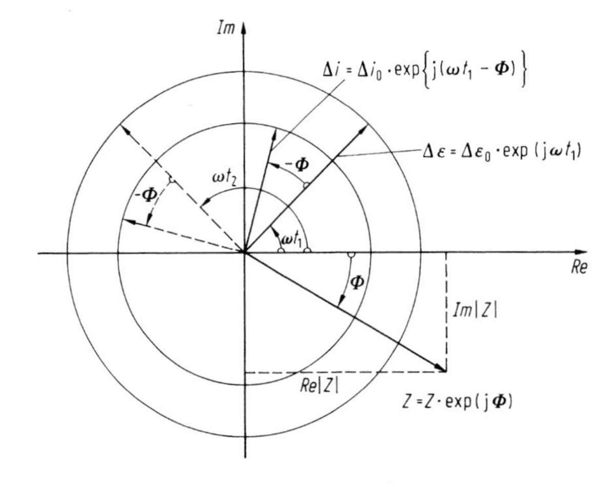

Bild 17.4.2. Die komplexen Zeiger $\mathbf{\Delta\varepsilon} = \Delta\varepsilon_0 \exp(j\omega t)$ der harmonisch periodischen Spannung und $\mathbf{\Delta i} = \Delta i_0 \sin\{j(\mathrm{w}t - F)\}$ des harmonisch periodischen Stromes rotieren mit gleicher Frequenz ω in der komplexen Ebene. $\boldsymbol{\Phi}$ ist positiv angenommen. Die komplexe Impedanz $\mathbf{Z} = (\Delta\varepsilon_0/\Delta i_0)^* \exp(j\boldsymbol{\Phi})$ ist konstant für konstantes ω. Es ist $\mathbf{Z} = \mathrm{Re}(\mathbf{Z}) + \mathrm{Im}(\mathbf{Z})$.

für eine einfache Induktivität

$$\mathbf{Z}_C = \omega L \exp(j\pi/2) = j\omega L. \tag{17.4.10}$$

Man betrachte nun das oben vorgestellte einfachste Modell der Doppelschicht mit dem Elektrolytwiderstand R_E zwischen kapillarer Potential-Meßsonde und der Metalloberfläche, dem Durchtrittswiderstand R_D und der Doppelschichtkapazität C_{DS}. Bei gut justierter Haber-Luggin-Kapillare ist R_E von der Größenordnung $10^{-4}\,\Omega\text{m}^2$, bzw. $1\Omega\text{cm}^2$,der Durchtrittswiderstand R_D, im einfachsten Fall gleich dem differentiellen Gleichstrom-Polarisationswiderstand R_π, z.B. von der Größenordnung $10^{-1}\,\Omega\text{m}^2$. Der "Scheinwiderstand", bzw. die "Kapazitanz" eines Kondensators mit der für die Doppelschicht typischen Größenordnung der Kapazität C_{DS} von $10^{-1}\,\mu\text{F/m}^2$ ergibt sich für $\omega = 1$; bzw. 10^3; bzw. $10^6\,\text{s}^{-1}$ zu 10^{-1}; bzw. 10^{-4}; bzw. $10^{-7}\,\Omega\text{m}^2$. Die Kapazitanz der Doppelschicht wird also bei hinreichend hoher Frequenz klein und schließt dann den Durchtrittswiderstand kurz, weshalb die gemessene Impedanz dann gleich dem Elektrolytwiderstand wird. Kapazitive Anteile der Faraday-Impedanz, d.h. "Pseudo-Kapazitäten" (vgl. weiter unten) können leicht wesentlich größer sein als die Doppelschicht-Kapazität.

Zur Nomenklatur sei der Vollständigkeit halber angemerkt, daß der Scheinwiderstand einer Induktivität als "Induktanz" bezeichnet wird, der Kehrwert schließlich der Impedanz als "Admittanz". Für die Admittanz setzt man gewöhnlich $\mathbf{Y}(\omega)$, und ersichtlich ist $\mathbf{Y}(\omega) = (1/Z)\exp(-j\Phi) = Y\exp(-j\Phi)$.

Für die Parallelschaltung einer Kapazität C und eines Widerstandes R gilt demnach: $1/\mathbf{Z} = 1/R + j\omega C$, d.h.:

$$\mathbf{Z} = \frac{R}{1 + j\omega RC} \tag{17.4.11}$$

Daraus erhält man, nach Erweiterung des Bruches mit der zum Nenner konjugiert komplexen Zahl $(1 - j\omega RC)$ und Umformung die algebraische Darstellung der Impedanz:

$$\mathbf{Z} = \frac{R}{1 + (\omega RC)^2} - j\frac{\omega R^2 C}{1 + (\omega RC)^2} \tag{17.4.12}$$

Weiter erhält man für die Parallelschaltung der Doppelschichtkapazität C_{DS} und eines rein Ohmschen Durchtrittswiderstandes R_D, mit Serien-Zuschaltung des Ohmschen Elektrolytwiderstand R_E, also für das denkbar einfachste Ersatzschaltbild der Doppelschicht:

$$\mathbf{Z} = R_E + \frac{R_D}{1 + (\omega R_D C_{DS})^2} - j\frac{\omega R_D^2 C}{1 + (\omega R_D C_{DS})^2} \tag{17.4.13}$$

Daher sind Realteil und Imaginärteil der Impedanz in diesem Fall gegeben durch:

$$\text{Re}(\mathbf{Z}) = R_E + \frac{R_D}{1 + (\omega R_D C_{DS})^2}, \tag{17.4.14}$$

$$\text{Im}(\mathbf{Z}) = -\frac{\omega R_D^2 C_{DS}}{1 + (\omega R_D C_{DS})^2}. \tag{17.4.15}$$

Daraus erhält man nach einiger Umformung:

$$\left(\text{Re}(\mathbf{Z}) - \frac{2R_D + R_E}{2}\right)^2 + (\text{Im}(\mathbf{Z}))^2 = \left(\frac{R_D}{2}\right)^2 \tag{17.4.16}$$

Dies ist, in rechtwinkligen Koordinaten mit $\text{Re}(\mathbf{Z})$ als Abszisse und $\text{Im}(\mathbf{Z})$ als Ordinate, die

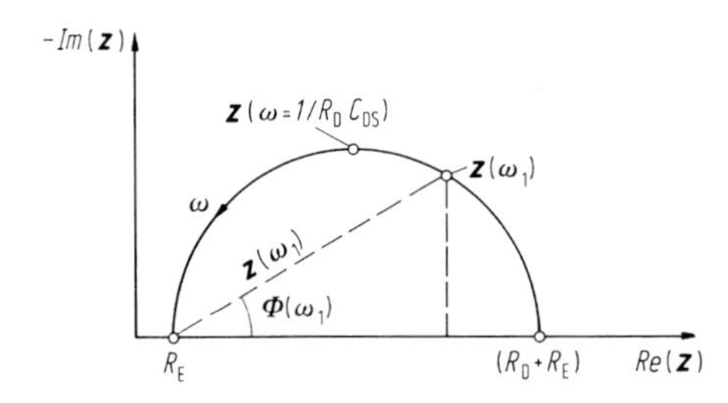

Bild 17.4.3. Die Ortskurve („Nyquist-Diagramm") der komplexen Impedanz eines Schaltgliedes mit Parallelschaltung der Kapazität C_{DS} und des Widerstands R_D, in Reihe mit dem Widerstand R_E, in der komplexen Ebene mit den Achsen Im (**Z**) und Re (**Z**) für den Frequenzbereich $0 \leq \omega \leq \infty$.

Gleichung eines Kreises mit dem Radius $R_D/2$ und dem Mittelpunkt auf der Abszissenachse im Abstand $(R_E + R_D/2)$ vom Nullpunkt. Sinngemäß handelt es sich, soweit der imaginäre Anteil der Impedanz nur kapazitiv ist, um den Halbkreis im Halbraum negativer Imaginäranteile. Trägt man, wie üblich, negative Imaginäranteile der Impedanz nach oben auf, so erhält man die Darstellung des Bildes 17.4.3. Diese Auftragung der Ortskurve der Impedanz führt gewöhnlich den Namen "Nyquist-Diagramm".

Die exponentielle Darstellung der Impedanz erhält man mit

$$\Phi = -\arctan\{\mathrm{Im}(\mathbf{Z})/\mathrm{Re}\{\mathbf{Z}\}; \quad Z = \{\mathrm{Im}^2(\mathbf{Z}) + \mathrm{Re}^2(\mathbf{Z})\}^{1/2} \tag{17.4.17}$$

Daraus erhält man die neben dem Nyquist-Diagramm verbreitete Darstellung der Impedanzdaten im "Bode-Diagramm", das ist die Auftragung des Logarithmus $\log Z$ des Betrags der Impedanz, und des Phasenwinkels Φ über dem Logarithmus $\log \omega$ der Frequenz. Auf das Ausschreiben der analytischen Ausdrücke für Z und Φ wird verzichtet, Bild 17.5 zeigt statt dessen das Diagramm für die Werte $C_{DS} = 0{,}02\ F/\mathrm{m}^2$, $R_D = 0{,}1\ \Omega\mathrm{m}^2$, $R_E = 10^{-4}\ \Omega\mathrm{m}^2$.

17.4.3 Die komplexe Impedanz realer Elektroden; die Faraday-Impedanz von Elektrodenreaktionen

Als typisches Beispiel einer Messung zeigt Bild 17.4.5 das Nyquist-Diagramm für Eisen in verdünnter, Sauerstoff-haltiger Schwefelsäure-Lösung mit und ohne Zusatz des Inhibitors Triphenyl-Benzyl-Phosphonium-Chlorid ("TPBP-Chlorid") [7a]. Die beiden Kurven zeigen qualitativ sehr deutlich die Zunahme der Polarisierbarkeit des Systems durch die Adsorption des Inhibitor-Kations TPBP^+. Für niedrige Frequenzen schneiden die Impedanzkurve zumal der inhibierten Eisenelektrode aber die Re(**Z**)-Achse, der Phasenwinkel wird negativ, entsprechend dem Auftreten eines induktiven Anteils der Impedanz.

Der Effekt tritt auch in der nominell Inhibitor-freien Lösung auf und ist hier nur wegen des Abbildungsmaßstabs nicht deutlich. Er wird für Eisen in Säuren regelmäßig beobachtet [7b, 10]. Wie weiter unten gezeigt, entsteht induktives Verhalten z. B. dadurch, daß mit wachsendem Potential der Bedeckungsgrad Θ der Inhibitoradsorption sinkt, wie dies in Kap. 7 schon für den Fall der Säurekorrosions-Inhibition des Eisens durch Phenylthioharnstoff and und durch Kohlenmonoxid gezeigt worden war. Die Ursache des Effektes wurde von den Autoren nicht genauer untersucht (vgl. weiter unten), vielmehr lag der Akzent der Mitteilung in diesem Fall auf der Untersuchung, ob aus dem Grenzfall $\mathbf{Z}(\omega \to 0) = \mathrm{Re}\{\mathbf{Z}\}(\omega \to 0) = (R_D + R_E)$, nach Umrechnung mit den Neigungsfaktoren der anodischen und kathodischen Teilstrom-Spannungskurven, die Korrosionsgeschwindigkeit aus R_D wie aus dem Gleichstrom-Polarisations-Widerstand berechnet werden kann. Das ist nach Bild 17.4.5 recht gut der Fall, woraus aber im Grunde nur folgt, daß die vielen Voraussetzungen für die Gültigkeit der Wagner-Traud-Stern-Geary-Gleichung (vgl. Kap. 6) ausreichend erfüllt sind.

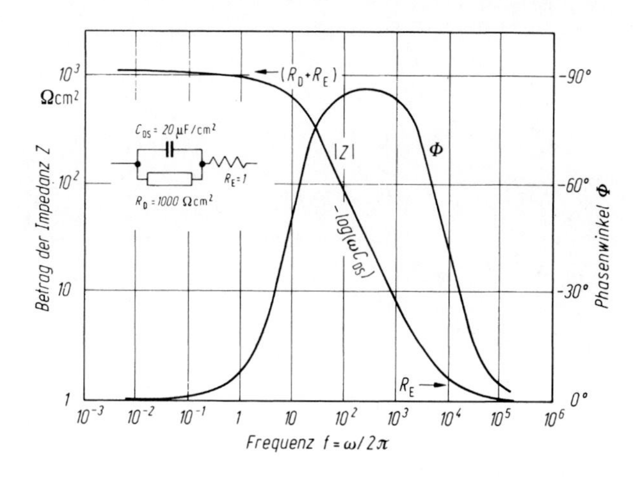

Bild 17.4.4. Der Frequenzgang des Betrags der Impedanz **Z** und des Phasenwinkels $\boldsymbol{\Phi}$ der Parallelschaltung einer Kapazität C_{DS} mit einem Widerstand R_D, in Reihe mit einem Widerstand R_E, im Bode-Diagramm.

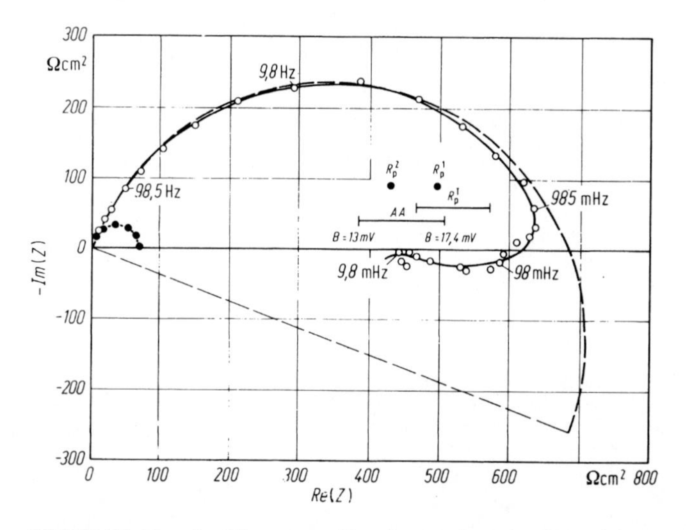

Bild 17.4.5. Nyquist-Diagramm für eine rotierende Eisenelektrode (60 Ups) in 0,5 M H_2SO_4-Lösung, lufthaltig, 298 K, ohne (ooo) und mit (xxx) Zusatz von 10 mM $TPBP^+$. R_p^T; R_p^1; R_p^2 berechnet aus Messungen der $i(\varepsilon)$-Kurve, AA aus dem Eisengehalt der Lösung, jeweils unter Benutzung der Neigungsfaktoren der Tafel-Geraden. (Nach Lorenz und Mansfeld)

Sehr typisch ist in Bild 17.4.4 ferner, daß das Maximum der Ortskurve der Impedanz nicht als Scheitelpunkt eines Kreises mit dem Mittelpunkt auf der reellen Achse erscheint. Will man die Kreisform beibehalten, so muß der Mittelpunkt, wie die gestrichelte Kurve und Gerade anzeigt, unter die reelle Achse gelegt werden. Die Ursache des Effektes ist nicht recht klar [4c; 7b, c; 8]; anscheinend handelt es sich um einen Einfluß der Struktur fester, rauher Oberflächen. Quantitativ kann der Effekt berücksichtigt werden, wenn man statt Gl.

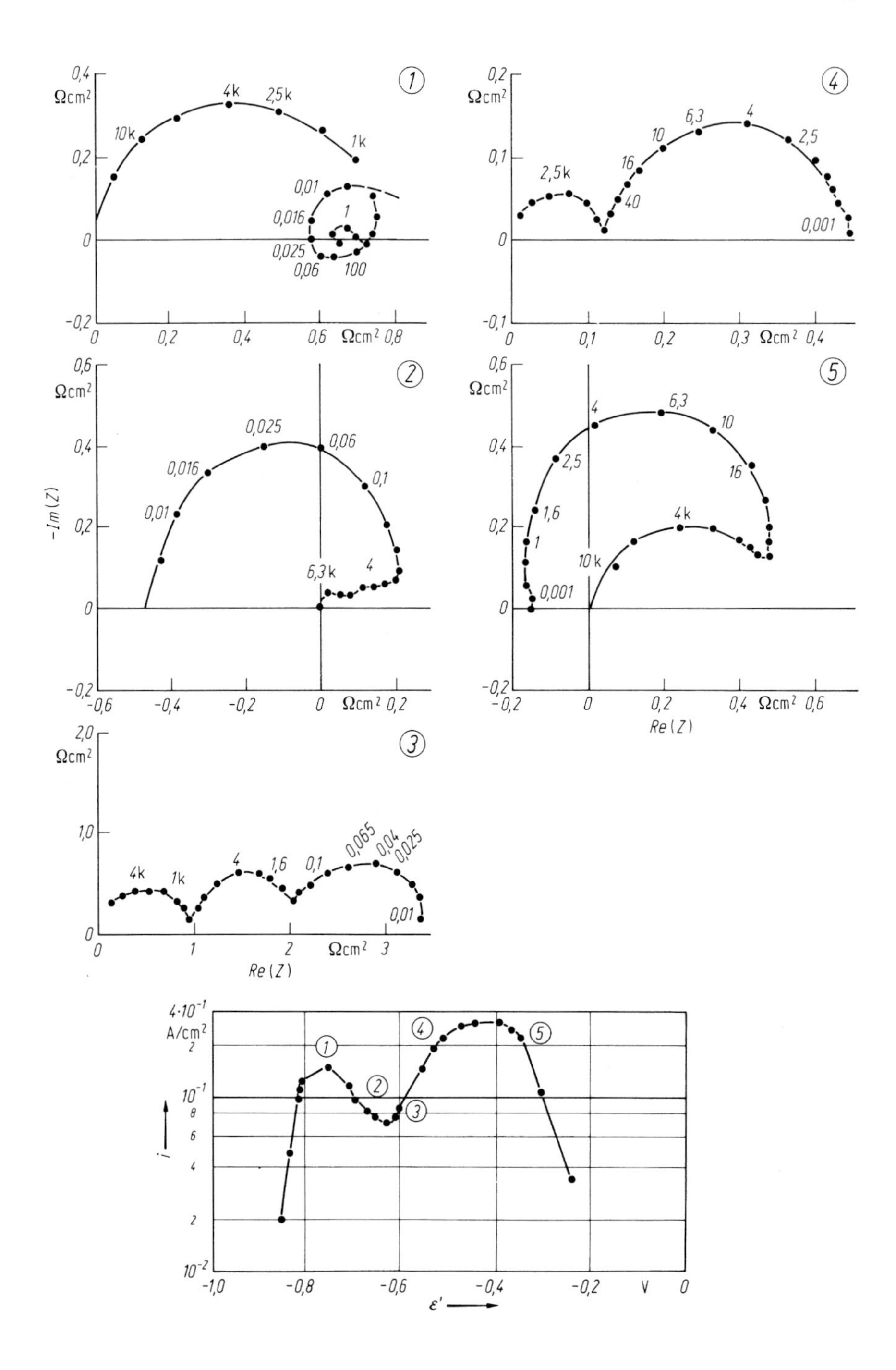

1
4
2
5
3
Ωcm²
-Im(Z)
Re(Z)
A/cm²
i
ε'
V

(17.4.11) schreibt:

$$\mathbf{Z} = \frac{R}{1 + (j\omega RC)^m}. \tag{17.4.18}$$

Der Korrektur-Exponent m beträgt z. B. 0.8 [7d]. Die rechnerische Herkunft der Korrektur aus der Kramers-Kronig-Beziehung zwischen Real- und Imaginärteil komplexer Größen [5a] ist an anderer Stelle genauer beschrieben [3b].

Im übrigen ist die Deutung des Nyquist-Diagramms des korrodierten Eisens ersichtlich vorerst eher einfach und zeigt noch wenig von den Feinheiten der komplizierten Folge und Überlagerung von Reaktionsschritten der Teilreaktionen. Als typisches Beispiel für die Fülle der Daten, die erhalten werden kann, zeigt Bild 17.4.6 das Ergebnis von Messungen des Mechanismus der Passivierung von Metallen, in diesem Fall einer Eisen-Chrom-Legierung [10b]. Ähnlich kompliziert fallen die Messungen aber auch schon für die Passivierung des reinen Eisens aus [7b, 10]. Die Interpretationsmöglichkeiten sind naturgemäß reichlich in dem Sinne, daß schließlich Gleichungssysteme zu diskutieren sind, die eine Vielzahl von Parametern enthalten [11].

Die in Bild 17.4.5 ersichtliche Kompliziertheit der Impedanzdaten entsteht durch kapazitive und induktive Anteile der Faraday-Impedanz $\mathbf{Z}_F$ in der in Bild 17.4.1 skizzierten Schaltung, sowie durch das Auftreten negativer Werte des Realteils. Der negative Ohmsche Widerstand spiegelt naturgemäß die im Bereich der Passivierung fallende Strom-Spannungs-Kurve wieder. Die kapazitiven und induktiven Anteile wechseln je nach Lage des Elektrodenpotentials längs der stationären Strom-Spannungs-Kurve des Aktiv/Passiv-Übergangs durch die in Kap. 10 diskutierten Zustände der primären und sekundären Passivierung.

Es gelingt sehr wohl, Modelle des Reaktionsmechanismus zu entwerfen, die bei allen untersuchten Werten des Elektrodenpotentials den Frequenzgang des Experiments weitgehend wiederspiegeln [10b]. Wegen der Details der aufwendigen Berechnungen für diese speziellen Meßbeispiele sei aber auf die Literatur verwiesen [7, 10, 11]. Im folgenden werden statt dessen nur die Grundsätze der Behandlung der einzelnen Impedanzelemente erörtert. Dazu leuchtet zunächst ein, daß Kapazitanzen und Induktanzen in der Faraday-Impedanz offenbar dann auftreten, wenn schon der Faradaysche Durchtritts-Strom i_F (zusätzlich zum Strom i_{DS} der Ladung der Doppelschicht) gegenüber dem Elektrodenpotential negativ oder positiv außer Phase sind. Drei Impedanzelemente sind dazu vorzustellen; Die Adsorptionsimpedanz, die Konzentrationsimpedanz („Warburg-Impedanz") und die Relaxationsimpedanz. Dazu folgt die Abhandlung hier im Prinzip, jedoch vereinfacht, einer kompetenten Darstellung [3a, d].

Man betrachte eine einzelne Elektroden-Durchtrittsreaktion, z. B. die der anodischen Metallauflösung. Ihre Faradaysche Durchtrittsstromdichte $i_F = i_{Me}$, gleich der Reaktionsgeschwindigkeit, sei auf der Elektroden-Oberfläche ortsunabhängig; sie hänge vom Elektrodenpotential ε, von einer Konzentration c, von einem Bedeckungsgrad Θ eines Reaktions-Ausgangs-oder Zwischenproduktes und einer Geschwindigkeitskonstaten k ab. k ist sicherlich u. a. eine Funktion des für die Reaktion zugänglichen Anteils Q der Elektrodenoberfläche, z. B. einfach, aber nicht notwendig so einfach, gemäß $k = k_0 Q$. Größen wie der Durchtrittsfakor und die Durchtrittswertigkeit (vgl. Kap. 5) seien konstant. Das Elektrodenpotential sei bereits um den trivialen Ohmschen Anteil ($R_E i_F$) korrigiert.

⬅ **Bild 17.4.6.** Die stationäre Strom-Spannungs-Kurve (Mitte unten) und die komplexe Impedanz bei Werten A-E des Potentials einer Fe-7 Gew. % Cr-Legierung in H_2SO_4/Na_2SO_4-Lösung, 1-molar an Sulfat, pH = 0, luftfrei, 25 °C. ε' bezogen auf gesättigte Quecksilbersulfatelektrode. (Nach Keddam, Mattos u. Takenouti)

Die Gleichung der Reaktionsgeschwindigkeit ist dann allgemein

$$i_F = kf\{\varepsilon; \Theta; c\} \tag{17.4.19}$$

Dem stationären Elektrodenpotential werde potentiostatisch die kleine zyklische Schwingung der Amplitude $\Delta\varepsilon$ überlagert, identisch mit einer gleichen Schwingung der Überspannung $\Delta(\eta_{Me})$. Dann folgt die Stromdichte mit einer Schwingung der Amplitude $\Delta(i_F)$, und die gesuchte Impedanz ist

$$\mathbf{Z}_F = Z_F \exp(j\Phi) = [\Delta(\eta_{Me})/\Delta(i_F)]\exp(j\Phi) \tag{17.4.20}$$

Das experimentelle Problem der Abtrennung des Faradayschen Durchtrittsstromes der Dichte i_F von der Dichte des gemessenen Gesamtstromes $i = i_F + i_{DS}$ wird hier nicht erötert. Im übrigen kann die Funktion f in Gl. (17.4.19) von der Form der Gl. (6.11) sein, doch ist dieser Spezialfall für das folgende nicht vorausgesetzt.

Die Konzentration c and der Bedeckungsgrad Θ werden als Funktion der Durchtritts-Stromdichte und der Zeit anzunehmen sein; die Geschwindigkeitskonstante als Funktion nicht nur des Flächenanteils Q, sondern auch des Elektrodenpotentials und der Zeit:

$$c = c(i_F; t); \quad \Theta = \Theta(i_F, t); \quad k = k(Q; \varepsilon; t) \tag{17.4.21}$$

Im Bereich der Linearität, also bei kleiner Amplitude der Potential- und der entsprechenden Stromdichte- Schwingung, folgt nicht nur die Stromdichte frequenzgleich, aber mit verschobener Phase, dem Potential, sondern es folgen auch, entsprechend Gl. (17.4. 21) der Bedeckungsgrad Θ, und die Konzentration c der Stromdichteschwingung, endlich die Geschwindigkeitskonstante k der Potentialschwingung jeweils frequenzgleich, mit unterschiedlicher Phasenverschiebung:

$$\Delta(\mathbf{i}_F) = \Delta(i_F)\exp(-j\Phi_I)\exp(j\omega t) = f_I(\omega)\Delta\varepsilon \tag{17.4.22a}$$

$$\Delta\boldsymbol{\Theta} = \Delta\Theta \exp(-j\Phi_\Theta)\exp(j\omega t) = -f_\Theta(\omega)\Delta(i_F) \tag{b}$$

$$\Delta\mathbf{c} = \Delta c \exp(-j\Phi_c)\exp(j\omega t) = -f_\Theta(\omega)\Delta(i_F) \tag{c}$$

$$\Delta\mathbf{k} = \Delta k \exp(-j\Phi_k)\exp(j\omega t) = -f_k(\omega)\Delta\varepsilon \tag{d}$$

Die Vorzeichenwahl in (17.4.22b–c) ist willkürlich. Bei $f_I(\omega)$ handelt es sich offenbar um die Faraday- Admittanz der Elektrodenreaktion.

Zugleich gilt für das Differential der Faradayschen Stromdichte:

$$d(i_F) = \frac{i_F}{k}dk + \left(\frac{\partial(i_F)}{\partial\varepsilon}\right)_{k;\Theta,c} d\varepsilon + \left(\frac{\partial(i_F)}{\partial\Theta}\right)_{\varepsilon;k;c} d\Theta + \left(\frac{\partial(i_F)}{\partial c}\right)_{\varepsilon;k;\Theta} dc \tag{17.4.23}$$

Setzt man hier Differentiale gleich Differenzen, also $dk = \Delta k$; $d\varepsilon = \Delta\varepsilon$; $d\Theta = \Delta\Theta$; $dc = \Delta c$, so wird

$$\Delta i_F = \frac{i_F}{k}\Delta k + \left(\frac{\partial(i_F)}{\partial\varepsilon}\right)_{k;\Theta,c} \Delta\varepsilon + \left(\frac{\partial(i_F)}{\partial\Theta}\right)_{\varepsilon;k;c} \Delta\Theta + \left(\frac{\partial(i_F)}{\partial c}\right)_{\varepsilon;k;\Theta} \Delta c \tag{17.4.24}$$

Aus Gl. (17.4.22–24) erhält man für die Faraday-Impedanz, mit verkürzter Indizierung, den Ausdruck:

$$\mathbf{Z}_F = \frac{1 + \frac{\partial(i_F)}{\partial c}f_c + \frac{\partial(i_F)}{\partial\Theta}f_\Theta}{\frac{\partial(i_F)}{\partial\varepsilon} + \frac{i_F}{k}f_k} \tag{17.4.25}$$

Der erste Term im Nenner dieses Bruches ist der Reziprokwert $1/R_D$ des bereits weiter oben eingeführten Durchtrittswiderstandes. Der zweite Term wird als Reziprokwert eines Impedanzelementes $\mathbf{Z}_k = k/(i_F f_k)$ betrachtet, der weiter unten genauer untersuchten Relaxations-Impedanz. Ist $\partial k/\partial \varepsilon = 0$, oder verschwindet (im Gleichgewicht) i_F, so wird:

$$\mathbf{Z}_F = R_D + R_D \frac{\partial(i_F)}{\partial c} f_c + R_D \frac{\partial(i_F)}{\partial \Theta} f_\Theta \tag{17.4.26}$$

Führt man hier die "Konzentrationsimpedanz" $\mathbf{Z}_c$ und die "Bedeckungsimpedanz" $\mathbf{Z}_\Theta$ wie folgt ein:

$$\mathbf{Z}_c = R_D \frac{\partial(i_F)}{\partial c} f_c; \quad \mathbf{Z}_\Theta = R_D \frac{\partial(i_F)}{\partial \Theta} f_\Theta \tag{17.4.27a, b}$$

so wird für diesen Spezialfall:

$$\mathbf{Z}_F = R_D + \mathbf{Z}_c + \mathbf{Z}_\Theta; \quad (\mathbf{Z}_k \to \infty) \tag{17.4.28}$$

Wird statt dessen, wie bei hoher Konzentration c und fehlender Adsorption anzunehmen, $Z_c = Z_\Theta = 0$, so erhält man:

$$\frac{1}{\mathbf{Z}_F} = \frac{1}{R_D} + \frac{1}{\mathbf{Z}_k}; \quad (\mathbf{Z}_c = \mathbf{Z}_\Theta = 0) \tag{17.4.29}$$

Falls schließlich zudem noch $\mathbf{Z}_\Theta \to \infty$, so wird natürlich wieder $\mathbf{Z}_F = R_D$. In allen diesen Grenzfällen kann ein Ersatzschaltbild angegeben werden, daß die einzelnen Impedanzelemente nur je einmal enthält. Allerdings sind auch dann noch die $\mathbf{Z}_\Theta$, $\mathbf{Z}_c$, $\mathbf{Z}_k$ Funktionen von ω, also keine einfachen, festen Schaltelemente. Im allgemeinen Fall, also für;

$$\mathbf{Z}_F = \frac{1 + \dfrac{\mathbf{Z}_c}{R_D} + \dfrac{\mathbf{Z}_\Theta}{R_D}}{\dfrac{1}{R_D} + \dfrac{1}{\mathbf{Z}_k}} = \frac{R_D + \mathbf{Z}_C + \mathbf{Z}_\Theta}{1 + \dfrac{R_D}{\mathbf{Z}_k}} \tag{17.4.30}$$

lassen sich einfache Ersatzschaltbilder nicht angeben. Man beachte ferner, daß bislang nur eine einzige Elektrodenreaktion an einer Phasengrenze Metall/Elektrolytlösung angenommen wurde, und daß nur eine einzelne Konzentration und ein einzelner Bedeckungsgrad eine Rolle spielen soll. Bei komplizierteren Reaktionsgleichungen, oder bei Überlagerung mehrerer Elektrodenreaktionen etwa zur Korrosion, sowie beim Auftreten von Deckschichten, also von Systemen mit mehreren Phasengrenzen, vervielfachen sich im allgemeinen Fall die Ausdrücke von der Form der Gl. 17.4.30. Eine verallgemeinerte Diskussion führt dann rasch ins Uferlose [3d]. Grundsätzlich ist allerdings erforderlich, im folgenden den Charakter der Impedanzelemente $\mathbf{Z}_c$; $\mathbf{Z}_\Theta$ und $\mathbf{Z}_k$ und das Prinzip der Verknüpfung der Elemente zu Modellen des untersuchten Reaktionsmechanismus klarzustellen.

17.4.4 Die Warburg-Impedanz; Laplace- und Fourier-Transformation

Sehr instruktiv ist die Berechnung der Konzentrationsimpedanz $\mathbf{Z}_c$, die schon 1901 gelang, und für die nach dem Urheber die Bezeichnung "Warburg-Impedanz" eingebürgert ist. Die Rechnung [1] führt zwangsläufig zur Handhabung der Laplace-Transformation als Verfahren zunächst der Lösung von partiellen wie auch gewöhnlichen Differentialgleichungen, und im weiteren zur Einführung der Übertragungsfunktion als Quotient der Laplace-Transformierten des Signals und der Antwort des Systems. Daraus erhält man leicht die Impedanz als entsprechenden Quotienten der Fourier-Transformierten.

Man betrachte dazu als übersichtliches Beispiel eine einfache Me/Me^{z+}-Elektrode. Es herrsche Gleichgewicht zwischen den Metallkationen in der Elektrolytlösung und im Metall; die Konzentration der Metallkationen in der Lösung sei c^{∞}. Setzt man vereinfachend Aktivitäten und Konzentrationen gleich, so berechnet sich dann das Elektrodenpotential ε als Gleichgewichts-Elektrodenpotential $E_{Me/Me^{z+}}$ aus der Konzentration c nach der Nernstschen Gleichung als $E^0_{Me/Me^{z+}} + (RT/zF)\ln c^{\infty}$.

Wird nun z. B. ein galvanostatisches periodisches Signal der Dichte des Faradayschen Stromes $i_F = i_{Me}$ gemäß $\Delta i_F = \Delta i_F \exp(j\omega t)$ vorgegeben, so wird das Potential entsprechend $\Delta\varepsilon = \Delta\varepsilon \exp(j[\omega t + \Phi])$ oszillieren, sofern die Amplitude Δi_F klein genug ist, und die Faraday-Impedanz $\mathbf{Z}_F$ ergibt sich wieder zu $(\Delta\varepsilon/\Delta i_F))\exp(j\Phi)$. Zu berechnen sind also Betrag $Z_F = \Delta\varepsilon/\Delta i_F$ und Phase Φ der Impedanz. Die Potential-Oszillation $\Delta\varepsilon$ ist symmetrisch bezüglich des Gleichgewichts-Potentials und deckungsgleich mit einer ebensolchen Oszillation der Überspannung – oder auch des „Überpotentials" $\perp \eta_{Me} = \varepsilon - E_{Me/Me^{z+}}$.

Der Faradaysche Durchtrittsstrom kommt durch ein Hin- und Herlaufen der Elektrodenreaktion $Me = Me^{z+} + ze^-$ zustande. Dann muß u.a. die Geschwindigkeit des Transports der Me^{z+}-Kationen stets der Stromdichte i_F äquivalent sein. Der Transport erfolgt (vgl. Kap. 12) im Prinzip durch Diffusion, Überführung und Konvektion. Durch Neutralsalzüberschuß und durch laminare Strömung (bzw. Strömungslosigkeit) kann aber dafür gesorgt werden, daß innerhalb der hydrodynamischen Doppelschicht der Transport ausschließlich diffusiv ist. Ist das Problem eindimensional, die Elektrodenoberfläche also groß und eben, so gilt dann (vgl. Kap. 5) mit dem Diffusionskoeffizienten D der Metallkationen in der Elektroytlösung:

$$i_F = -zFD\left(\frac{\partial c}{\partial x}\right)_{x=0} \tag{17.4.31}$$

Es bildet sich also, in Phase mit dem oszillierenden Durchtrittsstrom, eine Welle des Konzentrationsgradienten $(\partial c/\partial x)$ aus. Dieser entspricht offenbar eine, nun aber phasenverschobene, Welle der Konzentration c in die Elektrolytlösung hinein. Diese wiederum ist sicherlich gedämpft in dem Sinne, daß für große x die Konzentration gleich der Ausgangskonzentration c^{∞} wird. An der Phasengrenze, genauer: in der Lösungseite der elektrischen Doppelschicht, ist nun aber $c(x = 0)$ von c^{∞} verschieden. Es besteht dann die Aufgabe der Berechnung von $c(x = 0) = c^*$ als Funktion $c^*(t)$ der Zeit. Die Ableitung setzt voraus, daß die Reichweite der Konzentrationswelle die Dicke der hydrodynamischen, rein laminaren Grenzschicht nicht übersteigt. Dies trifft für sehr tiefe Frequenzen nicht mehr zu; auf die dann fällige Berechnung einer "Nernst-Impedanz" wird hier aber verzichtet.

Das Konzentrationsfeld ist also instationär, so daß als Fundamentalgleichung das 2, Ficksche Gesetz (vgl. Kap. 17.3) anzusetzen ist:

$$\frac{dc(x, t)}{dt} = D\frac{\partial^2 c(x, t)}{\partial x^2} \tag{17.4.32}$$

Die Anfangs-und Randbedingungen lauten:

$$c(x;\ t = 0) = c^{\infty},\ c(x \to \infty; t) = c^{\infty} \tag{17.4.33}$$

Das weiter oben vorausgesetzte Gleichgewicht der Elektrodenreaktion ist durch die überlagerte periodische Polarisation aufgehoben. Es herrsche jedoch weiterhin lokales Gleichgewicht der Durchtrittsreaktion über die elektrische Doppelschicht. Dann berechnet sich das Elektrodenpotential als Gleichgewichtspotential $\varepsilon = E^0_{Me/Me^{z+}} + (RT/zF)\ln c^*$, und für die Überspannung ergibt sich

$$\eta_{\mathrm{Me}} = \frac{RT}{zF} \ln \frac{c^*}{c^\infty}. \tag{17.4.34}$$

Für kleine Werte der Differenz $(c^* - c^\infty)$ gilt (wegen $\ln(1 + x) = x + \ldots$) in guter Näherung:

$$\eta_{\mathrm{Me}} = \frac{RT}{zF}\left(\frac{c^*}{c^\infty} - 1\right) = \frac{RT}{zFc^\infty}(c^* - c^\infty) \tag{17.4.35}$$

Die Integration der partiellen Differentialgleichung (17.4.32) gelingt auf elegante Weise mit Hilfe der Laplace-Transformation [5c]. Diese wandelt allgemein eine Funktion $f(t)$ der Zeit in eine Funktion $\mathbf{L}\{f(t)\} = F(s)$ der beliebig komplexen Laplace-Variablen $s = a + jb$ um. Die Vorschrift für die Transformation lautet:

$$\mathbf{L}\{f(t)\} = \int_0^\infty f(t)\, \exp(-st)\mathrm{d}t = F(s) \tag{17.4.36}$$

$f(t)$ kann natürlich noch eine Funktion anderer Variabler sein, z. B. $f(x, t)$. Dann erzeugt die Transformation eine neue Funktion $F(x, s)$. Von den allgemeinen Eigenschaften der Transformation werden im weiteren die folgenden benötigt:

$$\mathbf{L}\{f(x)\, f(t)\} = f(x)\, \mathbf{L}\{f(t)\} \tag{17.4.37a}$$

$$\mathbf{L}\{f_1(t) + f_2(t)\} = \mathbf{L}\{f_1(t)\} + \mathbf{L}\{f_2(t)\} \tag{b}$$

$$\mathbf{L}\left\{\frac{\partial f(x, t)}{\partial x}\right\} = \frac{\partial}{\partial x}\mathbf{L}\{f(x, t)\} \tag{c}$$

$$\mathbf{L}\left\{\frac{\partial f(t)}{\partial t}\right\} = s\mathbf{L}\{f(t)\} - f(t = 0) \tag{d}$$

Genau genommen steht in Gl. (17.4.37d) $f(t = +0)$, für die Annäherung an Null von positiven Zeiten her, da die Funktion in $t = 0$ auf den Anfangswert des Einschaltvorgangs springt. Davon abgesehen, bedeutet diese Gleichung, daß das Differenzieren durch die Multiplikation mit s ersetzt, daß zugleich die Anfangsbedingung eingearbeitet wird. Beides ist für die Lösung des anstehenden Problems sehr wertvoll.

Zur Technik des Rechnens betrachte man zunächst die Transformation der "Sprungfunktion" $u(t)$, mit $u(t) = 0$ für $t \leq 0$; $u(t) = 1$ für $t \geq 0$. Dann ist, vorausgesetzt, daß $a > 0$,

$$\int_0^\infty 1 \cdot \exp(-st)\mathrm{d}t = \left[-\frac{1}{s}\exp(-st)\right]_0^\infty = \frac{1}{s} \tag{17.4.38}$$

Es korrespondieren also die Funktionen $f(t) = 1$ und $F(s) = 1/s$, entsprechend die Funktionen $f(t) = \text{const.}$ und $F(s) = \text{const./s}$.

Die Laplace-Transformierte der Exponentialfunktion $\exp(kt)$, mit beliebig komplexem k, ergibt sich sofort, wenn in Gl. 17.4.36 statt $\exp(-st)$ die Größe $\exp(-(s - k))$ gesetzt wird: Offenbar ist $\mathbf{L}\{\exp(kt)\} = 1/(s - k)$.

Zu der im vorliegenden Zusammenhang wichtigen Transformierten der Funktion $\sin(\omega t)$ gelangt man leicht, weil

$$\sin(\omega t) = \frac{1}{2j}(\exp(j\omega t) - \exp(-j\omega t)\}. \tag{17.4.39}$$

Daher erhält man

$$\mathbf{L}\{\sin(\omega t)\} = \frac{1}{2j}\left(\frac{1}{(s-j\omega)} - \frac{1}{(s+j\omega)}\right) = \frac{\omega}{s^2+\omega^2} \tag{17.4.40}$$

Die Korrespondenzen der Laplace-Transformation sind im übrigen in großer Zahl tabelliert. Wir benötigen davon weiter unten nur noch die Korrespondenz $f(t) = 1/\sqrt{(\pi t)}$ mit $F(s) = 1/\sqrt{s}$.

Die partielle Differentialgleichung (17.4.32) geht durch die Transformation in die gewöhnliche Differentialgleichung für die unbekannte Transformierte $\mathbf{L}(c) = C(s)$ der Konzentration über [1c]:

$$sC(s) - c^{\infty} = D\,\frac{\partial^2 C(s)}{\partial x^2} \tag{17.4.41}$$

Ein partikuläres Integral ist offenbar $C(s) = \mathbf{L}\,\{c^{\infty}) = c^{\infty}/s$, weshalb die Lösung der Gl. (17.4.32) als Summe der allgemeinen Lösung und des Partikulärintegrals erhalten wird:

$$C(s) = A\,\exp\left(x\left[\frac{s}{D}\right]^{1/2}\right) + B\exp\left(-x\left[\frac{s}{D}\right]^{1/2}\right) + \frac{c^{\infty}}{s} \tag{17.4.42}$$

Die Konstante A ist Null, da sonst $C(s)$ im Unendlichen unendlich groß würde. Aus Gl. (17.4.31) erhält man für die Laplace-Transformierte $\mathbf{L}\{i_{\mathrm{F}}\} = I_{\mathrm{F}}(s)$ den Ausdruck:

$$I_{\mathrm{F}}(s) = -zFD\left(\frac{\partial C(s)}{\partial x}\right)_{x=0} \tag{17.4.43}$$

Differenzieren von (17.4.42) und Vergleich mit (17.4.43) ergibt, daß

$$C(s) = \frac{I_{\mathrm{F}}(s)}{zFD^{1/2}s^{1/2}}\exp\left[-x\left(\frac{s}{D}\right)^{1/2}\right] + \frac{c^{\infty}}{s} \tag{17.4.44}$$

woraus für $x = 0$ folgt, daß

$$C^*(s) = \frac{I_{\mathrm{F}}(s)}{zFD^{1/2}s^{1/2}} + \frac{c^{\infty}}{s}. \tag{17.4.45}$$

Transformiert man nun Gl. (17.4.35) zu

$$H(s) = \frac{RT}{zFc^{\infty}}\left(C^*(s - \frac{c^{\infty}}{s}\right) \tag{17.4.46}$$

so erhält man aus (17.4.45) und (17.4.46) schließlich

$$H(s) = \frac{RT}{z^2F^2D^{1/2}c^{\infty}s^{1/2}}I_{\mathrm{F}}(s) \tag{17.4.47}$$

Gl. (17.4.47) verknüpft die Laplace-Transformierte der Stromdichte mit der Laplace-Transformierten des Potentials, resp. der Überspannung, durch eine" Übertragungsfunktion" $G(s)$, gemäß

$$G(s) = \frac{RT}{z^2F^2D^{1/2}c^{\infty}s^{1/2}} \tag{17.4.48}$$

in der Form

$$H(s) = G(s)I_{\mathrm{F}}(s) \tag{17.4.49}$$

Überraschenderweise ist die erforderliche Rechenarbeit nun bereits geleistet, denn es greift der Satz der Systemtheorie ein, wonach die Übertragungsfunktion der Laplace-Transformierten von Strom und Spannung für den speziellen Fall $s = j\omega$ mit der Impedanz identisch ist. Im vorliegenden Fall gilt also:

$$\mathbf{Z}_F = \frac{RT}{z^2 F^2 D^{1/2} c^{\infty} \omega^{1/2} j^{1/2}} = \frac{W}{\sqrt{\omega}} \exp\left(-j\frac{\pi}{4}\right) \tag{17.4.50}$$

Die Warburg-Impedanz ist mithin ein auffälliges "Schaltglied" mit einer Impedanz, deren Betrag proportional zu $1/\sqrt{\omega}$ steigt, und einem Frequenz-unabhängigen Phasenwinkel $\Phi = -\pi/4$. Im Nyquist-Diagramm erscheint diese Impedanz als Gerade von 45° Neigung. Die Warburg-Impedanz wird in realenSystemen mit verknüpften verschiedenen Impedanzelementen nur bei niedriger Frequenz zutage treten; sie wird im übrigen in schnell bewegten Lösungen und/oder bei hoher Me^{z+}-Konzentration nicht zur Geltung kommen.

Die häufig mühsame Rücktransformation der Gl. (17.4.47), oder allgemein an analoger Stelle auftretender Beziehungen mit Übertragungsfunktion G(s), zwischen Transformierten des Signals und der Systemantwort, aus dem s-Bereich in den Zeitbereich ist also nicht erforderlich. Auf die Beweisführung wird wieder verzichtet. Der wichtige Satz leuchtet aber im Prinzip ein: Im eingeschwungenen Zustandverhält sich das System offenbar nicht anders, als habe die Schwingung zur Zeit $t = -\infty$ begonnen. Dann wäre die sogenannte zweiseitige Laplace-Transformation fällig, für die das Integral in Gl. (17.4.36) nicht für den Bereich $t = 0$ bis $t = +\infty$ berechnet wird, sondern für den Bereich $t = -\infty$ bis $t = +\infty$. Der wichtige Spezialfall dieser zweiseitigen Laplace-Transformation ist die Fourier-Transformation, mit $s = j\omega$. Die Fourier-Transformierte $F(\omega)$ einer Funktion $f(t)$ berechnet sich also nach

$$F\{f(t)\} = \int_{-\infty}^{+\infty} f(t)\, \exp(-j\omega t)\, \mathrm{d}t \tag{17.4.51}$$

und in der Tat ist dann allgemein, bei irgendeinem Spannungsprogramm $U(t)$ und entsprechendem Stromverlauf $j(t)$ die Impedanz $\mathbf{Z}(\omega)$ gegeben durch

$$\mathbf{Z}(\omega) = \frac{\mathbf{F}\{U(t)\}}{\mathbf{F}\{j(t)\}} \tag{17.4.52}$$

Über den Zusammenhang zwischen Impedanz, Laplace- und Fourier-Übertragungsfunktion hinaus ist an dieser Stelle die Frage nach der zweckmäßigen Meßmethode anzuschneiden. Offenbar führt die Beziehung (17.4.52) zur Fourier-Analyse von Schwingungsvorgängen mit Breitband-Anregung, während die Formulierung der Impedanz als $Z(\omega)\exp(j\Phi)$ der schrittweisen Messung mit Variation der Frequenz des Sinussignals angepaßt ist. Trotz der Verfügbarkeit "schneller" Algorithmen der Fourier-Analyse (FFT, "fast Fourier transformation") ist derzeit die letztere Meßmethode allgemein bevorzugt. Neue Methoden der eigentlich eleganteren Breitband-Meßverfahren deuten sich aber an [12].

Solange die Bedeckungsimpedanz $\mathbf{Z}_\Theta$ und die Relaxationsimpedanz $\mathbf{Z}_k$ keine Rolle spielen, ist nach Gl. (17.4.22) die Faraday-Impedanz $\mathbf{Z}_F$ insgesamt gleich der Summe $(R_D + \mathbf{Z}_c)$. Der Durchtrittswiderstand berechnet sich [3b] für das angenommene Gleichgewicht der Durchtrittsreaktion mit der Austauschstromdichte i^0_{Me} der Elektrodenreaktion (vgl. Kap. 5) zu $R_D = RT/(zFi^0_{Me})$. Wegen der natürlich gleichwertigen Berechnung von $\mathbf{Z}_c$ mit Hilfe von Gl. (17.4.27a) vgl. ebenfalls [3b].

Verzichtet man auf Sätze der Systemtheorie und auf die Formulierung der Impedanz als komplex exponentielle Größe, so gewinnt man die Lösung des Problems durch die Rücktransformation der Gl. (17.4.40) aus dem s-Bereich in den Zeitbereich. Es ist die

Rücktransformierte $\mathbf{L}^{-1}\{H(s)\} = \eta(t)$, also die gesuchte Funktion. Um sie explizit zu erhalten, ist für $I(s)$ die Transformation $\mathbf{L}\{\Delta i\} = \Delta i\mathbf{L}\{\sin\{\omega t)\}$ durchzuführen, woraus zunächst folgt, daß

$$H(s) = \frac{RT(\Delta i_{\mathrm{F}})}{z^2 F^2 D^{1/2} c^{\infty}} \frac{1}{s^{1/2}} \frac{\omega}{s^2 \rightarrow \omega^2}. \tag{17.4.53}$$

Die Rücktransformation der rechten Seite dieser Gleichung gelingt mit dem "Faltungssatz" der Laplace-Transformation, wonach

$$\mathbf{L}^{-1}\{F_1(t)\ F_2(t)\} = \int_0^t f_1(\tau) f_2(t-\tau)\,\mathrm{d}\tau. \tag{17.4.54}$$

Das Faltungsintegral wird häufig als "$f_1(t)^* f_2(t)$" bezeichnet. Das Auftreten von Zeiten $(t-\tau)$, mit integrierender Variation von τ, bei der Rückkehr aus dem s-Bereich in den Zeitbereich spiegelt anschaulich die Dynamik, d. h. den Einfluß der Vorgeschichte, auf den Momentanzustand des Systems [5c]. Die Anwendung auf Gl. (17.4.53) ergibt:

$$\mathbf{L}^{-1}\left\{\frac{1}{s^{1/2}} \frac{\omega}{s^2+\omega^2}\right\} = \int_0^t \frac{1}{(\pi\tau)^{1/2}} \sin\omega(t-\tau)\mathrm{d}\tau. \tag{17.4.55}$$

Es ist $\sin(t-\tau) = \sin t \cos\tau - \sin\tau \cos t$. Ferner interessiert wieder der eingeschwungene Zustand, in dem eine Verlängerung der Zeit keine Änderung mehr bewirkt, so daß das Integral bis zu $t = \infty$ erstreckt werden kann [1c]. Man erhält für $\eta(t)$ den Ausdruck:

$$\eta(t) = \frac{RT(\Delta i_{\mathrm{F}})}{z^2 F^2 D^{1/2} c^{\infty} \pi^{1/2}} \left[\sin\omega t \int_0^{\infty} \frac{\cos\omega t}{\tau^{1/2}} \mathrm{d}\tau - \cos\omega t \int_0^{\infty} \frac{\sin\omega\tau}{\tau^{1/2}} \mathrm{d}\tau\right] \tag{17.4.56}$$

Beide Integrale sind gleich $(\pi/2\omega)^{1/2}$, so daß folgt:

$$\eta(t) = \frac{RT(\Delta i_{\mathrm{F}})}{z^2 F^2 D^{1/2} c^{\infty} (\omega)^{1/2}} \left[\frac{1}{\sqrt{2}} \sin\omega t - \frac{1}{\sqrt{2}} \cos\omega t\right] \tag{17.4.57}$$

Da $1/\sqrt{2} = \sin(\pi/4) = \cos(\pi/4)$, so folgt mit dem weiter oben schon benutzten Additions theorem, daß die Klammer auf der rechten Gleichungsseite gleich $\sin(\omega t - \pi/4)$, entsprechend $\exp(-j\pi/4)$. Mithin erhält man für die komplex geschriebene Impedanz – natürlich – wieder den Ausdruck Gl. (17.4.50).

17.4.5 Bedeckungs- und Relaxations-Impedanz; Verknüpfung von Impedanzelementen

Eine Bedeckungs-Impedanz Z_{Θ} tritt auf, wenn ein adsorbiertes Zwischenprodukt, das in einer Elektrodenreaktion gebildet wird, Potential-abhängig seinen Bedeckungsgrad Θ, bzw. seine Oberflächenkonzentration Γ ändert [3b]. Die Änderung bewirkt einen Faraday-Stromfluß:

$$i_{\Theta} = \mathbf{Z}F d\Gamma/dt. \tag{17.4.58}$$

Die Änderung von Γ wird auch die Doppelschicht-Ladung beeinflussen, und deshalb einen zusätzlichen Kapazitäts-Ladestrom verursachen [3b]. Dies wird im folgenden aber vernachlässigt.

Die Elektrodenreaktion kann z. B. die Volmer-Reaktion (vgl. Kap. 5) der kathodischen Wasserstoff-Abscheidung sein, Θ bzw. Γ der Bedeckungsgrad bzw. die Oberflächenkonzentration des atomaren Wasserstoffs. Man sieht ein, daß die Änderungsgeschwindigkeit

$J = \mathrm{d}\Gamma/\mathrm{d}t$ allgemein eine Funktion des Potentials ε, einer Konzentration c, nämlich im zitierten Beispiel der Konzentration $c^*_{H^+}$ der Wasserstoffionen in der Lösungsseite der elektrischen Doppelschicht, und der Konzentration Γ selbst sein wird: $J = J(e.c^*_{H^+}, \Gamma)$. Zugleich ist wegen Gl. (17.4.16b) auch $\Delta J = j\omega\Delta\Gamma$. Es gilt also:

$$\Delta J(\omega) = j\omega\Delta\Gamma(\omega) = \left(\frac{\partial J}{\partial \varepsilon}\right)_{\Gamma;c} \Delta\varepsilon(\omega) + \left(\frac{\partial J}{\partial \Gamma}\right)_{\varepsilon;c} \Delta\Gamma(\omega) + \left(\frac{\partial J}{\partial c}\right)_{\varepsilon;\Gamma} \Delta c(\omega) \qquad (17.4.59)$$

Es sei der Term $\Delta c(\omega)$, der eine Warburg-Impedanz verursacht, vernachlässigbar klein. Dann erhält man zunächst, mit verkürzter Indizierung

$$\frac{\Delta i_\Theta}{zF} = \frac{\partial J}{\partial \Gamma}\Delta\varepsilon + \frac{\partial J}{\partial \Gamma}\frac{\Delta i_\Theta}{j\omega zF} \qquad (17.4.60)$$

und daraus die Impedanz als Serienschaltung eines Adsorptionswiderstandes R_{ad} und einer Adsorptionskapazitanz mit einer Adsorptionskapazität C_{ad}:

$$\mathbf{Z}_\Theta = R_{ad} + \frac{1}{jwC_{ad}}; \quad R_{ad} = \frac{1}{zF(\partial J/\partial\varepsilon)}; \quad C_{ad} = -zF\frac{(\partial J/\partial\varepsilon)}{(\partial J/\partial\Gamma)} \qquad (17.4.61)$$

Die partiellen Ableitungen in diesen Beziehungen sind dann aus der jeweils gültigen Adsorptions-Isotherme zu berechnen. Diese Details werden hier übergangen.

Im Beispiel der Volmer-Reaktion der Wasserstoff-Abscheidung ist für die Geschwindigkeit in Kap. 5 der Ansatz $i_H = kc^*_{H^+} f(\varepsilon)$ benutzt worden. Möglich wäre auch, in den Ansatz die Besetzung von Plätzen einzurechnen, die durch H_{ads} für die Reaktion blockiert sind, und zu schreiben: $i_H = k_0 Q c^*_{H^+} \cdot f(\varepsilon)$, mit $Q = (1 - \Theta_H)$. Die Geschwindigkeitskonstante in der Form k_0 $(1 - \Theta_H)$ oszilliert dann mit dem Elektrodenpotential wie $(1 - \Theta_H)$, und es resultiert ein komplizierter Fall der Überlagerung mindestens der Durchtritts-, der Adsorptions- und der Relaxations-Impedanz. Einfacher ist der im Abschnitt 17.2 erwähnte Fall der Potential-abhängigen, aber stromlosen Inhibitor-Adsorption, die die Korrosions-Geschwindigkeit i_K wie $i^0_K(1 - \Theta_J)$ verändert. Dann tritt keine Adsorptions – sondern nur die Relaxations-Impedanz auf. Andere Fälle mit relaxierender Geschwindigkeitskonstante entstehen etwa durch eine Potential-abhängige Häufigkeit von Halbkristall-Lagen der Metallauflösung, u. a. m. Allgemein handelt es sich darum, daß der stationäre Wert einer Geschwindigkeitskonstante k, wie auch immer, auf Grund von Potential-abhängigen Eigenschaften der Elektrodenoberfläche vom Potential abhängt, d. h. $k_{stat} = k(\varepsilon)$. Da aber der Zustand der Oberfläche auf eine Änderung von ε verzögert reagiert, ist der Momentanwert k_t von k_{stat} im allgemeinen verschieden. Die Potential-Amplitude sei wieder klein; dann ist $|k_t - k_{stat}| \ll k_{stat}$. Dann liegt der Ansatz nahe, daß die Änderungs-Geschwindigkeit von k_t der Abweichung von k_{stat} proportional ist [3d]:

$$-\frac{\mathrm{d}k_t}{\mathrm{d}t} = \frac{1}{t}(k_t - k_{stat}) \qquad (17.4.62)$$

τ ist eine charakteristische Relaxationszeit. Es wird k_{stat} phasengleich proportional zum Potential ε oszillieren, mit dem Proportionalitätsfaktor $(\mathrm{d}k_{stat}/\mathrm{d}\varepsilon)$; k_t wird mit gleicher Frequenz eine phasenverschobene Schwingung Δk_t durchlaufen. Die Ableitung ergibt sich zu $j\omega\Delta k_t$, so daß man erhält:

$$-\frac{1}{t}\left(\Delta k_t - \frac{\mathrm{d}k_{stat}}{\mathrm{d}\varepsilon}\Delta\varepsilon\right) = j\omega\Delta k_t \qquad (17.4.63)$$

Das ergibt, nach Gl. (17.4.22d) und (17.4.25), für die charakteristische Funktion $f_k(\omega)$ und für die Relaxations-Impedanz $\mathbf{Z}_k$:

$$f_k(\omega) = \frac{1}{1 + j\omega t}\frac{dk_{stat}}{d\varepsilon}; \quad \mathbf{Z}_k = \frac{1 + j\omega t}{i_F(d\ln k_{stat}/d\varepsilon)} \tag{17.4.64a, b}$$

$\mathbf{Z}_k$ erscheint also als Serienschaltung eines Widerstandes R_k und einer Induktanz $\mathbf{X}_k$, mit:

$$R_k = 1/i_F(d\ln k_{stat}/d\varepsilon); \quad \mathbf{X}_k = j\omega t R_k = j\omega \mathbf{L}_k. \tag{17.4.65a,b}$$

Die Induktivität $\mathbf{L}_k$ wirkt sich erst bei Frequenzen unterhalb $1/2\pi\tau$ deutlich aus; daher das typische Auftreten induktiver Impedanz-Anteile im Tieffrequenz-Bereich. Wegen des Auftretens des Faraday – Stromes i_F und der Ableitung dln $k_{stat}/d\varepsilon$ können R_k und $\mathbf{L}_k$ sowohl positiv als auch negativ werden. Beide Größen hängen im Einzelnen vom Reaktionsmechanismus ab, der hier nicht diskutiert wird.

Laplace-Transformation und Sätze der Systemtheorie wurden für die relativ einfache Berechnung der Adsorptions- und der Relaxations-Impedanz nicht benötigt. Dieses Handwerkszeug wird erst in schwierigeren Fällen des Auftretens partieller Differentialgleichungen unentbehrlich, aber auch bei der Berechnung der Impedanzelemente verknüpfter Reaktionschritte. Ein primitives Beispiel ist ein Reaktionsmechanismus, der sich, wie das Schaltbild in Bild 17.4.1, für den einfachen Fall $\mathbf{Z}_F = R_D$ als Parallelschaltung einer Kapazität C und eines Widerstandes R, in Serie mit einem Widerstand R_E darstellen läßt. Die Spannung $u(t)$ an den Enden des Gebildes ist gleich der Summe der Spannungen an R_E und an C, wie auch gleich der Summe der Spannungen an R und R_E. Der Strom j, der durch R_E fleißt, ist gleich der Summe der Ströme j_C durch C und j_R durch R. Ableitungen du/dt und dj/dt seien als u' und j' geschrieben. Dann besteht das Gleichungssystem:

$$u = \frac{1}{C}\int j_C dt + jR_E; \; u' = \frac{j_C}{C} + j'R_E \tag{17.4.66}$$

$$u = j_R + j_R E$$

$$j = j_R + j_C$$

Daraus erhält man die sehr typische Differentialgleichung

$$j\left(1 + \frac{R_E}{R}\right) + j'R_E C = u'C + \frac{u}{R} \tag{17.4.67}$$

die sich (mit $\mathbf{L}\{u\} = U$; $\mathbf{L}\{j\} = J$; $u(0) = 0$) leicht zu

$$U\left(sC + \frac{1}{R}\right) = \left(1 + \frac{R_E}{R} + sR_E C\right)J \tag{17.4.68}$$

transformieren läßt, woraus – natürlich richtig – in der Tat sofort folgt

$$\mathbf{Z} = \frac{R + R_E + j\omega R R_E C}{1 + j\omega RC} = R_E + \frac{R}{1 + j\omega RC} \tag{17.4.69}$$

Im realen Fall wird es sich um die Aufgabe handeln, an der Stelle der Eigenschaften einfacher Schaltelemente die Geschwindigkeitsgleichungen verknüpfter Reaktionsschritte einzusetzen.

17.4.6 Deckschicht-Elektroden und beschichtete Elektroden

Das Interesse der Korrosionsforschung an der Impedanz-Spektroskopie richtet sich derzeit hauptsächlich auf die Untersuchung von Elektrodenreaktionen an Oberflächen mit porösen

Oxidschichten und insbesondere solchen mit organischen Anstrichen oder Beschichtungen. Die Hoffnung geht stets dahin, daß der Frequenzgang der Impedanz Eigenschaften der Phasengrenzreaktionen in auseinanderliegenden Frequenzbereichen erkennbar getrennt anzeigt.

Allerdings fallen damit einige Voraussetzungen der bisherigen Überlegungen weg, insbesondere verteilt sich nun die Differenz des Galvani-Potentials zwischen Metall und Elektrolytlösung u. U. auf die Phasengrenze Metall/Deckschicht, auf das Innere der Deckschicht und auf die Phasengrenze Deckschicht/Elektrolytlösung. Hinzu kommt die Porigkeit der Deckschicht, ihre Rauhigkeit u. a. m. Zu diesem Thema liegen Mitteilungen über Messungen vor, bei denen einerseits die Impedanz allein der Deckschicht untersucht, und andererseits versucht wurde, durch Beschichtung von Kurzschlußzellen an die Phasengrenz-Impedanz direkt heranzukommen [7c].

Ein häufig untersuchter Anwendungsfall ist die Prüfung der Güte der Oxidschicht von anodisch oxidiertem Aluminium. Bild 17.4.7 zeigt schematisch den Aufbau der porigen Anodisierschicht auf einem porenfreien Primärfilm. In der Praxis wird die Korrosionsbeständigkeit der Anodisierschicht durch Nachverdichten verbessert. Im Ersatzschaltbild 17.4.7a) wird das Oxid als inertes, nichtleitendes Dielektrikum behandelt [13], das eine in der Regel kleine Kapazität C_0 einbringt. Der Primärfilm wird als Schicht betrachtet, durch die der Faradaysche Auflösungsstrom fließt, für den ein Ohmscher Widerstand R_2 in Ansatz gebracht wird, parallel zu einer festen Kapazität C_2. Der Faradaysche Stromfluß durch die Elektrolyt-gefüllten Poren soll dem Ohmschen Gesetz gehorchen, mit einem Porenwiderstand R_1 als Ersatz-Schaltglied. Schwierige Fragen der Konzentrations-Impedanz für das porige System werden in diesem Modell übergangen. Für die Experimente wurde die Oxidschicht mit Nickel-Acetat-Lösung nachverdichtet. Der Einfluß des dabei entstehenden, die Poren teils verengenden, teils verstopfenden hydratisierten Oxids wird durch die zusätzlichen Impedanzelemente des Schaltbildes 17.4.7c) modelliert. Mit den von den Autoren [13] angegebenen Daten ist das in Bild 17.4.8 wiedergegebene Bode-Diagramm für das nicht nachverdichtete und für das wechselnd lange nachverdichtete Material berechnet

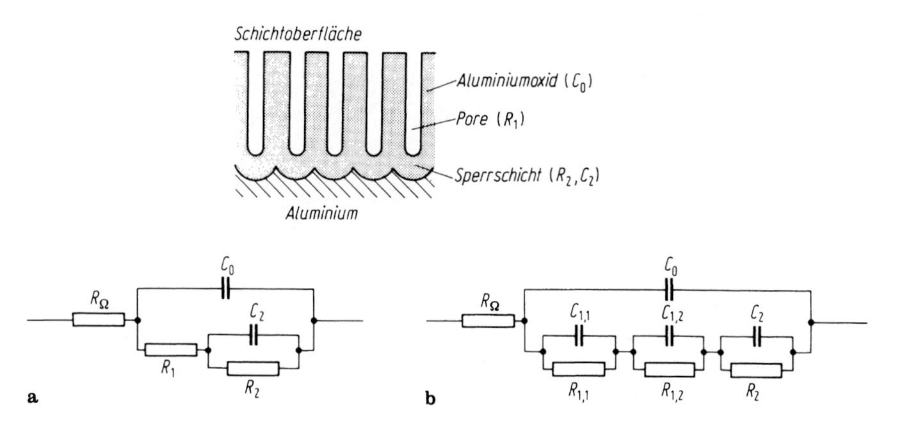

Bild 17.4.7a, b. Der Aufbau der Oxidschicht auf anodisch in saurer Lösung oxidiertem Aluminium: Auf dem dünnen, porenfreien Primärfilm ist poriges, dickes Oxid aufgewachsen, das durch Wasserdampf, Bichromatlösung und dergleichen nachverdichtet wird. Darunter Ersatzschaltbild (**a**) für das System ohne, (**b**) mit Nachverdichtung der Poren. (Nach Hoar und Wood)

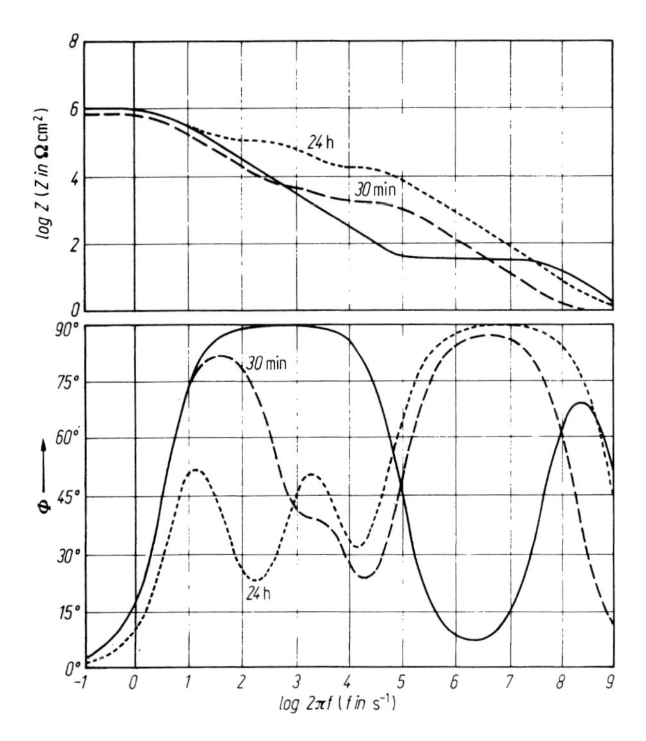

Bild 17.4.8. Bode-Diagramm des Betrages der Impedanz und des Phasenwinkels für Aluminium, ohne (———) bzw. mit Nachverdichtung (für 30 Minuten: ---; für 24 Stunden: ------), in NaCl-Lösung, berechnet nach Daten von Hoar und Wood, gemäß Ersatzschaltbild 17.4.7b). (Nach Mansfeld und Kendig)

worden [7c]. Es ist zu beachten, daß der experimentell zugängliche Frequenzbereich nur bis knapp 10^5 Hz reicht. Die zu ca. 10^{-9} F/cm^2 angenommene spezifische Kapazität des Sekundär-Oxidfilms tritt in diesem Frequenzbereich nicht zutage; vielmehr schlägt vornehmlich der Einfluß der Kapazität des Primärfilms von ca. 0,5 10^{-6} F/cm^2 durch. Zum Vergleich zeigt Bild 17.4.9 das Impedanzspektrum der anodisierten und nachverdichteten Legierung 2024 als Funktion der Einwirkungszeit einer NaCl-Lösung [7c]. Derartige Messungen können die Qualitätsprüfung von Anodisierschichten durch Salzwasser-Sprühprüfungen ersetzen.

In Bild 17.4.10 zeigen die ausgefüllten Kreise die Meßpunkte des Betrages und der Phase der Impedanz rotierender Scheiben aus unlegiertem Kohlenstoffstahl in einer schwach sauren NaCl-Lösung, aus der gelöster Sauerstoff durch CO_2 ausgetrieben war [7d]. In Bild a) sind die durchgezogenen Kurven nach Gl. (17.4.11) berechnet, die mithin die Hauptzüge der Beobachtung bereits richtig wiedergibt. Die Kurven in Bild b) sind mit Gl. (17.4.18) berechnet, also mit einer Korrektur, deren physikalisch-chemische Begründung nicht klar ist. Der Gang des Betrags der Impedanz wird nun bereits gut, der Gang der Phase zufriedenstellend wiedergegeben, ohne daß bislang ein spezielles Modell des Reaktionsmechanismus eingeführt worden wäre. Dazu nehmen die Autoren an, es handle sich um ein System mit einer inerten, porigen Oxidschicht, mit einem Porenanteil $(1 - \Theta)$ der

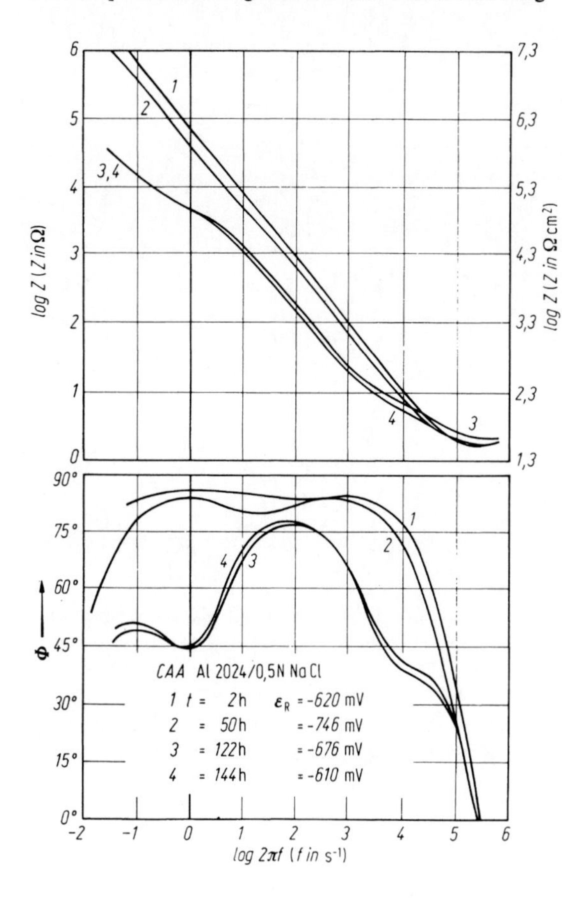

Bild 17.4.9. Bode-Diagramm des Betrags der Impedanz und des Phasenwinkels für die in Chromsäurelösung anodisch oxidierte Al-Legierung 2024, nachverdichtet in Bichromat-Lösung, als Funktion der Einwirkungsdauer von 0,5 M NaCl-Lösung an Luft. (Nach Mansfeld und Kendig).

Oberfläche. Für die Impedanz erhält man den Ausdruck:

$$\frac{1}{\mathbf{Z}} = j\omega\Theta C_L + \frac{(1-\Theta)}{R_{por} + R_P[1 + (j\omega R_P C_{dl})^m]^{-1}} \tag{17.4.70}$$

Die Gesamt-Impedanz enthält zusätzlich in Serie den Elektrolytwiderstand, wie in Bild 17.4.7 als R_Ω bezeichnet, zwischen Potential-Meßsonde und Oxidoberfläche. Wie das Bild zeigt, ist nun die Übereinstimmung von Rechnung und Experiment sehr gut. Zugleich ist aber nun das Schaltbild (mit $R_1 = R_{por}$; $C_2 = C_{dl}$ usw.) deckungsgleich mit dem Schaltbild in Bild 17.4.7a), und die Messung liefert entsprechend wenig detaillierte Auskünfte über den Reaktionsmechanismus. Schon eine Verfeinerung der Theorie des beobachteten Systems, die die Teilströme in den Poren und aus den Poren heraus etwas genauer betrachtet, liefert ein Gleichungssystem mit nunmehr 12 anpaßbaren Parametern, das die Aussagekraft der Messungen überfordert [7d]. Dabei bleiben Komplikationen der Reaktionen in den Oxidphasen (vgl. Kap. 9) noch völlig außer Betracht.

Bild 17.4.11 zeigt Messungen der Impedanz von unlegiertem Stahl mit einem Epoxy-Anstrich in NaCl-Lösung während einer Tauchzeit bis zu 194 Tagen [14]. Das Quellen des Anstrichs bewirkt eine langsame Abnahme des Widerstandes für den Stromfluß durch die

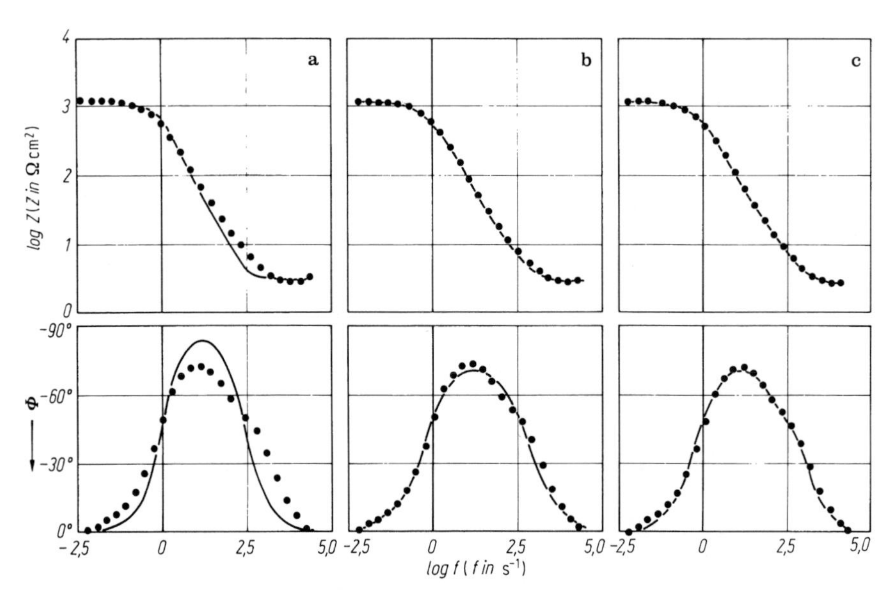

Bild 17.4.10. Betrag und Phasenwinkel der Impedanz beim freien Korrosionspotential rotierender Scheiben aus unlegiertem Stahl in schwach saurer, CO_2-haltiger Chloridlösung, pH 3,5, bei Raumtemperatur. **a** Nach Gl. (17.4.11), mit R = 985 $\Omega\,cm^2$; C = 1,5* 10^{-4} F/cm^2. – **b** Nach Gl. (17.4.12), mit R = 1143 $\Omega\,cm^2$; C = 2,4 *10^{-4} F/cm^2; m = 0,83. – **c** Nach Gl. (17.4.70), zuzüglich R_Ω = 3 $\Omega\,cm^2$; mit $\Theta\ C_L$ = 59* 10^{-6} F/cm^2; $(1-\Theta)\ C_{dl}$ = 159* 10^{-4} F/cm^2; $R_{por}/(1-\Theta)$ = 12 $\Omega\,cm^2$; R_p = 1110 $\Omega\,cm^2$; m = 0,83. (Nach Mitzlaff, Hoffmann, Jüttner und Lorenz.)

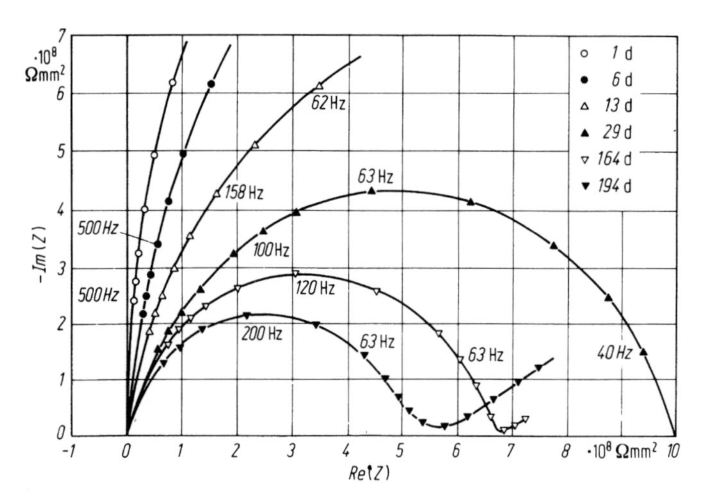

Bild 17.4.11. Nyquist-Diagramm der Impedanz eines Steinkohlenteer-Epoxy-Anstrichs, Dicke ca. 60 μm, auf unlegiertem weichem Stahl in lufthaltiger 3%-NaCl-Lösung als Funktion der Versuchsdauer. (Nach Scantelbury, Ho und Eden).

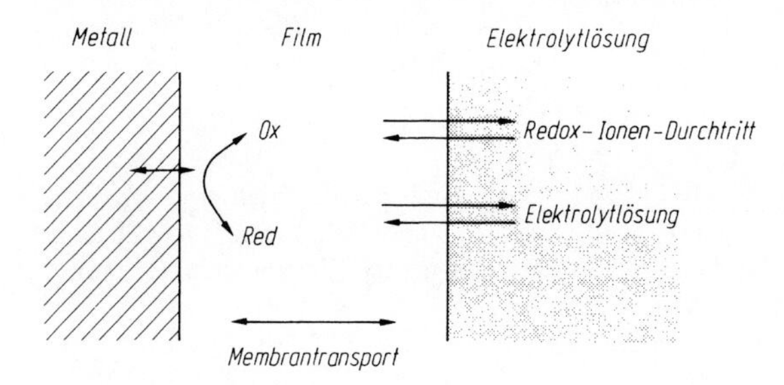

Bild 17.4.12. Die Vorgänge in einem Membran-artigen Film auf einer Metalloberfläche in einer Elektrolytlösung, schematisch. (Nach Dobelhofer)

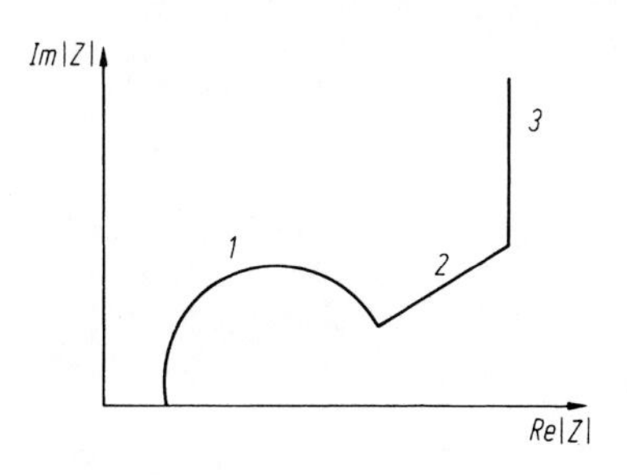

Bild 17.4.13. Der erwartete Frequenzgang der Impedanz einer Metallelektrode mit Membran-artigem Film, schematisch. (Nach Dobelhofer).

Schicht. Man bemerkt außerdem das Auftreten der Warburg-Impedanz bei niedriger Frequenz, offenbar bedingt durch die Ionenwanderung im Elektrolyt-haltigen Anstrich. Solche Messungen sind für die Praxis des Korosionsschutzes offenbar sehr lohnend.

Das Verhalten gequollener, elektrolythaltiger Anstriche und Beschichtungen auf Metalloberflächen ist neuerdings auch in der Grundlagenforschung Gegenstand erheblichen Interesses speziell an Beschichtungen mit Ionenaustauscher-Eigenschaft [15]. Die Impedanz-Spektroskopie eröffnet dann wieder die Aussicht auf getrenntes Erfassen der Vorgänge an der Phasengrenze Metall/Film, der Transportvorgänge im Film und der Austauschreaktionen an der Filmoberfläche zwischen der Elektrolytlösung im Film und außerhalb. Bild 17.12 zeigt schematisch das Zusammenspiel der Phasengrenz- Reaktionen unter und der Transport-Vorgänge in einem Membran-artigen Film [15]. Im angenommenen Fall reagiert ein Redox-System mit Elektronen aus der metallischen Phase. Der Fall der Korrosion wird demgegenüber regelmäßig kompliziert sein, wenn sich unter oder im Film feste Korrosionprodukte bilden. Man beachte, daß hier, wie bei Oxidfilmen, die Potentialverteilung kompliziert wird: Zum Potentialsprung an der Phasengrenze Metall/Elektrolytlösung (Film) und einer Ohmschen Spannung im Film bei Stromfluß, tritt ein Potentialsprung zwischen Elektrolytlösung im Film und außerhalb auf, das sogenannte Donnan-Potential. Davon abgesehen, zeigt Bild 17.4.12 [15]den qualitativ erwarteten Frequenzgang der Impedanz: Bei hoher Frequenz (Bereich 1) sollte die Phasengrenzreaktion, im einfachsten Fall als $R_D C_{DS} R_E$-Glied, die Impedanz beherrschen, dann aber zu niedrigeren Frequenzen hin von den Eigenschaften der Transportvorgänge nach Art der Warburg-Impedanz im Film abgelöst werden (Bereich 2). Sinkt die Frequenz noch weiter, so übersteigt die berechnete Eindringtiefe der gedämpften Konzentrationswelle (Vgl. Kap. 17.4.3) die Dicke des Films. Dann wirkt der Film wie ein Dielektrikum fester Kapazität, und die Impedanz wird ebenfalls zu einer einfachen induktanz (Bereich 3). Komplikationen von der Art der gerade bei tiefer Frequenz noch ins Spiel kommenden Relaxations-Impedanz der Phasengrenzreaktionen werden die Zusammenhänge voraussichtlich sehr komplizieren.

Literatur

1. a) Vetter, K. J.: Elektrochemische Kinetik. Berlin. Springer (1961); Electrochemical Kinetics. New York: Academic Press (1967) – b) Bard, A. J.; Faulkner, L. R.: Electrochemical Methods. Fundamental Applications. New York, Chichester, Brisbane, Toronto, Singapore: J. Wiley & Sons (1980) – c) Greef, R.; Peat, R.; Peter, L. M.; Pletcher, D.; Robinson, J.: Instrumental Methods in Electrochemistry. Chichester: E. Horwood Ltd. (Div. of J. Wiley & Sons) (1985)
2. a) Epelboin, I.; Keddam, M.: J. Electrochem. Soc. *117*, 547 (1970) – b) Deslouis, C.; Epelboin, I.; Keddam, M.; Lestrade, J. C.: J. Electroanal. Chem. *28*, 57 (1970) – c) Epelboin, I.; Keddam, M.; Takenouti, H.: J.: J. Appl. Electrochem. *2*, 71 (1972)
3. a) Göhr, H.; Meissner, W..: Z. Phys. Chem. N. F. *93*, 217 (1974). – b) Göhr, H.: Ber. Bunsenges. Phys. Chem. *85*, 274 (1981) – c) id.: DECHEMA-Monogra-phien, Bd. 90. Weinheim: Verlag Chemie (1981), p. 1 – d) Göhr, H.; Schiller, C.-A.: Z. Phys. Chem. N. F. *148*, 105 (1986)
4. a) Macdonald, D. D.; McKubre, M. C.: "Impedance Measurements in Electrochemical Systems"; in: Modern Aspects of Electrochemistry (Bockris, J.O'M.; Conway, B. E.; White, R. E.; Eds.). Vol. 14. New York: Plenum Press (1982) – b) Gabrielli, C.: Identification of Electrochemical Processes by Frequency Response Analysis. Issue 2, 1984. Farnborough: Solartron Instruments (1984) – c) Jüttner, K.; Lorenz, W. J.; Paatsch, W.; Kendig, M.; Mansfeld, F.: Werkstoffe u. Korr. *36*, 120 (1985) – d) Impedance Spectroscopy (J. R. Macdonald; Ed.). New York, Chichester, Brisbane, Toronto, Singapore: J. Wiley & Sons (1988)
5. a) Vergl. z. B. Unbehauen, R.: Systemtheorie. Eine Darstellung für Ingenieure. München. 5. Auflage. Wien: R. Oldenburg Verlag (1990) – b) Vergl. die Lehrbücher der Elektrotechnik – c) Vgl. z. B. Föllinger, O.: Laplace- und Fourier-Transformation. 3. Auflage. Berlin, Frankfurt: AEG-Telefunken AG (1982)
6. Nagy, Z.; Schultz, P. F.: J. Electrochem. Soc. *135*, 2702 (1988)
7. a) Lorenz, W. J.; Mansfeld, F.: Corr. Sci. *21*, 647 (1981) – b) Schweickert, H.; Lorenz, W. J.; Friedburg, H.: J. Electrochem. Soc. *127*, 1693 (1980) – c) Mansfeld, F.; Kendig, M. W.: Werkstoffe u. Korr. *36*, 473 (1985) – d) Mitzlaff, M.; Hoffmann, H. N.; Jüttner, K.; Lorenz, W. J.: Ber. Bunsenges. Phys. Chemie *92*, 1234 (1988)
8. Mulders, W. H.; Sluyters, J. H.: Electrochim. Acta *33*, 303 (1988).
9. Proc. Symp. Electrochemical Corrosion Testing, San Francisco, 1979 (Mansfeld, F.; Bertocci, U.; Eds.). Philadelphia: ASTM (1981)
10. a) Epelboin, I.; Gabrielli, C.; Keddam, M.; Takenouti, H.; in: [9], p. 150 – b) Keddam, M.; Mattos, O. R.; Takenouti, H.: J. Electrochem. Soc. *128*, 257, 266 (1981) – c) id.; id; id.: Electrochim. Acta *31*, 1147, 1159 (1986)
11. a) Keddam, M.; Mattos, O. R.; Takenouti, H.: J. Electrochem. Soc. *128*, 1294 (1981) – b) Schweickert, H.; Lorenz, W. J.; Friedburg, H.: ibid., p. 1295
12. Ühlken, J.; Waser, R.; Wiese, H.: Ber. Bunsenges. Phys. Chem. *92*, 730 (1988)
13. Hoar, T. P.; Wood, G. C.: Electrochim. Acta *7*, 333 (1963)
14. Scantlebury, Ho, K. N.; Eden, D. A.; in: [9], p. 187
15. Dobelhofer, K.; Armstrong, R. D.: Electrochim. Acta *33*, 453 (1988)

Sachverzeichnis

MIX
Papier aus verantwortungsvollen Quellen
Paper from responsible sources
FSC® C105338

Printed by Books on Demand, Germany